CAD/CAM/CAE/EDA 微视频讲解大系

中文版 CATIA V5-6 R2021 从入门到精通

（实战案例版）

520 分钟同步微视频讲解　139 个实例案例分析

☑草图绘制　☑零件建模　☑曲面设计　☑钣金设计　☑参数化设计　☑装配建模　☑工程图设计　☑有限元分析　☑运动仿真

天工在线　编著

中国水利水电出版社
www.waterpub.com.cn
·北京·

内 容 提 要

CATIA 是法国达索公司开发的集辅助设计、工程分析和制造于一身，具有三维设计、结构设计、高级外观曲面、交互式二维图、运动模拟、有限元分析、逆向工程、美工设计及数控加工等强大功能的工程应用软件，它广泛应用于航天航空、汽车、电子与电气等行业。

《中文版 CATIA V5-6 R2021 从入门到精通（实战案例版）》是一本 CATIA 基础教程，也是一本视频教程。本书融合了 CATIA 草图绘制、零件建模、曲面设计、钣金设计、参数化设计、装配建模、工程图设计、有限元分析、动力学分析等必备的基础知识，以实用为出发点，系统全面地介绍了 CATIA V5-6 R2021 软件在工业设计方面的基础知识与应用技巧。全书共 15 章，包括 CATIA V5 简介、基本操作方法、草图绘制、草图编辑、基于草图的特征、修饰特征、特征编辑与操作、创建曲面、曲面操作、钣金设计、参数化设计、装配设计、工程图绘制、有限元分析和运动仿真。在讲解过程中，每个重要知识点均配有实例，既能提高读者的动手能力，又能加深读者对知识点的理解。本书实例配有同步讲解视频，读者可以手机扫码或者电脑下载视频后观看。本书提供实例的源文件和初始文件，读者可直接调用和对比学习。

本书适合 CATIA 从入门到精通各层次的读者使用，也可以作为应用型高校或相关培训机构的教材。此外，本书还可供使用 CATIA V5 低版本软件的读者参考学习。

图书在版编目（CIP）数据

中文版CATIA V5-6 R2021从入门到精通 : 实战案例版 / 天工在线编著. -- 北京 : 中国水利水电出版社, 2024.4

ISBN 978-7-5226-2250-7

Ⅰ. ①中… Ⅱ. ①天… Ⅲ. ①机械设计－计算机辅助设计－应用软件 Ⅳ. ①TH122

中国国家版本馆 CIP 数据核字(2024)第 021066 号

丛 书 名	CAD/CAM/CAE/EDA 微视频讲解大系
书 名	中文版 CATIA V5-6 R2021 从入门到精通（实战案例版） ZHONGWENBAN CATIA V5-6 R2021 CONG RUMEN DAO JINGTONG
作 者	天工在线 编著
出版发行	中国水利水电出版社 （北京市海淀区玉渊潭南路 1 号 D 座 100038） 网址：www.waterpub.com.cn E-mail：zhiboshangshu@163.com 电话：（010）62572966-2205/2266/2201（营销中心）
经 售	北京科水图书销售有限公司 电话：（010）68545874、63202643 全国各地新华书店和相关出版物销售网点
排 版	北京智博尚书文化传媒有限公司
印 刷	三河市龙大印装有限公司
规 格	203mm×260mm 16 开本 25.25 印张 693 千字 4 插页
版 次	2024 年 4 月第 1 版 2024 年 4 月第 1 次印刷
印 数	0001—3000 册
定 价	89.80 元

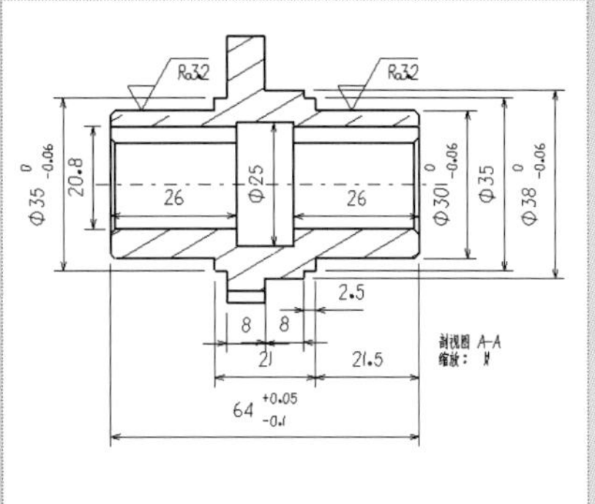

标注轴表面粗糙度

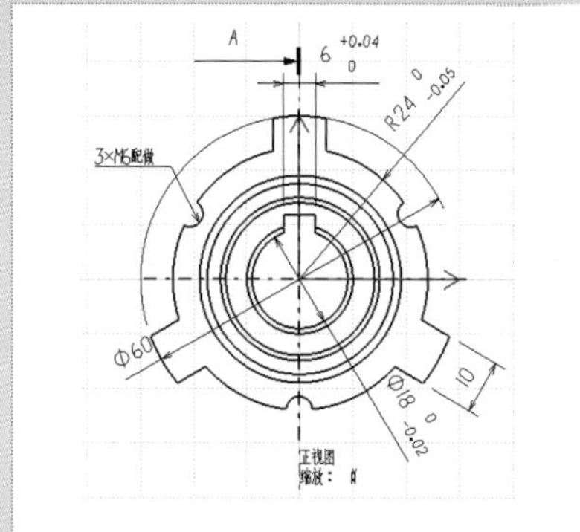

标注轴文字

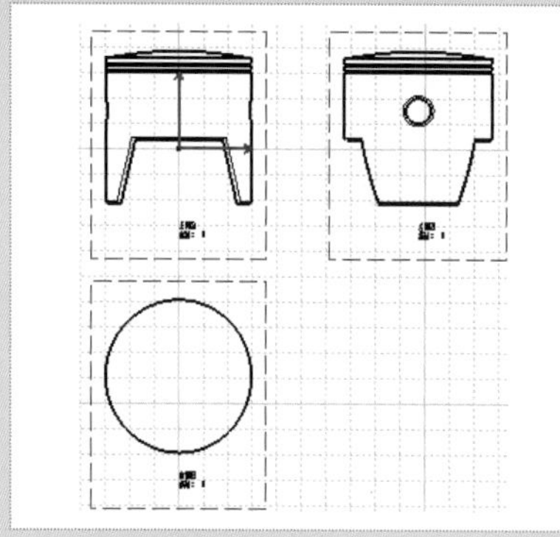

活塞三视图

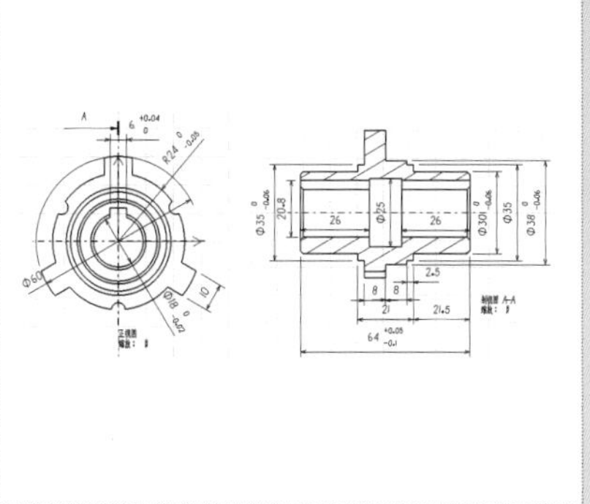

标注轴尺寸

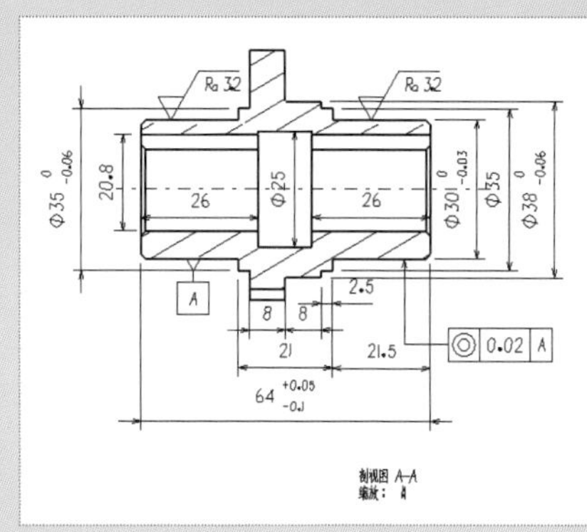

标注轴形位公差

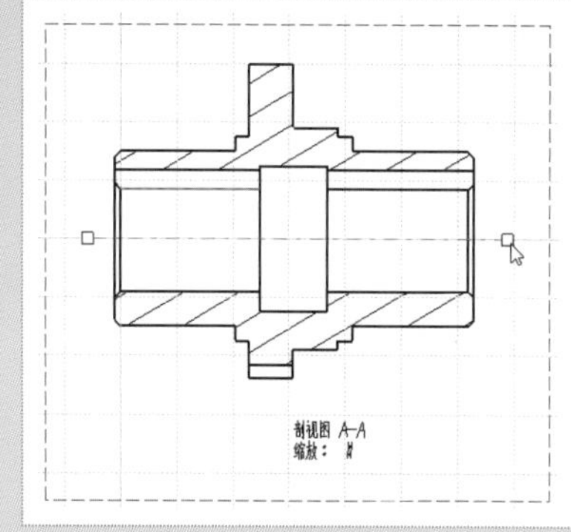

创建轴中心线

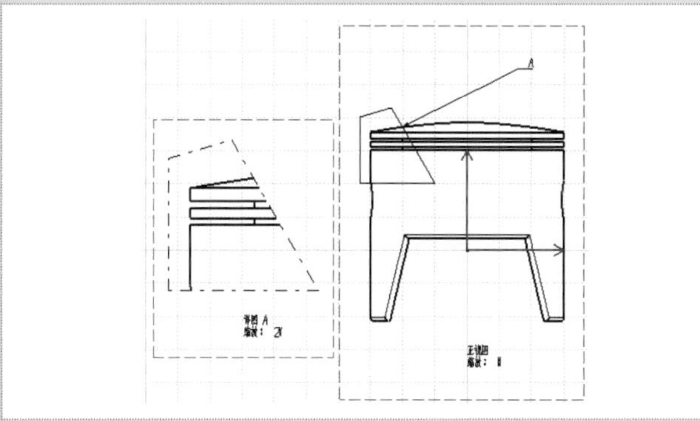

活塞局部放大图

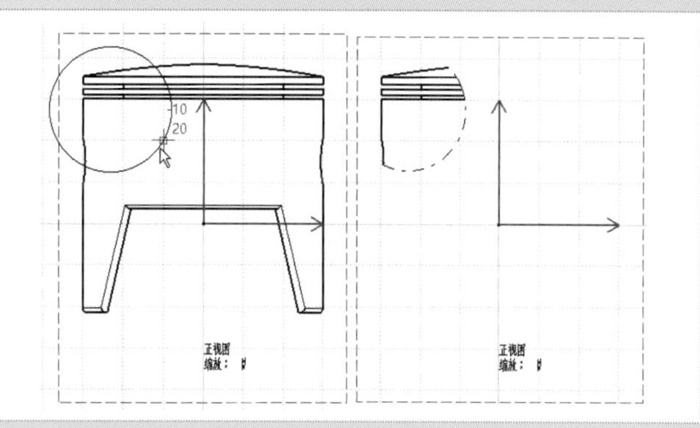

活塞局部视图

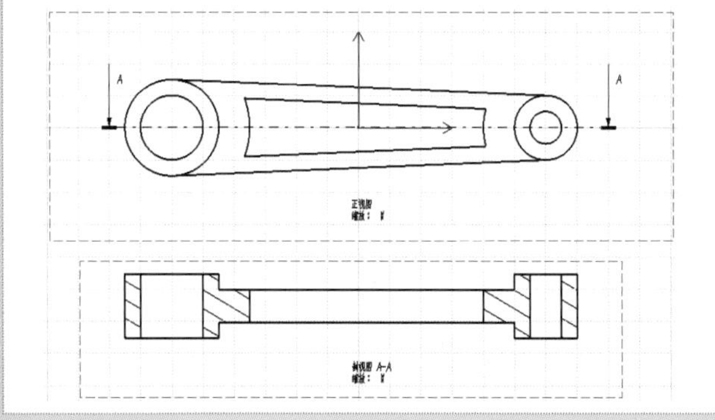

连杆剖面图

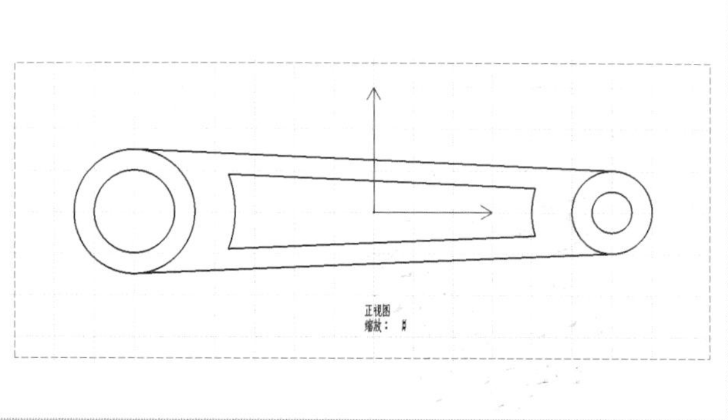

连杆正视图

本书精彩案例欣赏

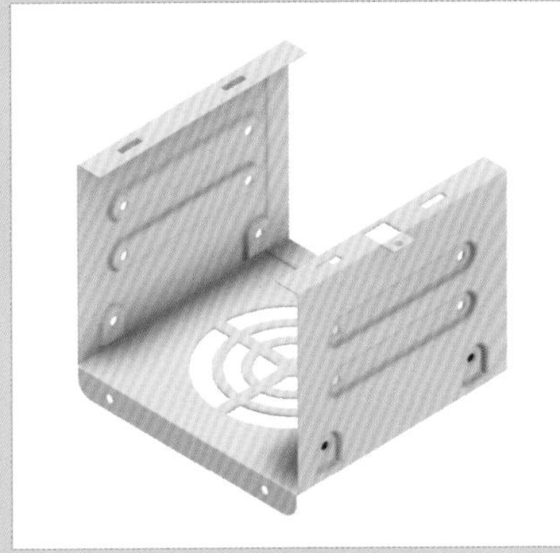
硬盘支架

固定硬盘架

书架

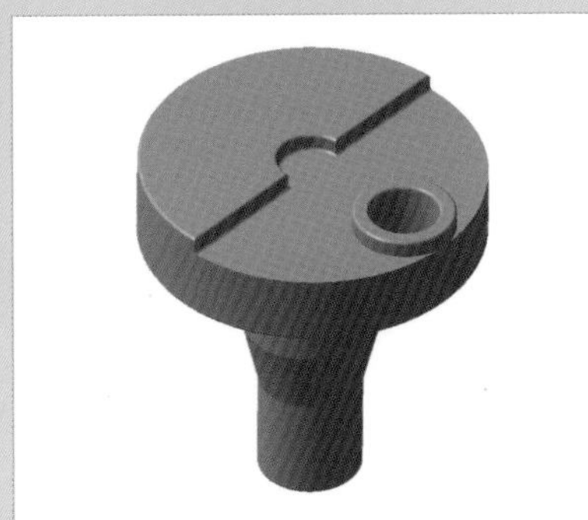
曲柄转轴

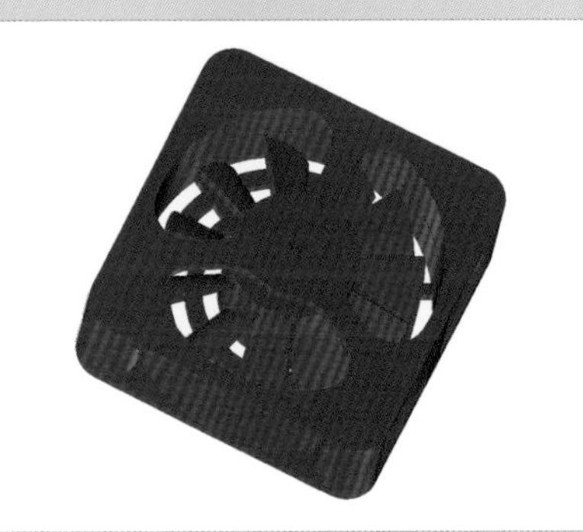
风扇

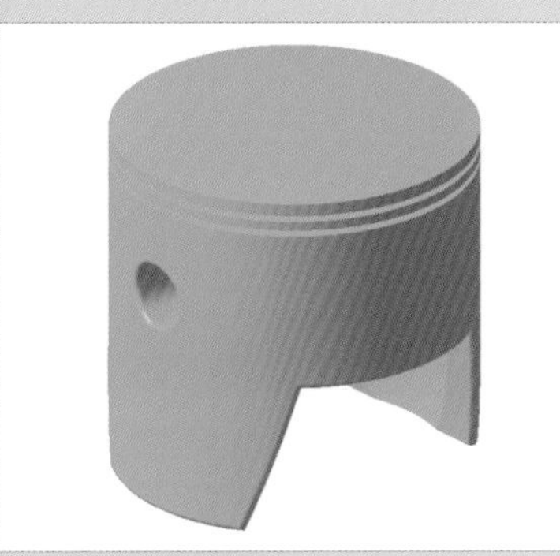
活塞

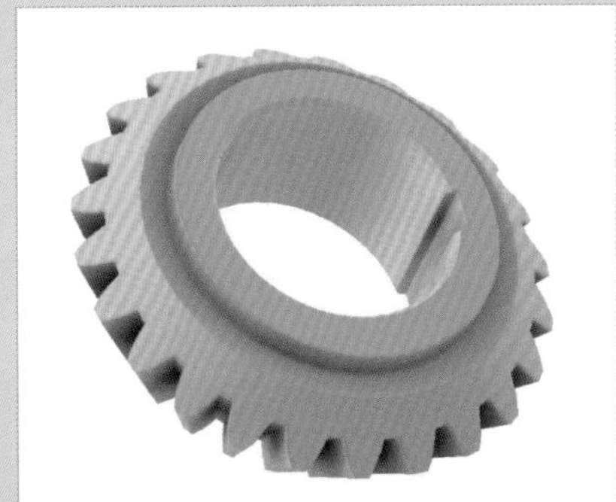
锥齿轮

连接杆

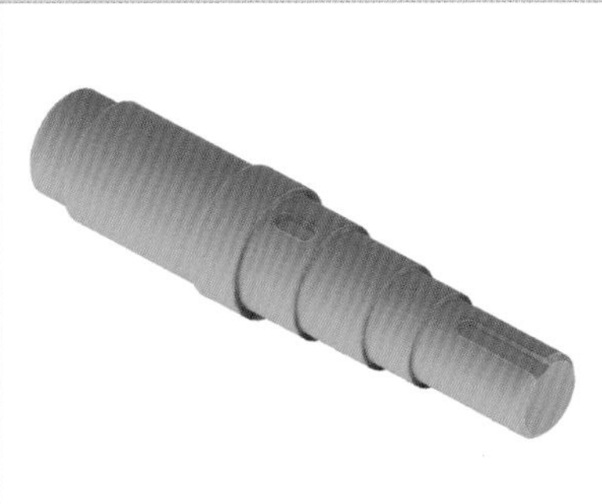
轴

滚轮

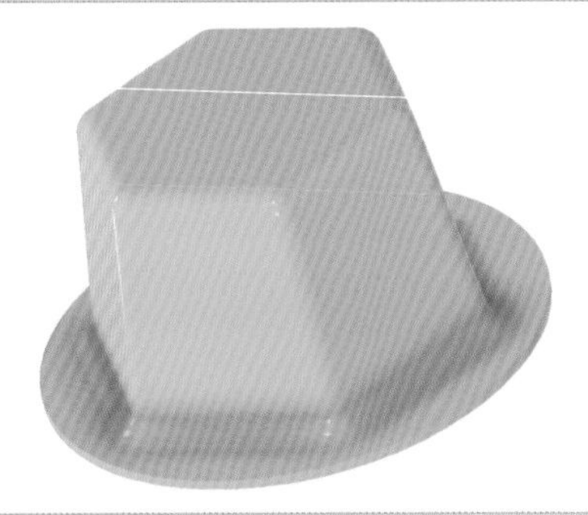
果冻

瓶盖

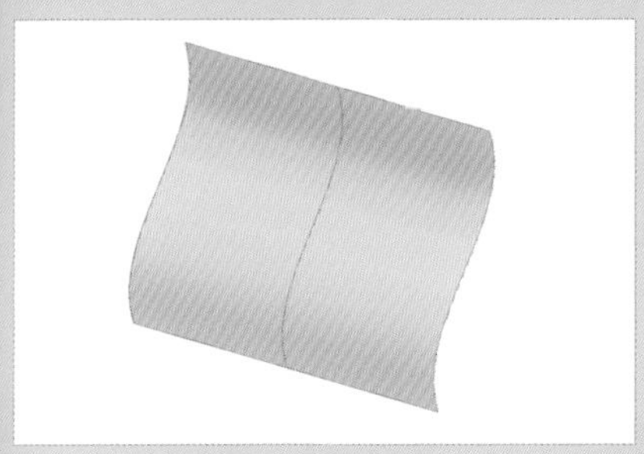
创建对称曲面

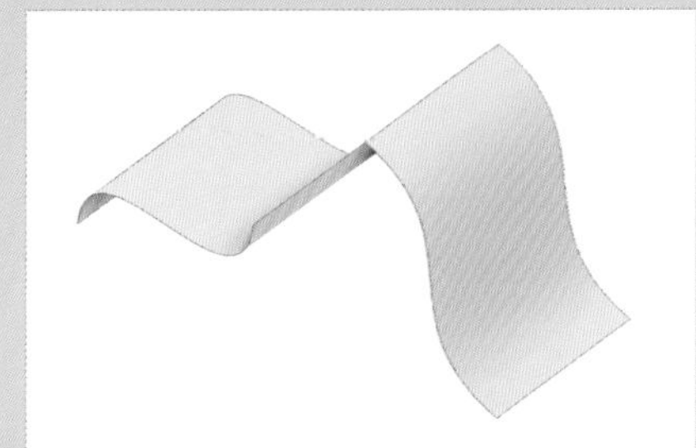
定位变换曲面

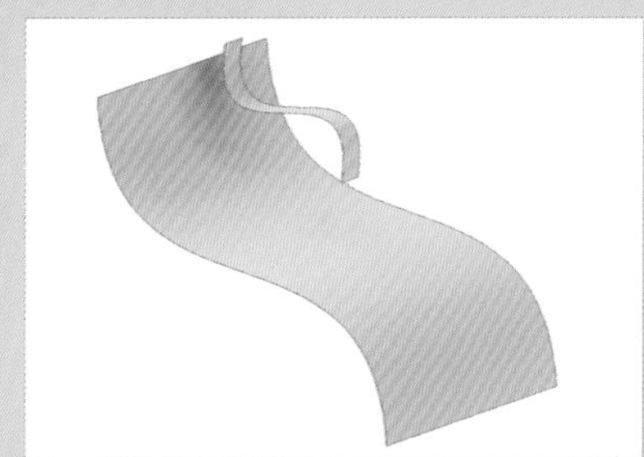
仿射曲面

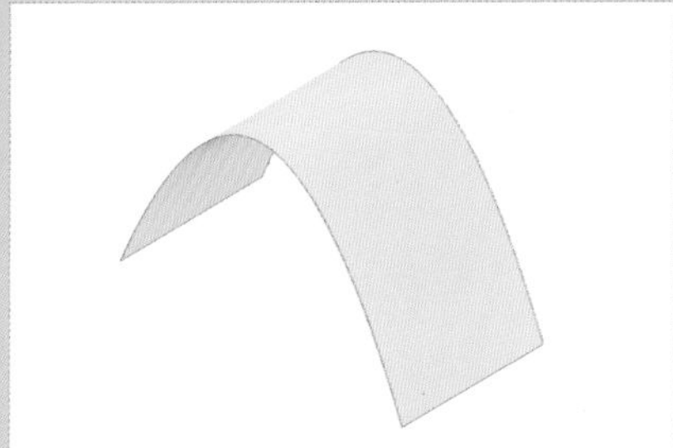
拉伸曲面

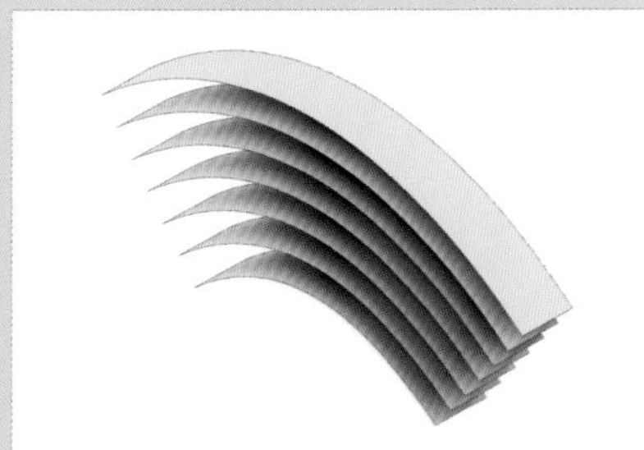
偏移曲面

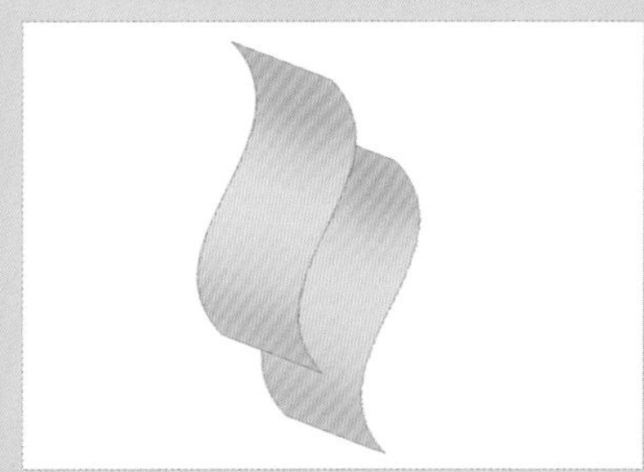
平移曲面

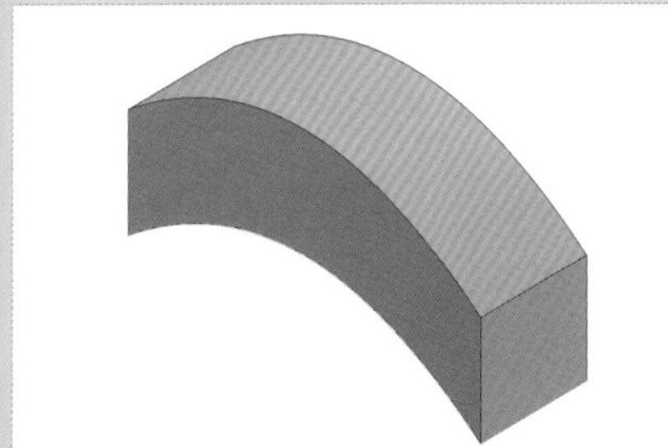
创建拉伸包络体

创建旋转包络体

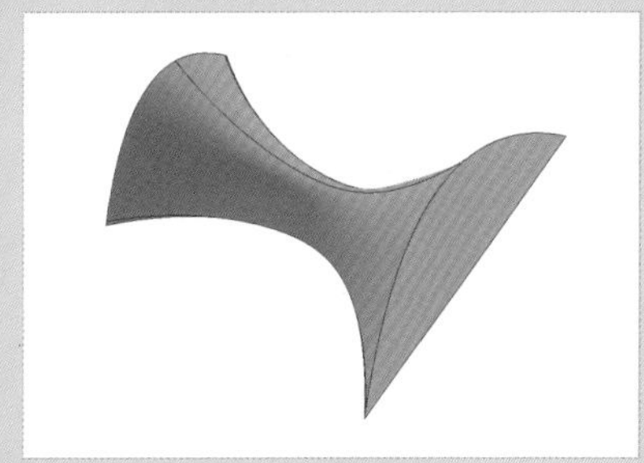
多截面包络体

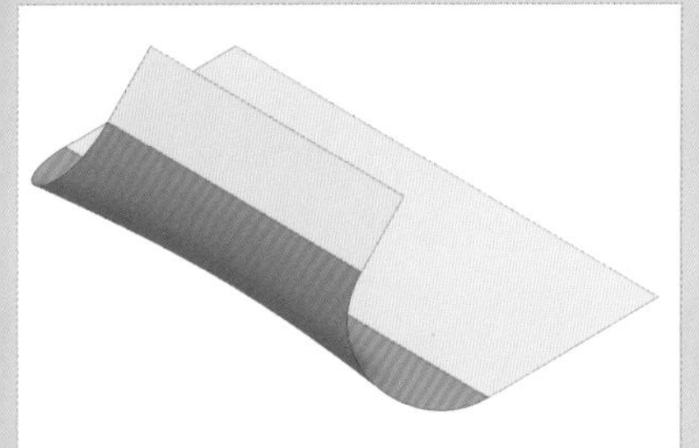
桥接曲面

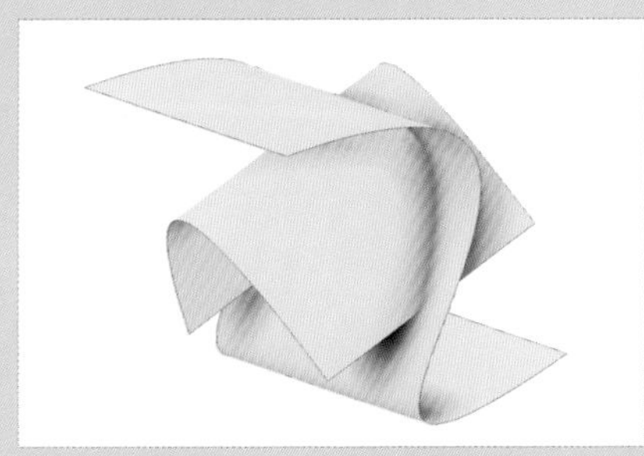
相交曲面

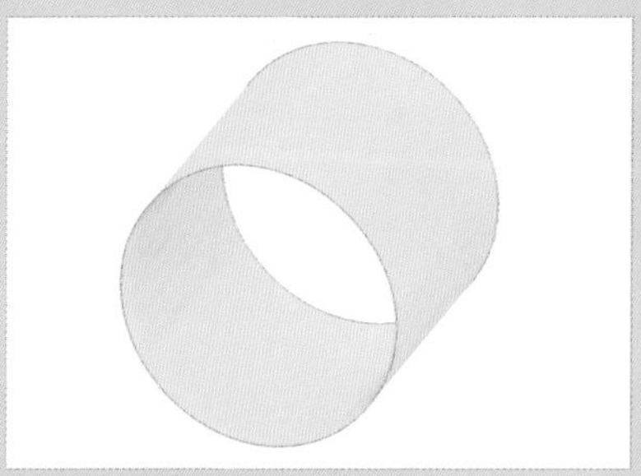
圆柱曲面

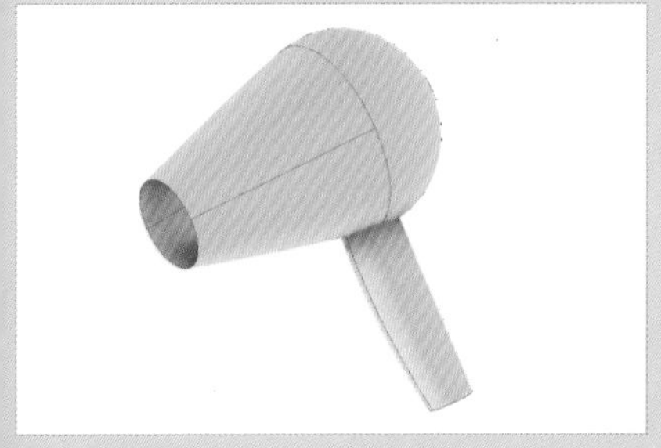
吹风机

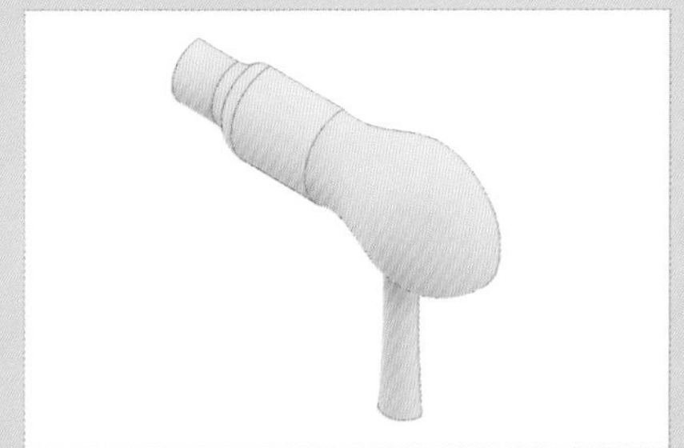
焊接器

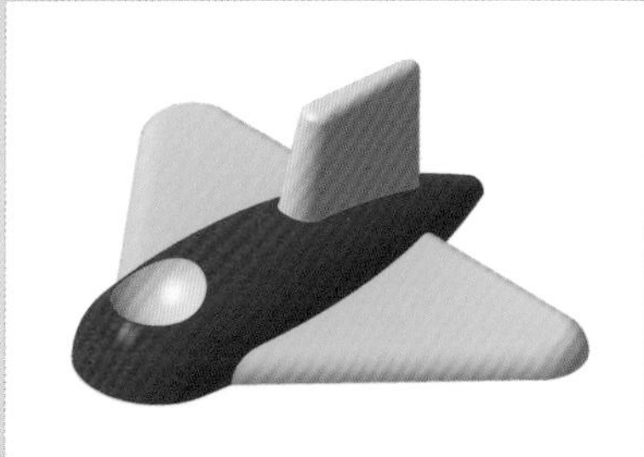
飞机

本书精彩案例欣赏

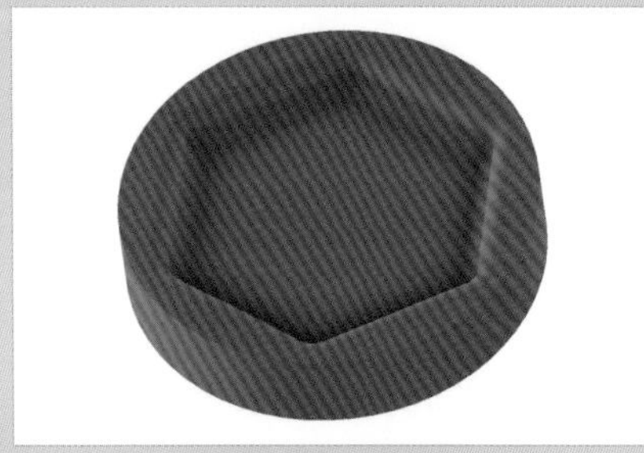

凹模

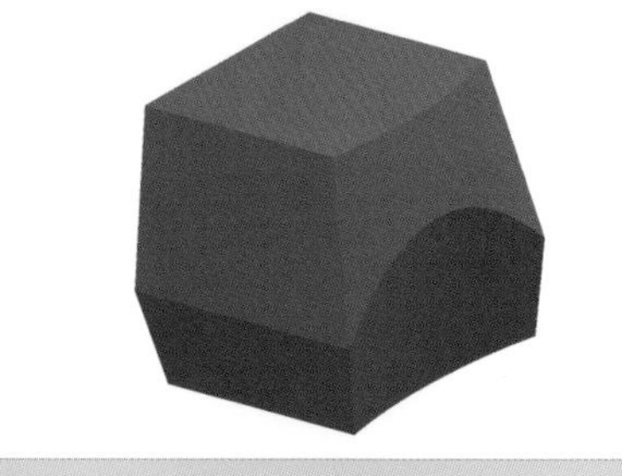

拔模

可变角拔模

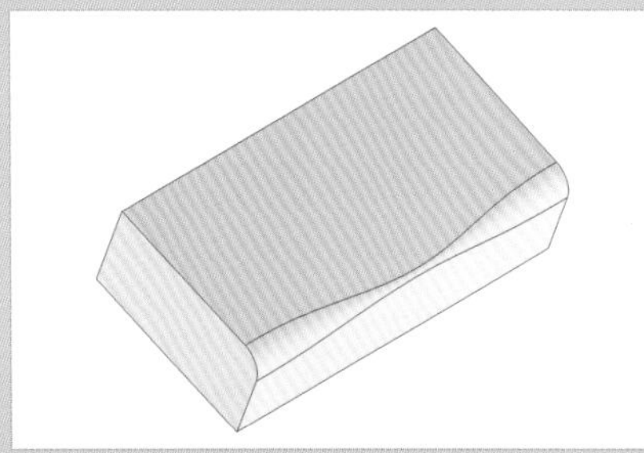

变量倒圆角

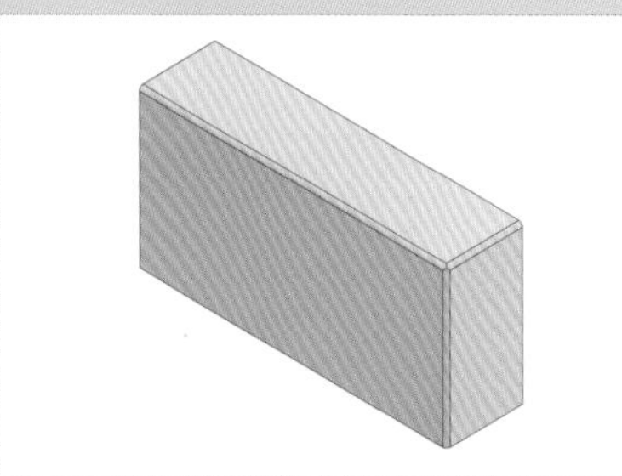

常量倒圆角

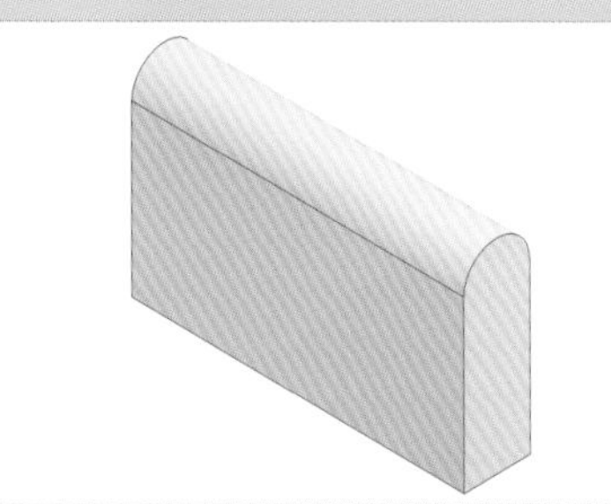

三切线内圆角

弹簧夹

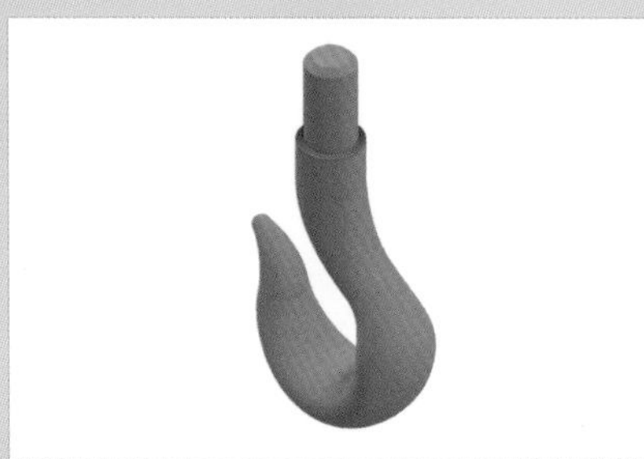

吊钩

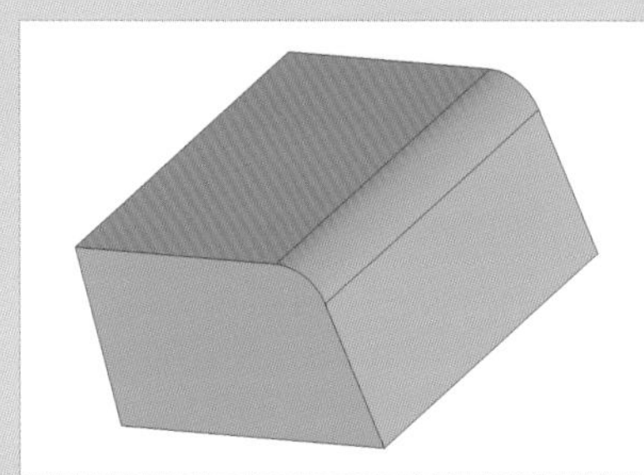

反射线拔模

杯子

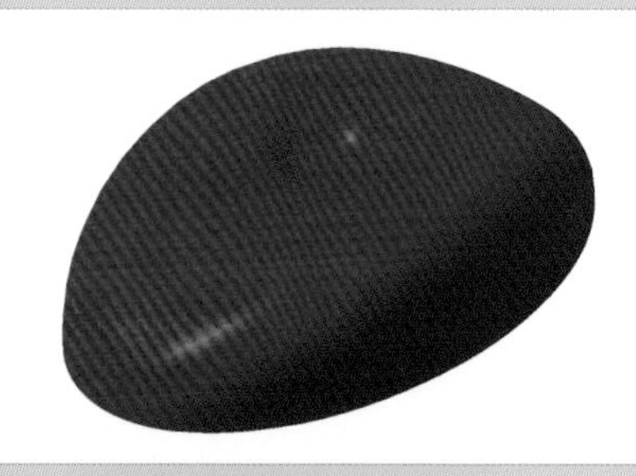

纽扣

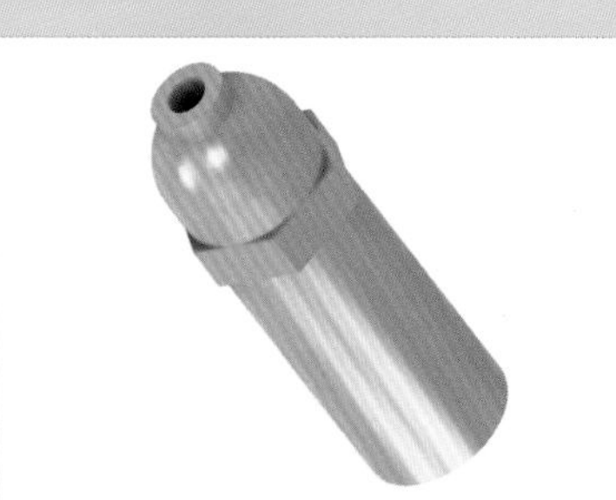

油嘴

皮带轮

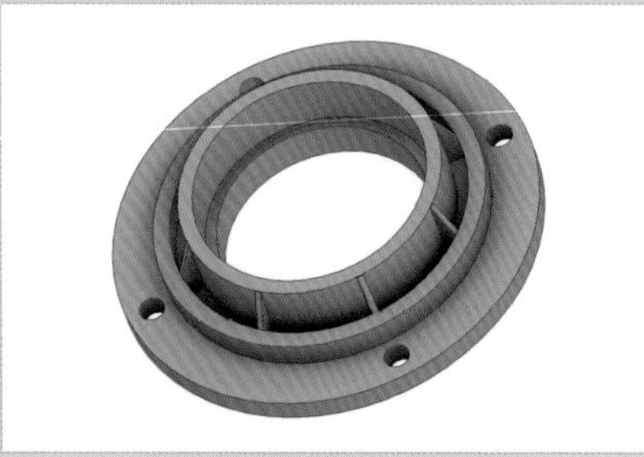

法兰

支座

传动轴组件装配

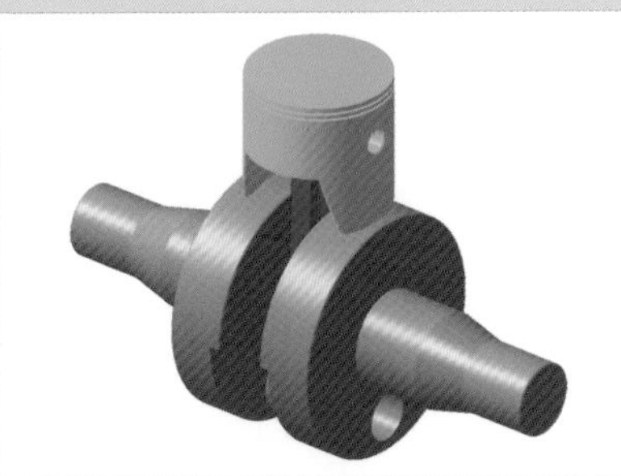
活塞装配

轴承内外圈装配

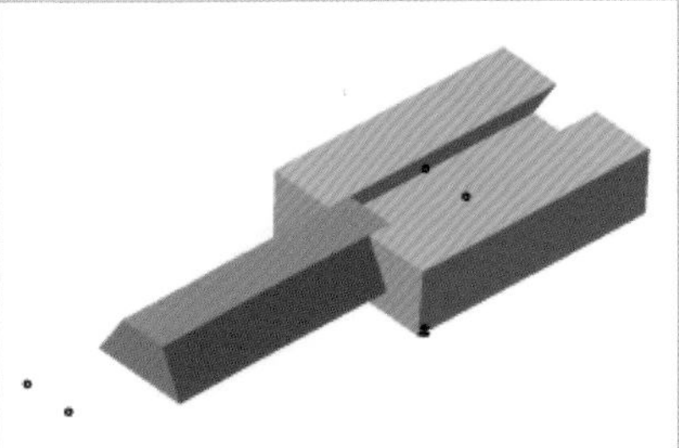
滑块运动

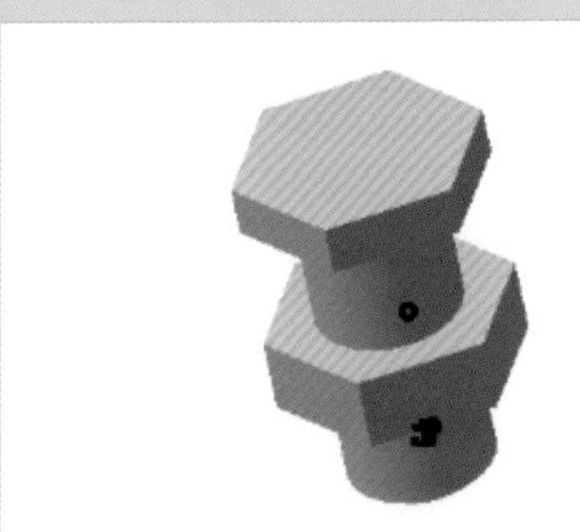
螺纹运动

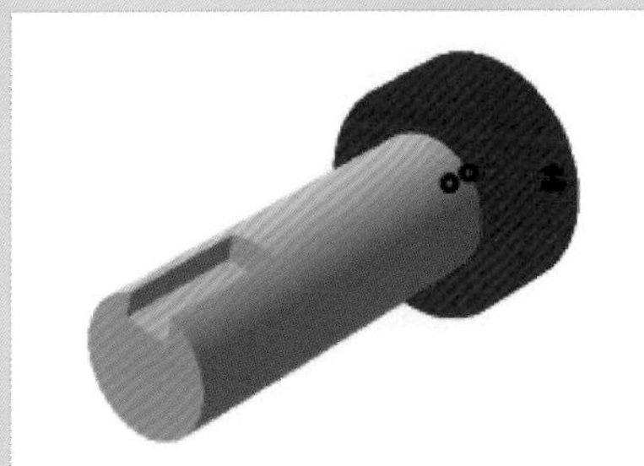
螺旋运动

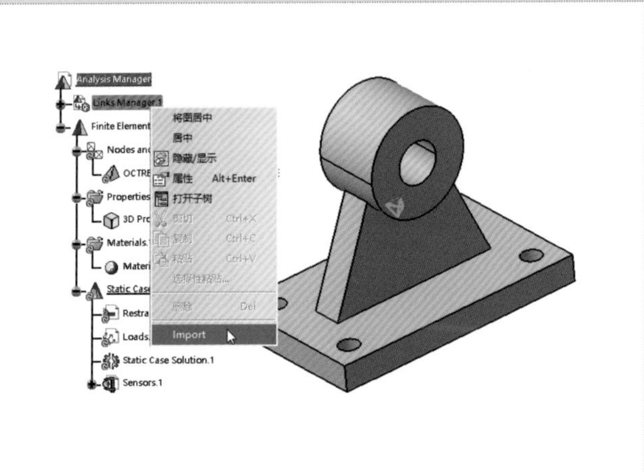

创建轴承座网格

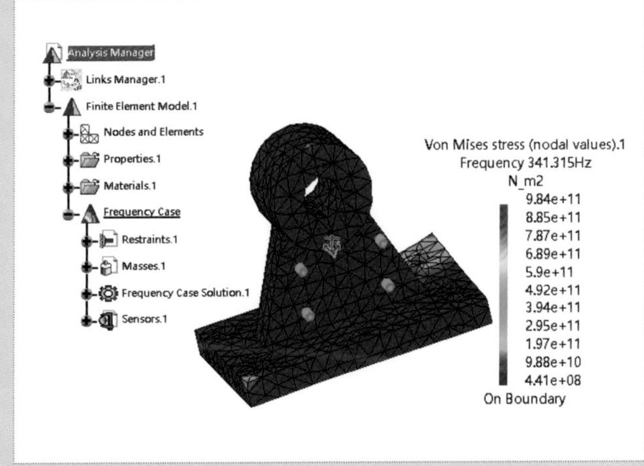

轴承座应力图

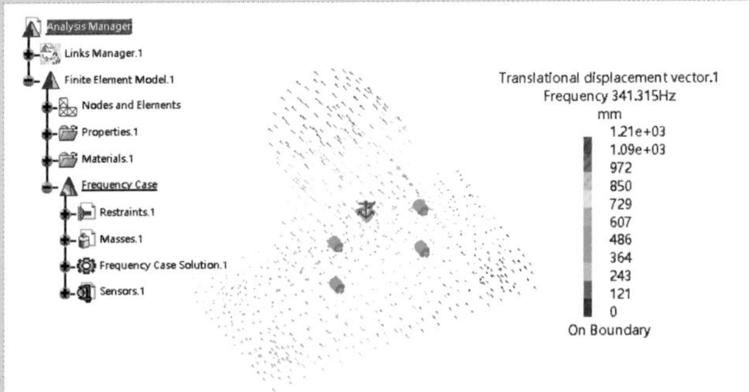

轴承座应变分布图

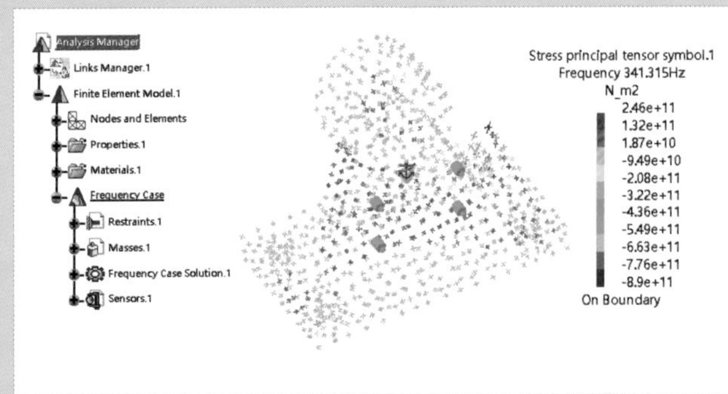

轴承座应力分布图

本书精彩案例欣赏

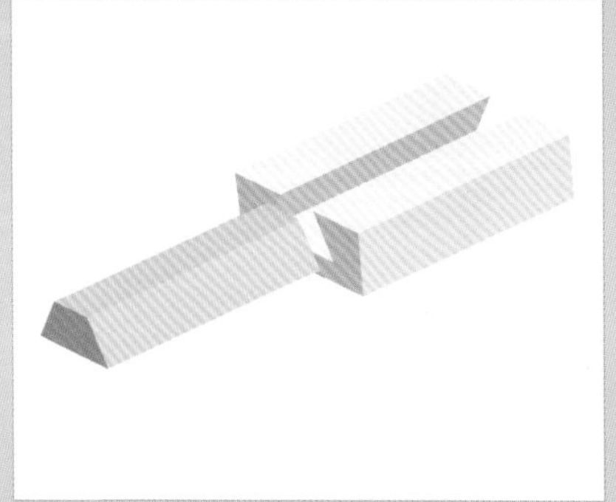
棱形接合

连杆滑块机构

连杆运动机构

螺钉接合

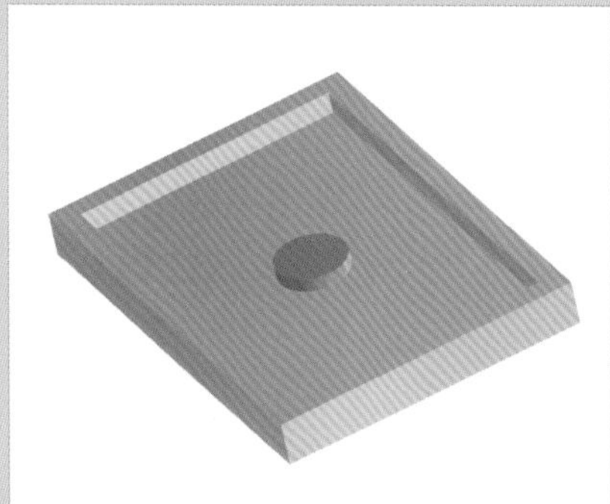
平面接合

球面接合

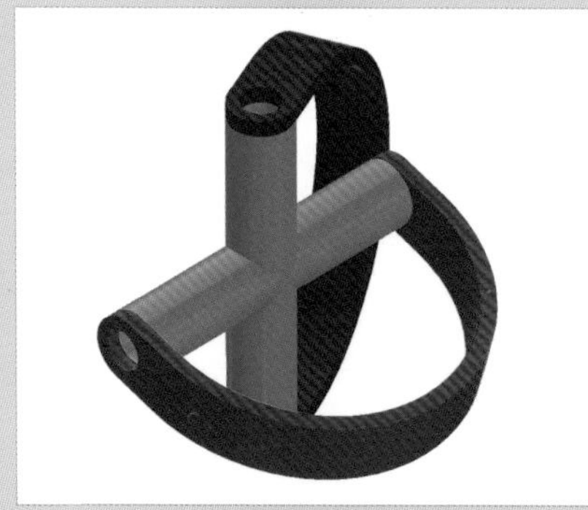
万向节接合

旋转接合

圆柱接合

齿轮接合

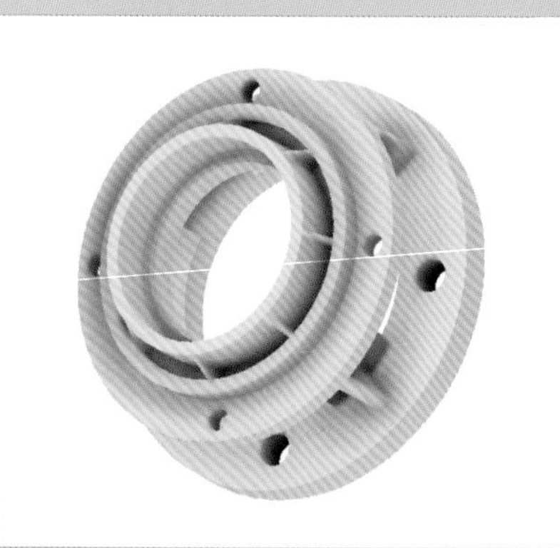
连接法兰

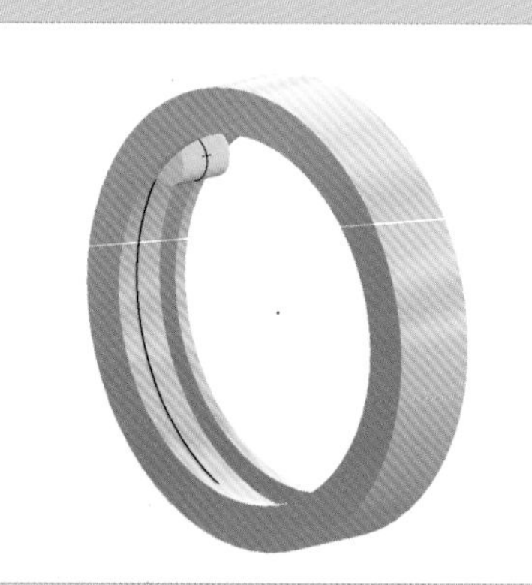
滑动曲线接合

前　言

Preface

CATIA 软件是法国达索公司开发的第五代工程应用软件，它集辅助设计、工程分析和制造于一身，具有三维设计、结构设计、高级外观曲面、交互式二维图、运动模拟、有限元分析、逆向工程、美工设计及数控加工等强大而丰富的功能，可以帮助用户完成数字化的设计，在航天航空、汽车、电子与电气等行业都得到了广泛的应用。

随着版本的不断升级，CATIA 的功能也在不断地扩展和增强，其操作和应用将进一步向智能化和多元化方向发展。CATIA V5-6 R2021 是目前最新的版本，也是功能最强大的版本，本书将以此版本为基础进行讲解。

本书内容设计

➘ 结构合理，适合自学

本书在编写时充分考虑初学者基础薄弱的特点，内容讲解由浅入深，循序渐进，能引导初学者快速入门。本书在知识点的安排上没有面面俱到，而是择精摘要。学好本书，读者能掌握实际设计工作中需要的各项技术。

➘ 视频讲解，通俗易懂

为了提高学习效率，本书为所有实例配备了相应的教学视频。视频录制时采用线上授课的形式，在各知识点的关键处给出解释、提醒和注意事项。这些内容都是专业知识和经验的提炼，能够帮助读者在高效学习的同时，让读者更多地体会绘图的乐趣。

➘ 知识全面，实例丰富

本书详细介绍了 CATIA V5-6 R2021 的使用方法和编辑技巧，内容涵盖 CATIA 草图绘制、零件建模、曲面设计、钣金设计、参数化设计、装配建模、工程图设计、有限元分析、动力学分析等知识。本书在介绍知识点时辅以大量的实例，并提供具体的设计过程和大量的图示，以帮助读者快速理解并掌握所学知识点。

➘ 栏目设置，关键实用

本书根据需要并结合实际工作经验，穿插了大量的“注意”“提示”“思路点拨”等小栏目，给读者以关键提示。为了让读者有更多的机会动手操作，本书还设置了“练一练”栏目，读者在快速理解相关知识点后动手练习，可以达到举一反三的高效学习效果。

本书显著特点

➘ 体验好，随时随地学习

二维码扫一扫，随时随地看视频。本书为所有实例提供了二维码，读者可以通过手机“扫一扫”功能，随时随地观看相关的教学视频（若个别手机不能播放，请参考前言中的“本书学习资源列表及获取方式”，在计算机上下载后观看）。

➘ 资源多，全方位辅助学习

从配套到拓展，资源库一应俱全。本书提供了139个实例案例的配套视频和源文件，还提供了13套拓展学习的设计实例的讲解视频和源文件，可以让读者进行全面深入地学习。

➘ 实例多，用实例学习更高效

案例丰富详尽，边做边学效果好。跟着大量实例去学习，能边学边做，并从做中学，可以使学习更深入、更高效。

➘ 入门易，全力为初学者着想

遵循学习规律，入门实战相结合。本书编写采用“基础知识+实例”的形式，内容由浅入深，循序渐进；且入门知识与实战应用相结合，可使学习更有效率。

➘ 服务快，学习无后顾之忧

提供在线服务，随时随地可交流。本书提供了公众号、QQ 群等多种服务渠道，为读者学习提供最大限度的帮助。

本书学习资源列表及获取方式

为了让读者在最短的时间内学会并精通 CATIA V5-6 R2021 辅助设计技术，本书提供了极为丰富的学习配套资源，具体如下。

➘ 配套资源

（1）为了方便读者学习，本书实例均录制了同步讲解视频，读者可以使用手机微信扫描书中的二维码观看，也可以通过电脑端从百度网盘下载后观看。

（2）本书赠送实例的源文件，读者需下载到电脑中进行练习操作。

➘ 拓展学习资源

13 套 CATIA 设计实例源文件和同步讲解视频（需下载到电脑中进行学习与练习）。

以上资源的获取及答疑方式如下。

（1）读者扫描并关注下面的微信公众号，发送“CT2250”到公众号后台，获取本书资源的下载链接，将该链接复制到计算机浏览器的地址栏中，根据提示进行下载。

（2）读者可加入 QQ 群 660393254（**若群满，则会创建新群，请根据加群时的提示加入对应的群**），老师不定时在线答疑，读者间也可互相交流学习。

特别说明（新手必读）

读者在学习本书或按照本书上的实例进行操作时，请先在计算机中安装中文版 CATIA V5-6 操作软件，可以在 CATIA 官网下载该软件试用版本，也可以购买正版软件安装。

关于编者

本书由天工在线组织编写。天工在线是一个 CAD/CAM/CAE/EDA 技术研讨、工程开发、培训咨询和图书创作的工程技术人员协作联盟，包含 40 多位专职和众多兼职 CAD/CAM/CAE/EDA 工程技术专家。其创作的很多教材成为国内具有引导性的旗帜作品，在国内相关专业方向图书创作领域具有举足轻重的地位。

致谢

本书能够顺利出版，是编者、编辑和所有审校人员共同努力的结果，在此表示深深的感谢！同时，祝福所有读者在通往优秀工程师的道路上一帆风顺。

说明

本书所讲的 CATIA V5-6 软件的最新一版为汉化版本，但因该版本的各个模块汉化方式为逐步汉化，存在个别模块依旧为英文界面的情况，书中为了与该软件保持一致，所以未作修改，且正文中的字母大小写与图中保持一致，请读者悉知。

编　者

目 录

Contents

第 1 章 CATIA V5 简介 1

1.1 CATIA V5 使用概述 1

1.1.1 概况 2

1.1.2 功能模块 2

1.2 操作界面 5

1.2.1 工作窗口 6

1.2.2 标题栏 6

1.2.3 主要菜单栏 6

1.2.4 主要工具栏 11

1.2.5 特征树 13

1.3 工作环境的设置 15

1.3.1 基本设置 15

1.3.2 显示设置 18

1.3.3 个性化设置 24

1.3.4 工具栏设置 25

第 2 章 基本操作方法 27

2.1 文件基本操作 27

2.1.1 新建文件 27

2.1.2 打开文件 28

2.1.3 保存文件 29

2.1.4 退出文件 30

2.2 常用操作 30

2.2.1 鼠标操作 31

2.2.2 指南针操作 31

2.2.3 对象选择 32

2.2.4 特征树的应用 33

2.3 数据的输出格式 33

2.3.1 文件格式 33

2.3.2 数据的输出 34

2.4 视图 34

2.4.1 标准视图 34

2.4.2 自定义视图 35

2.5 层与层过滤 36

2.5.1 分配层 36

2.5.2 添加层 36

2.5.3 过滤视图 36

2.6 参考元素 37

2.6.1 点 37

2.6.2 平面 40

2.6.3 直线 43

第 3 章 草图绘制 47

视频讲解：6 分钟

3.1 草图工作平台 47

3.1.1 从【开始】菜单进入 47

3.1.2 从零件设计平台进入 49

3.1.3 草图工作面设置 49

3.2 草图常用工具 50

3.2.1 【草图工具】工具栏 50

3.2.2 【可视化】工具栏 51

3.2.3 【选择】工具栏 52

3.3 草图绘制工具 54

3.3.1 绘制连续轮廓 54

动手学——绘制平键轮廓 54

3.3.2 绘制预定义轮廓 56

3.3.3 绘制直线 58

3.3.4 绘制轴线 59

3.3.5 绘制圆和圆弧 59

动手学——绘制挡圈草图 60

3.3.6 绘制样条线......61
3.3.7 绘制二次曲线......62
3.3.8 绘制点......63
练一练——绘制螺母草图......65

第 4 章 草图编辑......66
视频變解：10 分钟
4.1 草图编辑工具......66
4.1.1 倒圆角......66
4.1.2 倒角......67
4.1.3 操作工具......68
4.1.4 变换工具......71
动手学——绘制底座草图......73
4.1.5 几何投影......75
4.2 草图约束......76
4.2.1 定义约束......76
4.2.2 创建约束......77
动手学——绘制角铁草图......80
4.2.3 自动约束......81
4.2.4 动画约束......83
4.2.5 编辑多重约束......84
练一练——绘制盘件......85

第 5 章 基于草图的特征......86
视频讲解：81 分钟
5.1 零件设计功能介绍......86
5.1.1 进入零件设计平台......87
5.1.2 工作环境设置......87
5.2 拉伸......90
5.2.1 凸台......90
动手学——绘制大垫片......92
5.2.2 多凸台......93
动手学——创建多凸台......93
5.2.3 拔模圆角凸台......95
动手学——创建果冻......95
练一练——绘制弹簧夹主体......96
5.3 凹槽......96
5.3.1 创建凹槽......97
动手学——绘制垫片......97
5.3.2 拔模圆角凹槽......98
动手学——创建凹模......98
5.3.3 多凹槽......99
动手学——创建多个凹槽......99
练一练——绘制弹簧夹......100
5.4 旋转......101
5.4.1 旋转特征......101
动手学——创建轴承内圈......102
5.4.2 旋转槽......103
动手学——创建滚轮......103
5.4.3 肋特征......104
练一练——绘制皮带轮......105
5.5 肋......106
动手学——创建方向盘主体......106
开槽特征......108
动手学——创建油槽......108
5.6 多截面实体......109
5.6.1 多截面实体特征......109
动手学——创建吊钩主体......111
练一练——绘制门把手......113
5.6.2 加强肋......113
动手学——创建支座......114
5.7 综合实例——绘制法兰......115

第 6 章 修饰特征......118
视频讲解：41 分钟
6.1 圆角......118
6.1.1 倒圆角......118
动手学——创建常量倒圆角......121
动手学——创建变量倒圆角......121
6.1.2 面与面的圆角......123
6.1.3 三切线内圆角......123
动手学——创建三切线内圆角......124
6.2 倒角......125
动手学——吊钩细节处理......125
练一练——绘制销轴......127
6.3 孔......127

动手学——创建油嘴 129
6.4 抽壳 131
动手学——创建杯子 132
练一练——绘制垃圾桶外壳 134
6.5 厚度 134
动手学——更改杯子壁厚度 135
6.6 螺纹特征 135
6.7 移除面 136
动手学——移除圆角面 136
6.8 替换面 137
动手学——替换面 137
6.9 拔模 139
6.9.1 基本拔模 139
动手学——创建拔模 140
6.9.2 可变角度拔模 142
动手学——可变角度拔模 142
6.9.3 反射线拔模 144
动手学——反射线拔模 144
练一练——绘制纽扣 145

第 7 章 特征编辑与操作 146

视频讲解：32 分钟

7.1 实体特征变换 146
7.1.1 平移 146
动手学——平移实体 147
7.1.2 旋转 147
动手学——旋转实体 148
7.1.3 对称 149
动手学——对称实体 149
7.1.4 定位 150
动手学——定位变换 150
7.2 特征操作 151
7.2.1 阵列 151
动手学—— 完成方向盘 156
练一练——绘制瓶盖 156
7.2.2 镜像 157
动手学——镜像爱心 157
7.2.3 缩放 158
7.3 综合实例——绘制轴承 159

第 8 章 创建曲面 161

视频讲解：63 分钟

8.1 进入曲面造型平台 161
8.2 曲线 162
8.2.1 轴线 162
8.2.2 投影曲线 165
动手学——绘制风扇叶片曲线 165
8.2.3 相交曲线 167
动手学——创建相交曲线 167
8.2.4 圆曲线 167
8.2.5 圆角曲线 171
动手学——绘制圆角曲线 171
8.2.6 连接曲线 172
动手学——创建连接曲线 173
8.2.7 样条曲线 174
动手学——创建样条曲线 174
8.2.8 螺旋曲线 176
动手学——创建螺旋曲线 176
8.3 常规曲面 179
8.3.1 拉伸曲面 179
动手学——创建拉伸曲面 179
8.3.2 旋转曲面 180
动手学——创建吹风机主体曲面 180
练一练——创建飞机主体 180
8.3.3 球曲面 181
动手学——创建球曲面 181
8.3.4 圆柱曲面 182
动手学——创建圆柱曲面 182
8.3.5 偏移曲面 183
动手学——创建偏移曲面 183
8.3.6 扫掠曲面 184
8.3.7 填充曲面 186
动手学——创建填充曲面 186

练一练——创建漏斗......187
8.3.8 多截面曲面......188
动手学——创建吹风机把手曲面......188
8.3.9 桥接曲面......191
动手学——创建桥接曲面......191
8.4 综合实例——创建塑料焊接器曲面......192

第 9 章 曲面操作......195
视频讲解：53 分钟
9.1 曲面编辑......195
9.1.1 修复曲面......195
9.1.2 分割曲面......196
动手学——创建扇叶曲面......196
9.1.3 修剪曲面......197
动手学——编辑吹风机曲面......197
9.1.4 提取边界......198
9.1.5 接合曲面......199
动手学——完成吹风机创建......199
练一练——完成飞机创建......201
9.1.6 外插延伸......202
9.2 曲面变换......202
9.2.1 平移......203
动手学——平移曲面......203
9.2.2 旋转......204
动手学——旋转曲面......204
9.2.3 对称......206
动手学——创建对称曲面......206
9.2.4 缩放......206
动手学——缩放曲面......206
9.2.5 仿射......207
动手学——仿射曲面......207
9.2.6 定位变换......208
动手学——定位变换曲面......208
9.3 曲面生成实体......209
9.3.1 包络体拉伸......209
动手学——创建拉伸包络体......209
9.3.2 包络体旋转......210
动手学——创建旋转包络体......210
9.3.3 多截面包络体......211
动手学——创建多截面包络体......211
9.3.4 扫掠包络体......212
9.3.5 厚曲面......213
动手学——完成风扇创建......213
9.3.6 封闭曲面......215
9.4 综合实例——完成塑料焊接器......216

第 10 章 钣金设计......221
视频讲解：71 分钟
10.1 进入钣金件设计平台......221
10.2 钣金件的参数设置......222
10.3 基本钣金特征......223
10.3.1 创建平整壁......223
动手学——创建硬盘固定架 1......223
10.3.2 创建拉伸壁......224
动手学——创建顶后板 1......225
10.3.3 创建边线上的墙体......226
动手学——创建顶后板 2......227
10.3.4 创建凸缘......228
动手学——完成顶后板的创建......229
练一练——创建消毒柜底板......230
10.3.5 创建边缘......231
10.3.6 创建表面滴斑......231
10.3.7 创建用户凸缘......232
10.4 复杂钣金特征......232
10.4.1 创建剪口......232
动手学——创建硬盘固定架 2......233
练一练——创建吊板......234
10.4.2 创建止裂槽......235
10.4.3 创建圆形剪口......235
10.4.4 创建折弯圆角......236
10.4.5 创建圆锥折弯圆角......236
10.4.6 从平面折弯......236
动手学——完成硬盘固定架......237
练一练——创建书架......241
10.4.7 展开......241

10.4.8 折叠..............................242
10.5 冲压特征..............................242
10.5.1 创建曲面冲压..............................242
动手学——创建锅盖主体..............................243
10.5.2 创建凸圆特征..............................244
10.5.3 创建曲线冲压..............................245
10.5.4 创建凸缘剪口..............................245
10.5.5 创建百叶窗..............................246
10.5.6 创建桥接..............................246
10.5.7 创建凸缘孔..............................246
10.5.8 创建环状冲压..............................247
动手学——完成锅盖..............................247
10.5.9 创建加强肋..............................249
10.6 综合实例——设计硬盘支架..............................250

第 11 章 参数化设计..............................259
视频讲解：50 分钟
11.1 CATIA 参数化设计简介..............................259
11.2 参数化工具..............................261
11.3 公式..............................263
动手学——根据公式调整圆柱体大小..............................263
11.4 法则曲线..............................266
动手学——创建波浪线..............................266
11.5 设计表..............................269
动手学——根据设计表调整圆柱体大小..............................269
11.6 规则..............................271
动手学——根据规则调整圆柱体大小..............................272
11.7 检查..............................273
动手学——利用检查工具调整圆柱体大小..............................273
11.8 综合实例——制作渐开线齿轮..............................275

第 12 章 装配设计..............................284
视频讲解：22 分钟
12.1 进入装配设计平台..............................284
12.2 引入部件..............................285
12.2.1 创建新部件..............................285
12.2.2 创建已存在的部件..............................285
12.2.3 创建新零件..............................287
12.3 移动零部件..............................288
12.3.1 移动部件..............................288
12.3.2 调整位置..............................289
动手学——调整活塞连杆中的零件位置..............................289
12.3.3 快速移动..............................291
12.3.4 智能移动..............................291
12.4 装配约束..............................291
12.4.1 相合约束..............................291
动手学——轴承内外圈装配..............................292
12.4.2 接触约束..............................294
动手学——传动轴组件装配..............................295
练一练——风扇..............................298
12.4.3 偏移约束..............................299
12.4.4 角度约束..............................299
动手学——活塞连杆机构装配..............................300
12.4.5 固定部件..............................302
12.4.6 快速约束..............................303
12.4.7 更改约束..............................303
12.4.8 重复使用阵列..............................303
动手学——轴承中滚珠和保持架装配..............................304
12.5 装配爆炸..............................305
动手学——分解活塞连杆..............................306
练一练——分解风扇..............................307

第 13 章 工程图绘制..............................308
视频讲解：36 分钟
13.1 工程图设计工作台..............................308
13.2 创建工程图图纸..............................309
13.2.1 定义工程图图纸..............................309
13.2.2 设置框架和标题栏..............................311
13.3 创建工程视图..............................313
13.3.1 基本视图..............................313
动手学——创建活塞三视图..............................313
13.3.2 投影视图..............................314

动手学——创建连杆正视图......314
13.3.3 剖面视图......315
动手学——创建连杆剖视图......316
13.3.4 局部放大视图......317
动手学——创建活塞局部放大图......317
13.3.5 局部视图......320
动手学——创建活塞局部视图......321
13.4 视图操作......322
13.4.1 移动视图......322
13.4.2 定位视图......322
13.4.3 锁定视图......325
13.4.4 缩放视图......326
13.4.5 删除视图......326
13.5 创建修饰特征......327
13.5.1 中心线......327
动手学——创建轴中心线......328
13.5.2 填充剖面线......329
13.5.3 箭头......329
13.6 尺寸标注......330
13.6.1 自动生成尺寸......330
13.6.2 手动标注尺寸......330
动手学——标注轴尺寸......332
13.6.3 尺寸编辑......334
13.6.4 文本标注......335
动手学——标注轴文字......336
13.7 标注符号......337
13.7.1 标注表面粗糙度......337
动手学——标注轴的表面粗糙度......337
13.7.2 标注基准符号......338
动手学——标注轴基准特征......338
13.7.3 标注形位公差......339
动手学——标注轴形位公差......339
13.7.4 标注零件序号......340
13.7.5 标注基准目标......340
练一练——创建轴承座工程图......340
第14章 有限元分析......342
视频讲解：15分钟
14.1 创成式结构有限元分析简介......342
14.1.1 进入GSA工作台......342
14.1.2 GSA分析过程简介......343
14.1.3 GSA的特征树简介......343
14.2 模型管理......344
14.2.1 网格创建......344
动手学——创建轴承座网格......346
14.2.2 网格参数修改......347
14.2.3 网格属性......347
14.2.4 模型检查......347
14.2.5 用户自定义材料......348
14.3 虚拟零件......348
14.3.1 柔性虚拟零件......348
14.3.2 接触虚拟零件......349
14.3.3 刚性虚拟零件......349
14.3.4 刚弹性虚拟零件......349
14.3.5 柔弹性虚拟零件......350
14.4 定义约束......350
14.4.1 固定约束......350
动手学——对轴承座添加固定约束......351
14.4.2 铰约束......351
14.4.3 高级约束......353
14.5 定义载荷......354
14.5.1 压力载荷......354
14.5.2 分布力载荷......354
动手学——对轴承座添加分布力载荷......355
14.5.3 分布力矩载荷......356
14.5.4 加速度载荷......356
14.5.5 旋转惯性力载荷......357
14.5.6 密度力载荷......357
14.5.7 强制位移载荷......358
14.6 计算求解......358
14.7 后处理......358
14.7.1 创建结果图......358

14.7.2　结果分析........................360
动手学——对轴承座计算应力和应变........................362
练一练——支架分析........................366

第 15 章　运动仿真........................367
视频讲解：40 分钟
15.1　运动仿真步骤........................367
15.2　运动机构........................368
15.2.1　使用命令进行模拟........................368
15.2.2　机械装置修饰........................369
15.2.3　固定零件........................369
15.2.4　装配约束转换........................370
15.2.5　速度和加速度........................371
15.2.6　分析机械装置........................371
15.3　运动副........................372
15.3.1　旋转接合........................373
动手学——创建旋转接合........................373
15.3.2　棱形接合........................374
动手学——创建棱形接合........................374
15.3.3　圆柱接合........................375
动手学——创建圆柱接合........................376
15.3.4　螺钉接合........................377
动手学——创建螺钉接合........................377
15.3.5　球面接合........................378
动手学——创建球面接合........................378
15.3.6　平面接合........................378
动手学——创建平面接合........................378
15.3.7　点曲线接合........................379
动手学——创建点曲线接合........................379
15.3.8　滚动曲线接合........................380
动手学——创建滚动曲线接合........................380
15.3.9　齿轮接合........................382
动手学——创建齿轮接合........................382
15.3.10　万向节接合........................384
动手学——创建万向节接合........................384
15.3.11　其他接合........................385
15.4　动画........................386
15.4.1　模拟........................386
15.4.2　编辑模拟........................387
15.4.3　重放........................387
15.4.4　模拟播放器........................387
15.4.5　干涉检查........................387
15.5　综合实例——创建连杆运动机构........................388
练一练——连杆滑块运动机构........................392

第 1 章　CATIA V5 简介

内容简介

本章主要介绍 CATIA 用户界面的基本工作环境和数据的输入/输出。用户只要掌握了 CATIA 各部分的基本操作方法和位置及用途，就可以方便快捷地进行设计工作。CATIA 的操作以鼠标为主，键盘输入数值为辅，界面上丰富的图标可直接用鼠标点击，操作十分便捷。

内容要点

- CATIA V5 使用概述
- 操作界面
- 工作环境的设置

案例效果

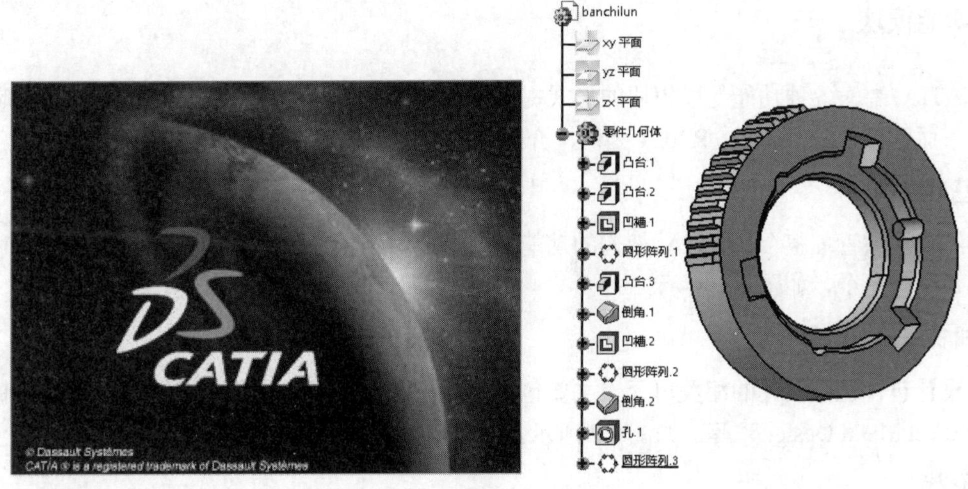

1.1　CATIA V5 使用概述

CATIA（Computer Aided Tri-Dimensional Interface Application）是由法国达索（Dassault Systemes）公司开发的一套集 CAD/CAE/CAM 于一体的工程应用软件。CATIA V4 版本最初只能在 UNIX 平台上运行，经过软件升级和功能改善，现在 CATIA V5 已经可以较好地在 Windows 平台上运行。CATIA V5 作为目前广泛使用的版本，具有功能强大、使用方便、界面人性化等特点。CATIA 起源于航空工业，其还被广泛用于航天、汽车设计制造、船舶、电子电器以及消费品行业。

1.1.1 概况

CATIA V5 版本是 IBM 和达索公司长期以来在为数字化企业服务过程中不断探索的结晶。围绕数字化产品和电子商务集成概念进行系统结构设计的 CATIA V5 版本，可为数字化企业建立一个针对产品整个开发过程的工作环境。在这个环境中，可以对产品开发过程的各个方面进行仿真，并能够实现工程人员和非工程人员之间的电子通信。产品的整个开发过程包括概念设计、详细设计、工程分析、成品定义和制造乃至成品在整个生命周期中的使用和维护。

CATIA V5 可运行于 UNIX 和 Windows 两种平台，在 Windows 平台中融入了 OLE（Object Linking and Embedding，对象链接与嵌入）功能，可像其他基于 Windows 平台的软件一样具有右击及复制、粘贴等基本功能，方便用户的学习和使用。另外，通过使用其自身专业模块的二次开发功能，用户可自行开发自己感兴趣的功能。

CATIA V5 的功能主要有三维几何图形设计、二维工程蓝图绘制、复杂空间曲面设计与验证、三维计算机辅助加工制造、加工轨迹模拟、机构设计和运动分析、标准零件管理等。

为了更好地服务于各个行业的产业设计情况，CATIA V5 划分了 12 个设计模块：基础结构、机械设计、形状、分析与模拟、AEC 工厂、加工、数字化装配、设备与系统、制造的数字化处理、加工模拟、人机工程学设计与分析和知识工程模块。每个模块都含有多个设计工具，如机械设计模块下的基本功能有零件设计、组合件设计、草图、产品功能公差及标注、焊接设计、模座设计、结构设计、绘图、自动拆模设计、辅助曲面修补、功能性模具零件和钣金件设计等。

1.1.2 功能模块

在 CATIA 中，各种功能是以模块的形式提供给用户的，用户可以针对不同的使用需要购买不同的模块。下面就以 CATIA V5-6 R2021 为例，介绍其提供的主要模块。

1．基础结构

基础结构提供管理整个 CATIA 架构的功能，包括产品结构、材料库、目录编辑器、实时渲染、过滤产品数据等命令，如图 1.1 所示。

2．机械设计

机械设计包含机械设计的相关单元，主要包括零件设计、装配设计、草图编辑器、工程制图及钣金设计（Sheet Metal Design）等，如图 1.2 所示。

3．形状

形状包含各种曲线曲面造型模块，其中较常用的两个模块为自由样式模块和创成式外形设计模块。其中，自由样式模块可以自由塑造不规则曲面，利用手绘草图来构建曲面；创成式外形设计模块可以方便地创建常规曲面，并对生成的曲面进行编辑。该模块提供了多种工具，可帮助设计者方便、高效地创建和修改曲线及曲面，如图 1.3 所示。

4．分析与模拟

分析与模拟提供实体的分割与静力、共振等有限元分析功能，并可输出网格分割数据供其他软件使用，如图 1.4 所示。

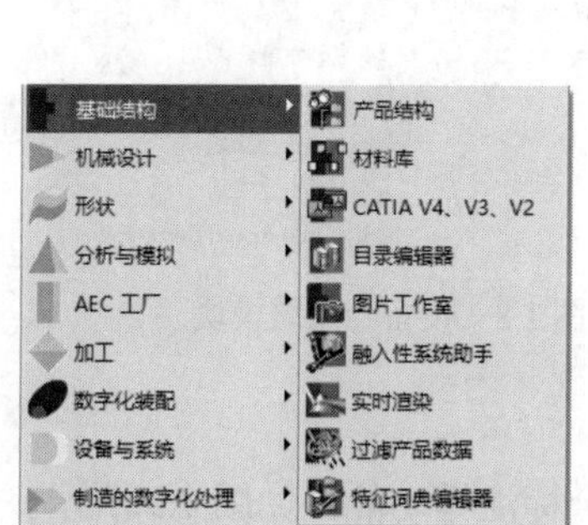

图 1.1 基础结构模块

图 1.2 机械设计模块

图 1.3 形状模块

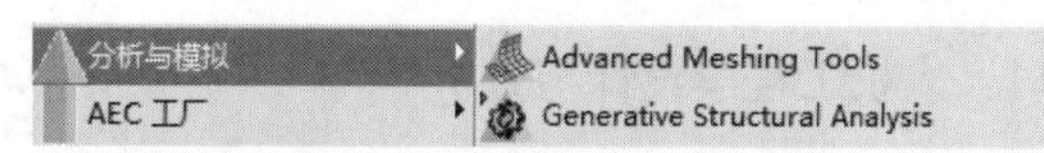

图 1.4 分析与模拟模块

5. AEC 工厂

AEC 工厂可进行工厂的规划建置设计，如图 1.5 所示。

6. 加工

加工包括车、铣等加工过程仿真，拥有两轴到五轴加工的编程能力，并支持快速原型功能，如图 1.6 所示。

图 1.5 AEC 工厂模块

图 1.6 加工模块

7. 数字化装配

数字化装配包含动态机构仿真、装配配合空间分析、产品功能分析与功能优化等模块，如图 1.7 所示。通过系统提供的关节连接方式或自动转换装配约束条件而产生关节连接，可以对任何规模的电子样机进行机构定义；通过鼠标操作，能够模拟机械运动以校验机构性能；通过干涉检查和分析最小间隙，可以进行机构的运动分析；可以生成运动零件的轨迹或扫掠体以指导未来设计；还可以通过与其他 DMU 产品的集成做更多组合的仿真分析；能够满足从机械设计到功能评估等各类工程人员的需要。

8．设备与系统

设备与系统提供各种系统设备的建置、管路和电线的配置及电子零件配置等功能，如图 1.8 所示。

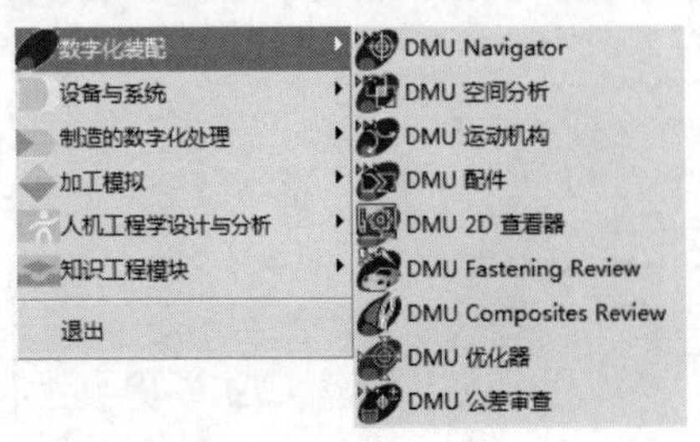

图 1.7　数字化装配模块

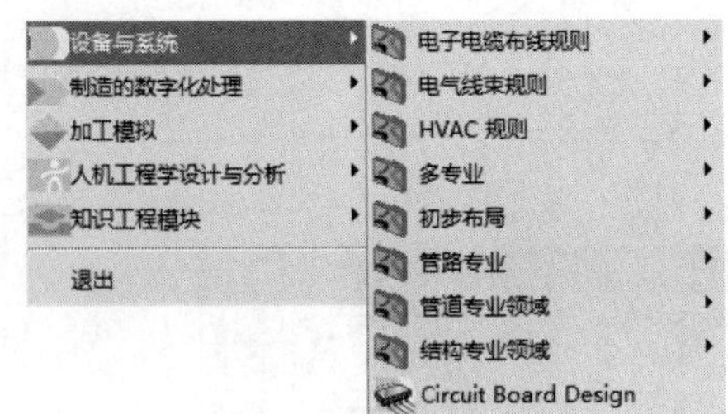

图 1.8　设备与系统模块

9．制造的数字化处理

制造的数字化处理提供在三维空间中进行产品的公差与配合标注等功能，如图 1.9 所示。

10．加工模拟

加工模拟提供数控机床仿真和数控机床制造功能，如图 1.10 所示。

图 1.9　制造的数字化处理模块

图 1.10　加工模拟模块

11．人机工程学设计与分析

人机工程学设计与分析提供人体测量编辑器（Human Measurements Editor）、人体活动分析（Human Activity Analysis）、人体建立（Human Builder）和人体姿势分析（Human Posture Anslsys）等功能，如图 1.11 所示。

12．知识工程模块

知识工程模块包括知识工程顾问（Knowledge Advisor）、知识工程专家、产品工程优化（Product Engineering Optimizer）、产品知识模板（Product Knowledge Template）、业务流程知识模板（Business Process Knowledge Template）和产品功能定义（Product Function Definition）等功能，如图 1.12 所示。本模块可以将隐式的设计实践转化为嵌入整个设计过程的显示知识。用户通过定义特征、公式、规则和检查，如制造周期中的特征包括成本、表面抛光或进给率，从而在早期设计阶段就考虑到这些因素的影响。在 CATIA V5 中，知识主要由用户创成式地输入各种公式、函数、设计表、规则、检查、反应、循环及创成式脚本等方式来实现。知识工程模块还给企业提供了在产品全生命周期都可以捕捉与重用企业知识的能力。建立知识库的目的是保证在产品开发过程中所有相关技术人员都可以高效利用 CATIA V5 自动捕捉建立在系统中的知识。

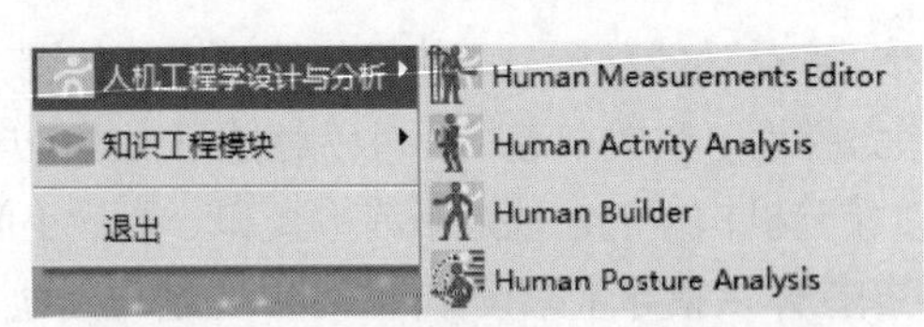

图 1.11　人机工程学设计与分析模块

图 1.12　知识工程模块

1.2 操作界面

CATIA 的启动和其他程序类似，双击桌面上的 CATIA 图标即可打开程序，如图 1.13 所示。

图 1.13　CATIA 启动界面

CATIA 初始视图如图 1.14 所示，视图上方是 CATIA V5 的菜单栏；中间的窗口显示工作对象，在这里完成具体的操作；右侧和下侧各有工具栏，其中都包含很多常用的命令，这些命令会随着打开的模块不同而改变；在最下方的文本框中可以手动输入一些命令和参数，快速完成某种操作。

当工作完毕，准备关闭 CATIA 时，可选择 CATIA 程序中的【开始】→【退出】命令，退出 CATIA 程序，也可直接单击程序右上角的按钮退出。

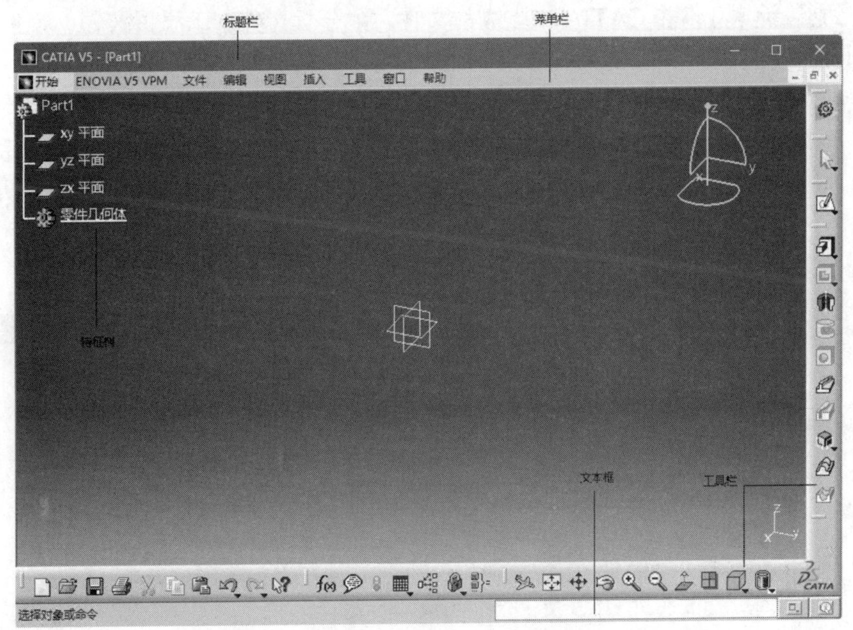

图 1.14　CATIA 初始视图

由于 CATIA 功能强大，因此其操作界面中有较多的工具条及相关按钮，可以充分满足用户的需求。为了使用户能更加轻松地使用设计工具，CATIA 的界面还具有三维效果、背景渐变填充等特点。下面将对 CATIA 的操作界面进行详细介绍。

1.2.1 工作窗口

CATIA 允许用户设置个性化界面。建议用户在安装好 CATIA 后先对其进行设置，在零件设计、曲面曲线设计及装配设计模块中，软件默认只有一列工具栏按钮，很多工具隐藏在后面，如果显示器足够大，可以多列几列以使按钮都能显示出来。在设置工作窗口时，应该尽量固定工具栏按钮的位置，这样在操作时会更加方便，可以提高工作效率。

1.2.2 标题栏

标题栏显示当前所设计的零件名称、最小化、最大化及关闭按钮，如图 1.15 所示。

图 1.15 CATIA 的标题栏

1.2.3 主要菜单栏

主要菜单栏中包含用户在设计过程中要用到的各种命令，如各种显示设置和修饰特征。下面分别对其进行讲解。

1.【文件】菜单

在【文件】菜单中可以进行基本功能操作，如新建、打开文件，这与一般软件类似，如图 1.16 所示。

- 新建：能够新建可以在 CATIA 中生成的文件，如分析文件、工程图文件、零件设计文件等，选择【新建】命令，弹出【新建】对话框，如图 1.17 所示。
- 新建自：将用户当前正在编辑的文件以一个新的名称导出，并打断其中所有的链接。
- 打开：可以打开一个 CATIA 文件。当选择【打开】命令时，弹出【选择文件】对话框，如图 1.18 所示，双击文件即可打开；或选择要打开的文件，单击【打开】按钮，也可打开文件。
- 关闭：可以将当前编辑的文件关闭。

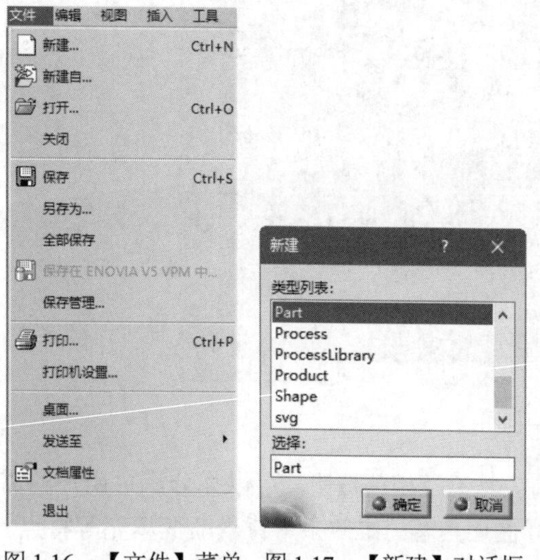

图 1.16 【文件】菜单 图 1.17 【新建】对话框

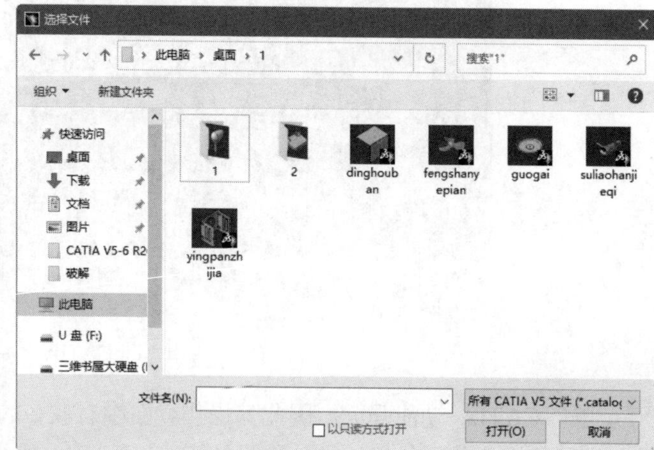

图 1.18 【选择文件】对话框

- 保存：可以将当前编辑的文件保存。如果正在编辑的文件尚未保存，则会弹出【另存为】对话框，可以选择保存的文件名及格式，如图 1.19 所示。

图 1.19 【另存为】对话框

- 另存为：既可以保存成 CATIA 专用的 CATPart 文件，也可以保存成图形数据文件 stl 文件，然后导入专业数据分析软件中进行求解变形等应用。
- 保存管理：此功能比普通保存命令强大，当选择此命令时，弹出【保存管理】对话框，可以对当前编辑文件的状态、名称、动作、访问方式等特征进行管理，如图 1.20 所示。

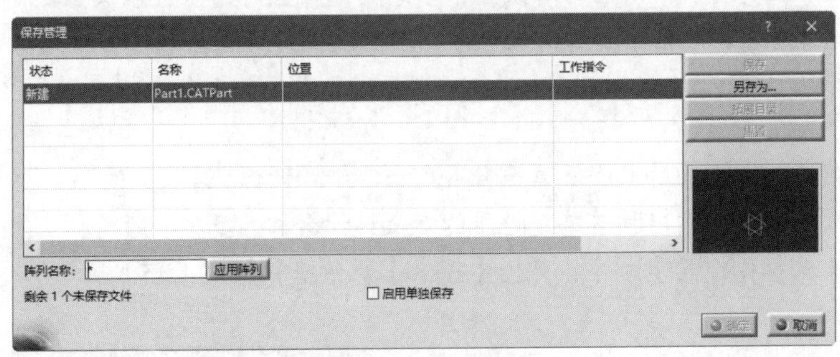

图 1.20 【保存管理】对话框

- 打印：可以调整打印的方向、位置与大小。选择此命令，弹出图 1.21 所示的【打印】对话框，单击【选项】按钮，可选择打印的颜色、位置等。
- 发送至：可将文件以邮件或文件夹的形式发送，在发送之前需要先将文件保存。
- 文档属性：可以显示文件的名称、路径、文件保存日期等信息。选择此命令，弹出【属性】对话框，如图 1.22 所示。

2.【编辑】菜单

【编辑】菜单中包括撤销、剪切、复制、粘贴等功能，如图 1.23 所示。

- 撤销/重复：与常用软件相似，可以针对上一步的操作执行撤销操作或重复上一步操作。对于这种常用操作，用户应该掌握其快捷键以加快操作建设。
- 更新：在修改部件的几何外形和约束后，将各部件调整到正确对应的位置。

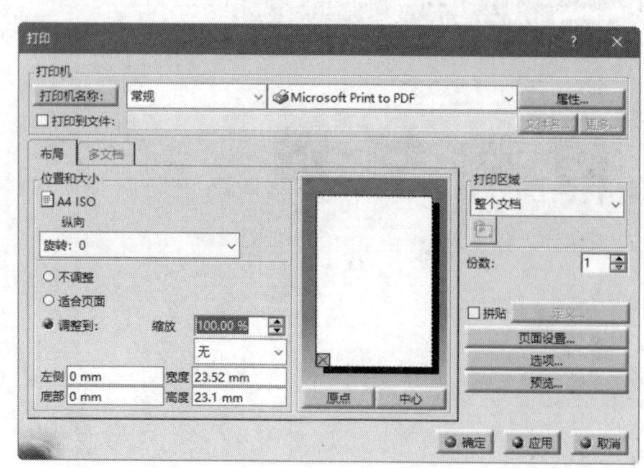

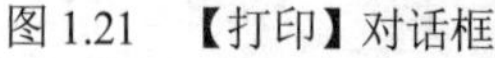
图 1.21 【打印】对话框

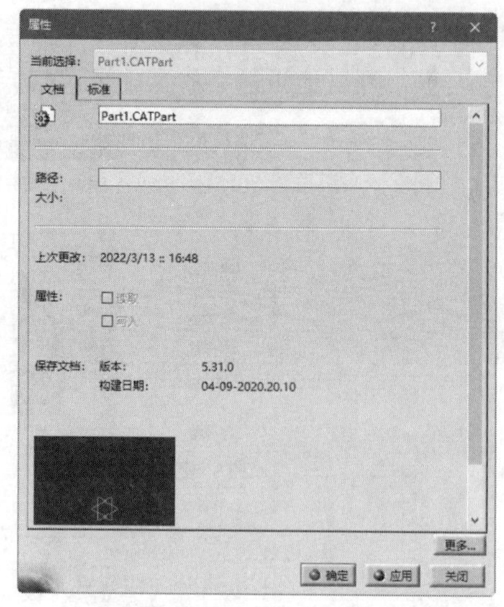

图 1.22 【属性】对话框 1

- 剪切、复制、粘贴：与通用软件相似，可以针对 CATIA 不同模块中的元素执行剪切、复制、粘贴操作。例如，当希望使用 AutoCAD 绘制的图形作为草图时，由于不能在草图设计模块导入 DWG 文件，因此可以先转换到工程图设计模块将文件打开（工程图模块中提供专门的 AutoCAD 文件识别程序），再通过复制、粘贴等操作将工程图设计模块中的草图复制到草图设计模块加以利用。
- 选择性粘贴：在复制一个以上的对象并粘贴到其他位置时用来控制文件之间的链接关系。如果选择【粘贴】命令，则粘贴后的对象与原始对象之间并无关联，当原始对象改变时，粘贴后的对象不会跟着改变；而【选择性粘贴】命令则表示粘贴后的对象与原始对象之间存在链接关系，如图 1.24 所示。
- 删除：可以将当前选中的某个元素删除。
- 搜索：可以让用户搜索出具有特定性质的对象，如名称、类型、颜色、工作台、外观及某种特殊属性等。选择【搜索】命令，弹出【搜索】对话框，如图 1.25 所示。

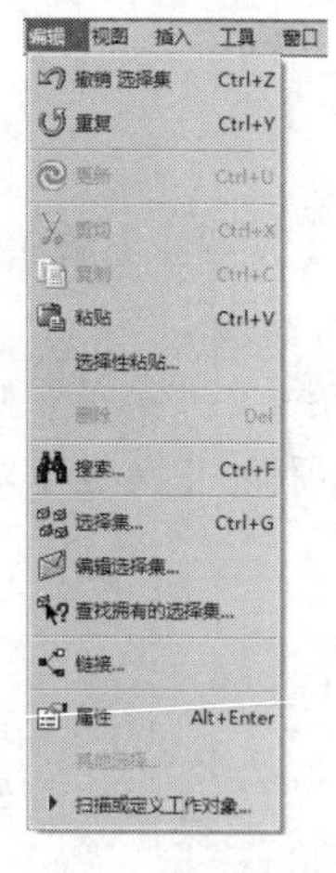

图 1.23 【编辑】菜单

图 1.24 【选择性粘贴】对话框

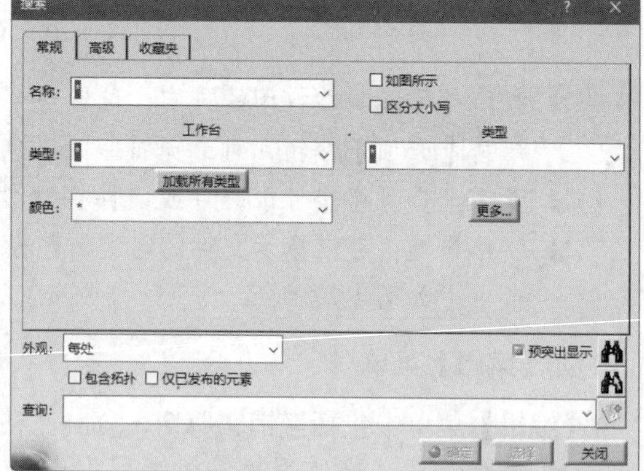

图 1.25 【搜索】对话框

- 选择集：可以让用户查找及编辑之前定义的选择集，帮助用户将对象分类管理。使用选择集时先选择要归类的对象，再选择【编辑】→【选择集】命令，建立一个选择集。
- 链接：可以把对象或文件链接起来，在装配体设计中使用。
- 属性：可以确认、查询及修改包括颜色、名称、线条粗细、透明度等对象特性，如图1.26所示。
- 扫描或定义工作对象：可以显示对象的设计流程，如图1.27所示。在查阅他人的设计时，可以通过该工具了解其设计思想。在使用【扫描】工具时，单击按钮，可以查看下一步的设计；单击按钮，可以查看上一步的设计；单击按钮，可以显示设计的第一个特征；单击按钮，可以显示设计的最后一个特征。

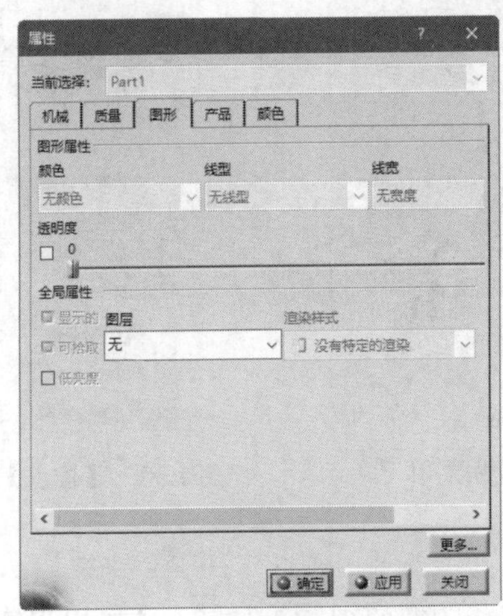

图1.26 【属性】对话框2

图1.27 【扫描】工具栏

3.【视图】菜单

【视图】菜单主要用来设置工具栏中的工具，对视图进行缩放、旋转、查看，以及对对象进行渲染，如图1.28所示。

- 工具栏：单击【工具栏】右侧的三角符号，可以对视图中显示的工具进行自定义设置。
- 全部适应：可以调整视图中所有对象的大小，将它们一起显示出来。
- 缩放：按住鼠标左键并上下移动，可以改变观察远近。
- 平移：可以让对象平移。
- 旋转：可以让对象旋转。
- 渲染样式：在【渲染样式】级联菜单中可以选择对象着色方式及边线显示情况，如图1.29所示。
- 浏览模式：可以以步行或飞行模式显示场景。
- 照明：可以显示对象的照明情况，并对其进行调整，如调整光源的类型及位置、强度等。
- 放大镜：可以对选中的对象进行放大显示。
- 隐藏/显示：可对选中的对象或特征进行隐藏或显示。
- 全屏：可以隐藏工具栏。在进行复杂的设计时，为更详细地了解设计细节，该命令会经常用到。在全屏模式下右击，取消全屏选中，即可退出全屏状态。

4.【插入】菜单

【插入】菜单也会随工作状态的不同而显示出不同的命令。在零件设计模块中可以插入对象、几何体或图形集，也可以对对象中的标注及约束进行修改，并插入特征等，如图1.30所示。

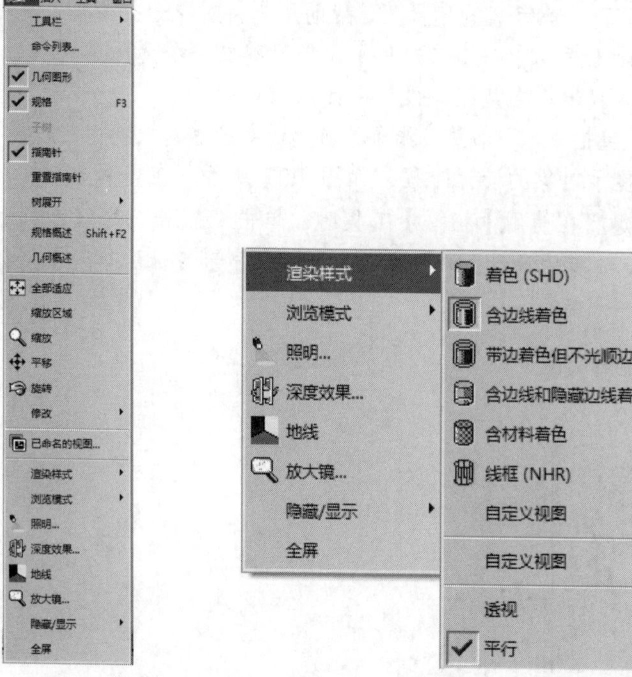

图 1.28 【视图】菜单

图 1.29 【渲染样式】级联菜单

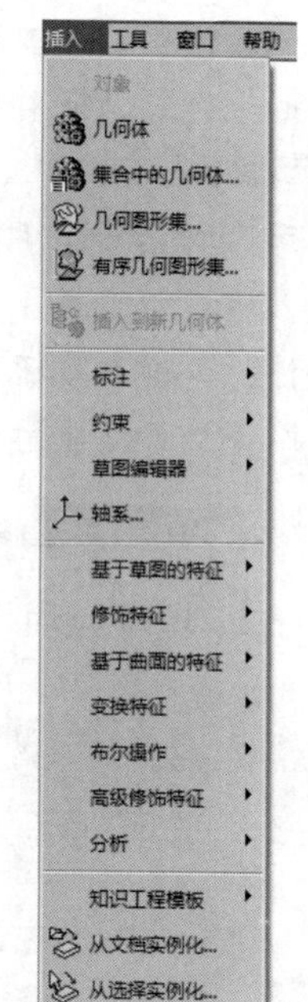

图 1.30 【插入】菜单

5.【工具】菜单

【工具】菜单中有很多复杂的设置，包括公式编辑、捕获图像或视频等功能，还可以自定义工作环境，调整各种参数，如设置显示字体、调整语言显示、对各个模块的特性进行分别设置，可使操作过程更加流畅，如图 1.31 所示。

- 公式：允许用户编辑公式来表示某些特征，或利用已经存在的特征作为参考来定义新的特征值，以此实现参数化设计。此命令在设计齿轮等需要用方程精确控制轮廓形状的情况时非常有用。选择【公式】命令，弹出【公式】对话框，如图 1.32 所示，可以通过对某一个参数设置公式来形成复杂的数学曲线轮廓。

图 1.31 【工具】菜单

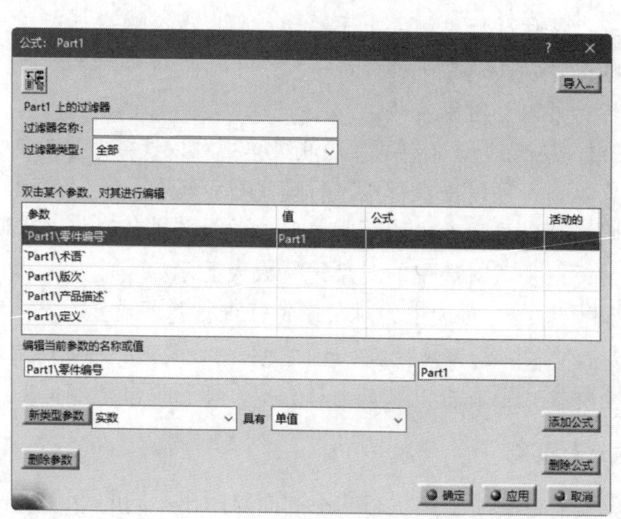

图 1.32 【公式】对话框

- 图像：可以允许用户对当前对象进行抓图或截取视频，并对图像背景、图形质量进行设置。
- 宏：与 Word 中的宏命令类似，熟练使用宏命令可以极大地提高工作效率，特别是在重复率高的工作中。选择【工具】→【宏】→【启动录制】命令，可以录制宏指令；录制完成后选择【工具】→【宏】→【停止录制】命令，可以结束宏录制工作。
- 实用程序：调用批处理监视器，这里面有很多 CATIA 程序预定义好的程序，可以加快设计。例如，CATAsmUpgradeBatch 是一个用于装配升级的批处理程序，PLMBatchDrawingUpdate 可以用来与 PLM 批量更新工程图。
- 显示/隐藏：可以对当前对象的点、线、面及参考元素进行显示或隐藏设置。
- 工作对象：其级联菜单中的命令可以对对象的位置及特征树的位置进行设置，如图 1.33 所示。
  - 扫描或定义工作对象：可以以扫描的方式逐步查看整个设计，方便了解设计者的设计思想。
  - 使工作对象居中显示在图中：针对特征树的操作命令，当特征树的位置不合理时，可以使用此命令将特征树快速恢复到合理位置。
  - 使工作对象居中：针对当前视图内的工作对象进行大小及位置调整。如果当前工作对象在视图中的位置及大小不利于进行设计，可以使用此命令将其快速恢复到合理位置。
- 参数化分析：提供了一个强大的过滤器，可以分别针对各种约束状况、错误特征等进行分析。
- 父级/子级：可以将选中特征的父级和子级显示出来。
- 删除无用元素：会将所有草图及特征都列出来，供用户进行操作。
- 3D 工作支持面：可以定义工作环境的轴系情况。
- 目录浏览器：此命令中包含很多 CATIA 中预定义的零件，可以直接使用。
- 自定义：选择此命令，弹出【自定义】对话框，在这里可以定义开始菜单、用户工作台、工具栏、命令与选项等，设置出最适合自己使用的环境，如图 1.34 所示。

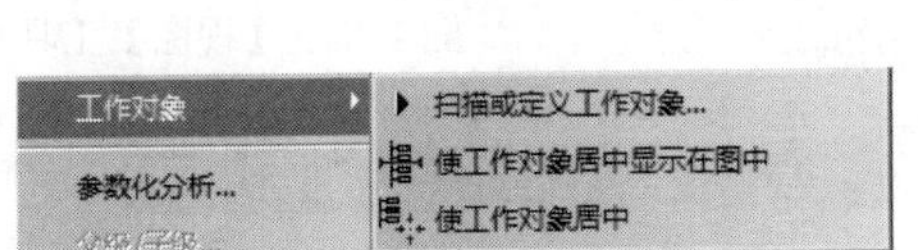

图 1.33 【工作对象】级联菜单

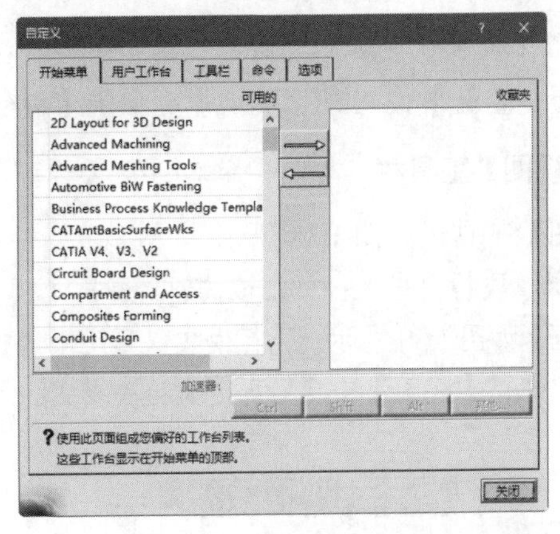

图 1.34 【自定义】对话框

1.2.4 主要工具栏

1.【标准】工具栏

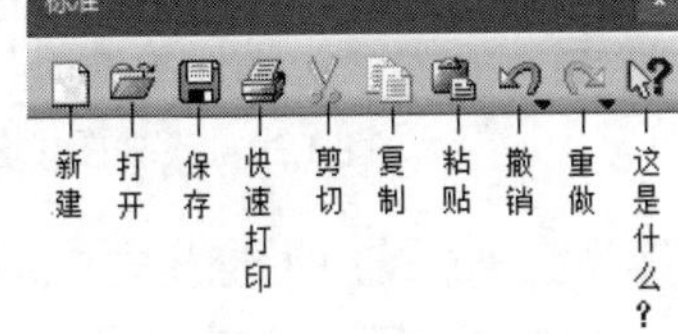

图 1.35 【标准】工具栏

【标准】工具栏如图 1.35 所示。

- （新建）：创建新文档。单击该按钮，弹出图 1.36 所示的【新建】对话框，选择需要生成的文件类型即可进入相应的工作台。
- （打开）：打开现有文档。单击该按钮，用户可以打开各种 CATIA 文档，并根据所打开文件类型进入相应的工作台。

- （保存）：保存活动的文档。
- （快速打印）：在默认的打印机上打印文档，不做设置，直接输出图形。
- （剪切）：将选中的文本或几何特征、几何体剪切到剪贴板中。
- （复制）：将选中的文本或几何特征、几何体复制到剪贴板中。
- （粘贴）：选中插入位置，将剪贴板中的内容插入相应的位置。
- （撤销/按历史撤销）：单击该按钮右下角的黑色小三角，将出现【撤销】按钮和【按历史撤销】按钮。单击【撤销】按钮，只能撤销刚刚完成的上一步操作；若想撤销多步操作，可多次单击该按钮。在默认情况下，CATIA 软件最多记录的操作数为 10，因此用户最多只能撤销前 10 步操作。另外，用户还可以通过按历史撤销方式撤销当前完成的操作，单击【按历史撤销】按钮，弹出图 1.37 所示的【按历史撤销】对话框，选中其中的任一操作，单击对话框中的按钮，即可完成撤销操作。

图 1.36 【新建】对话框

图 1.37 【按历史撤销】对话框

- （重做/按历史重做）：单击该按钮右下角的黑色小三角，将出现【重做】按钮和【按历史重做】按钮，其功能类似于【撤销】按钮。

2.【视图】工具栏

【视图】工具栏如图 1.38 所示。

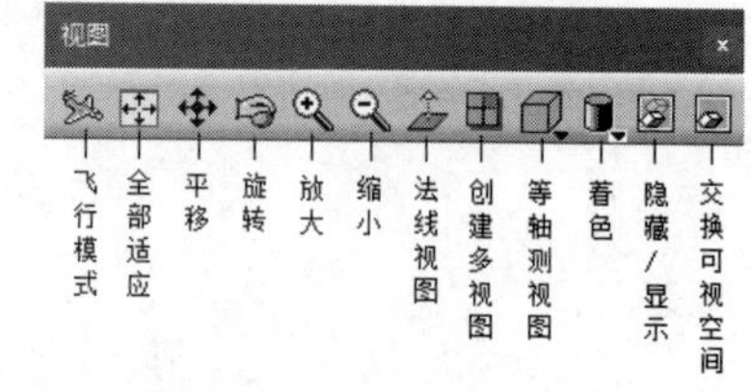

图 1.38 【视图】工具栏

- （飞行模式）：单击该按钮，弹出【视图投影类型】对话框，如图 1.39 所示，飞行模式仅可用于透视投影，单击【是】按钮，【视图】工具栏更改为检查模式，如图 1.40 所示。

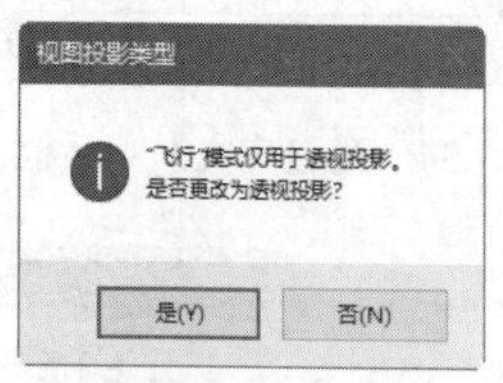

图 1.39 【视图投影类型】对话框

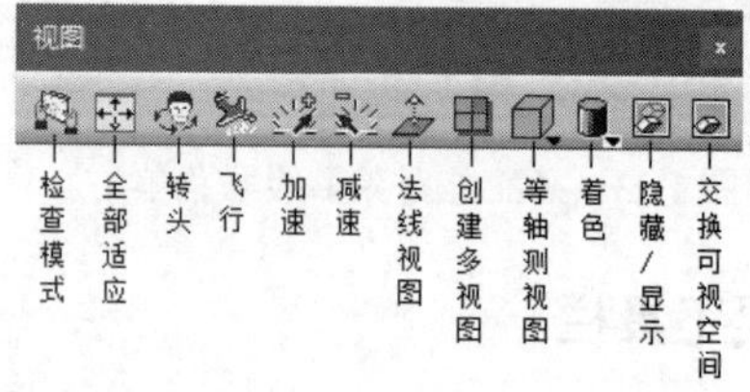

图 1.40 飞行模式的【视图】工具栏

- （检查模式）：单击该按钮，系统将退出检查方式，进入飞行模式，即回到原来的视图模式。
- （全部适应）：放大或缩小视图，使整个几何体在整个绘图区可见。
- （转头）：以屏幕中心为球心转动几何体。单击该按钮，按住鼠标左键并移动鼠标即可转动几何体。这种旋转模式不太适合使用一般显示器的用户。

  - （飞行）：单击该按钮，按住鼠标左键并移动鼠标，几何体开始飞行。
  - （加速）：用于加快几何体的飞行速度。
  - （减速）：用于减小几何体的飞行速度。
- （平移）：可以让对象平移。
- （旋转）：以屏幕中心为球心旋转几何体。单击该按钮，按住鼠标左键并移动鼠标即可旋转几何体。
- （放大）：放大视图。单击该按钮，即可实现几何体的放大。
- （缩小）：缩小视图。单击该按钮，即可实现几何体的缩小。
- （法线视图）：用所选择平面的法矢方向显示几何体。
- （创建多视图）：单击该按钮后，获得四个角度的视图。
- （等轴测视图）：单击该按钮右下角的黑色小三角，弹出图1.41所示的【快速查看】工具栏。
- （着色）：单击该按钮右下角的黑色小三角，弹出图1.42所示的【视图模式】工具栏。
- （隐藏/显示）：选中要显示或隐藏的对象，单击该按钮，所选对象将隐藏或显示。
- （交换可视空间）：当图形对象被隐藏时，单击该按钮，可以显示隐藏对象。

图1.41　【快速查看】工具栏

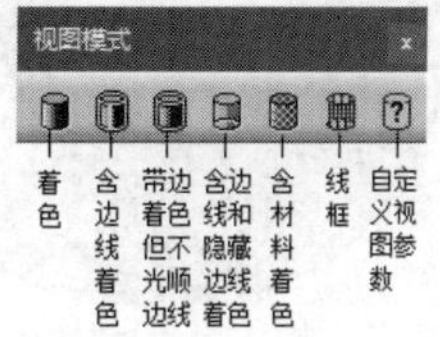

图1.42　【视图模式】工具栏

1.2.5　特征树

CATIA中提供了特征树功能，用户可以方便地操作特征。特征树将具体操作步骤详细地列出，可供用户修改，也可从特征树中了解设计者的设计思想。特征树操作包括对特征进行剪切、复制、粘贴、隐藏和删除等，如图1.43所示。

- 将图居中：选择该命令，则整个特征树位置变为以该特征为中心。
- 居中：选择该命令，则对象位置在视图中自动居中。
- 隐藏/显示：可以控制对象是否可视，如果将对象隐藏，则对象在特征树上的符号会呈现灰色半透明状态。
- 属性：可以对特征的名称、颜色、透明度进行设置。
- 打开子树：如果特征树还有子树，可以选择【打开子树】命令打开它，也可以直接单击特征树中的展开子树，如图1.44所示。
- 定义工作对象：用来定义目前工作中的

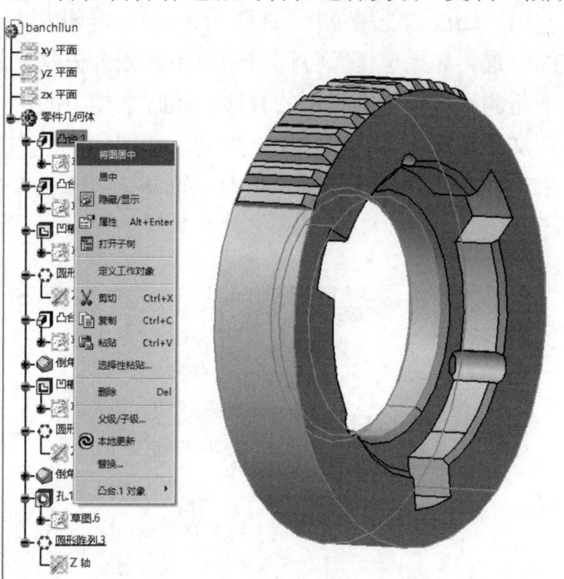

图1.43　特征树

对象。当同时操作许多个对象时，必须定义目前的操作是对哪一个对象进行的；如果在操作过程中发现有某些图标不能使用，则有可能是因为没有把该对象定义为工作对象。

- 选择性粘贴：可以在复制一个以上的对象并粘贴到其他位置时来控制文件之间的链接关系。如果选择【粘贴】命令，则粘贴后的对象与原始对象之间并无关联，当原始对象改变时，粘贴后的对象不会跟着改变；而选择【选择粘贴】命令时，则粘贴后的对象与原始对象之间存在链接关系。
- 父级/子级：可以显示选中的对象与其他特征及约束之间的关系，如图 1.45 所示。

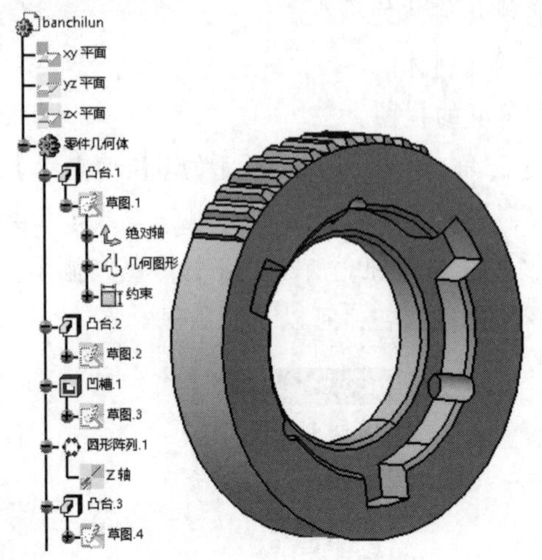

图 1.44　打开子树

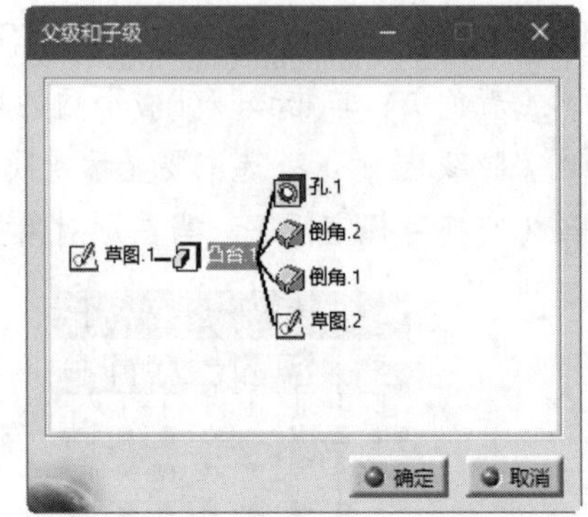

图 1.45　父级和子级对话框

- 本地更新：可以更新选中的对象。
- 替换：可以用其他对象来取代现在的对象，如可以对同一个特征做草图的替换。
- 对象：会根据所选对象不同而改变名称，其包含对选中对象的草图及特征进行修改的功能，如图 1.46 所示。

用户还可以使用鼠标调整特征树的位置和大小。在默认状态下，上下滚动鼠标中键即可调整特征树的位置。如果想调整特征树的大小，则要先从文档状态调整到特征树状态。其调整方法是单击界面右下角的坐标或特征树上的直线，此时文档中的对象变灰，如图 1.47 所示。用鼠标调整其大小，方法与在文档状态下调整对象大小相同，即按住鼠标中键不松开，再按下鼠标左键或右键，此时将鼠标上下滑动，即可看到特征树的大小开始变化；若仅按住鼠标中键，则可以使特征树平移。

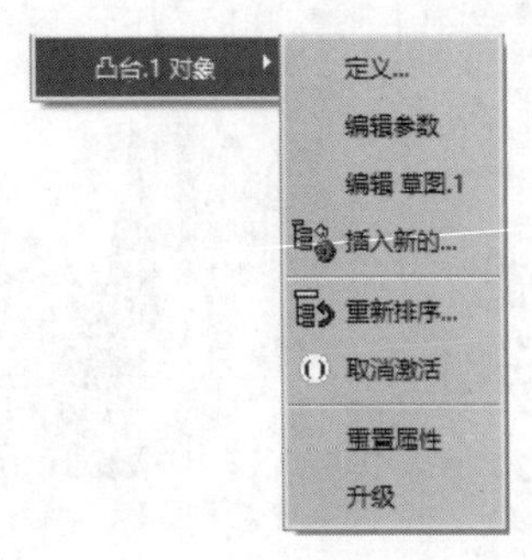

图 1.46　【对象】级联菜单

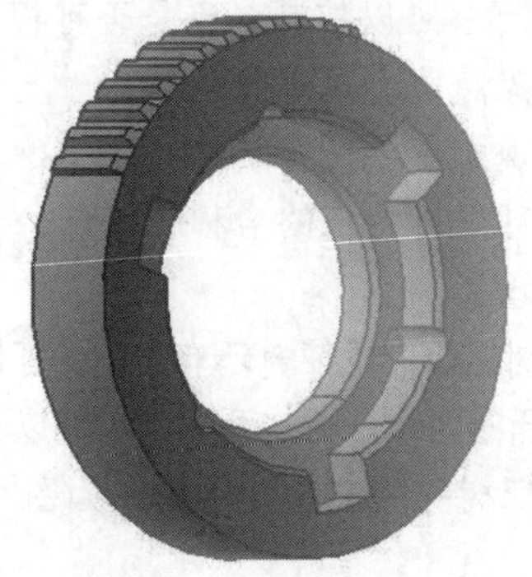

图 1.47　变灰后的对象

通过单击【档案储存】就可将已经设计好的模型保存为相应的文件格式，便于与其他软件调用。igs为通用的三维软件转换文件的格式，CATIA V5可使用此格式与其他设计软件进行模型的交换工作。但由于 igs 的文件格式还不是十分完善，因此对于某些过于复杂的面和特征在转换时会出现坡面。

1.3 工作环境的设置

1.3.1 基本设置

选择【工具】→【选项】命令，弹出【选项】对话框，其中包含 CATIA 的各项环境设置及对各个模块的详细设置，如图 1.48 所示。

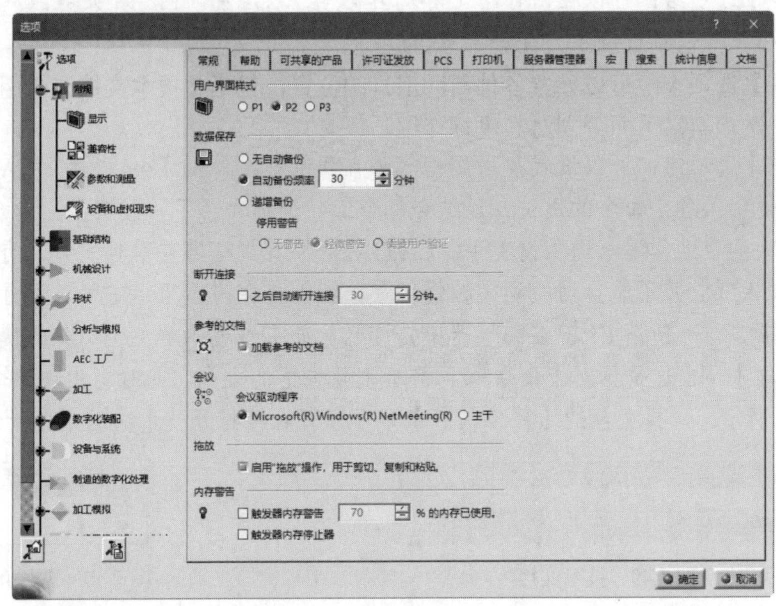

图 1.48 【选项】对话框

(1) 在【常规】选项卡中可以设置界面样式，包括【用户界面样式】【数据保存】【断开连接】【参考的文档】【会议】【拖放】和【内存警告】七个选项组。

- 【用户界面样式】选项组：可以设置 P1、P2、P3 三种界面。
  - P1：该界面只包括最基础的模块，功能较少，对计算机要求比较低，适合学习者使用。
  - P2：该界面包括常用的模块，相对 P1 界面而言增加了很多功能，对于一般企业已经足够，所以现在大多企业使用 P2 界面。
  - P3：该界面拥有最完整的模块，产品的显示也更加有立体感，但是它需要消耗大量的系统资源，寻常硬件设备难以满足要求，所以其一般只应用于工作站中。
- 【数据保存】选项组：可以设置保存频率。
  - 无自动备份：当选中【无自动备份】单选按钮时，只能通过手动单击【保存】按钮对数据进行保存。
  - 自动备份频率：当选中【自动备份频率】单选按钮时，可以让 CATIA 对正在编辑的数据自动进行保存。自动备份频率值设置得越小，系统资源就耗费得越多。

- 递增备份：可以针对当前对数据修改、增加的部分进行备份。
- 【断开连接】选项组：让用户设置是否自动断开与许可服务器的连接及多长时间后断开连接，在断开连接后即释放许可，别人才可以使用该许可。
- 【参考的文档】选项组：在默认状态下是被选中的，表示父文档被装载时，与其相关的子文件也会被装载。
- 【会议】选项组：可以设置会议的驱动程序。可选择的会议驱动程序包括 Microsoft Windows NetMeeting 和主干两种，主干要求设置主干域，这是与使用 UNIX 平台的工作人员一起举行会议的唯一方式。
- 【拖放】选项组：设置在视图中是否支持拖放操作，如果选中此复选框，则在需要移动一个对象时可以直接用鼠标把对象拖动到目的地。
- 【内存警告】选项组：可以在内存不足时发出警告，以避免因内存不足导致死机而使文件丢失的情况，用户可以自行设置内存警告数值。

（2）在【帮助】选项卡中可以设置各种帮助工具的位置，包括【技术文档】【用户助手】和【上下文优先级】三个选项组，下面分别对其进行介绍。

- 【技术文档】选项组：可以设置技术文档的语言和位置，如图 1.49 所示。CATIA 的技术文档不仅详细说明了各个命令的用法，还结合每个工具分别介绍了一些实例，对 CATIA 的学习能够起到很大的帮助作用。通常情况下，CATIA 的技术文档需要单独安装，有时安装完成技术文档后，CATIA 并不能自动找到文档的位置，就需要在该选项组中加以设置。当对技术文档设置完成后，即可使用 F1 键在浏览器中打开它。如果希望了解某个工具的使用方法，可以先选择【标准】→【这是什么】命令，再单击要查询的命令，此时会出现该命令的简单介绍，如图 1.50 所示，选择蓝色的【更多信息】命令即可直接打开技术文档中关于该工具的说明。

图 1.49　技术文档

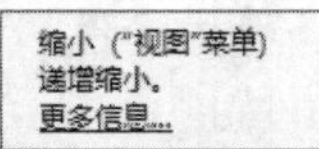

图 1.50　工具介绍

- 【用户助手】选项组：在【位置】选项中可以输入用户助手的位置。
- 【上下文优先级】选项组：可以设置在使用 CATIA 时优先选用【技术文档】还是【用户助手】。

（3）【可共享的产品】选项卡中显示可以共享的产品，如图 1.51 所示。

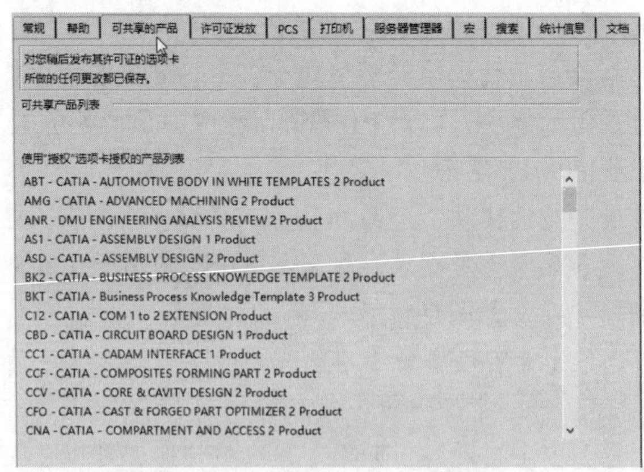

图 1.51　【可共享的产品】选项卡

（4）【许可证发放】选项卡如图 1.52 所示，其中显示了各种授权信息。用户在使用 CATIA 前必须先得到一个许可，若无许可，则无法使用 CATIA 中的任何模块。

➘【许可证信息】选项组：显示当前的授权文件信息。

➘【许可证设置】选项组：可以设置当授权文件出现问题时的警报频率。

➘【可用的配置或产品列表】选项组：可以对当前可用的授权产品进行配置。

（5）【PCS】选项卡可以设置可撤销全局事务的最大数目。该项设置的值越大，则消耗的系统资源也就越多，如图 1.53 所示。

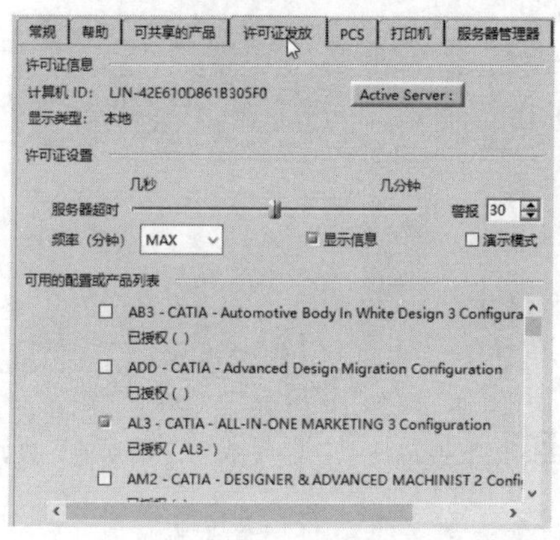

图 1.52　【许可证发放】选项卡

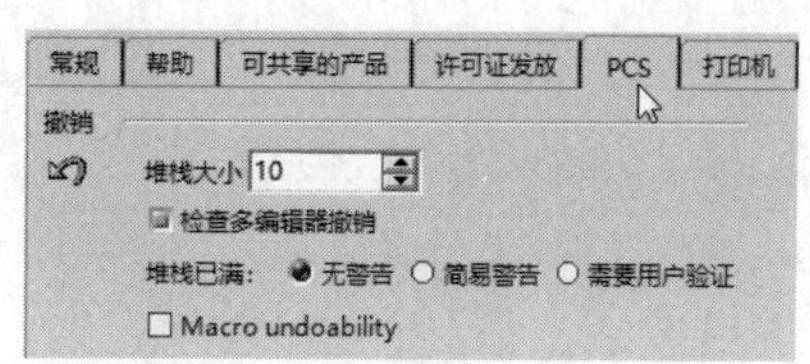

图 1.53　【PCS】选项卡

（6）【宏】选项卡可以进行宏指令的相关设置，如图 1.54 所示，其中包含【默认编辑器】【外部参考】和【默认宏库】三个选项组。

➘【默认编辑器】选项组：可以设置宏的默认编辑器。在 CATIA V5 中共有 CATScript、MS VBA 和 MS VBScript 三种宏语言，可以分别为其定义相应的编辑器。

➘【外部参考】选项组：可以加入外部应用程序组件。

➘【默认宏库】选项组：可以管理已有的各种宏，并执行 VBA 项目。

（7）【打印机】选项卡中显示各种打印机的信息，包括打印机目录列表及相关驱动程序等，如图 1.55 所示。

图 1.54　【宏】选项卡

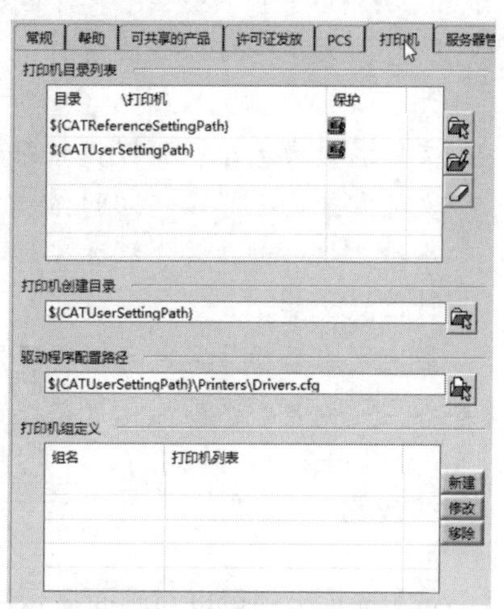

图 1.55　【打印机】选项卡

（8）【搜索】选项卡可以设置搜索范围、显示的结果数等选项，如图 1.56 所示。

（9）【文档】选项卡可以对文档环境进行设置。

- 【文档环境】选项组：选中一项后，可以通过单击【允许】或【不允许】按钮修改相应的状态，如图 1.57 所示。
- 【“文件”选项】选项组：可以进行四项设置，分别是【对于文档名称使用大写】【仅对编辑器范围应用“保存”】【激活 DLName 的逻辑文件树】和【允许部分加载】，如图 1.58 所示。

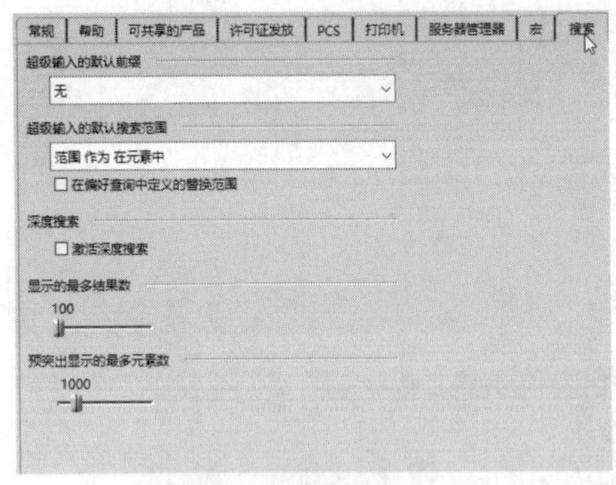

图 1.56 【搜索】选项卡

图 1.57 【文档环境】选项组

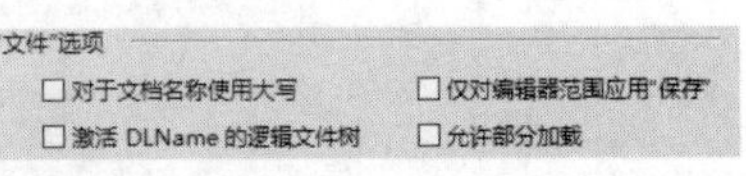

图 1.58 【“文件”选项】选项组

- 对于文档名称使用大写：在【文件】菜单命令中对文件名称使用大写。
- 仅对编辑器范围应用“保存”：在保存文件时，【文件】菜单中的【全部保存】命令只适用于编辑器范围。
- 激活 DLName 的逻辑文件树：允许【文件】菜单命令处理 DLName 的逻辑文件树。
- 允许部分加载：选中该复选框后，允许部分加载指向不可访问文档的文档。

（10）【统计信息】选项卡可以统计出花费在工作台上的时间及相关资料，如图 1.59 所示，包括【常规】和【统计主题列表】两个选项组。

- 【常规】选项组：可以设置统计信息的缓冲区大小，单位为千字节。当统计信息超过缓冲区大小时，其内容将被转移至【统计信息】文件中。
  - 缓冲区大小：可以设置统计信息的缓冲区大小。
  - 文件的最大大小：可以设置每个统计信息文件的最大大小。当超过统计信息文件大小时，将会创建一个副本，并会重置该统计信息文件。
  - 最大副本数和位置：可以设置最大副本数和存放副本的位置。
- 【统计主题列表】选项组：可以设置是否激活各项统计信息。

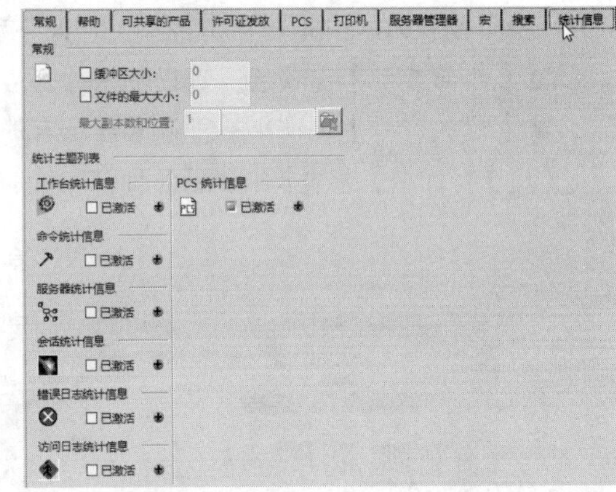

图 1.59 【统计信息】选项卡

1.3.2 显示设置

在【显示】选项卡中可以对画面显示进行设置，如线的品质、透明度的设置、线和面的着色设置、字体的选择等，如图 1.60 所示。

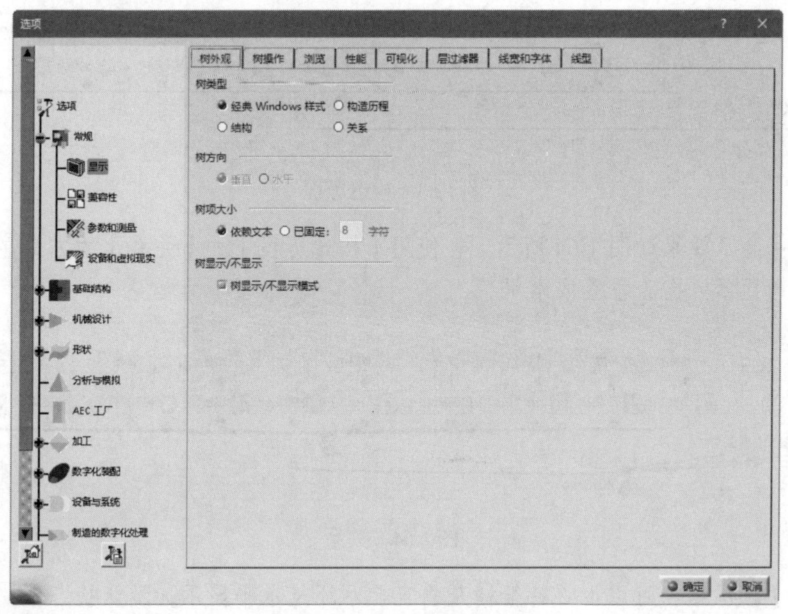

图 1.60　显示设置

（1）【树外观】选项卡中，用户可设置 CATIA 绘图环境中目录树的显示方式，其中包括【树类型】【树方向】【树项大小】和【树显示/不显示】四个选项组。

➘【树类型】选项组：可以设置四种特征树显示类型。

- 经典 Windows 样式：默认值，按照常规方式显示特征树，如图 1.61 所示。
- 结构：将树外观显示为结构式，如图 1.62 所示。

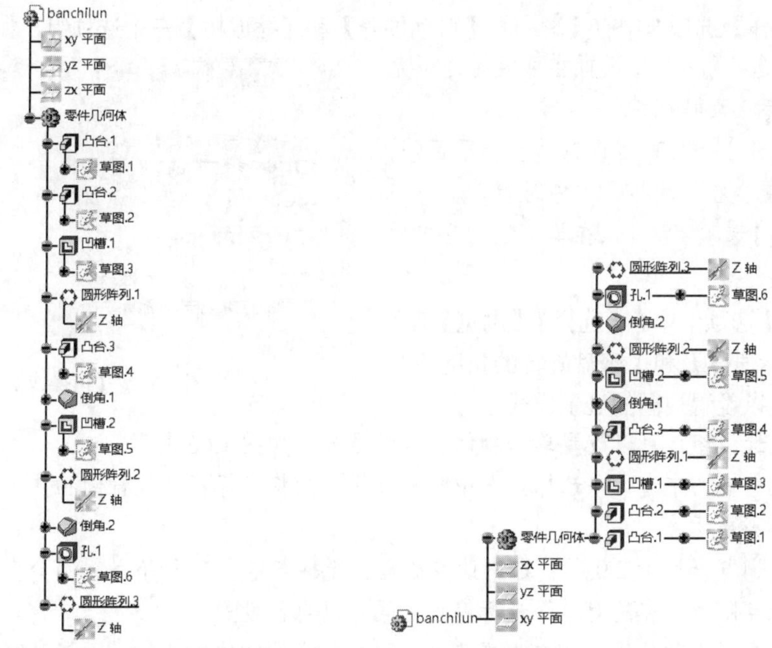

图 1.61　经典 Windows 样式　　　　图 1.62　结构

- 构造历程：将以特征的构造顺序显示特征树，效果如图 1.63 所示。

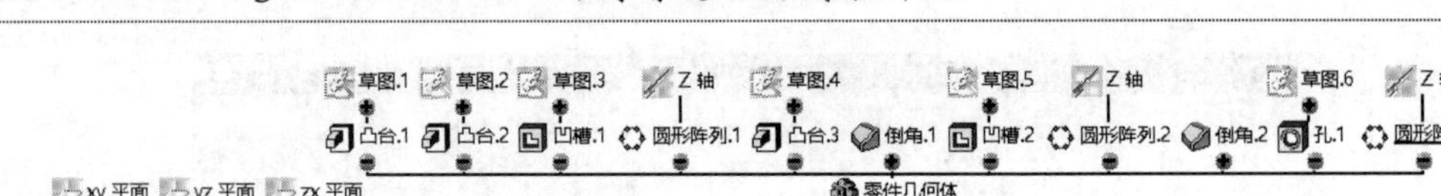

图 1.63　构造历程

- 关系：显示效果如图 1.64 所示。在使用【构造历程】和【关系】的方式显示时，可以设置特征树显示方向为垂直或水平。

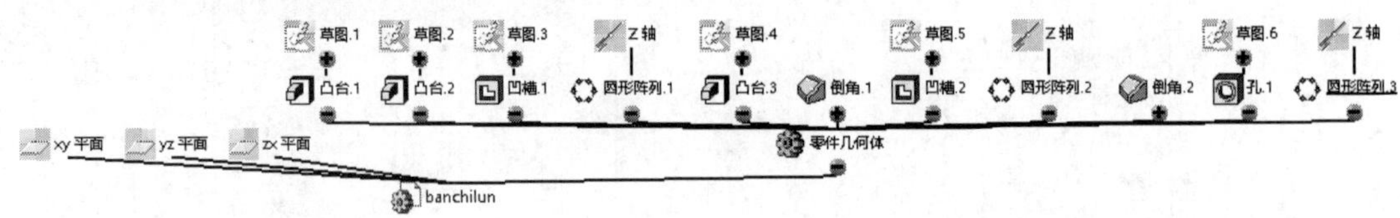

图 1.64　关系

- 【树方向】选项组：可以设置特征树是垂直显示还是水平显示，默认状态下，特征树都是垂直排列的。
- 【树项大小】选项组：可以设置特征树中的树项大小，可以是依赖文本或已固定。若选中【依赖文本】单选按钮，则有几个字符就显示几个字符；若选中【已固定】单选按钮，则只会显示所设定的字符个数，且超过的字符将省略。
- 【树显示/不显示】选项组：可以将视图中的物体显示或隐藏。若选中此复选框，则物体在特征树上的符号呈现灰色半透明状态；若取消选中此复选框，则显示和隐藏的物体在特征树上的符号将会相同。在设置好此选项后，需重启 CATIA，改变的设置才会生效。

（2）【树操作】选项卡中有【滚动】【自动展开】和【缩放树】三个选项组，如图 1.65 所示。

- 【滚动】选项组：可以设置在拖放时是否允许用鼠标滚动特征树。
- 【自动展开】选项组：可以自动展开子目录，此项设置会在下次打开文档时生效。
- 【缩放树】选项组：可以在单击任何分支后将树缩放。

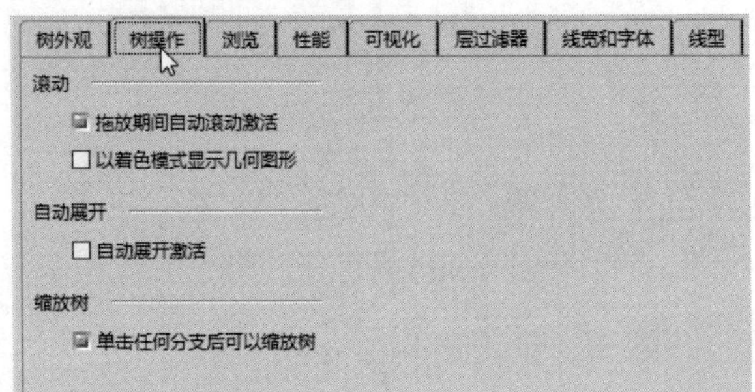

图 1.65　【树操作】选项卡

（3）【浏览】选项卡中有【选择】【浏览】【飞行/步行】【鼠标速度】和【键盘旋转的角度值】五个选项组，可以设置视图的显示模式。

- 【选择】选项组：可以设置单击物体的各种方式，如图 1.66 所示。
  - 在几何视图中进行预选择：选中此复选框，则将鼠标指针放置到物体上时，物体边缘会自动高亮显示。
  - 预选浏览器继于 2.0 秒：选中此复选框，光标若停止 2 秒不动，则会出现一个选择框，显示此点附近存在的对象，光标停止时间可以自己设置。
  - 突出显示面和边线：选中此复选框，则被单击的物体的边线及面皆高亮显示。
  - 显示操作边界框：可以在单击边界时高亮显示。
- 【浏览】选项组：可以设置重力场的方向及高度，如图 1.67 所示。

- 浏览期间的重力效果：可以设置重力场的方向，默认为Z轴。
- 沿地面，高度为（毫米）：可以设置重力场的高度，默认高度为0。
- 视点修改期间的动画：决定在操作时是否打开动画效果。
- 禁用旋转球体显示：能在视点操作期间隐藏旋转球体。

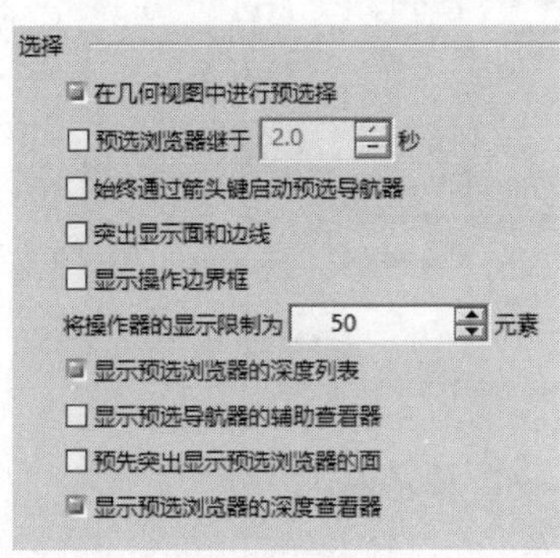

图1.66 【选择】选项组

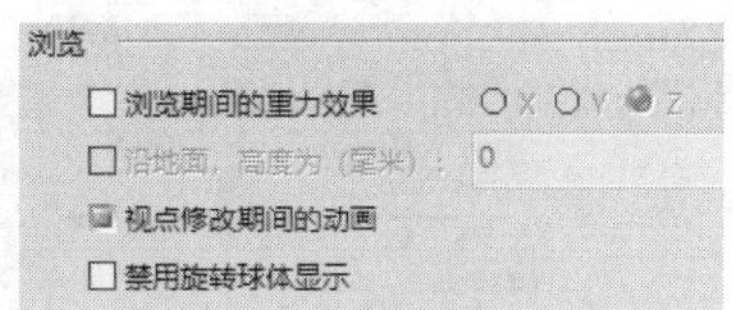

图1.67 【浏览】选项组

- 【飞行/步行】选项组：如图1.68所示，选中【已启用冲突检测】复选框后，可在使用飞行/步行过程中进行碰撞检测。其后面可以设置鼠标灵敏度和启动速度。
- 【鼠标速度】选项组：可以设置鼠标的反应速度，如图1.69所示。
- 【键盘旋转的角度值】选项组：可以设置键盘旋转的角度，如图1.70所示。

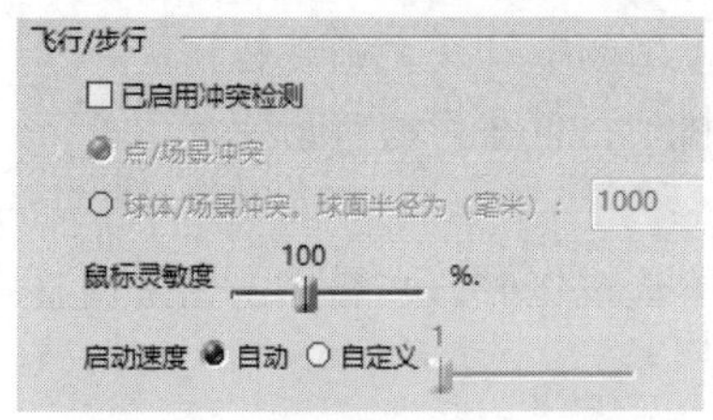

图1.68 【飞行/步行】选项组

图1.69 【鼠标速度】选项组

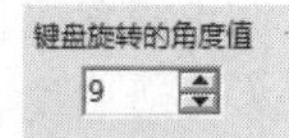

图1.70 【键盘旋转的角度值】选项组

（4）【性能】选项卡主要用于调整显示时的品质，如图1.71所示，包括【遮挡剔除】【3D精度】【2D精度】【细节级别】【像素剔除】【透明度质量】【每秒帧数】【3Dx设备的每秒帧数】【其他】【启用背面剔除】【显示除去了隐藏线的几何图形时带有晕轮】和【选取】等选项组。下面分别对其进行详细介绍。

- 【遮挡剔除】选项组：在使用数字模拟时，打开数字试验模型中的不可视物去除，使对象设计的显示更加清楚明了。
- 【3D精度】选项组：可以调整三维对象显示的准确度，数值越接近0.01，则代表多边形分割越精细。3D精度调节功能有两种调节方式，分别为比例方式和固定方式。
  - 比例：物体分割的数目视物体大小的不同而调整。
  - 固定：物体分割的数目是固定的，不会因物体的大小而改变。
  - 曲线的精确度比率：可以调节三维曲线的误差程度。
- 【2D精度】选项组：可调整二维对象显示的准确度。其与【3D精度】选项组类似，比例方式是指物体分割的数目视物体大小的不同而调整，固定方式是指物体分割的数目是固定的。
- 【细节级别】选项组：设置分为【静态】和【移动时】两项，这两部分都是数值越小显示越精细。

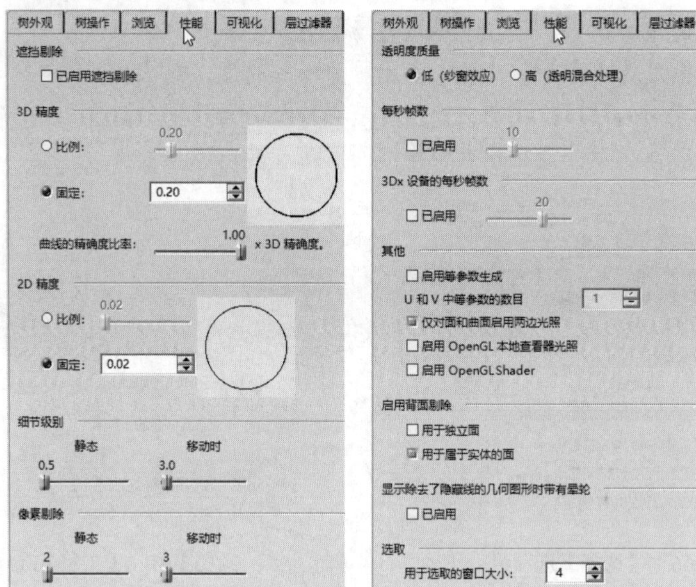

图 1.71 【性能】选项卡

- 静态：设置物体处于静止状态时显示的精确度。
- 移动时：设置物体在移动时显示的精确度。

- 【像素剔除】选项组：设置当前屏幕能显示的内容多少，包括【静态】和【移动时】两项。
  - 静态：设置值越低，表示显示的信息越详细，能看到越多的细节；反之则越粗糙。
  - 移动时：设置移动对象时的显示质量，值越低，显示越精细，但会影响移动速度。
- 【透明度质量】选项组：设置对象的透明度。
  - 低（纱窗效应）：设置相当于透过网孔看物体。选中此单选按钮时，在属性中无法调整对象的透明度。
  - 高（透明混合处理）：设置相当于透过玻璃看物体。选中此单选按钮时，可以在属性中完全控制对象的透明度。
- 【每秒帧数】选项组：设置动画放映时每秒的帧数。设置的每秒帧数越少，则画面处理得就会越精细，同时移动过程就越粗糙；相反，设置每秒帧数越多，移动过程越显得平滑，但画面质量会下降。
- 【3Dx 设备的每秒帧数】选项组：设置处理三维模型时的显示状况。
- 【其他】选项组：只有选中【启用等参数生成】复选框，才能激活等参数生成功能。其余选项可以设置一些关于照明的功能。
- 【启用背面剔除】选项组：可以设置对独立面或属于实体的面进行背面剔除。
- 【显示除去了隐藏线的几何图形时带有晕轮】选项组：可以对显示出隐藏线的几何图形加入晕轮，以产生透视效果。
- 【选取】选项组：对选取的窗口大小及是否启用精确选取进行设置。

（5）【可视化】选项卡能够对 CATIA 中的颜色及立体效果等进行设置，其中包括【颜色】【深度显示】【抗锯齿】【启用立体模式】【以平行模式显示当前比例】和【在 HRD 模式下将明面处理为不透明】等选项组。

- 【颜色】选项组：可以设置背景及各种元素的颜色，如图 1.72 所示。

- 渐变颜色背景：可以让 CATIA 绘图环境的背景色出现逐渐过渡的颜色。
- 背景：设置背景色。
- 选定的元素：设置被选中元素的显示颜色。
- 选定的边线：设置被选中边的颜色。
- 预选定的元素：设置当鼠标指针移到元素上面时元素显示的颜色。
- 预选定的元素线型：设置当鼠标指针移到元素上面时元素显示的线型。
- 低强度元素：设置低密度对象的颜色。
- 需要更新：设置需要更新的对象的颜色。
- 句柄：设置手柄的显示颜色。
- 曲面的边界：设置曲面边界的显示颜色和线宽。

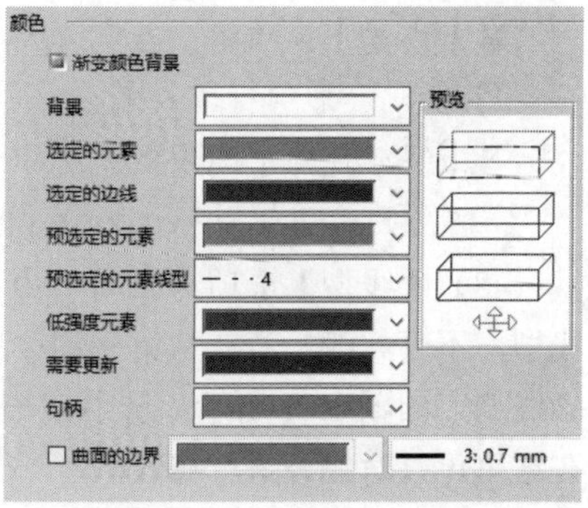

图 1.72 【颜色】选项组

- 【深度显示】选项组：如图 1.73 所示，可让用户选择是否使用 Z 缓冲区深度显示所有元素，以便所有的元素彼此隐藏。若选中该复选框，则所有元素都将按照其在 3D 场景中的真实深度进行显示，否则线和面元素总是显示在其他元素的前面。
- 【抗锯齿】选项组：可以对边缘和整个场景进行反失真处理，如图 1.74 所示。反失真处理后，有锯齿状的边缘和场景会变得清晰。
- 【启用立体模式】选项组：表示是否打开立体显示方式，如图 1.75 所示，打开立体显示方式可以让对象看起来更具有立体感。
- 【以平行模式显示当前比例】选项组：当启用时，在对对象进行缩放时右下角会实时显示比例，如图 1.76 所示。

图 1.73 【深度显示】选项组

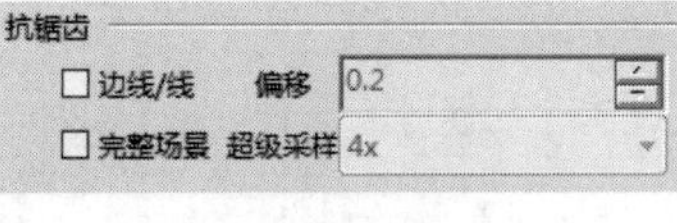

图 1.74 【抗锯齿】选项组

图 1.75 【启用立体模式】选项组

图 1.76 【以平行模式显示当前比例】选项组

- 【在 HRD 模式下将透明面处理为不透明】选项组：表示是否打开在 HRD 模式下将透明面处理为不透明显示方式，如图 1.77 所示。

（6）【层过滤器】选项卡中只有一个选项组，如图 1.78 所示。

- 所有文档的当前过滤器：可以设置用当前过滤器显示所有文档。
- 文档的当前过滤器：可以设置使用其自身的当前过滤器显示每个文档。

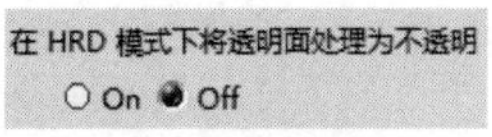

图 1.77 【在 HRD 模式下将透明面处理为不透明】选项组

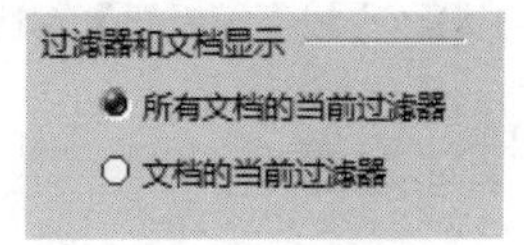

图 1.78 【过滤器和文档显示】选项组

（7）【线宽和字体】选项卡可以设置线的宽度，如图 1.79 所示。

- 【线宽】选项组：当修改大小以像素计的值时会影响显示器的显示效果，修改大小以毫米计的值时会影响打印效果。
- 【字体选项】选项组：选中【在 CATIA 中使用系统 TrueType 字体】复选框，则允许用户在 CATIA 中使用 Windows 操作系统提供的 TrueType 字体。

（8）【线型】选项卡如图 1.80 所示，显示 CATIA 中可用的各种线型。其中，1～8 项为系统保留线型，不可修改。若在从第 9 项往后的线型上双击，则会弹出【线型编辑器】对话框，显示当前可用的线型，如图 1.81 所示；选中某一线型并双击，则弹出【二维线型编辑器】对话框，如图 1.82 所示，在这里可以对线型进行修改。

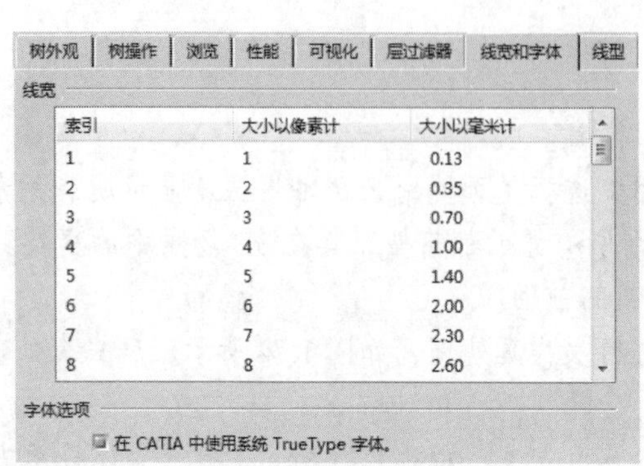

图 1.79 【线宽和字体】选项卡

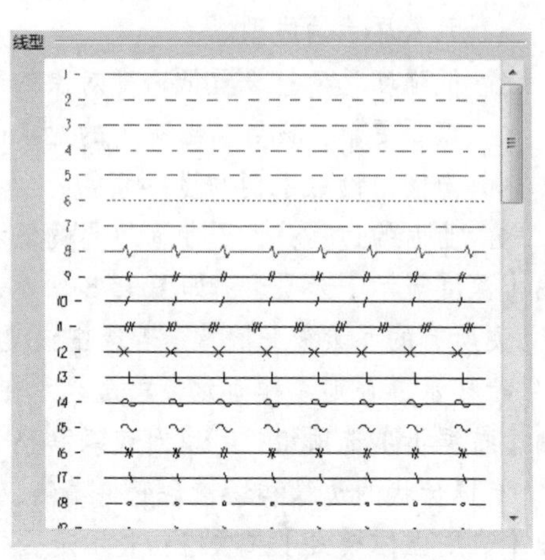

图 1.80 【线型】选项卡

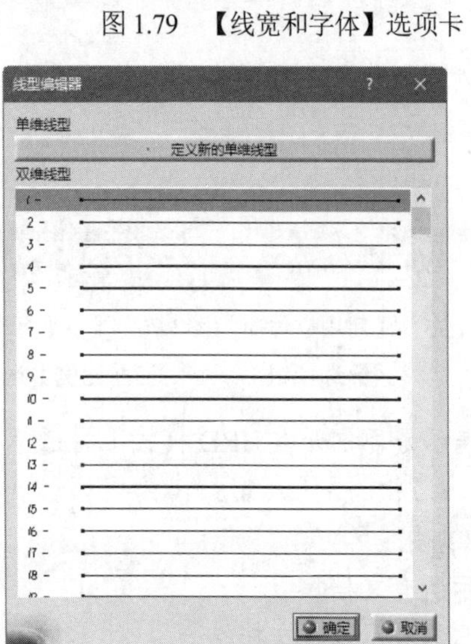

图 1.81 【线型编辑器】对话框

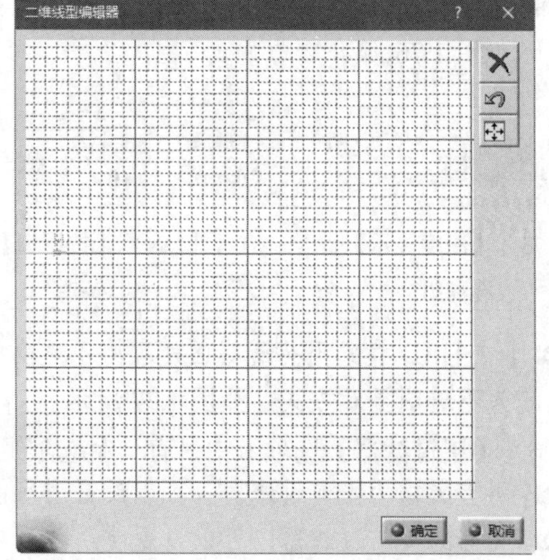

图 1.82 【二维线型编辑器】对话框

1.3.3 个性化设置

选择【工具】→【自定义】命令，弹出【自定义】对话框，在该对话框中可以定义开始菜单、用户工作台、工具栏、命令与选项等选项卡，设置出最适合自己使用的环境，如图 1.83 所示。

- 【开始菜单】选项卡：可以选中相应的模块，单击⟹按钮，把模块添加到【自定义】对话框的右侧，此时相应模块在程序左上角的【开始】菜单中就会显示出来。当需要删除模块时，可以单击⟸按钮将其删除。

- 【工具栏】选项卡：用户可以向当前工作台添加或删除工具栏。
- 【选项】选项卡：只是对界面做简单的设置，包括图标大小和界面语言，如图 1.84 所示。

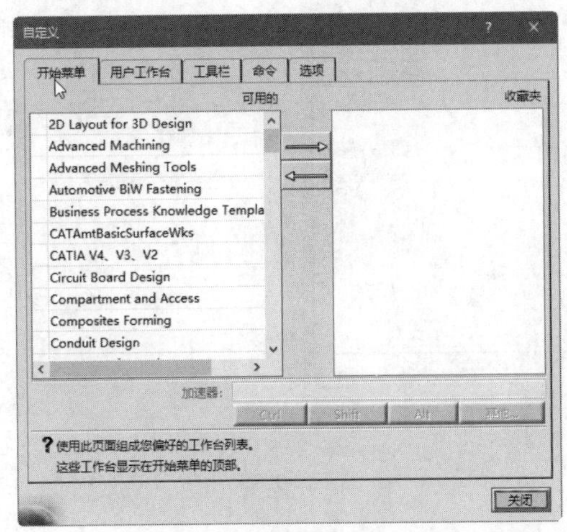

图 1.83 【开始菜单】选项卡

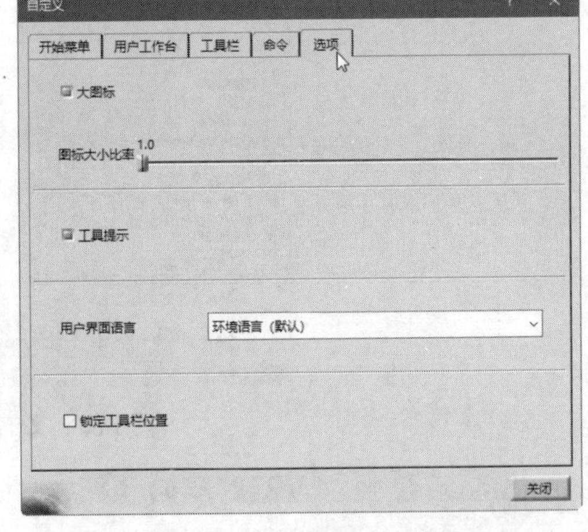

图 1.84 【选项】选项卡

如果用户在计算机中安装的是英文版操作系统，有可能安装 CATIA 时显示界面为英文，那么可以在这里将其调整成简体中文，如图 1.85 所示，在重新启动 CATIA 后就会显示新的语言界面。【锁定工具栏位置】复选框很有用，在对工具栏设置完成后，选中它就可以保持锁定的设置。

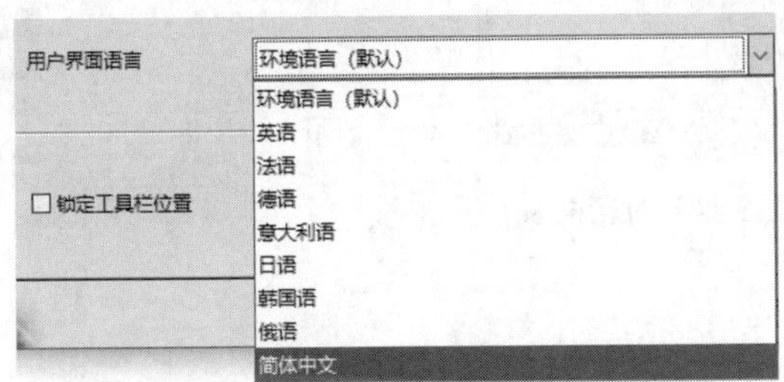

图 1.85 语言选择

1.3.4 工具栏设置

选择【工具】→【自定义】命令，弹出【自定义】对话框，在【工具栏】选项卡中，用户可以向当前工作台添加或删除工具栏，如图 1.86 所示。

- 新建：单击此按钮，弹出【新工具栏】对话框，如图 1.87 所示，可以添加新的工具栏，添加后将出现新工具栏，如图 1.88 所示。
- 重命名：可以修改工具栏的名称。
- 删除：可以删除在左侧窗口中选中的工具栏。
- 恢复内容和恢复所有内容：可以恢复刚才进行的改变。
- 恢复位置：可以将工具栏的位置恢复到默认设置。单击此按钮时需谨慎，因为其会将用户自定义好的工具栏位置恢复原状。该按钮建议只在某常用工具实在无法找到时使用，能快速找到常用工具。

➘ 添加命令和移除命令：可以增加或移除新的命令至选中的工具栏。

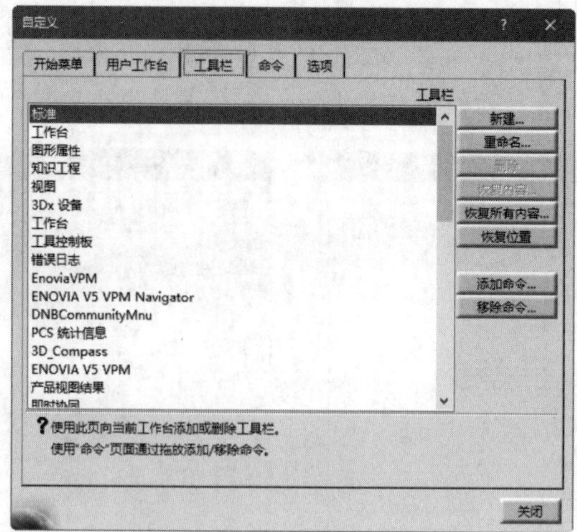

图 1.86 【工具栏】选项卡

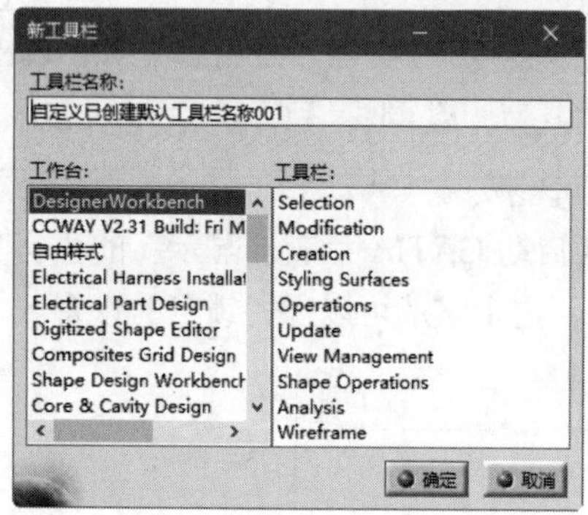

图 1.87 【新工具栏】对话框

图 1.88 新工具栏

第 2 章　基本操作方法

内容简介

本章主要介绍 CATIA 中的一些基本操作方法，如文件基本操作方法、常用操作方法、视图的创建方法及点、平面和直线的创建方法。

内容要点

- 文件基本操作
- 常用操作
- 数据的输出格式
- 视图
- 层与层过滤
- 参考元素

案例效果

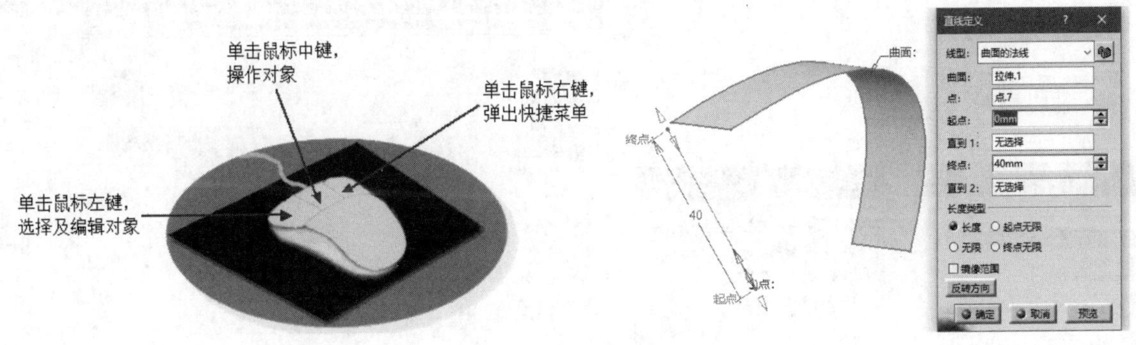

2.1　文件基本操作

文件的基本操作包括新建文件、打开文件、保存文件和退出文件。

2.1.1　新建文件

（1）启动 CATIA，进入初始界面，如图 2.1 所示。

（2）选择【文件】→【新建】命令，如图 2.2 所示，弹出【新建】对话框，如图 2.3 所示；在【类型列表】下拉列表中选择合适的类型，这里选择【Part】选项，单击【确定】按钮，弹出【新建零件】

对话框，输入零件名称，如图 2.4 所示；单击【确定】按钮，进入零件设计环境，如图 2.5 所示。该界面中一般有【标准】【视图】和【基于草图的特征】等零件设计的工具栏。

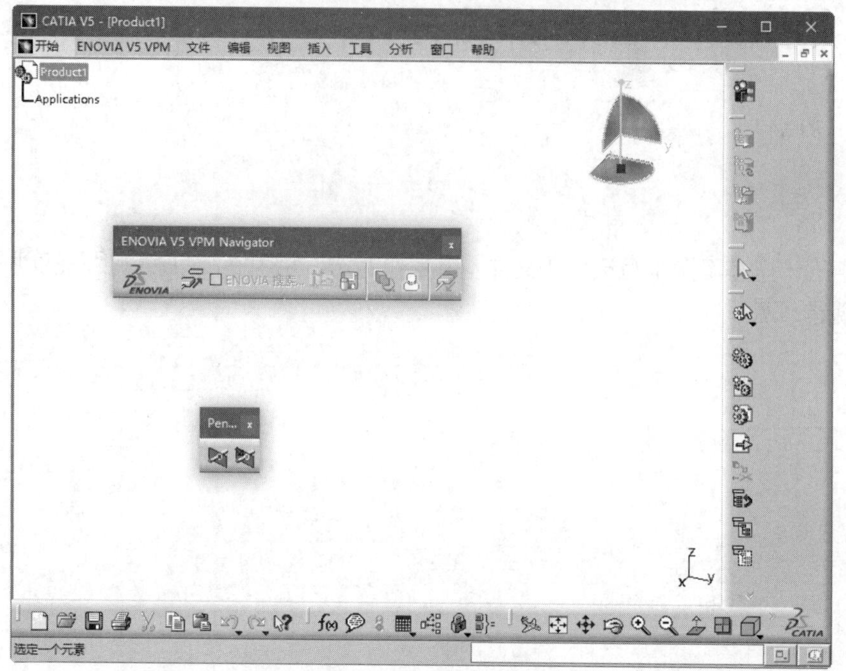

图 2.1　CATIA 初始界面

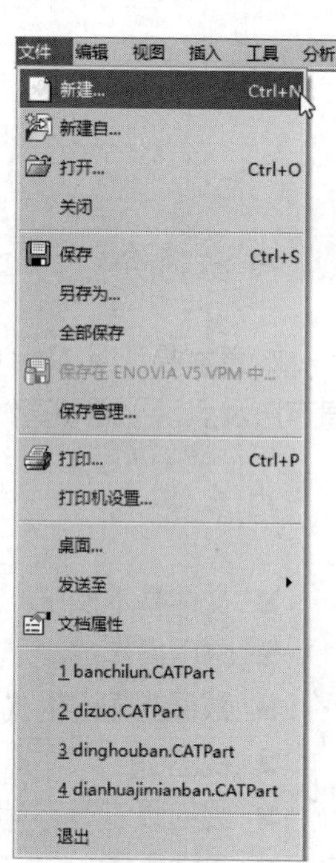

图 2.2　选择【文件】→【新建】命令

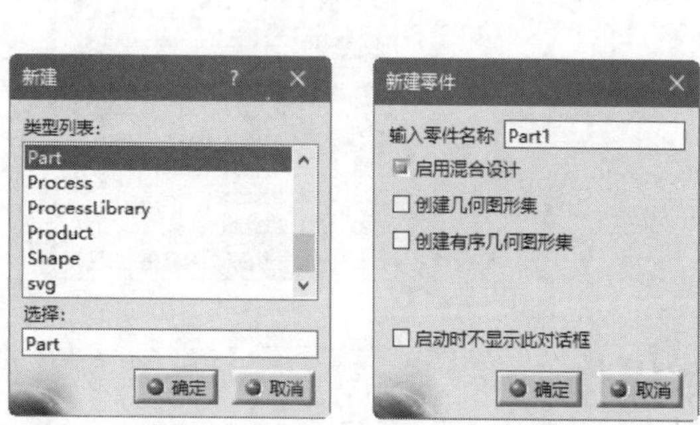

图 2.3　【新建】对话框　图 2.4　【新建零件】对话框

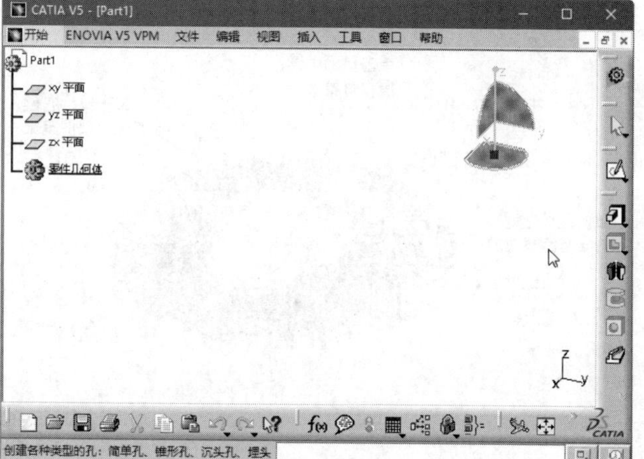

图 2.5　零件设计环境

2.1.2　打开文件

（1）单击【标准】工具栏中的【打开】按钮，或者选择【文件】→【打开】命令，弹出【选择文件】对话框，如图 2.6 所示。在文件夹中找到【lianjiefalan】文件，单击【打开】按钮或者双击该文件。

（2）打开的零件如图 2.7 所示。

图 2.6　【选择文件】对话框

（3）单击绘图区右上角的【最小化】按钮 ，将零件窗口最小化，如图 2.8 所示，软件界面左下方显示的是包括前面创建的一共两个零件窗口。若要调用不同的零件，可以单击【最大化】按钮 将其打开。

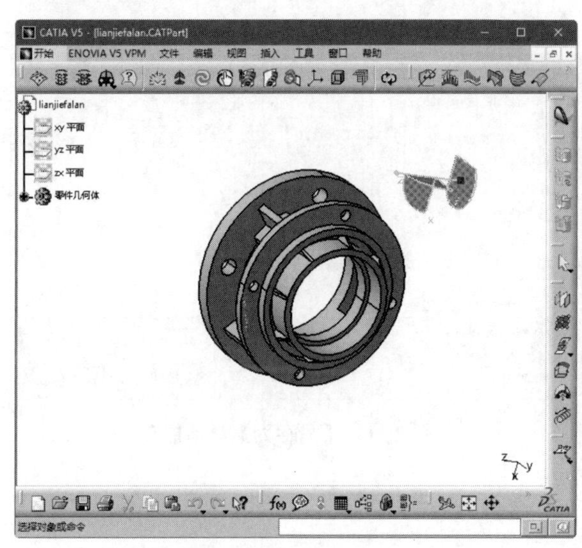

图 2.7　打开的零件

图 2.8　最小化窗口

2.1.3　保存文件

（1）打开【Part1】零件，选择【文件】→【保存】命令，如图 2.9 所示，弹出【另存为】对话框。

（2）在弹出的【另存为】对话框中可以修改保存路径和文件名，如图 2.10 所示，单击【保存】按钮进行保存。

（3）打开先前创建的【Part1】零件，单击【标准】工具栏中的【保存】按钮，弹出【另存为】对话框，在【保存类型】下拉列表中可以选择保存的文件类型，这里选择【3dxml】选项，如图 2.11 所示，单击【保存】按钮进行保存。

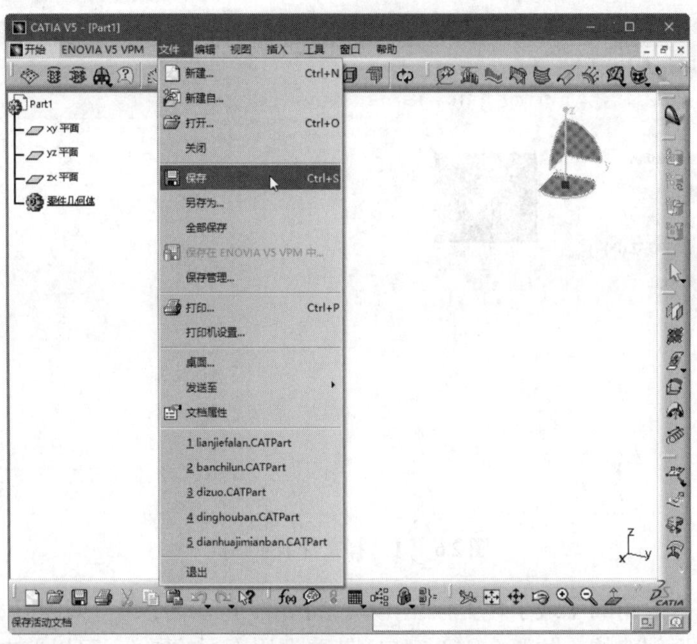

图 2.9　选择【文件】→【保存】命令

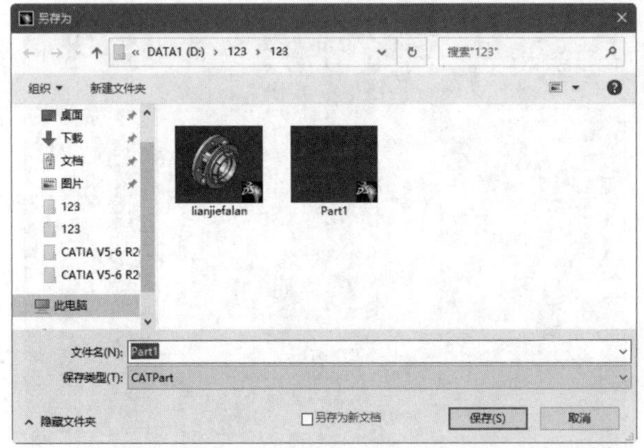

图 2.10　【另存为】对话框 1

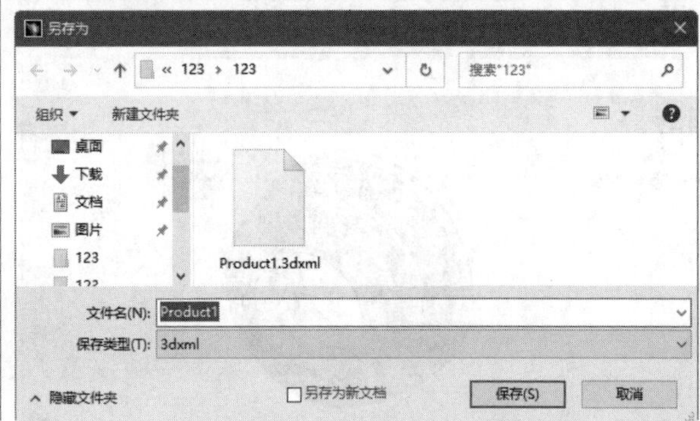

图 2.11　【另存为】对话框 2

2.1.4　退出文件

（1）文件保存完成之后可以直接退出。单击绘图区右上角的【关闭】按钮 ×，可以直接关闭已经保存的文件。

（2）如果文件没有保存，则单击【关闭】按钮 × 后会弹出【关闭】对话框，如图 2.12 所示，提示用户进行保存。如果不需保存，则单击【否】按钮即可；如果单击【取消】按钮，则返回原绘图界面。

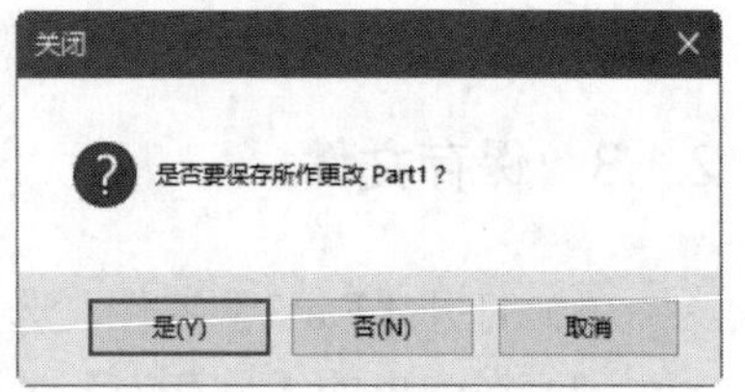

图 2.12　【关闭】对话框

2.2　常用操作

常用操作包括鼠标操作、指南针操作、对象选择和特征树的应用。

2.2.1　鼠标操作

使用三键鼠标可以完成多种功能的操作，包括选择及编辑对象、移动物体、快捷菜单、旋转对象、缩放对象等，如图 2.13 所示。

- 选择及编辑对象：单击鼠标左键。
- 移动物体：按住鼠标中键不放，则物体随鼠标的移动而移动。
- 快捷菜单：右击，可弹出快捷菜单。
- 旋转对象：先按住鼠标中键不放，再按住鼠标左键或右键，同时控制光标移动即可旋转对象。按住鼠标中键可确定旋转中心。

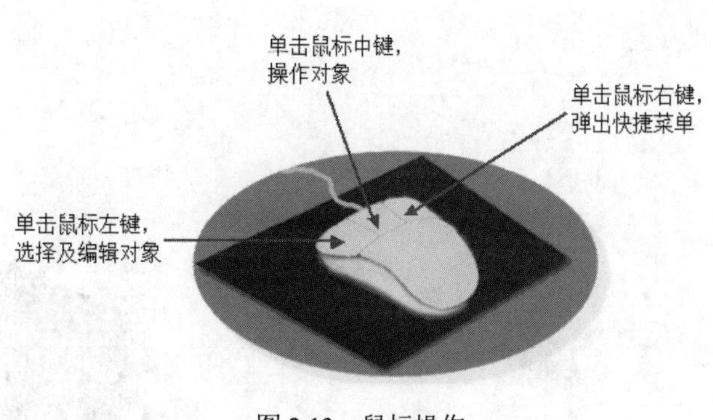

图 2.13　鼠标操作

- 缩放对象：按住鼠标中键不放，再按住鼠标左键或右键，此时将光标上下滑动，即可完成缩放对象。实际上对象并没有真正改变其大小，只是由于视角的变化而显示出对象大小改变而已。

2.2.2　指南针操作

在 CATIA 界面右上角有一个指南针，它可以控制对象的旋转、平移等操作。在使用零件设计、装配设计及数字模型时，利用指南针进行操作可以起到事半功倍的效果。

指南针的使用方法如下。

- 自由旋转：抓住指南针 Z 轴顶点，移动鼠标，则指南针会以红色方块为原点自由旋转，屏幕上的对象也会跟着做自由旋转，如图 2.14 所示。
- 旋转：抓住指南针平面上的弧线，移动鼠标，即可使指南针旋转。例如，抓住指南针 xy 平面上的弧线，则指南针可以对 Z 轴做旋转，同时屏幕上的对象也跟着旋转，如图 2.15 所示。
- 轴向移动：抓住指南针上的轴线，移动鼠标，则屏幕上的指南针和对象会沿着直线的方向平移，如图 2.16 所示。

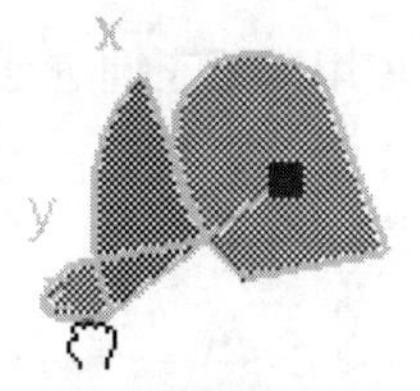

图 2.14　自由旋转

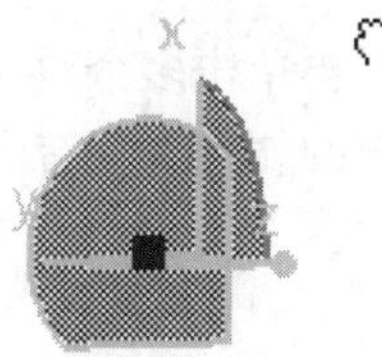

图 2.15　旋转

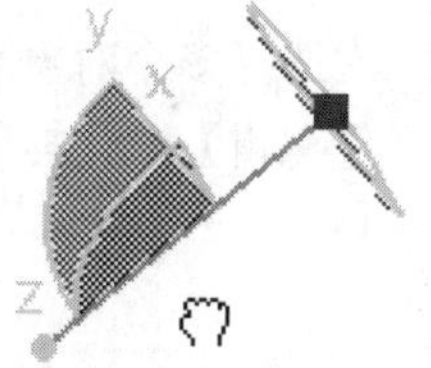

图 2.16　轴向移动

- 平面移动：抓住指南针上的平面，移动鼠标，则屏幕上的空间及物体可在该平面上移动，如图 2.17 所示。
- 单一物体移动：抓住指南针上的红色方块，移动指南针到物体的任何一点，便可直接对物体进行平移、旋转等操作，如图 2.18 所示。在装配时，此功能非常有用。

➘ 快捷菜单：在指南针上右击，弹出快捷菜单，如图 2.19 所示。

图 2.17 平面移动

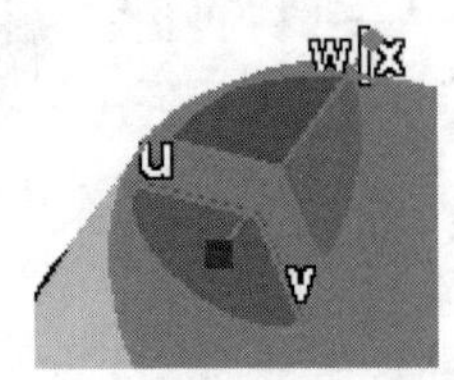

图 2.18 单一物体移动

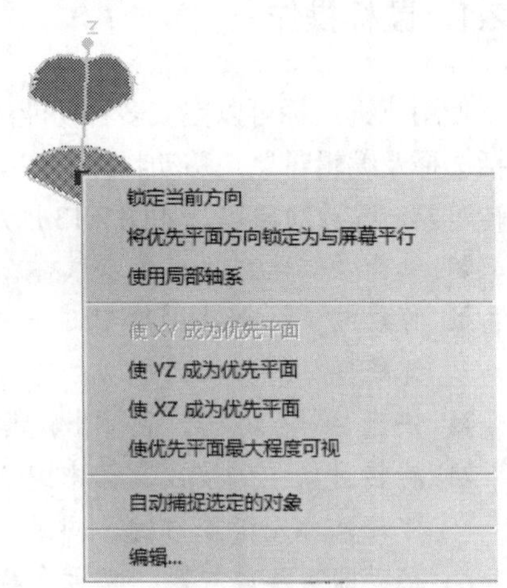

图 2.19 快捷菜单

2.2.3 对象选择

对象的选择有很多种方法，下面对此进行介绍。

当只选择一个对象时，可以直接单击对象，或在特征树上单击对象的名称，选择的对象会高亮显示，对比如图 2.20 和图 2.21 所示。

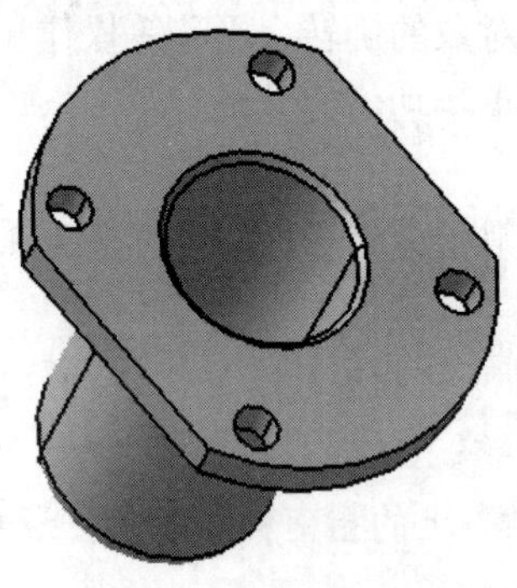
图 2.20 未选择的对象

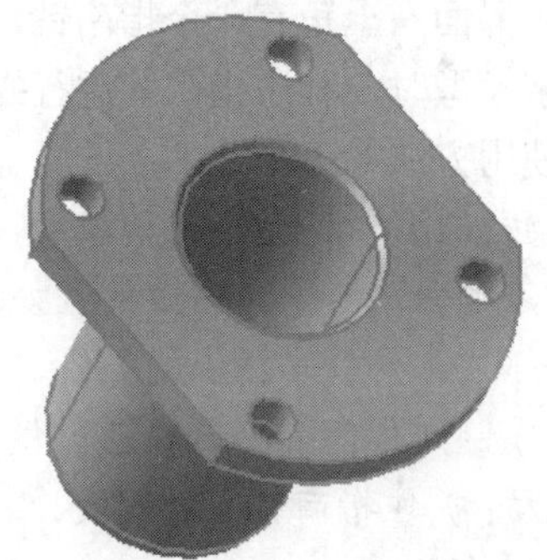
图 2.21 选择的对象

当一次选择多个对象时，按住 Ctrl 键，再单击多个对象即可；也可以使用鼠标左键进行框选；还可以选择【编辑】→【搜索】命令，按指定的属性选择有同一属性的对象。

✍技巧：

常用快捷键如下。

➘ F1：实时帮助。

➘ F3：隐藏目录树。

➘ Ctrl + Z：撤销上一步操作。

➘ Ctrl + Y：重复上一步操作。

➘ Ctrl + N：新建一个文件。

- Ctrl＋O：打开一个文件。
- Ctrl＋S：保存一个文件。
- Ctrl＋鼠标中键：视图放大/缩小。
- Alt＋鼠标中键：视图平移。
- 鼠标左键或右键 ＋ 鼠标中键：视图旋转。
- Shift＋鼠标中键：出现红色方块后拖拉即可快速缩放对象。
- Ctrl＋Page Up：放大。
- Ctrl＋Page Down：缩小。
- Alt＋Shift＋键盘方向键：旋转。
- Ctrl＋Shift＋键盘左右方向键：旋转。
- Ctrl＋键盘方向键：平移。

2.2.4　特征树的应用

特征树是 CATIA V5 中非常重要的功能，其位于绘图区左上角，可通过快捷键打开和关闭特征树。CATIA V5 中的所有绘图过程都记录在特征树中，便于特征的管理和编辑。特征树包含几个部分，如对象、基本面、零件、特征等。特征树上所有的名称都可在属性中更改为用户想要的名称。

在特征树中，如果选项前面有➕按钮，就代表此特征中隐藏有子特征；如果是➖按钮，就代表没有隐藏特征。可通过单击此按钮来隐藏或详细浏览特征树。

在特征树中双击特征名称即可进入此特征的编辑对话框，可对该特征进行编辑。在特征树中右击，弹出对话框，该对话框中可以进行显示/隐藏、属性、粘贴、复制、删除等操作，也可按住鼠标左键直接拖动特征名称进行复制。

2.3　数据的输出格式

数据的输出格式包括文件格式和数据的输出。

2.3.1　文件格式

每个三维软件都有常用的文件格式，CATIA V5 也不例外。作为一个久负盛名的三维建模软件，CATIA V5 在文件格式的编辑上有自己的一套标准。用户启动 CATIA V5，单击【打开】按钮，弹出【打开】对话框，在【文件类型】下拉列表中可以选择 CATIA V5 所支持的文件格式，如图 2.22 所示。

（1）CATIA V5 文件。这是 CATIA V5 默认的文件格式，在 V5 版本的 CATIA 中得到的文件格式都是以.cat 为扩展名的文件格式，CATIA V5 的文件版本均向上兼容。

（2）标准的文件格式（.igs、.stp、.session）。这些是国际标准的三维数据存放格式，CATIA V5 可直接调用其他设计软件存放的通用数据文件。

（3）其他文件格式（.cgm、.gl）。除了上面的数据格式外，CATIA V5 还提供部分向量、点图像等文件格式的读取。

所有文件 (*.*)
所有 CATIA V5 文件 (*.catalog;*.CATAnalysis;*.CATDrawing;*.CATfct;*.CATKnowledge;*.CATMaterial;*.CATPart;*.CATProcess;*.CATProduct;*.CATRaster;*.CATResource;*.CATShape;*.CATSwl;*.CATSystem)
所有 CATIA V4 文件 (*.model;*.session;*.library)
所有标准文件 (*.igs;*.wrl;*.stp;*.step)
所有向量文件 (*.cgm;*.gl;*.gl2;*.hpgl)
所有位图文件 (*.*)
3dmap (*.3dmap)
3dxml (*.3dxml)
act (*.act)
asm (*.asm)
bdf (*.bdf)
brd (*.brd)
目录 (*.catalog)
分析 (*.CATAnalysis)
工程图 (*.CATDrawing)
CATfct (*.CATfct)
CATKnowledge (*.CATKnowledge)
材料 (*.CATMaterial)
零件 (*.CATPart)
流程 (*.CATProcess)
产品 (*.CATProduct)
CATResource (*.CATResource)
形状 (*.CATShape)
CATSwl (*.CATSwl)
功能系统 (*.CATSystem)
cdd (*.cdd)
cgm (*.cgm)
CGMReplay (*.CGMReplay)
dwg (*.dwg)
dxf (*.dxf)

图 2.22 【文件类型】下拉列表

2.3.2 数据的输出

CATIA V5 不仅可读取大量的文件格式，也可以输出各种文件格式。启动 CATIA V5 后，单击【保存】按钮，弹出【另存为】对话框，在【保存类型】下拉列表中选择输出的格式，如图 2.23 所示。

图 2.23 【保存类型】下拉列表

保存类型中拥有国际标准的三维数据存放文件格式（.igs、.stp），便于与其他设计软件的数据交流。

2.4 视　图

CATIA V5 提供了标准视图和自定义视图两种显示模式，使用这些视图可以快速调整图形工作区中的显示状态。

2.4.1 标准视图

系统共预定义了七种标准视图状态，分别是正视图、背视图、左视图、右视图、俯视图、仰视图和等距视图。查看这几种视图的步骤如下。

（1）选择【视图】→【已命名的视图】命令，弹出【已命名的视图】对话框，如图 2.24 所示。

（2）选择正视图选项，单击【属性】按钮，弹出【视图和布局】对话框，如图 2.25 所示。

（3）在【视图方向】选项组中可以对选中的视图进行设置，但是一般不要对系统默认的视图进行设置。

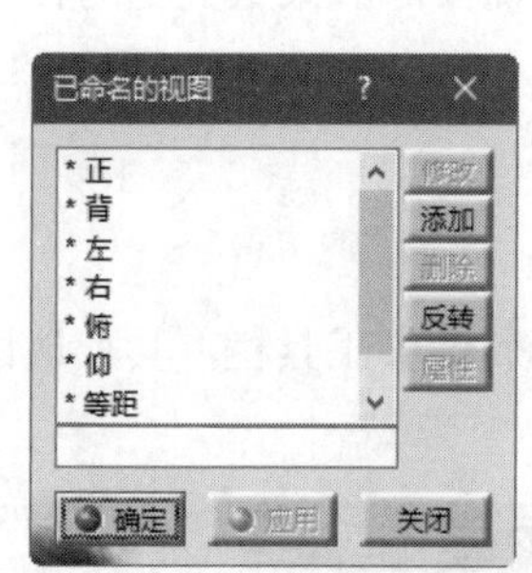

图 2.24 【已命名的视图】对话框

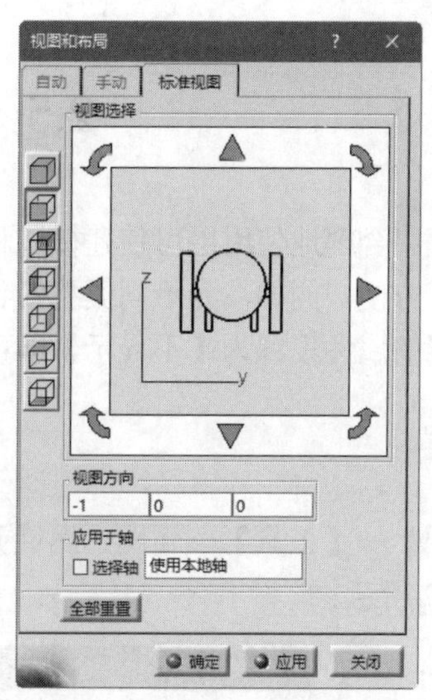

图 2.25 【视图和布局】对话框

2.4.2 自定义视图

在 CATIA R5 中可以自定义视图，具体的操作步骤如下。

（1）选择【视图】→【已命名的视图】命令，如图 2.26 所示。

（2）在弹出的【已命名的视图】对话框中单击【添加】按钮，出现新视图名字，如图 2.27 所示。

（3）选择新的视图，单击【属性】按钮，弹出【照相机属性】对话框，如图 2.28 所示，在该对话框中可以对新的视图的性质进行设置。

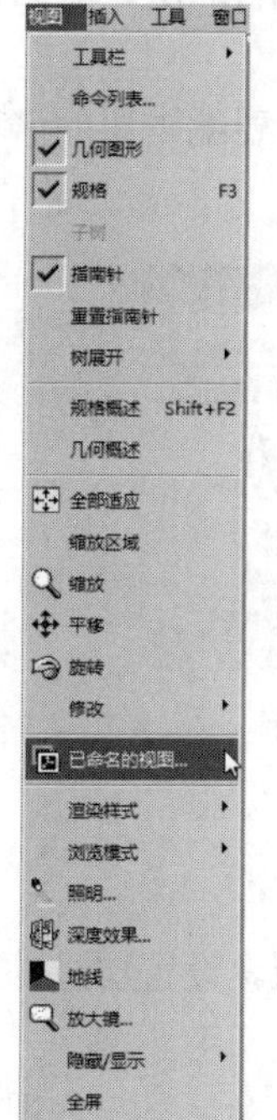

图 2.26 选择【视图】→【已命名的视图】命令

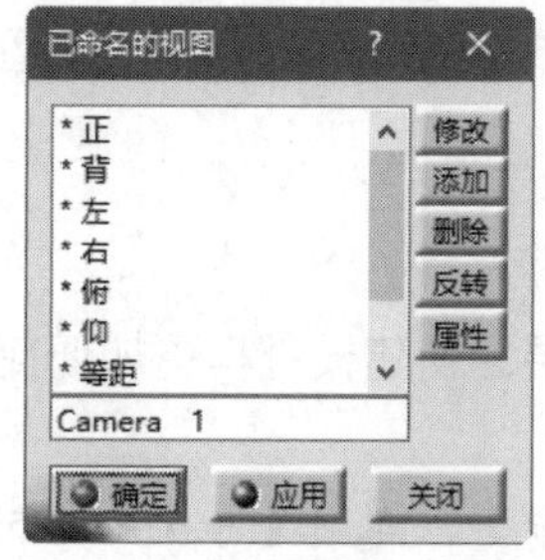

图 2.27 【已命名的视图】对话框

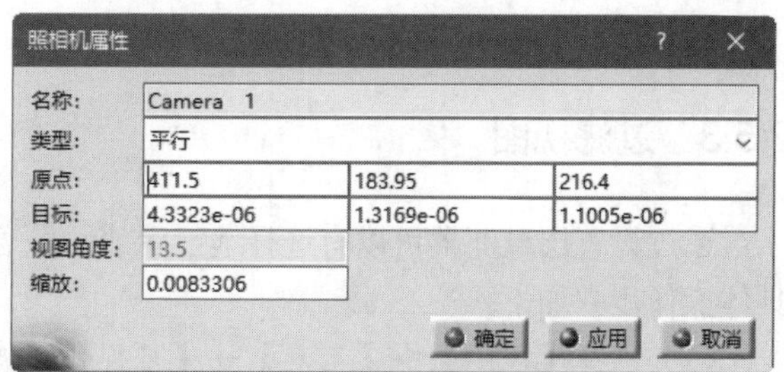

图 2.28 【照相机属性】对话框

2.5 层与层过滤

在建模过程中合理地使用层可使建模过程得到清晰的记录，也为在以后的建模过程中隐藏或删除这些目标提供了方便。例如，为不同类型的目标设置不同的层，需要隐藏某些类型的目标时，只要把该目标所在的层的属性设置为【不显示】即可。

2.5.1 分配层

选择【视图】→【工具】→【图形属性】命令，打开【图形属性】工具栏，其默认情况下没有设置层，如图 2.29 所示。

图 2.29 【图形属性】工具栏

在使用层过滤器的过程中，层将一直处于可视状态。正常情况下，存在的层有无、0 通用层、1~999（这些层默认状态下处于隐藏状态）。首先确定一个层，然后单击需要放入该层的目标，所选定目标的层数就会被设置为该层。

2.5.2 添加层

在【图形属性】工具栏中单击层属性框的箭头，选择【其他层】，弹出【已命名的层】对话框，如图 2.30 所示。

单击【新建】按钮，创建一个新层，层的编号按照 0、1、2 等的方式往下排。要编辑层的名称，可选中该层，如图 2.31 所示。

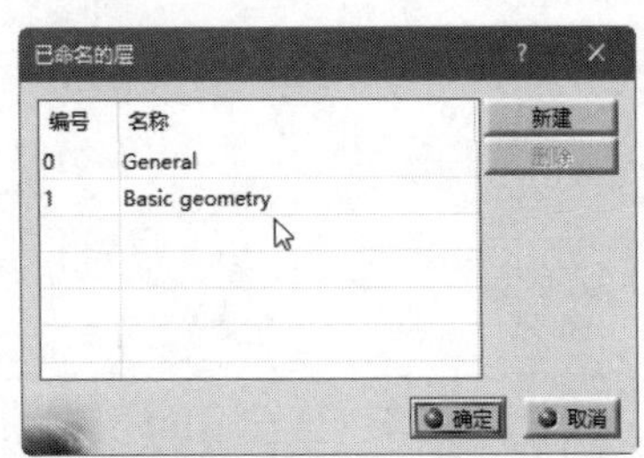

图 2.30 【已命名的层】对话框

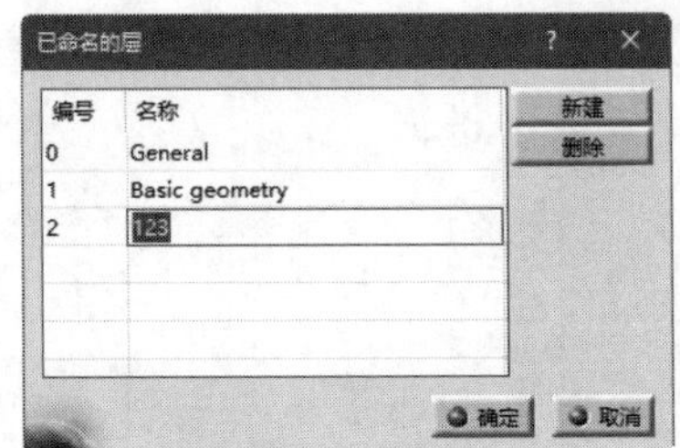

图 2.31 编辑层的名称

2.5.3 过滤视图

通过设置层过滤器可以有选择地显示或隐藏若干层，使建模过程更加便捷清晰。设置层过滤器的具体操作步骤如下。

（1）选择【视图】→【工具】→【可视化过滤】命令，弹出【可视化过滤器】对话框，如图 2.32 所示。

（2）单击【新建】按钮，弹出【可视化过滤器编辑器】对话框，如图 2.33 所示。

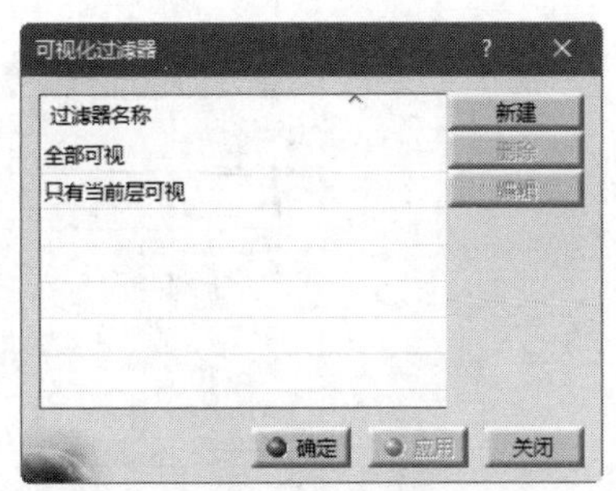

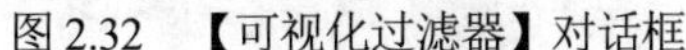

图 2.32　【可视化过滤器】对话框

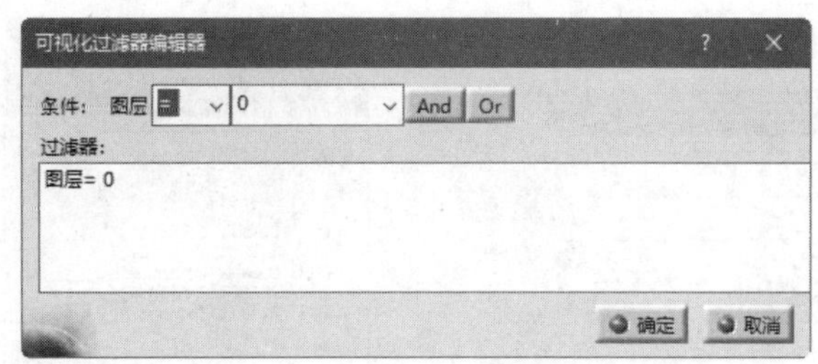

图 2.33　【可视化过滤器编辑器】对话框

(3) 选择或输入需要隐藏的层，单击【确定】按钮，生成一个新的层过滤器。

(4) 选择【视图】→【工具】→【图形属性】命令，打开【图形属性】工具栏。单击产品树的根目录，选中所有元素，并使该工具栏的层为 0 层，这样所有的元素就都被放置在 0 层。

(5) 打开产品树，在其中任选一个元素，再把其所有的层设为 1。选择【视图】→【工具】→【可视化过滤】命令，在弹出的【可视化过滤器】对话框中选择新生成的层过滤器，单击【确定】按钮，隐藏层数为 1 的所有元素。

(6) 在【可视化过滤器】对话框中选择【全部可视】选项，可显示所有的元素。

2.6 参考元素

参考元素是实体零件设计中非常重要的辅助图元，在零件设计过程中经常需要使用参考元素来生成零件。

2.6.1 点

【点】工具可以创建多种形式的点，如使用坐标定义、曲线上的点、曲面上的点等。

单击【参考元素】工具栏中的【点定义】按钮，弹出【点定义】对话框，如图 2.34 所示。在【点类型】下拉列表中可以选择生成点的不同方法，包括【坐标】【曲线上】【平面上】【曲面上】【圆/球面/椭圆中心】【曲线上的切线】和【之间】七个选项。在选择不同的建立点的类型时，该对话框中会显示不同的参数。设置好参数后，单击【确定】按钮，即可生成指定的点。

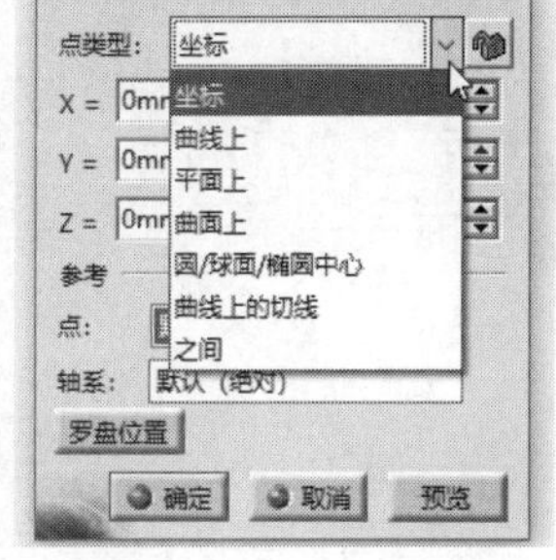

图 2.34　【点定义】对话框

- 坐标：在 X、Y、Z 文本框中输入合适的数值，即可精确定义点。
  - 点：可以定义参考系的原点。
  - 轴系：可以建立或选择轴系。右击【轴系】选项，在弹出的快捷菜单中选择【在曲面上创建轴系】命令，如图 2.35 所示，弹出【轴系定义】对话框，如图 2.36 所示，可建立新的轴系。
- 曲线上：定义曲线上的点，如图 2.37 所示。
  - 曲线：输入点所在的曲线。
  - 长度：输入要建立点与曲线下端点的距离。

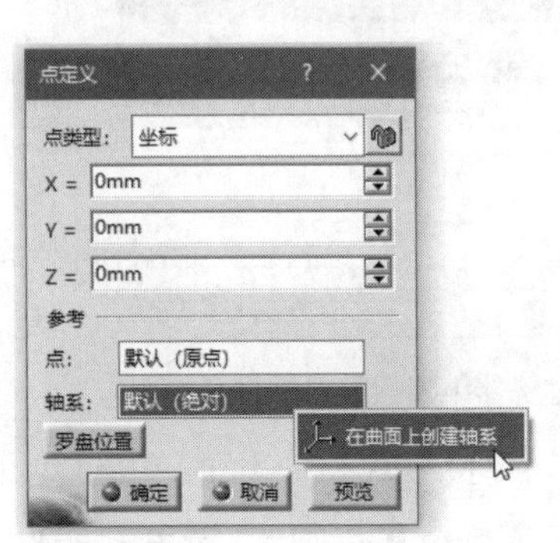

图 2.35　快捷菜单

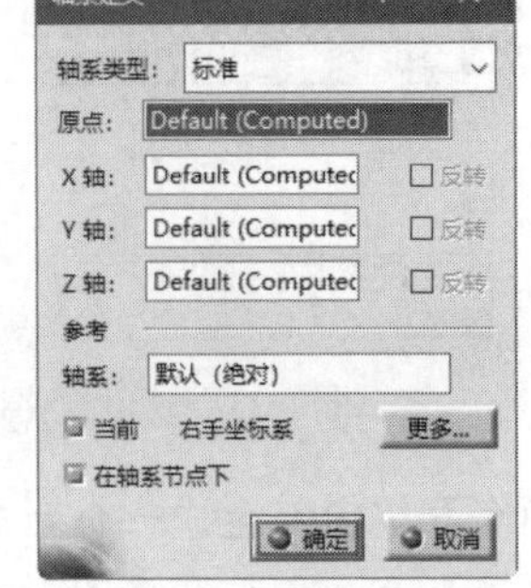

图 2.36　【轴系定义】对话框

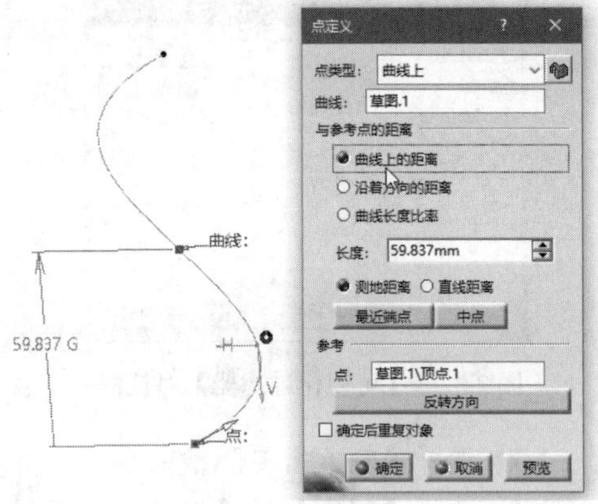

图 2.37　曲线上的点

注意：

【测地距离】与【直线距离】的区别：测地距离是指在曲线上的距离，而【直线距离】则是指两点之间的直线距离。

- 参考：填入参考点，此时长度值即为参考点与生成点之间的距离。
- 反转方向：可以将参考点调整为另一个端点。
- 比率：当选择【曲线长度比率】项时，原先的【长度】选项变为【比率】项。指欲建立点与端点的距离与曲线总长度的比率，如图 2.38 所示。
- 最近端点/中点：可以快速将点定位到最近的端点或中点处。
- 点：选择作为参考的点。可以在曲线上创建一个点，然后通过修改参考点与欲建立点的比率来确定欲建立点的位置，如图 2.39 所示。

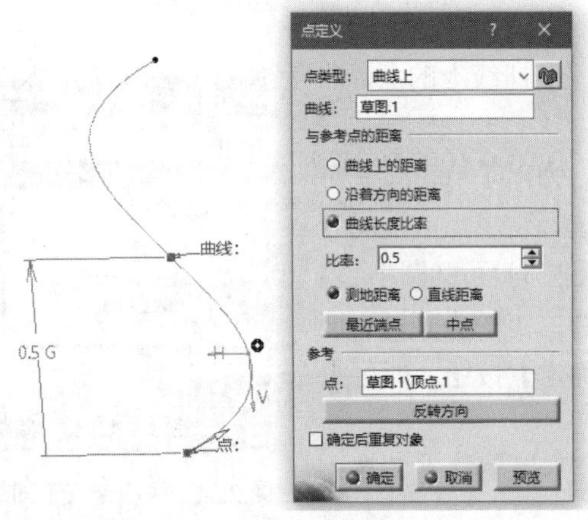

图 2.38　选中【曲线长度比率】单选按钮

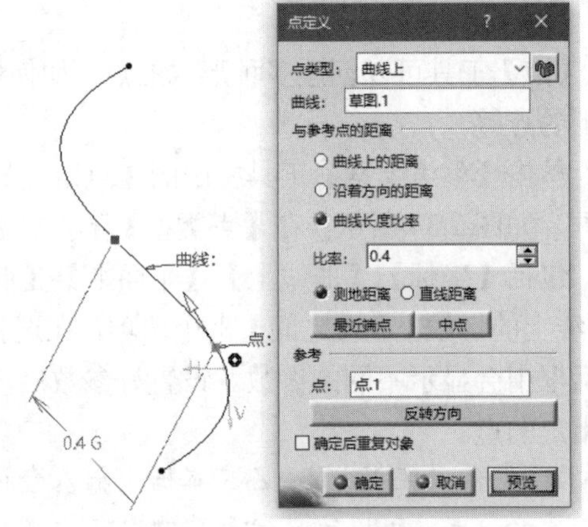

图 2.39　通过比率确定点位置

- 平面上：定义平面上的点，如图 2.40 所示。
  - 平面：允许用户选择一个平面作为支持面。
  - H/V：允许用户填入相应的坐标值，此时会在视图中出现该点的位置，同时标注出其坐标值。
  - 参考：可以选择一个新的参考点，此时该点将作为坐标系的原点，如图 2.41 所示。
- 曲面上：定义曲面上的点，如图 2.42 所示。

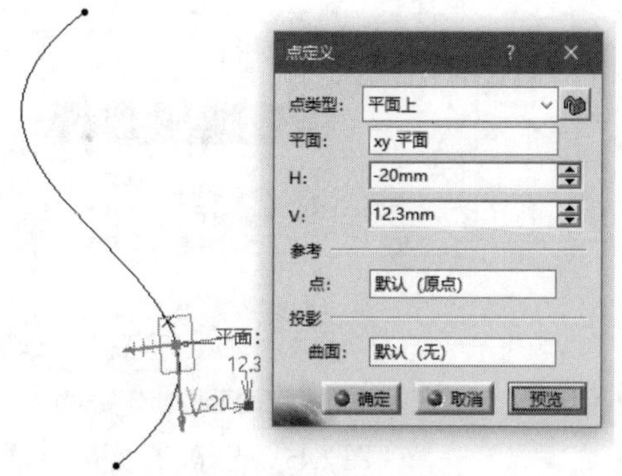

图 2.40　平面上的点

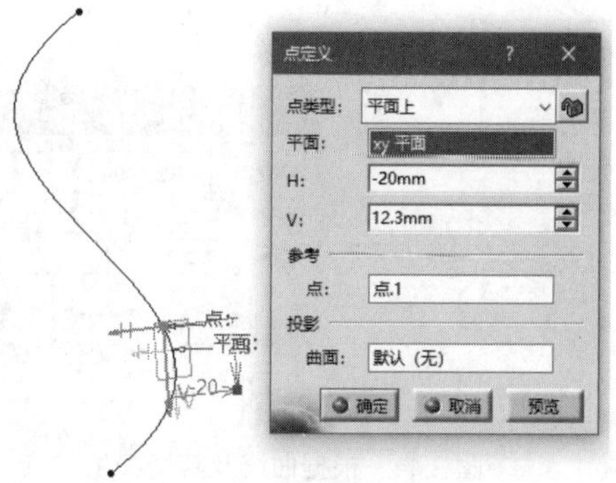

图 2.41　确定位置

- 曲面：可以选择点所处的曲面，此时通过控制与参考点的距离来决定生成点的位置。
- 方向：允许用户输入坐标轴或直线作为希望生成的点相对参考点的方向，这里可以采用默认值。
- 距离：允许用户输入生成的新点与参考点之间的距离，输入一个数值，此时即可在曲面上生成新点。
- 参考：参考点在默认情况下是指曲面的中心点，也可以在【参考】选项组中的【点】下拉列表中选择其他点作为参考点。
- 粗略的：使用快速近似运算法则。
- 精确的：使用精确运算法则。

➘ 圆/球面/椭圆中心：定义圆/球面/椭圆的中心点，如图 2.43 所示。

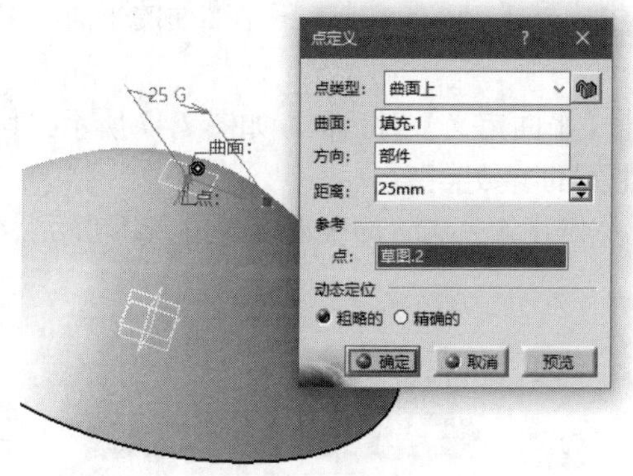

图 2.42　曲面上的点

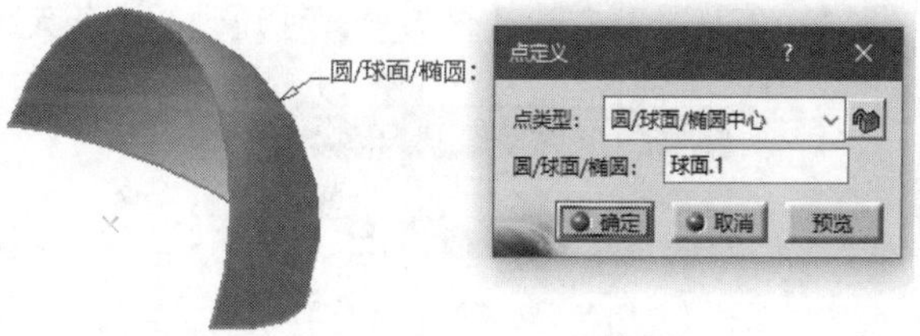

图 2.43　圆/球面/椭圆的中心点

圆/球面/椭圆：选择视图中的球面。

➘ 曲线上的切线：可以在曲线上的切线斜率与一条直线斜率相等处建立新点，如图 2.44 所示。

- 曲线：填入视图中的曲线。
- 方向：可填入直线或 X、Y、Z 轴。

提示：

如果在【曲线】文本框中填入的曲线与【方向】文本框中填入的线不在同一平面，则极可能出现无解的情况，如图 2.45 所示。

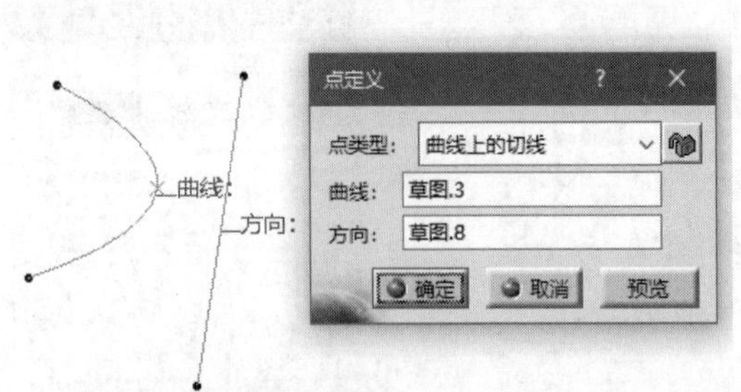

图 2.44　根据曲线及其切线生成点

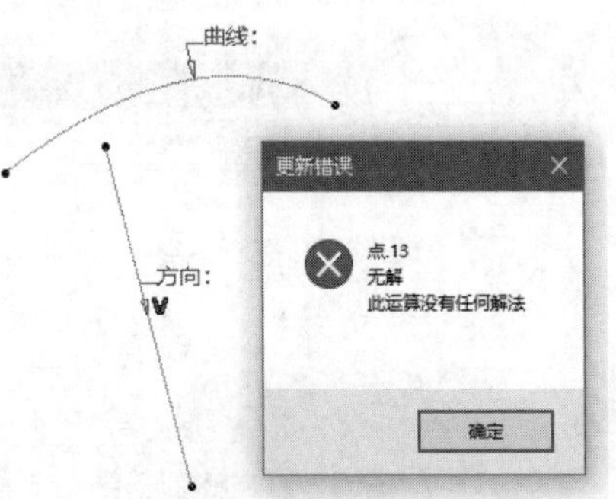

图 2.45　无解

- 之间：在两点之间生成新点，如图 2.46 所示。
  - 点 1/点 2：填入视图中的两点。
  - 比率：新生成点和起始点之间的距离与输入两点之间距离之比。
  - 支持面：可以根据给出的两点及支持面生成曲面上的点，它会生成在曲面上的与两点之间有相关比率的点。
  - 反转方向：可以交换起始点与终点。
  - 中点：可以直接将新点建立在两个点中间。

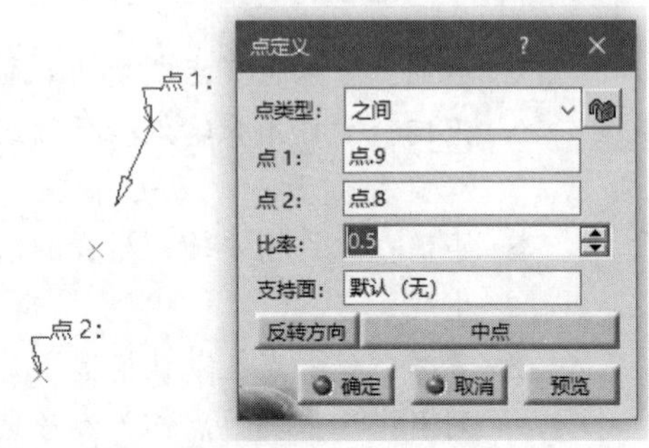

图 2.46　两点之间生成新点

2.6.2　平面

CATIA 中的【平面】工具可以根据不同的给定条件生成异于 xy、yx、zx 三基准面的平面，生成的平面可以作为设计时的参照元素。

单击【参考元素】工具栏中的【平面】按钮，弹出【平面定义】对话框，如图 2.47 所示。其中可以在【平面类型】下拉列表中按照需要选择各种建立平面的参数类型。

- 偏移平面：选择该选项，可通过一个给定的平面及偏移值生成新的平面，如图 2.48 所示。

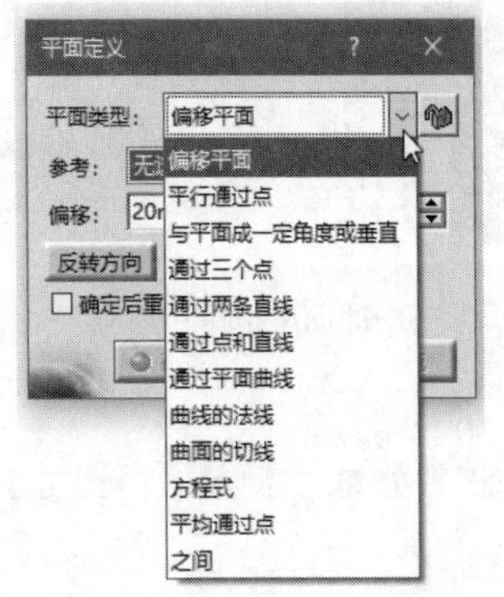

图 2.47　【平面定义】对话框

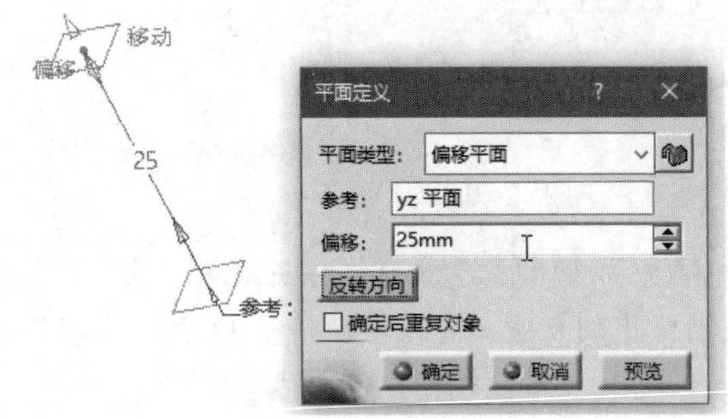

图 2.48　偏移平面

  - 反转方向：可以更改偏移方向，也可以单击视图中的红色箭头，使之更改，如图 2.49 所示。
  - 确定后重复对象：可以按照输入的要求同时生成多个平面。选中此复选框，单击【确定】按钮，弹出【复制对象】对话框，如图 2.50 所示，输入实例个数为 3，单击【确定】按钮，视图中就会再生成 3 个平面，如图 2.51 所示。

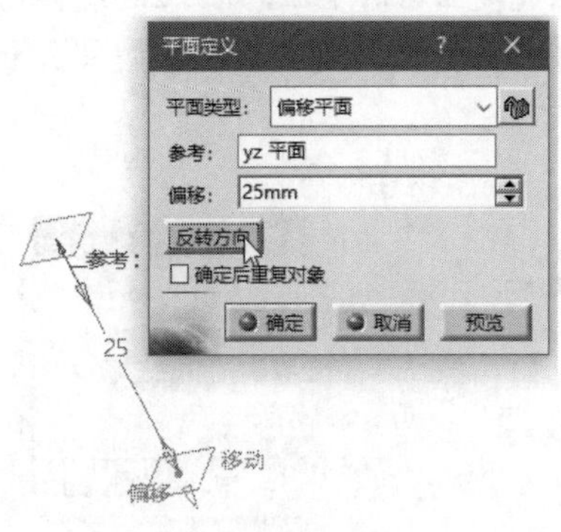

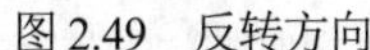
图 2.49　反转方向

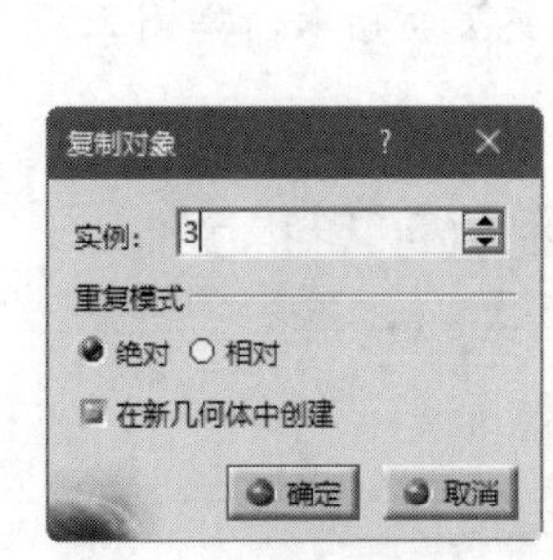

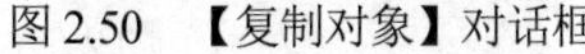
图 2.50　【复制对象】对话框

图 2.51　复制生成的平面

- 平行通过点：选择该选项，可以建立通过一点且平行于给出平面的新平面，如图 2.52 所示。
- 与平面成一定角度或垂直：选择该选项，可建立与给定平面成一定角度的平面。首先在弹出的【平面定义】对话框中选择一个旋转轴，该轴可以是 X、Y、Z 轴或某一直线；然后在【参考】选择框中选择参考平面，在【角度】文本框中输入旋转角度，如图 2.53 所示。

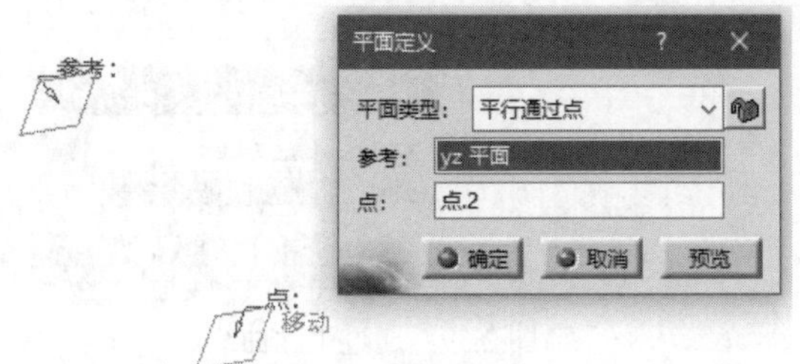

图 2.52　通过点的平面

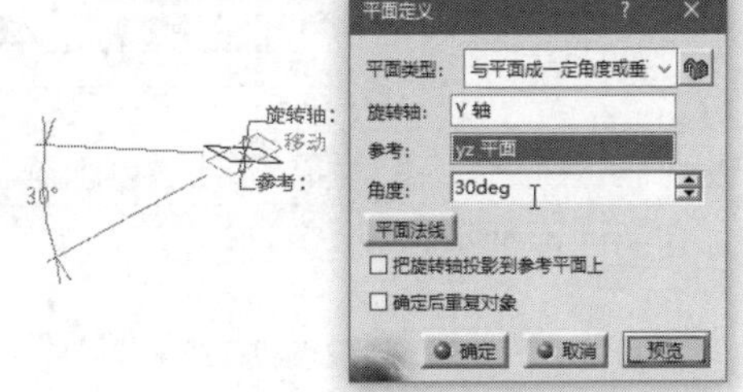

图 2.53　与参考平面成一定角度

  - 平面法线：单击此按钮，可以将角度直接设置为 90°，如图 2.54 所示。
  - 把旋转轴投影到参考平面上：将旋转轴投影到参考平面上，此时生成的新平面也将位于投影线上。
  - 确定后重复对象：可以同时生成多个平面。
- 通过三个点：根据三点定一平面定理确定新平面，即将三个相异且不同线的点分别输入【平面定义】对话框，生成平面，如图 2.55 所示。

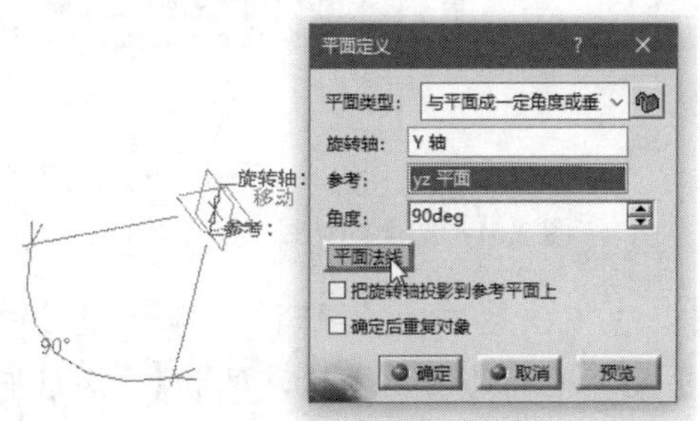

图 2.54　与参考平面垂直

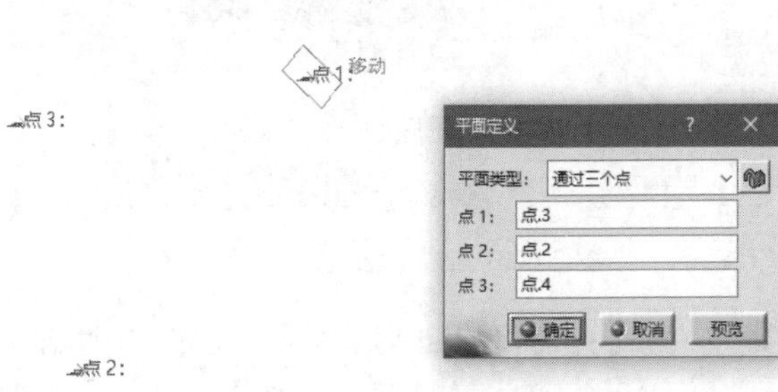

图 2.55　通过三个点

- 通过两条直线：选择该选项，可以根据两条直线确定一个新平面。当选择的两条直线不共面时，CATIA 会将第二条直线的向量移动到与第一条直线共面处，以此建立新的平面，如图 2.56 所示。
  - 不允许非共面曲线：选择此复选框，可以禁止在两条不共面的直线间建立新面，如果试图建立这样的平面，则会提示更新错误，如图 2.57 所示。

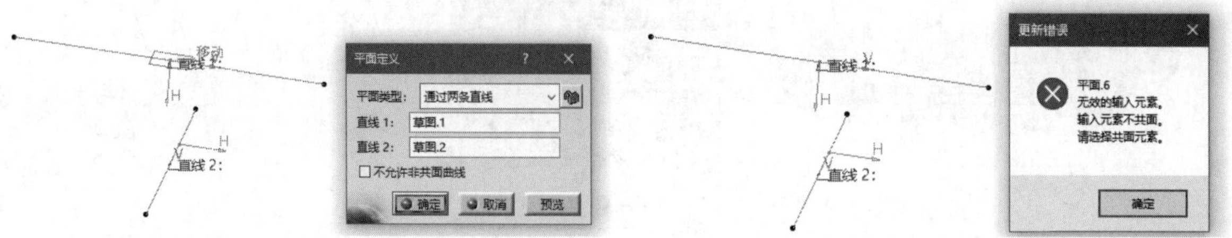

图 2.56　两条直线不共面的情形　　图 2.57　选中【不允许非共面曲线】复选框时的情形

- 通过点和直线：选择该选项，可以通过一点及一条直线建立新的面。在【点】文本框中输入一点，并输入相应直线，即可生成新的面，如图 2.58 所示。
- 通过平面曲线：选择该选项，可以通过一条曲线生成新的面，如图 2.59 所示。

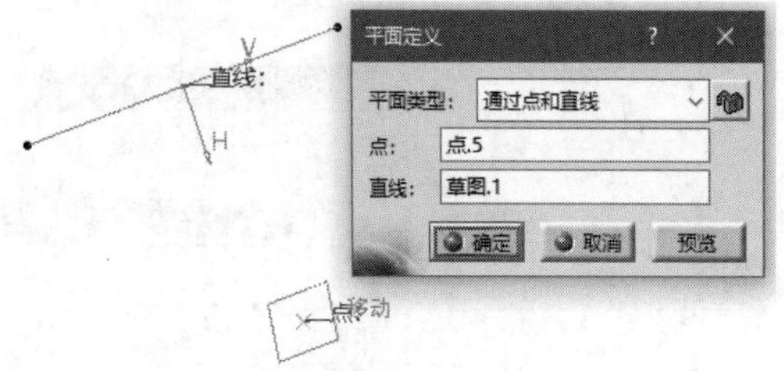

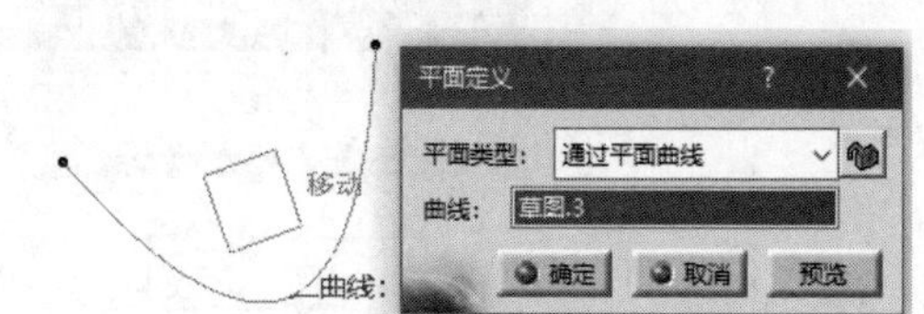

图 2.58　通过点和直线　　图 2.59　通过平面曲线

- 曲线的法线：选择该选项，可以生成通过某点的一条曲线的法线，将该曲线填入【曲线】选择框中，在【点】选择框中选择一点，如图 2.60 所示，若不选择点，则默认选择曲线的中间点。
- 曲面的切线：选择该选项，选择相应的曲面及一点，如图 2.61 所示，即可生成新的平面。

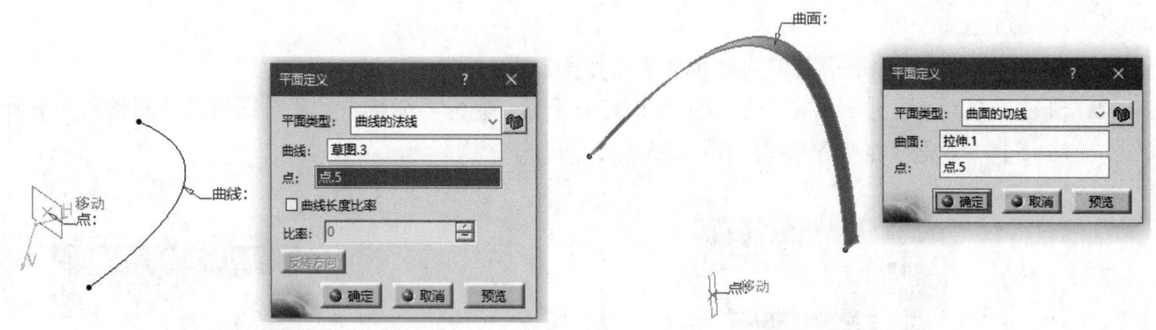

图 2.60　曲线的法线　　图 2.61　曲面的切线

- 方程式：选择此选项，可以直接通过输入方程式的方法生成新的平面，即通过公式 Ax+By+Cz=D，在【平面定义】对话框中输入方程的系数 A、B、C、D 项，单击【确定】按钮，生成新的平面，如图 2.62 所示。
  - 点：在对话框中的【点】选择框中可以生成一个通过该点的平面，此时会生成一个由参数

A、B、C 决定方向，选定点决定位置的平面，如图 2.63 所示。

- 与罗盘垂直：单击此按钮，会生成一个通过选定点且垂直 Z 轴的平面，如图 2.64 所示。

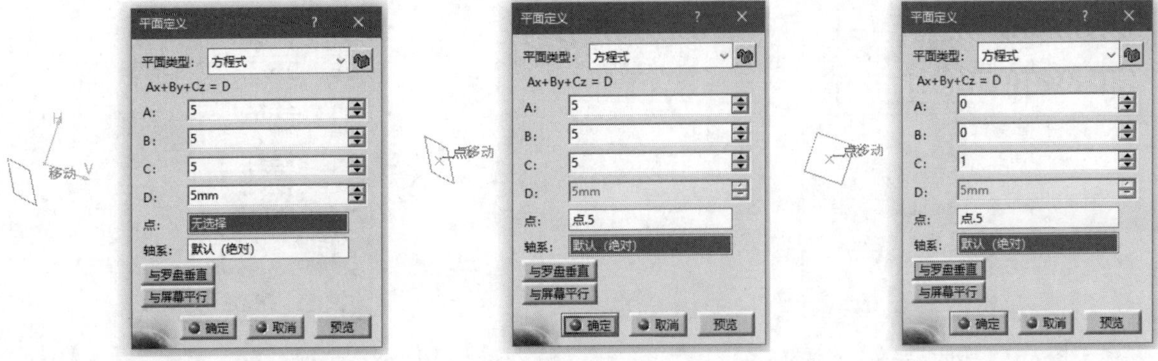

图 2.62 用方程式定义平面的方法　　图 2.63 选择一个参考点　　图 2.64 与罗盘垂直

- 与屏幕平行：单击此按钮，可以生成通过选定点且平行于 Z 轴的平面，如图 2.65 所示。
- 平均通过点：选择此选项，在【点】列表框中填入多个点，即可生成取多个点的平均所构成的平面，如图 2.66 所示。

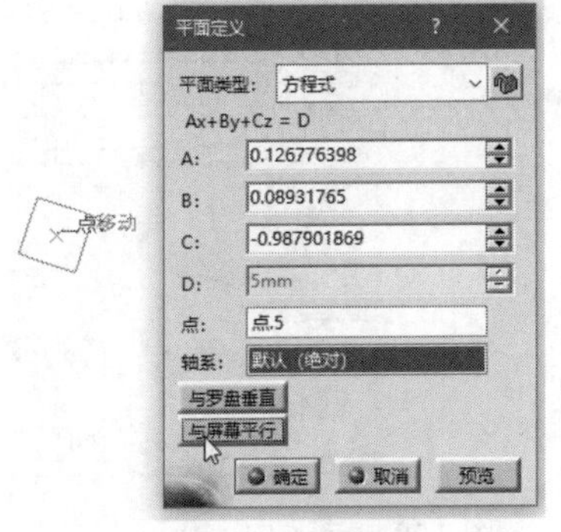

图 2.65 与屏幕平行

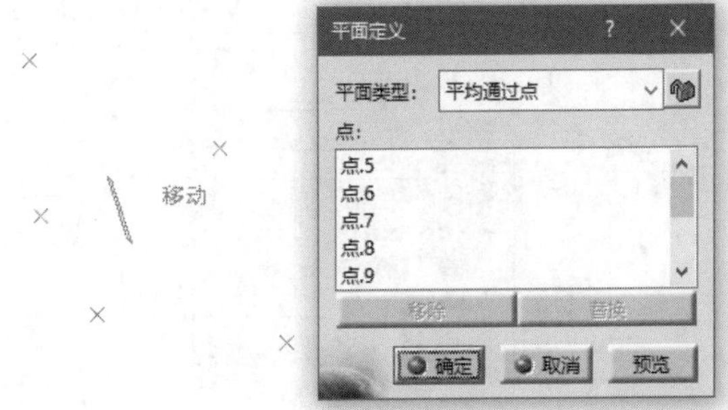

图 2.66 平均通过点

2.6.3 直线

单击【参考元素】工具栏中的【直线】按钮，弹出【直线定义】对话框，其中线型包括【点-点】【点-方向】【曲线的角度/法线】【曲线的切线】【曲面的法线】和【角平分线】六项，如图 2.67 所示，可以建立不同种类的直线。

- 点-点：可以通过不同的两点生成直线，如图 2.68 所示。
  - 点 1/点 2：选择视图中的两个不同的点，以确定直线的方向及端点。
  - 支持面：可以指定支持曲面，将在选择的曲面上创建最短距离直线。
  - 起点/终点：在起点与终点分别向外延伸的长度。
  - 直到：可以确定直线一直延伸的终点，其可以是点、线或面，如图 2.69 所示。
  - 长度类型：可以选择直线的长度类型，包括【长度】【起点无限】【无限】和【终点无限】四个单选按钮。【长度】单选按钮可以自定义直线的长度；若选中【起点无限】【无限】和【终点无限】三个单选按钮，将建立无限直线。

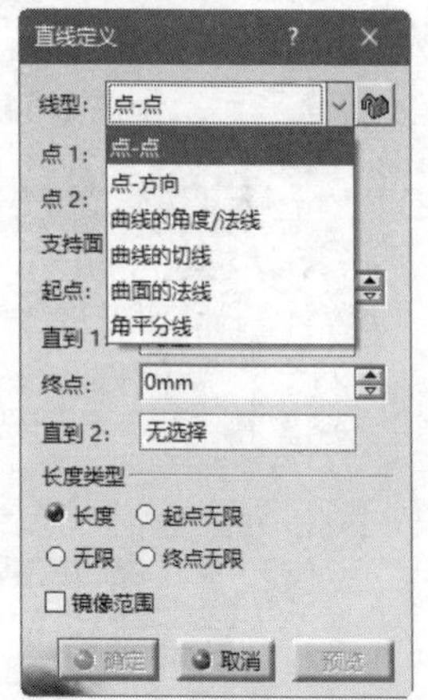

图 2.67 【直线定义】对话框

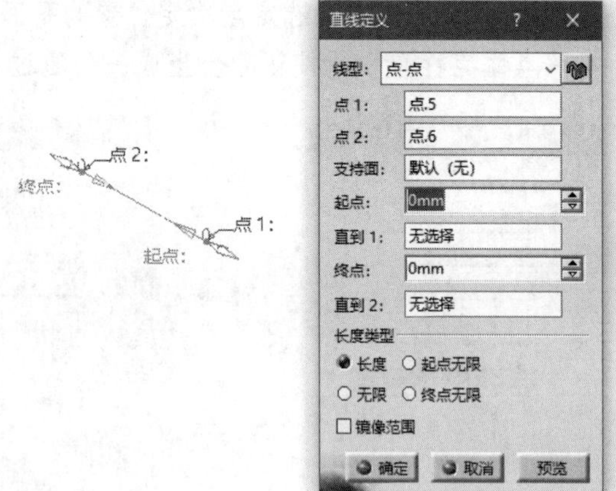

图 2.68 点-点

➘ 点-方向：可以通过点及方向生成直线，如图 2.70 所示。

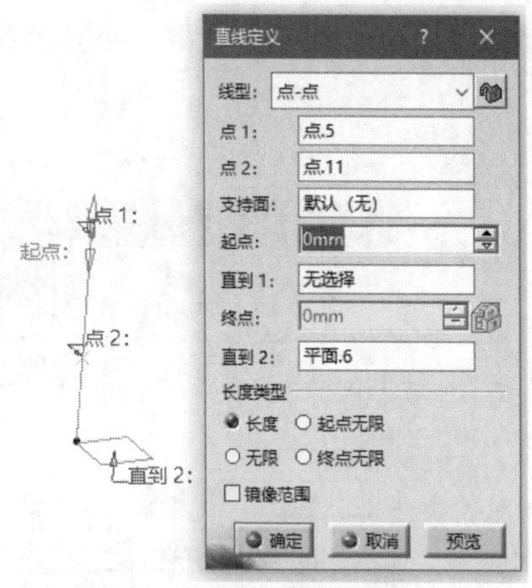

图 2.69 直到某一面

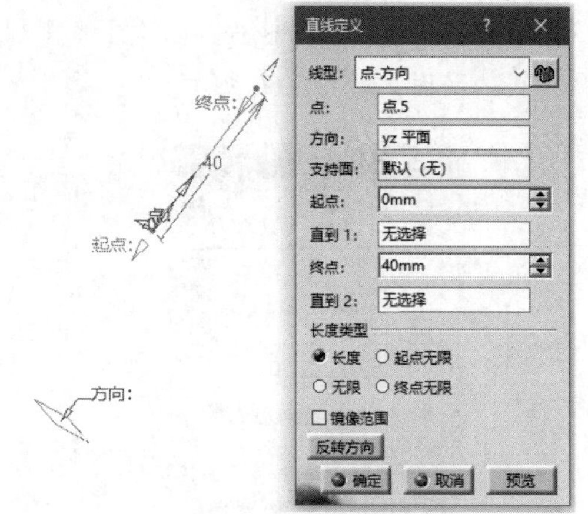

图 2.70 点-方向

- 点/方向：用于选择一个起点及直线的延伸方向。方向可以是某个坐标轴或一条直线，这里选择视图中的一条直线。
- 支持面：生成的直线在该曲面上。
- 起点：用于输入直线的开始位置，在此选项中输入的数值表示从起点处反向向外延伸该数值，默认为 0。
- 终点：可以输入直线的长度，表示直线从起点处延伸该数值。
- 直到：可以确定直线的终结位置。在【直到】选择框中单击，将激活该选项，然后在视图中的曲面上单击，此时直线将自动延伸至该曲面。
- 长度类型：可以设置确定长度直线或无限直线。

➘ 曲线的角度/法线：可以使用支持面及支持面上的曲线来确定直线的方向，即生成直线与所给曲线在选定点处相切，如图 2.71 所示。

- 曲线：可以输入视图中的相应曲线。
- 点：输入起始点。
- 角度：可以输入生成直线与曲线切线的夹角。

- 起点/终点：输入相应数值以确定直线的端点及长度。
- 镜像范围：可以将直线沿反向镜像。
- 支持面上的几何图形：生成的直线为原直线在支持面上的投影。
- 确定后重复对象：CATIA 允许同时按照设置的角度生成多条直线。选中此复选框，单击【确定】按钮，弹出【复制对象】对话框，如图 2.72 所示，输入【实例】数，单击【确定】按钮，生成多个对象，如图 2.73 所示。

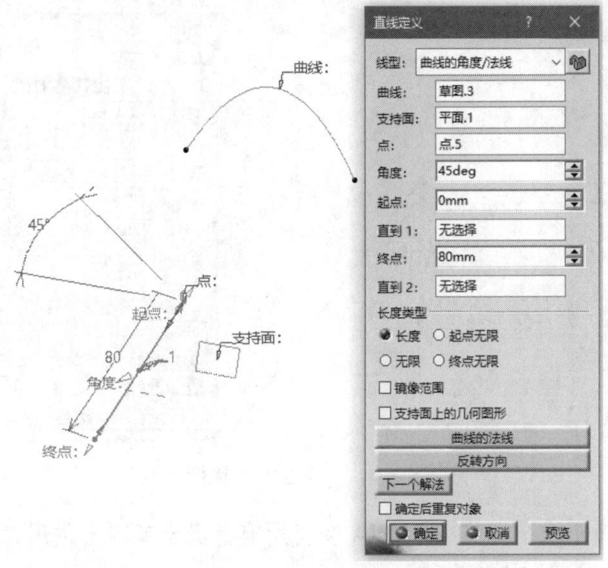

图 2.71　曲线的角度/法线

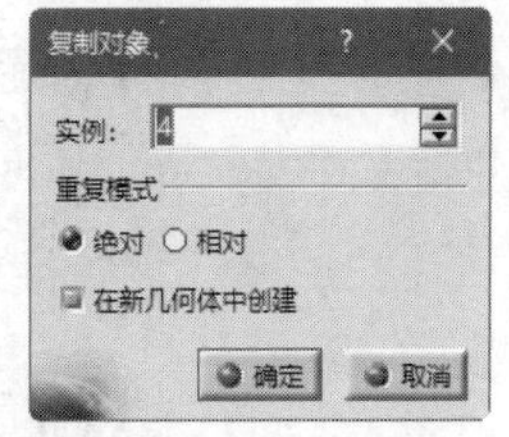

图 2.72　【复制对象】对话框

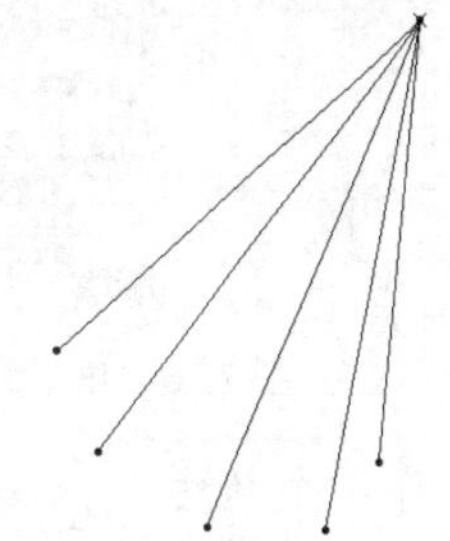

图 2.73　生成多个对象

- 曲线的切线：可以建立曲线的切线，如图 2.74 所示。
  - 曲线：选择曲线。
  - 元素：输入起始点，如果该点不在曲线上，则将以该点投影到曲线上的点处建立切线。
  - 支持面：允许输入支持曲面，此时生成的直线会变成在该曲面上的投影。
- 曲面的法线：可以根据一点及一曲面建立通过该点并垂直于曲面切线的直线，如图 2.75 所示。

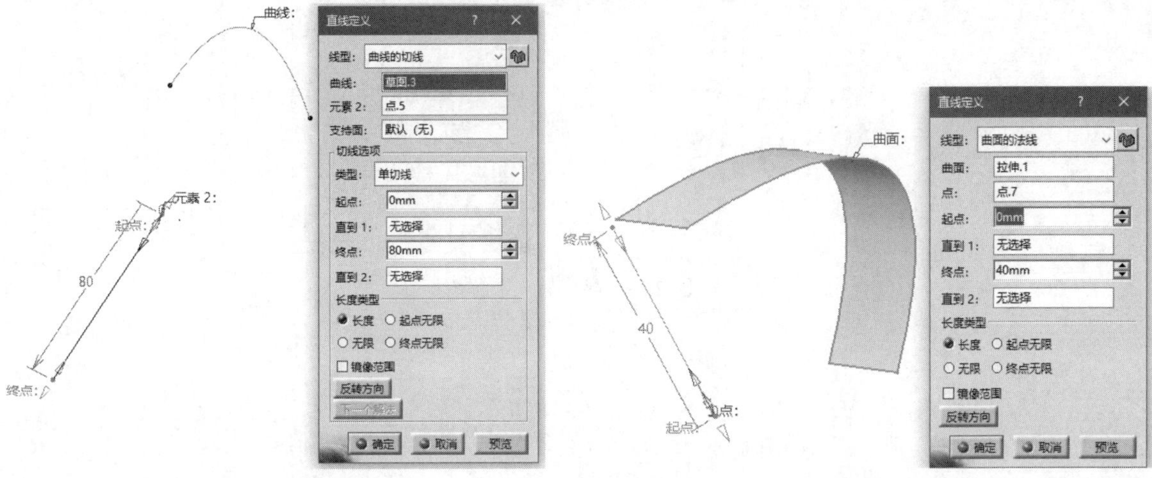

图 2.74　曲线的切线　　　　图 2.75　曲面的法线

- 曲面：输入一个曲面作为基准曲面，生成的直线方向由曲面的法线确定。
- 点：输入一点作为生成直线的端点。

- 角平分线：可以建立等分两线夹角的直线，如图 2.76 所示。
  - 镜像范围：可以将生成的结果以交点做镜像，如图 2.77 所示。

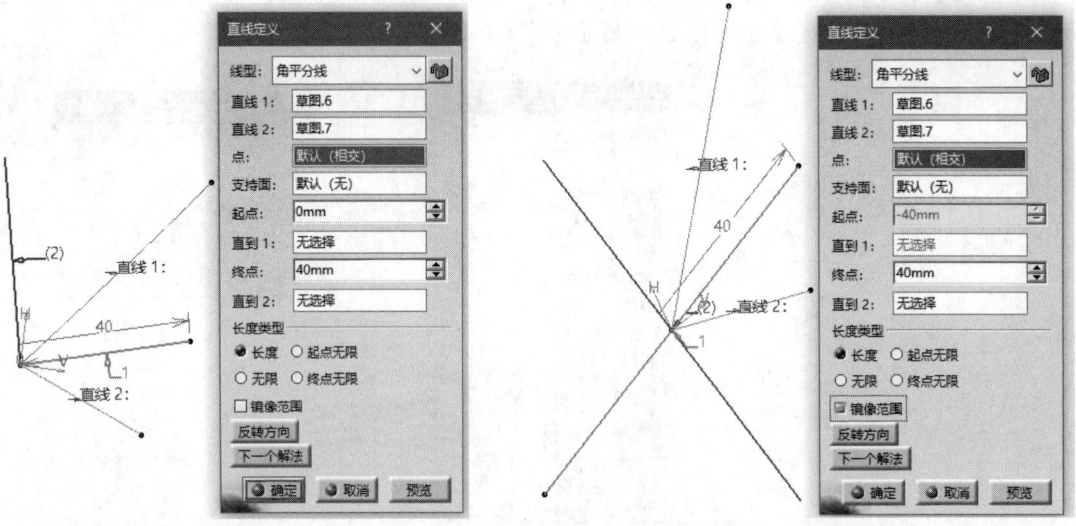

图 2.76　角平分线

图 2.77　镜像范围

- 下一个解法：一个夹角往往有多个角平分线，CATIA 会将所有情况全部列出供用户选择。可以单击此按钮显示另一个解，如图 2.78 所示。

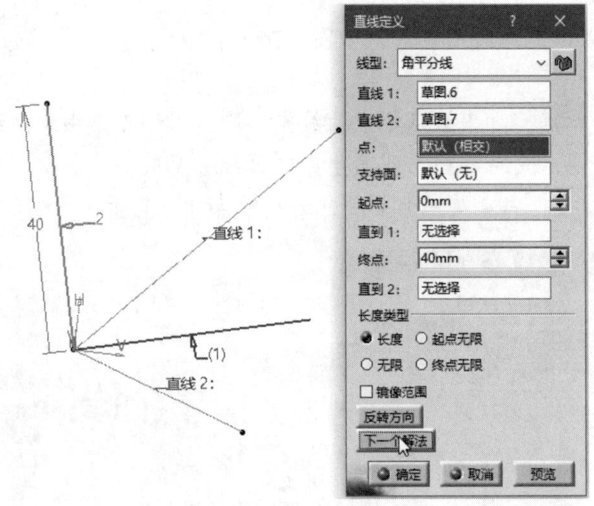

图 2.78　显示另一个解

第 3 章　草 图 绘 制

内容简介

使用 CATIA 进行实体造型时，首先要在草图中绘制二维平面图形，本章主要介绍如何进入草图工作平台及各种生成草图的方法。

内容要点

- 草图工作平台
- 草图常用工具
- 草图绘制工具

案例效果

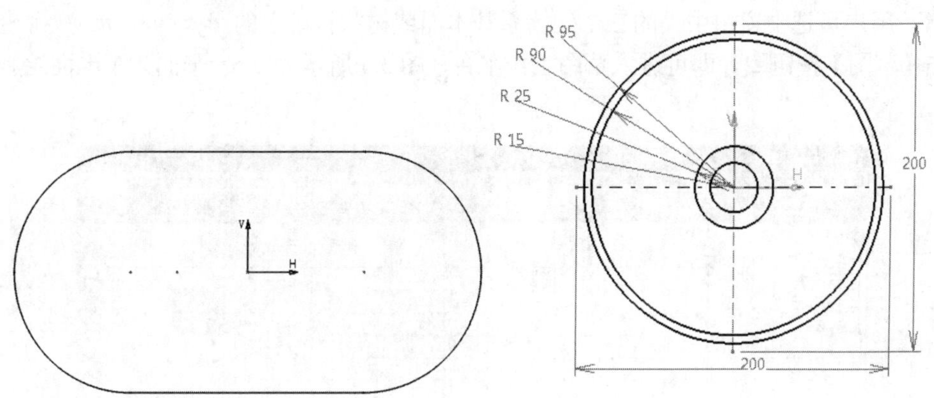

3.1　草图工作平台

进入三维零件设计之前，一般要进入草图工作平台，而后才能开始绘制三维平面草图。进入草图工作平台的方式一般有两种：一种是从【开始】菜单直接进入；另一种是从零件设计平台进入。

3.1.1　从【开始】菜单进入

进入草图工作平台常用的有两种方法，第一种是打开 CATIA 顶部菜单栏中的【开始】菜单，选择【机械设计】→【草图编辑器】命令，如图 3.1 所示。弹出【新建零件】对话框，如图 3.2 所示，单击【确定】按钮，进入零件设计平台。

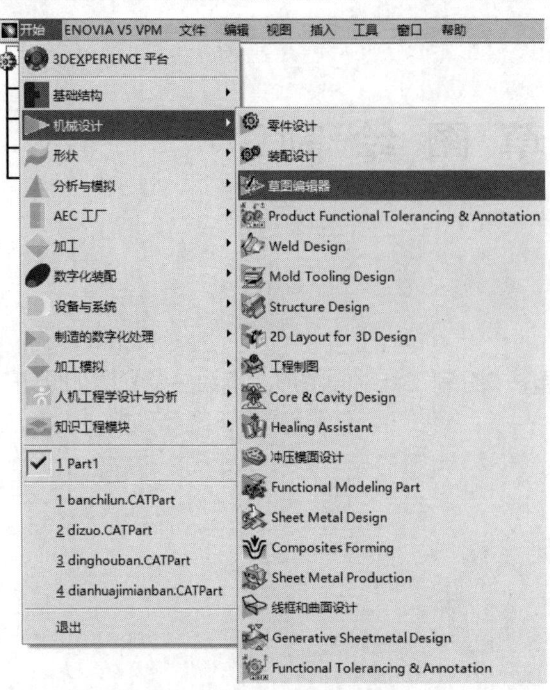

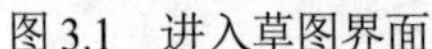

图 3.1　进入草图界面

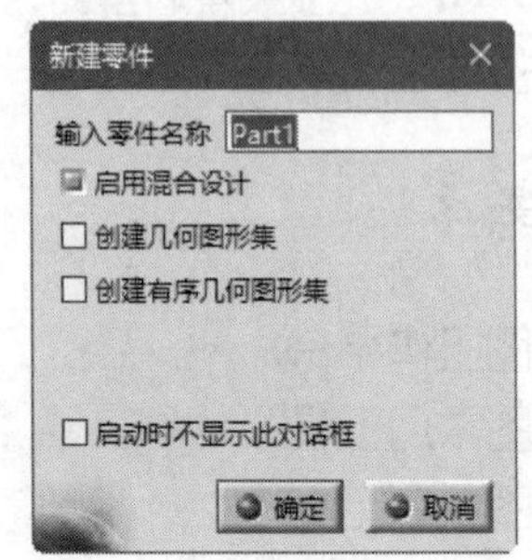

图 3.2　【新建零件】对话框

草图在二维工作环境下绘制，因此用户需要选择一个平面作为草图所在的平面，这样才能进入草图工作平台。用户可选中窗口中央的三个坐标系基本面或树状目录上的 xy、yz、zx 三个坐标基准面之一。单击【草图】按钮，即可进入草图工作平台，图 3.3 所示为以 xy 平面为基准面绘制草图工作平台。

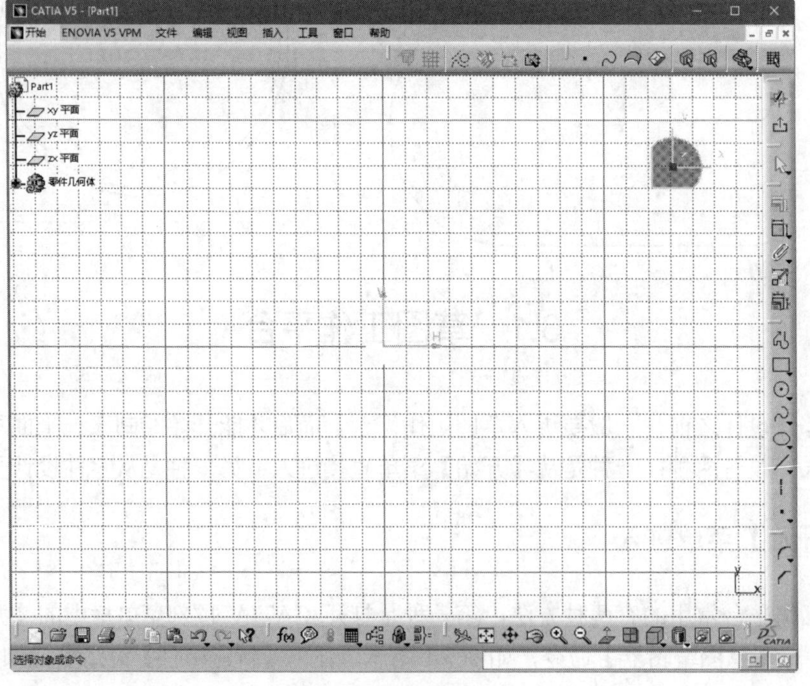

图 3.3　草图工作平台

3.1.2　从零件设计平台进入

选择【文件】→【打开】命令，弹出【选择文件】对话框，选择需要修改或未完成的零件，将其打开；在实体某一平面上绘制新草图，即先单击该表面，再单击【草图】按钮，进入草图工作平台，用户可继续绘制草图，所绘制的草图在特征树上会自动延续之前的草图序号表示，如图 3.4 所示。

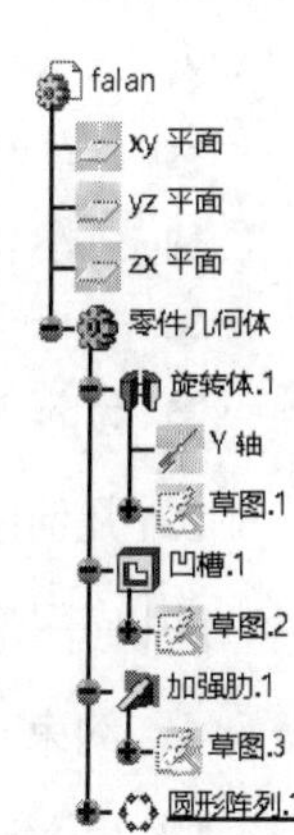

图 3.4　特征树

3.1.3　草图工作面设置

草图是一个基本的常用模块，用户应当了解其环境设置。单击【工具】→【选项】→【机械设计】→【草图编辑器】命令，系统弹出如图 3.5 所示【选项】对话框。

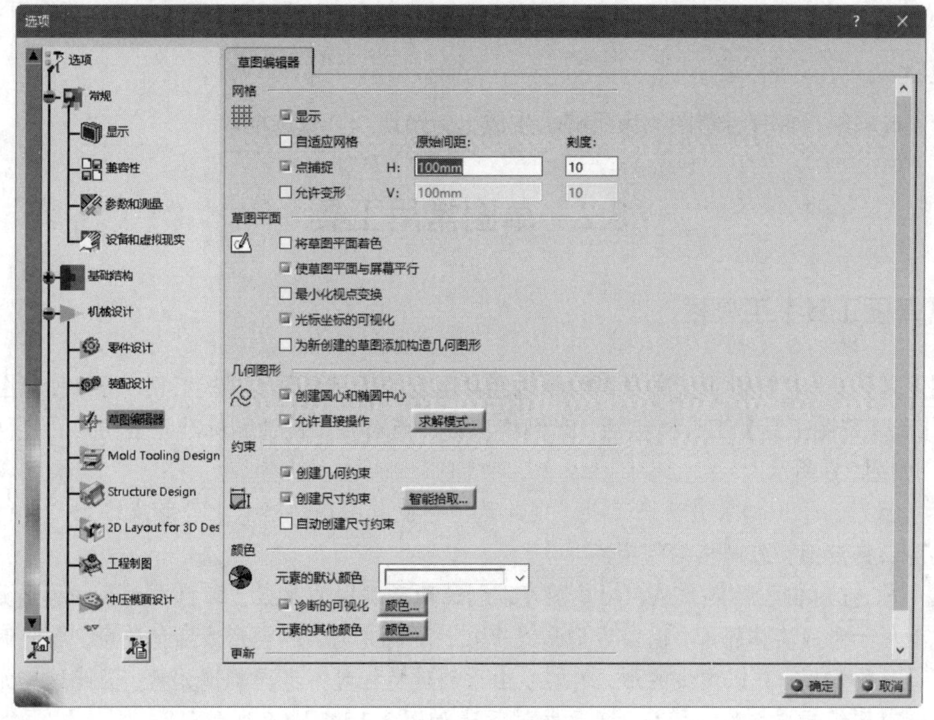

图 3.5　【选项】对话框

【草图编辑器】选项包括【网格】【草图平面】【几何图形】【约束】【颜色】和【更新】六个选项组。下面分别对其进行说明。

1. 网格

【网格】选项组中包括显示、自适应网格、点捕捉和允许变形四个复选框，用户可通过选中其复选框使其生效。

2. 草图平面

【草图平面】选项组包括将草图平面着色、使草图平面与屏幕平行、最小化视点变换、光标坐标的可视化和为新创建的草图添加构造几何图形四个复选框，下面分别对其进行说明。

- 将草图平面着色：为草图平面加载颜色。
- 使草图平面与屏幕平行：表示草图平面的位置与屏幕平行，通常在默认状态时，该复选框被选中。
- 最小化视点变换：切换视点的可见与否。
- 光标坐标的可视化：表示光标的坐标可看见。
- 为新创建的草图添加构造几何图形：在创建新草图时，向草图结果中添加构造几何图形。

3. 几何图形

【几何图形】选项组包括创建圆心和椭圆中心及允许直接操作两个复选框。

4. 约束

【约束】选项组包括创建几何约束、创建尺寸约束和自动创建尺寸约束三个复选框。

5. 颜色

【颜色】选项组包括元素的默认颜色、诊断的可视化及元素的其他颜色三个复选框。

6. 更新

【更新】选项组只含有当草图约束不够时生成更新错误一个复选框。

3.2 草图常用工具

3.2.1 【草图工具】工具栏

【草图工具】工具栏提供了五种草图绘制时经常用到的工具，通过这些工具，可以使草图绘制过程更加智能化。【草图工具】工具栏包括 3D 网格参数、点对齐、构造和标准元素切换、几何约束、尺寸约束等，如图 3.6 所示。

- （点对齐）：如果激活该工具，则此选项将使草图在网格点上开始或终止。进行绘制时，这些点将被捕捉到网格的相交点。
- （构造/标准元素）：CATIA 草图可以创建两种类型的元素，即标准元素和构造元素。标准元素用于形成实体轮廓，以实线的形式存在；而构造元素不会形成实体轮廓，在绘制中主要起辅助线的作用，并以虚线的形式存在。由于创建特征时不考虑构造元素，因此这些元素不会出现在草图编辑器之外。标准元素和构造元素如图 3.7 和图 3.8 所示。

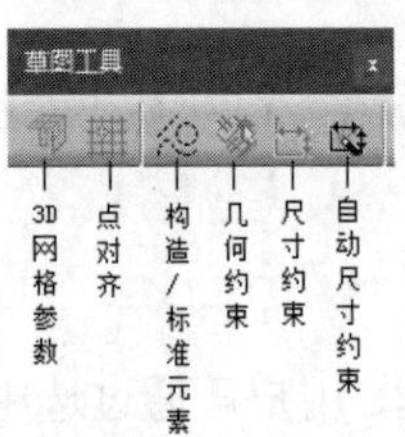

图 3.6 【草图工具】工具栏

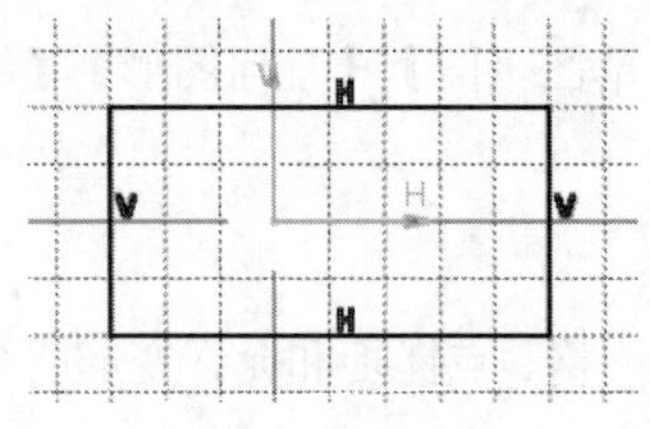

图 3.7 标准元素

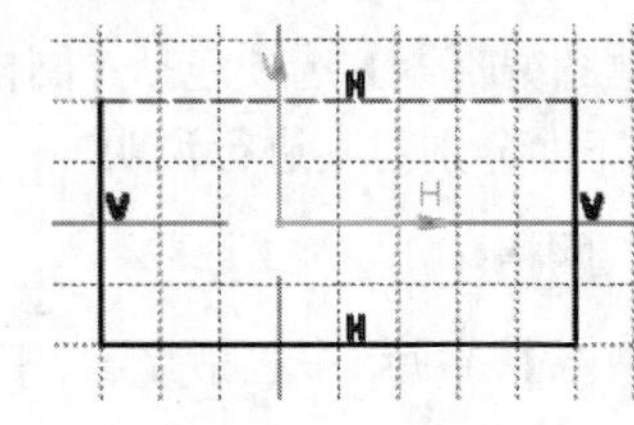

图 3.8 构造元素

- （几何约束）：能够在一个或多个几何图形元素之间施加几何约束限制，即在单击该按钮后，生成的轮廓将自动被约束起来，省去以后手动添加约束的麻烦。图 3.9 和图 3.10 分别显示了单击和未单击【几何约束】按钮的差别。

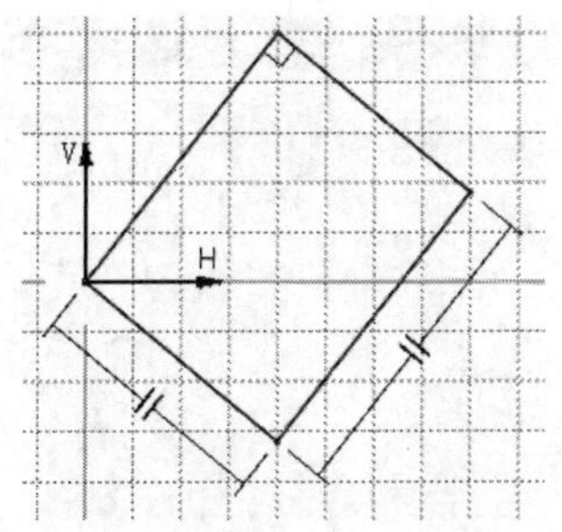

图 3.9　单击【几何约束】按钮

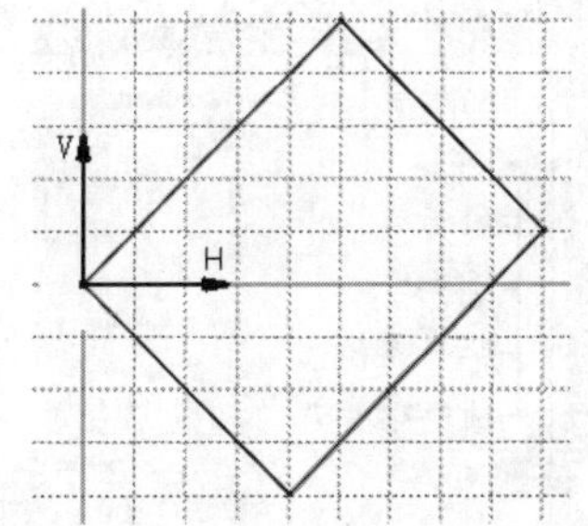

图 3.10　未单击【几何约束】按钮

- （尺寸约束）：单击此按钮，如果使用【草图工具】工具栏中的值字段（图 3.11）创建轮廓，则能够对一个或多个轮廓类型的元素自动实施尺寸约束，如图 3.12 所示。

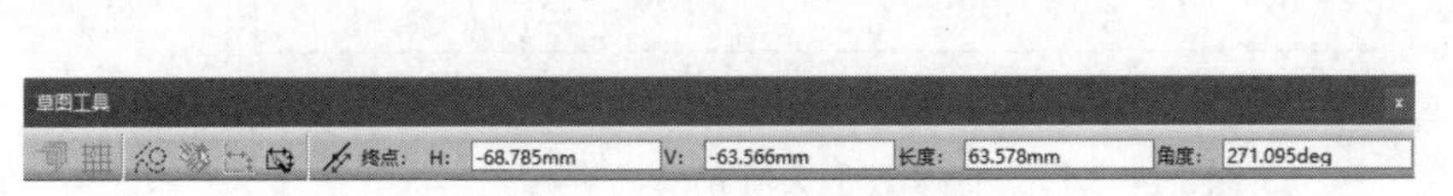

图 3.11　值字段

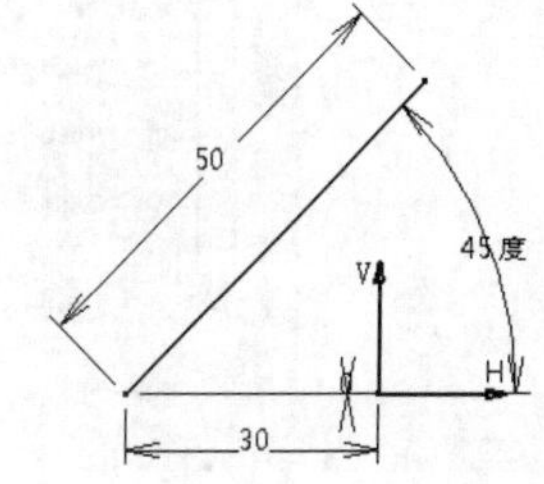

图 3.12　尺寸约束

3.2.2　【可视化】工具栏

【可视化】工具栏是为方便草图设计，根据需要用于定义视图显示模式的工具按钮，通过对相应元素的视图控制，有助于用户观察更加复杂的草图。【可视化】工具栏如图 3.13 所示。

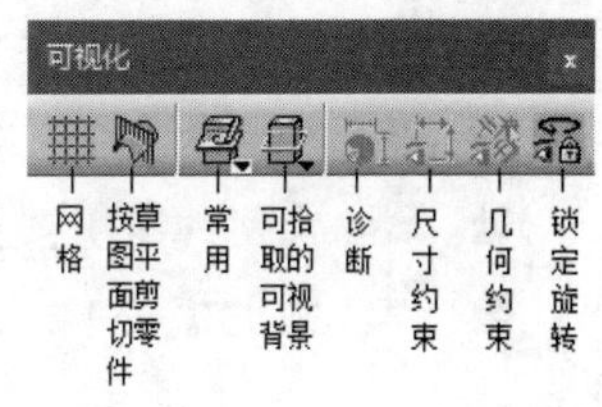

图 3.13　【可视化】工具栏

- （网格）：通过该工具，可以控制网格线的显示和关闭。网格间距和刻度通过【工具】→【选项】→【机械设计】→【草图编辑器】定义，如图 3.14 所示。
- （按草图平面剪切零件）：绘制草图时,由于实体或者曲面的存在，可能阻碍视图的观察。通过【按草图平面剪切零件】按钮可以使一些不需要的材料部分被隐藏，因此使草图平面视图得以简化。
- （常用）：包括常用、低光度和无 3D 背景。
  - （常用）：该选项是默认选项，激活此选项时，草图编辑器中的 3D 几何图形可见。
  - （低光度）：将以低光度显示除当前草图外的所有几何元素和特征（它们显示为灰色）。
  - （无 3D 背景）：将隐藏除当前草图外的所有几何元素和特征（产品、零件等）。
- （可拾取的可视背景）：包括可拾取的可视背景、无 3D 背景、不可拾取的背景、低亮度背景和不可拾取的低亮度背景。
  - （可拾取的可视背景）：该选项是默认选项，激活该选项时，背景可拾取，可见。
  - （无 3D 背景）：指定平面外的所有图形均不可见。
  - （不可拾取的背景）：指定平面外的所有几何图形均可视，这些几何图形具有标准亮度，但不可拾取。

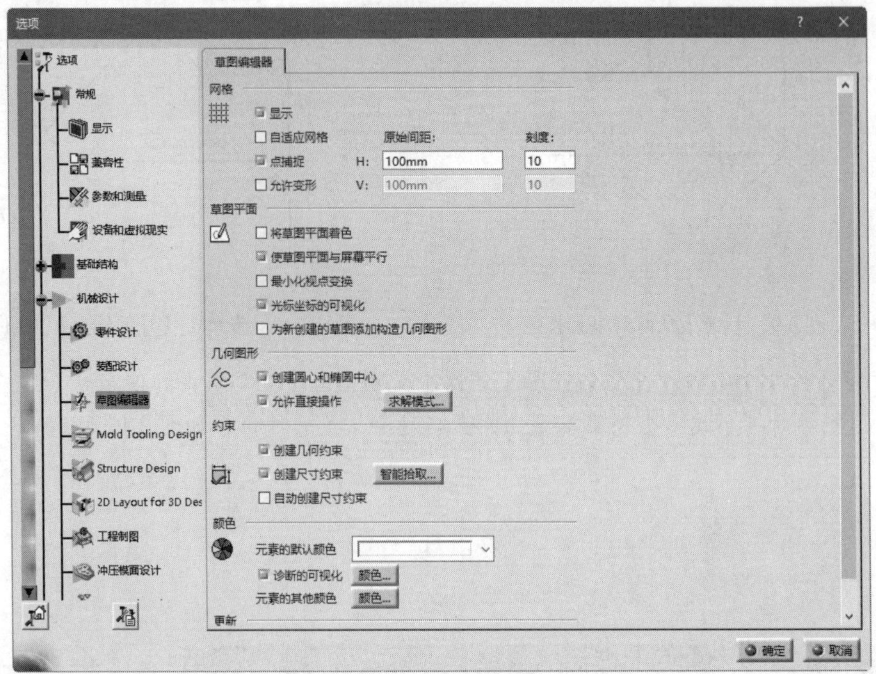

图 3.14 【草图编辑器】选项卡

- （低亮度背景）：指定平面外的所有几何图形均可视，可拾取，但具有低亮度。
- （不可拾取的低亮度背景）：指定平面外的所有几何图形均可视，这些几何图形具有低亮度，但不可拾取。

- （诊断）：检查当前草图中是否存在过约束或不一致约束。
- （尺寸约束）：显示或隐藏当前草图中的所有尺寸约束。
- （几何约束）：显示或隐藏当前草图中的所有几何图形约束。
- （锁定旋转）：固定当前草图，使其不能旋转。

3.2.3 【选择】工具栏

在草图绘制过程中，往往需要选择一定的轮廓进行操作，而能否对所绘轮廓进行快速选择将会影响绘图效率。单击按钮右下角的黑色小三角，弹出图 3.15 所示的【选择】工具栏，该工具栏提供了选择对象的八种不同方式。

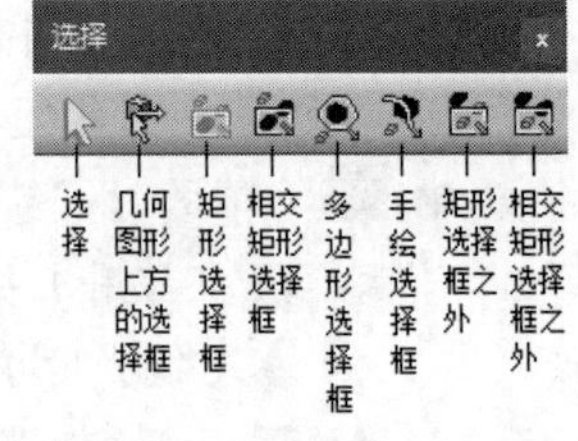

图 3.15 【选择】工具栏

- （选择）：单击此按钮，系统进入选择状态。单击要选择的对象，该对象被选中并以橙色显示。若想对多个对象进行选择，则按住 Ctrl 键，单击要选择的对象即可；若想取消对某个已选对象的选择，则按住 Ctrl 键，单击该对象即可；若想取消对所有对象的选择，则单击草图工作平面的空白处即可。
- （几何图形上方的选择框）：单击此按钮，启动几何图形上方的选择框，配合【选择】工具栏中的其他按钮选择几何图形。
- （矩形选择框）：通过矩形框来选择对象，只有完全位于矩形框内的对象才被选中，如图 3.16 和图 3.17 所示。

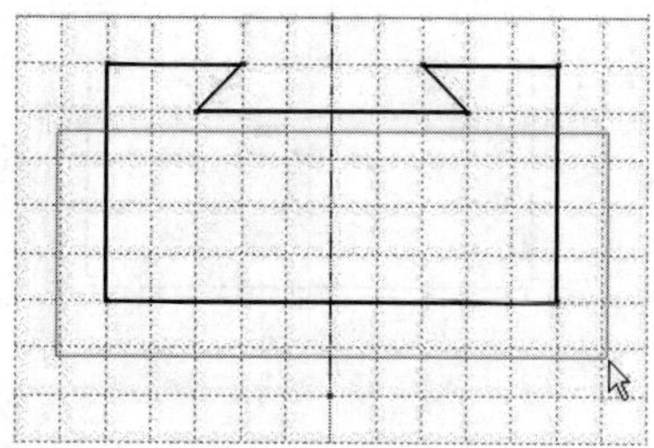

图 3.16　矩形选择框

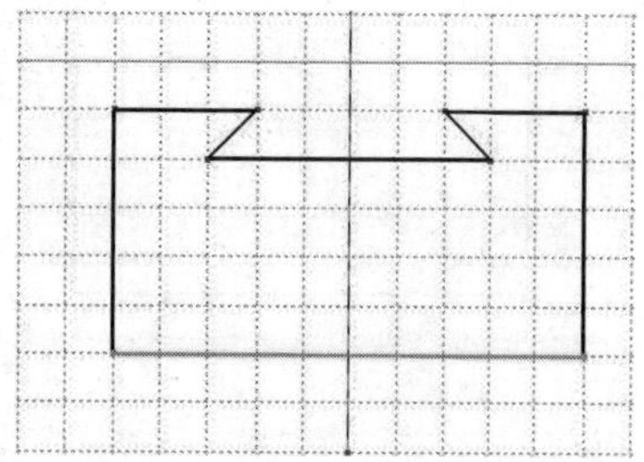

图 3.17　被选中的对象 1

➘ （相交矩形选择框）：通过矩形框来选择对象，位于矩形框内及与其相交的对象都被选中，如图 3.18 和图 3.19 所示。

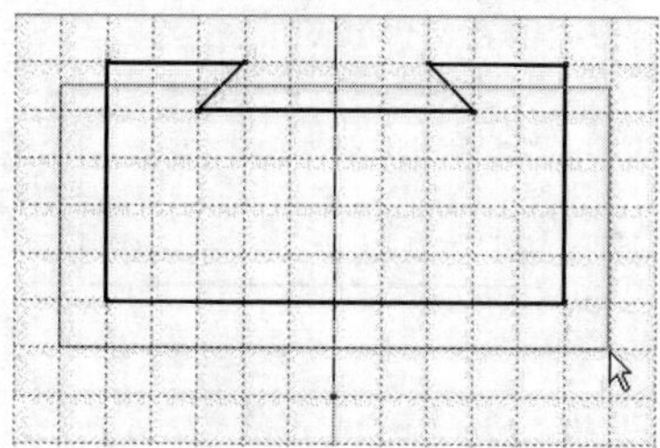

图 3.18　交叉矩形选择框

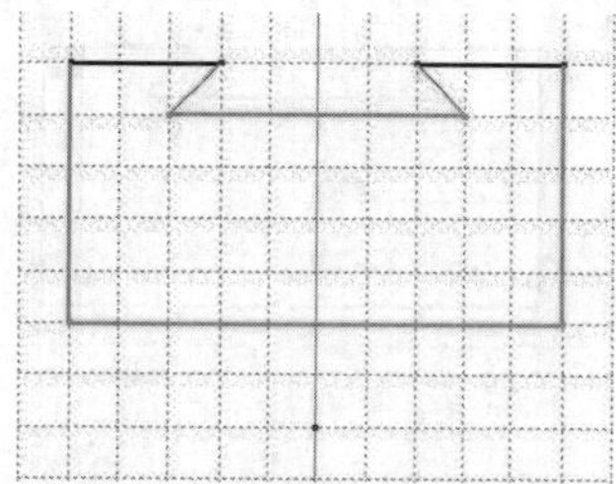

图 3.19　被选中的对象 2

➘ （多边形选择框）：通过绘制多边形来选择对象，只有完全位于多边形内的对象才会被选中，如图 3.20 和图 3.21 所示。

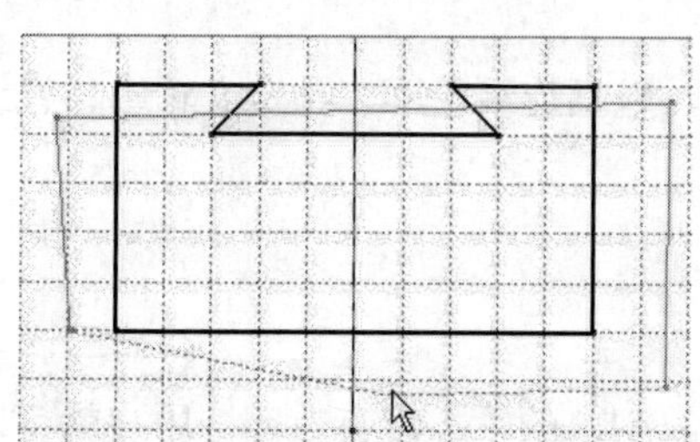

图 3.20　多边形选择框

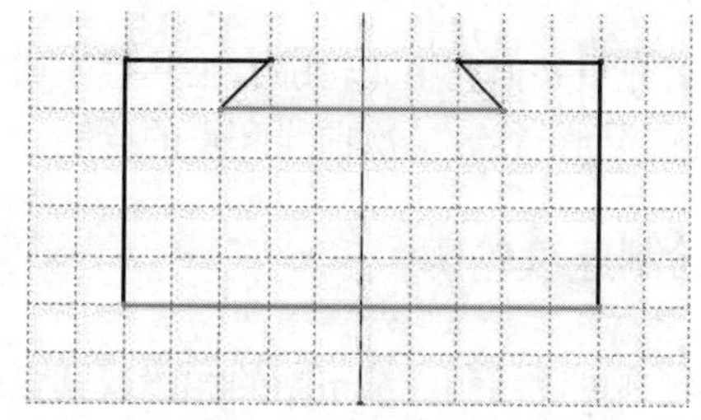

图 3.21　被选中的对象 3

➘ （手绘选择框）：通过在对象上手动绘制图线来选择对象，与图线相交的对象将被选中，如图 3.22 和图 3.23 所示。

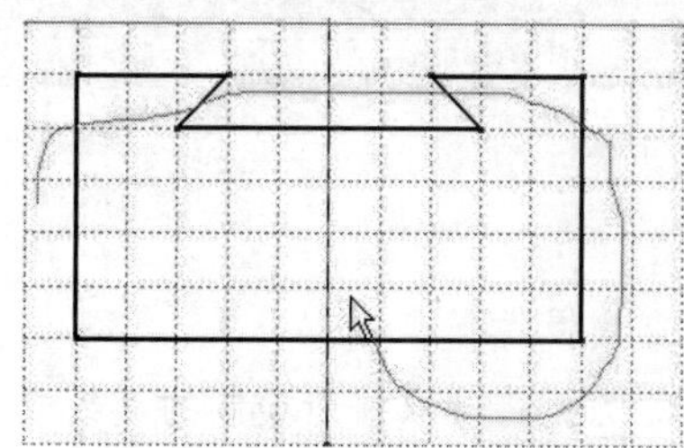

图 3.22　涂抹笔画选择

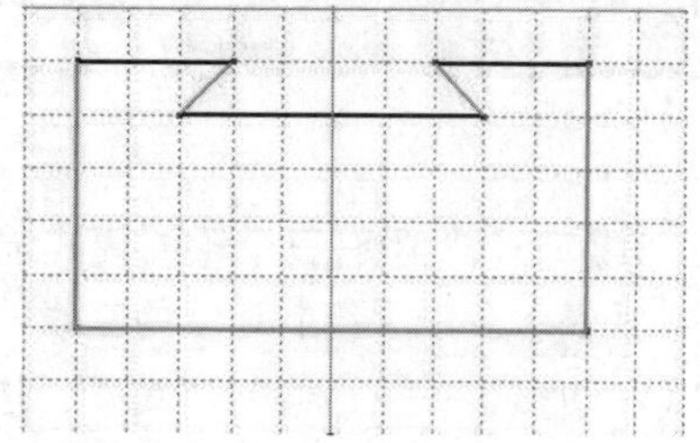

图 3.23　被选中的对象 4

➘ （矩形选择框之外）：该按钮与矩形选择框恰好相反，只有位于矩形框外的对象才会被选中，如图 3.24 和图 3.25 所示。

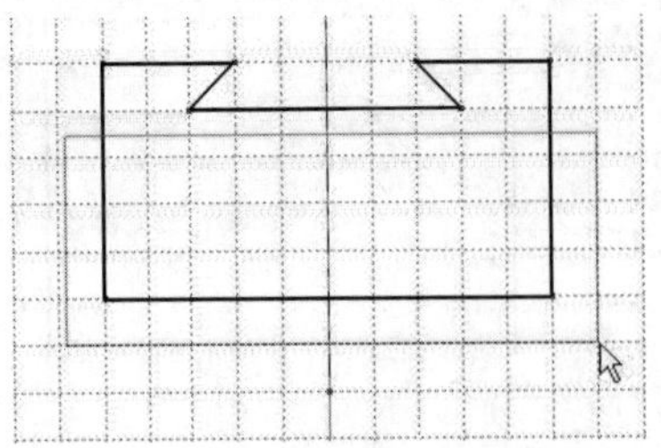

图 3.24　矩形选择框之外的选择

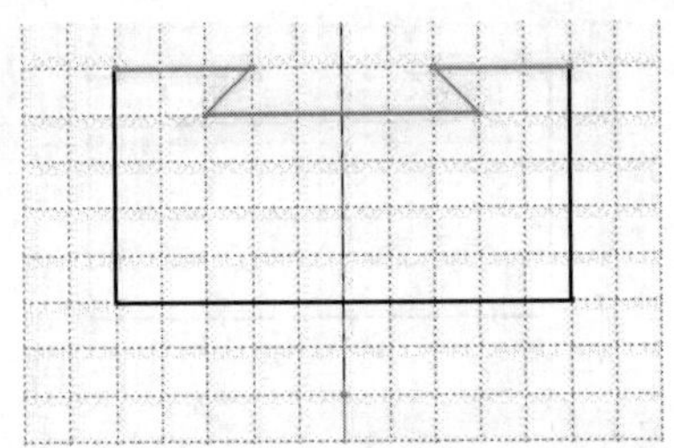

图 3.25　被选中的对象 5

- （相交矩形选择框之外）：该按钮与相交矩形选择框恰好相反，只有位于矩形框外及与矩形相交的对象才会被选中，如图 3.26 和图 3.27 所示。

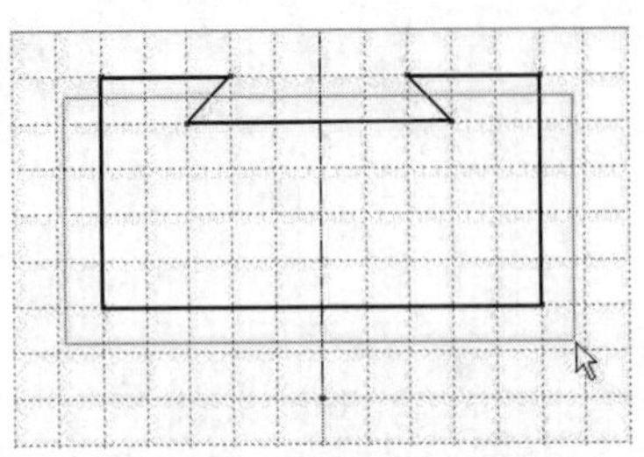

图 3.26　相交矩形选择框之外的选择

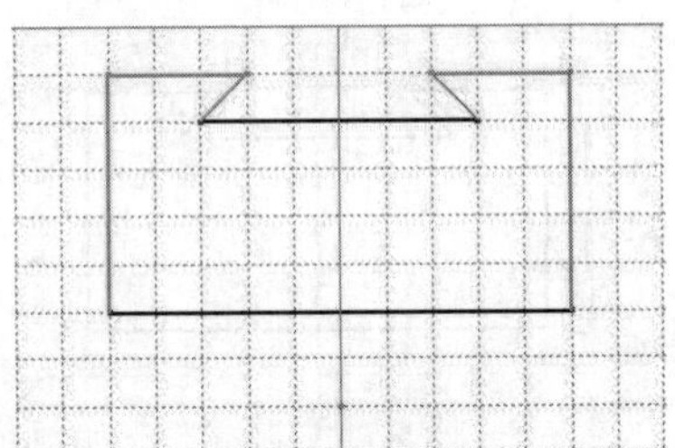

图 3.27　被选中的对象 6

3.3　草图绘制工具

本节将介绍如何利用【轮廓】工具栏生成草图轮廓，包括连续轮廓、预定义轮廓、直线、轴线、圆形和圆弧、样条线、二次曲线和点的绘制。

3.3.1　绘制连续轮廓

连续轮廓可以绘制连续不断的线段或圆弧线，只要绘制出的轮廓没有封闭，用户就可以继续绘制图；若中途要结束连续轮廓的绘制，则按 Esc 键两次或其他功能键即可。

单击【轮廓】工具栏中的【轮廓】按钮，【草图工具】工具栏将显示用于定义轮廓的值，如图 3.28 所示。

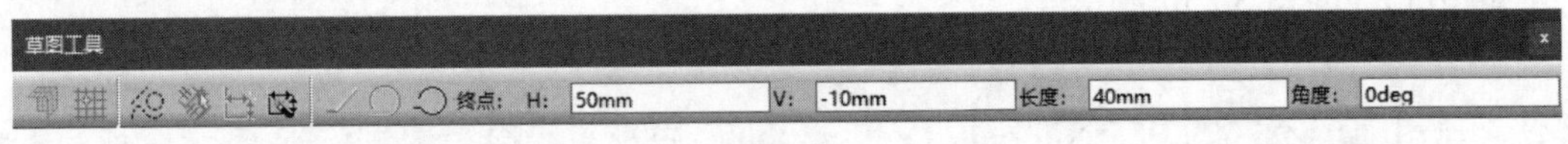

图 3.28　【草图工具】工具栏

【草图工具】工具栏中有三个轮廓模式选项可用。

- （直线）：用于绘制连续的直线，默认模式为直线模式。
- （相切弧）：用于绘制切线弧，选中后所绘制的圆弧将与以前所绘制的直线或圆弧相切。
- （三点弧）：用于绘制三点圆弧。

扫一扫，看视频

动手学——绘制平键轮廓

绘制平键轮廓的具体操作步骤如下。

（1）选择【开始】→【机械设计】→【草图编辑器】命令，弹出【新建零件】对话框，如图 3.29 所示；输入零件名称【平键轮廓】，单击【确定】按钮，进入零件设计平台。图 3.30 所示为零件设计平台的特征树。

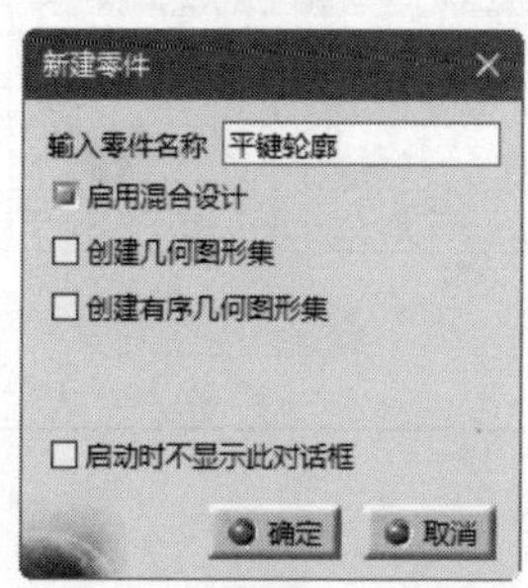

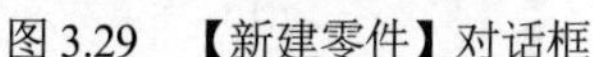
图 3.29 【新建零件】对话框

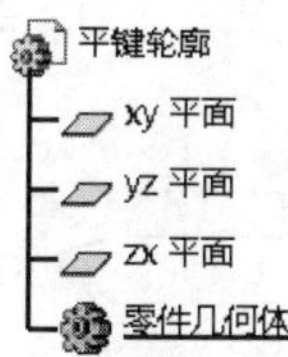

图 3.30 零件设计平台的特征树

（2）在特征树中选择【xy 平面】，进入草图工作平台并以 xy 平面为草图绘制面。

（3）单击【轮廓】工具栏中的【轮廓】按钮，在【草图工具】工具栏中为第一个点输入 H= -50mm，V=50mm，按 Enter 键，如图 3.31 所示。

图 3.31 输入第一点的坐标

提示：

绘制轮廓时，系统默认为按下【直线】开关按钮。

（4）在【草图工具】工具栏中为终点输入 H=50mm，V=50mm，按 Enter 键，如图 3.32 所示。

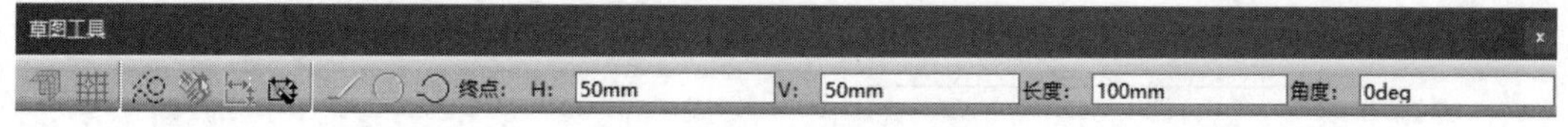

图 3.32 输入第二点的坐标

（5）单击【相切弧】按钮，移动光标至点（50,-50），单击以指定圆弧的终点，如图 3.33 所示。

（6）开始拖动另一条直线，移动光标至点（-50,-50），单击以指定直线的终点，如图 3.34 所示。

（7）单击【三点弧】按钮，单击点（-100,0）以指定圆弧的第二个点，再单击起始点，完成轮廓线的绘制，如图 3.35 所示。

草图工具
终点: H: 50mm V: -50mm R: 50mm
①
②

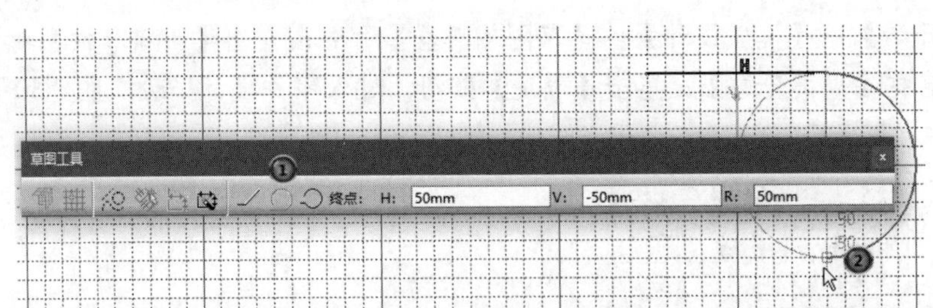

图 3.33　绘制圆弧

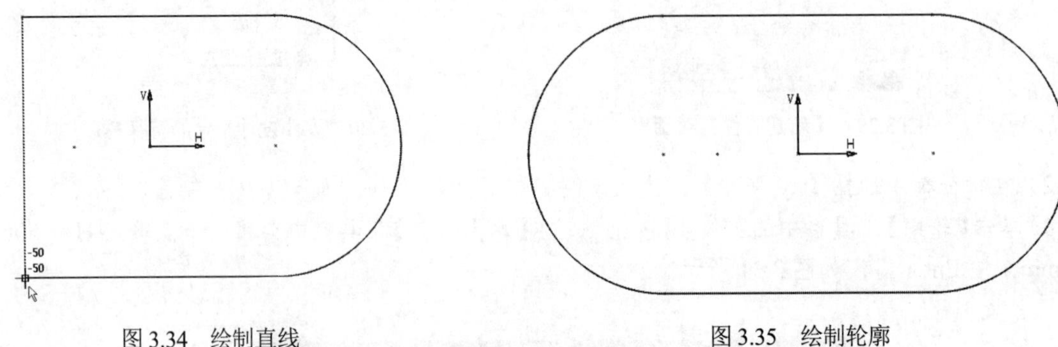

图 3.34　绘制直线

图 3.35　绘制轮廓

（8）单击【工作台】工具栏中的【退出工作台】按钮，离开草图工作平台。

（9）选择【文件】→【保存】命令，弹出【另存为】对话框，输入文件名称【pingjianlunkuo】，单击【保存】按钮，保存文件。

3.3.2　绘制预定义轮廓

为方便用户生成一些常用轮廓，CATIA 提供了九种预定义轮廓。通过单击【轮廓】工具栏中按钮右下角的黑色小三角即可得到【预定义的轮廓】工具栏，如图 3.36 所示。

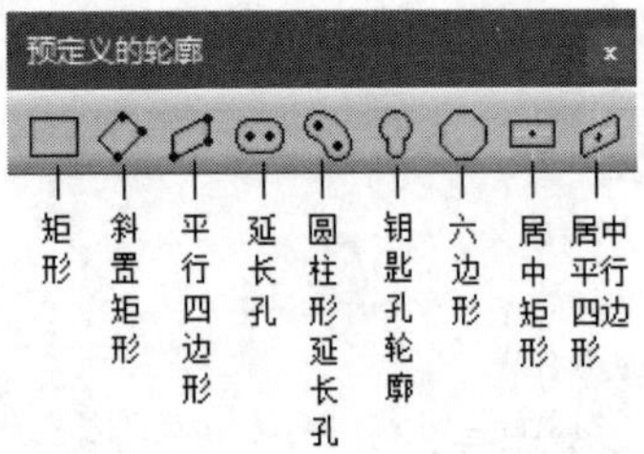

预定义的轮廓
矩形
斜置矩形
平行四边形
延长孔
圆柱形延长孔
钥匙孔轮廓
六边形
居中矩形
居中平行四边形

图 3.36　【预定义的轮廓】工具栏

- （矩形）：单击该按钮后，在草图工作台中依次单击任意两点 P1、P2，将生成平行于坐标轴的矩形，此两点即为矩形的两对角顶点，如图 3.37 所示。
- （斜置矩形）：单击该按钮后，单击任意两点 P1、P2 确定矩形的一条边，然后移动光标，矩形的另一条边将沿着垂直于第一条边的方向展开，拖动光标至第三点 P3 位置，单击后从而形成一个斜置矩形，如图 3.38 所示。

P2
P1

图 3.37　矩形

P2
P3
P1

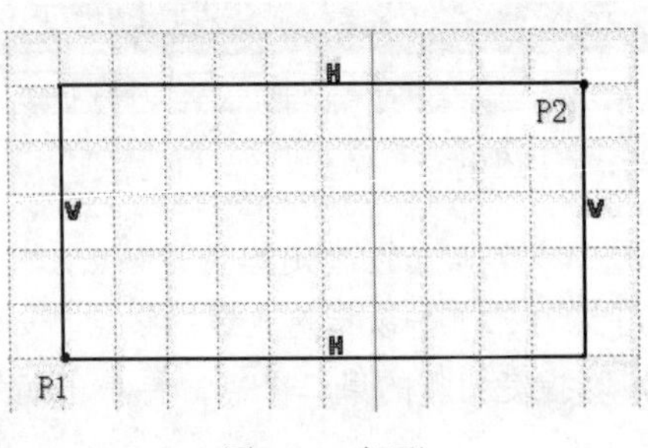

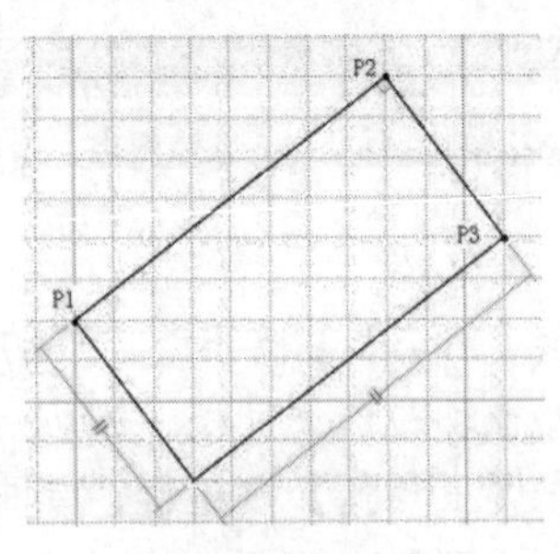

图 3.38　斜置矩形

- (平行四边形)：单击草图工作台中的两点 P1、P2，先绘制一条边，然后拖动光标至另一点 P3，这样就形成了一个平行四边形，如图 3.39 所示。
- (延长孔)：单击该按钮后，单击一点 P1，确定延长孔的一个半圆中心；单击另一点 P2，确定延长孔的另一个半圆中心；再移动光标至第三点 P3，确定圆的半径，如图 3.40 所示。

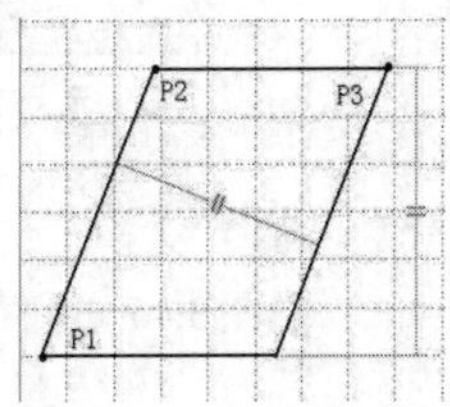

图 3.39　平行四边形

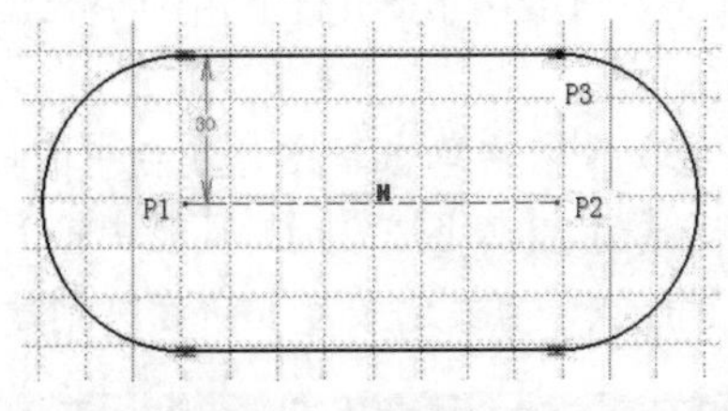

图 3.40　延长孔

- (圆柱形延长孔)：单击该按钮后，单击一点 P1，确定圆柱形延长孔的圆心；再单击两点确定延长孔的起始点 P2 和终点 P3，拖动光标至点 P4，确定延长孔的半径；单击绘出圆柱形延长孔，如图 3.41 所示。
- (钥匙孔轮廓)：单击该按钮后，单击一点 P1，确定钥匙孔大圆的圆心；单击另一点 P2，确定小圆孔的圆心，移动光标至点 P3，确定小圆孔半径，再移动光标至点 P4，确定大圆孔半径；最后单击绘出钥匙孔轮廓，如图 3.42 所示。
- (六边形)：单击该按钮后，单击一点确定六边形的中心，再移动光标确定六边形的旋转角度和尺寸，单击确定六边形，如图 3.43 所示。

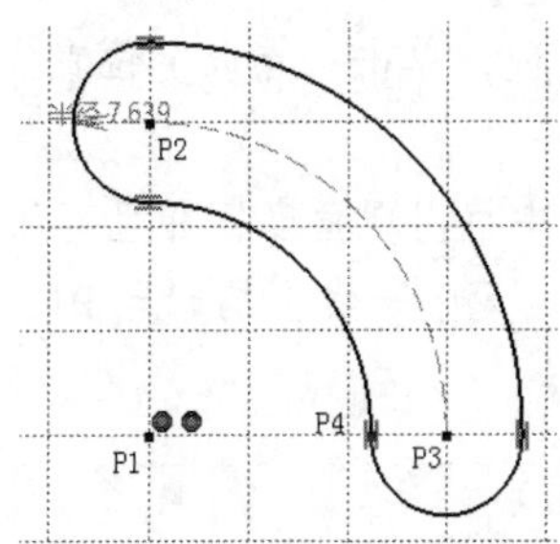

图 3.41　圆柱形延长孔

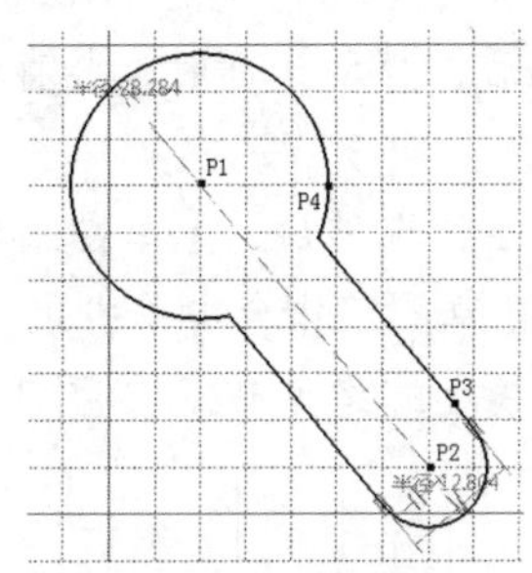

图 3.42　钥匙孔轮廓

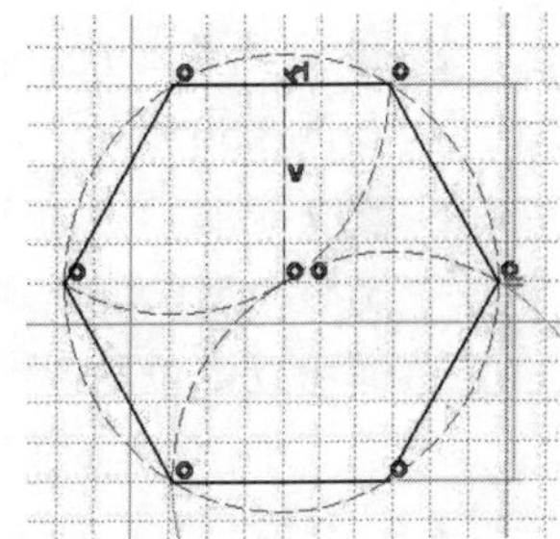

图 3.43　六边形

- (居中矩形)：在草图工作区单击一点确定矩形的中心 P1，再移动光标确定矩形的一角点 P2，所绘居中矩形如图 3.44 所示。
- (居中平行四边形)：先选择两条不平行的直线作为参照 A1、A2，然后移动光标确定平行四边形一顶点 P1，单击即可绘制居中平行四边形，如图 3.45 所示。

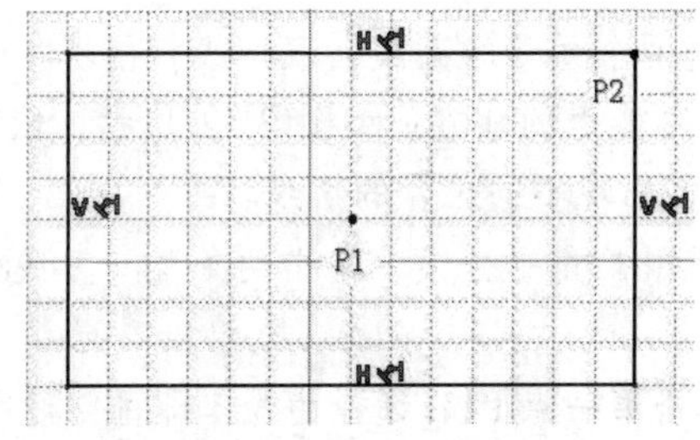

图 3.44　居中矩形

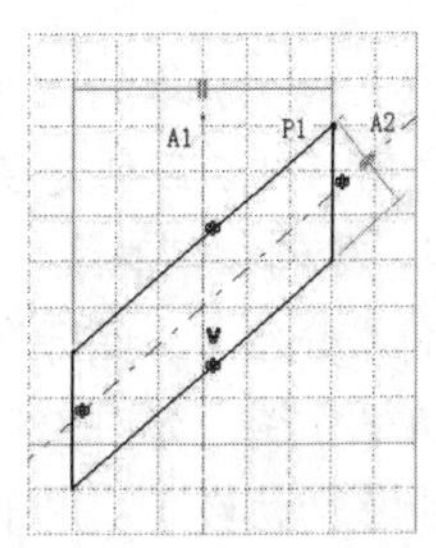

图 3.45　居中平行四边形

3.3.3 绘制直线

创建的直线包括直线、无限长线、双切线、角平分线和曲线的法线。单击【轮廓】工具栏中的按钮右下角的小三角形，调出【直线】工具栏，如图 3.46 所示。

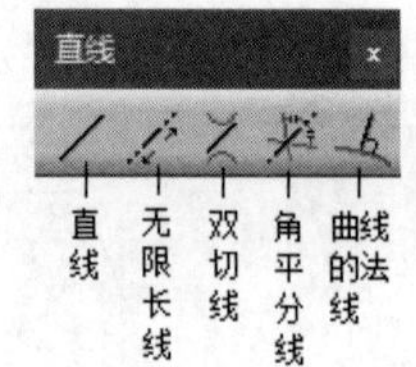

图 3.46 【直线】工具栏

- （直线）：依次单击草图工作台中的任意两点即可绘制直线，用户也可通过在【草图工具】工具栏中输入起点和终点的坐标方式，或者通过起点、直线的长度和角度来创建直线，如图 3.47 所示。

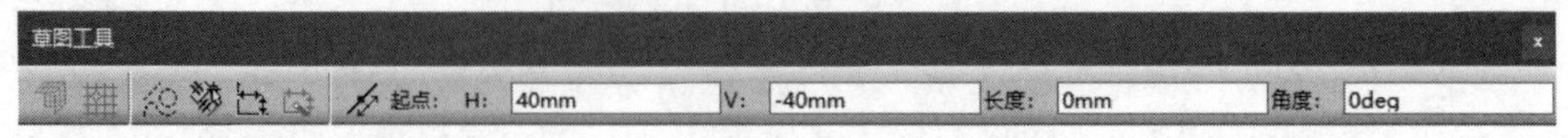

图 3.47 【草图工具】工具栏 1

- （无限长线）：单击该按钮后，【草图工具】工具栏将发生变化，如图 3.48 所示。

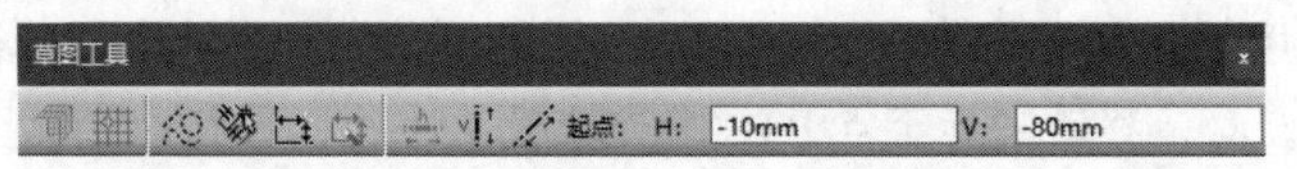

图 3.48 【草图工具】工具栏 2

  - （水平线）：单击该按钮后，移动光标时，水平线将自动出现，单击一点以定位直线，如图 3.49 所示。
  - （竖直线）：单击该按钮后，移动光标时，竖直线将自动出现，单击一点以定位直线，如图 3.50 所示。
  - （通过两点的直线）：激活该选项后，【草图工具】工具栏中将出现角度，并且可随时为该角度赋值以定义直线。在草图工作台中单击以定位要创建的无限长线上的起点 P1，再单击以定位要创建的无限长线上的终点 P2，如图 3.51 所示。

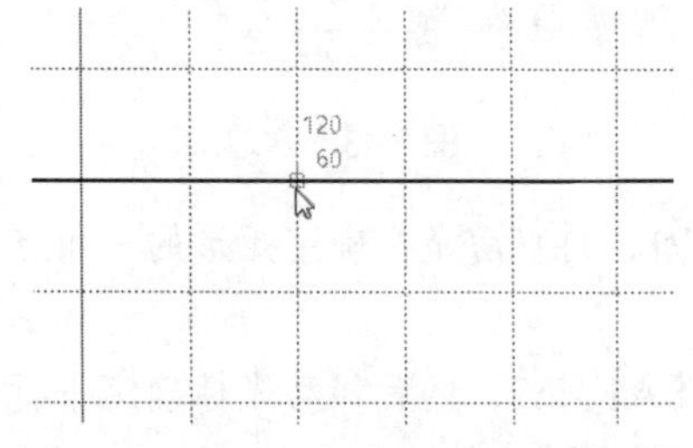

图 3.49 水平线

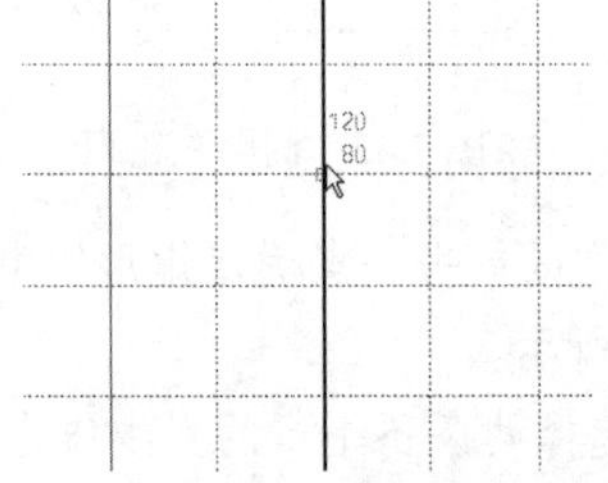

图 3.50 竖直线

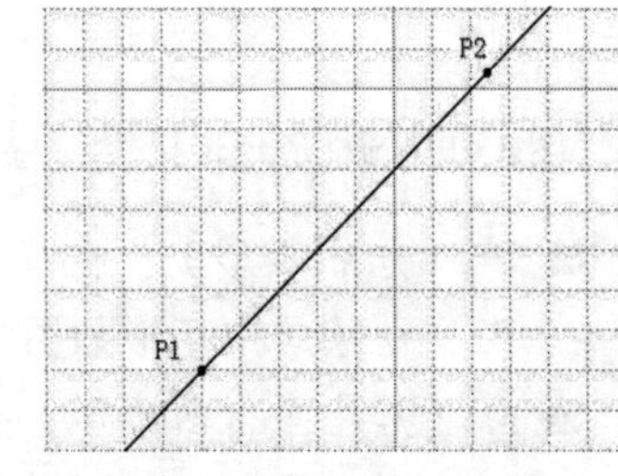

图 3.51 通过两点的直线

- （双切线）：单击两个元素以创建相切于这两个元素的直线，双切线将出现在选定的两个元素之间，且切线创建在离圆上的单击位置尽可能近的地方。如图 3.52 所示，依次单击圆 1 和圆 2，绘制相切直线，且单击圆位置不同，将出现不同位置的切线。
- （角平分线）：用于创建两条相交直线的无限长角平分线，单击两条现有直线就可创建无限长角平分线，如图 3.53 所示。
- （曲线的法线）：用于绘制曲线的法线，单击第一点 P1，选择曲线 1 即可创建图 3.54 所示曲线 1 的法线。

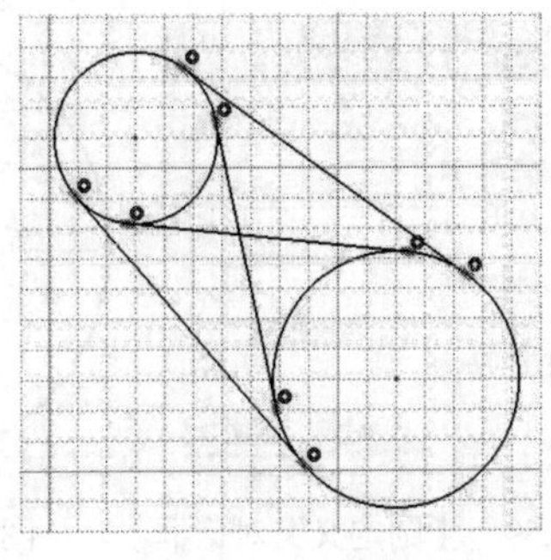

图 3.52　双切线

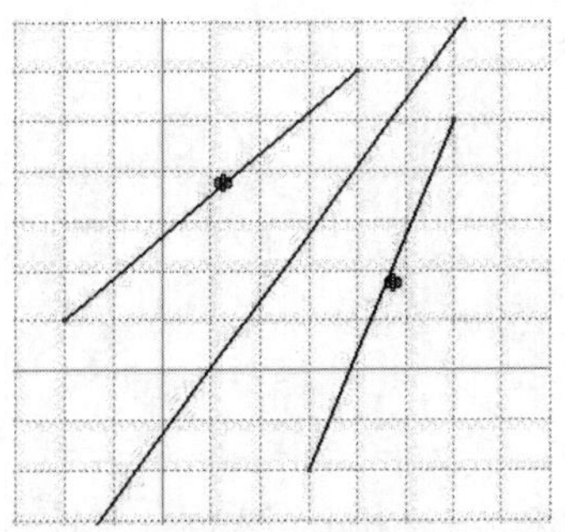

图 3.53　角平分线

3.3.4　绘制轴线

轴在实体造型中充当回转中心，在草图绘制中作为辅助线，尤其在实体装配中可以充当基准。注意，在草图设计中轴无法转换为构造元素。

单击【轮廓】工具栏中的【轴】按钮，在草图工作台中单击起点 P1 和终点 P2 即可创建所需的轴，如图 3.55 所示。

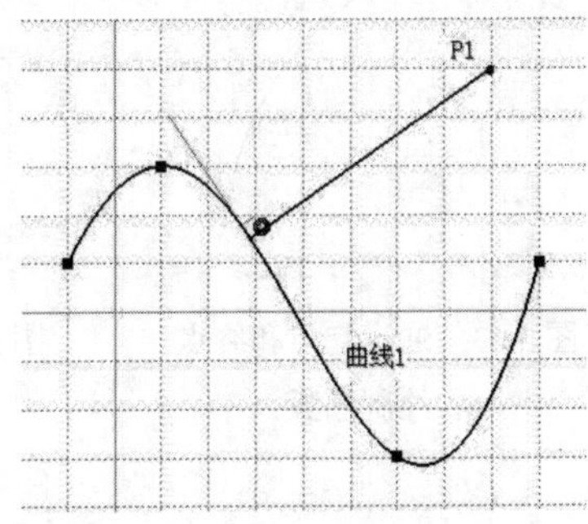

图 3.54　曲线 1 的法线

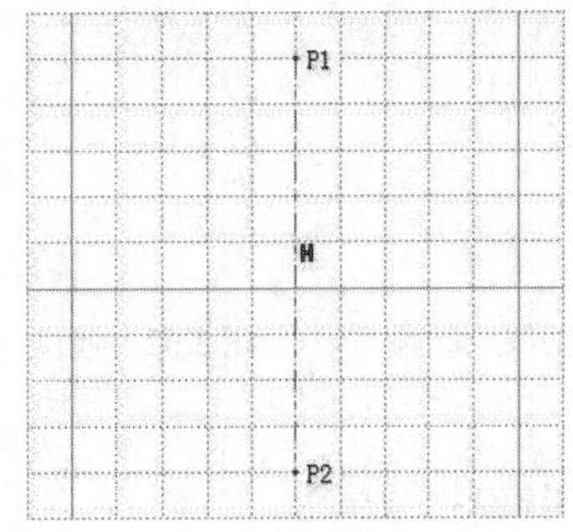

图 3.55　轴线

3.3.5　绘制圆和圆弧

单击【轮廓】工具栏中的【圆】按钮，即可绘制用户需要的各种圆和圆弧。单击该按钮右下角的黑色小三角，展开图 3.56 所示的【圆】工具栏。

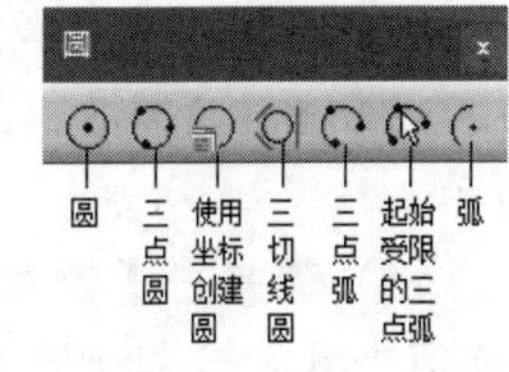

图 3.56　【圆】工具栏

- （圆）：单击草图工作区中的任意一点 P1 确定圆心，移动光标至 P2 点确定圆的半径，单击即可绘制圆，如图 3.57 所示。
- （三点圆）：单击一点 P1 确定圆的第一个点，单击另一点 P2 确定圆的第二个点，再单击一点 P3 确定圆的第三个点，所绘制的三点圆如图 3.58 所示。
- （使用坐标创建圆）：单击该按钮，弹出如图 3.59 所示的【圆定义】对话框，输入圆心坐标和半径，单击【确定】按钮，所绘制的圆如图 3.60 所示。
- （三切线圆）：该按钮用于三条切线创建三面圆，依次选择三条相切对象即可绘制三切线圆。依次单击圆 A1，圆 A2，直线 L3，即可绘制如图 3.61 所示三切线圆。
- （三点弧）：该按钮用于创建由三个参考点定义所需大小和半径的圆弧。依次单击草图工作台中的 P1、P2、P3 点创建三点弧，如图 3.62 所示。

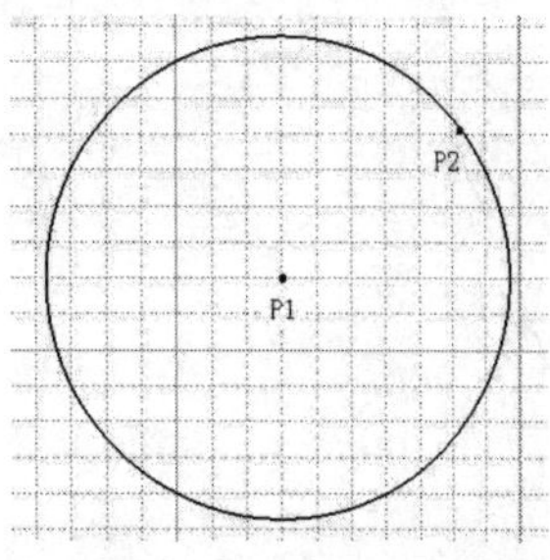

图 3.57　通过圆心和半径绘制圆

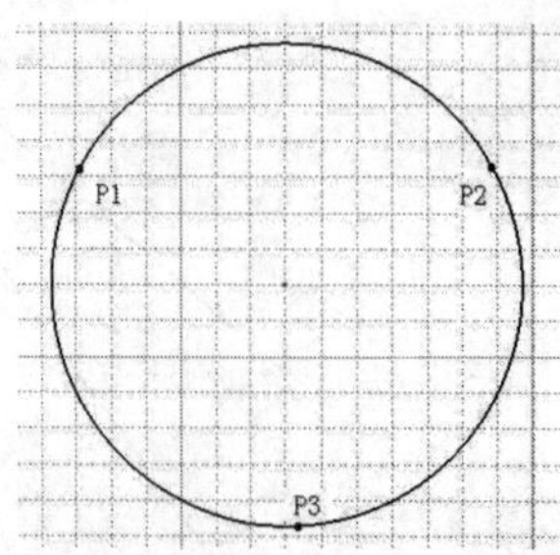

图 3.58　通过三点绘制圆

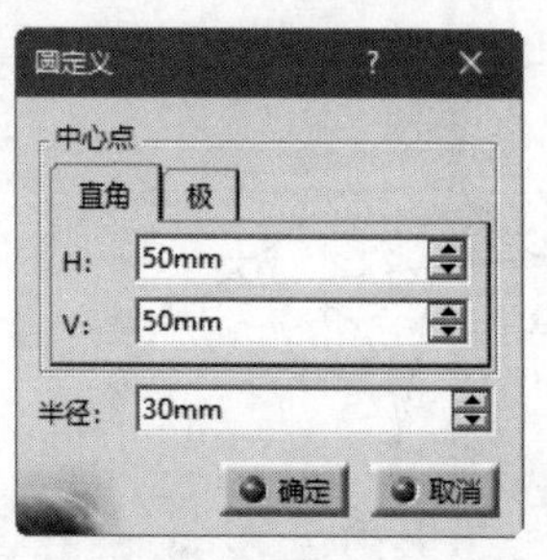

图 3.59　【圆定义】对话框

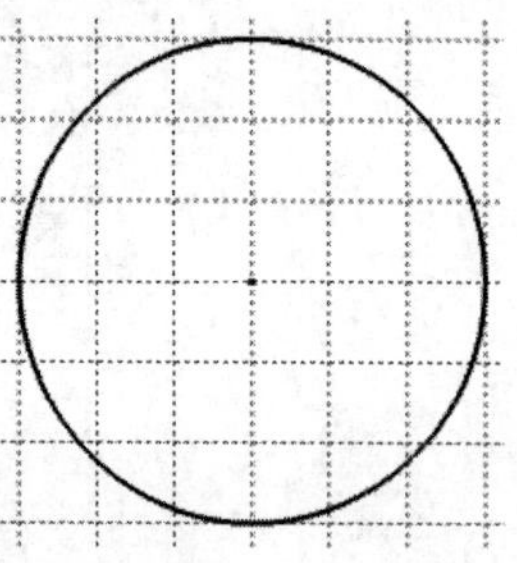

图 3.60　绘制圆

- （起始受限的三点弧）：该按钮用于创建起点和终点受限制的三点圆弧。在草图工作台中依次单击圆弧起点 P1、终点 P2 和中间点 P3，如图 3.63 所示。
- （弧）：该按钮用于创建通过圆心、起点和终点的三点圆弧。在草图工作台中依次单击圆心 P1、起点 P2 和终点 P3，如图 3.64 所示。

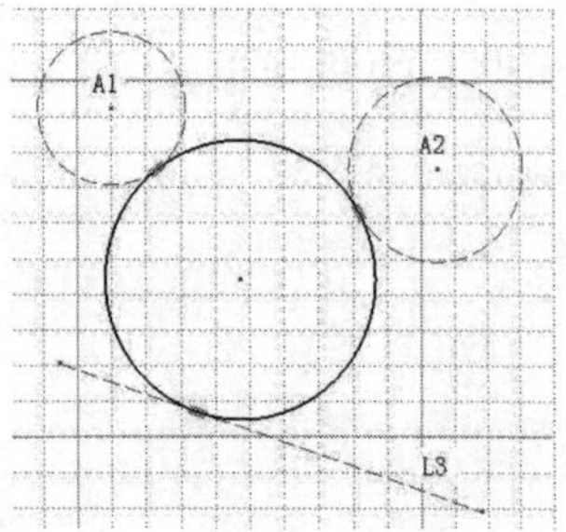

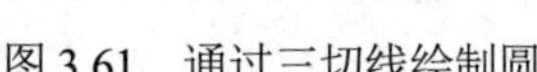

图 3.61　通过三切线绘制圆

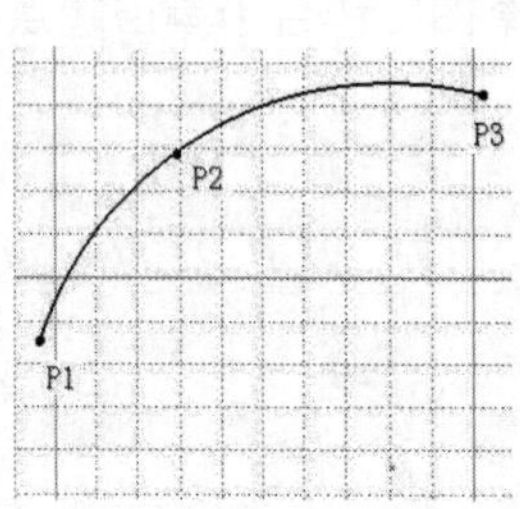

图 3.62　通过三点绘制圆弧

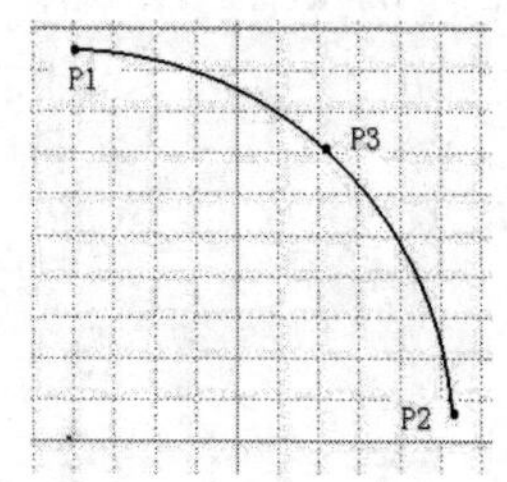

图 3.63　通过起点和终点绘制圆弧

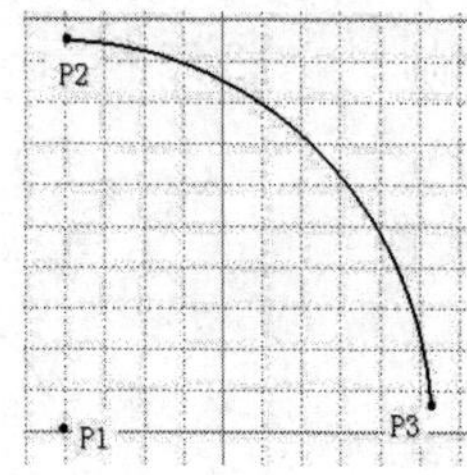

图 3.64　绘制弧

动手学——绘制挡圈草图

绘制挡圈草图的具体操作步骤如下。

（1）选择【开始】→【机械设计】→【草图编辑器】命令，弹出【新建零件】对话框，输入零件名称【挡圈草图】，单击【确定】按钮，进入零件设计平台。

（2）在特征树中单击 xy 平面，进入草图工作平台，并以 xy 平面为草图绘制面。

（3）单击【轮廓】工具栏中的【轴】按钮，绘制长度为 200mm 的竖直和水平轴线，如图 3.65 所示。

（4）①单击【轮廓】工具栏中的【圆】按钮，②捕捉竖直和水平轴线的交点为圆心，③在【草图工具】工具栏的【半径】文本框中输入 15mm，按 Enter 键，完成半径为 15mm 的圆的绘制，如图 3.66 所示。

（5）采用相同的方法，在轴线交点处绘制三个半径分别为 25mm、90mm 和 95mm 的同心圆，结果如图 3.67 所示。

（6）单击【工作台】工具栏中的【退出工作台】按钮，退出草图工作平台。

（7）选择【文件】→【保存】命令，弹出【另存为】对话框，输入文件名【dangquancaotu】，单击【保存】按钮，保存文件。

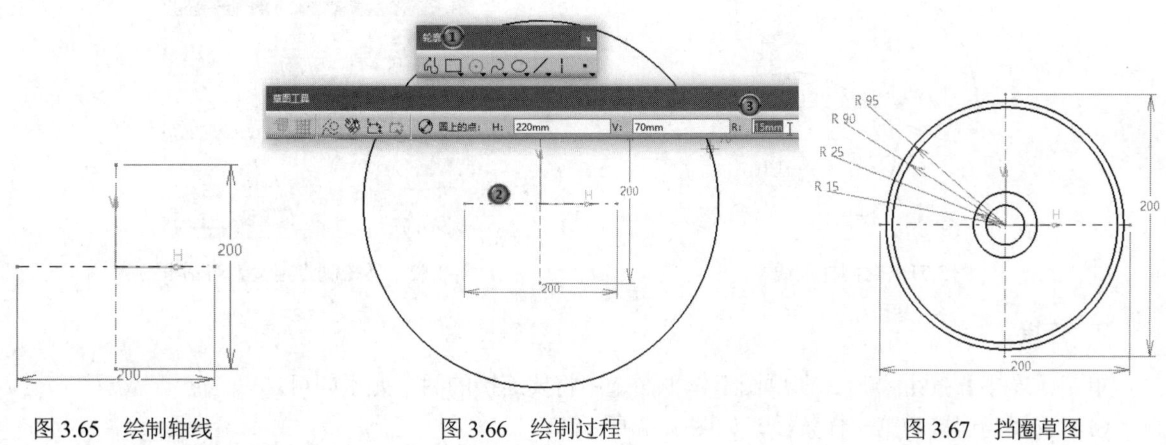

图 3.65　绘制轴线　　图 3.66　绘制过程　　图 3.67　挡圈草图

3.3.6　绘制样条线

本小节将介绍样条线的创建、样条线控制点的修改及如何使用样条线连接曲线。单击【轮廓】工具栏中按钮右下角的黑色小三角，打开【样条线】工具栏，如图 3.68 所示。

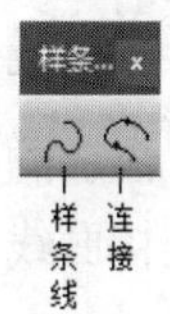

图 3.68　【样条线】工具栏

1．样条线

（1）单击【样条线】按钮后，在草图工作台选中几个点即可生成通过所有点的样条线，双击已创建的最后一点，完成样条线的创建。依次单击 P1、P2、P3、P4 点，最后双击 P5 点，完成样条线的创建，如图 3.69 所示。

（2）在创建样条线的过程中，随时都可以通过右击最后一点，并从弹出的快捷菜单中选择【封闭样条线】命令来关闭样条线，如图 3.70 所示。样条线以具有连续曲率的方式关闭，如图 3.71 所示。

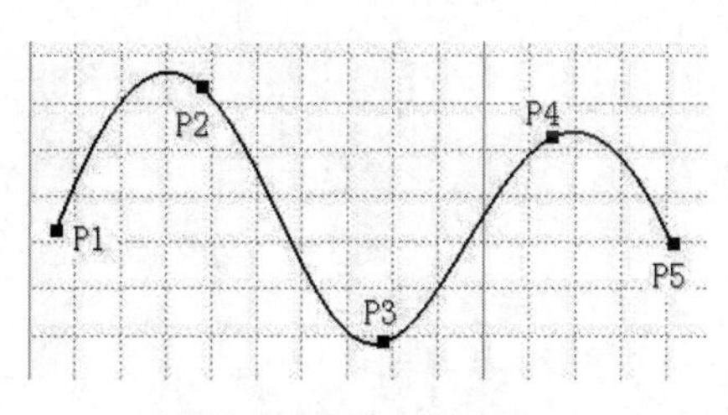

图 3.69　绘制样条线

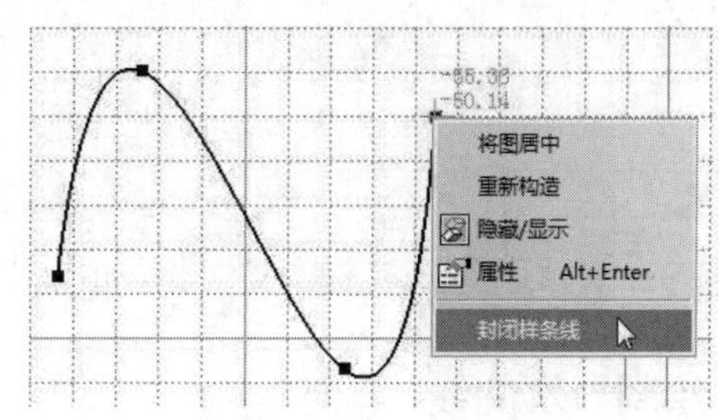

图 3.70　快捷菜单

（3）修改样条线的控制点。

1）双击要编辑的控制点，弹出【控制点定义】对话框，如图 3.72 所示。

2）输入新坐标，如 V=−90（垂直）。

3）勾选【相切】复选框，以强制在此控制点上相切；单击【反转切线】按钮，可以反转切线方向。

4）单击【确定】按钮，点被移动，并且在此点上将出现箭头指示相切。

5）还可以勾选【曲率半径】复选框，输入相应的值，以在以前选定的控制点上强制曲率。

提示：

选择并拖动控制点将修改样条线的外形。

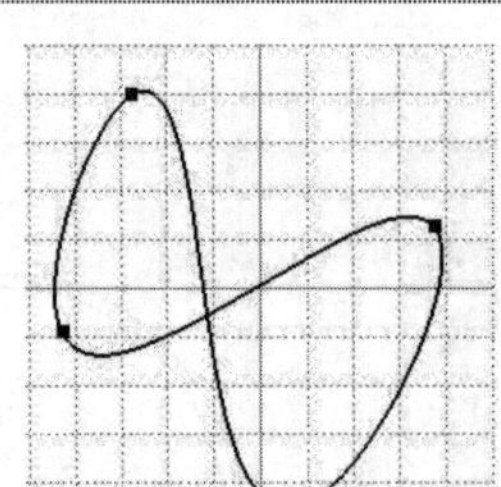

图 3.71　封闭样条线

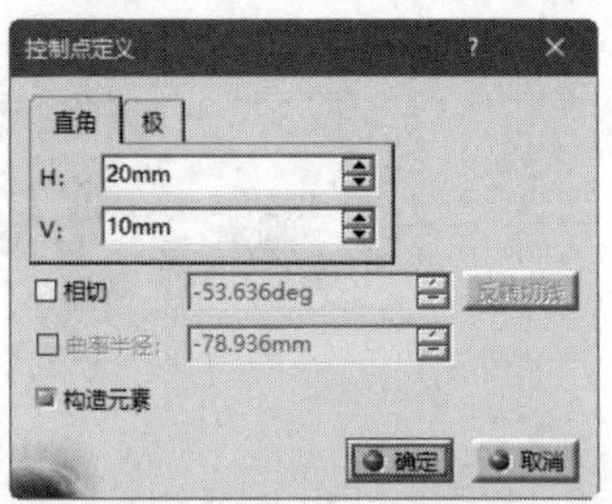

图 3.72　【控制点定义】对话框

2. 连接

单击【连接】按钮后，在草图工作平面选中将要连接的两个元素即可。

（1）选择要连接的第一样条线，如图 3.73 所示。

（2）选择要连接的第二样条线，如图 3.74 所示。选择第一元素和第二元素时单击的位置很重要，离单击处最近的点将自动用作连接曲线的起点和终点，所以要在希望连接点附近处单击，或直接单击想要连接的点。

（3）出现一条连接样条线，它同时与两个选定的元素点连接，如图 3.75 所示。可以对连接曲线进行编辑，添加约束；还可以移动连接曲线。在此情况下，支持面元素的外形将相应更改，但不能修剪或中断连接曲线。

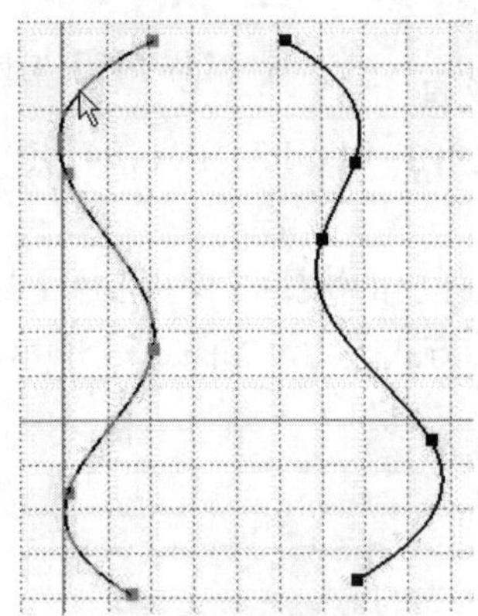

图 3.73　选择第一样条线

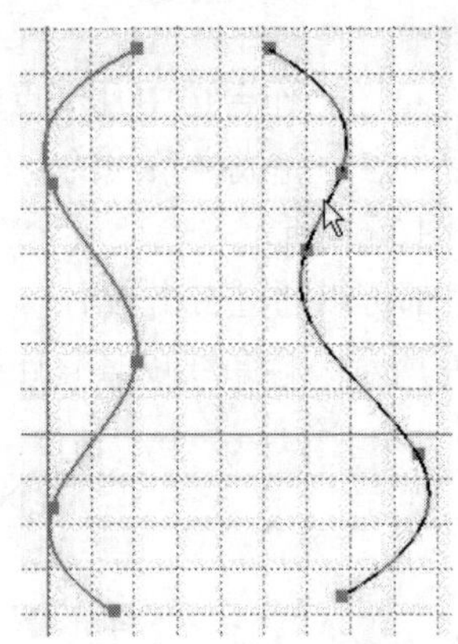

图 3.74　选择第二样条线

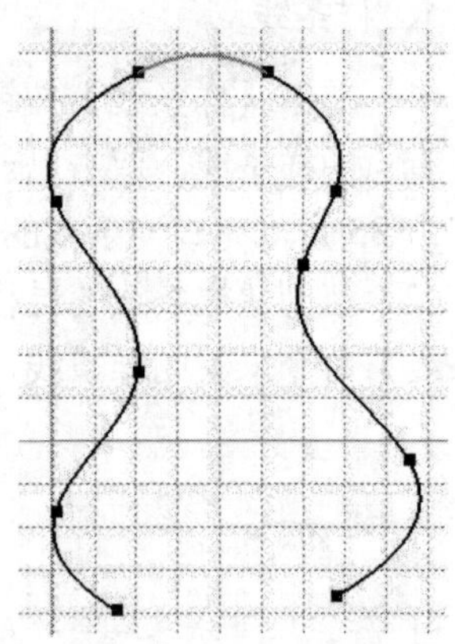

图 3.75　连接样条线

3.3.7　绘制二次曲线

本小节将介绍椭圆、抛物线、双曲线和二次曲线的创建方法。单击【轮廓】工具栏中按钮右下角的黑色小三角，调出【二次曲线】工具栏，如图 3.76 所示。

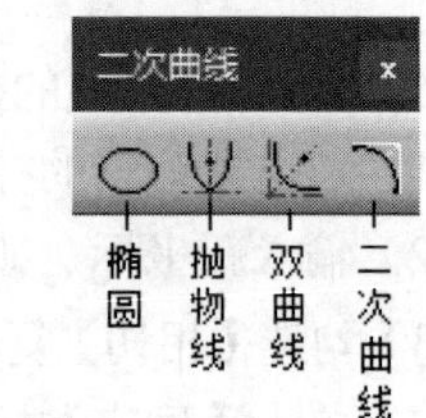

图 3.76　【二次曲线】工具栏

- （椭圆）：单击该按钮后，在草图工作台选中一点 P1 作为椭圆的圆心，单击第二点 P2 作为椭圆长轴或短轴的一个端点，再单击一点 P3 作为椭圆上的点，所绘制的椭圆如图 3.77 所示。
- （抛物线）：单击该按钮后，在草图工作台选中一点 P1 作为抛物线的焦点，单击第二点 P2 作为抛物线的顶点，然后依次单击两点 P3、P4 作为抛物线的两个端点，所绘制的抛物线如图 3.78 所示。

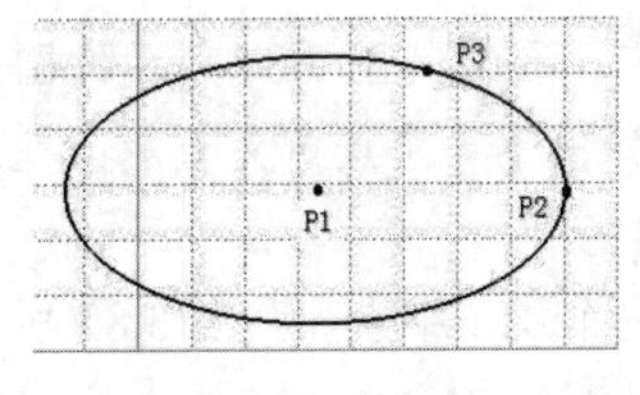

图 3.77　椭圆

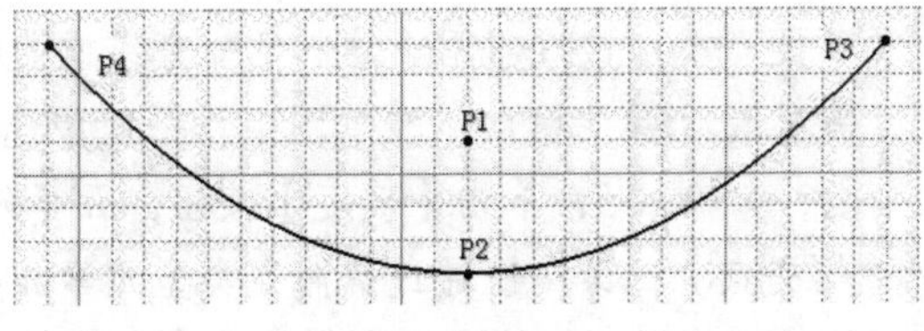

图 3.78　抛物线

- （双曲线）：单击该按钮后，在草图工作台单击一点 P1 作为双曲线的焦点，单击第二点 P2 作为双曲线两渐近线的交点，单击第三点 P3 作为双曲线的顶点，再依次单击两点 P4、P5 作为双曲线的两个端点，所绘制的双曲线如图 3.79 所示。
- （二次曲线）：单击该按钮后，在草图工作台单击第一点 P1 作为曲线的一个端点，单击第二点 P2，由点 P1 和 P2 构成的直线将与所绘制的二次曲线相切，切点为 P1 点；单击第三点 P3 作为曲线的另一个端点，单击第四点 P4，由 P3 和 P4 构成的直线再次与所绘制的曲线相切，切点为 P3；最后单击一点 P5 作为二次曲线上的点，所绘制的二次曲线如图 3.80 所示。

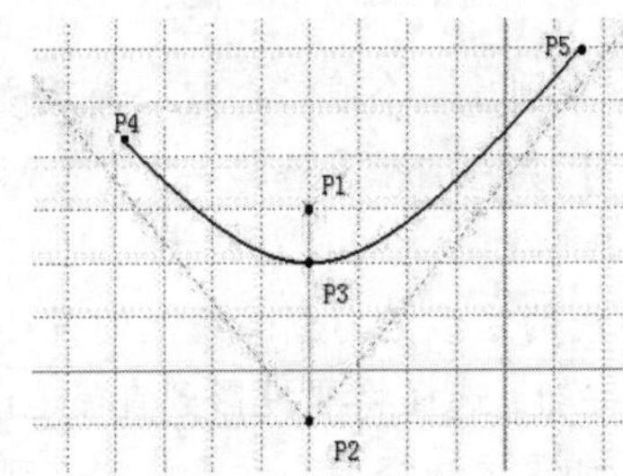

图 3.79　双曲线

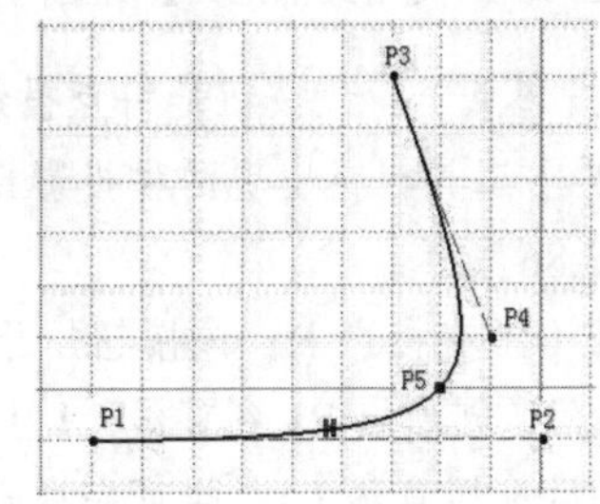

图 3.80　二次曲线

3.3.8　绘制点

单击【轮廓】工具栏中的按钮，可以绘制出各种点。单击按钮右下角的黑色小三角，展开图 3.81 所示的【点】工具栏，其中提供了五种点的绘制工具，介绍如下。

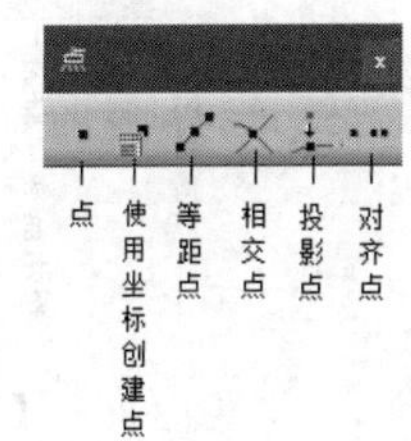

图 3.81　【点】工具栏

- （点）：通过在草图工作台中的预放置点位置上单击或在草图工作台中输入点的坐标值方式创建点。要想改变点的位置，可双击点，弹出图 3.82 所示的【点定义】对话框，输入所要放置点的位置；也可打开极坐标选项卡，以输入极坐标的方式确定点的位置。
- （使用坐标创建点）：单击该按钮后，弹出【点定义】对话框，输入点的坐标值，单击【确定】按钮，即可生成相应位置的点，如图 3.83 所示；也可打开极坐标选项卡，以输入极坐标的方式确定点的位置。

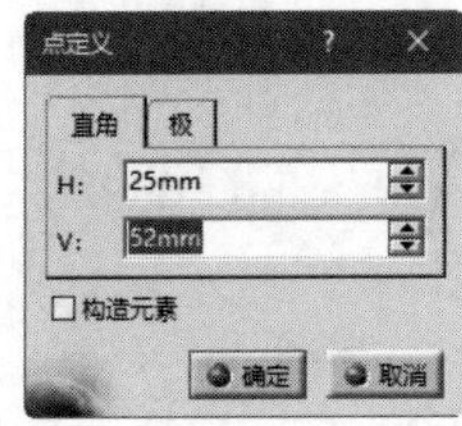

图 3.82　【点定义】对话框

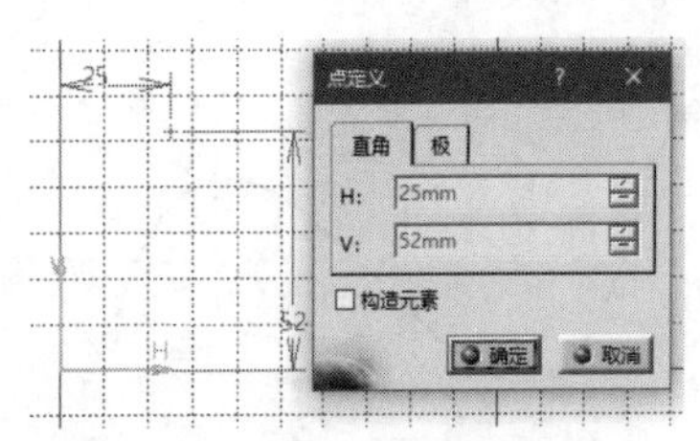

图 3.83　使用坐标创建点

- （等距点）：该按钮用于绘制已知直线或曲线的等分点。要绘制图 3.84 所示的圆弧五等分点，需要激活按钮后，在草图工作平面中选择圆弧，弹出【等距点定义】对话框，输入新点个数，如输入 5，单击【确定】按钮，五等分点即创建完毕。
- （相交点）：该按钮通过使曲线类型元素相交来创建一个或多个点。如图 3.85 所示，单击该按钮后，选择相交的直线和样条曲线，则相交点创建完毕。

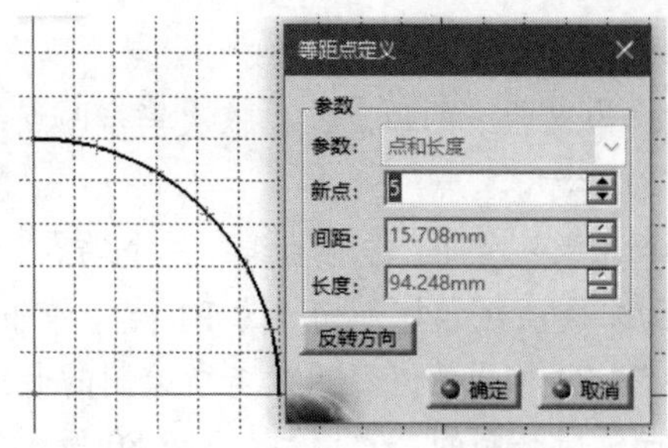

图 3.84　【等距点定义】对话框

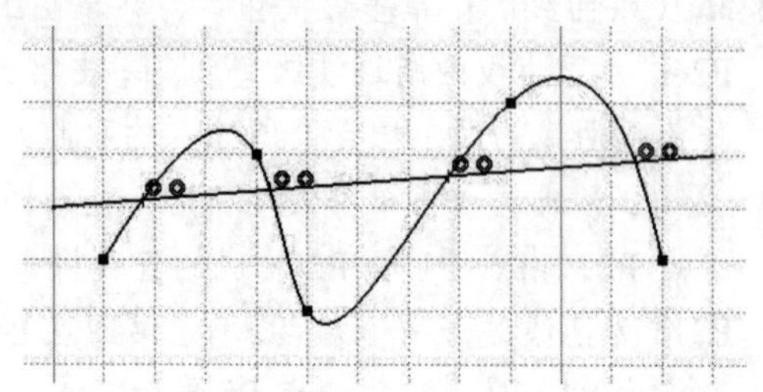

图 3.85　相交点

- （投影点）：该按钮是将点投影到曲线类型元素上来创建一个或多个点。激活该按钮，【草图工具】工具栏将出现两种投影模式，即【正交投影】按钮和【沿某一方向投影】按钮，如图 3.86 所示。
  - （正交投影）：该按钮用于创建选定的点沿曲线的法线方向到曲线上的投影。如图 3.87 所示，创建点 P1 到直线 L1 上的投影点，单击此按钮，选择将要投影到直线 L1 上的点 P1，然后选择直线 L1，即可完成点到直线的正投影。如果要选择多个元素投影，可执行以下操作，即选择命令前按 Ctrl 键，当命令已激活时，则拖动光标选择。

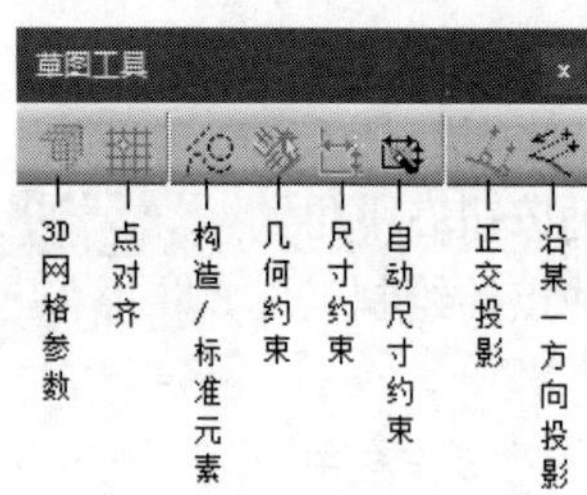

图 3.86　【草图工具】工具栏

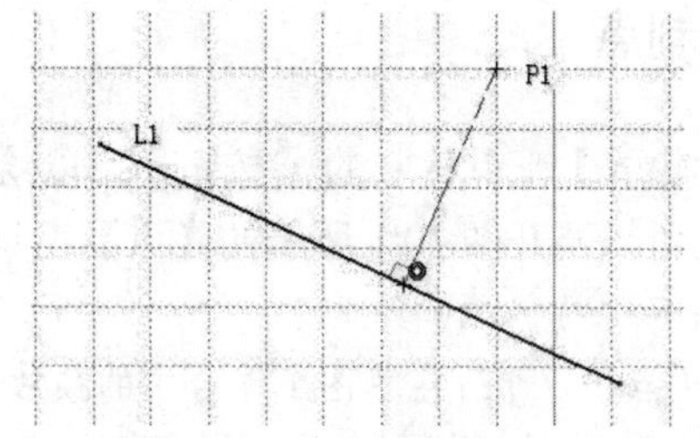

图 3.87　正交投影

  - （沿某一方向投影）：单击此按钮，选择将要投影的元素、投影方向和被投影的元素。如果创建点到样条线的投影，则选择投影点 P1，投影方向如图 3.88 所示，最后选择样条曲线，绘制结果如图 3.89 所示。

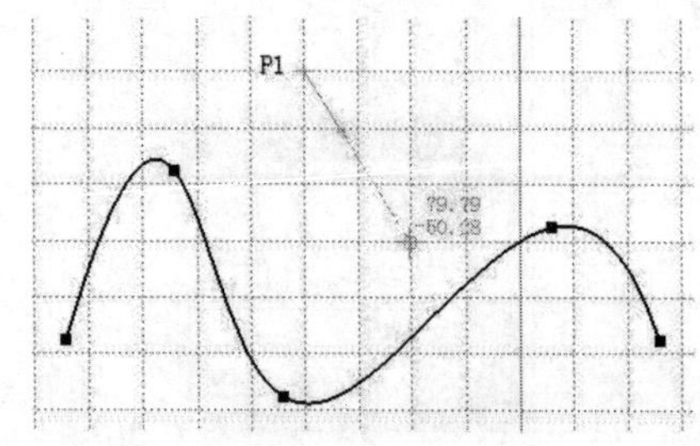

图 3.88　投影方向

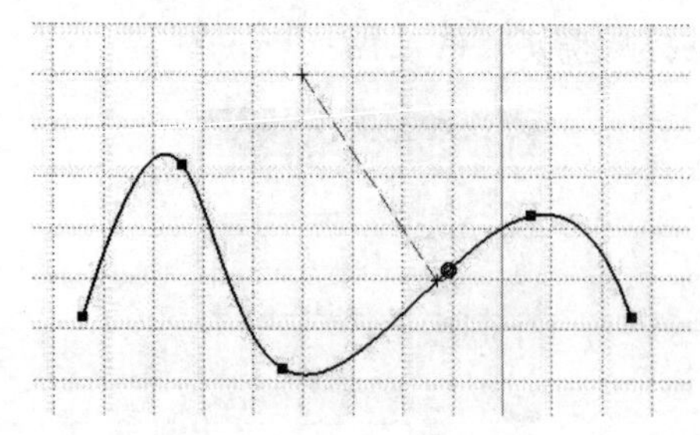

图 3.89　沿某一方向投影

➘ 对齐点：该按钮是将选择的点沿所选方向对齐，如图 3.90 所示。

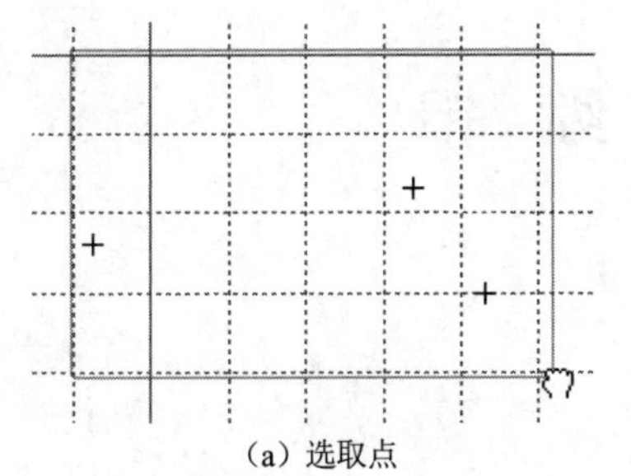
（a）选取点

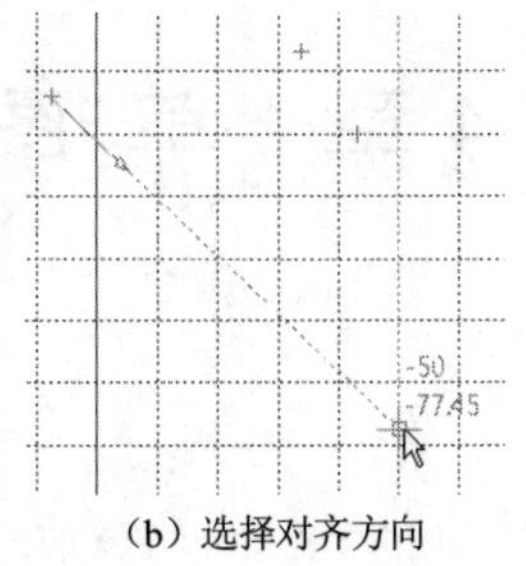

（b）选择对齐方向

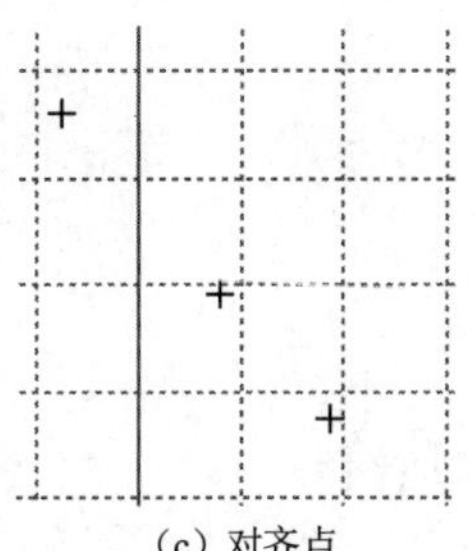
（c）对齐点

图 3.90　对齐点过程

扫一扫，看视频

练一练——绘制螺母草图

选取适当尺寸，绘制图 3.91 所示的螺母草图。

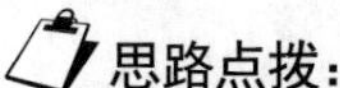
思路点拨：

（1）利用【轴】命令绘制轴线。

（2）利用【圆】命令绘制圆。

（3）利用【预定义的轮廓】→【多边形】命令，绘制六边形。

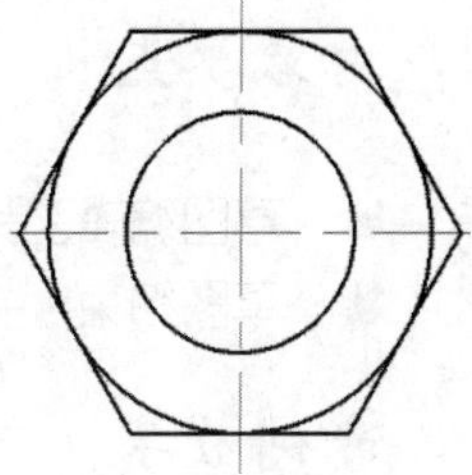
图 3.91　螺母草图

第 4 章　草 图 编 辑

内容简介

对于一些复杂的草图，仅仅使用第 3 章介绍的基本草图绘制工具很难完成。为此，CATIA 提供了一些复杂的草图编辑工具来帮助用户方便地绘制各种草图。本章将详细介绍各种草图编辑工具的使用方法。

内容要点

- 草图编辑工具
- 草图约束

案例效果

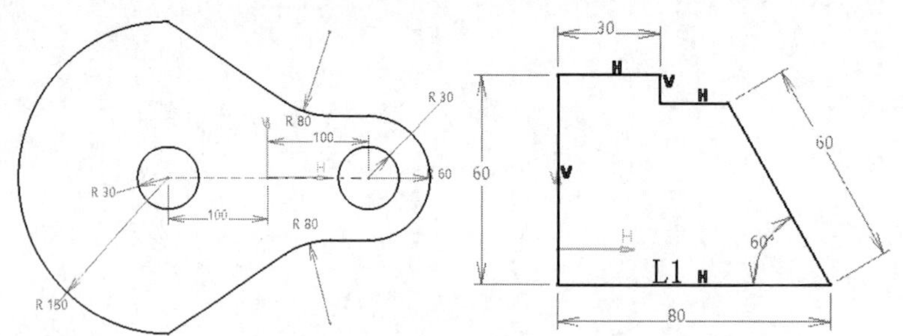

4.1　草图编辑工具

在绘制完一定的草绘轮廓后，必须对相应的草绘轮廓进行必要的编辑操作，才能绘制出满足一定要求的草绘轮廓。本节将介绍五种操作工具，如图 4.1 所示。

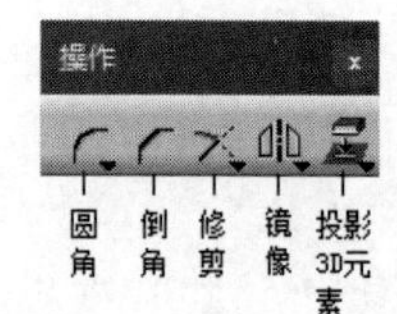

图 4.1　【操作】工具栏

4.1.1　倒圆角

倒圆角是为草图工作平面中不同的直线之间创建圆角。单击【操作】工具栏中的【圆角】按钮，出现图 4.2 所示的【草图工具】工具栏。

- （修剪所有元素）：表示在倒圆角的同时将修剪所有的相关元素。如图 4.3 所示，激活按钮，先选择两条线段，再拖动鼠标确定倒圆角的位置或在【草图工具】工作栏中输入半径，操作结束，完成圆角以外的线段将被修剪，如图 4.4 所示。

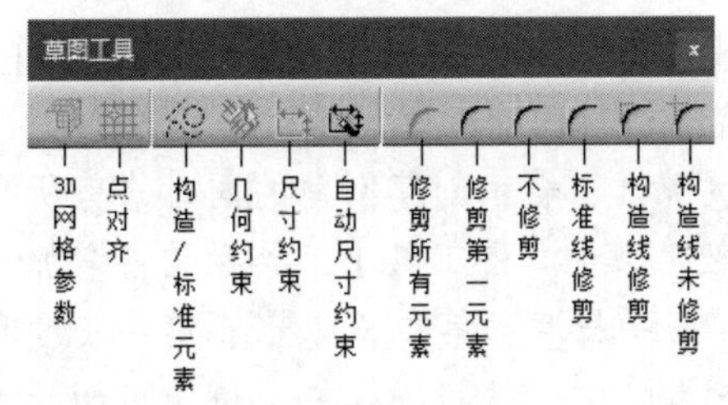

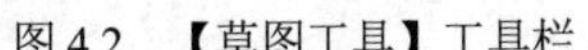

图 4.2　【草图工具】工具栏

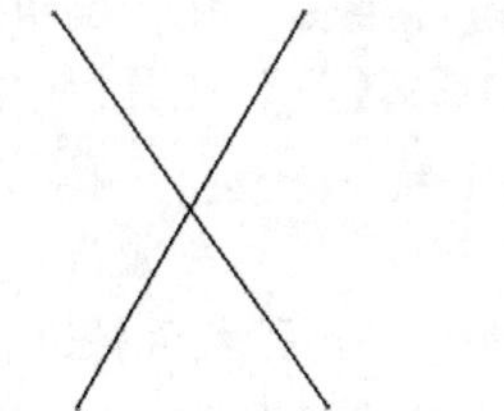

图 4.3　未倒角轮廓 1

图 4.4　修剪所有元素倒圆角

- （修剪第一元素）：表示在倒圆角的同时所选的第一元素将被修剪。如图 4.5 所示，激活按钮，先后选择线 1 和线 2，再拖动鼠标确定倒圆角的位置。倒圆角如图 4.6 所示，线 1 将被修剪。
- （不修剪）：表示倒圆角的同时不修剪任何相关元素。对图 4.5 中的直线进行不修剪任何元素倒圆角，操作结果如图 4.7 所示。

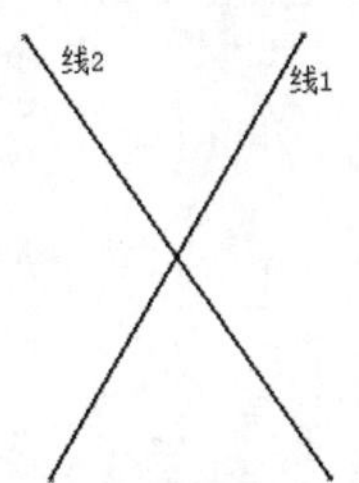

图 4.5　未倒角轮廓 2

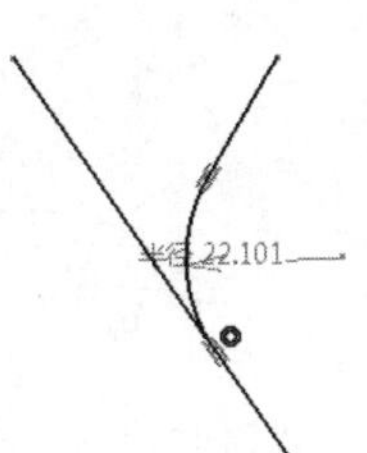

图 4.6　修剪第一元素倒圆角

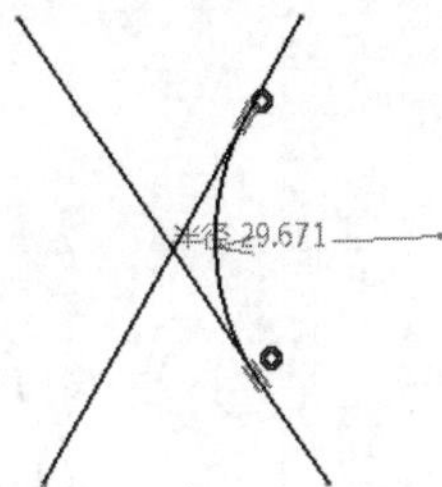

图 4.7　不修剪任何元素倒圆角

- （标准线修剪）：表示倒圆角的同时修剪交点外的相关元素。对图 4.5 中的相交直线进行标准线修剪倒圆角，操作结果如图 4.8 所示。
- （构造线修剪）：表示倒圆角的同时修剪交点以外的相关元素，交点以内的元素自动转换为构造线。对图 4.5 中的相交直线进行构造线修剪倒圆角，操作结果如图 4.9 所示。
- （构造线未修剪）：表示倒圆角的同时所有相关元素将被转换为构造线。对图 4.5 中的相交直线进行构造线未修剪倒圆角，操作结果如图 4.10 所示。

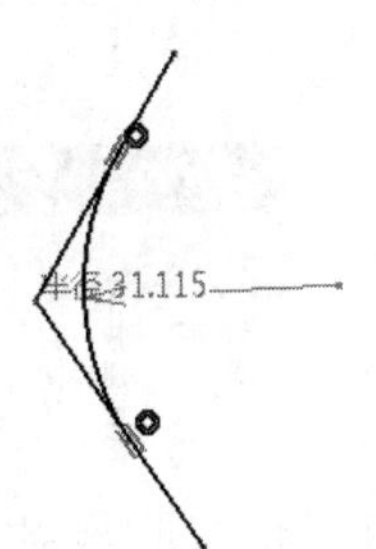

图 4.8　标准线修剪倒圆角

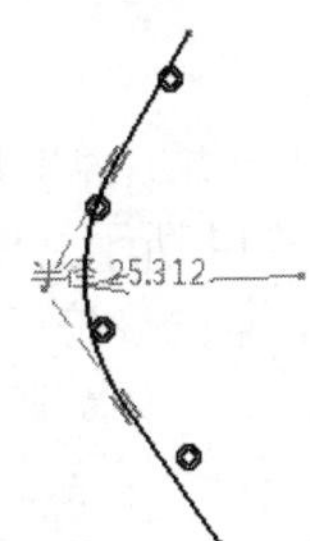

图 4.9　构造线修剪倒圆角

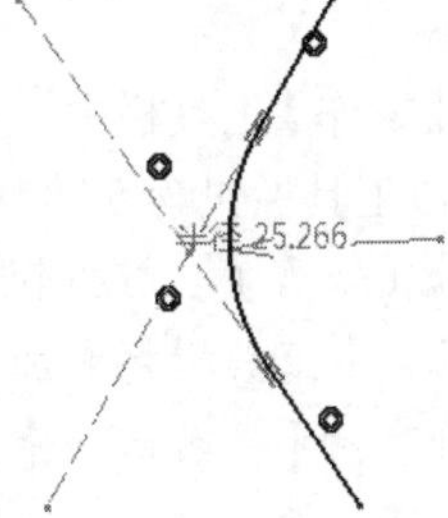

图 4.10　构造线未修剪倒圆角

4.1.2　倒角

单击【操作】工具栏中的【倒角】按钮，打开图 4.11 所示的【草图工具】工具栏，从左到右依次是修剪所有元素、修剪第一元素、不修剪、标准线修剪、构造线修剪和构造线未修剪。

图 4.11 【草图工具】工具栏

由于倒角操作与倒圆角操作基本类似，因此现只对【草图工具】工具栏中的第一个命令进行详细讲解。

（修剪所有元素）：表示创建倒角的同时修剪所有相关元素。单击该按钮后，【草图工具】工具栏又将增加三个辅助按钮，如图 4.12 所示，分别表示斜边和角度、第一长度和第二长度、第一长度和角度。对图 4.13（a）所示的矩形进行修剪所有元素倒角，依次选择上述三个倒角后的结果如图 4.13（b）~（d）所示。

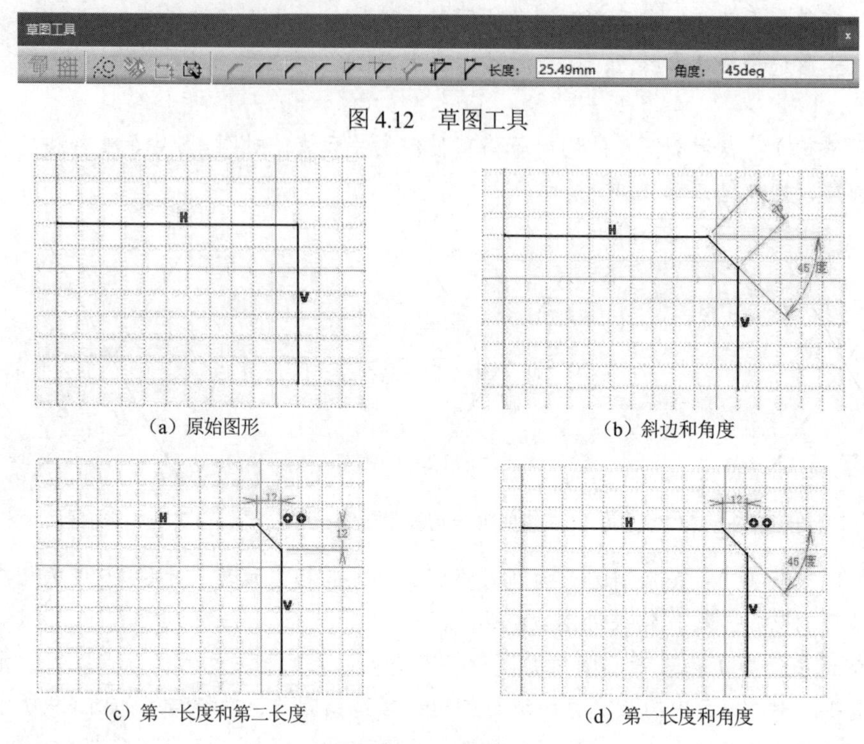

图 4.12 草图工具

(a) 原始图形

(b) 斜边和角度

(c) 第一长度和第二长度

(d) 第一长度和角度

图 4.13 倒角操作过程

4.1.3 操作工具

单击【操作】工具栏中按钮右下角的黑色小三角，弹出【重新限定】工具栏，该工具栏包含 5 种草图操作工具，如图 4.14 所示。

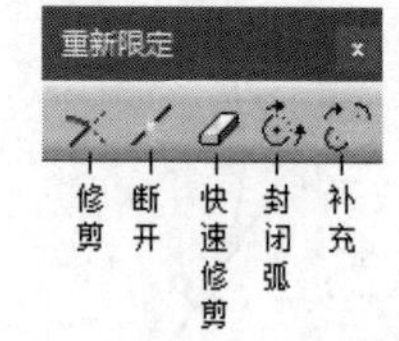

图 4.14 【重新限定】工具栏

- （修剪）：该按钮主要用于修剪轮廓。单击该按钮后，【草图工具】工具栏将增加两个辅助按钮，分别为【修剪所有元素】按钮和【修剪第一元素】按钮。对图 4.15 所示的草图采用两种不同的方法修剪，结果如图 4.16 和图 4.17 所示。
- （断开）：该按钮主要用于打断直线或者曲线，但无法打断复合曲线（由多个曲线组成的投影或相交元素）。下面首先介绍如何使用直线（曲线）上的点打断直线（曲线），然后介绍使用直线外的点打断直线（曲线）。
  - 使用直线（曲线）上的点打断直线（曲线）：单击【断开】按钮，选择要打断的直线，然后单击直线上要打断点的位置 P1，则该直线被打断为两条直线，如图 4.18 所示。

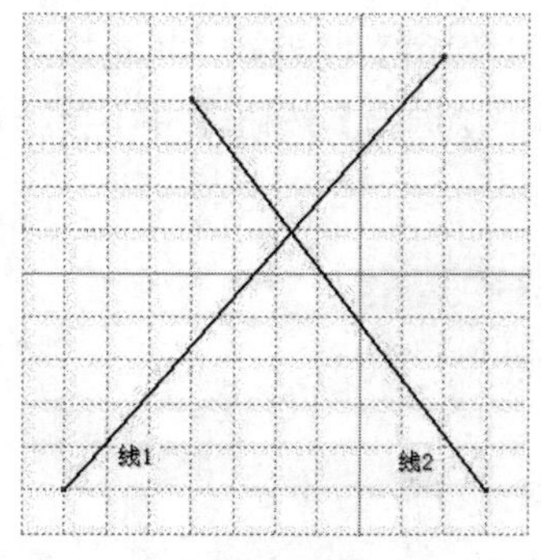

图 4.15　原始图形

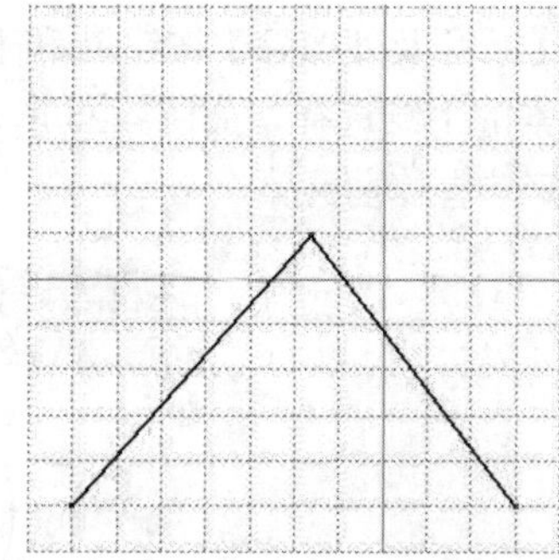

图 4.16　修剪所有元素

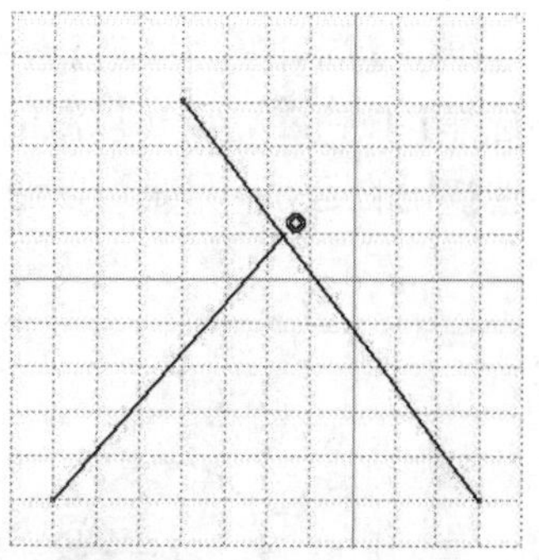

图 4.17　修剪第一元素

- 使用直线外的点打断直线（曲线）：单击【断开】按钮，选择要打断的一段圆弧，然后单击圆弧外的点 P1，则圆弧在从点 P1 到其投影 P2 处断开，同时该圆弧被打断为两条圆弧，如图 4.19 所示。

- （快速修剪）：单击该按钮后，【草图工具】工具栏将增加四个辅助按钮，即手绘选择、断开及内擦除、断开及外擦除和断开并保留，如图 4.20 所示。

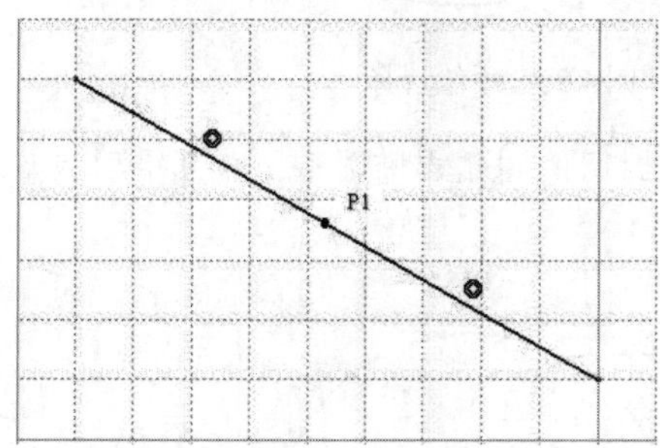

图 4.18　用直线上的点打断直线

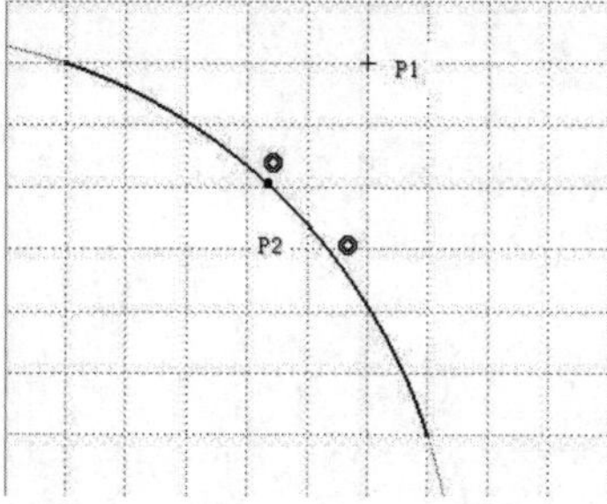

图 4.19　用曲线外的点打断曲线

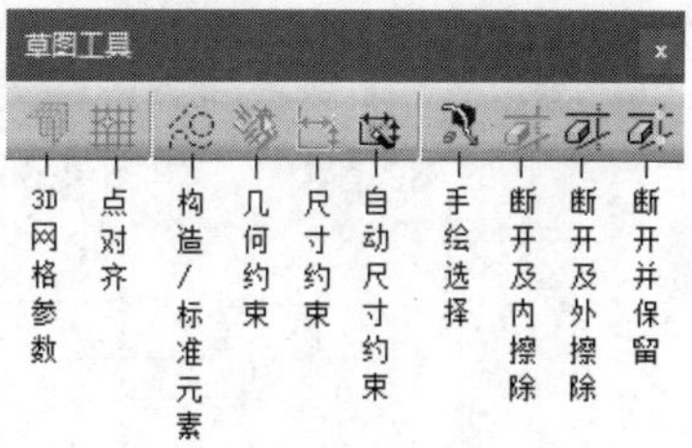

图 4.20　【草图工具】工具栏

单击【快速修剪】按钮，选择【草图工具】工具栏中的【断开及内擦除】按钮，选择要修剪的对象，如图 4.21 中的小圆，修剪结果如图 4.22 所示。

在图 4.21 中，当分别单击【断开及外擦除】按钮和【断开并保留】按钮时，剪切结果如图 4.23 和图 4.24 所示。

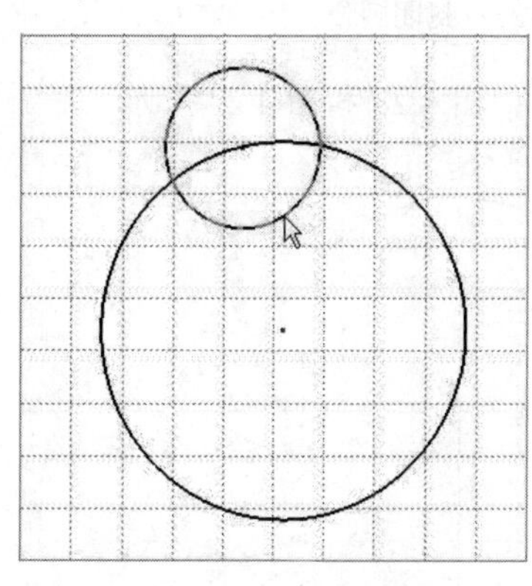

图 4.21　选取对象

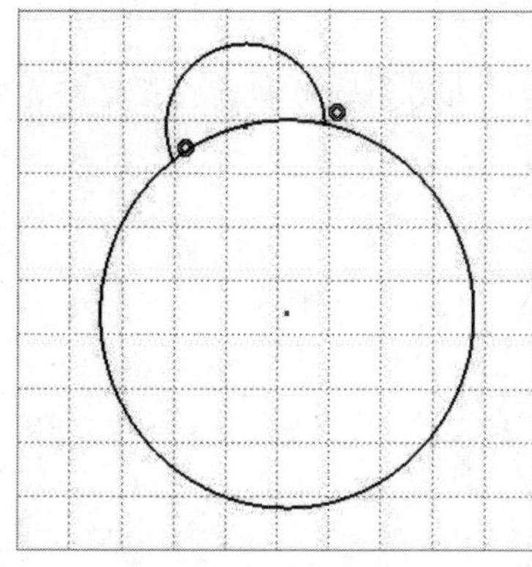

图 4.22　断开及内擦除

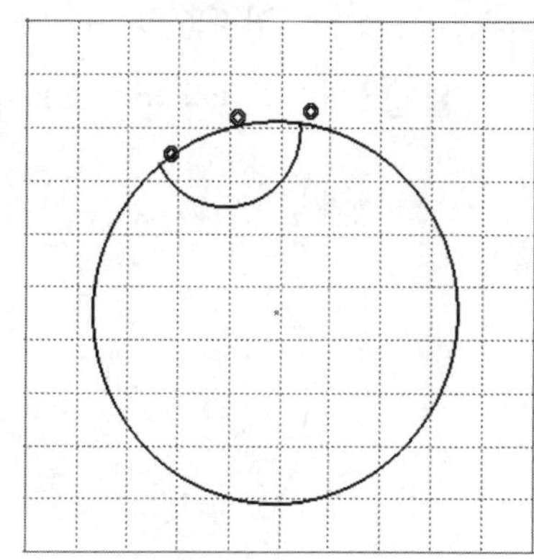

图 4.23　断开及外擦除

若选择的对象与其他对象不相交，则删除该对象。

单击【断开及内擦除】按钮、【断开及外擦除】按钮和【断开并保留】按钮，再单击【手绘选择】按钮，就可以激活修剪元素的手绘选择，如图 4.25 所示。【手绘选择】按钮并不会影响其他按钮的运行，只是可以通过手绘来选择修剪元素。

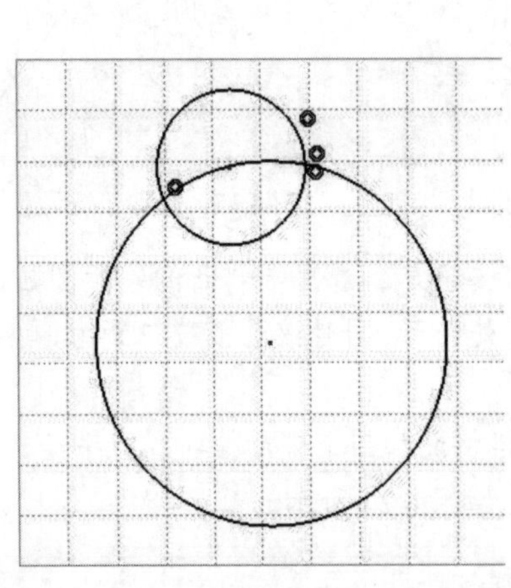

图 4.24　断开并保留

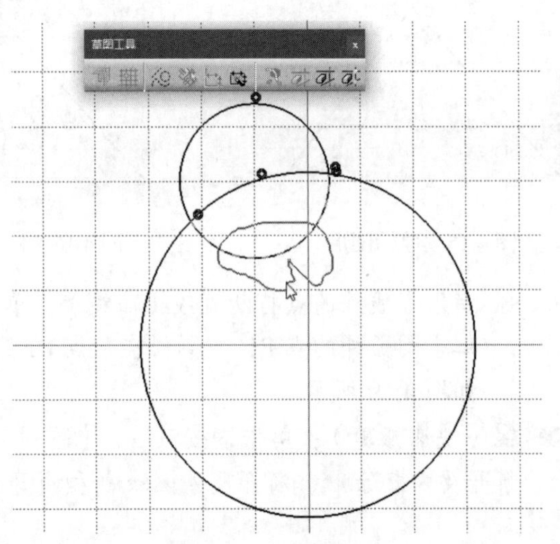

图 4.25　手绘选择

➘ 封闭弧：该按钮主要用于封闭圆弧及椭圆弧。单击未封闭的圆弧或椭圆弧，即可得到完整的圆或圆弧，如图 4.26 和图 4.27 所示。

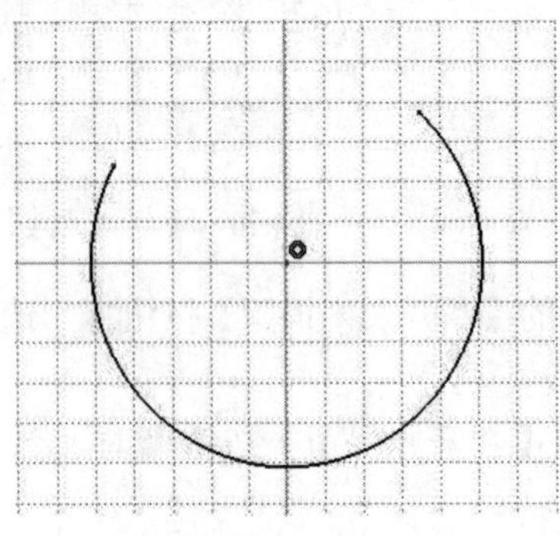

图 4.26　未封闭圆弧 1

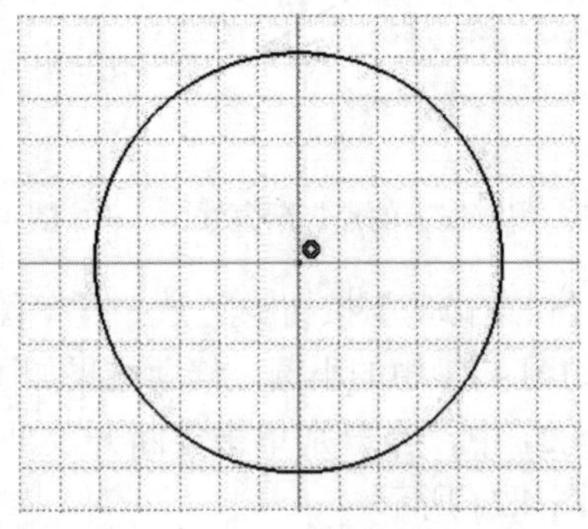

图 4.27　封闭圆弧

➘ 补充：该按钮主要用于生成未封闭圆弧和椭圆弧互补元素，如图 4.28 和图 4.29 所示。

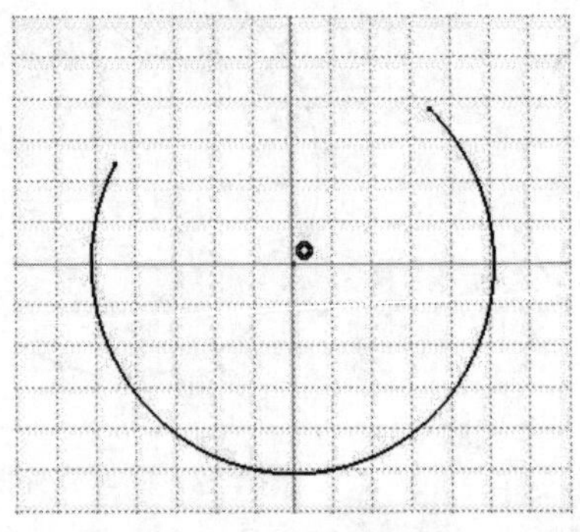

图 4.28　未封闭圆弧 2

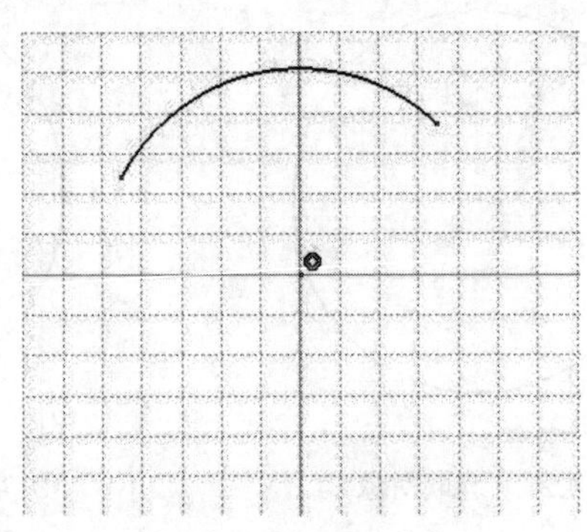

图 4.29　补充圆弧

4.1.4 变换工具

单击【操作】工具栏中按钮右下角的黑色小三角，打开【变换】工具栏，该工具栏包含六种草图变换工具，如图 4.30 所示。

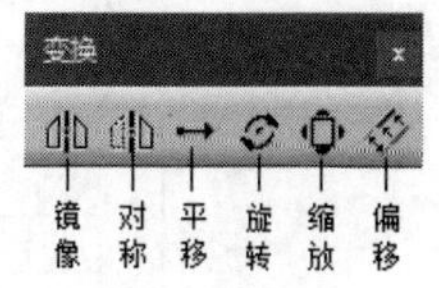

图 4.30　【变换】工具栏

- （镜像）：该按钮用于创建与原轮廓关于某轴线对称的轮廓。单击该按钮，选择图 4.31 所示的样条曲线轮廓，再选择直线，则镜像结果如图 4.32 所示。
- （对称）：该按钮用于创建与原轮廓关于某轴线对称的轮廓。与【镜像】工具不同的是，其原轮廓不保留。图 4.31 中的样条轮廓关于直线对称的结果如图 4.33 所示。

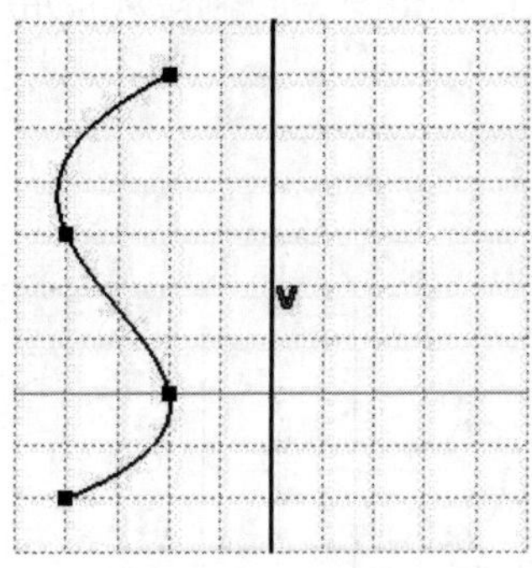

图 4.31　未镜像轮廓

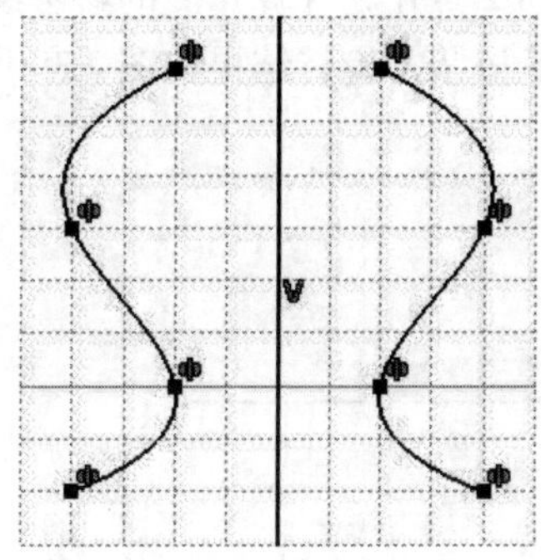

图 4.32　镜像轮廓

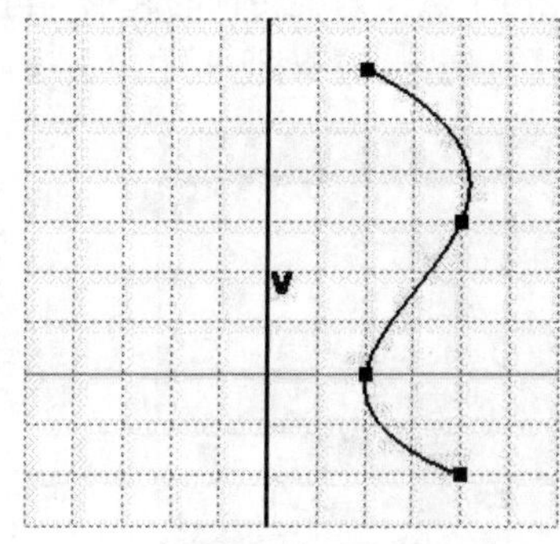

图 4.33　对称轮廓

- （平移）：该按钮主要用于对所选元素进行平移和复制。单击该按钮，弹出图 4.34 所示的【平移定义】对话框，在平移创建过程中，此对话框将保持显示。
  - 复制模式：默认处于激活状态，表示将复制所选元素。如果取消勾选【复制模式】复选框，将移动元素。
  - 保持内部约束：表示在平移过程中保持应用于选定元素的内部约束。
  - 保持外部约束：表示在平移过程中保持选定元素和外部元素之间存在的外部约束。
  - 保持原始约束模式：表示在平移过程中保持元素原始存在的约束。
  - 步骤模式：勾选此复选框，表示平移距离按 5mm 的步长进行递增。

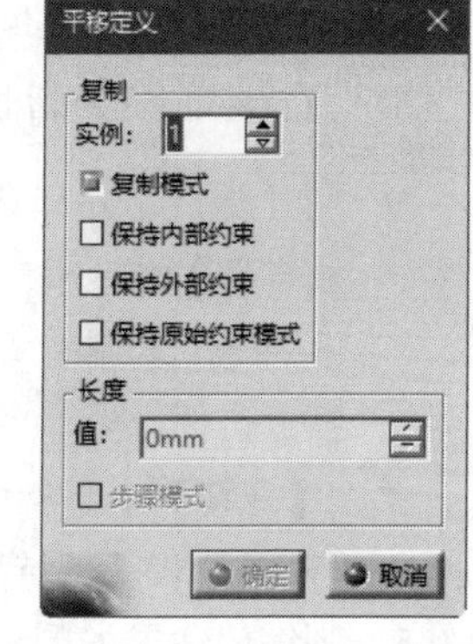

图 4.34　【平移定义】对话框

单击【变换】工具栏中的【平移】按钮，选择图 4.35 所示的轮廓，勾选【步骤模式】复选框，单击以指示平移向量的起点 P1，再单击以指示平移向量的终点 P2，最后单击【平移定义】对话框中的【确定】按钮，平移结果如图 4.36 所示。

- （旋转）：该按钮主要用于对所选元素进行旋转和复制。单击该按钮，弹出图 4.37 所示的【旋转定义】对话框，在旋转创建过程中，此对话框将保持显示。在该对话框中输入希望创建的实例数和旋转角度，【复制模式】复选框与【平移定义】对话框中的类似。若激活【步骤模式】复选框，则表示旋转角度按 5° 的步长进行递增。

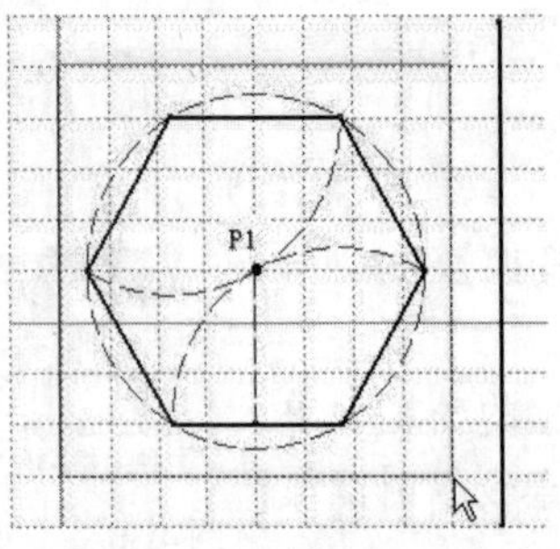

图 4.35　平移前的轮廓

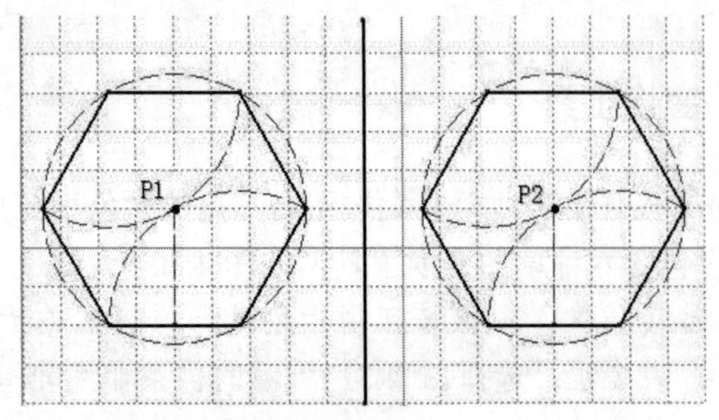

图 4.36　平移后的轮廓

单击【变换】工具栏中的【旋转】按钮，选择图 4.38 所示的轮廓，勾选【复制模式】复选框，单击 P1 点作为旋转轴的起点，再单击 P2 点作为计算角度的参考线，最后单击 P3 点以确定旋转角度。在【旋转定义】对话框中单击【确定】按钮，旋转结果如图 4.39 所示。

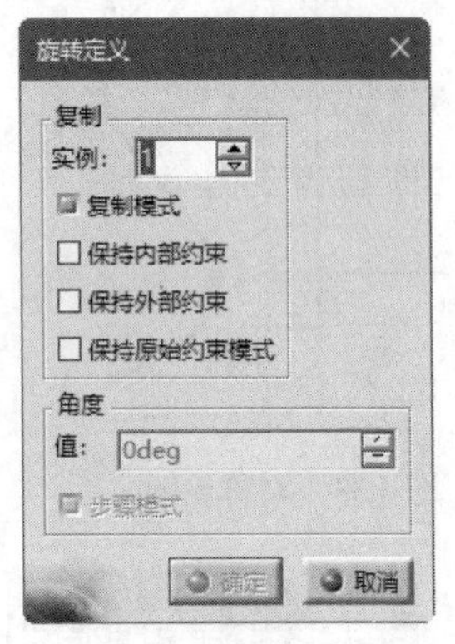

图 4.37　【旋转定义】对话框

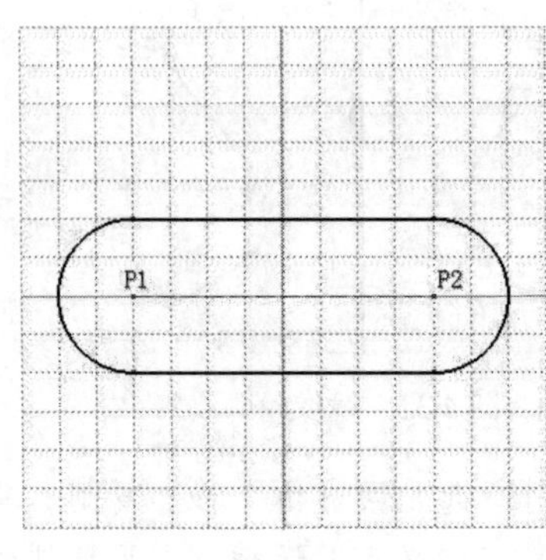

图 4.38　旋转前的轮廓

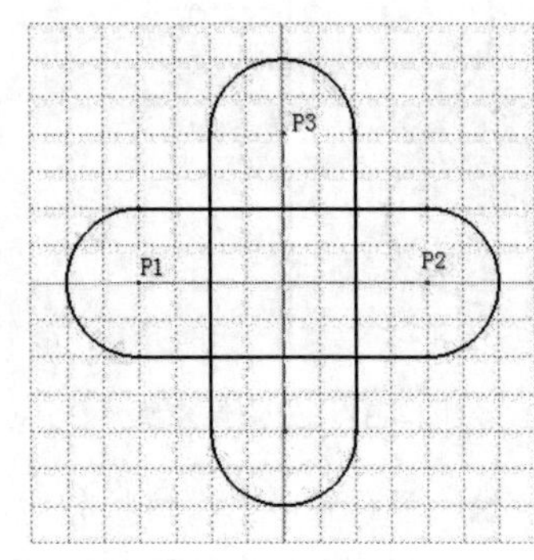

图 4.39　旋转后的轮廓

- （缩放）：即将轮廓的大小调整为指定的尺寸。单击此按钮后，弹出如图 4.40 所示的【缩放定义】对话框，勾选【复制模式】复选框，则表示复制所选缩放元素，原轮廓仍保存；若取消勾选【复制模式】复选框，则表示对所选元素进行缩放。可以在【缩放定义】对话框中输入缩放比例，若激活【步骤模式】，则移动鼠标缩放比例按 0.1 的步长进行增减。

单击【变换】工具栏中的【缩放】按钮，选择图 4.41 所示的轮廓，勾选【缩放定义】对话框中的【复制模式】和【保持原始约束模式】复选框，单击 P1 点确定缩放中心，在该对话框中输入缩放值 0.5，则缩放结果如图 4.42 所示。

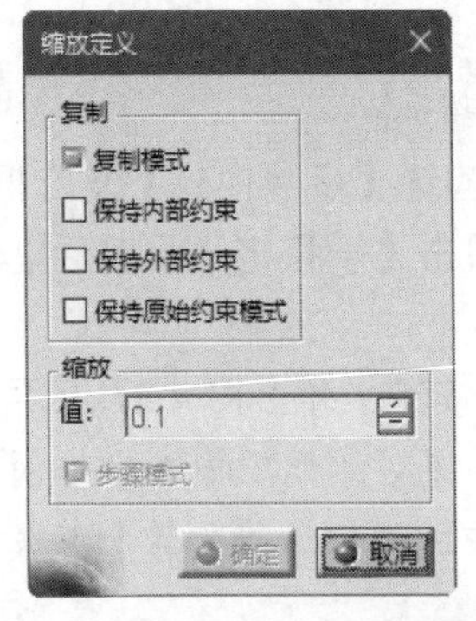

图 4.40　【缩放定义】对话框

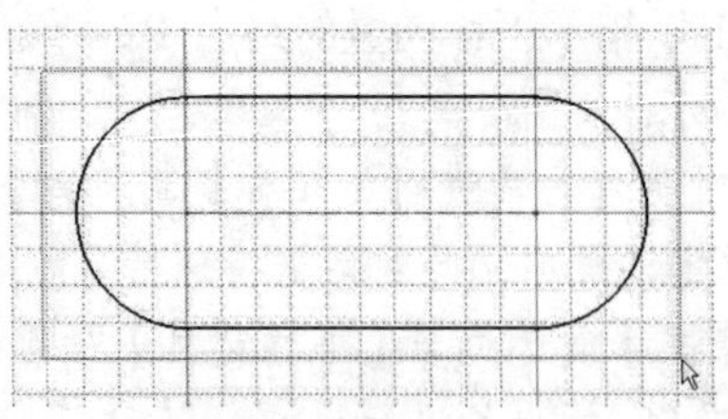

图 4.41　选择缩放轮廓

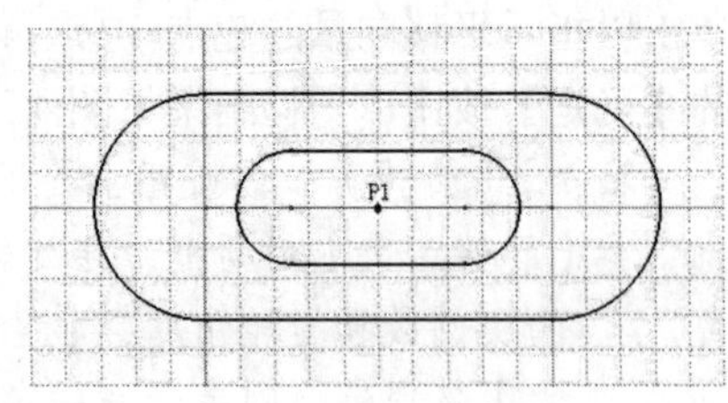

图 4.42　缩放结果

➘ （偏移）：该按钮用于对所选轮廓进行偏移。单击【变换】工具栏中的【偏移】按钮，【草图工具】工具栏将增加四个辅助按钮，如图 4.43 所示。

- （无拓展）：表示只偏移用户所选择的对象，选择对象如图 4.44（a）所示，结果如图 4.44（b）所示。
- （相切拓展）：表示偏移用户选择对象以及与其相切的对象，选择对象如图 4.44（a）所示，结果如图 4.44（c）所示。
- （点拓展）：表示偏移用户选择的对象以及与其相链接的对象，选择对象如图 4.44（a）所示，结果如图 4.44（d）所示。
- （双侧偏移）：表示与所选择的对象两侧生成偏移，该按钮和前面的三个按钮可以继续并用，选择对象如图 4.44（a）所示，结果如图 4.44（e）所示。

草图工具
3D网格参数　点对齐　构造/标准元素　几何约束　尺寸约束　自动尺寸约束　无拓展　相切拓展　点拓展　双侧偏移

图 4.43　【草图工具】工具栏

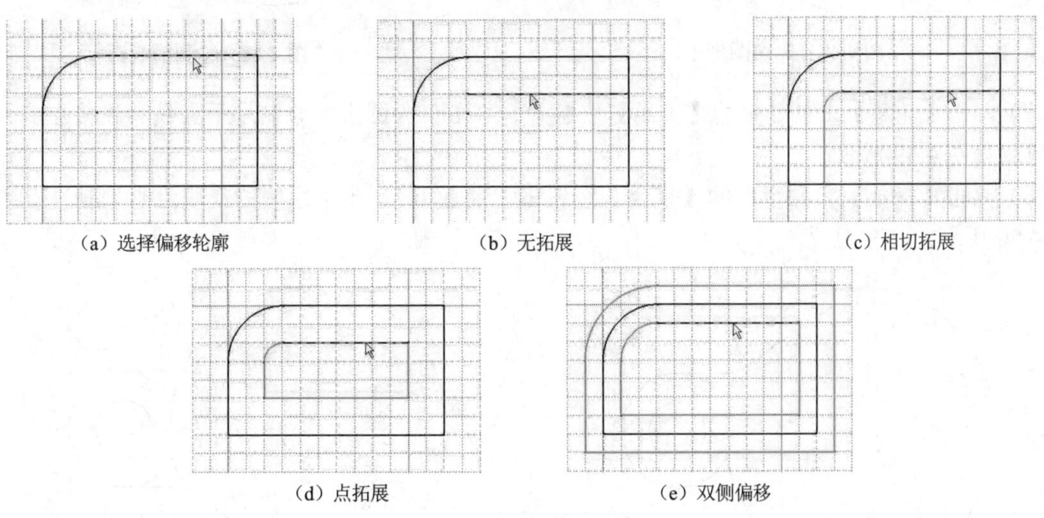
（a）选择偏移轮廓　（b）无拓展　（c）相切拓展
（d）点拓展　（e）双侧偏移

图 4.44　偏移轮廓

扫一扫，看视频

动手学——绘制底座草图

绘制底座草图的具体操作步骤如下。

（1）选择【开始】→【机械设计】→【草图编辑器】命令，弹出【新建零件】对话框，输入零件名称【底座】，单击【确定】按钮，进入零件设计平台。

（2）在特征树中单击 xy 平面，进入草图工作平台，并以 xy 平面为草图绘制面。

（3）单击【轮廓】工具栏中的【轴】按钮，绘制一条水平轴线，如图 4.45 所示，长度为 100。

（4）单击【轮廓】工具栏中的【圆】按钮，在轴线的右端绘制一个半径为 30 的圆，如图 4.46 所示。

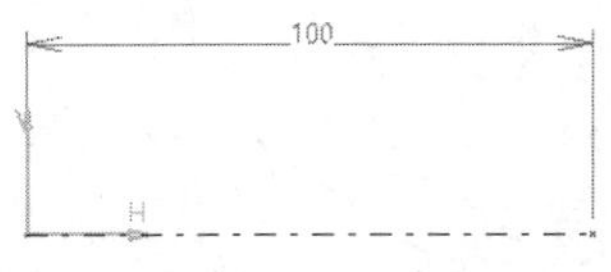

图 4.45　绘制水平轴线

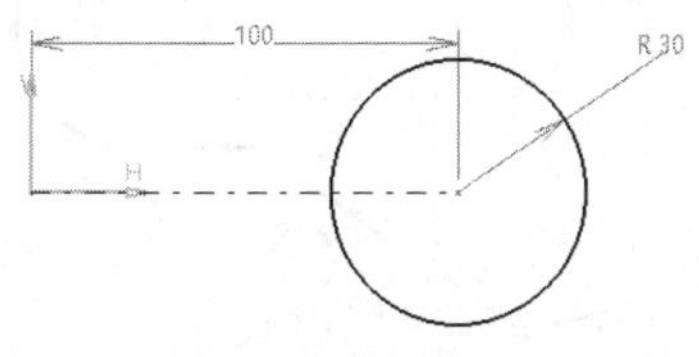

图 4.46　绘制圆

（5）❶按住 Ctrl 键选取圆和轴线，单击【变换】工具栏中的【镜像】按钮，❷单击竖直轴线，将圆和轴线沿竖直轴线进行镜像，如图 4.47 所示。

（6）单击【轮廓】工具栏中的【圆】按钮，在轴线的左右两端绘制半径为 150 和 60 的同心圆，如图 4.48 所示。

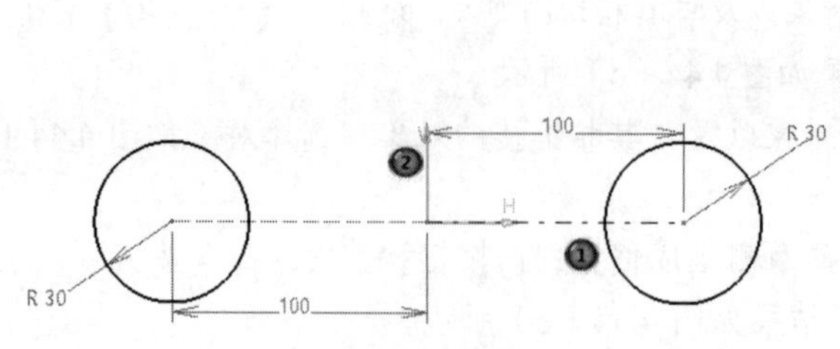

图 4.47　镜像图形 1

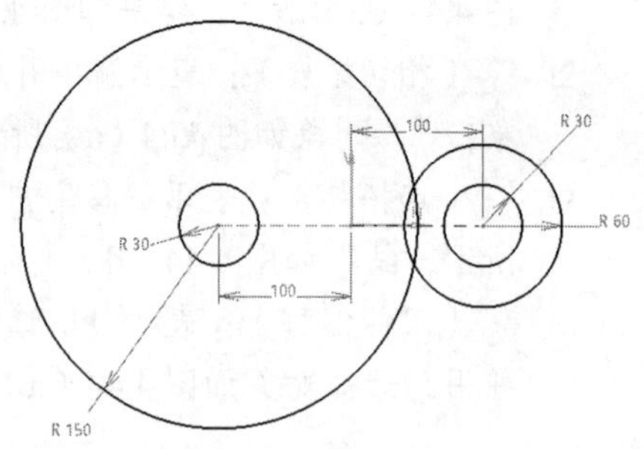

图 4.48　绘制同心圆

（7）单击【轮廓】工具栏中的【直线】按钮，在右侧大圆上方绘制水平直线和连接左侧大圆的斜直线，如图 4.49 所示。

（8）单击【变换】工具栏中的【镜像】按钮，将第（7）步中绘制的线段沿水平轴进行镜像，如图 4.50 所示。

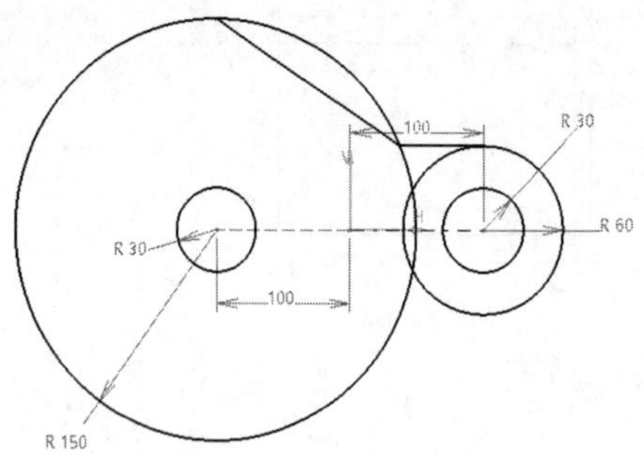

图 4.49　绘制直线

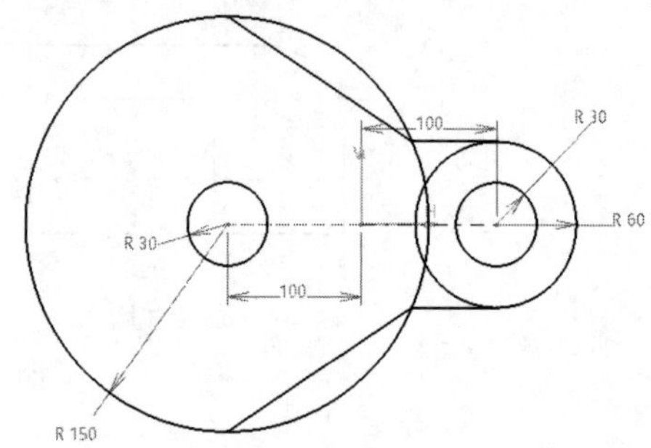

图 4.50　镜像图形 2

（9）单击【重新限定】工具栏中的【快速修剪】按钮，修剪多余的线段，结果如图 4.51 所示。

（10）单击【操作】工具栏中的【圆角】按钮，❶选中直线 L1 和 L2，❷然后在【草图工具】工具栏的【半径】文本框中输入 80mm，按 Enter 键，进行倒圆角处理，结果如图 4.52 所示。

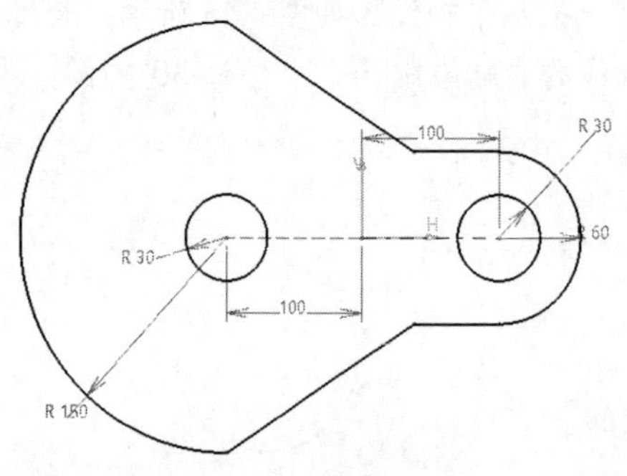

图 4.51　修剪图形

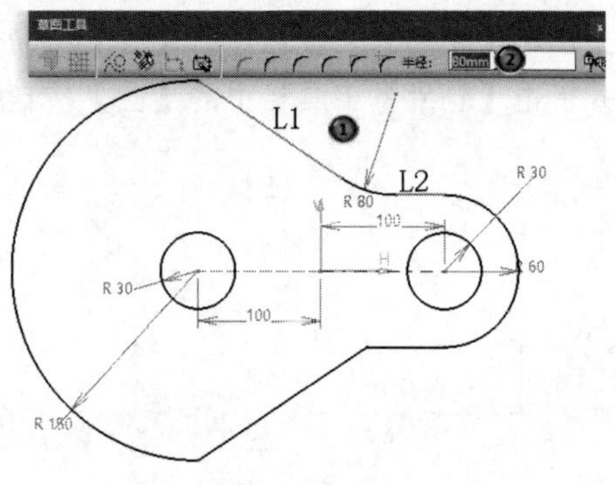

图 4.52　绘制倒圆角

（11）单击【变换】工具栏中的【镜像】按钮，将第（10）步中绘制的圆角沿水平轴进行镜像。单击【重新限定】工具栏中的【快速修剪】按钮，修剪多余的线段，如图 4.53 所示。

（12）单击【工作台】工具栏中的【退出工作台】按钮，退出草图工作平台。

（13）选择【文件】→【保存】命令，弹出【另存为】对话框，输入文件名【dizuocaotu】，单击【保存】按钮，保存文件。

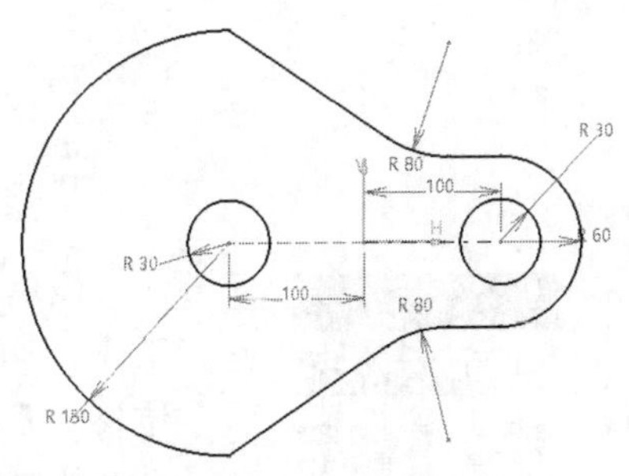

图 4.53　底座草图

4.1.5　几何投影

单击【操作】工具栏中按钮右下角的黑色小三角，打开【3D 几何图形】工具栏，该工具栏包含四种将三维图形的元素投影到草图工作平面的工具，如图 4.54 所示。

- （投影 3D 元素）：该按钮用于将三维实体对象投影到草图工作平面以生成草绘元素，三维实体可以与草图工作平面相交或不相交，如图 4.55 所示。
- （与 3D 元素相交）：该按钮可以将三维实体和草图工作平面的交线投影到草图工作平面上，如图 4.56 所示。

图 4.54　【3D 几何图形】工具

（a）三维实体

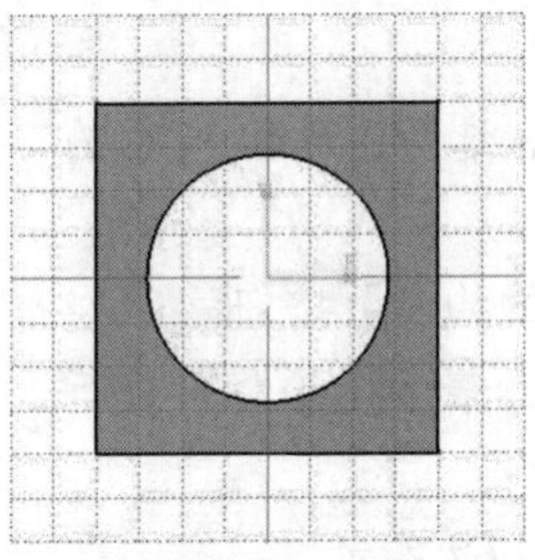

（b）投影 3D 元素

图 4.55　投影 3D 元素

（a）三维实体

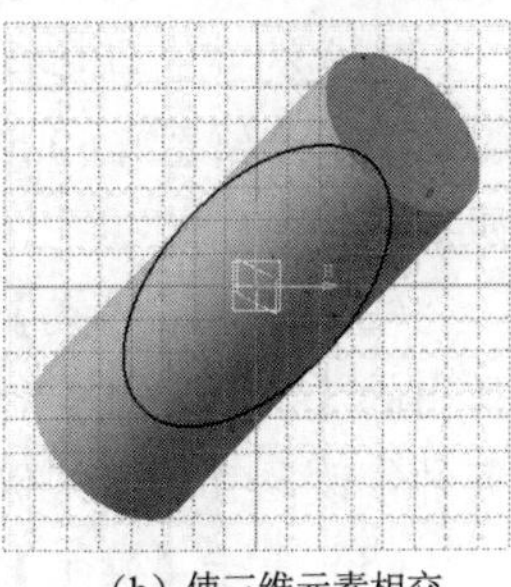

（b）使三维元素相交

图 4.56　与 3D 元素相交

- （投影 3D 轮廓边线）：该按钮只能对轴平行于草图平面的标准曲面创建轮廓边线，如图 4.57 所示。
- （投影 3D 标准侧影轮廓边线）：该按钮只能对轴平行于草图平面的 3D 元素创建正侧轮廓边线，如图 4.57（b）所示。

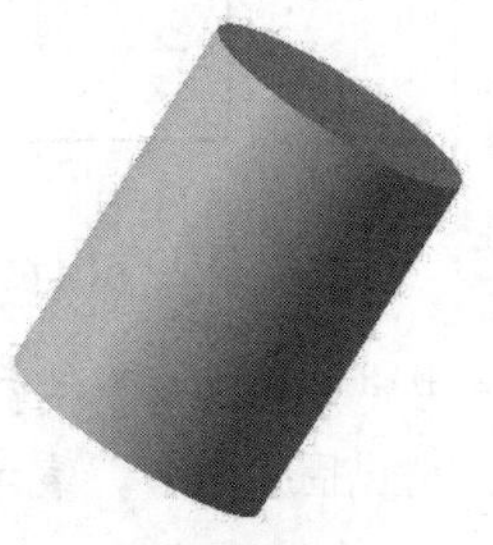

（a）三维实体

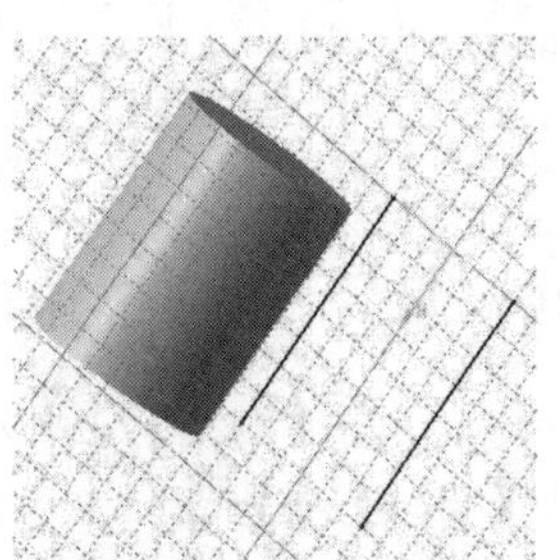

（b）投影 3D 轮廓边

图 4.57　投影 3D 轮廓边线

4.2 草图约束

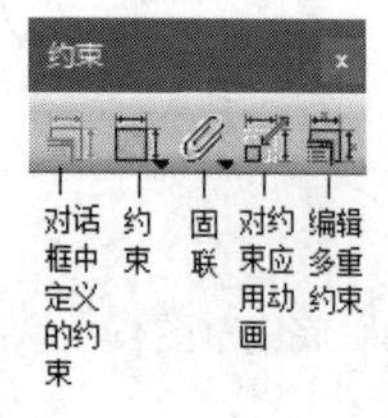

图 4.58 【约束】工具栏

简单草图有时足以满足设计过程，但用户通常需要在更加复杂的草图上工作，因此需要一组丰富的几何约束或尺寸约束，以确定草图的图形和位置位移。【草图编辑器】工作台提供了多种约束命令，用户可以使用这些约束命令绘制出完整的草图轮廓。草图约束包括几何约束和尺寸约束，【约束】工具栏如图 4.58 所示。用户可以利用该工具栏对已绘制的草图进行约束。例如，可以对图形的长度、角度、平行、垂直、固定位置、相切等加上限制条件，并以图形的方式标注在草图工作平面上。

4.2.1 定义约束

在草图工作平面上选择要约束的目标，如果是多目标，则通过 Ctrl 键来选择多目标，然后单击【约束】工具栏中的【对话框中定义的约束】按钮，弹出图 4.59 所示的【约束定义】对话框。如果要永久创建约束，应确保在【草图工具】工具栏中激活【尺寸约束】按钮和【几何约束】按钮；如果不激活这些按钮，则只能临时创建约束。

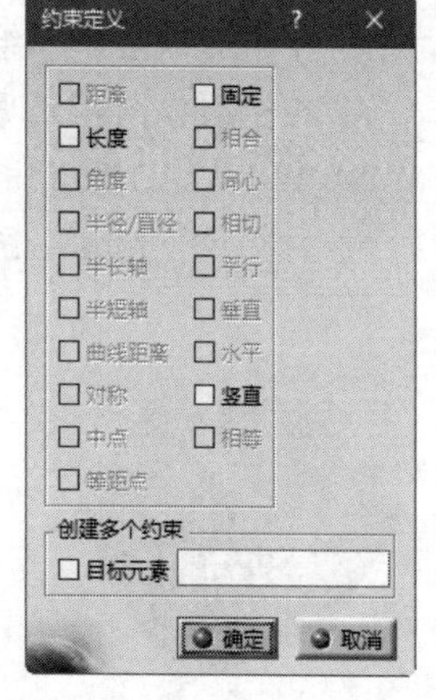

图 4.59 【约束定义】对话框

定义约束的具体操作步骤如下。

（1）绘制图 4.60 所示的草图轮廓，按住 Ctrl 键，选择图 4.61 所示的两条直线。

（2）单击【约束】工具栏中的【对话框中定义的约束】按钮，在弹出的【约束定义】对话框中勾选【垂直】复选框，表示无论将来进行何种修改，直线始终保持互相垂直。

（3）单击【确定】按钮，出现垂直符号，如图 4.62 所示。

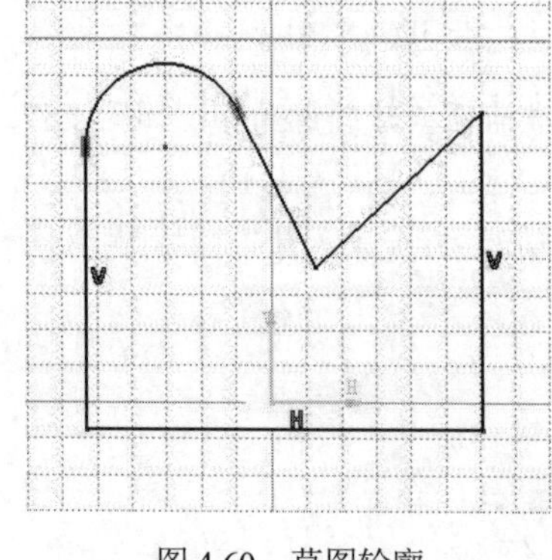

图 4.60 草图轮廓

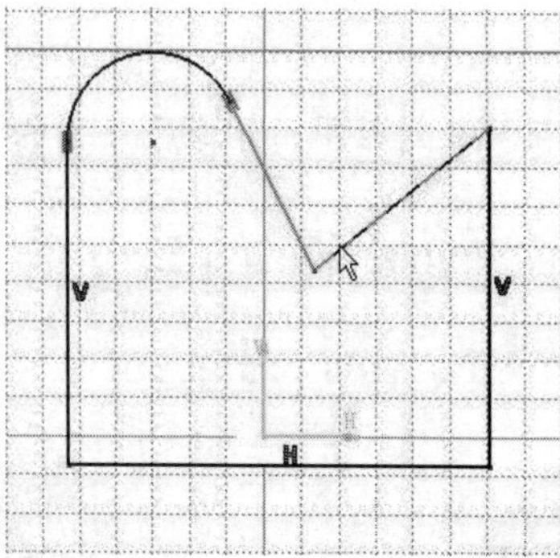

图 4.61 选择直线

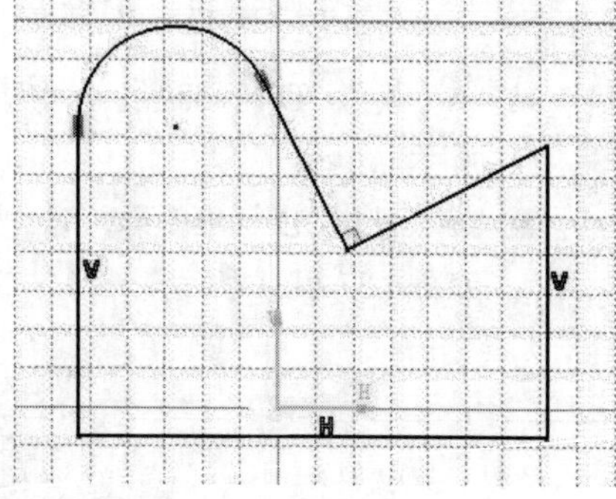

图 4.62 【垂直】约束

（4）选择底部直线，单击【约束】工具栏中的【对话框中定义的约束】按钮，在弹出的【约束定义】对话框中勾选【固定】复选框，单击【确定】按钮，出现固定符号，表示底部直线已定义为参考，如图 4.63 和图 4.64 所示。

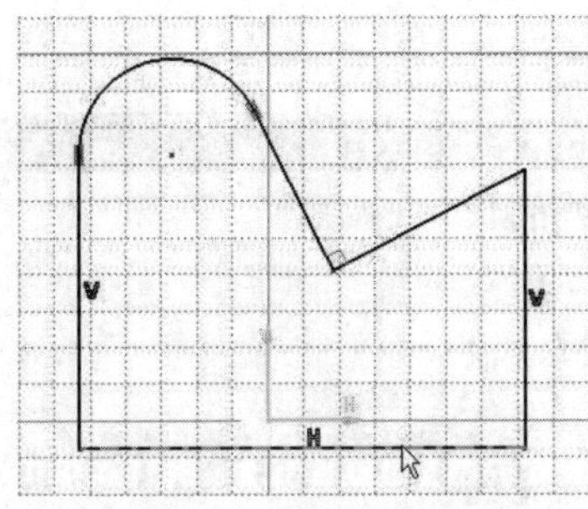

图 4.63 选择底部直线

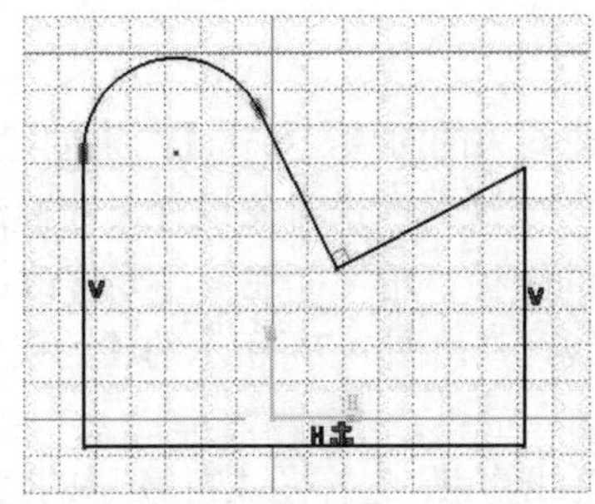

图 4.64 【固定】约束

(5) 选择轮廓的左侧圆弧，单击【约束】工具栏中的【对话框中定义的约束】按钮，在弹出的【约束定义】对话框中勾选【半径/直径】复选框，单击【确定】按钮，出现半径值，如图 4.65 和图 4.66 所示。

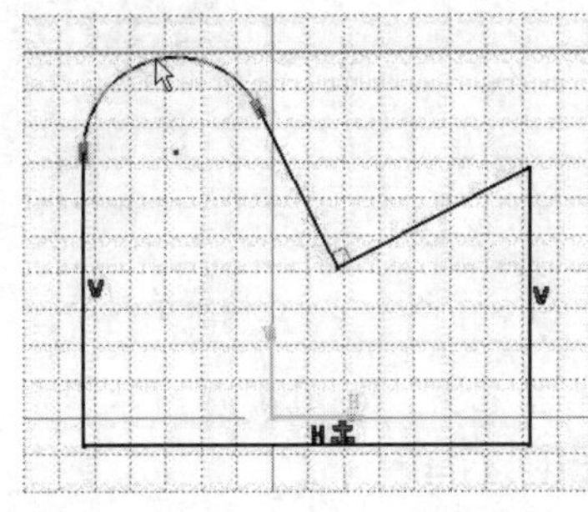

图 4.65 选择圆弧

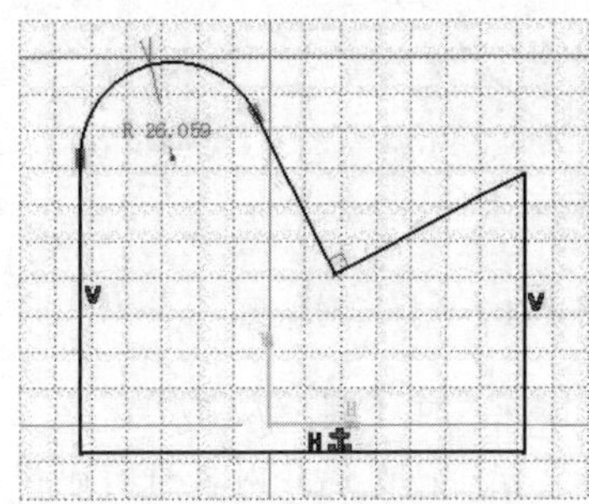

图 4.66 【半径/直径】约束

(6) 选择两条垂直线，单击【约束】工具栏中的【对话框中定义的约束】按钮，在弹出的【约束定义】对话框中勾选【距离】复选框，单击【确定】按钮，出现两条直线之间的距离，如图 4.67 和图 4.68 所示。

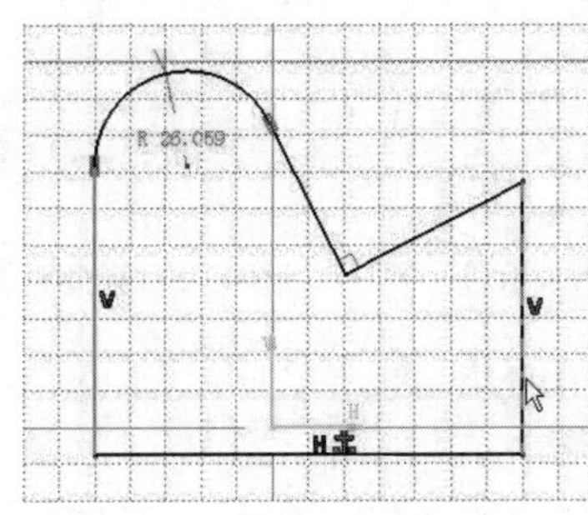

图 4.67 选择两边的垂直直线

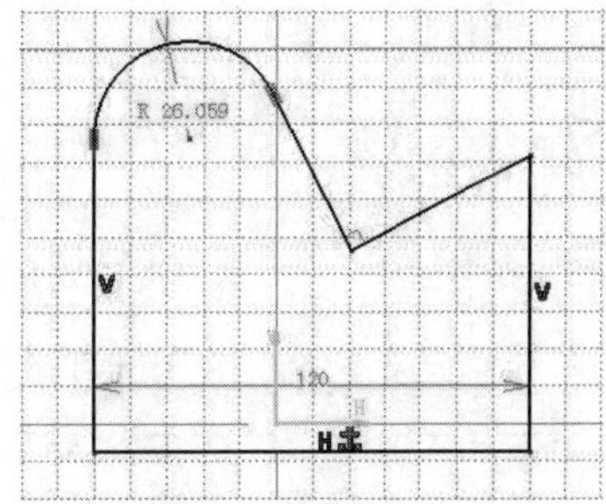

图 4.68 【距离】约束

4.2.2 创建约束

创造约束与使用对话框定义约束功能类似，只是其创建约束过程中不出现对话框。约束创建包括约束和接触约束两类。单击【约束】工具栏中的按钮右下角的黑色小三角，打开图 4.69 所示【约束创建】工具栏。

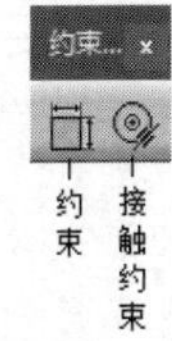

图 4.69 【约束创建】工具栏

1. 约束

选择要创建约束的对象，单击【约束创建】工具栏中的【约束】按钮，可实现对所选对象进行尺寸标注，包括直线的长度、圆和圆弧的半径、角度标注等。要修改标注的对象，可双击标注的尺寸线，弹出图 4.70 所示的【约束定义】对话框，输入实际尺寸值。

图 4.70 【约束定义】对话框

（1）创建直线约束：选择图 4.71 所示的直线轮廓，单击【约束创建】工具栏中的【约束】按钮，出现尺寸，右击弹出图 4.72 所示的快捷菜单。

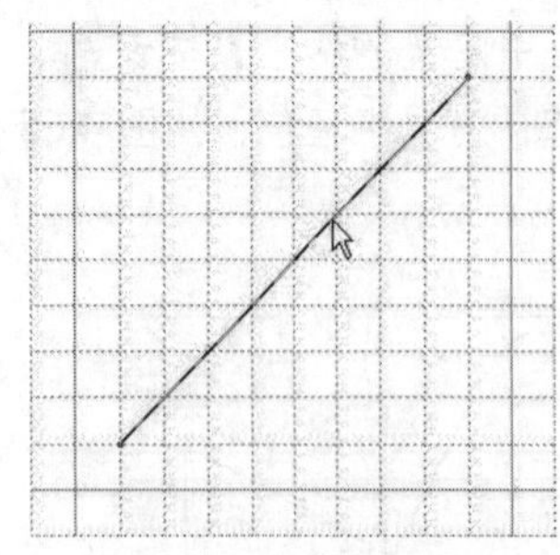
图 4.71 选择直线轮廓

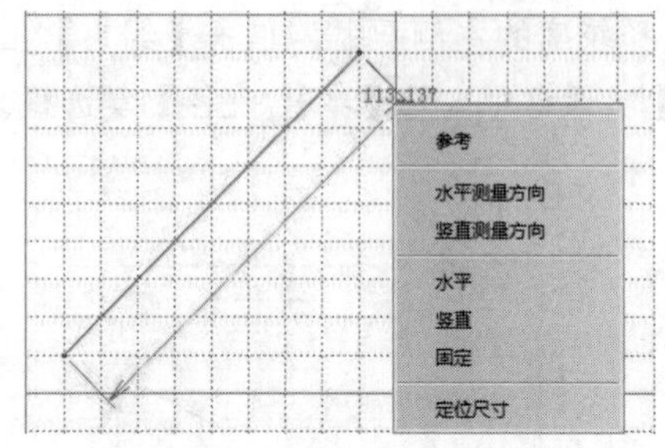

图 4.72 快捷菜单

- 参考：标注尺寸不起驱动作用，且尺寸值将用括号括起来，如图 4.73 所示。
- 水平测量方向：对选择对象进行水平方向标注，如图 4.74 所示。
- 竖直测量方向：对选择对象进行垂直方向标注，如图 4.75 所示。

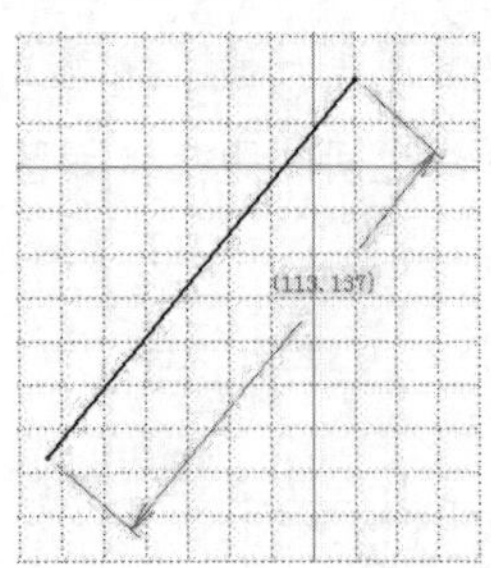

图 4.73 参考标注

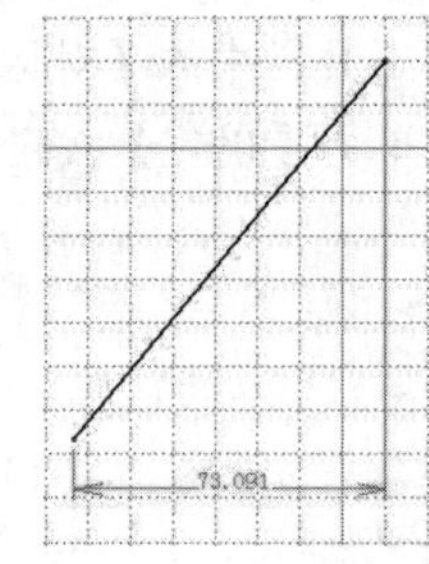

图 4.74 水平测量方向标注

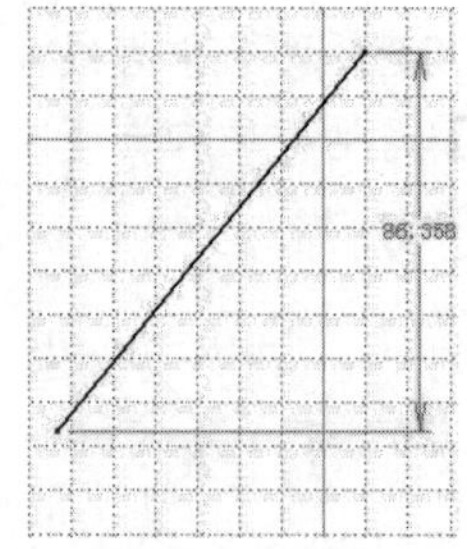

图 4.75 竖直测量方向标注

- 水平：不标注尺寸数值，改为水平约束，如图 4.76 所示。
- 竖直：不标注尺寸数值，改为竖直约束，如图 4.77 所示。
- 固定：不标注尺寸数值，改为固定约束，如图 4.78 所示。

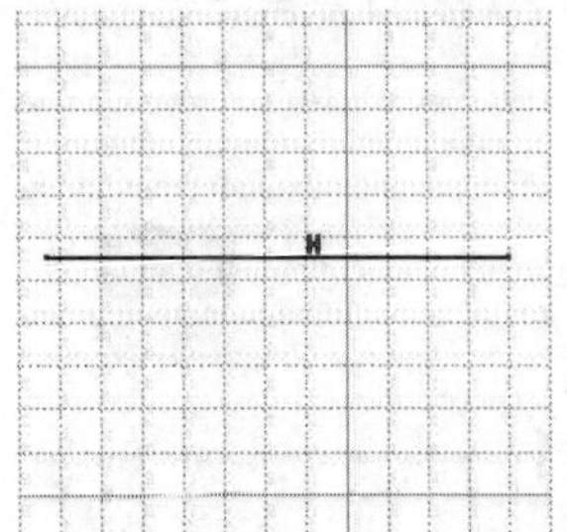

图 4.76 水平约束

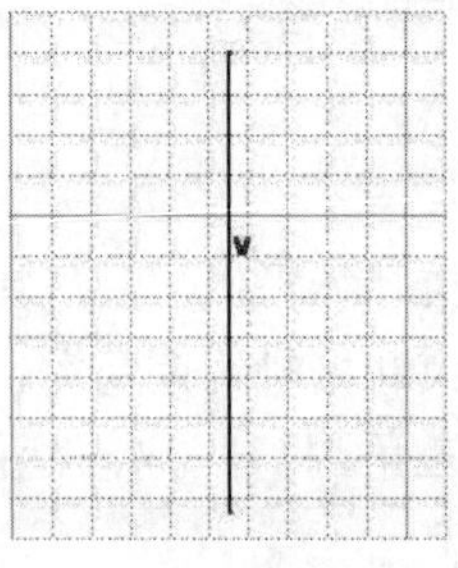

图 4.77 竖直约束

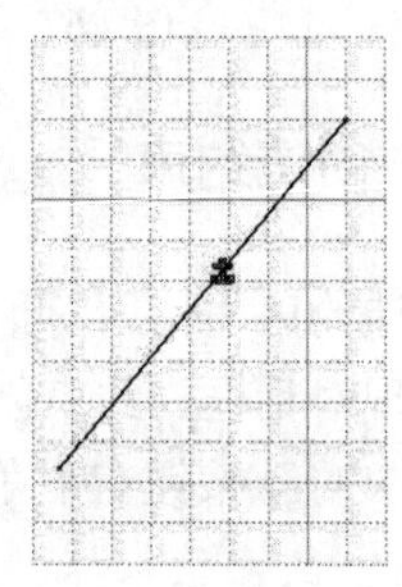
图 4.78 固定约束

- 定位尺寸：确定尺寸线的位置，如图 4.79 所示。

（2）角度约束：按住 Ctrl 键，选择图 4.80 所示的两条直线，单击【约束创建】工具栏中的【约束】按钮，角度标注结果如图 4.81 所示。

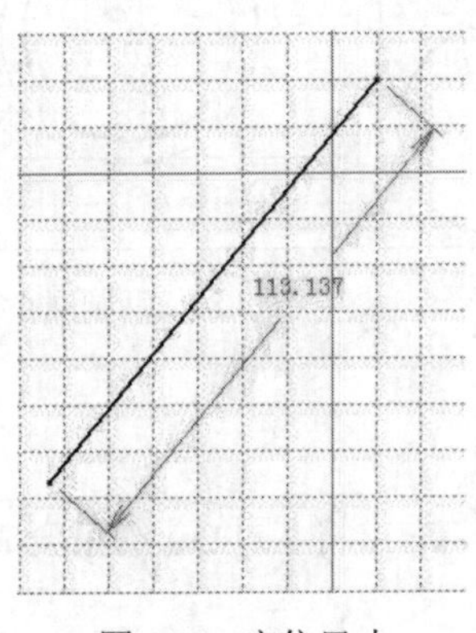

图 4.79　定位尺寸

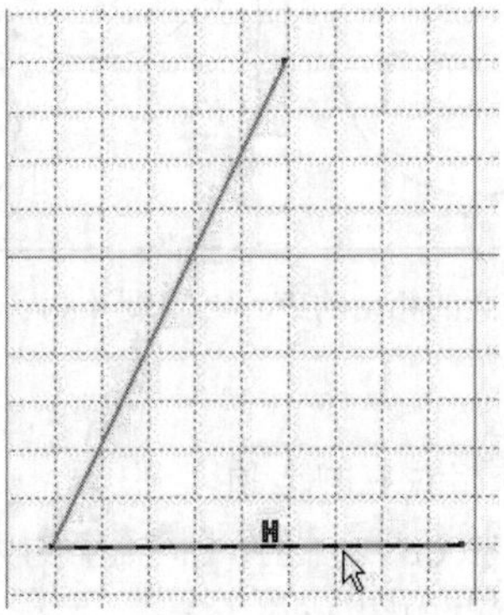

图 4.80　选择直线

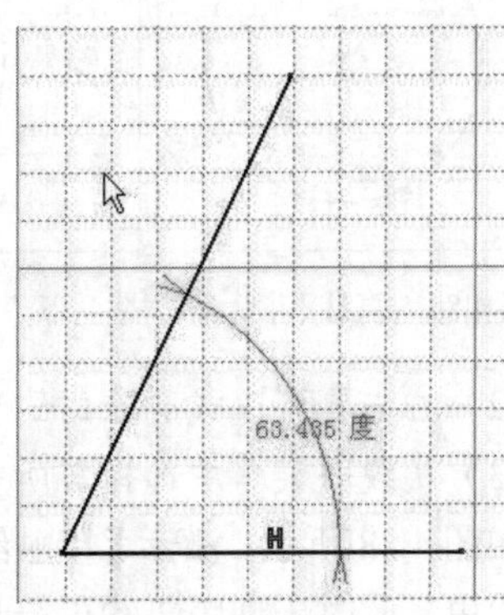

图 4.81　角度标注结果

（3）圆和圆弧约束：选择将要约束的圆或圆弧，单击【约束创建】工具栏中的【约束】按钮，出现尺寸，右击弹出图 4.82 和图 4.83 所示的快捷菜单，其中半径表示以半径方式标注圆或圆弧。

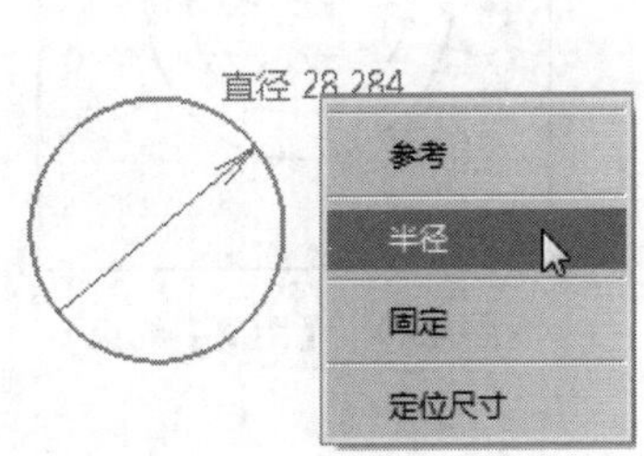

图 4.82　圆的标注

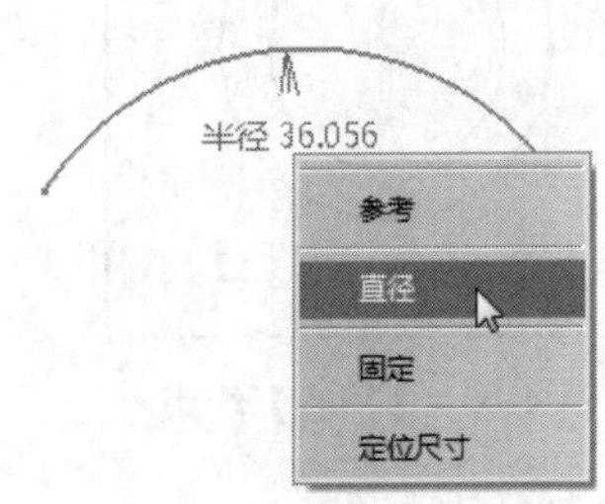

图 4.83　圆弧的标注

2. 接触约束

接触约束用于创建两元素之间诸如同心、相合、相切等接触约束，根据所选择的元素类型不同，定义接触约束的类型如下。

- 一个点和一条直线：相合约束。
- 两个圆：同心约束。
- 两条直线：相合约束。
- 两个点：相合约束。
- 一条直线和一个圆：相切约束。
- 一个点和任何其他元素：相合约束。
- 两条曲线（圆和/或椭圆除外）或两条直线：相切约束。
- 两条曲线和/或椭圆：同心约束。

图 4.84 所示的直线和圆，创建接触约束后就确定了两者之间的相切关系，如图 4.85 所示。

图 4.86 所示的两个圆，创建接触约束后就确定了两者之间的同心关系，如图 4.87 所示。

用户可以修改甚至删除接触约束，操作步骤如下。

（1）确保【约束创建】工具栏中的【约束】按钮或【接触约束】按钮处于激活状态。

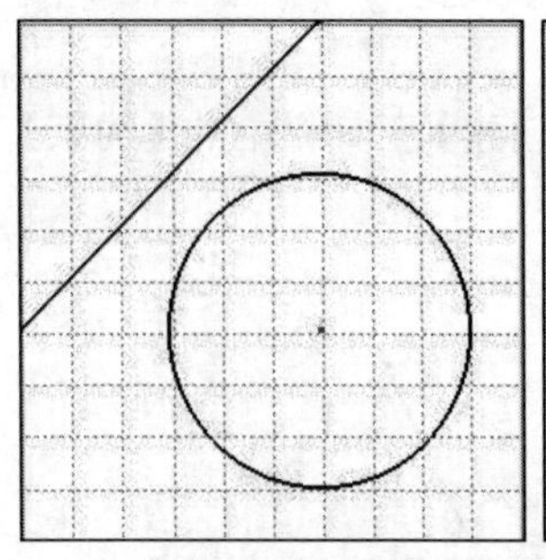

图 4.84　直线和圆

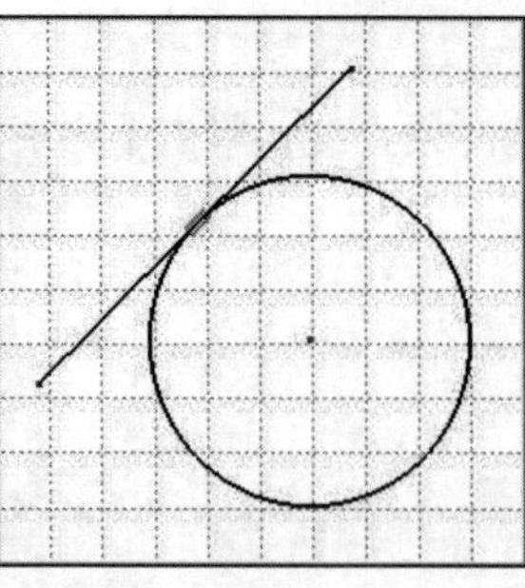

图 4.85　直线和圆的相切约束

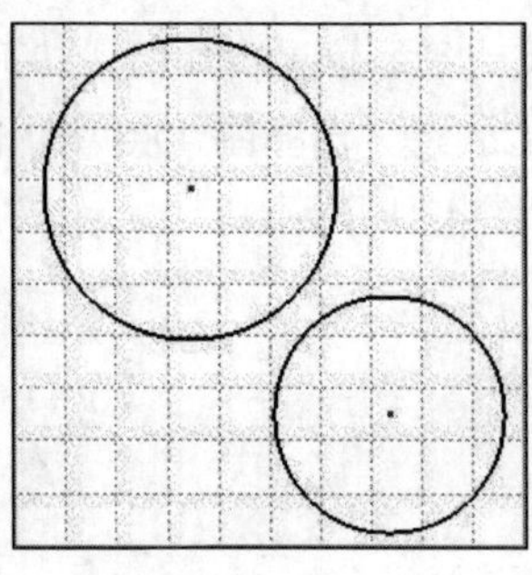

图 4.86　两个圆

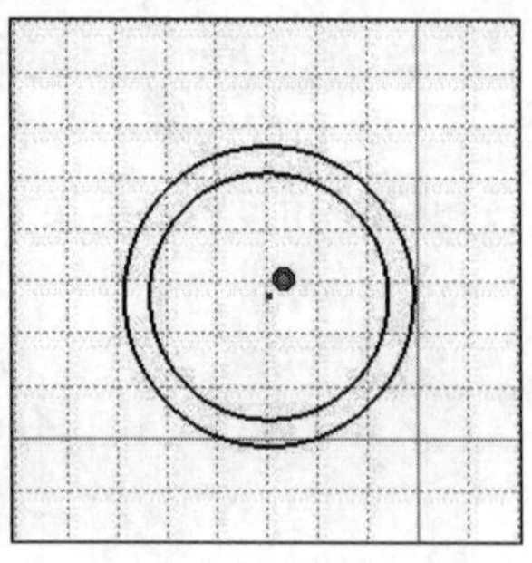

图 4.87　两圆同心约束

（2）右击要修改或删除的约束。

（3）从级联菜单中选择与所需操作相对应的选项。

如图 4.88 所示，激活【接触约束】按钮，选择【同心】约束类型，右击将【同心】约束变成【距离】约束，此时出现距离约束符号和值，如图 4.89 所示。

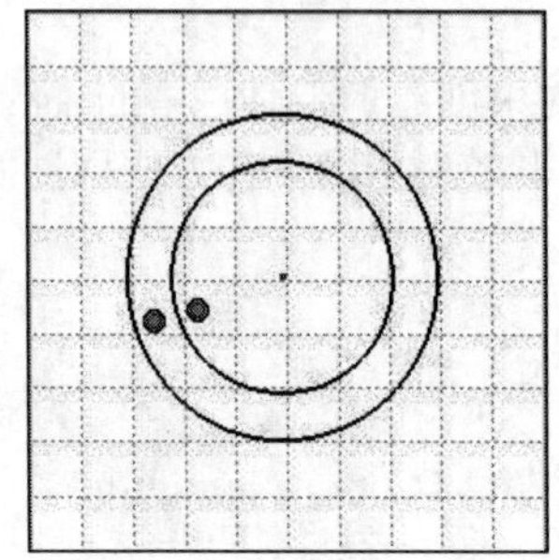

图 4.88　【同心】约束

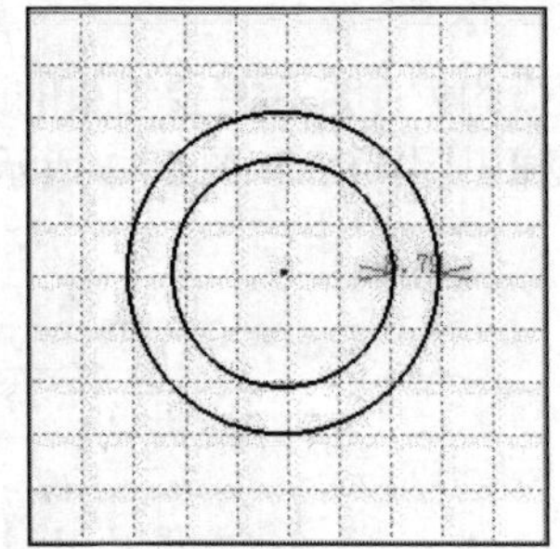

图 4.89　【距离】约束

扫一扫，看视频

动手学——绘制角铁草图

绘制角铁草图的具体操作步骤如下。

（1）选择【开始】→【机械设计】→【草图编辑器】命令，弹出【新建零件】对话框，输入零件名称【角铁】，单击【确定】按钮，进入零件设计平台。

（2）在特征树中单击 xy 平面，进入草图工作平台，并以 xy 平面为草图绘制面。

（3）单击【轮廓】工具栏中的【轮廓】按钮，绘制角铁的大体轮廓，如图 4.90 所示。

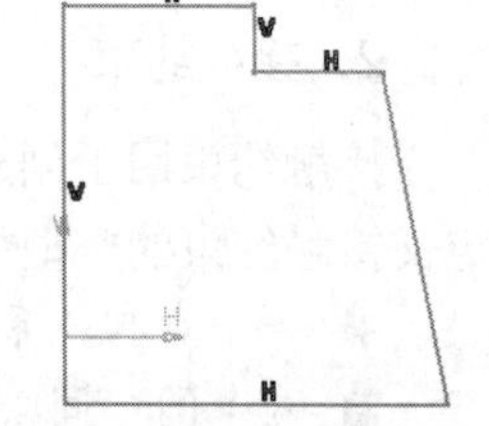

图 4.90　绘制轮廓

（4）单击【约束创建】工具栏中的【约束】按钮，❶选择左侧竖直线，显示当前线段的尺寸，❷将尺寸拖动到适当位置单击，放置尺寸，如图 4.91 所示。❸双击尺寸，弹出【约束定义】对话框，❹修改值为 60mm，❺单击【确定】按钮，完成一个线性尺寸的标注，如图 4.92 所示。采用相同的方法标注其他线性尺寸，如图 4.93 所示。

（5）单击【约束创建】工具栏中的【约束】按钮，选择水平直线 L1 和斜直线，显示角度尺寸，将尺寸拖动到适当位置单击，放置尺寸，双击尺寸修改，结果如图 4.94 所示。

（6）单击【工作台】工具栏中的【退出工作台】按钮，退出草图工作平台。

（7）选择【文件】→【保存】命令，弹出【另存为】对话框，输入文件名【jiaotiecaotu】，单击【保存】按钮，保存文件。

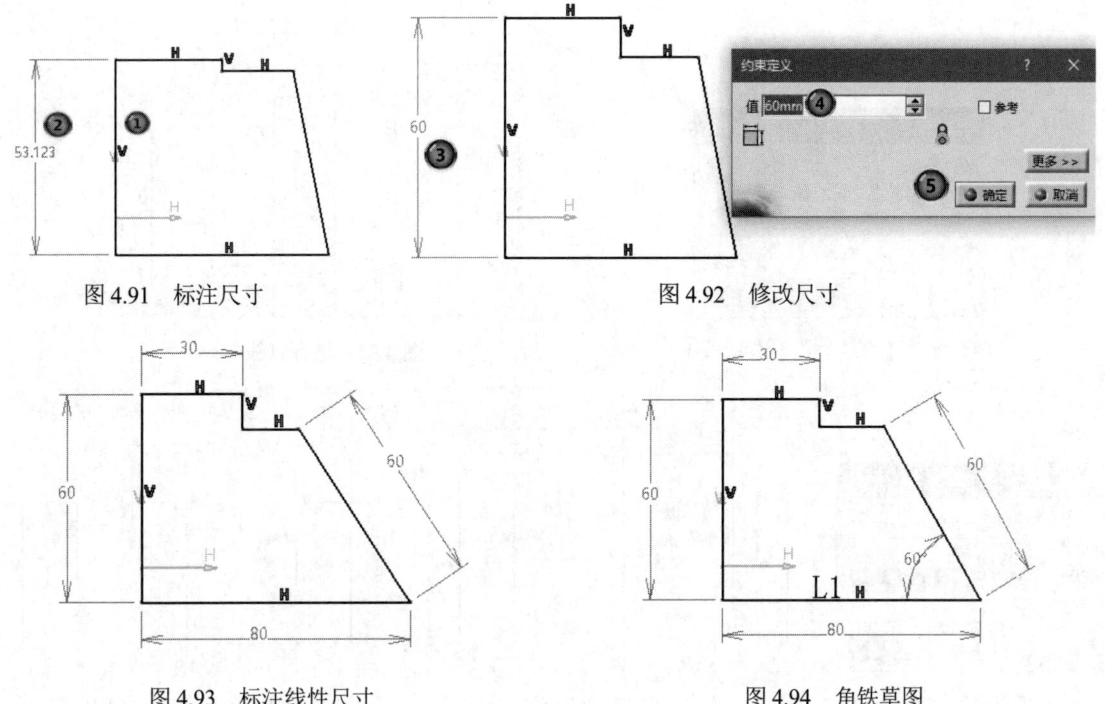

图 4.91　标注尺寸　　图 4.92　修改尺寸

图 4.93　标注线性尺寸　　图 4.94　角铁草图

4.2.3　自动约束

单击【约束】工具栏中按钮右下角的黑色小三角，打开图 4.95 所示的【受约束几何图形】工具栏，该工具栏提供了【自动约束】按钮和【固联】按钮。

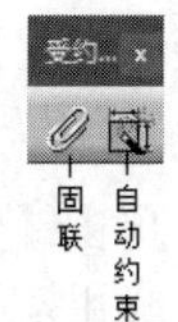

图 4.95　【受约束几何图形】工具栏

1. 自动约束

【自动约束】命令将自动检测选定元素之间的可能约束，并在检测到约束后强制这些约束。单击【受约束几何图形】工具栏中的【自动约束】按钮，弹出图 4.96 所示的【自动约束】对话框。

- 要约束的元素：选择将要约束的元素，指示选择轮廓后应用程序检测到的所有元素。
- 参考元素：确定尺寸约束的参考，用于检测这些参考元素和选定元素之间的可能约束。
- 对称线：轮廓中所有相对于【直线】对称的元素均将被检测到。
- 约束模式：确定尺寸约束的模式，包含链式和堆叠两种模式。

创建自动约束的具体操作步骤如下。

（1）单击【受约束几何图形】工具栏中的【自动约束】按钮，弹出【自动约束】对话框，单击【要约束的元素】选择框，选择图 4.97 所示的六条直线。

（2）单击【参考元素】选择框，选择几何区域中的中心线。

（3）单击【对称线】选择框，选择几何区域中的中心线。

（4）在【约束模式】下拉列表中选择链式模式。

（5）单击【确定】按钮，【自动约束】对话框如图 4.98 所示。图 4.99 和图 4.100 分别为创建自动约束采用链式和堆叠约束模式的结果。

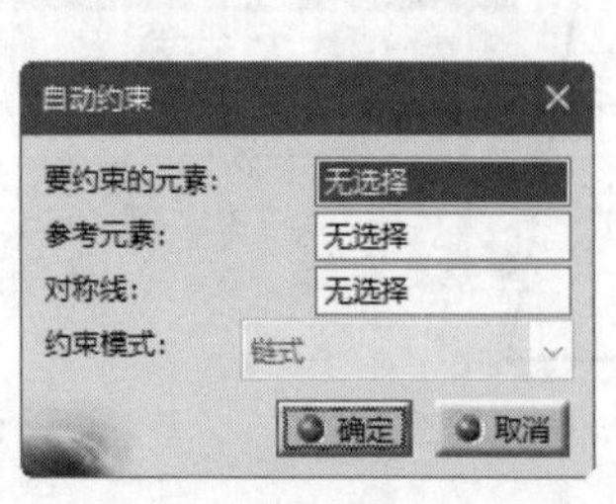

图 4.96　【自动约束】对话框 1

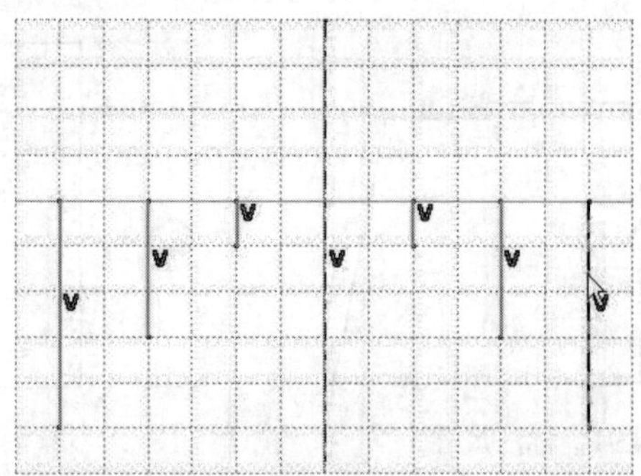

图 4.97　选择直线

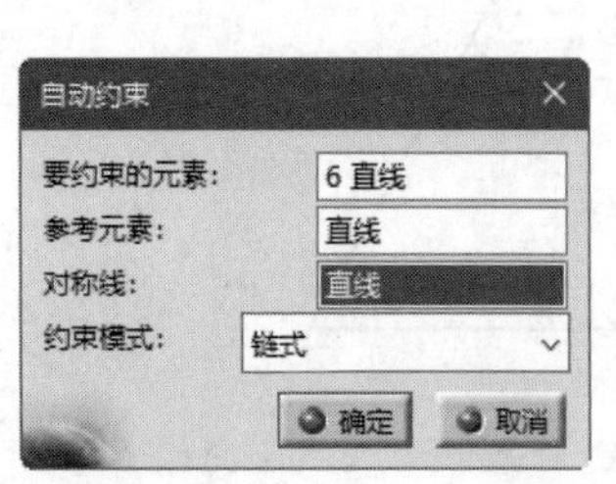

图 4.98　【自动约束】对话框 2

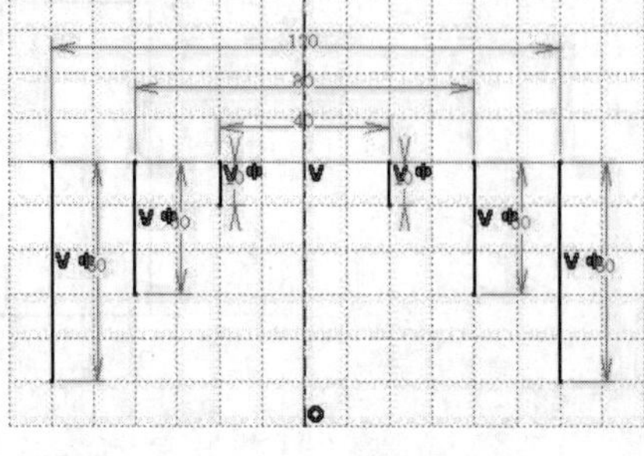

图 4.99　链式约束模式

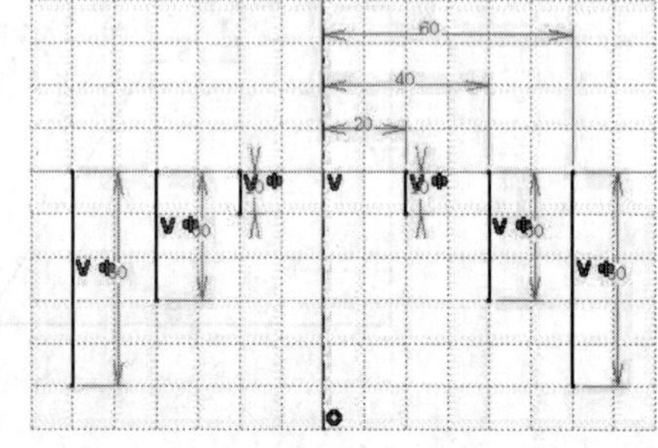

图 4.100　堆叠约束模式

2．固联

固联是将多个元素对象固定在一起，允许用户约束一组几何元素，即使已经为它们中的某些几何元素定义了约束或尺寸。约束之后，该组被视为刚性组，并且只需拖动它的元素之一就可以很容易地移动它。

单击【受约束几何图形】工具栏中的【固联】按钮，在草图工作平面中选择图 4.101 所示的直线，弹出图 4.102 所示的【固联定义】对话框，选择圆并单击【确定】按钮，完成直线和圆的固定。

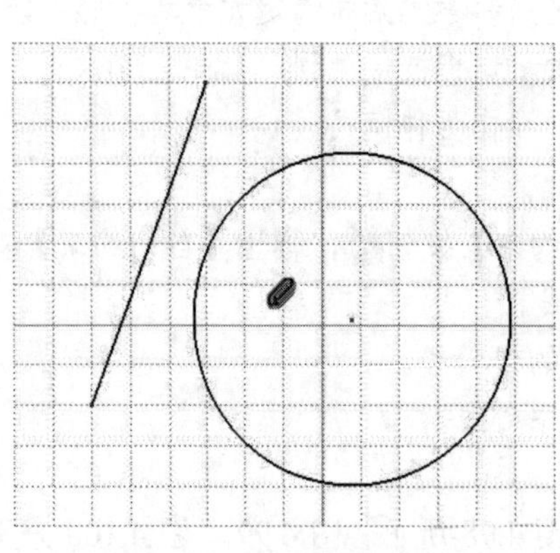

图 4.101　选择直线

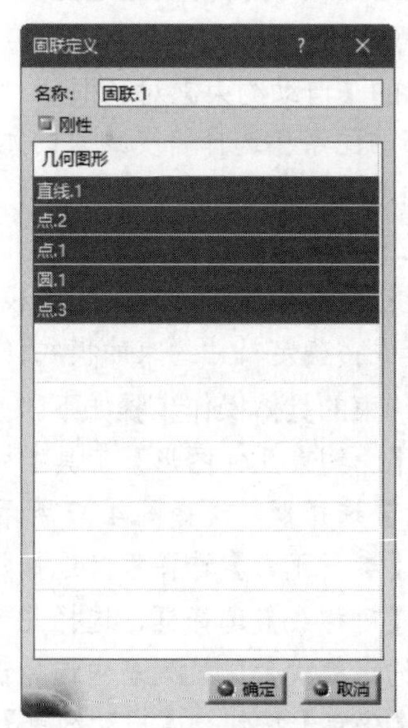

图 4.102　【固联定义】对话框

4.2.4　动画约束

对于一个约束完备的图形，改变其中一个约束的值，其相关联的其他图形元素将随之发生相应改变，即通过一组值赋予同一约束，并检查该约束对整个系统的影响。动画约束可以用来检验机构约束的完备性以及进行干涉检查。

下面通过四杆机构来说明制作动画约束的过程。

（1）进入草图工作平面，单击【可视化】工具栏中的【尺寸约束】按钮和【几何约束】按钮，绘制图 4.103 所示的草图轮廓。

（2）选择水平直线，单击【约束】工具栏中的【对话框中定义的约束】按钮，打开如图 4.104 所示【约束定义】对话框，选中【固定】选择项，为水平连杆添加【固定约束】；单击【约束创建】工具栏中的【约束】按钮，分别标注图 4.105 所示三条线段的长度及角度。

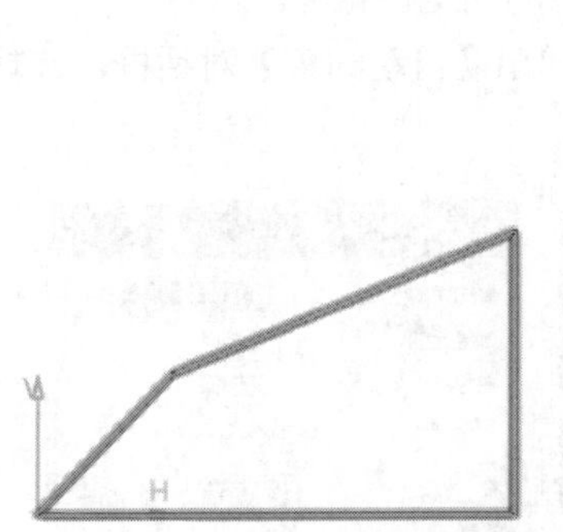

图 4.103　草图轮廓

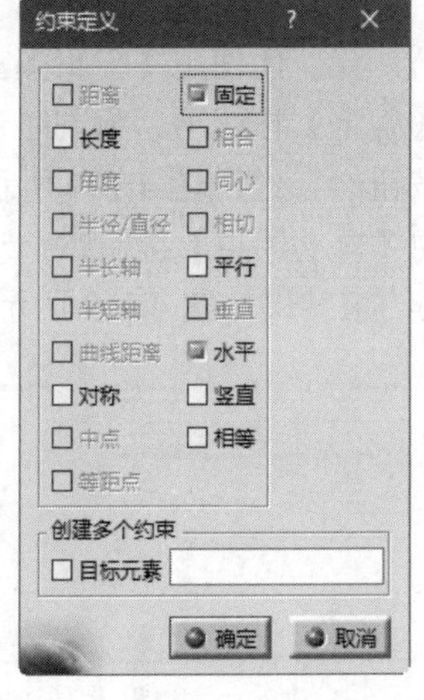

图 4.104　【约束定义】对话框

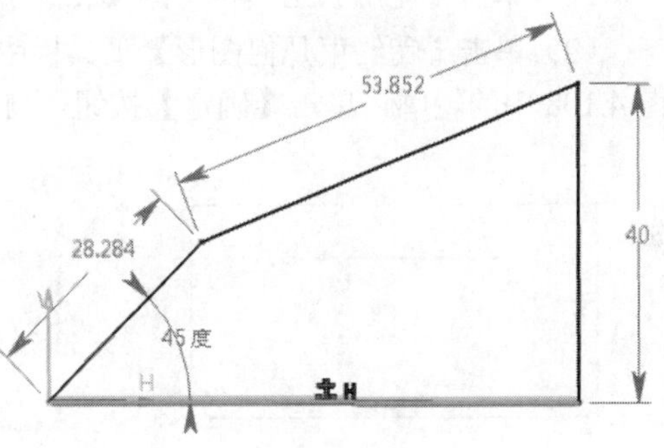

图 4.105　标注尺寸

（3）单击【约束】工具栏中的【对约束应用动画】按钮，选取角度约束 45°，弹出【对约束应用动画】对话框，如图 4.106 所示。

（4）在【第一个值】文本框中输入 0deg，【最后一个值】文本框中输入 360deg，分别定义约束角度的最小值和最大值；输入【步骤数】100，该字段定义要赋予约束的值（在第一个值和最后一个值之间）的数量。

（5）选中【隐藏约束】复选框，以隐藏约束。如果草图中有很多元素，则此操作将非常有用。

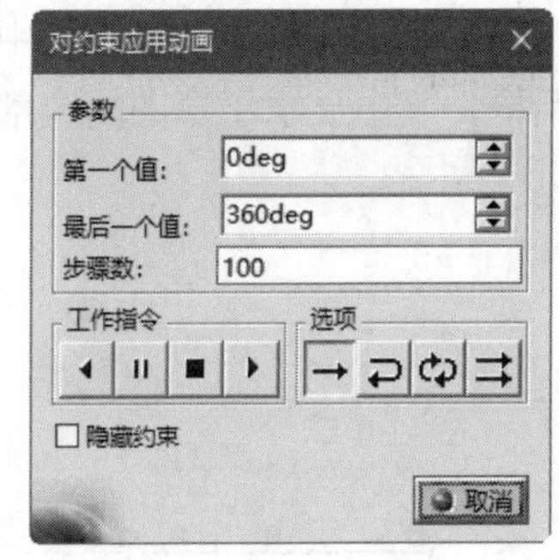

图 4.106　【对约束应用动画】对话框

（6）单击【重复】按钮。

（7）单击【运行动画】按钮，查看赋予约束的不同角度值草图的变化。

（8）取消勾选【隐藏约束】复选框，可以再次显示约束。

【对约束应用动画】对话框中的选项组说明如下。

工作指令：

- （倒放动画）：从最后一个值开始显示不同的约束值。
- （暂停动画）：在当前值位置停止动画。
- （停止动画）：停止动画，并将第一个值赋予约束。
- （运行动画）：使用定义的选项（参见下面的内容）启动命令。

选项：

- （一次镜头）：动画仅显示一次。
- （反转）：从第一个值到最后一个值显示动画，然后从最后一个值到第一个值显示动画。
- （循环）：从第一个值到最后一个值显示动画，然后从最后一个值到第一个值显示动画，周而复始。
- （重复）：从头到尾多次重复动画。

4.2.5 编辑多重约束

编辑尺寸约束值时，整个草图都将被重新计算。而使用【编辑多重约束】功能时，草图行为会有所不同：在【编辑多重约束】对话框中单击【确定】按钮后，将同时计算修改的约束值。

（1）单击【轮廓】工具栏中的【轮廓】按钮，绘制图 4.107 所示的燕尾槽轮廓。

（2）单击【受约束几何图形】工具栏中的【自动约束】按钮，弹出【自动约束】对话框，选择图 4.108 中的轮廓，单击【确定】按钮，自动约束结果如图 4.109 所示。

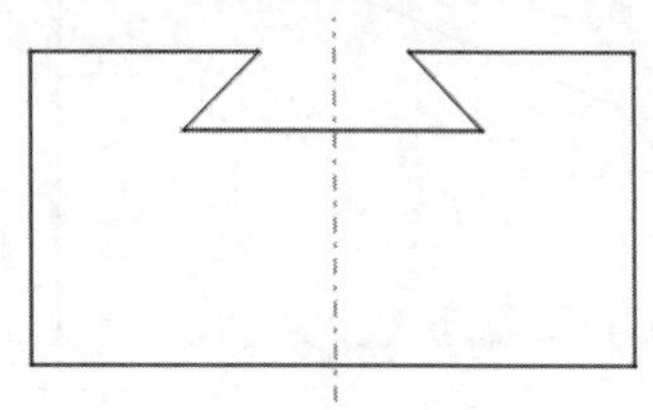

图 4.107　燕尾槽轮廓

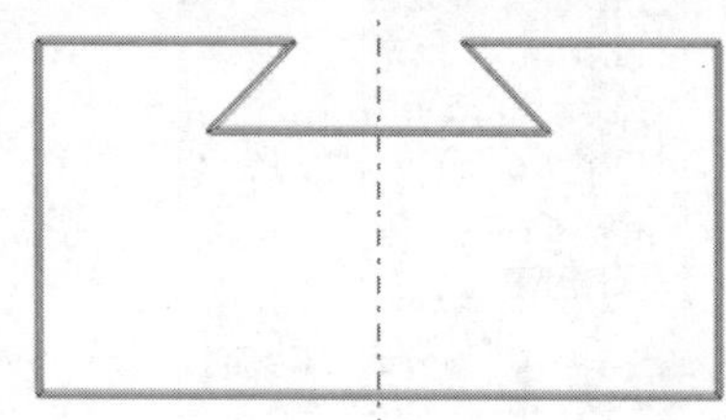

图 4.108　【自动约束】对话框

（3）单击【约束】工具栏中的【编辑多重约束】按钮，弹出图 4.110 所示的【编辑多重约束】对话框，其中显示了草图的全部尺寸约束。

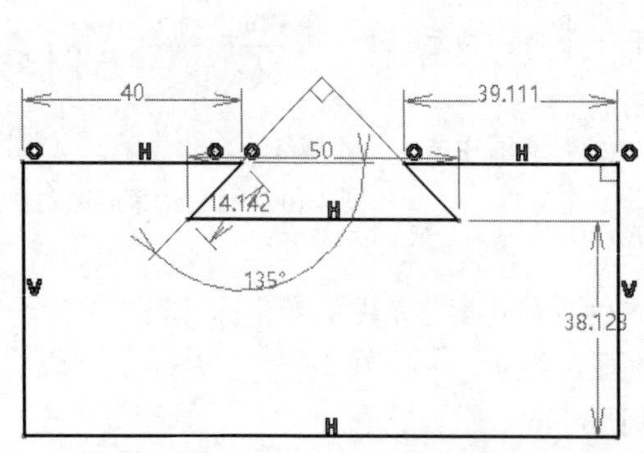

图 4.109　自动约束结果

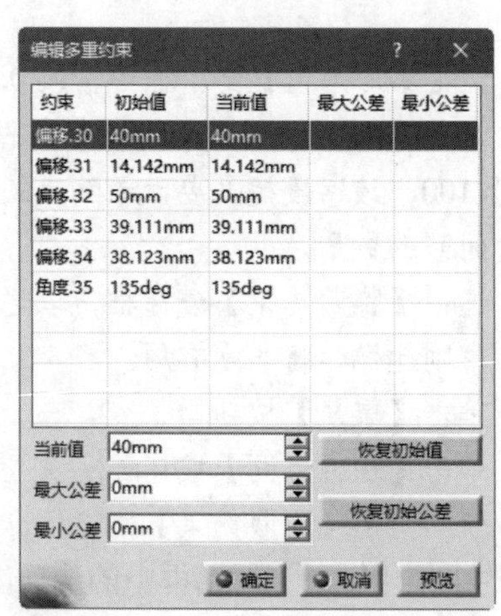

图 4.110　【编辑多重约束】对话框

（4）选择【偏移.31】，输入新值 15mm；选择【角度.35】，输入新值 150deg，如图 4.111 所示。单击【预览】按钮，查看修改尺寸后的图形，如图 4.112 所示。

（5）如果对【偏移.31】和【角度.35】的新值不满意，只需单击【恢复初始值】按钮即可恢复到初始尺寸。如果希望恢复多个初始值，只需使用 Ctrl 键选择所需的约束，单击【恢复初始值】按钮即可。

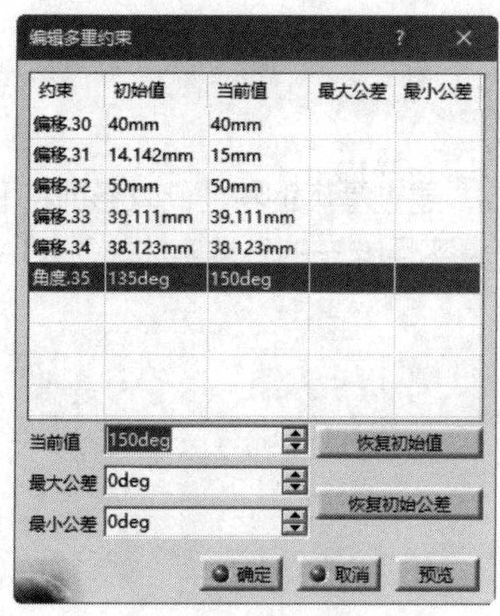

图 4.111 修改尺寸

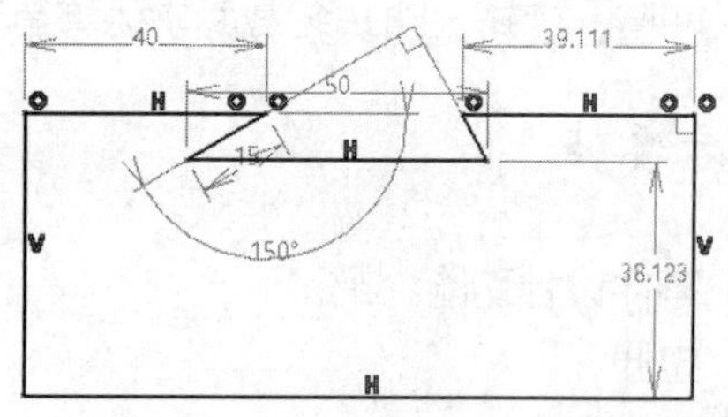

图 4.112 修改尺寸后的图形

扫一扫，看视频

练一练——绘制盘件

绘制图 4.113 所示的盘件。

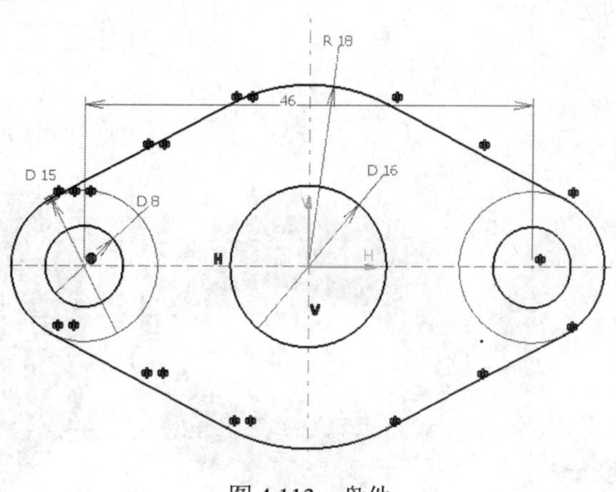

图 4.113 盘件

思路点拨：

（1）绘制三个内部的圆和四个外部的圆。

（2）利用【直线】命令绘制与圆弧相切的直线，利用【修剪】命令将外面的四个圆修剪成圆弧。

第 5 章　基于草图的特征

内容简介

CATIA 具有很强的三维实体建模功能，其以草图为基础，建立基本的特征，以修饰特征的方式创建形体。用两种模式生成的形体都具有完整的几何信息，是真实且唯一的三维实体。CATIA 提供了包括拉伸、凹槽、旋转、肋、多截面实体等草图特征。

内容要点

- 零件设计功能介绍
- 拉伸
- 凹槽
- 旋转
- 肋
- 多截面实体
- 综合实例 ——绘制法兰

案例效果

5.1　零件设计功能介绍

通过将基于特征的设计与灵活的布尔方法结合起来，CATIA 提供了高效直观的设计环境及多种不同的设计方法，如设计后的工作和本地 3D 参数化。零件设计可以和其他当前或未来的伴侣产品（如装配设计、工程制图及钣金设计）共同使用。通过与 CATIA 解决方案第 4 版的互操作，零件设计还可以访问工业中应用最广泛的模块，以支持完整的产品开发流程（从最初的概念到产品的最终运行）。

5.1.1　进入零件设计平台

进入零件设计平台有以下两种方法。

方法一：单击【标准】工具栏中的【新建】按钮，弹出图 5.1 所示的【新建】对话框，选择 Part 选项，单击【确定】按钮。

方法二：选择【开始】→【机械设计】→【零件设计】命令，如图 5.2 所示。

弹出图 5.3 所示的【新建零件】对话框，输入零件名称。默认情况下，【启用混合设计】复选框被选中，这意味着可以在几何体中插入线框和曲面元素。为便于设计，建议不要在会话中更改此选项。单击【确定】按钮，进入零件设计平台。

图 5.1　【新建】对话框

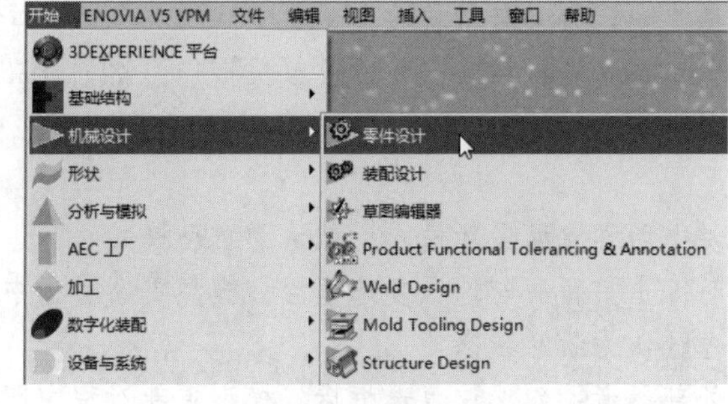

图 5.2　从【开始】菜单进入零件设计平台

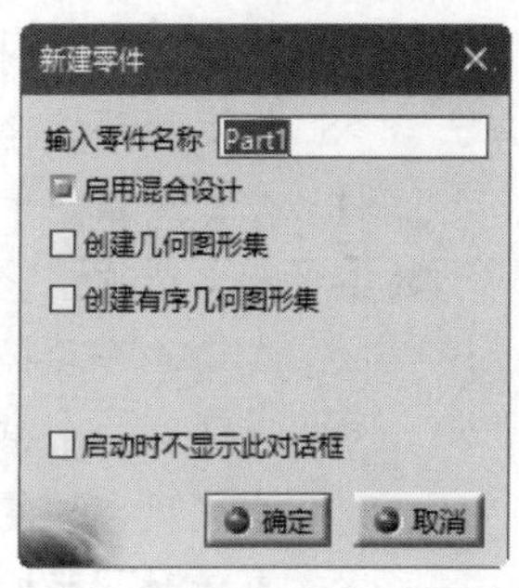

图 5.3　【新建零件】对话框

5.1.2　工作环境设置

进入零部件环境之前，选择【工具】→【选项】命令，在弹出的【选项】对话框左侧选择【基础机构】→【零件基础结构】选项，其包括【常规】【显示】和【零件文档】三个选项卡，如图 5.4 所示。

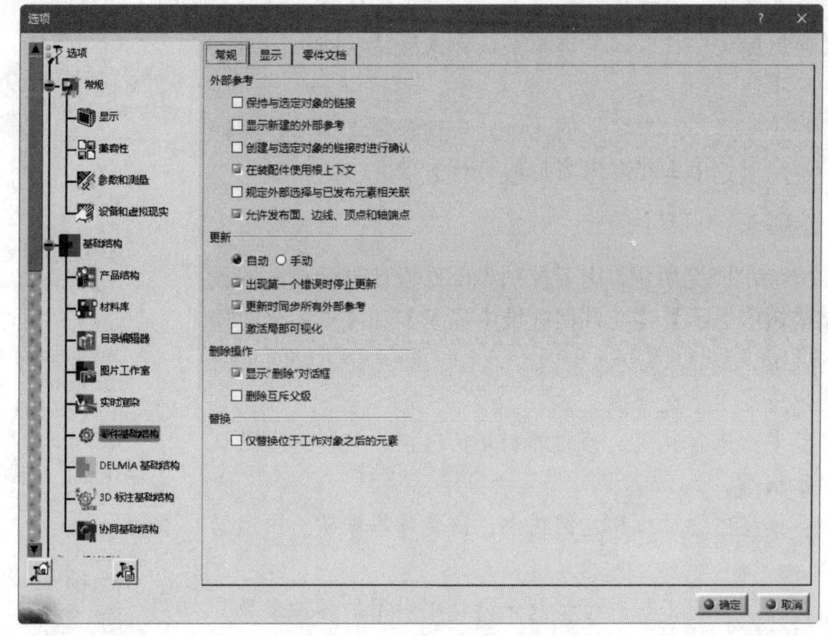

图 5.4　【选项】对话框

1.【常规】选项卡

【常规】选项卡如图 5.4 所示，用于零部件设计的一般设置，包括【外部参考】【更新】【删除操作】和【替换】四个选项组。

- 【外部参考】选项组。
  - 保持与选定对象的链接：勾选该复选框后，将保持与外部引用的源文件之间的关联关系，当源文件发生更改时，对应的外部引用也会做相应的改动。该复选框默认处于未激活状态，通常在装配实体时使用，如果要切断引用与零部件的关联，CATIA 将使用【隔离】命令来执行。
  - 显示新建的外部参考：勾选该复选框后，将创建只显示外部引用和导入单元的显示模式，默认为未激活状态。
  - 创建与选定对象的链接时进行确认：勾选该复选框后，系统将向用户提供使用对象【粘贴】操作时的时间信息，默认为未激活状态。
  - 规定外部选择与已发布元素相关联：勾选该复选框后，将创建只对选择操作有效的发布单元，默认处于未激活状态。
- 【更新】选项组。
  - 自动和手动：提供手动和自动更新模式，默认为自动模式。
  - 出现第一个错误时停止更新：勾选该复选框后，模型更新过程中一旦发现有错误就立即停止更新，该复选框默认为激活状态。
  - 更新时同步所有外部参考：勾选该复选框后，模型更新过程中所有的外部参考同时更新，该复选框默认为激活状态。
  - 激活局部可视化：勾选该复选框后，系统将显示在更新过程中被重建的零件。
- 【删除操作】选项组。
  - 显示“删除”对话框：勾选该复选框后，在删除过程中系统将启动过滤功能，该复选框系统默认为激活状态。
  - 删除互斥父级：勾选该复选框后，当特征的父特征没有其他的子特征时，则在删除子特征的同时删除父特征，该复选框默认为未激活状态。
- 【替换】选项组。
  - 仅替换位于工作对象之后的元素：勾选该复选框后，替换操作将只对位于工作对象之后的特征有效。

2.【显示】选项卡

【显示】选项卡如图 5.5 所示，用于控制零部件设计显示相关的设置，包含【在结构树中显示】【在几何区域中显示】和【重命名时检查操作】三个选项组。

- 【在结构树中显示】选项组。
  - 外部参考：来自其他文档的复制几何链接，该复选框默认为激活状态。
  - 约束：模型中的尺寸和几何约束，该复选框默认为未激活状态。
  - 参数：使用知识工程进行参数化设计中引用的各种参数，该复选框默认为未激活状态。

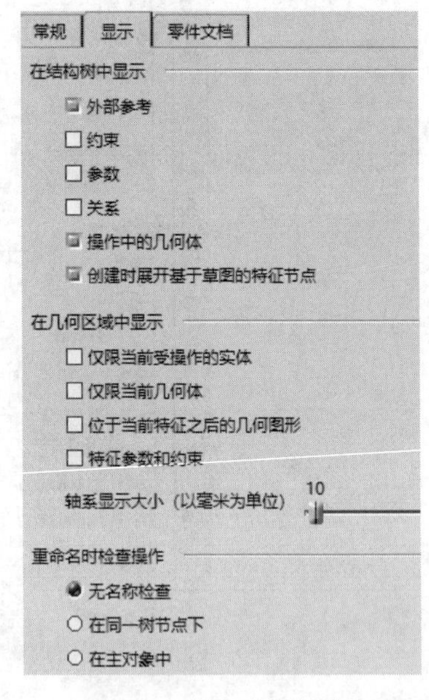

图 5.5 【显示】选项卡

- 关系：使用知识工程进行参数化设计中各参数之间建立的联系，该复选框默认为未激活状态。
- 操作中的几何体：通过布尔操作创建的几何体。
- 创建时展开基于草图的特征节点：勾选该复选框后，草图将显示在特征树中，否则只有展开特征树才能看到，该复选框默认为激活状态。

➘【在几何区域中显示】选项组。

- 仅限当前受操作的实体：勾选该复选框后，将仅显示用于由各种布尔运算创建的当前实体几何特征；在不激活状态下，将显示所有生成当前实体的所有实体及其所有几何特征。
- 仅限当前几何体：勾选该复选框后，将只显示当前零件几何体和开放几何体的几何特征。
- 位于当前特征之后的几何图形：该复选框只能用于有序几何集及通过混合设计产生的零件实体。选中该复选框后，系统将只显示当前实体的几何图形和该实体特征之后的曲线、曲面及线框几何体等特征。
- 特征参数和约束：用于控制显示附加在实体特征上的参数和约束。
- 轴系显示大小（以毫米为单位）：通过拖动滑块以控制轴系的显示大小。

➘【重命名时检查操作】选项组。

- 无名称检查：选中该单选按钮后，用户可以对特征树中任意位置的元素进行重命名操作，该单选按钮默认为激活状态。
- 在同一树节点下：在同一树节点下进行重命名检查操作，防止在同一树节点下出现相同名称的元素，该单选按钮默认为未激活状态。
- 在主对象中：在主对象节点下进行重命名检查操作，防止在同一主对象下出现相同名称的元素，该单选按钮默认为未激活状态。

3.【零件文档】选项卡

【零件文档】选项卡如图 5.6 所示，用以控制建立零部件文档和混合设计相关选项的设置，包括【创建零件时】【混合设计】【导入管理的颜色】和【图形属性管理】四个选项组。

➘【创建零件时】选项组。

- 创建轴系：勾选该复选框后，将在创建的文档中创建一个坐标轴系统。该坐标轴的原点为 XY、YZ、XZ 三个坐标平面的交点，并在图形区和特征树中显示出来。
- 创建几何图形集：勾选该复选框后，表示在创建零部件的同时创建一个新的几何图形集（曲面集合），默认为未选中状态。
- 创建有序几何图形集：勾选该复选框后，表示在创建零部件的同时创建一个有序的几何图形集（曲面集合），默认为未选中状态。
- 创建 3D 工作支持面：勾选该复选框后，

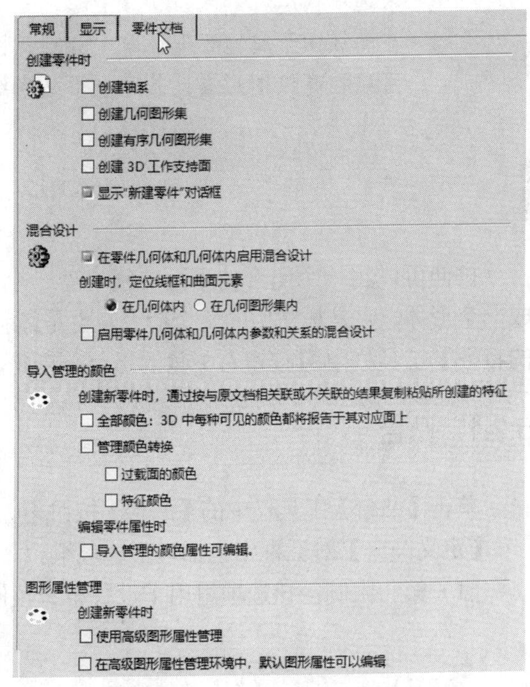

图 5.6　【零件文档】选项卡

表示在创建零部件的同时创建一个 3D 工作支持面，默认为未选中状态。

- 显示“新建零件”对话框：勾选该复选框后，在创建新零部件时弹出【新建零件】对话框，默认为选中状态。

- 【混合设计】选项组。在 CATIA 较早的版本中，【零部件实体】集合与【实体】集合只能用来放置实体元素，而不能放置曲面元素；同样，【几何图形集】与【有序几何图形集】只能用来放置曲面元素，而不能放置实体元素。而在 CATIA 新版本中，曲面元素和实体元素都可以放在同一个混合集合中。
  - 在零件几何体和几何体内启用混合设计：勾选该复选框后，系统将开启零件设计的混合设计环境，该单选按钮默认为激活状态。
  - 在几何体内：选中该单选按钮后，允许在几何体内插入线框架和面元素，该单选按钮默认为选中状态。
  - 在几何图形集内：选中该单选按钮后，允许在几何图形集合内插入线框架和面元素，该单选按钮默认为未选中状态。
  - 启用零件几何体和几何体内参数和关系的混合设计：勾选该复选框后，系统实现在零件几何体和几何体内插入参数和关系，默认为未选中状态。
- 【导入管理的颜色】选项组。
  - 全部颜色：3D 中每种可见的颜色都将报告于其对应面上。勾选该复选框后，导入特征在其面上报告参考特征图形属性。
  - 管理颜色转换：勾选该复选框后，可以访问颜色报告中的特定选项。
  - 导入管理的颜色属性可编辑：选中该复选框，可以交互编辑导入管理的颜色这一零件属性。
- 【图形属性管理】选项组。
  - 使用高级图形属性管理：勾选该复选框后，可以使用高级图形属性管理，该复选框默认为未选中状态。
  - 在高级图形属性管理环境中，默认图形属性可以编辑：勾选该复选框后，则默认图形属性可以在高级图形属性管理上下文中编辑，该复选框默认为未选中状态。

5.2 拉　　伸

拉伸可以将一个闭合的平面曲线沿着一个方向或同时沿相反的两个方向拉伸而形成一个形体，它是最常用的一个命令，也是最基本的生成形体的方法。单击【基于草图的特征】工具栏中按钮右下角的黑色小三角，打开【凸台】工具栏，如图 5.7 所示。

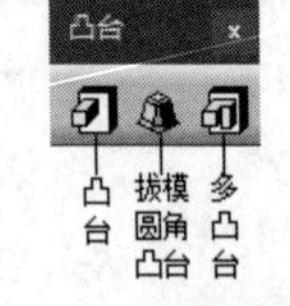

图 5.7 【凸台】工具栏

5.2.1 凸台

单击【凸台】工具栏中的【凸台】按钮，弹出图 5.8 所示的【定义凸台】对话框。【定义凸台】对话框中包括以下选项组。

（1）第一限制：该选项组用于设置第一拉伸方向的特性。

➘ 类型：包括尺寸、直到下一个、直到最后、直到平面和直到曲面五种生成拉伸方式。

- 尺寸：通过在【长度】文本框中定义拉伸长度来创建拉伸特征，也可以在绘图区中将光标放在限制 1 和限制 2 标志上，拖动出现的箭头，改变拉伸的范围，如图 5.9 所示。
- 直到下一个：轮廓被拉伸直到第一个能将其完全截断的面为止，如图 5.10 所示。截止的面可以是实体上的曲面，但该实体必须与拉伸特征同在一个集合之下且在拉伸之前创建，基准平面和曲面都无效。可以在【偏移】文本框中定义拉伸范围和截止面间的距离。若在【偏移】文本框中输入正的数值，拉伸实体将超出截止平面所定义数值的长度；负值则相反。

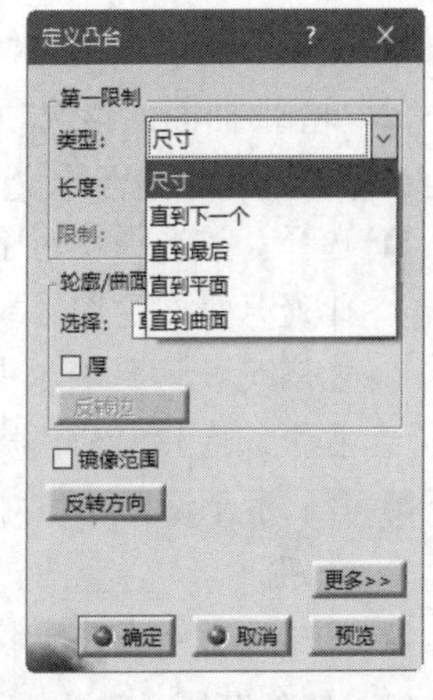

图 5.8　【定义凸台】对话框

- 直到最后：轮廓被拉伸直到第一个能将其完全截断的面为止，如图 5.11 所示。其他要求与拉伸直到下一个对象相同，可以在【偏移】文本框中定义拉伸范围和截止面间的距离。若在【偏移】文本框中输入正的数值，拉伸实体将超出截止平面所定义数值的长度；负值则相反。

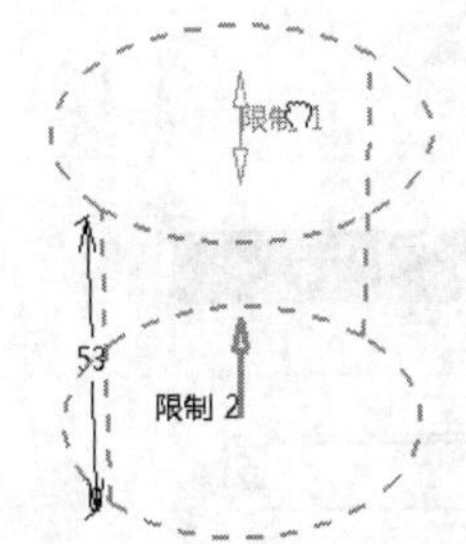

图 5.9　拉伸至某个尺寸

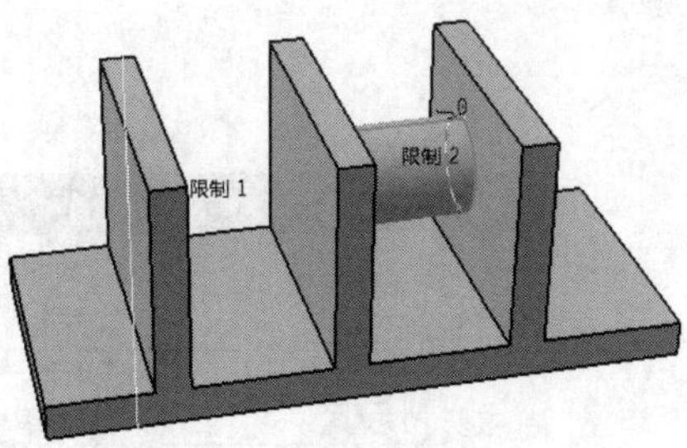

图 5.10　拉伸直到下一个

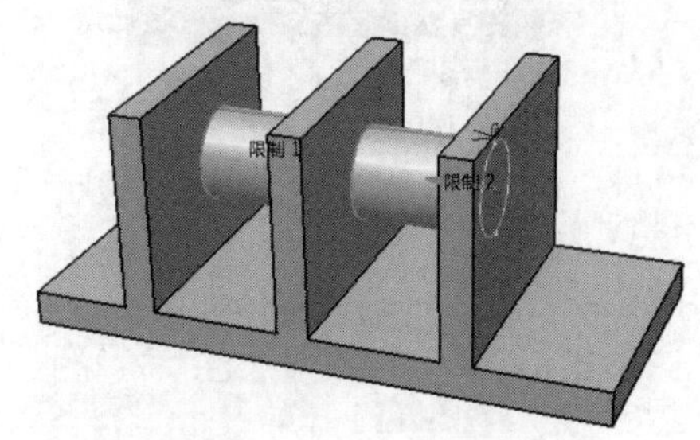

图 5.11　拉伸直到最后

- 直到平面：将轮廓拉伸至【限制】选择框中所选的平面，该平面可以是基准平面或任何平的面，【偏移】文本框中定义拉伸范围和截止面间的距离，如图 5.12 所示。若在【偏移】文本框中输入正的数值，拉伸实体将超出截止平面所定义数值的长度；负值则相反。
- 直到曲面：轮廓将拉伸至【限制】选择框中所选曲面或实体的曲面，【偏移】文本框中定义拉伸范围和截止面间的距离，如图 5.13 所示。若在【偏移】文本框中输入正的数值，拉伸实体将超出截止曲面所定义数值的长度；负值则相反。

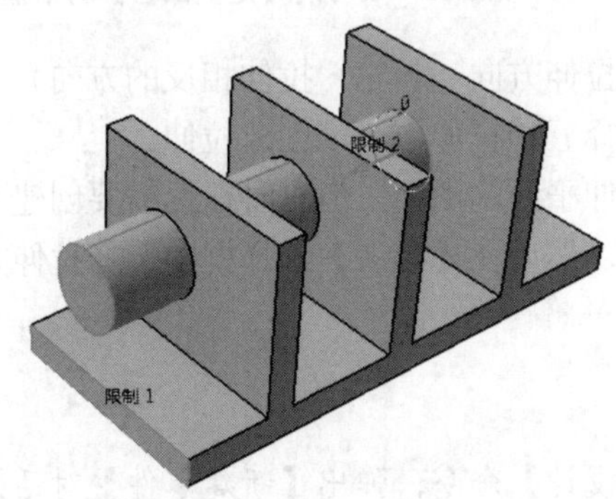

图 5.12　拉伸直到平面

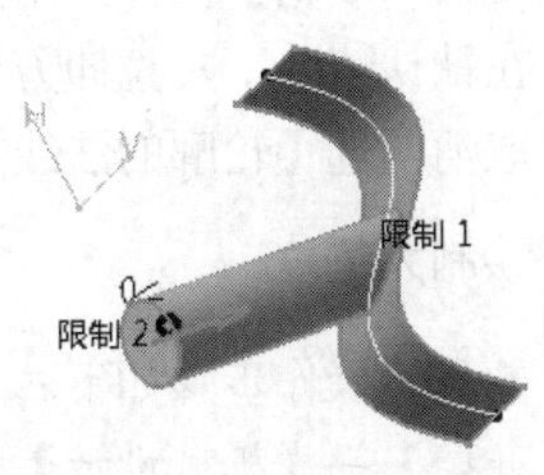

图 5.13　拉伸直到曲面

- 长度：用于设置拉伸长度，该选项仅对【类型】选择为【尺寸】有用。

（2）轮廓/曲面：该选项组用于设置拉伸操作的轮廓或曲面，而表面轮廓是拉伸操作的基本元素，以此在操作过程中给予定义。

- 选择：该选择框用于选择要拉伸的轮廓或曲面，通常拉伸轮廓已通过草图工作平台创建完毕，此处只需在绘图区或特征树中选择所需拉伸轮廓或曲面即可。但有时现有的草绘轮廓或曲面不能满足设计要求，需要进行一定程度的修改，此时可以在【轮廓/曲面】选项组中的选择框中右击，在弹出的快捷菜单中选择相应的命令来完成轮廓的修改与创建工作，如图 5.14 所示。
- 厚：用于设置拉伸对象的边缘厚度，选中该复选框后可以生成薄壁拉伸，该内容将在稍后予以介绍。
- 反转边：用于设置拉伸对象为所选二维轮廓的内部或外部。

（3）镜像范围：选中该复选框后，将从所定义的拉伸轮廓平面两侧进行对称的镜像拉伸，同时实际的拉伸长度为设定的拉伸范围乘以 2。

（4）反转方向：用于反向拉伸轮廓或曲面。

（5）第二限制：单击【定义凸台】对话框右下角的【更多】按钮，展开的【定义凸台】对话框如图 5.15 所示。

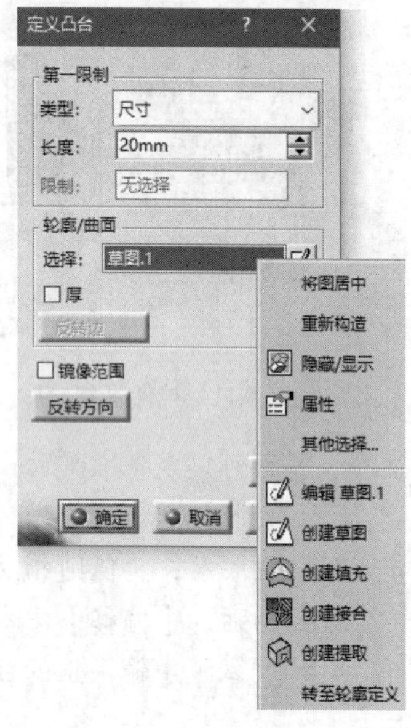

图 5.14　快捷菜单

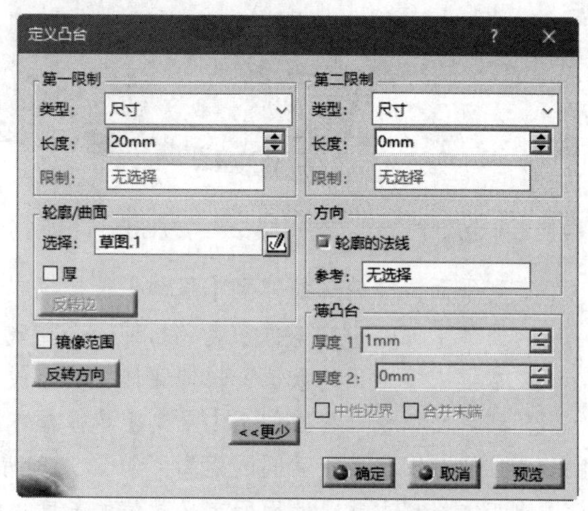

图 5.15　展开的【定义凸台】对话框

在【第二限制】选项组中，用户可以在第二拉伸方向（与第一拉伸相反的方向）上设置拉伸方式和拉伸范围。和【第一限制】一样，用户可以选择五种拉伸方式来创建拉伸。

（6）方向：在默认情况下，拉伸方向沿着拉伸平面的法向。但有时往往需要创建不垂直于草图工作平台的拉伸，取消勾选【轮廓的法线】复选框，然后在【参考】选择框中选择拉伸方向。

扫一扫，看视频

动手学——绘制大垫片

绘制大垫片的具体操作步骤如下。

（1）选择【开始】→【机械设计】→【零件设计】命令，弹出【新建零件】对话框，输入零件名称【大垫片】，单击【确定】按钮，进入零件设计平台。

（2）在特征树中选择 xy 平面，单击【草图编辑器】工具栏中的【草图】按钮，进入草图工作平台，绘制图 5.16 所示的草图。单击【工作台】工具栏中的【退出工作台】按钮，退出草图工作平台。

（3）单击【凸台】工具栏中的【凸台】按钮，弹出【定义凸台】对话框。❶在【类型】选择框中选择【尺寸】，❷在【长度】文本框中输入 0.5mm，❸在【轮廓/曲面】选项组的【选择】选择框中选择刚刚创建的【草图.1】作为凸台拉伸的轮廓，如图 5.17 所示。❹单击【确定】按钮，创建凸台 1，如图 5.18 所示。

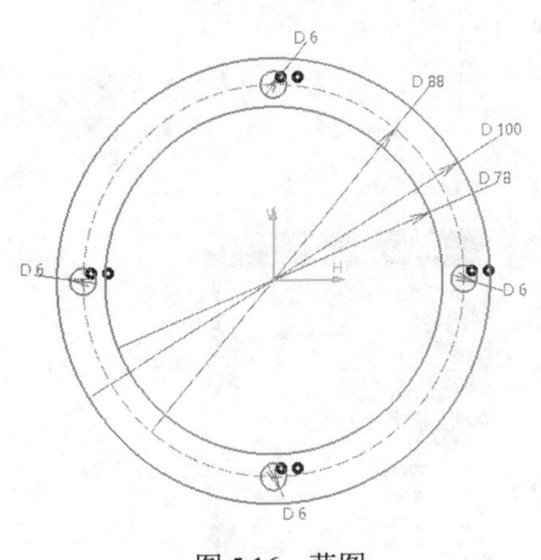

图 5.16　草图

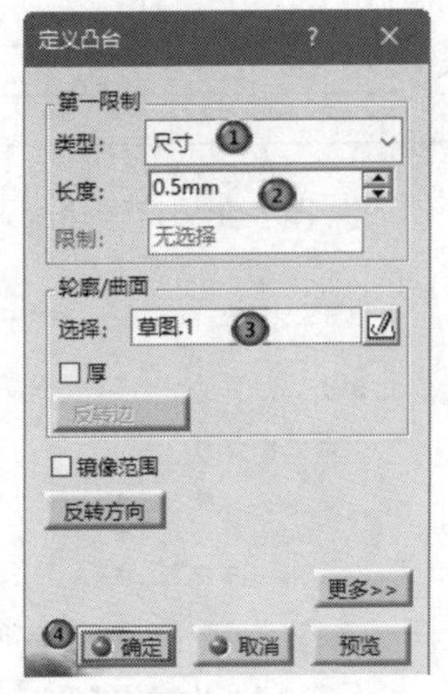

图 5.17　【定义凸台】对话框

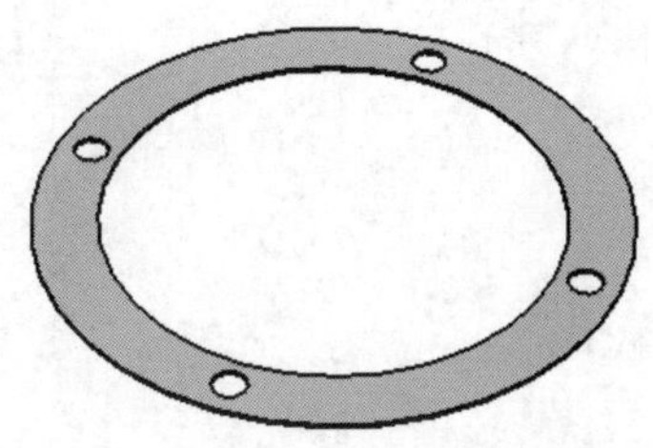
图 5.18　大垫片

（4）选择【文件】→【保存】命令，弹出【另存为】对话框，输入文件名【dadianpian】，单击【保存】按钮，保存文件。

5.2.2　多凸台

多凸台用于使用不同的长度值拉伸属于同一草图的多个轮廓。

单击【凸台】工具栏中的【多凸台】按钮，选择需要拉伸的轮廓（注意，所有轮廓必须是封闭且不相交的），弹出图 5.19 所示的【定义多凸台】对话框。

- 类型：对于多体拉伸，只有一种尺寸拉伸类型可用。
- 长度：用于设置选定【拉伸域】在第一方向的拉伸长度。
- 域：显示要拉伸域的数目、名称及其当前厚度值。

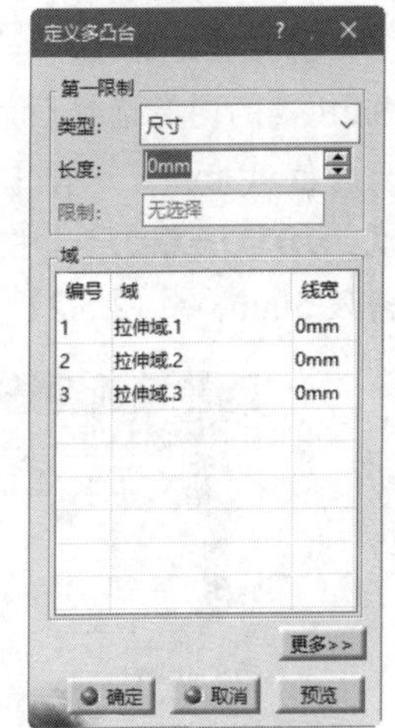

图 5.19　【定义多凸台】对话框

扫一扫，看视频

动手学——创建多凸台

创建多凸台的具体操作步骤如下。

（1）选择【开始】→【机械设计】→【零件设计】命令，弹出【新建零件】对话框，输入零件名称【多凸台】，单击【确定】按钮，进入零件设计平台。

（2）在特征树中选择 xy 平面，单击【草图编辑器】工具栏中的【草图】按钮，进入草图工作平台。在草图工作平台中绘制图 5.20 所示的草绘轮廓，单击【工作台】工具栏中的【退出工作台】按钮，退出草图工作平台。

（3）单击【凸台】工具栏中的【多凸台】按钮，选择第（2）步中绘制的拉伸轮廓【草图.1】，弹出【定义多凸台】对话框，并且以绿色突出显示轮廓。对于每个轮廓，都可以拖动关联的操作器定义拉伸值；【域】部分指示应用程序检测到的七个要执行的拉伸，如图 5.21 所示。

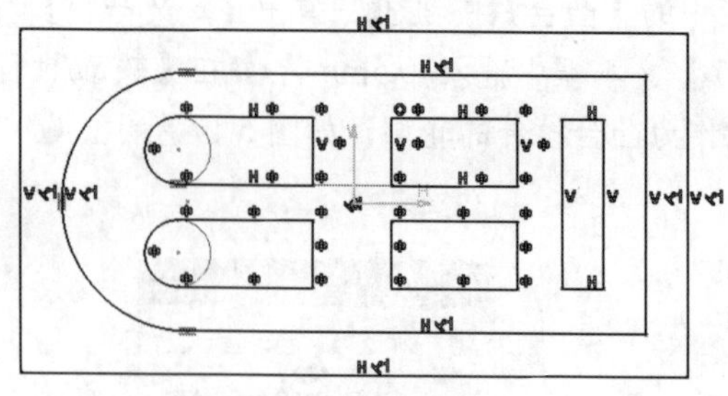

图 5.20 草绘轮廓

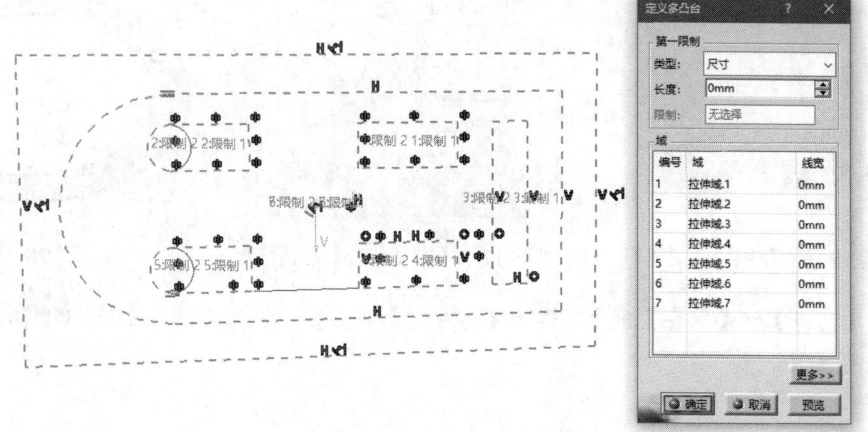

图 5.21 选择域

（4）❶从【定义多凸台】对话框中选择【拉伸域.1】，与之对应的轮廓在几何区域中以蓝色显示。按住 Shift 键的同时选择【拉伸域.5】，❷在【长度】文本框中输入公用长度值 15mm。选择【拉伸域.6】，输入长度值 10mm；选择【拉伸域.7】，输入长度值 5mm，则【草图.1】的每一个轮廓均定义了一个长度值。❸单击【更多】按钮，展开【定义多凸台】对话框，❹选择【拉伸域.7】并在【长度】文本框中输入 5mm，如图 5.22 所示，❺单击【确定】按钮，创建多凸台拉伸，如图 5.23 所示。

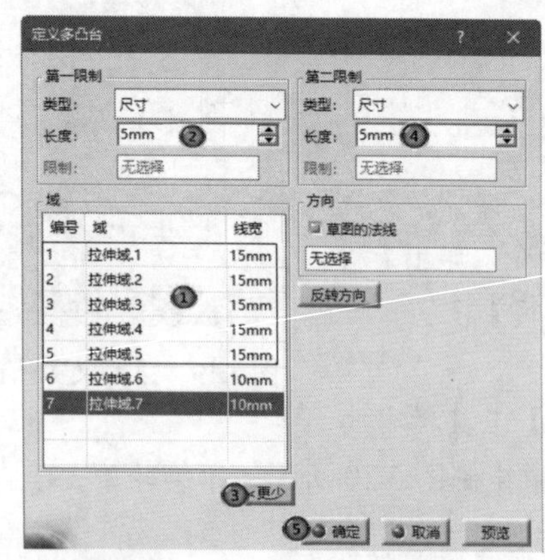

图 5.22 定义域的长度值

图 5.23 多凸台拉伸

（5）选择【文件】→【保存】命令，弹出【另存为】对话框，输入文件名称【duotutai】，单击【保存】按钮，保存文件。

5.2.3　拔模圆角凸台

创建拔模圆角凸台是指创建凸台的同时加拔模和倒角特征。

单击【凸台】工具栏中的【拔模圆角凸台】按钮，选择要拉伸的轮廓，弹出图 5.24 所示的【定义拔模圆角凸台】对话框。

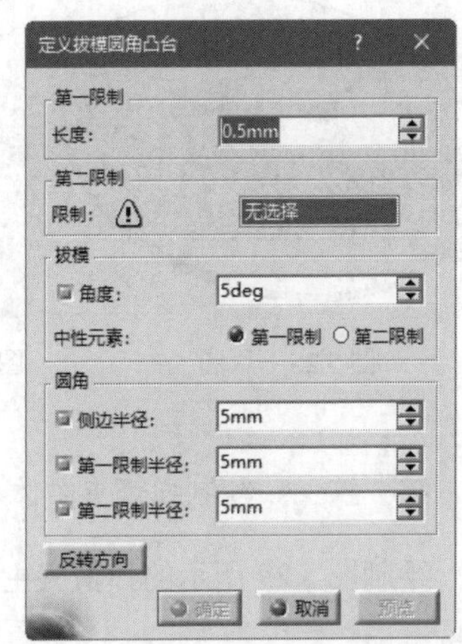

图 5.24　【定义拔模圆角凸台】对话框

- 第一限制：用于定义凸台要拉伸的长度。
- 第二限制：用于定义凸台拉伸的截止面，平面也可作为第二限制。
- 拔模：勾选【角度】复选框，表示拉伸凸台的同时加拔模特征；取消勾选该复选框，表示不进行拔模操作。【中性元素】表示拔模前后保持不变的面，选中哪一个面，该面上的元素大小将保持不变。
- 圆角：【侧边半径】用于定义垂直边线上的圆角，【第一限制半径】用于定义第一限制边线上的圆角，【第二限制半径】用于定义第二限制边线上的圆角。另外，圆角化边线也是可选的，如果不希望使用此功能，只需取消勾选这些复选框即可。
- 反转方向：单击该按钮后，凸台拉伸方向将沿垂直于草图平面相反的方向拉伸轮廓。

【拔模圆角凸台】由【凸台】【拉伸】和【拔模】三个功能组合而成，为用户提供了一个集成的设计环境。

动手学——创建果冻

扫一扫，看视频

创建果冻的具体操作步骤如下。

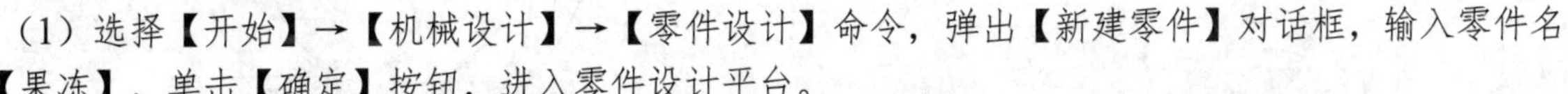

（1）选择【开始】→【机械设计】→【零件设计】命令，弹出【新建零件】对话框，输入零件名称【果冻】，单击【确定】按钮，进入零件设计平台。

（2）选择 xy 平面，单击【草图编辑器】工具栏中的【草图】按钮，进入草图工作平台，绘制半径为 50mm 的圆。单击【工作台】工具栏中的【退出工作台】按钮，退出草图工作平台。

（3）单击【凸台】工具栏中的【凸台】按钮，弹出【定义凸台】对话框，将草图沿 Z 轴正向拉伸轮廓，拉伸长度为 2mm，单击【确定】按钮，完成拉伸。

（4）选择圆柱体上表面，单击【草图编辑器】工具栏中的【草图】按钮，进入草图工作平台，绘制图 5.25 所示的草图。单击【工作台】工具栏中的【退出工作台】按钮，退出草图工作平台。

（5）单击【凸台】工具栏中的【拔模圆角凸台】按钮，选择步骤（4）中创建的草图，弹出【定义拔模圆角凸台】对话框，①在【第一限制】选项组的【长度】文本框中输入 50mm，②选择【凸台.2】的上表面作为第二限制，③在【拔模】选项组的【角度】文本框中输入 7deg，④在【圆角】文本框中的【侧边半径】【第一限制半径】和【第二限制半径】文本框中均输入 5mm，如图 5.26 所示。⑤单击【确定】按钮，创建拔模圆角凸台，如图 5.27 所示。查看特征树，注意到已经创建了以下特征，即一个凸台、一个拔模和三个倒圆角，如图 5.28 所示。

（6）选择【文件】→【保存】命令，弹出【另存为】对话框，输入文件名称【guodong】，单击【保存】按钮，保存文件。

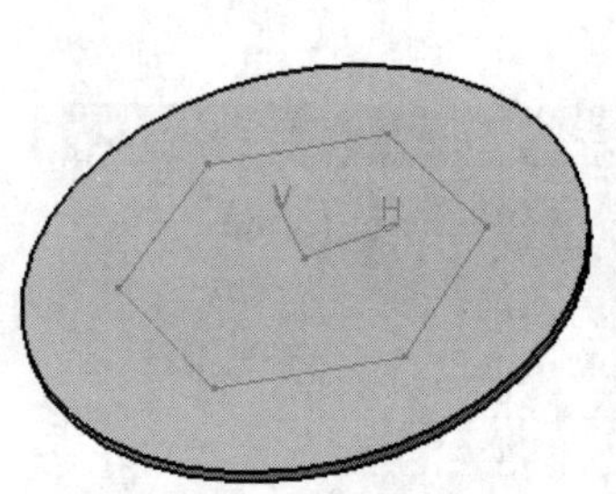

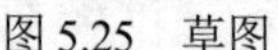

图 5.25　草图

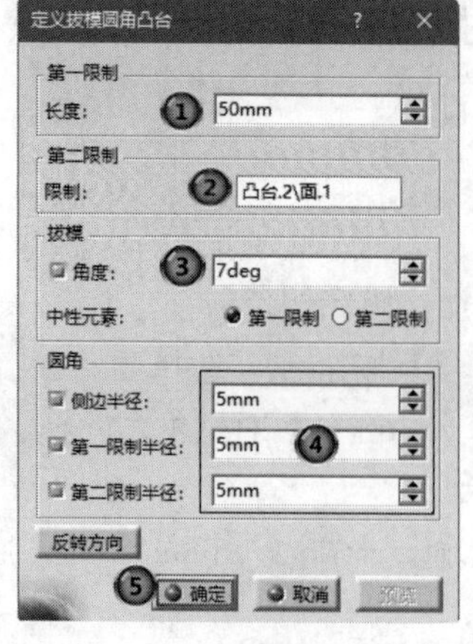

图 5.26　【定义拔模圆角凸台】对话框

图 5.27　创建拔模圆角凸台

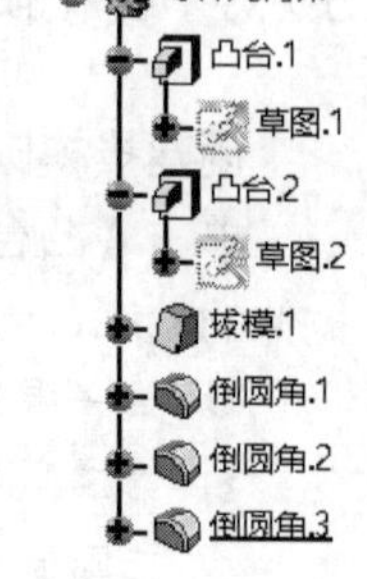

图 5.28　特征树

扫一扫，看视频

练一练——绘制弹簧夹主体

绘制图 5.29 所示的弹簧夹主体。

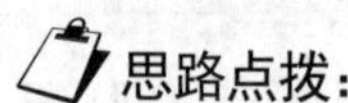

思路点拨：

绘制图 5.30 所示的草图，利用【拉伸】命令绘制弹簧夹主体。

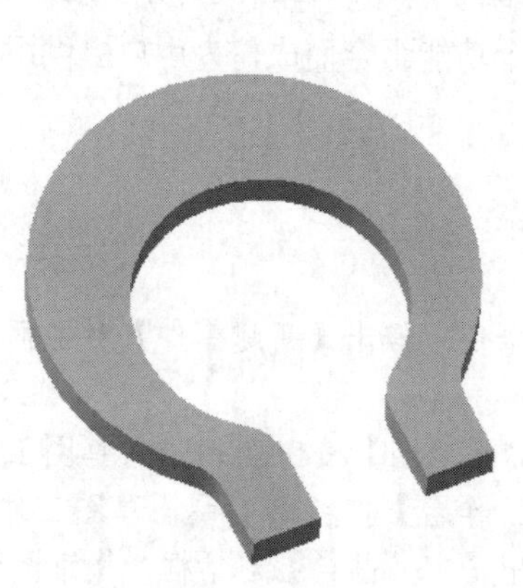

图 5.29　弹簧夹主体

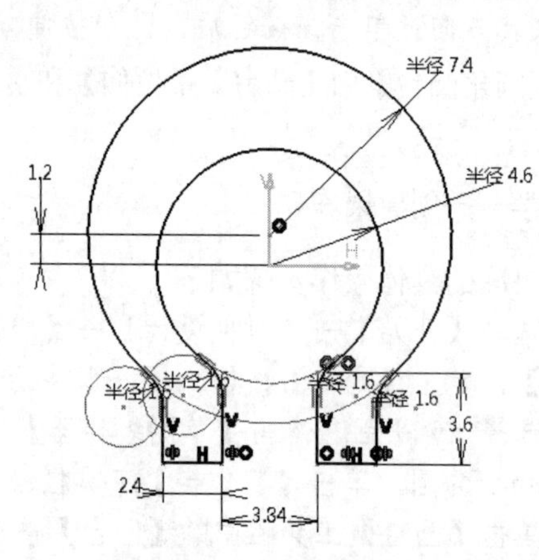

图 5.30　绘制草图

5.3 凹　槽

创建凹槽特征就是拉伸轮廓或曲面，并移除由拉伸产生的材料，从而在零件实体中形成空腔。因此，凹槽与拉伸是一个相反的过程。单击【基于草图的特征】工具栏中按钮右下角的黑色小三角，打开【凹槽】工具栏，如图 5.31 所示。该工具栏中从左到右分别是【凹槽】【拔模圆角凹槽】和【多凹槽】，下面分别对这三种创建凹槽特征功能进行介绍。

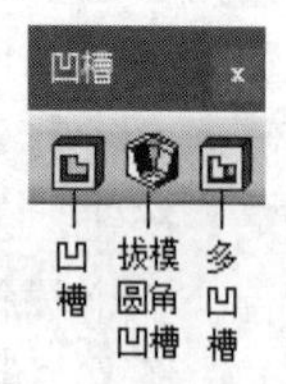

图 5.31　【凹槽】工具栏

5.3.1　创建凹槽

凹槽功能是对实体进行挖切操作。凹槽与拉伸特征相反，是从现有特征中移除材料的拉伸特征。

单击【凹槽】工具栏中的【凹槽】按钮，弹出图 5.32 所示的【定义凹槽】对话框。

该功能与拉伸特征完全相似，此处不再赘述。

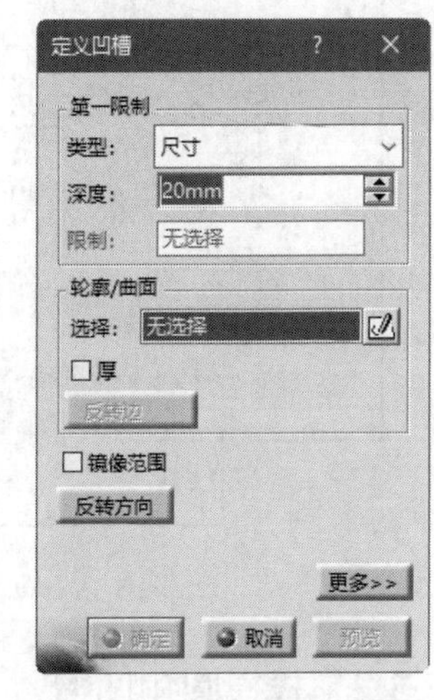

图 5.32　【定义凹槽】对话框

扫一扫，看视频

动手学——绘制垫片

绘制垫片的具体操作步骤如下。

（1）选择【开始】→【机械设计】→【零件设计】命令，弹出【新建零件】对话框，输入零件名称【垫片】，单击【确定】按钮，进入零件设计平台。

（2）在特征树中选择 xy 平面，单击【草图编辑器】工具栏中的【草图】按钮，进入草图工作平台，绘制图 5.33 所示的【草图.1】。单击【工作台】工具栏中的【退出工作台】按钮，退出草图工作平台。

（3）单击【凸台】工具栏中的【凸台】按钮，弹出【定义凸台】对话框，在【类型】选择框中选择【尺寸】，在【长度】文本框中输入 0.5mm，在【轮廓/曲面】选项组中选择刚刚创建的【草图.1】作为凸台拉伸的轮廓，如图 5.34 所示。单击【确定】按钮，创建凸台 1，如图 5.35 所示。

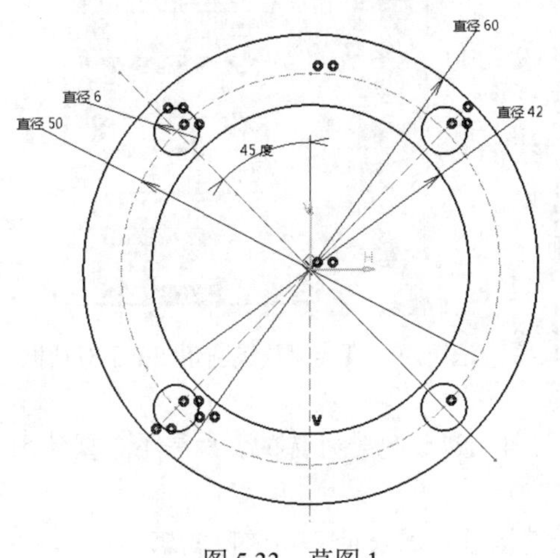

图 5.33　草图.1

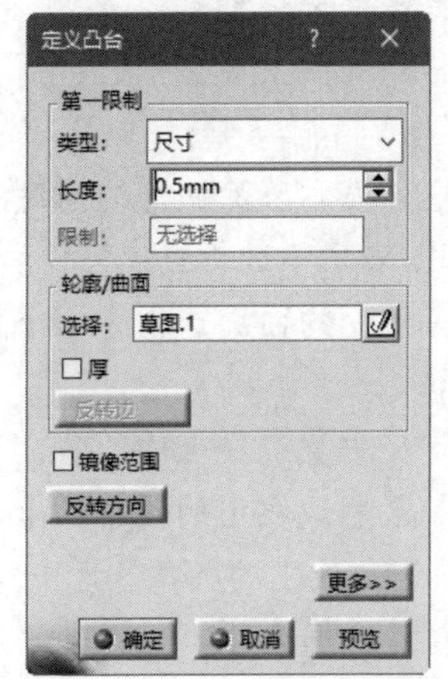

图 5.34　【定义凸台】对话框

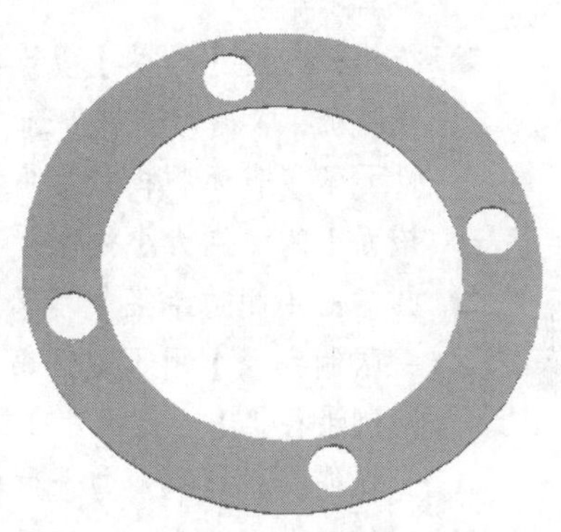

图 5.35　凸台 1

（4）在视图中选择凸台的端面作为草图绘制平面，单击【草图编辑器】工具栏中的【草图】按钮，进入草图工作平台。单击【轮廓】工具栏中的【矩形】按钮，绘制图 5.36 所示的草图。单击【工作台】工具栏中的【退出工作台】按钮，退出草图工作平台。

（5）单击【凹槽】工具栏中的【凹槽】按钮，弹出【定义凹槽】对话框，❶在【类型】选择框中选择【直到最后】选项，❷选择刚才绘制的【草图.2】作为轮廓，如图 5.37 所示。❸单击【确定】按钮，生成的模型如图 5.38 所示。

（6）选择【文件】→【保存】命令，弹出【另存为】对话框，输入文件名称【dianpian】，单击【保存】按钮，保存文件。

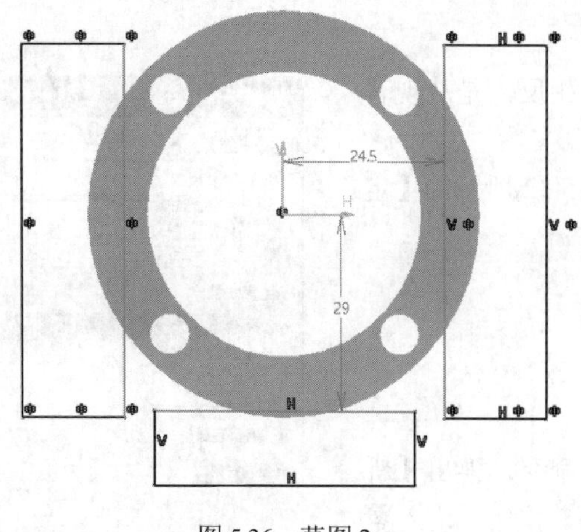

图 5.36　草图.2

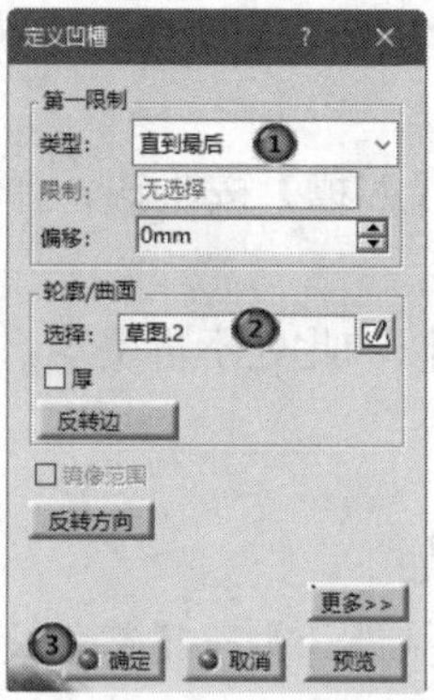

图 5.37　【定义凹槽】对话框

图 5.38　垫片

5.3.2　拔模圆角凹槽

创建拔模圆角凹槽表示创建凹槽的同时加拔模和倒角特征，此功能类似于拔模圆角拉伸特征。

单击【凹槽】工具栏中的【拔模圆角凹槽】按钮，弹出【定义拔模圆角凹槽】对话框，如图 5.39 所示。

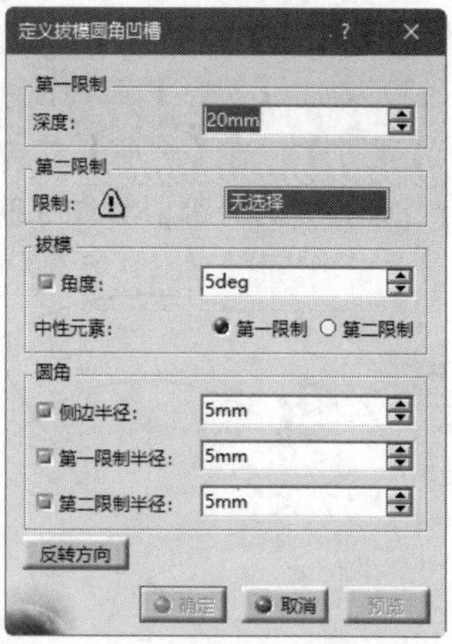

图 5.39　【定义拔模圆角凹槽】对话框

- 第一限制：用于定义凹槽要移除的深度。
- 第二限制：用于定义凹槽移除的截止面，平面也可作为第二限制。
- 拔模：勾选【角度】复选框，表示移除凹槽的同时加拔模特征；取消勾选该复选框，表示不进行拔模操作。【中性元素】表示拔模前后保持不变的面，选中哪一个面，该面上的元素大小将保持不变。
- 圆角：【侧边半径】用于定义垂直边线上的圆角，【第一限制半径】用于定义第一限制边线上的圆角，【第二限制半径】用于定义第二限制边线上的圆角。此外，圆角化边线也是可选的，如果不希望使用此功能，只需取消勾选这些复选框即可。

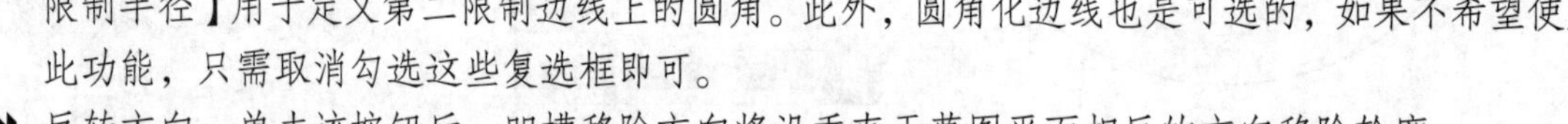

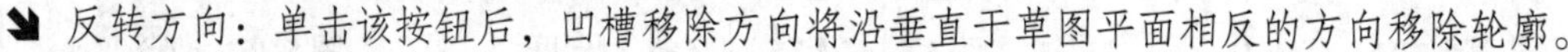

- 反转方向：单击该按钮后，凹槽移除方向将沿垂直于草图平面相反的方向移除轮廓。

扫一扫，看视频

动手学——创建凹模

创建凹模的具体操作步骤如下。

（1）选择【开始】→【机械设计】→【零件设计】命令，弹出【新建零件】对话框，输入零件名称【凹模】，单击【确定】按钮，进入零件设计平台。

（2）选择 xy 平面，单击【草图编辑器】工具栏中的【草图】按钮，进入草图工作平台。单击【圆】工具栏中的【圆】按钮，绘制直径为 100mm 的圆。单击【工作台】工具栏中的【退出工作台】按钮，退出草图工作平台。

（3）单击【凸台】工具栏中的【凸台】按钮，并沿 Z 轴正向拉伸轮廓，拉伸长度为 20mm，单击【确定】按钮，完成拉伸。

（4）选择圆柱体上表面，单击【草图编辑器】工具栏中的【草图】按钮，进入草图工作平台；单击【预定义的轮廓】工具栏中的【六边形】按钮，绘制图 5.40 所示的草绘轮廓。单击【工作台】工具栏中的【退出工作台】按钮，退出草图工作平台。

（5）单击【凹槽】工具栏中的【拔模圆角凹槽】按钮，选择步骤（4）中创建的草绘轮廓，弹出【定义拔模圆角凹槽】对话框，①在【第一限制】选项组的【深度】文本框中输入 10mm，②选择【凸台.1】的上表面作为第二限制，③输入拔模角度为 5deg，④在【侧边半径】【第一限制半径】和【第二限制半径】文本框中均输入 5mm，如图 5.41 所示。⑤单击【确定】按钮，完成拔模圆角凹槽特征的创建，如图 5.42 所示。

（6）选择【文件】→【保存】命令，弹出【另存为】对话框，输入文件名称【aomo】，单击【保存】按钮，保存文件。

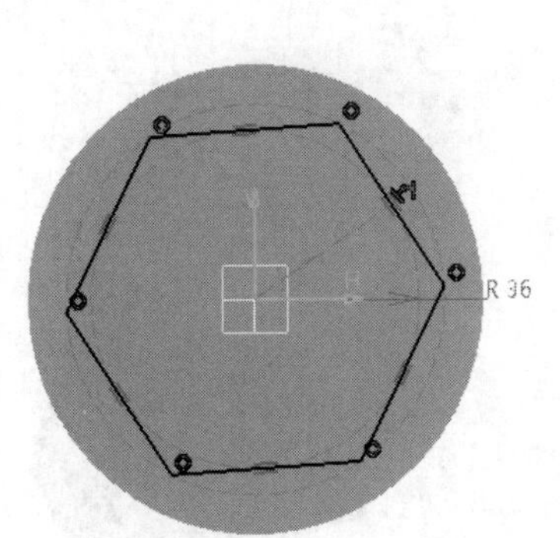

图 5.40 草绘轮廓

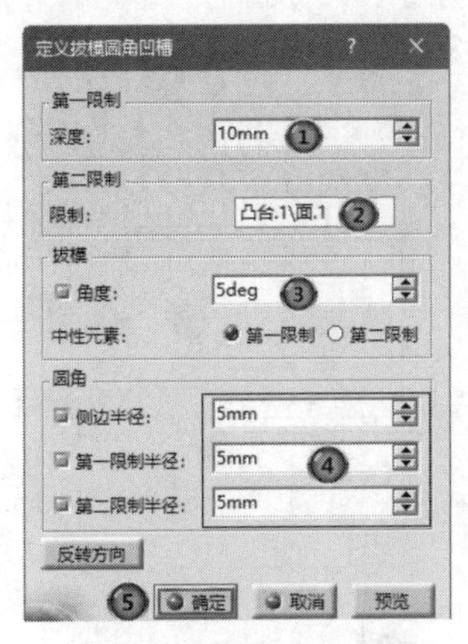

图 5.41 【定义拔模圆角凹槽】对话框

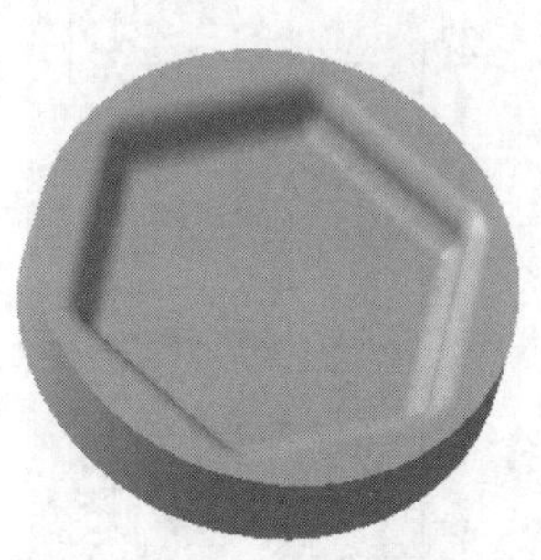
图 5.42 拔模圆角凹槽特征

5.3.3 多凹槽

创建多凹槽是指对同一草图中的不同轮廓创建不同长度的凹槽特征，类似于多凸台拉伸。

单击【凹槽】工具栏中的【多凹槽】按钮，选择需要移除的轮廓（注意：所有轮廓必须是封闭的且不相交），弹出图 5.43 所示的【定义多凹槽】对话框。

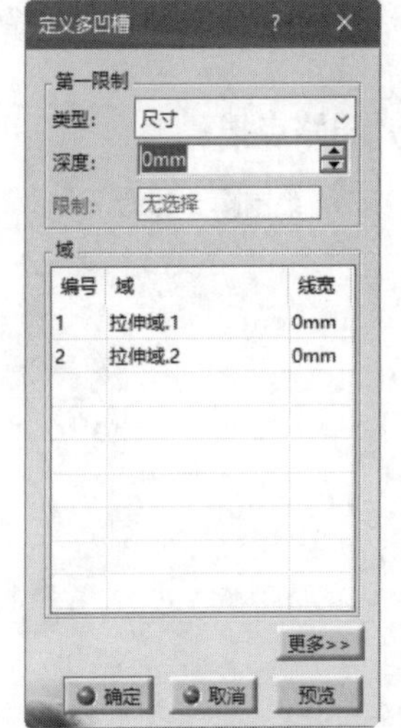

图 5.43 【定义多凹槽】对话框

动手学——创建多个凹槽

创建多个凹槽的具体操作步骤如下。

（1）选择【开始】→【机械设计】→【零件设计】命令，弹出【新建零件】对话框，输入零件名称【多个凹槽】，单击【确定】按钮，进入零件设计平台。

（2）选择 xy 平面，单击【草图编辑器】工具栏中的【草图】按钮，进入草图工作平台；单击【预定义的轮廓】工具栏中的【居中矩形】按钮，绘制一个长 200mm、宽 100mm 的长方形轮廓。单击

【工作台】工具栏中的【退出工作台】按钮，退出草图工作平台。

（3）单击【凸台】工具栏中的【凸台】按钮，并沿 Z 轴正向拉伸轮廓，拉伸长度为 50mm。

（4）单击长方体的上表面，单击【草图编辑器】工具栏中的【草图】按钮，进入草图工作平台，绘制图 5.44 所示的草绘轮廓。单击【工作台】工具栏中的【退出工作台】按钮，退出草图工作平台。

（5）单击【凹槽】工具栏中的【多凹槽】按钮，选择第（4）步中绘制的拉伸轮廓【草图.2】，弹出【定义多凹槽】对话框，并且以绿色突出显示轮廓。①按住 Ctrl 键，依次选择拉伸域.1、拉伸域.2、拉伸域.3、拉伸域.4、拉伸域.5，②在【深度】文本框中输入公用深度 20mm；③选择拉伸域.6，④输入深度 10mm，如图 5.45 所示。⑤单击【确定】按钮，创建多凹槽特征，如图 5.46 所示。

（6）选择【文件】→【保存】命令，弹出【另存为】对话框，输入文件名称【duogeaocao】，单击【保存】按钮，保存文件。

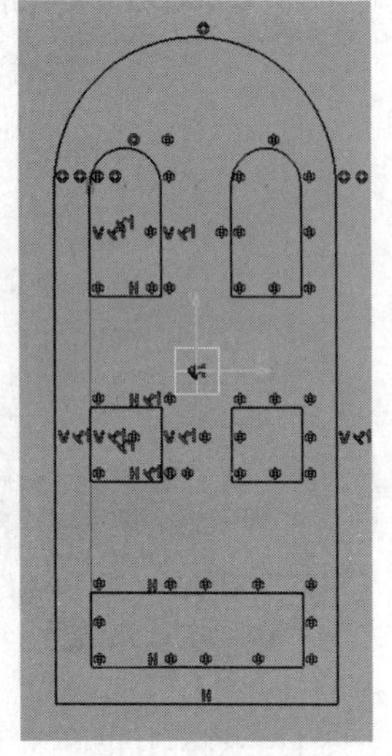

图 5.44　草绘轮廓

图 5.45　【定义多凹槽】对话框

图 5.46　多凹槽特征

扫一扫，看视频

练一练——绘制弹簧夹

绘制图 5.47 所示的弹簧夹。

思路点拨：

绘制图 5.48 所示的草图，利用【凹槽】命令创建孔。

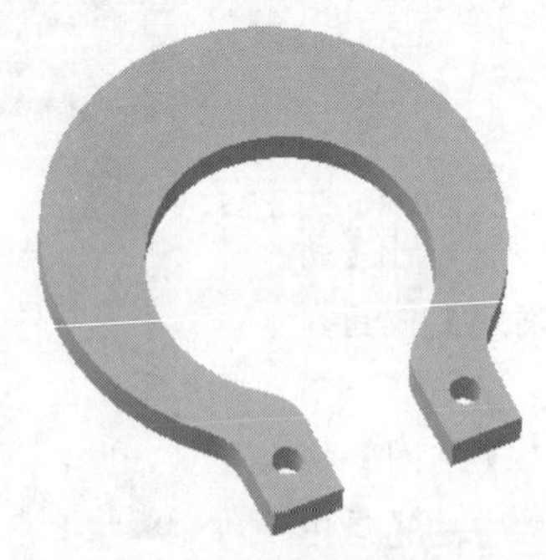

图 5.47　弹簧夹

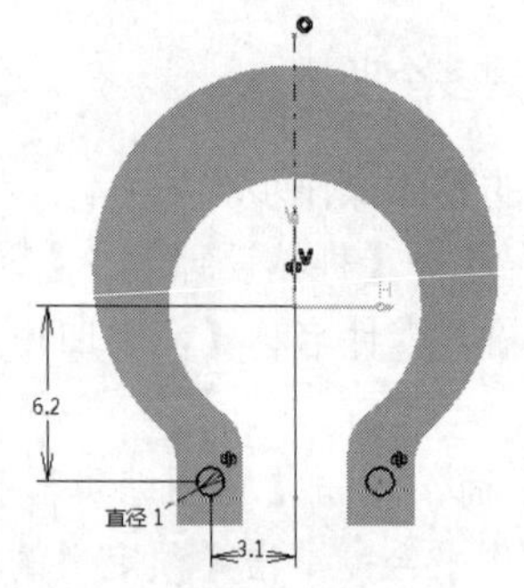

图 5.48　草图

5.4 旋　　转

旋转也是一种比较常用的实体生成方法，实际工程中的很多零件，如各种轴，都可通过旋转来生成。

5.4.1　旋转特征

旋转特征是指将草绘轮廓按指定轴旋转所形成的三维实体特征。

选择要旋转的二维轮廓，单击【基于草图的特征】工具栏中的【旋转体】按钮，弹出图 5.49 所示的【定义旋转体】对话框。

- 【第一限制】/【第二限制】选项组：用来设置旋转的起始角度、终止角度和偏移值。
  - 第一角度/第二角度：用来设置旋转的起始角度和终止角度，如图 5.50 所示。
  - 直到下一个：轮廓旋转直到第一个能将其完全截断的面为止，如图 5.51 所示。可以在【偏移】文本框中定义旋转范围和截面之间的角度。若在【偏移】文本框中输入正值，旋转实体将超出截止平面所定义数值的角度；负值则相反。

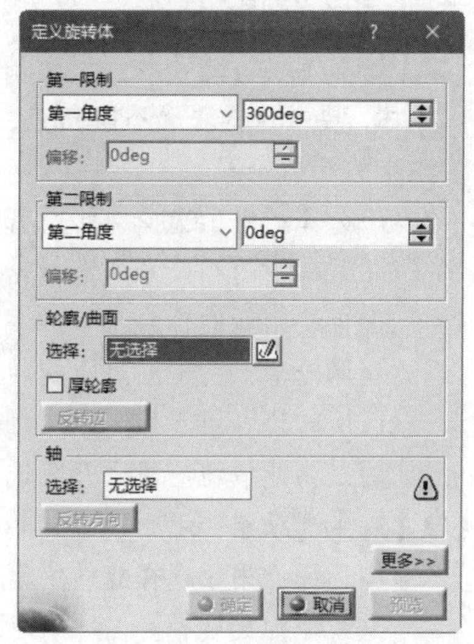

图 5.49　【定义旋转体】对话框

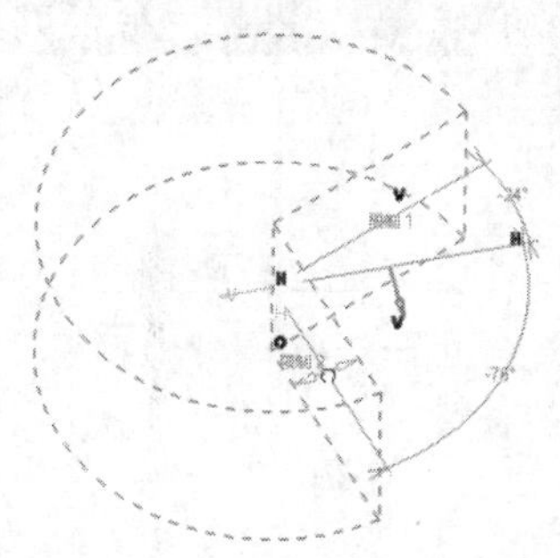

图 5.50　第一角度/第二角度

图 5.51　直到下一个

  - 直到最后：轮廓旋转直到最后一个能将其完全截断的面为止，如图 5.52 所示。可以在【偏移】文本框中定义旋转范围和截面之间的角度。若在【偏移】文本框中输入正值，旋转实体将超出截止平面所定义数值的角度；负值则相反。
  - 直到平面：将轮廓旋转直到选中的平面上，如图 5.53 所示。可以在【偏移】文本框中定义旋转范围和截面之间的角度。若在【偏移】文本框中输入正值，旋转实体将超出截止平面所定义数值的角度；负值则相反。
  - 直到曲面：轮廓旋转直到所选的曲面为止，如图 5.54 所示。可以在【偏移】文本框中定义旋转范围和截面之间的角度。若在【偏移】文本框中输入正值，旋转实体将超出截止平面所定义数值的角度；负值则相反。

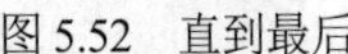
图5.52　直到最后

图5.53　直到平面

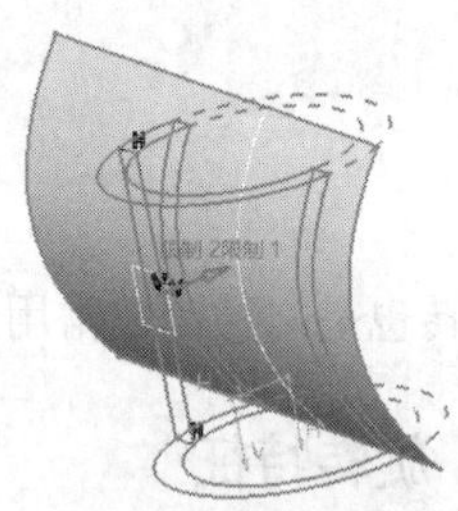
图5.54　直到曲面

- 【轮廓/曲面】选项组：用于设置旋转的轮廓特性，对于由包括多个封闭轮廓的草图创建的旋转体，要求这些轮廓不能相交，且必须位于轴的同一侧。如果创建薄实体，可以使用几何图形集中的开放轮廓。
  - 选择：用于选择旋转所需的轮廓，该轮廓可以是草图、线、曲面；也可以右击，通过快捷菜单中的相应命令进行轮廓线的定义；还可以单击选择框右侧的图标，进入草图工作平台绘制新的轮廓。
  - 厚轮廓：用于创建薄旋转体特征，在创建旋转体的轮廓的两侧添加厚度。
  - 反转边：用于控制是在轴和轮廓之间创建材料，还是在轮廓和现有材料之间创建材料。可以将此按钮应用于开放或封闭轮廓。
- 【轴】选项组：用于设置旋转轴的属性。
  - 选择：用于选择旋转所需的轴线。如果选定的草图包含轴线，则系统自动选择草图中的轴线作为旋转轴。
  - 反转方向：用于控制旋转的起始方向。
- 单击【定义旋转体】对话框中的【更多】按钮，展开的【定义旋转体】对话框如图5.55所示。如果勾选【厚轮廓】复选框，则【薄旋转体】选项组可用，厚度1、厚度2用于设置轮廓两侧添加材料的厚度。
  - 【中性边界】复选框：用于将材料平均添加到轮廓的两侧。将【厚度1】定义的厚度均匀分布在轮廓的每一侧。
  - 【合并末端】复选框：用于将轮廓端点连接到相邻几何图形（轴或现有材料）上。

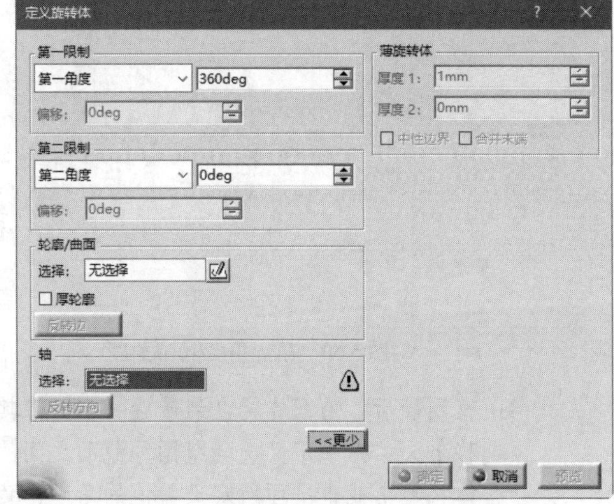

图5.55　展开的【定义旋转体】对话框

扫一扫，看视频

动手学——创建轴承内圈

创建轴承内圈的具体操作步骤如下。

（1）选择【开始】→【机械设计】→【零件设计】命令，弹出【新建零件】对话框，输入零件名称【轴承内圈】，单击【确定】按钮，进入零件设计平台。

（2）单击【草图编辑器】工具栏中的【草图】按钮，在特征树中选择 xy 平面为草图绘制平面，进入草图工作平台。单击【轮廓】工具栏中的【轴】按钮，绘制一条竖直中心线作为旋转轴线，然后绘制图 5.56 所示的草图。单击【工作台】工具栏中的【退出工作台】按钮，退出草图工作平台。

（3）单击【基于草图的特征】工具栏中的【旋转体】按钮，弹出图 5.57 所示的【定义旋转体】对话框。❶选择第（2）步绘制的草图为轮廓，❷选择竖直轴线为旋转轴，在【第一角度】和【第二角度】文本框中分别输入 360deg 和 0deg。❸单击【确定】按钮，创建图 5.58 所示的轴承内圈。

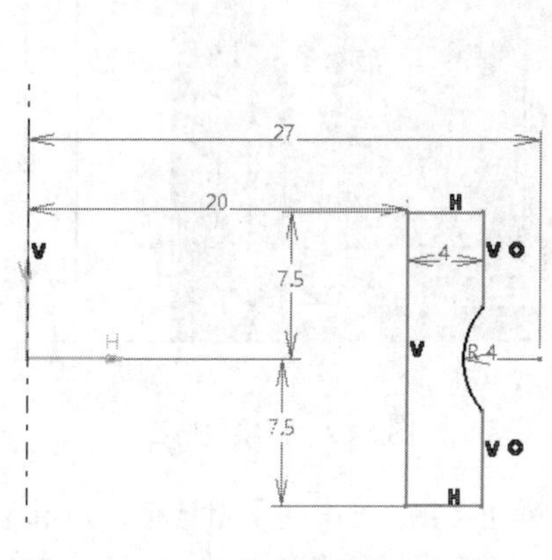

图 5.56　草图

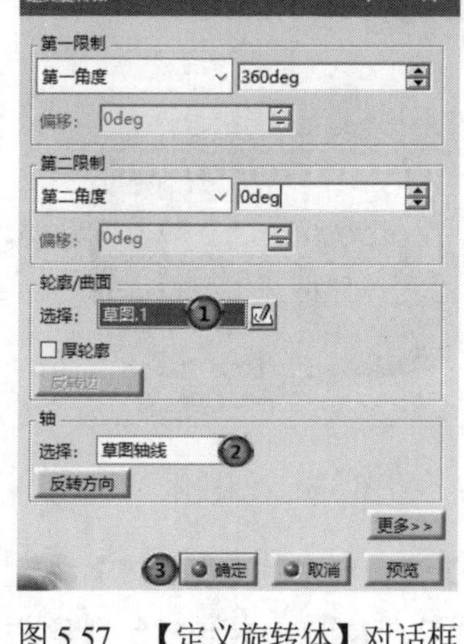

图 5.57　【定义旋转体】对话框

图 5.58　轴承内圈

（4）选择【文件】→【保存】命令，弹出【另存为】对话框，输入文件名称【zhouchengneiquan】，单击【保存】按钮，保存文件。

5.4.2　旋转槽

创建旋转槽与旋转特征相反，是从现有特征中移除材料的旋转特征。

单击【基于草图的特征】工具栏中的【旋转槽】按钮，弹出图 5.59 所示的【定义旋转槽】对话框。

该功能与旋转特征完全相似，因此这里不再详细介绍。

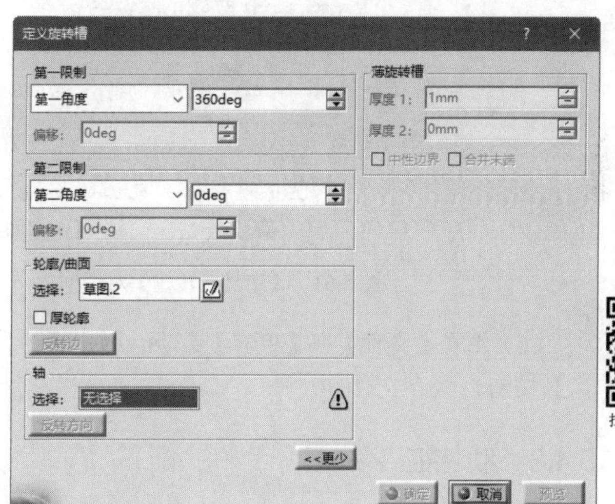

图 5.59　【定义旋转槽】对话框

扫一扫，看视频

动手学——创建滚轮

创建滚轮的具体操作步骤如下。

（1）选择【开始】→【机械设计】→【零件设计】命令，弹出【新建零件】对话框，输入零件名称【滚轮】，单击【确定】按钮，进入零件设计平台。

（2）进入草图工作平台，单击【轮廓】工具栏中的【轮廓】按钮，绘制图 5.60 所示的草绘轮廓。单击【工作台】工具栏中的【退出工作台】按钮，退出草图工作平台。

（3）单击【基于草图的特征】工具栏中的【旋转体】按钮，弹出【定义旋转体】对话框。在【第一角度】和【第二角度】文本框中分别输入 360deg 和 0deg，单击【确定】按钮，创建图 5.61 所示的圆柱体。

（4）在特征树中选择 xy 平面，单击【草图编辑器】工具栏中的【草图】按钮。再次进入草图工作平台，绘制图 5.62 所示的草绘轮廓。单击【工作台】工具栏中的【退出工作台】按钮，退出草图工作平台。

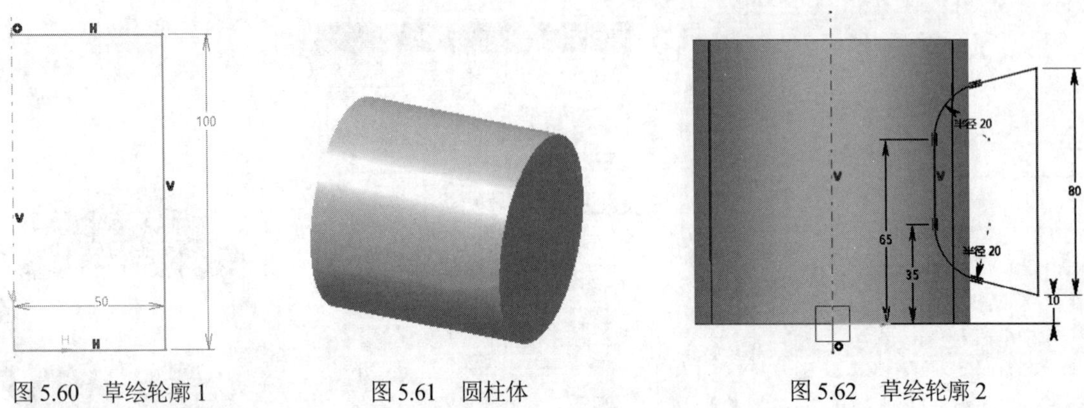

图 5.60　草绘轮廓 1　　图 5.61　圆柱体　　图 5.62　草绘轮廓 2

（5）单击【基于草图的特征】工具栏中的【旋转槽】按钮，弹出【定义旋转槽】对话框，如图 5.63 所示。①在【第一角度】和【第二角度】文本框中分别输入 0deg 和 360deg，②选择（4）中创建的旋转槽草绘轮廓，③单击【确定】按钮，完成旋转槽的创建，如图 5.64 所示。

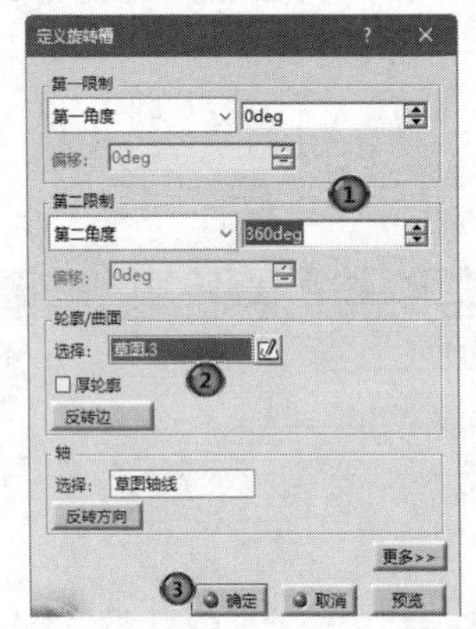

图 5.63　【定义旋转槽】对话框

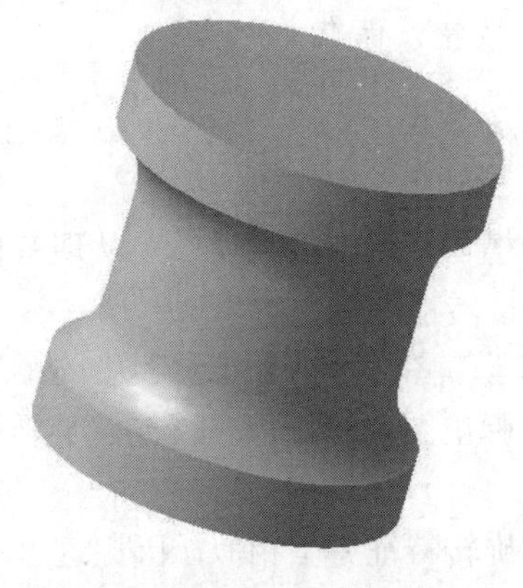

图 5.64　旋转槽

（6）选择【文件】→【保存】命令，弹出【另存为】对话框，输入文件名称【gunlun】，单击【保存】按钮，保存文件。

5.4.3　肋特征

单击【基于草图的特征】工具栏中的【肋】按钮，弹出【定义肋】对话框，如图 5.65 所示。

- 轮廓：用于定义创建肋特征的轮廓截面。单击【轮廓】选择框后面的图标，进入草图工作平台，对轮廓进行编辑。注意，所创建的轮廓可以由几个轮廓组成，但轮廓必须封闭且各轮廓不能相交。

- 中心曲线：用于定义扫描轮廓的中心曲线。同样可以单击【中心曲线】选择框后面的图标，进入草图工作平台，对轮廓进行编辑。注意，中心曲线可以是二维曲线，也可以是三维曲线；中心曲线靠近轮廓一段的端点切线方向不能与轮廓截面相平行。关于中心曲线必须注意以下三个规则。
  - 三维中心曲线必须相切连续，如果是二维中心曲线则没有此要求，可以是多折线。
  - 如果中心曲线是平面的，则可以相切不连续。
  - 中心曲线不能由多个几何元素组成。
- 控制轮廓：用于轮廓沿中心曲线扫掠时的方向控制，提供了【保持角度】【拔模方向】和【参考曲面】三种控制方式。
  - 保持角度：在轮廓沿中心曲线扫掠过程中，轮廓平面的法线方向和中心曲线切线方向始终保持不变。
  - 拔模方向：在轮廓沿中心曲线扫掠过程中，轮廓平面的法线方向始终指向拉出方向。选择该选项后，将在其下的【选择】选择框中选择平面或直线作为拔模方向。例如，如果中心曲线为空间螺旋线，则需要使用此选项。在这种情况下，将选择空间螺旋线轴线作为拔模方向。
  - 参考曲面：在轮廓沿中心曲线扫掠过程中，轮廓平面的法线方向始终与参考曲面的法线方向保持恒定的角度值。

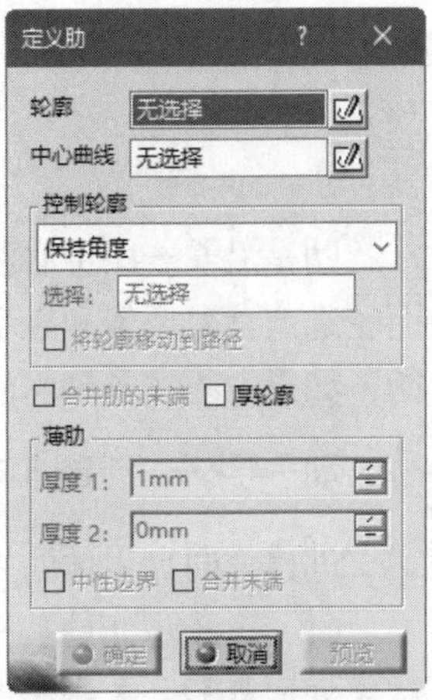

图 5.65　【定义肋】对话框

- 将轮廓移动到路径：当中心曲线与轮廓曲线不相交时，勾选该复选框后，程序自动将轮廓移至与中心曲线最近的交点处。
- 合并肋的末端：勾选该复选框后，表示将扫描体的端面与其他已有实体面融合。
- 厚轮廓：勾选该复选框后，表示在现有轮廓的两侧添加材料以创建薄片特征，此时可以在【薄肋】选项组的【厚度 1】和【厚度 2】文本框中定义轮廓线两侧填充材料的厚度。

练一练——绘制皮带轮

绘制图 5.66 所示的皮带轮。

扫一扫，看视频

图 5.66　皮带轮

思路点拨：

（1）绘制图 5.67 所示的草图，利用【旋转】命令绘制皮带轮主体。

（2）绘制图 5.68 所示的草图，利用【凹槽】命令绘制轴孔。

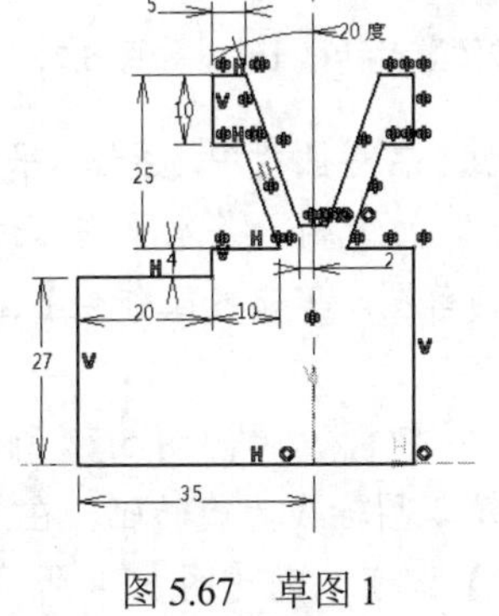

图 5.67　草图 1

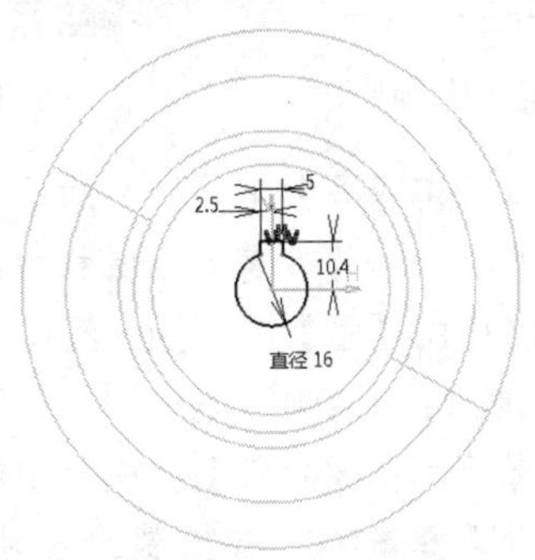

图 5.68　草图 2

5.5 肋

肋是沿着一条中心线扫掠一个平面生成的实体，确定肋首先要定义一条中心线，然后选择一个平面轮廓或参考要素和拖动方向。在用中心线时，需要遵循如下规定：三维中心线在相接时必须是连续的；如果中心线是平面的，相切时可以是不连续的；中心线不能由几个几何元素组成。

动手学——创建方向盘主体

创建方向盘主体的具体操作步骤如下。

（1）选择【开始】→【机械设计】→【零件设计】命令，弹出【新建零件】对话框，输入零件名称【方向盘】，单击【确定】按钮，进入零件设计平台。

（2）单击【草图编辑器】工具栏中的【草图】按钮，在特征树中选择xy平面为草图绘制平面，进入草图工作平台。单击【轮廓】工具栏中的【轴】按钮，绘制一条水平中心线作为旋转轴线。单击【轮廓】工具栏中的【直线】按钮，绘制图5.69所示的草图。单击【工作台】工具栏中的【退出工作台】按钮，退出草图工作平台。

（3）单击【基于草图的特征】工具栏中的【旋转体】按钮，弹出图5.70所示的【定义旋转体】对话框。系统自动选择第（2）步绘制的草图为轮廓，选择草图轴线为旋转轴，在【第一角度】和【第二角度】文本框中分别输入360deg和0deg。单击【确定】按钮，创建图5.71所示的方向盘的中间部分。

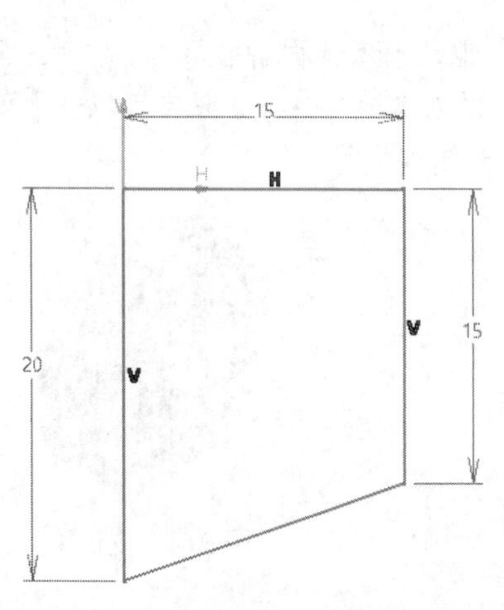

图5.69 草图1

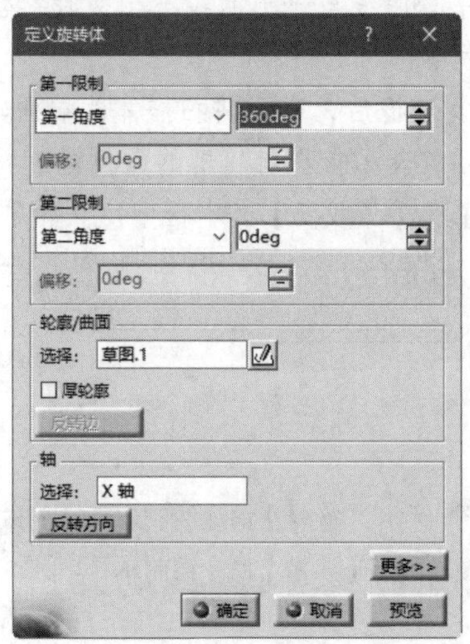

图5.70 【定义旋转体】对话框1

图5.71 方向盘的中间部分

（4）单击【草图编辑器】工具栏中的【草图】按钮，在特征树中选择xy平面为草图绘制平面，进入草图工作平台。单击【轮廓】工具栏中的【轴】按钮，绘制一条水平中心线作为旋转轴线。单击【轮廓】工具栏中的【圆】按钮，绘制图5.72所示的草图。单击【工作台】工具栏中的【退出工作台】按钮，退出草图工作平台。

（5）单击【基于草图的特征】工具栏中的【旋转体】按钮，弹出图5.73所示的【定义旋转体】对话框。系统自动选择第（4）步绘制的草图为轮廓，选择草图轴线为旋转轴，在【第一角度】和【第二角度】文本框中分别输入360deg和0deg。单击【确定】按钮，创建图5.74所示的方向盘的外圈。

（6）单击【草图编辑器】工具栏中的【草图】按钮，在特征树中选择 xy 平面为草图绘制平面，进入草图工作平台。单击【轮廓】工具栏中的【样条线】按钮，绘制图 5.75 所示的草图。单击【工作台】工具栏中的【退出工作台】按钮，退出草图工作平台。

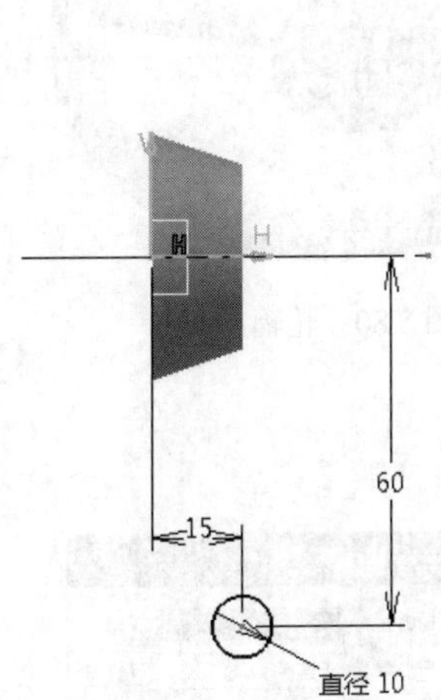

图 5.72　草图 2

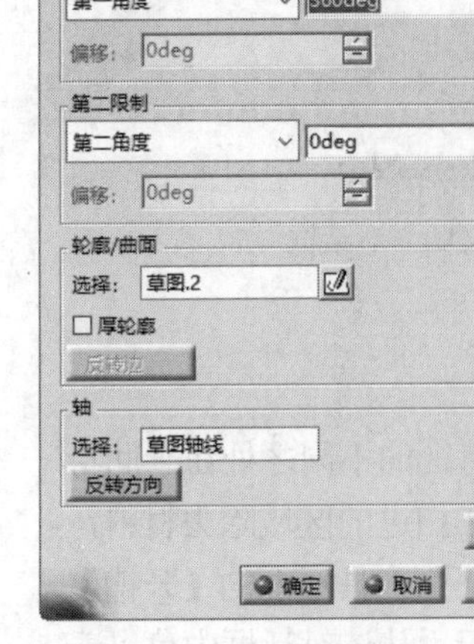

图 5.73　【定义旋转体】对话框 2

图 5.74　方向盘的外圈

（7）单击【参考元素】工具栏中的【平面】按钮，弹出图 5.76 所示的【平面定义】对话框。在【平面类型】下拉列表中选择【平行通过点】，单击【参考】选择框后在模型树中选择【zx 平面】，选取第（6）步绘制的草图下端顶点为参考点。单击【确定】按钮，创建的基准平面如图 5.77 所示。

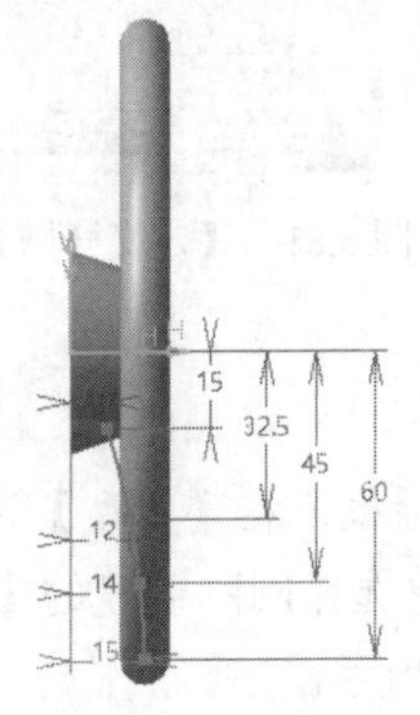

图 5.75　路径草图

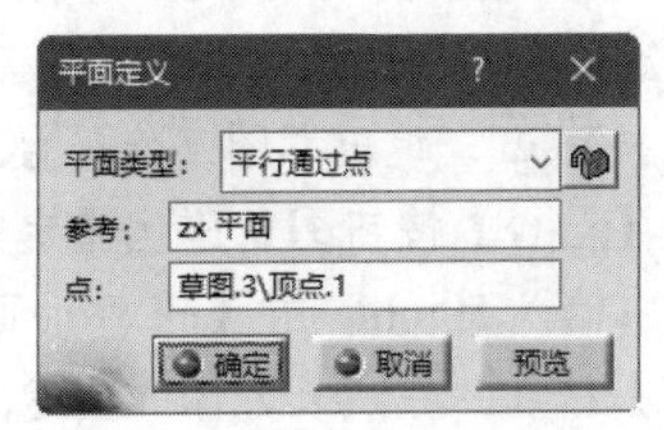

图 5.76　【平面定义】对话框

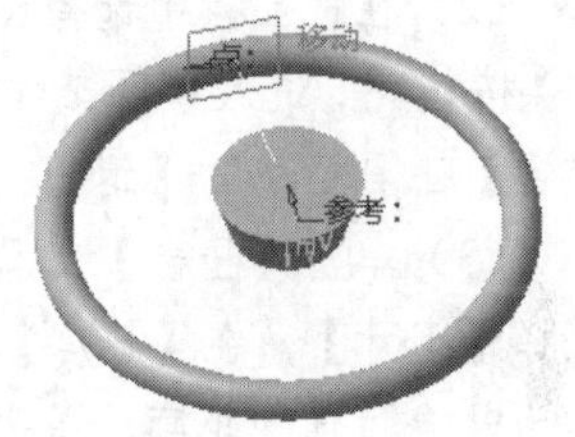

图 5.77　基准平面

（8）单击【草图编辑器】工具栏中的【草图】按钮，在特征树中选择第（7）步创建的平面 1 为草图绘制平面，进入草图工作平台。单击【轮廓】工具栏中的【圆】按钮，绘制图 5.78 所示的草图。单击【工作台】工具栏中的【退出工作台】按钮，退出草图工作平台。

（9）单击【基于草图的特征】工具栏中的【肋】按钮，弹出图 5.79 所示的【定义肋】对话框。❶选择第（8）步创建的【草图.4】作为扫掠轮廓，❷选择第（6）步创建的【草图.3】作为扫掠的中心曲线，❸在【控制轮廓】选项组中选择【保持角度】。❹单击【确定】按钮，完成轮辐的创建，如图 5.80 所示。

（10）选择【文件】→【保存】命令，弹出【另存为】对话框，输入文件名称【fangxiangpan】，单击【保存】按钮，保存文件。

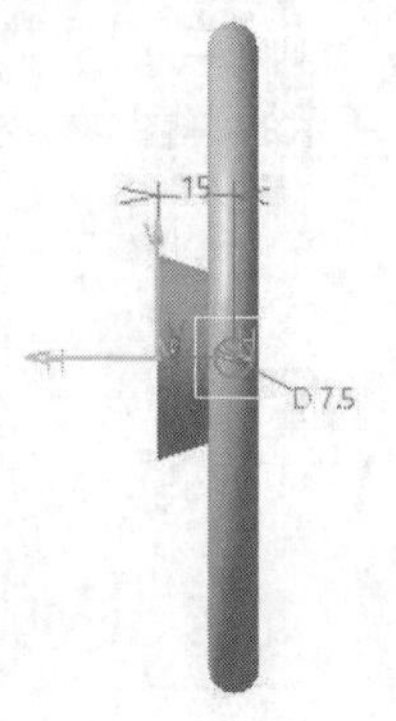

图 5.78　轮廓草图

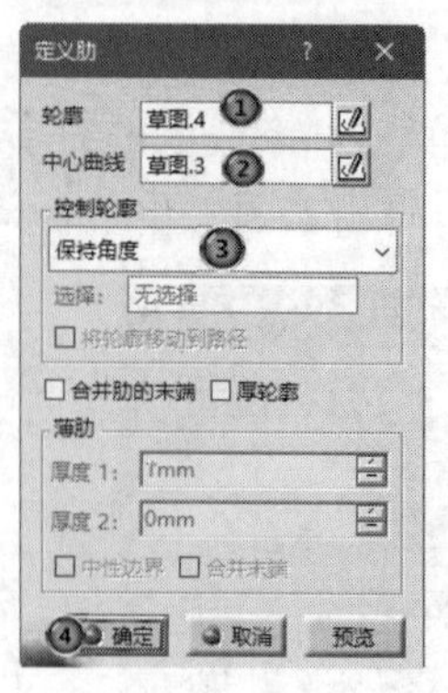

图 5.79　【定义肋】对话框

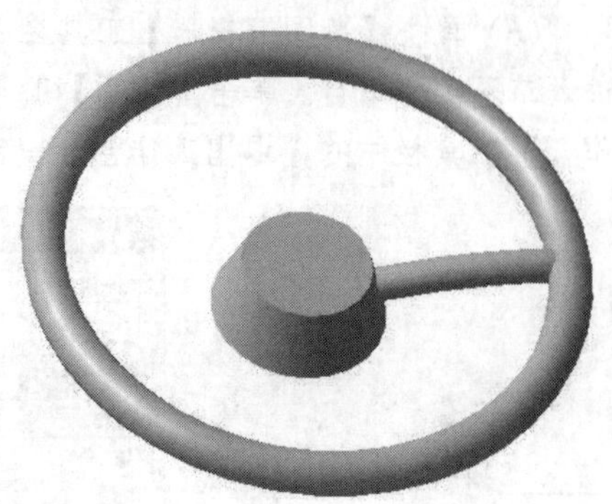

图 5.80　轮辐

开槽特征

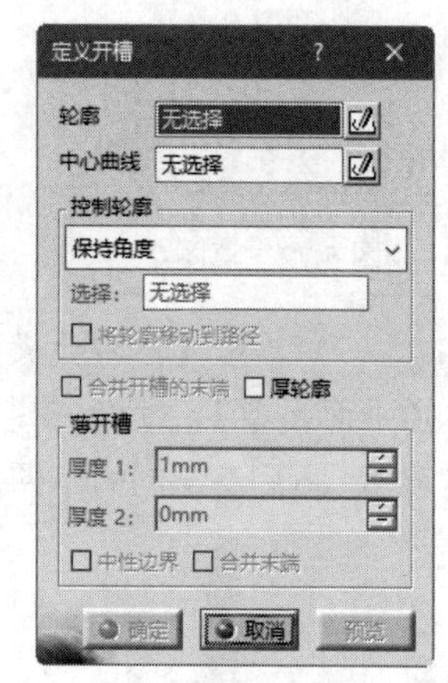

图 5.81　【定义开槽】对话框

下面介绍与肋特征相反的开槽特征，它与肋特征的不同之处在于肋特征在轮廓线扫过的区域中填充材料而开槽特征是在扫过的区域除去材料，两者的创建方法基本相同。单击【基于草图的特征】工具栏中的【开槽】按钮，弹出【定义开槽】对话框，如图 5.81 所示。从该对话框中可以看出，其各项含义和定义方法与肋特征的定义完全相同，故这里不再赘述。

动手学——创建油槽

创建油槽的具体操作步骤如下。

（1）选择【开始】→【机械设计】→【零件设计】命令，弹出【新建零件】对话框，输入零件名称【油槽】，单击【确定】按钮，进入零件设计平台。

（2）在特征树中选择 xy 平面，单击【草图编辑器】工具栏中的【草图】按钮，进入草图工作平台，绘制图 5.82 所示的草绘轮廓。单击【工作台】工具栏中的【退出工作台】按钮，退出草图工作平台。

（3）单击【凸台】工具栏中的【凸台】按钮，弹出【定义凸台】对话框，在【类型】选择框中选择【尺寸】，在【长度】文本框中输入 50mm，在【轮廓/曲面】选项组中选择刚刚创建的【草图.1】作为凸台拉伸的轮廓，单击【确定】按钮，完成长方体的创建，如图 5.83 所示。

（4）选择长方体的上表面，单击【草图编辑器】工具栏中的【草图】按钮，进入草图工作平台，绘制图 5.84 所示的开槽中心曲线。单击【工作台】工具栏中的【退出工作台】按钮，退出草图工作平台。

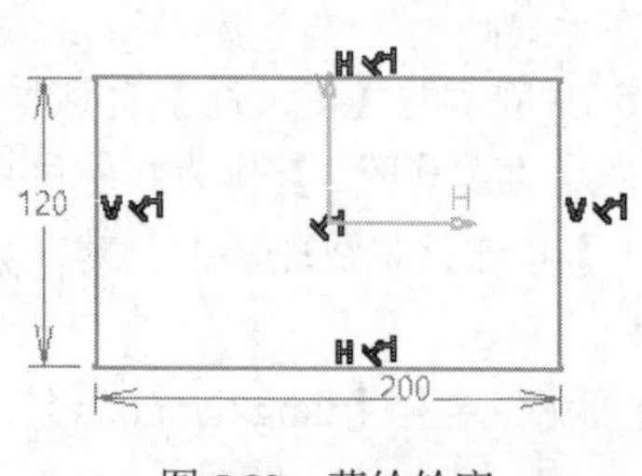

图 5.82　草绘轮廓

图 5.83　创建长方体

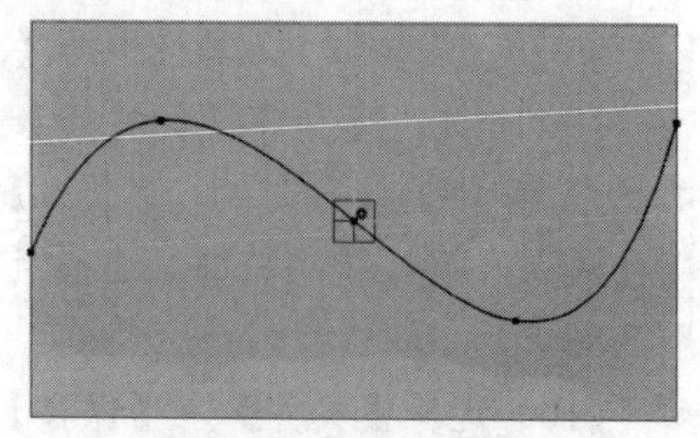

图 5.84　开槽中心曲线

（5）选择长方体的前端面，单击【草图编辑器】工具栏中的【草图】按钮，再次进入草图工作平台，绘制图 5.85 所示的轮廓曲线。单击【工作台】工具栏中的【退出工作台】按钮，退出草图工作平台。

（6）单击【基于草图的特征】工具栏中的【开槽】按钮，❶选择【草图.3】为轮廓曲线，❷选择【草图.2】为中心曲线，❸在【控制轮廓】选项组中选择【保持角度】，❹选中【合并开槽的末端】复选框，【定义开槽】对话框如图 5.86 所示。❺单击【确定】按钮，完成开槽的创建，如图 5.87 所示。

（7）选择【文件】→【保存】命令，弹出【另存为】对话框，输入文件名称【youcao】，单击【保存】按钮，保存文件。

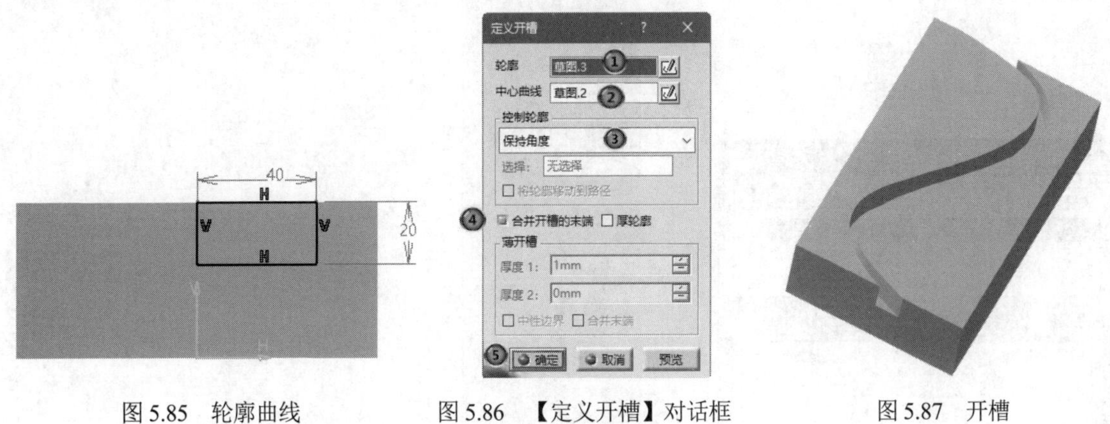

图 5.85　轮廓曲线　　图 5.86　【定义开槽】对话框　　图 5.87　开槽

5.6　多截面实体

多截面实体即利用两个或两个以上不同的轮廓，沿着某一条中心线扫掠，以渐变的方式形成封闭实体。在扫掠的过程中，用户可以定义一条或多条引导曲线对多截面实体加以限制，而在截面曲线扫掠过的空间中以填充材料的方式形成特征。

5.6.1　多截面实体特征

单击【基于草图的特征】工具栏中的【多截面实体】按钮，弹出图 5.88 所示的【多截面实体定义】对话框。

- 截面：该对话框中的第一个列表框用于对截面轮廓进行定义。在图形区中选取需要的截面曲线，所选择的曲线将自动添加到列表框中。在选择多截面轮廓时，应注意选择的顺序，有时选择截面的顺序不同，扫掠结果不同，一般遵循“从头至尾”的原则。计算机将根据截面选择顺序进行截面编号，并显示在【编号】列中，同时在【截面】列中显示截面名称。注意，所选择的截面曲线不能相交。在列表框中右击任意截面，可以在弹出的快捷菜单中选择相应的命令，以对截面轮廓进行编辑，如图 5.89 所示。
  - 替换：在图形区中选择新的截面轮廓代替现有列表框中的截面曲线。
  - 移除：从列表框中删除选中的截面曲线。
  - 编辑闭合点：闭合点是用于定义两截面相对转角的点。由于每个截面轮廓都是封闭的，在光滑连接时，各截面就难免发生扭转现象，因此通过闭合点可以有效地控制该现象的发生。

选择快捷菜单中的【编辑闭合点】命令，弹出图 5.90 所示的【极值定义】对话框，通过该对话框可实现对闭合点进行编辑。

- 替换闭合点：用在图形区中选择新的点替换列表框中的闭合点。
- 移除闭合点：从列表框中删除所选截面曲线上的闭合点。
- 添加：向列表框中添加截面轮廓，新添加的截面轮廓将位于列表框的最下方。
- 之后添加：将在图形区中选中的截面轮廓添加到列表框中当前被选中截面轮廓之后。
- 之前添加：将在图形区中选中的截面轮廓添加到列表框中当前被选中截面轮廓之前。

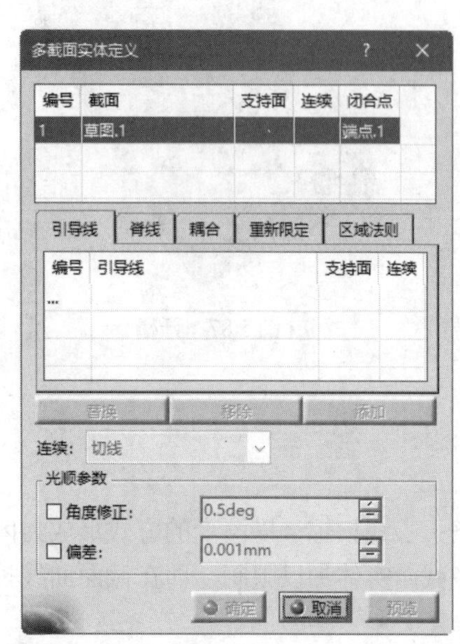

图 5.88 【多截面实体定义】对话框

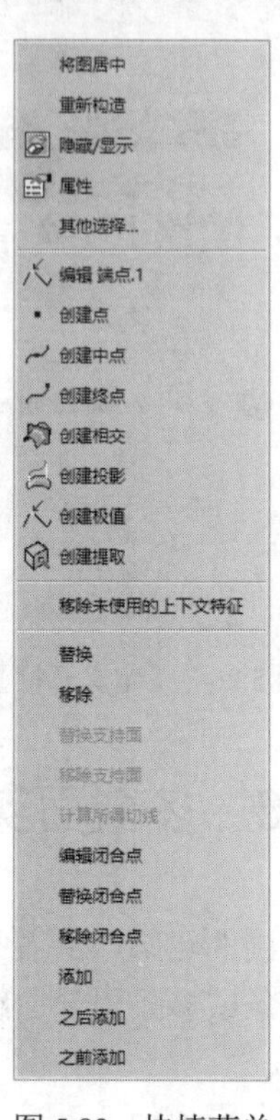

图 5.89 快捷菜单

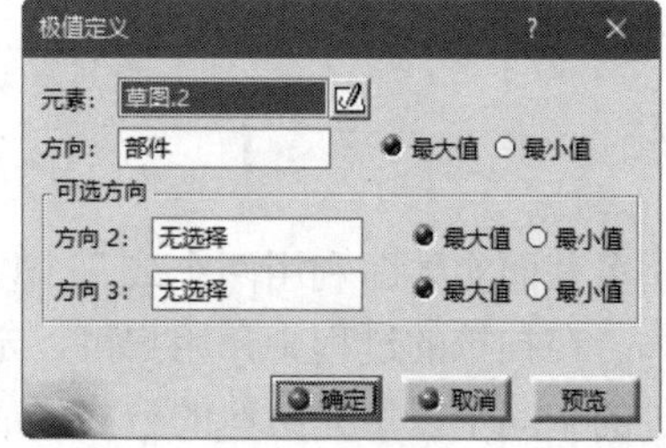

图 5.90 【极值定义】对话框

- 引导线：用于控制从一个截面轮廓上任意一点到另一个截面轮廓上任意一点间的连接轨迹。选择【引导线】选项卡，单击列表下方的【…】标记，在图形区中选择需要的引导线即可。注意，引导线必须依次通过每个截面，并且与每个截面必须相交，它可以是任意空间曲线、平面曲线或折线。选中定义的引导线，右击，在弹出的快捷菜单中选择【替换】【移除】【添加】【之后添加】【之前添加】等命令，实现对引导线的编辑。
- 脊线：引导线只能控制截面轮廓上几个点间的连接轨迹，无法影响各个截面间连接曲面的整体走势，而通过【脊线】选项卡可以实现这一功能。默认情况下，系统程序会根据所选截面轮廓的形状和位置自动计算脊线，无须用户自己定义。但如果要对脊线进行重新定义，则选择【脊线】选项卡，单击【脊线】字段，在图形区中选择脊线即可。自定义的脊线只能定义一条，可以是直线、平面曲线或空间曲线，要求曲线依次穿过所有截面，且必须保证所定义的脊线切矢连续。
- 耦合：用于控制各截面间过渡轮廓的形状。【耦合】选项卡中提供了四种耦合类型，如图 5.91 所示。
  - 比率：以图形的比例方式耦合，两轮廓间沿着闭合点的方向等分，再将等分的线段依序连接。其通常用在不同几何图形的相接上，如圆与四边形的相接。

- 相切：以轮廓上的斜率不连续点作为耦合点，因此，若两图形的斜率不连续、点数目不同，就无法使用此方式。
- 相切然后曲率：以轮廓上的曲率不连续点作为耦合点，因此若两图形的曲率不连续、点数目不同，就无法使用此方式。
- 顶点：根据曲线的顶点对曲线进行耦合。若曲线的顶点数不一样，则无法使用此选项进行耦合。

- 重新限定：用于根据多截面实体两端的模型实体对多截面实体的起始端和终止端进行约束，以保证多截面实体与其相邻实体的平滑过渡。【重新限定】选项卡提供了【起始截面重新限定】和【最终截面重新限定】两个复选框，如图 5.92 所示。选中这两个复选框，表示多截面实体的起始端和终止端受到相邻实体的约束。

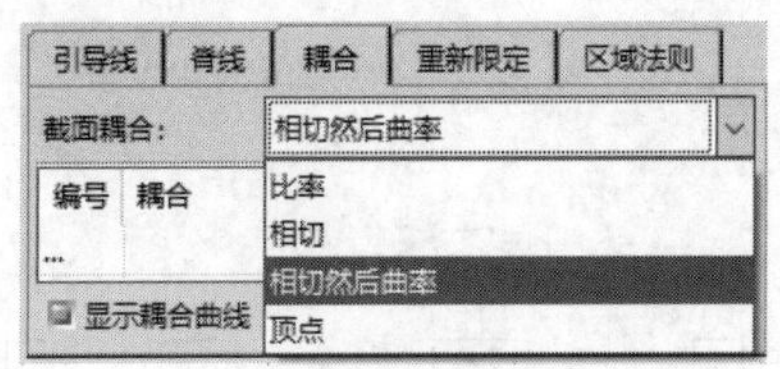

图 5.91 【耦合】选项卡

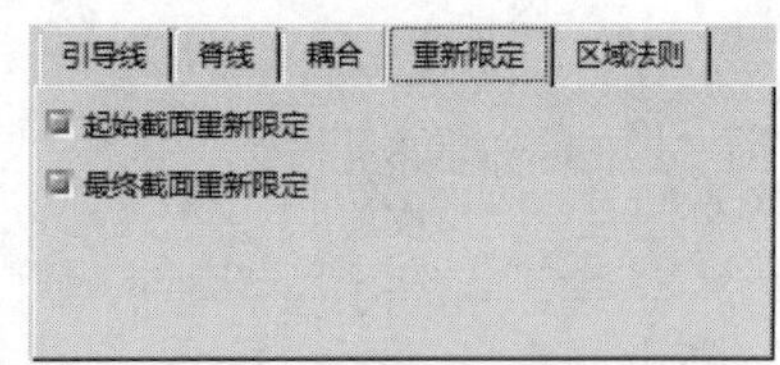

图 5.92 【重新限定】选项卡

- 光顺参数：【光顺参数】选项组包括【角度修正】和【偏差】两个选项。
  - 角度修正：用于沿参考引导线光顺多截面实体。如果检测到脊线相切或参考引导线法线存在轻微的不连续，则可能有必要执行此操作。光顺作用于任何角度偏差小于 0.5° 的不连续，因此有助于生成质量更好的多截面实体。
  - 偏差：通过偏移引导线光顺多截面实体。

如果同时使用【角度修正】和【偏差】参数，则不能保证脊线平面保持在给定的公差区域中。可能先在此极限公差范围内大概算出脊线，然后在角度修正公差范围内旋转每个移动平面。

动手学——创建吊钩主体

扫一扫，看视频

创建吊钩主体的具体操作步骤如下。

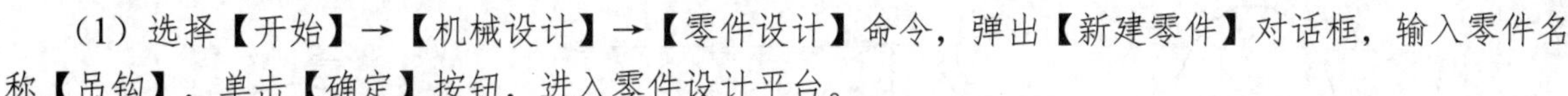

（1）选择【开始】→【机械设计】→【零件设计】命令，弹出【新建零件】对话框，输入零件名称【吊钩】，单击【确定】按钮，进入零件设计平台。

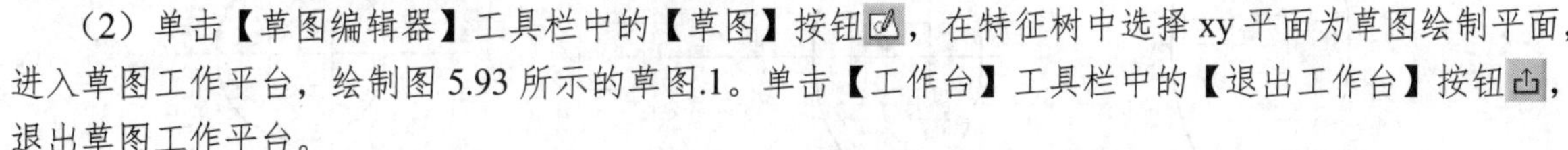

（2）单击【草图编辑器】工具栏中的【草图】按钮，在特征树中选择 xy 平面为草图绘制平面，进入草图工作平台，绘制图 5.93 所示的草图.1。单击【工作台】工具栏中的【退出工作台】按钮，退出草图工作平台。

（3）单击【参考元素】工具栏中的【平面】按钮，弹出图 5.94 所示的【平面定义】对话框。在【平面类型】下拉列表中选择【曲线的法线】，选取第（2）步绘制的草图为曲线，选取草图的上端顶点为参考点，单击【确定】按钮，完成平面 1 的创建。

（4）采用相同的方法创建草图上的平面 2～平面 7，如图 5.95 所示。

（5）单击【草图编辑器】工具栏中的【草图】按钮，在特征树中选择平面 1 为草图绘制平面，进入草图工作平台，绘制图 5.96 所示的草图.2。单击【工作台】工具栏中的【退出工作台】按钮，退出草图工作平台。用同样的操作方法分别在平面 2～平面 7 上绘制草图.3～草图.8，如图 5.97 所示。

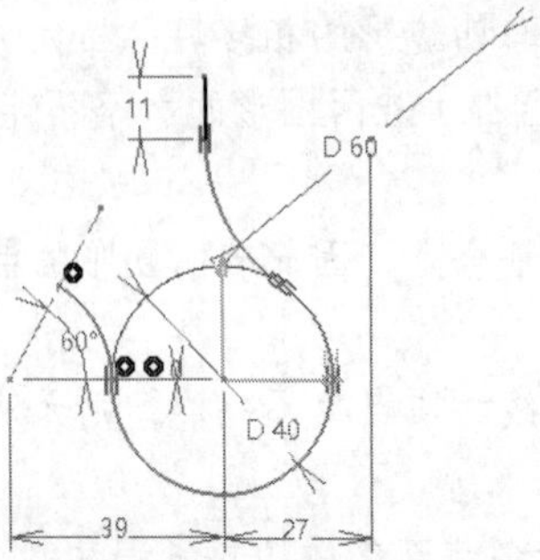

图 5.93 草图.1

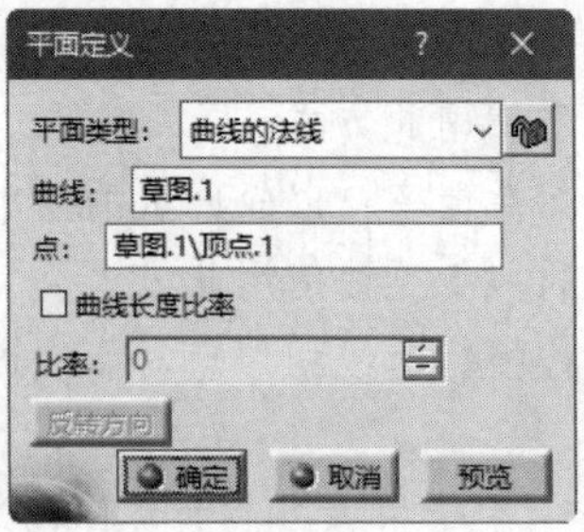

平面定义

平面类型：曲线的法线

曲线：草图.1

点：草图.1\顶点.1

曲线长度比率

比率：0

反转方向

确定 取消 预览

图 5.94 【平面定义】对话框

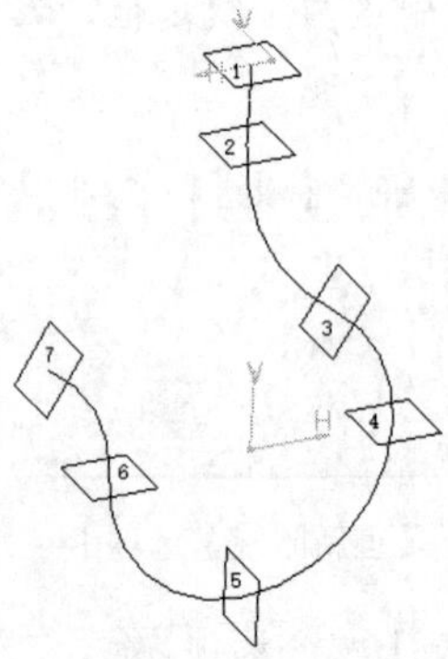

图 5.95 创建平面

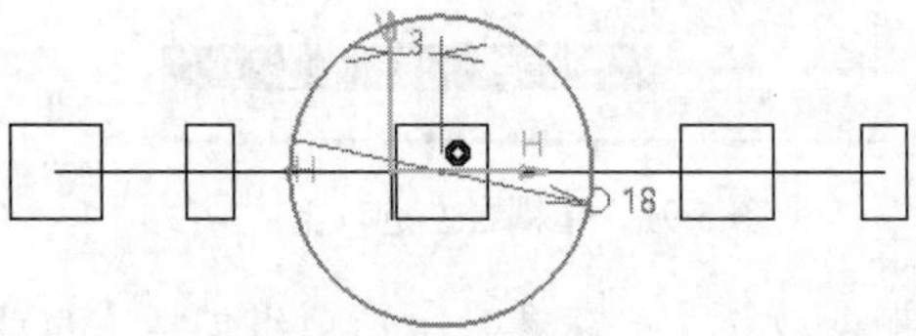

图 5.96 草图.2

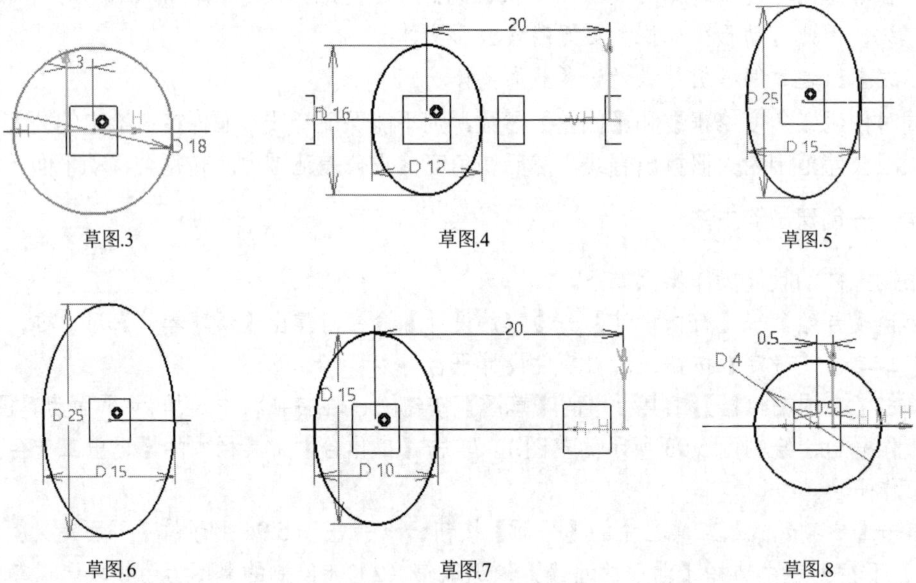

草图.3

草图.4

草图.5

草图.6

草图.7

草图.8

图 5.97 草图轮廓

（6）单击【基于草图的特征】工具栏中的【多截面实体】按钮，弹出【多截面实体定义】对话框。❶依次选择草图.2～草图.8 作为多截面实体截面曲线，❷调整闭合点大致位于同一条线上，且保证旋转方向相同，❸选择草图.1 为【脊线】，如图 5.98 所示。❹单击【确定】按钮，完成多截面实体特征操作，如图 5.99 所示。

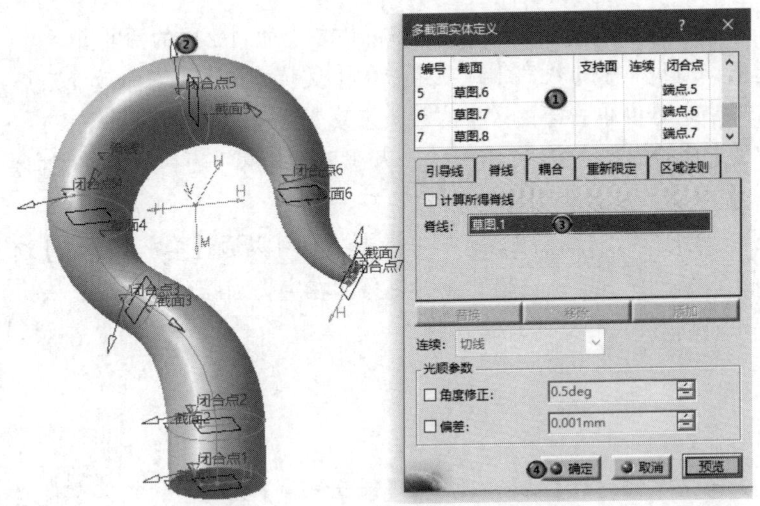

图 5.98　【多截面实体定义】对话框

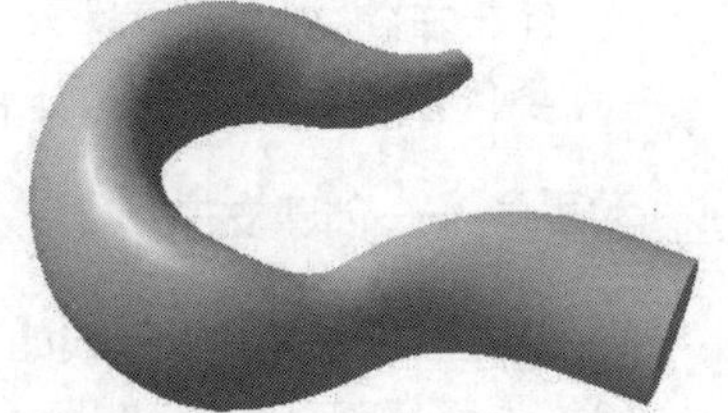

图 5.99　吊钩主体

（7）选择【文件】→【保存】命令，弹出【另存为】对话框，输入文件名称【diaogou】，单击【保存】按钮，保存文件。

练一练——绘制门把手

绘制图 5.100 所示的门把手。

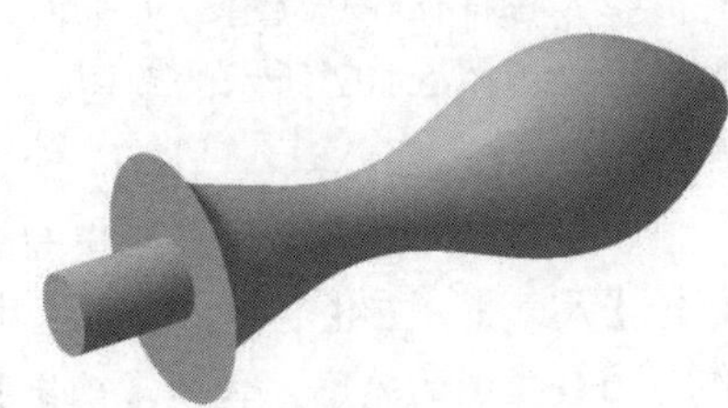

扫一扫，看视频

图 5.100　门把手

思路点拨：

（1）利用【平面】和【草图】命令绘制各个截面草图。

（2）利用【多截面实体】命令绘制门把手。

（3）利用【凸台】命令绘制接头。

5.6.2　加强肋

在零件设计中，往往会涉及各种加强肋的设计，为方便用户进行零件设计，CATIA 提供了专门的加强肋特征。单击【基于草图的特征】工具栏中的【加强肋】按钮，弹出图 5.101 所示的【定义加强肋】对话框。

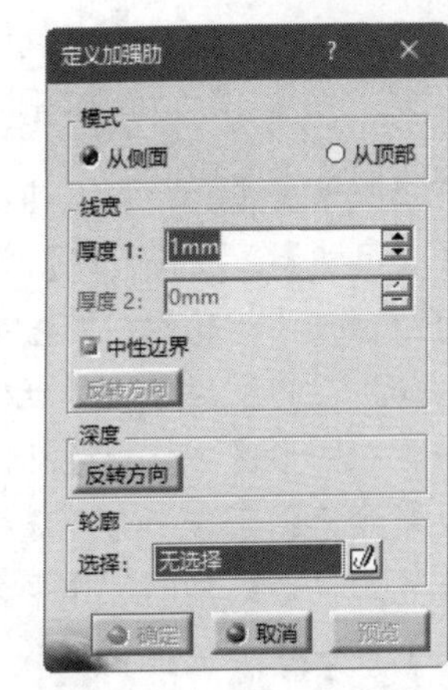

图 5.101　【定义加强肋】对话框

- 模式：CATIA 提供了从侧边和从顶部两种方式创建加强肋。
  - 从侧面：表示在轮廓平面垂直方向上添加厚度，轮廓在其所在平面内延伸得到加强肋。
  - 从顶部：表示在轮廓平面内添加厚度，轮廓平面在垂直方向延伸得到加强肋。
- 线宽：用于定义加强肋轮廓平面两侧添加的厚度。分别在【厚度 1】和【厚度 2】文本框中输入要添加材料的厚度，用户可以通过输入不同的厚度值以完成在轮廓平面两侧添加不同厚度的材料。
  - 勾选【中性边界】复选框，表示材料等量添加到轮廓的两

侧。只需在【厚度 1】文本框中指定所需的值，此厚度即被均匀添加到轮廓的两侧。

- 未勾选【中性边界】复选框，通过单击【线宽】选项组中的【反转方向】按钮来改变沿厚度方向添加材料的方向，用户也可以单击绘图区中的箭头来改变方向。

- 深度：单击【深度】选项组中的【反转方向】按钮，表示改变加强肋在轮廓平面内的延伸方向。注意，要保证加强肋能够与材料实体相交，否则将会出错。
- 轮廓：用于定义加强肋的轮廓线，用户可以直接在图形区中选择，也可以通过单击【选择】选择框右侧的图标进入【草图工作平台】来完成轮廓线的定义。在定义加强肋轮廓时，一定要保证轮廓在延伸方向上能与实体相交，否则系统会出错。

扫一扫，看视频

动手学——创建支座

创建支座的具体操作步骤如下。

（1）选择【开始】→【机械设计】→【零件设计】命令，弹出【新建零件】对话框，输入零件名称【支座】，单击【确定】按钮，进入零件设计平台。

（2）在特征树中选择 xy 平面，单击【草图编辑器】工具栏中的【草图】按钮，进入草图工作平台，绘制图 5.102 所示的草图。单击【工作台】工具栏中的【退出工作台】按钮，退出草图工作平台。

（3）单击【凸台】工具栏中的【凸台】按钮，弹出【定义凸台】对话框，在【类型】选择框中选择【尺寸】，在【长度】文本框中输入 20mm，在【轮廓/曲面】选项组中选择刚刚创建的【草图.1】作为凸台拉伸的轮廓，单击【确定】按钮，完成长方体的创建。

（4）选择长方体的上表面，单击【草图编辑器】工具栏中的【草图】按钮，进入草图工作平台，绘制图 5.103 所示的同心圆。单击【工作台】工具栏中的【退出工作台】按钮，退出草图工作平台。

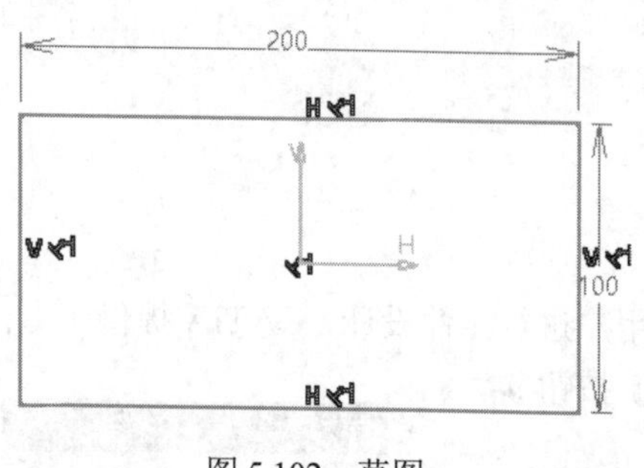

图 5.102　草图

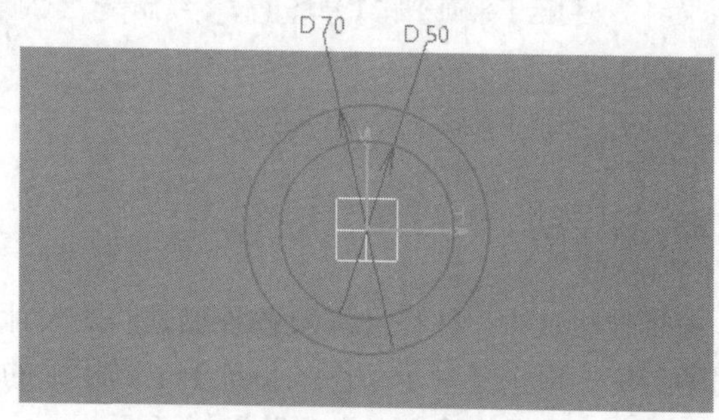

图 5.103　同心圆

（5）单击【凸台】工具栏中的【凸台】按钮，弹出【定义凸台】对话框，在【类型】选择框中选择【尺寸】，在【长度】文本框中输入 80mm，在【轮廓/曲面】选项组中选择刚刚创建的【草图.2】作为凸台拉伸的轮廓，单击【确定】按钮，完成图 5.104 所示的三维实体创建。

（6）在特征树中选择 zx 平面，单击【草图编辑器】工具栏中的【草图】按钮，进入草图工作平台。在图形区中选择圆柱体，单击【操作】工具栏中的【投影 3D 轮廓边线】按钮，圆柱体轮廓将投影到草图工作平台；选择长方体顶面，单击【操作】工具栏中的【投影 3D 元素】按钮，将长方体轮廓投影到草图工作平台。选择刚刚投影的轮廓直线，单击【草图工具】工具栏中的【构造/标准元素】按钮，将直线转化为构造元素，绘制图 5.105 所示的草绘轮廓。单击【工作台】工具栏中的【退出工作台】按钮，退出草图工作平台。

图 5.104　三维实体

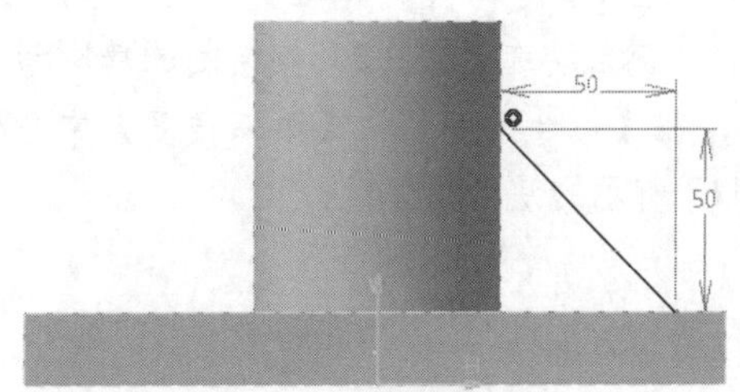

图 5.105　草绘轮廓

（7）单击【基于草图的特征】工具栏中的【加强肋】按钮，弹出【定义加强肋】对话框，①选中【从侧面】单选按钮，②在【厚度 1】文本框中输入 10mm，③选中【中性边界】复选框，④选择【草图.4】为轮廓曲线，如图 5.106 所示。⑤单击【确定】按钮，完成图 5.107 所示的加强肋。

（8）采用相同的方法创建另一侧加强肋，如图 5.108 所示。

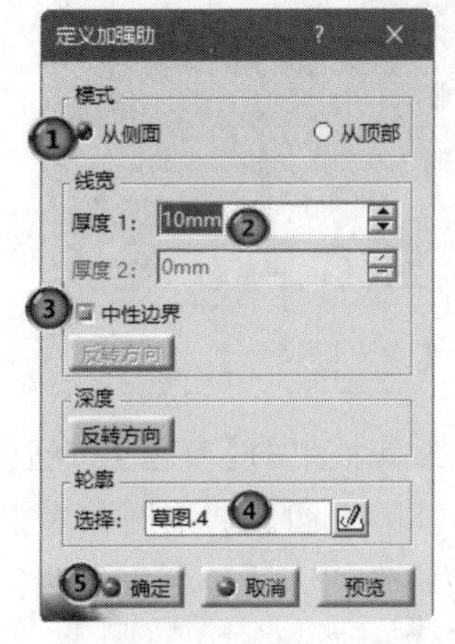

图 5.106　【定义加强肋】对话框

图 5.107　加强肋

图 5.108　另一侧加强肋

（9）选择【文件】→【保存】命令，弹出【另存为】对话框，输入文件名称【zhizuo】，单击【保存】按钮，保存文件。

扫一扫，看视频　扫一扫，看视频

5.7　综合实例——绘制法兰

本实例绘制图 5.109 所示的法兰，主要利用【旋转】【拉伸】【加强筋】命令创建齿条顶杆主体，以及利用【环形阵列】命令阵列加强筋，生成法兰。

（1）选择【开始】→【机械设计】→【零件设计】命令，弹出【新建零件】对话框，输入零件名称【法兰】，单击【确定】按钮，进入零件设计平台。

（2）单击【草图编辑器】工具栏中的【草图】按钮，在特征树中选择 yz 平面为草图绘制平面，进入草图工作平台。单击【轮廓】工具栏中的【轮廓】按钮，绘制图 5.110 所示的草图。单击【工作台】工具栏中的【退出工作台】按钮，退出草图工作平台。

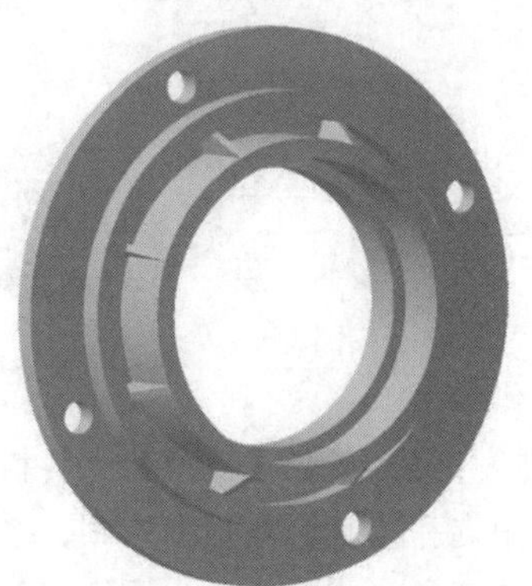
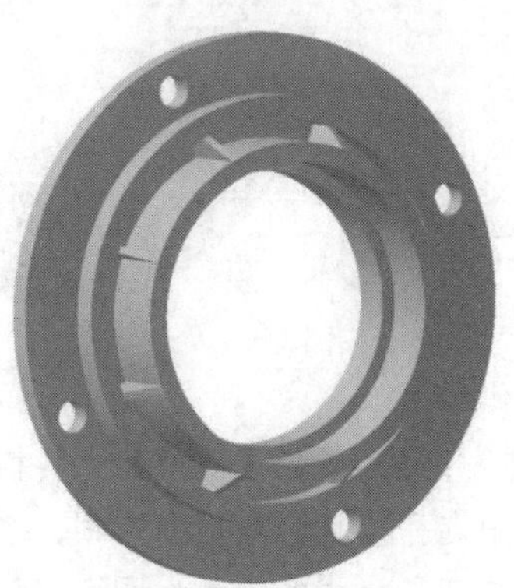

图 5.109　法兰

（3）单击【基于草图的特征】工具栏中的【旋转体】按钮，弹出图 5.111 所示的【定义旋转体】对话框。系统自动选择第（2）步绘制的草图为轮廓，在【轴】选项组中右击，在弹出的快捷菜单中选择 Y 轴，在【第一角度】和【第二角度】文本框中分别输入 360deg 和 0deg。单击【确定】按钮，创建图 5.112 所示的法兰主体。

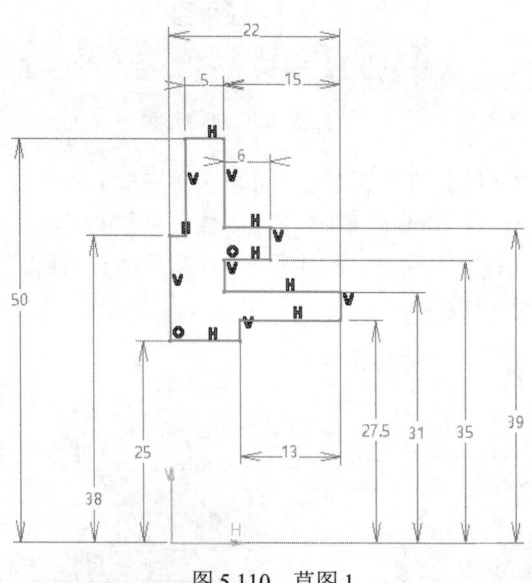

图 5.110　草图.1

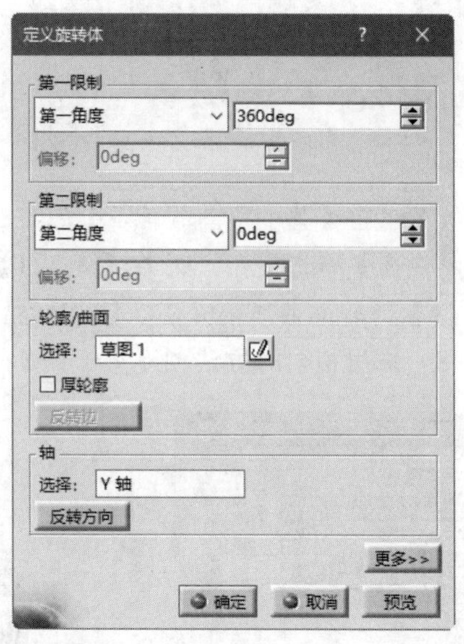

图 5.111　【定义旋转体】对话框

（4）在视图中选择旋转体的端面为草图绘制平面，单击【草图编辑器】工具栏中的【草图】按钮，进入草图工作平台。单击【轮廓】工具栏中的【圆】按钮，绘制直径为 88 的圆。选取圆并右击，在弹出的快捷菜单中选择【圆 3 对象】→【构造元素】命令，将圆转换为构造圆，再绘制图 5.113 所示的草图。单击【工作台】工具栏中的【退出工作台】按钮，退出草图工作平台。

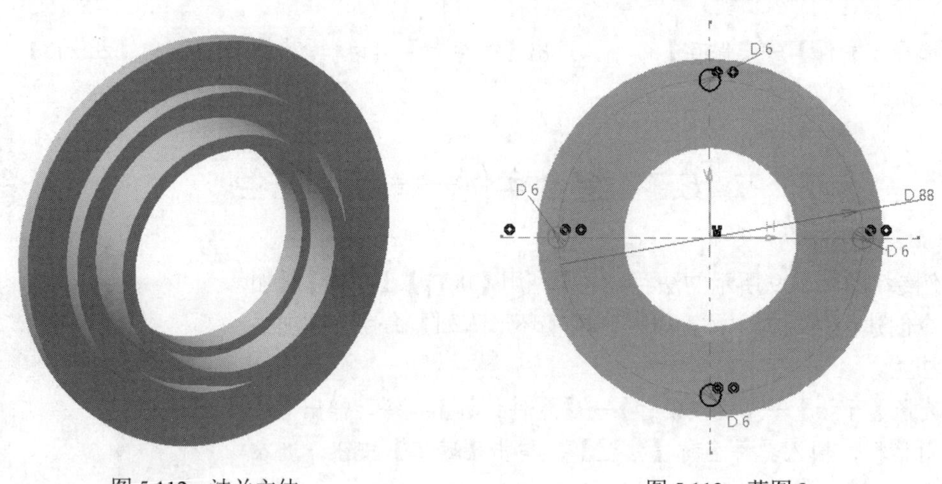

图 5.112　法兰主体

图 5.113　草图.2

（5）单击【凹槽】工具栏中的【凹槽】按钮，弹出【定义凹槽】对话框，在【类型】下拉列表中选择【直到最后】选项，系统自动选择刚才绘制的草图.2 为轮廓，如图 5.114 所示。单击【确定】按钮，生成的模型如图 5.115 所示。

（6）单击【草图编辑器】工具栏中的【草图】按钮，在特征树中选择 yz 平面为草图绘制平面，进入草图工作平台。单击【轮廓】工具栏中的【直线】按钮，绘制图 5.116 所示的草图。单击【工作台】工具栏中的【退出工作台】按钮，退出草图工作平台。

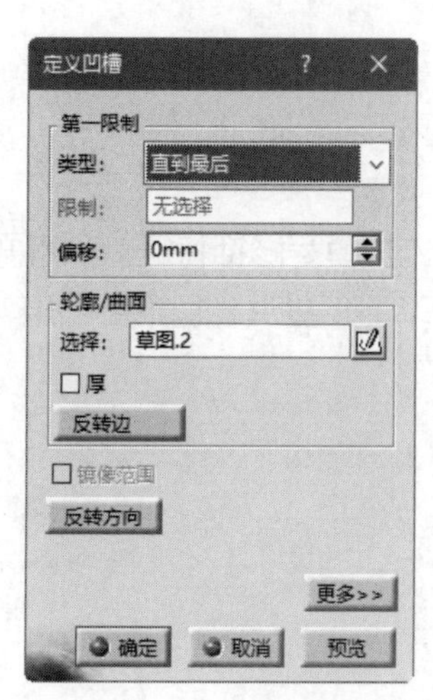

图 5.114　【定义凹槽】对话框

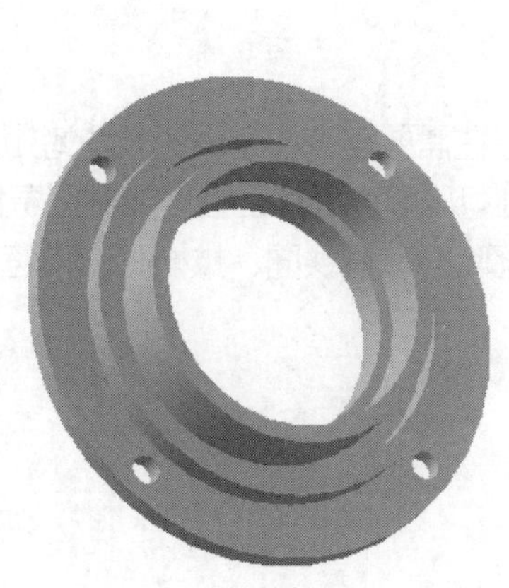

图 5.115　切除后得到的实体

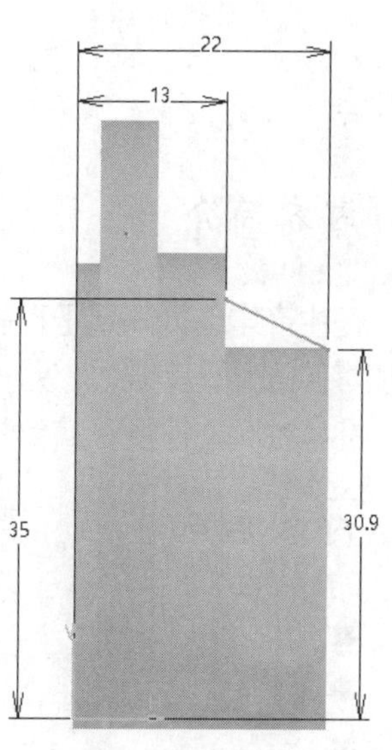

图 5.116　草图.3

（7）单击【基于草图的特征】工具栏中的【加强肋】按钮，弹出图 5.117 所示的【定义加强肋】对话框。选择第（6）步绘制的草图为轮廓，在【厚度】文本框中输入 1.5mm。单击【确定】按钮，创建图 5.118 所示的肋板。

（8）重复上述步骤，创建相同的肋板，间距为 45°，结果如图 5.119 所示。

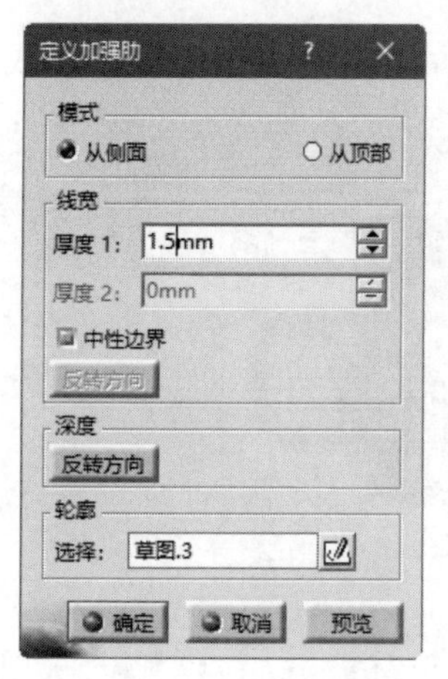

图 5.117　【定义加强肋】对话框

图 5.118　肋板

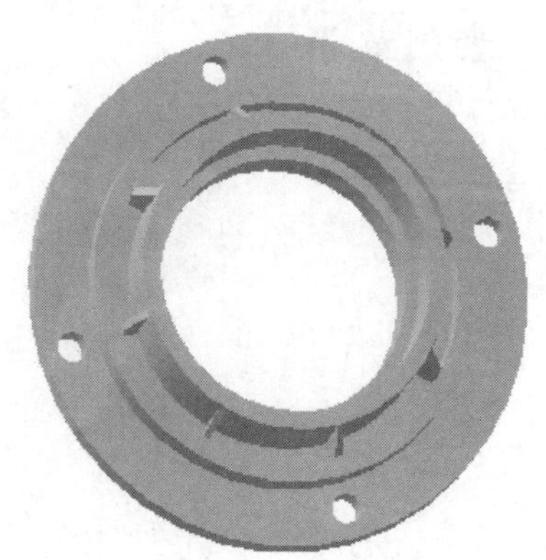

图 5.119　其他肋板

（9）选择【文件】→【保存】命令，弹出【另存为】对话框，输入文件名称【falan】，单击【保存】按钮，保存文件。

第6章　修饰特征

内容简介

在生产中，为满足工程需求，往往需要在零件上添加一些诸如倒角、拔模等修饰特征，一方面是增加零件的外在美观性，另一方面则可以提高零件的强度和使用寿命。CATIA 提供了包括倒圆角、倒角、孔、抽壳、厚度、螺纹特征、移除面、替换面、拔模等修饰特征。

内容要点

- 圆角
- 倒角
- 孔
- 抽壳
- 厚度
- 螺纹特征
- 移除面
- 替换面
- 拔模

案例效果

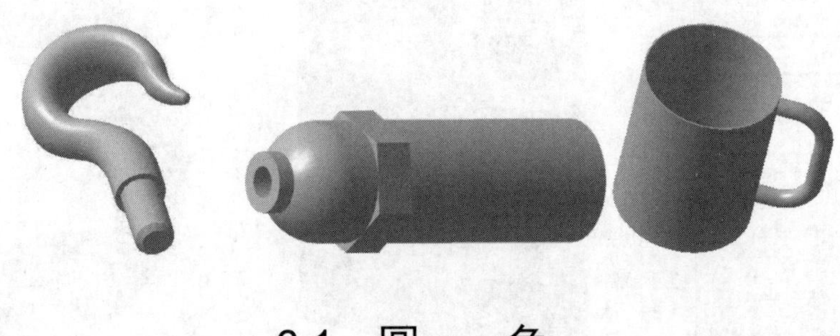

6.1　圆　角

单击【修饰特征】工具栏中按钮右下角的黑色小三角，打开【圆角】工具栏，如图 6.1 所示，从左到右依次是倒圆角、面与面的圆角和三切线内圆角。

圆角
倒圆角　面与面的圆角　三切线内圆角

图 6.1　【圆角】工具栏

6.1.1　倒圆角

倒圆角是在两个相邻面之间创建的平滑过渡曲面，该过渡曲面将与这两个曲面相切并接合这两个曲面。在零件设计中，通过倒圆角将一些直角边进行圆角化以减少应力集中。

单击【圆角】工具栏中的【倒圆角】按钮，弹出图 6.2 所示的【倒圆角定义】对话框，通过定义该对话框即可实现零件边界的圆角化。

- 半径/弦长：单击和按钮，可以通过半径/弦长来定义圆角大小，在该文本框中输入想要创建的圆角半径/弦长大小。
- 要圆角化的对象：在图形区中选择需要圆角的棱边，单击【要圆角化的对象】选择框右侧的图标，弹出图 6.3 所示的【圆角边线】对话框，通过该对话框可以将所有倒圆半径相同的对象同时选中。
- 传播：用于定义倒圆角的生成方式，有相切、最小、相交和与选定特征相交四种方式可供选择。
  - 相切：圆角化整个选定边线及其相切边线，即在选定边线之外继续进行圆角化，直到遇到相切不连续的边线为止，如图 6.4 所示。
  - 最小：只对选定的边线进行倒圆角，如图 6.5 所示。

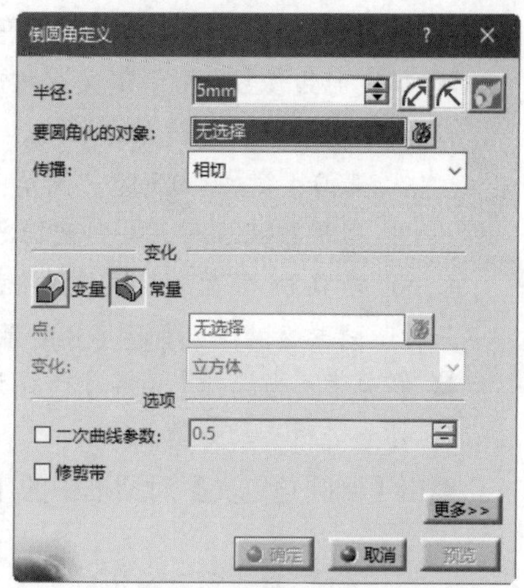

图 6.2 【倒圆角定义】对话框

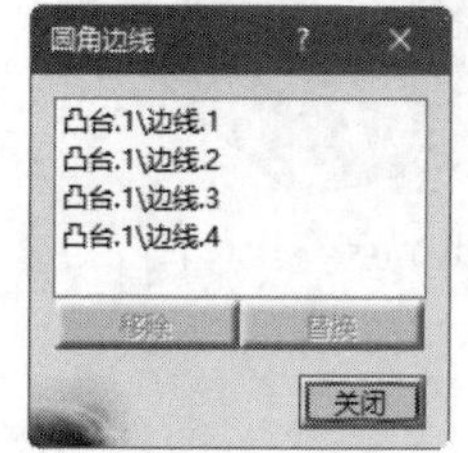

图 6.3 【圆角边线】对话框

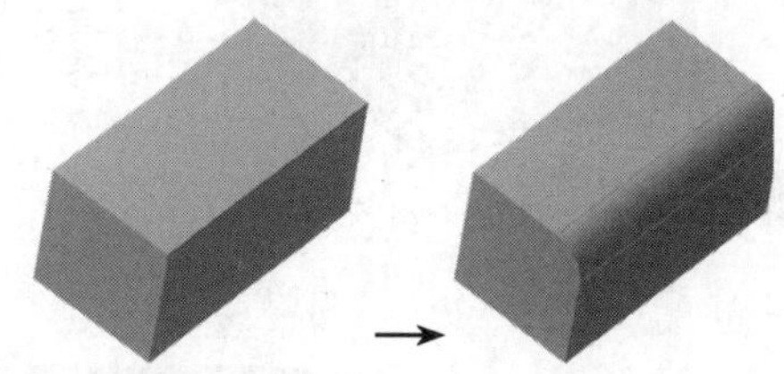

图 6.4 相切方式

图 6.5 最小方式

  - 相交：相交边线将定义圆角，如图 6.6 所示。
  - 与选定特征相交：选定边线是选定特征与当前实体的相交边线，如图 6.7 所示。

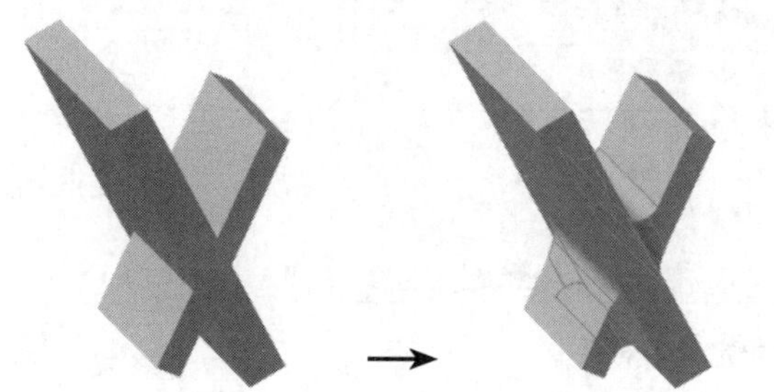

图 6.6 相交方式

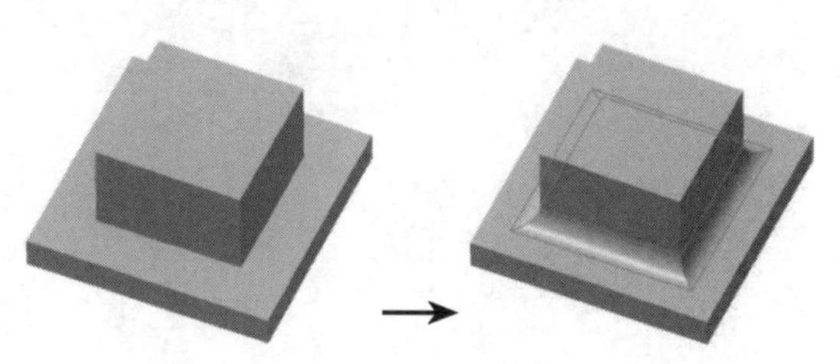

图 6.7 与选定特征相交方式

- 变化：分为变量和常量两种方式。
  - 变量：创建的圆角半径沿棱边长度发生变化。选择【变量】时，【点】和【变化】选项可用。
    - 点：单击该选择框，在图形区中选择位于棱边上的点作为半径变化的控制点。每选择一条棱边，该棱边的端点即成为倒圆半径控制点。要删除或增加控制点，可单击【点】选择框右侧的图标，弹出【指向元素】对话框，即可修改和编辑各个控制点的半径，即通过单击图形区中的各个半径尺寸来实现。

- ✧ 变化：用于定义倒圆角半径沿着棱边变化的方式，CATIA 提供了线性和三次曲线两种方式供用户选择。
- ↘ 常量：创建恒定半径的圆角。
- ➘ 二次曲线参数：用于定义圆角截面的形状。勾选该复选框后，通过设置其右侧文本框中的数值大小来设置圆角截面的形状。
  - ↘ 当 0 < 参数 < 0.5 时，圆角截面的形状为椭圆圆弧。
  - ↘ 当参数=0.5 时，圆角截面的形状为抛物线。
  - ↘ 当 0.5 < 参数 < 1 时，圆角截面的形状为双曲线。

三种不同参数的区别如图 6.8 所示。

- ➘ 修剪带：当选择【传播】模式为相切时，勾选该复选框后，将对创建倒圆角特征时产生的重叠部分进行自动修剪。

单击【倒圆角定义】对话框中的【更多】按钮，展开的【倒圆角定义】对话框如图 6.9 所示。

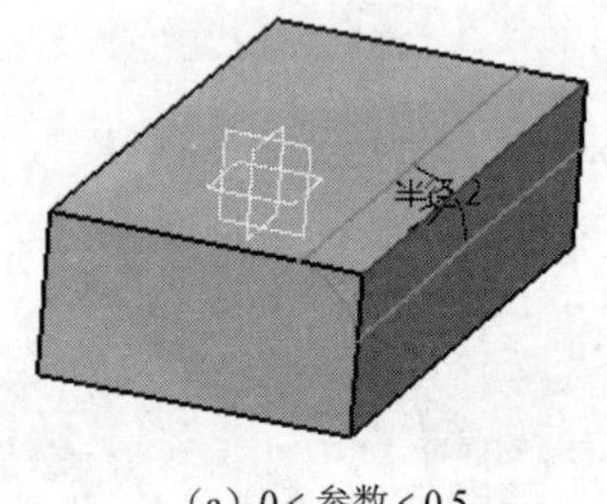

（a）0 < 参数 < 0.5

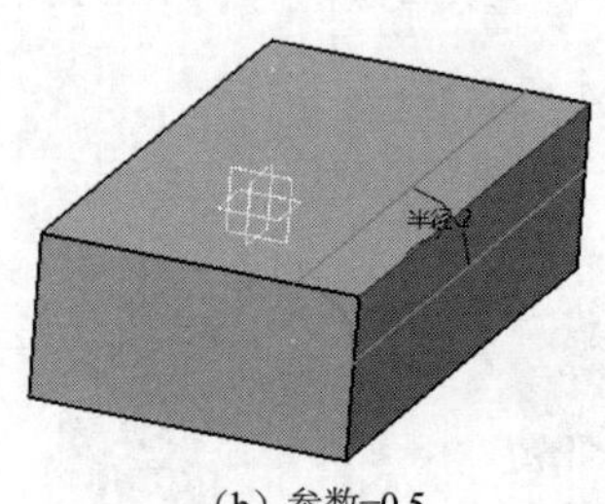

（b）参数=0.5

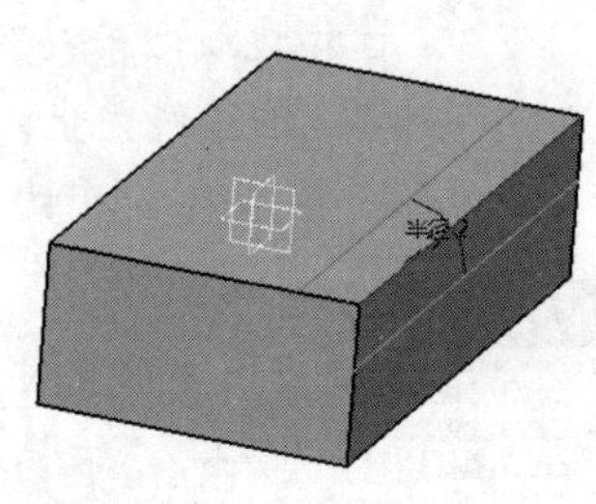

（c）0.5 < 参数 < 1

图 6.8　二次曲线参数

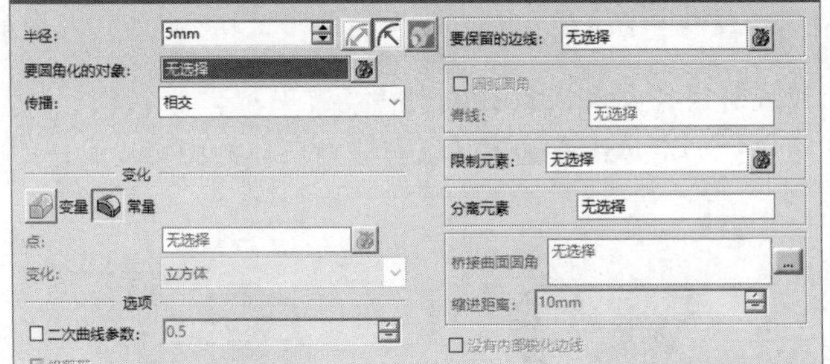

图 6.9　展开的【倒圆角定义】对话框

- ➘ 要保留的边线：圆角化棱边时，在指定的圆角半径较大时，所选择的圆角可能影响到其他边线。在这种情况下，可在图形区中将这些可能受影响的边线添加到该选择框中。在进行圆角化时，应用程序将会检测这些边线并停止圆角化这些边线。
- ➘ 限制元素：用平面和点等几何元素对所创建的倒圆角特征的长度进行限制。
- ➘ 分离元素：用平面和点等几何元素对所创建的倒圆角特征进行分割。
- ➘ 桥接曲面圆角：在对多条相交棱边进行倒圆角时，当直接进行圆角时，在棱边的交点处往往达不到理想的圆角效果。在这种情况下，通过选择【桥接曲面元素】选项，系统将自动计算出棱边相交的交点，并给每条棱边定义一个回退距离，系统将对回退距离所决定的区域重新计算零件的表面形状。

- 缩进距离：上面已经提到，为达到比较理想的圆角效果，在对多条相交棱边进行倒圆角时，常通过选择【桥接曲面圆角】选项来实现，此时系统将给每条棱边定义一个回退距离，并在图形区中相应位置看到【缩进距离】的尺寸约束。要修改某个【缩进距离】数值，在图形区中单击该数值，然后回到【倒圆角定义】对话框，在【缩进距离】文本框中输入相应的数值即可。通常缩进距离需要进行多次反复定义才能达到满意的结果，当系统提示无法生成实体时，说明所定义的回退距离不满足系统计算生成新的表面形状，用户需重新输入数值以达到比较好的圆角效果。

动手学——创建常量倒圆角

扫一扫，看视频

创建常量倒圆角的具体操作步骤如下。

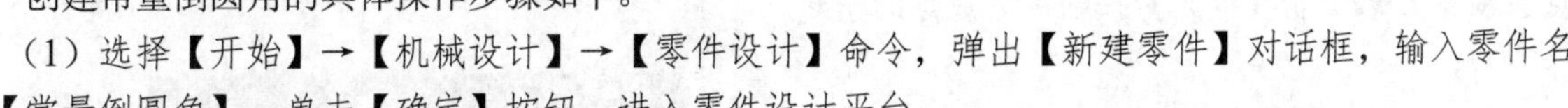

（1）选择【开始】→【机械设计】→【零件设计】命令，弹出【新建零件】对话框，输入零件名称【常量倒圆角】，单击【确定】按钮，进入零件设计平台。

（2）选择 xy 平面，单击【草图编辑器】工具栏中的【草图】按钮，进入草绘平面，绘制长 80mm、宽 40mm 的长方形。单击【工作台】工具栏中的【退出工作台】按钮，退出草图工作平台。

（3）单击【凸台】工具栏中的【凸台】按钮，弹出【定义凸台】对话框，将草图沿 Z 轴正向拉伸轮廓，拉伸长度为 20mm。

（4）单击【圆角】工具栏中的【倒圆角】按钮，弹出【倒圆角定义】对话框。

（5）①在【半径】文本框中输入 1mm，②在图形区中选择相交于长方体一个角点的三条棱边作为要圆角化的对象，③在【传播】下拉列表中选择【最小】，如图 6.10 所示。④单击【确定】按钮，倒圆角后的零件实体如图 6.11 所示。

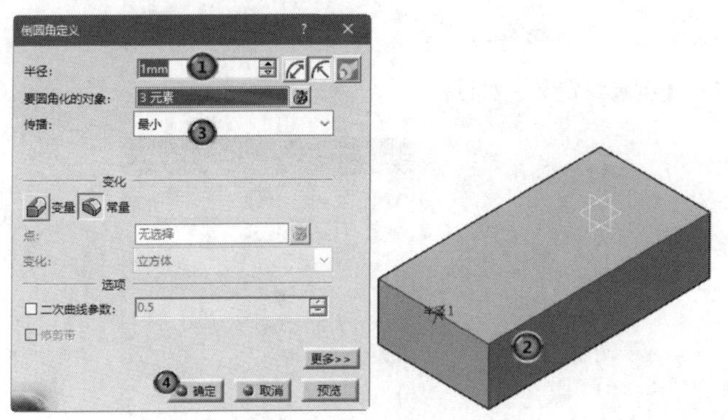

图 6.10　选择棱边

图 6.11　倒圆角后的零件实体

（6）选择【文件】→【保存】命令，弹出【另存为】对话框，输入文件名称【changliangdaoyuanjiao】，单击【保存】按钮，保存文件。

动手学——创建变量倒圆角

扫一扫，看视频

创建变量倒圆角的具体操作步骤如下。

（1）选择【开始】→【机械设计】→【零件设计】命令，弹出【新建零件】对话框，输入零件名称【变量倒圆角】，单击【确定】按钮，进入零件设计平台。

（2）在特征树中选择 xy 平面，单击【草图编辑器】工具栏中的【草图】按钮，进入草绘平面，绘制长 80mm、宽 40mm 的长方形。单击【工作台】工具栏中的【退出工作台】按钮，退出草图工作平台。

（3）单击【凸台】工具栏中的【凸台】按钮，弹出【定义凸台】对话框，将草图沿 Z 轴正向拉伸轮廓，拉伸长度为 20mm，生成长方体。

（4）单击【圆角】工具栏中的【倒圆角】按钮，弹出【倒圆角定义】对话框，❶在【半径】文本框中输入 5mm，❷选择长方体上的一条边线，❸选择【变量】选项。在【点】文本框中，由于之前已选择了长方体的一条棱边，因此直线的两端点已自动添加到文本框中，作为倒圆变化控制点，如图 6.12 所示。❹右击【点】选项，❺在弹出的快捷菜单中选择【创建点】命令，如图 6.13 所示，弹出图 6.14 所示的【点定义】对话框中，❻在【点类型】下拉列表中选择【曲线上】，❼选择图 6.10 所示的长方体棱边，❽在【与参考点的距离】选项组中选中【曲线长度比率】单选按钮，❾单击【中点】按钮。❿单击【确定】按钮，完成点的创建。

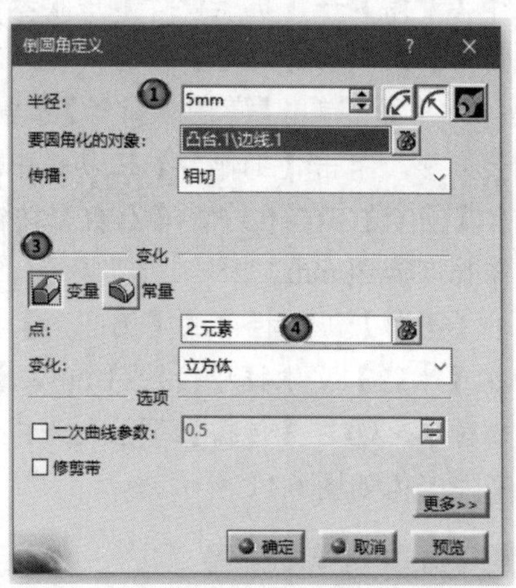

图 6.12 【倒圆角定义】对话框

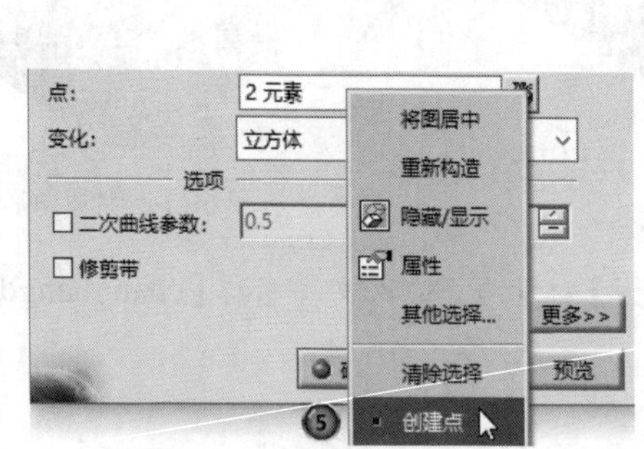

图 6.13 选择【创建点】命令

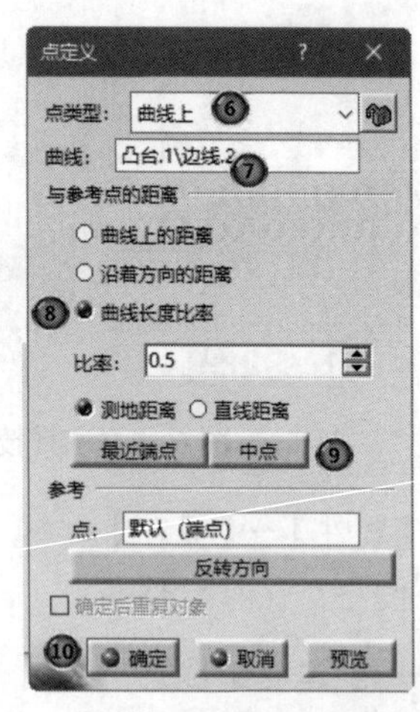

图 6.14 【点定义】对话框

（5）❶在图形区中双击刚刚创建的点，❷双击点上半径标注，弹出图 6.15 所示的【参数定义】对话框，❸在【值】文本框中输入 1mm。❹单击【确定】按钮，返回【倒圆角定义】对话框，单击【确定】按钮，完成可变半径圆角的定义，如图 6.16 所示。

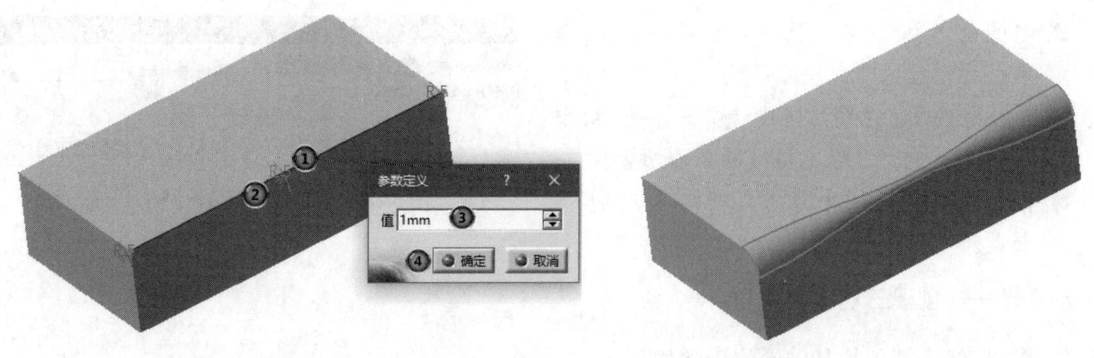

图 6.15 【参数定义】对话框　　　　图 6.16 可变半径圆角

（6）选择【文件】→【保存】命令，弹出【另存为】对话框，输入文件名称【bianliangdaoyuanjiao】，单击【保存】按钮，保存文件。

6.1.2 面与面的圆角

当面与面之间不相交或面与面之间存在两条以上锐化边线时，通常使用【面与面的圆角】命令。

单击【圆角】工具栏中的【面与面的圆角】按钮，弹出图 6.17 所示的【定义面与面的圆角】对话框。由于该对话框中大部分内容的定义与前面相同，因此下面仅对其中的【保持曲线】和【脊线】两个选项进行介绍。

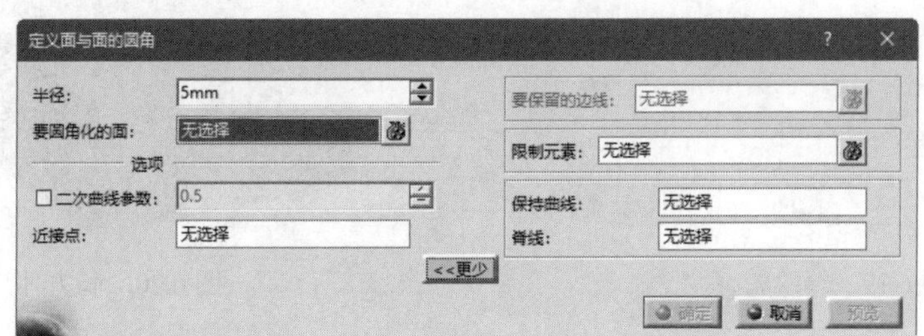

图 6.17 【定义面与面的圆角】对话框

- 保持曲线：用于描述复杂变半径倒圆时半径变化的曲线。该曲线必须足够长，并且必须放置在其中一个倒圆面上。
- 脊线：用于控制圆角的造型。【脊线】通常与【保持曲线】组合应用，其生成倒圆角的基本原理如下，即通过脊线上各点的法平面将两个要圆角化的面对象分成若干个截面，每个截面将包含两条交线（由该截面与两个要圆角化的面对象相交产生），再加上与【保持曲线】的一个交点，由此生成倒圆圆弧，该圆弧与两条交线相切，与交点相合，再依次将这些圆弧连接起来，最终生成倒圆结果。

6.1.3 三切线内圆角

在选定的三个平面间创建与这三个平面相切的圆角面，并以生成的圆角面代替其中的一个平面。

单击【圆角】工具栏中的【三切线内圆角】按钮，弹出图 6.18 所示的【定义三切线内圆角】对话框。

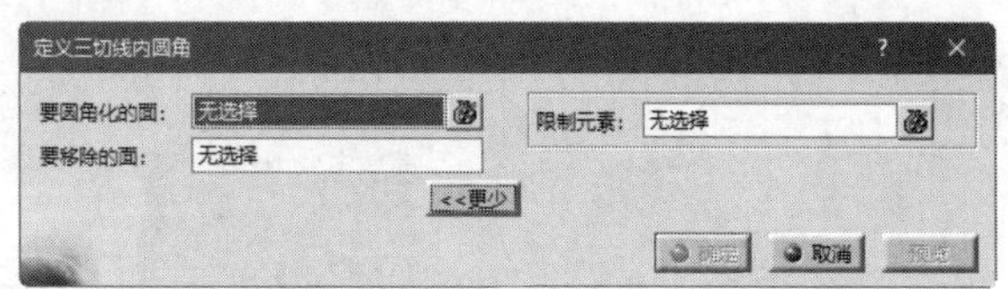

图 6.18 【定义三切线内圆角】对话框

- 要圆角化的面：在图形区中选择两个面，这两个面在圆角化过程中作为支撑面。
- 要移除的面：在图形区中选择一个平面，该平面在圆角化过程中将被圆弧面所替换。
- 限制元素：用平面和点等几何元素限制圆角长度。

扫一扫，看视频

动手学——创建三切线内圆角

创建三切线内圆角的具体操作步骤如下。

（1）选择【开始】→【机械设计】→【零件设计】命令，弹出【新建零件】对话框，输入零件名称【三切线内圆角】，单击【确定】按钮，进入零件设计平台。

（2）在特征树中选择 xy 平面，单击【草图编辑器】工具栏中的【草图】按钮，进入草图工作平台。单击【预定义的轮廓】工具栏中的【居中矩形】按钮，绘制图 6.19 所示的草绘轮廓。单击【工作台】工具栏中的【退出工作台】按钮，退出草图工作平台。

（3）单击【凸台】工具栏中的【凸台】按钮，在弹出的【定义凸台】对话框中输入 30mm，单击【确定】按钮，完成长方体的创建，如图 6.20 所示。

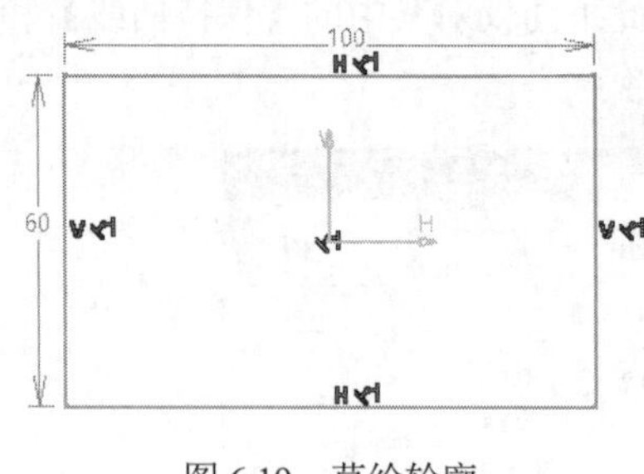

图 6.19 草绘轮廓

图 6.20 长方体

（4）单击【圆角】工具栏中的【三切线内圆角】按钮，弹出【定义三切线内圆角】对话框，①选择长方体上下表面作为【要圆角化的面】，②选择侧面作为【要移除的面】，如图 6.21 所示。③单击【确定】按钮，完成三切线内圆角的创建，如图 6.22 所示。

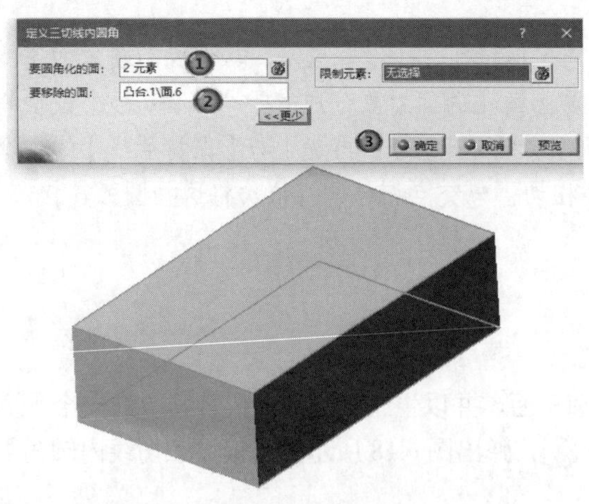

图 6.21 选择面

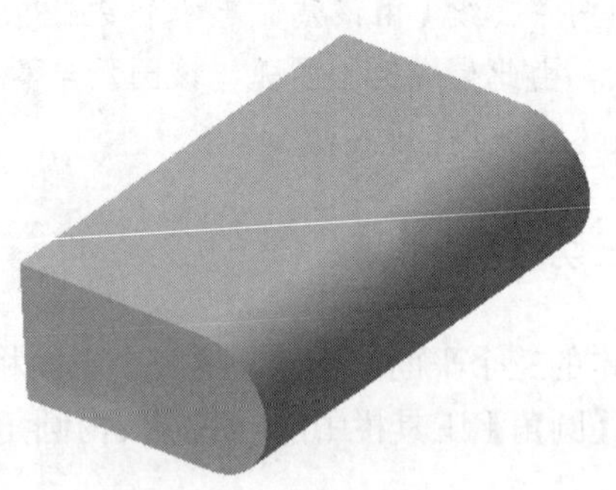
图 6.22 三切线内圆角

（5）选择【文件】→【保存】命令，弹出【另存为】对话框，输入文件名称【sanqiexianneiyuanjiao】，单击【保存】按钮，保存文件。

6.2 倒 角

倒角特征是以一个斜面代替两个相交平面的公共棱边的几何特征。

单击【修饰特征】工具栏中的【倒角】按钮，弹出图 6.23 所示的【定义倒角】对话框。

- 模式：CATIA 提供了长度 1/角度、长度 1/长度 2、弦长度/角度、高度/角度、保持曲线/角度和保持曲线/长度六种倒角参数的定义方式。定义具体参数前，要先确认尺寸的参考方向。在图形区中选中倒角棱边后，该棱边将出现红色箭头，箭头指向的一侧即为参考方向。要改变方向，在图形区中单击箭头或选中对话框最下方的【反转】复选框即可。
  - 长度 1/角度：通过定义倒角在参考方向的长度 1 和参考方向的角度来描述倒角。
  - 长度 1/长度 2：通过定义倒角在参考方向上的长度 1 和另一侧的长度 2 来描述倒角。
- 长度 1、角度、长度 2。
  - 长度 1：定义倒角在参考方向的长度。
  - 角度：定义倒角在参考方向的角度。
  - 长度 2：定义倒角在参考方向另一侧的长度。
- 要倒角的对象：在图形区中选择在零件实体上要创建倒角特征的棱边。
- 传播：用于倒角的生成方式，有相切和最小两种方式可供选择。
  - 相切：倒角化整个选定边线及其相切边线，即在选定边线之外继续进行倒角，直到遇到相切不连续的边线为止。
  - 最小：只对选定的边线进行倒角。

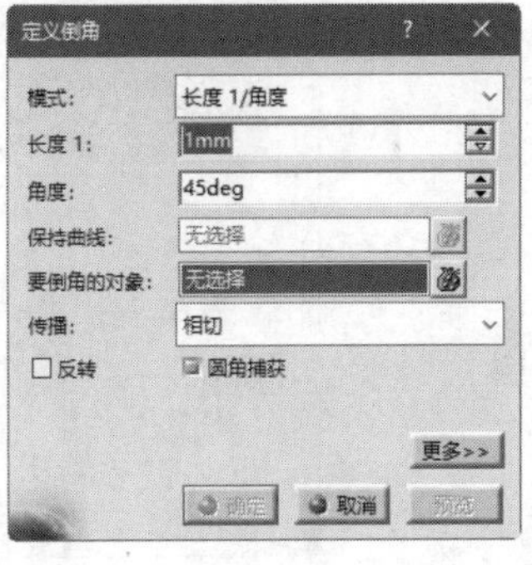

图 6.23 【定义倒角】对话框

动手学——吊钩细节处理

扫一扫，看视频

吊钩细节处理的具体操作步骤如下。

（1）选择【文件】→【打开】命令，在弹出的【选择文件】对话框中选择【diaogou】文件，双击打开。

（2）单击【圆角】工具栏中的【倒圆角】按钮，弹出图 6.24 所示的【倒圆角定义】对话框。选择【半径】按钮和【常量】按钮，在【半径】文本框中输入 2mm，选择吊钩主体上的小端边线为要圆角化的对象，单击【确定】按钮，倒圆角后的实体如图 6.25 所示。

（3）单击【草图编辑器】工具栏中的【草图】按钮，在视图中选择吊钩主体的端面为草图绘制平面，进入草图工作平台。

（4）单击【3D 几何图形】工具栏中的【投影 3D 元素】按钮，将圆端面投影。单击【草图工具】工具栏中的【构造/标准元素】按钮，将投影的圆转换为构造圆。单击【圆】工具栏中的【圆】按钮，绘制与构造圆同心且直径为 14mm 的圆。单击【工作台】工具栏中的【退出工作台】按钮，退出草图工作平台。

（5）单击【凸台】工具栏中的【凸台】按钮，弹出【定义凸台】对话框，在【类型】选择框中选择【尺寸】，在【长度】文本框中输入 25mm，在【轮廓/曲面】选项组中选择刚刚创建的【草图.9】

作为凸台拉伸的轮廓，如图 6.26 所示。单击【确定】按钮，创建的螺柱如图 6.27 所示。

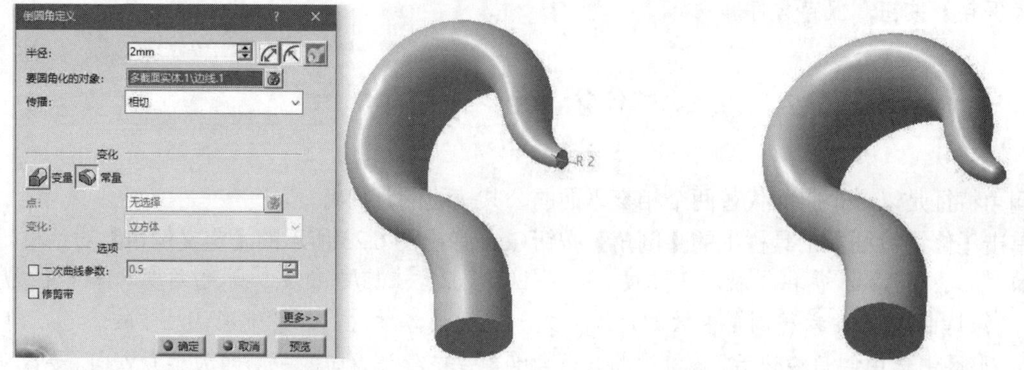

图 6.24 【倒圆角定义】对话框　　图 6.25 倒圆角后的实体

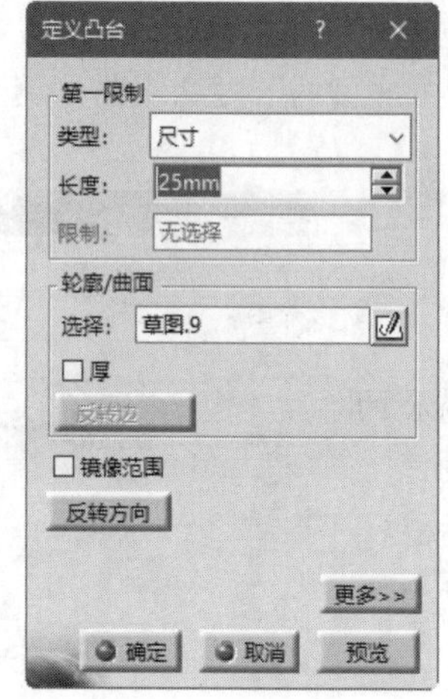

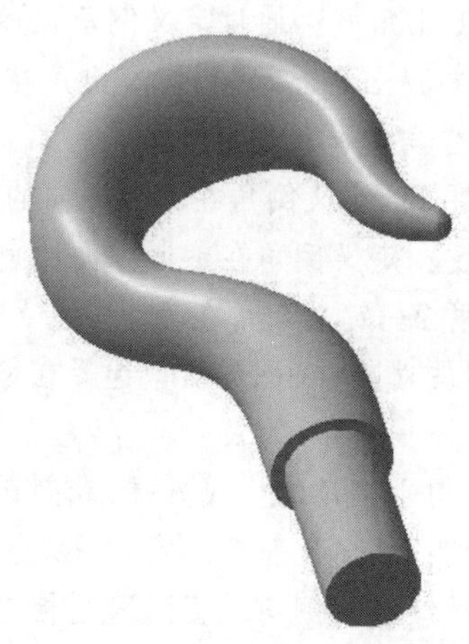

图 6.26 【定义凸台】对话框　　图 6.27 螺柱

（6）单击【修饰特征】工具栏中的【倒角】按钮，弹出图 6.28 所示的【定义倒角】对话框，❶在【模式】下拉列表中选择【长度 1/角度】选项，❷在【长度 1】文本框中输入 2mm，❸在【角度】文本框中输入 45deg，❹选择螺柱的下端面边线为要倒角的对象，❺单击【确定】按钮，结果如图 6.29 所示。

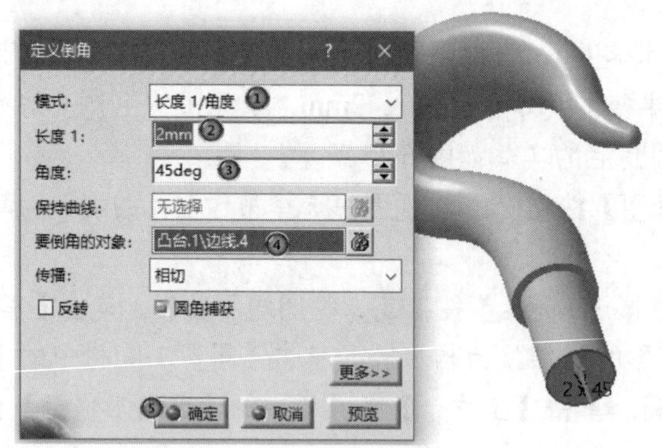

图 6.28 【定义倒角】对话框　　图 6.29 倒角处理

（7）选择【文件】→【保存】命令，保存文件。

练一练——绘制销轴

绘制图 6.30 所示的销轴。

思路点拨：

（1）绘制图 6.31 所示的草图，利用【凸台】命令创建拉伸体。

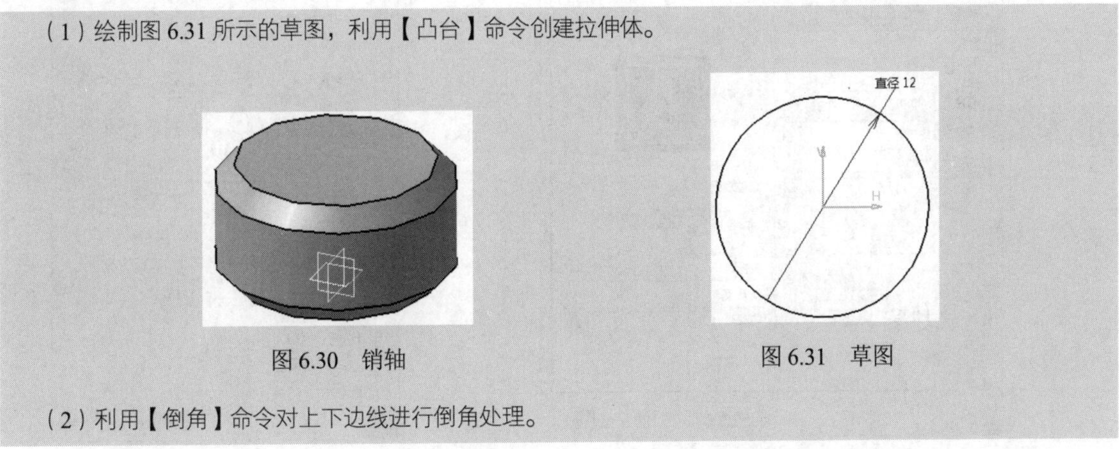

图 6.30　销轴

图 6.31　草图

（2）利用【倒角】命令对上下边线进行倒角处理。

6.3　孔

在创建零件的过程中，往往需要在相应位置创建一定形状的孔，CATIA 为用户提供了包括简单、锥形、沉头、凹陷、倒钻孔五种类型的标准孔及螺纹的创建方法。单击【基于草图的特征】工具栏中的【孔】按钮，选择定为孔的面或平面，系统即可弹出图 6.32 所示的【定义孔】对话框，该对话框包含【扩展】【类型】【定义螺纹】三个选项卡。

1.【扩展】选项卡

【扩展】选项卡用于定义孔生成方式、直径、深度、方向及定位草图等。

- 孔生成方式：CATIA 的孔生成方式有盲孔、直到下一个、直到最后、直到平面和直到曲面，与拉伸功能基本相同。
- 直径：用于设置孔的直径。单击【直径】文本框后面的【定义尺寸限制】按钮，弹出图 6.33 所示的【定义尺寸限制】对话框。
  - 常规公差：根据选择的【标准】，设置角度大小的预定义公差等级。默认情况下，常规公差等级为 ISO 2768f。
  - 数值：使用输入的值来定义【上限】；如果取消选中【对称下限】复选框，还将定义【下限】字段（可选）。
  - 列表值：表示使用标准参考。
  - 单一限制：只需输入最小值和最大值。在【增量/标称】文本框中可以输入相对于标称直径值的值。例如，如果标称直径的值是 10 而输入 1，则公差值为 11。
  - 信息：显示信息尺寸。
  - 选项：显示直接链接到应用程序中所使用的标准的选项。

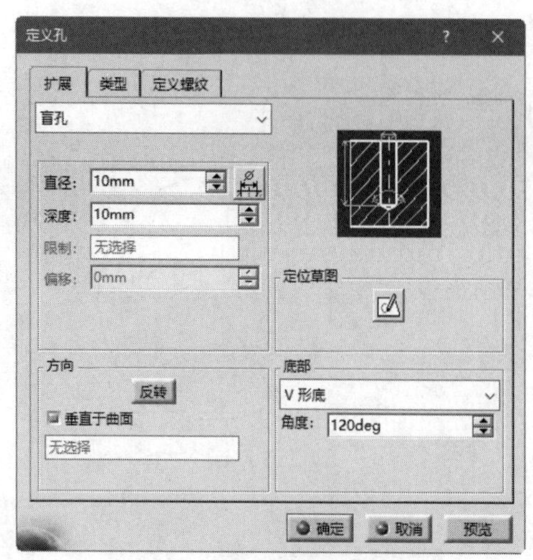

图 6.32 【定义孔】对话框

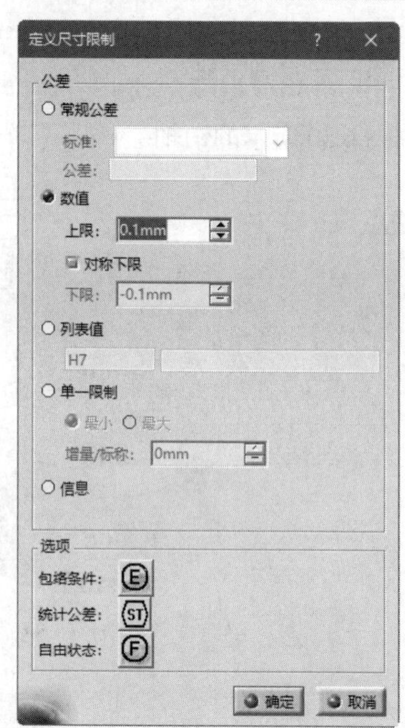

图 6.33 【定义尺寸限制】对话框

- 深度：用于设置孔的深度，该选项只有在孔生成方式为【盲孔】时可用。
- 限制：该选项在孔生成方式为【直到平面】和【直到曲面】时可用，在创建孔时分别选择限制孔的平面或曲面。
- 偏移：该选项除了孔生成方式是【盲孔】之外都可用，用来定义限制平面（或曲面）和孔底之间的偏移量。
- 方向：设置孔的拉伸方向，单击【反转】按钮，可改变孔的拉伸方向。在默认情况下，系统将创建垂直于草图面的孔，但也可以定义不垂直于该面的方向，方法是取消选择【垂直于曲面】选项并选择一条边线或直线。
- 底部：用于设置盲孔底部的形状，提供了【公寓】和【V 形底】两种选项，如图 6.34 和图 6.35 所示。若选择【V 形底】，则需在【角度】文本框中输入 V 形的角度值。

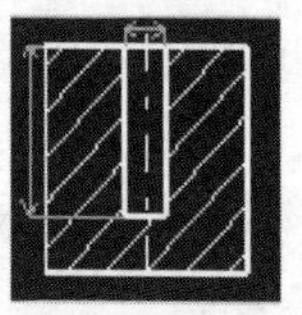

图 6.34 公寓

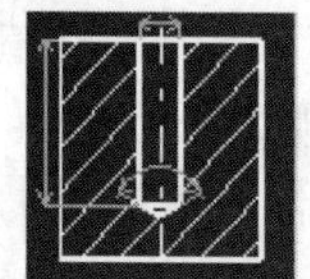

图 6.35 V 形底

- 定位草图：在零件设计中，孔的位置在零件设计中相当重要，CATIA 中的孔的定位是通过孔中心相对于零件表面边界的约束进行定义的。

2. 【类型】选项卡

【类型】选项卡用于定义孔的类型，如图 6.36 所示。

- 孔的类型：CATIA 定义孔的类型有简单、锥形孔、沉头孔、埋头孔和倒钻孔。
- 孔标准：设置孔的标准。

- 参数：对不同类型的孔设置一系列相关的参数。
- 定位点：定位孔的定位点。

3. 【定义螺纹】选项卡

【定义螺纹】选项卡用于定义螺纹孔的类型和参数，如图 6.37 所示。

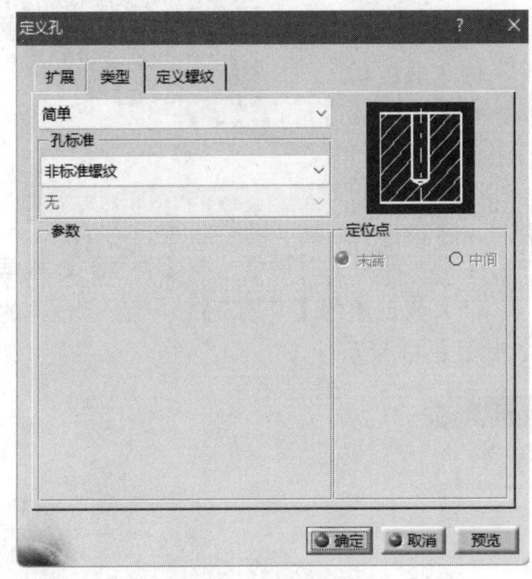

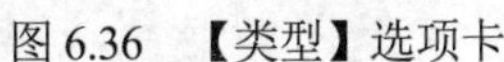
图 6.36　【类型】选项卡

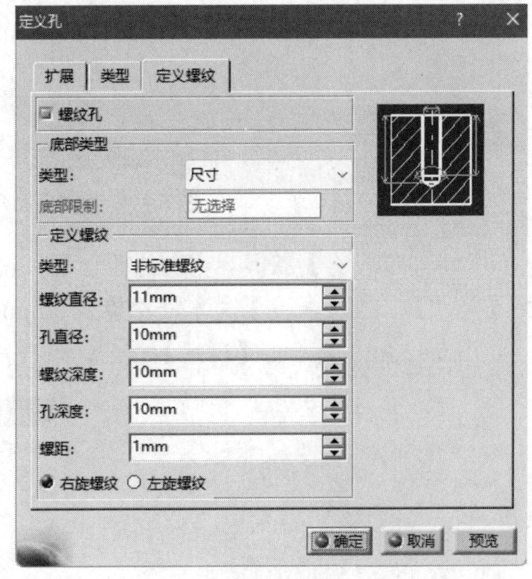

图 6.37　【定义螺纹】选项卡

- 螺纹孔：勾选该复选框后，可以生成螺纹孔。
- 底部类型：用于设置螺纹孔底部的形状。
  - 类型：有尺寸、支持面深度和直到平面三种类型。
  - 底部限制：该选项在类型为直到平面时可以使用。
- 定义螺纹：对不同类型的螺纹设置一系列相关的参数。

  类型：有公制粗牙螺纹、公制细牙螺纹和非标准螺纹三种类型。

动手学——创建油嘴

扫一扫，看视频

创建油嘴的具体操作步骤如下。

（1）选择【开始】→【机械设计】→【零件设计】命令，弹出【新建零件】对话框，输入零件名称【油嘴】，单击【确定】按钮，进入零件设计平台。

（2）在特征树中选择 yz 平面，单击【草图编辑器】工具栏中的【草图】按钮，进入草图工作平台，绘制图 6.38 所示的草图。单击【工作台】工具栏中的【退出工作台】按钮，退出草图工作平台。

（3）单击【凸台】工具栏中的【凸台】按钮，弹出【定义凸台】对话框，在【类型】选择框中选择【尺寸】，在【长度】文本框中输入 6mm，勾选【镜像范围】复选框，选择第（2）步创建的【草图.1】作为凸台拉伸的轮廓，如图 6.39 所示。单击【确定】按钮，创建的凸台 1 如图 6.40 所示。

（4）单击【草图编辑器】工具栏中的【草图】按钮，选择第（3）步创建的凸台的端面为草图绘制面，进入草图工作平台。

（5）单击【预定义的轮廓】工具栏中的【多边形】按钮，绘制图 6.41 所示的草图。单击【工作台】工具栏中的【退出工作台】按钮，退出草图工作平台。

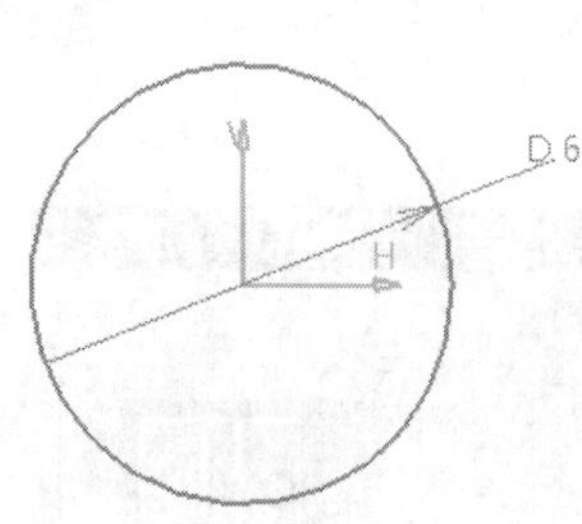

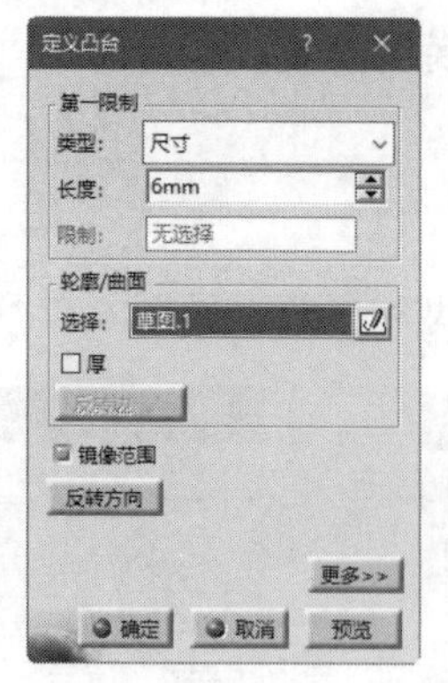

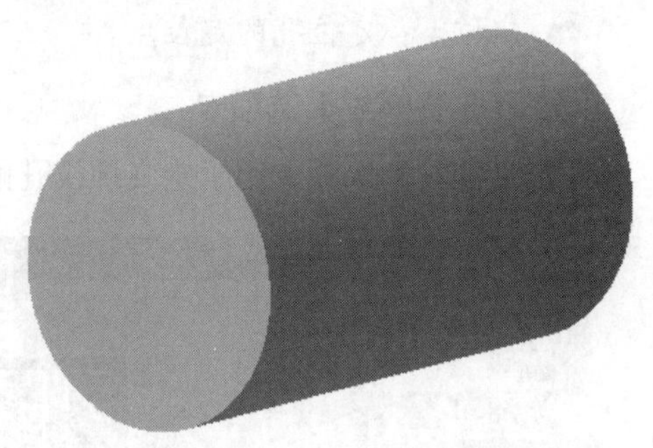

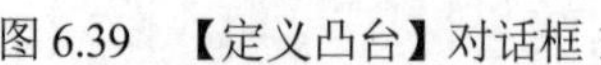

图6.38　草图.1　　图6.39　【定义凸台】对话框1　　图6.40　凸台1

（6）单击【凸台】工具栏中的【凸台】按钮，弹出【定义凸台】对话框，在【类型】选择框中选择【尺寸】，在【长度】文本框中输入 2mm，选择第（5）步创建的【草图.2】作为凸台拉伸的轮廓，如图6.42所示。单击【确定】按钮，创建的凸台2如图6.43所示。

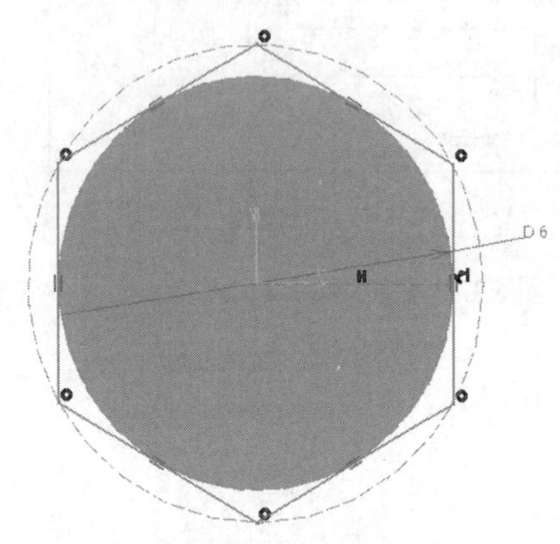

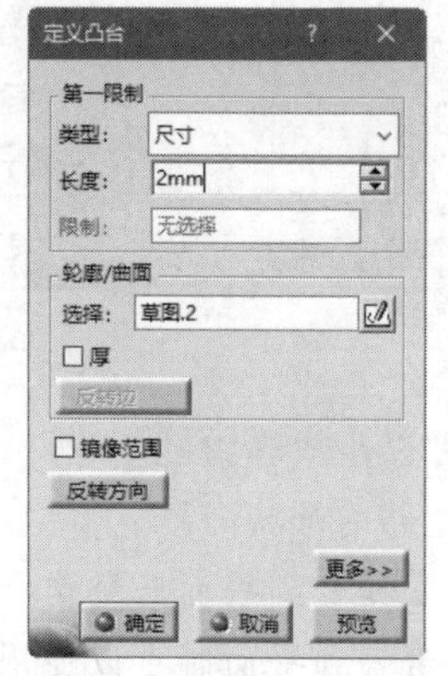

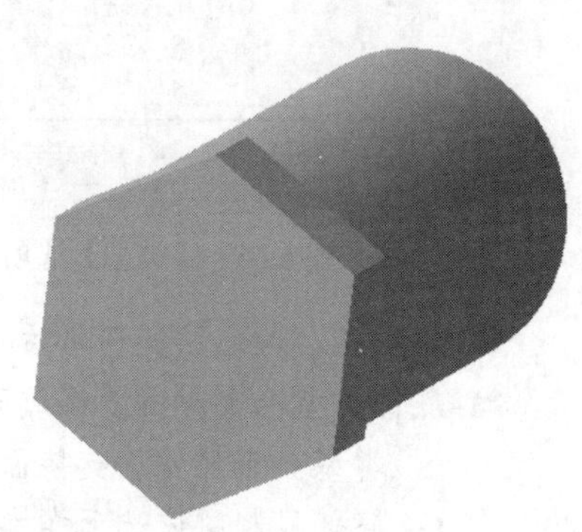

图6.41　草图.2　　图6.42　【定义凸台】对话框2　　图6.43　凸台2

（7）单击【草图编辑器】工具栏中的【草图】按钮，在特征树中选择 xy 平面为草图绘制平面，进入草图工作平台。

（8）单击【轮廓】工具栏中的【轮廓】按钮，绘制图6.44所示的草图。单击【工作台】工具栏中的【退出工作台】按钮，退出草图工作平台。

（9）单击【基于草图的特征】工具栏中的【旋转体】按钮，弹出图6.45所示的【定义旋转体】对话框。系统自动选择第（8）步绘制的草图为轮廓，在【轴】选项组中右击，在弹出的快捷菜单中选择X轴，在【第一角度】和【第二角度】文本框中分别输入360deg和0deg，单击【确定】按钮，创建图6.46所示的旋转体。

（10）单击【基于草图的特征】工具栏中的【孔】按钮，选取旋转体上表面，弹出【定义孔】对话框，此时孔定位于圆弧的圆心。❶设置限制类型为【直到最后】，❷选择【定义螺纹】选项卡，❸勾选【螺纹孔】复选框，❹将【定义螺纹】选项组中的【类型】设置为【公制粗牙螺纹】，❺【螺纹描述】选择【M2】，❻在【螺纹深度】文本框中输入13mm，其他采用默认设置，如图6.47所示。❼单击【确定】按钮，完成孔的创建，如图6.48所示。

（11）选择【文件】→【保存】命令，弹出【另存为】对话框，输入文件名称【youzui】，单击【保存】按钮，保存文件。

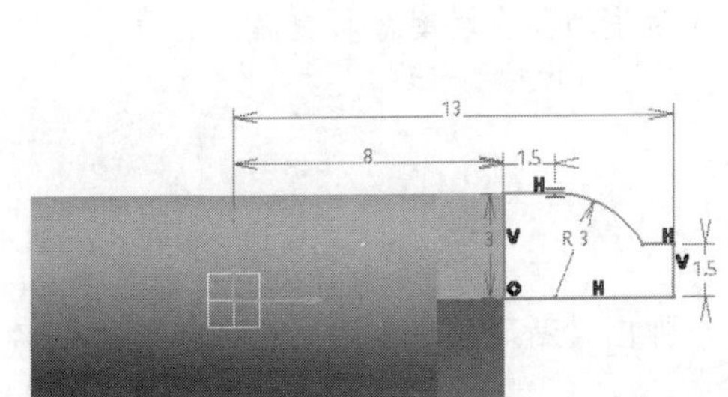

图 6.44　草图.3

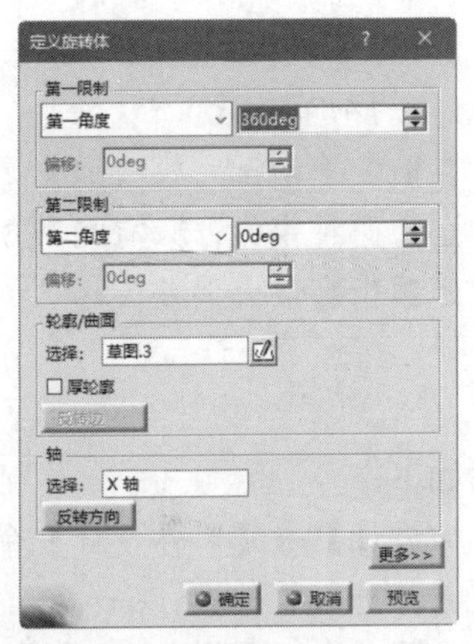

图 6.45　【定义旋转体】对话框

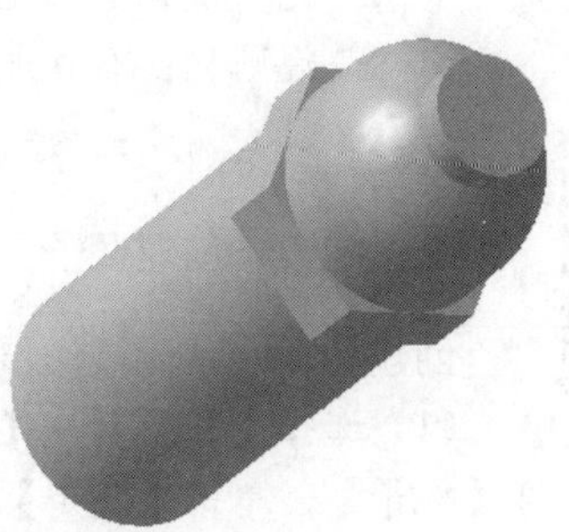

图 6.46　旋转体

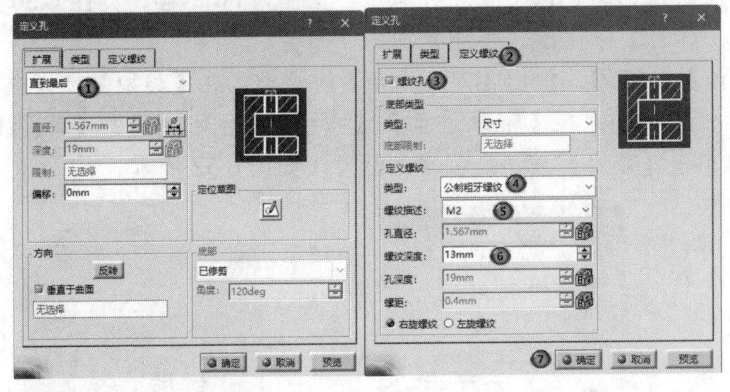

图 6.47　【定义孔】对话框

图 6.48　孔

6.4　抽　　壳

抽壳功能是按照一定的规则将实体零件内部掏空，该功能在一些盒形的设计中经常用到。

单击【修饰特征】工具栏中的【盒体】按钮，弹出图 6.49 所示的【定义盒体】对话框。

- 默认厚度：对所选材料的面进行移除并输入默认内侧和外侧厚度值。
  - 要移除的面：选择要移除材料的面。
  - 内侧厚度：从指定表面向内侧保留的厚度。
  - 外侧厚度：从指定表面向外侧增加的厚度，该项默认为 0。
- 其他厚度：用于定义非默认厚度的表面并输入它们的内侧和外侧厚度值。
  - 面：选择不同厚度的多个面。
  - 内侧厚度：从指定表面向内侧保留的厚度。
  - 外侧厚度：从指定表面向外侧增加的厚度，该项默

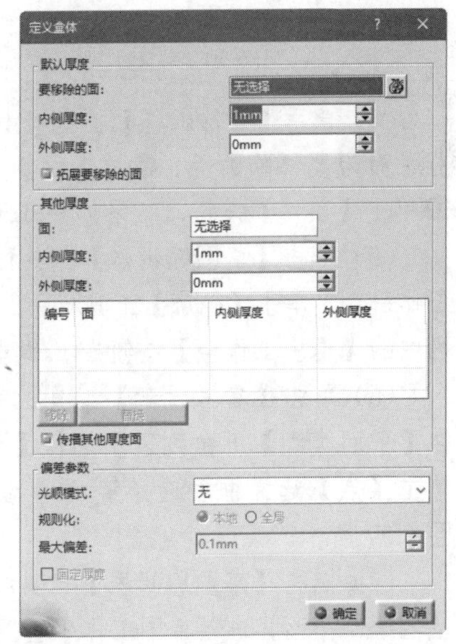

图 6.49　【定义盒体】对话框

认为 0。

- 偏差参数：用于修改盒体的细节参数。
  - 光顺模式：有无、自动和手动三种模式。
  - 规则化：有本地和全局两种模式，只有在光顺模式为手动和自动时才可更改。
  - 最大偏差：为手动光顺指定最大偏差。

扫一扫，看视频

动手学——创建杯子

创建杯子的具体操作步骤如下。

（1）选择【开始】→【机械设计】→【零件设计】命令，弹出【新建零件】对话框，输入零件名称【杯子】，单击【确定】按钮，进入零件设计平台。

（2）在特征树中选择 xy 平面，单击【草图编辑器】工具栏中的【草图】按钮，进入草图工作平台。单击【轮廓】工具栏中的【圆】按钮，绘制圆心在坐标原点、直径为 80 的圆，如图 6.50 所示。单击【工作台】工具栏中的【退出工作台】按钮，退出草图工作平台。

（3）单击【凸台】工具栏中的【凸台】按钮，弹出【定义凸台】对话框，在【类型】选择框中选择【尺寸】，在【长度】文本框中输入 100mm，在【轮廓/曲面】选项组选择刚刚创建的【草图.1】作为凸台拉伸的轮廓，如图 6.51 所示。单击【确定】按钮，创建的凸台 1 如图 6.52 所示。

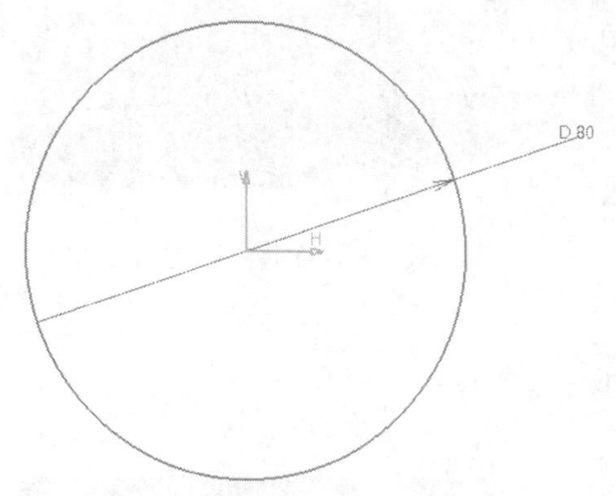

图 6.50　草图.1

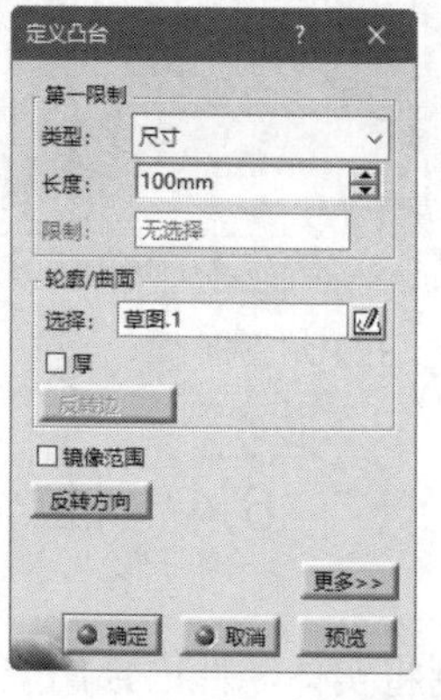

图 6.51　【定义凸台】对话框

图 6.52　凸台 1

（4）单击【修饰特征】工具栏中的【盒体】按钮，弹出【定义盒体】对话框，❶选择凸台.1 的上表面为要移除的面，❷在【内侧厚度】文本框中输入 5mm，其他采用默认设置，如图 6.53 所示。❸单击【确定】按钮，结果如图 6.54 所示。

（5）单击【草图编辑器】工具栏中的【草图】按钮，选择 zx 平面为草图绘制平面，进入草图工作平台。单击【轮廓】工具栏中的【轮廓】按钮，绘制图 6.55 所示的草图。单击【工作台】工具栏中的【退出工作台】按钮，退出草图工作平台。

（6）单击【参考元素】工具栏中的【平面】按钮，弹出图 6.56 所示的【平面定义】对话框，在【平面类型】下拉列表中选择【平行通过点】，单击【参考】选择框后在特征树中选择 yz 平面，单击【点】选择框后选择第（5）步绘制的草图上端点。单击【确定】按钮，完成平面的创建，如图 6.57 所示。

（7）单击【草图编辑器】工具栏中的【草图】按钮，在特征树中选择第（6）步创建的平面为草图绘制平面，进入草图工作平台。单击【轮廓】工具栏中的【圆】按钮，绘制图 6.58 所示的杯把手截面圆形轮廓。单击【工作台】工具栏中的【退出工作台】按钮，退出草图工作平台。

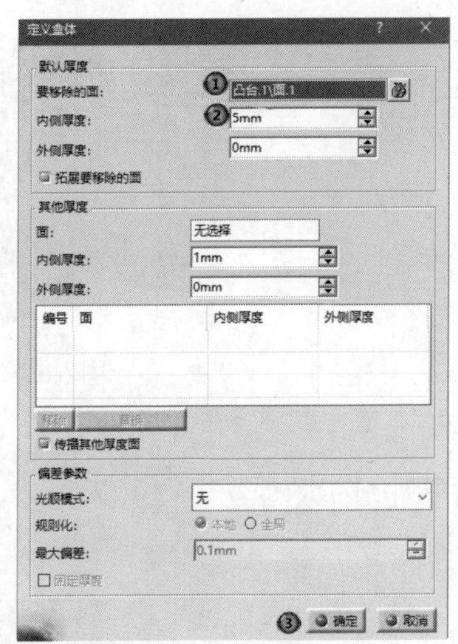

图 6.53　【定义盒体】对话框

图 6.54　定义盒体后的部件

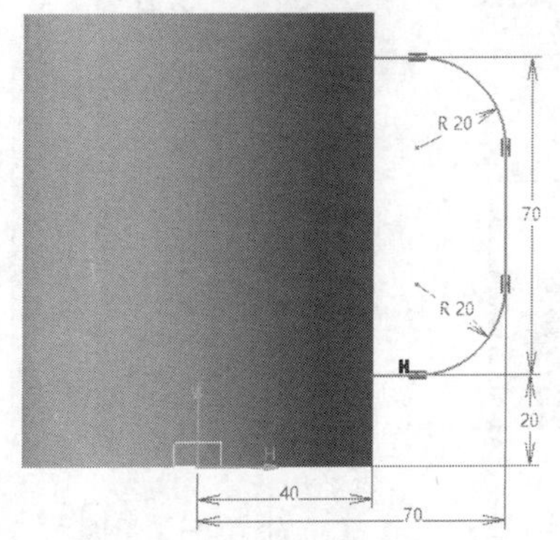

图 6.55　中心曲线草图

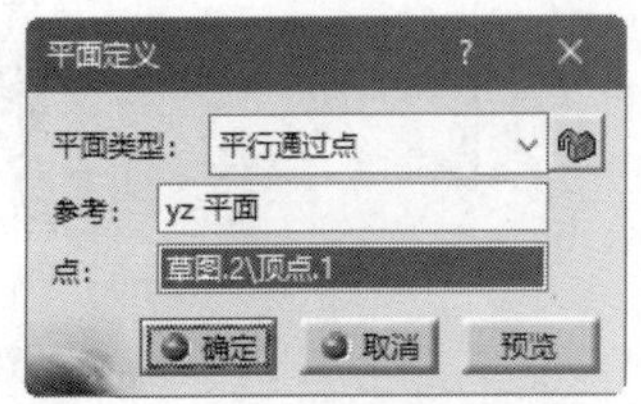

图 6.56　【平面定义】对话框

图 6.57　平面

（8）单击【基于草图的特征】工具栏中的【肋】按钮，弹出【定义肋】对话框，选择第（7）步创建的【草图.3】作为轮廓，选择【草图.2】作为扫掠的中心曲线，在【轮廓控制】选项组中选择【保持角度】，并勾选【合并肋的末端】复选框，如图 6.59 所示。单击【确定】按钮，完成杯把手的创建，如图 6.60 所示。

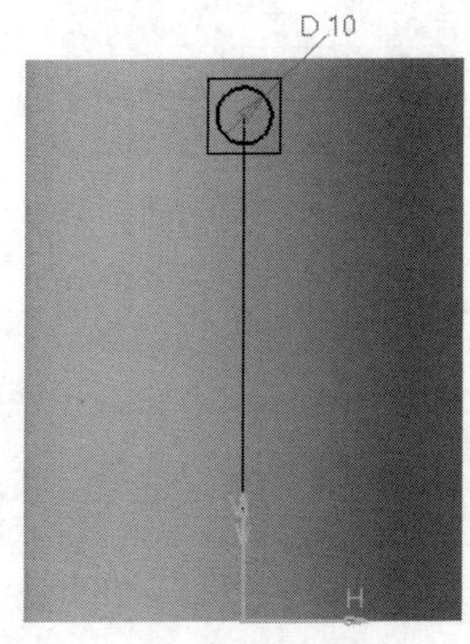

图 6.58　杯把手截面圆形轮廓

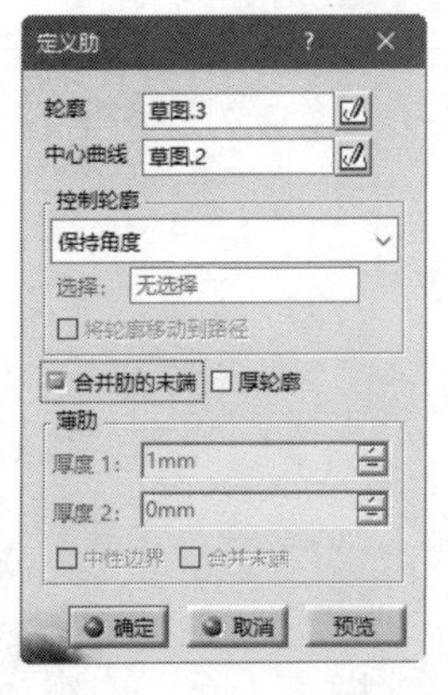

图 6.59　【定义肋】对话框

图 6.60　杯把手

（9）选择【文件】→【保存】命令，弹出【另存为】对话框，输入文件名称【beizi】，单击【保存】按钮，保存文件。

扫一扫，看视频

练一练——绘制垃圾桶外壳

绘制图 6.61 所示的垃圾桶外壳。

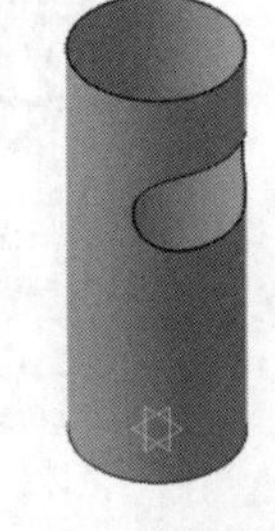
图 6.61 垃圾桶外壳

思路点拨：

（1）绘制图 6.62 所示的草图，利用【凸台】命令创建拉伸体。

（2）利用【抽壳】命令创建厚度为 2 的壳体并移除上下表面，如图 6.63 所示。

（3）绘制图 6.64 所示的草图，利用【凹槽】命令创建孔。

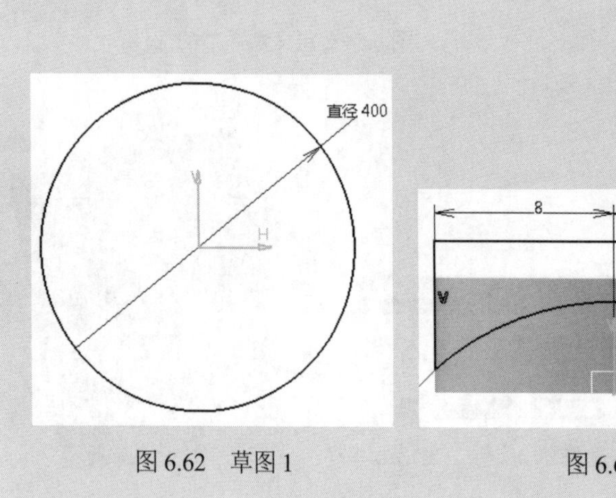

图 6.62 草图 1　　图 6.63 草图 2

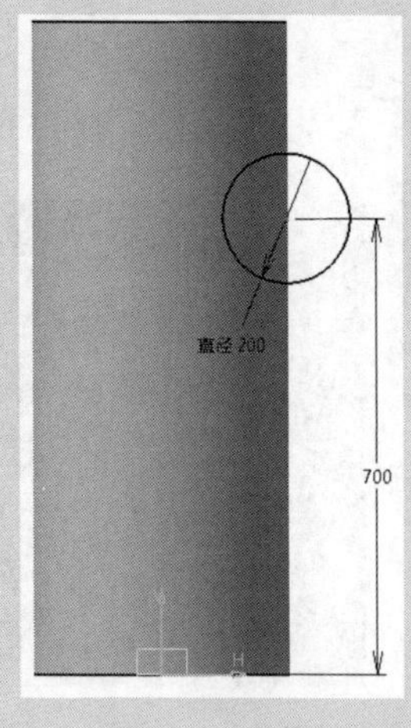

图 6.64 草图 3

6.5 厚　度

厚度特征即增加或减少指定形体表面的厚度。单击【修饰特征】工具栏中的【厚度】按钮，弹出图 6.65 所示的【定义厚度】对话框。

- 定义厚度：选中材料的面，修改其厚度，正数表示增加的厚度，负数表示减少的厚度。
  - 面：指定其他厚度的面。
  - 厚度：指定面的厚度。
- 偏差参数；用于修改盒体的细节参数。
  - 光顺模式：有无、自动和手动三种模式。
  - 规则化：有本地和全局两种模式，只有在光顺模式为手动和自动时才可更改。
  - 最大偏差：为手动光顺指定最大偏差。

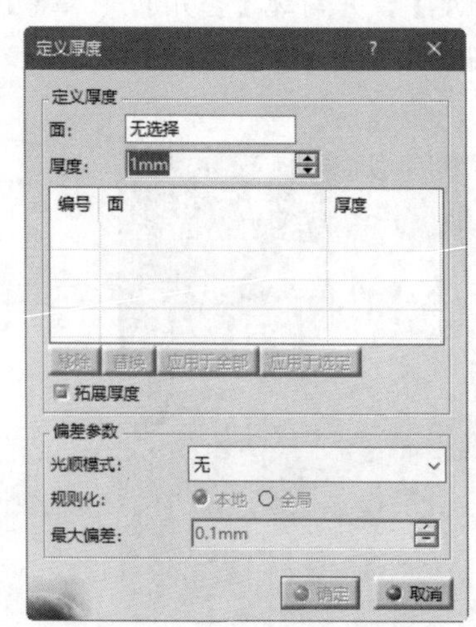

图 6.65 【定义厚度】对话框

扫一扫，看视频

动手学——更改杯子壁厚度

更改杯子壁厚度的具体操作步骤如下。

（1）选择【文件】→【打开】命令，在弹出的【选择文件】对话框中选择【beizi】文件，双击将其打开。

（2）单击【修饰特征】工具栏中的【厚度】按钮，弹出【定义厚度】对话框，①选择图 6.66 所示的圆柱面，②在【厚度】文本框中输入 8mm，③单击【确定】按钮，创建图 6.67 所示的零件表面加厚特征。

（3）若在【厚度】文本框中输入厚度-4mm，其他选项都相同，单击【确定】按钮，则创建零件表面减厚特征，如图 6.68 所示。

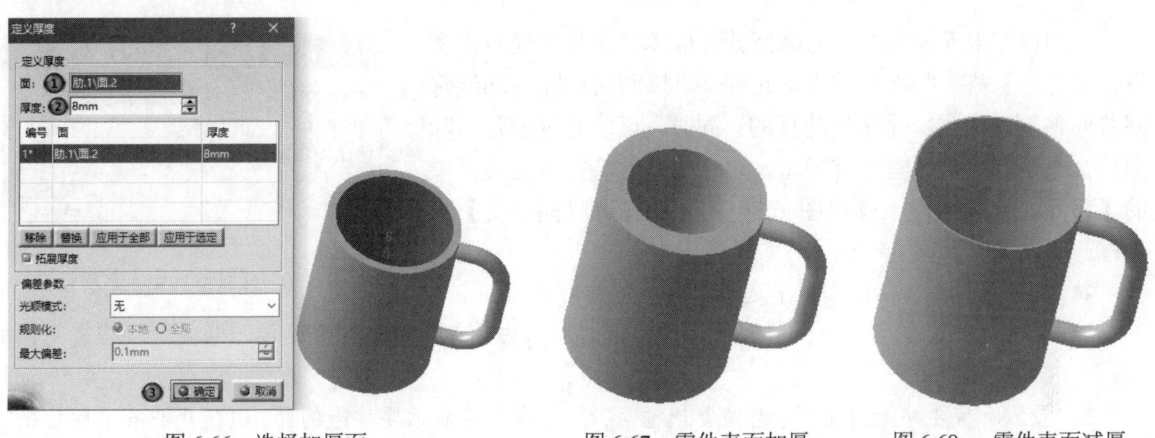

图 6.66　选择加厚面　　图 6.67　零件表面加厚　　图 6.68　零件表面减厚

（4）选择【文件】→【保存】命令，保存文件。

6.6 螺纹特征

螺纹特征即在圆柱表面生成外螺纹或在圆孔表面生成内螺纹，但只是将螺纹信息记录到数据库，三维模型上并不产生螺旋线，而是在二维视图上采用了螺纹的规定画法。单击【修饰特征】工具栏中的【外螺纹/内螺纹】按钮，弹出图 6.69 所示的【定义外螺纹/内螺纹】对话框。

- 【几何图形定义】选项组。
  - 侧面：创建螺纹特征的实体圆柱面，包括实体外表面或内孔表面。
  - 限制面：限制螺纹起始位置的实体表面，限制面必须为平面。
  - 外螺纹/内螺纹：选择需要创建的螺纹类型。
  - 反转方向：控制创建螺纹的方向。单击该按钮后，将在限制平面的另一侧创建螺纹。

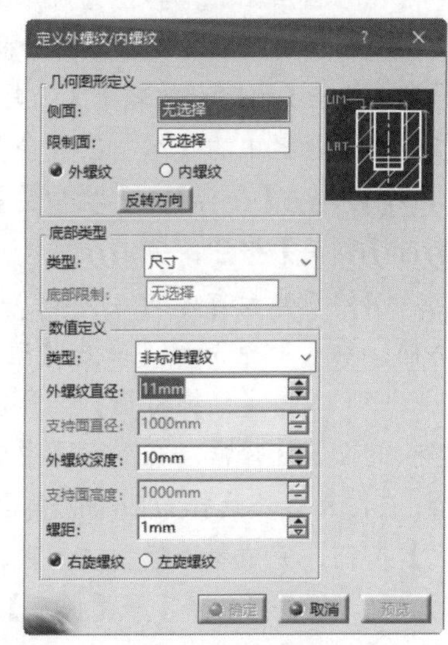

图 6.69　【定义外螺纹/内螺纹】对话框

- 【底部类型】选项组。
  - 类型：提供了尺寸、支持面深度和直到平面三种类型。当选择【直到平面】时，需要在限面的【底部限制】选择框中选择限制平面。
  - 底部限制：仅当底部类型为【直到平面】时该选项可用。单击该选项，在图形区中选择平面作为螺纹底部的限制元素。
- 【数值定义】选项组：定义螺纹各种参数的数值，本部分内容在前面孔的定义中已给出介绍，相关内容请查阅创建孔部分内容。

6.7 移除面

在创建有限元模型时，为降低计算成本，常常需要对模型进行简化，忽略一些次要因素。此时，可以利用移除面功能将某些面移除来达到简化零件的目的。同时，可以通过删除移除面特征来恢复零件原有细化模型。单击【修饰特征】工具栏中的【移除面】按钮，弹出图 6.70 所示的【移除面定义】对话框。

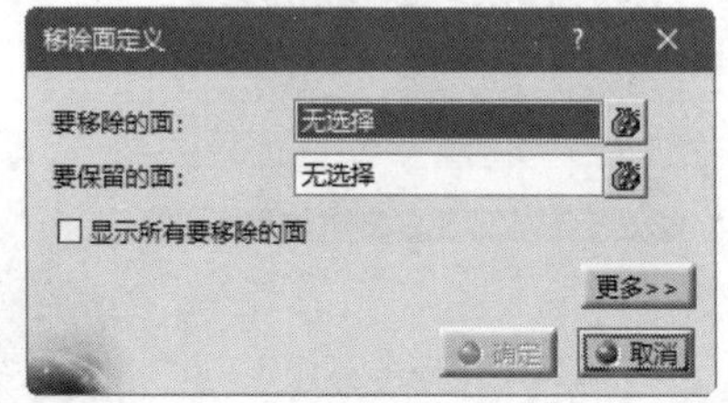

图 6.70 【移除面定义】对话框

- 要移除的面：在图形区中选择要移除的面对象。
- 要保留的面：定义要保留的面，当定义的面除去后，保留的面会延伸，以便重新构成封闭的实体。
- 显示所有要移除的面：勾选该复选框后，图形区中将显示要移除的面，方便用户查看除去的区域是否正确。

扫一扫，看视频

动手学——移除圆角面

移除圆角面的具体操作步骤如下。

（1）选择【开始】→【机械设计】→【零件设计】命令，弹出【新建零件】对话框，输入零件名称【移除圆角面】，单击【确定】按钮，进入零件设计平台。

（2）在特征树中选择 xy 平面，单击【草图编辑器】工具栏中的【草图】按钮，进入草图工作平台。单击【预定义的轮廓】工具栏中的【居中矩形】按钮，绘制图 6.71 所示的草图轮廓。单击【工作台】工具栏中的【退出工作台】按钮，退出草图工作平台。

（3）单击【凸台】工具栏中的【凸台】按钮，在弹出的【定义凸台】对话框中输入拉伸长度 20mm，单击【确定】按钮，完成长方体的创建。

（4）选择长方体的上表面，单击【圆角】工具栏中的【倒圆角】按钮，弹出【倒圆角定义】对话框，输入半径 3mm，单击【确定】按钮，完成倒圆角特征，如图 6.72 所示。

（5）单击【修饰特征】工具栏中的【移除面】按钮，弹出【移除面定义】对话框，❶单击【要移除的面】选择框，在图形区中选择四个倒圆角面作为要移除的面对象；❷单击【要保留的面】选择框，在图形区中选择与四个圆角面分别相交的五个面作为要保留的面对象，如图 6.73 所示。❸单击【确定】按钮，完成零件模型的修改，如图 6.74 所示。

（6）选择【文件】→【保存】命令，弹出【另存为】对话框，输入文件名称【yichuyuanjiaomian】，单击【保存】按钮，保存文件。

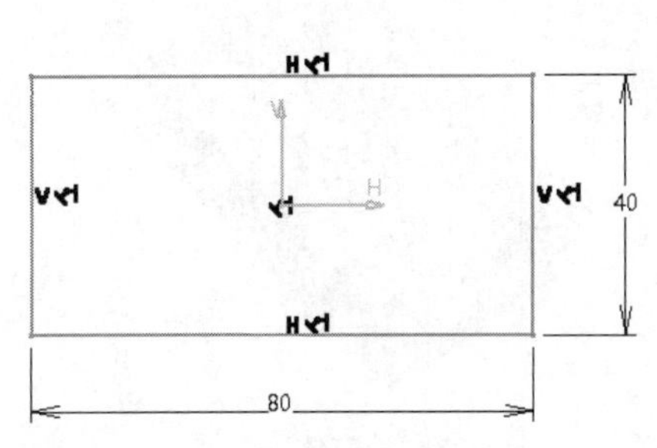

图 6.71 草图轮廓

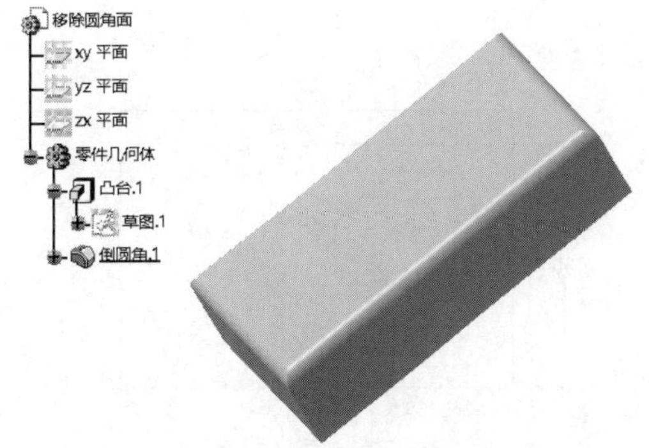

图 6.72 完成倒圆角特征

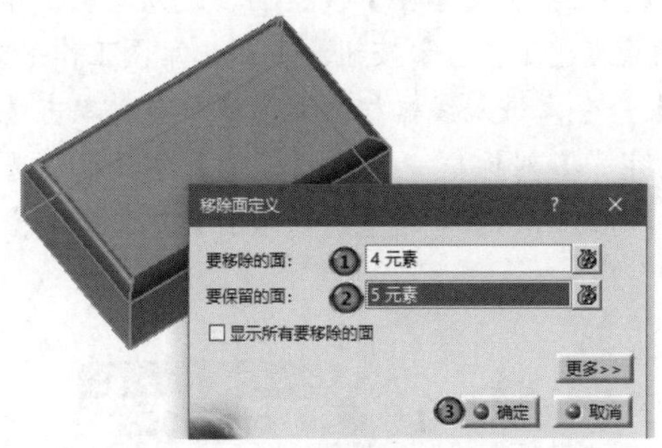

图 6.73 选择面

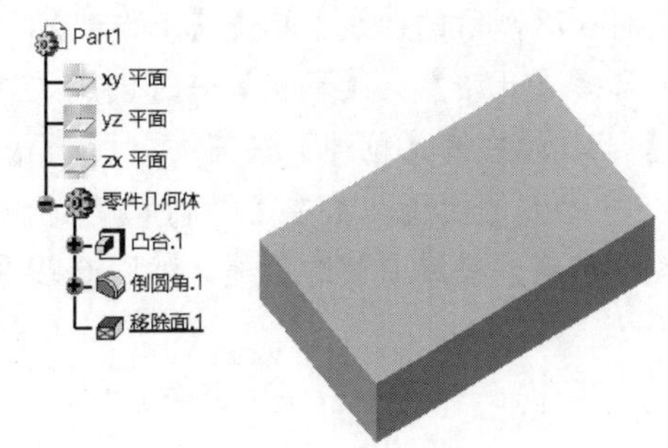

图 6.74 移除后的零件

6.8 替换面

替换面即用一个外部曲面替换零件现有实体的表面。单击【修饰特征】工具栏中的【替换面】按钮，弹出图 6.75 所示的【定义替换面】对话框。

- 替换曲面：在图形区中选择替换曲面。
- 要移除的面：选择零件实体表面需要删除的表面，原来与该面相连的其他面将自动延伸，以便与替换曲面重新构成封闭的实体。注意图形区中的红色箭头指向，箭头指向的一侧即是零件实体将要保留的一侧，单击箭头可以使其朝向相反。

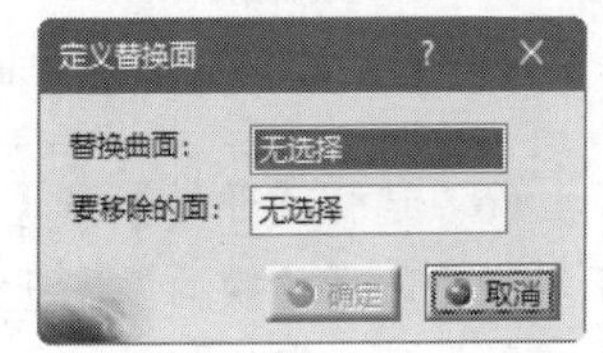

图 6.75 【定义替换面】对话框

动手学——替换面

替换面的具体操作步骤如下。

(1) 选择【开始】→【机械设计】→【零件设计】命令，弹出【新建零件】对话框，输入零件名称【替换面】，单击【确定】按钮，进入零件设计平台。

(2) 在特征树中选择 xy 平面，单击【草图编辑器】工具栏中的【草图】按钮，进入草图工作平台。单击【预定义的轮廓】工具栏中的【居中矩形】按钮，绘制图 6.76 所示的草图轮廓。单击【工作台】工具栏中的【退出工作台】按钮，退出草图工作平台。

(3) 单击【凸台】工具栏中的【凸台】按钮，在弹出的【定义凸台】对话框中输入拉伸长度 30mm，单击【确定】按钮，完成长方体的创建，如图 6.77 所示。

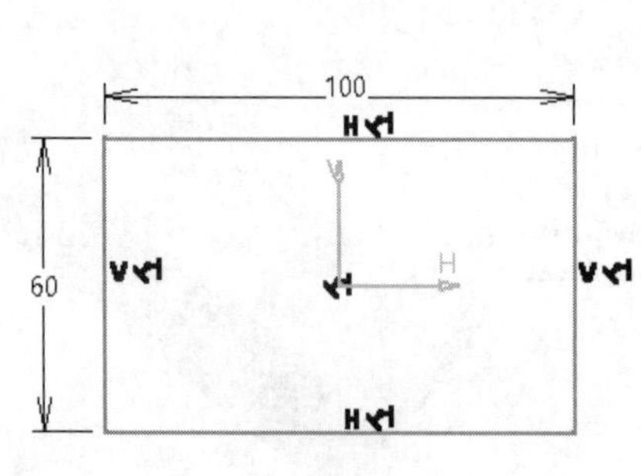

图 6.76　草图轮廓

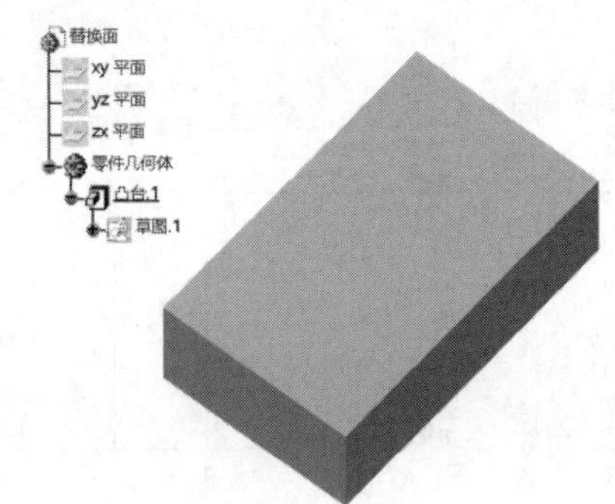

图 6.77　长方体

（4）在特征树中选择 yz 平面，单击【草图编辑器】工具栏中的【草图】按钮，进入草图工作平台，绘制图 6.78 所示的曲线。单击【工作台】工具栏中的【退出工作台】按钮，退出草图工作平台。

（5）选择【开始】→【形状】→【创成式外形设计】命令，进入线框和曲面设计平台。单击【拉伸-旋转】工具栏中的【拉伸】按钮，弹出【拉伸曲面定义】对话框，❶在【轮廓】选择框中选择步骤（4）中绘制的曲线，❷在【限制 1】中输入拉伸尺寸 60mm，❸勾选【镜像范围】复选框，❹单击【确定】按钮，完成曲面的创建，如图 6.79 所示。

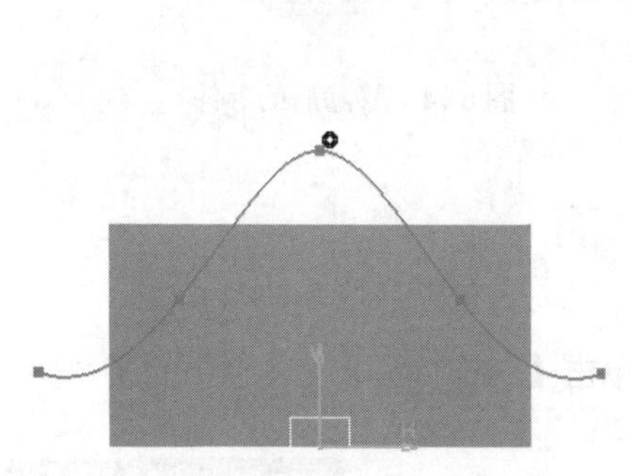

图 6.78　曲线

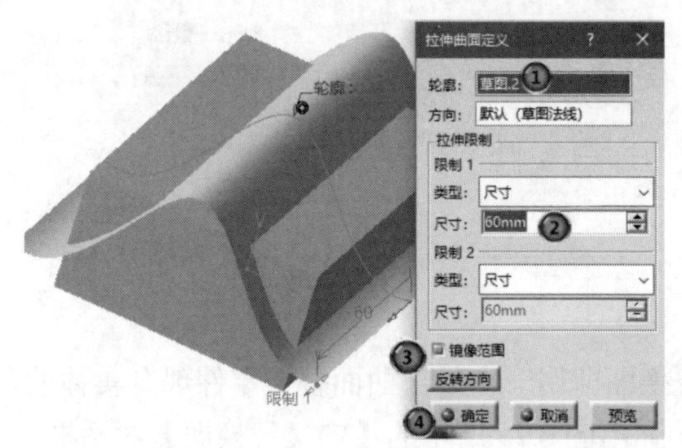

图 6.79　拉伸曲面

（6）选择【开始】→【机械设计】→【零件设计】命令，进入零件设计平台。单击【修饰特征】工具栏中的【替换面】按钮，弹出【定义替换面】对话框，❶单击【替换曲面】选择框，选择刚刚创建的曲面，❷选择零件的上表面为要移除的面，❸单击箭头更改方向，如图 6.80 所示。❹单击【确定】按钮，完成零件的修改，隐藏拉伸面的显示，最终效果如图 6.81 所示。

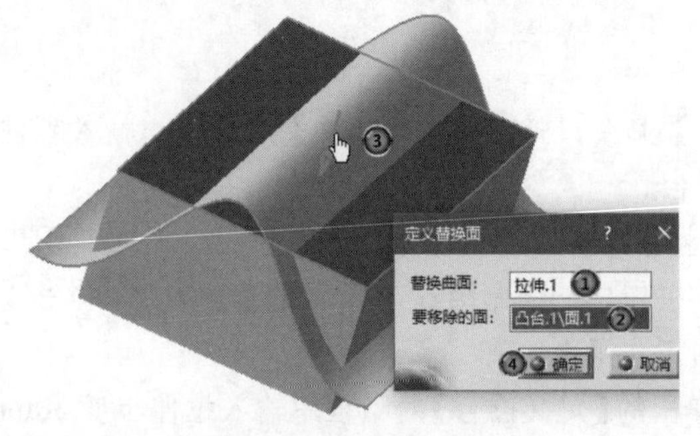

图 6.80　选择面

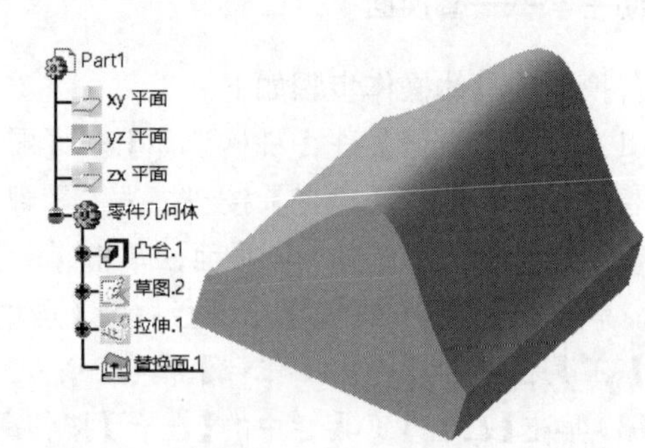

图 6.81　替换面

（7）选择【文件】→【保存】命令，弹出【另存为】对话框，输入文件名称【tihuanmian】，单击【保存】按钮，保存文件。

6.9 拔　模

图 6.82 【拔模】工具栏

在铸造零件时，为使零件能轻松地从铸模中取出，通常在零件表面上设计一个倾斜角，该角称为拔模角。

单击【修饰特征】工具栏中按钮右下角的黑色小三角，展开图 6.82 所示的【拔模】工具栏，其从左到右依次是拔模斜度、拔模反射线、可变角度拔模。

6.9.1 基本拔模

单击【拔模】工具栏中的【拔模斜度】按钮，弹出【定义拔模】对话框，在【拔模类型】中选择【常量】，即基本拔模，如图 6.83 所示。

- 角度：拔模面与拔模方向之间的夹角。
- 要拔模的面：在图形区中选择需要拔模的实体表面，通过单击【要拔模的面】字段右侧的图标来对拔模面列表进行编辑。如果选中【通过中性面选择】复选框，则无须对【要拔模的面】进行定义，系统将自动根据中性面选择那些实体面作为拔模面。
- 通过中性面选择：选中该复选框，表示拔模面的选择将通过所选取的中性面来决定，即所有与中性面相交的实体表面都是拔模面。

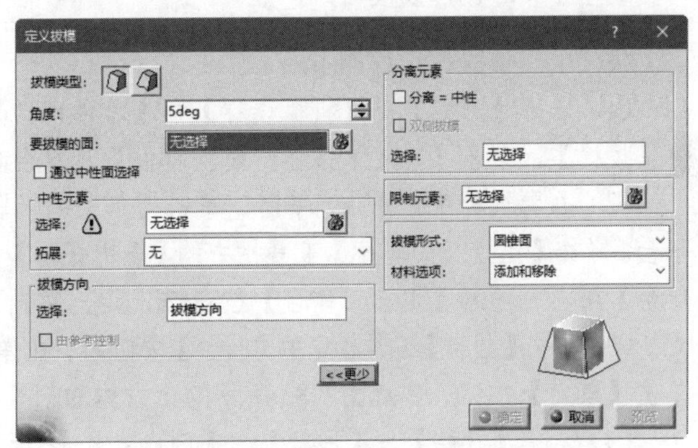

图 6.83 【定义拔模】对话框

- 中性元素：在拔模时保持不变的元素。通过该元素定义中性曲线，拔模面将位于此曲线上。
  - 选择：通过【选择】选择框定义分模面。分模面可以由许多连续或不连续的面组成，也可以是曲面，系统将第一个选择的分模面的垂直方向作为拔模方向。
  - 拓展：拓展中包含【无】和【光顺】两个选项。

    无：表示没有任何拓展。

    光顺：表示系统将相切拓展的面集成到中性面上以定义中性元素。
- 拔模方向：拉出方向即拔模方向，默认情况下，拉出方向与中性面垂直。
  - 可以在【选择】选择框中单击，在图形区中选择需要的方向作为创建拔模特征的拉出方向。
  - 由参考控制：勾选该复选框，表示当定义的元素改变时拔模方向也随之改变；当拔模方向定义好后，取消勾选该复选框表示拔模方向不再随定义的元素改变而改变。
- 分离元素：平面或曲面将零件分割成两部分，并且每一部分都根据其先前定义的方向进行拔模。中性元素与分离元素可以是同一元素。

- 分离=中性：当分模面穿过拔模面时，分模面将拔模面分成上下两部分，而用户只想对其中一侧施加拔模特征，此时用户可以通过勾选【分离=中性】复选框来实现。勾选该复选框后，只有拔模方向指向的一侧拔模面施加拔模特征。
- 双侧拔模：当分模面穿过拔模面时，用户想对拔模面进行双向拔模，只需同时勾选【分离=中性】和【双侧拔模】复选框即可。此时，系统将以分模面为界，对选定的拔模面向两个方向同时施加拔模角特征。

- 限制元素：限制拔模特征的作用范围。可以定义多个限制元素，并且每个元素的作用方向都是独立的。
- 拔模形式：有圆锥面和正方形两种形式可选，默认情况下，系统采用圆锥面形式。当分模线中含有圆弧或自由曲线时，在拔模角度比较大的条件下，选择正方形形式可以避免由于某些元素在拔模时收缩产生尖点而导致的错误。
- 材料选项：有添加和移除、仅添加及仅移除三个功能。
  - 添加和移除：通过添加或者移除材料来进行拔模。
  - 仅添加：仅通过添加材料来进行拔模。
  - 仅移除：仅通过移除材料来进行拔模。

扫一扫，看视频

动手学——创建拔模

拔模的具体操作步骤如下。

（1）选择【开始】→【机械设计】→【零件设计】命令，弹出【新建零件】对话框，输入零件名称【拔模】，单击【确定】按钮，进入零件设计平台。

（2）在特征树中选择 xy 平面，单击【草图编辑器】工具栏中的【草图】按钮，进入草图工作平台。单击【预定义的轮廓】工具栏中的【居中矩形】按钮，绘制图 6.84 所示的草绘轮廓。单击【工作台】工具栏中的【退出工作台】按钮，退出草图工作平台。

（3）单击【凸台】工具栏中的【凸台】按钮，在弹出的【定义凸台】对话框中输入拉伸长度 60mm，单击【确定】按钮，完成图 6.85 所示的正方体的创建。

（4）选择【开始】→【形状】→【创成式外形设计】命令，进入曲面设计平台，选择 xy 平面，单击【草图编辑器】工具栏中的【草图】按钮，进入草图工作平台，绘制图 6.86 所示的草绘轮廓。单击【工作台】工具栏中的【退出工作台】按钮，退出草图工作平台。

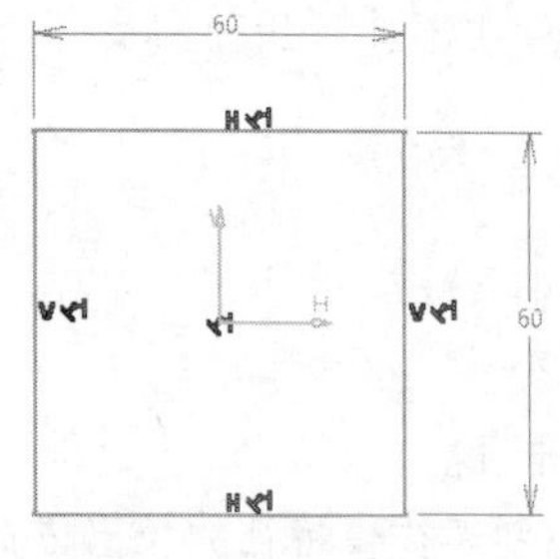

图 6.84 草绘轮廓 1

图 6.85 正方体

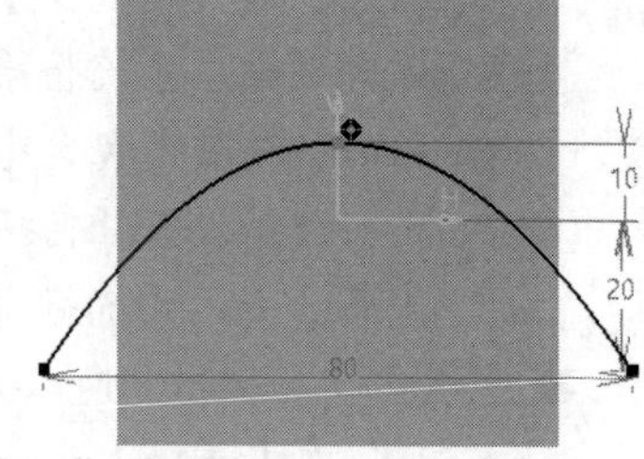

图 6.86 草绘轮廓 2

（5）单击【拉伸-旋转】工具栏中的【拉伸】按钮，弹出【拉伸曲面定义】对话框，❶选择步骤（3）中绘制的草图作为拉伸轮廓，❷在【限制 1】的【尺寸】文本框中输入 70mm，❸在【限制 2】的【尺寸】文本框中输入 10mm，如图 6.87 所示。❹单击【确定】按钮，完成图 6.88 所示的曲面创建。

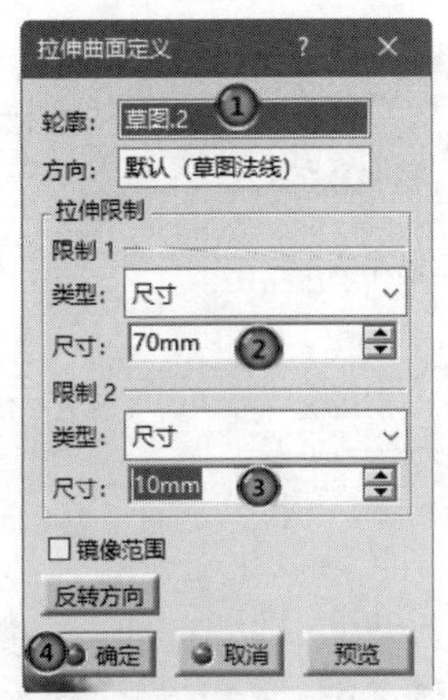

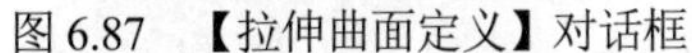
图 6.87　【拉伸曲面定义】对话框

图 6.88　曲面

（6）选择【开始】→【机械设计】→【零件设计】命令，重新回到零件设计平台。单击【拔模】工具栏中的【拔模斜度】按钮，弹出【定义拔模】对话框，❶在【角度】文本框中输入 15deg，选择图 6.89 所示的正方体❷前端面和❸侧端面两平面作为要拔模的面。❹单击【中性元素】选项组中的【选择】选择框，在图形区中选择拉伸曲面作为分模面。❺右击【拔模方向】选项组中的选择框，在弹出的快捷菜单中选择【Y 轴】作为拔模方向，图形区中箭头朝上。❻单击【确定】按钮，完成拔模特征的创建，如图 6.90 所示。

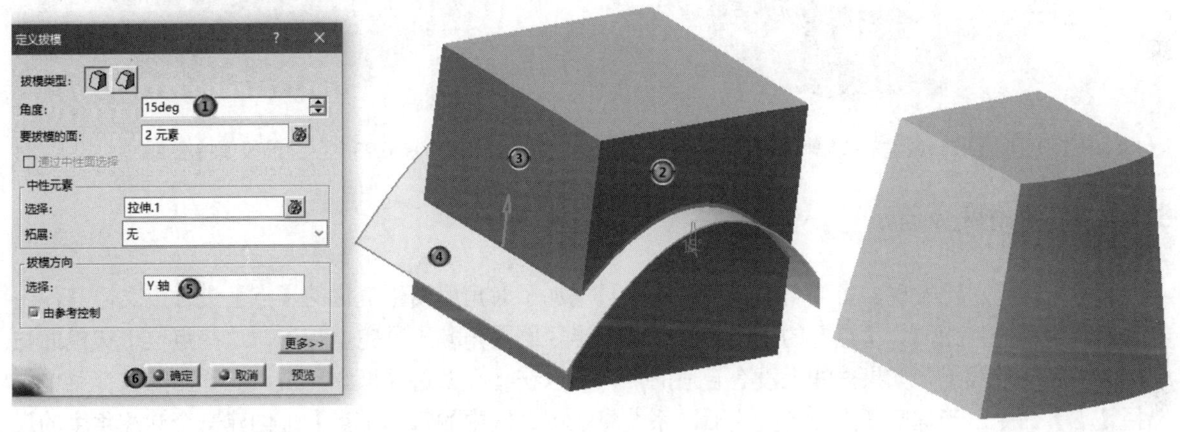

图 6.89　选择面和拔模方向

图 6.90　拔模特征

（7）❶在特征树中双击刚刚创建的【拔模.1】图标，弹出【定义拔模】对话框，❷单击【更多】按钮，❸在展开的【定义拔模】对话框中勾选【分离=中性】复选框，如图 6.91 所示。❹单击【确定】按钮，创建的拔模特征如图 6.92 所示。

（8）在特征树中再次双击刚刚创建的【拔模.1】图标，弹出【定义拔模】对话框，单击【更多】按钮，在展开的【定义拔模】对话框中同时选中【分离=中性】和【双侧拔模】复选框，单击【确定】按钮，创建的拔模特征如图 6.93 所示。

（9）选择【文件】→【保存】命令，弹出【另存为】对话框，输入文件名称【bamo】，单击【保存】按钮，保存文件。

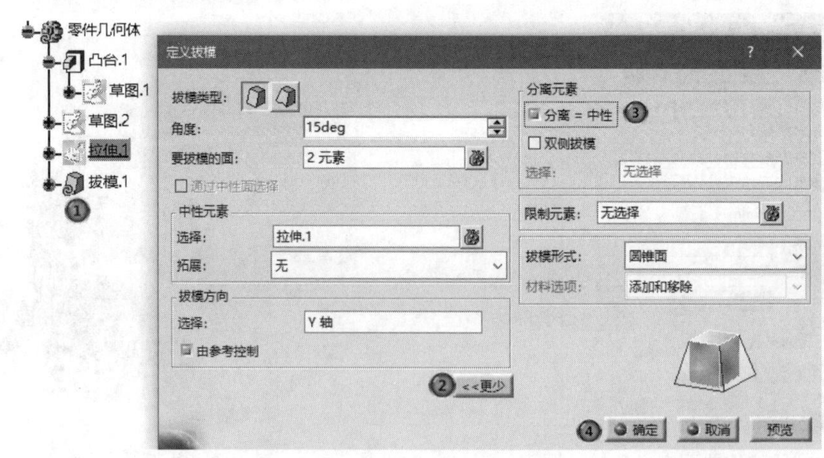

图 6.91　选中【分离=中性】复选框

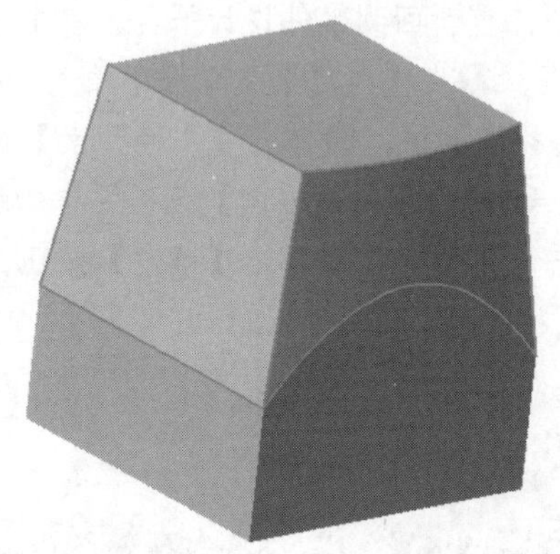

图 6.92　创建的拔模特征 1

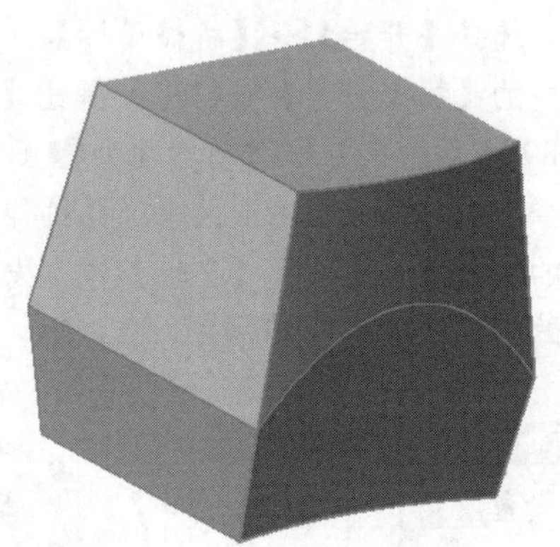

图 6.93　创建的拔模特征 2

6.9.2　可变角度拔模

与基本拔模对比发现，可变角度拔模的定义只增加了对角度发生变化的【点】进行定义，其他内容与基本拔模内容相同。【点】的使用方法与【变半径倒圆角】工具完全相同，这些点位于拔模面与中性面的相交曲线上，如果曲线上没有合适的点，可以在【点】选择框中右击，在弹出的快捷菜单中选择【点】命令。当这些【点】定义完后，系统将在图形区中的每个【点】上创建一个标注角度的尺寸约束，单击每个角度值，可以实现对相应数值的修改。

扫一扫，看视频

动手学——可变角度拔模

可变角度拔模的具体操作步骤如下。

（1）选择【开始】→【机械设计】→【零件设计】命令，弹出【新建零件】对话框，输入零件名称【可变角度拔模】，单击【确定】按钮，进入零件设计平台。

（2）在特征树中选择 xy 平面，单击【草图编辑器】工具栏中的【草图】按钮，进入草图工作平台。单击【预定义的轮廓】工具栏中的【居中矩形】按钮，绘制图 6.94 所示的草图轮廓。单击【工作台】工具栏中的【退出工作台】按钮，退出草图工作平台。

（3）单击【凸台】工具栏中的【凸台】按钮，在弹出的【定义凸台】对话框中输入拉伸长度 60mm，单击【确定】按钮，完成图 6.95 所示正方体的创建。

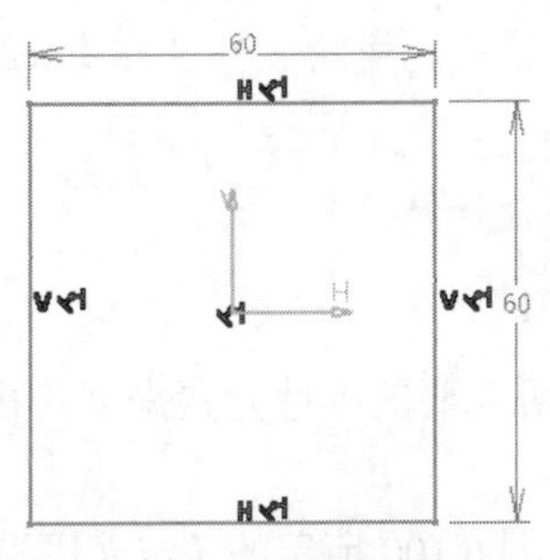

图 6.94　草图轮廓

图 6.95　正方体

（4）单击【拔模】工具栏中的【可变角度拔模】按钮，弹出【定义拔模】对话框。❶选择正方体右侧面为要拔模的面，❷单击【中性元素】选项组中的【选择】选择框，选择长方体的上表面作为中性面，❸在【角度】文本框中输入 15deg，此时在【点】选择框中显示 2 元素，说明选择的边端点已经被定义为控制点，如图 6.96 所示。

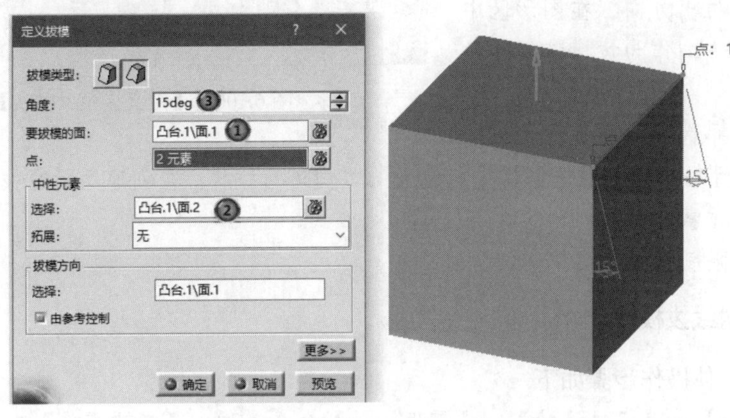

图 6.96　选择拔模面和中性面

（5）右击【点】选择框，在弹出的快捷菜单中选择【创建点】命令，弹出【点定义】对话框。在【点类型】下拉列表中选择【曲线上】，选择拔模面和中性面的交线作为参考曲线，在【与参考点的距离】选项组中单击【中点】按钮，单击【确定】按钮，完成点的创建。此时所创建的点被定义为控制点，如图 6.97 所示。

（6）在图形区中双击刚才创建的控制点，弹出【参数定义】对话框，在【值】文本框中输入 25deg，更改控制点角度，如图 6.98 所示。单击【确定】按钮，完成图 6.99 所示的可变角度拔模的创建。

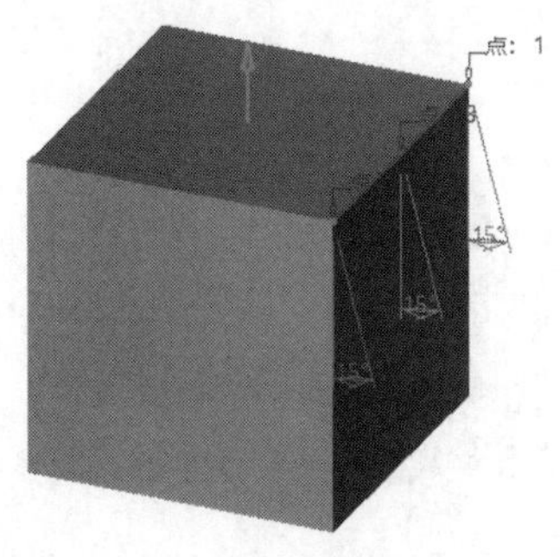

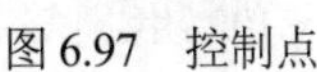

图 6.97　控制点

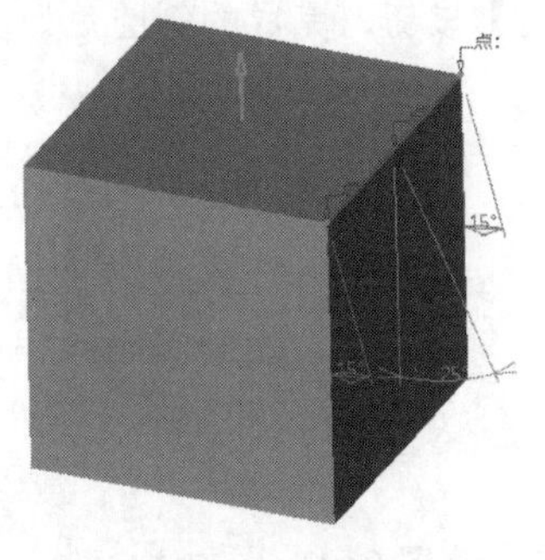

图 6.98　更改控制点角度

图 6.99　可变角度拔模

（7）选择【文件】→【保存】命令，弹出【另存为】对话框，输入文件名称【kebianjiaodubamo】，单击【保存】按钮，保存文件。

6.9.3 反射线拔模

反射线拔模即将零件中的曲面按某条反射线作为拔模所需要的中性元素来创建拔模特征。当分模面和拔模面做过倒圆，就必须用该选项进行拔模。

单击【拔模】工具栏中的【拔模反射线】按钮，弹出图 6.100 所示的【定义拔模反射线】对话框。

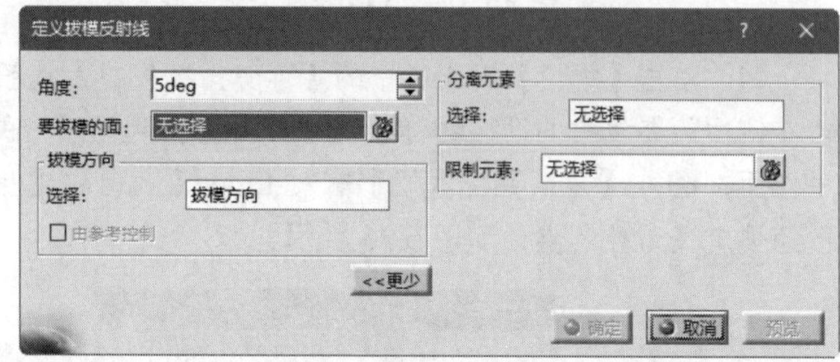

图 6.100 【定义拔模反射线】对话框

- 角度：输入需要拔模的角度。
- 要拔模的面：在图形区中选择需要创建拔模特征的曲面作为拔模面，如选择零件上的倒圆角特征作为拔模面。
- 拔模方向：拉出方向，在图形区中选择需要的方向作为拔模特征的拉出方向。
- 分离元素：平面或曲面将零件分割成两部分，且每一部分都根据其先前定义的方向进行拔模。在创建反射线拔模特征时，可以用定义的分离元素修剪要创建的材料。
- 限制元素：限制拔模特征作用的区域。

扫一扫，看视频

动手学——反射线拔模

反射线拔模的具体操作步骤如下。

（1）选择【开始】→【机械设计】→【零件设计】命令，弹出【新建零件】对话框，输入零件名称【反射线拔模】，单击【确定】按钮，进入零件设计平台。

（2）在特征树中选择 xy 平面，单击【草图编辑器】工具栏中的【草图】按钮，进入草图工作平台。单击【预定义的轮廓】工具栏中的【居中矩形】按钮，绘制图 6.101 所示的草图轮廓。单击【工作台】工具栏中的【退出工作台】按钮，退出草图工作平台。

（3）单击【凸台】工具栏中的【凸台】按钮，在弹出的【定义凸台】对话框中输入拉伸长度 20mm，单击【确定】按钮，完成图 6.102 所示的长方体的创建。

（4）选择长方体的一条棱边，单击【圆角】工具栏中的【倒圆角】按钮，弹出【倒圆角定义】对话框，输入半径为 5mm，单击【确定】按钮，完成的倒圆角如图 6.103 所示。

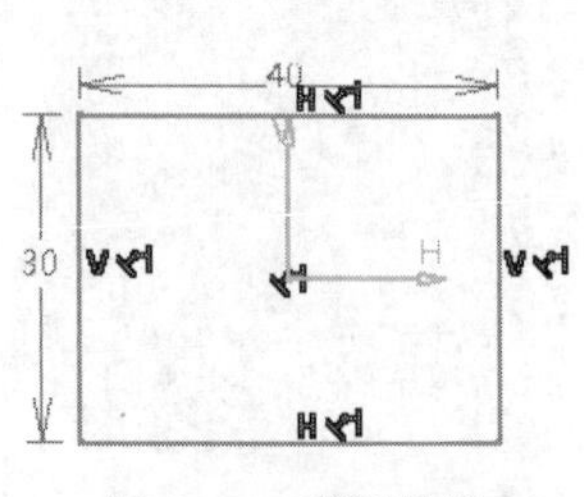

图 6.101 草图轮廓

图 6.102 长方体

图 6.103 倒圆角

（5）选择刚刚创建的倒圆角特征，单击【拔模】工具栏中的【拔模反射线】按钮，弹出【定义拔模反射线】对话框，❶在【角度】文本框中输入 10deg；❷选择圆角面和长方体侧面作为要拔模的面；❸右击【选择】选择框，在弹出的快捷菜单中选择【Z 轴】命令，其作为拔模特征的拉出方向，如图 6.104 所示。❹单击【确定】按钮，完成反射线拔模特征的创建，如图 6.105 所示。

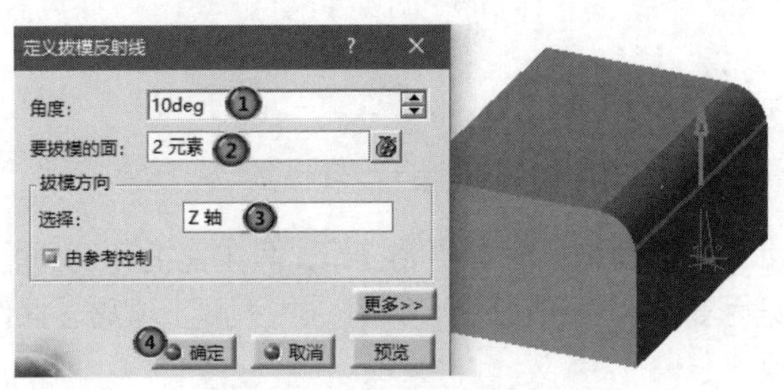

图 6.104　选择拔模面和方向

图 6.105　反射线拔模

（6）选择【文件】→【保存】命令，弹出【另存为】对话框，输入文件名称【fanshexianbamo】，单击【保存】按钮，保存文件。

练一练——绘制纽扣

绘制图 6.106 所示的纽扣。

扫一扫，看视频

思路点拨：

（1）绘制图 6.107 所示的草图，利用【凸台】命令创建拉伸体。

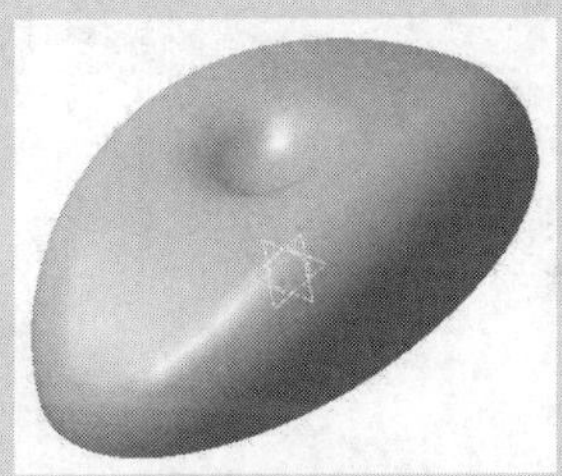

图 6.106　纽扣

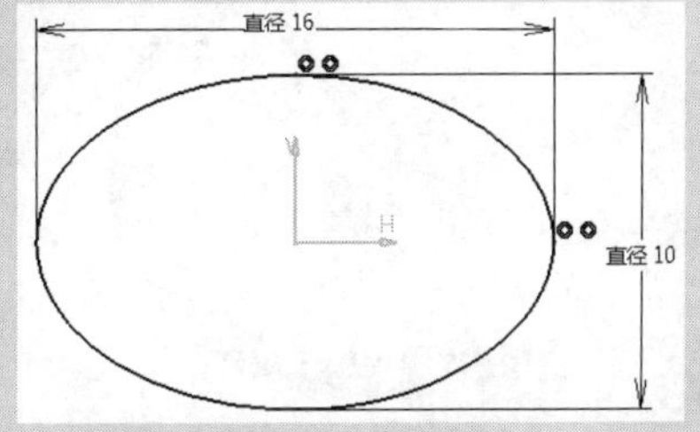

图 6.107　草图 1

（2）绘制图 6.108 所示的草图，利用【凹槽】命令切除多余部分。

（3）利用【拔模斜度】命令对椭圆柱面进行拔模处理，角度为 1°。

（4）绘制图 6.109 所示的草图，利用【旋转槽】命令创建纽扣凹槽。

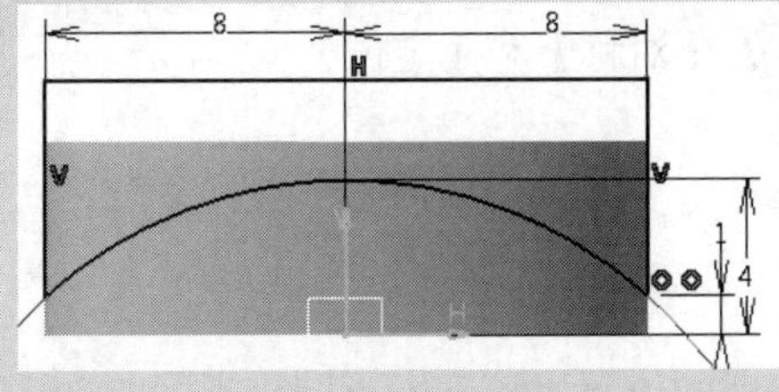

图 6.108　草图 2

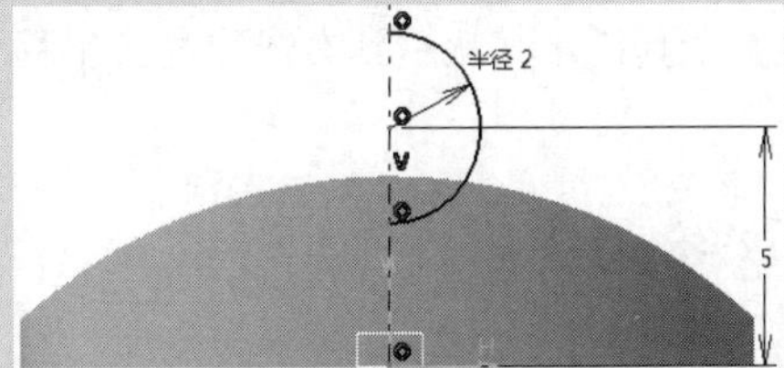

图 6.109　草图 3

（5）利用【倒圆角】命令对上边线进行圆角处理。

第 7 章　特征编辑与操作

内容简介

在进行特征建模时，为方便操作，简化步骤，选择进行特征复制操作，其中包括阵列特征、镜像特征等操作，将某个特征根据不同参数设置进行复制。这一命令的使用在很大程度上缩短了操作时间，简化了实体创建过程，也使建模功能更全面。

内容要点

- 实体特征变换
- 特征操作
- 综合实例——绘制轴承

案例效果

7.1　实体特征变换

变换是对实体特征进行平移、旋转、对称、镜像阵列和缩放等。

单击【变换特征】工具栏中按钮右下角的黑色小三角，弹出图 7.1 所示的【变换】工具栏，其从左到右依次是【平移】【旋转】【对称】和【定位】按钮。

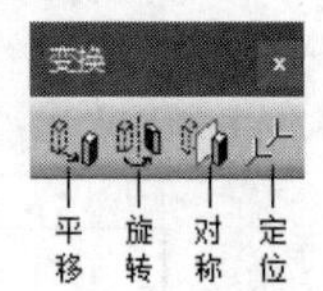

图 7.1　【变换】工具栏

7.1.1　平移

实体平移是指将实体沿着指定方向移动到坐标系中新的位置。该功能不同于视图的平移，实体平移相对于坐标系移动，并且实体的坐标也被改变；而视图的平移是实体和坐标系同时移动，但没有改变实体的坐标。

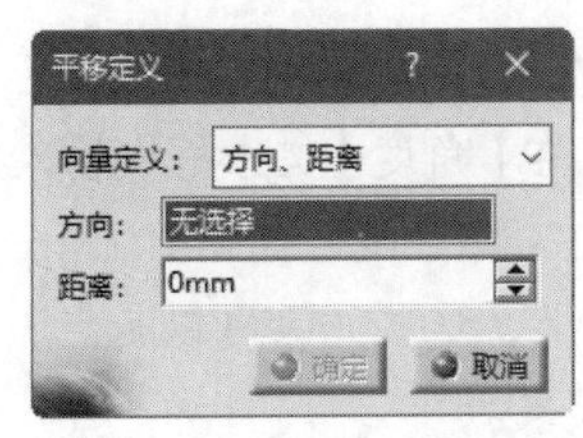

图 7.2　【平移定义】对话框

单击【变换】工具栏中的【平移】按钮，弹出图 7.2 所示的【平移定义】对话框。

向量定义提供了方向、距离，点到点和坐标三种定义平移变换向量的方法。

- 方向、距离：通过定义平移方向和沿该方向上的长度来实现平移操作。单击【方向】选择框，在图形区中选择平移的方向，或者通过右击，在快捷菜单选择平移方向，在【距离】文本框中输入平移距离。
- 点到点：通过两点之间的连线来定义平移工作对象的方向和距离。单击起点和终点的选择框，在图形区中分别选择平移变换的起点和终点，或通过鼠标右键在快捷菜单中创建起点和终点。
- 坐标：通过移动工作对象的位置坐标来移动零件实体。在【平移定义】对话框中的【X】【Y】【Z】文本框中输入需要平移对象的目标位置三个坐标值；在【轴系】选择框中选择平移的参考坐标系，默认选择为绝对坐标系。

动手学——平移实体

扫一扫，看视频

平移实体的具体操作步骤如下。

（1）选择【开始】→【机械设计】→【零件设计】命令，弹出【新建零件】对话框，输入零件名称【平移实体】，单击【确定】按钮，进入零件设计平台。绘制任意尺寸的长方体，如图 7.3 所示。

（2）单击【变换】工具栏中的【平移】按钮，弹出【问题】对话框，如图 7.4 所示，单击【是】按钮，弹出【平移定义】对话框。①在【向量定义】下拉列表中选择【方向、距离】选项；②在【方向】选择框中右击，在弹出的快捷菜单中选择【Y 部件】命令；③在【距离】文本框中输入 100mm。④单击【确定】按钮，完成实体的平移，如图 7.5 所示。

（3）选择【文件】→【保存】命令，弹出【另存为】对话框，输入文件名称【pingyishiti】，单击【保存】按钮，保存文件。

图 7.3　长方体

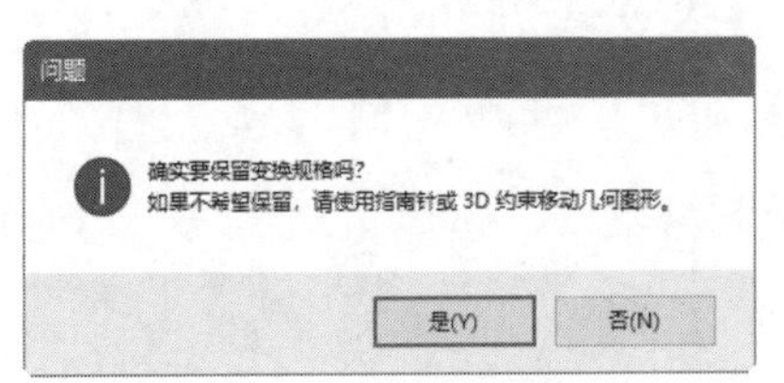

图 7.4　【问题】对话框

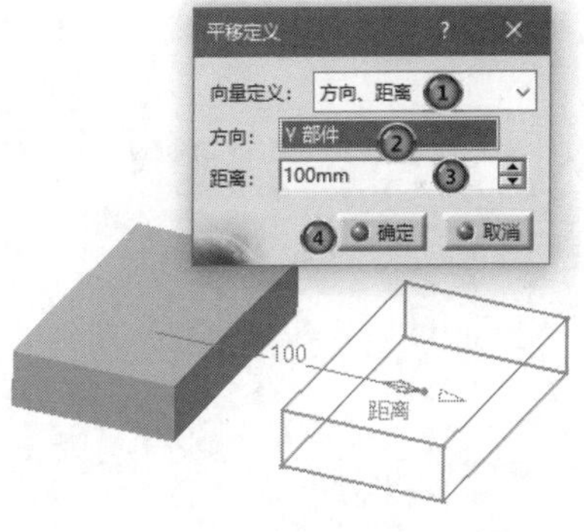

图 7.5　平移实体

7.1.2　旋转

旋转是指通过指定旋转轴和旋转角度将原来的实体进行旋转。

单击【变换】工具栏中的【旋转】按钮，弹出图 7.6 所示的【旋转定义】对话框。

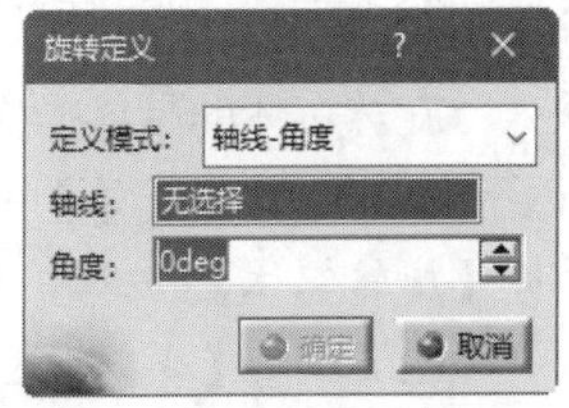

图 7.6　【旋转定义】对话框

定义模式提供了轴线-角度、轴线-两个元素和三点三种定义旋转的方式。

- 轴线-角度：通过定义旋转轴线和旋转角度来生成旋转特征。单击【轴线】选择框，在图形区中选择定义旋转的轴线或通过右击在弹出的快捷菜单中定义旋转轴，在【角度】文本框中输入想要旋转的角度。
- 轴线-两个元素：与轴线-角度模式不同，其角度的定义由两元素来定义，这些元素可以是点、直线、面。由于元素的组合方式不同，该模式又可以分为以下四种模式。
  - 轴/点/点模式：角度是由所选择的点元素和这些点元素在轴上投影连线之间的夹角构成，如图 7.7 所示。
  - 轴/点/线模式：角度是由点元素和该点元素在轴上的投影构成的矢量与线元素之间的夹角构成，如图 7.8 所示。

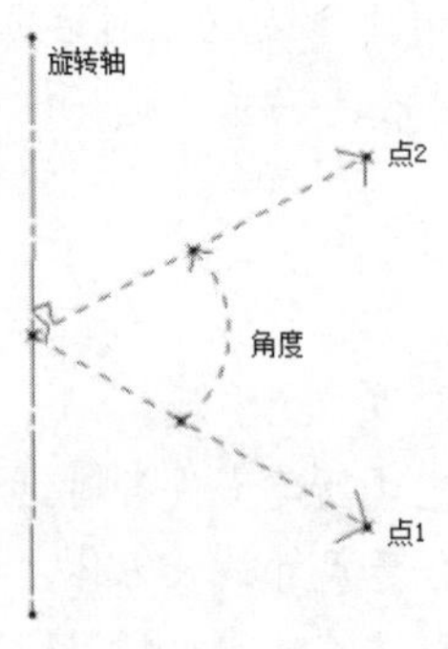

图 7.7　轴/点/点模式

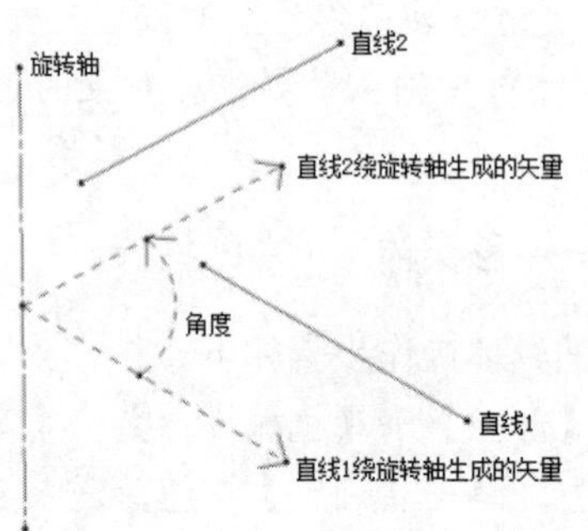

图 7.8　轴/点/线模式

  - 轴/线/平面模式：角度是由线和平面法线之间的夹角构成，如图 7.9 所示。
  - 轴/平面/平面模式：角度是由所选择的两平面法线之间的夹角构成，如图 7.10 所示。
- 三点：旋转轴将通过点 2，并垂直于这三点确定的平面；角度的定义由点 1、点 2 连线和点 2、点 3 连线之间的夹角大小确定，如图 7.11 所示。

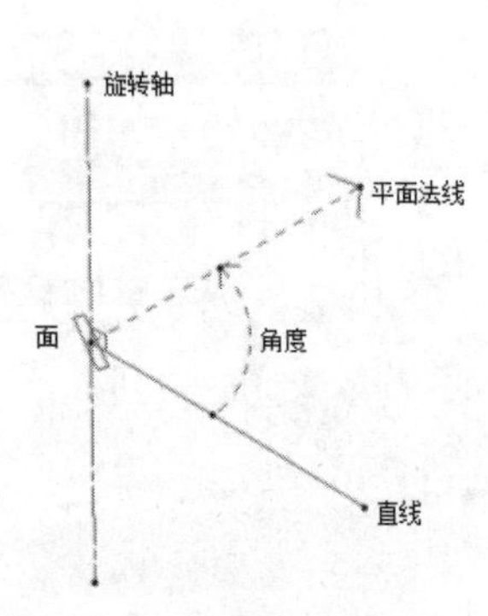

图 7.9　轴/线/平面模式

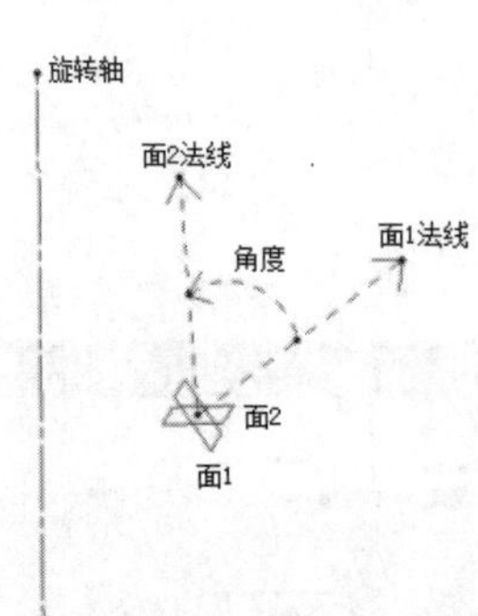

图 7.10　轴/平面/平面模式

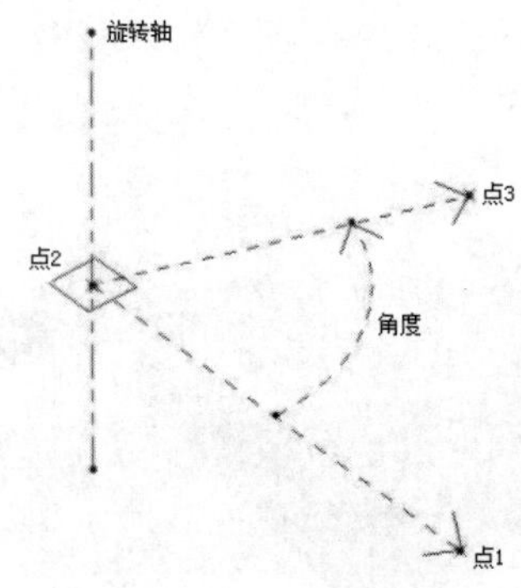

图 7.11　三点模式

动手学——旋转实体

旋转实体的具体操作步骤如下。

（1）选择【开始】→【机械设计】→【零件设计】命令，弹出【新建零件】对话框，输入零件名称【旋转实体】，单击【确定】按钮，进入零件设计平台。绘制任意尺寸的长方体，如图 7.12 所示。

（2）单击【变换】工具栏中的【旋转】按钮，弹出【问题】对话框，单击【是】按钮，弹出【旋转定义】对话框。①在【定义模式】下拉列表中选择【轴线-角度】；②在【轴线】选择框中右击，在弹出的快捷菜单中选择【Z 轴】命令；❸输入角度 90deg，如图 7.13 所示。❹单击【确定】按钮，完成实体的旋转。

（3）选择【文件】→【保存】命令，弹出【另存为】对话框，输入文件名称【xuanzhuanshiti】，单击【保存】按钮，保存文件。

图 7.12　长方体

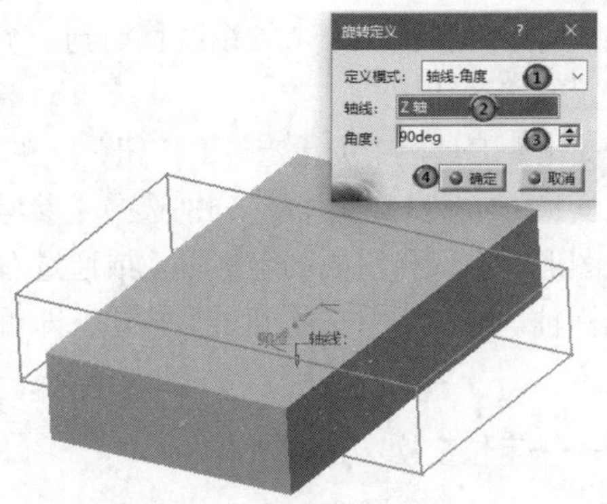

图 7.13　旋转实体

7.1.3　对称

对称是指将零件文档中的零件移动到参考元素的对称位置，参考元素可以是点、线或者平面。单击【变换】工具栏中的【对称】按钮，弹出图 7.14 所示的【对称定义】对话框。单击【参考】选择框，在图形区中选择参考元素或通过右击在快捷菜单选择参考元素。

图 7.14　【对称定义】对话框

扫一扫，看视频

动手学——对称实体

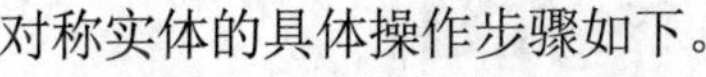

对称实体的具体操作步骤如下。

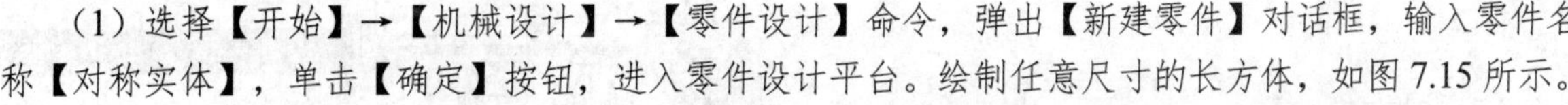

（1）选择【开始】→【机械设计】→【零件设计】命令，弹出【新建零件】对话框，输入零件名称【对称实体】，单击【确定】按钮，进入零件设计平台。绘制任意尺寸的长方体，如图 7.15 所示。

（2）单击【变换】工具栏中的【对称】按钮，弹出【问题】对话框，单击【是】按钮，弹出【对称定义】对话框。❶在图形区选择长方体右端面作为参考对称面，如图 7.16 所示。❷单击【确定】按钮，完成对称实体的创建。

图 7.15　长方体

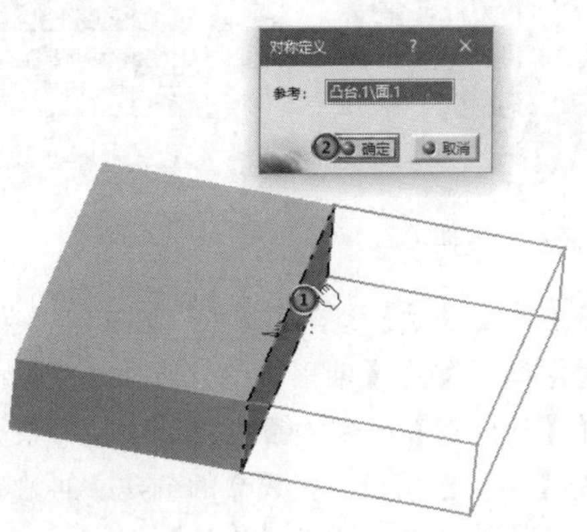

图 7.16　对称实体

（3）选择【文件】→【保存】命令，弹出【另存为】对话框，输入文件名称【duichenshiti】，单击【保存】按钮，保存文件。

7.1.4 定位

定位是指将零件特征从一个轴系统移动到一个新的轴系统中。通过定位变换，用户可以实现零件特征任意位置的移动和旋转。

单击【变化】工具栏中的【定位】按钮，弹出图7.17所示的【“定位变换”定义】对话框，分别选择【参考】和【目标】选择框，在图形区中选择需要的坐标轴，或通过右击在快捷菜单创建新的坐标轴，完成后单击【确定】按钮，即可实现零件特征的定位变换。

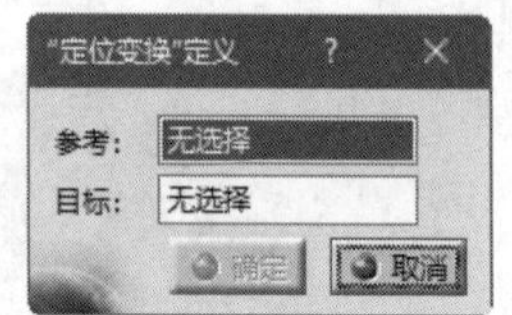

图7.17 【“定位变换”定义】对话框

扫一扫，看视频

动手学——定位变换

定位变换的具体操作步骤如下。

（1）选择【开始】→【机械设计】→【零件设计】命令，弹出【新建零件】对话框，输入零件名称【定位变换】，单击【确定】按钮，进入零件设计平台。绘制任意尺寸的长方体，如图7.18所示。

（2）单击【变化】工具栏中的【定位】按钮，弹出【问题】对话框，单击【是】按钮，弹出【“定位变换”定义】对话框。①右击【参考】选择框，在弹出的快捷菜单中选择【在曲面上创建轴系】命令，②弹出【轴系定义】对话框，在【轴系类型】下拉列表中选择【标准】，③右击【原点】选择框，在弹出的快捷菜单中选择【创建点】命令，④创建一个坐标值为“X=0；Y=0；Z=0”的点作为参考轴系的坐标原点，如图7.19所示，⑤单击【确定】按钮，完成点的创建。系统将重新回到【轴系定义】对话框，单击【确定】按钮，完成参考轴系的创建。

图7.18 长方体

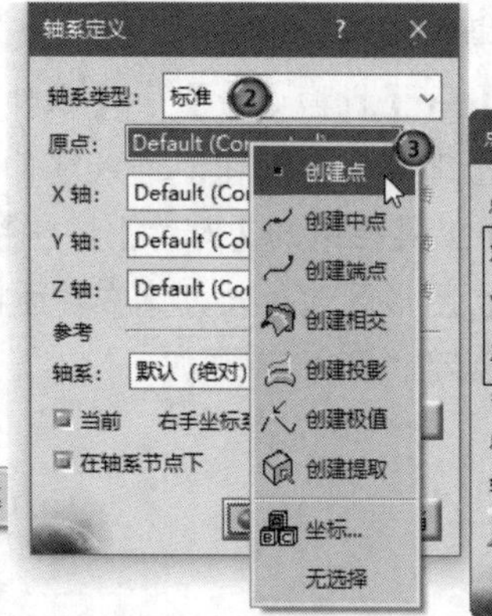

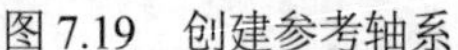

图7.19 创建参考轴系

（3）①右击【目标】选择框，在弹出的快捷菜单中选择【在曲面上创建轴系】命令，再次弹出【轴系定义】对话框，②在【轴系类型】选择框中选择【标准】，③右击【原点】选择框，在弹出的快捷菜单中选择【创建点】命令，④创建一个坐标值为“X=0；Y=0；Z=150”的点作为目标轴系的坐标原点，⑤单击【确定】按钮，完成点的创建。再次返回【轴系定义】对话框，⑥在【X轴】选择框中右击，在弹出的快捷菜单中选择【旋转】命令，如图7.20所示，⑦弹出图7.21所示的【X轴旋转】对话框，输入旋转角度 90deg。⑧单击【关闭】按钮，完成目标轴系统的创建。

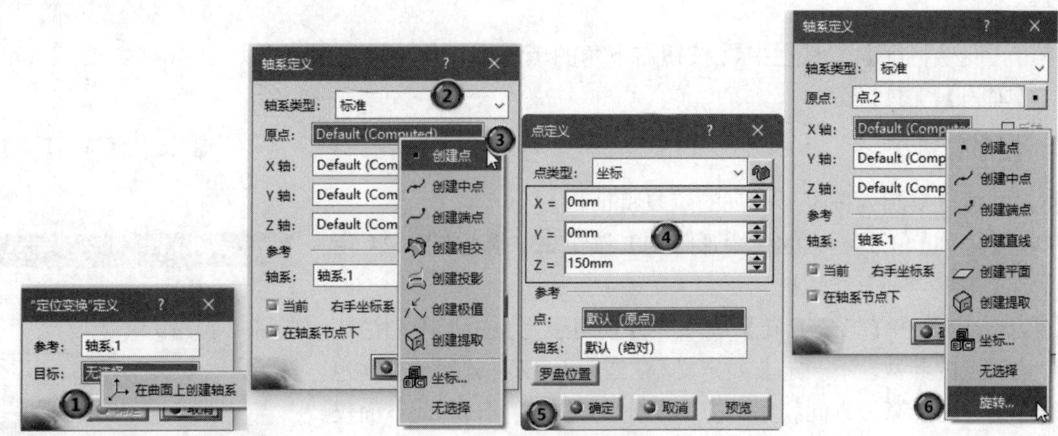

图 7.20　目标轴系的创建过程

（4）返回【轴系定义】对话框，单击【确定】按钮，预览轮廓如图 7.22 所示。单击【“定位变换”定义】对话框中的【确定】按钮，完成实体特征的定位变换。

（5）选择【文件】→【保存】命令，弹出【另存为】对话框，输入文件名称【dingweibianhuan】，单击【保存】按钮，保存文件。

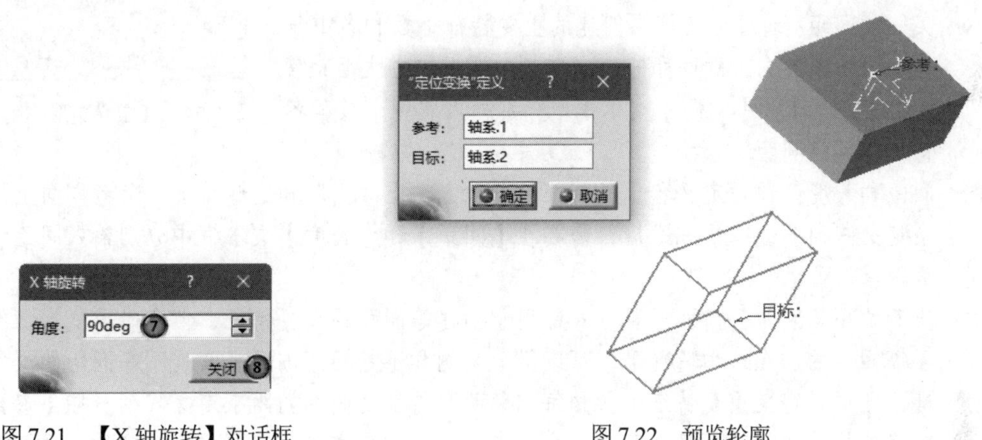

图 7.21　【X 轴旋转】对话框　　　　图 7.22　预览轮廓

7.2　特 征 操 作

本节主要介绍阵列、镜像和缩放，掌握和灵活运用这些特征操作，用户可以避免大量的重复性零件建模过程，能够极大地提高工作效率。

7.2.1　阵列

在零件建模工程中，经常会遇到在零件的不同位置上创建相同特征的情况，此时可以利用 CATIA 提供的阵列工具很好地解决这个问题。当完成第一个特征的创建之后，选择一种阵列方式将该特征复制到各相应的位置上，这样就避免了大量的重复建模工作。

阵列功能可以方便地将几何图形复制一个或多个，并将它们放在零件的指定位置上。

单击【变换特征】工具栏中按钮右下角的黑色小三角，打开图 7.23 所示的【阵列】工具栏。

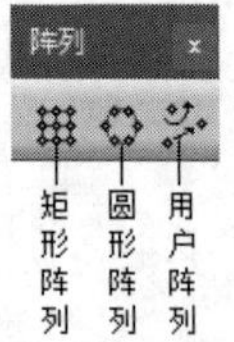

图 7.23 【阵列】工具栏

1. 矩形阵列

将原始特征复制为按矩形排列的重复特征。

单击【阵列】工具栏中的【矩形阵列】按钮，弹出图 7.24 所示的【定义矩形阵列】对话框。

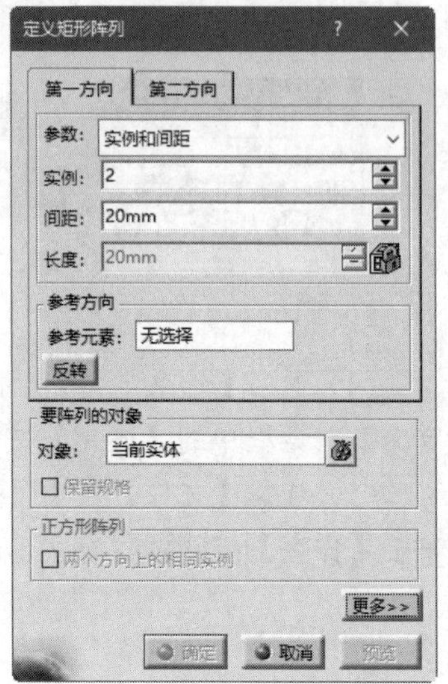

图 7.24 【定义矩形阵列】对话框

【第一方向】和【第二方向】选项卡分别用于定义矩形阵列沿矩形两个边长上的参数，不一定非要定义第二方向，仅定义第一方向也可创建阵列。由于第一方向和第二方向的定义完全相同，因此下面仅对第一方向进行介绍。

- 参数：提供了四种不同的矩形阵列参数定义方式。
  - 实例和长度：通过定义需要创建的重复特征个数和这些特征沿参考方向上的总长度来定义阵列。选择该方式后，需要在【实例】和【长度】文本框中分别输入实例个数和实体特征总长度。
  - 实例和间距：通过定义需要创建的重复特征个数和各重复特征沿参考方向上的间距来定义阵列。选择该方式后，需要在【实例】和【间距】文本框中分别输入实例个数和各特征之间的间距。
  - 间距和长度：通过定义各重复特征沿参考方向上的间距和这些特征沿参考方向上的总长度来定义阵列。选择该方式后，需要在【间距】和【长度】文本框中分别输入间距和长度的数值。
  - 实例和不等间距：前面三种方式都用于创建等间距的重复特征，但有时重复特征的分布是不等间距的。在这种情况下，可以借助实例和不等间距方式来实现不等间距的重复特征创建，即通过定义重复特征个数和每相邻两个特征之间的间距来定义阵列。在【参数】下拉列表选择【实例和不等间距】，在【实例】文本框中输入需要重复特征的个数，系统将在图形区中生成阵列阅览效果，并标注每相邻两个特征之间的间距，双击每个尺寸标注并在弹出的【参数定义】对话框中输入想要定义的间距数值。
- 参考方向：用于定义阵列排列的方向。单击【参考元素】选择框，在图形区中选择想要的图形元素作为阵列的参考元素；或右击【参考元素】选择框，在弹出的快捷菜单中选择相应命令创建需要的参考元素。单击【反转】按钮，可以改变参考元素的方向。
- 要阵列的对象：执行阵列操作所需的原始特征。
  - 对象：单击【对象】选择框，在图形区中选择需要阵列的实体特征。
  - 保留规格：勾选该复选框，将使用为原始特征定义的限制【直到下一个】【直到最后】【直到平面】【直到曲面】创建实例。

单击【定义矩形阵列】对话框右下角的【更多】按钮，展开图 7.25 所示的【定义矩形阵列】对话框。

- 对象在阵列中的位置：该选项组用于控制原始对象在阵列操作后的排列位置和整个阵列对象的

旋转角度。在【方向 1 上的行】和【方向 2 上的行】文本框中分别输入行值，以定义原始对象在该方向上的位置，在【旋转角度】文本框中输入整个阵列对象的旋转角度。

- 展示阵列：通过勾选【已简化展示】复选框，可简化阵列的几何图形。选中该复选框并双击不需要的实例，则这些实例随后在阵列定义期间以虚线表示，并在验证阵列创建后不再可见。

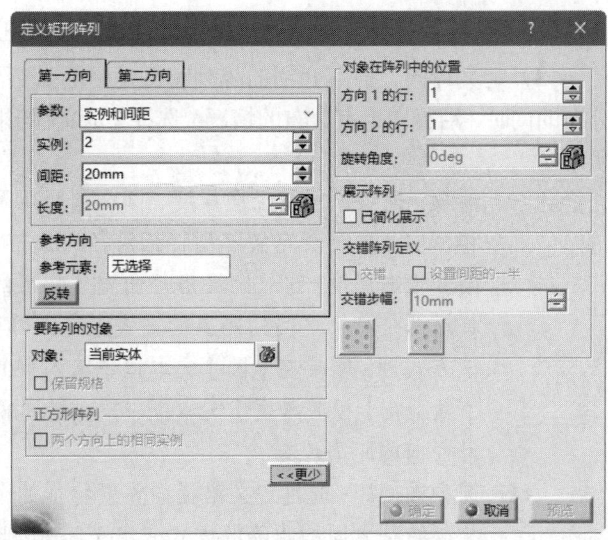

图 7.25　展开的【定义矩形阵列】对话框

2. 圆形阵列

圆形阵列是指将原始特征复制成按圆形排列的重复特征。单击【阵列】工具栏中的【圆形阵列】按钮，弹出图 7.26 所示的【定义圆形阵列】对话框。该对话框包含【轴向参考】和【定义径向】两个选项卡。【轴向参考】选项卡用于设置重复特征在每圈内的排列形式，而【定义径向】选项卡用于设置重复特征在各圈之间的排列形式。

（1）轴向参考。

- 参数：提供了五种不同的圆形阵列参数定义方式。
  - 实例和总角度：通过定义每圈内重复特征个数和这些特征沿整个圆形区域的总角度来定义阵列。选择该方式后，需要在【实例】和【总角度】文本框中分别输入实例个数和实体特征总角度。
  - 实例和角度间距：通过定义每圈内重复特征个数和各相邻特征之间的角度间隔来定义阵列。选择该方式后，需要在【实例】和【角度间距】文本框中分别输入实例个数和各特征之间的角度间距。
  - 角度间距和总角度：通过定义各相邻特征之间的角度间隔和这些特征分布区间的总角度来定义阵列。此方式需要在【实例】文本框中输入重复特征的个数，在【总角度】文本框中输入总角度值。

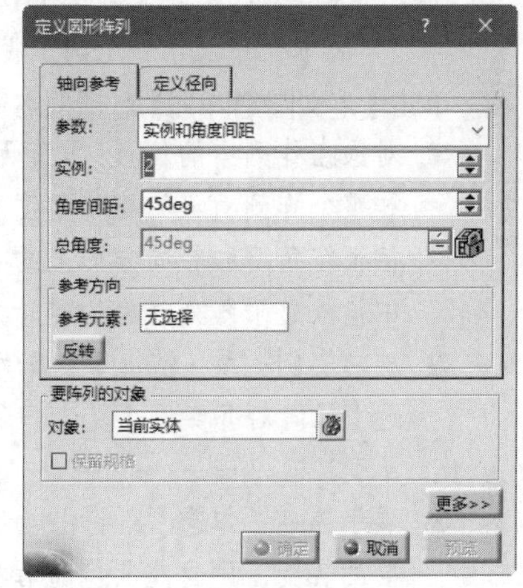

图 7.26　【定义圆形阵列】对话框

  - 完整径向：表示在一个封闭的圆弧上创建重复特征，这些特征将等间距地分布在该圆弧上。因此，选择该种方式创建阵列特征时，只需在【实例】文本框中输入实例个数即可。当遇到重复特征分布在同一圆弧时，一般用这种方法创建。
  - 实例和不等角度间距：通过定义每圈内重复特征个数和每相邻特征之间的角度间隔来创建角度间隔不相等的圆形阵列。在【实例】文本框中输入实例个数，在图形区中双击相邻特征之间的角度标注，在弹出的【角度间距】文本框中输入想要的角度间距。
- 参考方向：用于定义圆形阵列圆弧的中心轴线，该轴线将通过圆弧的圆心，并垂直于圆弧所在的平面。单击【参考元素】选择框，在图形区中选择所需的轴线；或右击，在弹出的快捷菜单中选择相应命令创建中心轴线。单击【反转】按钮，可改变参考元素的旋转方向。

- 要阵列的对象：创建阵列的原始特征，在图形区中选择所需的实体特征作为要阵列的对象。

（2）定义径向。前面介绍的阵列特征是沿圆弧圆周方向的分布，但有时会遇到重复特征在沿圆周分布的同时，沿径向也有分布的情况。选择【定义圆形阵列】对话框中的【定义径向】选项卡，如图 7.27 所示。

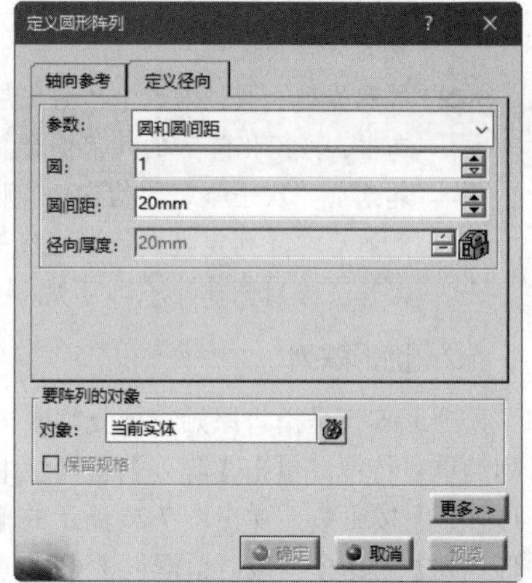

图 7.27 【定义径向】选项卡

- 参数：提供了圆和径向厚度、圆和圆间距及圆间距和径向厚度三种定义阵列特征沿径向分布的方式。
- 圆和径向厚度：通过定义沿径向重复特征的个数和首尾两个特征之间的距离的方式来定义阵列。选择该方式后，需要在【圆】文本框中输入重复特征的个数，在【径向厚度】文本框中输入首尾两个特征沿径向的距离。
- 圆和圆间距：通过定义沿径向重复特征的个数和各相邻特征之间的距离的方式来定义阵列。此方式需要在【圆】文本框中输入重复特征的个数，在【圆间距】文本框中输入各相邻特征沿径向的距离。
- 圆间距和径向厚度：通过定义各相邻特征之间沿径向的距离和首尾两个特征之间的距离的方式来定义阵列。此方式需要在【圆间距】文本框中输入各相邻特征沿径向的距离，在【径向厚度】文本框中输入首尾两个特征沿径向的距离。

单击【定义圆形阵列】对话框右下角的【更多】按钮，展开图 7.28 所示的【定义圆形阵列】对话框。

- 对象在阵列中的位置：和矩形阵列类似，该选项组用于控制原始对象在阵列操作后的排列位置和整个阵列对象的旋转角度。在【角度方向的行】和【半径方向的行】文本框中分别输入原始特征在角度和径向方向上的行值，以定义其在整个阵列特征中的位置；在【旋转角度】文本框中输入整个阵列对象的旋转角度。
- 旋转实例：默认情况下，阵列的特征整体在圆周上旋转，而各个重复特征间没有相对旋转。勾选【径向对齐实例】复选框后，各重复特征也进行旋转，以保证其在圆周方向的相对转角保持不变。
- 展示阵列：勾选【已简化展示】复选框后，可简化阵列的几何图形。选中该复选框并双击不需要的实例，则这些实例随后在阵列定义期间以虚线表示，并在验证阵列创建后不再可见。

3．用户阵列

用户阵列是指将原始特征复制到用户指定的位置上。

单击【阵列】工具栏中的【用户阵列】按钮，弹出图 7.29 所示的【定义用户阵列】对话框。

- 位置：阵列特征在图形区中放置的位置，该位置点应该是草图中的点。单击该选择框，然后在特征树中选择放置阵列特征的草图。
- 对象：要阵列的原始特征。单击该选择框，然后在图形区中选择要阵列的对象。
- 定位：默认情况下，系统根据实体的重心或要阵列的原始特征来定位每个实例。若要更改该位置，则右击该选择框，在弹出的快捷菜单中选择相应命令创建定位点。
- 保留规格：勾选该复选框后，将使用为原始特征定义的限制【直到下一个】【直到最后】【直到平面】【直到曲面】创建实例。

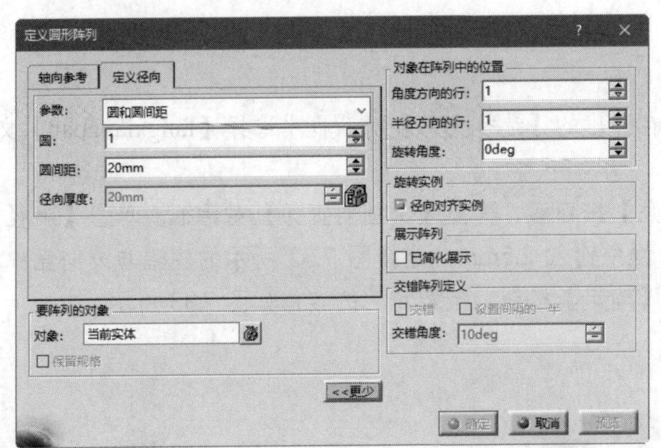

图 7.28 展开的【定义圆形阵列】对话框

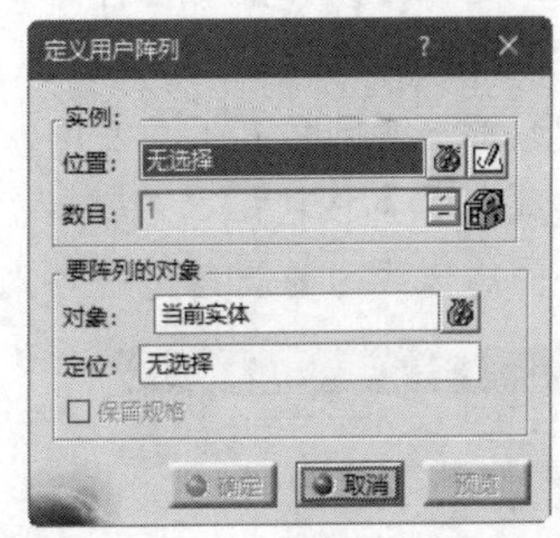

图 7.29 【定义用户阵列】对话框

4. 分解阵列

用前面介绍的各种阵列命令创建的实体特征是一个整体，在实际的零件设计过程中，往往需要对其中某个或某几个实体特征进行另外的操作。在进行操作之前，需要利用【分解】命令将各个实例特征分解开来。

在特征树中右击【矩形阵列.1】，在弹出的快捷菜单中选择【矩形阵列.1 对象】→【分解】命令，如图 7.30 所示。

分解阵列操作后，特征树将发生图 7.31 所示的变化，用户可以对每个实例进行操作。

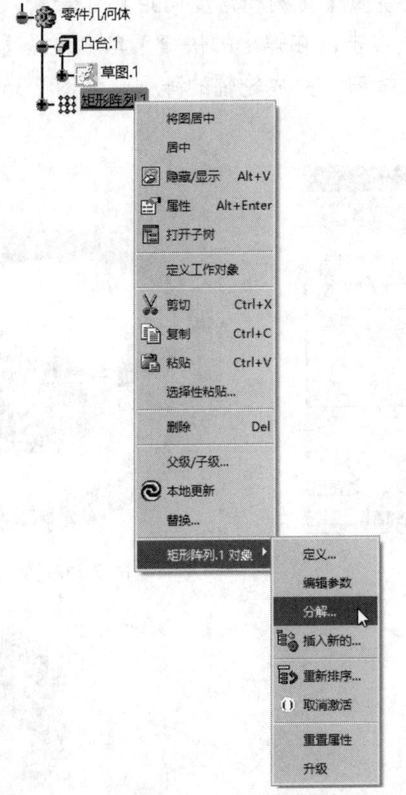

图 7.30 选择【矩形阵列.1 对象】→【分解】命令

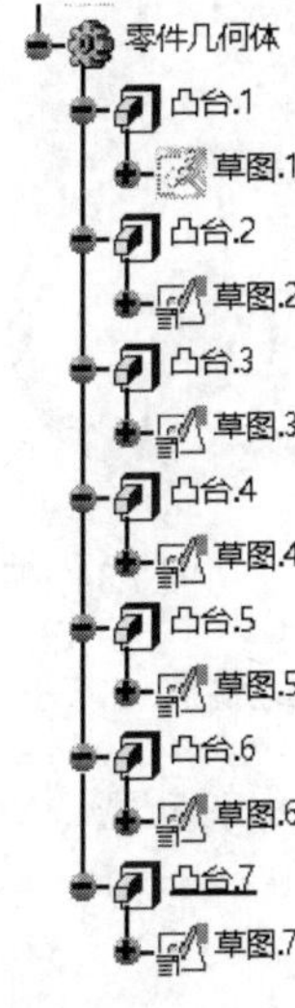

图 7.31 特征树的变化

扫一扫，看视频

动手学——完成方向盘

（1）选择【文件】→【打开】命令，在弹出的【选择文件】对话框中选择【fangxiangpan】文件，双击将其打开。

（2）单击【圆角】工具栏中的【倒圆角】按钮，弹出【倒圆角定义】对话框。单击【半径】按钮和【常量】按钮，在【半径】文本框中输入 2.5mm，选择图 7.32 所示的轮辐与方向盘中间部分和外圈的边线为要圆角化的对象。单击【确定】按钮，倒圆角后的实体如图 7.33 所示。

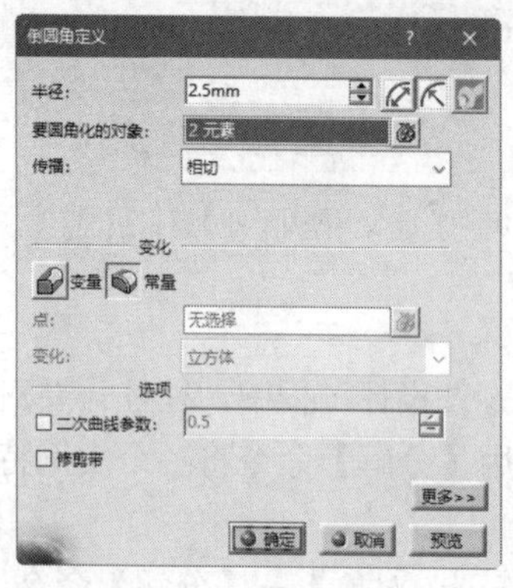

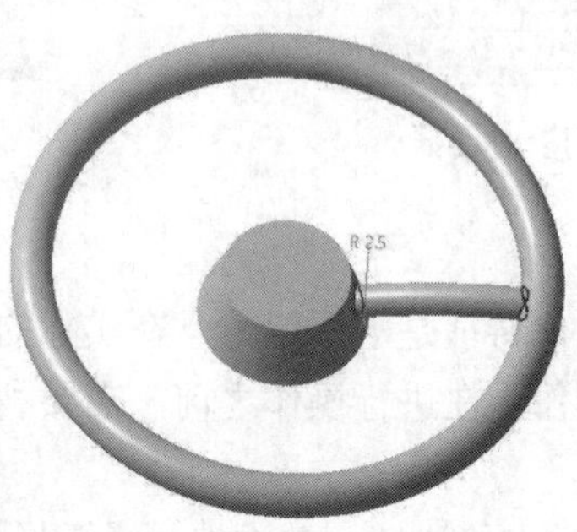

图 7.32　倒圆角过程

图 7.33　倒圆角后的实体

（3）①按住 Ctrl 键，选中特征树上的肋和倒圆角特征，单击【阵列】工具栏中的【圆形矩阵】按钮，弹出【定义圆形阵列】对话框。②选择参数类型为【实例和角度间距】，③输入实例个数 3，④输入角度间距 120deg，⑤在【参考元素】选择框中右击，在弹出的快捷菜单中选择【X 轴】命令，其他采用默认设置，如图 7.34 所示。⑥单击【确定】按钮，完成轮辐的阵列，如图 7.35 所示。

（4）选择【文件】→【保存】命令，保存文件。

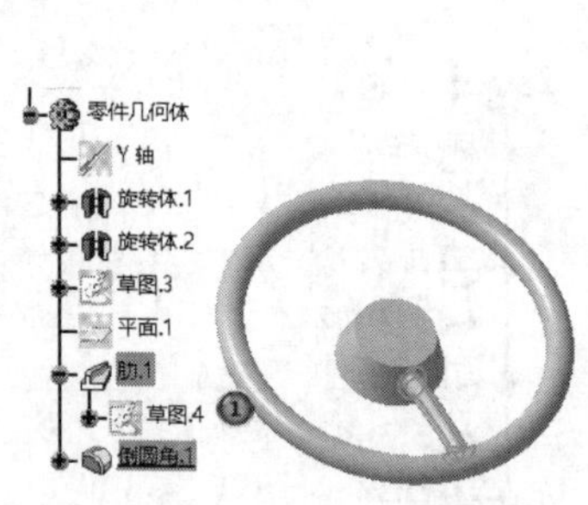

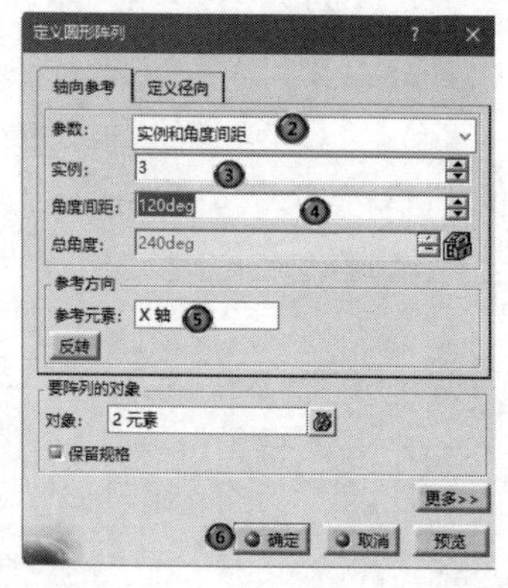

图 7.34　圆形阵列过程

图 7.35　阵列轮辐

扫一扫，看视频

练一练——绘制瓶盖

绘制图 7.36 所示的瓶盖。

图 7.36　瓶盖

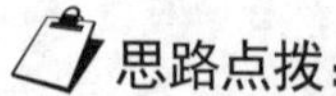思路点拨：

（1）绘制图 7.37 所示的草图，利用【凸台】命令创建瓶盖主体。

（2）利用【抽壳】【倒角】和【倒圆角】命令对拉伸体进行倒角、倒圆角和抽壳处理。

（3）绘制图 7.38 所示的草图，利用【开槽】命令创建凹槽，利用【倒圆角】命令对凹槽边进行圆角处理。

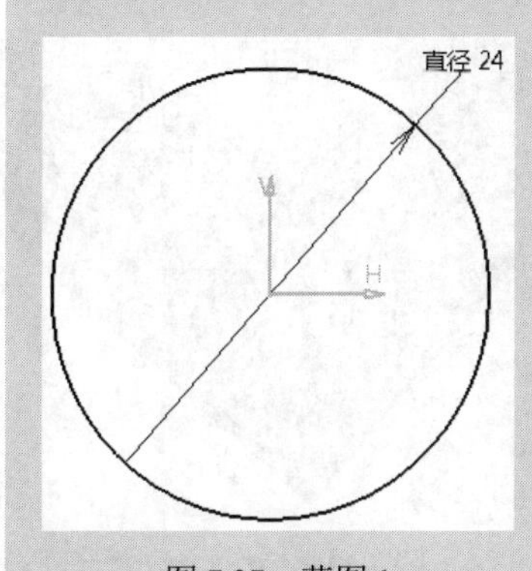

图 7.37　草图 1

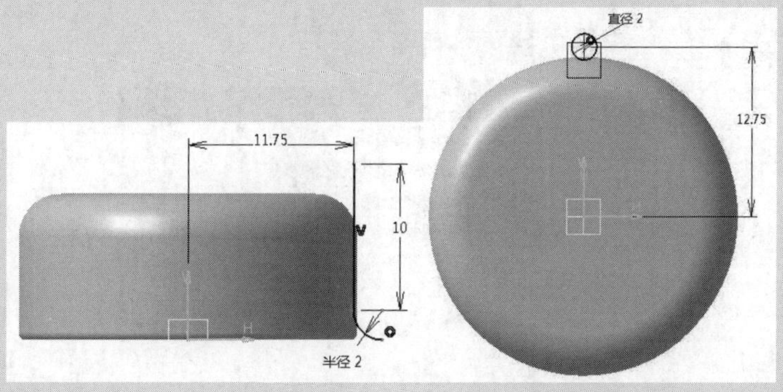

图 7.38　草图 2

（4）利用【圆形阵列】命令将倒圆角后的凹槽进行阵列。

7.2.2　镜像

镜像特征即将零件特征对称地复制到镜像元素的另一侧，其与对称变换的区别在于操作之后原来的对象仍保留。

在图形区中选择镜像元素，单击【变化特征】工具栏中的【镜像】按钮，弹出图 7.39 所示的【定义镜像】对话框，在图形区中选择要镜像的实体特征，单击【确定】按钮，即可完成镜像操作。

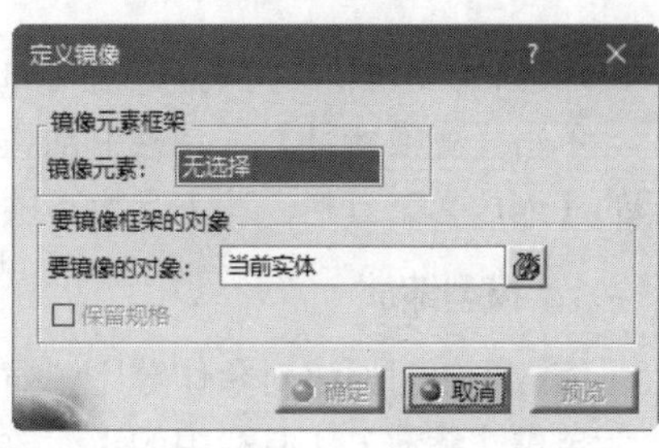

图 7.39　【定义镜像】对话框

扫一扫，看视频

动手学——镜像爱心

镜像爱心的具体操作步骤如下。

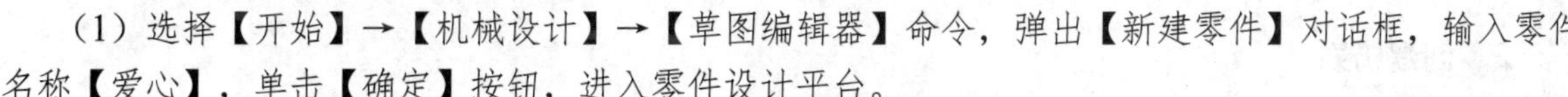

（1）选择【开始】→【机械设计】→【草图编辑器】命令，弹出【新建零件】对话框，输入零件名称【爱心】，单击【确定】按钮，进入零件设计平台。

（2）在特征树中选择 xy 平面，单击【草图编辑器】工具栏中的【草图】按钮，进入草图工作平台。单击【轮廓】工具栏中的【轮廓】按钮，绘制图 7.40 所示的草图轮廓。单击【工作台】工具栏中的【退出工作台】按钮，退出草图工作平台。

（3）单击【凸台】工具栏中的【凸台】按钮，沿 Z 轴正向拉伸轮廓，拉伸长度为 20mm。

（4）❶在【要镜像的对象】选择框中选择【凸台.1】，单击【变化特征】工具栏中的【镜像】按钮，弹出【定义镜像】对话框；❷右击【镜像元素】选择框，在弹出的快捷菜单中选择【yz 平面】命令，或在特征树中直接选择 yz 平面作为镜像元素，如图 7.41 所示。❸单击【确定】按钮，完成实体特征的镜像操作，如图 7.42 所示。

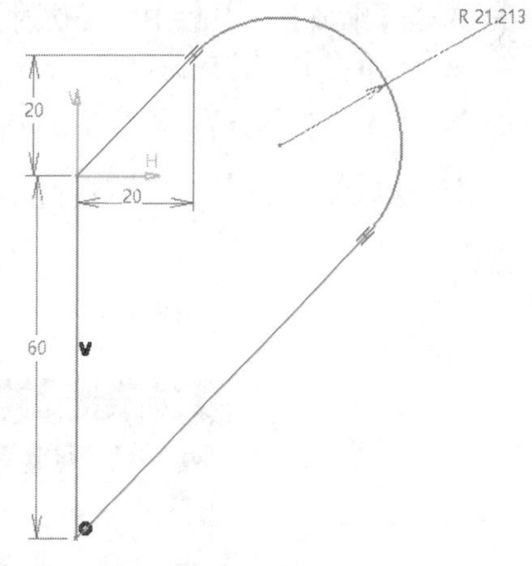

图 7.40　草图轮廓

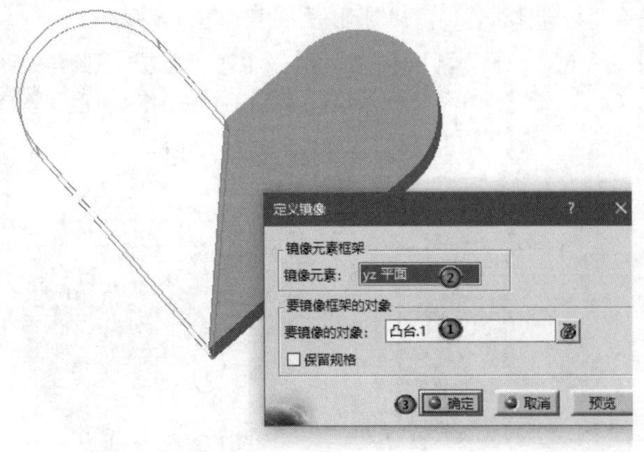

图 7.41　选择镜像元素

图 7.42　镜像实体

（5）选择【文件】→【保存】命令，弹出【另存为】对话框，输入文件名称【aixin】，单击【保存】按钮，保存文件。

7.2.3　缩放

缩放特征可将目标调整成指定的尺寸。

单击【变换特征】工具栏中按钮右下角的黑色小三角，弹出图 7.43 所示的【缩放】工具栏，该工具栏提供了缩放和仿射两个工具。

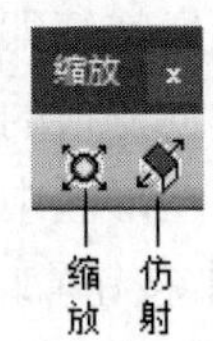

图 7.43　【缩放】工具栏

1. 模型缩放

缩放可以对原来对象作等比例缩放。

单击【缩放】工具栏中的【缩放】按钮，弹出图 7.44 所示的【缩放定义】对话框。

- 参考：选择用作缩放选定元素的参考基准。
- 比率：在【比率】文本框中输入放大或缩小的比例。

2. 创建仿射

单击【缩放】工具栏中的【仿射】按钮，弹出【仿射定义】对话框，如图 7.45 所示。

- 轴系：定义仿射的原点、XY 平面和 X 轴。
- 比率：在 X、Y、Z 文本框中输入缩放比例。

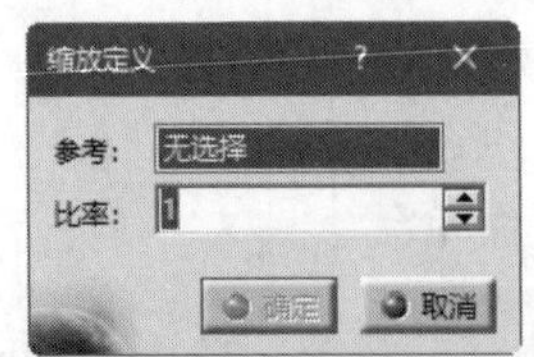

图 7.44　【缩放定义】对话框

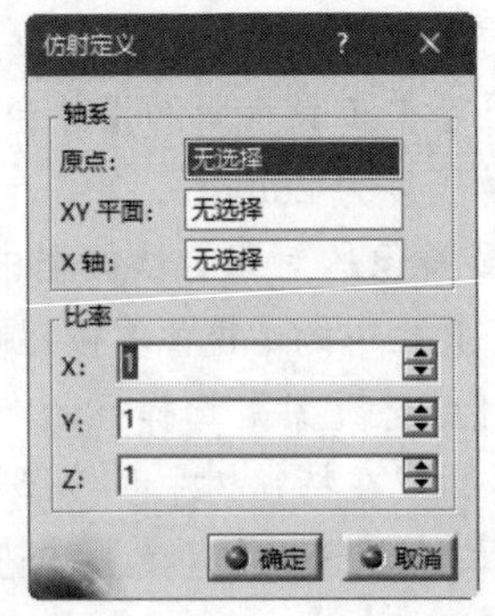

图 7.45　【仿射定义】对话框

扫一扫，看视频

扫一扫，看视频

7.3　综合实例——绘制轴承

绘制图 7.46 所示的轴承。首先绘制轴承主体，然后绘制单个滚柱，最后通过圆形阵列得到所有滚柱。

(1) 选择【开始】→【机械设计】→【零件设计】命令，弹出【新建零件】对话框，输入零件名称【轴承】，单击【确定】按钮，进入零件设计平台。

(2) 单击【草图编辑器】工具栏中的【草图】按钮，在特征树中选择 xy 平面为草图绘制平面，进入草图工作平台。单击【轮廓】工具栏中的【轮廓】按钮，绘制图 7.47 所示的草图。单击【工作台】工具栏中的【退出工作台】按钮，退出草图工作平台。

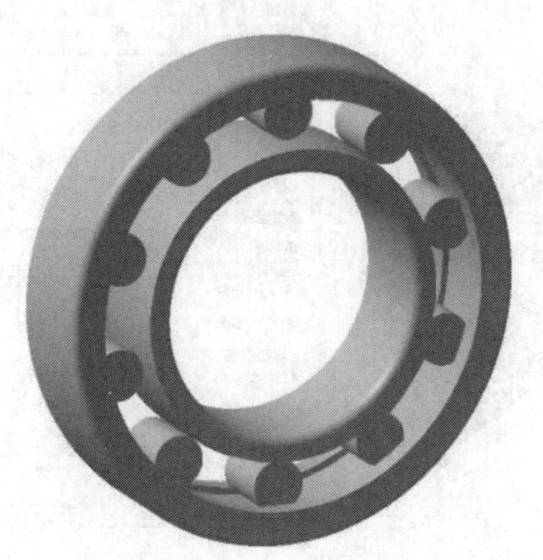
图 7.46　轴承

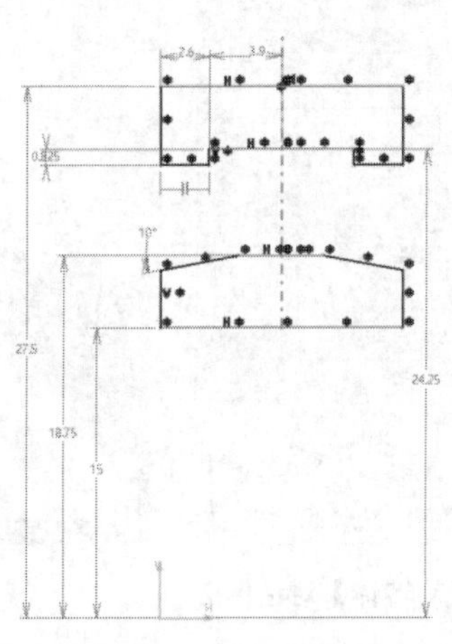
图 7.47　草图.1

(3) 单击【基于草图的特征】工具栏中的【旋转体】按钮，弹出图 7.48 所示的【定义旋转体】对话框，系统自动选择第（2）步绘制的草图为轮廓。在【轴】选项组中右击，在弹出的快捷菜单中选择【X 轴】命令，在【第一角度】和【第二角度】文本框中分别输入 360deg 和 0deg，单击【确定】按钮，创建图 7.49 所示的轴承主体。

(4) 单击【草图编辑器】工具栏中的【草图】按钮，在特征树中选择 xy 平面为草图绘制平面，进入草图工作平台。单击【轮廓】工具栏中的【轮廓】按钮，绘制图 7.50 所示的草图。单击【工作台】工具栏中的【退出工作台】按钮，退出草图工作平台。

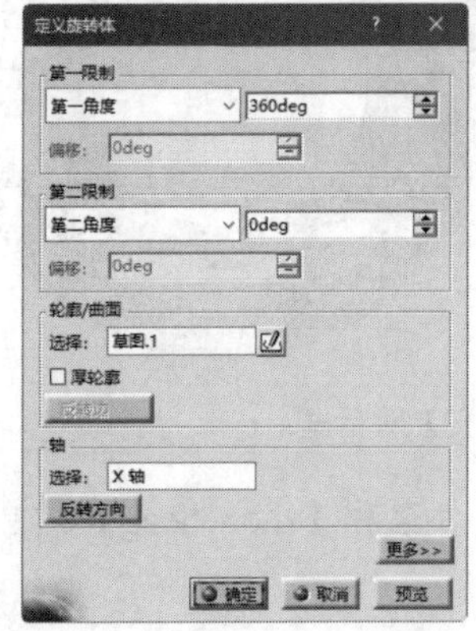

图 7.48　【定义旋转体】对话框 1

图 7.49　轴承主体

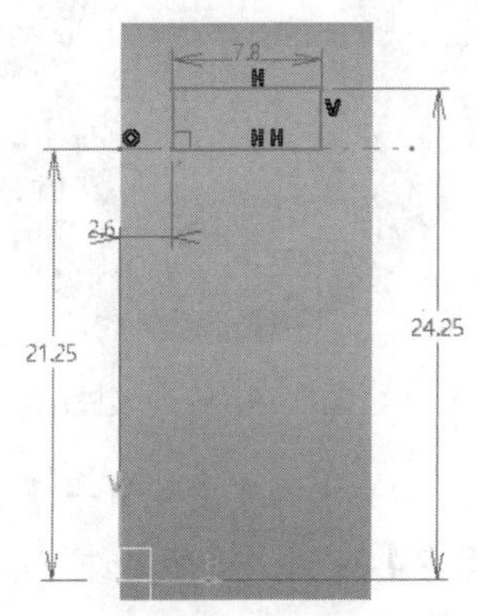

图 7.50　草图.2

（5）单击【基于草图的特征】工具栏中的【旋转体】按钮，弹出图 7.51 所示的【定义旋转体】对话框，系统自动选择第（4）步绘制的草图为轮廓，并自动选取绘制的轴线为旋转轴，在【第一角度】和【第二角度】文本框中分别输入 360deg 和 0deg，单击【确定】按钮，创建图 7.52 所示的滚柱。

（6）单击【阵列】工具栏中的【圆形阵列】按钮，弹出【定义圆形阵列】对话框，选择参数类型为【实例和角度间距】，输入实例个数 10，角度间距 36deg，选择【旋转体.2】特征为要阵列的对象，在【参考元素】选择框中右击，在弹出的快捷菜单中选择【X 轴】命令，其他采用默认设置，如图 7.53 所示。单击【确定】按钮，完成滚柱的阵列，如图 7.54 所示。

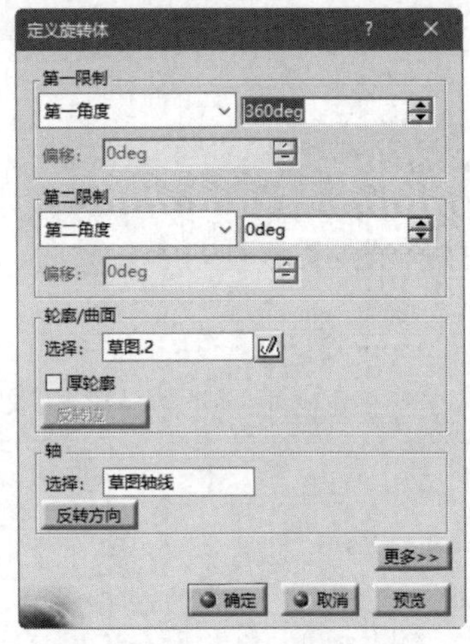

图 7.51　【定义旋转体】对话框 2

图 7.52　滚柱

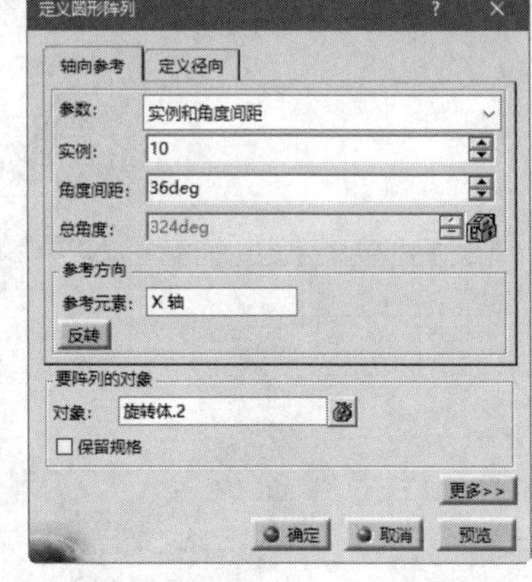

图 7.53　【定义圆形阵列】对话框

（7）单击【圆角】工具栏中的【倒圆角】按钮，弹出【倒圆角定义】对话框，单击【半径】按钮和【常量】按钮，在【半径】文本框中输入 1mm，选择图 7.55 所示的边线为要圆角化的对象，单击【确定】按钮，倒圆角的结果如图 7.46 所示。

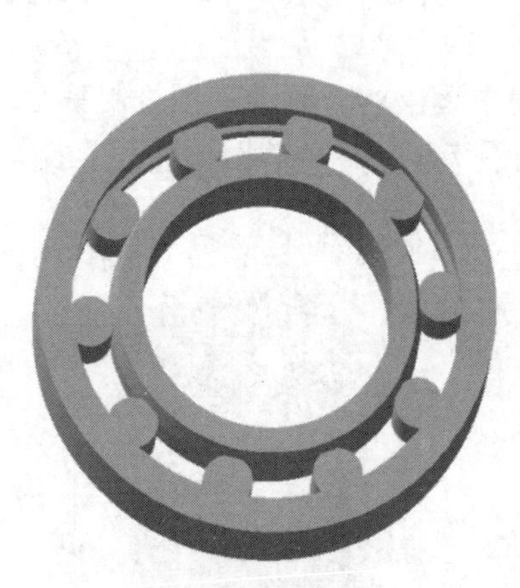

图 7.54　阵列滚柱

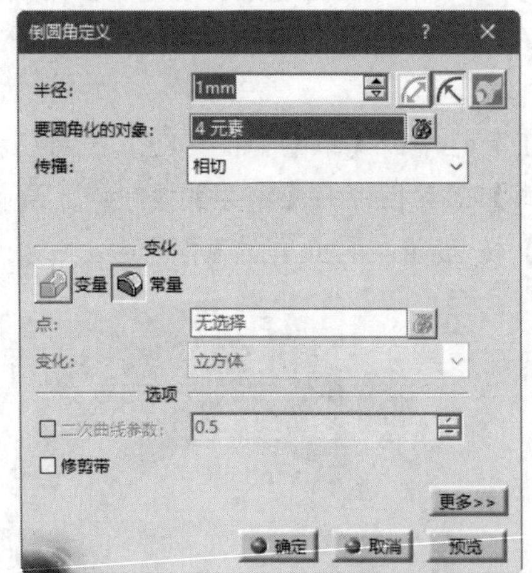

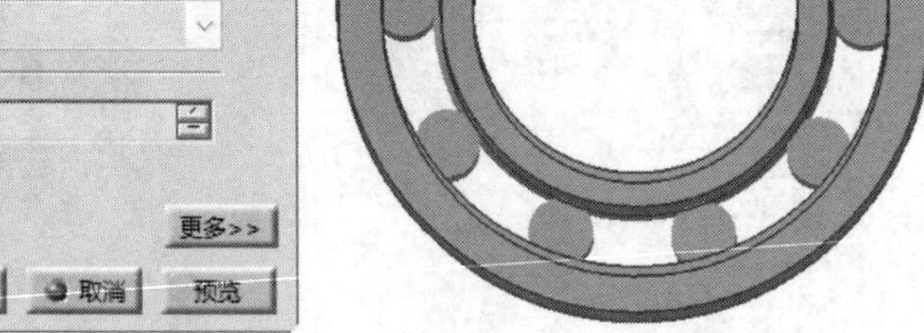

图 7.55　【倒圆角定义】对话框

（8）选择【文件】→【保存】命令，弹出【另存为】对话框，输入文件名称【zhoucheng】，单击【保存】按钮，保存文件。

第 8 章　创 建 曲 面

内容简介

CATIA 之所以能在 CAD/CAM 领域保持霸主地位，主要在于其强大的曲面、曲线功能。CATIA 中的创成式外形设计平台可以实现曲面设计。

内容要点

- 进入曲面造型平台
- 曲线
- 常规曲面
- 综合实例——创建塑料焊接器曲面

案例效果

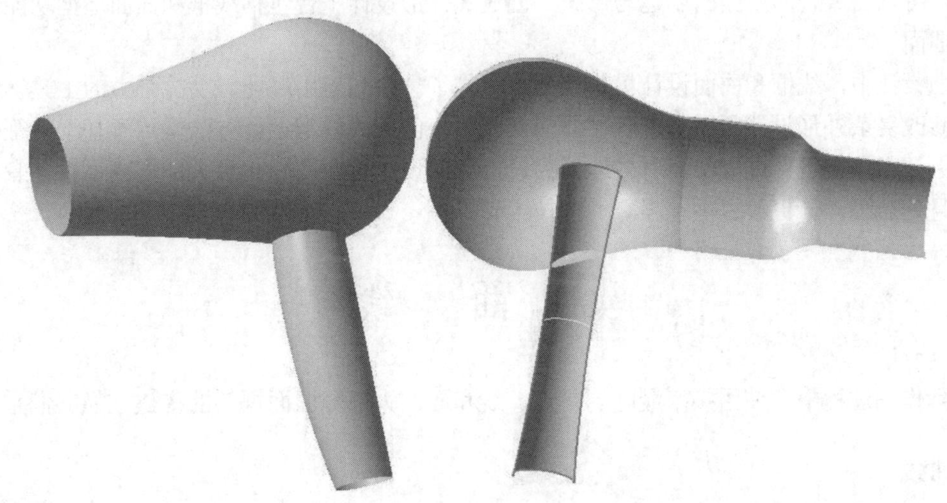

8.1　进入曲面造型平台

在零件设计模块中，产品实体是通过绘制二维轮廓，然后利用凸台、凹槽、旋转等方式生成的。这种方法虽然简单易用，但生成的实体外形不能满足人们日益提高的美学要求。要想设计出拥有新颖外观及良好人体工学的产品，必须熟悉曲面的构建方法及在曲面设计中点、线、面的关系，从而有效地控制曲面的形状及质量。

（1）启动 CATIA 软件，选择【开始】→【形状】→【创成式外形设计】命令，如图 8.1 所示。

（2）弹出【新建零件】对话框，输入零件名称，单击【确定】按钮，进入创成式外形设计平台，如图 8.2 所示。

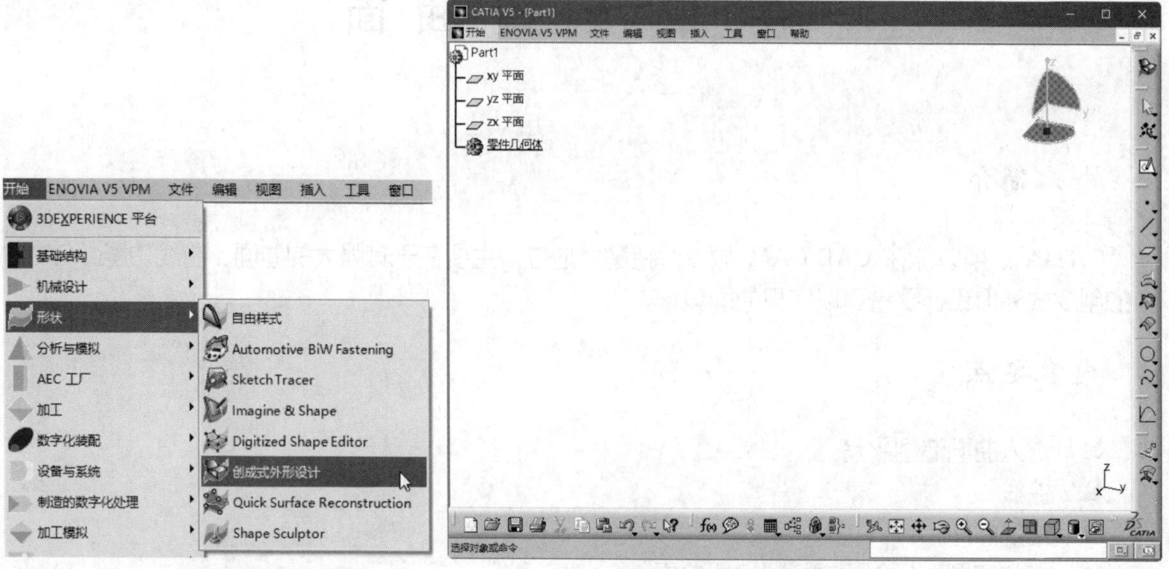

图 8.1　打开【创成式外形设计】模块　　图 8.2　创成式外形设计平台

视图中会自动添加线框和曲面设计需要的工具，其包括线架构、曲面、操作、约束、分析和复制六大功能，可以完成普通曲面的创建与修改。创成式外形设计平台包括线框和曲面造型功能，可以生成复杂的曲面。

在曲面设计中，线框和曲面设计模块为用户提供了一系列应用广泛、功能强大的工具，可以方便地建立和修改复杂外形设计所需要的各种曲面。同时，创成式外形设计方法采用了基于特征的设计方法和全相关技术，在设计过程中能有效地捕捉设计者的设计意图，因此极大地提高了设计者的质量和效率，并且为后续设计更改提供了强有力的技术支持。

8.2　曲　　线

在实际作图过程中，使用频率最高的是点、线和面，大部分曲面框架的搭建依靠它们来完成。

8.2.1　轴线

【轴线】工具可以生成圆形、椭圆形、环形图形和球形的轴线。

1．建立空间圆的轴线

（1）单击【直线-轴线】工具栏中的【轴线】按钮，在弹出的【轴线定义】对话框的【元素】选择框中选择圆。

（2）在【方向】选择框中可以选择轴线生成的方向。

（3）此时，在【轴线类型】下拉列表中可以选择三个子类型，分别为【与参考方向相同】【参考方向的法线】和【圆的法线】。

➘ 与参考方向相同：选择此类型时，可以建立一个通过圆中心，沿【方向】选择框中设定的方向的轴线，如图 8.3 所示，此时生成的轴线与设置的 X 方向相同。

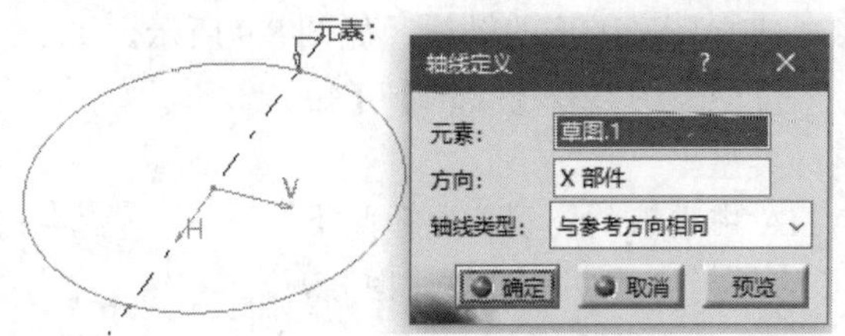

图 8.3　与参考方向相同

➘ 参考方向的法线：选择此类型时，可建立通过圆中心，垂直于【方向】选择框中设定的方向的轴线，如图 8.4 所示，此时生成的轴线与设置的 X 方向垂直。

➘ 圆的法线：选择此类型时，可建立通过圆中心的轴线，如图 8.5 所示。

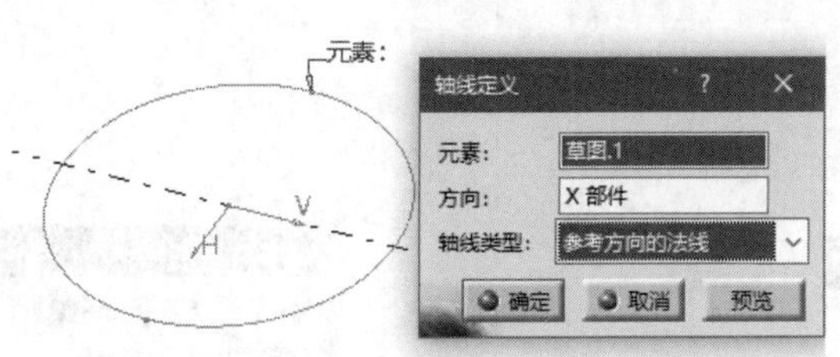

图 8.4　与参考方向垂直

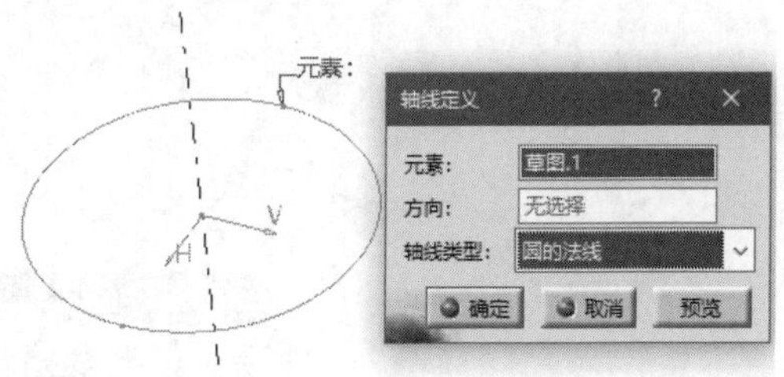

图 8.5　与选择的几何元素垂直

2. 建立空间椭圆的轴线

（1）单击【直线-轴线】工具栏中的【轴线】按钮，弹出【轴线定义】对话框，在【元素】选择框中选择绘制好的椭圆，即可建立椭圆的轴线，如图 8.6 所示。

（2）此时【轴线类型】下拉列表中共有【长轴】【短轴】和【椭圆的法线】三种类型。

➘ 长轴：此类型为 CATIA 中默认的类型，选择此类型时，会在椭圆的长轴处建立轴线，如图 8.6 所示。

➘ 短轴：选择此类型时，在椭圆的短轴处建立轴线，如图 8.7 所示。

➘ 椭圆的法线：选择此类型时，建立通过椭圆中心并垂直于椭圆的轴线，如图 8.8 所示。

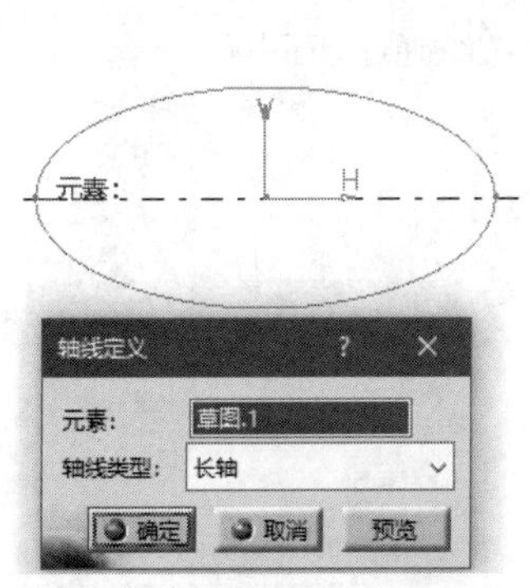

图 8.6　轴线穿过椭圆长轴

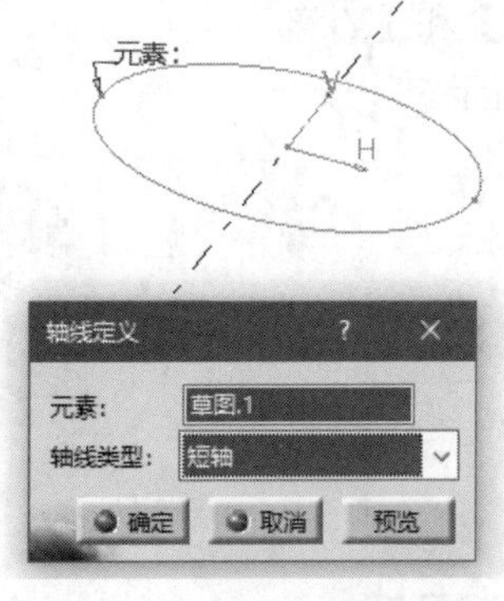

图 8.7　轴线穿过椭圆短轴

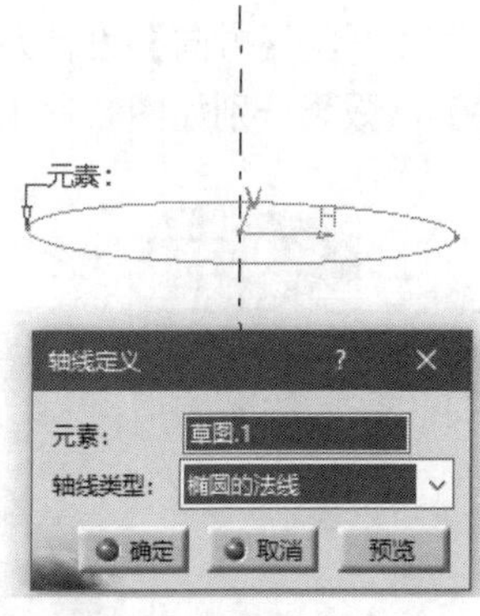

图 8.8　椭圆的法线

3. 建立空间环形图形的轴线

（1）单击【直线-轴线】工具栏中的【轴线】按钮，弹出【轴线定义】对话框，在【元素】选择框中选择绘制好的几何圆形，建立环形图形的轴线，如图 8.9 所示。

（2）此时【轴线类型】下拉列表中共有【长轴】【短轴】和【长圆形的法线】三种类型。

- 长轴：此类型为 CATIA 中默认的类型，选择此类型时，会在几何图形的长轴处建立轴线，如图 8.9 所示。
- 短轴：选择此类型时，会在几何图形的短轴处建立轴线，如图 8.10 所示。
- 长圆形的法线：选择此类型时，可建立通过几何图形中心，垂直该图形的轴线，如图 8.11 所示。

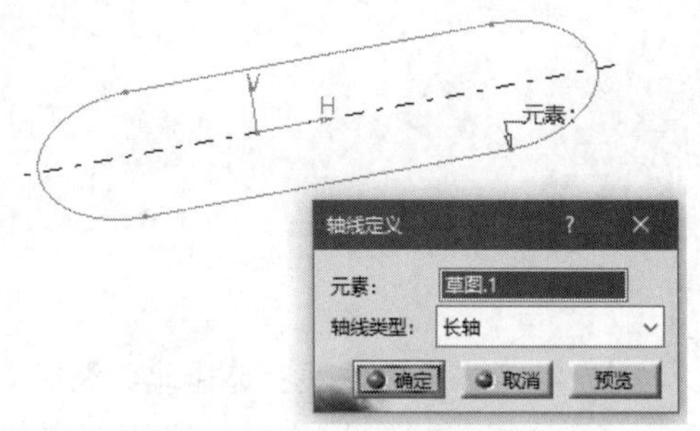

图 8.9　轴线穿过几何图形的长轴

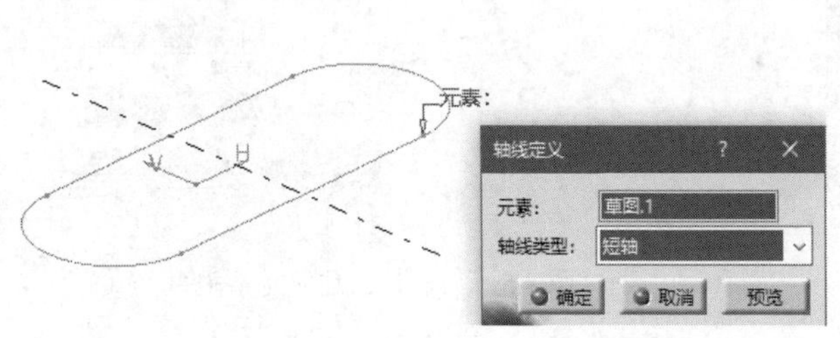

图 8.10　轴线穿过几何图形的短轴

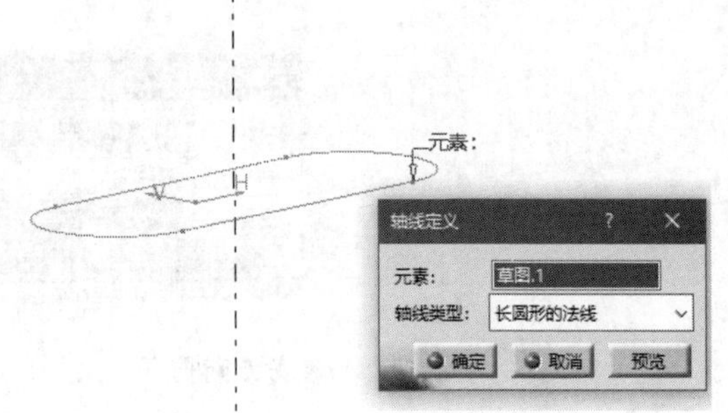

图 8.11　轴线与几何图形垂直

4. 建立球形的轴线

（1）单击【直线-轴线】工具栏中的【轴线】按钮，弹出【轴线定义】对话框，单击视图中的球形，将其输入【元素】选择框，在【方向】选择框中选择 X、Y、Z 部件或一条直线作为方向，单击【预览】按钮，此时即可出现相应轴线，如图 8.12 所示。

（2）将【方向】设置为【X 部件】和【Y 部件】，效果分别如图 8.13 和图 8.14 所示。

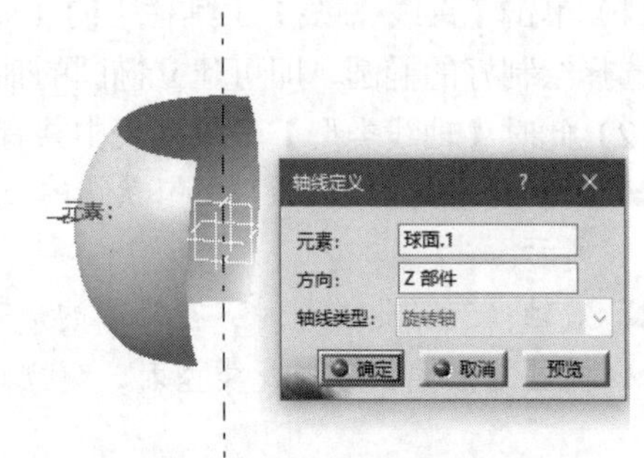

图 8.12　轴线通过球面中心

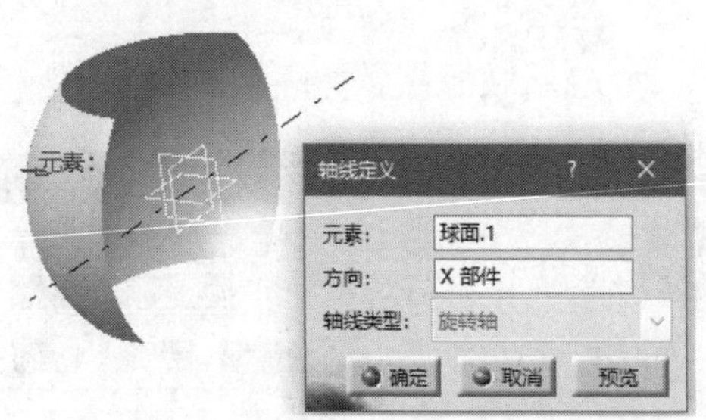

图 8.13　沿 X 轴

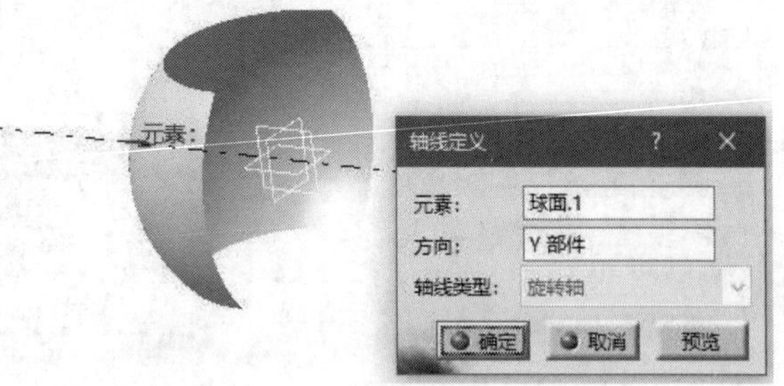

图 8.14　沿 Y 轴

8.2.2　投影曲线

投影是指将元素投射到一个辅助面上，在辅助面上生成的新元素就是原先元素的投影。单击【投影-混合】工具栏中的【投影】按钮，弹出【投影定义】对话框，如图 8.15 所示。

【投影类型】下拉列表中有【法线】和【沿某一方向】两种类型。

- 法线：选择此类型时，即从投影物体正上方投射光线，如图 8.16 所示。
- 沿某一方向：选择此类型时，即可自定义投影角度，在【方向】项中可以选择的投影方向是轴或一条直线或面。

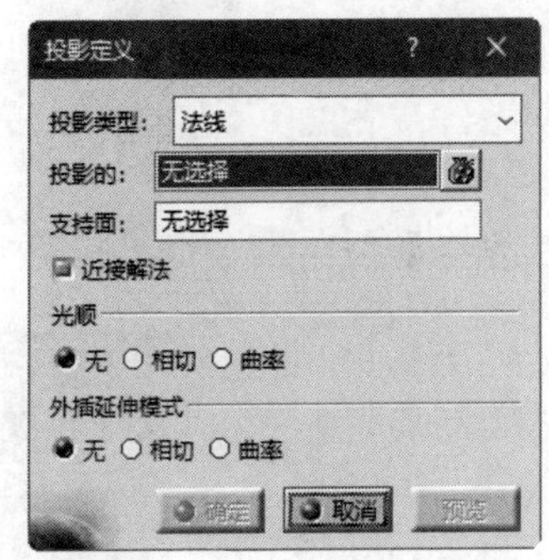

图 8.15　【投影定义】对话框

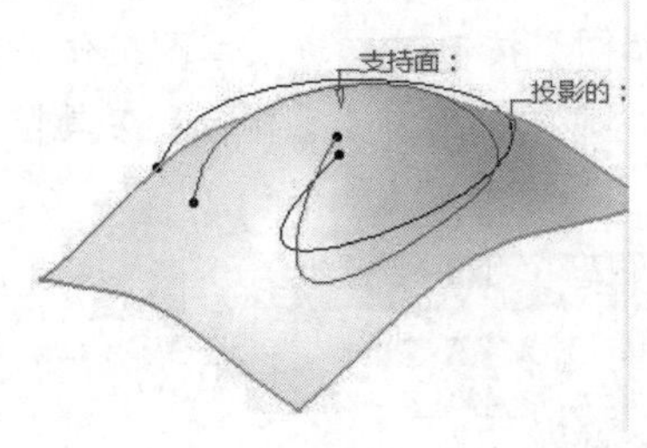

图 8.16　法线

动手学——绘制风扇叶片曲线

扫一扫，看视频

绘制风扇叶片曲线的具体操作步骤如下。

（1）选择【开始】→【机械设计】→【零件设计】命令，弹出【新建零件】对话框，输入零件名称【风扇叶片】，单击【确定】按钮，进入零件设计平台。

（2）在特征树中选择 xy 平面，单击【草图编辑器】工具栏中的【草图】按钮，进入草图工作平台，绘制图 8.17 所示的草图。单击【工作台】工具栏中的【退出工作台】按钮，退出草图工作平台。

（3）单击【凸台】工具栏中的【凸台】按钮，弹出【定义凸台】对话框，在【类型】选择框中选择【尺寸】，在【长度】文本框中输入 30mm，在【轮廓/曲面】选项组中选择刚刚创建的【草图.1】作为凸台拉伸的轮廓；单击【更多】按钮，在【第二限制】选项组的【长度】文本框中输入 50mm，如图 8.18 所示；单击【确定】按钮，创建的凸台如图 8.19 所示。

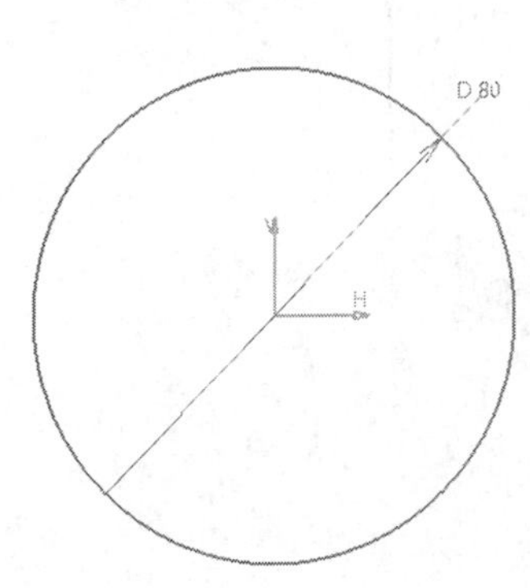

图 8.17　草图.1

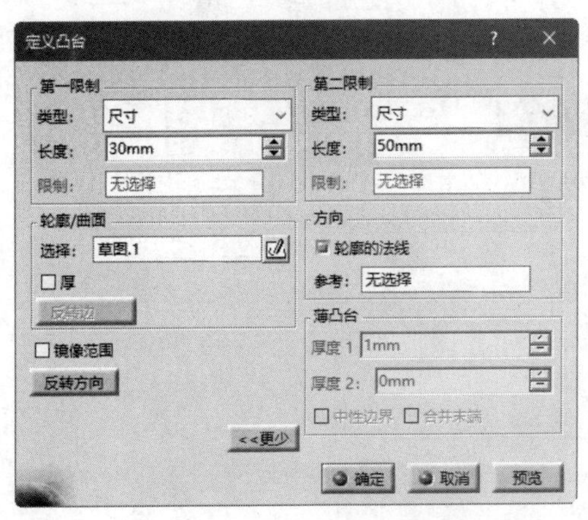

图 8.18　【定义凸台】对话框

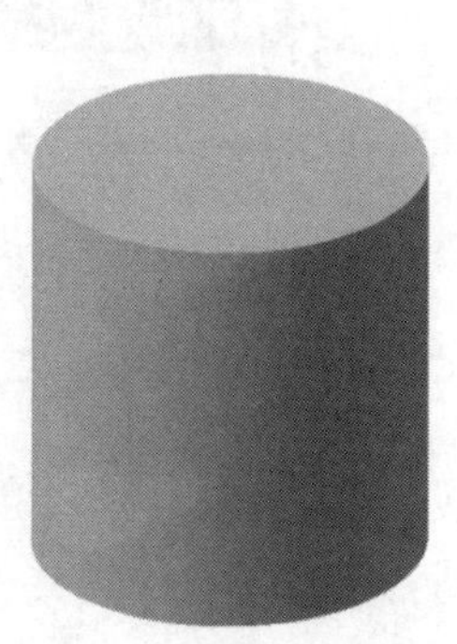

图 8.19　凸台

（4）单击【草图编辑器】工具栏中的【草图】按钮，在特征树中选择 yz 平面为草图绘制平面，进入草图工作平台。单击【圆】工具栏中的【三点弧】按钮，绘制图 8.20 所示的草图。单击【工作台】工具栏中的【退出工作台】按钮，退出草图工作平台。

（5）选择【开始】→【形状】→【创成式外形设计】命令，单击【拉伸-旋转】工具栏中的【拉伸】按钮（在 8.3.1 小节中详细介绍），弹出【拉伸曲面定义】对话框，①选择第（4）步绘制的草图为拉伸轮廓，②输入【限制 1】的尺寸 250mm，如图 8.21 所示。③单击【确定】按钮，得到拉伸曲面，如图 8.22 所示。

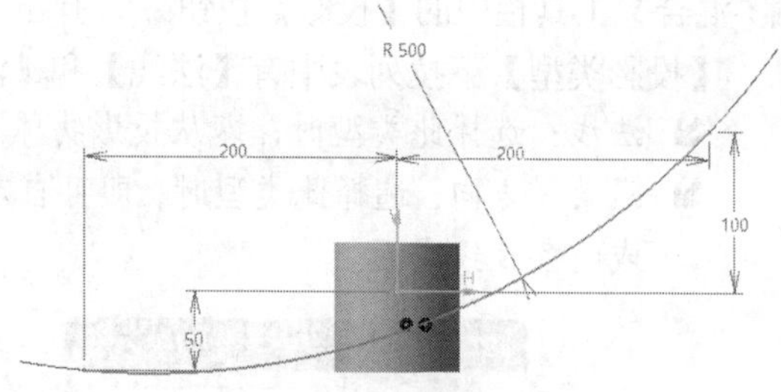

图 8.20　草图.2

（6）在特征树中选择 xy 平面，单击【草图编辑器】工具栏中的【草图】按钮，进入草图工作平台，绘制图 8.23 所示的草图。单击【工作台】工具栏中的【退出工作台】按钮，退出草图工作平台。

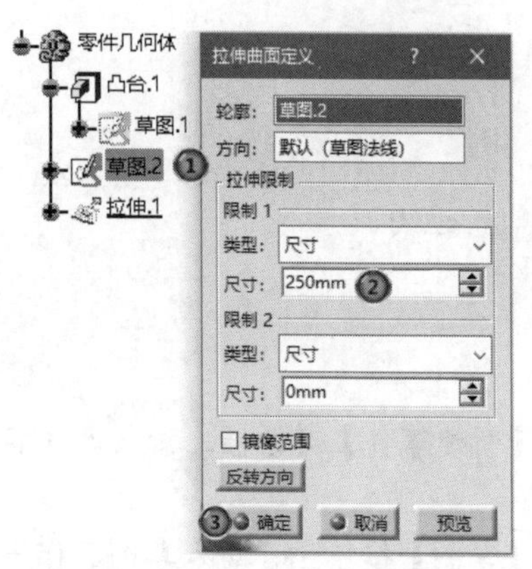

图 8.21　【拉伸曲面定义】对话框

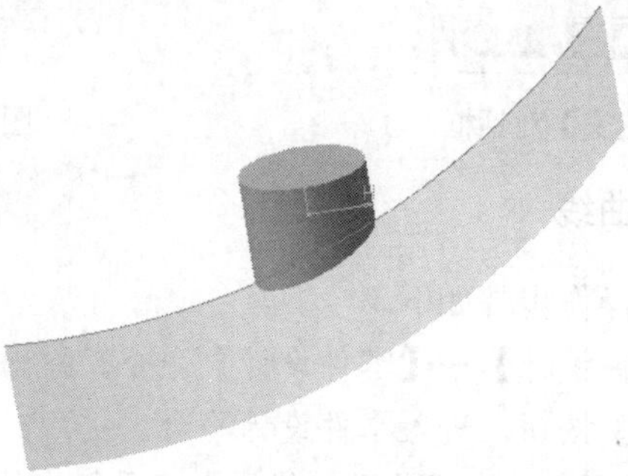

图 8.22　拉伸曲面

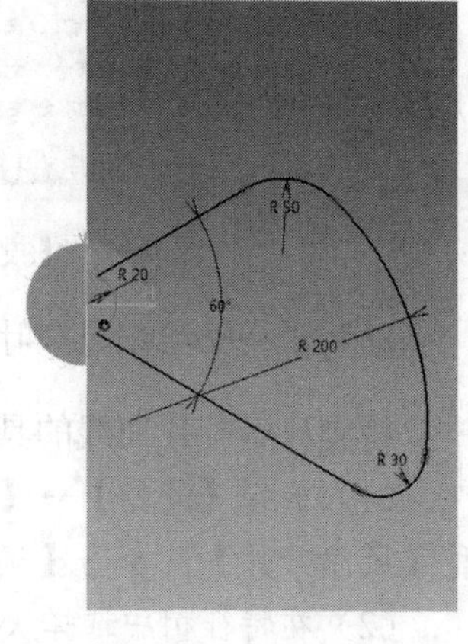

图 8.23　草图.3

（7）单击【线框】工具栏中的【投影】按钮，弹出【投影定义】对话框，①选择【法线】投影类型，②选择【草图.3】为投影元素，③选择【拉伸.1】为支持面，如图 8.24 所示。④单击【确定】按钮，投影后的曲线如图 8.25 所示。

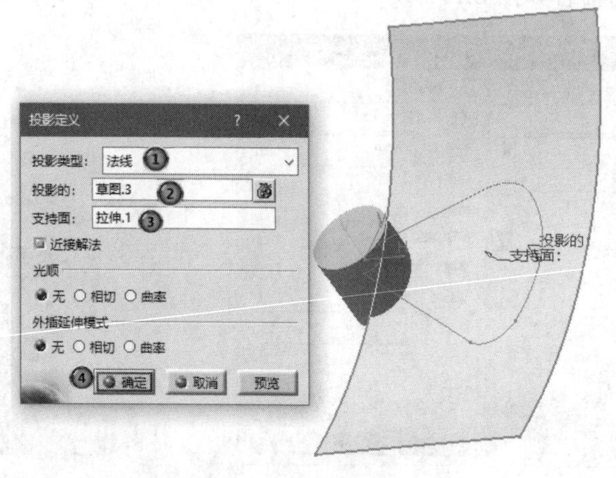

图 8.24　设置投影定义参数

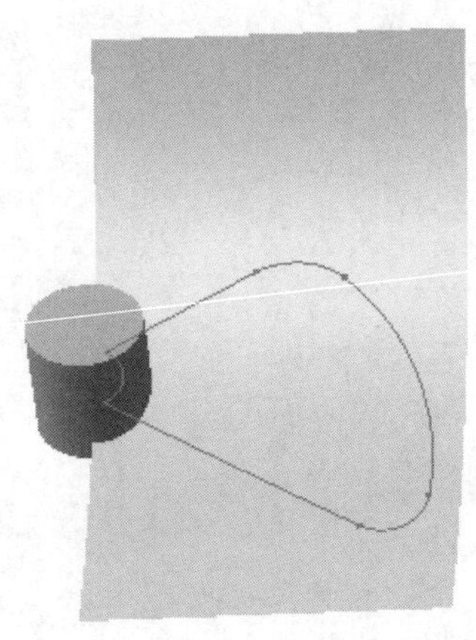
图 8.25　投影后的曲线

（8）选择【文件】→【保存】命令，弹出【另存为】对话框，输入文件名称【fengshanyepian】，单击【保存】按钮，保存文件。

8.2.3　相交曲线

相交命令能够从两个相交的几何元素中提取相交曲线。

单击【线框】工具栏中的【相交】按钮，弹出【相交定义】对话框，如图 8.26 所示。

动手学——创建相交曲线

扫一扫，看视频

创建相交曲线的具体操作步骤如下。

（1）选择【开始】→【形状】→【创成式外形设计】命令，弹出【新建零件】对话框，输入零件名称【相交曲线】，单击【确定】按钮，进入创成式外形设计平台，绘制两个相交曲面。

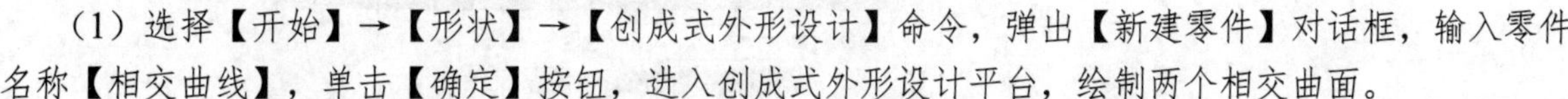

（2）单击【线框】工具栏中的【相交】按钮，弹出【相交定义】对话框，①在【第一元素】和【第二元素】选择框中分别选择两个相交的元素，这里选择视图中的两个曲面，②勾选【扩展相交的线性支持面】复选框，其余选项为系统默认，③单击【确定】按钮，如图 8.27 所示。

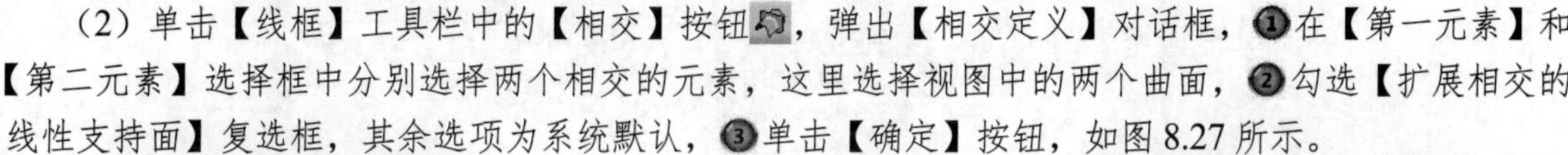

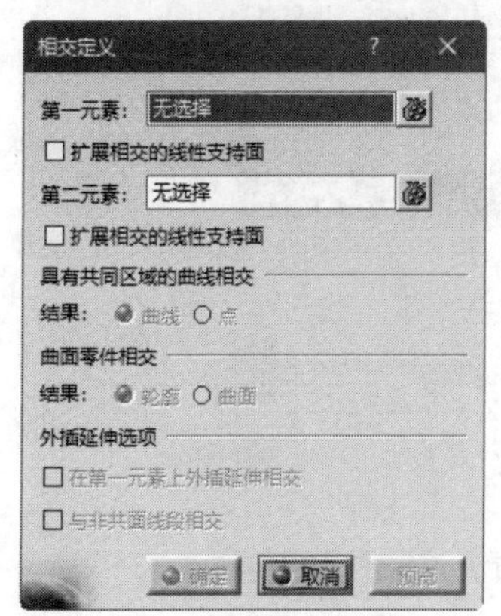

图 8.26　【相交定义】对话框

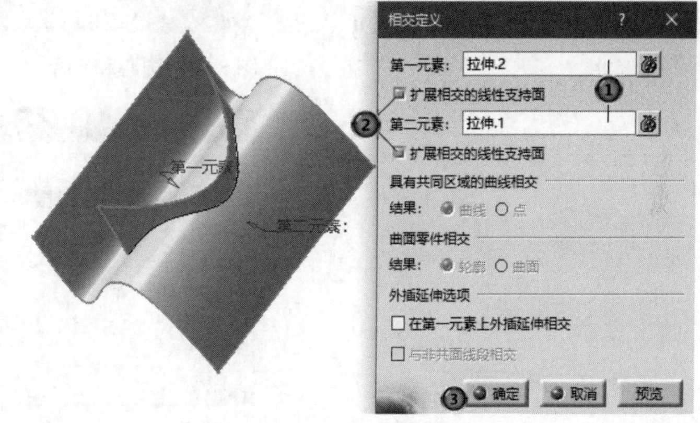

图 8.27　两个曲面相交

（3）勾选【在第一元素上外插延伸相交】复选框，可以扩展选定的元素。当选定的两个元素之间有多个相交处，且两者之间有部分吻合时，CATIA 允许用户自己选择结果，这可以通过【具有共同区域的曲线相交】及【曲面零件相交】两处选项进行设置。

（4）选择【文件】→【保存】命令，弹出【另存为】对话框，输入文件名称【xiangjiaoquxian】，单击【保存】按钮，保存文件。

8.2.4　圆曲线

圆曲线可以创建圆或圆弧。

单击【圆-圆锥】工具栏中的【圆】按钮，弹出【圆定义】对话框，如图 8.28 所示，可以在【圆类型】下拉列表中选择建立圆的不同方式。

- 圆心和半径：选择此类型，此时需要提供一点及一个支持面，该支持面可以是一个平面或一个曲面，如图 8.29 所示。【圆限制】选项组可以设置圆的角度，也可以单击【全圆】按钮生成一个整圆，如图 8.30 所示。

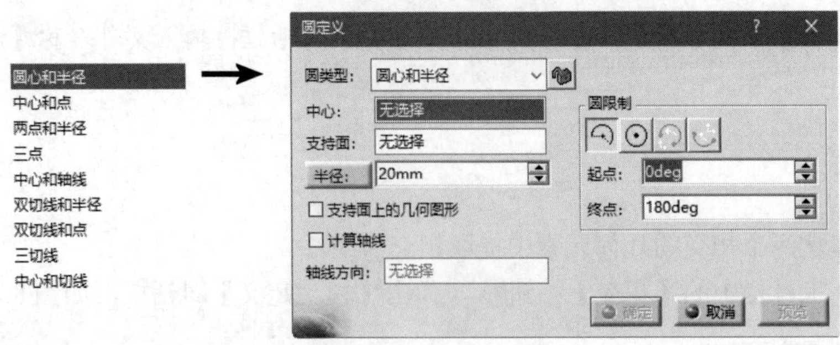

图 8.28 【圆定义】对话框

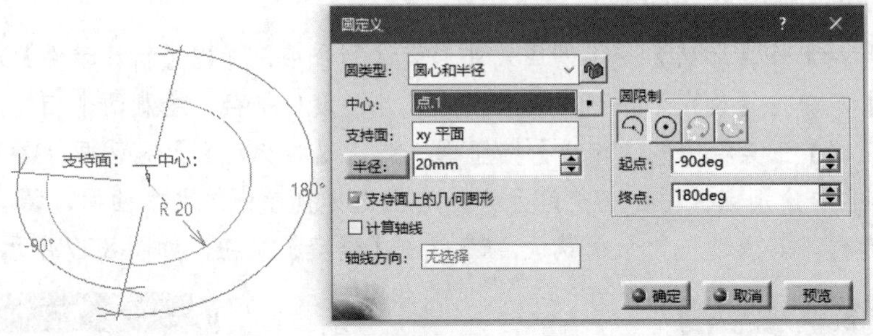

图 8.29 圆心和半径

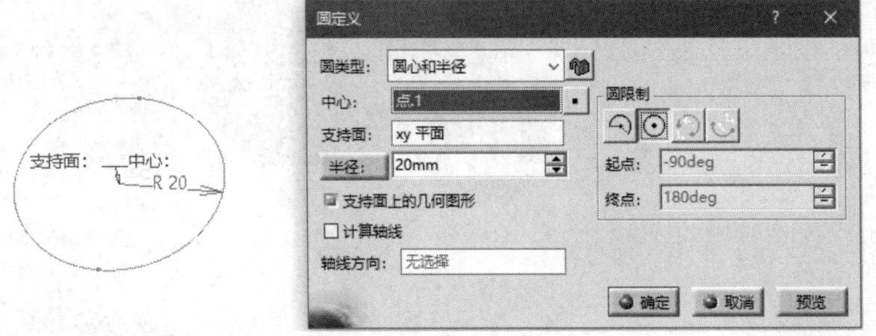

图 8.30 生成整圆

- 中心和点：选择此类型，需要提供一个支持面及两点，其中一个作为中心点，另一个作为圆上的一点，如图 8.31 所示。如果取消勾选【支持面上的几何图形】复选框，则圆或圆弧不会产生在支持面上，仅是空间中的一个圆。

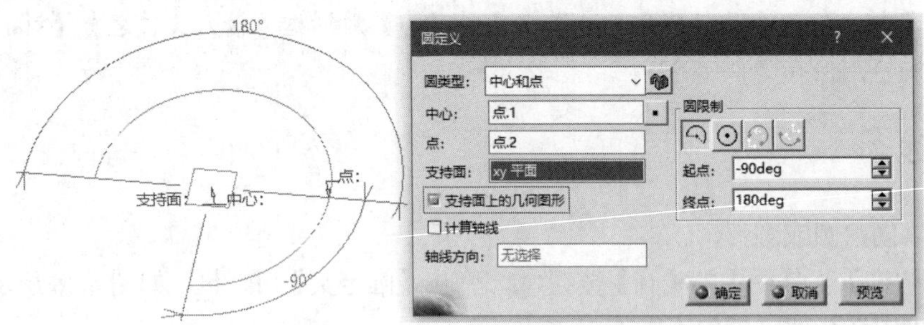

图 8.31 在支持面上的圆

- 两点和半径：选择此类型，即利用在圆上的两点及半径产生圆或圆弧，CATIA 会列出所有可能的情况，如图 8.32 所示。单击【下一个解法】按钮，可以查看其余解法，如图 8.33 所示。

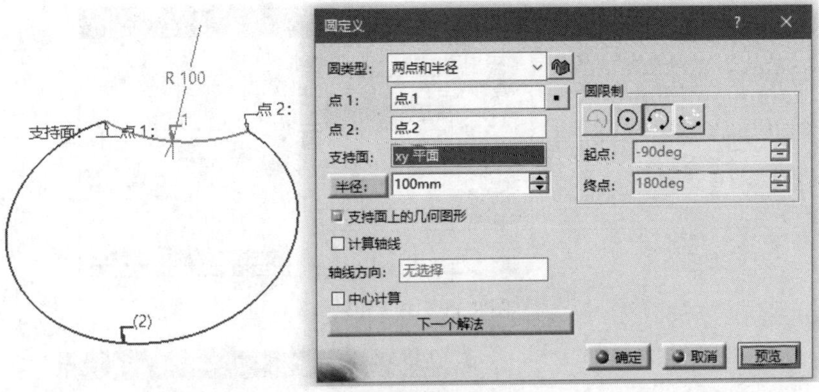

图 8.32　两点和半径

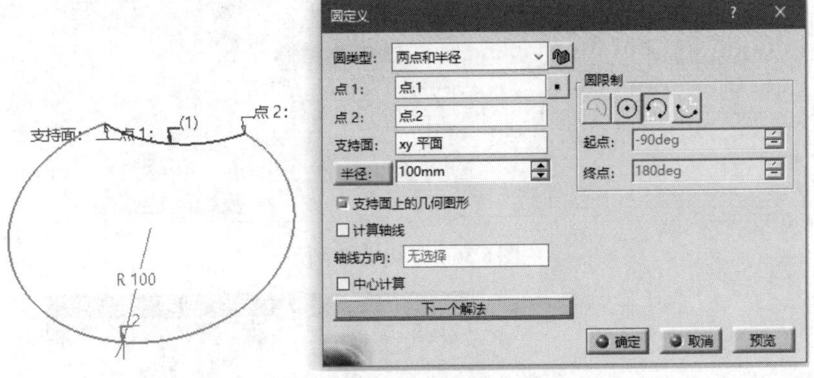

图 8.33　查看其余解法

- 三点：选择此类型，可以通过三个点生成空间中的圆。在绘图区选择三点，即可生成圆，如图 8.34 所示。

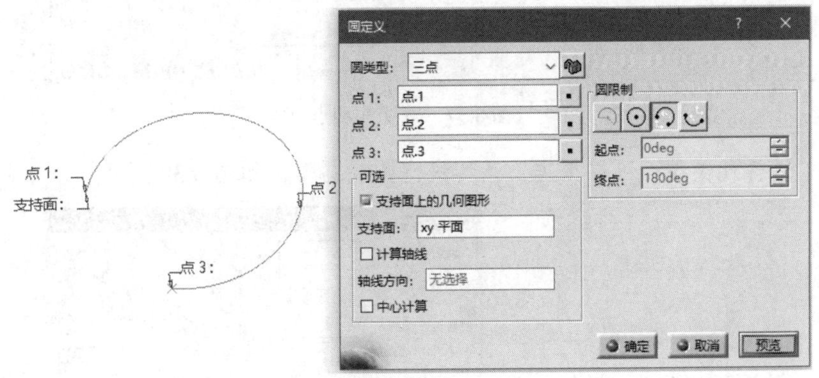

图 8.34　三点

- 中心和轴线：选择此类型，CATIA 会根据所选轴线和点建立一个以半径值为半径的圆，此圆所在平面通过输入点并垂直于轴线，如图 8.35 所示。
- 双切线和半径：选择此类型，其根据两条双切线及圆的半径确定圆的大小及位置，CATIA 会自动计算出所有可能性，如图 8.36 所示。单击【下一个解法】按钮，可以选择另外的结果。
- 双切线和点：选择此类型，可以根据曲线及一点建立圆或圆弧，如图 8.37 所示。

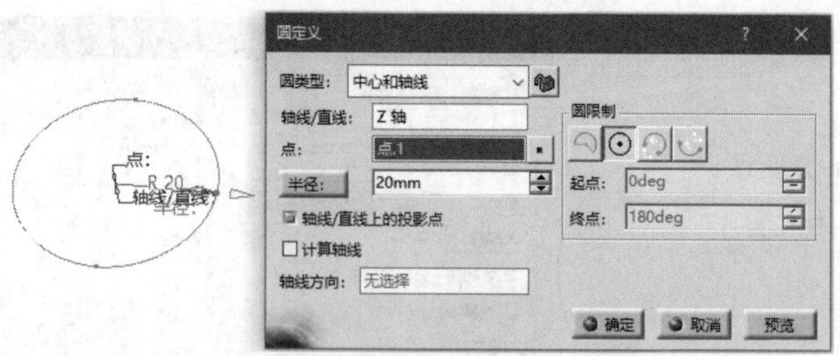

图 8.35　中心和轴线

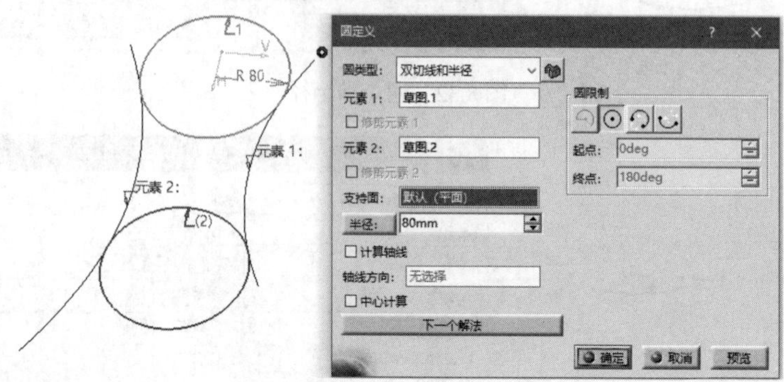

图 8.36　双切线和半径

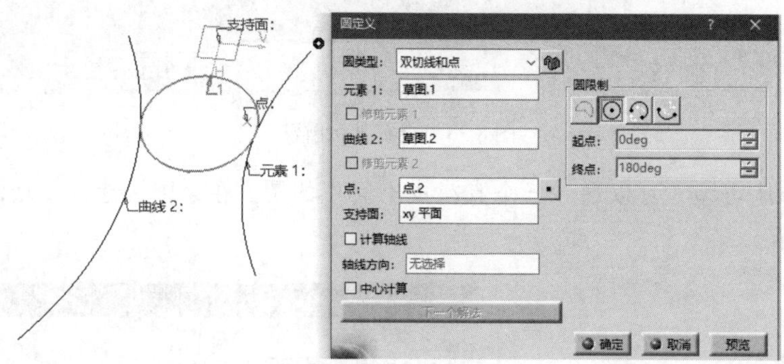

图 8.37　双切线和点

➘ 三切线：选择此类型，可以根据三条切线定圆或圆弧，如图 8.38 所示。

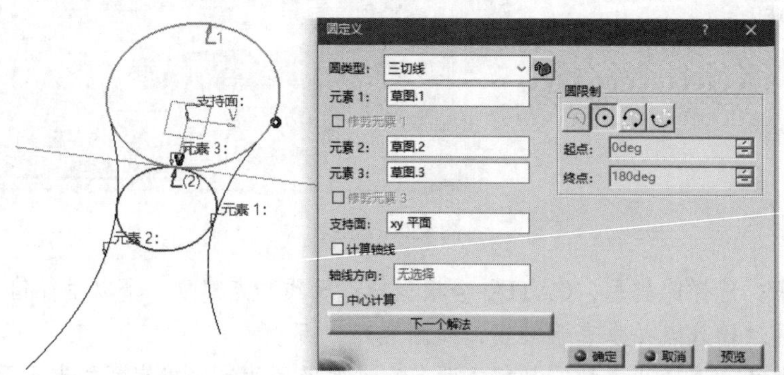

图 8.38　三切线

➘ 中心和切线：选择此类型，可以根据一个中心点及曲线生成圆或圆弧，如图 8.39 所示。

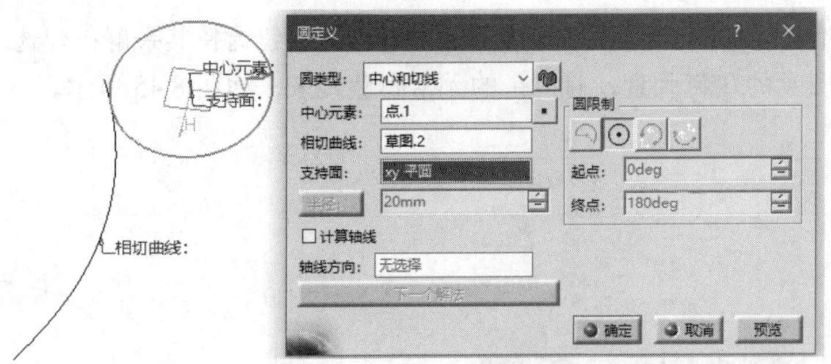

图 8.39　中心和切线

8.2.5　圆角曲线

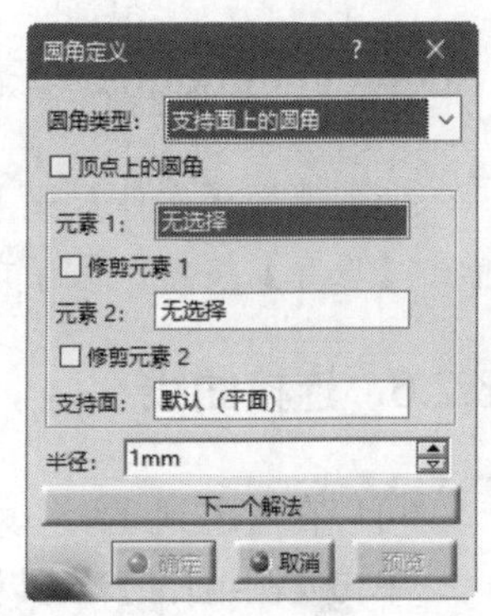

图 8.40　【圆角定义】对话框

圆角曲线可以在两条曲线之间或在点与曲线之间创建圆角。

单击【圆-圆锥】工具栏中的【圆角】按钮，弹出【圆角定义】对话框，如图 8.40 所示。在【圆角类型】选择框中选择两种建立圆角的方式，它们分别是支持面上的圆角和 3D 圆角。

动手学——绘制圆角曲线

绘制圆角曲线的具体操作步骤如下。

(1) 选择【开始】→【形状】→【创成式外形设计】命令，弹出【新建零件】对话框，输入零件名称【圆角曲线】，单击【确定】按钮，进入创成式外形设计平台。

(2) 在特征树中选择 xy 平面，单击【草图编辑器】工具栏中的【草图】按钮，进入草图工作平台；绘制图 8.41 和图 8.42 所示的两个草图。单击【工作台】工具栏中的【退出工作台】按钮，退出草图工作平台。

(3) 单击【圆-圆锥】工具栏中的【圆角】按钮，弹出【圆角定义】对话框，①在【元素 1】和【元素 2】文本框中输入视图中的两条曲线，②在【支持面】文本框中输入圆角所在的基准面 xy 平面，③输入圆角半径 25mm，此时即可生成圆角，如图 8.43 所示。

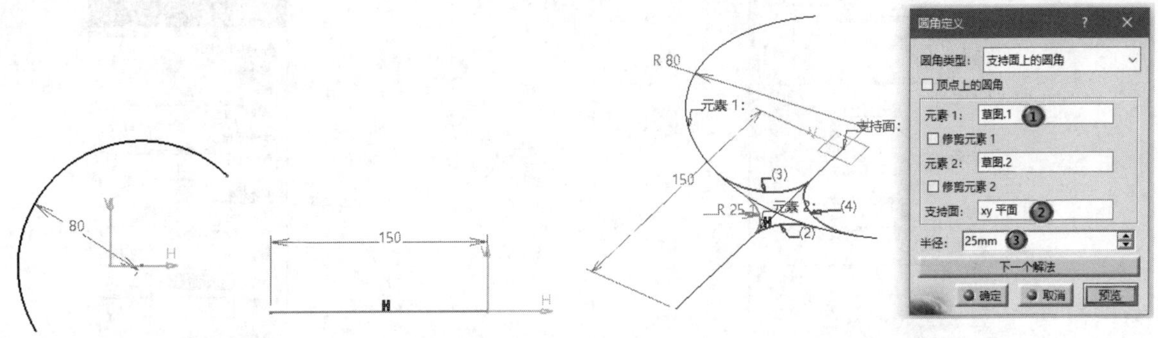

图 8.41　草图.1　　图 8.42　草图.2　　图 8.43　生成圆角

提示：

当选择【支持面上的圆角】类型时，分别在【元素 1】和【元素 2】文本框中输入要进行圆角的两个几何元素。在输入几何元素时要注意，两个几何元素需位于同一平面上，否则弹出更新错误，无法生成圆角，如图 8.44 所示。

（4）当不只是有一个解时，可以单击【下一个解法】按钮选择其余解；勾选【修剪元素】复选框后，可以修剪创建圆角的几何元素，将多余的元素隐藏起来，如图 8.45 所示。

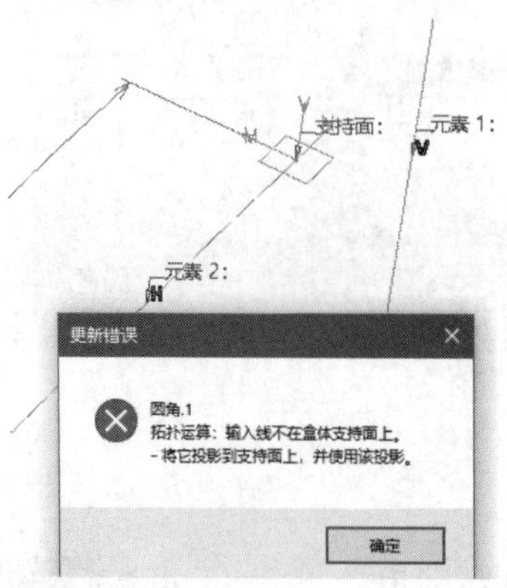

图 8.44　两个几何元素需位于同一平面

图 8.45　修剪多余元素

（5）选择【文件】→【保存】命令，弹出【另存为】对话框，输入文件名称【yuanjiaoquxian】，单击【保存】按钮，保存文件。

8.2.6　连接曲线

可以在考虑到连续约束的情况下创建两条曲线的连接曲线。

单击【圆-圆锥】工具栏中的【连续曲线】按钮，弹出图 8.46 所示的【连接曲线定义】对话框。

- 连续：连接曲线的连续方式有相切、点、曲率三种方式。
  - 相切：CATIA 中的默认连续方式，此时新生成的曲线与原曲线有相同的切线斜率。图 8.47 中的连续方式为相切，在曲线上可以拖动绿色箭头更改曲线的曲率，同时也可以在【张度】文本框中修改，如图 8.48 所示。

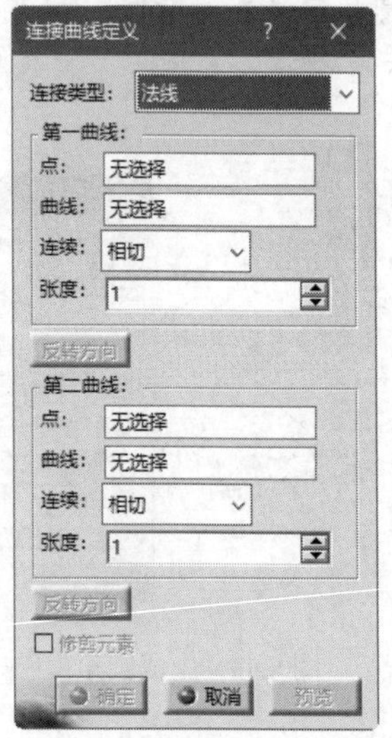

图 8.46　【连接曲线定义】对话框

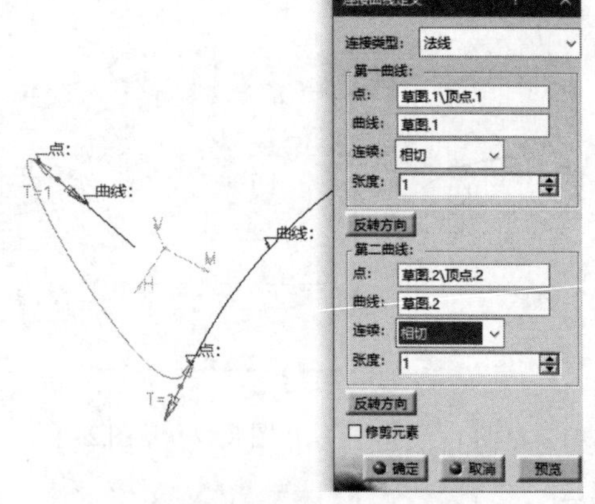

图 8.47　【相切】连续

  - 点：直接将端点连接起来，作出最短的连接线，如图 8.49 所示，可以与图 8.48 对比。

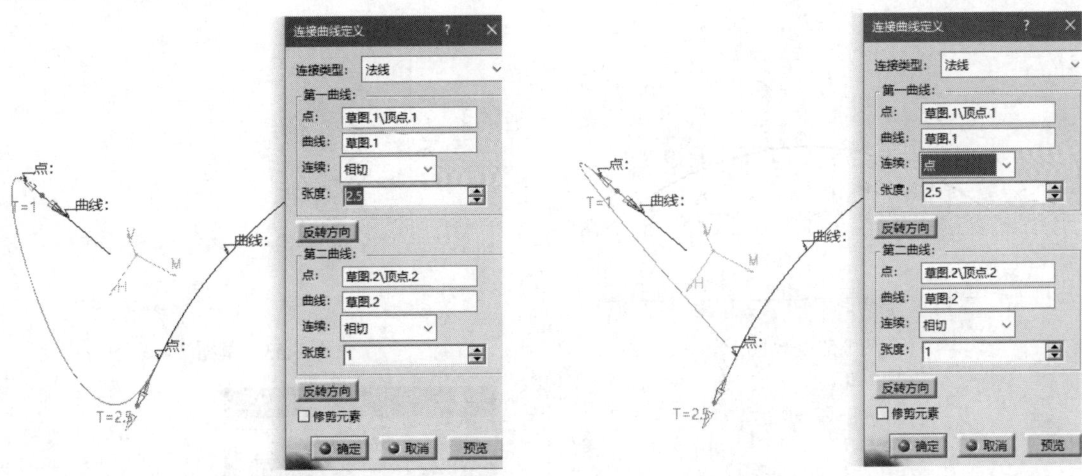

图 8.48　更改【张度】　　　　图 8.49　【点】连续

- 曲率：新建立的连接曲线与原曲线有共同的曲率，如图 8.50 所示。
- 基曲线：可以选择一条曲线作为基曲线，从而生成连接曲线，在曲线上可以单击红色箭头改变切线方向，如图 8.51 所示。

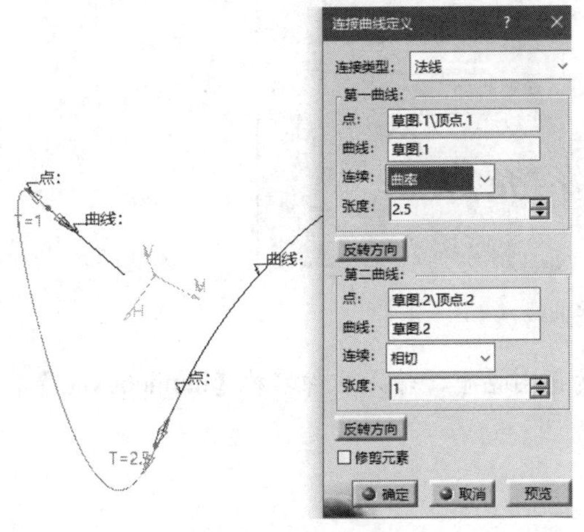

图 8.50　【曲率】连续

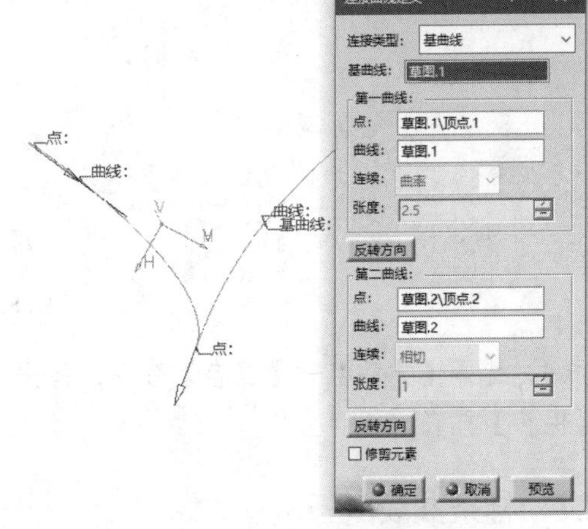

图 8.51　使用【基曲线】

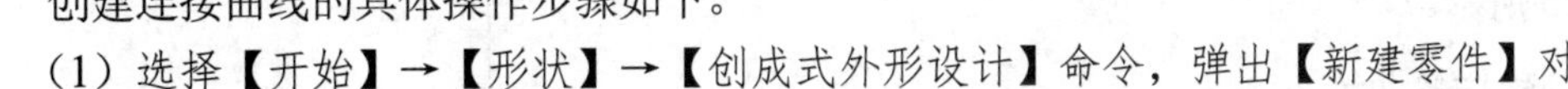

动手学——创建连接曲线

创建连接曲线的具体操作步骤如下。

（1）选择【开始】→【形状】→【创成式外形设计】命令，弹出【新建零件】对话框，输入零件名称【连接曲线】，单击【确定】按钮，进入创成式外形设计平台。

（2）在特征树中选择 xy 平面，单击【草图编辑器】工具栏中的【草图】按钮，进入草图工作平台，绘制图 8.52 所示的草图。在特征树上双击 yz 平面，切换进入以 yz 平面为基准面的草图工作平台，绘制图 8.53 所示的草图。单击【工作台】工具栏中的【退出工作台】按钮，退出草图工作平台。

（3）单击【圆-圆锥】工具栏中的【连续曲线】按钮，弹出【连接曲线定义】对话框。❶在【连接类型】选择框中选择【法线】，❷在【第一曲线】和【第二曲线】选项组中分别选择绘制的草图曲线和其上的点，❸在【连续】选择框中都选择【相切】，其余选项系统默认，创建的连接曲线如图 8.54 所示。

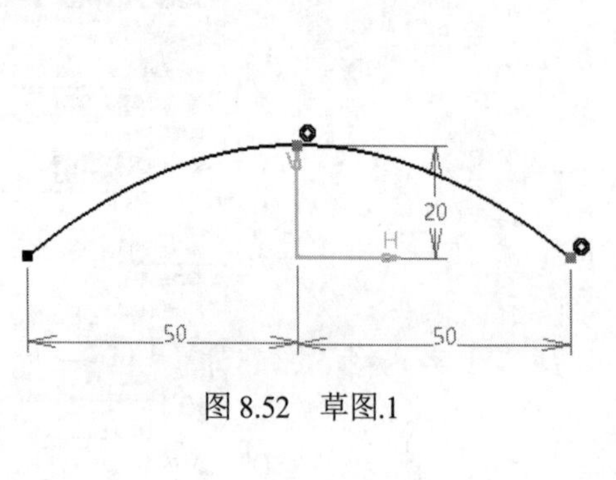

图 8.52　草图.1

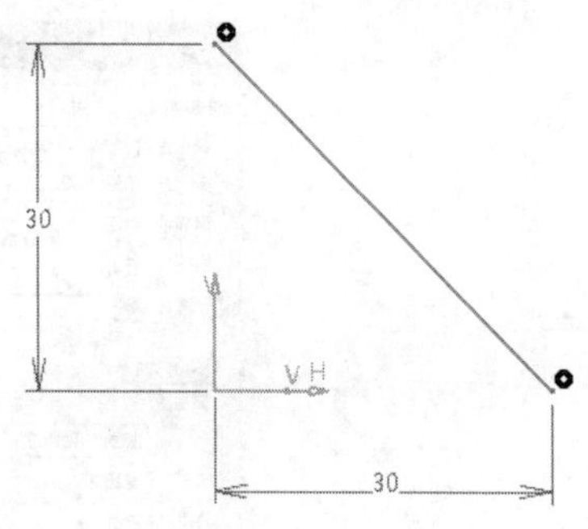

图 8.53　草图.2

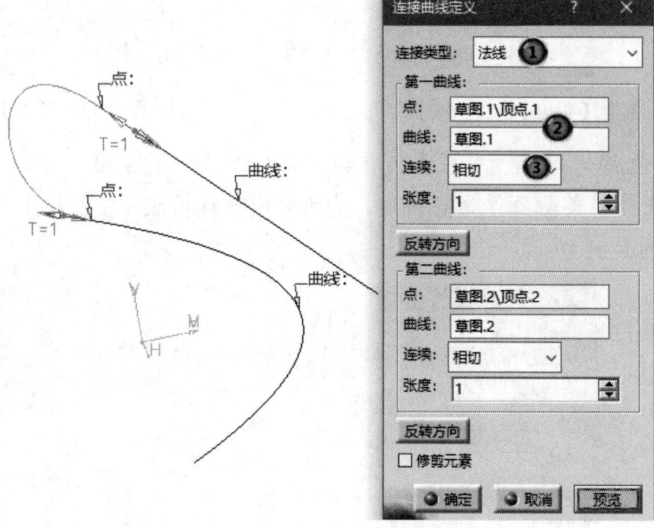

图 8.54　连接曲线

（4）选择【文件】→【保存】命令，弹出【另存为】对话框，输入文件名称【lianjiequxian】，单击【保存】按钮，保存文件。

8.2.7　样条曲线

样条线可以创建样条曲线，此功能经常使用。

单击【曲线】工具栏中的【样条线】按钮，弹出【样条线定义】对话框，如图 8.55 所示。

扫一扫，看视频

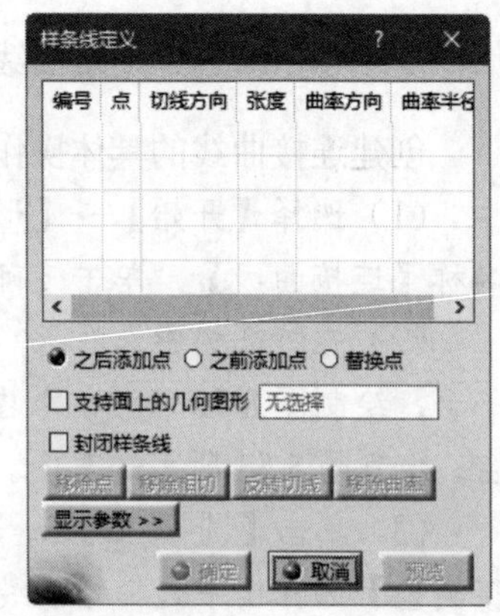

图 8.55　【样条线定义】对话框

动手学——创建样条曲线

创建样条曲线的具体操作步骤如下。

（1）选择【开始】→【形状】→【创成式外形设计】命令，弹出【新建零件】对话框，输入零件名称【样条曲线】，单击【确定】按钮，进入创成式外形设计平台。

（2）单击【线框】工具栏中的【点】按钮，创建坐标为（10,0,0）、（10,20,0）、（10,20,30）、（40,20,30）、（40,50,30）、（40,50,60）的六个点。

（3）单击【曲线】工具栏中的【样条线】按钮，❶在特征树上依次单击需要定义样条线的各点，❷单击【预览】按钮，随时预览结果，如图 8.56 所示。

（4）样条线中各点的排列顺序为输入点的顺序，更改输入顺序可以看出样条线发生了变化，如图 8.57 所示。

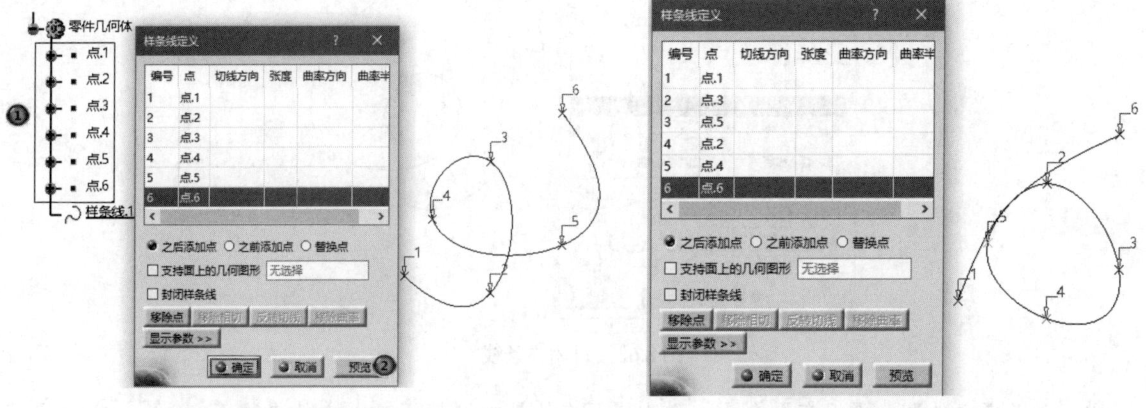

图 8.56 生成样条曲线　　　　图 8.57 改变输入点的顺序

（5）若想在样条线中增加点，可以选中【之后添加点】或【之前添加点】单选按钮，它们会将新点添加到当前选定点的之后或之前。新创建一个坐标为（50,50,50）的点，单击【曲线】工具栏中的【样条线】按钮，选中【之前添加点】单选按钮，选择【点.3】，单击特征树上的【点.7】，如图 8.58 所示。【之后添加点】与【之前添加点】操作步骤类似，结果如图 8.59 所示。

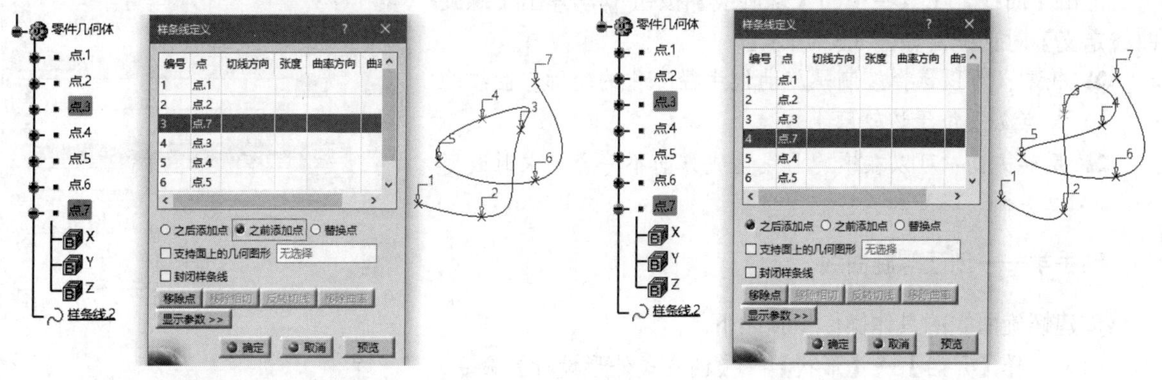

图 8.58 之前添加点　　　　图 8.59 之后添加点

（6）选中【替换点】单选按钮，完成新点对旧点的替换，如图 8.60 所示。若想在样条线中删除点，则选中该点，单击【移除点】按钮，即可将该点移除，如图 8.61 所示。

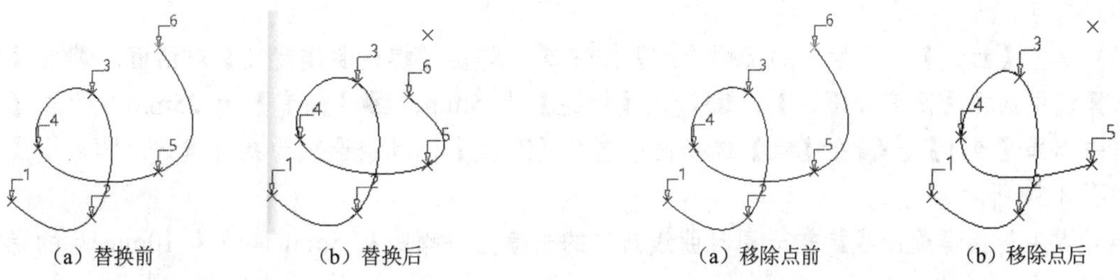

（a）替换前　（b）替换后　　（a）移除点前　（b）移除点后

图 8.60 替换点　　　　图 8.61 移除点

（7）勾选【封闭样条线】复选框，可以将样条线封闭，即可以将平滑曲线最后输入的点与第一个点连接，如图 8.62 所示。

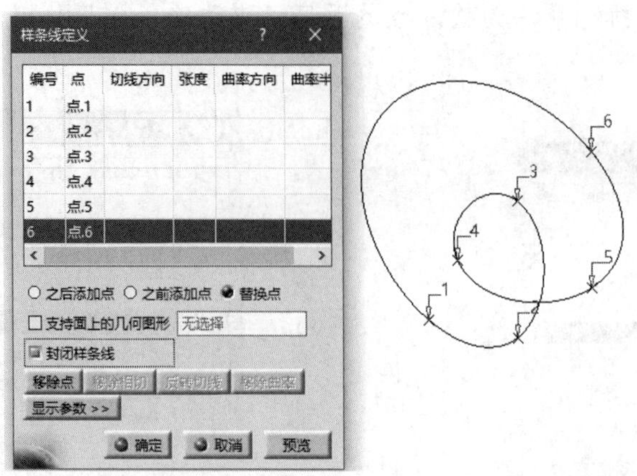

图 8.62　封闭样条线

（8）选择【文件】→【保存】命令，弹出【另存为】对话框，输入文件名称【yangtiaoquxian】，单击【保存】按钮，保存文件。

8.2.8　螺旋曲线

可以根据一点及一条轴线在空间中创建螺旋曲线。

单击【曲线】工具栏中的【螺旋线】按钮，弹出【螺旋曲线定义】对话框，如图 8.63 所示。

- 轮廓：可以选择控制螺旋曲线半径变化的轮廓，曲线的起点必须位于该轮廓上。
- 反转方向：可以在螺旋曲线生成方向不符合要求时改变其方向。

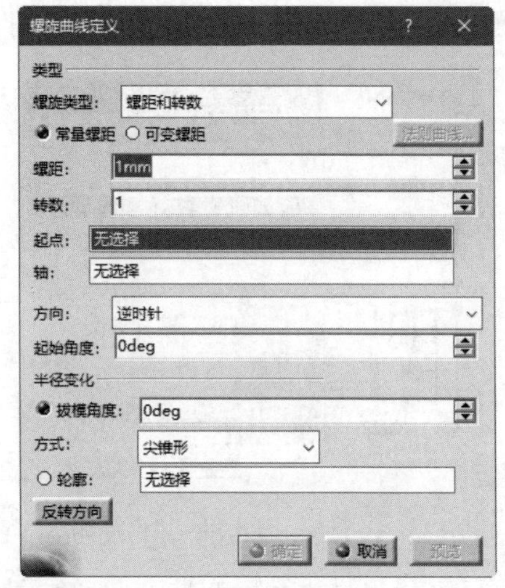

图 8.63　【螺旋曲线定义】对话框

动手学——创建螺旋曲线

创建螺旋曲线的具体操作步骤如下。

（1）选择【开始】→【形状】→【创成式外形设计】命令，弹出【新建零件】对话框，输入零件名称【螺旋曲线】，单击【确定】按钮，进入创成式外形设计平台。

（2）单击【线框】工具栏中的【点】按钮，创建坐标为（50,0,0）的点。

（3）单击【曲线】工具栏中的【螺旋线】按钮，弹出【螺旋曲线定义】对话框，❶在【螺旋类型】选择框中选择【高度和螺距】，❷输入【螺距】为 5mm，❸【高度】为 25mm，❹在【起点】选择框中选择【点.1】，❺在【轴】选择框中选择【Z 轴】，其余选项为系统默认，即可生成螺旋曲线，如图 8.64 所示。

（4）螺距是指螺旋曲线旋转一周时曲线前进的长度，将螺距从 5mm 修改为 10mm 后的螺旋曲线如图 8.65 所示。

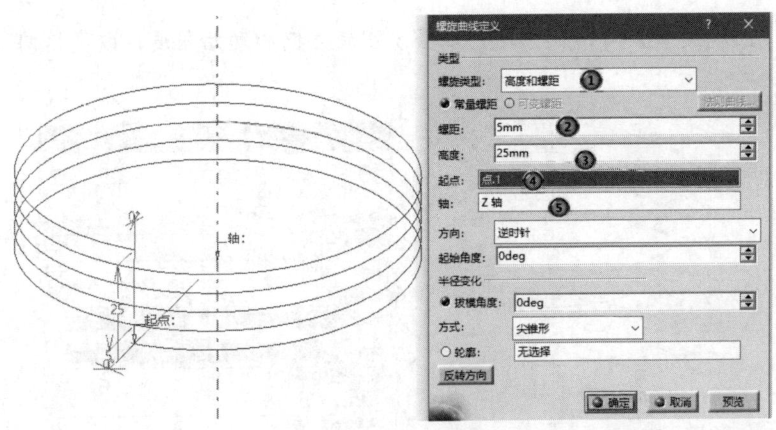

图 8.64　生成螺旋曲线

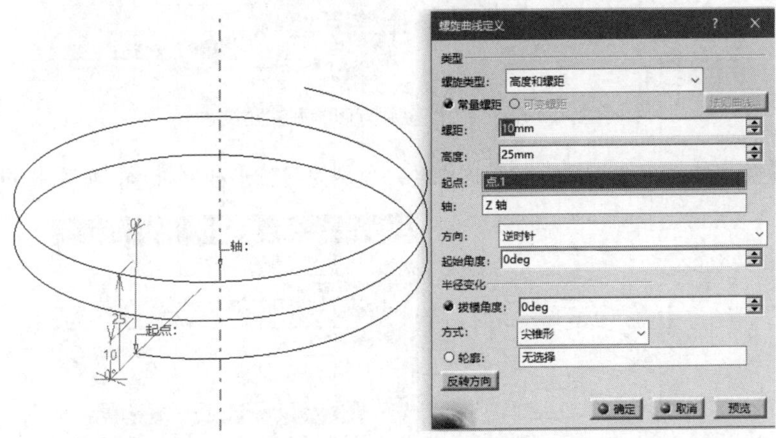

图 8.65　改变螺距值后的螺旋曲线

（5）❶在【螺旋类型】选择框中选择【螺距和转数】，❷选中【可变螺距】单选按钮，❸在【转数】文本框中输入 10。❹单击【法则曲线】按钮，弹出【法则曲线定义】对话框，❺在【起始值】文本框中输入 10mm，❻选中【S 型】单选按钮，其可以定义变螺距螺旋线，如图 8.66 所示。❼单击【关闭】按钮，❽单击【预览】按钮，生成的变螺距螺旋线如图 8.67 所示。

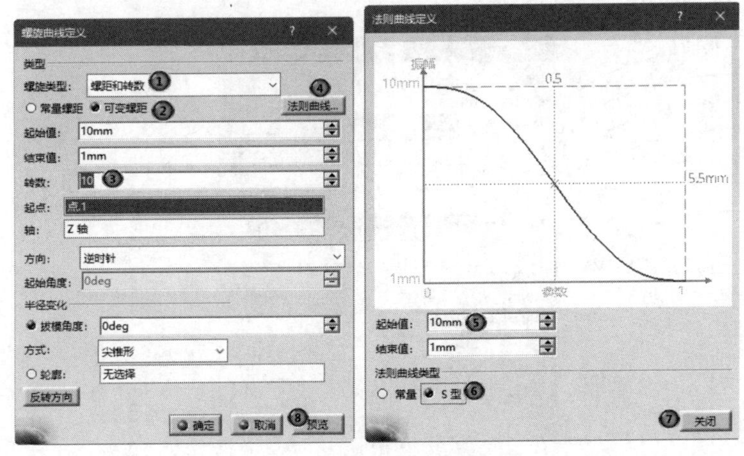

图 8.66　定义变螺距螺旋线

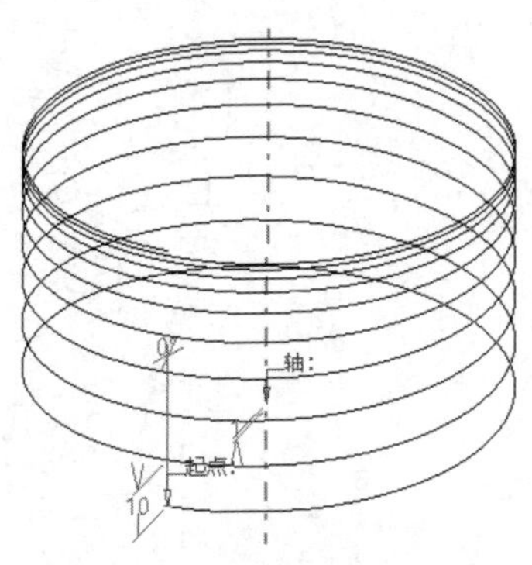

图 8.67　生成的变螺距螺旋线

（6）在【螺旋曲线定义】对话框中还可以修改螺旋方向和起始角度，改变这两项参数后的螺旋曲线如图 8.68 所示。

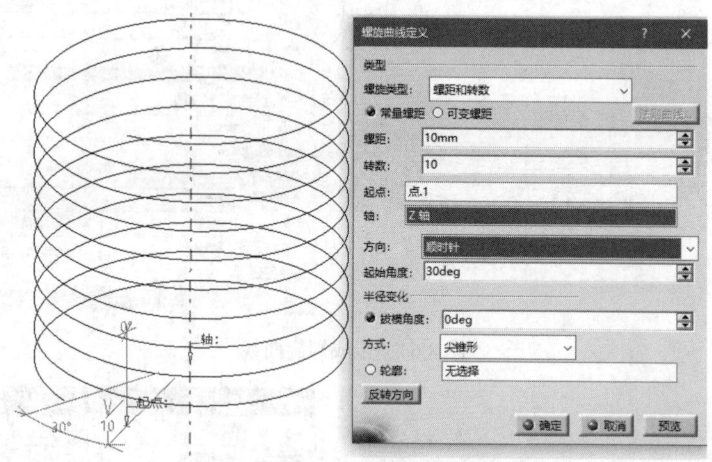

图 8.68 更改螺旋方向和起始角度

（7）设置拔模角度使螺旋曲线拥有一定的锥度，分别为尖锥形和倒锥形，如图 8.69 和图 8.70 所示。

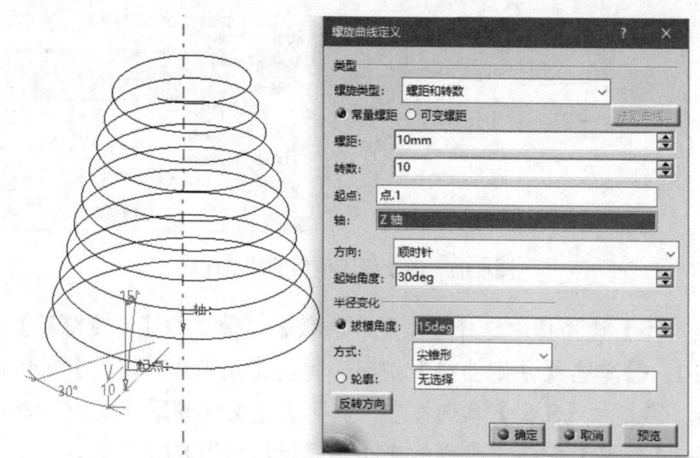

图 8.69 尖锥形螺旋线

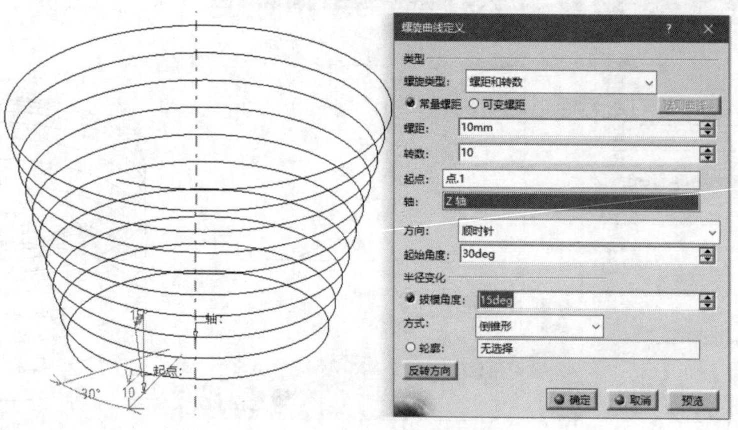

图 8.70 倒锥形螺旋线

（8）选择【文件】→【保存】命令，弹出【另存为】对话框，输入文件名称【luoxuanquxian】，单击【保存】按钮，保存文件。

8.3 常规曲面

在 CATIA V5 中可通过拉伸、旋转、扫掠、偏置、填充、放样、桥接等方法来快速创建常规曲面。在使用拉伸、旋转、扫掠等方法建立曲面时，需要合适的曲线作为轮廓或其他的参考曲线。除了可以选择已经存在的曲线外，还可以通过草图功能绘制曲线，作为参考曲线。

本节将用到的【曲面】工具栏如图 8.71 所示。下面就对建立常规曲面的各种方法进行详细介绍。

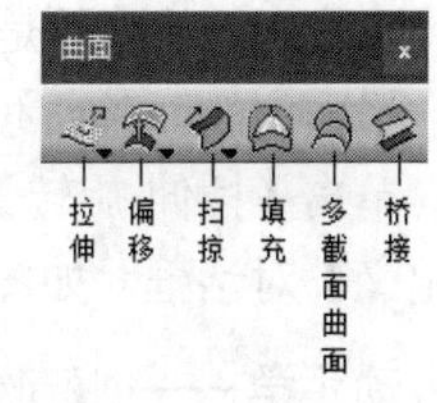

图 8.71　【曲面】工具栏

8.3.1　拉伸曲面

【拉伸】功能可以将原曲线沿某一方向延展。

单击【拉伸-旋转】工具栏中的【拉伸】按钮，弹出图 8.72 所示的【拉伸曲面定义】对话框。

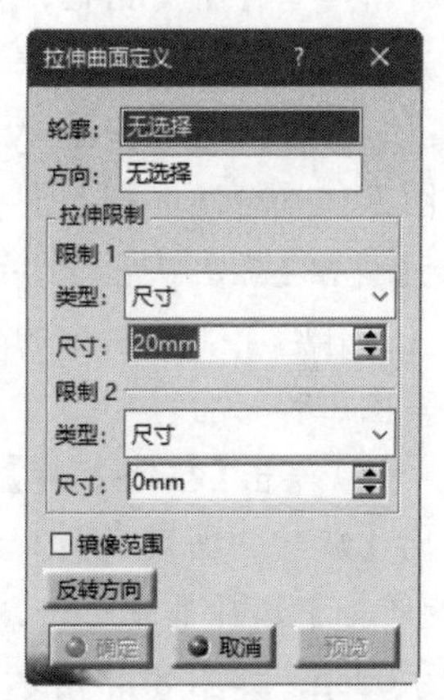

图 8.72　【拉伸曲面定义】对话框

扫一扫，看视频

动手学——创建拉伸曲面

创建拉伸曲面的具体操作步骤如下。

（1）选择【开始】→【形状】→【创成式外形设计】命令，弹出【新建零件】对话框，输入零件名称【拉伸曲面】，单击【确定】按钮，进入创成式外形设计平台。

（2）在特征树中选择 xy 平面，单击【草图编辑器】工具栏中的【草图】按钮，进入草图工作平台，绘制图 8.73 所示的草图轮廓。单击【工作台】工具栏中的【退出工作台】按钮，退出草图工作平台。

（3）单击【拉伸-旋转】工具栏中的【拉伸】按钮，弹出【拉伸曲面定义】对话框，❶选择要拉伸的曲线轮廓，❷在视图中直接选择拉伸方向（或右击【方向】选择框，在弹出的快捷菜单中指定拉伸方向），❸在【拉伸限制】选项组中输入拉伸尺寸 50mm，如图 8.74 所示。❹单击【确定】按钮，完成曲面的拉伸。

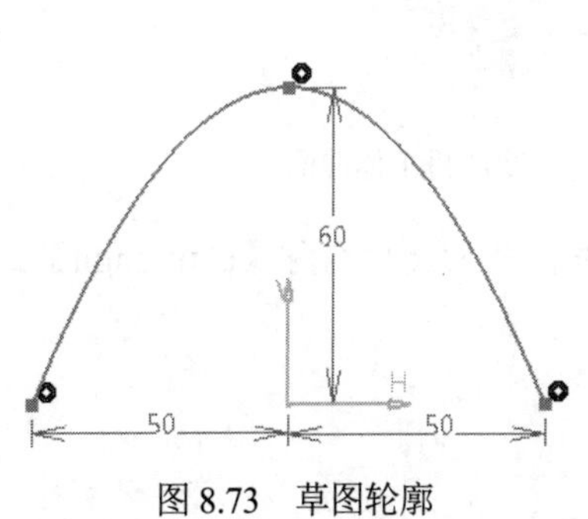

图 8.73　草图轮廓

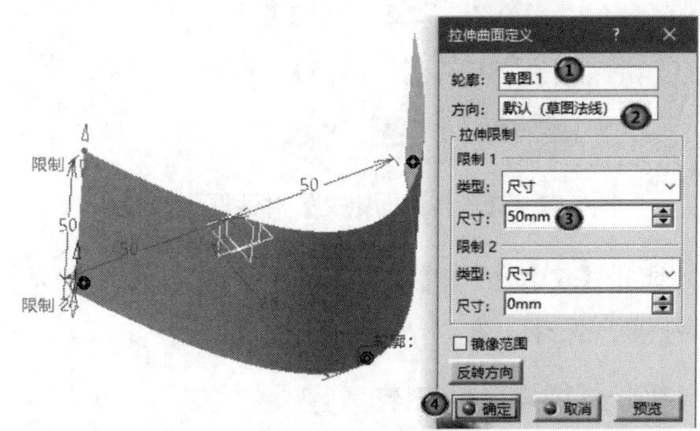

图 8.74　拉伸曲面

（4）选择【文件】→【保存】命令，弹出【另存为】对话框，输入文件名称【lashenqumian】，单击【保存】按钮，保存文件。

8.3.2 旋转曲面

在金属加工中，往往通过车床来制作花瓶、手柄等轴对称的物体，这些物体的表面是通过旋转切削而成的。在 CATIA 中，给定在同一平面内的一条曲线和一根轴线，就可生成旋转曲面。

单击【拉伸-旋转】工具栏中的【旋转】按钮，弹出【旋转曲面定义】对话框，如图 8.75 所示。

图 8.75　【旋转曲面定义】对话框

扫一扫，看视频

动手学——创建吹风机主体曲面

创建吹风机主体曲面的具体操作步骤如下。

（1）选择【开始】→【形状】→【创成式外形设计】命令，弹出【新建零件】对话框，输入零件名称【吹风机】，单击【确定】按钮，进入创成式外形设计平台。

（2）单击【草图编辑器】工具栏中的【草图】按钮，在特征图中选择 xy 平面为草图绘制平面，进入草图工作平台。单击【轮廓】工具栏中的【样条曲线】按钮和【弧】按钮，绘制图 8.76 所示的草图。单击【工作台】工具栏中的【退出工作台】按钮，退出草图工作平台。

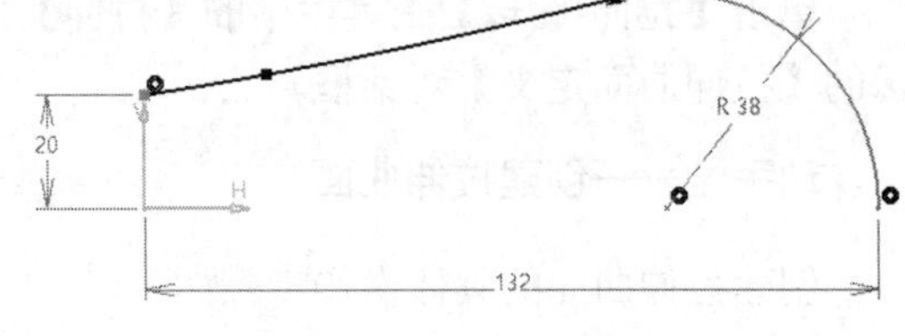

图 8.76　绘制的草图

（3）单击【拉伸-旋转】工具栏中的【旋转】按钮，弹出【旋转曲面定义】对话框，❶在【轮廓】选择框中选择第（2）步绘制的草图为旋转轮廓，❷在【旋转轴】选择框中右击，在弹出的快捷菜单中选择【X 轴】命令，❸输入角度 1 为 360deg、❹角度 2 为 0deg，如图 8.77 所示。❺单击【确定】按钮，创建吹风机主体曲面，如图 8.78 所示。

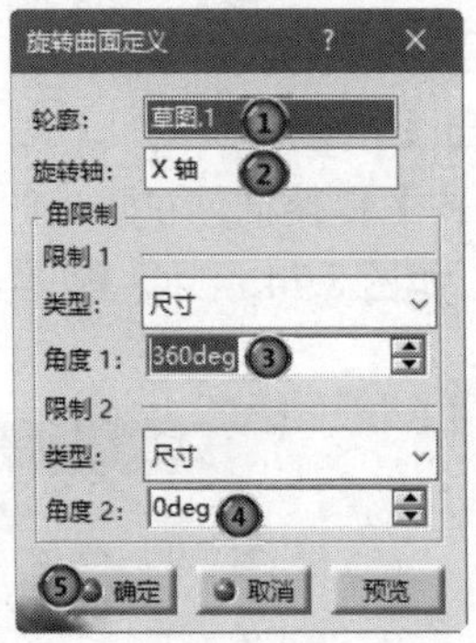

图 8.77　【旋转曲面定义】对话框

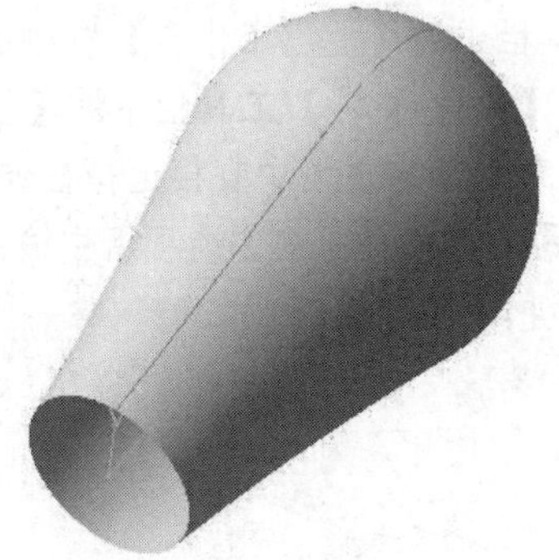

图 8.78　吹风机主体曲面

（4）选择【文件】→【保存】命令，弹出【另存为】对话框，输入文件名称【chuifengji】，单击【保存】按钮，保存文件。

扫一扫，看视频

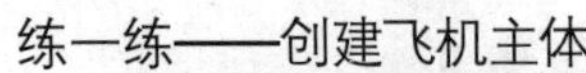

练一练——创建飞机主体

创建图 8.79 所示的飞机主体。

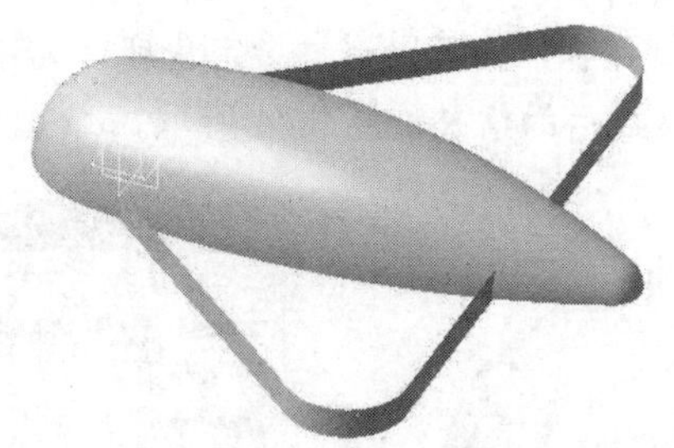

图 8.79　飞机主体

思路点拨：

（1）绘制图 8.80 所示的草图，利用【旋转】命令创建飞机主体。

（2）绘制图 8.81 所示的草图，利用【拉伸】命令创建机翼曲面。

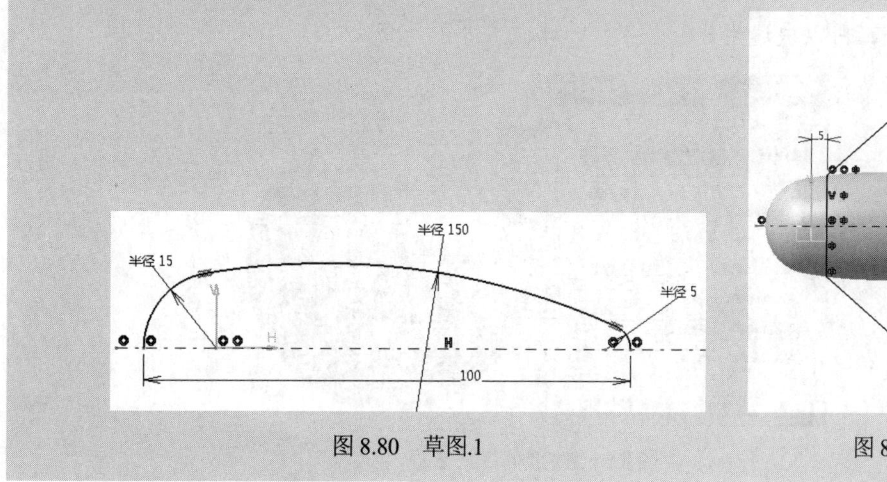

图 8.80　草图.1　　图 8.81　草图.2

8.3.3 球曲面

球曲面是一种简单常用的曲面，通过定义经度和纬度，可做出球面的任意部分。

单击【拉伸-旋转】工具栏中的【球面】按钮，弹出图 8.82 所示的【球面曲面定义】对话框。

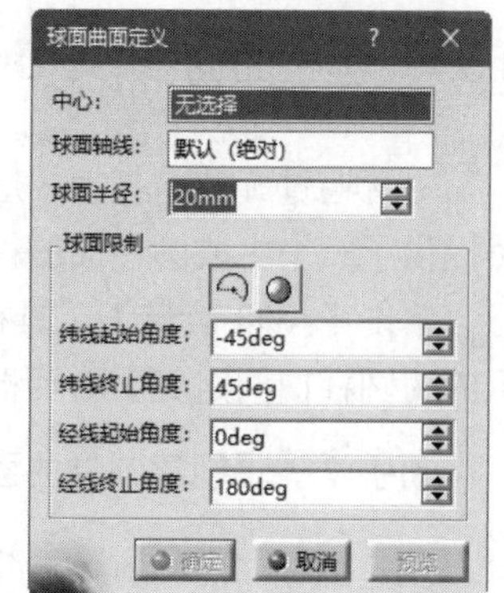

图 8.82　【球面曲面定义】对话框

动手学——创建球曲面

创建球曲面的具体操作步骤如下。

（1）选择【开始】→【形状】→【创成式外形设计】命令，弹出【新建零件】对话框，输入零件名称【球曲面】，单击【确定】按钮，进入创成式外形设计平台。

（2）在空间中创建任意一点，单击【拉伸-旋转】工具栏中的【球面】按钮，弹出【球面曲面定义】对话框，❶在【中心】选择框中选择刚刚创建的【点.1】，❷输入球面半径 20mm，单击【预览】按钮，即可预览生成的球面，如图 8.83 所示。

（3）在定义球面时，若单击◠按钮，则可以通过指定角度定义球面。在其下的四个文本框中可以输入起始及终止的经纬度，修改参数后的结果如图 8.84 所示。

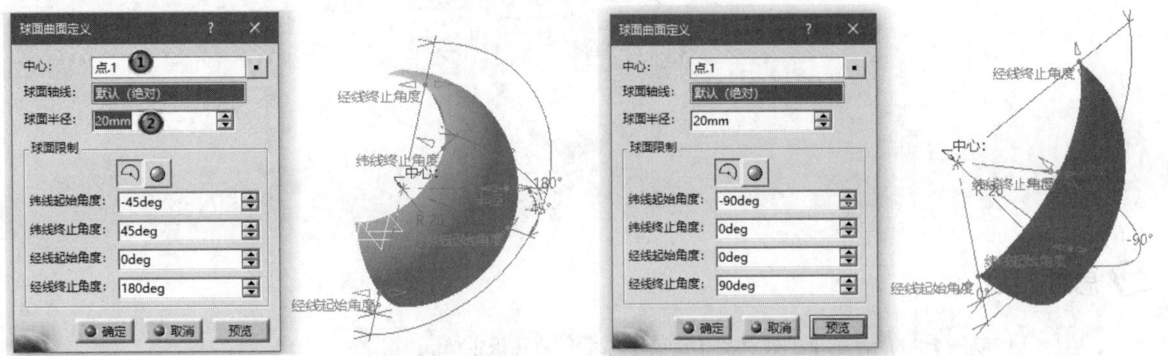

图 8.83　生成的球面　　　　图 8.84　自定义角度

（4）单击◉按钮，可以快速生成一个完整的球面，如图 8.85 所示。

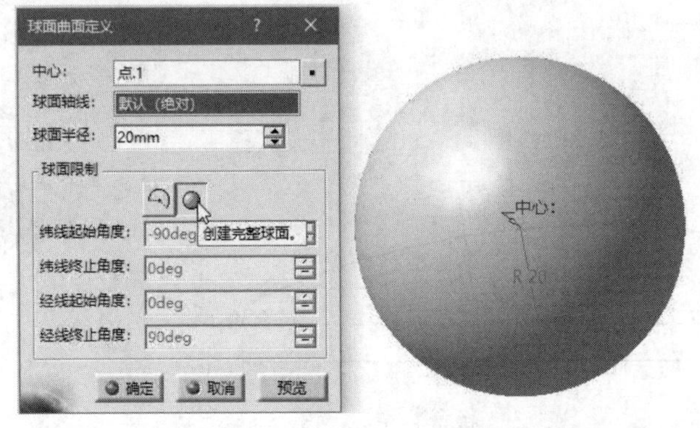

图 8.85　生成的完整球面

（5）选择【文件】→【保存】命令，弹出【另存为】对话框，输入文件名称【qiuqumian】，单击【保存】按钮，保存文件。

8.3.4　圆柱曲面

尽管通过旋转、扫掠、层叠等方法都可生成圆柱面，但 CATIA 依然提供了一个生成圆柱面的标准方法。

单击【拉伸-旋转】工具栏中的【圆柱面】按钮，弹出图 8.86 所示的【圆柱曲面定义】对话框。

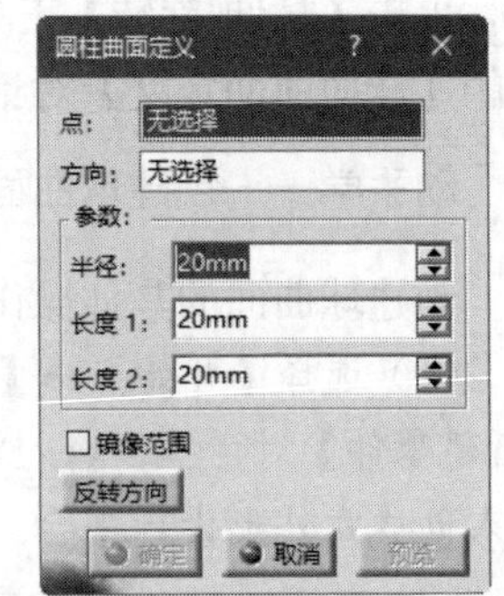

图 8.86　【圆柱曲面定义】对话框

扫一扫，看视频

动手学——创建圆柱曲面

创建圆柱曲面的具体操作步骤如下。

（1）选择【开始】→【形状】→【创成式外形设计】命令，弹出【新建零件】对话框，输入零件名称【圆柱曲面】，单击【确定】按钮，进入创成式外形设计平台。

（2）在空间中创建任意一点，单击【拉伸-旋转】工具栏中的【圆柱面】按钮，弹出【圆柱曲面定义】对话框，❶在【点】选择框中选择刚刚创建的点作为圆柱面横截面的中心。

（3）❷在【方向】选择框中选择圆柱面伸展的方向，这里选择【Z 部件】。该方向可以是轴线，也可以是一条直线。

（4）❸在【参数】选项组中输入圆柱面横截面的半径值，这里输入 20mm；❹在【长度 1】和【长度 2】文本框中输入横截面向两边延伸的长度，这里均输入 20mm，如图 8.87 所示。

（5）选择【文件】→【保存】命令，弹出【另存为】对话框，输入文件名称【yuanzhuqumian】，单击【保存】按钮，保存文件。

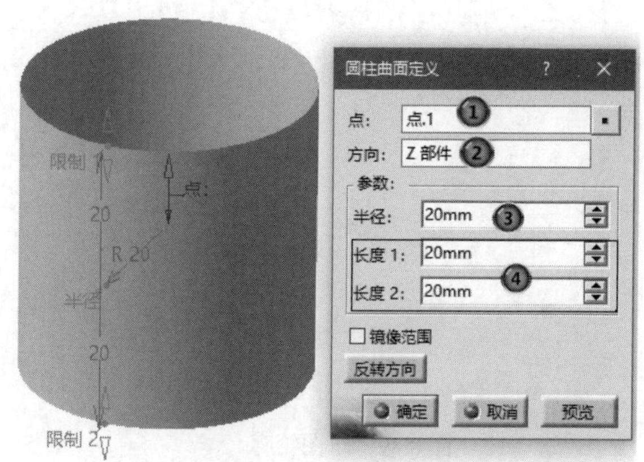

图 8.87　生成圆柱曲面

8.3.5　偏移曲面

偏移曲面是创建由参考曲面偏移而得到的曲面。

单击【曲面】工具栏中的【偏移】按钮，弹出图 8.88 所示的【偏移曲面定义】对话框。

- 双侧：勾选此复选框后，可以在曲面两侧均产生偏移曲面。
- 确定后重复对象：勾选此复选框后，可以按照同样的偏移距离产生多个偏移曲面。

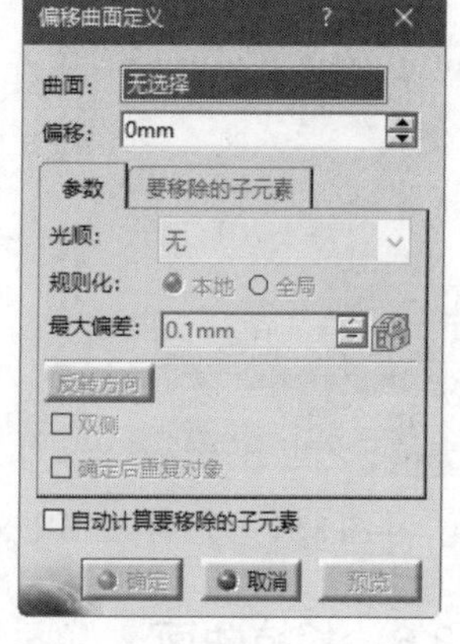

图 8.88　【偏移曲面定义】对话框

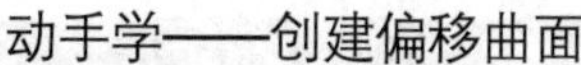

创建偏移曲面的具体操作步骤如下。

（1）选择【开始】→【形状】→【创成式外形设计】命令，弹出【新建零件】对话框，输入零件名称【偏移曲面】，单击【确定】按钮，进入创成式外形设计平台。

（2）在特征树中选择 xy 平面，单击【草图编辑器】工具栏中的【草图】按钮，进入草图工作平台，绘制图 8.89 所示的草图轮廓。单击【工作台】工具栏中的【退出工作台】按钮，退出草图工作平台。

（3）单击【拉伸-旋转】工具栏中的【拉伸】按钮，弹出【拉伸曲面定义】对话框，在【限制 1】的【尺寸】文本框中输入 20mm，如图 8.90 所示，单击【确定】按钮，创建拉伸曲面。

（4）单击【曲面】工具栏中的【偏移】按钮，弹出【偏移曲面定义】对话框，❶在【曲面】选择框中选择第（3）步创建的拉伸曲面，❷在【偏移】文本框输入 10mm，❸勾选【确定后重复对象】复选框，❹单击【预览】按钮，可以看到视图中产生偏移曲面，如图 8.91 所示。❺单击【确定】按钮，弹出【复制对象】对话框，如图 8.92 所示。❻在【实例】文本框中输入 5，❼单击【确定】按钮，生成的多个偏移曲面如图 8.93 所示。

（5）选择【文件】→【保存】命令，弹出【另存为】对话框，输入文件名称【pianyiqumian】，单击【保存】按钮，保存文件。

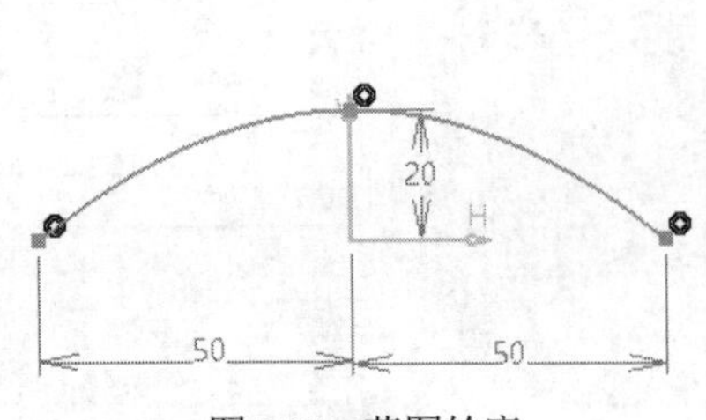
图 8.89　草图轮廓

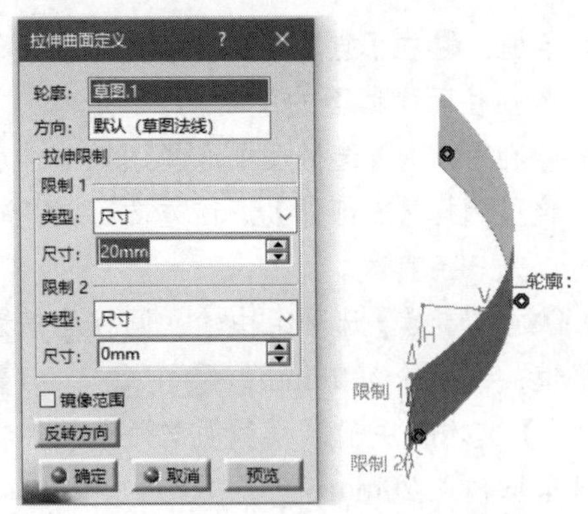
图 8.90　拉伸曲面

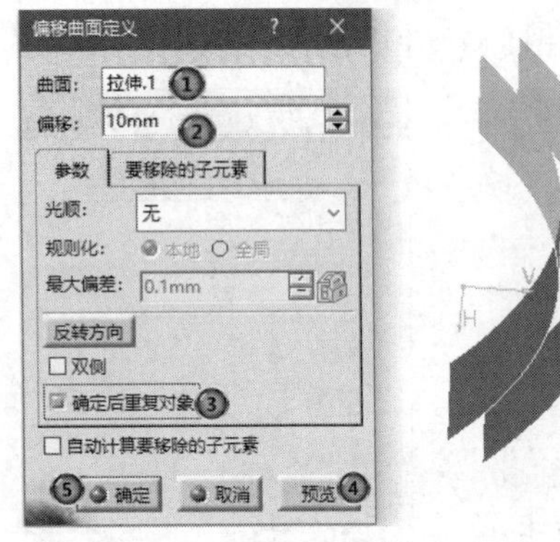
图 8.91　【偏移曲面定义】对话框

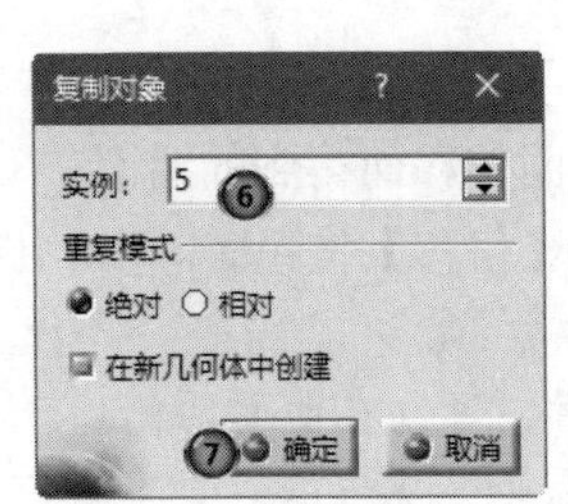
图 8.92　【复制对象】对话框

图 8.93　生成的多个偏移曲面

8.3.6　扫掠曲面

利用轮廓线和导向线这两个基本要素，并附加其他限定条件，通过扫掠的方法可生成各种管道状的曲面，具有较强的灵活性和适应性。

单击【曲面】工具栏中的【扫掠】按钮，弹出【扫掠曲面定义】对话框，如图 8.94 所示。在【轮廓类型】选项组中可以选择四种创建扫掠曲面的方式，分别为【显式】【直线】【圆】和【二次曲线】。

- 轮廓类型。
  - （显式）：可以利用用户定义的显式轮廓创建扫掠曲面，如图 8.95 所示。
  - （直线）：可以以直线为截面线沿导引线进行扫掠。
  - （圆）：可以利用给定的几个几何元素构成一个圆弧，再以该圆弧以轮廓沿脊线扫掠生成曲面。
  - （二次曲线）：可以使用隐式二次曲线轮廓创建扫掠曲面。
- 子类型：当选择【显式】轮廓类型时，在【子类型】选择框中可以设置的子类型有【使用参考曲面】【使用两条引导曲

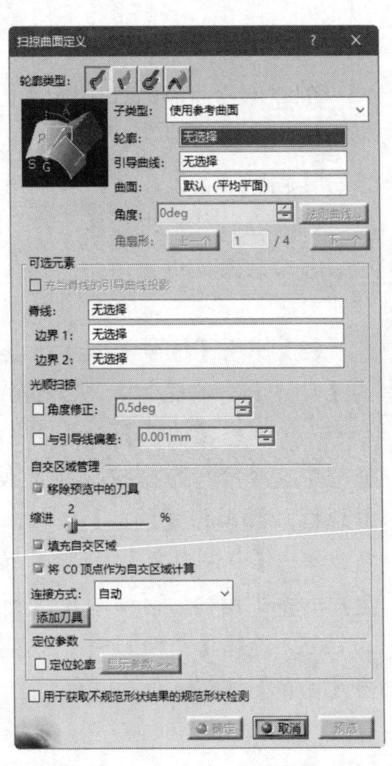
图 8.94　【扫掠曲面定义】对话框

线】和【使用拔模方向】三项。

- 使用参考曲面：可以使用一条轮廓曲线及一条引导曲线生成扫掠曲面，这里的参考曲面默认为平均平面，如图 8.95 所示。

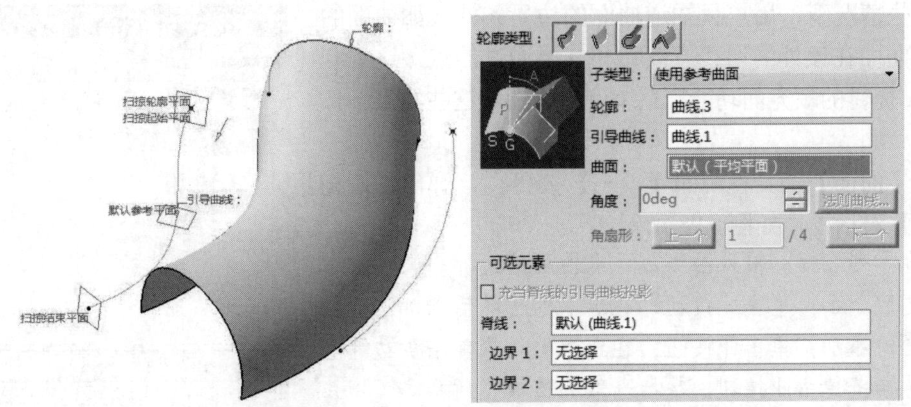

图 8.95　使用参考曲面

- 使用两条引导曲线：即可通过一条曲线作为轮廓，另外用两条引导曲线引导生成曲面的方向，生成扫掠曲面，如图 8.96 所示。

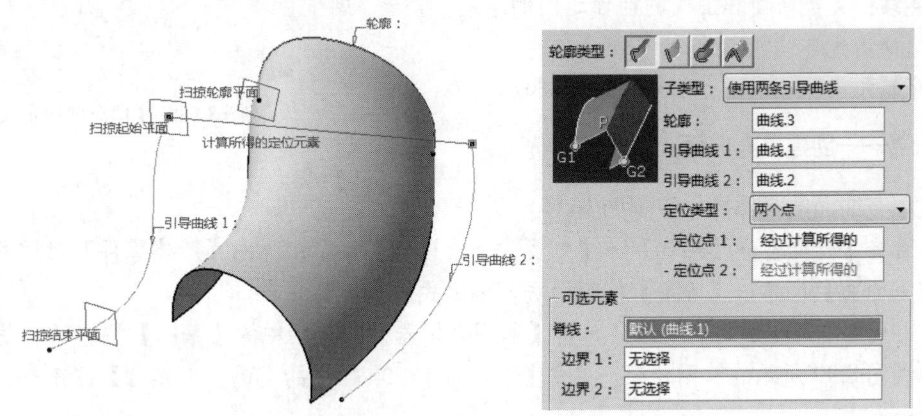

图 8.96　使用两条引导曲线

- 使用拔模方向：可以建立一个方向作为扫掠曲面的拔模方向，如图 8.97 所示。

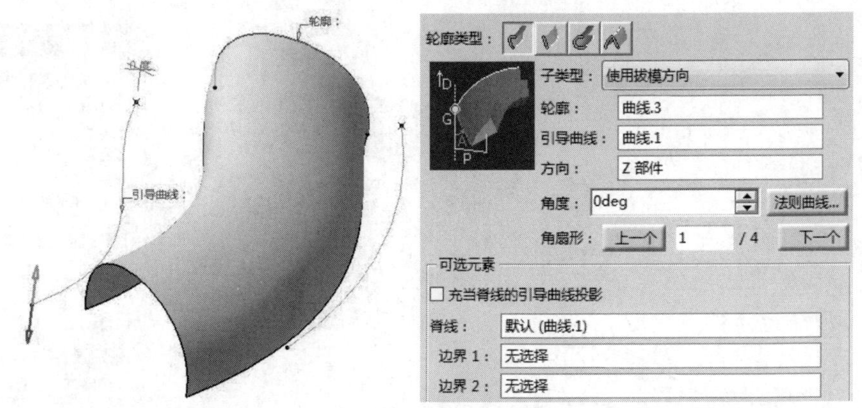

图 8.97　使用拔模方向

8.3.7 填充曲面

在某些情况下，用户只知道曲面的边界条件（如曲面的边界线及曲面在该处的切线方向）和其要通过的点，这时利用 CATIA 提供的填充面功能，系统可生成满足这些约束条件的曲面。

单击【曲面】工具栏中的【填充】按钮，弹出【填充曲面定义】对话框，如图 8.98 所示。

- 边界列表框：输入曲线或已有曲面的边界。
- 之后添加：单击此按钮，在选取的边界后增加边界。
- 之前添加：单击此按钮，在选取的边界前增加边界。
- 替换：单击此按钮，替换选取的边界。
- 移除：单击此按钮，移除选取的边界。
- 替换支持面：单击此按钮，替换选取边界的支撑曲面。
- 移除支持面：单击此按钮，移除选取边界的支撑曲面。
- 连续：支撑曲面和围成的曲面之间的连续性控制，可选择切线连续或点连续。
- 穿越元素：输入围曲面通过的控制点。

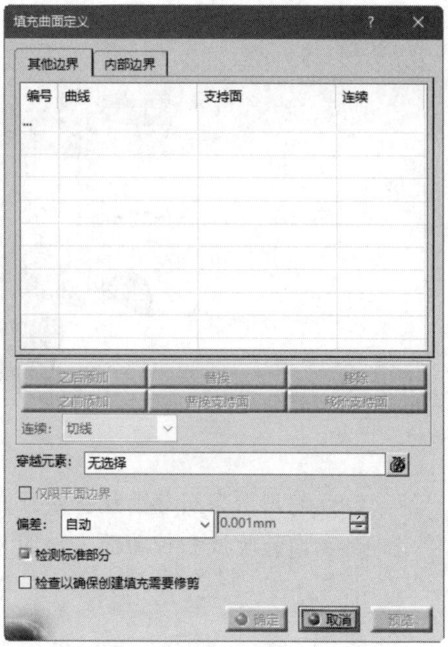

图 8.98 【填充曲面定义】对话框

扫一扫，看视频

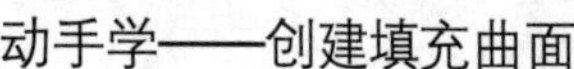
动手学——创建填充曲面

创建填充曲面的具体操作步骤如下。

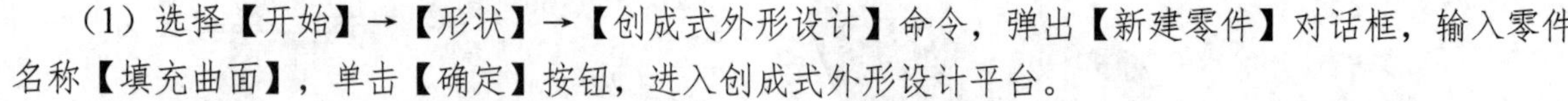
（1）选择【开始】→【形状】→【创成式外形设计】命令，弹出【新建零件】对话框，输入零件名称【填充曲面】，单击【确定】按钮，进入创成式外形设计平台。

（2）在特征树中选择 xy 平面，单击【草图编辑器】工具栏中的【草图】按钮，进入草图工作平台，绘制图 8.99 所示的草图轮廓。单击【工作台】工具栏中的【退出工作台】按钮，退出草图工作平台。

（3）单击【拉伸-旋转】工具栏中的【拉伸】按钮，弹出【拉伸曲面定义】对话框，在【限制 1】选项组的【尺寸】文本框中输入 40mm，如图 8.100 所示，单击【确定】按钮，创建拉伸曲面。

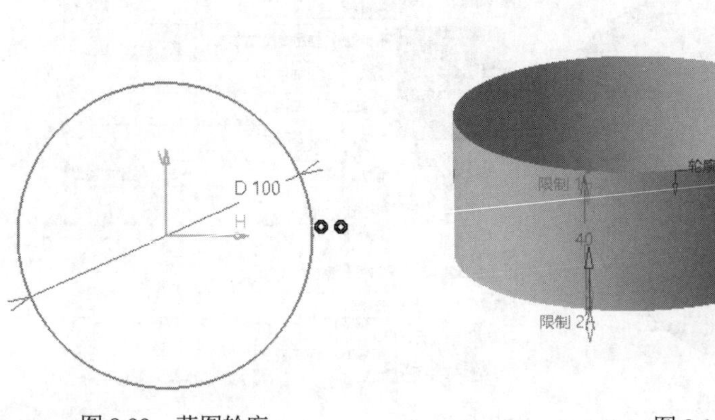

图 8.99 草图轮廓

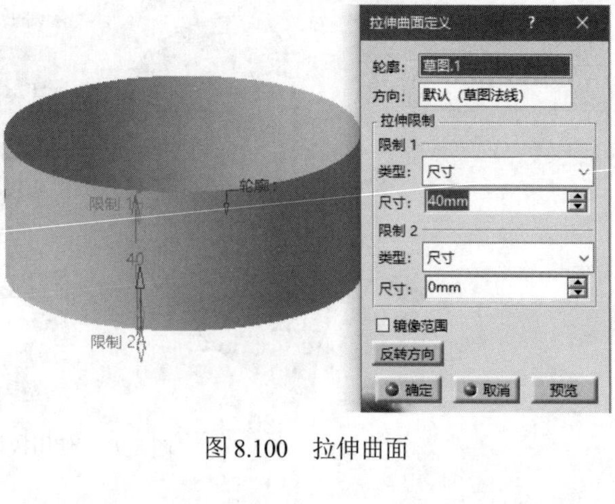

图 8.100 拉伸曲面

（4）单击【曲面】工具栏中的【填充】按钮，弹出【填充曲面定义】对话框，在【边界】列表框中分别填入希望进行填补区域的边界，它们可以是曲线，也可以是曲面的边界。①选择图 8.100 中的图形上端曲线，②单击【确定】按钮，生成的填充后的曲面如图 8.101 所示。

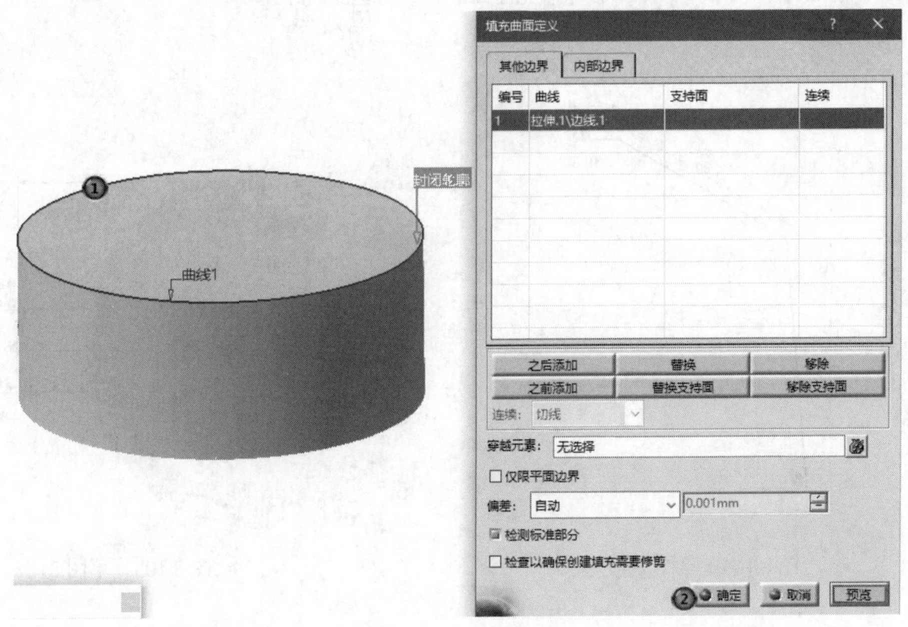

图 8.101　填充后的曲面

注意：

所填入的曲线必须能够构成一个封闭的区域，否则将出现更新错误，如图 8.102 所示。

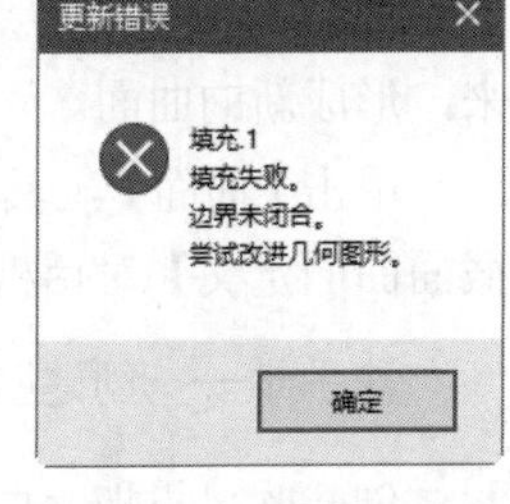

图 8.102　更新错误

（5）选择【文件】→【保存】命令，弹出【另存为】对话框，输入文件名称【tianchongqumian】，单击【保存】按钮，保存文件。

练一练——创建漏斗

创建图 8.103 所示的漏斗。

扫一扫，看视频

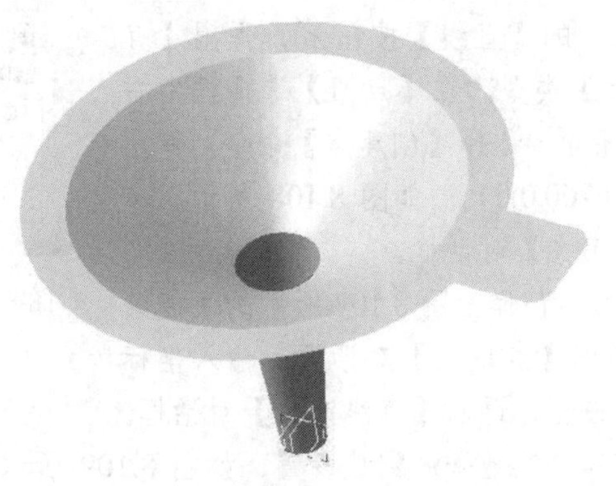

图 8.103　漏斗

思路点拨：

（1）绘制图 8.104 所示的草图，利用【旋转】命令创建漏斗主体。

（2）绘制图 8.105 所示的草图，利用【填充曲面】命令创建曲面。

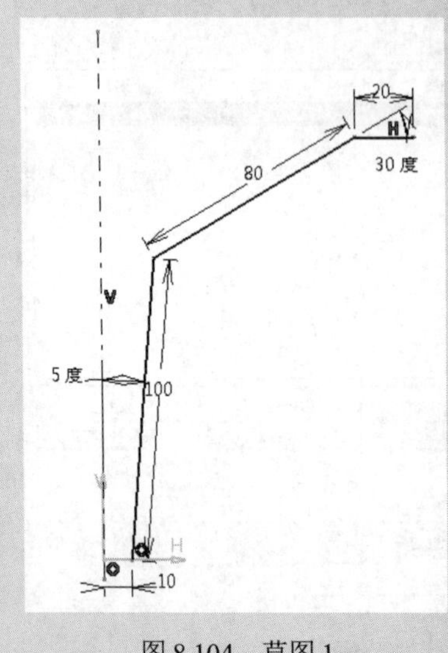

图 8.104　草图.1

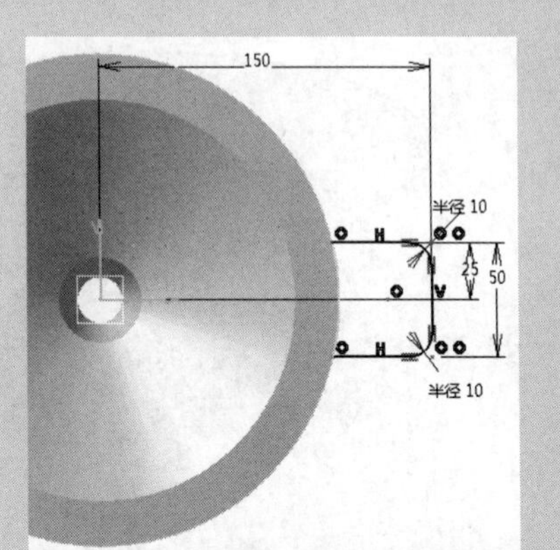

图 8.105　草图.2

8.3.8　多截面曲面

多截面曲面可以将多个不同的轮廓以渐变的方式连接起来，形成新的曲面。

单击【曲面】工具栏中的【多截面曲面】按钮，弹出【多截面曲面定义】对话框，如图 8.106 所示。

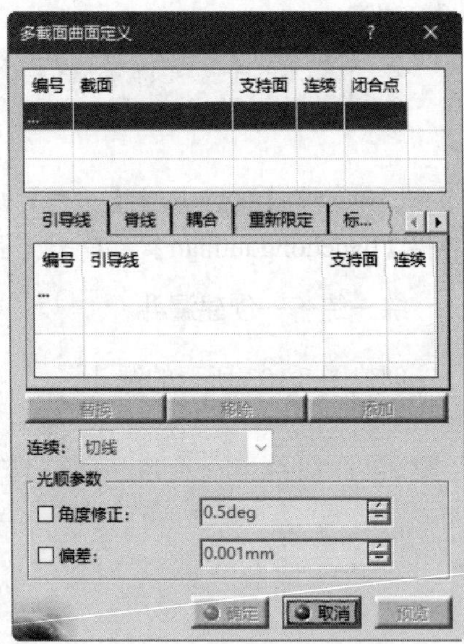

图 8.106　【多截面曲面定义】对话框

扫一扫，看视频

动手学——创建吹风机把手曲面

创建吹风机把手曲面的具体操作步骤如下。

（1）选择【文件】→【打开】命令，在弹出的【选择文件】对话框中选择【chuifengji】文件，双击将其打开。

（2）单击【线框】工具栏中的【直线】按钮，弹出【直线定义】对话框，选择【点-点】类型。在【点 1】选择框中右击，弹出图 8.107 所示的快捷菜单，选择【创建点】命令，弹出【点定义】对话框，输入坐标（100,0,0），如图 8.108 所示。单击【确定】按钮，返回【直线定义】对话框。

（3）在【点 2】选择框中右击，弹出图 8.107 所示的快捷菜单，选择【创建点】命令，弹出【点定义】对话框，输入坐标（100,0,-120）。单击【确定】按钮，返回【直线定义】对话框。

（4）选中【长度】单选按钮，其他采用默认设置，如图 8.109 所示。单击【确定】按钮，绘制直线，如图 8.110 所示。

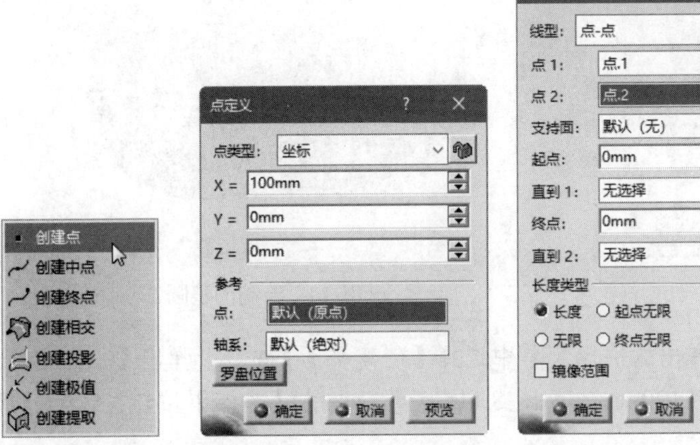

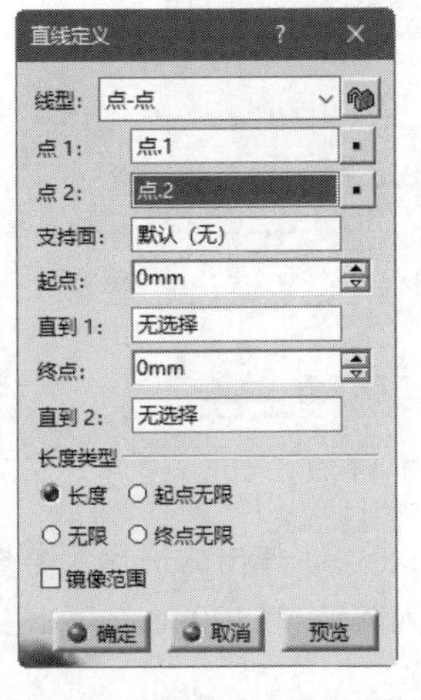

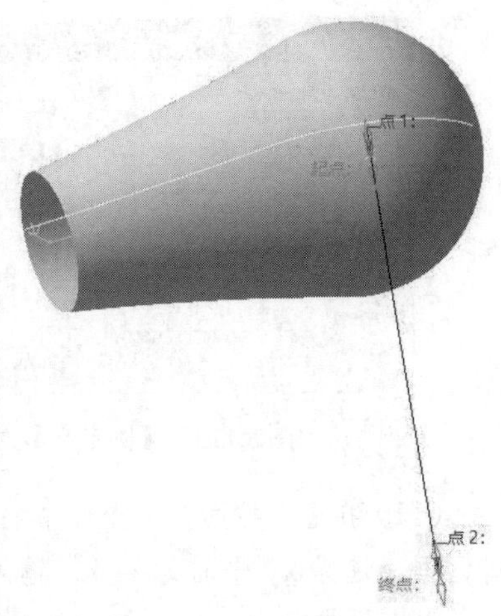

图8.107 快捷菜单 图8.108 【点定义】对话框 图8.109 【直线定义】对话框 图8.110 绘制的直线

（5）单击【线框】工具栏中的【圆】按钮，弹出【圆定义】对话框，选择【两点和半径】类型。在【点 1】选择框中右击，弹出图 8.107 所示的快捷菜单，选择【创建点】命令，弹出【点定义】对话框，输入坐标（80,0,-120）。单击【确定】按钮，返回【圆定义】对话框。

（6）在【点 2】选择框中右击，弹出图 8.107 所示的快捷菜单，选择【创建点】命令，弹出【点定义】对话框，输入坐标（80,0,0）。单击【确定】按钮，返回【圆定义】对话框。

（7）在【支持面】选择框中选择 zx 平面为参考，单击【确定】按钮，返回【圆定义】对话框。在【半径】文本框中输入 300mm，单击【修剪圆】按钮，如图 8.111 所示。单击【确定】按钮，绘制圆弧，如图 8.112 所示。

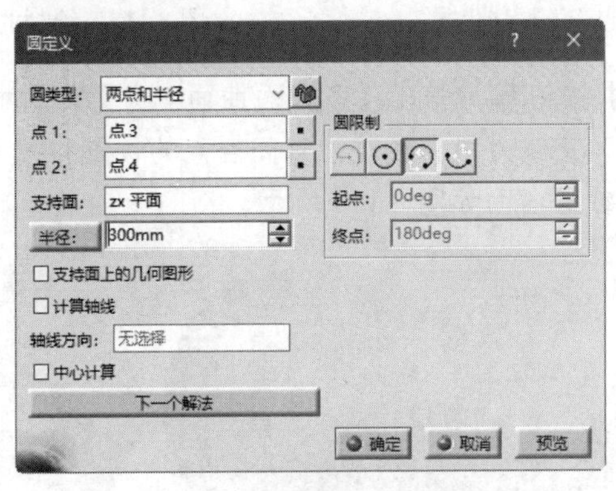

图 8.111 【圆定义】对话框 1

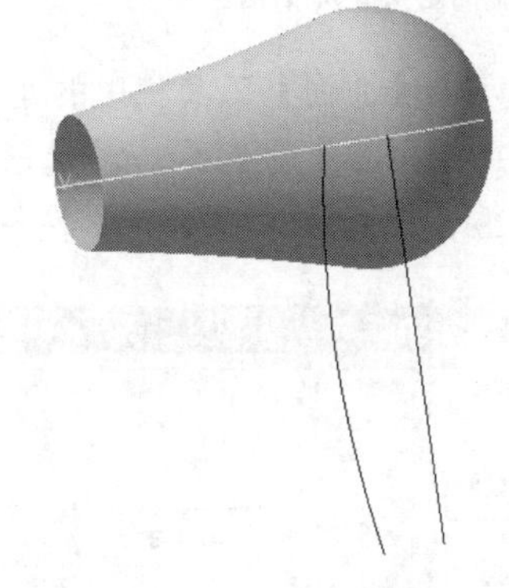

图 8.112 绘制的圆弧

（8）单击【线框】工具栏中的【圆】按钮，弹出【圆定义】对话框，选择【圆心和半径】类型。在【中心】选择框中右击，弹出图 8.107 所示的快捷菜单，选择【创建点】命令，弹出【点定义】对话框，输入坐标（90,0,0）。单击【确定】按钮，返回【圆定义】对话框。

（9）在【支持面】选择框中选择 xy 平面为参考，在【半径】文本框中输入 10mm，单击【全圆】按钮，如图 8.113 所示。单击【确定】按钮，绘制整圆，如图 8.114 所示。

（10）单击【线框】工具栏中的【圆】按钮，弹出【圆定义】对话框，选择【圆心和半径】类型。在【中心】选择框中右击，在弹出的快捷菜单中选择【创建点】命令，弹出【点定义】对话框，输入坐标（90,0,-120）。单击【确定】按钮，返回【圆定义】对话框。

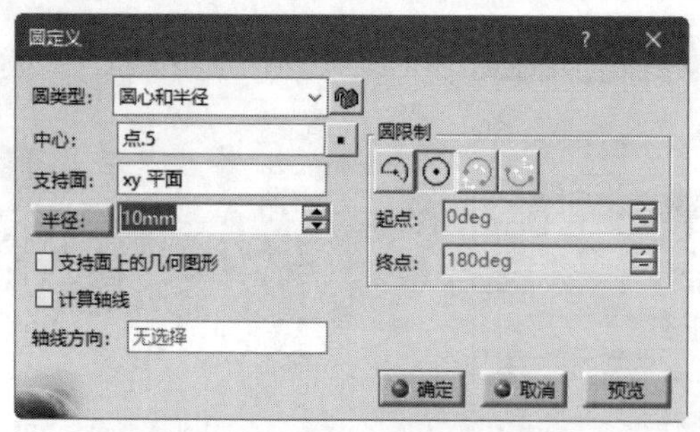

图 8.113 【圆定义】对话框 2

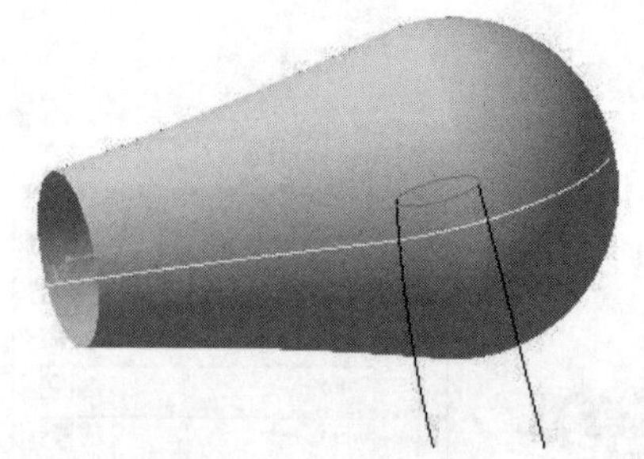

图 8.114 绘制的整圆 1

（11）在【支持面】选择框中右击，在弹出的快捷菜单中选择【创建平面】命令，弹出【平面定义】对话框，选择 xy 平面为参考，输入偏移值-120mm，如图 8.115 所示。单击【确定】按钮，返回【圆定义】对话框。

（12）在【半径】文本框中输入 10mm，单击【全圆】按钮，如图 8.116 所示。单击【确定】按钮，绘制整圆，如图 8.117 所示。

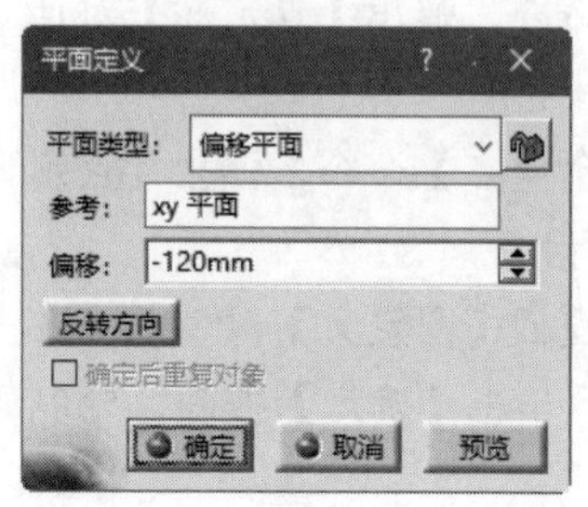

图 8.115 【平面定义】对话框

图 8.116 【圆定义】对话框 3

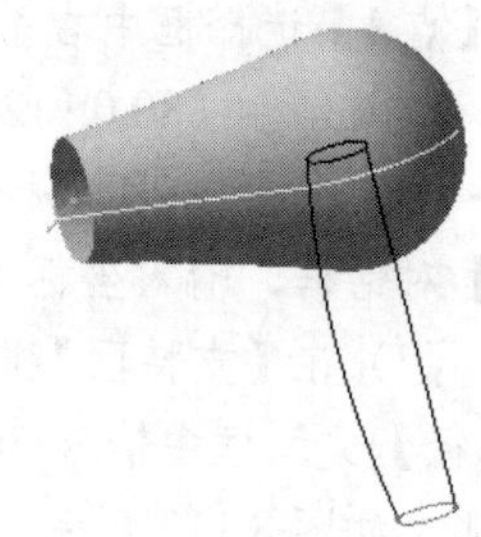

图 8.117 绘制的整圆 2

（13）单击【曲面】工具栏中的【多截面曲面】按钮，弹出【多截面曲面定义】对话框，❶选择【圆.2】和【圆.3】为截面，❷选取两侧的圆弧和直线为引导线，注意闭合点的位置和方向相同，如图 8.118 所示。❸单击【确定】按钮，得到的多截面曲面如图 8.119 所示。

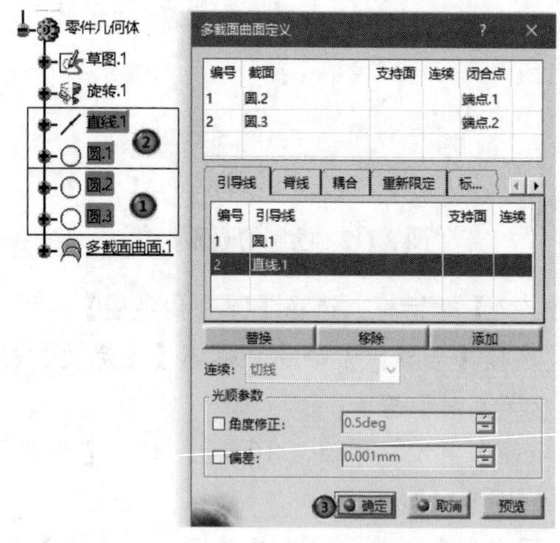

图 8.118 【多截面曲面定义】对话框

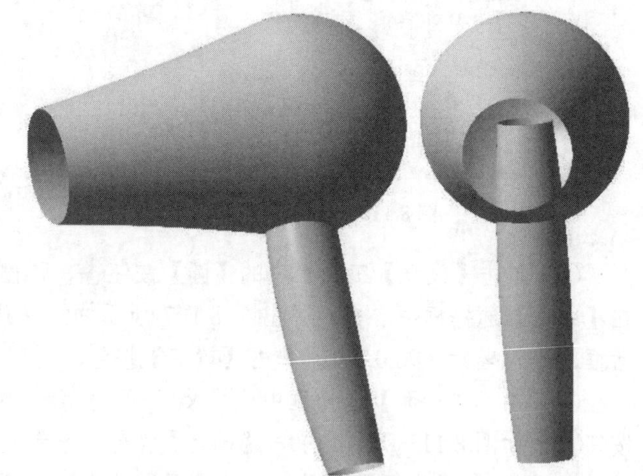

图 8.119 生成的多截面曲面

（14）选择【文件】→【保存】命令，保存文件。

8.3.9 桥接曲面

桥接曲面是指把两个截面曲线连接起来，或把两个曲面在其边界处连接起来，并且可控制连接端两曲面的连续性。

单击【曲面】工具栏中的【桥接】按钮，弹出【桥接曲面定义】对话框，如图 8.120 所示。

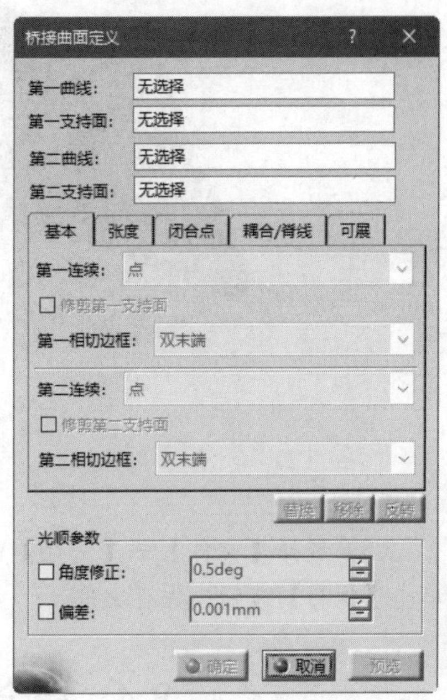

图 8.120 【桥接曲面定义】对话框

扫一扫，看视频

- 【基本】选项卡：可以设置两个曲面的连续方式及切线的边框。
- 【张度】选项卡：可以设置接合部分的张力值及张力的定义方式。
- 【闭合点】选项卡：可以对生成桥接曲面的闭合点进行设置。闭合点的设置很重要，在生成曲面时，经常会遇到生成曲面扭曲的情况，这时通常是闭合点没有设置好的缘故。
- 【耦合/脊线】选项卡：可以设置曲线耦合的形式。
- 【可展】选项卡：可以生成可发展曲面。

动手学——创建桥接曲面

创建桥接曲面的具体操作步骤如下。

（1）选择【开始】→【形状】→【创成式外形设计】命令，弹出【新建零件】对话框，输入零件名称【桥接曲面】，单击【确定】按钮，进入创成式外形设计平台。

（2）在特征树中选择 xy 平面，单击【草图编辑器】工具栏中的【草图】按钮，进入草图工作平台，绘制图 8.121 所示的草图。在特征树中双击 yz 平面，切换进入以 yz 平面为基准面的草图工作平台，绘制图 8.122 所示的草图。单击【工作台】工具栏中的【退出工作台】按钮，退出草图工作平台。

（3）单击【拉伸-旋转】工具栏中的【拉伸】按钮，弹出【拉伸曲面定义】对话框，【轮廓】选择【草图.1】，在【拉伸限制】选项组中输入拉伸尺寸 20mm，勾选【镜像范围】复选框，其余选项为系统默认。单击【确定】按钮，完成拉伸曲面 1 的创建。按照相同步骤创建拉伸曲面 2，如图 8.123 所示。

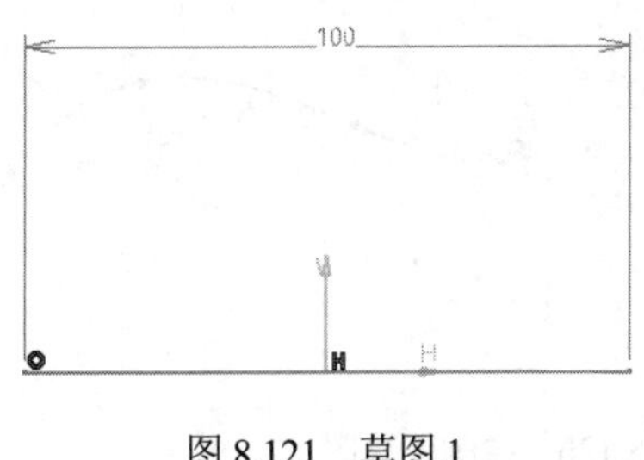

图 8.121 草图.1

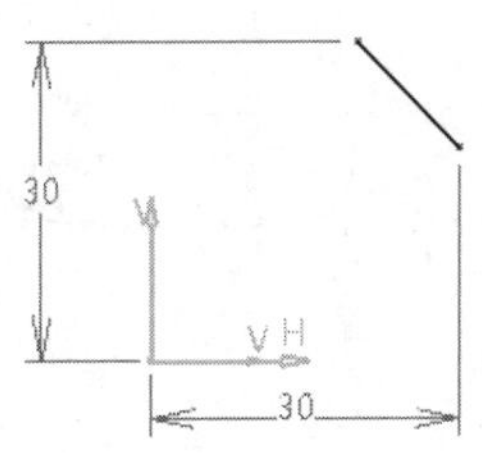

图 8.122 草图.2

图 8.123 拉伸曲面

（4）单击【曲面】工具栏中的【桥接】按钮，弹出【桥接曲面定义】对话框，❶在【第一曲线】选择框中选择拉伸面的边线，❷在【第一支持面】选择框中选择拉伸面；❸在【第二曲线】选择框中选择另一个拉伸面的边线，❹在【第二支持面】选择框中选择另一个拉伸面。❺单击【预览】按钮，如图 8.124 所示；❻单击【确定】按钮，完成绘制。

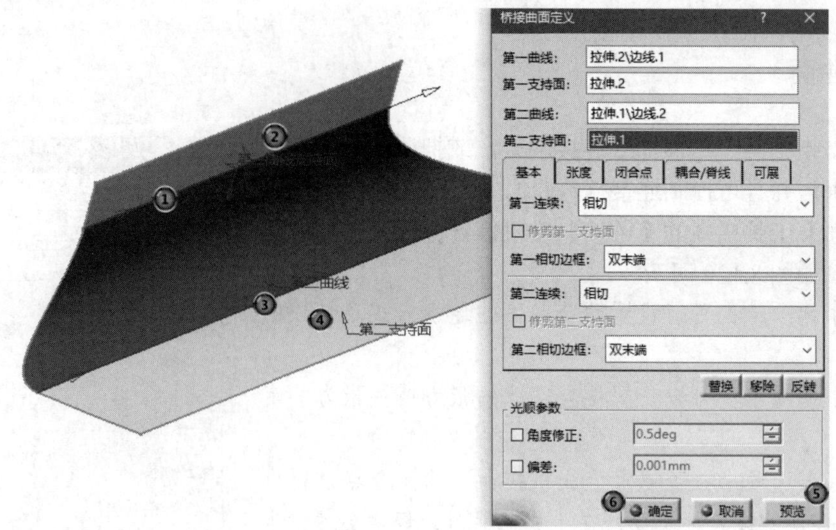

图 8.124　连接曲面

（5）选择【文件】→【保存】命令，弹出【另存为】对话框，输入文件名称【qiaojiequmian】，单击【保存】按钮，保存文件。

扫一扫，看视频

8.4　综合实例——创建塑料焊接器曲面

创建图 8.125 所示的塑料焊接器曲面。首先创建主体曲面，然后创建把手曲面。

（1）选择【开始】→【形状】→【创成式外形设计】命令，弹出【新建零件】对话框，输入零件名称【焊接器】，单击【确定】按钮，进入曲面设计模块。

（2）单击【草图编辑器】工具栏中的【草图】按钮，在特征树中选择 xy 平面为草图绘制平面，进入草图工作平台，利用绘图命令绘制图 8.126 所示的草图。单击【工作台】工具栏中的【退出工作台】按钮，退出草图工作平台。

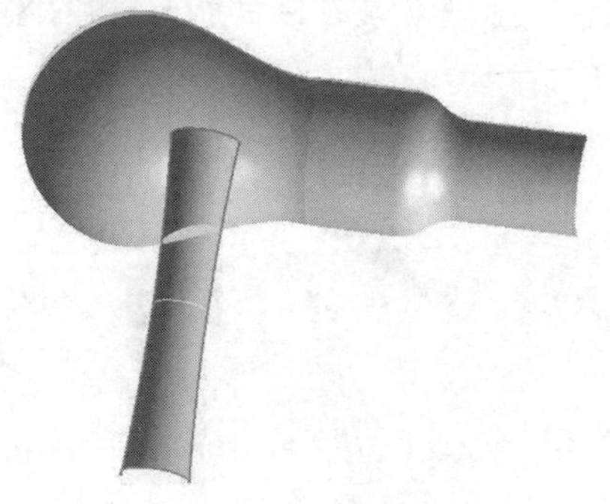

图 8.125　塑料焊接器曲面

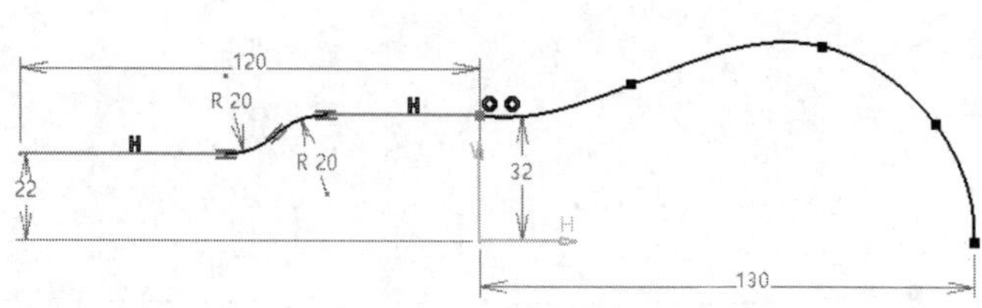

图 8.126　绘制的草图

（3）单击【拉伸-旋转】工具栏中的【旋转】按钮，弹出【旋转曲面定义】对话框，系统自动选择第（2）步绘制的草图为旋转轮廓。在【旋转轴】选择框中右击，在弹出的快捷菜单中选择【X 轴】命令，输入【角度 1】为 180deg，【角度 2】为 0deg，如图 8.127 所示。单击【确定】按钮，创建旋转曲面，如图 8.128 所示。

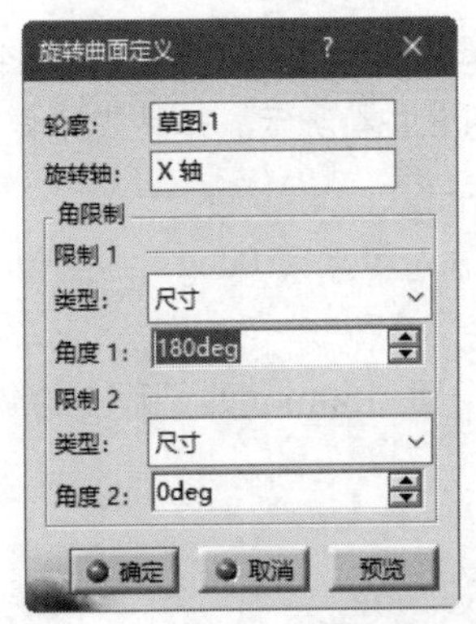

图 8.127 【旋转曲面定义】对话框

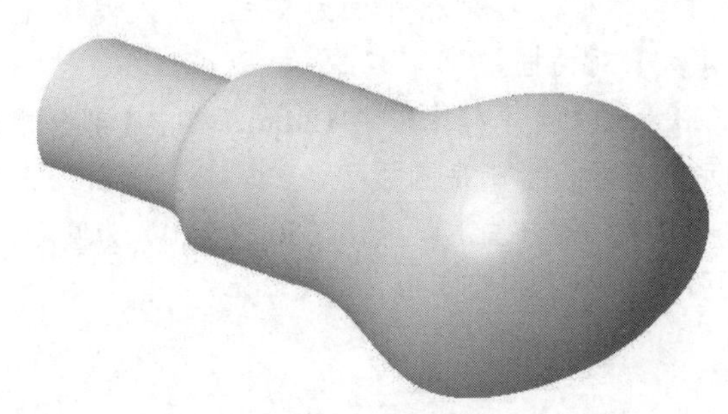

图 8.128 旋转曲面

（4）单击【线框】工具栏中的【圆】按钮，弹出【圆定义】对话框，选择【圆心和半径】类型，在【中心】选择框中右击，弹出图 8.129 所示的快捷菜单，选择【创建点】命令，弹出【点定义】对话框，输入坐标（50,0,0），如图 8.130 所示。单击【确定】按钮，返回【圆定义】对话框。

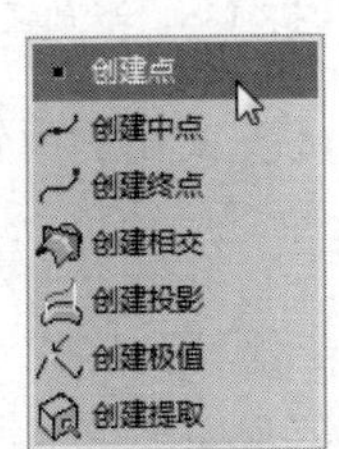

图 8.129 快捷菜单 1

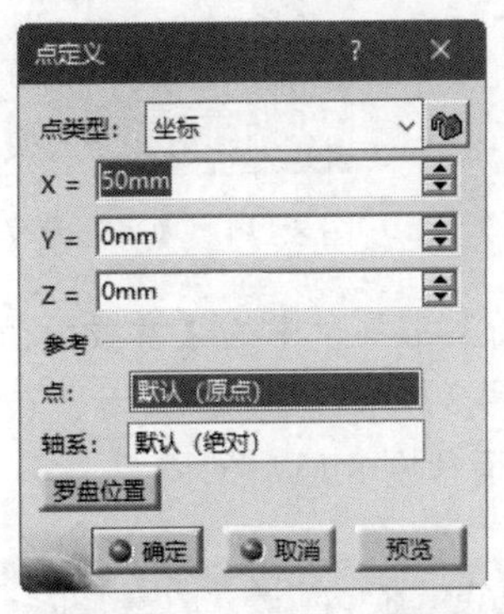

图 8.130 【点定义】对话框

（5）在【支持面】选择框中选择 zx 平面为参考，在【半径】文本框中输入 15mm，单击【部分弧】按钮，输入【起点】为 0deg，【终点】为 180deg，如图 8.131 所示。单击【确定】按钮，绘制半圆弧 1，如图 8.132 所示。

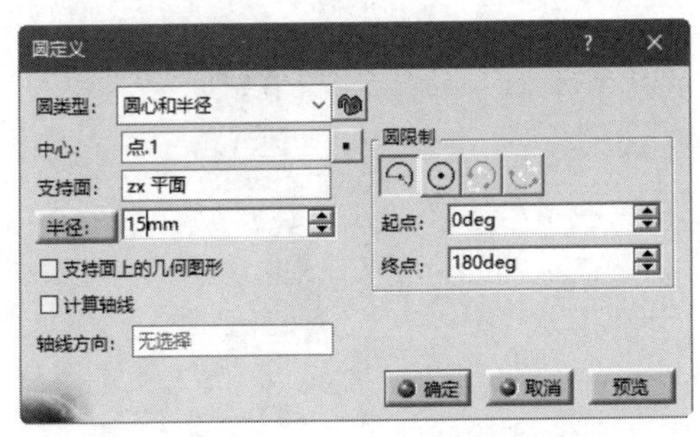

图 8.131 【圆定义】对话框

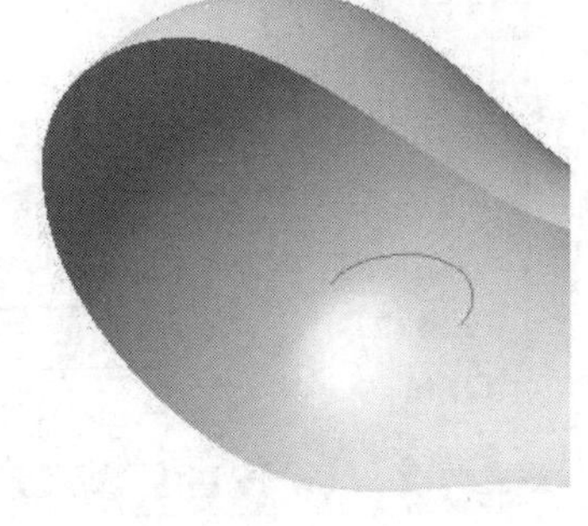

图 8.132 半圆弧 1

（6）单击【线框】工具栏中的【圆】按钮，弹出【圆定义】对话框，选择【圆心和半径】类型，在【中心】选择框中右击，弹出图 8.129 所示的快捷菜单，选择【创建点】命令，弹出【点定义】对话框，输入坐标（50,-75,0）。单击【确定】按钮，返回【圆定义】对话框。

（7）在【支持面】选择框中右击，弹出图 8.133 所示的快捷菜单，选择【创建平面】命令，弹出【平面定义】对话框，选择 zx 平面为参考，输入偏移值-75mm，如图 8.134 所示。单击【确定】按钮，返回【圆定义】对话框。

（8）在【半径】文本框中输入 12mm，单击【部分弧】按钮，输入起点为 0deg，终点为 180deg，单击【确定】按钮，绘制半圆弧 2。

（9）采用相同的方法，以坐标（50,-150,0）为圆心，在距离 zx 平面-150mm 的平面上绘制半径为 15 的半圆弧 3，如图 8.135 所示。

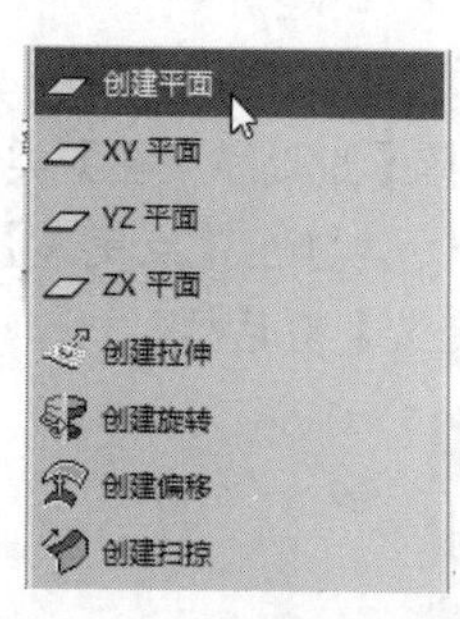

图 8.133　快捷菜单 2

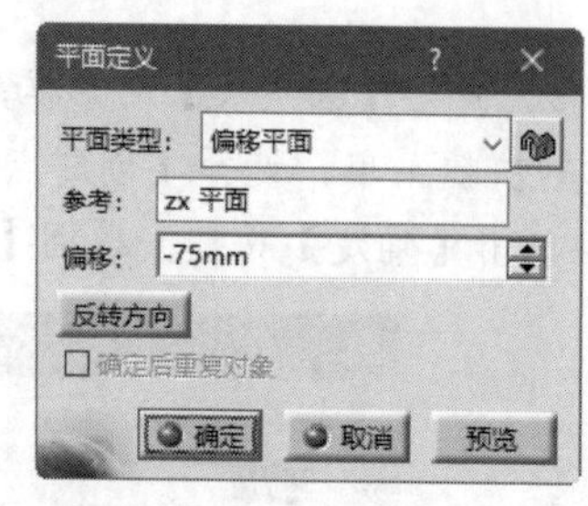

图 8.134　【平面定义】对话框

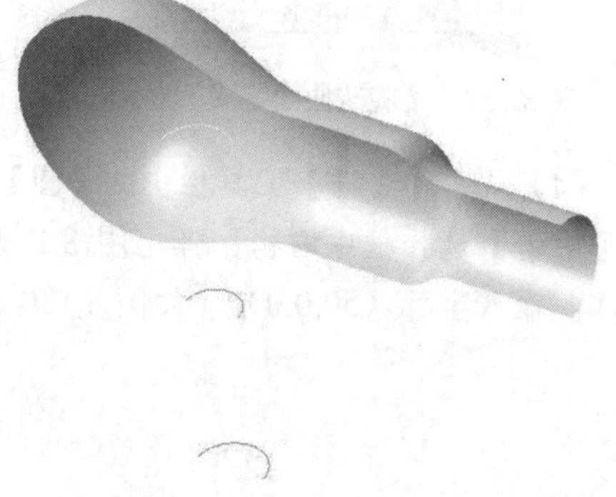

图 8.135　半圆弧 2 和半圆弧 3

（10）单击【曲面】工具栏中的【多截面曲面】按钮，弹出【多截面曲面定义】对话框，选择【圆.1】【圆.2】和【圆.3】为截面，注意闭合点的位置和方向相同，如图 8.136 所示。单击【确定】按钮，得到的多截面曲面如图 8.137 所示。

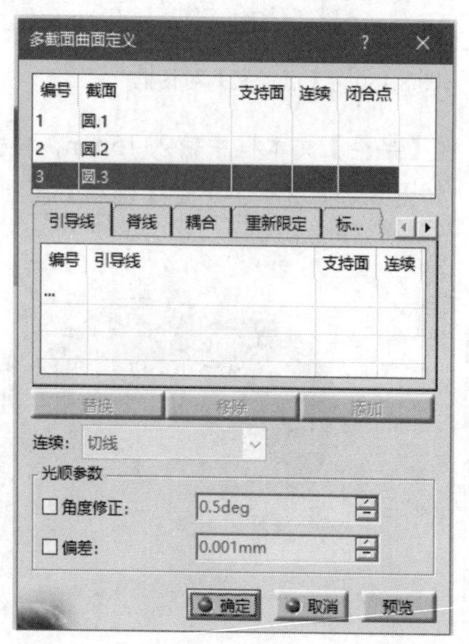

图 8.136　【多截面曲面定义】对话框

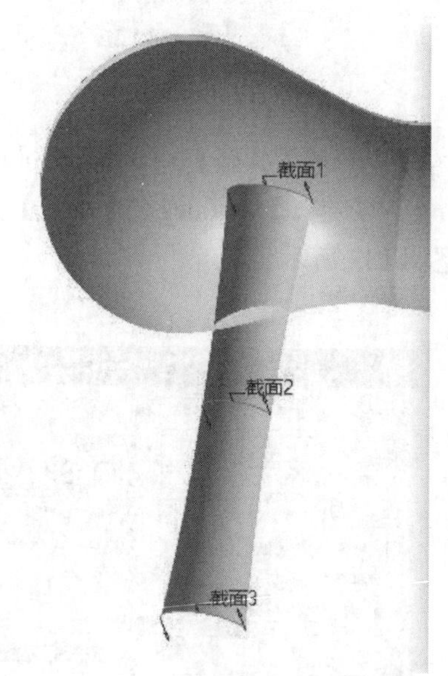

图 8.137　生成多截面曲面

（11）选择【文件】→【保存】命令，弹出【另存为】对话框，输入文件名称【hanjieqi】，单击【保存】按钮，保存文件。

第 9 章　曲 面 操 作

内容简介

第 8 章对常规曲面的设计方法进行了比较详细的介绍，但一个做好的曲面不是孤立的，而往往会和其他元素发生关系，而且曲面本身也要不断地修改以满足下一步造型的需要，这就要对曲面进行编辑和操作。

内容要点

- 曲面编辑
- 曲面变换
- 曲面生成实体
- 综合实例——完成塑料焊接器

案例效果

9.1　曲 面 编 辑

本节将介绍几种常用的曲面编辑方法，即修复、分割、修剪、提取、接合和外插延伸等。

9.1.1　修复曲面

修复曲面是对曲面之间的间隙进行修复，从而达到缩小曲面之间的间隙的目的。

单击【接合-修复】工具栏中的【修复】按钮，弹出【修复定义】对话框，如图 9.1 所示。

- 【参数】选项卡：可以设置填充的曲面与要修补曲面之间的连续方式。
- 【冻结】选项卡：可以指定不受修复影响的连线或面。
- 【锐度】选项卡：可以使某个边线保持锐化，不受合并操作的影响。
- 【可视化】选项卡：可以设置如何显示结果。

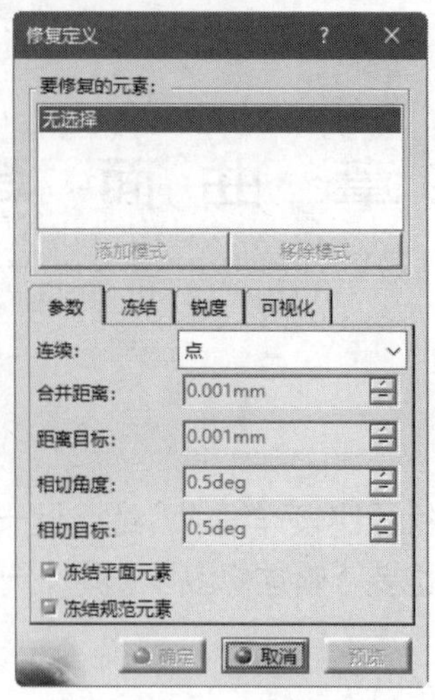

图 9.1 【修复定义】对话框

9.1.2 分割曲面

分割曲面功能可以分割曲线或曲面，分为曲线被点、曲线或曲面分割和曲面被曲线或曲面分割。

单击【修剪-分割】工具栏中的【分割】按钮，弹出【分割定义】对话框，如图 9.2 所示。

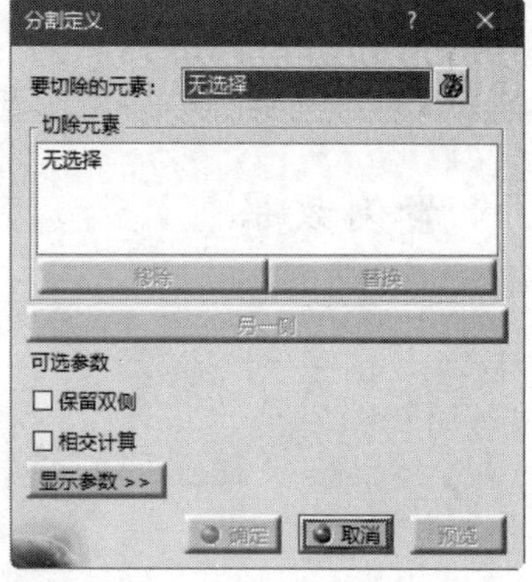

图 9.2 【分割定义】对话框 1

动手学——创建扇叶曲面

创建扇叶曲面的具体操作步骤如下。

（1）选择【文件】→【打开】命令，在弹出的【选择文件】对话框中选择【fengshanyepian】文件，双击将其打开。

（2）单击【修剪-分割】工具栏中的【分割】按钮，弹出【分割定义】对话框，❶选择【拉伸.1】作为【要切除的元素】，❷选择【项目.1】作为【切除元素】，❸单击【另一侧】按钮，调整裁剪部分，裁掉投影曲线的外部，其他采用默认设置，如图 9.3 所示。❹单击【确定】按钮，结果如图 9.4 所示。

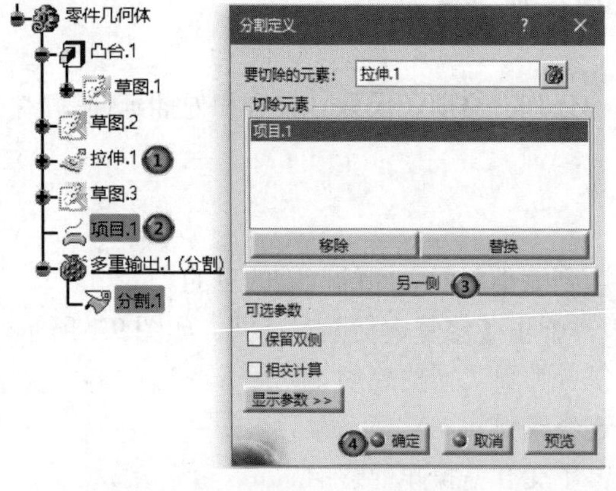

图 9.3 【分割定义】对话框 2

图 9.4 分割后得到的曲面

（3）再次单击【分割】按钮，选择【拉伸.1】作为【要切除的元素】，选择【圆柱面】作为【切除元素】，其他采用默认设置，单击【确定】按钮，裁掉圆柱凸台内部曲面。

（4）选择【文件】→【保存】命令，保存文件。

9.1.3　修剪曲面

通过旋转、扫掠和层叠等操作一次性生成的曲面往往不是最终结果，一般还要进行多次修改，其中修剪曲面就是一种常用的方法。

单击【修剪-分割】工具栏中的【修剪】按钮，弹出【修剪定义】对话框，如图 9.5 所示。

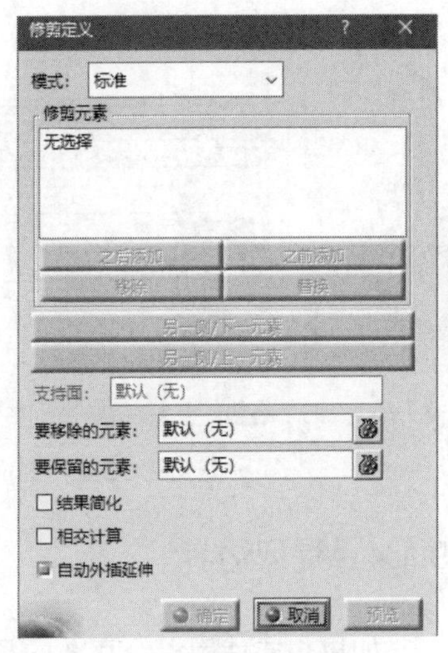

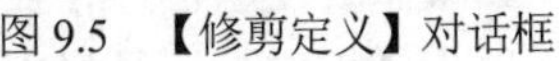
图 9.5　【修剪定义】对话框

扫一扫，看视频

动手学——编辑吹风机曲面

编辑吹风机曲面的具体操作步骤如下。

（1）选择【文件】→【打开】命令，在弹出的【选择文件】对话框中选择【chuifengji】文件，双击将其打开。

（2）单击【修剪-分割】工具栏中的【修剪】按钮，弹出【修剪定义】对话框，选取①【旋转.1】和②【多截面曲面.1】作为【修剪元素】，如图 9.6 所示。③单击【另一侧/下一元素】和【另一侧/上一元素】按钮，调整修剪的曲面。④单击【确定】按钮，完成曲面的修剪，结果如图 9.7 所示。

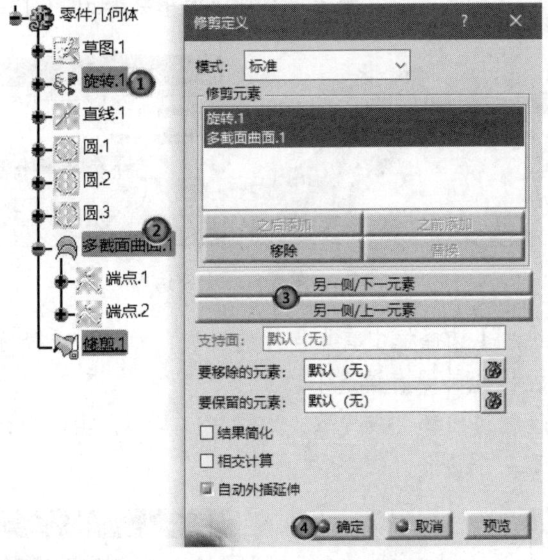

图 9.6　选择修剪元素

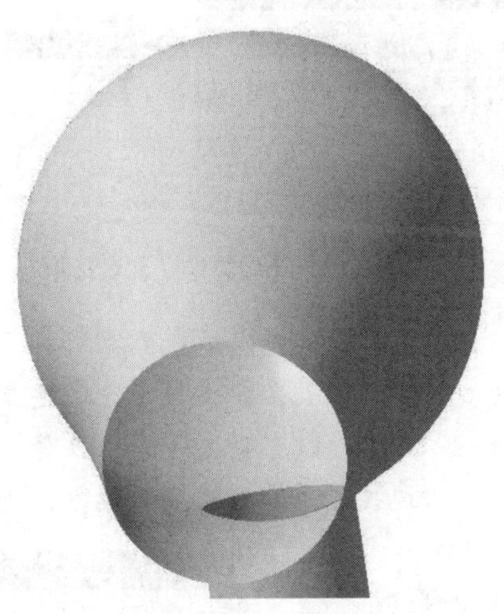

图 9.7　修剪后的曲面

（3）单击【曲面】工具栏中的【填充曲面】按钮，弹出【填充曲面定义】对话框，如图 9.8 所示，选择多截面曲面的边线【圆.3】为填充边界，其他采用默认设置。单击【确定】按钮，填充后得到的曲面如图 9.9 所示。

（4）选择【文件】→【保存】命令，保存文件。

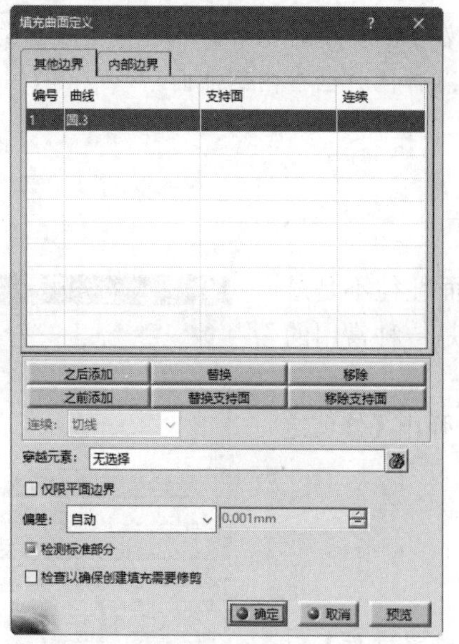

图 9.8　【填充曲面定义】对话框

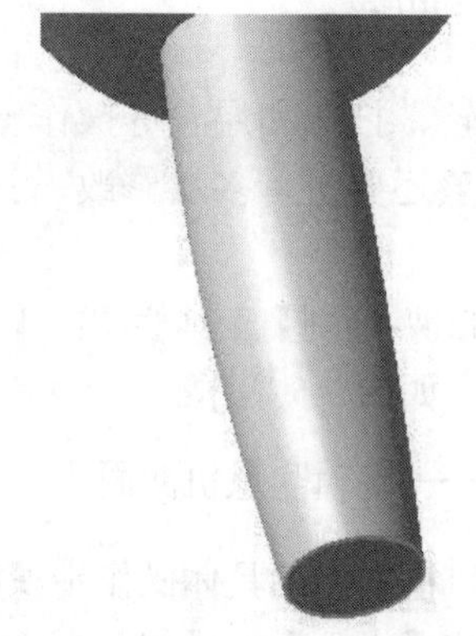

图 9.9　填充后得到的曲面

9.1.4　提取边界

如果想要使用已经存在的几何体的点、线、面等元素，可通过提取边界功能将它们提取出来。单击【提取】工具栏中的【边界】按钮，弹出【边界定义】对话框，如图 9.10 所示。

- 拓展类型：该类型包括了【完整边界】【点连续】【切线连续】和【无拓展】四种。
  - 完整边界：选择视图中的曲面，即可以将几何元素所有的边界全部提取出来，如图 9.11 所示。

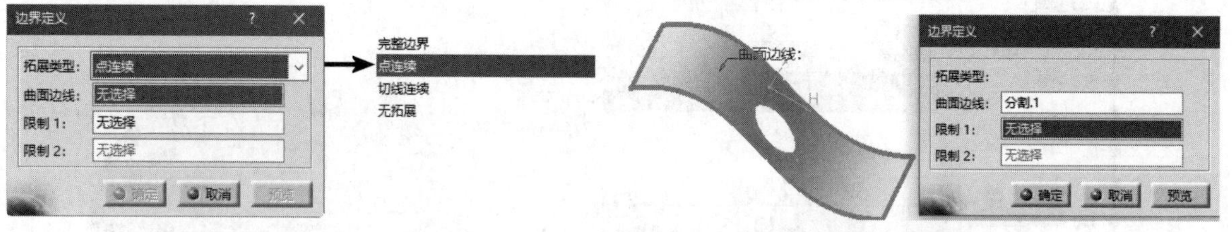

图 9.10　【边界定义】对话框

图 9.11　完整边界

  - 点连续：可以选择提取所有与【曲面边线】选择框中有点连续的连线，如图 9.12 所示。中间的圆孔由于没有与外缘连线点连续，因此其没有被选中。
  - 切线连续：与选择的边线有切线连续性的边线都会被提取，如图 9.13 所示。由于最外侧的边线之间没有切线连续性，因此只提取一个边。

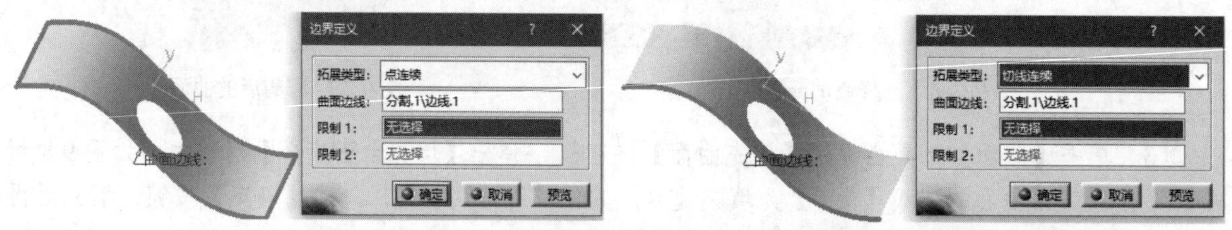

图 9.12　点连续

图 9.13　切线连续

- 无拓展：可以仅提取选定的连线，如图9.14所示。
- 限制1和限制2：两个选项可以决定边界曲线的范围，选定后，提取的曲线不会超出这个边界。如图9.15所示，由于设定了边界限制，因此设定拓展类型为【完整边界】时原本应该选定所有边界，但现在限制区域没有选中。

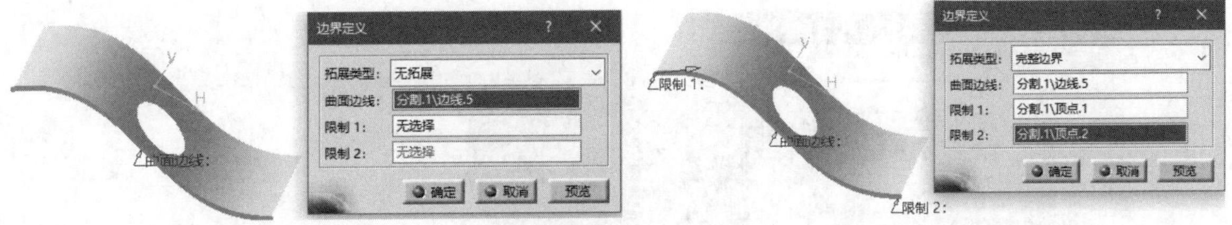

图9.14 无拓展

图9.15 边界限制

9.1.5 接合曲面

在建模过程中，常常把一个复杂的曲面划分成几个相对简单的曲面，然后利用【接合】功能把它们连接起来，这是曲面编辑中常用的方法。该功能是将两个以上曲面或曲线合并成一个曲面或曲线。

单击【接合-修复】工具栏中的【接合】按钮，弹出【接合定义】对话框，如图9.16所示。

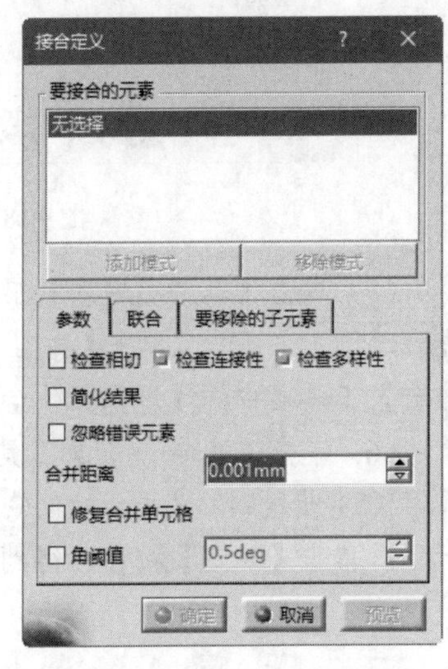

图9.16 【接合定义】对话框

扫一扫，看视频

动手学——完成吹风机创建

创建吹风机的具体操作步骤如下。

(1) 选择【文件】→【打开】命令，在弹出的【选择文件】对话框中选择【chuifengji】文件，双击将其打开。

(2) 单击【接合-修复】工具栏中的【接合】按钮，弹出【接合定义】对话框，选择第(1)步创建的①【填充.1】和②【修剪.1】，如图9.17所示，其他采用默认设置。③单击【确定】按钮，将二者合并起来。

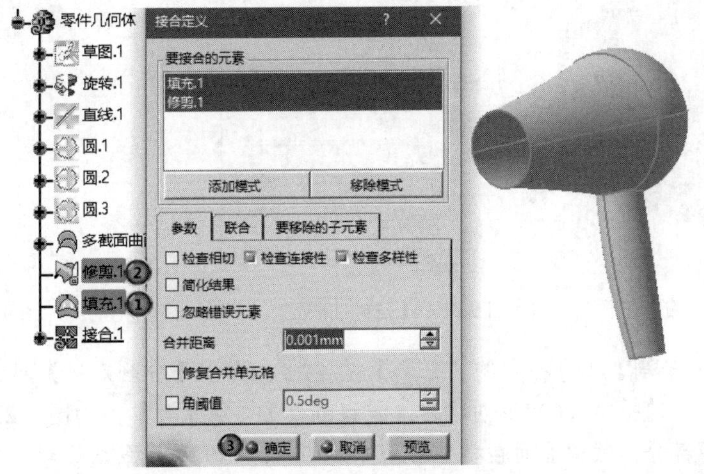

图9.17 【接合定义】对话框

（3）单击【圆角】工具栏中的【倒圆角】按钮，弹出【倒圆角定义】对话框。①在【半径】文本框中输入 15mm，②单击【常量】按钮，③选择图 9.18 所示的边线进行圆角处理，其他采用默认设置，④单击【确定】按钮。

（4）采用相同的方法，对把手的下边线进行圆角处理，圆角半径为 4mm，结果如图 9.19 所示。

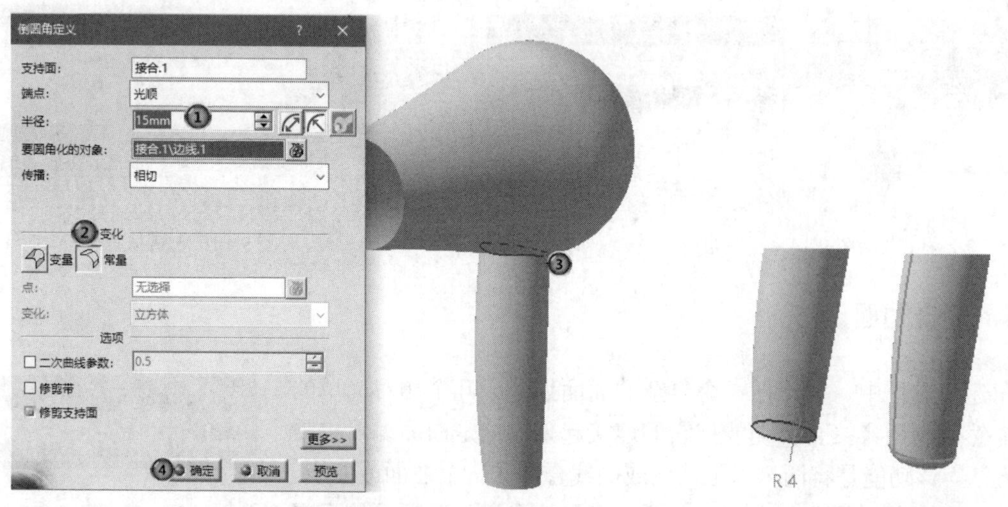

图 9.18　选择圆角的边线

图 9.19　圆角处理

（5）单击【草图编辑器】工具栏中的【草图】按钮，在特征树中选择 xz 平面为草图绘制平面，进入草图工作平台。单击【样条线】工具栏中的【样条线】按钮，绘制图 9.20 所示的草图。单击【工作台】工具栏中的【退出工作台】按钮，退出草图工作平台。

（6）单击【拉伸-旋转】工具栏中的【拉伸】按钮，弹出【拉伸曲面定义】对话框，系统自动选择第（5）步绘制的草图为拉伸轮廓，输入【限制 1】的尺寸 40mm，勾选【镜像范围】复选框，如图 9.21 所示。单击【确定】按钮，得到拉伸曲面，如图 9.22 所示。

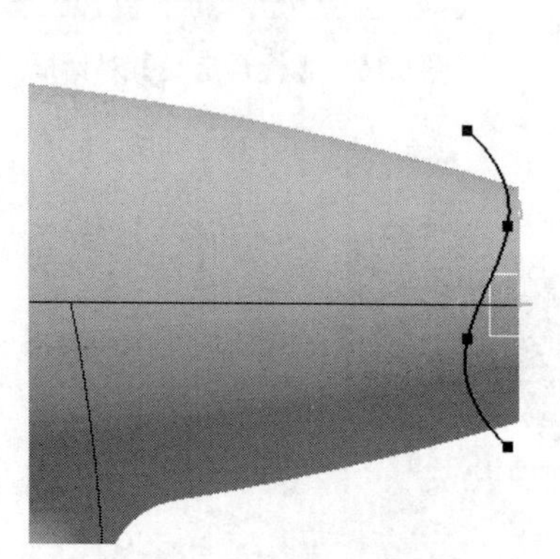

图 9.20　绘制的草图

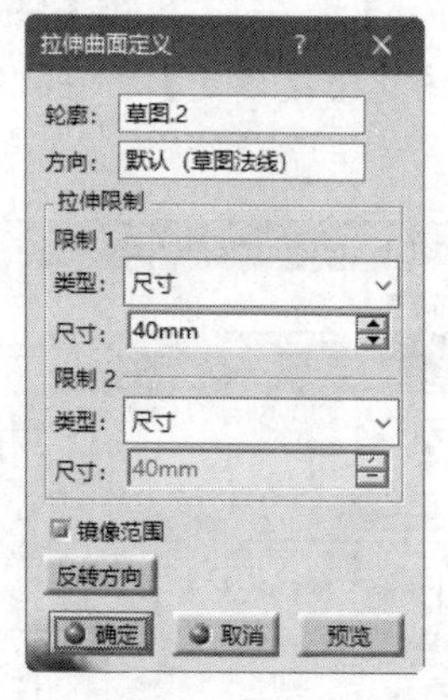

图 9.21　【拉伸曲面定义】对话框

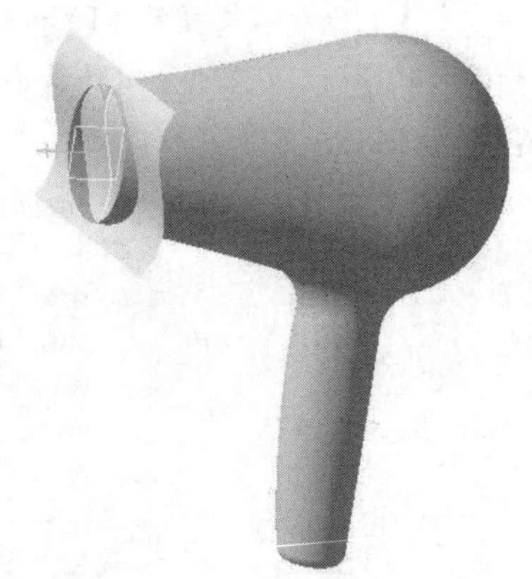

图 9.22　拉伸曲面

（7）单击【修剪-分割】工具栏中的【分割】按钮，弹出【分割定义】对话框，选择整体曲面为【要切除的元素】，选择第（6）步创建的拉伸曲面为【切除元素】，如图 9.23 所示。单击【另一侧】按钮，调整裁剪部分，裁掉曲面在拉伸曲面外的部分，其他采用默认设置。单击【确定】按钮，隐藏拉伸曲面，结果如图 9.24 所示。

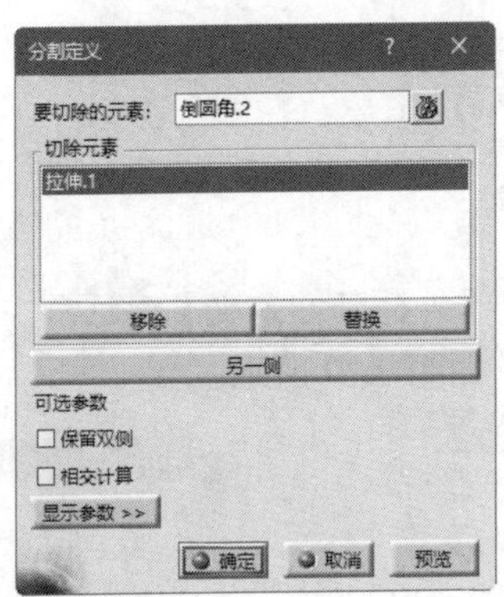

图 9.23 【分割定义】对话框

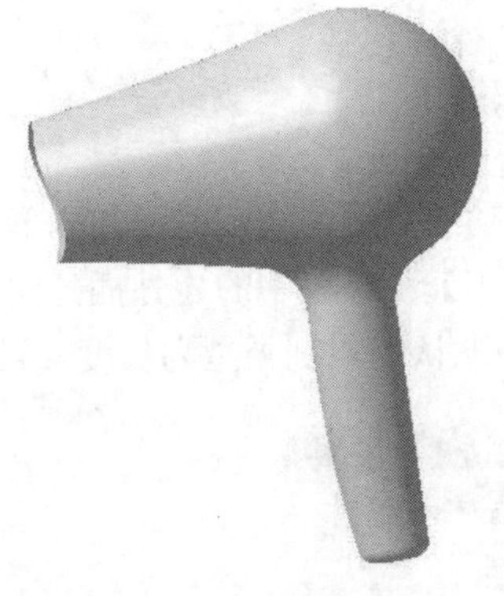

图 9.24 分割后得到的曲面

(8) 选择【文件】→【保存】命令，保存文件。

扫一扫，看视频

练一练——完成飞机创建

创建图 9.25 所示的飞机。

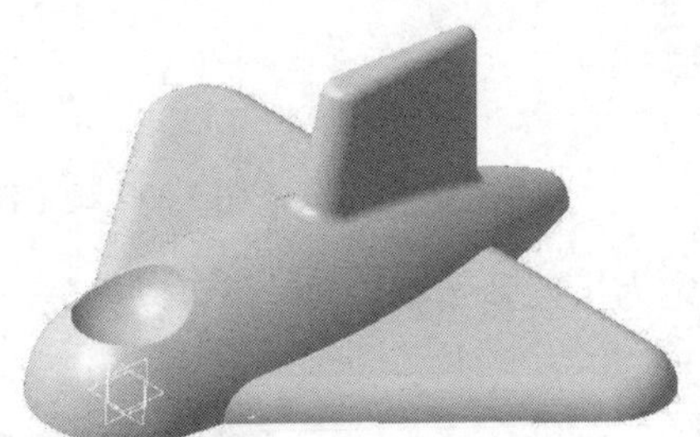

图 9.25 飞机

思路点拨：

(1) 打开前面创建的飞机主体，利用【提取边界】【填充曲面】【接合】【倒圆角】和【修剪】命令完成机翼的创建。

(2) 绘制图 9.26 所示的草图，利用【多截面曲面】命令创建尾翼曲面。

(3) 利用【填充曲面】【接合】和【修剪】命令完成机翼的创建。

(4) 绘制图 9.27 所示的草图，利用【旋转】命令创建球形曲面。

(5) 利用【修剪】和【倒圆角】命令完成飞机的创建。

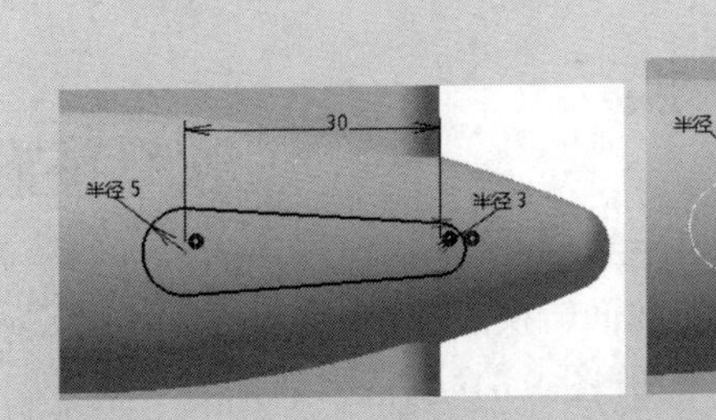

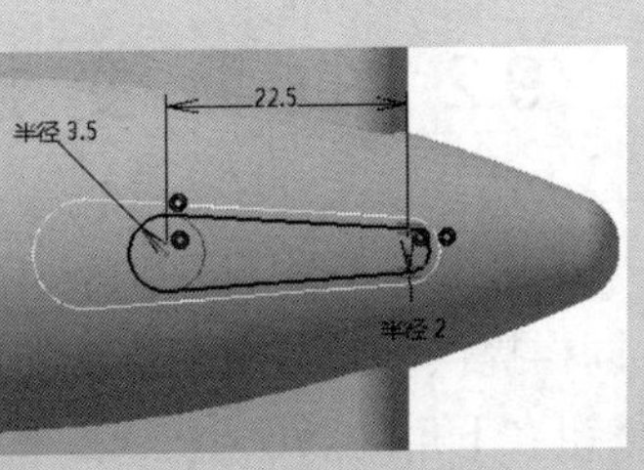

图 9.26 草图.1

图 9.27 草图.2

9.1.6 外插延伸

外插延伸功能可将曲线或曲面的外形延伸或缩短。

单击【操作】工具栏中的【外插延伸】按钮，弹出【外插延伸定义】对话框，如图 9.28 所示。CATIA 中默认的限制类型为长度，设定延伸的长度，如图 9.29 所示。

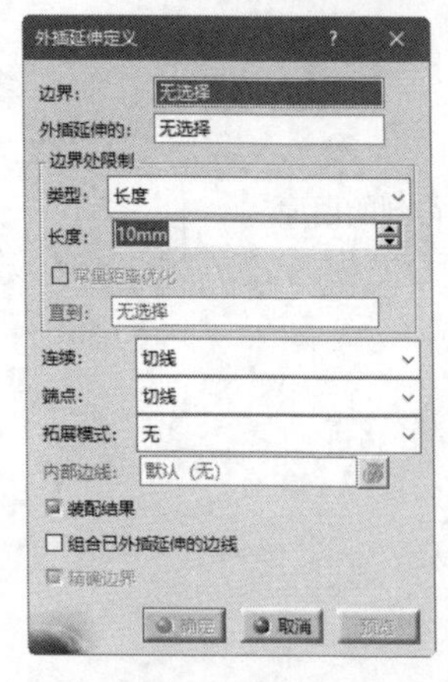

图 9.28 【外插延伸定义】对话框

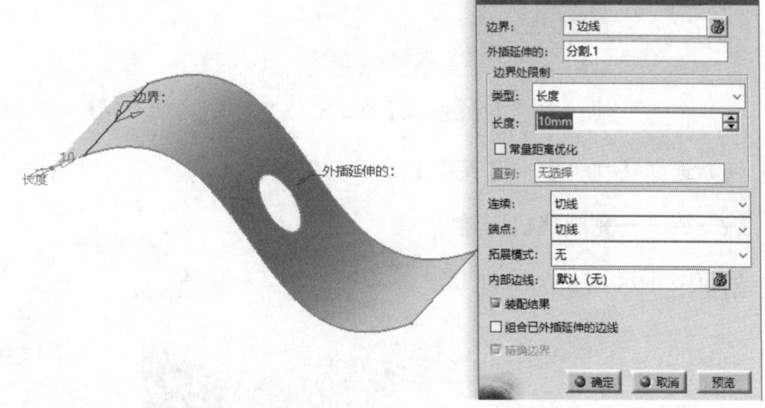

图 9.29 确定延伸边界

当将【边界处限制类型】设定为【直到元素】项时，可以将某一平面或曲面作为延伸的边界，如图 9.30 所示。

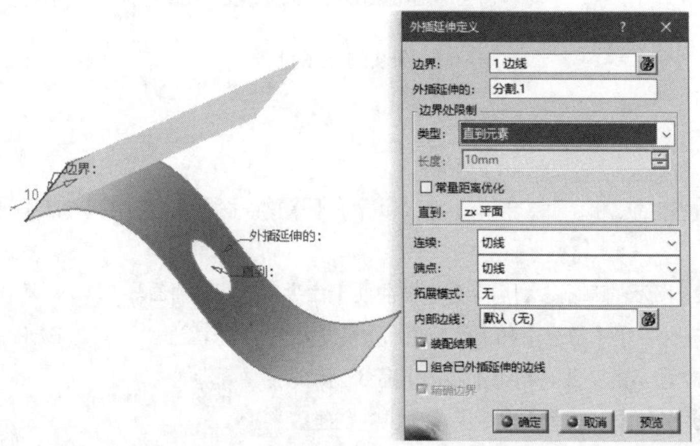

图 9.30 将平面作为延伸的边界

9.2 曲 面 变 换

草图模块中可以使用复制、平移、镜像等工具，以提高草图绘制的效率。创成式外形设计模块下，CATIA 同样提供了一些用于曲线及曲面转换的工具。单击【操作】工具栏中的按钮右下角的黑色小三角，打开图 9.31 所示的【变换】工具栏。

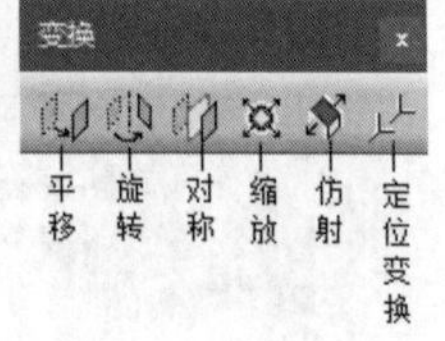

图 9.31 【变换】工具栏

9.2.1　平移

可以对曲线及曲面进行平移。

单击【变换】工具栏中的【平移】按钮，弹出【平移定义】对话框，如图 9.32 所示。

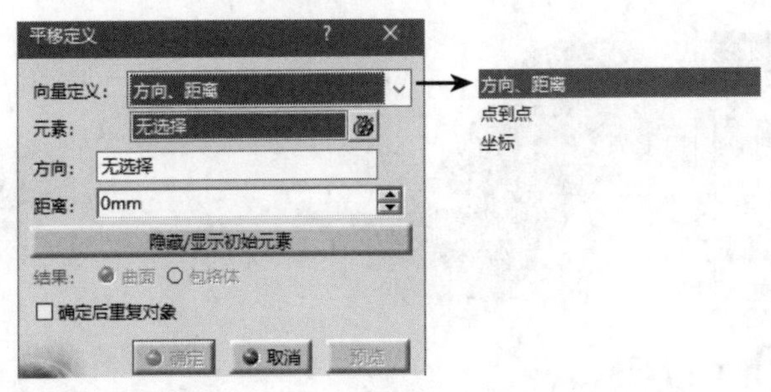

图 9.32　【平移定义】对话框

动手学——平移曲面

平移曲面的具体操作步骤如下。

（1）选择【开始】→【形状】→【创成式外形设计】命令，弹出【新建零件】对话框，输入零件名称【曲面】，单击【确定】按钮，进入零件设计平台。

（2）在特征树中选择 xy 平面，单击【草图编辑器】工具栏中的【草图】按钮，进入草图工作平台，绘制图 9.33 所示草图轮廓。单击【工作台】工具栏中的【退出工作台】按钮，退出草图工作平台。

（3）单击【拉伸-旋转】工具栏中的【拉伸】按钮，弹出【拉伸曲面定义】对话框，如图 9.34 所示，在【限制 1】选项组的【尺寸】文本框中输入 60mm。

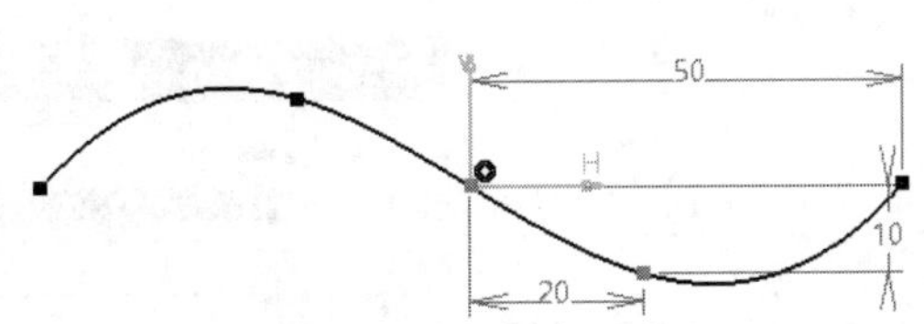

图 9.33　草图轮廓

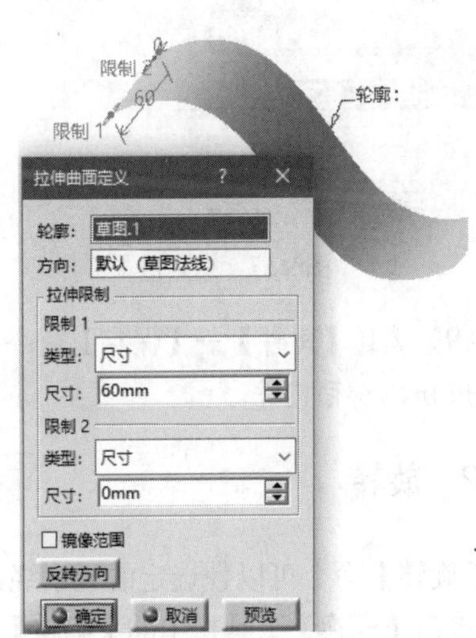

图 9.34　【拉伸曲面定义】对话框

（4）单击【变换】工具栏中的【平移】按钮，弹出【平移定义】对话框，默认情况下【向量定义】方式为【方向、距离】，即通过定义平移的方向和距离值确认元素的新位置。

（5）❶在【元素】选择框中选择要平移的元素【拉伸.1】；❷在【方向】选择框中选择平移的方

向为【Z 部件】，这里可以是 X、Y、Z 轴或沿某一条直线平移；③在【距离】文本框中输入平移的距离 20mm。④单击【预览】按钮，即可看到结果，如图 9.35 所示。

（6）默认情况下，CATIA 会保留平移之前的元素，可以单击【隐藏/显示初始元素】按钮使之隐藏，如图 9.36 所示。勾选【确定后重复对象】复选框后，可以建立多个平移对象，其用法前面已经介绍过，这里不再赘述。

图 9.35　平移结果

图 9.36　隐藏平移前元素

（7）当选择【向量定义】方式为【点到点】时，即通过两点决定平移的方向及距离。在【元素】选择框中选择要平移的元素，分别在【起点】及【终点】选择框中选择两点，这里直接右击通过快捷菜单创建坐标为（0,0,0）和（50,50,50）两点，单击【预览】按钮，即可显示结果，如图 9.37 所示。

（8）当选择【向量定义】方式为【坐标】时，即可通过精确定义平移向量来控制对象平移的方向及位移，如图 9.38 所示。

图 9.37　点到点平移

图 9.38　坐标平移

（9）选择【文件】→【保存】命令，弹出【另存为】对话框，输入文件名称【qumian】，单击【保存】按钮，保存文件。

9.2.2　旋转

【旋转】命令可以使选定的元素绕某条轴旋转。

单击【变换】工具栏中的【旋转】按钮，弹出【旋转定义】对话框，如图 9.39 所示。

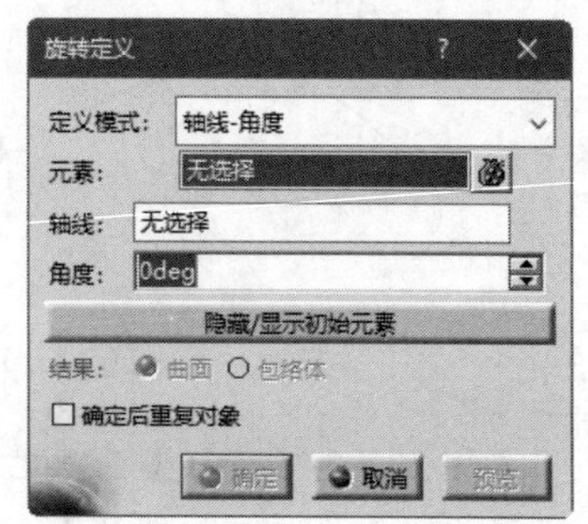

图 9.39　【旋转定义】对话框

扫一扫，看视频

动手学——旋转曲面

旋转曲面的具体操作步骤如下。

（1）选择【文件】→【打开】命令，在弹出的【选择文件】对话框中选择【qumian】文件，双击将其打开。

（2）单击【变换】工具栏中的【旋转】按钮，弹出【旋转定义】对话框，默认选择的【定义模式】是【轴线-角度】。❶在【元素】选择框中选择【拉伸.1】为旋转的元素，❷在【轴线】选择框中选择【Z 轴】为旋转轴，❸在【角度】文本框中输入 90deg，❹单击【预览】按钮，即可看到结果，如图 9.40 所示。

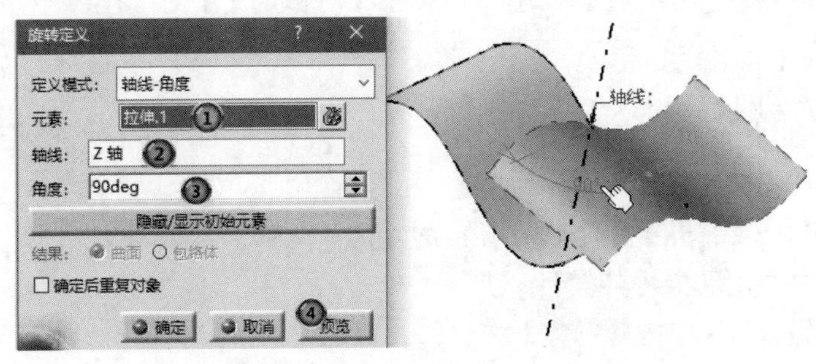

图 9.40　旋转元素

（3）当选择的【定义模式】为【轴线-两个元素】时，即通过选取两个元素以确定旋转的具体位置，如图 9.41 所示。

图 9.41　确定旋转位置

（4）当选择的【定义模式】为【三点】时，其工作原理如图 9.42 所示，旋转轴为通过第二点且平行于这三个点确定平面的轴线，旋转角度为第一点及第三点与第二点构成的夹角。这里新创建一个坐标为（30,40,50）的点.3，依次选中【点.1】【点.2】和【点.3】，效果如图 9.43 所示。

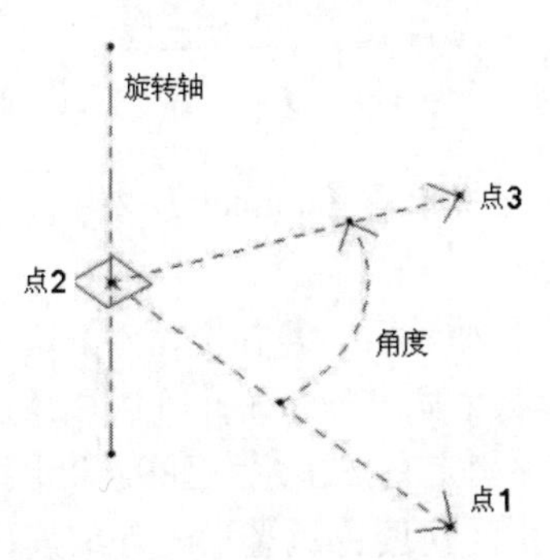

图 9.42　旋转轴线与夹角

图 9.43　三点方式

（5）选择【文件】→【保存】命令，保存文件。

9.2.3 对称

【对称】工具类似于草图模块中的【镜像】工具，可以使选定的元素沿某一平面作镜像。

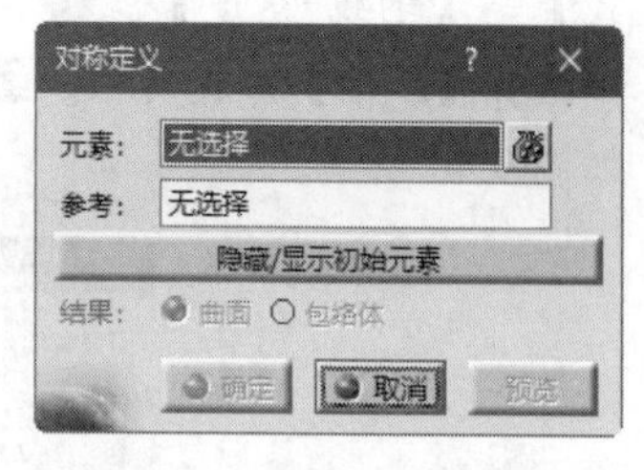

图 9.44 【对称定义】对话框

单击【变换】工具栏中的【对称】按钮，弹出【对称定义】对话框，如图 9.44 所示。

扫一扫，看视频

动手学——创建对称曲面

创建对称曲面的具体操作步骤如下。

（1）选择【文件】→【打开】命令，在弹出的【选择文件】对话框中选择【qumian】文件，双击将其打开。

（2）单击【变换】工具栏中的【对称】按钮，弹出【对称定义】对话框，①在【元素】选择框中选择【拉伸.1】为对称的元素，②在【参考】选择框内选择 yz 平面为对称面，③单击【预览】按钮即可看到结果，如图 9.45 所示。

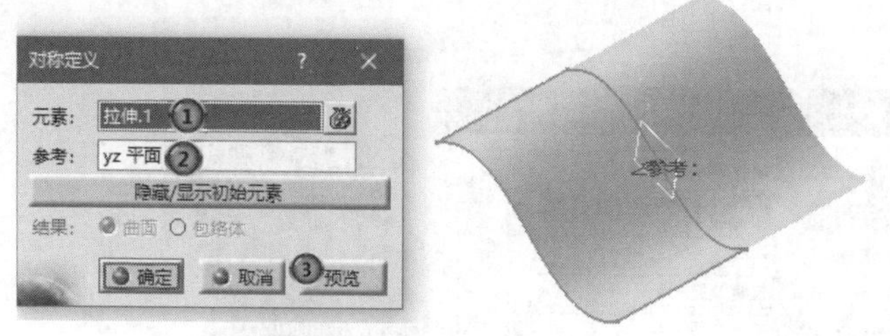

图 9.45 生成的对称元素

（3）选择【文件】→【保存】命令，保存文件。

9.2.4 缩放

【缩放】工具可以将某一几何元素进行缩放。

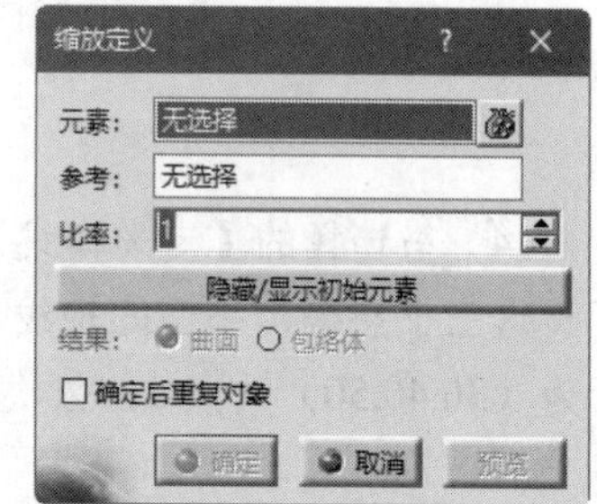

图 9.46 【缩放定义】对话框

单击【变换】工具栏中的【缩放】按钮，弹出【缩放定义】对话框，如图 9.46 所示。

扫一扫，看视频

动手学——缩放曲面

缩放曲面的具体操作步骤如下。

（1）选择【文件】→【打开】命令，在弹出的【选择文件】对话框中选择【qumian】文件，双击将其打开。

（2）单击【变换】工具栏中的【缩放】按钮，弹出【缩放定义】对话框，①在【元素】选择框中输入要缩放的元素【拉伸.1】；②【参考】选择框主要是确定沿什么方向进行缩放，可以选择点或平面，这里选择【点.3】；③在【比率】文本框中输入 0.5，④单击【确定】按钮，如图 9.47 所示。

（3）可以在【比率】文本框中设定缩放比例，也可以直接通过拖动视图中的光标进行缩放，如图 9.48 所示。

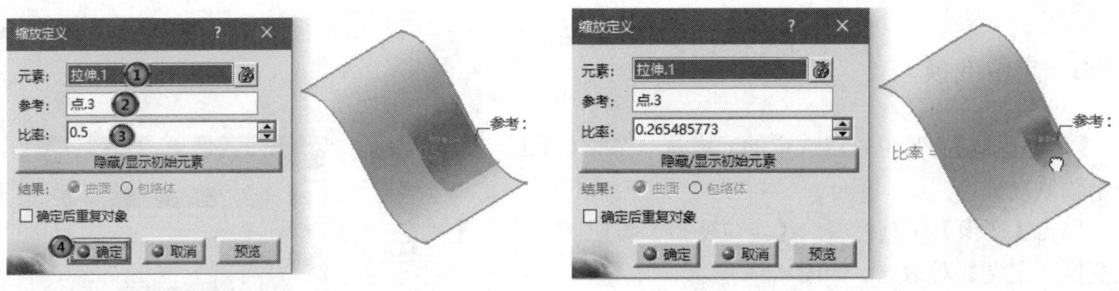

图 9.47　缩放　　　　图 9.48　通过拖动光标缩放比例

（4）选择【文件】→【保存】命令，保存文件。

9.2.5　仿射

【仿射】工具比【缩放】工具更为强大，【缩放】工具仅可以对某一元素进行等比例缩放，【仿射】工具则可以对选中的元素按照 X、Y、Z 方向分别进行调整。

单击【变换】工具栏中的【仿射】按钮，弹出【仿射定义】对话框，如图 9.49 所示。

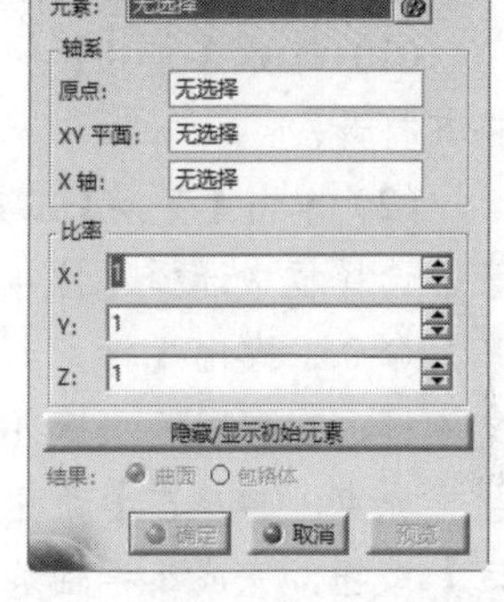

图 9.49　【仿射定义】对话框

扫一扫，看视频

- 【轴系】选项组：主要可以重新设定轴系。
- 【比率】选项组：可以按照 X、Y、Z 方向对对象分别进行比例调整。

动手学——仿射曲面

仿射曲面的具体操作步骤如下。

（1）选择【文件】→【打开】命令，在弹出的【选择文件】对话框中选择【qumian】文件，双击将其打开。

（2）单击【变换】工具栏中的【仿射】按钮，弹出【仿射定义】对话框，❶在【元素】选择框中选择【拉伸.1】作为需要仿射的元素，❷指定【点.3】为原点，❸在【X】【Y】【Z】文本框中分别输入 0.1、0.4、0.7，❹单击【预览】按钮，如图 9.50 所示。

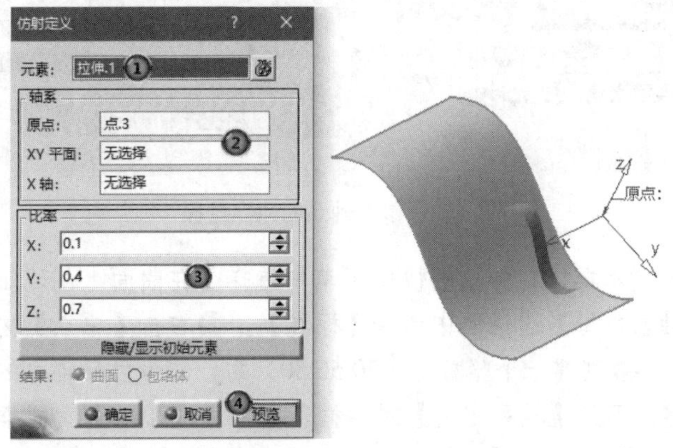

图 9.50　设置轴系和比率

（3）选择【文件】→【保存】命令，保存文件。

9.2.6 定位变换

【定位变换】工具可以将选定的元素从一个轴系系统变换到另一个轴系系统。

单击【变换】工具栏中的【定位变换】按钮，弹出【“定位变换”定义】对话框，如图 9.51 所示。

- 元素：可以设定要进行轴系变换的元素。
- 参考：可以指定用于变换的初始轴系。
- 目标：可以建立一个新的轴系或选择某一原有轴系，将它作为变换的目标轴系。

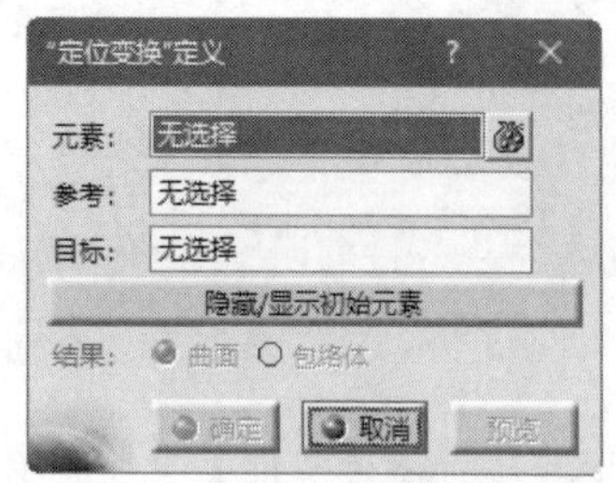

图 9.51　【“定位变换”定义】对话框

动手学——定位变换曲面

定位变换曲面的具体操作步骤如下。

(1) 选择【文件】→【打开】命令，在弹出的【选择文件】对话框中选择【qumian】文件，双击将其打开。

(2) 单击【变换】工具栏中的【定位变换】按钮，弹出【“定位变换”定义】对话框，❶在【元素】选择框中选择【拉伸.1】。❷右击【参考】文本框，在弹出的快捷菜单中选择【在曲面上创建轴系】命令，弹出【轴系定义】对话框，❸在【轴系类型】下拉列表中选择【标准】，❹右击【原点】文本框，在弹出的快捷菜单中选择【创建点】命令，❺创建一个坐标为（0,0,0）的点作为参考轴系的坐标原点。❻单击【确定】按钮，完成点的创建，如图 9.52 所示。返回【轴系定义】对话框，单击【确定】按钮，完成参考轴系的创建。

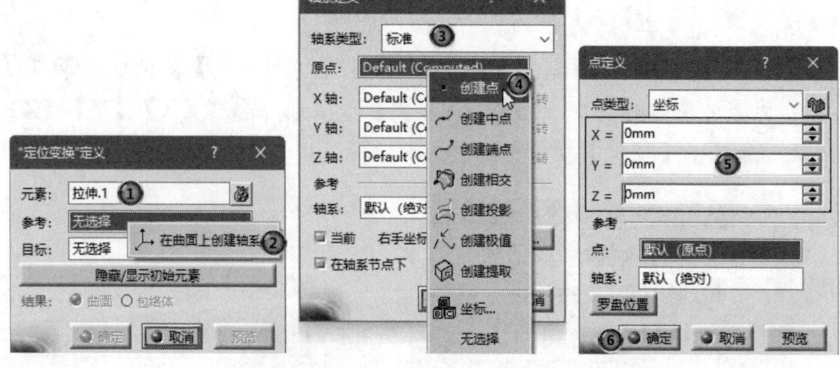

图 9.52　参考轴系的建立过程

(3) ❶右击【目标】文本框，在弹出的快捷菜单中选择【在曲面上创建轴系】命令，弹出【轴系定义】对话框，❷在【轴系类型】选择框中选择【标准】。❸右击【原点】文本框，在弹出的快捷菜单中选择【创建点】命令，❹创建一个坐标为（50,50,50）的点作为目标轴系的坐标原点。❺单击【确定】按钮，完成点的创建，回到【轴系定义】对话框。❻右击【X 轴】文本框，在弹出的快捷菜单中选择【旋转】命令，过程如图 9.53 所示。弹出【X 轴旋转】对话框，❼在【角度】文本框中输入 90deg，如图 9.54 所示。❽单击【关闭】按钮，完成目标轴系的创建，如图 9.55 所示。

(4) 选择【文件】→【保存】命令，保存文件。

图 9.53　目标轴系的创建过程

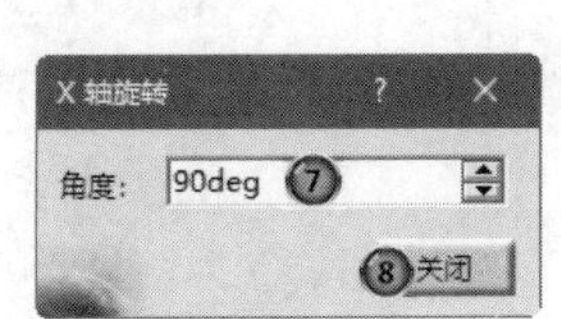

图 9.54　【X 轴旋转】对话框

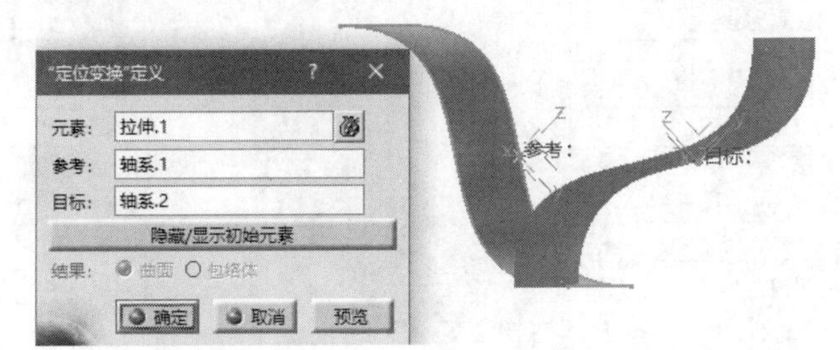

图 9.55　目标轴系的创建

9.3　曲面生成实体

创成式外形设计模块中提供了比线框和曲面设计模块更多的工具。例如，其可以很好地完成由三维曲面生成三维实体的工作。这些生成实体的工具都汇集在【体积】工具栏中，如果在该工具栏中没有找到，则选择【视图】→【工具栏】→【包络体】命令，打开【包络体】工具栏，如图 9.56 所示。

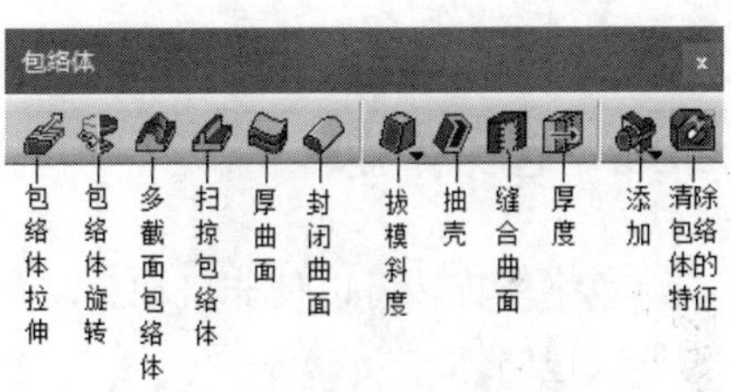

图 9.56　【包络体】工具栏

9.3.1　包络体拉伸

包络体拉伸可以通过拉伸封闭的平面轮廓或曲面来创建包络体。

单击【包络体】工具栏中的【包络体拉伸】按钮，弹出【拉伸包络体定义】对话框，如图 9.57 所示。

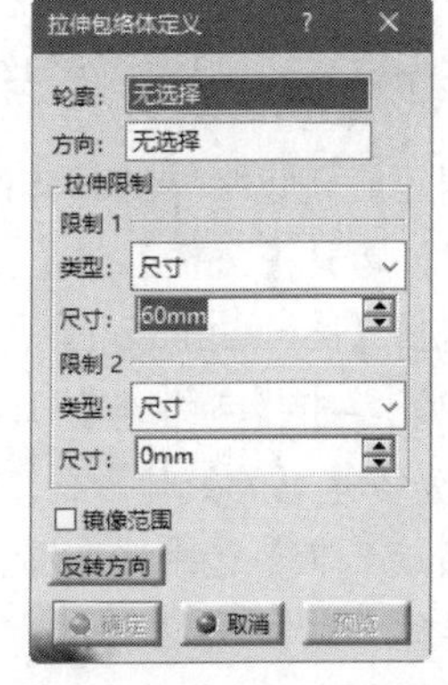

图 9.57　【拉伸包络体定义】对话框

扫一扫，看视频

动手学——创建拉伸包络体

创建拉伸包络体的具体操作步骤如下。

（1）选择【开始】→【形状】→【创成式外形设计】命令，弹出【新建零件】对话框，输入零件名称【拉伸包络体】，单击【确定】按钮，进入零件设计平台。

（2）在特征树中选择 xy 平面，单击【草图编辑器】工具栏中的【草图】按钮，进入草图工作平台，绘制图 9.58 所示草图。单击【工作台】工具栏中的【退出工作台】按钮，退出草图工作平台。

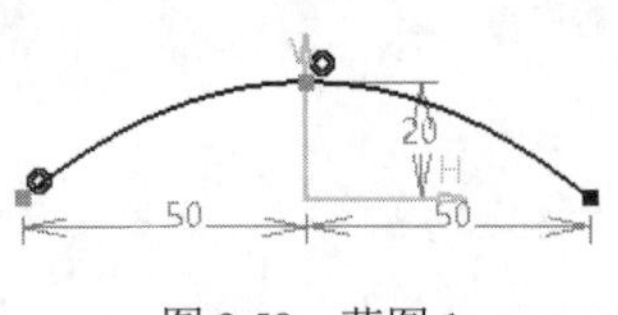

图 9.58　草图.1

（3）单击【拉伸-旋转】工具栏中的【拉伸】按钮，弹出【拉伸曲面定义】对话框，在【限制 1】选项组的【尺寸】文本框中输入 30mm，如图 9.59 所示，单击【确定】按钮，创建拉伸曲面。

（4）单击【包络体】工具栏中的【包络体拉伸】按钮，弹出【拉伸包络体定义】对话框，❶在【轮廓】选择框中选择【拉伸.1】，❷在【方向】选择框中选择【Y 部件】，❸给出拉伸的尺寸，即可将轮廓拉伸为实体，如图 9.60 所示。

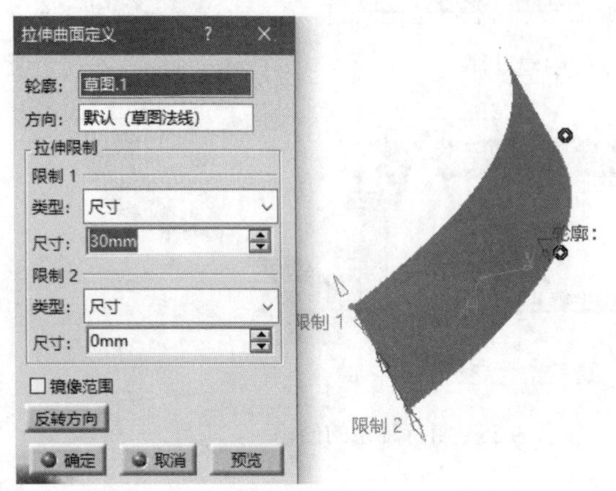

图 9.59　拉伸曲面

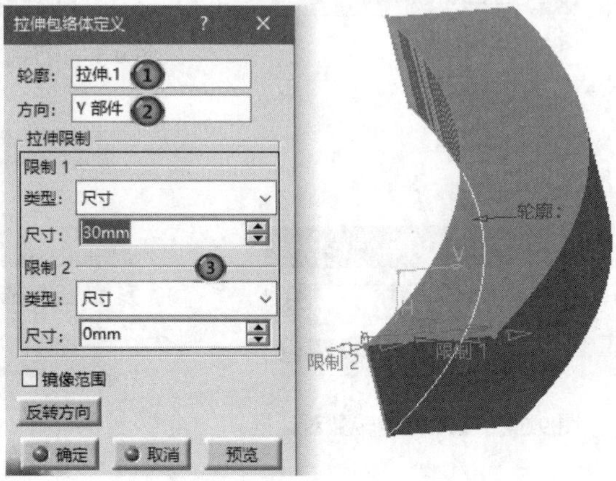

图 9.60　拉伸包络体结果

（5）选择【文件】→【保存】命令，弹出【另存为】对话框，输入文件名称【baoluotilianxi】，单击【保存】按钮，保存文件。

9.3.2　包络体旋转

包络体旋转可以使非自相交闭合平面轮廓、草图等元素绕轴线旋转形成包络体。

单击【包络体】工具栏中的【包络体旋转】按钮，弹出【旋转包络体定义】对话框，如图 9.61 所示。

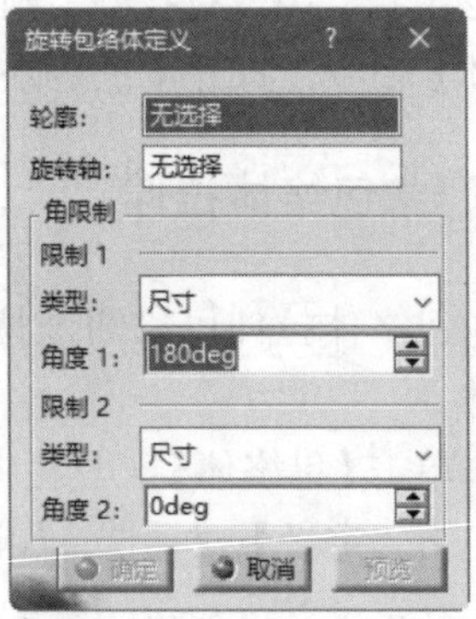

图 9.61　【旋转包络体定义】对话框

扫一扫，看视频

动手学——创建旋转包络体

创建旋转包络体的具体操作步骤如下。

（1）选择【文件】→【打开】命令，在弹出的【选择文件】对话框中选择【baoluotilianxi】文件，双击将其打开。

（2）单击【包络体】工具栏中的【包络体旋转】按钮，弹出【旋转包络体定义】对话框，❶在【轮廓】选择框中选择【拉伸.1】，❷在【旋转轴】选择框中选择一条轴线，这里选择拉伸曲面的一条边线，❸输入角度限制，即可生成旋转实体，如图 9.62 所示。

（3）选择【文件】→【保存】命令，保存文件。

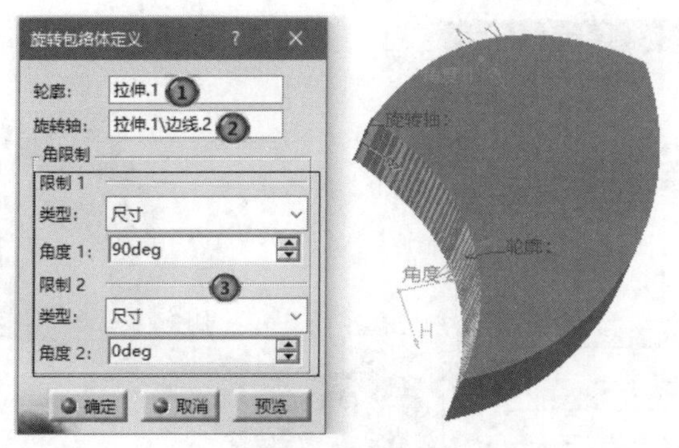

图 9.62　旋转实体

9.3.3　多截面包络体

多截面包络体可以根据截面曲线沿中心曲线创建多截面包络体，通过设定引导曲线来控制包络体的生成轨迹。

单击【包络体】工具栏中的【多截面包络体】按钮，弹出【多截面体积定义】对话框，如图 9.63 所示。

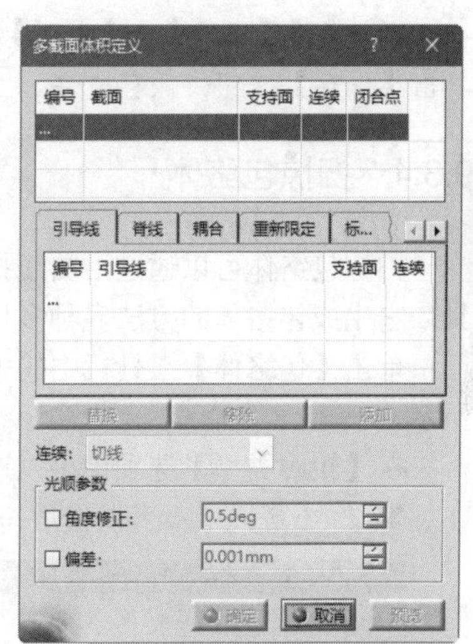

图 9.63　【多截面体积定义】对话框

扫一扫，看视频

动手学——创建多截面包络体

创建多截面包络体的具体操作步骤如下。

(1) 选择【开始】→【设计】→【创成式外形设计】命令，弹出【新建零件】对话框，输入零件名称【多截面包络体】，单击【确定】按钮，进入创成式外形设计平台。

(2) 在特征树中选择 yz 平面，单击【线框】工具栏中的【平面】按钮，在【偏移】文本框中输入 50mm，单击【确定】按钮，创建【平面.1】；在特征树中再次选择 yz 平面，单击【平面】按钮，在【偏移】文本框中输入 100mm，单击【确定】按钮，创建【平面.2】。

(3) 在特征树中选择 yz 平面，单击【草图编辑器】工具栏中的【草图】按钮，进入草图工作平台，绘制图 9.64 所示的【草图.1】。单击【工作台】工具栏中的【退出工作台】按钮，退出草图工作平台。

(4) 用同样的方法分别在【平面.1】和【平面.2】上绘制图 9.65 所示的【草图.2】和图 9.66 所示的【草图.3】。

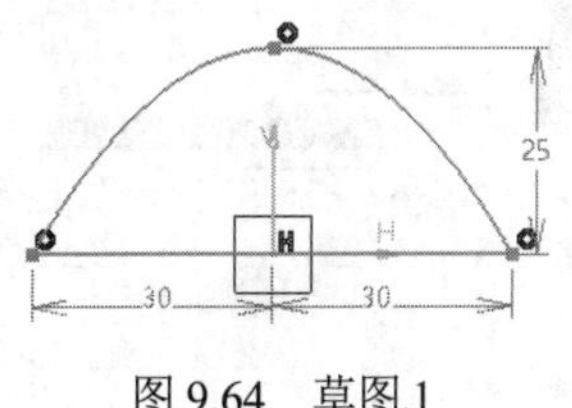

图 9.64　草图.1

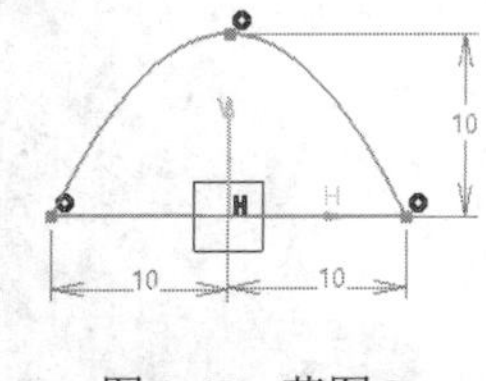

图 9.65　草图.2

图 9.66　草图.3

(5) 单击【包络体】工具栏中的【多截面包络体】按钮，弹出【多截面体积定义】对话框，在视图区中依次选择❶【草图.1】、❷【草图.2】、❸【草图.3】，❹单击【预览】按钮，即可看到生成的结果，如图 9.67 所示。

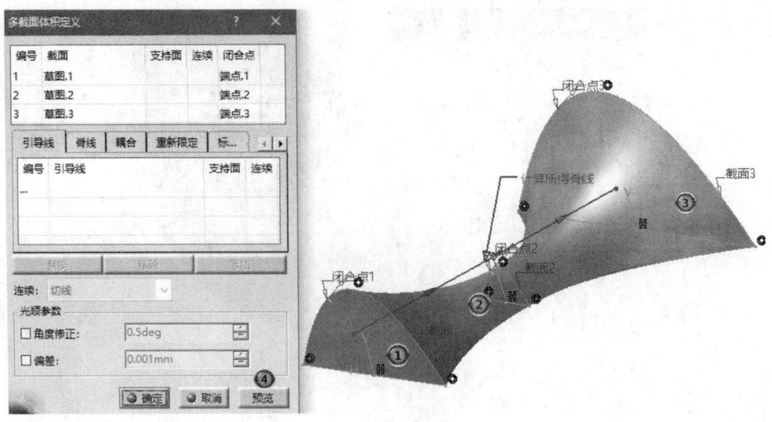

图 9.67　预览结果

（6）选择【文件】→【保存】命令，弹出【另存为】对话框，输入文件名称【duojiemianbaoluoti】，单击【保存】按钮，保存文件。

9.3.4　扫掠包络体

扫掠包络体可以通过沿曲线扫掠轮廓来创建包络体，此功能类似于生成曲面时应用的【扫掠】工具，它生成包络体的方法多种多样。

单击【包络体】工具栏中的【扫掠包络体】按钮，弹出【扫掠包络体定义】对话框，如图 9.68 所示。

在【轮廓类型】选项中可以选择【显式】【直线】和【圆】这三种类型。

➘ （显式）：可以使用一条引导曲线作为方向，将闭合的轮廓扫掠成实体，如图 9.69 所示。

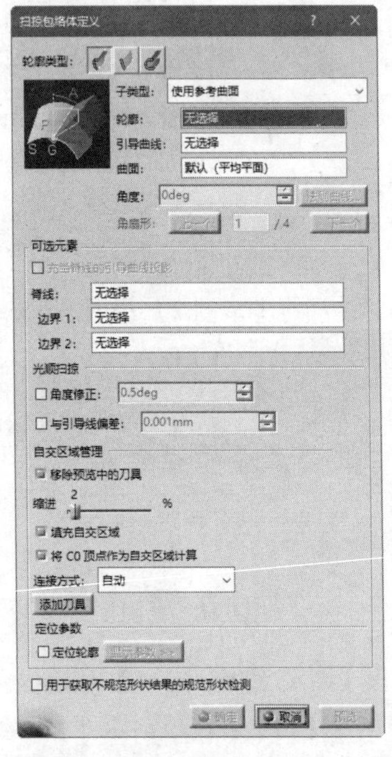

图 9.68　【扫掠包络体定义】对话框

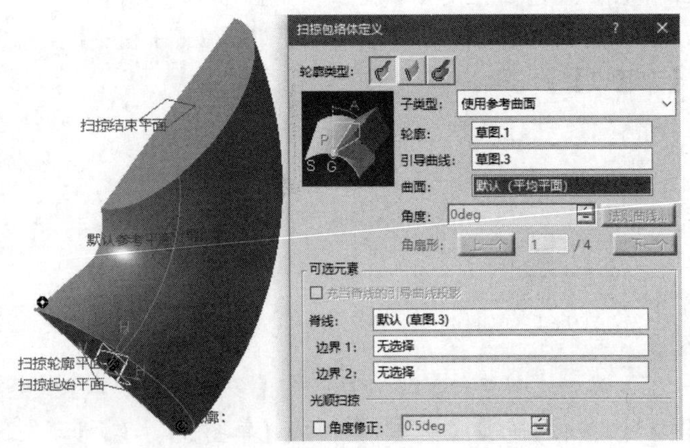

图 9.69　显式轮廓

➘ （直线）：可以通过设定一个封闭的非自相交曲线作为引导线，依照拔模方向扫掠，形成包络体，如图 9.70 所示。

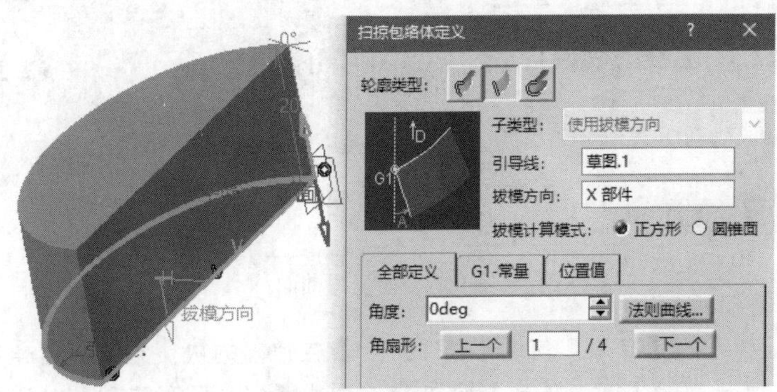

图 9.70　直线轮廓

➘ （圆）：将通过一条中心曲线和一条参考曲线来引导生成包络体，如图 9.71 所示。

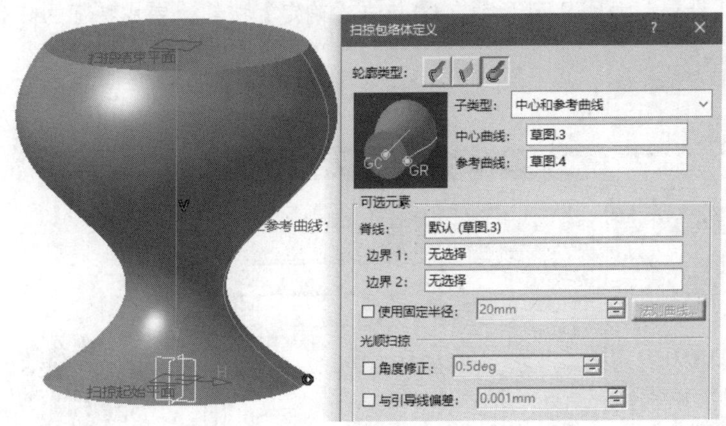

图 9.71　圆轮廓

9.3.5　厚曲面

厚曲面可以通过指定两个厚度来创建厚曲面。

单击【包络体】工具栏中的【厚曲面】按钮，弹出【定义厚曲面】对话框，如图 9.72 所示。在【第一偏移】及【第二偏移】文本框中分别输入向两边增加的厚度，在【要偏移的对象】选择框中选择轮廓曲面。

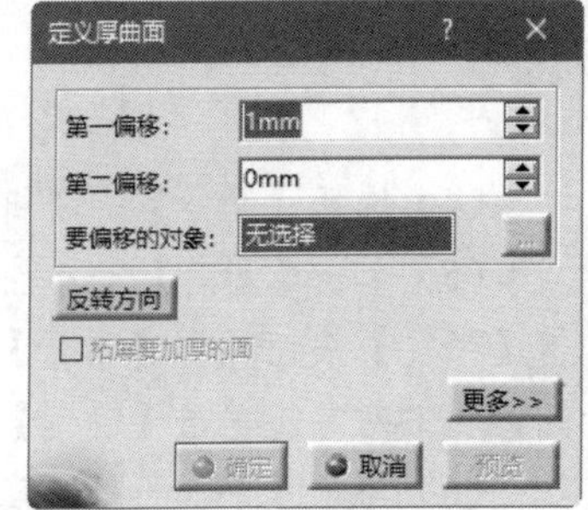
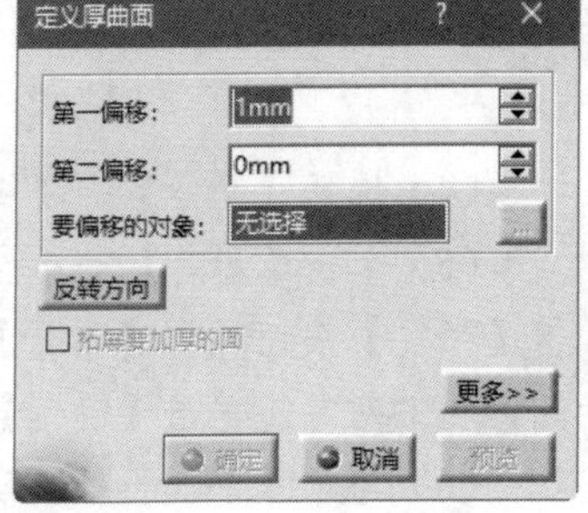

图 9.72　【定义厚曲面】对话框

扫一扫，看视频

动手学——完成风扇创建

创建风扇的具体操作步骤如下。

(1) 选择【文件】→【打开】命令，在弹出的【选择文件】对话框中选择【fengshanyepian】文件，双击将其打开。

(2) 单击【包络体】工具栏中的【厚曲面】按钮，弹出【定义厚曲面】对话框，❶在【第一偏移】及【第二偏移】文本框中均输入厚度 1.5mm，❷选择分割后的曲面为要偏移的对象，如图 9.73 所示。❸单击【确定】按钮，完成曲面的加厚。

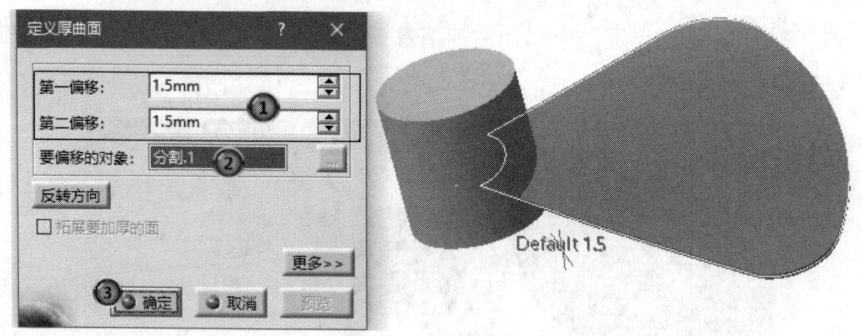

图 9.73　定义厚曲面

（3）❶右击特征树上的【有序几何图形集.1】，❷在弹出的快捷菜单中选择【定义工作对象】命令。单击【阵列】工具栏中的【圆形阵列】按钮，弹出【定义圆形阵列】对话框，❸在【参数】选择框中选择【实例和角度间距】，❹在【实例】文本框中输入 3，❺【角度间距】为 120deg，❻在【参考元素】选择框中右击，在弹出的快捷菜单中选择【Z 轴】命令，❼选择【加厚曲面.1】为要阵列的对象，其他采用默认设置，如图 9.74 所示。❽单击【确定】按钮，完成特征的阵列，如图 9.75 所示。

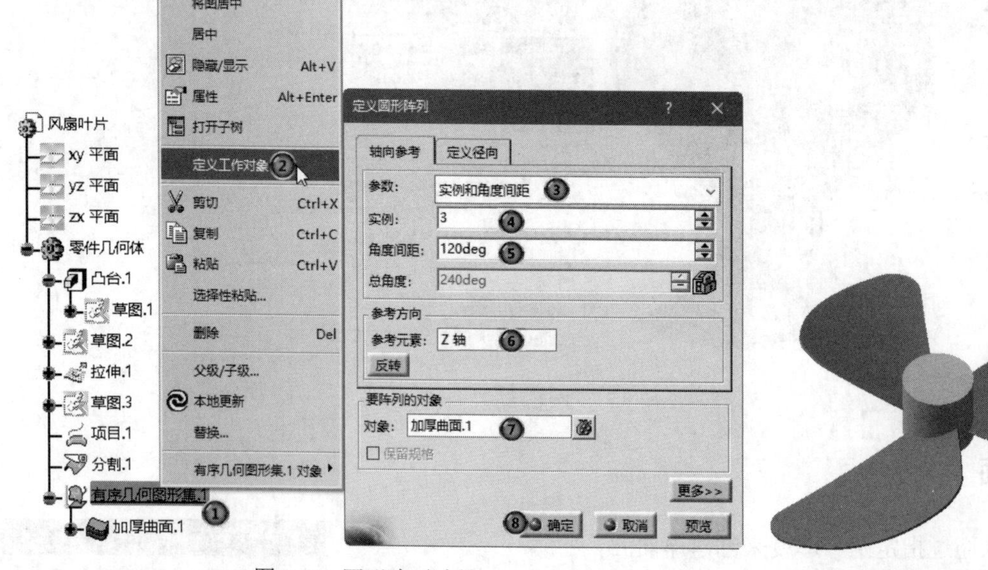

图 9.74　圆形阵列过程　　　　图 9.75　圆形阵列后的实体

（4）选择【开始】→【机械设计】→【零件设计】命令，进入零件设计平台。

（5）单击【圆角】工具栏中的【倒圆角】按钮，弹出图 9.76 所示的【倒圆角定义】对话框。单击【半径】按钮和【常量】按钮，在【半径】文本框中输入 40mm，选择凸台上表面的边线为要圆角化的对象。单击【确定】按钮，结果如图 9.77 所示。

（6）单击【修饰特征】工具栏中的【抽壳】按钮，弹出【定义盒体】对话框，选择【凸台.1】的下表面为要移除的面，【内侧厚度】为 3mm，其他采用默认设置，如图 9.78 所示。单击【确定】按钮，结果如图 9.79 所示。

（7）选择【文件】→【保存】命令，保存文件。

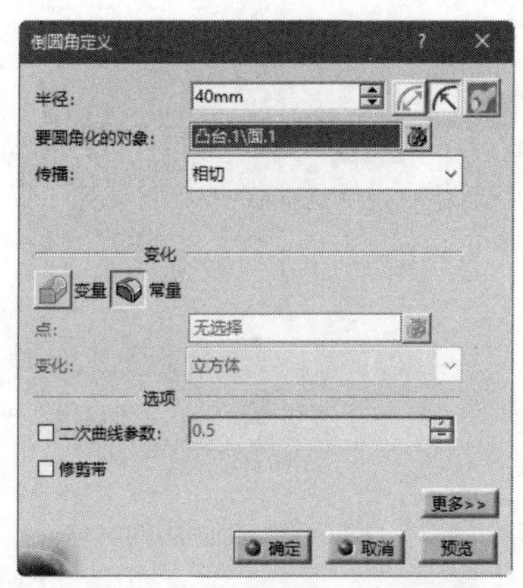

图 9.76 【倒圆角定义】对话框

图 9.77 倒圆角后的实体

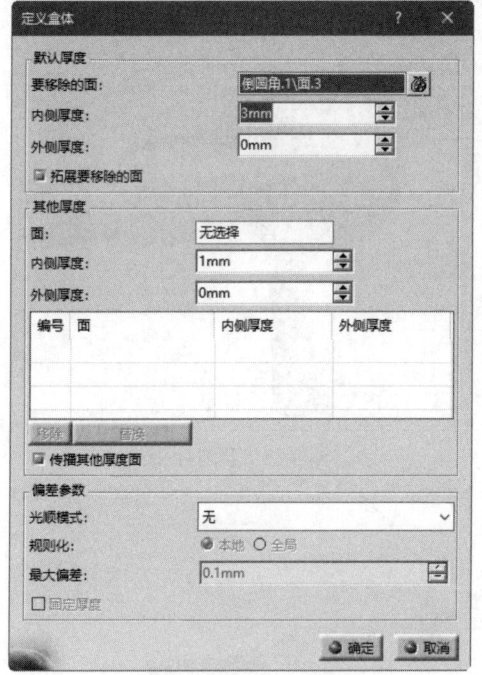

图 9.78 【定义盒体】对话框

图 9.79 抽壳后的部件

9.3.6 封闭曲面

封闭曲面可以将一个曲面封闭成实体。

封闭曲面的具体操作步骤如下。

(1) 单击【包络体】工具栏中的【封闭曲面】按钮，弹出【定义封闭曲面】对话框，如图 9.80 所示。

(2) 在【要封闭的对象】选择框中选择要封闭的曲面，如图 9.81 所示。单击【确定】按钮，即可将其封闭成一个三维实体，如图 9.82 所示。

图 9.80 【定义封闭曲面】对话框

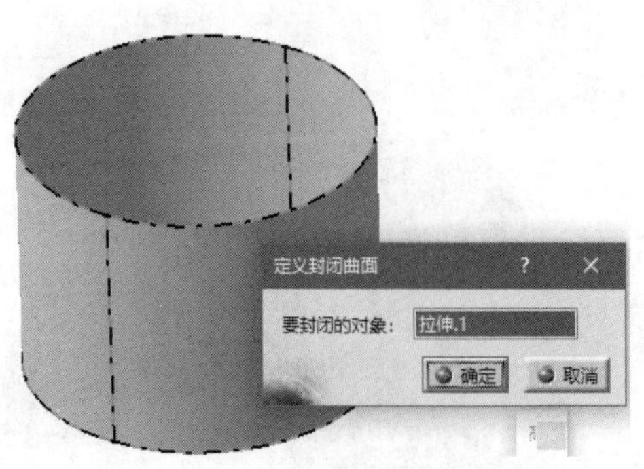

图 9.81　选择曲面

图 9.82　封闭后的实体

扫一扫，看视频

9.4　综合实例——完成塑料焊接器

绘制图 9.83 所示的塑料焊接器。首先绘制一侧曲面，然后通过对称命令创建另一侧，最后对曲面进行细节处理，完成塑料焊接器的创建。

图 9.83　塑料焊接器

（1）选择【文件】→【打开】命令，在弹出的【选择文件】对话框中选择【hanjieqi】文件，双击将其打开。

（2）单击【修剪-分割】工具栏中的【修剪】按钮，弹出【修剪定义】对话框，选取第（1）步绘制的【多截面曲面.1】和【旋转.1】，如图 9.84 所示。单击【另一侧/下一元素】和【另一侧/上一元素】按钮，调整修剪的曲面。单击【确定】按钮，完成曲面的修剪，结果如图 9.85 所示。

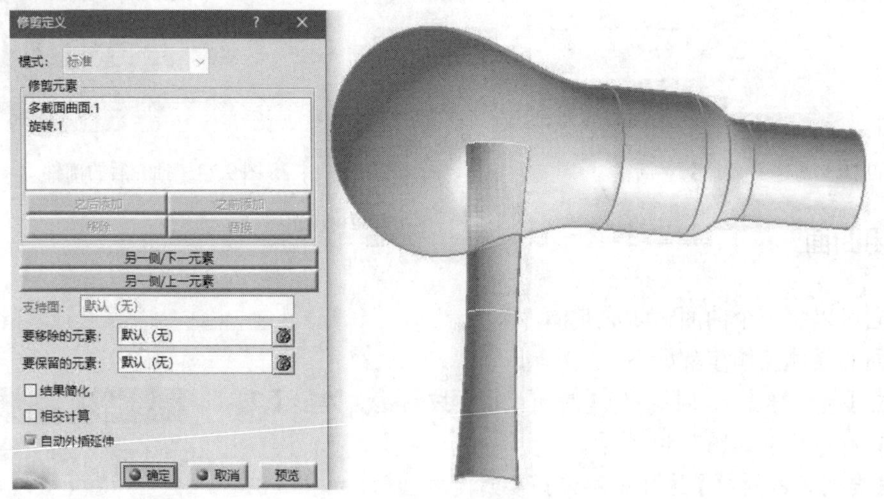

图 9.84　选取修剪元素

（3）单击【线框】工具栏中的【直线】按钮，弹出【直线定义】对话框，选择【点-点】线型，选取圆弧的两端顶点，如图 9.86 所示。单击【确定】按钮，绘制直线，如图 9.87 所示。

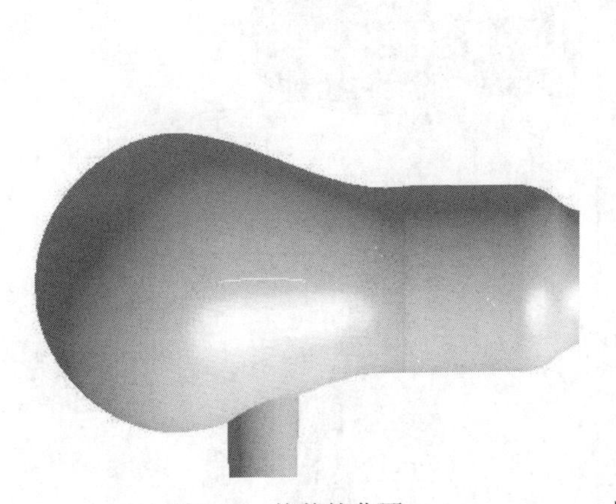

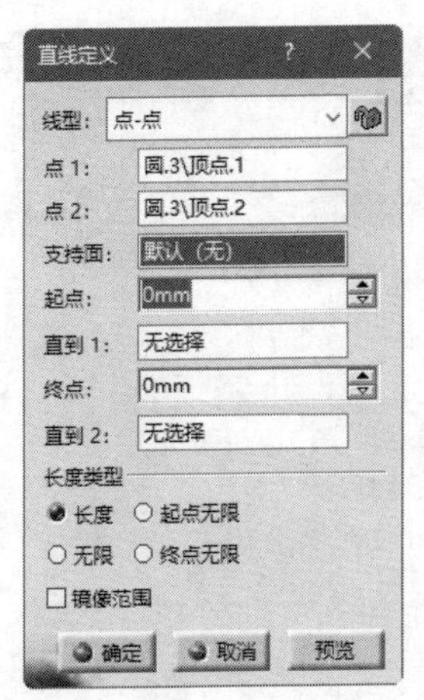

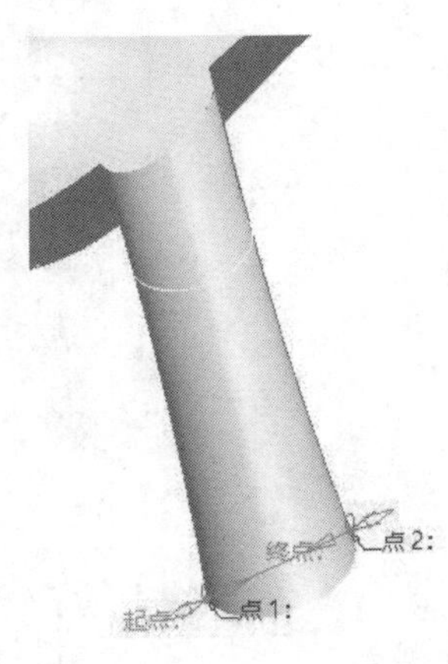

图 9.85 修剪的曲面

图 9.86 【直线定义】对话框

图 9.87 绘制的直线

（4）单击【曲面】工具栏中的【填充曲面】按钮，弹出【填充曲面定义】对话框，选择直线和圆弧为填充边界，如图 9.88 所示，其他采用默认设置。单击【确定】按钮，填充后得到的曲面如图 9.89 所示。

（5）单击【接合-修复】工具栏中的【接合】按钮，弹出【接合定义】对话框，选择【填充.1】和【修剪.1】，如图 9.90 所示，其他采用默认设置。单击【确定】按钮，将二者合并起来。

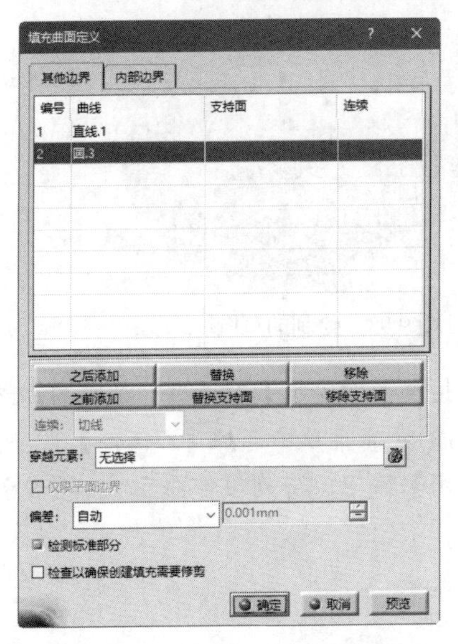

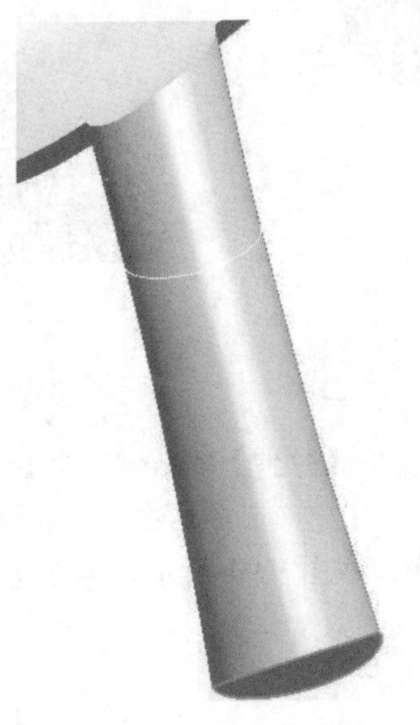

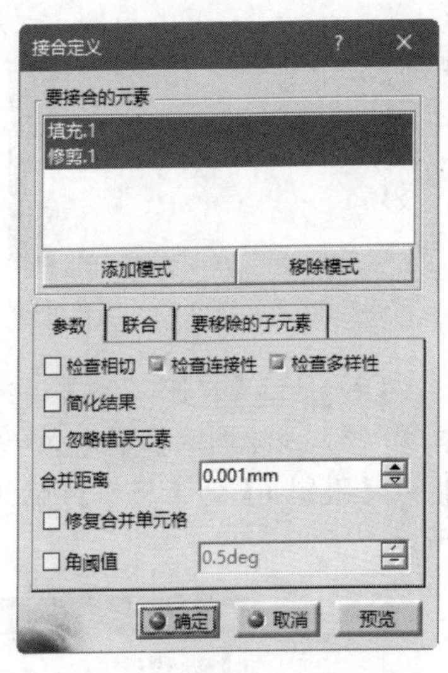

图 9.88 【填充曲面定义】对话框

图 9.89 填充后得到的曲面

图 9.90 【接合定义】对话框

（6）单击【圆角】工具栏中的【倒圆角】按钮，弹出【倒圆角定义】对话框，单击【半径】按钮和【常量】按钮，在【半径】文本框中输入 15mm，选择图 9.91 所示的边线进行圆角处理，其他采用默认设置，单击【确定】按钮。

（7）采用相同的方法，对把手的下边线进行圆角处理，圆角半径为 10mm，结果如图 9.92 所示。

（8）单击【草图编辑器】工具栏中的【草图】按钮，在特征树中选择 xy 平面为草图绘制平面，进入草图工作平台。单击【轮廓】工具栏中的【矩形】按钮，绘制图 9.93 所示的草图。单击【工作台】工具栏中的【退出工作台】按钮，退出草图工作平台。

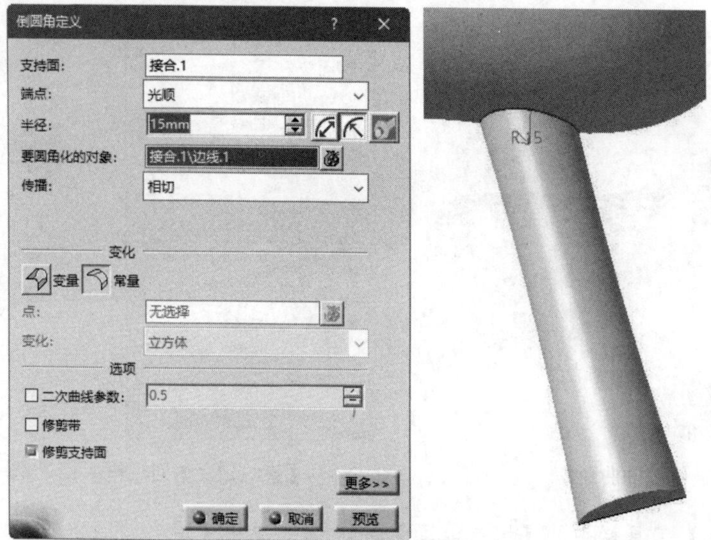

图 9.91　选择圆角的边线

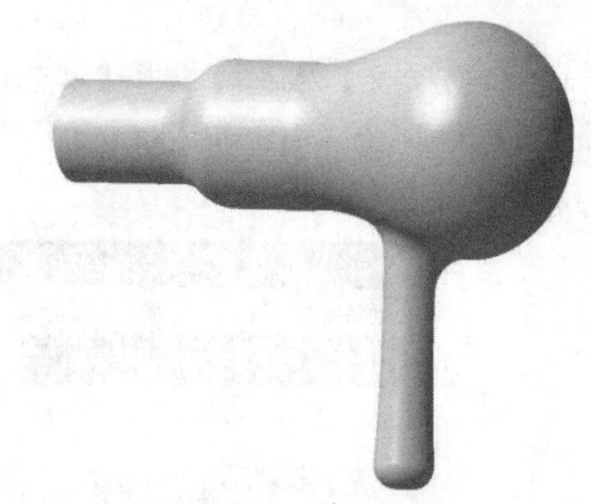

图 9.92　圆角处理

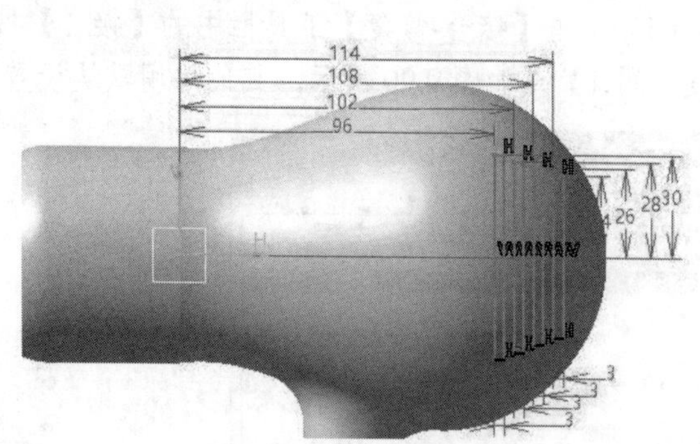

图 9.93　绘制的草图

（9）单击【拉伸-旋转】工具栏中的【拉伸】按钮，弹出【拉伸曲面定义】对话框，系统自动选择第（8）步绘制的草图为拉伸轮廓。在方向选择框右击，在弹出的快捷菜单中选择【Z 部件】命令，输入【限制 1】的【尺寸】为 50mm，如图 9.94 所示。单击【确定】按钮，得到拉伸面 1，如图 9.95 所示。

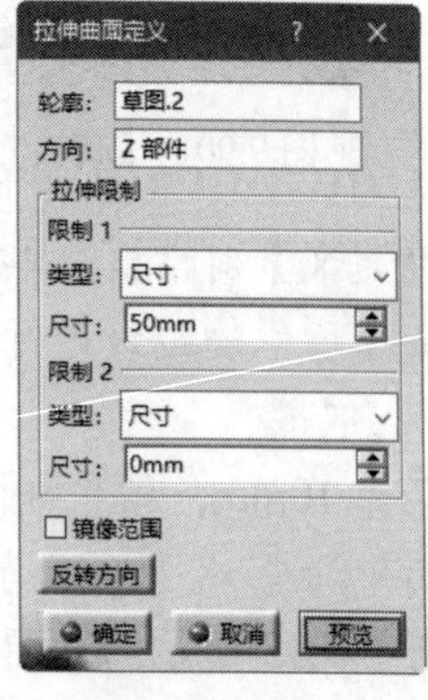

图 9.94　【拉伸曲面定义】对话框

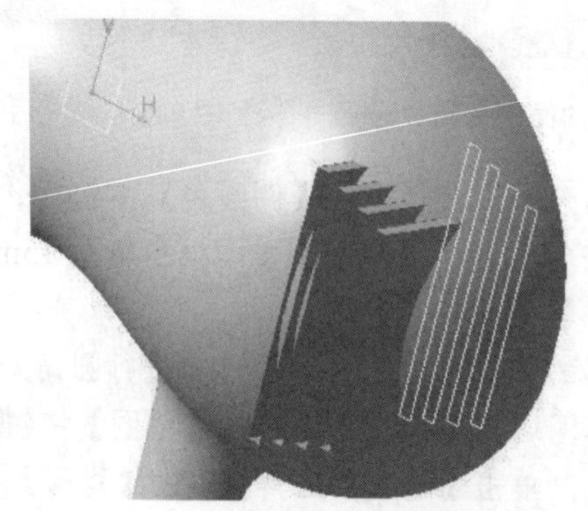

图 9.95　拉伸曲面

（10）单击【修剪-分割】工具栏中的【分割】按钮，弹出【分割定义】对话框，选择整体曲面为【要切除的元素】，选择第（9）步创建的拉伸曲面为【切除元素】，如图 9.96 所示，其他采用默认设置。单击【确定】按钮，结果如图 9.97 所示。

（11）隐藏【拉伸.1】和【草图.2】，单击【变换】工具栏中的【对称】按钮，弹出【对称定义】对话框，如图 9.98 所示。

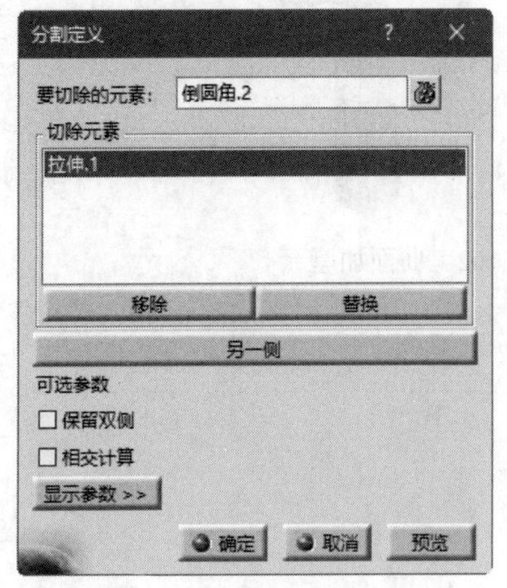

图 9.96 【分割定义】对话框

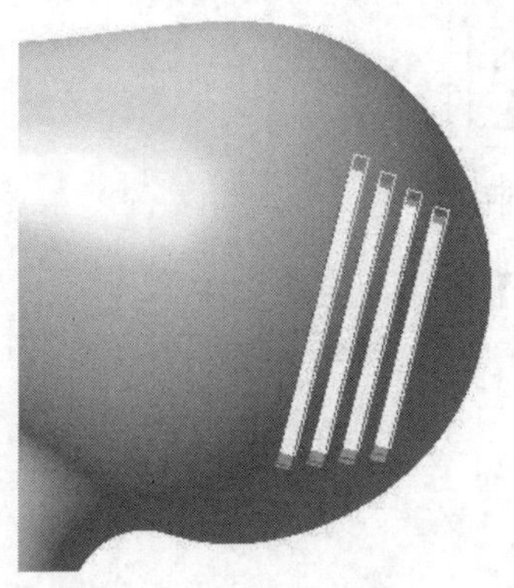

图 9.97 分割后得到的曲面

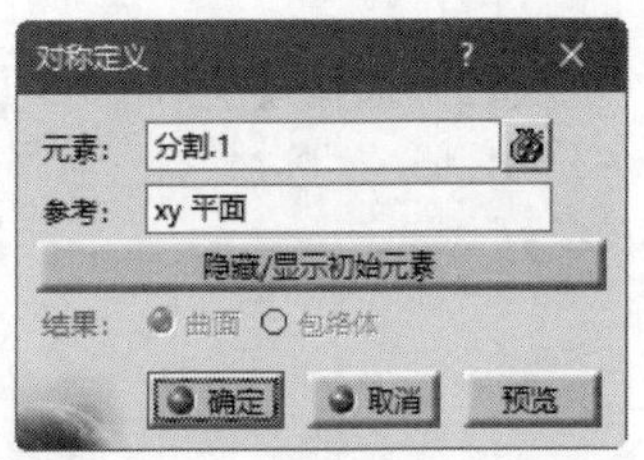

图 9.98 【对称定义】对话框

（12）选择视图中的曲面，选择 xy 平面为参考平面，其他采用默认设置。单击【确定】按钮，创建另一侧曲面，如图 9.99 所示。

（13）单击【接合-修复】工具栏中的【接合】按钮，弹出【接合定义】对话框，选择【分割.1】和【对称.1】，如图 9.100 所示，其他采用默认设置。单击【确定】按钮，将二者合并起来。

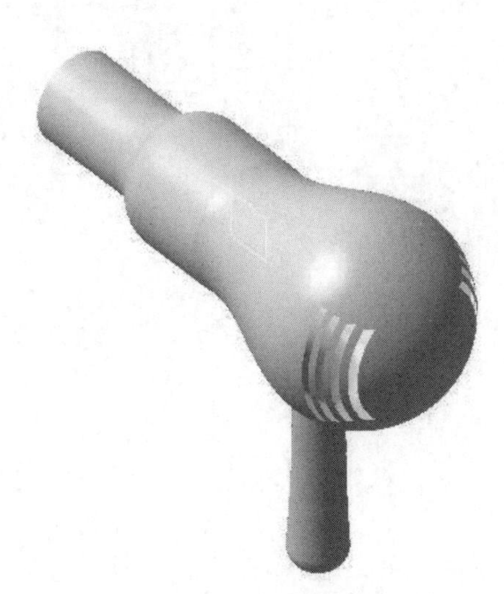

图 9.99 生成对称的元素

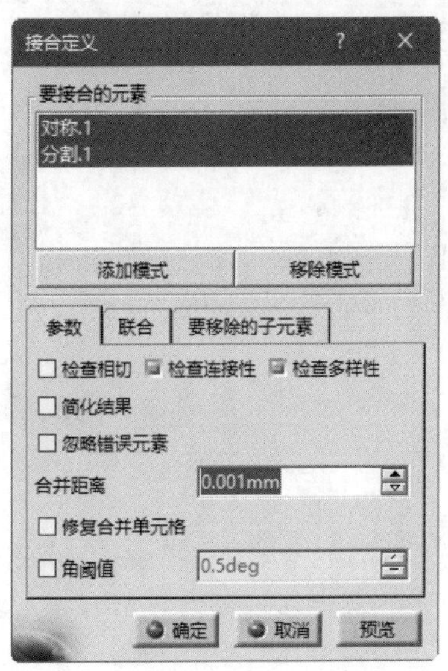

图 9.100 【接合定义】对话框

（14）单击【包络体】工具栏中的【厚曲面】按钮，弹出【定义厚曲面】对话框，在【第一偏移】及【第二偏移】文本框中分别输入厚度 0.5mm，选择接合后的曲面为要偏移的对象，如图 9.101 所示。单击【确定】按钮，完成曲面的加厚，如图 9.102 所示。

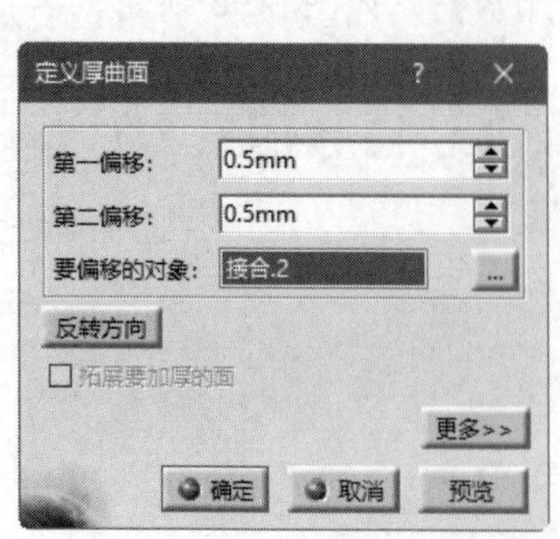

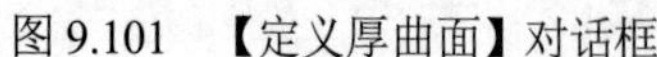
图 9.101 【定义厚曲面】对话框

图 9.102 曲面加厚

（15）选择【文件】→【保存】命令，保存文件。

第 10 章　钣 金 设 计

内容简介

钣金件就是使用钣金工艺加工出来的产品，生活中随处可见钣金件。由于钣金件具有广泛用途，因此 CATIA V5 设置了钣金设计模块，专用于钣金的设计工作。

内容要点

- 进入钣金件设计平台
- 钣金件的参数设置
- 基本钣金特征
- 复杂钣金特征
- 冲压特征
- 综合实例——设计硬盘支架

案例效果

10.1　进入钣金件设计平台

选择【开始】→【机械设计】→【Generative Sheetmetal Design】（创成式钣金设计）命令，如图 10.1 所示，弹出【新建零件】对话框，输入零件名称，单击【确定】按钮，进入钣金件设计平台，如图 10.2 所示。

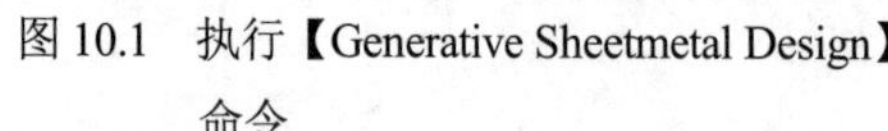

图 10.1　执行【Generative Sheetmetal Design】命令

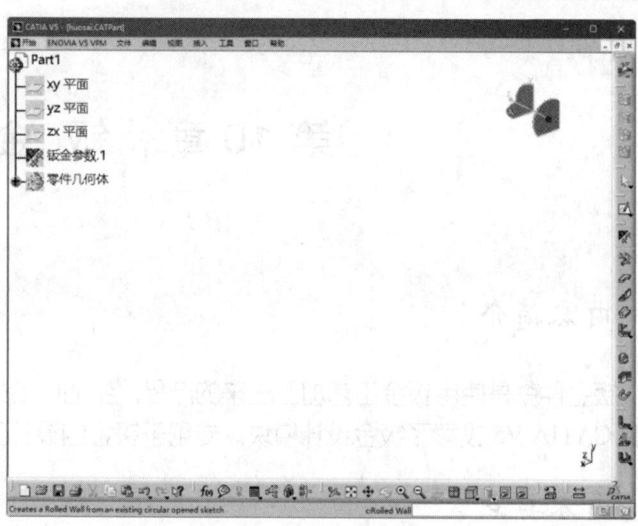

图 10.2　钣金件设计平台

10.2　钣金件的参数设置

钣金件的参数包括 Parameters（钣金厚度）、Bend Extremities（弯曲端点）和 Bend Allowance（折弯余量）。

1. Parameters（钣金厚度）

（1）单击【Walls】（墙体）工具栏中的【Sheet Metal Parameters】（钣金参数）按钮，弹出图 10.3 所示的【Sheet Metal Parameters】（钣金参数）对话框。

（2）该对话框中的定义项是钣金的厚度参数，这里可以设置钣金件的【Thickness】（厚度）和钣金件的【Default Bend Radius】（顺接曲面半径）。

（3）单击【Sheet Standards Files】（钣金标准文件）按钮，可以从计算机中调用一个数据文件来定义钣金件的参数，如图 10.4 所示。

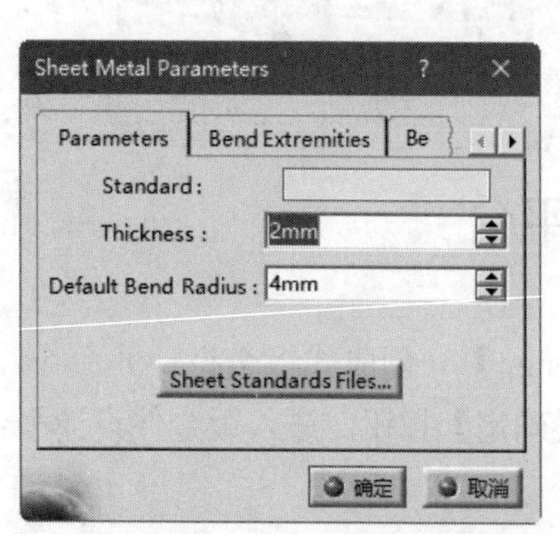

图 10.3　【Sheet Metal Parameters】对话框

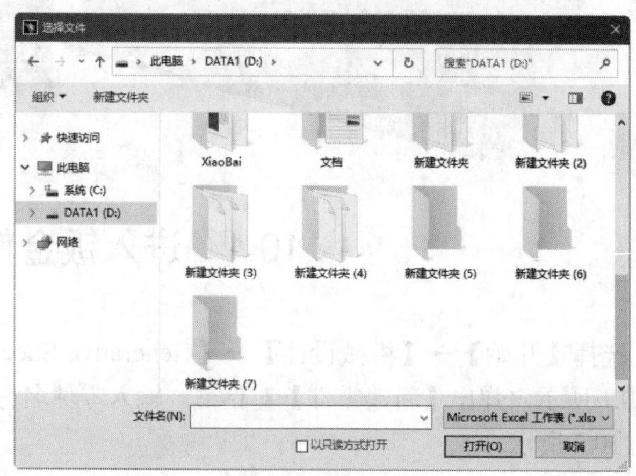

图 10.4　【选择文件】对话框

2. Bend Extremities（弯曲端点）

（1）在顺接曲面端点中有 Minimum with no relief（不带止裂槽的最小值）、Square relief（方形止裂槽）、Round relief（圆形止裂槽）、Linear（线性）、Tangent（切线）、Maximum（最大值）、Closed（封闭的）和 Flat joint（平面接合）8 个选项。

（2）如图 10.5 所示，可以设置这 8 种方式不同的参数值。

3. Bend Allowance（折弯余量）

Bend Allowance（折弯余量）的设置界面如图 10.6 所示，在该对话框中可以设置 K 因子。

图 10.5　顺接曲面端点

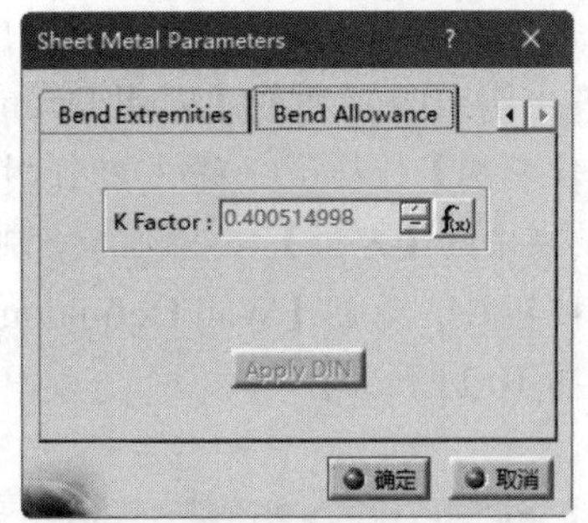

图 10.6　【Bend Allowance】选项卡

10.3　基本钣金特征

本节主要介绍钣金件中常用的基本钣金特征，包括平整壁、边线上的墙体、拉伸壁、凸缘和边缘等特征。

10.3.1　创建平整壁

单击【Walls】（墙体）工具栏中的【Wall】（墙体）按钮，弹出图 10.7 所示的【Wall Definition】（墙定义）对话框。

图 10.7　【Wall Definition】对话框

- （定位草图）：从绘图区中选择草绘平面，系统进入草图工作平台，绘制草图轮廓。
- [Sketch at extreme position（单面加厚）]：在草图轮廓的一侧生成钣金件。
- [Sketch at middle position（双面加厚）]：钣金件在草图两侧均匀生成。

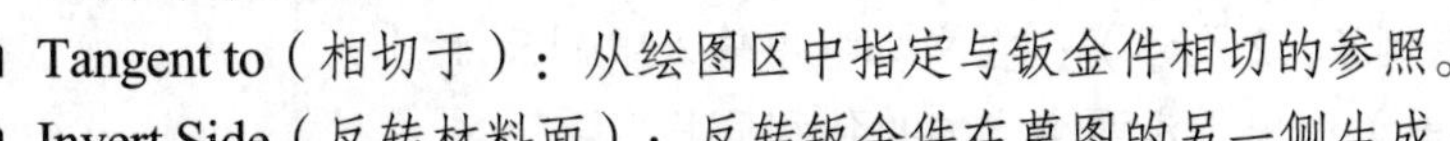

- Tangent to（相切于）：从绘图区中指定与钣金件相切的参照。
- Invert Side（反转材料面）：反转钣金件在草图的另一侧生成。

动手学——创建硬盘固定架 1

扫一扫，看视频

创建硬盘固定架 1 的具体操作步骤如下。

（1）选择【开始】→【机械设计】→【Generative Sheetmetal Design】命令，弹出【新建零件】对

话框，输入零件名称【硬盘固定架】，单击【确定】按钮，进入钣金件设计平台。

（2）单击【Walls】（墙体）工具栏中的【Sheet Metal Parameters】（钣金参数）按钮，弹出图 10.8 所示的【Sheet Metal Parameters】对话框，①在【Thickness】（厚度）文本框中输入 3mm，②在【Default Bend Radius】（顺接曲面半径）文本框中输入 3mm。③单击【确定】按钮，完成钣金参数的设置。

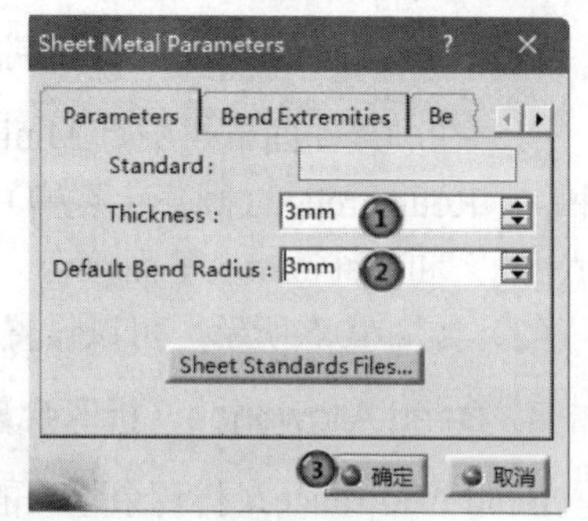

图 10.8 【Sheet Metal Parameters】对话框

（3）单击【Walls】（墙体）工具栏中的【Wall】（墙体）按钮，弹出图 10.9 所示的【Wall Definition】（墙定义）对话框。①单击【Profile】（轮廓）选择框后的【定位草图】按钮，②在特征树中选择 xy 平面为草绘平面，系统进入草图工作平台。单击【轮廓】工具栏中的【矩形】按钮，绘制图 10.10 所示的草图轮廓。单击【工作台】工具栏中的【退出工作台】按钮，返回【Wall Definition】（墙定义）对话框。单击【确定】按钮，完成第一壁的生成，效果如图 10.11 所示。

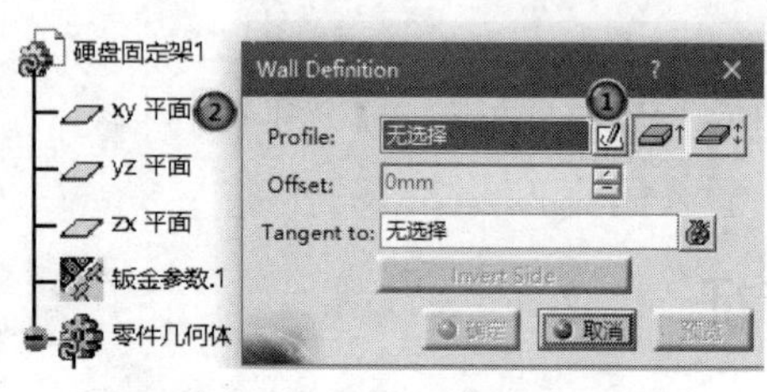

图 10.9 【Wall Definition】对话框

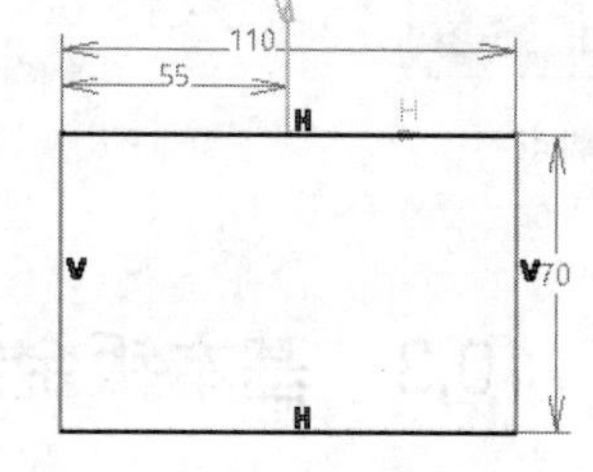

图 10.10 草图轮廓

图 10.11 创建的壁

（4）选择【文件】→【保存】命令，弹出【另存为】对话框，输入文件名称【yingpangudingjia】，单击【保存】按钮，保存文件。

10.3.2 创建拉伸壁

单击【Walls】（墙体）工具栏中的【Extrusion】（拉伸）按钮，弹出图 10.12 所示的【Extrusion Definition】（拉伸定义）对话框。

- （定位草图）：从绘图区中选择草绘平面，系统进入草图工作平台，绘制草图轮廓。
- [Sketch at extreme position（单面加厚）]：在草图轮廓的一侧生成钣金件。
- [Sketch at middle position（双面加厚）]：钣金件在草图两侧均匀生成。
- Fixed geometry（已固定几何图形）：从绘图区中选择几何元素，定义拉伸过程中不变的几何元素。
- Limit 1、2 dimension（限制 1、2 尺寸）：在文本框中输入限制尺寸。
- Mirrored extent（镜像范围）：用于沿两个方向拉伸相同长度。
- Automatic bend（自动弯曲）：用于设置拉伸过程自动进行顺接。
- Bend extremity（弯曲端点）：启动面板来定义弯曲端点。
- Exploded mode（分解模式）：用于设置拉伸后，以拐点炸开生成多个拉伸件。
- Invert material side（反转材料边）：反转钣金件在草图的另一侧生成。

➘ More（更多），单击此按钮，展开图 10.13 所示的【Extrusion Definition】（拉伸定义）对话框。

➘ Apply Local KFactor（应用局部 K 因子）：设置局部折弯系数 K 参数。

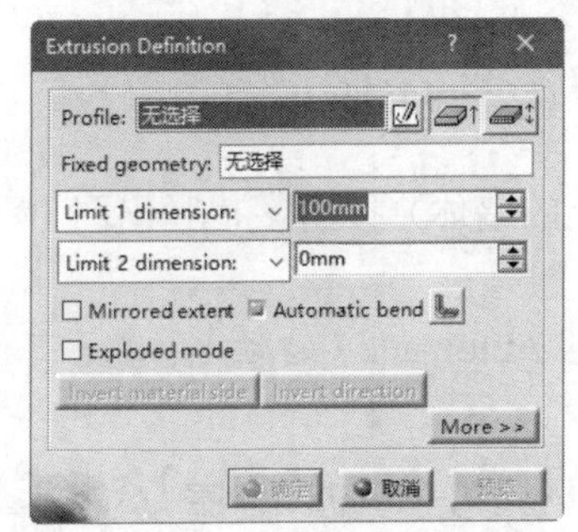

图 10.12 【Extrusion Definition】对话框

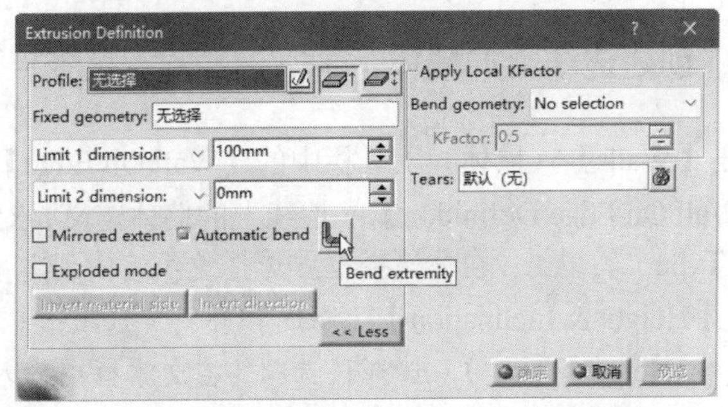

图 10.13 展开的【Extrusion Definition】对话框

扫一扫，看视频

动手学——创建顶后板 1

创建顶后板 1 的具体操作步骤如下。

（1）选择【开始】→【机械设计】→【Generative Sheetmetal Design】命令，弹出【新建零件】对话框，输入零件名称【顶后板】，单击【确定】按钮，进入钣金件设计平台。

（2）单击【Walls】（墙体）工具栏中的【Sheet Metal Parameters】（钣金参数）按钮，弹出图 10.14 所示的【Sheet Metal Parameters】（钣金参数）对话框，在【Thickness】（厚度）文本框中输入 1mm，在【Default Bend Radius】（顺接曲面半径）文本框中输入 2mm。单击【确定】按钮，完成钣金件参数的设置。

（3）单击【Walls】（墙体）工具栏中的【Extrusion】（拉伸）按钮，弹出图 10.15 所示的【Extrusion Definition】（拉伸定义）对话框。❶单击【Profile】（轮廓）选择框后的【定位草图】按钮，在特征树中选择 xy 平面为草绘平面，进入草图工作平台。单击【轮廓】工具栏中的【轮廓】按钮，绘制图 10.16 所示的草图轮廓。单击【工作台】工具栏中的【退出工作台】按钮，返回【Extrusion Definition】（拉伸定义）对话框。❷在【Limit 1 dimension】（限制 1 尺寸）文本框中输入 300mm，其他采用默认设置，如图 10.15 所示。❸单击【确定】按钮，完成拉伸壁的创建，效果如图 10.17 所示。

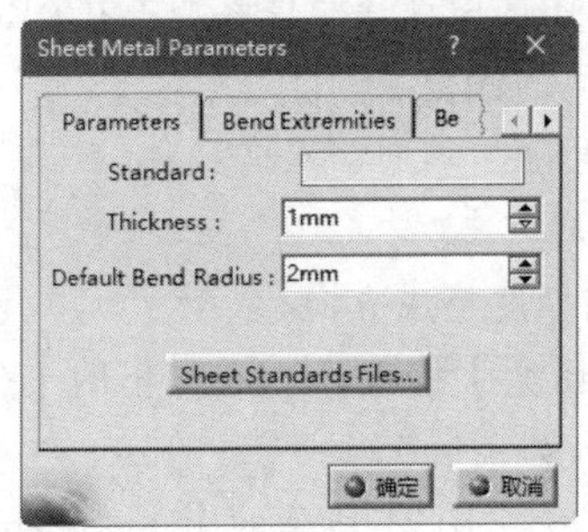

图 10.14 【Sheet Metal Parameters】对话框

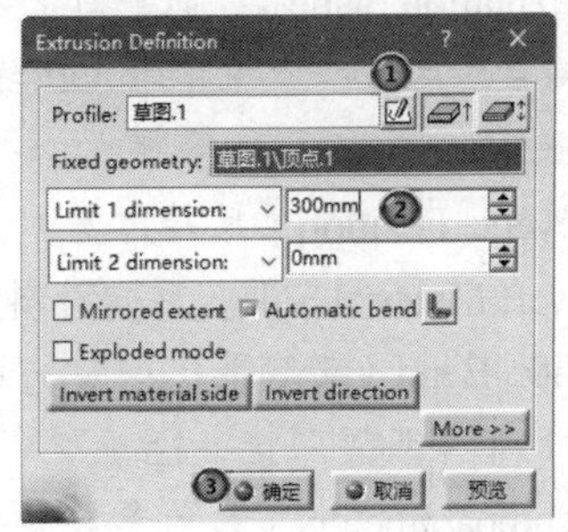

图 10.15 【Extrusion Definition】对话框

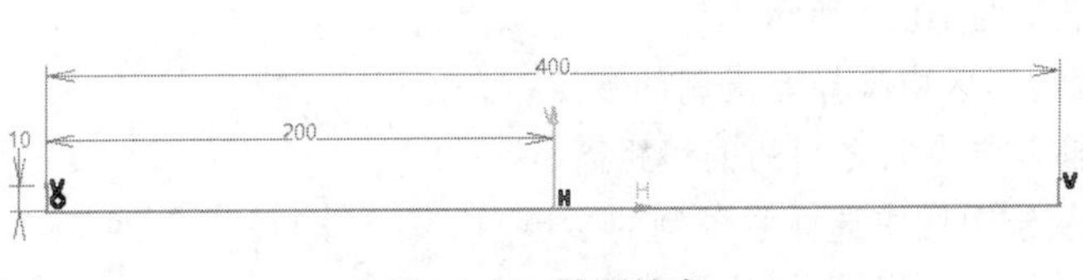

图 10.16 草图轮廓

图 10.17 创建的拉伸壁

（4）选择【文件】→【保存】命令，弹出【另存为】对话框，输入文件名称【dinghouban】，单击【保存】按钮，保存文件。

10.3.3 创建边线上的墙体

单击【Walls】（墙体）工具栏中的【Wall On Edge】（边线上的墙体）按钮，弹出图 10.18 所示的【Wall On Edge Definition】（边线上的墙体定义）对话框。

- Type（类型）：在该选择框中选择边线墙的创建型式，包括 Automatic（自动）、基于草图的。
- 【Height & Inclination】（高度和倾斜）选项卡。
  - Height（高度）：选择该选项，在文本框中输入高度数值，单击【Length type】（长度型式）按钮右下角的黑色小三角，选择高度数值表示的长度型式，如图 10.19 所示。
  - Up To Plane/Surface（直到平面/曲面）：选择该选项，单击文本框，从绘图区中选择平面/曲面定义高度，单击【Limit position】（限制位置）按钮右下角的黑色小三角，选择高度限制的位置型式，如图 10.20 所示。

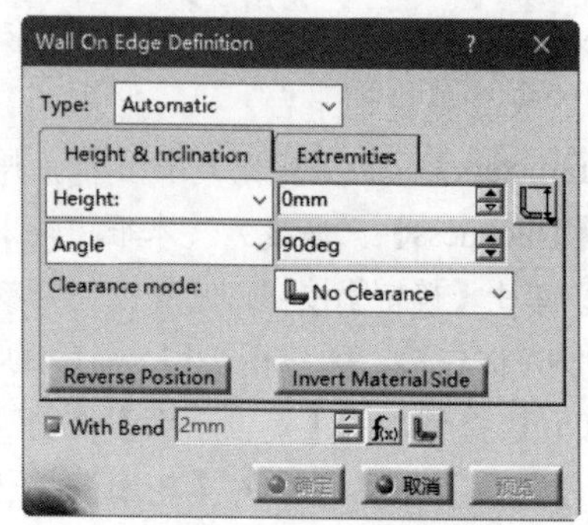

图 10.18 【Wall On Edge Definition】对话框

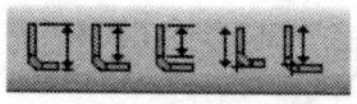

图 10.19 长度型式

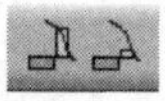

图 10.20 位置型式

  - Angle（角度）：选择该选项，在文本框中输入边线墙与附着墙之间的夹角。
  - Orientation plane（方向平面）：选择该选项，在绘图区中选择角度参照并在【Rotation angle】（旋转角度）文本框中输入边线墙与方向平面之间的夹角。
  - Clearance mode（间隙模式）：间隙类型包括无间隙、单向、双向三种。
  - Reverse Position（反转位置）：调整边线墙的生成方向。
  - Invert Material Side（反转材料面）：调整边线墙厚度生成方向。
  - With Bend（带弯曲）：勾选此复选框，单击【函数】按钮，在弹出的【公式编辑器】对话框中设置顺接半径。
  - Bend parameters（弯曲参数）：单击按钮，弹出图 10.21 所示的【Bend Definition】（弯曲定义）对话框，在【Left Extremity】（左端点）和【Right Extremity】（右端点）选项卡中定义止裂槽，在【Bend Allowance】（弯曲余量）选项卡中定义折弯系数 K 值。
- 【Extremities】（端点）选项卡如图 10.22 所示。
  - Left limit（左侧限制）：从绘图区中选择左限制的参照。
  - Left offset（左侧偏移）：输入与参照之间的偏移距离。
  - Right limit（右侧限制）：从绘图区中选择右限制的参照。
  - Right offset（右侧偏移）：输入与参照之间的偏移距离。

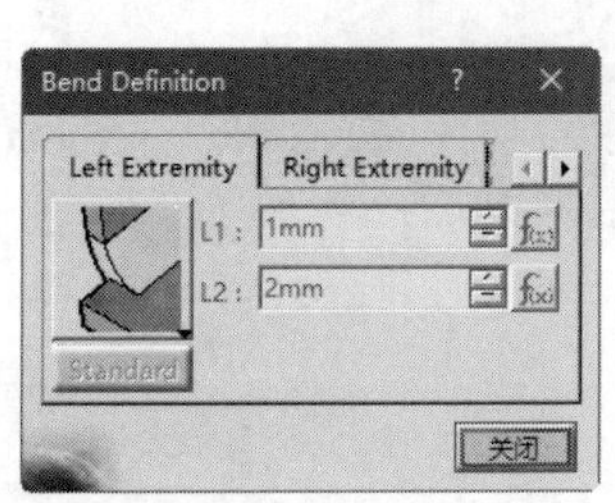

图 10.21　【Bend Definition】对话框

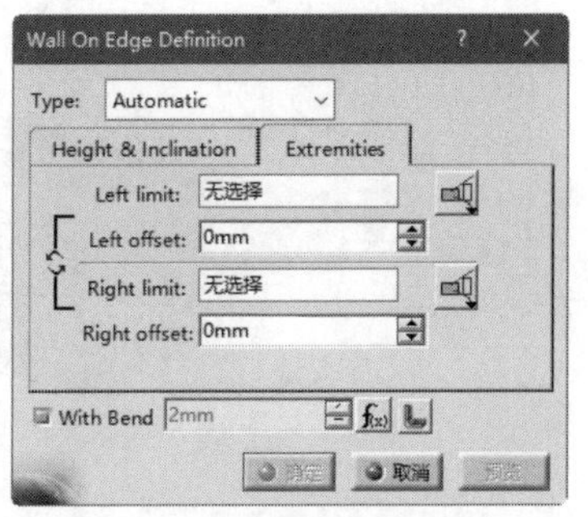

图 10.22　【Extremities】选项卡

动手学——创建顶后板 2

创建顶后板 2 的具体操作步骤如下。

（1）选择【文件】→【打开】命令，在弹出的【选择文件】对话框中选择【dinghouban】文件，双击将其打开。

（2）单击【Walls】（墙体）工具栏中的【Wall On Edge】（边线上的墙体）按钮，弹出【Wall On Edge Definition】（边线上的墙体定义）对话框。❶从绘图区中选择拉伸特征下端边线为边线墙附着边线，效果如图 10.23 所示。❷选择【Height】（高度）选项，并输入高度数值 10mm；❸选择【Angle】（角度）选项，并输入角度 90deg。

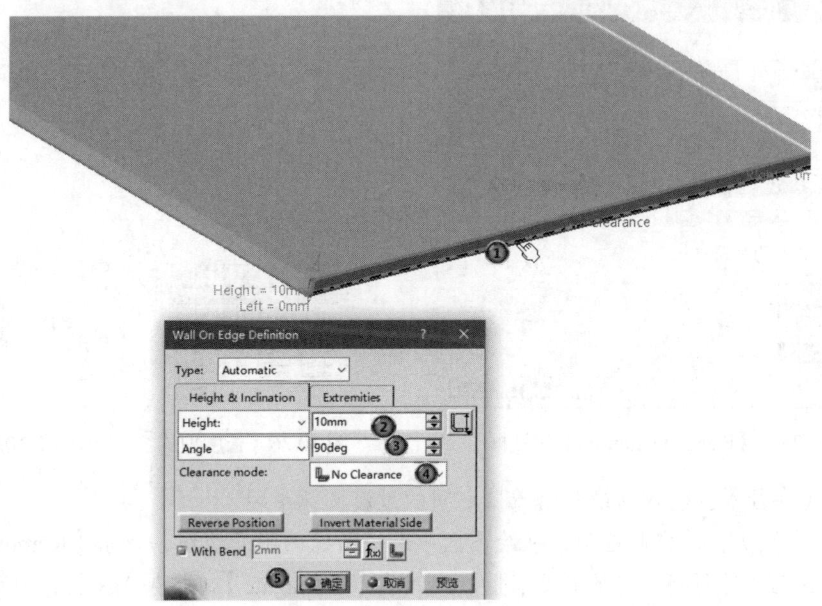

图 10.23　选择边线墙附着边线

（3）❹从【Clearance mode】（间隙模式）下拉列表中选择间隙类型【No Clearance】（无间隙），如图 10.23 所示，其他采用默认设置。❺单击【确定】按钮，完成一侧边线墙的创建。

（4）采用相同的方法，选取第（3）步创建的边线墙的边线创建高度为 15 的边线墙，如图 10.24 所示。

（5）选择【文件】→【保存】命令，保存文件。

图 10.24　边线墙

10.3.4　创建凸缘

单击【Swept Walls】（已扫掠的墙体）对话框中的【Flange】（凸缘）按钮，弹出图 10.25 所示的【Flange Definition】（凸缘定义）对话框。

- 凸缘方式：包括 Basic（基本）和 Relimited（已重新限定）两种。
- Length（长度）：在文本框中输入凸缘的长度，单击【Length type】（长度型式）按钮，在打开的图 10.26 所示的工具栏中选择长度类型。
- Angle（角度）：在文本框中输入凸缘与附着壁之间的夹角，单击【Angle type】（角度型式）按钮，在打开的图 10.27 所示的工具栏中选择角度类型。

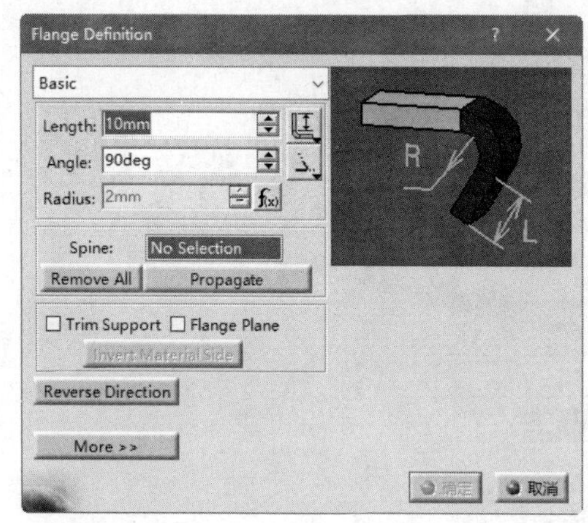

图 10.25　【Flange Definition】对话框

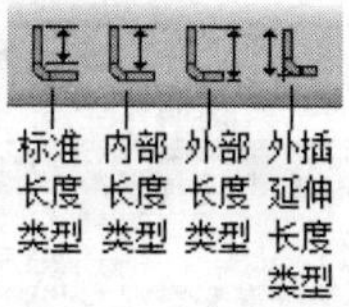

标准长度类型　内部长度类型　外部长度类型　外插延伸长度类型

图 10.26　长度型式

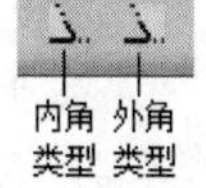

图 10.27　角度型式

- Radius（半径）：输入凸缘与附着壁之间的过渡圆弧半径。
- Spine（脊线）：单击此选项，从绘图区中选择凸缘的附着边线，单击【Remove All】（全部移除）按钮，即可将选择的脊线移除；而单击【Propagate】（拓展）按钮，则可延长与脊线相切的边线为脊线。
- Trim Support（修剪支持面）：对附着壁修剪以创建凸缘。
- Flange Plane（凸缘平面）：从绘图区中选择平面，创建与其相切的凸缘。
- Invert Material Side（反转材料边）：调整钣金厚度的生成方向。
- Reverse Direction（反转方向）：调整凸缘在附着边上的方向。
- More（更多）：单击此按钮，展开图 10.28 所示的【Flange Definition】（凸缘定义）对话框，在【Bend Allowance】（弯曲余量）选项组中设置折弯系数 K。

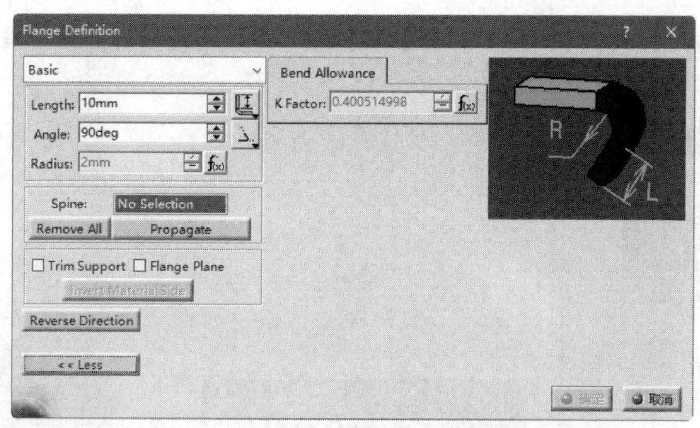

图 10.28　展开的【Flange Definition】对话框

扫一扫，看视频

动手学——完成顶后板的创建

完成顶后板的具体操作步骤如下。

（1）选择【文件】→【打开】命令，在弹出的【选择文件】对话框中选择【dinghouban】文件，双击将其打开。

（2）单击【Swept Walls】（已扫掠的墙体）对话框中的【Flange】（凸缘）按钮，弹出【Flange Definition】（凸缘定义）对话框。❶在【Length】（长度）文本框中输入 300mm，单击【Length type】（长度型式）按钮，❷在【Angle】（角度）文本框中输入 90deg，其他采用默认设置，如图 10.29 所示。❸单击【Spine】（脊线）选择框，❹从绘图区中选择拉伸壁的一侧边线。❺单击【确定】按钮，完成凸缘的创建。

（3）采用相同的方法继续在凸缘上依次创建凸缘，高度分别为 40mm、8mm、20mm，结果如图 10.30 所示。

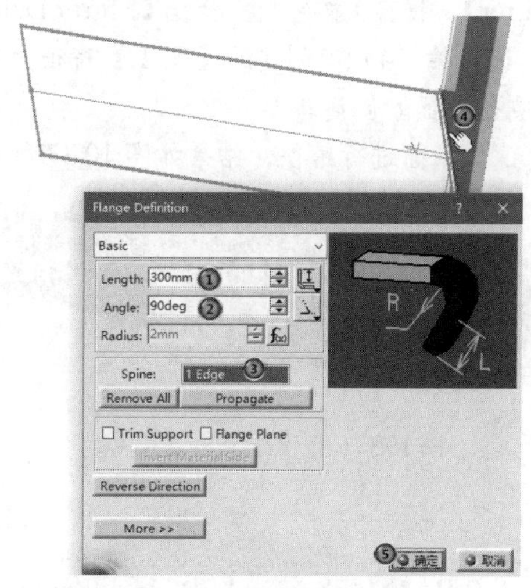

图 10.29　【Flange Definition】对话框

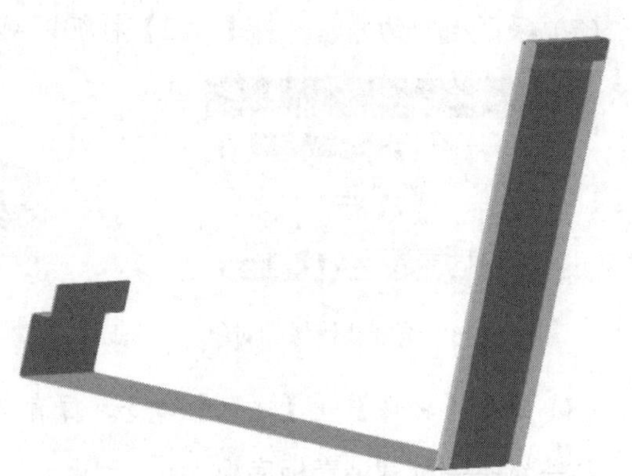

图 10.30　创建凸缘

（4）单击【Cutting/Stamping】（切除/冲压）工具栏中的【Hole】（孔）按钮，选取【拉伸.1】的表面，弹出【定义孔】对话框，如图 10.31 所示。在该对话框中设置限制类型为【直到下一个】，设置直径为 5mm。单击【定位草图】按钮，进入草图工作平台，对点进行尺寸约束，如图 10.32 所示。单击【工作台】工具栏中的【退出工作台】按钮，返回【定义孔】对话框。单击【确定】按钮，完成孔的创建，效果如图 10.33 所示。

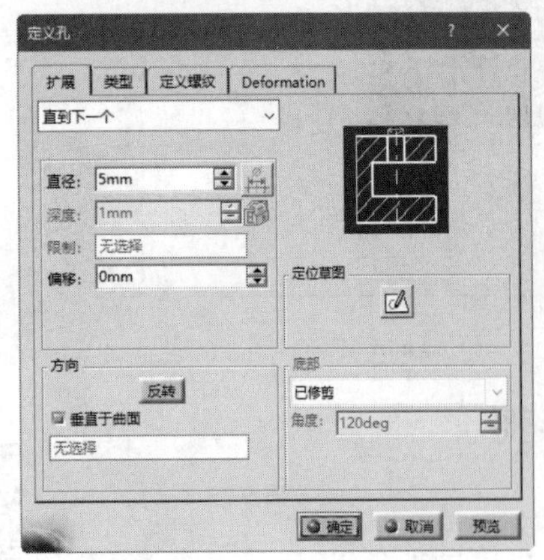

图 10.31 【定义孔】对话框

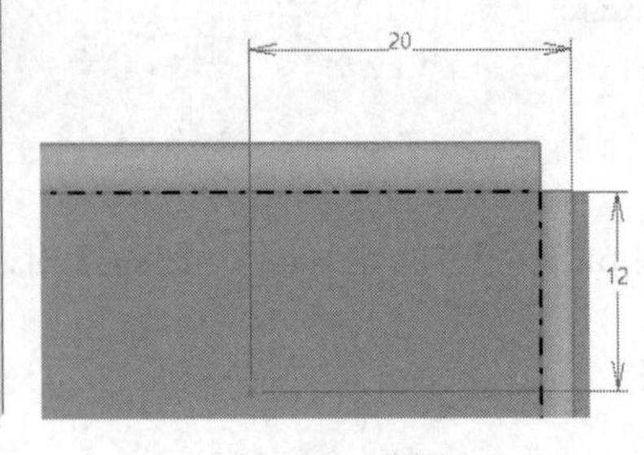

图 10.32 草图.1

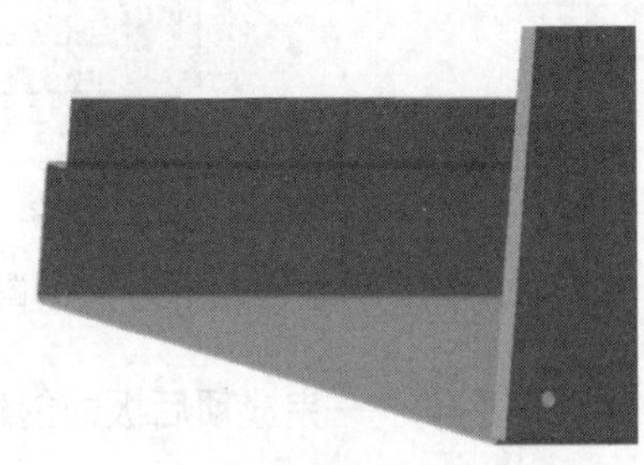

图 10.33 创建【孔.1】

（5）采用相同的方法，在图 10.34 所示的位置创建直径为 5mm 的孔，结果如图 10.35 所示。

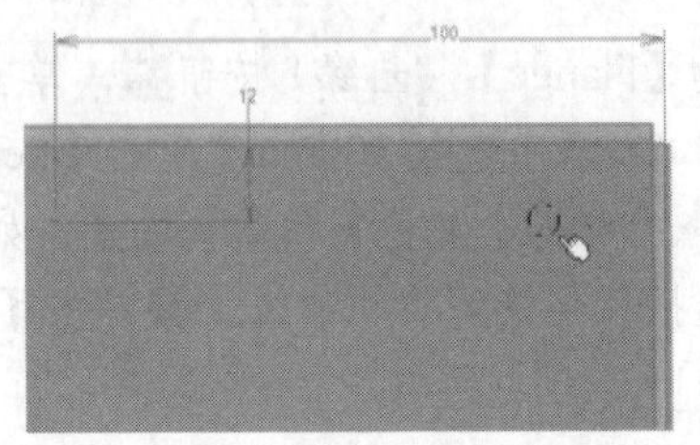

图 10.34 草图.2

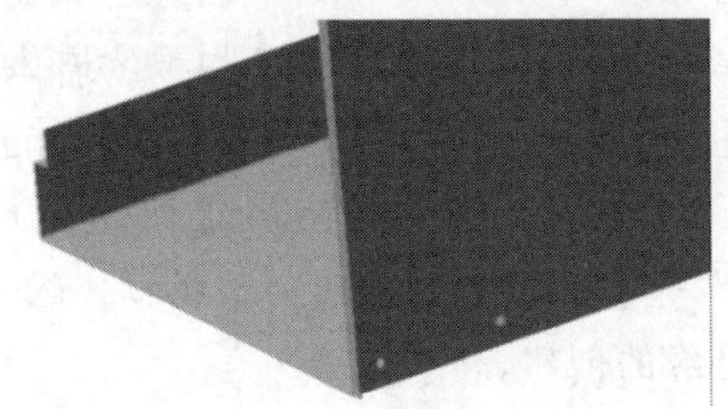

图 10.35 创建【孔.2】

（6）单击【Transformation】（变换）工具栏中的【Mirror】（镜像）按钮，弹出【Mirror Definition: 镜像.1】对话框。在特征树中选择 yz 平面为镜像平面，选择第（4）步创建的【孔 1.】特征为要镜像的对象，如图 10.36 所示。单击【确定】按钮，完成一侧孔特征的创建。

（7）采用相同的方法，将【孔.2】特征以 yz 平面为镜像平面进行镜像，结果如图 10.37 所示。

图 10.36 选择要镜像的对象

图 10.37 镜像结果

（8）选择【文件】→【保存】命令，保存文件。

扫一扫，看视频

练一练——创建消毒柜底板

创建图 10.38 所示的消毒柜底板。

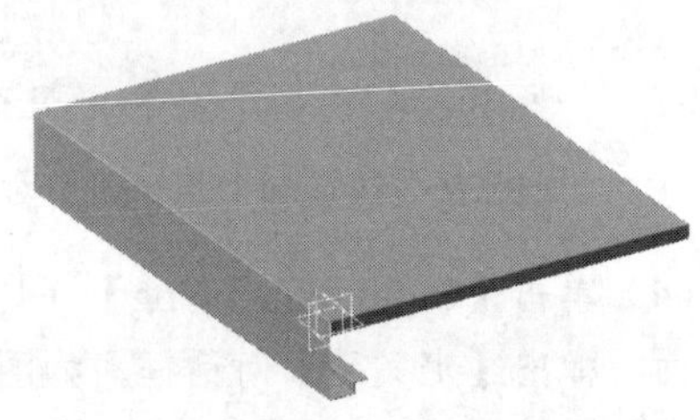

图 10.38 消毒柜底板

思路点拨：

（1）利用【钣金参数】命令设置钣金厚度为 0.6mm，顺接曲面半径为 0.6mm。

（2）利用【拉伸】命令绘制图 10.39 所示的草图，创建底板主体。

（3）利用【凸缘】命令创建长度为 10mm 的弯边。

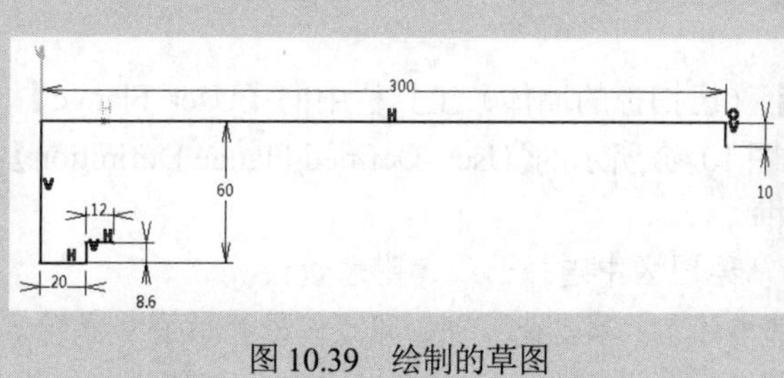

图 10.39　绘制的草图

10.3.5　创建边缘

单击【Swept Walls】（已扫掠的墙体）工具栏中的【Hem】（边缘）按钮，弹出图 10.40 所示的【Hem Definition】（边缘定义）对话框。

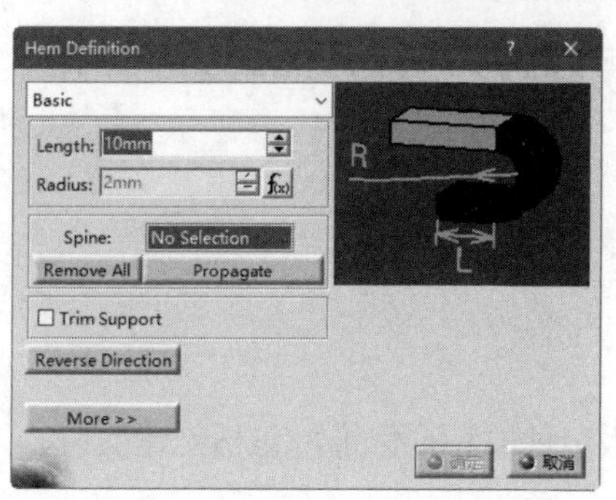

图 10.40　【Hem Definition】对话框

- Length（长度）：输入凸缘的长度。
- Radius（半径）：输入凸缘与附着壁之间的过渡圆弧半径。
- Spine（脊线）：从绘图区中选择边缘的附着边线。
- Remove All（全部移除）：单击此按钮，即可将选择的脊线移除。
- Propagate（拓展）：单击此按钮，即可延长与脊线相切的边线为脊线。
- Trim Support（修剪支持面）：对附着壁修剪以创建边缘。
- Reverse Direction（反转方向）：调整边缘在附着边上的方向。
- More（更多）：单击此按钮，展开【Hem Definition】（边缘定义）对话框，在【Bend Allowance】（弯曲余量）选项组中设置折弯系数 K。

10.3.6　创建表面滴斑

单击【Swept Walls】（已扫掠的墙体）工具栏中的【Tear Drop】（表面滴斑）按钮，弹出图 10.41 所示的【Tear Drop Definition】（表面滴斑定义）对话框。

- Length（长度）：输入表面滴斑的长度。
- Radius（半径）：输入表面滴斑与附着壁之间的过渡圆弧半径。
- Spine（脊线）：从绘图区中选择表面滴斑的附着边线。
- Remove All（全部移除）：单击此按钮，即可将选择的脊线移除。

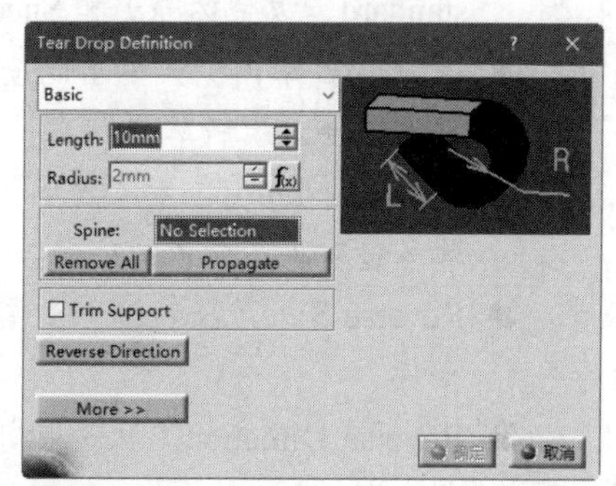

图 10.41　【Tear Drop Definition】对话框

- Propagate（拓展）：单击此按钮，即可显示将要生成的边缘的脊线。
- Trim Support（修剪支持面）：对附着壁修剪以创建边缘。
- Reverse Direction（反转方向）：调整表面滴斑在附着边上的方向。

10.3.7 创建用户凸缘

单击【Swept Walls】（已扫掠的墙体）工具栏中的【User Flange】（用户凸缘）按钮，弹出图 10.42 所示的【User -Defined Flange Definition】（用户自定义凸缘）对话框。

- Spine（脊线）：从绘图区中选择凸缘的附着边线。
- Remove All（全部移除）：单击此按钮，即可将选择的脊线移除。
- Propagate（拓展）：单击此按钮，即可延长与脊线相切的边线为脊线。
- Profile（轮廓）：从绘制区中选择轮廓草图，或者单击【定位草图】按钮，选择草绘平面，绘制草图轮廓。

图 10.42 【User -Defined Flange Definition】对话框

提示：

草图绘制平面必须为边线（脊线）的法平面；草绘轮廓必须与边线所在面相切且连续，仅位置上的相切即可，无须真正的约束，草绘曲线自身也要求相切连续。

10.4 复杂钣金特征

钣金件修饰是指对钣金件进行切除、拐角处理。下面将介绍钣金件的特征修饰，包括创建剪口、创建止裂槽和创建圆形剪口等特征修饰操作。

10.4.1 创建剪口

单击【Cutting/Stamping】（切除/冲压）工具栏中的【Cut Out】（剪口）按钮，弹出图 10.43 所示的【Cutout Definition】（剪口定义）对话框。

- Type（剪口类型）：选择创建的剪口类型，包括 Sheetmetal standard（钣金标准）和 Sheetmetal pocket（钣金槽腔）。
- （定位草图）：单击此按钮，选择草绘平面，进入草图工作平台，绘制草图。
- Lying on skin（位于蒙皮上）：勾选此复选框后，创建的切除只针对草图所依附的壁。
- Reverse Side（反转边）：调整切除草图内部还是外部的钣金件。
- Reverse Direction（反转方向）：调整垂直于切除面上的切除方向。

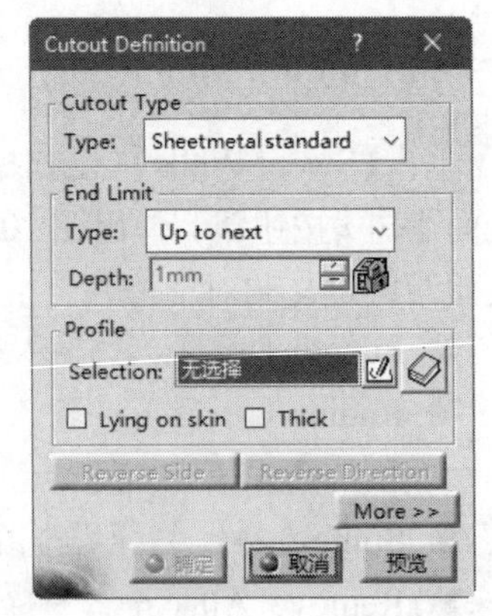

图 10.43 【Cutout Definition】对话框

动手学——创建硬盘固定架 2

创建硬盘固定架 2 的具体操作步骤如下。

（1）选择【文件】→【打开】命令，在弹出的【选择文件】对话框中选择【yingpangudingjia】文件，双击将其打开。

（2）单击【Cutting/Stamping】（切除/冲压）工具栏中的【Cut Out】（剪口）按钮，弹出【Cutout Definition】（剪口定义）对话框，❶在【Cutout Type】选项组的【Type】（剪口类型）下拉列表中选择【Sheetmetal standard】（钣金标准），❷在【End Limit】选项组的【Type】（类型）下拉列表中选择【Up to last】（直到最后），如图 10.44 所示。

（3）❸单击【Selection】（选择）选择框后的【定位草图】按钮，选择第一壁的上表面为草绘平面，进入草图工作平台，绘制图 10.45 所示的草图轮廓。单击【工作台】工具栏中的【退出工作台】按钮，返回【Cutout Definition】（剪口定义）对话框。单击【确定】按钮，完成【剪口.1】的创建，如图 10.46 所示。

（4）单击【Cutting/Stamping】（切除/冲压）工具栏中的【Cut Out】（剪口）按钮，弹出【Cutout Definition】（剪口定义）对话框，在【Cutout Type】选项组的【Type】（剪口类型）下拉列表中选择【Sheetmetal standard】（钣金标准），在【End Limit】选项组的【Type】（类型）下拉列表中选择【Up to last】（直到最后），如图 10.47 所示。

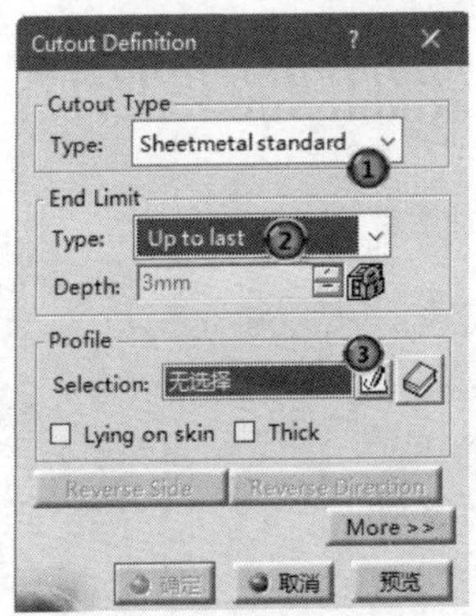

图 10.44　【Cutout Definition】对话框 1

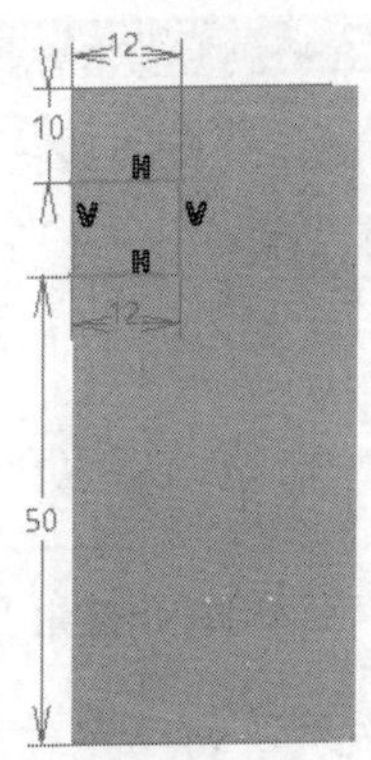

图 10.45　草图.1

图 10.46　剪口.1

图 10.47　【Cutout Definition】对话框 2

（5）单击【Selection】（选择）选择框后的【定位草图】按钮，选择第一壁的上表面为草绘平面，进入草图工作平台。单击【轮廓】工具栏中的【圆】按钮，绘制图10.48所示的草图轮廓。单击【工作台】工具栏中的【退出工作台】按钮，返回【Cutout Definition】（剪口定义）对话框，单击【确定】按钮，完成【剪口.2】的创建，如图10.49所示。

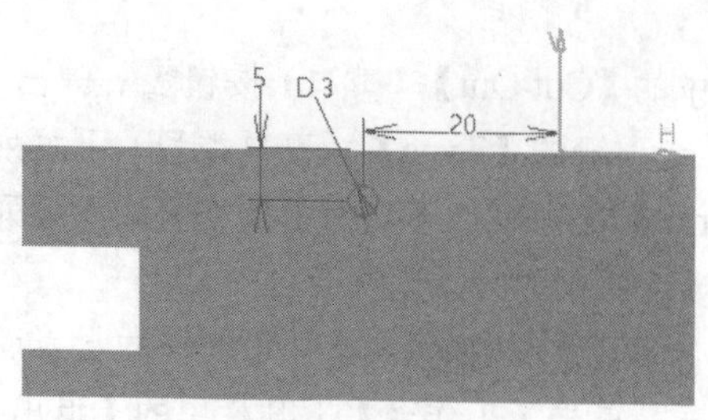

图10.48　草图.2

图10.49　剪口.2

（6）单击【Transformation】（变换）工具栏中的【Rectangular Pattern】（矩形阵列）按钮，弹出【定义矩形阵列】对话框。❶在【参数】下拉列表中选择【实例和间距】，❷在【实例】文本框中输入3，❸在【间距】文本框中输入20mm，❹选取X轴方向的边线为参考方向，如图10.50所示。❺选择第（5）步创建的【剪口.2】为要阵列的对象，❻单击【确定】按钮，完成孔的阵列，如图10.51所示。

（7）选择【文件】→【保存】命令，保存文件。

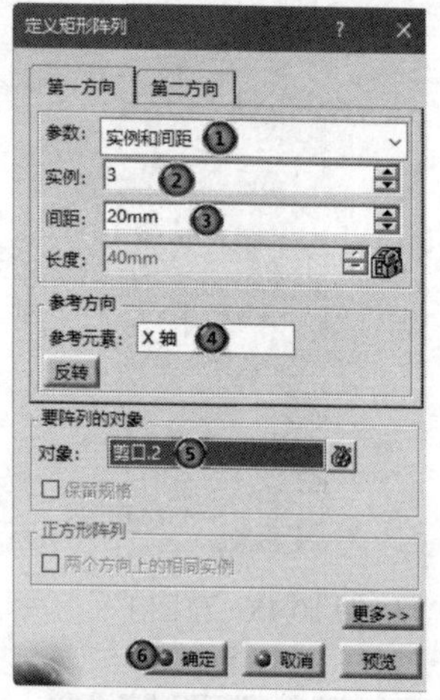

图10.50　【定义矩形阵列】对话框

图10.51　阵列孔

扫一扫，看视频

练一练——创建吊板

创建图10.52所示的吊板。

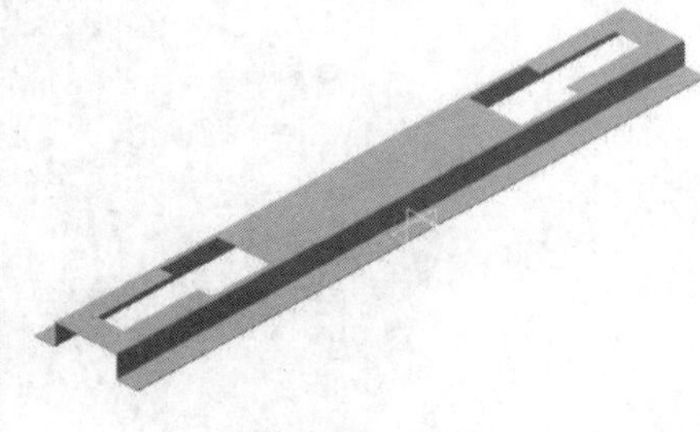
图10.52　吊板

思路点拨：

（1）利用【钣金参数】命令设置钣金厚度为0.6mm，顺接曲面半径为0.6mm。

（2）利用【拉伸】命令绘制图10.53所示的草图，创建吊板主体。

（3）利用【剪口】命令绘制图10.54所示的草图，创建剪口。

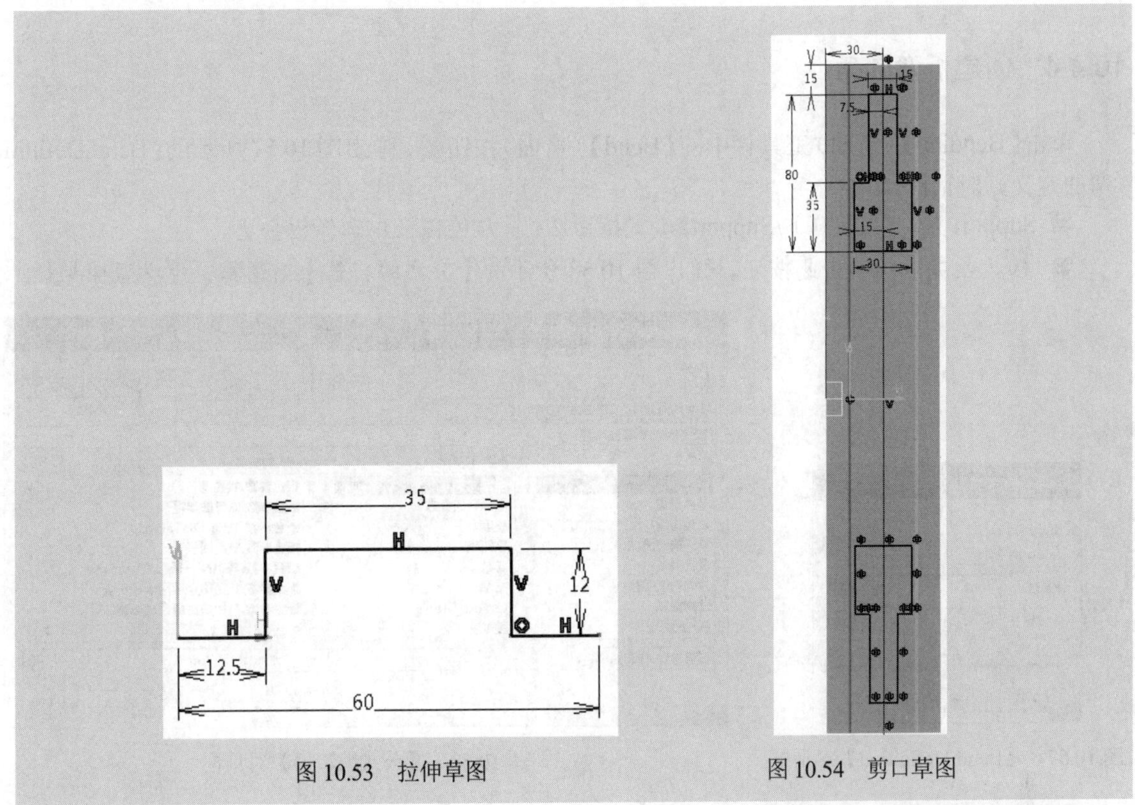
图 10.53 拉伸草图

图 10.54 剪口草图

10.4.2 创建止裂槽

单击【Cutting/Stamping】（切除/冲压）工具栏中的【Corner Relief】（拐角止裂槽）按钮，弹出图 10.55 所示的【Corner Relief Definition】（拐角止裂槽定义）对话框。

- Type（类型）：包括圆弧、正方形、用户配置文件三种。
- Radius（半径）：输入半径尺寸。

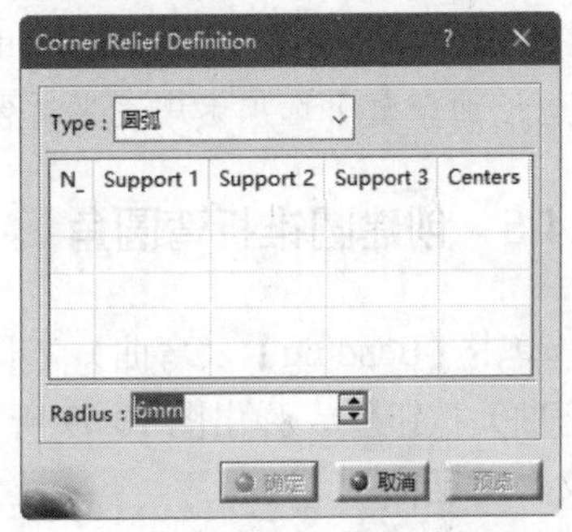

图 10.55 【Corner Relief Definition】对话框

10.4.3 创建圆形剪口

图 10.56 【Circular Cutout Definition】对话框

单击【Cutting/Stamping】（切除/冲压）工具栏中的【Circular Cutout】（圆形剪口）按钮，弹出图 10.56 所示的【Circular Cutout Definition】（圆形剪口定义）对话框。

- Selection（选择）：从绘图区中选择创建圆弧切除的中心点。
- Object（对象）：从绘图区中选择圆弧切除的依附面。
- Diameter（直径）：输入创建圆弧切除的直径。

10.4.4 创建折弯圆角

单击【Bending】（弯曲）工具栏中的【Bend】（弯曲）按钮，弹出图 10.57 所示的【Bend Definition】（弯曲定义）对话框。

- Support 1（支持面 1）/Support2（支持面 2）：从绘图区中选择钣金壁。
- f(x)（函数）：单击此按钮，弹出图 10.58 所示的【公式编辑器】对话框，定义弯曲半径。

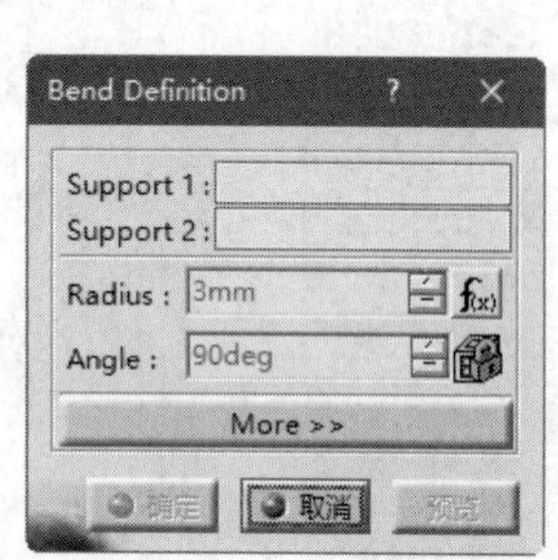

图 10.57 【Bend Definition】对话框

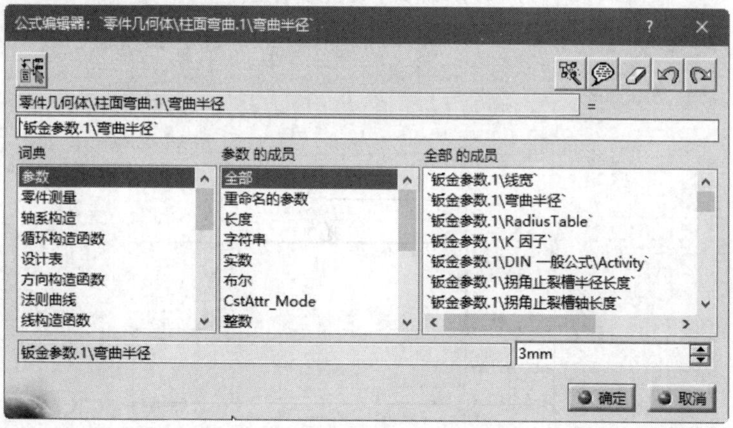

图 10.58 【公式编辑器】对话框

- More（更多）：单击此按钮，展开【Bend Definition】（弯曲定义）对话框，在【Left Extremity】（左端点）和【Right Extremity】（右端点）选项卡中定义止裂槽，在【Bend Allowance】（弯曲余量）选项卡中定义折弯系数 K。

10.4.5 创建圆锥折弯圆角

单击【Bending】（弯曲）工具栏中的【Conical Bend】（圆锥弯曲）按钮，弹出图 10.59 所示的【Bend Definition】（弯曲定义）对话框。

- Left radius（左半径）：输入左端点半径值。
- Right radius（右半径）：输入右端点半径值。

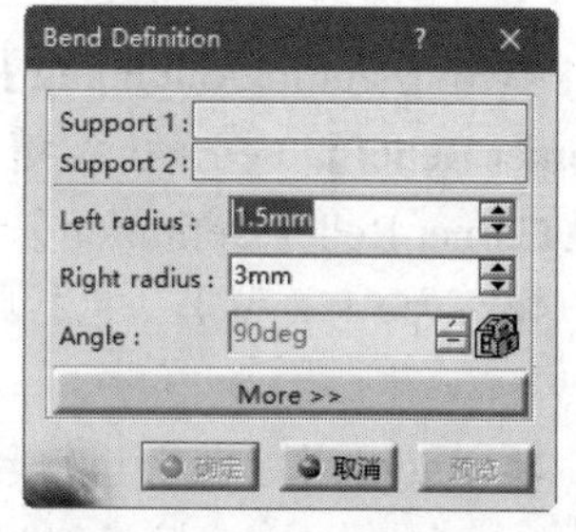

图 10.59 【Bend Definition】对话框

10.4.6 从平面折弯

单击【Bending】（弯曲）工具栏中的【Bend From Flat】（从平面弯曲）按钮，弹出图 10.60 所示的【Bend From Flat Definition】（从平面弯曲定义）对话框。

- Profile（轮廓）：从绘图区中选择创建的折弯线，单击【定位草图】按钮，选择草绘平面，进入草图工作平台，绘制折弯线。

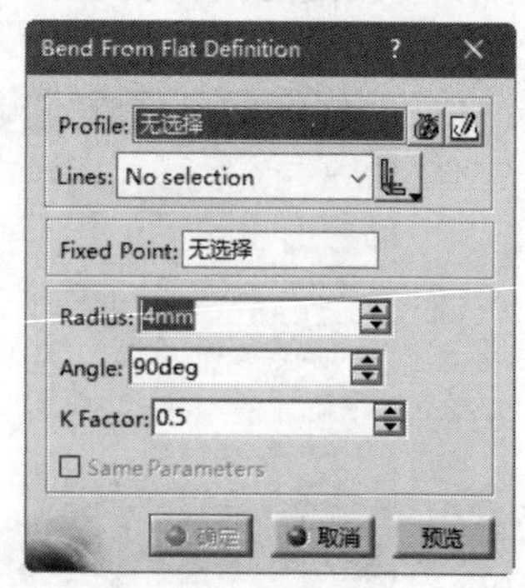

图 10.60 【Bend From Flat Definition】对话框

提示：

> 折弯线必须是直线，可以是多条直线段，但不能相交。

- Radius（半径）：输入折弯半径。
- Angle（角度）：输入折弯角度。
- K Factor（K 因子）：定义折弯系数 K。

扫一扫，看视频

动手学——完成硬盘固定架

完成硬盘固定架的具体操作步骤如下。

（1）选择【文件】→【打开】命令，在弹出的【选择文件】对话框中选择【yingpangudingjia】文件，双击将其打开。

（2）单击【Bending】（弯曲）工具栏中的【Bend From Flat】（从平面弯曲）按钮，弹出【Bend From Flat Definition】（从平面弯曲定义）对话框。

（3）①单击【定位草图】按钮，选择第一壁的上表面为草绘平面，进入草图工作平台。单击【轮廓】工具栏中的【直线】按钮，绘制图 10.61 所示的折弯线。单击【工作台】工具栏中的【退出工作台】按钮，返回【Bend From Flat Definition】（从平面弯曲定义）对话框。

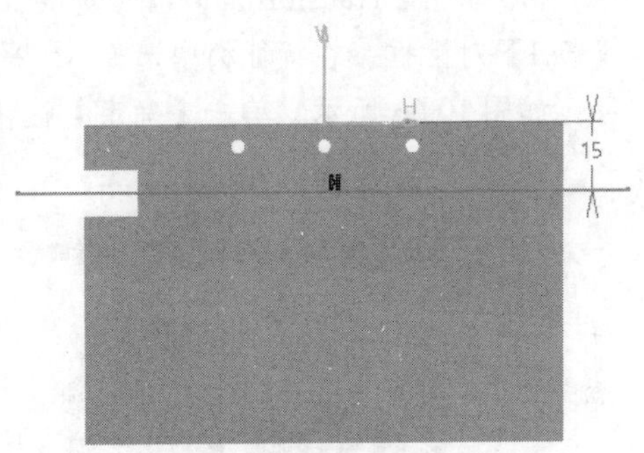

图 10.61 绘制的折弯线

（4）在【Radius】（半径）文本框中输入折弯半径 3mm（如果无法修改，②就单击【Radius】（半径）文本框后的按钮，③找到【钣金参数.1\弯曲半径】并④修改数值，⑤单击【确定】按钮，返回【Bend From Flat Definition】（从平面弯曲定义）对话框），⑥在【Angle】（角度）文本框中输入折弯角度 90deg，其他采用默认设置，如图 10.62 所示。⑦单击【确定】按钮，完成钣金件的折弯，效果如图 10.63 所示。

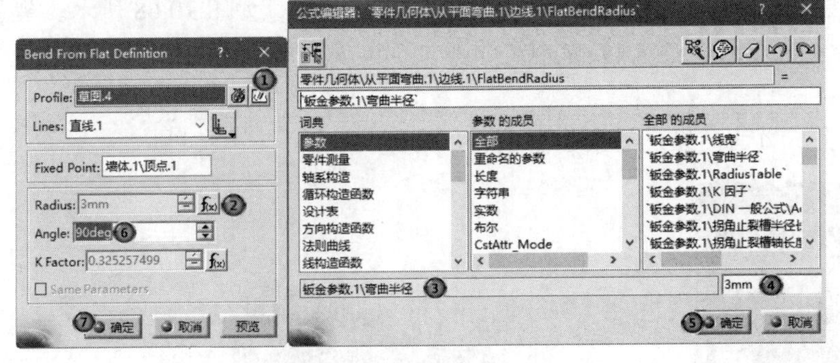

图 10.62 折弯创建过程

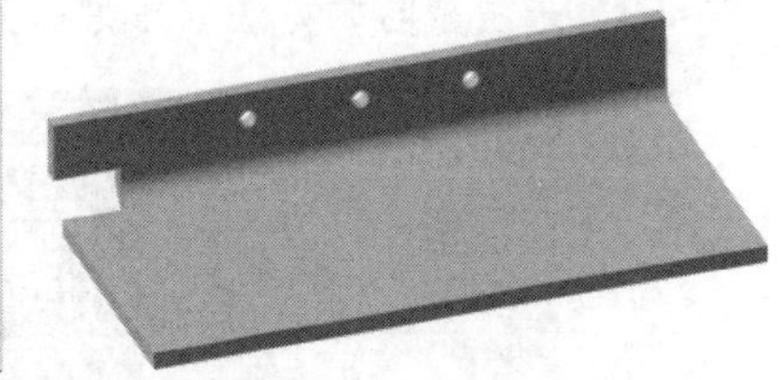

图 10.63 创建的折弯

（5）单击【Cutting/Stamping】（切除/冲压）工具栏中的【Cut Out】（剪口）按钮，弹出【Cutout Definition】（剪口定义）对话框，在【Cutout Type】选项组的【Type】（剪口类型）下拉列表中选择【Sheetmetal standard】（钣金标准），在【End Limit】选项组的【Type】（类型）下拉列表中选择【Up to last】（直到最后）。单击【Selection】（选择）选择框后的【定位草图】按钮，选择第一壁的上表面为草绘平面，进入草图工作平台。

（6）单击【轮廓】工具栏中的【矩形】按钮，绘制图 10.64 所示的草图轮廓。单击【工作台】工具栏中的【退出工作台】按钮，返回【Cutout Definition】（剪口定义）对话框。单击【确定】按钮，完成【剪口.3】的创建，如图 10.65 所示。

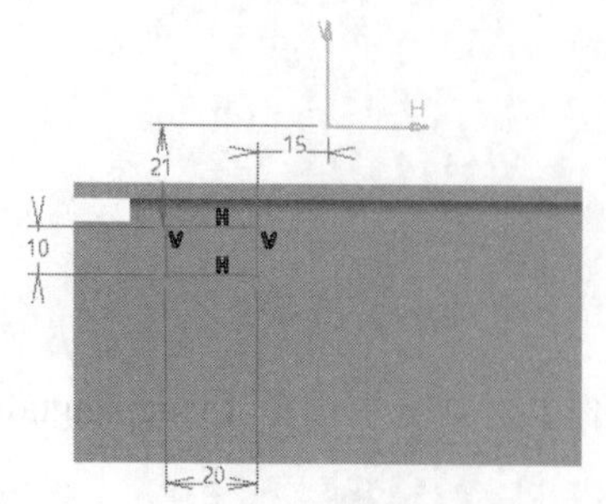

图 10.64　绘制的草图轮廓 1

图 10.65　剪口.3

（7）单击【Transformation】（变换）工具栏中的【Mirror】（镜像）按钮，弹出【Mirror Definition:镜像.1】对话框。在特征树中选择 yz 平面为镜像平面，选择第（6）步创建的剪口特征为要镜像的对象，如图 10.66 所示。单击【确定】按钮，完成一侧剪口特征的创建，如图 10.67 所示。

图 10.66　【Mirror Definition:镜像.1】对话框

图 10.67　镜像剪口特征

（8）单击【Swept Walls】（已扫掠的墙体）工具栏中的【Flange】（凸缘）按钮，弹出【Flange Definition】（凸缘定义）对话框。在【Length】（长度）文本框中输入 10mm，选择【Length type】（长度型式），在【Angle】（角度）文本框中输入 90deg，其他采用默认设置，如图 10.68 所示。单击【Spine】（脊线）选择框，从绘图区中选择第（7）步创建的剪口下边线，单击【确定】按钮，完成凸缘的创建。

（9）采用相同的方法创建另一个剪口的凸缘，结果如图 10.69 所示。

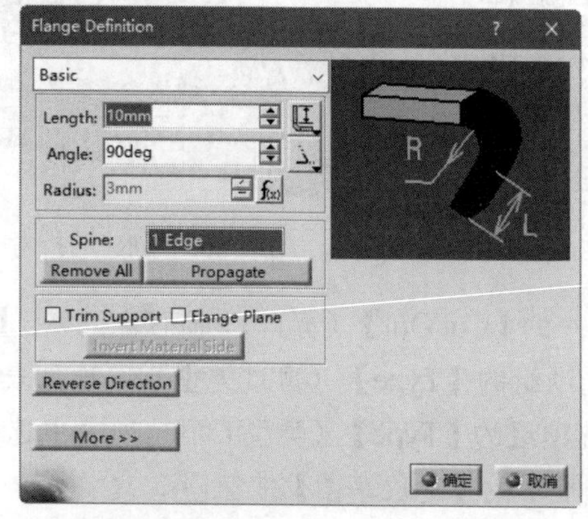

图 10.68　【Flange Definition】对话框 1

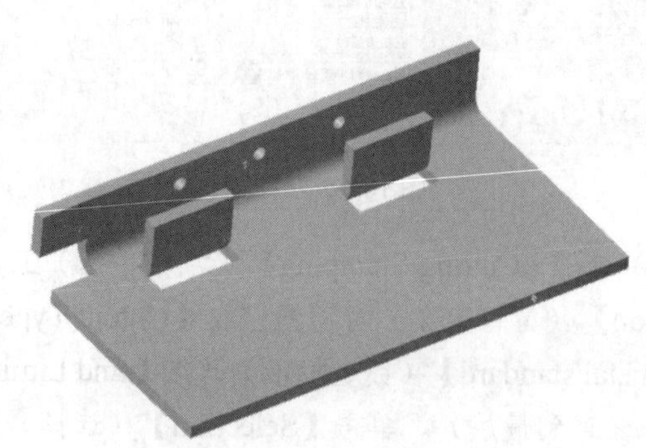

图 10.69　创建的凸缘

（10）单击【Cutting/Stamping】（切除/冲压）工具栏中的【Cut Out】（剪口）按钮，弹出【Cutout Definition】（剪口定义）对话框，在【Cutout Type】选项组的【Type】（剪口类型）下拉列表中选择【Sheetmetal standard】（钣金标准），在【End Limit】选项组的【Type】（类型）下拉列表中选择【Up to last】（直到最后），如图 10.70 所示。单击【Selection】（选择）选择框后的【定位草图】按钮，选择第一壁的上表面为草绘平面，进入草图工作平台。

（11）单击【轮廓】工具栏中的【矩形】按钮，绘制图 10.71 所示的草图轮廓。单击【工作台】工具栏中的【退出工作台】按钮，返回【Cutout Definition】（剪口定义）对话框。单击【确定】按钮，完成剪口.4 的创建，如图 10.72 所示。

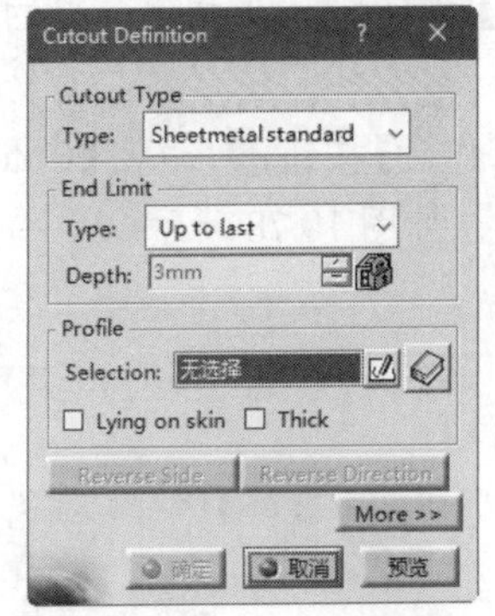

图 10.70　【Cutout Definition】对话框

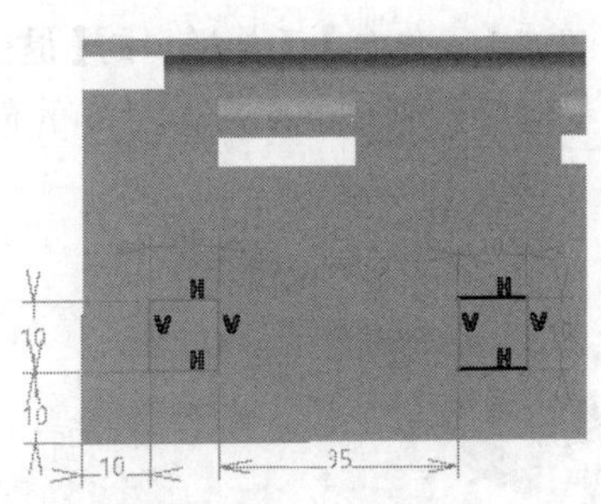

图 10.71　绘制的草图轮廓 2

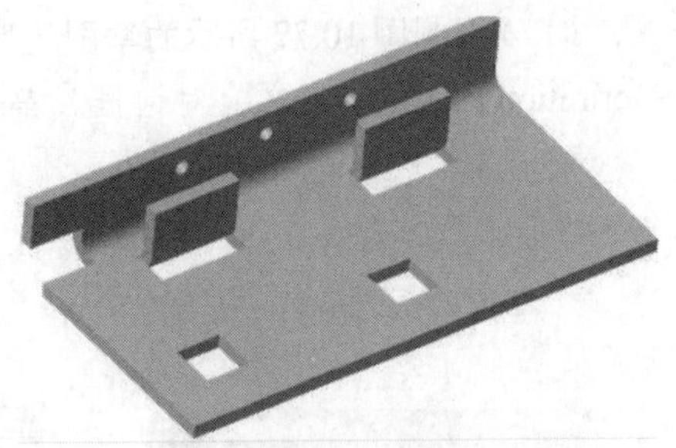

图 10.72　剪口.4

（12）单击【Swept Walls】（已扫掠的墙体）对话框中的【Flange】（凸缘）按钮，弹出【Flange Definition】（凸缘定义）对话框，在【Length】（长度）文本框中输入 10mm，选择【Length type】（长度型式），在【Angle】（角度）文本框中输入 90deg，其他采用默认设置，如图 10.73 所示。单击【Spine】（脊线）选择框，从绘图区中选择第（11）步创建的剪口下边线，单击【确定】按钮，完成凸缘的创建。

（13）采用相同的方法创建另一个剪口的凸缘，结果如图 10.74 所示。

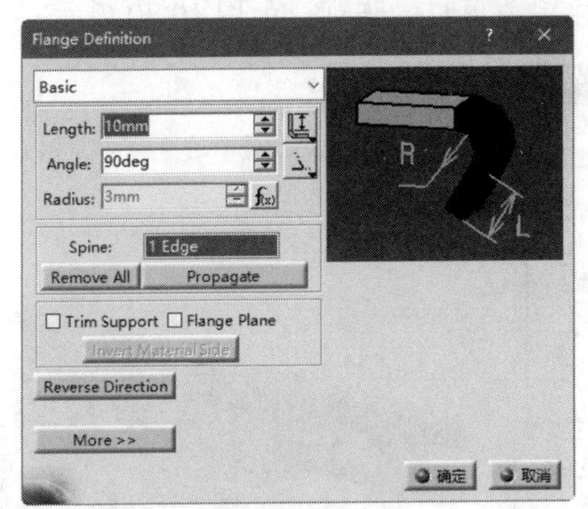

图 10.73　【Flange Definition】对话框 2

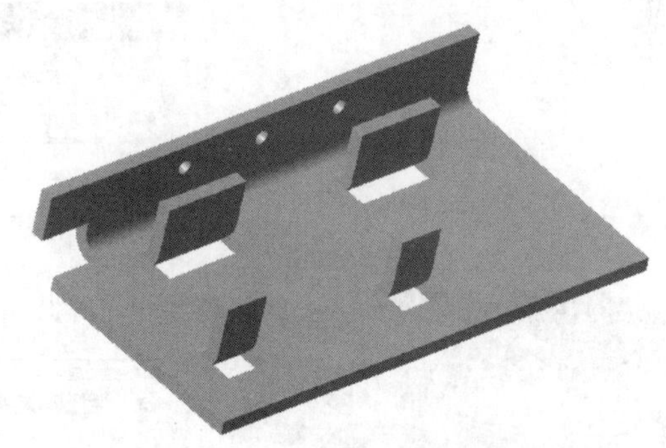

图 10.74　创建的凸缘

（14）单击【Cutting/Stamping】（切除/冲压）工具栏中的【Cut Out】（剪口）按钮，弹出【Cutout Definition】（剪口定义）对话框，在【Cutout Type】选项组的【Type】（剪口类型）下拉列表中选择【Sheetmetal standard】（钣金标准），在【End Limit】选项组的【Type】（类型）下拉列表中选择【Up to last】（直到最后），单击【Selection】（选择）选择框后的【定位草图】按钮，选择第一壁的上表面为草绘平面，进入草图工作平台。

（15）单击【轮廓】工具栏中的【圆】按钮，绘制图 10.75 所示的草图轮廓。单击【工作台】工具栏中的【退出工作台】按钮，返回【Cutout Definition】（剪口定义）对话框。单击【确定】按钮，完成剪口.5 的创建，如图 10.76 所示。

（16）单击【Cutting/Stamping】（切除/冲压）工具栏中的【Cut Out】（剪口）按钮，弹出【Cutout Definition】（剪口定义）对话框，在【Cutout Type】选项组的【Type】（剪口类型）下拉列表中选择【Sheetmetal standard】（钣金标准），在【End Limit】选项组的【Type】（类型）下拉列表中选择【Up to last】（直到最后），单击【Selection】（选择）选择框后的【定位草图】按钮，选择第一壁的上表面为草绘平面，进入草图工作平台。

（17）绘制图 10.77 所示的草图轮廓，单击【工作台】工具栏中的【退出工作台】按钮，返回【Cutout Definition】（剪口定义）对话框。单击【确定】按钮，完成剪口.6 的创建，如图 10.78 所示。

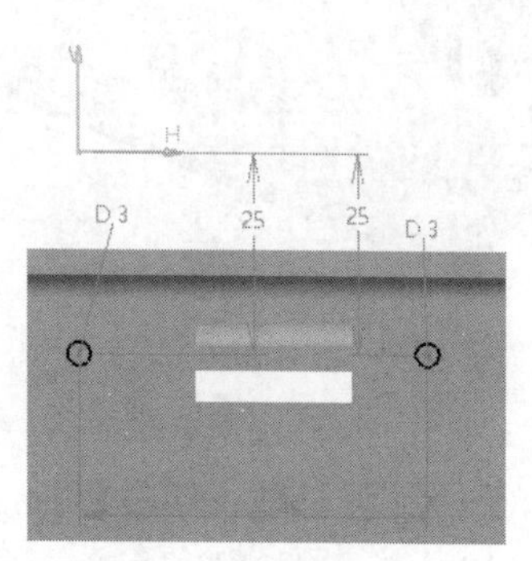

图 10.75　绘制的草图轮廓 3

图 10.76　剪口.5

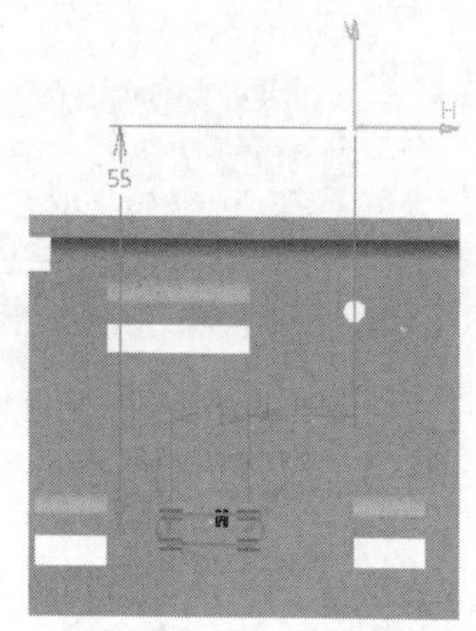

图 10.77　绘制的草图轮廓 4

（18）单击【Transformation】（变换）工具栏中的【Rectangular Pattern】（矩形阵列）按钮，弹出【定义矩形阵列】对话框，在【参数】下拉列表中选择【实例和间距】，在【实例】文本框中输入 2，在【间距】文本框中输入 50mm，选取 X 轴方向的边线为参考方向，如图 10.79 所示。选择第（17）步创建的剪口为要阵列的对象，单击【确定】按钮，完成剪口的阵列，如图 10.80 所示。

图 10.78　剪口.6

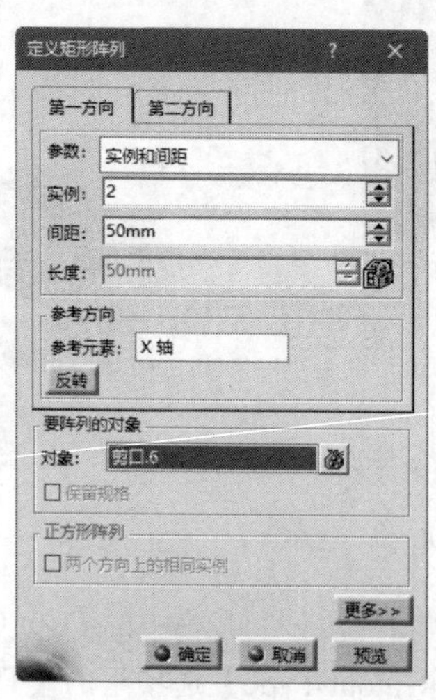

图 10.79　【定义矩形阵列】对话框

图 10.80　阵列剪口

（19）选择【文件】→【保存】命令，保存文件。

练一练——创建书架

创建图 10.81 所示的书架。

扫一扫，看视频

图 10.81　书架

思路点拨：

（1）利用【钣金参数】命令设置钣金厚度为 3mm，顺接曲面半径为 1mm。

（2）利用【墙体】命令绘制图 10.82 所示的草图，创建书架主体。

（3）利用【剪口】命令绘制图 10.83 所示的草图，创建剪口。

（4）利用【从平面弯曲】命令绘制图 10.84 所示的草图，将书架折弯。

（5）利用【墙体】命令绘制图 10.85 所示的草图，创建压板。

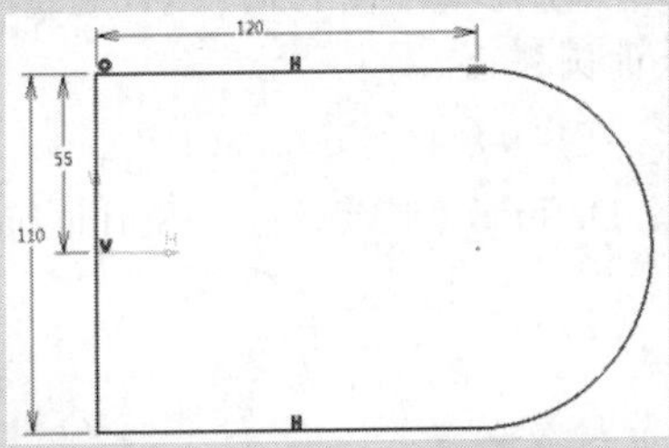

图 10.82　墙体草图

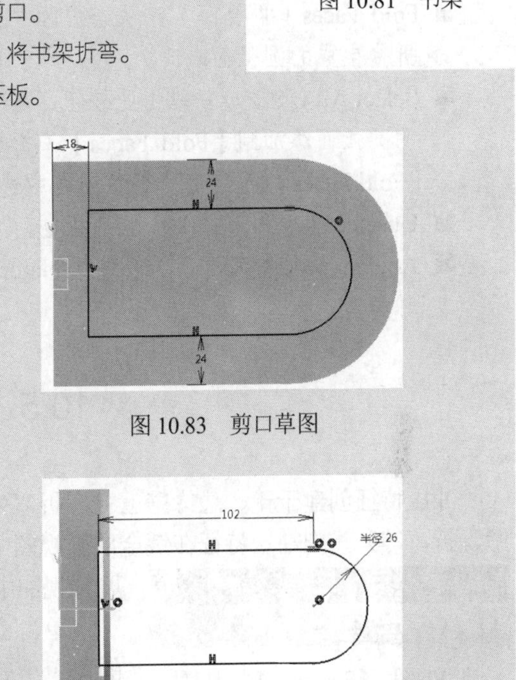

图 10.83　剪口草图

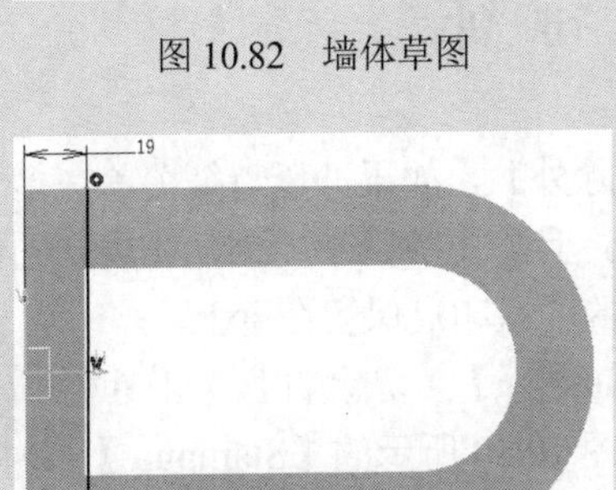

图 10.84　折弯线

图 10.85　压板草图

10.4.7　展开

单击【Bending】（弯曲）工具栏中的【Unfolding】（展开）按钮，弹出图 10.86 所示的【Unfolding Definition】（展开的定义）对话框。

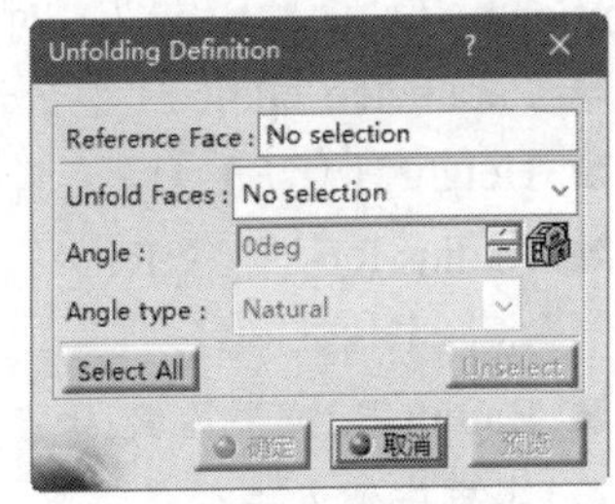

图 10.86　【Unfolding Definition】对话框

- Reference Face（参考面）：从绘图区中选择参考修剪面，即展开过程中固定的平面。
- Unfold Faces（展开面）：从绘图区中选择需要展开的面，即折弯生成的圆弧面。
- Select All（全选）：单击此按钮，则绘图区中所有折弯生成的圆弧面添加到【Unfold Faces】（展开面）下拉列表中，在【Unfold Faces】（展开面）

下拉列表中选中所要展开的圆弧面。

➘ Unselect（取消选择）：单击此按钮，则取消展开面的选取。

10.4.8 折叠

单击【Bending】（弯曲）工具栏中的【Folding】（折叠）按钮，弹出图 10.87 所示的【Folding Definition】（折叠定义）对话框。

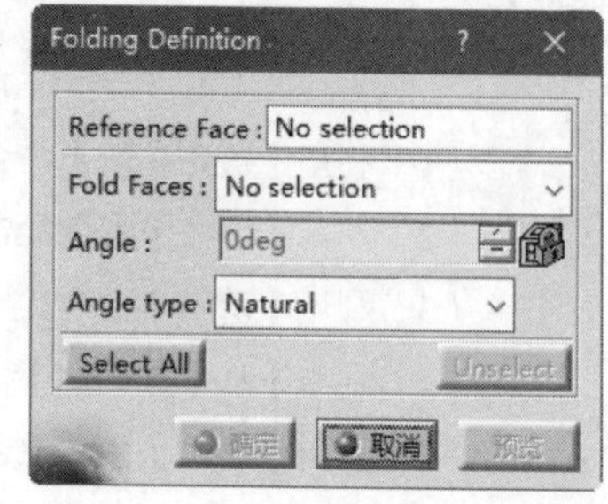

图 10.87 【Folding Definition】对话框

➘ Reference Face（参考面）：从绘图区中选择参考修剪面，即折叠过程中固定的平面。

➘ Fold Faces（折叠面）：从绘图区中选择需要折叠的面，即折叠生成的圆弧面。

➘ Select All（全选）：单击此按钮，则绘图区中所有折弯生成的圆弧面添加到【Fold Faces】（折叠面）下拉列表中，在【Fold Faces】（折叠面）下拉列表中选中所要折叠的圆弧面。

➘ Unselect（取消选择）：取消折叠面的选取。

➘ Angle type（角度类型）：包括 Natural（自然）、Defined（已定义）、Spring back（反弹）三种类型。

10.5 冲压特征

冲压特征创建于壁、边缘壁上（在折弯处生成的肋除外），如果冲压特征覆盖在多个特征上（如壁、折弯等），则冲压特征在钣金展开视图中将不可视，且冲压特征不能创建在展开的钣金件上，在展开视图中仅有较大的冲压印痕保留在壁上。

单击【Cutting/Stamping】（切除/冲压）工具栏中按钮右下角的黑色小三角，打开图 10.88 所示的【Stamping】（冲压）工具栏。

图 10.88 【Stamping】工具栏

10.5.1 创建曲面冲压

单击【Stamping】（冲压）工具栏中的【Surface Stamp】（曲面冲压）按钮，弹出图 10.89 所示的【Surface Stamp Definition】（曲面冲压定义）对话框。

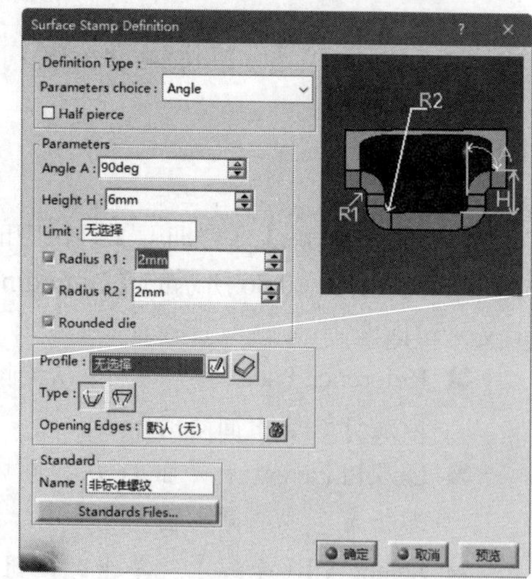

图 10.89 【Surface Stamp Definition】对话框

➘ Parameters choice（参数选择）：选择冲压类型。

➘ Height H（高度 H）：输入高度。

➘ Radius R1（半径 R1）：勾选该复选框，在其后的文本框中输入半径。

➘ Radius R2（半径 R2）：勾选该复选框，在其后的文本框中输入半径。

➘ （定位草图）：单击此按钮，选择草绘平面，进入草图工作平台，绘制草图轮廓。

提示：

草图必须是两个曲线轮廓。

- Opening Edges（开放边线）：用于定义开口边。
- Standard（标准）选项组：用于定义创建曲面冲压的标准参数。

扫一扫，看视频

动手学——创建锅盖主体

创建锅盖主体的具体操作步骤如下。

（1）选择【开始】→【机械设计】→【Generative Sheetmetal Design】命令，弹出【新建零件】对话框，输入零件名称【锅盖】，单击【确定】按钮，进入钣金件设计平台。

（2）单击【Walls】（墙体）工具栏中的【Sheet Metal Parameters】（钣金参数）按钮，弹出图 10.90 所示的【Sheet Metal Parameters】（钣金参数）对话框，在【Thickness】（厚度）文本框中输入 1mm，在【Default Bend Radius】（顺接曲面半径）文本框中输入 0.5mm，单击【确定】按钮，完成钣金件参数的设置。

（3）单击【Walls】（墙体）工具栏中的【Wall】（墙体）按钮，弹出【Wall Definition】（墙定义）对话框。单击【Profile】（轮廓）选择框后的【定位草图】按钮，在特征树中选择 xy 平面为草绘平面，进入草图工作平台。单击【轮廓】工具栏中的【圆】按钮，绘制图 10.91 所示的草图轮廓。单击【退出工作台】按钮，返回【Wall Definition】（墙定义）对话框。单击【确定】按钮，完成第一壁的生成，效果如图 10.92 所示。

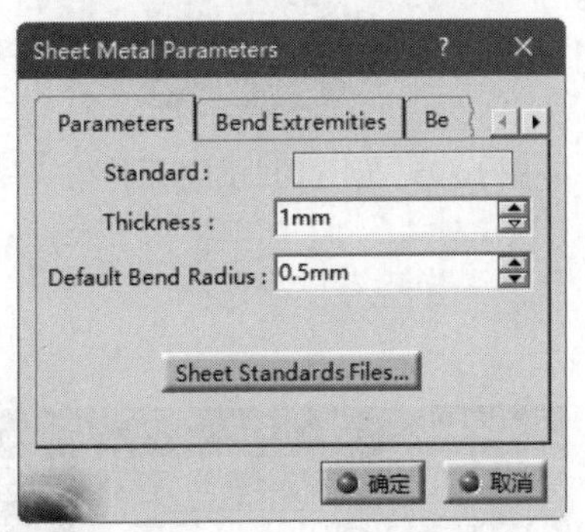

图 10.90　【Sheet Metal Parameters】对话框

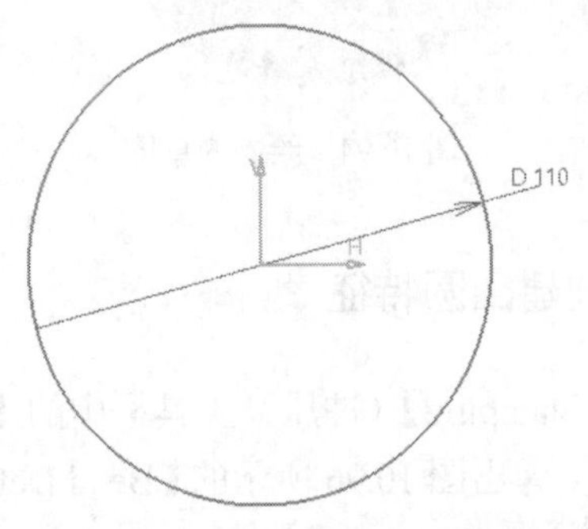

图 10.91　草图轮廓

（4）单击【Stamping】（冲压）工具栏中的【Surface Stamp】（曲面冲压）按钮，弹出【Surface Stamp Definition】（曲面冲压定义）对话框，在【Parameters】（参数）选项组的❶【Angle A】文本框中输入 90deg，❷【Height H】文本框中输入 10mm，❸【Radius R1】为 1mm，❹【Radius R2】为 5mm，其他采用默认设置，如图 10.93 所示。

（5）❺单击【定位草图】按钮，选取基板的上表面为草图绘制面，进入草图工作平台，绘制图 10.94 所示的草图。单击【退出工作台】按钮，返回【Surface Stamp Definition】（曲面冲压定义）对话框。❻单击【确定】按钮，完成曲面冲压的创建，结果如图 10.95 所示。

（6）选择【文件】→【保存】命令，弹出【另存为】对话框，输入文件名称【guogai】，单击【保存】按钮，保存文件。

图 10.92　创建的壁

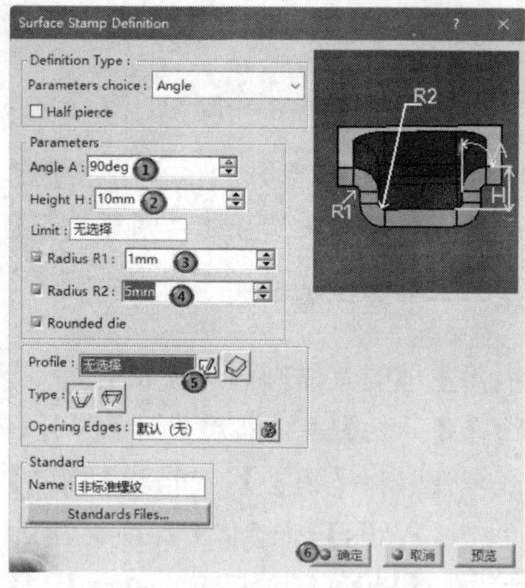

图 10.93 【Surface Stamp Definition】对话框

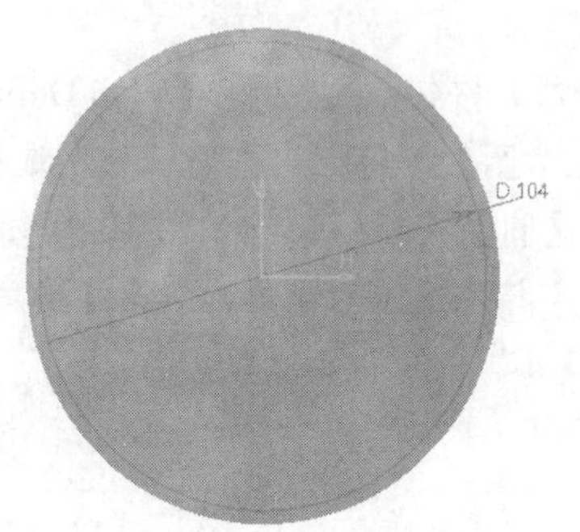

图 10.94　绘制的草图

图 10.95　创建的曲面冲压特征

10.5.2　创建凸圆特征

单击【Stamping】（冲压）工具栏中的【Bead】（凸圆）按钮，弹出图 10.96 所示的【Bead Definition】（凸圆定义）对话框。

- Radius R（半径 R）：勾选此复选框，输入凸起与附着壁之间的圆角半径数值。
- Section radius R1（截面半径 R1）：输入凸起内部圆角半径数值。
- End radius R2（终止半径 R2）：输入凸起内部结束时的圆角半径数值。
- Height H（高度 H）：输入凸起高度。
- （定位草图）：单击此按钮，选择草绘平面，进入草图工作平台，绘制草图轮廓。

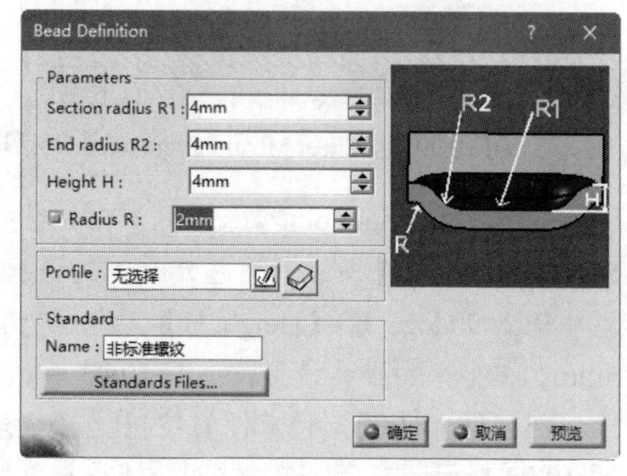

图 10.96　【Bead Definition】对话框

提示：

草图轮廓必须是开放轮廓。

10.5.3 创建曲线冲压

单击【Stamping】（冲压）工具栏中的【Curve Stamp】（曲线冲压）按钮，弹出图 10.97 所示的【Curve stamp definition】（曲线冲压定义）对话框。

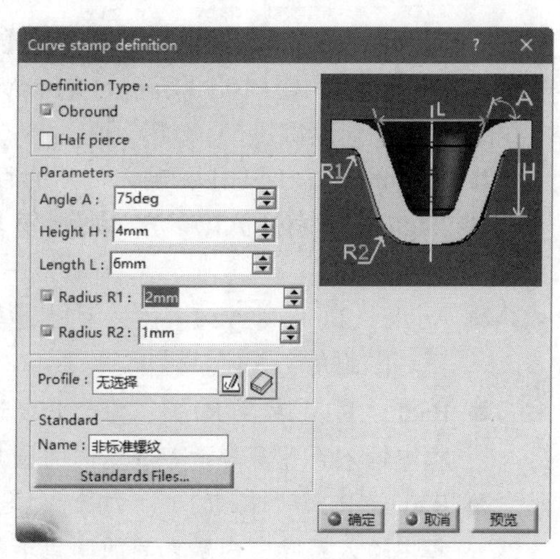

图 10.97 【Curve stamp definition】对话框

- Definition Type（定义类型）：选择定义类型，包括 Obround（长圆形）和 Half pierce（半戳穿）。
  - Obround（长圆形）：勾选此复选框，设置的参数可以创建椭圆形曲线冲压。
  - Half pierce（半戳穿）：勾选此复选框，设置的参数可以创建半戳穿冲压。
- Parameters（参数）：对冲压的各种参数进行设置。
  - Angle A（角度 A）：输入曲线冲压与附着壁之间的角度数值。
  - Height H（高度 H）：输入曲线冲压的高度。
  - Length（长度 L）：输入曲线冲压的长度数值。
  - Radius R1（半径 R1）：勾选此复选框，输入曲线冲压与附着壁之间的圆角半径 R1 数值。
  - Radius R2（半径 R2）：勾选此复选框，输入曲线冲压内部的圆角半径 R2 数值。
- （定位草图）：选择草绘平面，进入草图工作平台，绘制草图轮廓。

提示：

草图轮廓可以是开放轮廓线，也可以是封闭轮廓线。

10.5.4 创建凸缘剪口

单击【Stamping】（冲压）工具栏中的【Flanged Cut Out】（凸缘剪口）按钮，弹出图 10.98 所示的【Flanged cutout Definition】（凸缘剪口定义）对话框。

- Height H（高度 H）：输入创建的凸缘切除高度。
- Angle A（角度 A）：输入凸缘切除与附着壁之间的角度数值。
- Radius R（半径 R）：勾选此复选框，输入凸缘切除与附着壁之间的圆角半径数值。
- （定位草图）：选择草绘平面，进入草图工作平台，绘制草图轮廓。

图 10.98 【Flanged cutout Definition】对话框

提示：

草图轮廓必须是封闭轮廓线。

10.5.5 创建百叶窗

单击【Stamping】（冲压）工具栏中的【Louver】（百叶窗）按钮，弹出图 10.99 所示的【Louver Definition】（百叶窗定义）对话框。

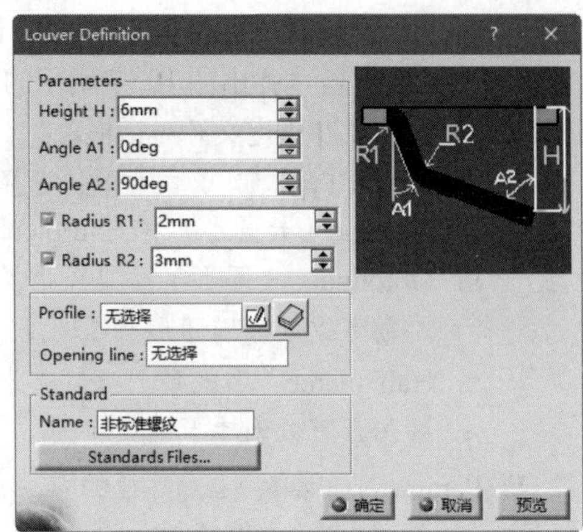

图 10.99 【Louver Definition】对话框

- Height H（高度 H）：输入创建的百叶窗高度。
- Angle A1（角度 A1）：输入百叶窗与附着壁之间的角度数值。
- Angle A2（角度 A2）：输入百叶窗与附着壁法平面之间的角度数值。
- Radius R1（半径 R1）：勾选此复选框，在文本框中输入百叶窗与附着壁之间的圆角半径数值。
- Radius R2（半径 R2）：勾选此复选框，在文本框中输入百叶窗内壁之间的圆角半径数值。
- （定位草图）：选择草绘平面，进入草图工作平台，绘制草图轮廓。

提示：

草图轮廓必须是封闭轮廓线，且包含一条直线段。

10.5.6 创建桥接

单击【Stamping】（冲压）工具栏中的【Bridge】（桥接）按钮，在绘图区中选择一点作为桥的定位点，弹出图 10.100 所示的【Bridge Definition】（桥接定义）对话框。

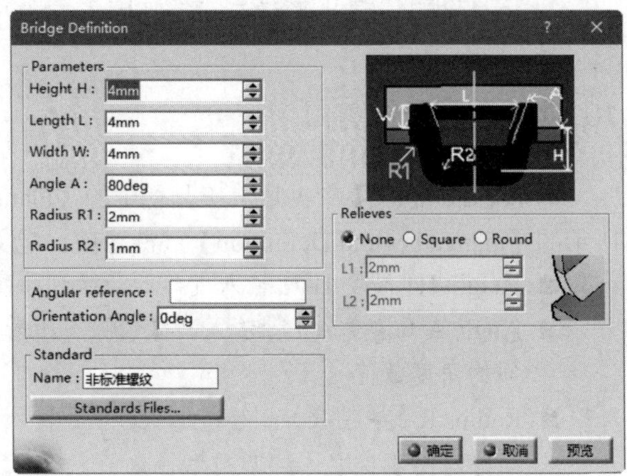

图 10.100 【Bridge Definition】对话框

- Angular reference（角度参考）：从绘图区中选择定位桥接的角度参考元素。
- Orientation Angle（方位角度）：输入与参考之间的夹角。如果不指定角度参考，则该文本框中的角度值是相对于坐标系的。
- Relieves（止裂槽）：选择止裂槽的类型，并在【L1】和【L2】文本框中输入止裂槽的参数。

10.5.7 创建凸缘孔

单击【Stamping】（冲压）工具栏中的【Flanged Hole】（凸缘孔）按钮，在绘图区中选择一点作为凸缘孔的定位点，弹出图 10.101 所示的【Flanged Hole Definition】（凸缘孔定义）对话框。

- Parameters choice（参数选择）：选择创建凸缘孔的参数类型，包括 Major Diameter（长直径）、

Minor Diameter（短直径）、Two Diameters（双直径）和 Punch & Die（冲孔和冲压模）。

➘ Flat Pattern（平整方式）：在该选项组中设置凸缘孔展开时的 K 因子系数或者平坦直径。

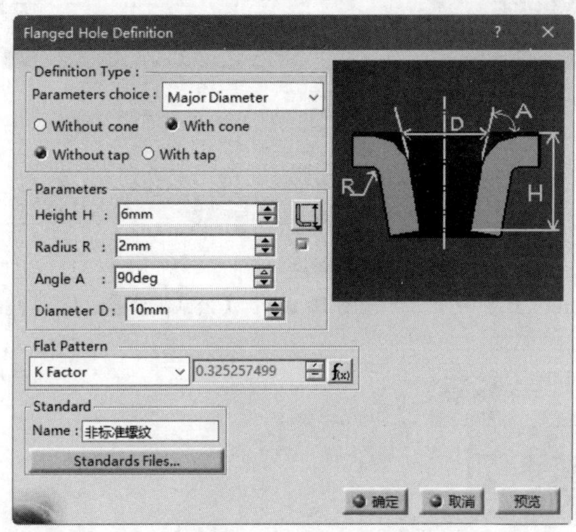

图 10.101 【Flanged Hole Definition】对话框

10.5.8 创建环状冲压

单击【Stamping】（冲压）工具栏中的【Circular Stamp】（环状冲压）按钮，在绘图区中选择一点作为环状冲压的定位点，弹出图 10.102 所示的【Circular Stamp Definition】（环状冲压定义）对话框。

➘ Parameters choice（参数选择）：选择创建环状冲压的参数类型，包括 Major Diameter（长直径）、Minor Diameter（短直径）、Two Diameters（双直径）和 Punch & Die（冲孔和冲压模）。

➘ Parameters：输入高度、半径和角度等参数。

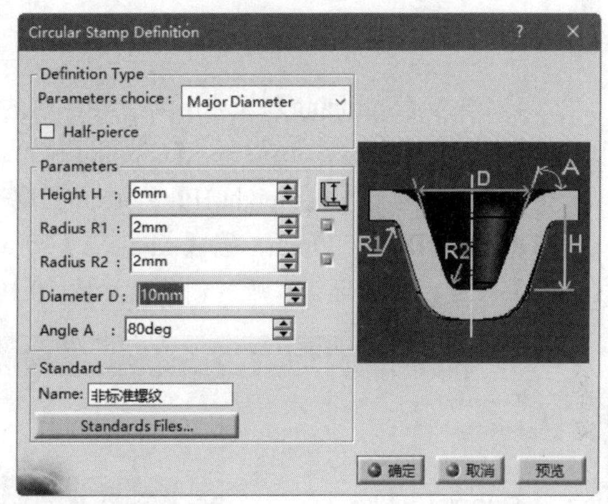

图 10.102 【Circular Stamp Definition】对话框

动手学——完成锅盖

完成锅盖的具体操作步骤如下。

（1）选择【文件】→【打开】命令，在弹出的【选择文件】对话框中选择【guogai】文件，双击将其打开。

（2）单击【Swept Walls】（已扫掠的墙体）工具栏中的【Tear Drop】（表面滴斑）按钮，弹出图 10.103 所示的【Tear Drop Definition】（表面滴斑定义）对话框。

（3）❶单击【打开用于更改驱动方程式的对话框】按钮，弹出【公式编辑器：'零件几何体\表面滴斑.1\半径'】对话框，❷找到【钣金参数.1\弯曲半径】并❸将其更改为 0.5mm，如图 10.104 所示。❹单击【确定】按钮，返回【Tear Drop Definition】（表面滴斑定义）对话框，❺在【Length】文本框中输入 2mm，❻选取墙体的外边线，如图 10.105 所示。❼单击【确定】按钮，结果如图 10.106 所示。

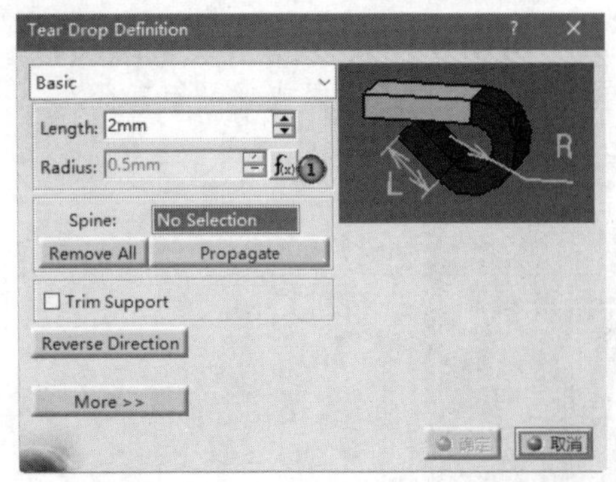

图 10.103 【Tear Drop Definition】对话框

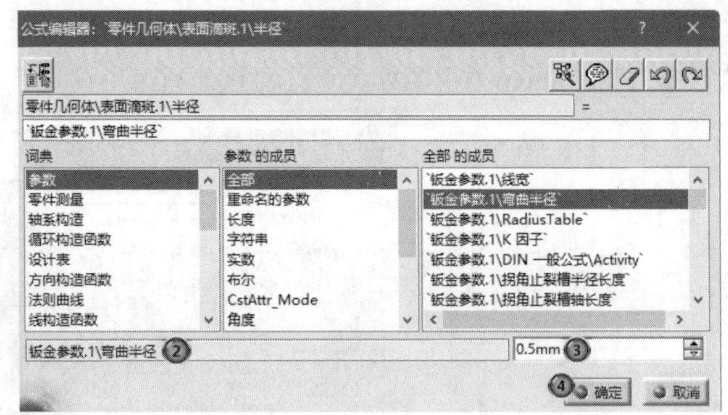

图 10.104 【公式编辑器：'零件几何体\表面滴斑.1\半径'】对话框

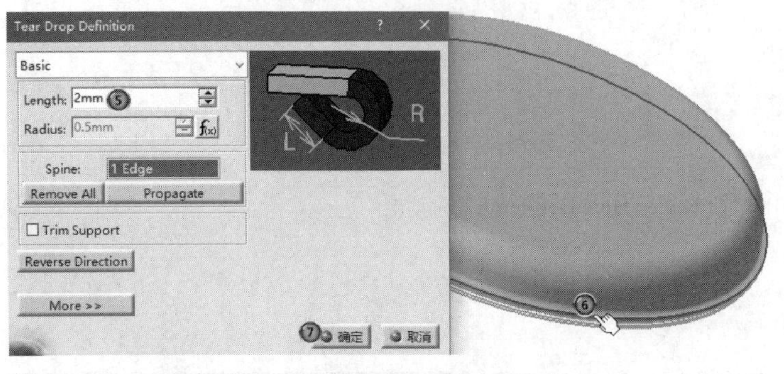

图 10.105 选取墙体的外边线

图 10.106 创建的表面滴斑

（4）单击【Stamping】（冲压）工具栏中的【Circular Stamp】（环状冲压）按钮，在绘图区中选择实体上端面的任意位置，弹出【Circular Stamp Definition】（环状冲压定义）对话框。①在【Parameters】（参数）选项组中设置【Height H】为 1mm，②【Radius R1】为 0.5mm，③【Radius R2】为 0.5mm，④【Diameter D】为 30mm，⑤【Angle A】为 80deg，其他采用默认设置，如图 10.107 所示。⑥单击【确定】按钮，完成环状冲压的创建，如图 10.108 所示。

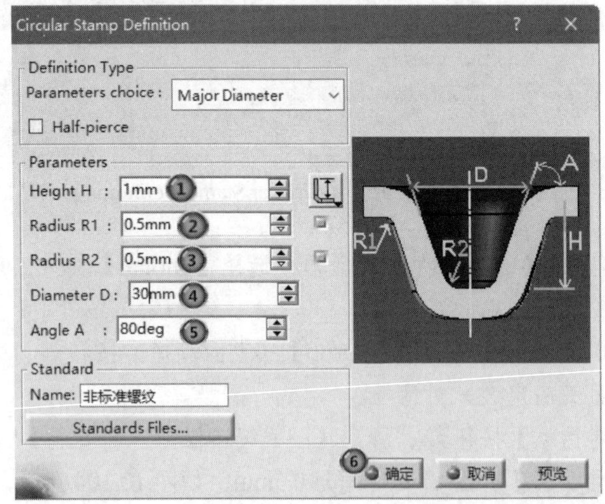

图 10.107 【Circular Stamp Definition】对话框

图 10.108 创建的环状冲压

（5）⑦单击特征树上【环状冲压.1】下的【草图.4】，⑧按住 Ctrl 键，选中冲压中心和⑨实体上表面的边线，⑩单击【对话框中定义的约束】按钮，勾选【同心】复选框，⑪单击【确定】按钮，如图 10.109 所示。单击【退出工作台】按钮，单击【工具】工具栏中的【全部更新】按钮，如图 10.110 所示。

图 10.109 调整冲压中心

图 10.110 环状冲压特征

（6）单击【Cutting/Stamping】（切除/冲压）工具栏中的【Hole】（孔）按钮，选取【环状冲压.1】的上表面，弹出【定义孔】对话框，如图 10.111 所示。①在对话框中设置限制类型为【直到最后】，②输入【直径】为 5mm，③单击【定位草图】按钮，进入草图工作平台，将点定位于圆心。单击【工作台】工具栏中的【退出工作台】按钮，返回【定义孔】对话框。④单击【确定】按钮，完成孔的创建，效果如图 10.112 所示。

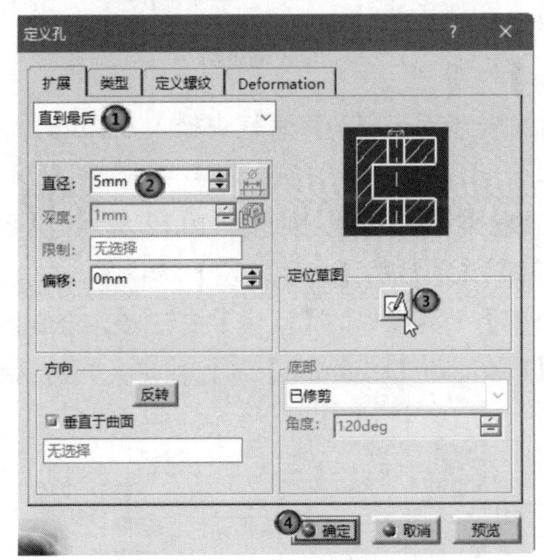

图 10.111 【定义孔】对话框

图 10.112 锅盖

（7）选择【文件】→【保存】命令，保存文件。

10.5.9 创建加强肋

单击【Stamping】（冲压）工具栏中的【Stiffening Rib】（加强肋）按钮，在绘图区的折弯圆角面上选择一点作为加强肋的定位点，弹出图10.113所示的【Stiffening Rib Definition】（加强肋定义）对话框。

- Length L（长度L）：输入加强肋斜边长度数值。
- Radius R1/R2（半径R1/R2）：勾选此复选框，在文本框中输入加强肋与附着壁之间的过渡圆角半径。
- Angle A（角度A）：输入加强肋与附着壁之间的夹角。

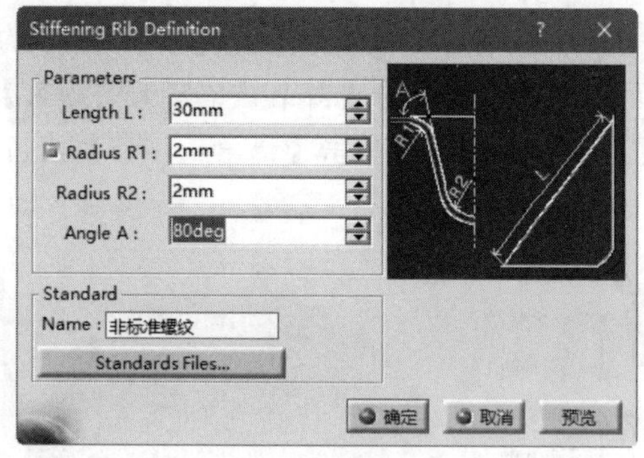

图10.113 【Stiffening Rib Definition】对话框

扫一扫，看视频

扫一扫，看视频

扫一扫，看视频

10.6 综合实例——设计硬盘支架

本节将介绍硬盘支架（图10.114）的设计过程，在设计过程中运用了拉伸、边缘、凸缘、剪口、曲面冲压等钣金设计工具。此钣金件是一个较复杂的钣金零件，综合运用了钣金的各项设计功能，具体操作步骤如下。

图10.114 硬盘支架

（1）选择【开始】→【机械设计】→【Generative Sheetmetal Design】命令，弹出【新建零件】对话框，输入零件名称【硬盘支架】，单击【确定】按钮，进入钣金件设计平台。

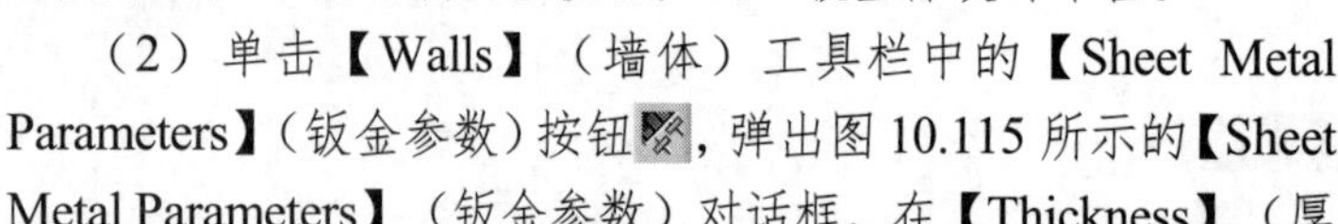

（2）单击【Walls】（墙体）工具栏中的【Sheet Metal Parameters】（钣金参数）按钮，弹出图10.115所示的【Sheet Metal Parameters】（钣金参数）对话框，在【Thickness】（厚度）文本框中输入0.5mm，在【Default Bend Radius】（顺接曲面半径）文本框中输入0.2mm，单击【确定】按钮，完成钣金件参数的设置。

（3）单击【Walls】（墙体）工具栏中的【Extrusion】（拉伸）按钮，弹出图10.12所示的【Extrusion Definition】（拉伸定义）对话框，单击【Profile】（轮廓）选项后的【定位草图】按钮，在特征树中选择xy平面为草绘平面，进入草图工作平台。单击【轮廓】工具栏中的【直线】按钮，绘制图10.116所示的草图轮廓。单击【退出工作台】按钮，返回【Extrusion Definition】（拉伸定义）对话框。

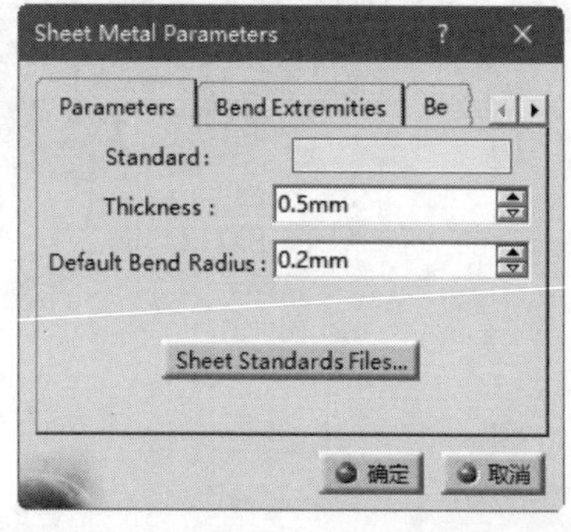

图10.115 【Sheet Metal Parameters】对话框

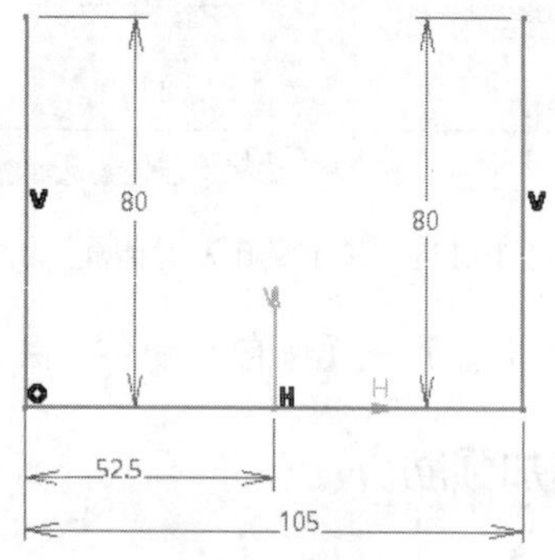

图10.116 草图轮廓

（4）输入拉伸深度为 50mm，选择【Mirrored extent】（镜像范围）选项，其他采用默认设置。单击【确定】按钮，完成拉伸壁的创建，效果如图 10.117 所示。

（5）单击【Swept Walls】（已扫掠的墙体）对话框中的【Hem】（边缘）按钮，弹出【Hem Definition】（边缘定义）对话框，在【Length】（长度）文本框中输入 10mm，从绘图区中选择拉伸壁一侧的边线，其他采用默认设置，如图 10.118 所示。单击【确定】按钮，完成凸缘的创建。

（6）采用相同的方法创建相同参数的凸缘，结果如图 10.119 所示。

图 10.117 创建的拉伸壁

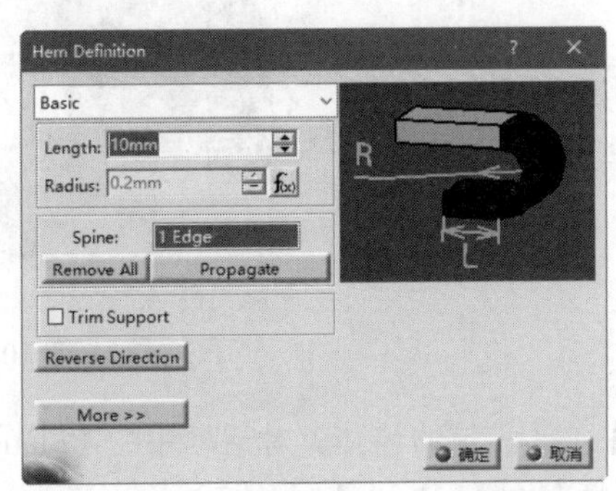

图 10.118 【Hem Definition】对话框

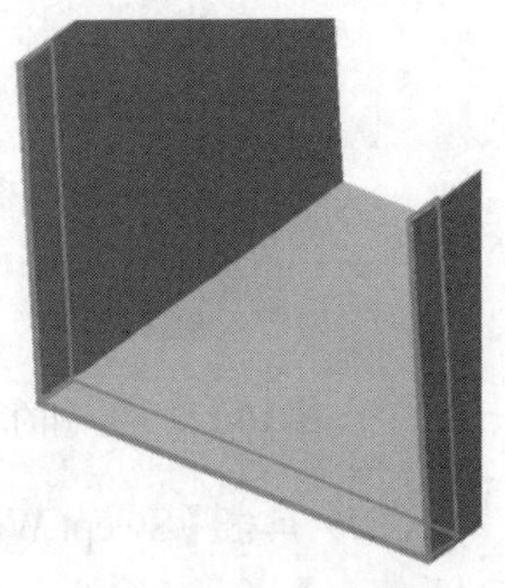

图 10.119 创建的凸缘 1

（7）单击【Swept Walls】（已扫掠的墙体）对话框中的【Flange】（凸缘）按钮，弹出【Flange Definition】（凸缘定义）对话框，在【Length】（长度）文本框中输入 10mm，选择【Length type】（长度型式），在【Angle】（角度）文本框中输入 90deg，其他采用默认设置，如图 10.120 所示。单击【Spine】（脊线）选择框，从绘图区中选择拉伸特征一侧的边线。单击【确定】按钮，完成凸缘的创建。

（8）采用相同的方法在另一侧创建相同参数的凸缘，结果如图 10.121 所示。

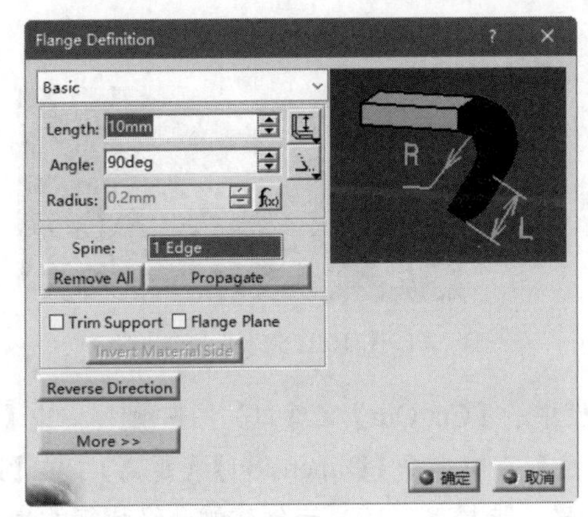

图 10.120 【Flange Definition】对话框 1

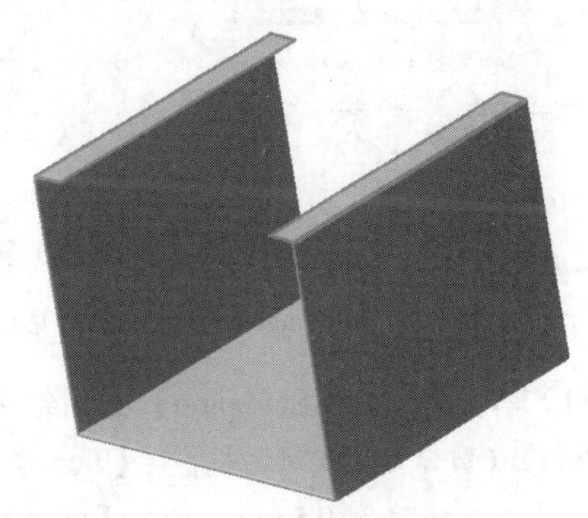

图 10.121 创建的凸缘 2

（9）单击【Cutting/Stamping】（切除/冲压）工具栏中的【Cut Out】（剪口）按钮，弹出【Cutout Definition】（剪口定义）对话框，在【Type】（类型）下拉列表中选择 Dimension（距离），在【Depth】（深度）文本框中输入 0.7mm，单击【Selection】（选择）选择框后的【定位草图】按钮，选择第（8）步创建的凸缘特征的表面为草绘平面，进入草图工作平台，绘制图 10.122 所示的草图轮廓。单击【退出工作台】按钮，返回【Cutout Definition】（剪口定义）对话框，单击【确定】按钮，完成剪口的创建，如图 10.123 所示。

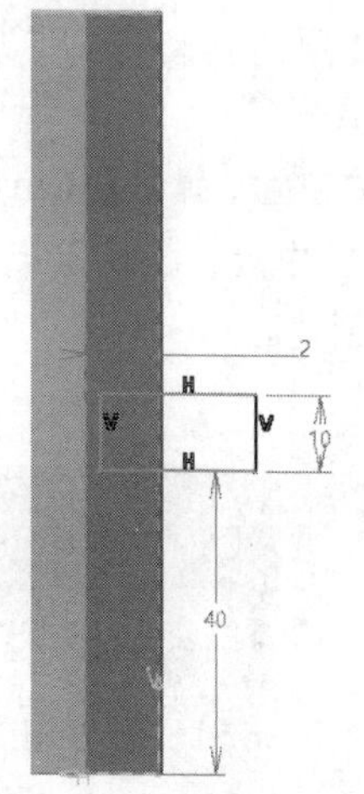

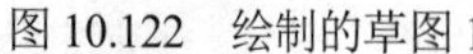

图 10.122　绘制的草图 1

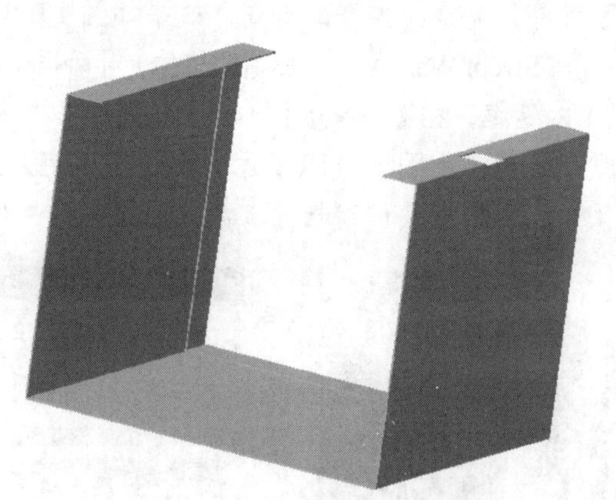

图 10.123　剪口.1

（10）单击【Swept Walls】（已扫掠的墙体）对话框中的【Flange】（凸缘）按钮，弹出【Flange Definition】（凸缘定义）对话框，在【Length】（长度）文本框中输入 6mm，选择【Length type】（长度型式），在【Angle】（角度）文本框中输入 90deg，其他采用默认设置，如图 10.124 所示。单击【Spine】（脊线）选择框，从绘图区中选择第（9）步创建的剪口的边线。单击【确定】按钮，完成凸缘的创建，结果如图 10.125 所示。

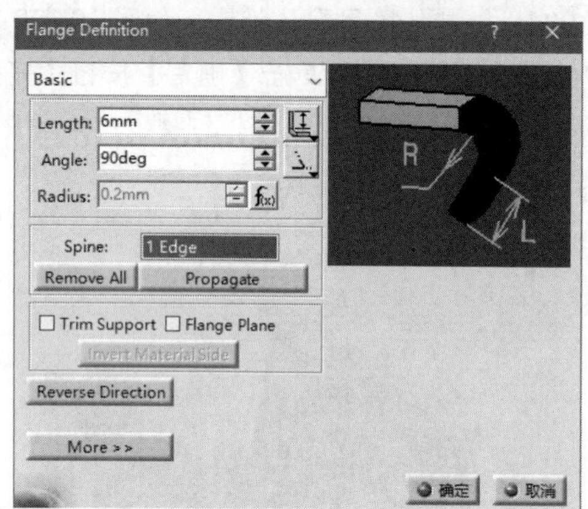

图 10.124　【Flange Definition】对话框 2

图 10.125　创建的凸缘 3

（11）单击【Cutting/Stamping】（切除/冲压）工具栏中的【Cut Out】（剪口）按钮，弹出【Cutout Definition】（剪口定义）对话框，在【Type】（类型）下拉列表中选择【Dimension】（距离），在【Depth】（深度）文本框中输入 0.5mm，单击【定位草图】按钮，选择第（10）步创建的凸缘特征的表面为草绘平面，进入草图工作平台，绘制图 10.126 所示的草图轮廓。单击【退出工作台】按钮，返回【Cutout Definition】（剪口定义）对话框。单击【确定】按钮，完成剪口的创建，结果如图 10.127 所示。

（12）单击【Cutting/Stamping】（切除/冲压）工具栏中的【Cut Out】（剪口）按钮，弹出【Cutout Definition】（剪口定义）对话框，在【Type】（类型）下拉列表中选择 Dimension（距离），在【Depth】（深度）文本框中输入 0.5mm，单击【定位草图】按钮，选择凸缘的表面为草绘平面，进入草图工作平台，绘制图 10.128 所示的草图轮廓。单击【退出工作台】按钮，返回【Cutout Definition】（剪口定义）对话框。单击【确定】按钮，完成剪口的创建，结果如图 10.129 所示。

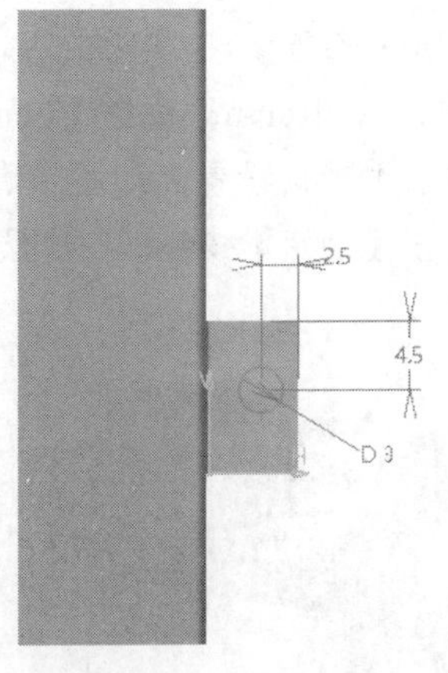

图 10.126　绘制的草图 2

图 10.127　剪口.2

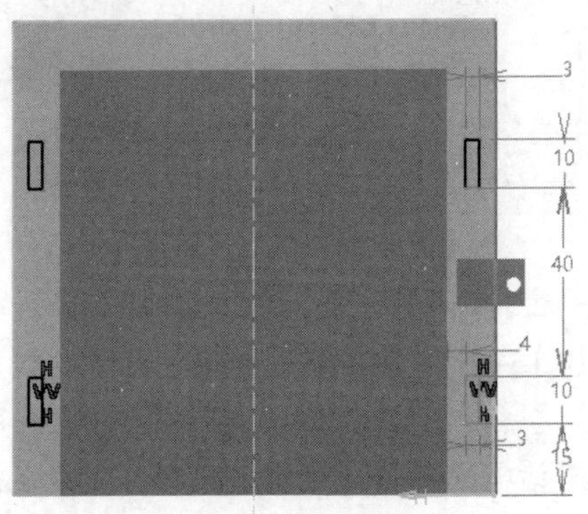

图 10.128　绘制的草图 3

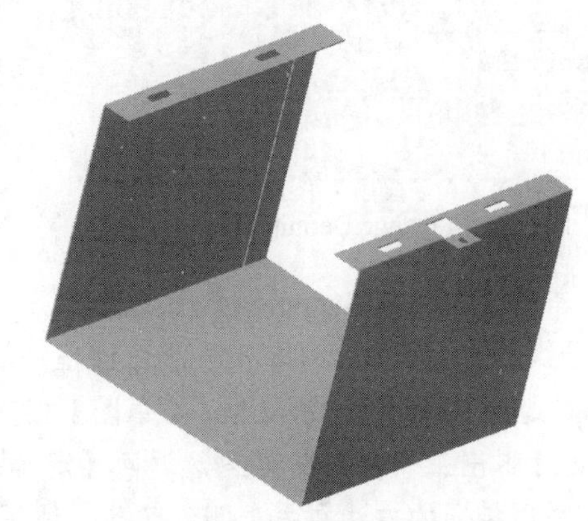

图 10.129　剪口.3

（13）单击【Cutting/Stamping】（切除/冲压）工具栏中的【Cut Out】（剪口）按钮，弹出【Cutout Definition】（剪口定义）对话框，在【Type】（类型）下拉列表中选择 Dimension（距离），在【Depth】（深度）文本框中输入 0.5mm，单击【Selection】（选择）选择框后的【定位草图】按钮，选择拉伸壁的底面为草绘平面，进入草图工作平台，绘制图 10.130 所示的草图轮廓。单击【退出工作台】按钮，返回【Cutout Definition】（剪口定义）对话框。单击【确定】按钮，完成剪口的创建，结果如图 10.131 所示。

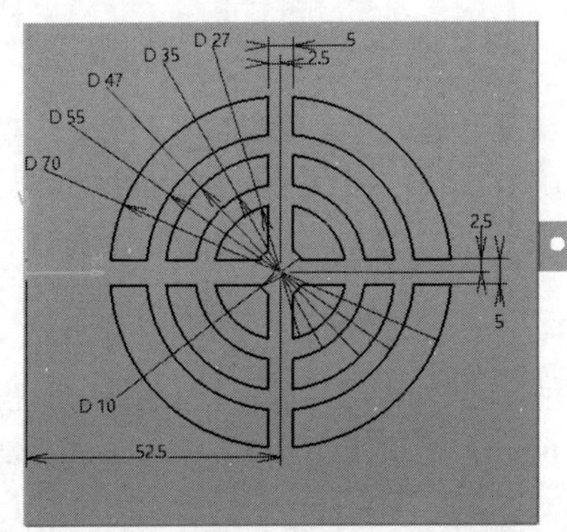

图 10.130　绘制的草图 4

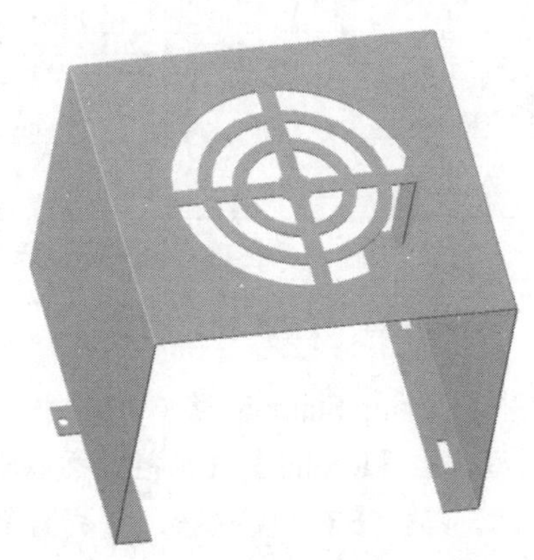

图 10.131　剪口.4

（14）单击【Swept Walls】（已扫掠的墙体）工具栏中的【Flange】（凸缘）按钮，弹出【Flange Definition】（凸缘定义）对话框，在【Length】（长度）文本框中输入 10mm，选择【Length type】（长度型式），在【Angle】（角度）文本框中输入 90deg，其他采用默认设置，如图 10.132 所示。单击【Spine】（脊线）选择框，从绘图区中选择拉伸壁的边线。单击【确定】按钮，完成凸缘的创建，结果如图 10.133 所示。

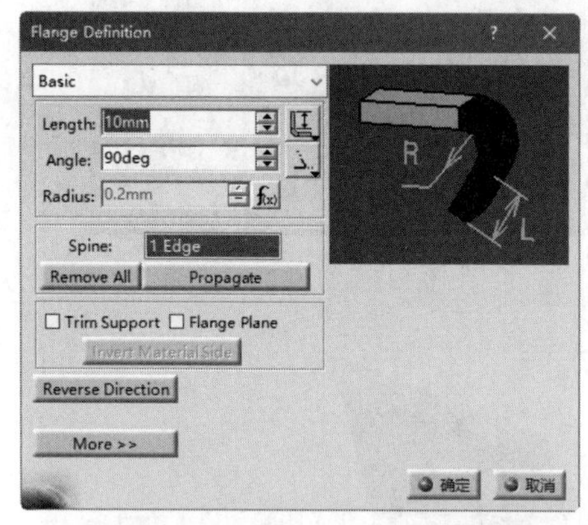

图 10.132 【Flange Definition】对话框 3

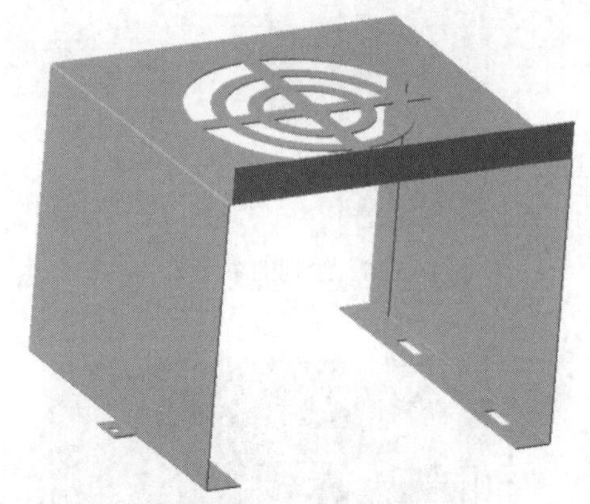

图 10.133 创建的凸缘 4

（15）单击【Cutting/Stamping】（切除/冲压）工具栏中的【Hole】（孔）按钮，选取第（14）步创建的凸缘的表面，弹出【定义孔】对话框，如图 10.134 所示。在对话框中设置限制类型为【直到最后】，输入直径 3.5mm，单击【定位草图】按钮，进入草图工作平台，绘制图 10.135 所示的草图轮廓。单击【退出工作台】按钮，返回【定义孔】对话框，单击【确定】按钮，完成孔的创建。

（16）采用相同的方法在另一侧创建孔，结果如图 10.136 所示。

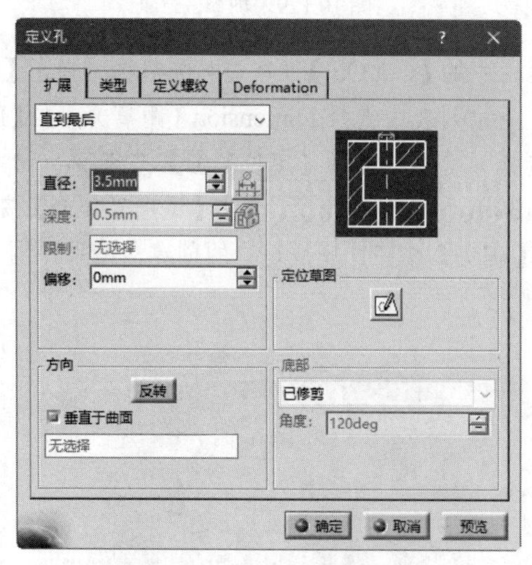

图 10.134 【定义孔】对话框

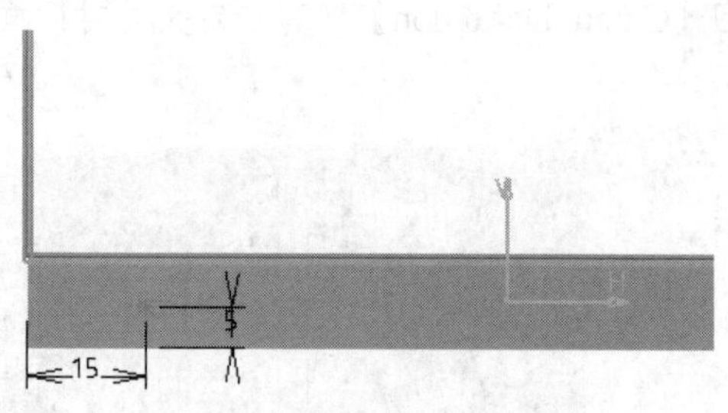

图 10.135 绘制的草图 5

（17）单击【Cutting/Stamping】（切除/冲压）工具栏中的【Corner】（圆角）按钮，弹出【Corner】（圆角）对话框，在【Radius】（半径）文本框中输入 6mm，选取【凸缘.7】的边线进行倒圆角，如图 10.137 所示。单击【确定】按钮，完成圆角的创建。

（18）采用相同的方法在另一侧创建圆角，结果如图 10.138 所示。

图 10.136　创建孔

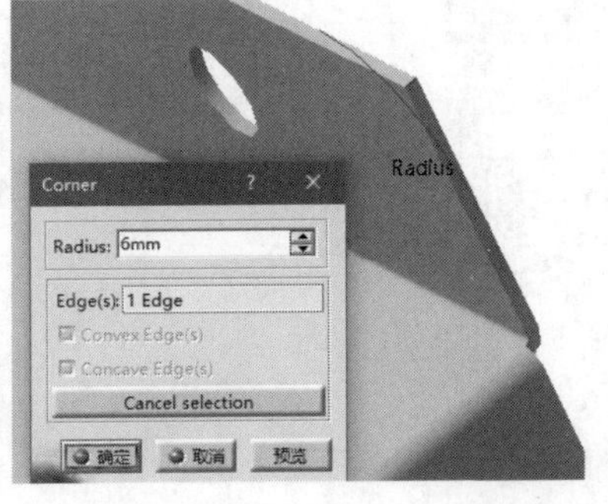

图 10.137　【Corner】对话框

图 10.138　倒圆角

（19）单击【Stamping】（冲压）工具栏中的【Surface Stamp】（曲面冲压）按钮，弹出【Surface Stamp Definition】（曲面冲压定义）对话框，在【Parameters】（参数）选项组中设置【Angle A】为 90deg，【Height H】为 2mm，【Radius R1】为 1.5mm，【Radius R2】为 0.5mm，其他采用默认设置，如图 10.139 所示。

（20）单击【定位草图】按钮，选取拉伸壁的侧面为草图绘制面，进入草图工作平台，绘制图 10.140 所示的草图。单击【退出工作台】按钮，返回【Surface Stamp Definition】（曲面冲压定义）对话框。单击【确定】按钮，完成曲面冲压的创建，结果如图 10.141 所示。

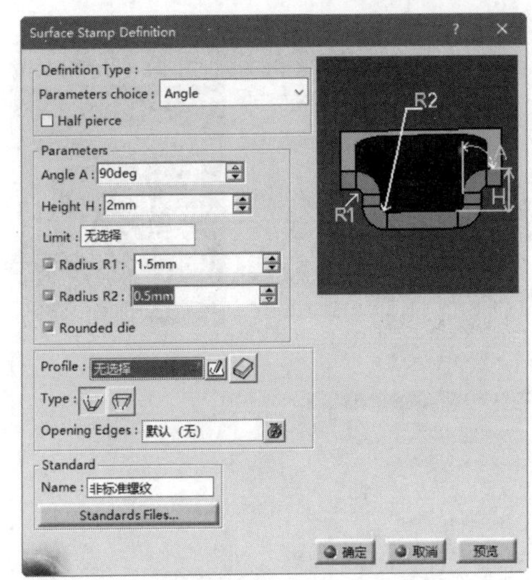

图 10.139　【Surface Stamp Definition】对话框 1

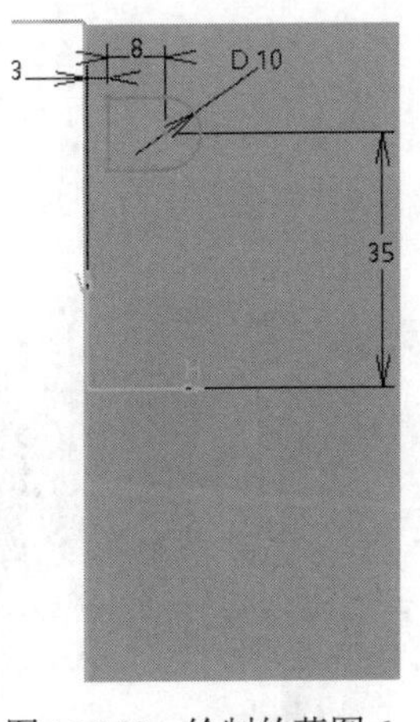

图 10.140　绘制的草图 6

图 10.141　创建的曲面冲压特征 1

（21）单击【Transformation】（变换）工具栏中的【Rectangular Pattern】（矩形阵列）按钮，弹出【定义矩形阵列】对话框，在【参数】下拉列表中选择【实例和间距】，在【实例】文本框中输入 2，在【间距】文本框中输入 70mm，在参考元素中右击，在弹出的快捷菜单中选择 Z 轴为参考方向，如图 10.142 所示。选择第（20）步创建的曲面冲压为要阵列的对象，单击【确定】按钮，完成曲面冲压的阵列，结果如图 10.143 所示。

（22）单击【Transformation】（变换）工具栏中的【Mirror】（镜像）按钮，弹出【Mirror Definition: 镜像.1】对话框，在特征树中选择 yz 平面为镜像平面，选择第（21）步创建的【矩形阵列.1】特征作为镜像的对象，如图 10.144 所示。单击【确定】按钮，完成一侧冲压特征的创建，结果如图 10.145 所示。

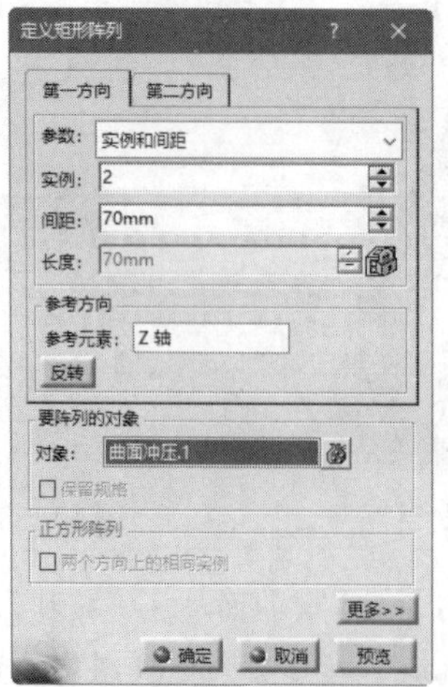

图 10.142 【定义矩形阵列】对话框

图 10.143 阵列曲面冲压 1

（23）单击【Stamping】（冲压）工具栏中的【Surface Stamp】（曲面冲压）按钮，弹出【Surface Stamp Definition】（曲面冲压定义）对话框，在【Parameters】（参数）选项组中设置【Angle A】为 90deg，【Height H】为 2mm，【Radius R1】为 1.5mm，【Radius R2】为 0.5mm，其他采用默认设置，如图 10.146 所示。

图 10.144 【Mirror Definition: 镜像.1】对话框

图 10.145 镜像冲压特征 1

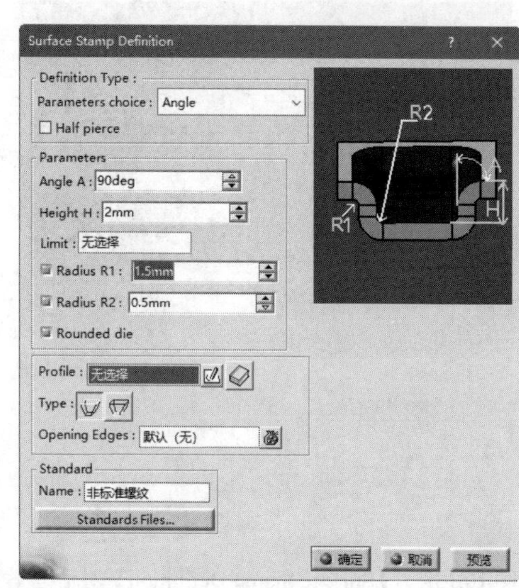

图 10.146 【Surface Stamp Definition】对话框 2

（24）单击【定位草图】按钮，选取拉伸壁的侧面为草图绘制面，进入草图工作平台，绘制图 10.147 所示的草图。单击【退出工作台】按钮，返回【Surface Stamp Definition】（曲面冲压定义）对话框。单击【确定】按钮，完成曲面冲压的创建，结果如图 10.148 所示。

（25）单击【Transformation】（变换）工具栏中的【Rectangular Pattern】（矩形阵列）按钮，弹出【定义矩形阵列】对话框，在【参数】下拉列表中选择【实例和间距】，在【实例】文本框中输入 2，在【间距】文本框中输入 20mm，选取 Y 轴为参考方向，选择第（24）步创建的【曲面冲压.2】为要阵列的对象。单击【确定】按钮，完成曲面冲压的阵列，结果如图 10.149 所示。

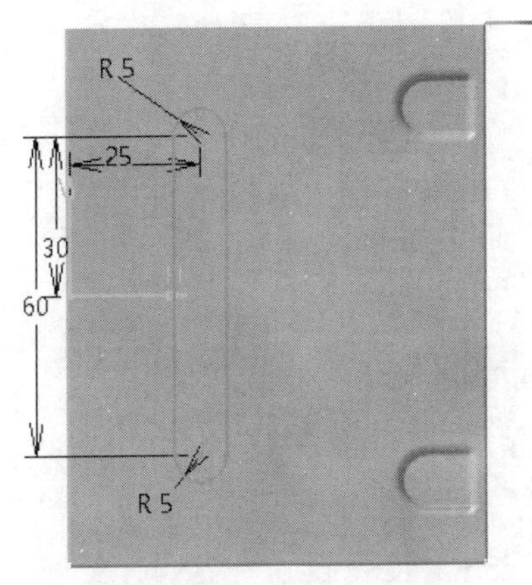

图 10.147　绘制的草图 7

图 10.148　创建的曲面冲压特征 2

（26）单击【Transformation】（变换）工具栏中的【Mirror】（镜像）按钮，弹出【Mirror Definition: 镜像.2】对话框，在特征树中选择 yz 平面为镜像平面，选择第（25）步创建的【矩形阵列.2】特征为要镜像的对象，如图 10.150 所示。单击【确定】按钮，完成另一侧冲压特征的创建，结果如图 10.151 所示。

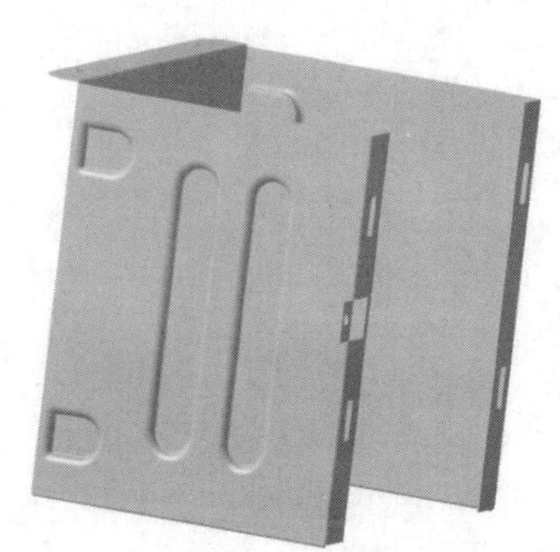

图 10.149　阵列曲面冲压 2

图 10.150　【Mirror Definition:镜像 2】对话框

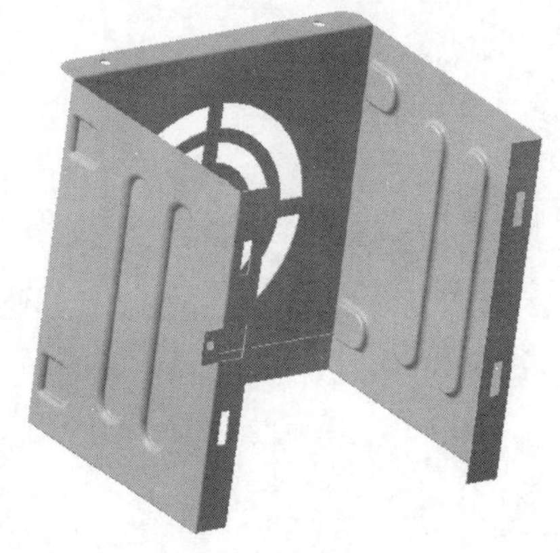

图 10.151　镜像冲压特征 2

（27）单击【Cutting/Stamping】（切除/冲压）工具栏中的【Cut Out】（剪口）按钮，弹出【Cutout Definition】（剪口定义）对话框，在【Cutout Type】选项组的【Type】（剪口类型）下拉列表中选择【Sheetmetal standard】（钣金标准），在【End Limit】选项组的【Type】（类型）下拉列表中选择【Up to last】（直到最后）。单击【More】（更多）按钮，展开对话框，在【Start Limit】选项组的【Type】（类型）下拉列表中选择【Up to last】（直到最后），如图 10.152 所示。

（28）单击【Selection】（选择）选择框后的【定位草图】按钮，选择 yz 平面为草绘平面，进入草图工作平台，绘制图 10.153 所示的草图轮廓。单击【退出工作台】按钮，返回【Cutout Definition】（剪口定义）对话框。单击【确定】按钮，完成剪口.5 的创建，最终的结果如图 10.114 所示。

（29）选择【文件】→【保存】命令，保存文件。

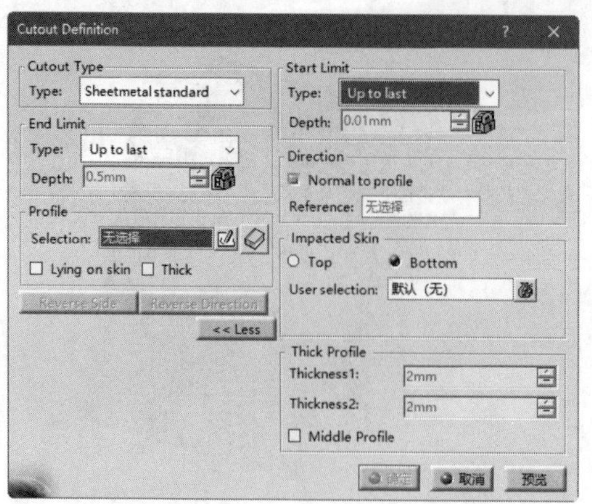

图 10.152 【Cutout Definition】对话框

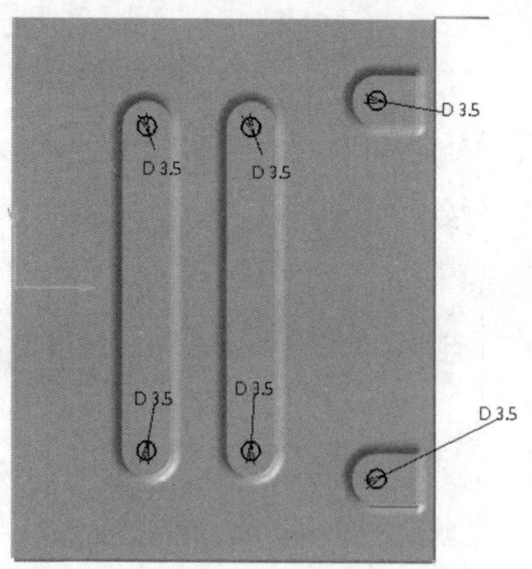

图 10.153 绘制的草图 8

第 11 章　参数化设计

内容简介

参数化设计属于知识模块的一部分，它已经是 CATIA 学习中的高级内容。在知识模块中，知识库作为知识模块的基本工具，以模型数据为基础，使用公式将几何元素包含的数据参数化，并建立各数据之间的关系。在 CATIA V5 中，知识主要由用户创成式地输入各种公式、函数、设计表、规则、检查、循环及创成式脚本等方式来实现。

内容要点

- CATIA 参数化设计简介
- 参数化工具
- 公式
- 法则曲线
- 设计表
- 规则
- 检查
- 综合实例——制作渐开线齿轮

案例效果

11.1　CATIA 参数化设计简介

在进行产品设计时，有时必须综合各零件之间的复杂关系，而如果使用参数化设计，就可以将设计时要用到的数据及它们之间的关系预先输入系统中，这样就可以减少设计者要考虑的内容，并可避免很多设计失误。

将产品设计中有用的数据及它们之间的关系保存为工程知识，并对所建立的各种知识进行存储和分类管理，可以方便以后重复使用。在 CATIA V5 中，对工程知识的存储管理有两种方法：第一种方法是直接将这些知识存储在原文件中，需要应用相关的知识时直接调用这些模型文件；第二种方法是采用 CATIA V5 的管理，将各种知识作为特征分章节、类存储到目录进行统一管理。要引用这些知识时，在目录浏览器中检索到对应的知识并调用它。在引用模板生成新的模型、输入新参考和参数值时，并不改变原实例中的参考和参数值，这对于原实例的保护十分重要。

现在的汽车、飞机设计公司都在使用知识工程来优化设计，这样做的好处主要如下。

（1）帮助企业把规范的设计信息、最优的设计方法和流程等隐含的知识轻易地转化为正规的、显式的知识。CATIA V5 可以将知识以参数（Parameters）、公式（Formulas）、规则（Rules）、检查（Checks）、报告（Reports）、设计表（Design Tables）、应变（Reactions）、创成式脚本（Generative Scripts）等多种形式表示出来，还可以把这些智能资产封装为产品设计模板直接使用。这一方面应用了企业的最佳设计经验，另一方面也保护了企业的智能资产，并且企业可以在任何时候定义、修改、插入任何类型的知识。

（2）给企业提供了在产品全生命周期都可以捕捉与重用企业知识的能力。建立知识库的目的是在产品开发过程中所有相关技术人员都可以高效利用 CATIA V5 自动捕捉建立在系统中的知识。这种独一无二的知识驱动及产品设计方法不仅应用于产品造型阶段，而且贯穿于从设计分析到制造，从单个零件的设计到整个产品的电子样机，这样在设计效率上远远超过了传统的参数化或变量化设计软件系统。而且 CATIA V5 通过知识工程把产品开发过程中涉及的多学科知识有机地集成在一起，从而带动企业相应各部门间的紧密联系及产品信息共享，更好地支持了并行工程和协同设计能力。

在使用参数化设计时，需要先对【选项】对话框进行一系列设置，以方便后续工作。在默认状态下，CATIA 并不会在特征树中显示关联节点的情况及公式的相关信息。选择【工具】→【选项】命令，弹出【选项】对话框，选择【常规】→【参数和测量】选项，打开【知识工程】选项卡，如图 11.1 所示。

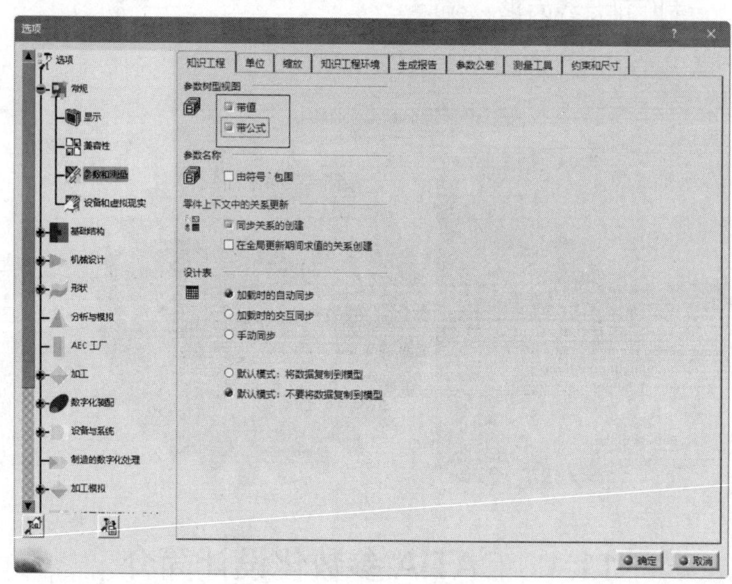

图 11.1　【知识工程】选项卡

在【参数树型视图】选项组中勾选【带值】和【带公式】复选框，在左侧树状图中选择【基础结构】→【零件基础结构】，再打开【显示】选项卡，勾选【参数】和【关系】复选框，如图 11.2 所示。

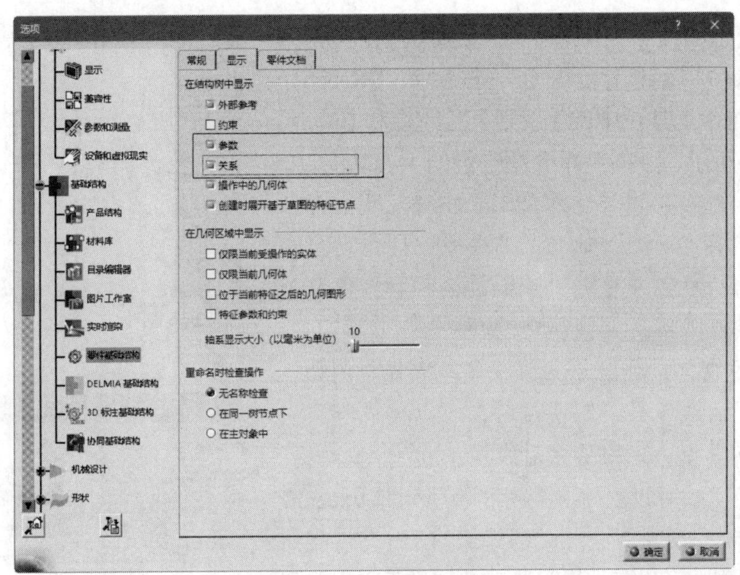

图 11.2　【显示】选项卡

这几个复选框由于并不常用，因此在默认状态下没有选中，它们可以在特征树上显示设计过程中输入的参数及相关公式。对比未选中这几个复选框时的特征树和选中这几个复选框时的特征树，未选中显示参数的特征树如图 11.3 所示，选中显示参数的特征树如图 11.4 所示，可以发现多出了【参数】和【关系】两组特征。这样，在后续的设计中就可以在特征树中方便地修改参数及公式。

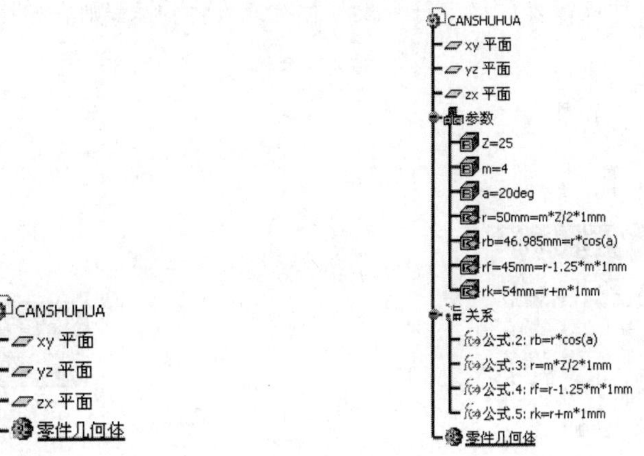

图 11.3　未选中显示参数复选框　　　　图 11.4　选中显示参数复选框

11.2　参数化工具

启动 CATIA 软件后，选择【开始】→【知识工程模块】→【Knowledge Advisor】（知识工程顾问）命令，如图 11.5 所示。

通常在建模中，可以使用零件设计平台、创成式曲面设计平台及知识工程顾问设计平台（Knowledge Advisor）中的相关工具实现参数化设计。对于零件设计平台和创成式曲面设计平台而言，主要是利用【知识工程】工具栏，如图 11.6 所示。其中，常用到的工具包括【公式】工具 f(x)、【设计表】工具和【法则曲线】工具；在【知识工程顾问】（Knowledge Advisor）设计平台中会经常用到【Reactive Features】（反应特征）工具栏中的【规则】工具和【检查】工具，如图 11.7 所示，下面简单介绍它们的主要功能。

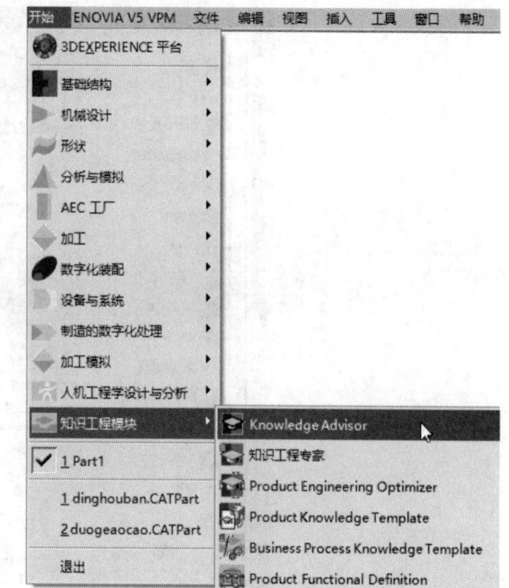

图 11.5 【Knowledge Advisor】选项

- （公式）：可以通过输入公式表示待定变量与自定义变量和其他一些参数之间的关系，即借助公式控制产品的特性，并可编辑参数的名称、数值及公式，以及导入外部变量值等功能。
- （法则曲线）：可以建立曲线参考方程。例如，在使用平行曲线工具绘制曲线时，可以生成与预先建立参考方程相一致的函数曲线。
- （设计表）：可以创建、调用和管理外部 Excel 表格数据或文本文件数据，相关的零部件尺寸信息存储在这些数据中，可以直接通过修改这些数据来实现零部件的系列化，同时可以随意生成各种尺寸的零部件。
- （规则）：可以通过编写程序代码有条件地改变尺寸的值，有条件地激活或隐藏特征，从而实现尺寸驱动和特征驱动。
- （检查）：可以着重标明在校验过程中涉及的参数。当设计中违反了某一条行业设计标准或某种设计约束时，CATIA 就可以立即提示设计人员出错，同时要求修改设计。若设计人员没有及时修改设计或修改后仍未符合设计标准或设计约束，则将始终显示警示图标，直至修改符合校验条件。

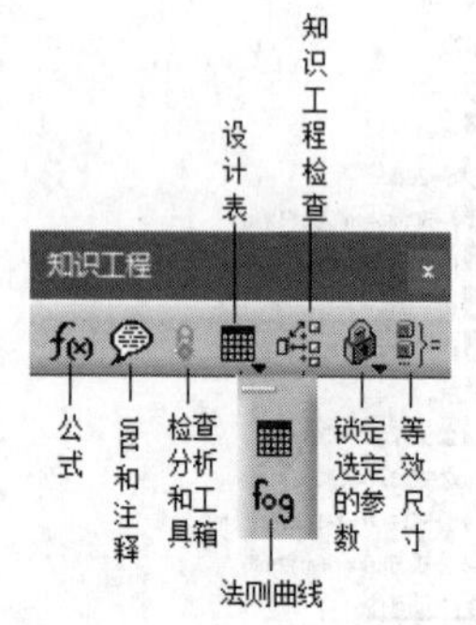

图 11.6 【知识工程】工具栏

图 11.7 【Reactive Features】工具栏

使用参数化工具的步骤一般如下。

（1）采用 CATIA 实现知识工程，首先需要对设计对象进行特征提取，这方面目前较常采用的方法是参数化建模。通过参数化建模，将其特征量用参数表示，从而奠定了下一步建立公式或规则的基础。

（2）在确定特征的基础上，将专家的设计思想或设计方法等知识归纳为规则或公式，通过建立特征之间的关联，将设计思想或方法等知识转化为可用计算机实现的工作过程。

（3）这些规则或公式还可以根据特征或参数对设计的结果进行量化评估。由于 CATIA 对从参数化建模到技术评估都提供了良好的界面和工具，因此它是一个实现知识工程的非常良好的工具，并在制造业中得到广泛的应用。

11.3 公　　式

公式可以建立参数（包括几何参数和工程参数）之间的关系，通过公式驱动尺寸变化修改零件。单击【知识工程】工具栏中的【公式】按钮f(x)，弹出【公式：凸台.1】对话框，如图 11.8 所示。

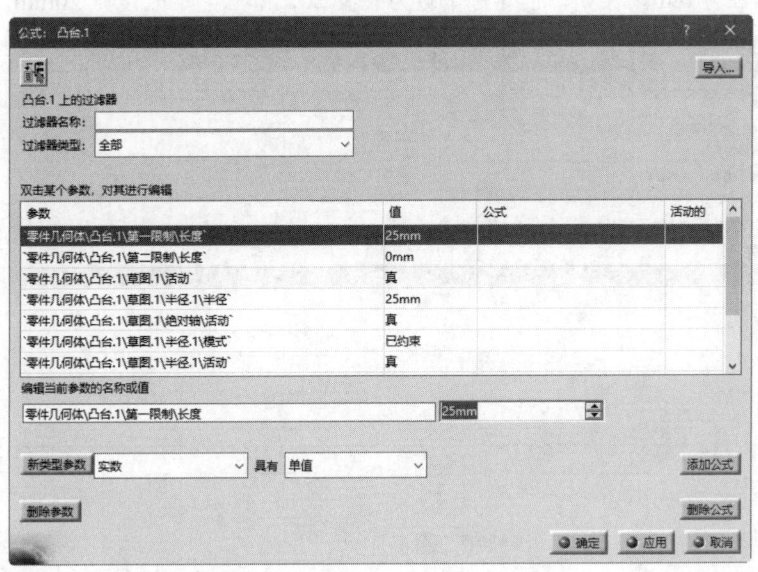

图 11.8　【公式：凸台.1】对话框

动手学——根据公式调整圆柱体大小

扫一扫，看视频

根据公式调整圆柱体大小的具体操作步骤如下。

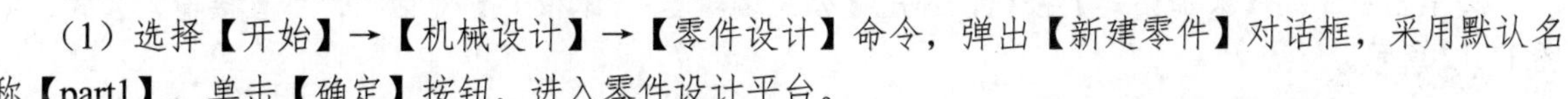

（1）选择【开始】→【机械设计】→【零件设计】命令，弹出【新建零件】对话框，采用默认名称【part1】，单击【确定】按钮，进入零件设计平台。

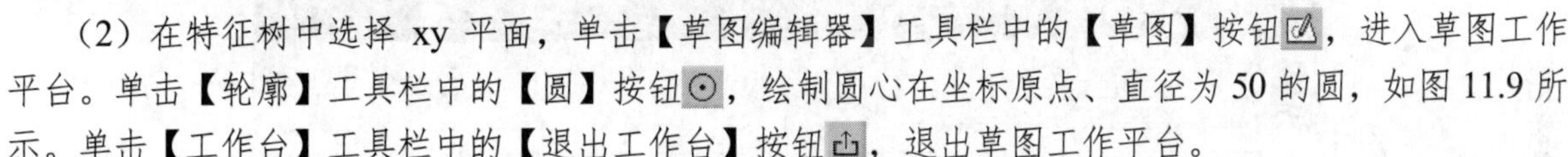

（2）在特征树中选择 xy 平面，单击【草图编辑器】工具栏中的【草图】按钮，进入草图工作平台。单击【轮廓】工具栏中的【圆】按钮，绘制圆心在坐标原点、直径为 50 的圆，如图 11.9 所示。单击【工作台】工具栏中的【退出工作台】按钮，退出草图工作平台。

（3）单击【凸台】工具栏中的【凸台】按钮，弹出【定义凸台】对话框，在【类型】选择框中选择【尺寸】，在【长度】文本框中输入 25mm，在【轮廓/曲面】选择框中选择刚刚创建的【草图.1】作为凸台拉伸的轮廓。单击【确定】按钮，创建的凸台.1 如图 11.10 所示。

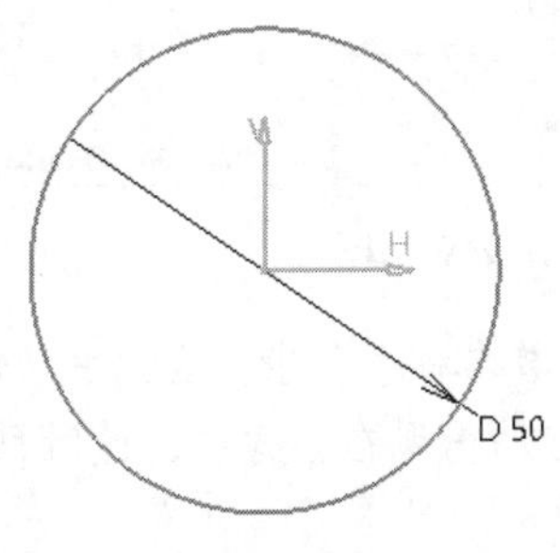

图 11.9　草图.1

图 11.10　凸台.1

（4）单击【知识工程】工具栏中的【公式】按钮f(x)，弹出【公式：Part1】对话框，①在【新类型参数】按钮右侧选择【体积】，②在【具有】选择框中选择【单值】，③单击【新类型参数】按钮，即可新建一个体积参数，如图 11.11 所示，可以在【过滤器类型】下拉列表中选择【全部】查看其他参数。在修改新建参数类型时，默认的类型为实型（real），实型与长度的转换单位是 m。例如，如果创建一个圆的半径 R 为实型 5，那么它的半径是 5m。当创建新参数时，如果选择的是长度（Length），那么系统的默认单位为 mm。例如，创建一个边为长型 20，那么它的长度是 20mm。

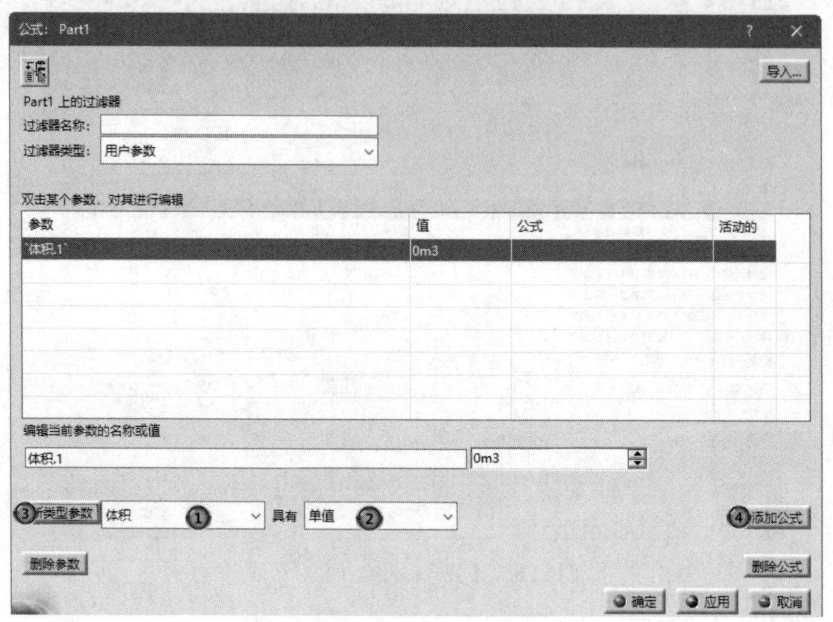

图 11.11 新建体积参数

④单击右侧的【添加公式】按钮，弹出【公式编辑器：`体积.1`】对话框，可直接输入公式，如图 11.12 所示。

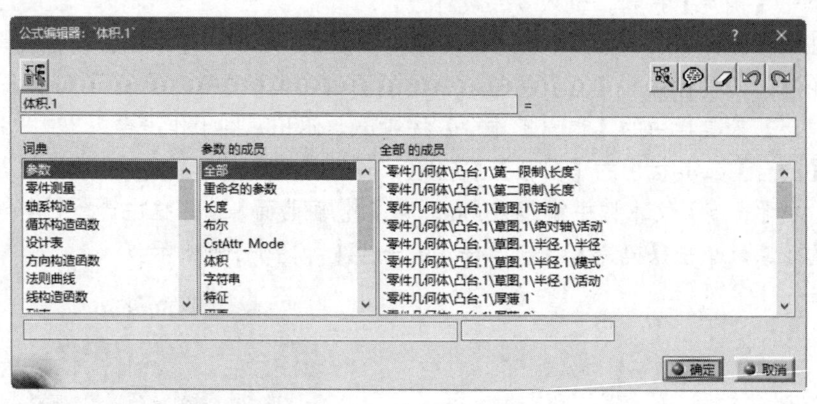

图 11.12 【公式编辑器：`体积.1`】对话框

⑤这里需要注意的是，由于 CATIA 系统自动定义的参数名称很复杂，因此手动输入很容易出错，可以直接双击【全部的成员】列表框中的各种参数，其会自动出现在公式中，此时只需自行加入运算符即可，如图 11.13 所示。

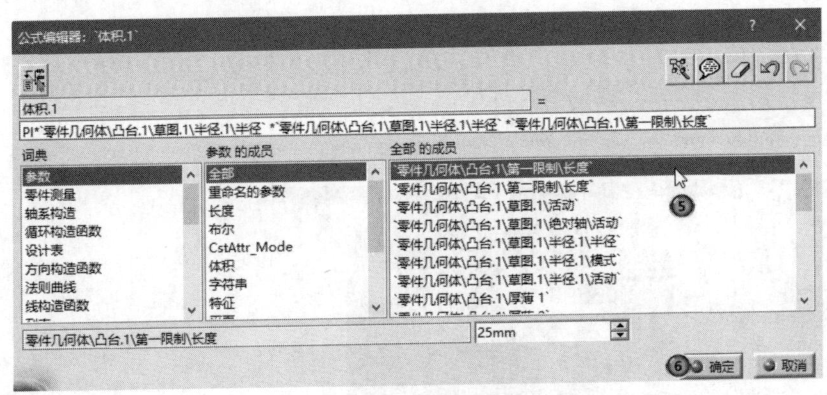

图 11.13　添加公式

❻单击【确定】按钮，完成公式输入，返回【公式：Part1】对话框，此时参数【`体积.1`】中会自动出现刚才输入的公式及计算出的体积值，如图 11.14 所示。❼单击【确定】按钮，完成体积公式的创建。

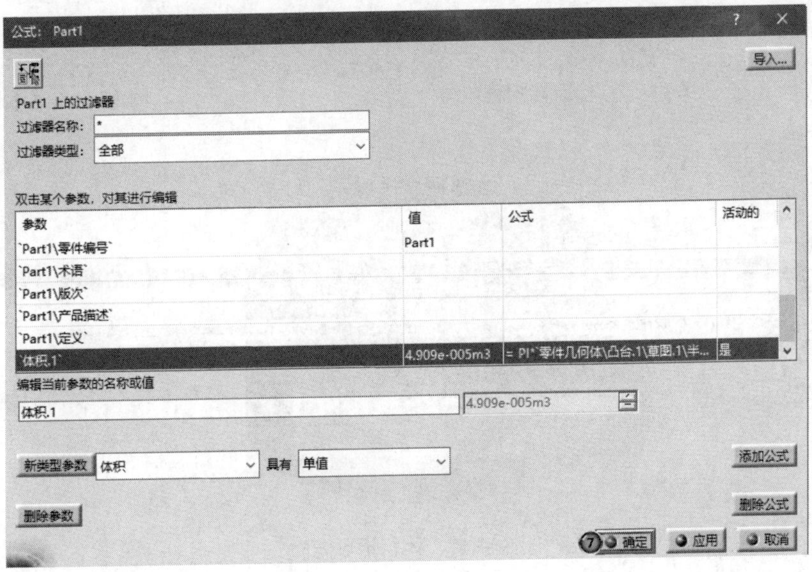

图 11.14　公式及体积值

（5）此时的公式处于激活状态，显示出的体积值无法改变。如果手动将公式关闭，则可以任意输入结果，但此时因为关闭了公式，所以其也不会自动计算输入结果状态下圆柱体的半径及高度。

如果要将公式关闭，可以右击特征树【关系】→【公式】选项，在弹出的快捷菜单中选择【公式.1 对象】→【取消激活】命令，如图 11.15 所示，此时即可修改体积值。双击特征树中【参数】→【体积.1】，即可弹出【编辑参数】对话框，如图 11.16 所示。

如果希望将公式改为激活状态，可再右击特征树中【关系】→【公式】选项，在弹出的快捷菜单中选择【公式.1 对象】→【激活】命令，此时再双击特征树中【参数】→【体积.1】，可看出弹出的【编辑参数】对话框中的体积已不可编辑，如图 11.17 所示。

（6）选择【文件】→【保存】命令，弹出【另存为】对话框，采用默认文件名，单击【保存】按钮，保存文件。

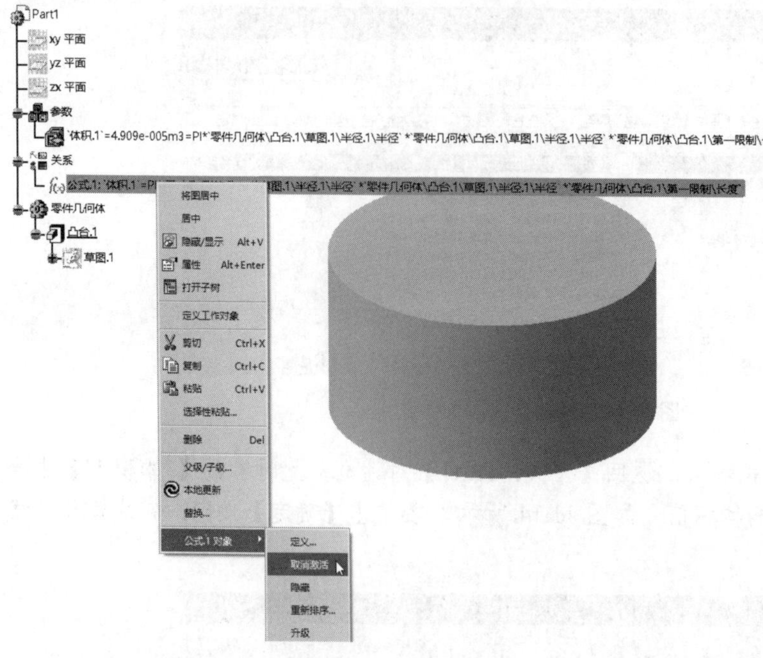

图 11.15　修改体积值

图 11.16　【编辑参数】对话框

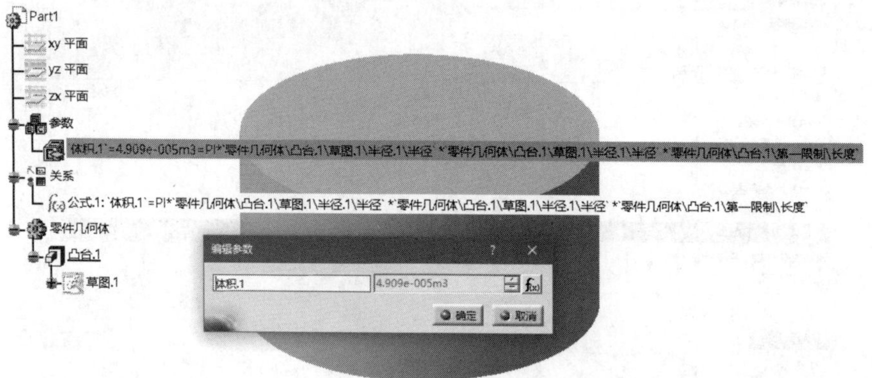

图 11.17　体积不可编辑

11.4　法则曲线

法则曲线可以利用输入的法则方程，使一个参数表示另一个参数，从而生成任意法则曲线。

单击【知识工程】工具栏中的【法则曲线】按钮，弹出【法则曲线 编辑器】对话框，如图 11.18 所示。

扫一扫，看视频

动手学——创建波浪线

创建波浪线的具体操作步骤如下。

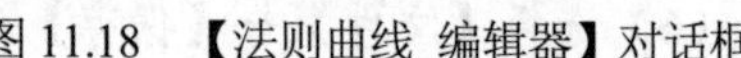
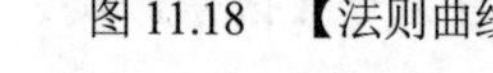

图 11.18　【法则曲线 编辑器】对话框

（1）选择【开始】→【形状】→【创成式外形设计】命令，弹出【新建零件】对话框，输入零件名称【波浪线】，单击【确定】按钮，进入创成式外形设计

图 11.19 【法则曲线 编辑器】对话框

平台。

(2) 在特征树中选择 xy 平面，单击【草图编辑器】工具栏中的【草图】按钮，进入草图工作平台，随意绘制一条直线。建立这条直线的意义有两点：一是以此直线为基准生成法则曲线；二是与生成的法则曲线作对照。

(3) 单击【知识工程】工具栏中的【法则曲线】按钮，弹出【法则曲线 编辑器】对话框，如图 11.19 所示。①输入法则曲线的名称并②对其进行描述，③单击【确定】按钮，弹出【规则编辑器：法则曲线.1 处于活动状态】对话框，如图 11.20 所示。

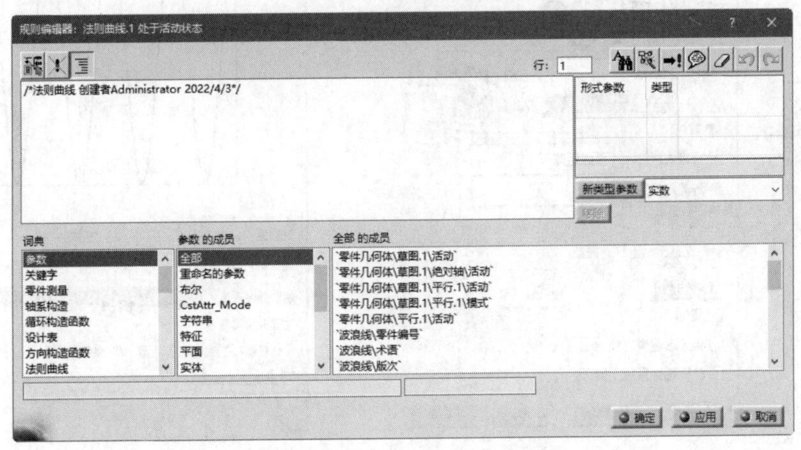

图 11.20 【规则编辑器：法则曲线.1 处于活动状态】对话框

④在【新类型参数】按钮右侧选择【实数】，⑤新建两个实型参数及其法则曲线方程，参数的名称分别为`形式实数.1`和 `形式实数.2`。

⑥在对话框左侧有一个文本框，可以输入法则曲线方程，这里在其中输入“`形式实数.1`=10*cos(10*PI*1rad*`形式实数.2`)+10”，如图 11.21 所示。在输入方程时也可以直接双击右侧的参数，以实现快速插入该参数的效果，⑦单击【确定】按钮，完成法则曲线的创建。单击【工作台】工具栏中的【退出工作台】按钮，退出草图工作平台。

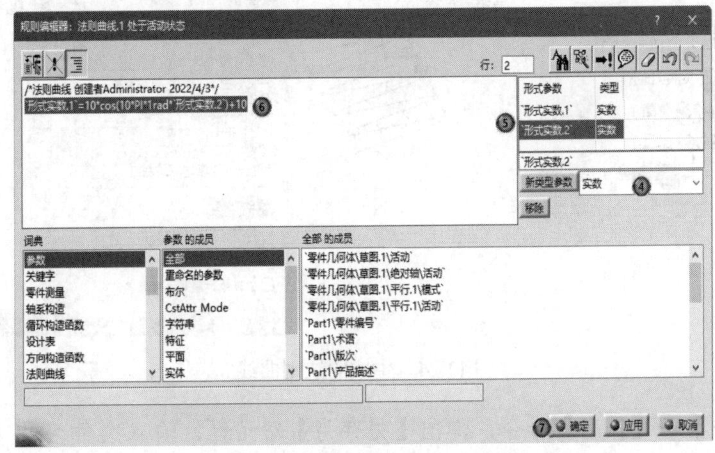

图 11.21 建立新的参数及法则曲线方程

（4）单击【线框】工具栏中的【平行曲线】按钮，弹出【平行曲线定义】对话框，❶在【曲线】中选择开始时建立的直线【草图.1】，❷在【支持面】中选择【xy 平面】，此时即可建立在 xy 平面上的法则曲线，如图 11.22 所示。

❸单击【法则曲线】按钮，即可弹出【法则曲线定义】对话框，单击创建好的法则曲线，填入【法则曲线元素】选项，即可同步预览法则曲线形状，如图 11.23 所示。

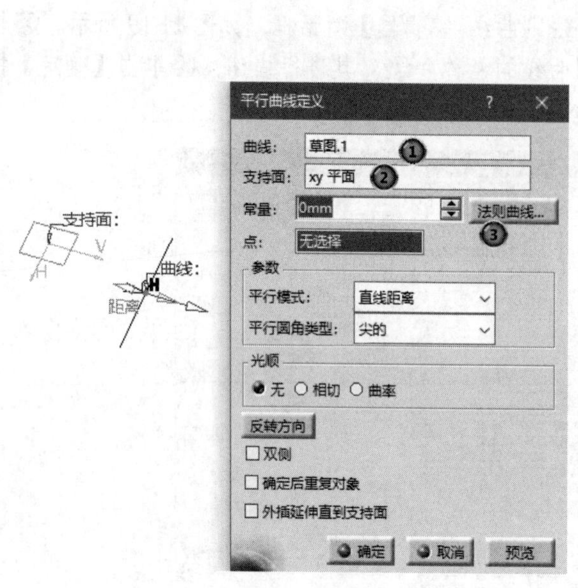

图 11.22　输入曲线及支持面 1

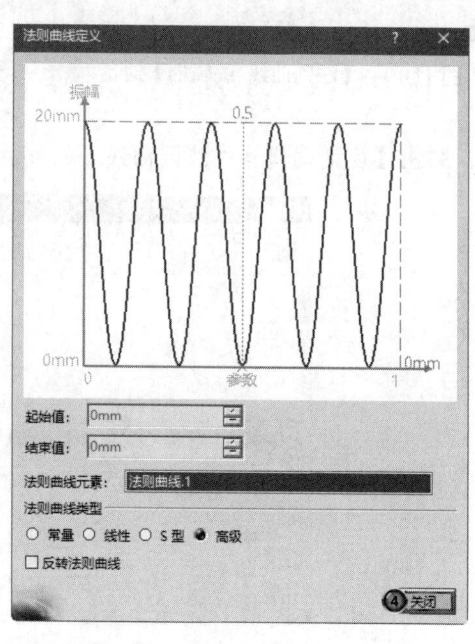

图 11.23　输入曲线及支持面 2

❹单击【关闭】按钮，完成法则曲线定义，回到【平行曲线定义】对话框。

❺单击【确定】按钮，即可看到生成的法则曲线，如图 11.24 所示。由于建立的法则曲线方程为余弦曲线，因此将其与最初建立的直线相对比，该直线正好与余弦曲线相切。

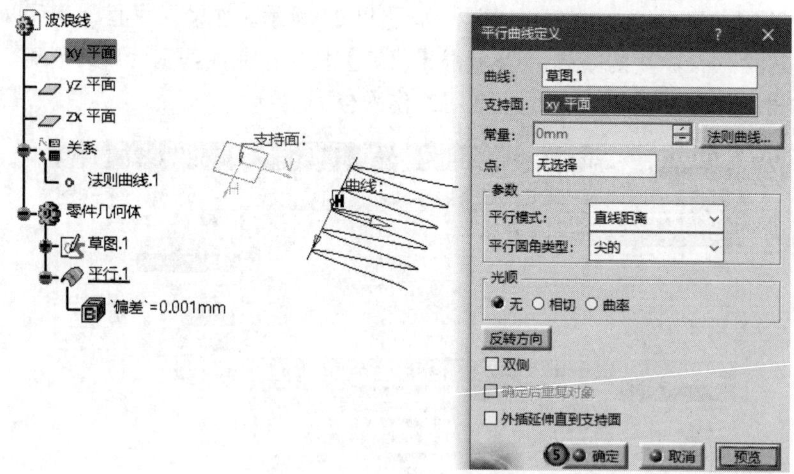

图 11.24　生成的法则曲线

（5）选择【文件】→【保存】命令，弹出【另存为】对话框，输入文件名称【bolangxian】，单击【保存】按钮，保存文件。

11.5 设 计 表

设计表根据零件特征值创建，这些特征值能够完整描述零件特征。设计表可以是 Excel 表，也可以是 txt 格式，数据按照一定的方式排列。在 CATIA 中，可以通过调用创建好的设计表中的不同系列值实现修改零件。

单击【知识工程】工具栏中的【设计表】按钮▦，弹出【创建设计表】对话框，如图 11.25 所示。

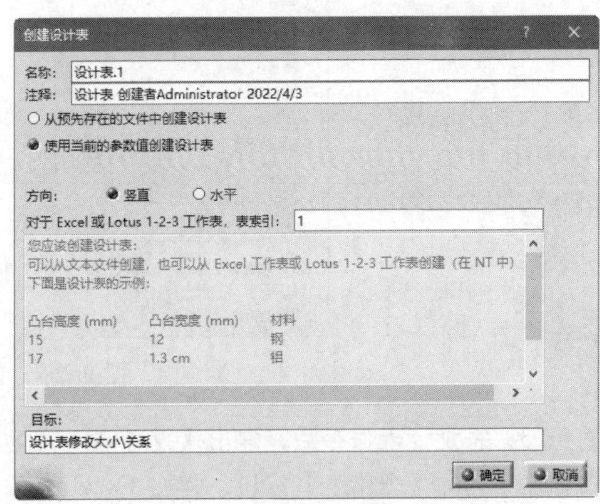

图 11.25　【创建设计表】对话框

扫一扫，看视频

动手学——根据设计表调整圆柱体大小

根据设计表调整圆柱体大小的具体操作步骤如下。

（1）选择【开始】→【机械设计】→【零件设计】命令，弹出【新建零件】对话框，输入零件名称【设计表修改大小】，单击【确定】按钮，进入零件设计平台，绘制直径为 50mm、高度为 25mm 的凸台。

（2）单击【知识工程】工具栏中的【设计表】按钮▦，弹出【创建设计表】对话框，如图 11.26 所示，采用默认的设计表名称及注释。❶如果选中【使用当前的参数值创建设计表】单选按钮，则表示从当前的零件数据开始创建新的设计表。如果选中【从预先存在的文件中创建设计表】单选按钮，则会弹出一个文件选择对话框，供用户选择 Excel 表或 txt 格式文件。❷设置【方向】为【竖直】，在中间的不可编辑文本框中会显示出一个简单的 Excel 工作表示例，即 CATIA 可以识别的格式。其余设置按照默认即可，❸单击【确定】按钮。

弹出【选择要插入的参数】对话框，❹在【要插入的参数】列表框中选择【`零件几何体\凸台.1\第一限制\长度`】选项，❺单击⇨按钮，将其输入【已插入的参数】列表框中，如图 11.27 所示。该参数表示将圆台拉伸的高度，可以返回设计过程查看该圆台设计时的相关参数，❻单击【确定】按钮，弹出【另存为】对话框，将刚才制作的设计表保存，如图 11.28 所示。

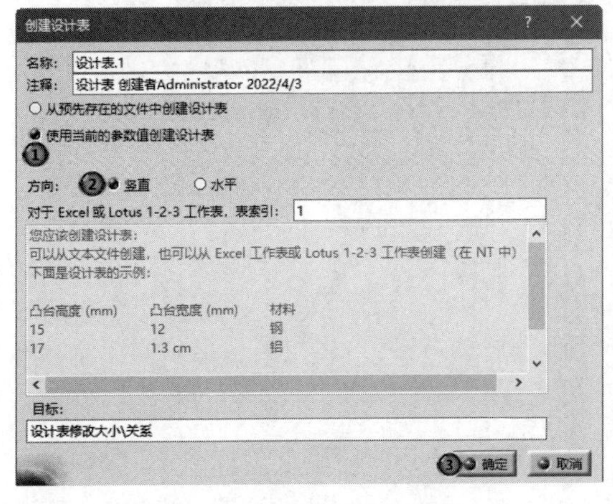

图 11.26　【创建设计表】对话框

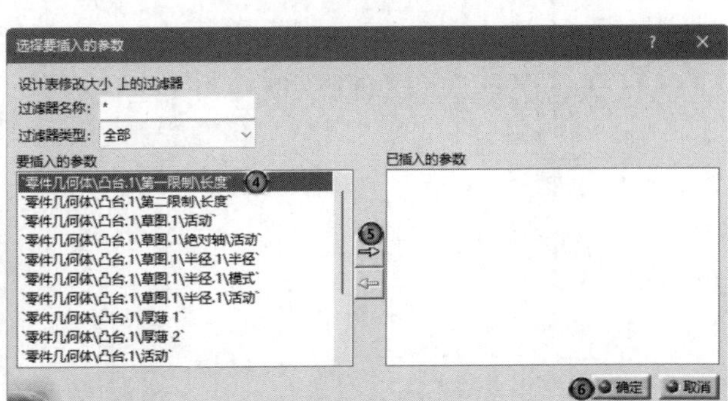

图 11.27　【选择要插入的参数】对话框

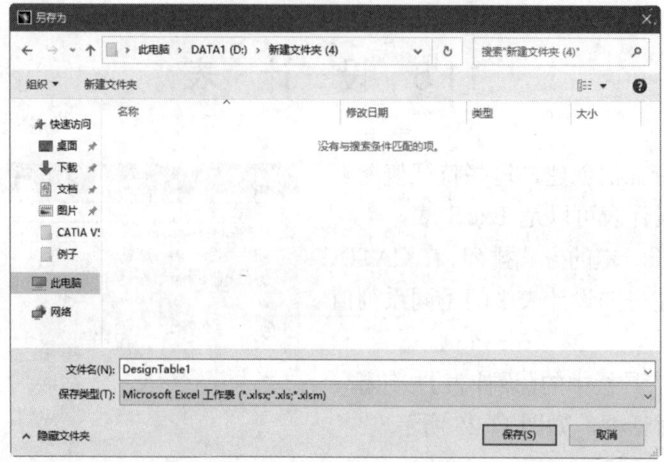

图 11.28 【另存为】对话框

（3）将设计表保存后，弹出【设计表.1 活动,配置行：1】对话框，如图 11.29 所示。❶单击该对话框左下角的【编辑表】按钮，弹出 Excel 程序，并显示出设计表中的内容，如图 11.30 所示。按照同样的格式，再输入几组数据，如图 11.31 所示。

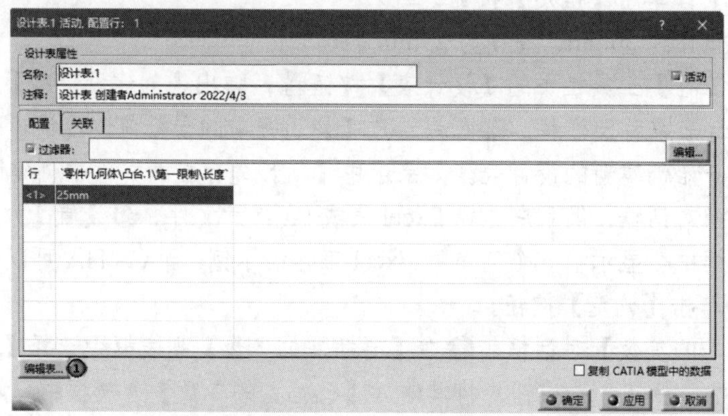

图 11.29 【设计表.1 活动,配置行：1】对话框

图 11.30 初始表格

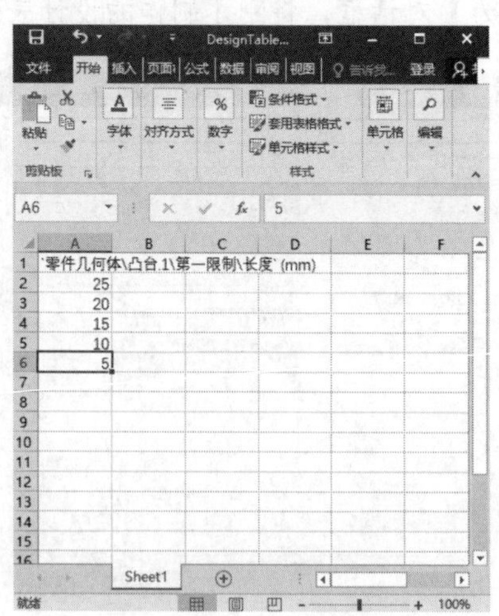

图 11.31 输入新的数据

数据输入完成后，单击【保存】按钮，此时会弹出【知识工程报告】对话框，显示设计表的相关信息，如图 11.32 所示。②单击【关闭】按钮，将此对话框关闭，在【设计表.1 活动,配置行：1】对话框中可以看到刚才输入的新数据，如图 11.33 所示。

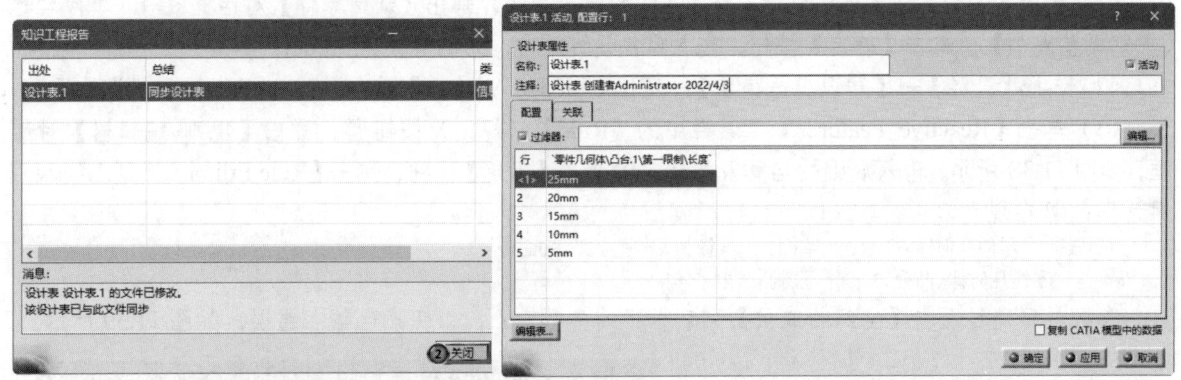

图 11.32 【知识工程报告】对话框

图 11.33 输入的新数据

（4）此时直接在该对话框中双击新的数据，即可在视图中看到圆台的高度变化。初始圆台如图 11.34 所示，当选择 10mm 时，圆台效果如图 11.35 所示。

（5）如果后期希望重新修改设计表，只需在特征树中找到【设计表.1】，如图 11.36 所示，在其上双击，即可弹出【设计表.1 活动,配置行：1】对话框，进行修改即可。

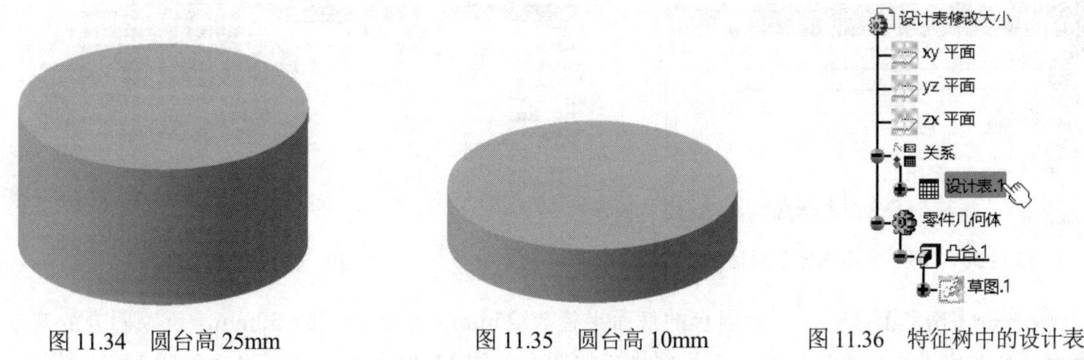

图 11.34 圆台高 25mm

图 11.35 圆台高 10mm

图 11.36 特征树中的设计表

（6）选择【文件】→【保存】命令，弹出【另存为】对话框，输入文件名称【shejibiao】，单击【保存】按钮，保存文件。

11.6 规　　则

规则可以采用 IF THEN 语句编写，有条件地改变尺寸值或激活特征，从而实现尺寸驱动或特征驱动。使用规则的好处是，可以在设计之初定义模型所需遵守的规范，即可避免设计时违反设定的规范。

单击【Reactive Features】工具栏中的【Rule】（规则）按钮，弹出【规则 编辑器】对话框，如图 11.37 所示。

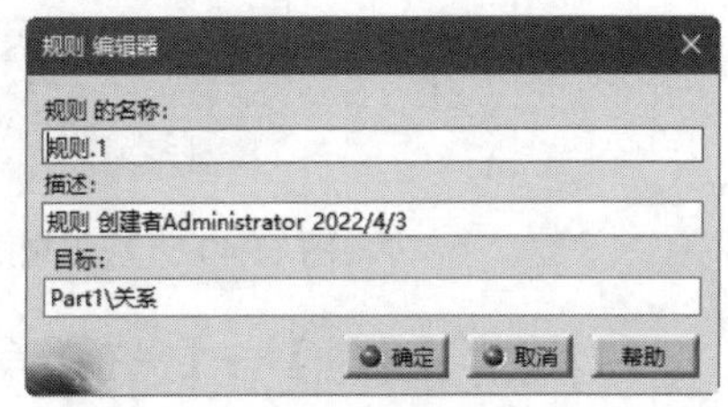

图 11.37 【规则 编辑器】对话框

扫一扫，看视频

动手学——根据规则调整圆柱体大小

根据规则调整圆柱体大小的具体操作步骤如下。

（1）选择【开始】→【机械设计】→【零件设计】命令，弹出【新建零件】对话框，输入零件名称【规则调整大小】，单击【确定】按钮，进入零件设计平台，绘制直径为 50mm、高度为 25mm 的凸台。

（2）选择【开始】→【知识工程模块】→【Knowledge Advisor】命令,进入知识工程顾问设计平台。

（3）单击【Reactive Features】工具栏中的【Rule】（规则）按钮，弹出【规则 编辑器】对话框，如图 11.38 所示，输入规则的名称及描述。①单击【确定】按钮，弹出【Rule Editor: 规则.1Active】对话框，②在规则编辑区输入以下代码。

```
if `零件几何体\凸台.1\草图.1\半径.1\半径` < 50mm
 `零件几何体\凸台.1\第一限制\长度` =70mm
```

参数最好通过双击【全部的成员】列表框中的参数输入，以免产生输入错误，如图 11.39 所示。

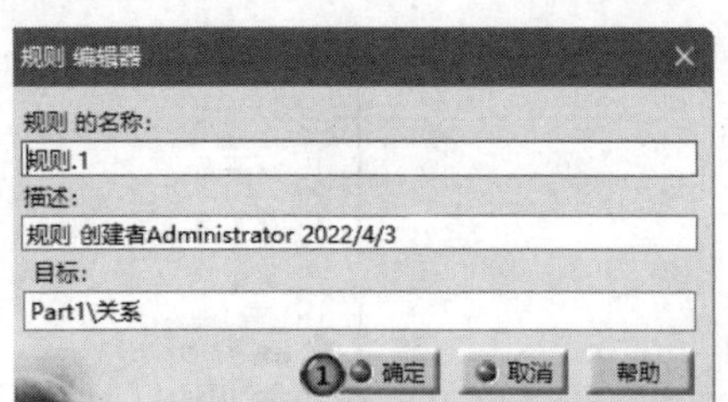

图 11.38 【规则 编辑器】对话框

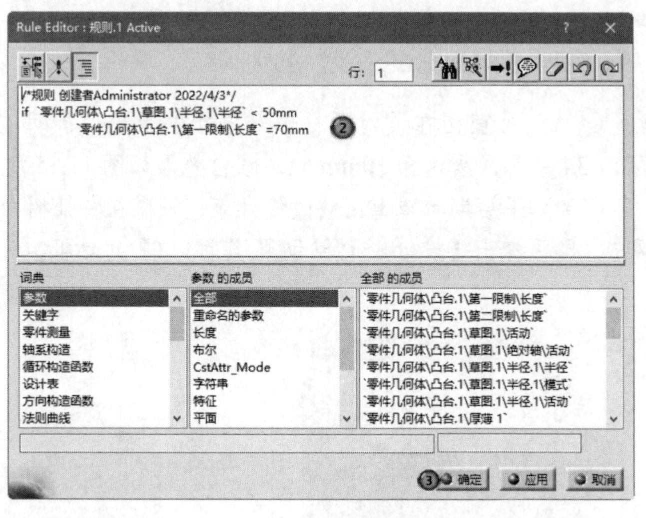

图 11.39 输入规则代码

③单击【确定】按钮，因为圆台的底面半径为 25mm，小于输入的 50mm，所以圆台的高度变为 70mm。从对比中可以看出这点，应用规则前的圆台如图 11.40 所示，应用之后如图 11.41 所示。

图 11.40 应用规则前的圆台

图 11.41 高度变为 70mm 后的圆台

（4）选择【文件】→【保存】命令，弹出【另存为】对话框，输入文件名称【guize】，单击【保存】按钮，保存文件。

11.7 检　　查

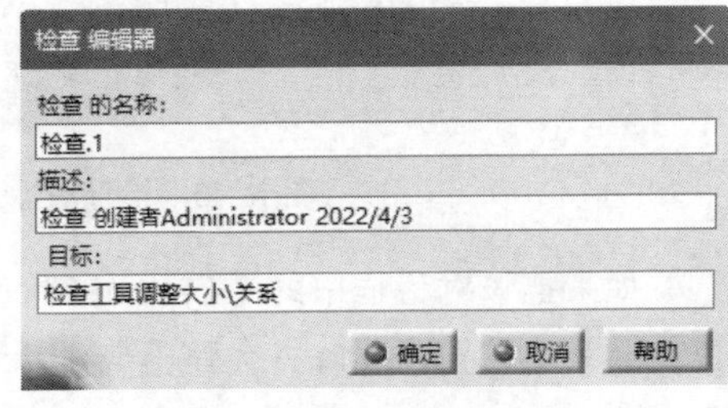

图 11.42 【检查 编辑器】对话框

扫一扫，看视频

【Check】（检查）按钮主要用于检查设计中的参数是否符合设计标准等，从而及时有效地提醒设计人员进行修改。

单击【Reactive Features】工具栏中的【Check】（检查）按钮，弹出【检查 编辑器】对话框，如图 11.42 所示。

动手学——利用检查工具调整圆柱体大小

利用检查工具调整圆柱体大小的具体操作步骤如下。

（1）选择【开始】→【机械设计】→【零件设计】命令，弹出【新建零件】对话框，输入零件名称【检查工具调整大小】，单击【确定】按钮，进入零件设计平台，绘制任意直径和高度的凸台，这里绘制直径为 50mm、高度为 25mm 的凸台。

（2）选择【开始】→【知识工程模块】→【Knowledge Advisor】命令,进入知识工程顾问设计平台。

（3）单击【Reactive Features】工具栏中的【Check】（检查）按钮，弹出【检查 编辑器】对话框，如图 11.43 所示，输入检查名称及描述，单击【确定】按钮。

（4）弹出【Check Editor：检查.1 Active】对话框，①在【Type of Check】选择框中选择【Slient】，②在【Message】选择框中输入【圆台太高！】，③在左侧文本区域输入以下代码。

```
`零件几何体\凸台.1\第一限制\长度` <`零件几何体\凸台.1\草图.1\半径.1\半径`
```

如图 11.44 所示，④单击【确定】按钮，因为圆台的高度（25mm）等于圆台的半径值，所以不满足检查条件，可以看出此时在特征树上出现了一个红色的【检查.1】图标，如图 11.45 所示。

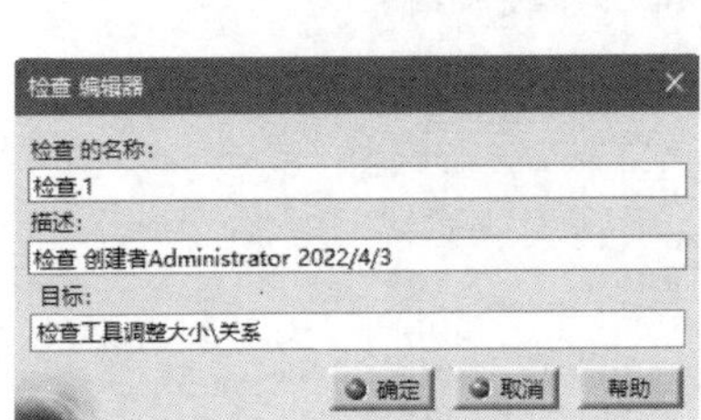

图 11.43 【检查 编辑器】对话框

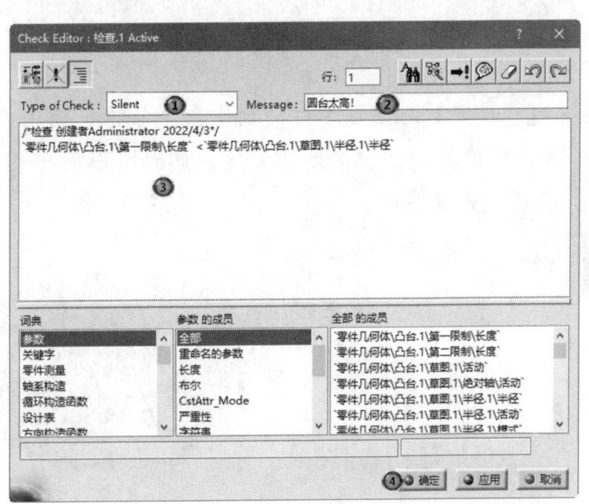

图 11.44 【Check Editor：检查.1 Active】对话框

在【Type of Check】选择框中有三个选项，分别是 Slient、信息和 Warning，如图 11.46 所示。

- Slient：在参数违反检验规则时，检验图标会由绿色变成红色，但不会出现任何提示信息。
- 信息：在参数违反检验规则时，会弹出自定义的信息，同时检验图标由绿色变为红色。
- Warning：在参数违反检验规则时，会弹出警告信息，同时检验图标由绿色变为红色，与【信息】选项类似。

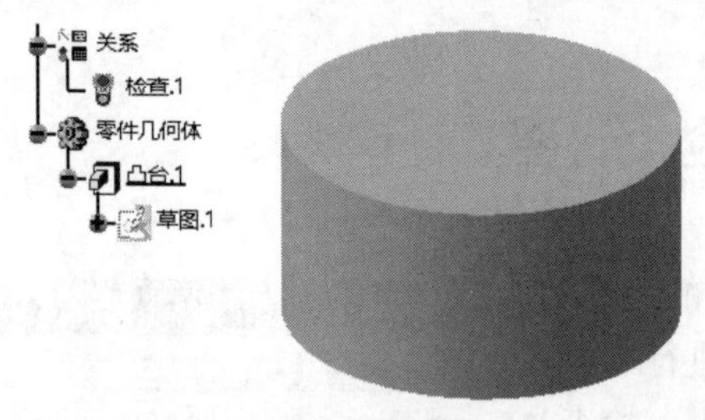

图 11.45　检查图标

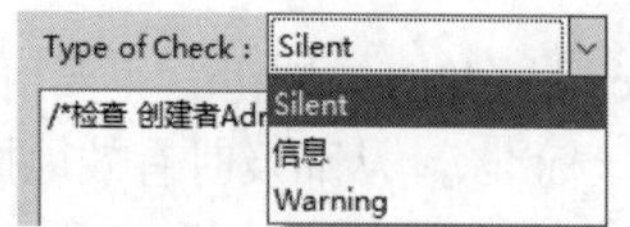

图 11.46　【Type of Check】选择框

如果把该对话框中的【Type of Check】选项改为【信息】或【Warning】，如图 11.47 所示，仍然使用其余的设置，此时将会弹出警告对话框，显示【圆台太高！】，如图 11.48 所示。

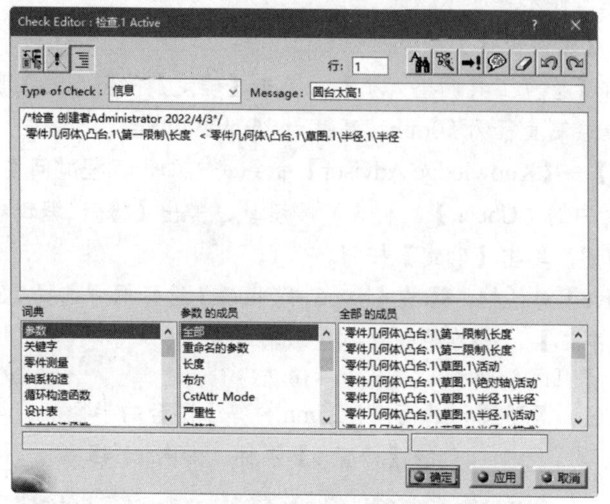

图 11.47　选择【信息】选项

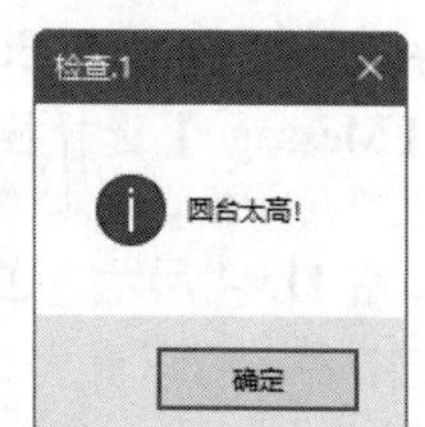

图 11.48　警告对话框

双击【凸台.1】，回到零件设计平台，从特征树中将圆台的高度修改为 16mm，如图 11.49 所示。CATIA 会自动检查到圆台高度的变化，此时可以看出特征树中的【检查.1】图标已经变为绿色，单击【确定】按钮，完成修改。

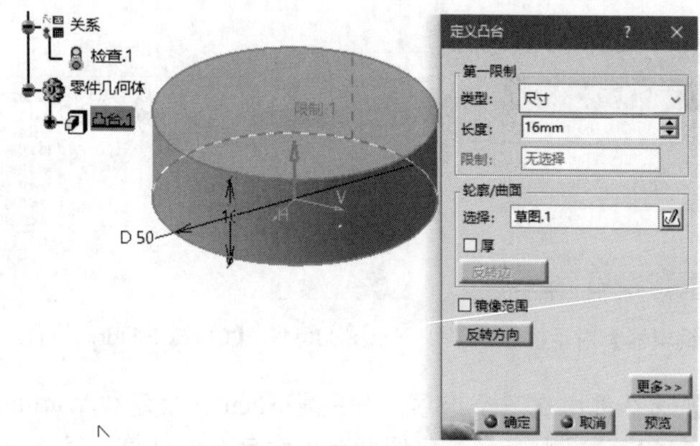

图 11.49　修改圆台的高度

（5）选择【文件】→【保存】命令，弹出【另存为】对话框，输入文件名【jianchagongju】，单击【保存】按钮，保存文件。

扫一扫，看视频

11.8 综合实例——制作渐开线齿轮

在机械零件设计中，无论是绘制齿轮还是加工齿轮，都是比较复杂的，因为它需要准确地定义齿廓，否则生成的齿轮无论在振动方面或耐磨方面都不能满足使用要求。前面已经介绍了参数化设计基本工具的使用方法，下面以渐开线齿轮的制作为例，将各种参数化设计工具与零件设计工具综合应用，如图 11.50 所示。

图 11.50 渐开线齿轮

（1）选择【开始】→【形状】→【创成式外形设计】命令，弹出【新建零件】对话框，输入零件名称【jiankaixianchilun】，单击【确定】按钮，进入创成式外形设计平台。

（2）单击【知识工程】工具栏中的【公式】按钮 f(x)，在弹出的【公式：渐开线齿轮】对话框中单击【导入】按钮，创建并且选择内容为图 11.51 所示的表，弹出【导入结果】对话框，如图 11.52 所示。单击【确定】按钮，返回【公式：渐开线齿轮】对话框，如图 11.53 所示。

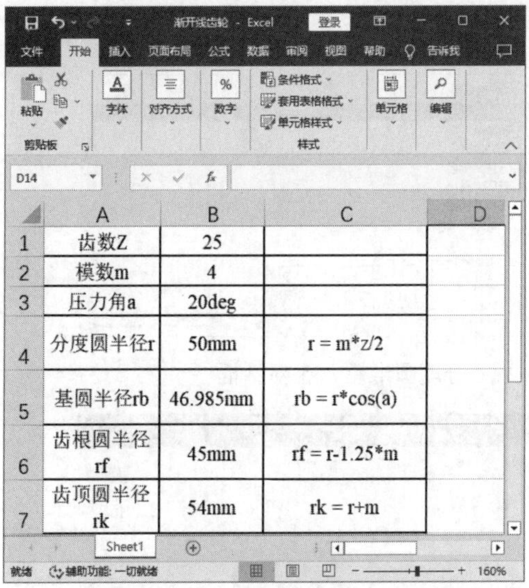

	A	B	C	D
1	齿数Z	25		
2	模数m	4		
3	压力角a	20deg		
4	分度圆半径r	50mm	r = m*z/2	
5	基圆半径rb	46.985mm	rb = r*cos(a)	
6	齿根圆半径 rf	45mm	rf = r-1.25*m	
7	齿顶圆半径 rk	54mm	rk = r+m	

图 11.51 各种参数及公式

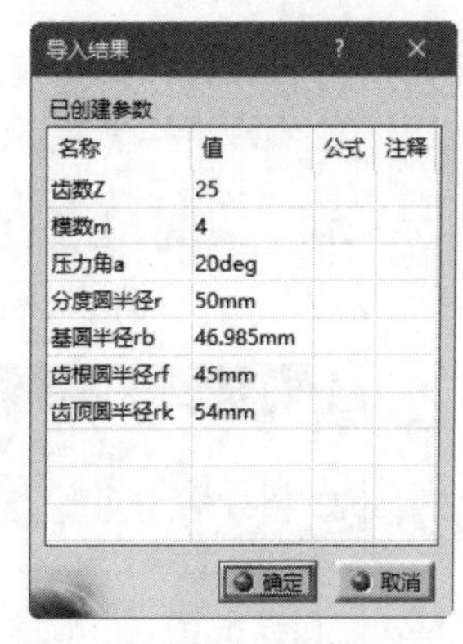

导入结果

已创建参数

名称	值	公式	注释
齿数Z	25		
模数m	4		
压力角a	20deg		
分度圆半径r	50mm		
基圆半径rb	46.985mm		
齿根圆半径rf	45mm		
齿顶圆半径rk	54mm		

确定 取消

图 11.52 【导入结果】对话框

（3）在图 11.53 中双击【公式】一栏中没有添加公式的参数，弹出【公式编辑器：`分度圆半径 r`】对话框，通过双击选择【全部的成员】列表框中的参数来完成公式的编辑，如图 11.54 所示。

因为在输入公式时，单位要与【值】一栏的单位统一，所以要在公式中加上“*1mm”。单击【确定】按钮，完成公式的创建。用相同的方法完成其他几个参数的公式编辑，如图 11.55 所示。单击【确定】按钮，完成公式的创建。

（4）单击【知识工程】工具栏中的【法则曲线】按钮 fog，建立关于 x 的参数方程。首先新建两个形式参数，分别为 x 和 t，参数 x 的类型为【长度】，参数 t 的类型为【实数】，在【规则编辑器：x 处于活动状态】对话框中双击【全部的成员】列表框中的参数，输入如下内容，结果如图 11.56 所示。

```
x=`基圆半径 rb` *sin(t*PI*1rad)-`基圆半径 rb` *t*PI*cos(t*PI*1rad)
```

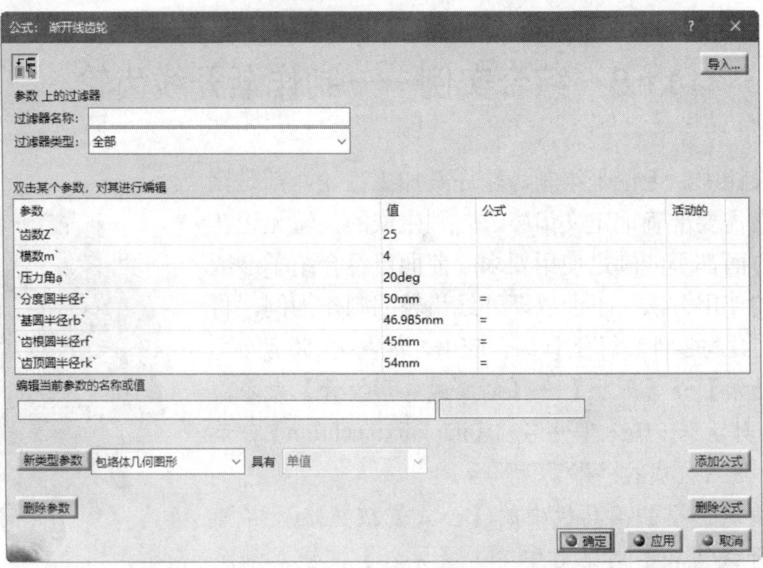

图 11.53　【公式：渐开线齿轮】对话框

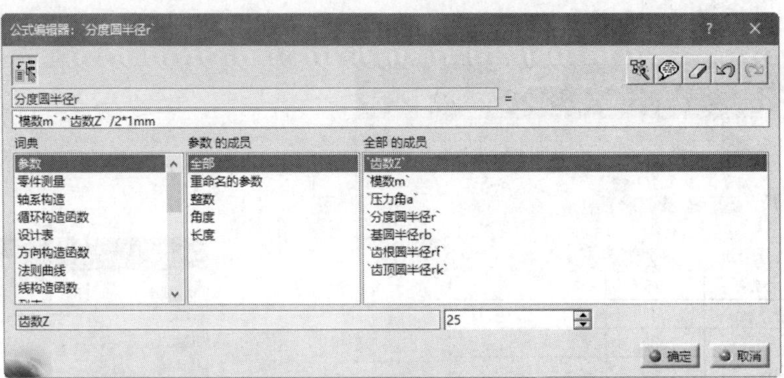

图 11.54　【公式编辑器：`分度圆半径 r`】对话框

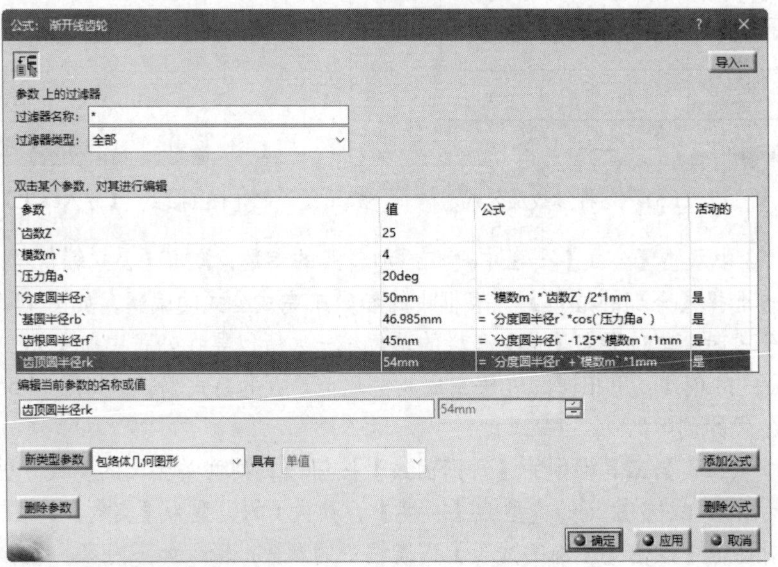

图 11.55　创建公式

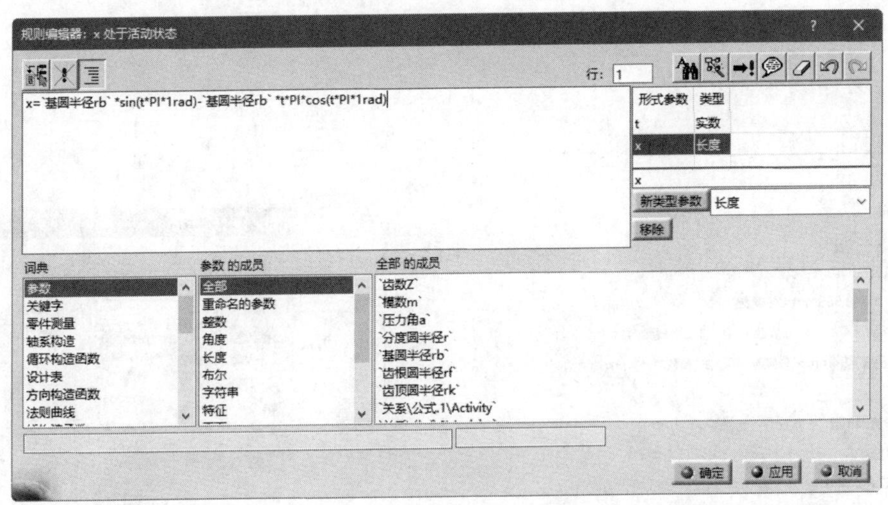

图 11.56　输入法则方程（关于 x）

同理，建立关于 y 的参数方程。新建两个形式参数，分别为 y 和 t，参数 y 的类型为【长度】，参数 t 的类型为【实数】。在【规则编辑器：y 处于活动状态】对话框中双击【全部的成员】列表框中的参数，输入如下内容，结果如图 11.57 所示。

```
y=(`基圆半径 rb` *cos(t*PI*1rad))+((`基圆半径 rb` *t*PI)*sin(t*PI*1rad))
```

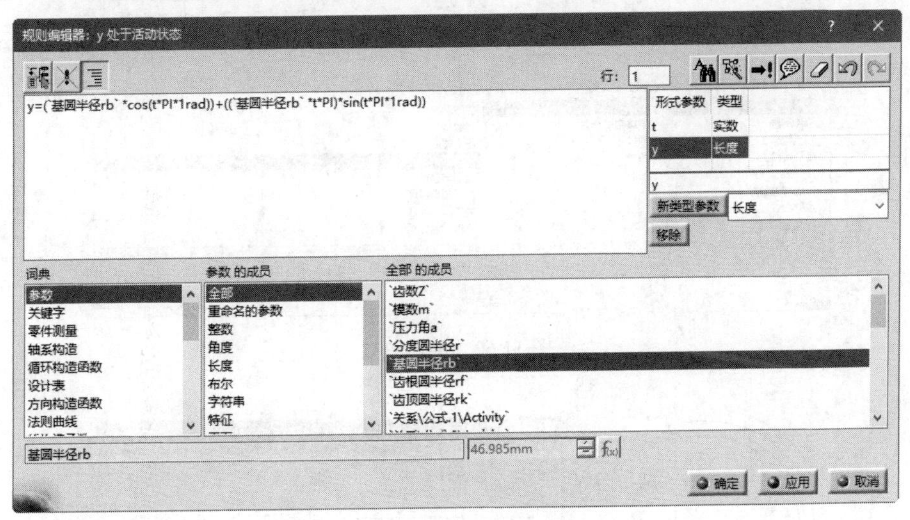

图 11.57　输入法则方程（关于 y）

此时，可以看到特征树中出现了刚才输入的参数及方程，如图 11.58 所示。

（5）单击【线框】工具栏中的【点】按钮，在视图原点处新建一点。再单击【线框】工具栏中的【圆】按钮，弹出【圆定义】对话框，在【圆类型】选择框中选择【圆心和半径】，在【中心】选择框中选择刚才新建的【点.1】，选择【支持面】为【yz 平面】。在【半径】按钮右侧的文本框中右击，在弹出的快捷菜单中选择【编辑公式】命令，如图 11.59 所示。在弹出的【公式编辑器：`零件几何体\圆. 1\半径`】对话框中选择对应的参数，如图 11.60 所示。

同理，在视图中绘制其余三个圆，如图 11.61 所示。

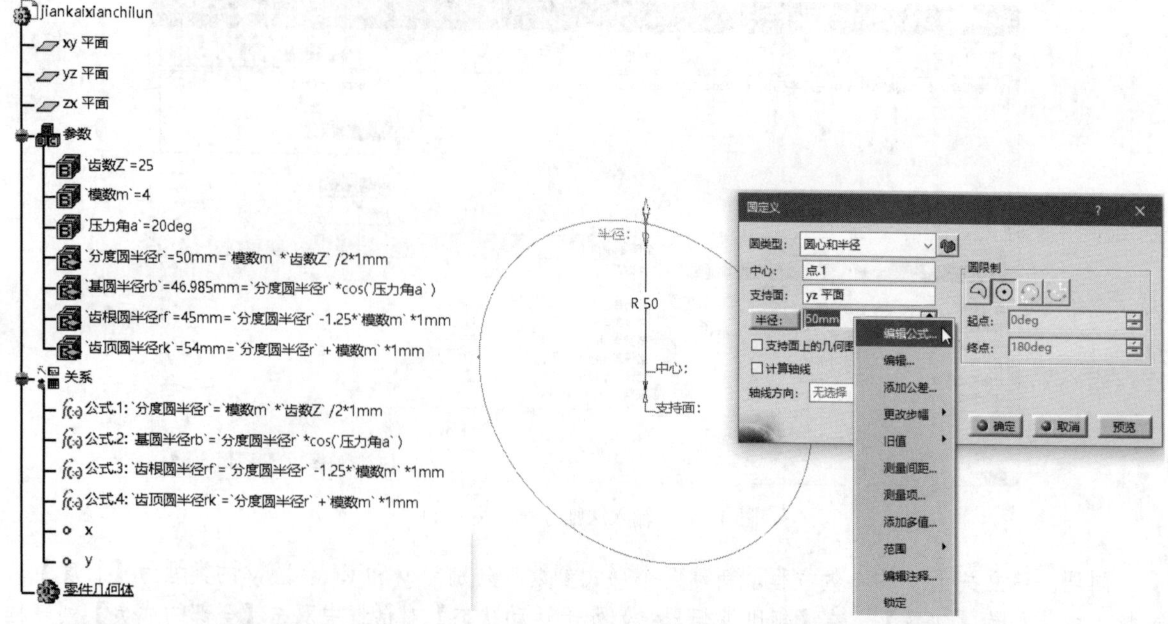

图 11.58　特征树中的参数及方程　　　　图 11.59　选择【编辑公式】命令

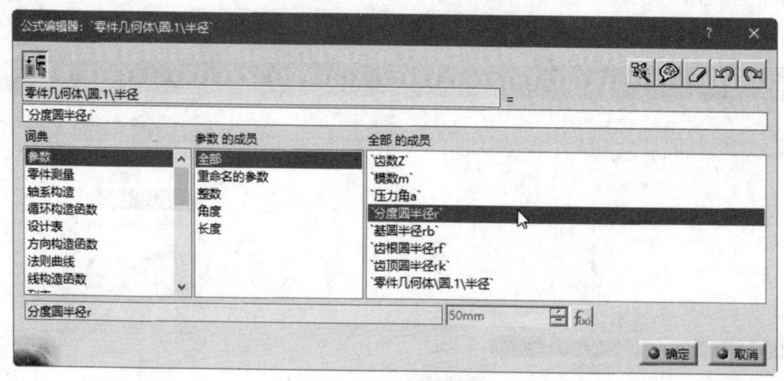

图 11.60　选择参数

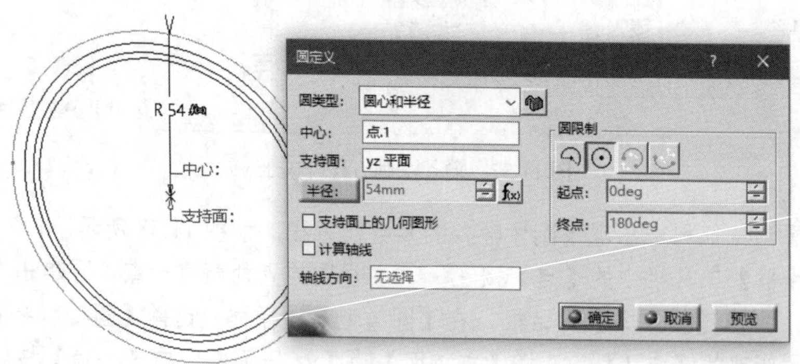

图 11.61　绘制其余三个圆

（6）再依照前面建立 x 关于参数 t 的方程，t 的取值分别为 0，0.06，0.085，0.11，0.13，0.16，0.185；建立 y 关于参数 t 的方程，t 的取值分别为 0，0.06，0.085，0.11，0.13，0.16，0.185，生成 7 个渐开线上的点。

单击【线框】工具栏中的【点】按钮 ，在弹出的【点定义】对话框中选择【点类型】为【平面上】，选择【平面】为【yz 平面】，在【H】文本框中右击，在弹出的快捷菜单中选择【编辑公式】命令，如图 11.62 所示，弹出【公式编辑器：`零件几何体\点. 2\H`】对话框，如图 11.63 所示。

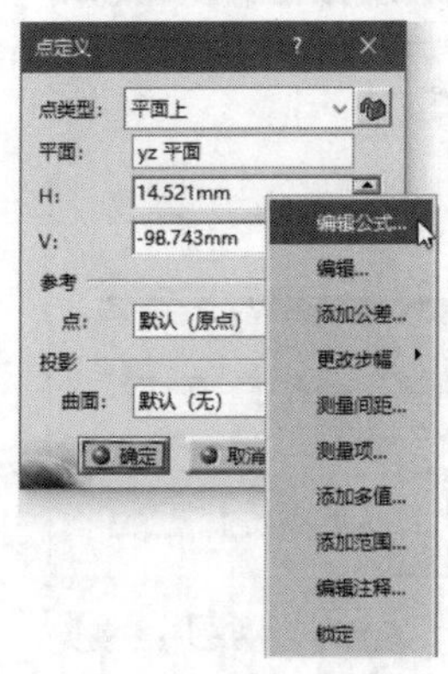

图 11.62　选择【编辑公式】命令

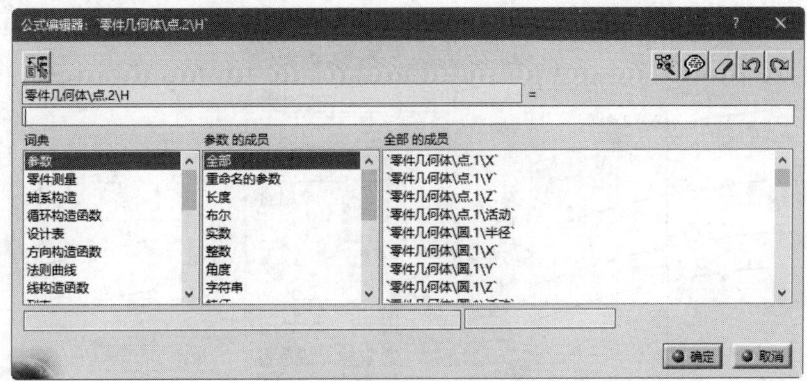

图 11.63　【公式编辑器：`零件几何体\点.2\H`】对话框

在公式编辑器中输入公式的方法如下：先在特征树中双击建立的 x 参数方程，再单击【公式编辑器：`零件几何体\点.2\H`】对话框中【词典】列表框中的【法则曲线】选项，然后双击【法则曲线的成员】列表框中的【Law->Evaluate（实数）：实数】，它会自动填入公式编辑文本框中。在其中输入 0，此时公式编辑器会产生变化，如图 11.64 所示。单击【确定】按钮，弹出【自动更新？】对话框，如图 11.65 所示，单击【是（Y）】按钮，完成 H 值的建立。

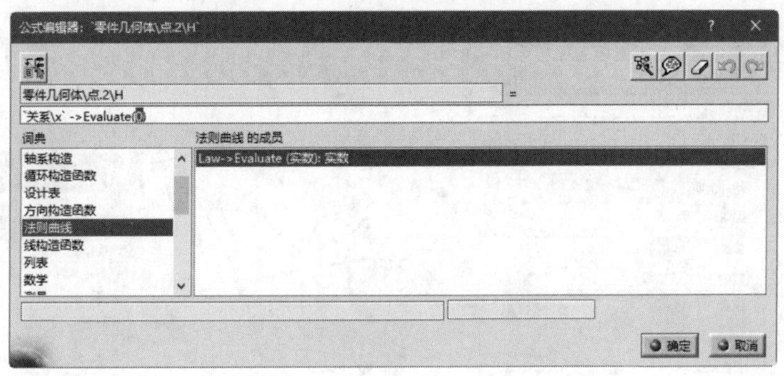

图 11.64　输入公式

同理，可以确定点定义中的 V 值，如图 11.66 所示。由公式生成的位置是不可编辑的，单击【确定】按钮，完成一个点的建立。

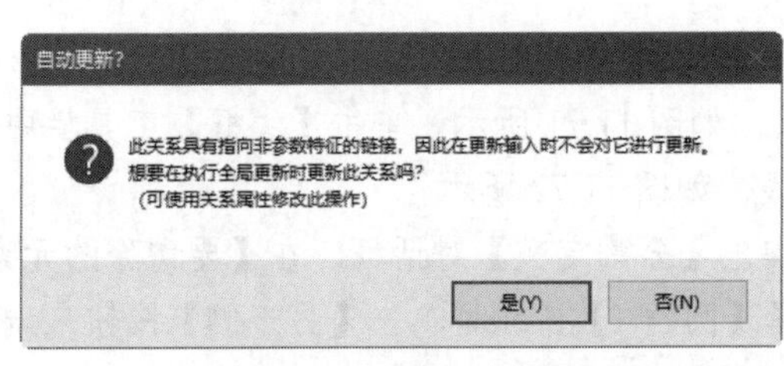

图 11.65　【自动更新？】对话框

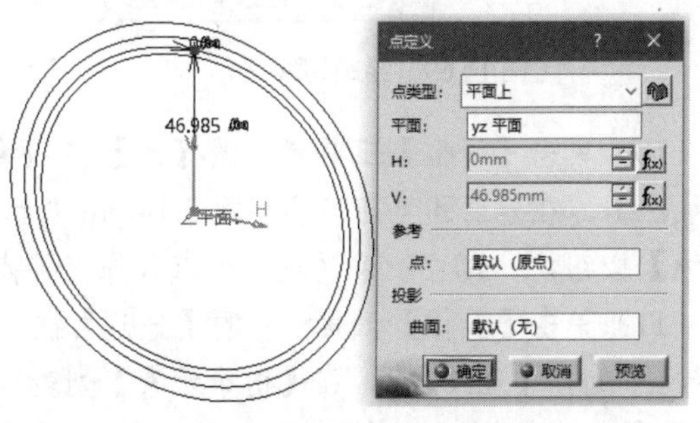

图 11.66　通过公式确定 H 值和 V 值

同理，生成其余 6 个点，结果如图 11.67 所示。

（7）单击【线框】工具栏中的【样条线】按钮，将刚才生成的点连接起来，如图 11.68 所示。

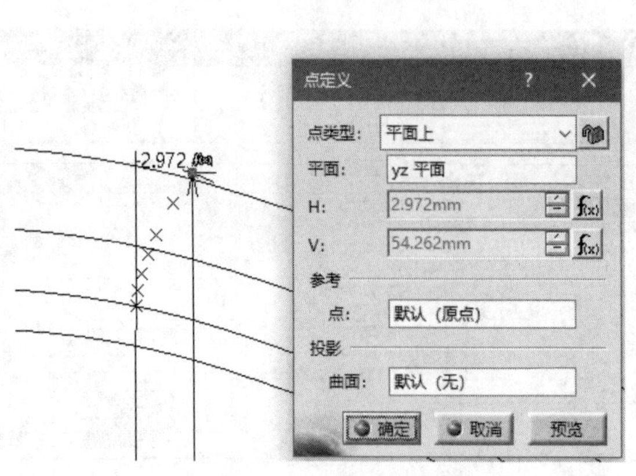

图 11.67　生成所有的点

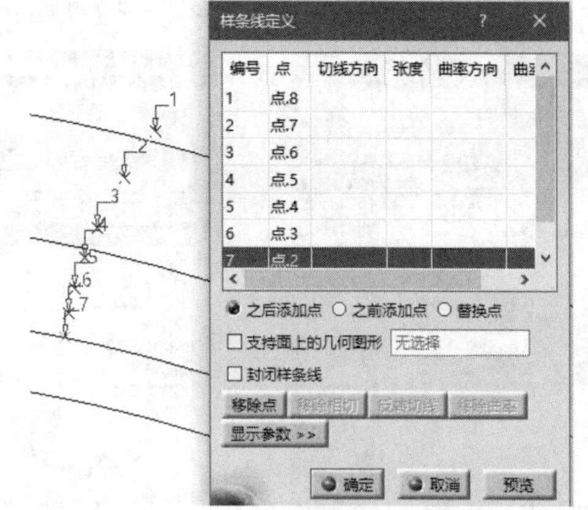

图 11.68　创建样条曲线

（8）单击【线框】工具栏中的【直线】按钮，弹出【直线定义】对话框，在【线型】下拉列表中选择【曲线的切线】，在【曲线】中选择第（7）步建立的样条曲线，【元素 2】选择 t=0 时所建立的点，设置其长度与齿根圆相交，如图 11.69 所示。

（9）单击【圆-圆锥】工具栏中的【圆角】按钮，弹出【圆角定义】对话框，单击【下一个解法】按钮，在齿根圆和切线上建立半径为 1.8mm 的圆角，如图 11.70 所示。

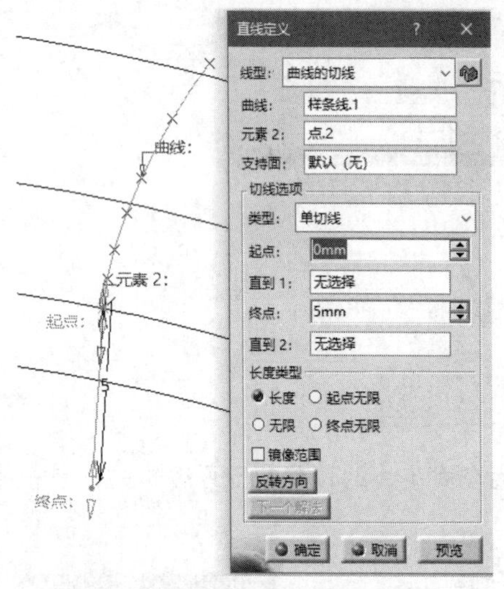

图 11.69　绘制切线

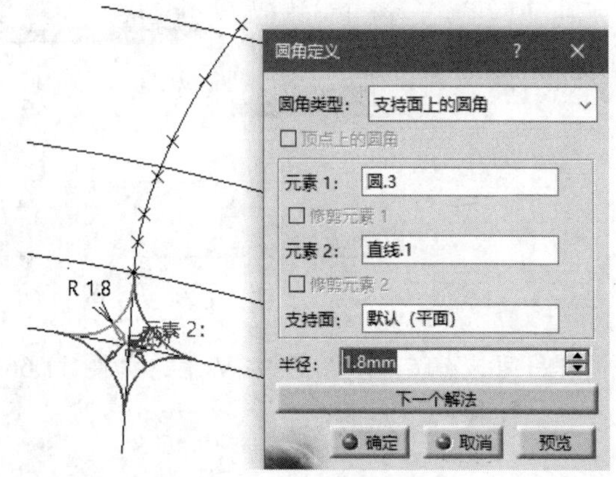

图 11.70　建立圆角

（10）单击【线框】工具栏中的【点】按钮，在弹出的【点定义】对话框中选择【点类型】为【曲线上】，在分度圆上与齿廓相距 3.14mm 处新建一点，如图 11.71 所示。单击【线框】工具栏中的【直线】按钮，建立一条通过这个点和原点处点的直线，如图 11.72 所示。

（11）单击【操作】工具栏中的【分割】按钮，弹出【分割定义】对话框，在【要切除的元素】选择框中选择【直线.1】，在【切除元素】列表框中选择【圆角.1】，通过单击【另一侧】按钮来调整要切除的部分，如图 11.73 所示，单击【确定】按钮。

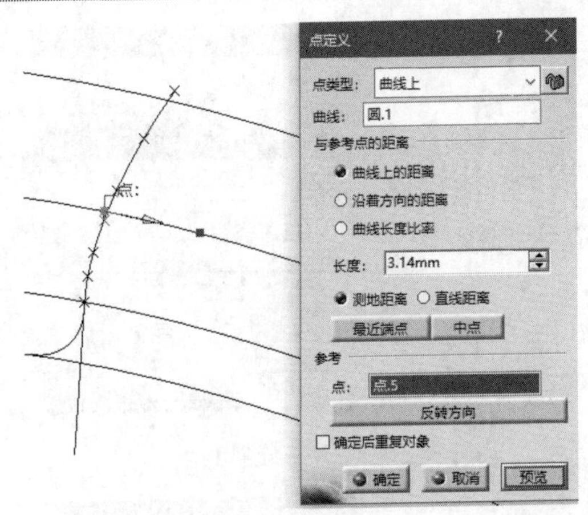

图 11.71　建立新点

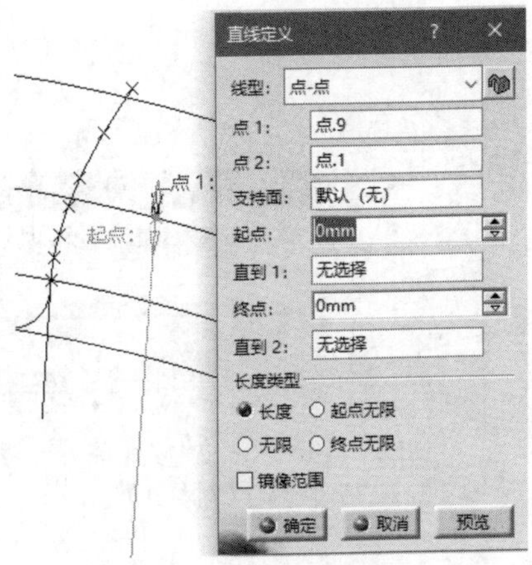

图 11.72　建立直线.2

（12）单击【操作】工具栏中的【接合】按钮，将【样条线.1】和【圆角.1】等零散的有用线段接合起来，如图 11.74 所示，单击【确定】按钮。

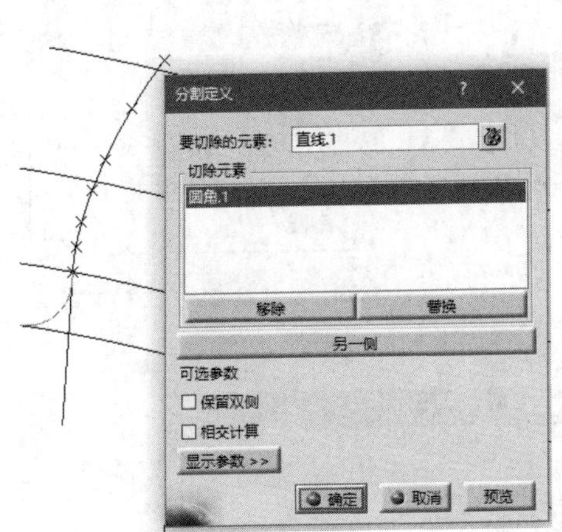

图 11.73　分割无用部分

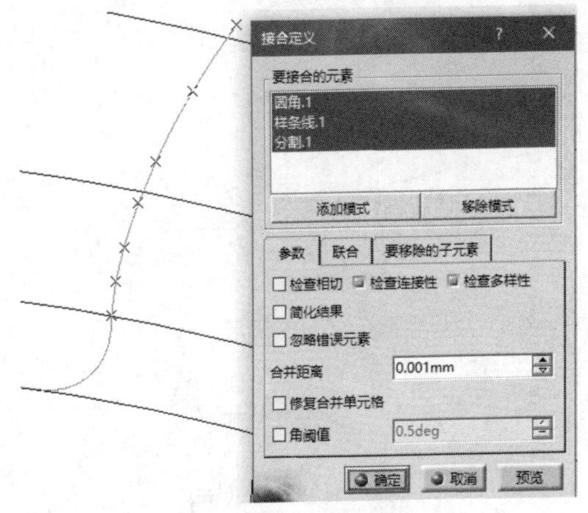

图 11.74　接合有用线段

（13）单击【变换】工具栏中的【对称】按钮，弹出【对称定义】对话框，在【元素】选择框中选择【接合.1】，在【参考】选择框中选择【直线.2】，如图 11.75 所示。单击【确定】按钮，完成另一侧的齿形创建。

（14）单击【操作】工具栏中的【分割】按钮，弹出【分割定义】对话框，在【要切除的元素】选择框中选择齿顶圆【圆.4】，在【切除元素】列表框中选择【接合.1】和【对称.1】，通过单击【另一侧】按钮来调整要切除的部分，如图 11.76 所示。单击【确定】按钮，完成分割。再次利用【分割】按钮，最终完成图 11.77 所示的齿形。

（15）单击【操作】工具栏中的【接合】按钮，将【分割.2】【分割.3】【分割.4】等组成齿形的元素接合起来，如图 11.78 所示。单击【确定】按钮，完成齿形的接合。

（16）单击【阵列】工具栏中的【圆形阵列】按钮，在【参数】下拉列表中选择【实例和角度间距】选项，在【实例】文本框中输入 25，在【角度间距】文本框中输入 14.4deg，设置【参考元素】为【X 轴】，选择【要阵列的对象】为刚接合的元素，如图 11.79 所示。单击【确定】按钮，完成【圆形阵列.1】的创建。

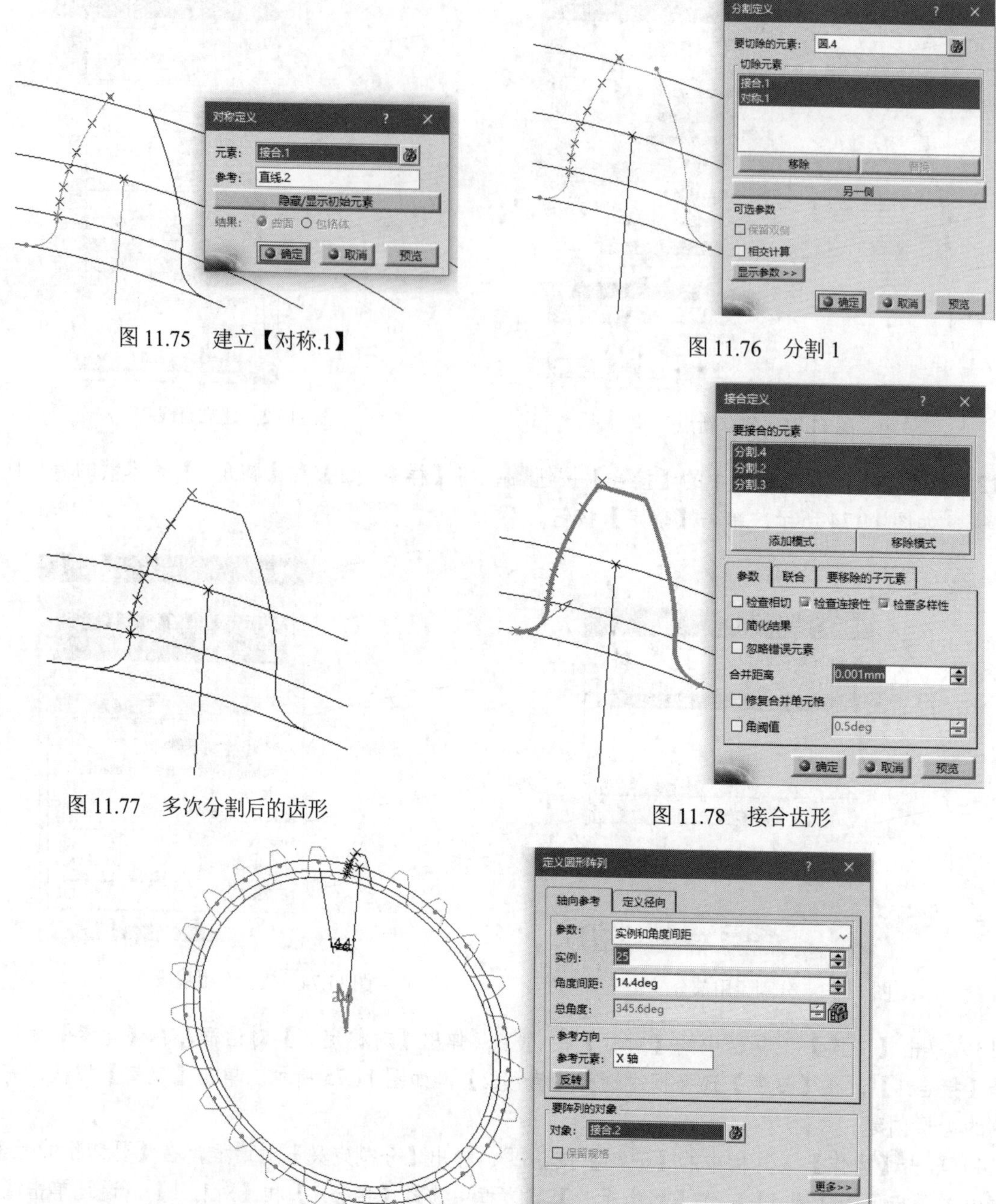

图 11.75　建立【对称.1】

图 11.76　分割 1

图 11.77　多次分割后的齿形

图 11.78　接合齿形

图 11.79　创建【圆形阵列.1】

（17）单击【操作】工具栏中的【分割】按钮，弹出【分割定义】对话框，在【要切除的元素】选择框中选择齿根圆【圆.3】，在【切除元素】列表框中选择【圆形阵列.1】，通过单击【另一侧】按钮来调整要切除的部分，如图 11.80 所示。单击【确定】按钮，再次利用【分割】按钮，最终完成图 11.81 所示的齿轮轮廓。

（18）单击【操作】工具栏中的【接合】按钮，将【样条线.1】和【圆角.1】等零散的有用线段接合起来，如图 11.82 所示。单击【确定】按钮，完成齿轮轮廓的接合。

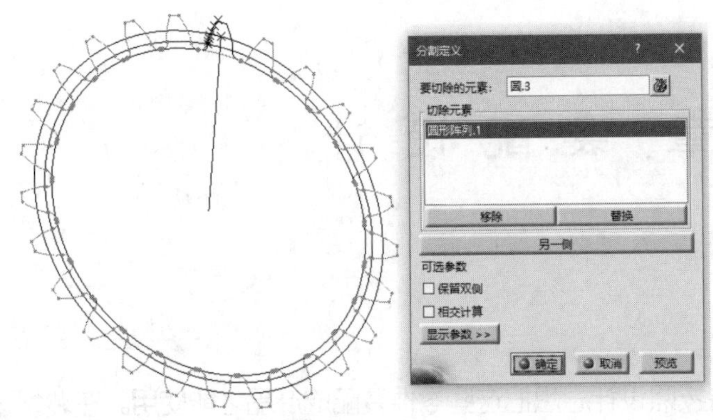

图 11.80　分割 2

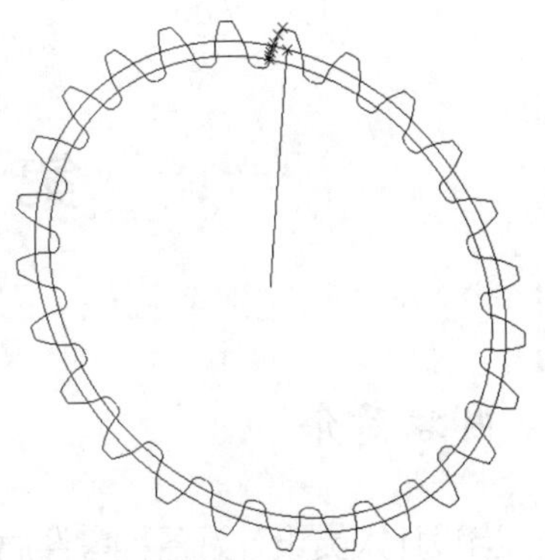

图 11.81　齿轮轮廓

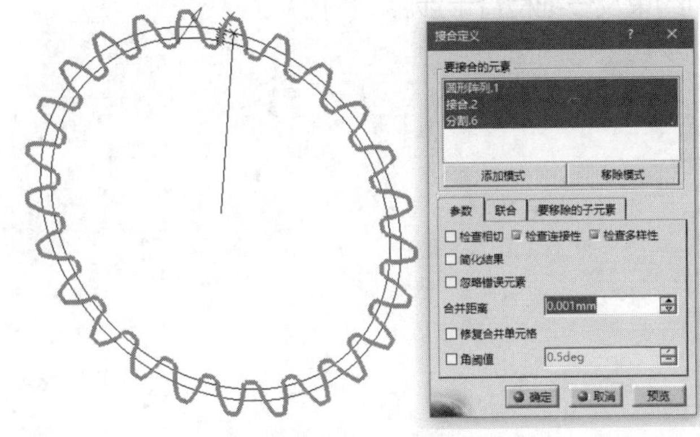

图 11.82　接合齿轮轮廓

（19）单击【包络体】工具栏中的【包络体拉伸】按钮，弹出【拉伸包络体定义】对话框，在【轮廓】选择框中选择第（18）步创建的齿轮轮廓【接合.3】，在【方向】选择框中选择【X 部件】，长度为 30mm，如图 11.83 所示。完成后的齿轮如图 11.84 所示。齿轮中间的孔及键槽等可以按照加工要求进行设计，在这里就不再介绍。

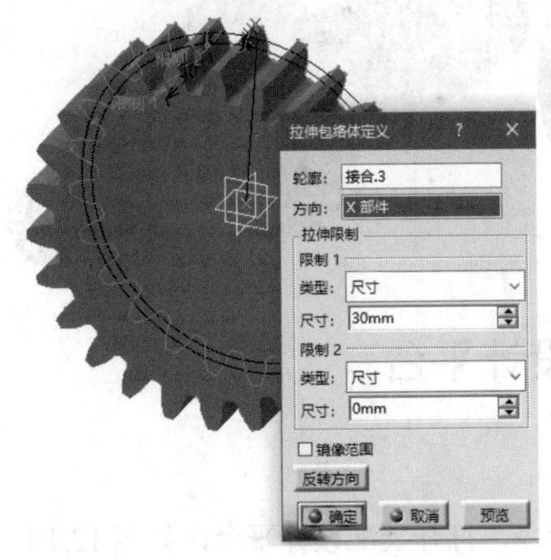

图 11.83　拉伸

图 11.84　完成后的齿轮

（20）选择【文件】→【保存】命令，弹出【另存为】对话框，输入文件名称【jiankaixianchilun】，单击【保存】按钮，保存文件。

第 12 章　装 配 设 计

内容简介

当设计人员设计好各种零件后，还要按照设计思想把这些零件装配成产品才能使用。在装配过程中，可能先使用许多基础零件完成次装配，再将这些半成品零件组合起来形成完整的产品。装配过程中，最重要的是正确使用约束及仔细检查干涉。

内容要点

- 进入装配设计平台
- 引入部件
- 移动零部件
- 装配约束
- 装配爆炸

案例效果

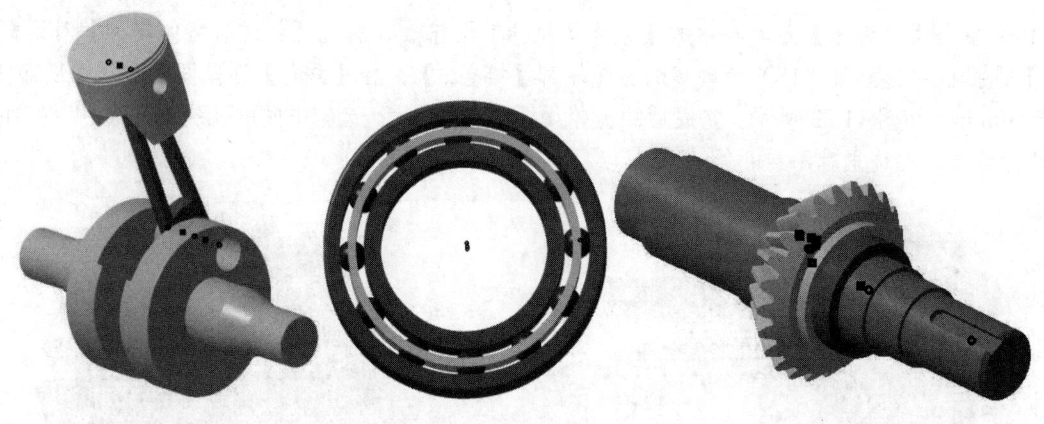

12.1　进入装配设计平台

启动 CATIA 后，进入装配设计平台的方法如下。

（1）选择【开始】→【机械设计】→【装配设计】命令，打开装配设计平台，如图 12.1 所示。

（2）打开装配设计平台后，装配设计模块特有的命令会在工作窗口右侧的工具栏中显示，如图 12.2 所示。

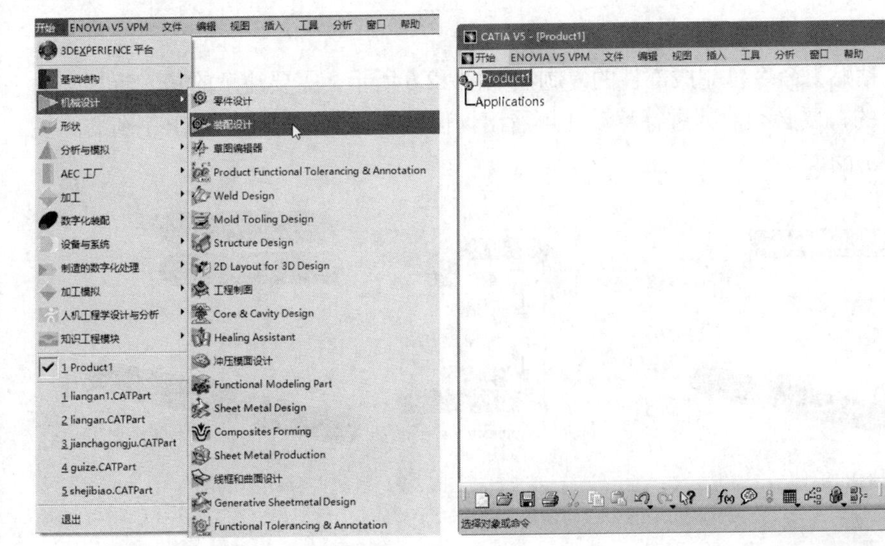

图 12.1　打开装配设计平台

图 12.2　装配设计平台

12.2　引 入 部 件

装配设计前要有装配的零件，这些零件可预先在零件设计平台设计好，也可在装配设计平台直接创建。在多数情况下，是将零件在零件设计平台设计好后引入装配设计平台；如果是一些形状简单的零件，会在装配设计平台直接创建。引入和管理部件要利用【产品结构工具】工具栏，如图 12.3 所示。

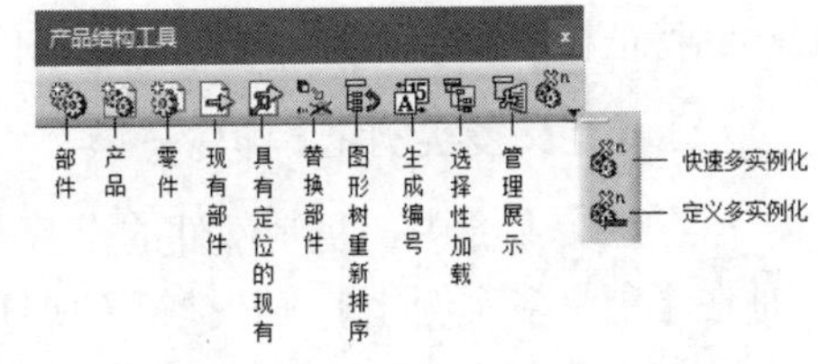

图 12.3　【产品结构工具】工具栏

12.2.1　创建新部件

通过部件可以把子装配装入上一级装配中，在部件之下还可以插入其他产品和部件，部件的相关数据直接存储在当前产品内，这些数据只对产品提供相关文件路径。创建部件的方法如下。

（1）选中当前产品，单击【产品结构工具】工具栏中的【部件】按钮，装入新的部件。

（2）选择【插入】→【新建部件】命令，插入新部件前后如图 12.4 和图 12.5 所示。

图 12.4　插入新部件前

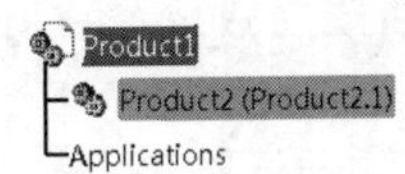

图 12.5　插入新部件后

12.2.2　创建已存在的部件

在复杂的装配体上会需要很多相同的部件，特别是标准件。CATIA 就提供了建立重复实例的功能，可以不必重新建立模型。

1.【复制】命令

（1）选中要复制的部件。

（2）选择【编辑】→【复制】命令，复制部件。

（3）选择【编辑】→【粘贴】命令，完成部件的复制，如图 12.6 所示。需要注意的是，新复制的部件与原部件的位置是重合的，要必须对其进行移动才可看出，但在特征树中还是能看出差别的。复制并移动后的效果如图 12.7 所示。

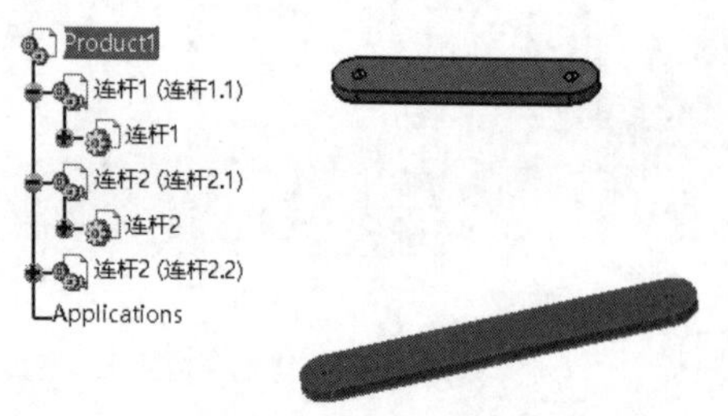

图 12.6　复制后的部件

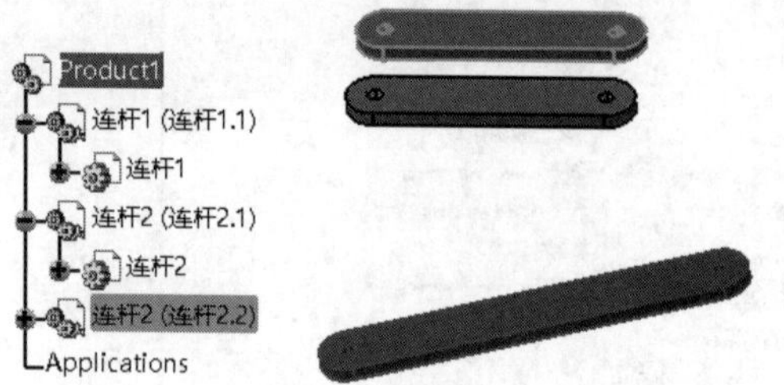

图 12.7　复制并移动后的部件

2.【快速多实例化】命令

【快速多实例化】（快捷键 Ctrl+D）是最常用的建立重复实例的工具，其操作非常简单。

首先选中要建立重复实例的部件，然后单击【产品结构工具】工具栏中的【快速多实例化】按钮，可以看到特征树中显示又多出了一系列部件，如图 12.8 所示。

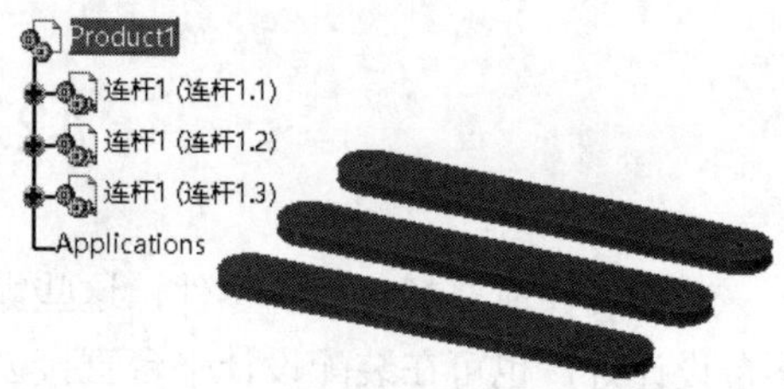

图 12.8　【快速多实例化】命令的使用

3.【定义多实例化】命令

在这个命令中，复制部件的个数及它们的位置安排是在【定义多实例化】（快捷键 Ctrl+E）命令中定义的。

单击【产品结构工具】工具栏中的【定义多实例化】按钮，弹出【多实例化】对话框，如图 12.9 所示。

- 要实例化的部件：允许用户输入要重复生成的对象。
- 参数：分别为【实例和间距】【实例和长度】和【间距和长度】三项，如图 12.10 所示，可以设置不同的多实例化方法。

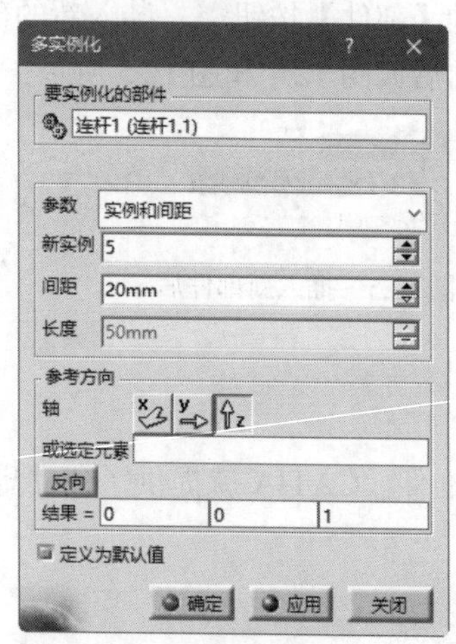

图 12.9　【多实例化】对话框

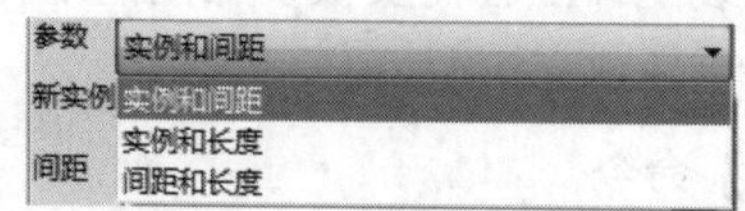

图 12.10　【参数】下拉列表

- 实例和间距：可以通过定义实例个数和实例之间的间距来确定每个实例的位置。
- 实例和长度：可以通过自定义复制实例个数及总长度来确定每个复制实例的位置，如图 12.11 所示。
- 间距和长度：可以通过自定义实例之间的距离及总长度来确定每个复制实例的位置，如图 12.12 所示。

- 新实例：可以通过输入一个整数确定新生成的实例个数。
- 间距：用来设置新生成的每个实例之间的距离。
- 长度：用来设置所有生成的实例的总距离。

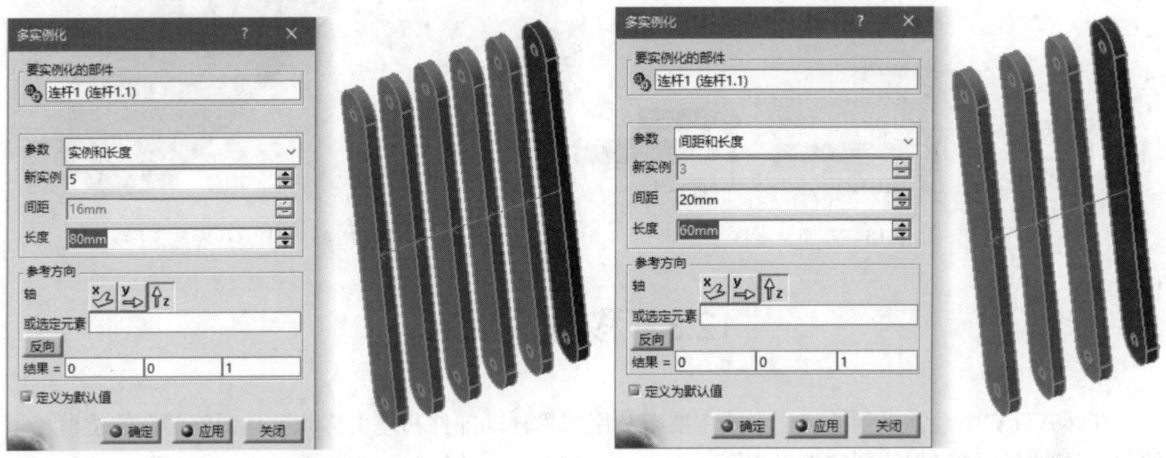

图 12.11 实例和长度　　　　图 12.12 间距和长度

- 在【参考方向】选项组中可以设置多实例生成的方向，包括【轴】【或选定元素】【反向】和【结果】四个选项。
    - 轴：可以通过单击不同的方向轴图标来确定多实例生成的方向。
    - 或选定元素：可以选定视图中的某一元素作为方向，如某零件的一条边线。
    - 反向：单击此按钮，可以将复制的延伸方向反转。
    - 结果：可以通过输入数值的方向来精确确定生成新实例的方向。

12.2.3 创建新零件

装配设计一般有两种基本方式：自底向上装配和自顶向下装配。如果是首先设计好全部零件，然后将零件作为部件添加到装配体中，则称之为自底向上装配；如果是首先设计好装配体模型，然后在装配体中组建模型，最后生成零件模型，则称之为自顶向下装配。

使用自顶向下装配的好处是能够随时掌握整体设计情况。在使用自顶向下装配时，需要从产品中生成零件，下面介绍其具体步骤。

（1）新建一个装配文件，选中装配文件后，选择【插入】→【新建零件】命令，或直接单击【产品结构工具】工具栏中的【零件】按钮，此时就向刚刚新建好的装配文件中添加了一个新零件，如图 12.13 所示，然后就可以对这个新零件进行编辑。

（2）如果希望向产品中插入已经设计好的零件，则选择【插入】→【现有部件】命令，或单击【产品结构工具】工具栏中的【现有部件】按钮，此时会弹出【文件选择】对话框。

（3）选择一个零件并打开，如这里选择【连杆 3（连杆 3.1）】，它就会出现在视图中，表示它已经可以用来装配，如图 12.14 所示。

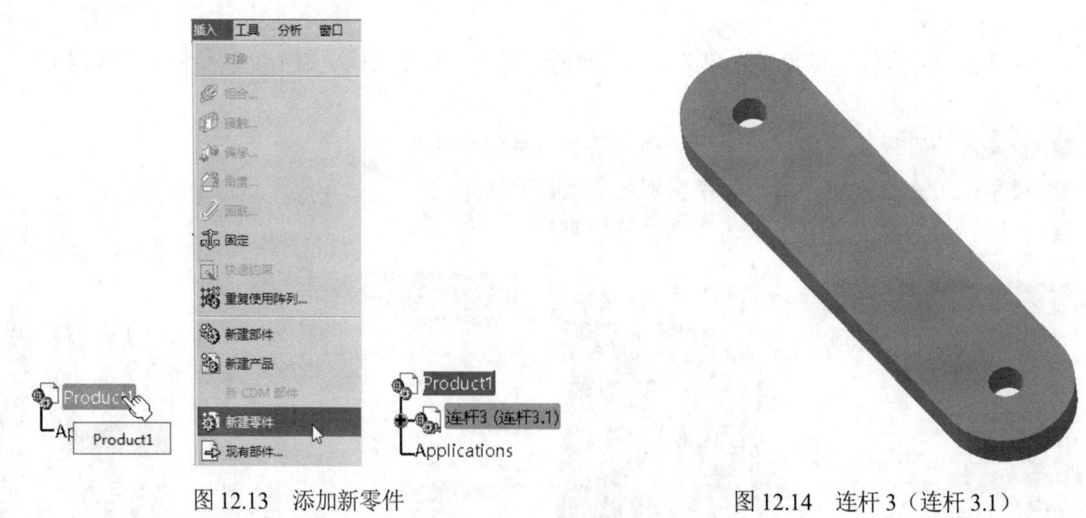

图 12.13 添加新零件

图 12.14 连杆 3（连杆 3.1）

12.3 移动零部件

在 CATIA 中经常用到的装配形式主要有利用罗盘移动部件和使用移动工具调整部件的位置，虽然移动的方式不同，但达到的效果相同。

12.3.1 移动部件

单一物体的移动方法如下：抓住指南针上的红色方块，移动指南针到任意一个部件上，选取要移动的部件，指南针会变成绿色，表示此时可以使用指南针，便可直接对部件进行平移、旋转等操作。

（1）自由旋转：抓住指南针顶点，移动鼠标，则指南针会以红色方块为原点自由旋转，屏幕上的对象也会跟着做自由旋转，如图 12.15 所示。

（2）旋转：抓住指南针平面上的弧线，移动鼠标，则可使指南针旋转，同时屏幕上的对象也跟着旋转，如图 12.16 所示。

（3）轴向移动：抓住指南针上的轴线，移动鼠标，则屏幕上的指南针和对象会沿着轴线的方向平移，如图 12.17 所示。

（4）平面移动：抓住指南针上的平面，移动鼠标，则屏幕上的空间及物体可在这个平面上移动，如图 12.18 所示。

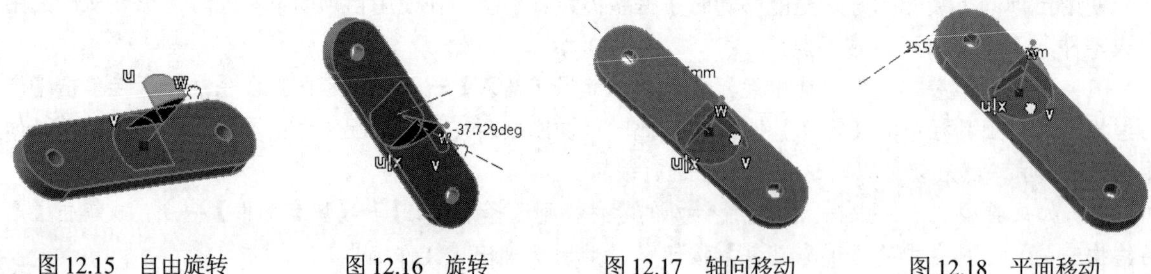

图 12.15 自由旋转　　图 12.16 旋转　　图 12.17 轴向移动　　图 12.18 平面移动

12.3.2　调整位置

【操作】可以使部件按照某轴线或某平面移动。单击【移动】工具栏中的【操作】按钮，打开图 12.19 所示的【操作参数】对话框。

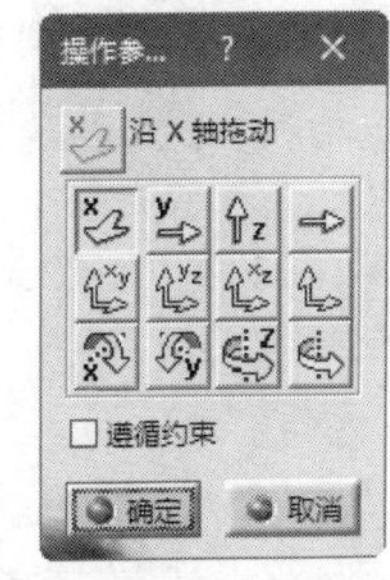

图 12.19　【操作参数】对话框

- 沿轴线移动：单击【沿 X 轴拖动】按钮，可以控制部件沿 X 轴平移，如图 12.20 所示；同理，单击【沿 Y 轴拖动】按钮或单击【沿 Z 轴拖动】按钮，可以控制部件沿 Y 轴或 Z 轴平移。单击【沿任意轴拖动】按钮，可以使部件沿任意选定轴平移，这使得在调整部件位置时相当随意，即使用时先单击选择一条轴线，然后用鼠标控制部件移动，如图 12.21 所示。
- 沿平面移动：单击【沿 xy 平面拖动】按钮，可使部件沿 xy 平面平移；单击【沿 yz 平面拖动】按钮或单击【沿 xz 平面拖动】按钮，可使部件沿 yz 或 xz 平面平移；单击【沿任意平面拖动】按钮，可以控制部件沿任意平面平移。
- 旋转：单击【绕 X 轴拖动】按钮、【绕 Y 轴拖动】按钮或【绕 Z 轴拖动】按钮，可以控制部件沿 X/Y/Z 轴旋转；单击【绕任意轴拖动】按钮，可以控制部件沿任意选定轴旋转，如图 12.22 所示。
- 遵循约束：勾选此复选框后，可以使部件在移动时无法移出约束限制的范围。

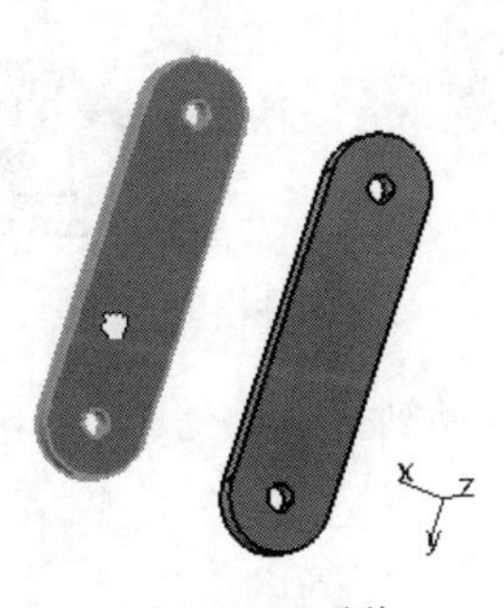

图 12.20　平移

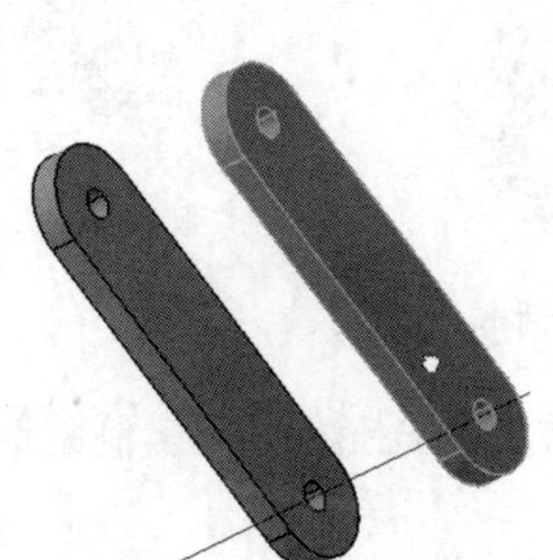

图 12.21　沿任意轴平移

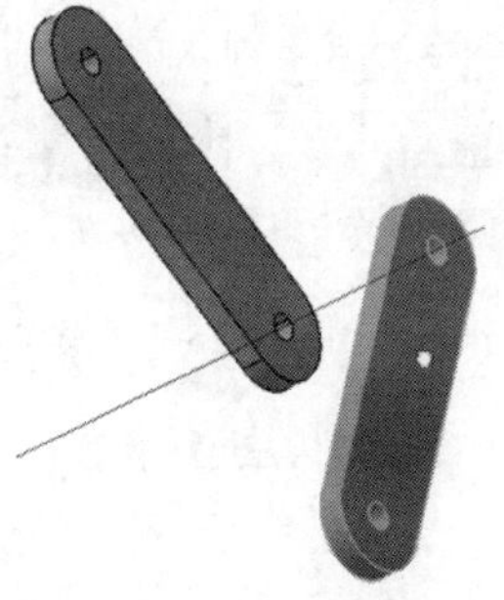

图 12.22　任意轴旋转

动手学——调整活塞连杆中的零件位置

扫一扫，看视频

调整活塞连杆中的零件位置的具体操作步骤如下。

（1）选择【开始】→【机械设计】→【装配设计】命令，进入装配设计平台。

（2）在工作台中选择模型树中的【Product1】（产品 1），再单击【产品结构工具】工具栏中的【现有部件】按钮，弹出【选择文件】对话框，选择活塞连杆机构组件模型的所有零件模型，如图 12.23 所示。单击【打开】按钮，则将零件模型插入装配模块中，如图 12.24 所示。

（3）单击【移动】工具栏中的【操作】按钮，弹出图 12.25 所示的【操作参数】对话框。①单击【沿 Z 轴拖动】按钮，②拖动【连杆】。用同样的操作选中【连杆】沿 X 或 Y 轴拖动，使每个零件模型互相分开，如图 12.26 所示，为下一步装配做准备。最后③单击【确定】按钮。

（4）在装配树中选择曲柄转轴，选择【编辑】→【复制】命令，然后选择模型树中的【Product1】（产品 1），再选择【编辑】→【粘贴】命令，复制曲柄转轴。

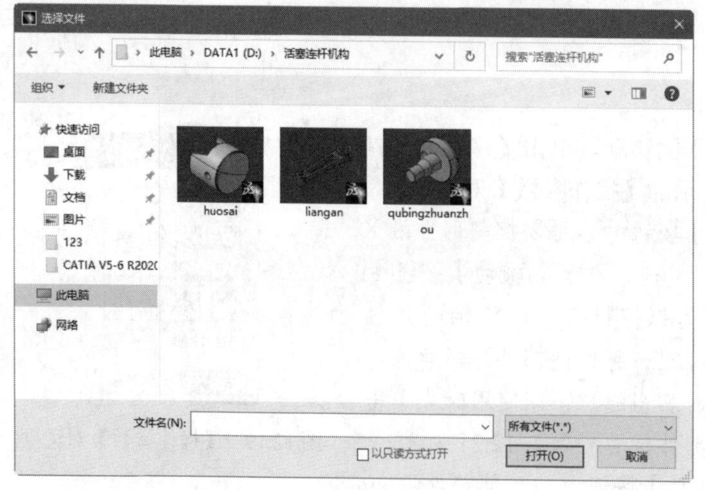

图 12.23 【选择文件】对话框

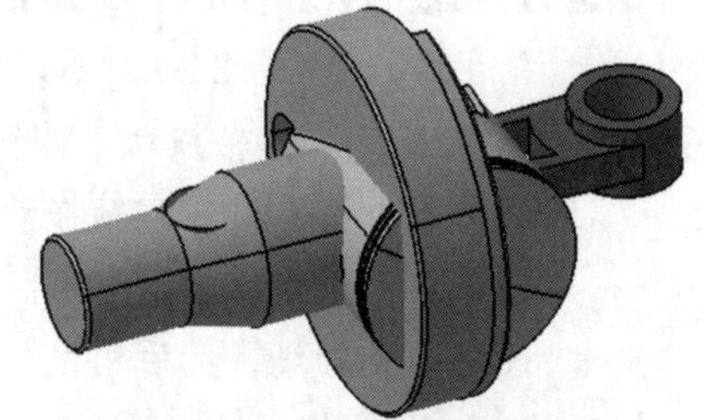

图 12.24 导入零件

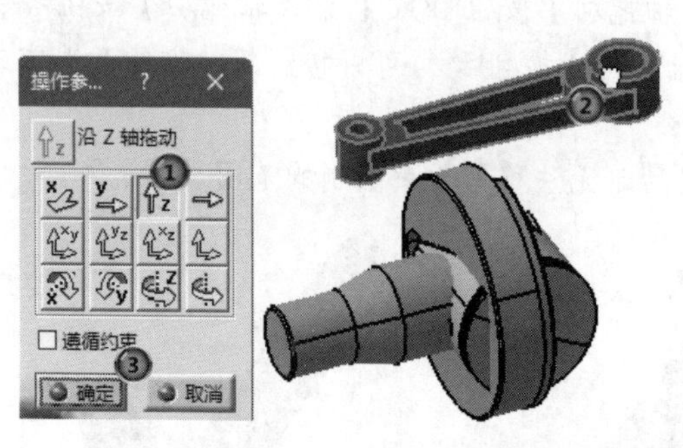

图 12.25 【操作参数】对话框

图 12.26 分开零件模型

（5）单击【移动】工具栏中的【操作】按钮，将复制的曲柄转轴移动到适当的位置，如图 12.27 所示。

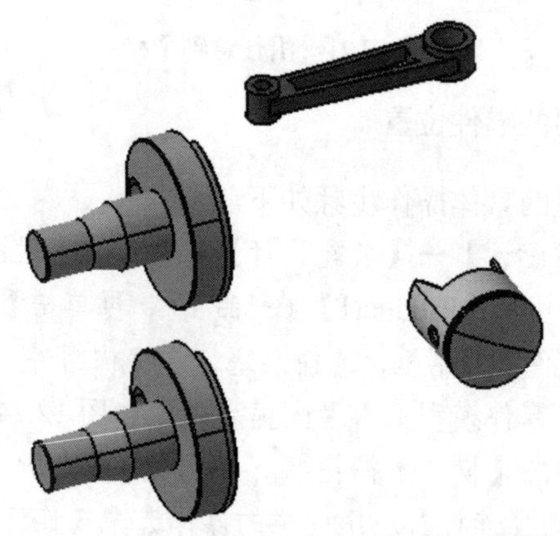

图 12.27 移动复制的曲柄转轴

（6）选择【文件】→【保存】命令，弹出【另存为】对话框，输入文件名【huosailiangan】，单击【保存】按钮，保存文件。

12.3.3　快速移动

【捕捉】命令可以在移动部件的同时与另一部件上选定的几何元素对齐。

单击【移动】工具栏中的【捕捉】按钮，选择要移动部件上的几何元素。单击选择另一部件上选定的几何元素，如图 12.28 所示。

图 12.28　使用【捕捉】命令

12.3.4　智能移动

【智能移动】命令可以用单击或拖动的方式将部件移动到相应部件上，并自动施加约束。其使用方法如下。

（1）单击【移动】工具栏中的【智能移动】按钮，弹出图 12.29 所示的【智能移动】对话框，即可开始拖动部件移动，CATIA 会自动寻找可能的约束，如图 12.30 所示。

（2）将部件拖动到合适的位置，它会自动添加约束，如图 12.31 所示。

（3）如果希望让 CATIA 自动施加约束，则需要勾选【自动约束创建】复选框，单击【更多】按钮，打开拓展项，如图 12.32 所示，可以通过右侧的上下箭头调整列表中约束的先后顺序，确认后可以看到约束标记。

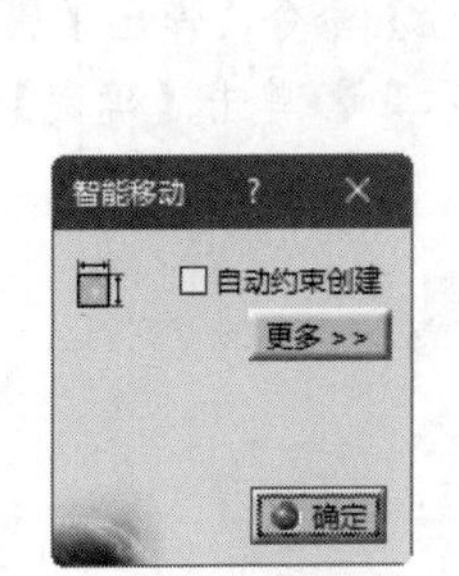

图 12.29　【智能移动】对话框

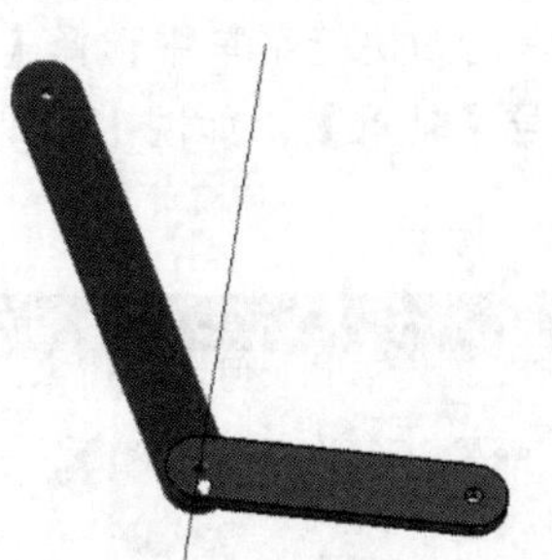

图 12.30　拖动部件

图 12.31　自动添加约束

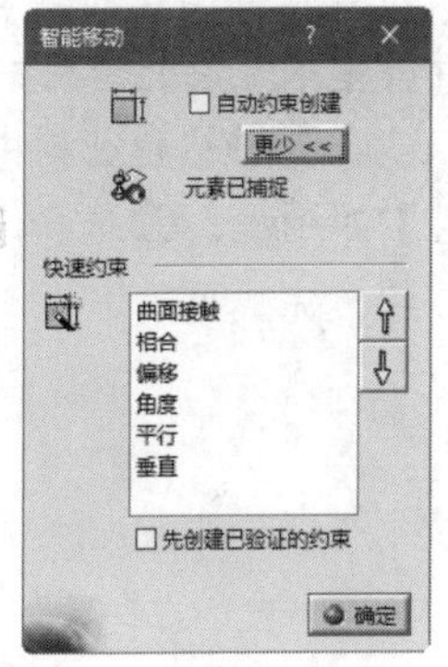

图 12.32　拓展项

12.4　装配约束

进行装配设计时，用户还要有装配约束的概念，装配约束是指限制部件几何元素之间相对关系的条件。只有通过设置合理的装配约束，才能建立具有正确的装配关系的产品。在 CATIA 中常用到【约束】工具栏，如图 12.33 所示。

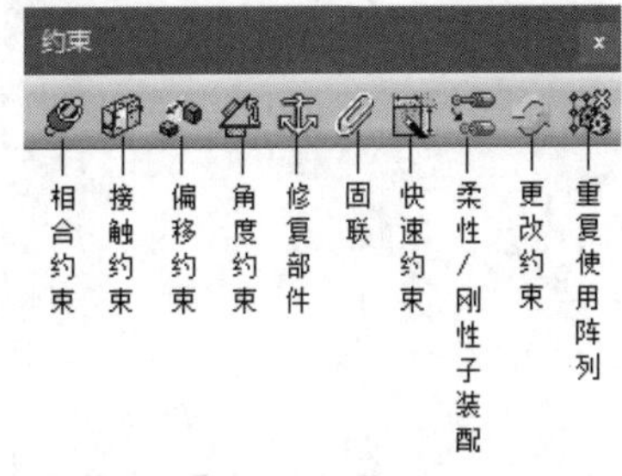

图 12.33　【约束】工具栏

12.4.1　相合约束

相合约束用于设置两个部件的几何元素之间共点、共线或共面等级和关系条件。

相合约束的使用方法如下。

（1）单击【约束】工具栏中的【相合约束】按钮。

（2）选择第一个部件的几何元素，再选择图 12.34 所示的轴线。

（3）选择第二个部件的几何元素，如图 12.35 所示。

（4）单击【更新】工具栏中的【更新】按钮，完成相合约束的创建，如图 12.36 所示。此时视图中会标示出这两个几何元素已经【相合】，在特征树的约束区也会出现一个相合约束。

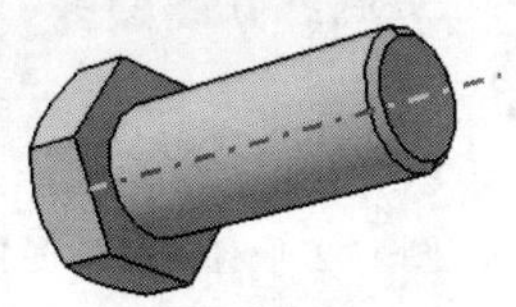

图 12.34　选择轴线

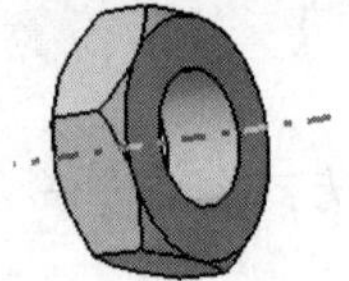

图 12.35　选择另一个几何元素

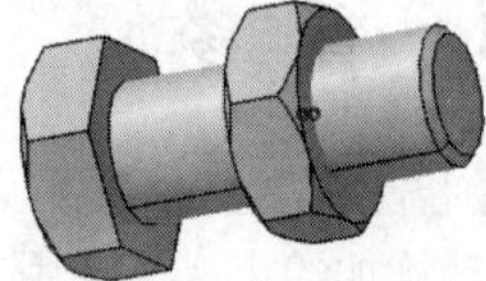

图 12.36　相合约束

扫一扫，看视频

动手学——轴承内外圈装配

轴承内外圈装配的具体操作步骤如下。

（1）选择【开始】→【机械设计】→【装配设计】命令，进入装配设计平台。

（2）选择模型树中的【Product1】（产品 1），再单击【产品结构工具】工具栏中的【现有部件】按钮，弹出【选择文件】对话框，选择轴承组件模型的所有零件模型。单击【打开】按钮，则将零件模型插入装配模块中。

（3）①在特征树中选择装配体名称，②右击，在弹出的快捷菜单中选择【属性】命令，弹出【属性】对话框，③选择【产品】选项卡，④输入零件编号【轴承】，如图 12.37 所示。⑤单击【确定】按钮，完成更改。

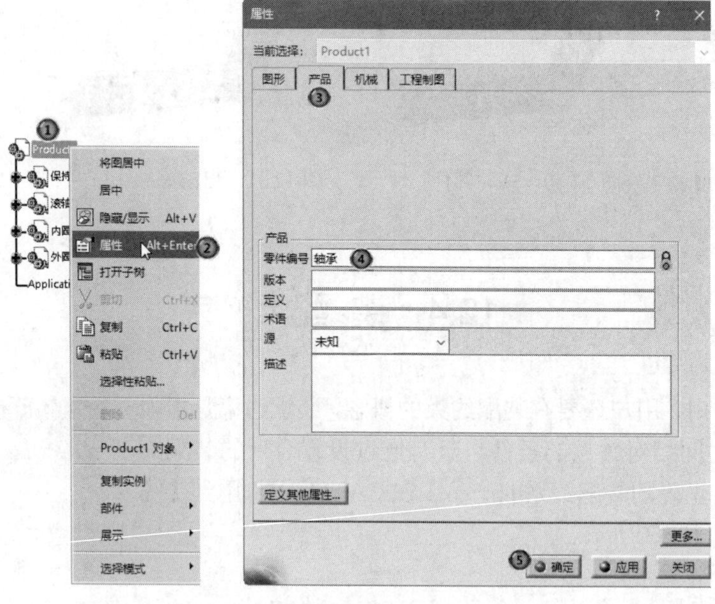

图 12.37　【属性】对话框

（4）选择【工具】→【选项】命令，弹出【选项】对话框，在特征树中选择【装配设计】选项。在【常规】选项卡的【更新】选项组中选择【自动】选项，单击【确定】按钮，装配后自动更新。

（5）单击【移动】工具栏中的【操作】按钮，弹出图 12.38 所示的【操作参数】对话框。分别单击该对话框中的方向按钮，移动各个零件的位置，使零件模型互相分开，为下一步装配做准备，如图 12.39 所示。

（6）单击【约束】工具栏中的【相合约束】按钮，选择①外圈的轴线和②保持架的轴线，如图 12.40 所示。外圈的轴线和保持架的轴线重合，如图 12.41 所示。

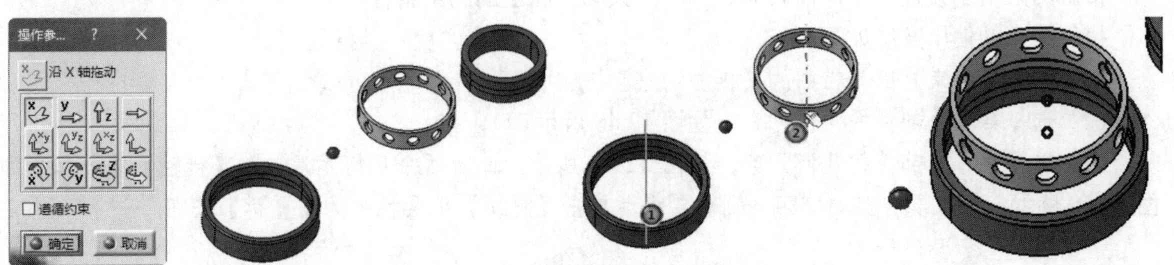

图 12.38　【操作参数】对话框　　图 12.39　模型分开　　图 12.40　选择外圈和保持架的轴线　　图 12.41　约束两个轴线重合 1

（7）单击【约束】工具栏中的【相合约束】按钮，分别选择外圈的 xy 平面和保持架的 xy 平面，弹出【约束属性】对话框，如图 12.42 所示。单击【确定】按钮，约束完成，如图 12.43 所示。

（8）单击【约束】工具栏中的【相合约束】按钮，选择内圈的轴线和外圈的轴线，如图 12.44 所示。外圈的轴线和内圈的轴线重合，如图 12.45 所示。

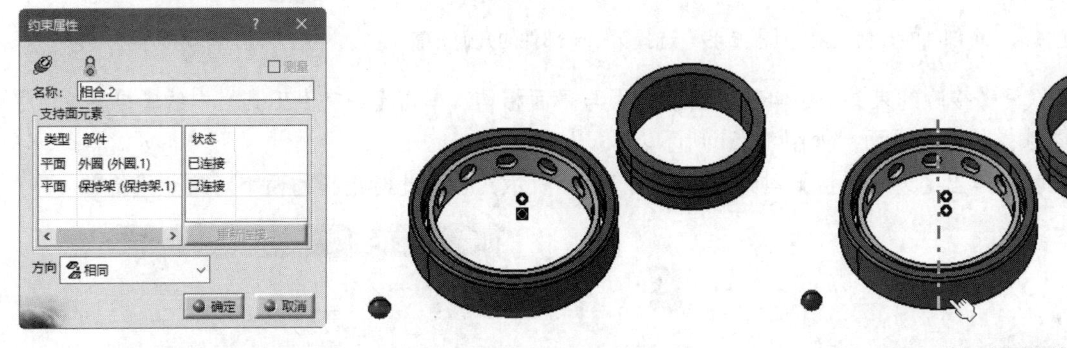

图 12.42　【约束属性】对话框 1　　图 12.43　相合约束完成 1　　图 12.44　选择内圈和外圈的轴线

（9）单击【约束】工具栏中的【相合约束】按钮，分别选择外圈的 xy 平面和内圈的 xy 平面，弹出【约束属性】对话框，如图 12.46 所示。单击【确定】按钮，约束完成，如图 12.47 所示。

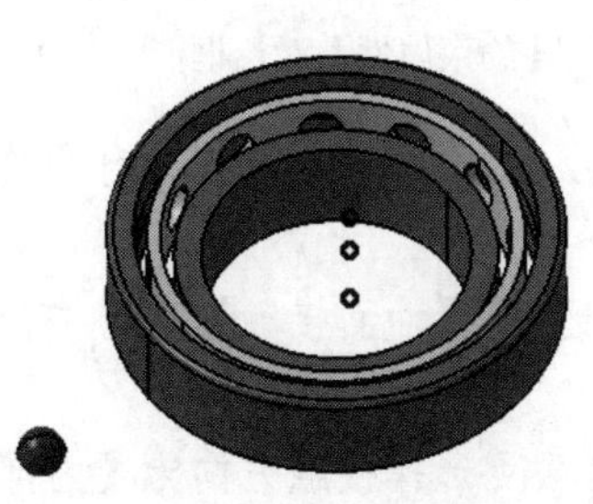

图 12.45　约束两个轴线重合 2

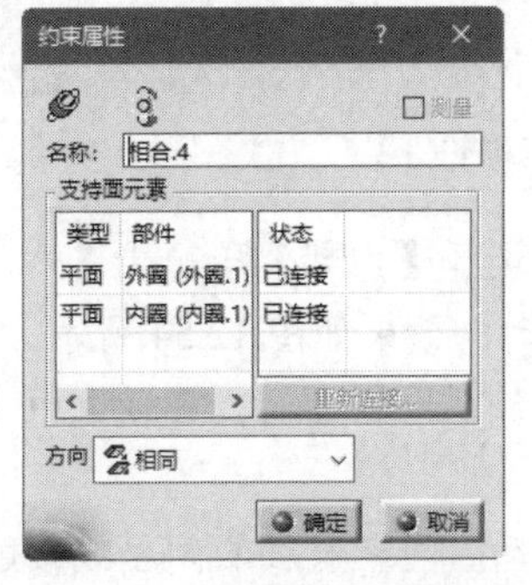

图 12.46　【约束属性】对话框 2

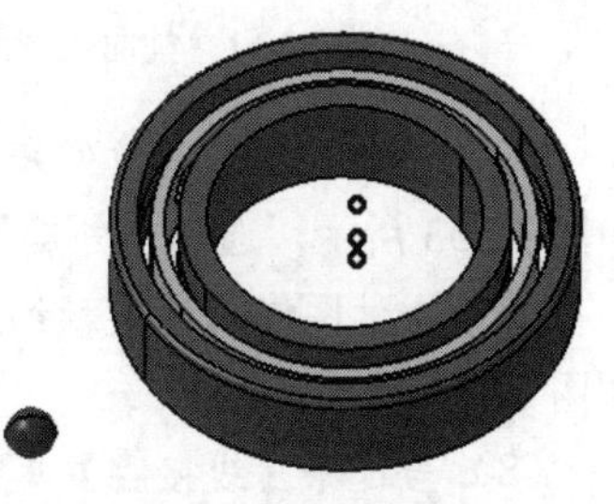

图 12.47　相合约束完成 2

（10）选择【文件】→【保存】命令，弹出【另存为】对话框，输入文件名称【zhoucheng】，单击【保存】按钮，保存文件。

12.4.2　接触约束

接触约束用于设置两个部件表面处于一个共同平面上的约束条件。

接触约束的使用方法如下。

（1）单击【约束】工具栏中的【接触约束】按钮。

（2）选择第一个部件的几何元素，如图 12.48 所示。

（3）选择第二个部件的几何元素，如图 12.49 所示。此时两个几何元素自动【接触】在一起，如图 12.50 所示。如果没有自动接触，则需要手动单击【更新】工具栏中的【更新】按钮。

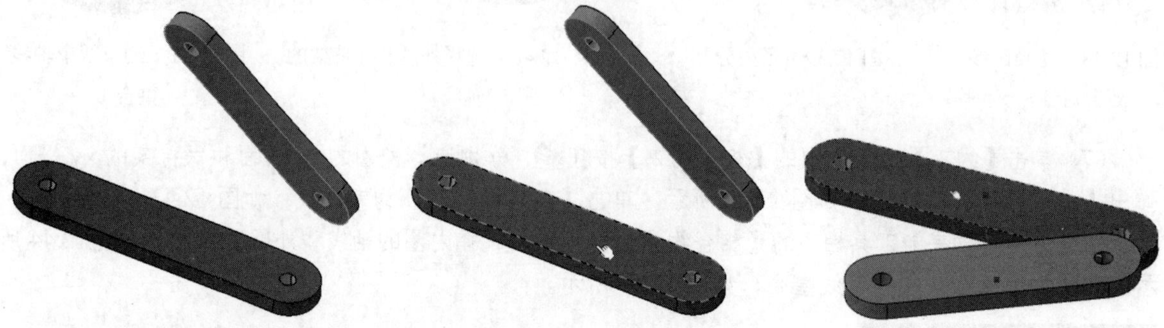

图 12.48　选择第一个部件的几何元素　图 12.49　选择第二个部件的几何元素　图 12.50　自动接触在一起

（4）可以用【接触约束】命令实现柱面或球面与平面相切。单击【约束】工具栏中的【接触约束】按钮，再选择柱面与平面，如图 12.51 所示。

（5）此时会弹出【约束属性】对话框，如图 12.52 所示，显示此时选择的两个对象为线接触。

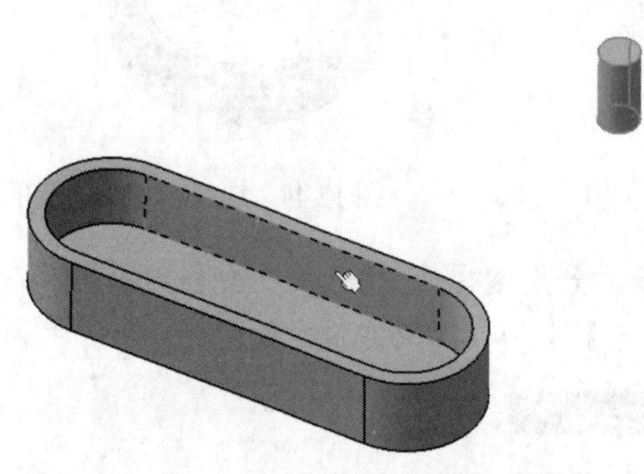

图 12.51　柱面或球面与平面相切

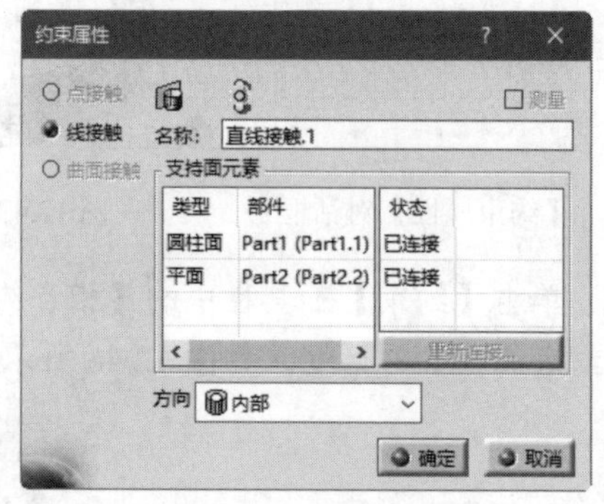

图 12.52　【约束属性】对话框

（6）在【方向】下拉列表中可以选择【内部】接触或【外部】接触，选择【内部】接触时的效果如图 12.53 所示，选择【外部】接触时的效果如图 12.54 所示。

（7）当试图使用【接触约束】限制两个柱面时，可以选中【线接触】或【曲面接触】单选按钮，如图 12.55 所示。

（8）当选中【线接触】单选按钮时，可使柱面之间呈线接触，此时又可选择接触方向为【内部】和【外部】。当选择接触方向为【外部】时，效果如图 12.56 所示。

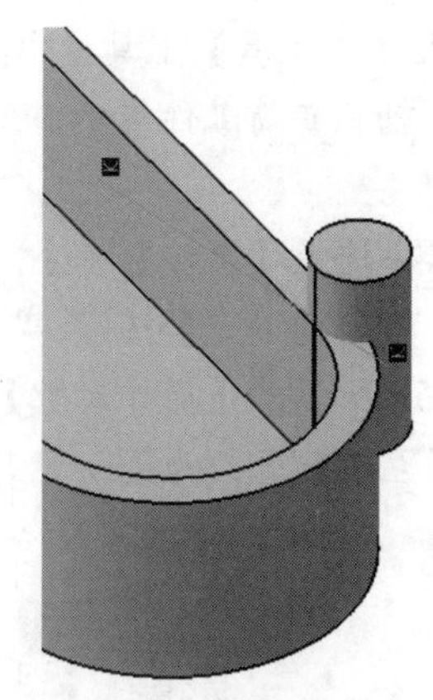

图 12.53　选择【内部】接触时的效果

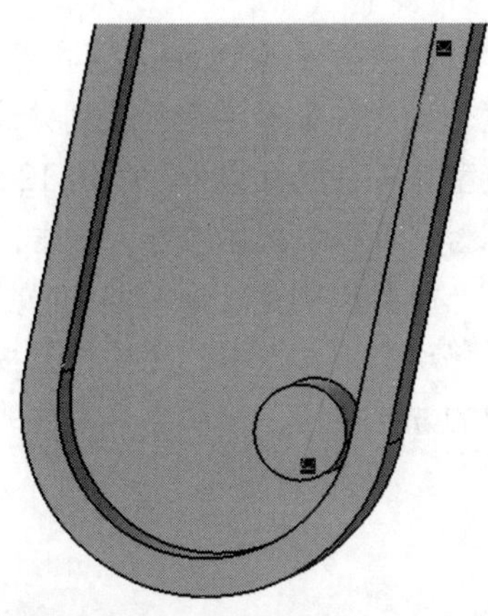

图 12.54　选择【外部】接触时的效果

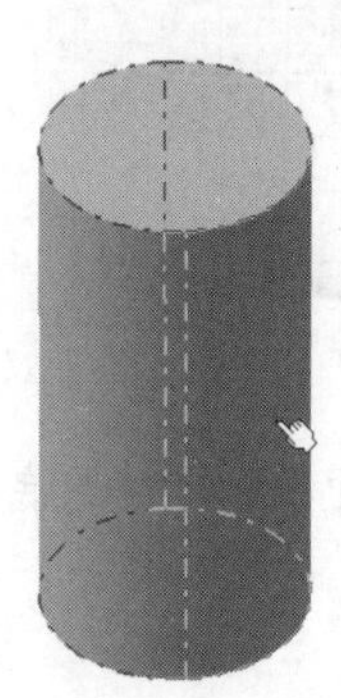

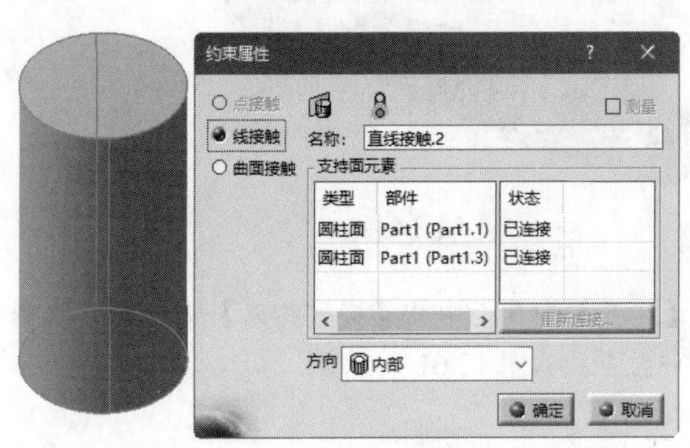

图 12.55　线接触

(9) 当选中【线接触】单选按钮，接触方向为【内部】，或选中【曲面接触】单选按钮时，两个柱面会重合在一起，如图 12.57 所示。

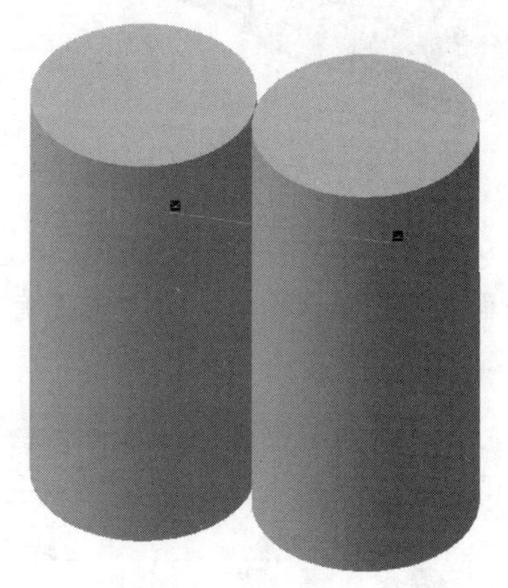

图 12.56　外接触

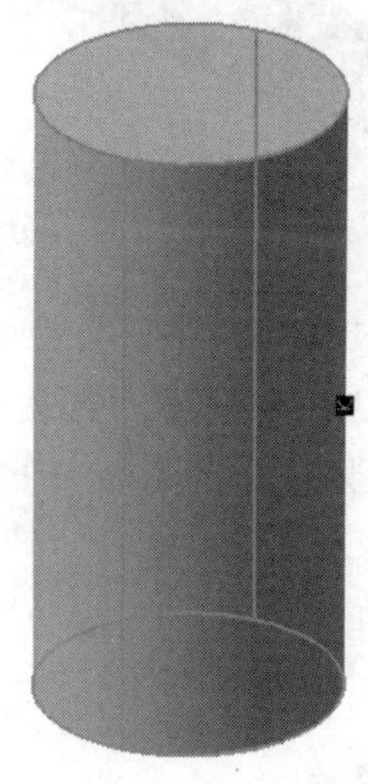

图 12.57　内接触

动手学——传动轴组件装配

扫一扫，看视频

传动轴组件装配的具体操作步骤如下。

(1) 选择【开始】→【机械设计】→【装配设计】命令，进入装配设计平台。

（2）选择模型树中的【Product1】（产品 1），再单击【产品结构工具】工具栏中的【现有部件】按钮，弹出【选择文件】对话框，找到并选择圆锥齿轮、键、轴和套筒零件模型。单击【打开】按钮，则将零件模型插入装配模块中，如图 12.58 所示。

（3）在特征树中选择装配体名称，右击，在弹出的快捷菜单中选择【属性】命令，弹出【属性】对话框，选择【产品】选项卡，输入零件编号【传动轴组件】。单击【确定】按钮，完成更改。

（4）单击【移动】工具栏中的【操作】按钮，弹出图 12.59 所示的【操作参数】对话框。分别单击该对话框中的方向按钮，移动各个零件的位置，使零件模型互相分开，为下一步装配做准备，如图 12.60 所示。

图 12.58 导入零件

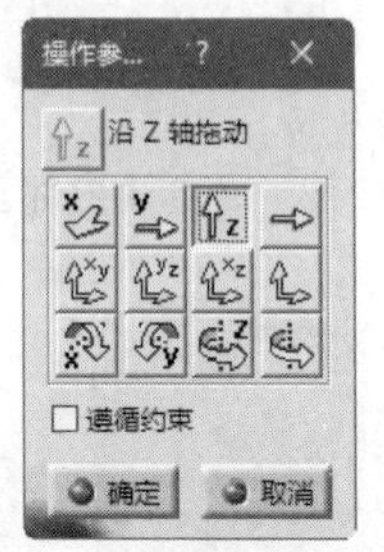

图 12.59 【操作参数】对话框

（5）单击【约束】工具栏中的【接触约束】按钮，选择键的下平面和轴上键槽底面，约束这两个平面在同一平面上，如图 12.61 所示。

图 12.60 模型分开

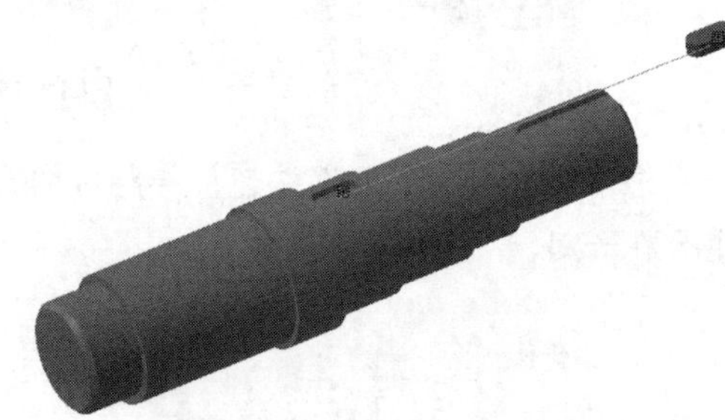

图 12.61 接触约束完成 1

（6）单击【约束】工具栏中的【接触约束】按钮，分别选择①键的圆弧面和②轴上键槽圆弧面，弹出图 12.62 所示的【约束属性】对话框，③选中【曲面接触】单选按钮，④单击【确定】按钮，完成键与轴的装配，结果如图 12.63 所示。

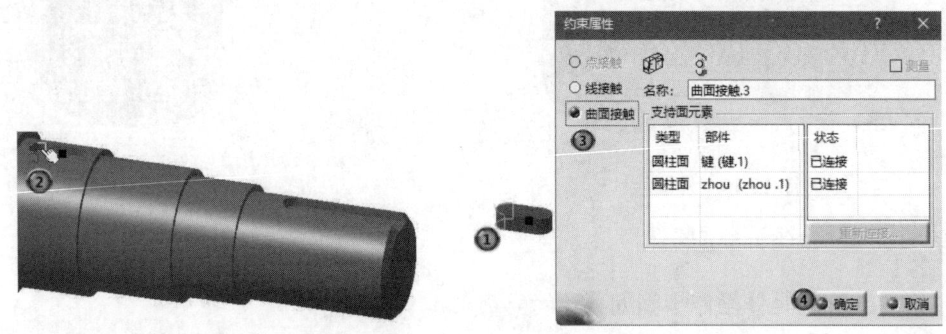

图 12.62 【约束属性】对话框

图 12.63　键与轴的装配

（7）单击【约束】工具栏中的【接触约束】按钮，分别选择圆锥齿轮端面和轴的台阶面，如图 12.64 所示，圆锥齿轮与轴之间的接触约束完成，如图 12.65 所示。

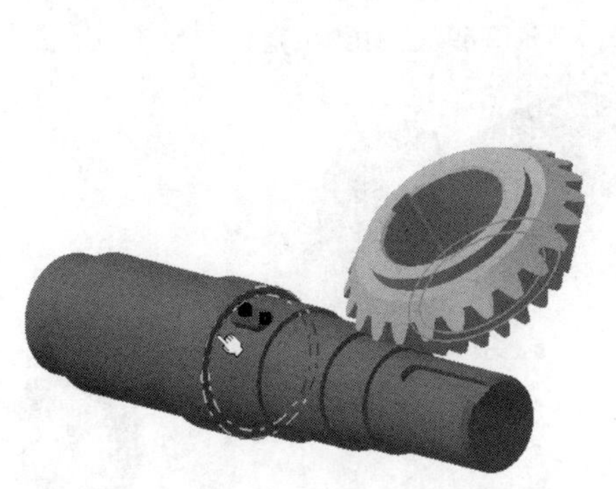

图 12.64　选择圆锥齿轮端面和轴的台阶面

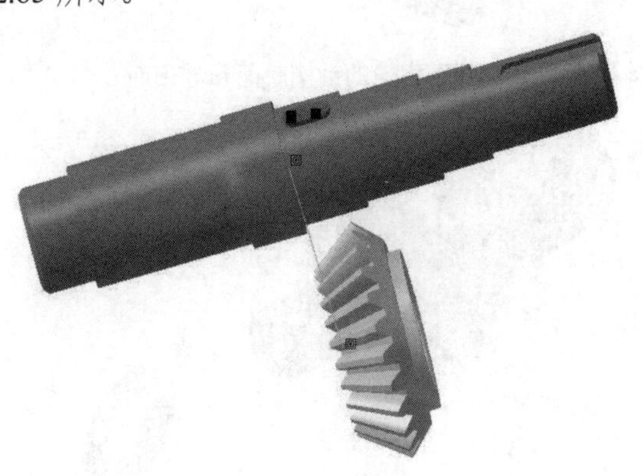

图 12.65　接触约束完成 2

（8）单击【约束】工具栏中的【相合约束】按钮，选择圆锥齿轮上的键槽侧面和键侧面，弹出【约束属性】对话框，如图 12.66 所示。单击【确定】按钮，键槽侧面和键侧面重合，如图 12.67 所示。

图 12.66　选择键槽侧面和键侧面

图 12.67　约束两面重合

（9）单击【约束】工具栏中的【接触约束】按钮，分别选择圆锥齿轮上的键槽底面和键顶面，如图 12.68 所示，键槽底面和键顶面重合，如图 12.69 所示。

（10）显示套筒，单击【约束】工具栏中的【相合约束】按钮，选择套筒的轴线和轴的轴线，如图 12.70 所示，套筒的轴线和轴的轴线重合，如图 12.71 所示。

图 12.68　选择圆锥齿轮的键槽底面和键顶面

图 12.69　接触约束完成 3

图 12.70　选择套筒和轴的轴线

图 12.71　约束两个轴线重合

（11）单击【约束】工具栏中的【接触约束】按钮，分别选择套筒端面和圆锥齿轮端面，如图 12.72 所示，套筒端面和圆锥齿轮端面重合，如图 12.73 所示。

图 12.72　选择套筒端面和圆锥齿轮端面

图 12.73　约束圆锥齿轮端面和套筒端面

（12）选择【文件】→【保存】命令，弹出【另存为】对话框，输入文件名【chuandongzhouzujian】，单击【保存】按钮，保存文件。

扫一扫，看视频

练一练——风扇

创建图 12.74 所示的风扇。

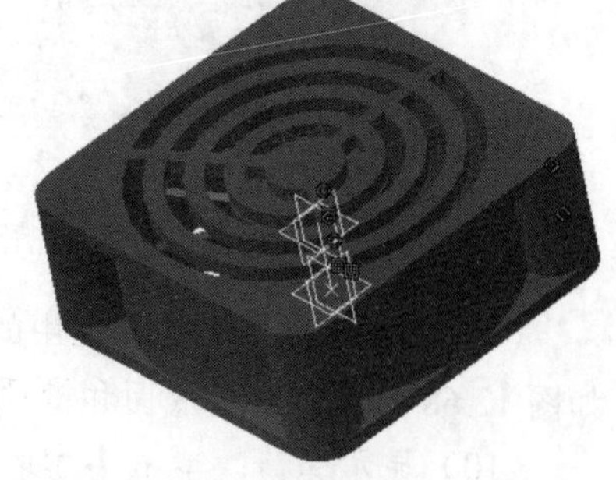

图 12.74　风扇

思路点拨：

（1）利用【相合约束】和【接触约束】命令装配风扇下盖和扇叶。

（2）利用【相合约束】和【接触约束】命令装配风扇上盖。

12.4.3 偏移约束

偏移约束用于设置两个部件几何元素之间的距离的约束条件。

偏移约束的使用方法如下。

（1）单击【约束】工具栏中的【偏移约束】按钮。

（2）选择第一个部件的几何元素，如图 12.75 所示。

（3）选择第二个部件的几何元素，此时会弹出【约束属性】对话框，该对话框大致与前面相合约束时的【约束属性】对话框相同，只是多了一个【偏移】微调框。其中可以输入两个几何元素之间的偏移距离，且此时可以对距离进行测量，如图 12.76 所示。

（4）在【方向】选择框中可以调整部件的方向，在视图中通过单击绿色箭头也可以改变两个部件之间的方向。

（5）将偏移的距离修改为 3mm，单击【确定】按钮，效果如图 12.77 所示。

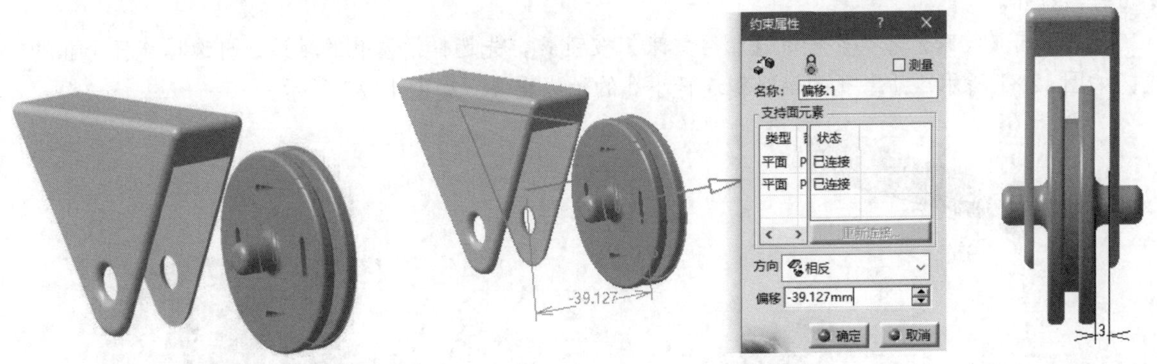

图 12.75　选择第一个部件的几何元素　　图 12.76　偏移约束　　图 12.77　偏移效果

12.4.4 角度约束

角度约束用于设置两个部件的几何元素之间的夹角，线和面都可作为被选择的几何元素。

角度约束的使用方法如下。

（1）单击【约束】工具栏中的【角度约束】按钮。

（2）选择第一个部件的几何元素，如图 12.78 所示。

（3）选择第二个部件的几何元素，此时弹出【约束属性】对话框，此对话框与前面相合约束时的【约束属性】对话框类似，只是多了一个【角度】微调框，其中可以输入两个几何元素之间的角度。

图 12.78　选择第一个部件的几何元素

（4）【约束属性】对话框中有【垂直】和【平行】两个单选按钮，可以直接选择设置两个几何元素垂直或平行。

（5）在【扇形】选择框中可以调整选取不同的扇区，即可以调整两个元素的不同方向，同时视图中会显示出方向及角度，如图 12.79 所示。【角度】修改为 90deg，单击【确定】按钮，效果如图 12.80 所示。

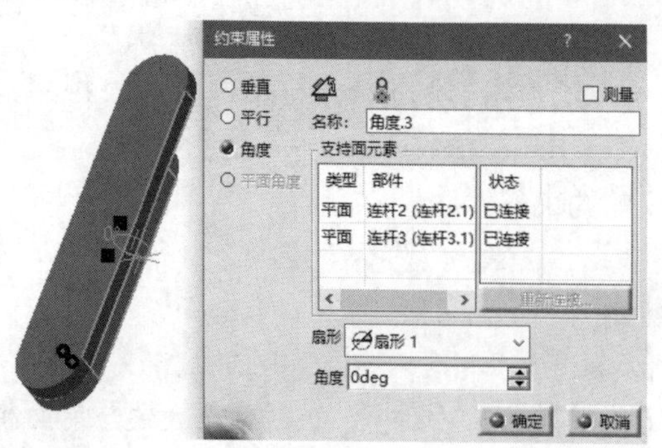

图 12.79　角度约束

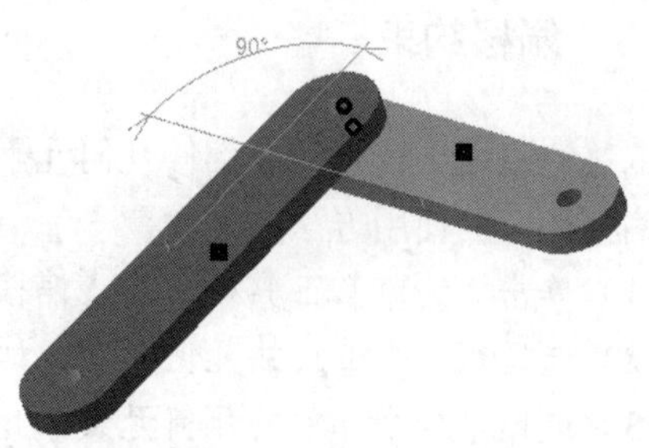

图 12.80　角度约束效果

扫一扫，看视频

动手学——活塞连杆机构装配

活塞连杆机构装配的具体操作步骤如下。

（1）选择【文件】→【打开】命令，在弹出的【选择文件】对话框中选择【huosailiangan】文件，双击将其打开。

（2）单击【约束】工具栏中的【相合约束】按钮，先选择活塞孔的轴线，再选择连杆小孔的轴线，如图 12.81 所示，活塞孔的轴线和连杆小孔的轴线重合，如图 12.82 所示。

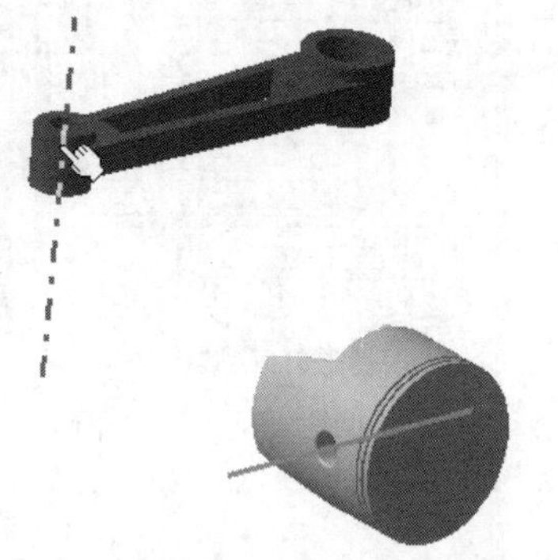

图 12.81　选择活塞孔和连杆小孔的轴线

图 12.82　约束两个轴线重合 1

（3）单击【约束】工具栏中的【接触约束】按钮，分别选择活塞孔的端面和连杆小孔端面，如图 12.83 所示，活塞孔的端面和连杆小孔端面重合，如图 12.84 所示。

图 12.83　选择活塞孔的端面和连杆小孔端面

图 12.84　接触约束完成 1

（4）单击【约束】工具栏中的【角度约束】按钮，分别选择❶连杆的 yz 平面和❷活塞的 xy 平面，弹出【约束属性】对话框，❸设置角度为 90deg，如图 12.85 所示。❹单击【确定】按钮，结果如图 12.86 所示。

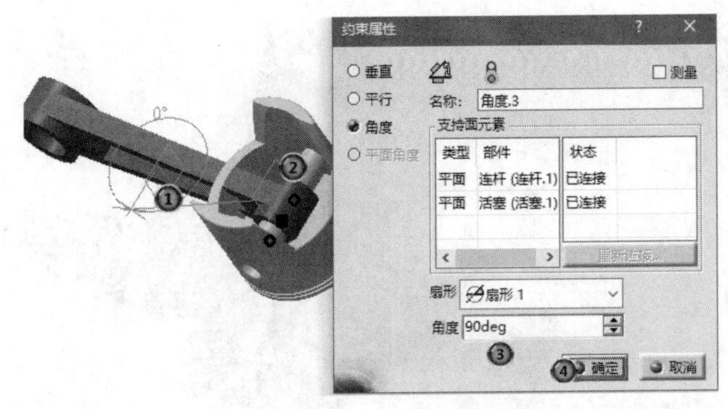

图 12.85 【约束属性】对话框

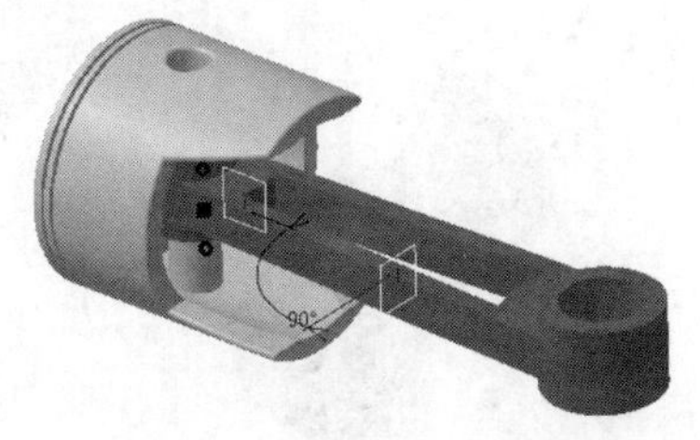

图 12.86 设置角度约束效果

（5）单击【约束】工具栏中的【相合约束】按钮，先选择连杆大孔的轴线，再选择曲柄转轴孔的轴线，如图 12.87 所示，连杆大孔的轴线和曲柄转轴孔的轴线重合，如图 12.88 所示。

（6）单击【约束】工具栏中的【接触约束】按钮，分别选择曲柄转轴的孔端面和连杆大孔端面，如图 12.89 所示，曲柄转轴的孔端面和连杆大孔端面重合，如图 12.90 所示。

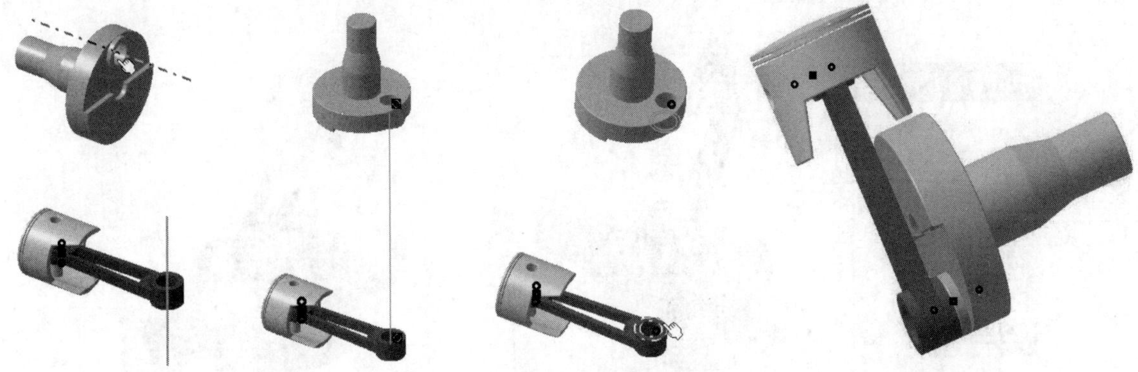

图 12.87 选择连杆大孔和曲柄转轴孔的轴线　图 12.88 约束两个轴线重合 2　图 12.89 选择曲柄转轴的孔端面和连杆大孔端面　图 12.90 接触约束完成 2

（7）显示曲柄转轴。单击【约束】工具栏中的【相合约束】按钮，先选择连杆大孔的轴线，再选择曲柄转轴孔的轴线，如图 12.91 所示，连杆大孔的轴线和曲柄转轴孔的轴线重合，如图 12.92 所示。

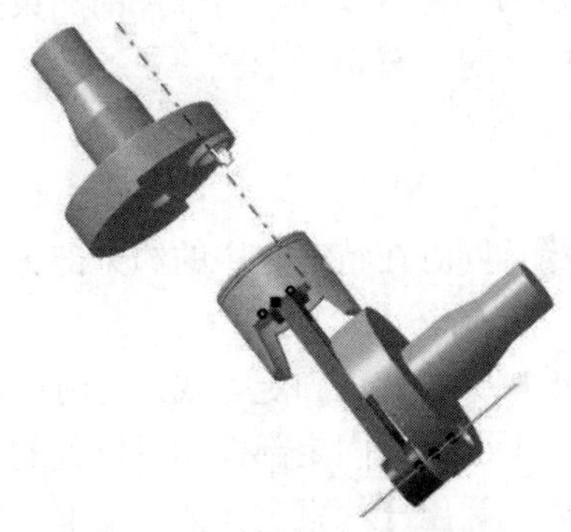

图 12.91 选择连杆大孔的轴线和曲柄转轴孔的轴线

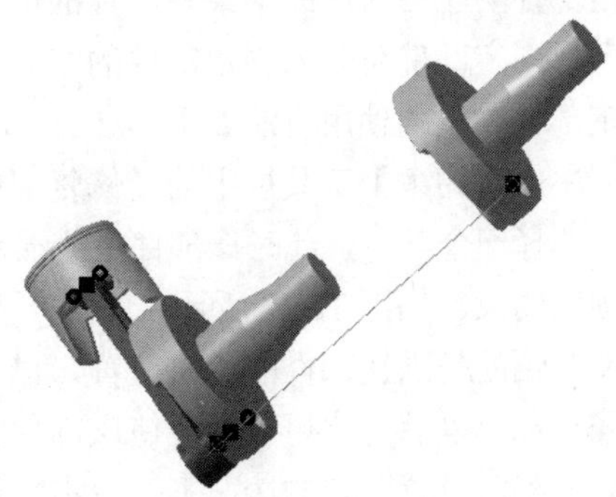

图 12.92 约束两个轴线重合 3

（8）单击【约束】工具栏中的【接触约束】按钮，分别选择曲柄转轴的孔端面和连杆大孔端面，如图 12.93 所示，曲柄转轴的孔端面和连杆大孔端面重合，如图 12.94 所示。

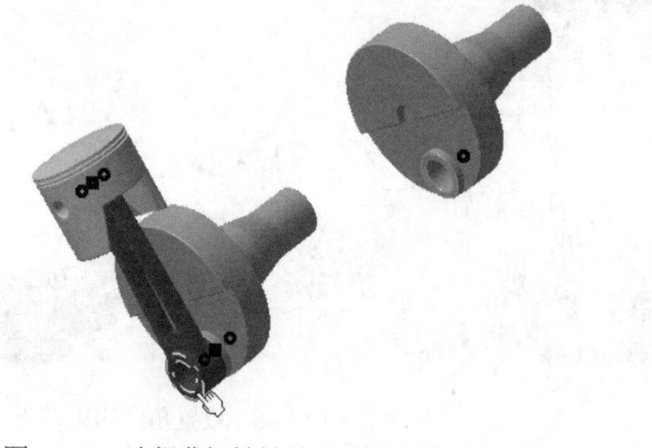

图 12.93　选择曲柄转轴的孔端面和连杆大孔端面

图 12.94　接触约束完成 3

（9）单击【移动】工具栏中的【操作】按钮，弹出图 12.95 所示的【操作参数】对话框，单击【绕任意轴拖动】按钮，选择曲柄转轴和连杆共同的轴线，然后依次拖动两个曲柄转轴，结果如图 12.96 所示。

（10）选择【文件】→【保存】命令，保存文件。

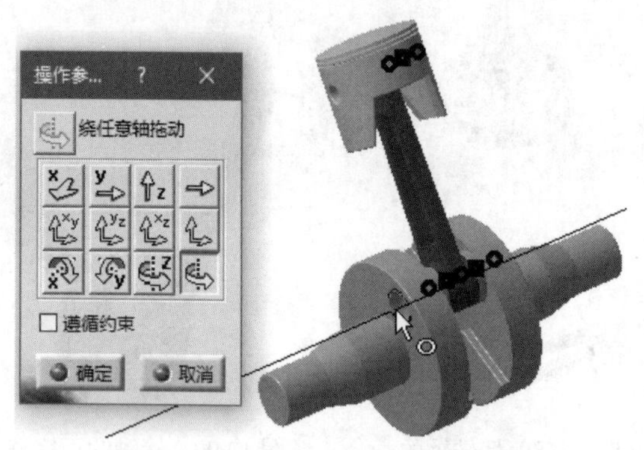

图 12.95　【操作参数】对话框

图 12.96　活塞连杆装配完成

12.4.5　固定部件

固定部件功能可对产品中某些部件的位置进行固定，固定的部件可作为其他部件的约束条件设置时的参考。固定部件可分为固定部件的空间坐标和固定部件的相对位置两种形式。

固定部件约束的使用方法如下。

（1）单击【约束】工具栏中的【修复部件】按钮。

（2）选择一个部件，此时该部件上会显示一个锚形标志，同时在特征树中的约束部分会显示多了一个固定约束，如图 12.97 所示。

上文介绍的是固定部件的绝对位置，也是 CATIA 装配模块中的默认固定方式，此时固定的是部件的空间坐标，以后每次更新都会使该部件回到固定的位置。下面介绍固定部件相对位置的方法。

在完成绝对位置固定的情况下，双击特征树中的固定约束，弹出【约束定义】对话框，单击【更多】按钮，取消选中【在空间中固定】复选框，如图 12.98 所示，此时特征树中锚形标志左下角的锁形标志消失，如图 12.99 所示。空间固定变为相对位置固定，即被固定部件的位置可以移动，但相对其他与之有装配关系的部件则是固定的。

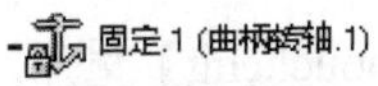

固定.1 (曲柄转轴.1)

图 12.97　锚形标志

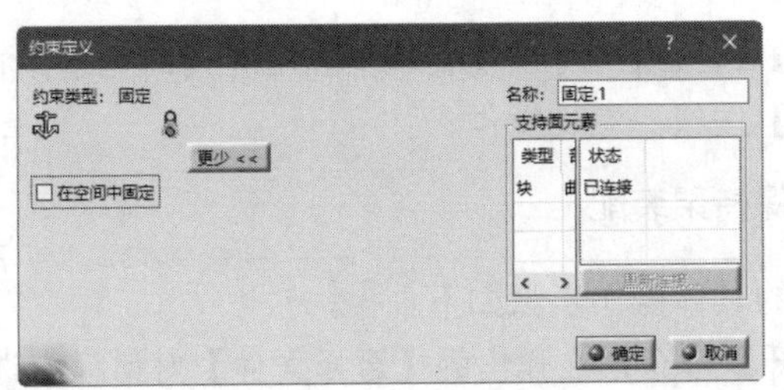

图 12.98　取消选中【在空间中固定】复选框

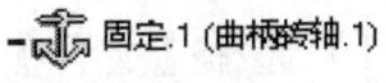

固定.1 (曲柄转轴.1)

图 12.99　相对位置固定

12.4.6　快速约束

快速约束是按照快速约束列表中的优先顺序，让 CATIA 自动标定所选取的部件上的几何元素之间的约束。

选择【工具】→【选项】命令，调出【选项】工具栏，【装配设计】分支下的【快速约束】列表如图 12.100 所示，在此处用户可利用列表右侧的按钮调整约束顺序。

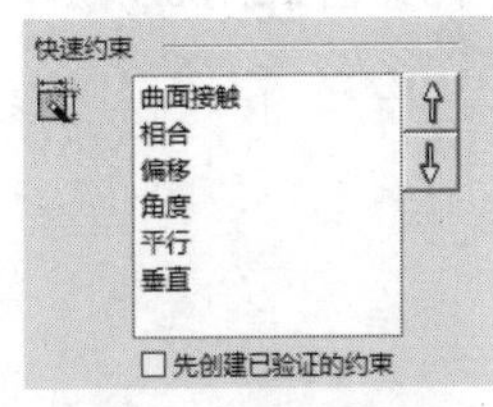

图 12.100　快速约束列表

12.4.7　更改约束

更改约束是将已经生成的约束根据需要更改成其他的约束形式。

更改约束的具体操作步骤如下。

(1) 选取要更换的约束。

(2) 单击【约束】工具栏中的【更改约束】按钮，弹出【可能的约束】对话框，如图 12.101 所示。

(3) 在【可能的约束】对话框中选取想要更换成的约束，单击【确定】按钮。

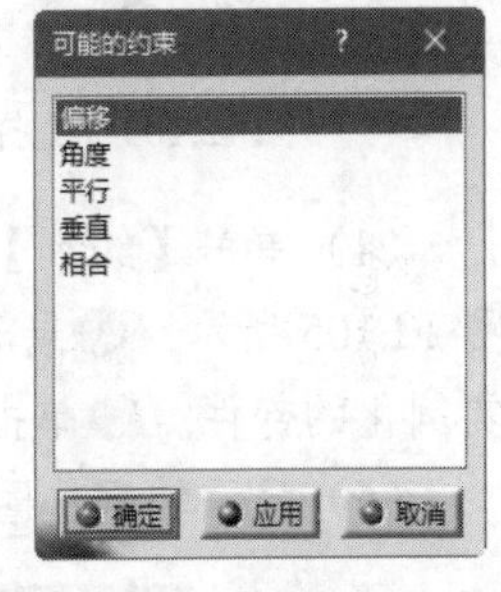

图 12.101　【可能的约束】对话框

12.4.8　重复使用阵列

重复使用阵列可以利用部件在设计时所使用的样式，达成快速插入部件并设置约束条件的目的。在实体设计中可以应用三种阵列方式，包括矩形、环形和用户自定义形式。通过应用阵列完成将数量较多的部件快捷地装配，并且可以完成多实例化不能完成的工作。

(1) 打开装配设计平台后，在装配设计模块中导入所有部件，并设置好约束条件。

(2) 单击【约束】工具栏中的【重复使用阵列】按钮，弹出【在阵列上实例化】对话框，如图 12.102 所示，勾选【保留与阵列的链接】复选框，再选中【阵列的定义】单选按钮。

(3) 选中要阵列的零件后，在该对话框中自动显示部件中的阵列样式，同时在【阵列】选项组的【实例】中会出现阵列的数量。

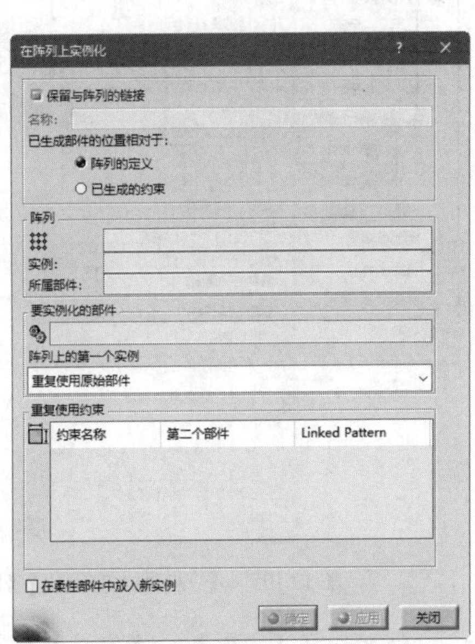

图 12.102　【在阵列上实例化】对话框

（4）在【要实例化的部件】选项组中可以设置希望应用阵列的元素，在【重复使用约束】选项组中自动出现约束。单击【确定】按钮，完成操作。

扫一扫，看视频

动手学——轴承中滚珠和保持架装配

轴承中滚珠和保持架装配的具体操作步骤如下。

（1）选择【文件】→【打开】命令，在弹出的【选择文件】对话框中选择【zhoucheng】文件，双击将其打开。

（2）为了方便滚珠和保持架的安装，先将外圈和内圈零件隐藏。

（3）单击【约束】工具栏中的【相合约束】按钮，选择滚珠中心点，再选择保持架上孔的中心点，如图 12.103 所示，使滚珠和保持架上孔的中心点重合，如图 12.104 所示。

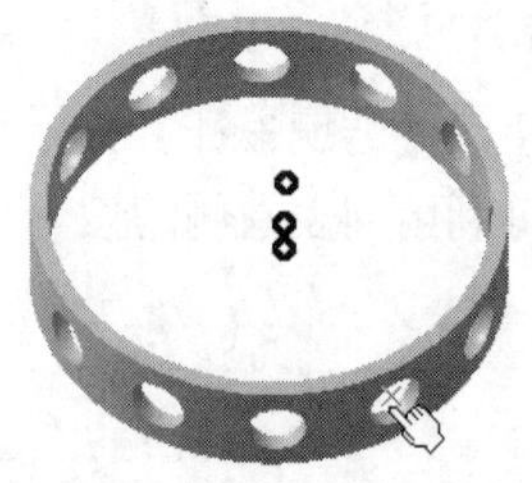

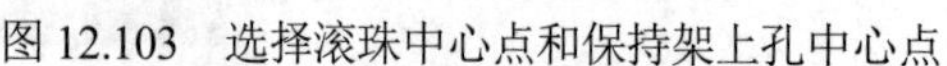

图 12.103　选择滚珠中心点和保持架上孔中心点

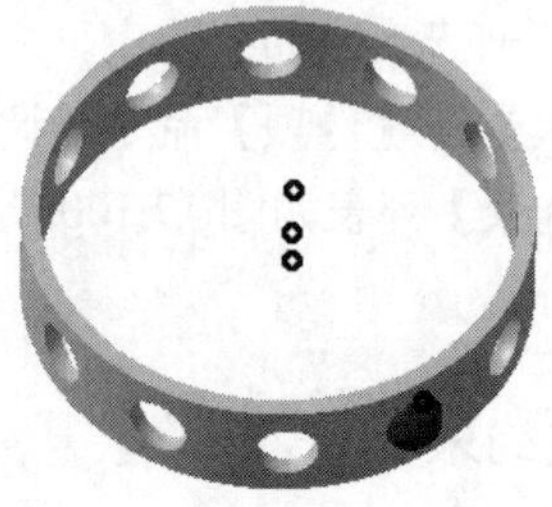

图 12.104　约束两个中心点重合

（4）单击【约束】工具栏中的【重复使用阵列】按钮，弹出【在阵列上实例化】对话框，如图 12.105 所示，①展开保持架的特征树，选择【圆形阵列.1】特征，②选取【滚轴（滚轴.1）】为要实例化的部件。③单击【确定】按钮，完成其他滚珠与保持架的装配，结果如图 12.106 所示。

（5）显示轴承外圈和内圈，完成轴承的装配，如图 12.107 所示。

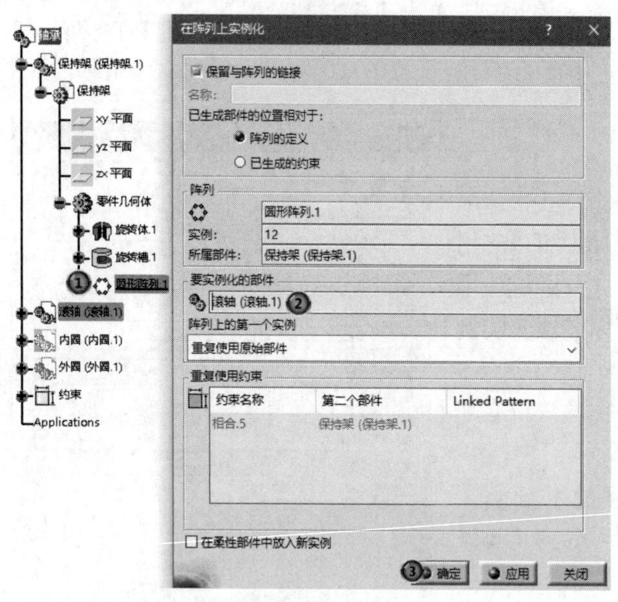

图 12.105　【在阵列上实例化】对话框

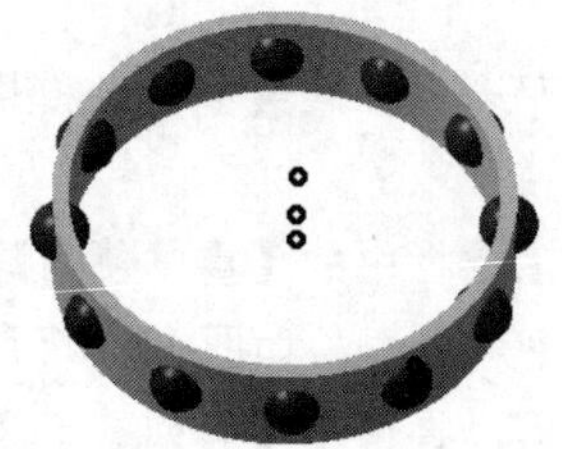

图 12.106　滚珠与保持架装配

图 12.107　装配好的轴承

（6）选择【文件】→【保存】命令，保存文件。

12.5　装配爆炸

【分解】命令可以将装配产品中的各个部件分解开，从而表现出产品各部件的结构及部件之间的相互关系。

单击【移动】工具栏中的【分解】命令，弹出【分解】对话框，如图 12.108 所示。

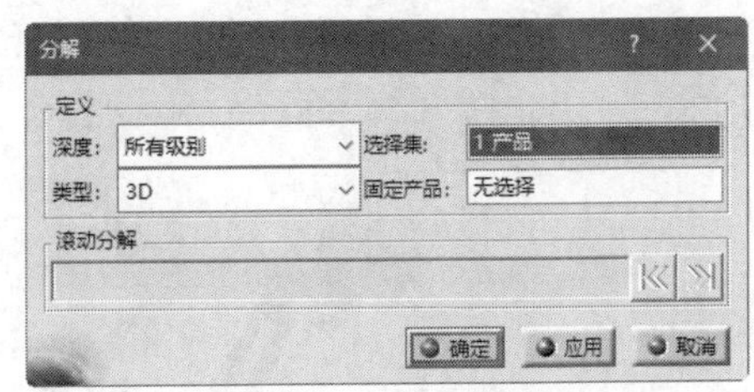

图 12.108　【分解】对话框

1．定义

定义选项组包括对分解命令的详细定义，具有【深度】【选择集】【类型】和【固定产品】四个选项。

- 深度：可以设置分解的层级，共有【所有级别】和【第一级别】两个选项。
  - 所有级别：可以将选定的产品分解到最基本的零件，如图 12.109 所示。
  - 第一级别：只是将产品分解到第一层，即如果产品中包含部件，而部件中又包含若干零件，此时只分解到部件，而不再分解部件中的零件。
- 选择集：选择要分解的产品。
- 类型：可以按照不同的约束条件对产品进行分解，共有【3D】【2D】和【受约束】三种分解类型。
  - 3D：可以将产品的零部件均匀地在空间中分解，是 CATIA 中的默认选项，如图 12.110 所示。

图 12.109　分解后的产品

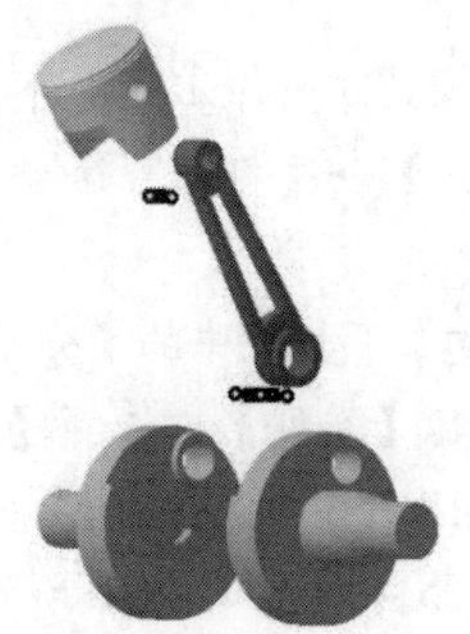

图 12.110　【3D】类型

  - 2D：可以将产品分解并投射到 xy 平面的投射面上，如图 12.111 所示。
  - 受约束：可以按约束执行分解，此类型只有在产品中有部件且部件的相合约束设置为共轴或共面时才有效，所以分解时会因约束条件的不同而得到不同的结果，如图 12.112 所示。

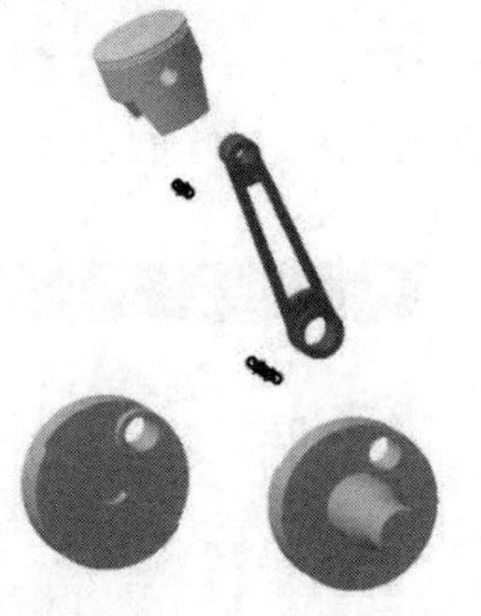

图 12.111　【2D】类型

图 12.112　【受约束】类型

➘ 固定产品：可以设置想要固定的部件，设置之后此部件的位置不会改变，但在【深度】选项设置为【所有级别】时无法固定部件的位置。

2．滚动分解

滚动分解可以设置分解的程度，修改滑块的值时可以看出具体变化，其对比如图12.113和图12.114所示。

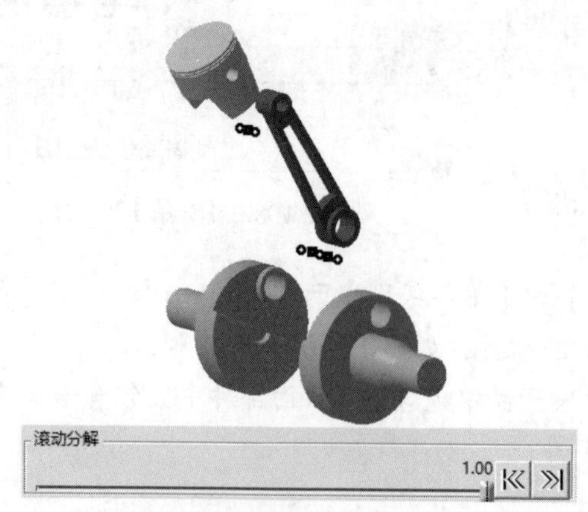

图12.113　滚动分解设置为1时

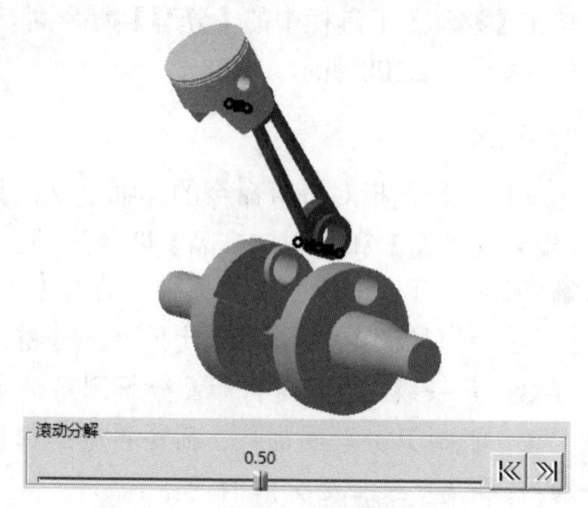

图12.114　滚动分解设置为0.5时

扫一扫，看视频

动手学——分解活塞连杆

分解活塞连杆的具体操作步骤如下。

（1）选择【文件】→【打开】命令，在弹出的【选择文件】对话框中选择【huosailiangan】文件，双击将其打开。

（2）单击【移动】工具栏中的【分解】命令，弹出【分解】对话框，❶在【选择集】中选择【活塞连杆】产品，❷在【类型】中选择【3D】，如图12.115所示。❸单击【应用】按钮，弹出【信息框】对话框，如图12.116所示。❹单击【确定】按钮，【分解】对话框下出现【滚动分解】选项组，❺将其滑块拉至0.75，如图12.117所示。❻单击【确定】按钮，弹出【警告】对话框，如图12.118所示。❼单击【是】按钮，完成活塞连杆的分解，如图12.119所示。

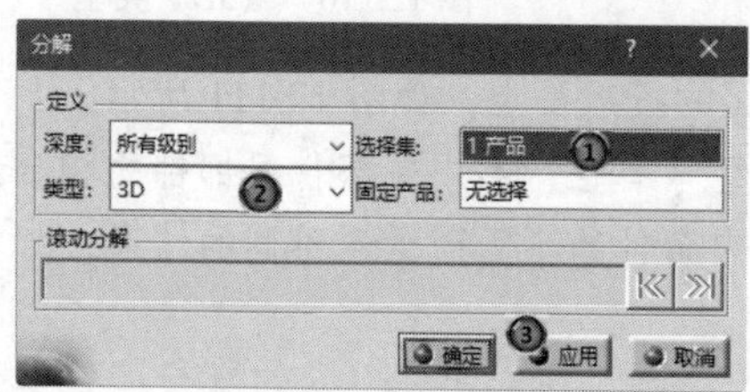

图12.115　【分解】对话框

图12.116　【信息框】对话框

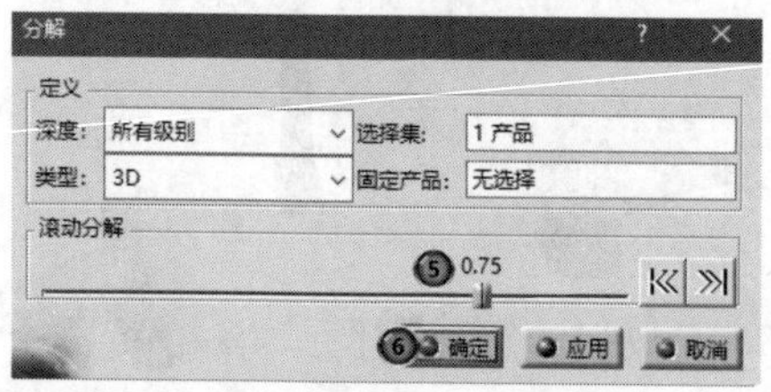

图12.117　【滚动分解】滑动条

图12.118　【警告】对话框

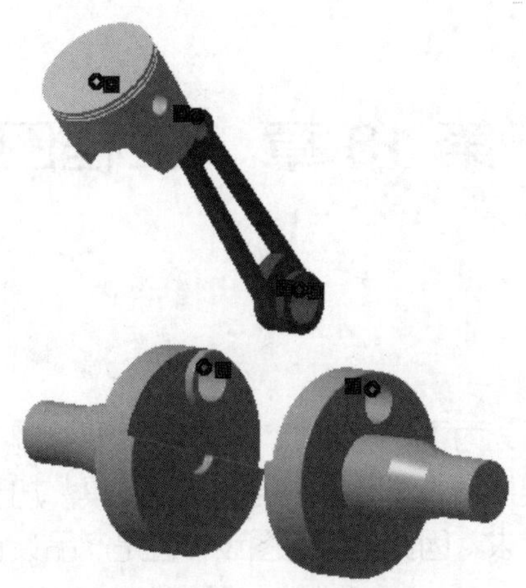

图 12.119　活塞连杆的分解

（3）选择【文件】→【保存】命令，保存文件。

练一练——分解风扇

分解图 12.120 所示的风扇。

图 12.120　分解的风扇

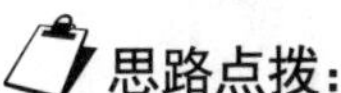
思路点拨：

利用【分解】命令分解风扇。

第 13 章　工程图绘制

内容简介

设计人员设计好三维产品后，为了交流方便，通常还需要绘制二维工程图。二维工程图因其便利性和严谨的绘制标准，成为各类技术人员经常使用的交流工具，加工工人可以从中获取如尺寸公差、形位公差、表面粗糙度等加工要求。因此，工程图设计也是产品设计中比较重要的一个环节。

内容要点

- 工程图设计工作台
- 创建工程图图纸
- 创建工程视图
- 视图操作
- 创建修饰特征
- 尺寸标注
- 标注符号

案例效果

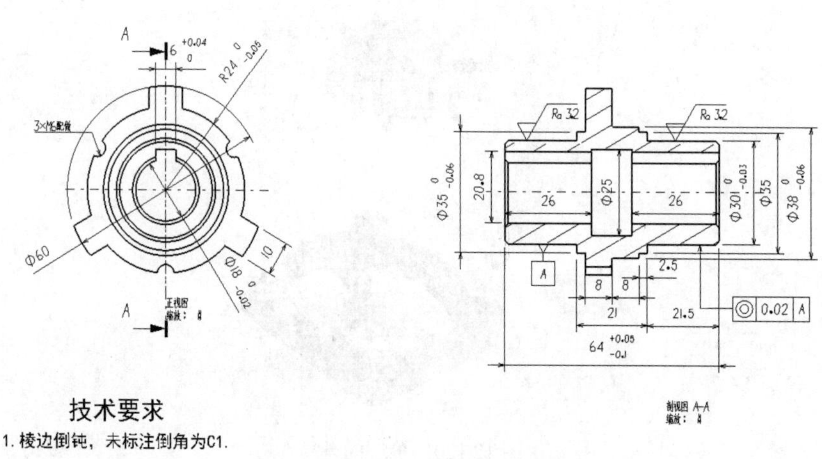

13.1　工程图设计工作台

选择【开始】→【机械设计】→【工程制图】命令，如图 13.1 所示，弹出图 13.2 所示的【新建工程图】对话框，在【图纸样式】下拉列表中选择图纸，单击【确定】按钮。

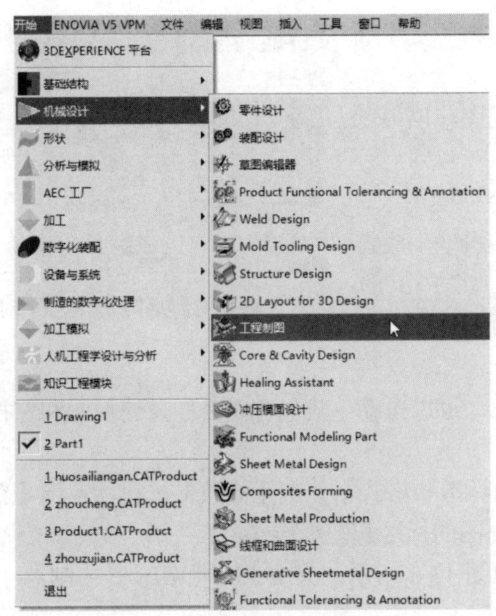

图 13.1　选择【工程制图】命令

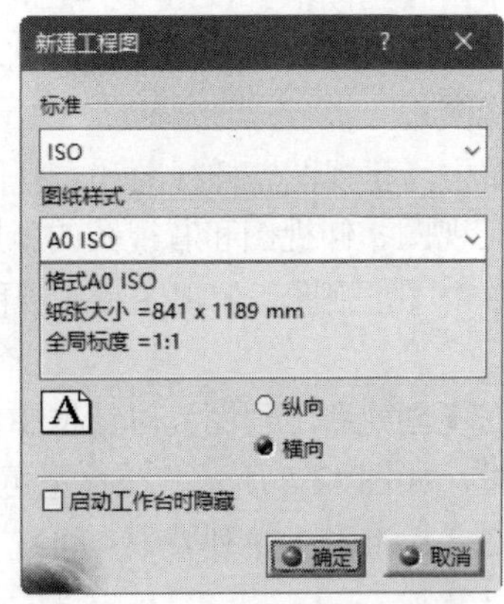

图 13.2　【新建工程图】对话框

默认生成的图纸如图 13.3 所示，在界面中有树状图（左侧）、工作图纸和绘制工程图工具按钮（右侧）。

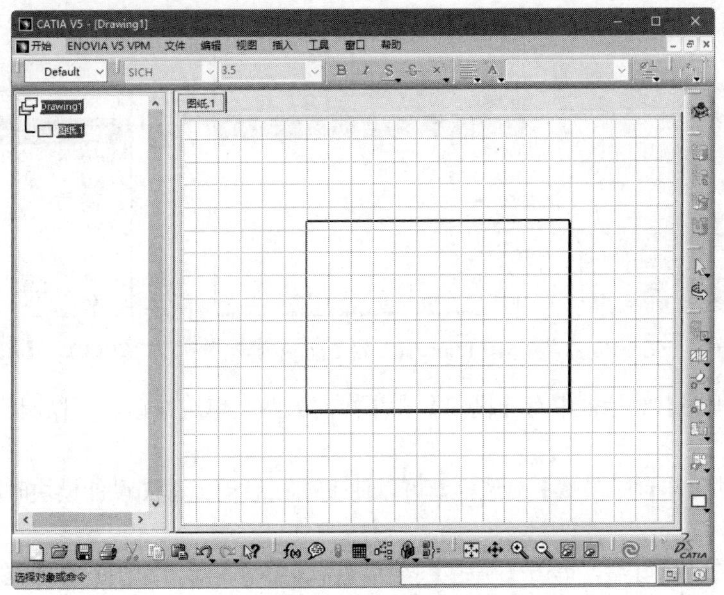

图 13.3　默认生成的图纸

13.2　创建工程图图纸

13.2.1　定义工程图图纸

在打开一个零件模型的情况下，选择【开始】→【机械设计】→【工程制图】命令，弹出【创建新工程图】对话框，如图 13.4 所示，可以调整视图布局及图纸的标准和格式。

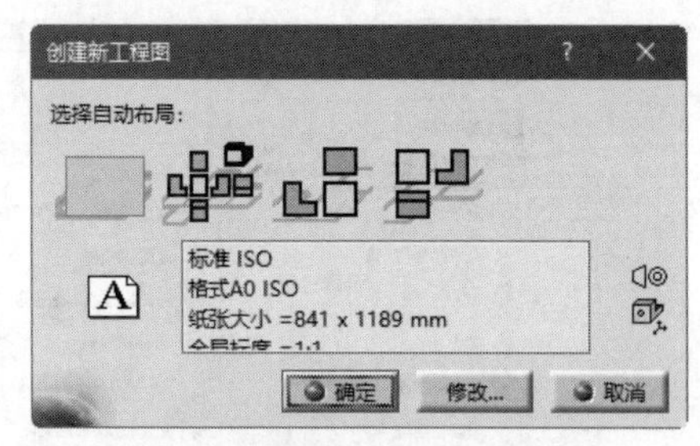

图 13.4　【创建新工程图】对话框

在选择自动布局时可以设置自动生成的工程视图，也可以在工程图创建后选择插入其他视图。

（1）单击【空图纸】按钮，可以建立一个空白的图纸。

（2）单击【所有视图】按钮，可以在图纸中自动生成零件的所有视图。

（3）单击【正视图、仰视图和右视图】按钮，可以自动生成包含正视图、仰视图和右视图的新图纸。

（4）单击【正视图、俯视图和左视图】按钮，可以自动生成包含正视图、俯视图和左视图的新图纸。

可以在【创建新工程图】对话框中修改图纸的标准和格式。单击【修改】按钮，弹出【新建工程图】对话框，如图 13.5 所示，在这里可以设置工程图的标准和图纸样式。

（5）在【标准】下拉列表中，可选择的标准如图 13.6 所示，其中 ISO 和 JIS 是公制尺寸，ANSI 是英制尺寸。

（6）在【图纸样式】下拉列表中，可选择图纸的大小，如图 13.7 所示。

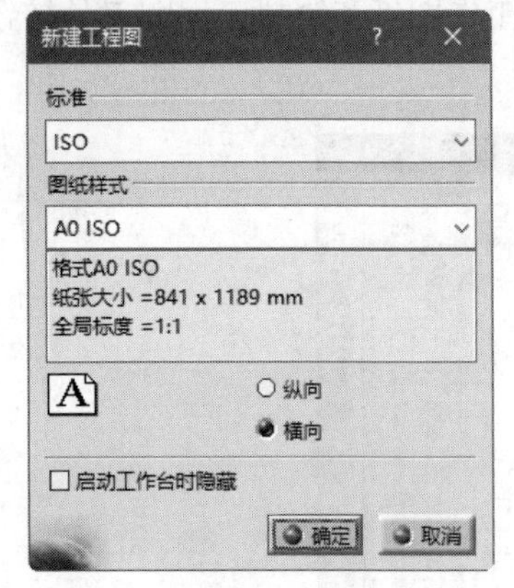

图 13.5　【新建工程图】对话框

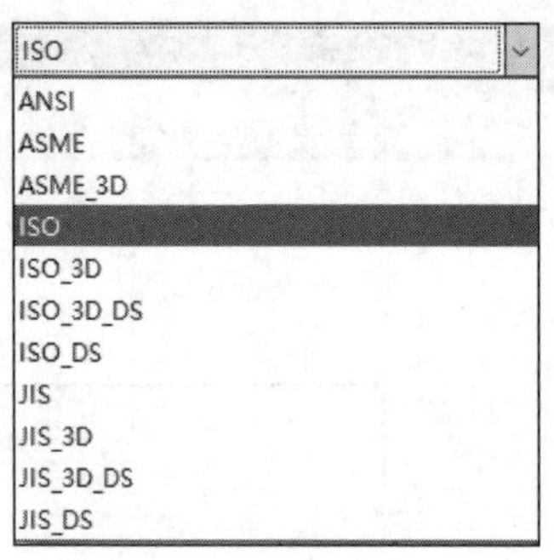

图 13.6　【标准】下拉列表

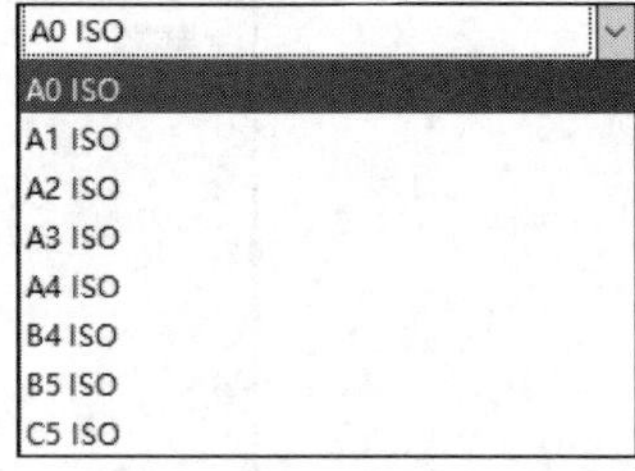

图 13.7　【图纸样式】下拉列表

（7）【新建工程图】对话框中有【纵向】和【横向】两个单选按钮，可以调整图纸为纵向排列或横向排列。

（8）勾选【启动工作台时隐藏】复选框，可以使下次在启动工程图设计模块时隐藏【新建工程图】对话框。

（9）将这些参数设置好后，单击【确定】按钮，返回【创建新工程图】对话框，然后单击【确定】按钮，进入工程图设计工作台。

（10）进入工程图设计工作台后，可以选中并右击左侧树状图中的图纸，如图 13.8 所示，在弹出的快捷菜单中选择【属性】命令，弹出【属性】对话框，如图 13.9 所示，在此对话框中可以设置图纸的名称、缩放比例、图纸格式及打印区域等选项。

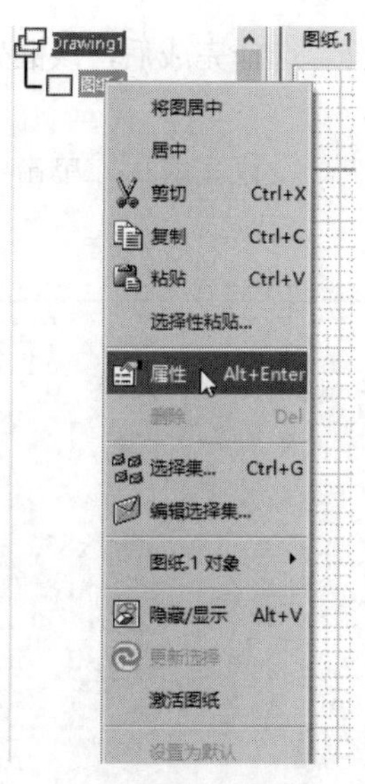

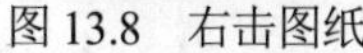

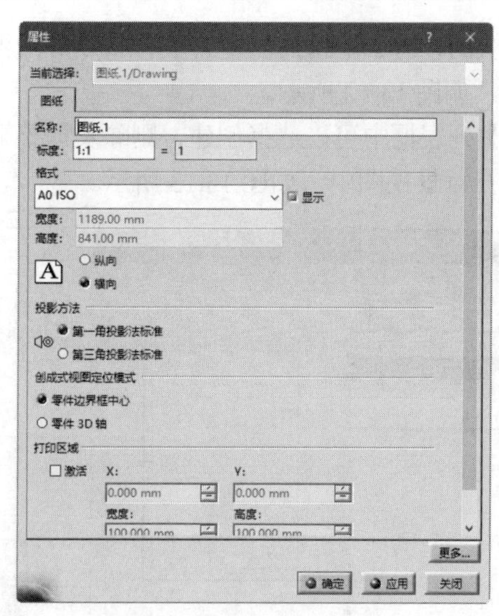

图 13.8　右击图纸　　　图 13.9　【属性】对话框

13.2.2　设置框架和标题栏

通常不同的企业都有自己内部的图纸标准，特别是大企业，其对于图纸的格式、字体及大小、标注等都有统一的要求。为了方便以后使用，可以先将图纸标准制定好。

建立一张新的空白图纸后，选择【编辑】→【图纸背景】命令，如图 13.10 所示，进入背景视图。此时需要注意的是，工作时可以在背景视图模式与工作视图模式之间切换，但是在背景视图模式下无法编辑修改工作视图的内容，反之亦然。

在背景视图模式下，可以利用【框架和标题节点】命令自动生成框架和标题栏。单击【工程图】工具栏中的【框架和标题节点】按钮，弹出【管理框架和标题块】对话框，如图 13.11 所示。

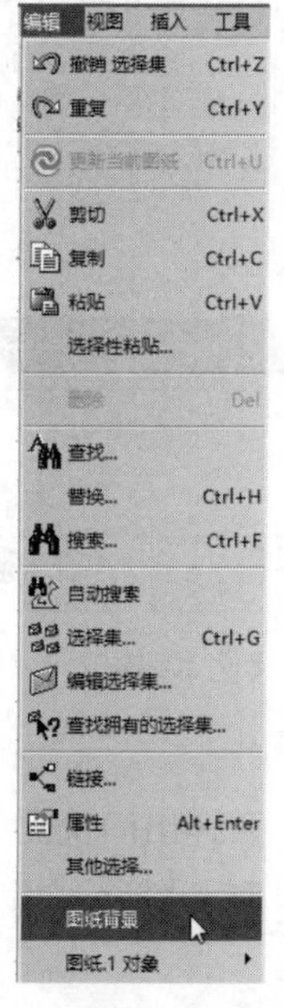

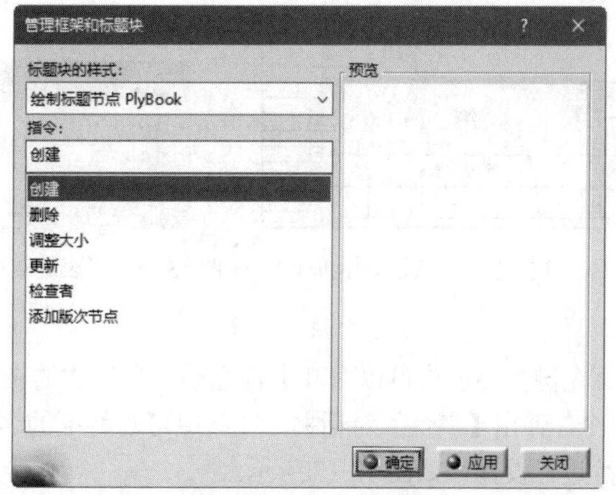

图 13.10　进入【图纸背景】　　　图 13.11　【管理框架和标题块】对话框

在【标题块的样式】下拉列表中有多种预设好的框架可供选择，选择完成后，该框架会在【预览】区域显示出来，如图 13.12 所示。

在【指令】列表框中可以选择创建、删除及调整框架及标题块。设置完成后，单击【确定】按钮，该框架就显示在背景视图中，如图 13.13 所示。

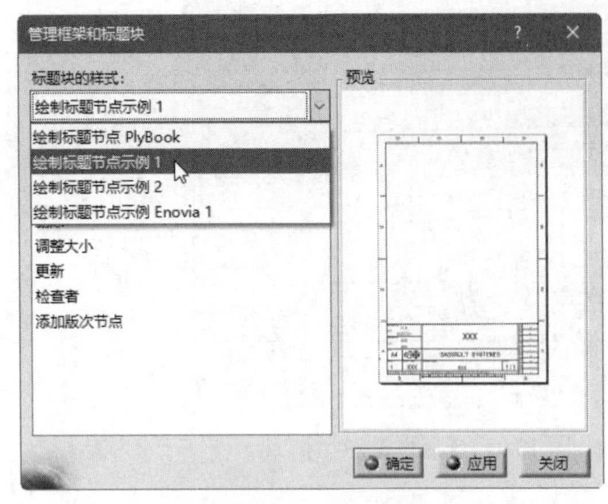

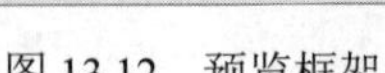

图 13.12　预览框架

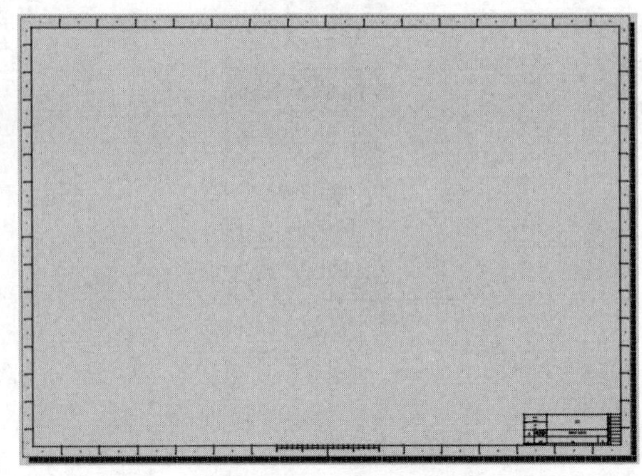

图 13.13　背景框架

自动生成的框架及标题栏还需要进一步的修改以符合要求，可以使用各种几何图形创建工具和几何图形修改工具实现添加或修改框架。

针对标题栏中文字的修改，可在相应文字上双击，弹出【文本编辑器】对话框，如图 13.14 所示，从此处对文字进行修改。

如果想插入自己的表格和文字，可以使用【表】命令和【文本】命令。单击【标注】工具栏中的【表】按钮，弹出【表编辑器】对话框，如图 13.15 所示，在其中输入列数和行数，单击【确定】按钮，在图纸任意位置单击，完成表格的生成。单击【标注】工具栏中的【文本】按钮，在图纸任意位置单击，弹出【文本编辑器】对话框，如图 13.16 所示，在其中输入相应的文字，即完成文字的插入。

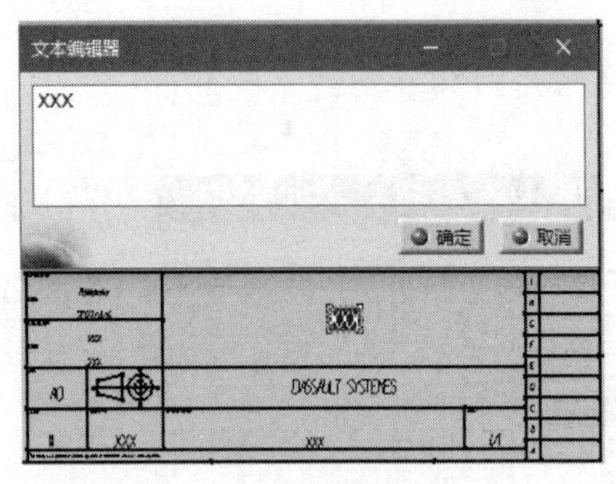

图 13.14　【文本编辑器】对话框 1

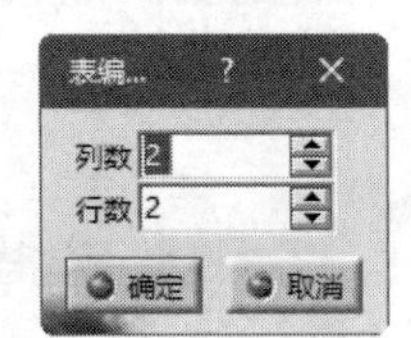

图 13.15　【表编辑器】对话框

图 13.16　【文本编辑器】对话框 2

用鼠标左键按住表格可以对其进行拖动。在生成的表格或文字上右击，在弹出的快捷菜单中选择【属性】命令，弹出【属性】对话框，在其中可对特征的名称、文本的相关属性、对齐方式、文字及表格的颜色等进行设置，如图 13.17 所示。

创建框架并保存后，即可在以后的工作中使用。

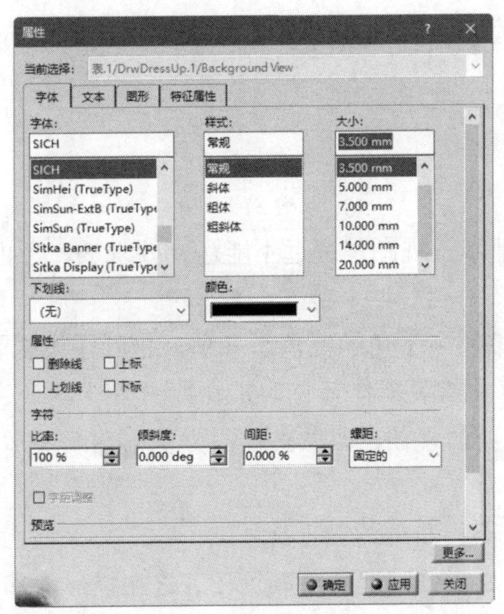

图 13.17 【属性】对话框

13.3 创建工程视图

CATIA V5 的工程绘图模块由创成式工程绘图和交互式工程绘图组成。创成式工程绘图可以很方便地从三维零件和装配件生成相关联的工程图纸，包括各向视图、剖面图、剖视图、局部放大图、轴测图等。

13.3.1 基本视图

创建投影视图可以从三维零件或产品产生各种投影，如正视图、俯视图、辅助视图等。

动手学——创建活塞三视图

创建活塞三视图的具体操作步骤如下。

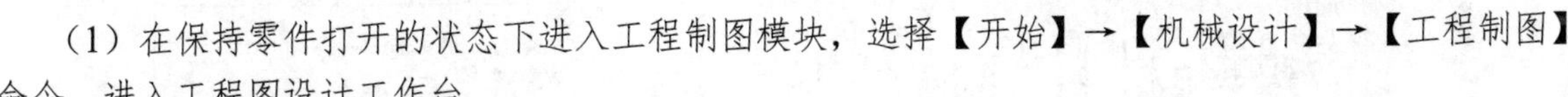
（1）在保持零件打开的状态下进入工程制图模块，选择【开始】→【机械设计】→【工程制图】命令，进入工程图设计工作台。

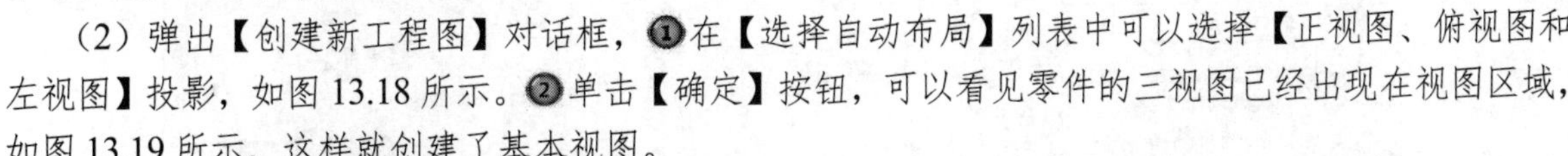
（2）弹出【创建新工程图】对话框，❶在【选择自动布局】列表中可以选择【正视图、俯视图和左视图】投影，如图 13.18 所示。❷单击【确定】按钮，可以看见零件的三视图已经出现在视图区域，如图 13.19 所示，这样就创建了基本视图。

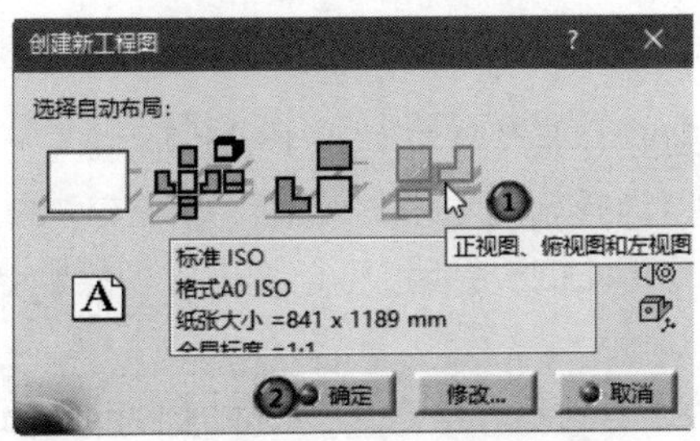

图 13.18 【创建新工程图】对话框

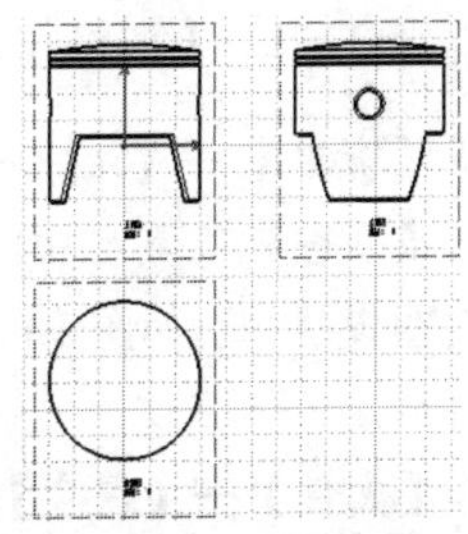

图 13.19 三视图

（3）选择【文件】→【保存】命令，弹出【另存为】对话框，输入文件名称【huosaisanshitu】，单击【保存】按钮，保存文件。

13.3.2 投影视图

很明显，仅靠自动生成的基本三视图是远远不能达到要求的，下面介绍怎样添加视图及其他元素来完善工程图。

单击【视图】工具栏中按钮右下角的黑色小三角，打开【投影】工具栏，如图 13.20 所示。

- 正视图：可以建立零件或装配体部件的正视图。
- 投影视图：可以生成新的视图，即以正视图为基础继续增加新的视图。
- 辅助视图：可以生成不同角度的辅助视图。
- 等轴测视图：可以生成三维零部件的轴测图，这在描述零部件形状时非常有用。

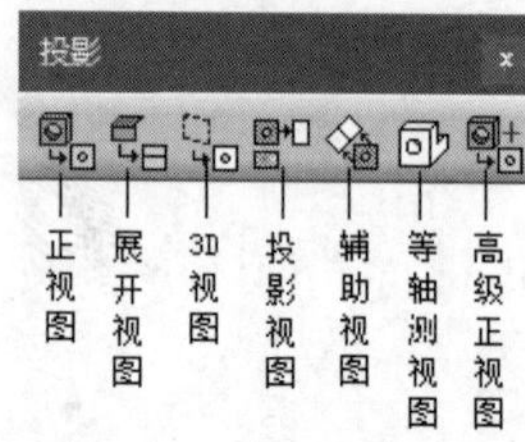

图 13.20 【投影】工具栏

扫一扫，看视频

动手学——创建连杆正视图

创建连杆正视图的具体操作步骤如下。

（1）在进入工程制图模块之前，先要进入零件设计模块，并在其中打开已经提前绘制好的连杆零件图。

（2）选择【开始】→【机械设计】→【工程制图】命令，弹出图 13.21 所示的【创建新工程图】对话框，①单击【空图纸】按钮，②单击【修改】按钮，弹出【新建工程图】对话框。③在【图纸样式】下拉列表中选择【A3 ISO】图纸，如图 13.22 所示；④选择页面的方向为【横向】，则空白工程制图模块水平横向放置；⑤⑥连续单击【确定】按钮，进入工程图设计工作台。

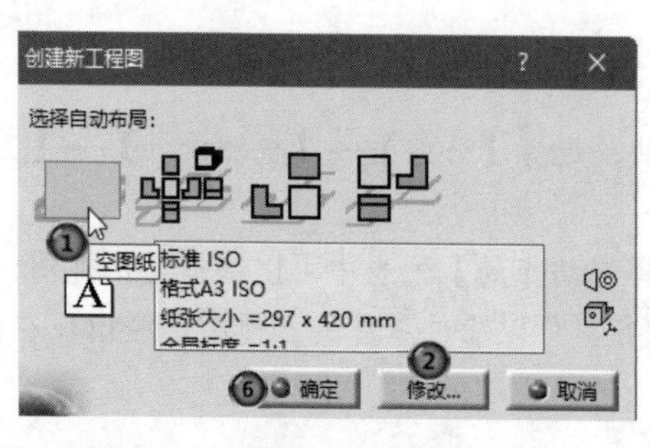

图 13.21 【创建新工程图】对话框

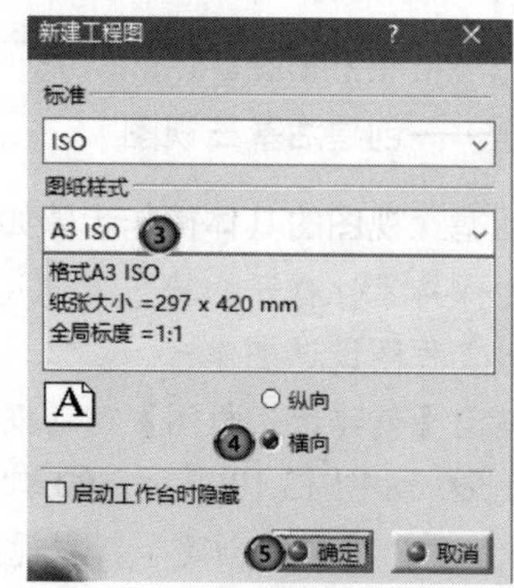

图 13.22 【新建工程图】对话框

（3）选择【窗口】→【水平平铺】命令，工程图窗口和零件窗口如图 13.23 所示。

（4）单击【视图】工具栏中的【正视图】按钮，选择轴模型中的端面，则该模型的正视图立即出现在工程制图模块中，如图 13.24 所示，单击确定，如图 13.25 所示。可以拖动视图操纵盘绿色手柄，以调整旋转角度。

（5）选择【文件】→【保存】命令，弹出【另存为】对话框，输入文件名称【lianganzhengshitu】，单击【保存】按钮，保存文件。

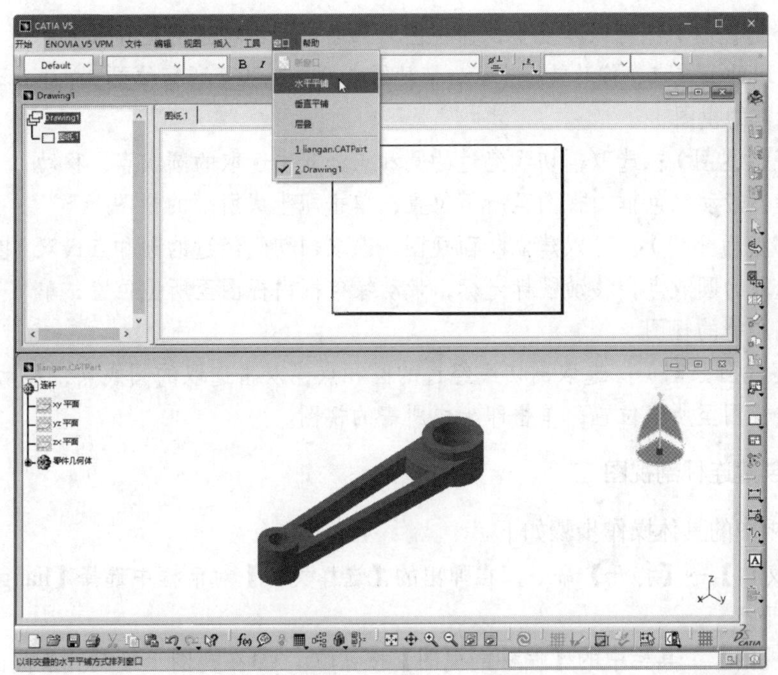

图 13.23　水平平铺工程图和零件窗口

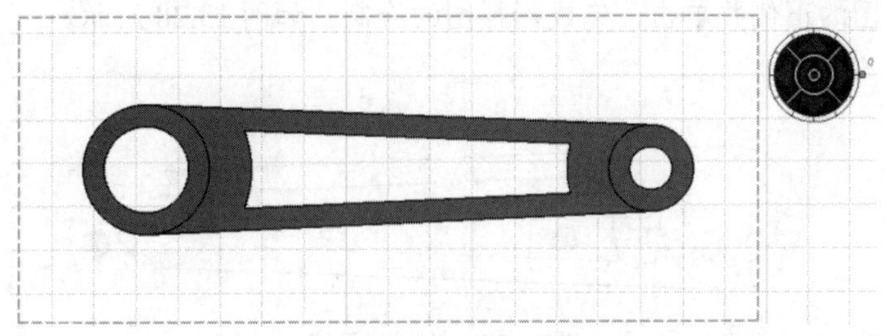

图 13.24　正视图

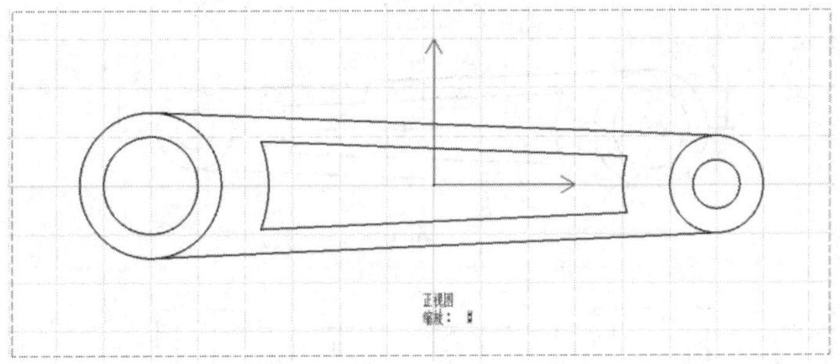

图 13.25　模型的正视图

13.3.3　剖面视图

CATIA V5 的工程制图模块可以帮助使用者建立各种剖面视图、无轮廓剖面图等。下面以零件活塞为例介绍各种剖面图生成工具的使用方法。

单击【视图】工具栏中按钮右下角的黑色小三角，打开【截面】工具栏，如图 13.26 所示。

- （偏移剖视图）：可以建立全剖面视图。选取剖切线经过的圆和点并双击最后选取的圆或点，移动鼠标光标，带动绿色框内视图至所需位置，单击即生成所需的视图。
- （对齐剖视图）：选取剖切线经过的圆和点，双击选取的圆或点，移动鼠标光标，带动绿色框内视图至所需位置，单击即生成所需的视图。
- （偏移截面分割）：可以建立断面视图。选取剖切线经过的圆和点，双击最后选取的圆或点，移动鼠标光标，带动绿色框内视图至所需位置，单击即生成所需的视图。
- （对齐截面分割）：选取剖切线经过的圆和点，双击选取的圆或点，移动鼠标光标，带动绿色框内视图至所需位置，单击即生成所需的视图。

截面
偏移剖视图 对齐剖视图 偏移截面分割 对齐截面分割

图 13.26 【截面】工具栏

扫一扫，看视频

动手学——创建连杆剖视图

创建连杆剖视图的具体操作步骤如下。

（1）选择【文件】→【打开】命令，在弹出的【选择文件】对话框中选择【lianganzhengshitu】文件，双击将其打开。

（2）单击【视图】工具栏中的【偏移剖视图】按钮，❶在视图上绘制一条截面线，如图 13.27 所示。❷在最后绘制的点上双击，结束截面线的绘制。移动鼠标，选择截面视图的位置，有两个方向。拖动截面视图到正视图的下侧并单击，完成剖视图的绘制，如图 13.28 所示。

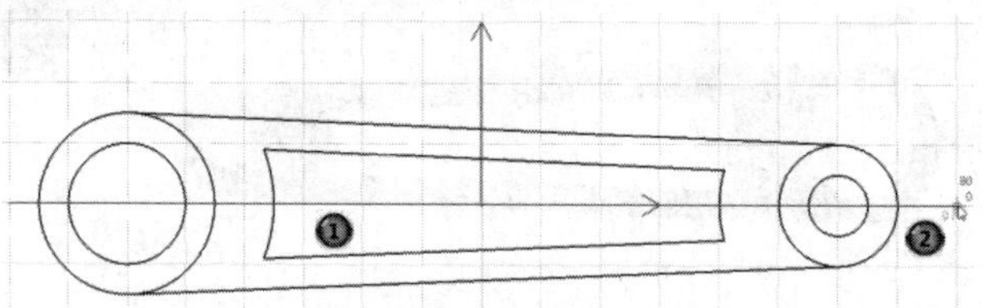

图 13.27 绘制截面线

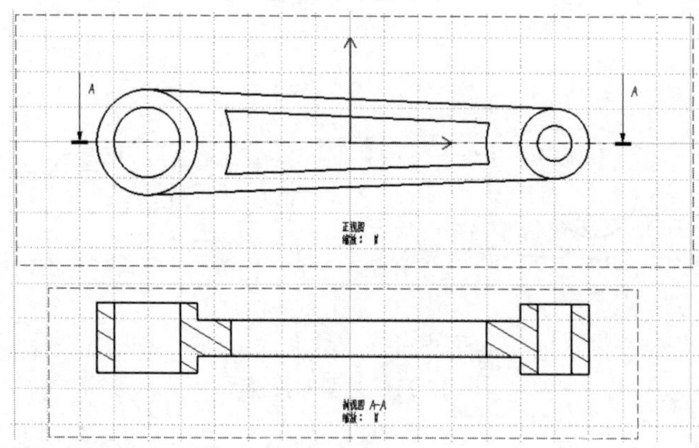

图 13.28 绘制剖视图

（3）右击正视图上的截面直线，在弹出的快捷菜单中选择【属性】命令，弹出【属性】对话框，❶选择【标注】选项卡，❷在【辅助视图/剖视图】选项组中选择截面线的形式，并设定线的粗细，❸在【箭头】选项组的【长度】文本框中输入 10.000mm，❹设置箭头头部长度为 5.000mm，如图 13.29 所示。❺单击【确定】按钮，结果如图 13.30 所示。

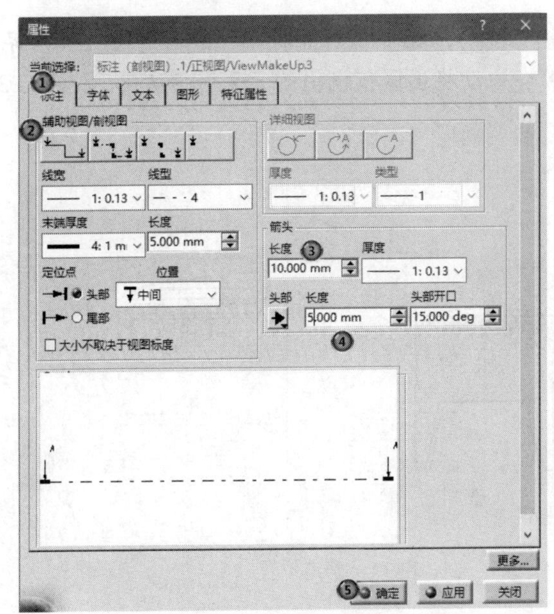

图 13.29　【属性】对话框

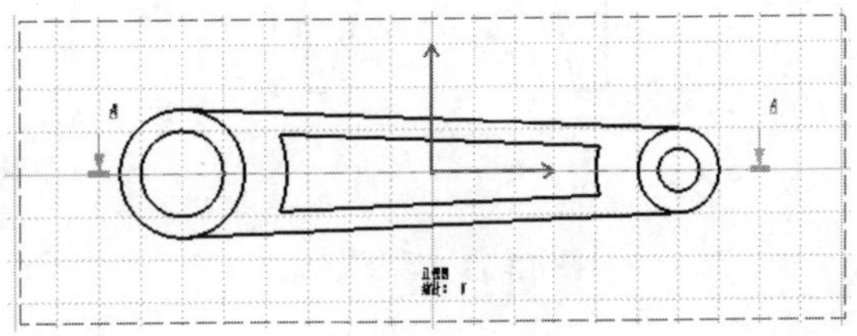

图 13.30　设置的截面线

（4）选择【文件】→【保存】命令，保存文件。

13.3.4　局部放大视图

在工程图中通常因为比例等问题会有些细微特征难以表示清楚，为了展示视图中的细节部分，可以选择建立局部视图。

单击【详细视图】工具栏中按钮右下角的黑色小三角，打开【详细信息】工具栏，如图 13.31 所示。

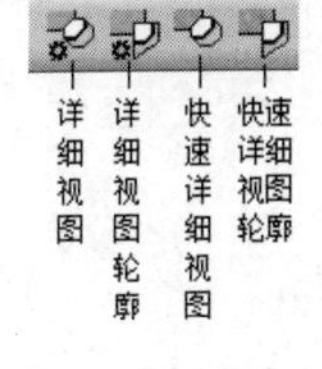

图 13.31　【详细信息】工具栏

- （详细视图）：可以绘制一个可缩放的圆，以确定局部放大视图的范围。
- （详细视图轮廓）：允许用户自己用多边形框选放大区域，确定放大范围。
- （快速详细视图）：允许用户自己控制圆框的大小来确定视图的范围。【快速详细视图】命令与【详细视图】命令的区别是其不能够计算圆框与视图内容的相交处，即只能把圆框全部显示出来，如图 13.32 所示。
- （快速详细视图轮廓）：允许用户自己绘制多边形框选放大区域，确定放大范围。【快速详细视图轮廓】命令与【详细视图轮廓】命令的区别是其不能够计算选框区域与视图内容的相交处，即只能把选框区域全部显示出来。

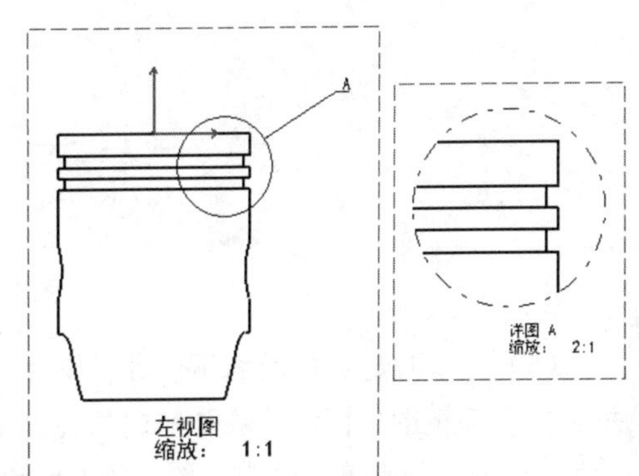

图 13.32　快速详细视图

扫一扫，看视频

动手学——创建活塞局部放大图

创建活塞局部放大图的具体操作步骤如下。

（1）选择【文件】→【打开】命令，在弹出的【选择文件】对话框中选择【huosaisanshitu】文件，双击将其打开。

（2）单击【详细信息】工具栏中的【详细视图】按钮，❶用鼠标光标确定放大的圆心和半径，如图 13.33 所示。❷再次单击以确定视图位置，CATIA 会自动将选区范围内的无用区域去除，如图 13.34 所示（软件默认放大比例是 2:1）。

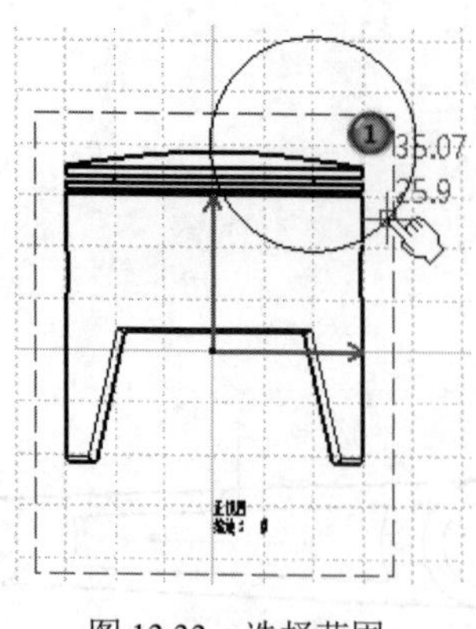

图 13.33　选择范围

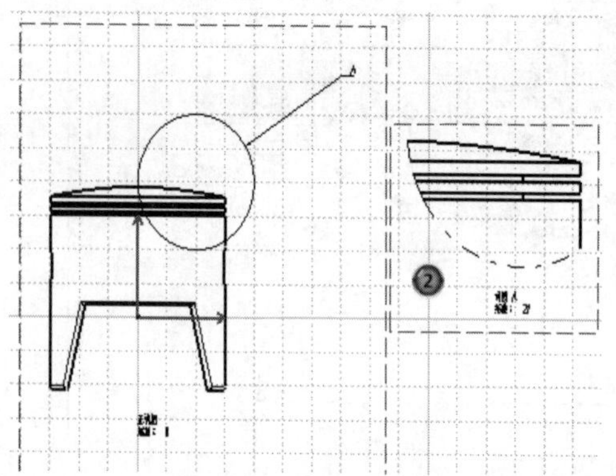

图 13.34　确定位置

（3）如果想对局部视图的位置进行修改，可以拖动局部视图的图框，视图的位置也会随之移动。

（4）可以对圆框进行设置以符合要求，即修改圆框的样式，标注文字的字体、颜色等，方法是在圆框上右击，在弹出的快捷菜单中选择【属性】命令，弹出【属性】对话框，如图 13.35 所示。

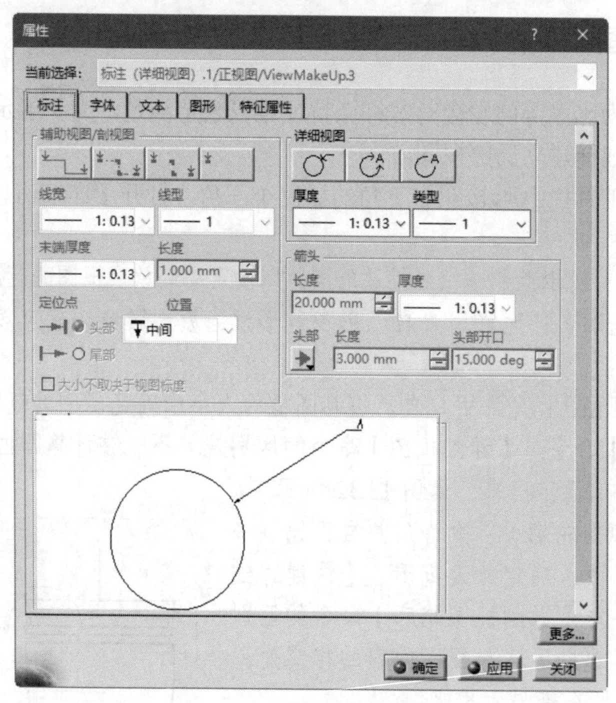

图 13.35　【属性】对话框 1

（5）可以对局部视图的属性进行修改，如修改局部视图的比例、旋转角度、视图名称等。❶选中并右击局部视图的图框，在弹出的快捷菜单中选择【属性】命令，弹出【属性】对话框，如图 13.36 所示。注意，如果单击的是视图中的某元素，则只能修改该元素的属性。❷在【属性】对话框中将【角度】修改为 45deg，❸【缩放】修改为 3:1，❹单击【确定】按钮，结果如图 13.37 所示。

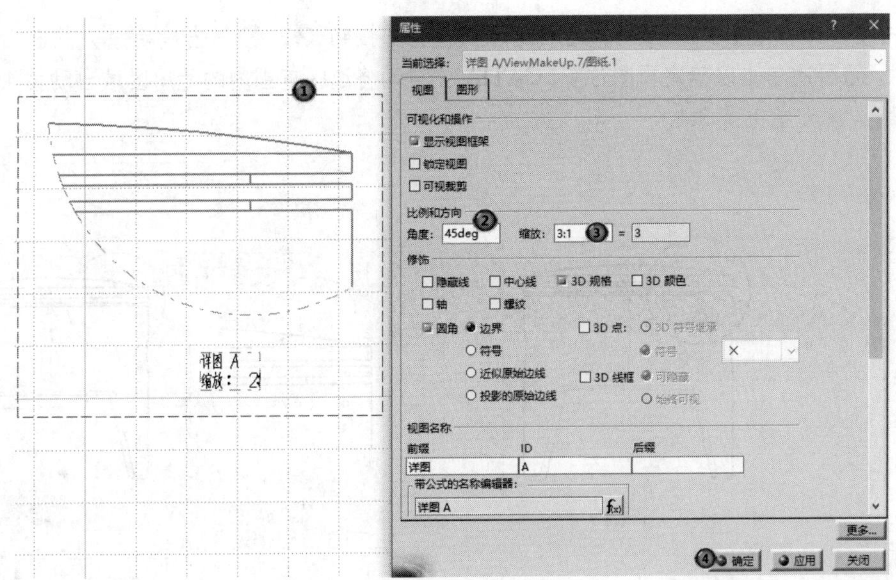

图 13.36　【属性】对话框 2

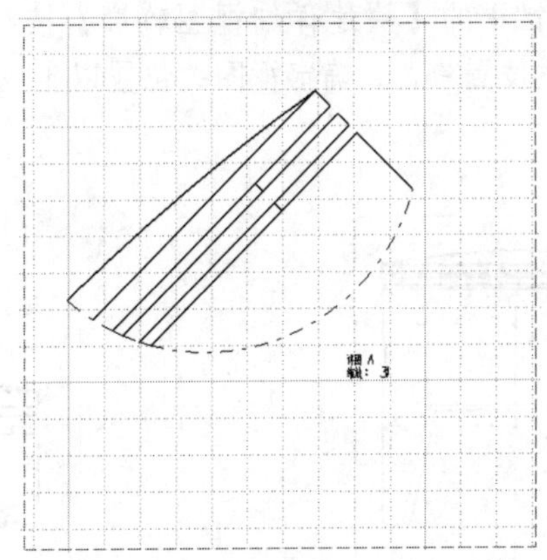

图 13.37　放大后的视图

（6）单击【详细信息】工具栏中的【详细视图轮廓】按钮，❶绘制一个闭合区域，如图 13.38 所示。❷在视图中的合适位置单击，确定视图的位置以生成视图，CATIA 会自动将无用区域去除，如图 13.39 所示。

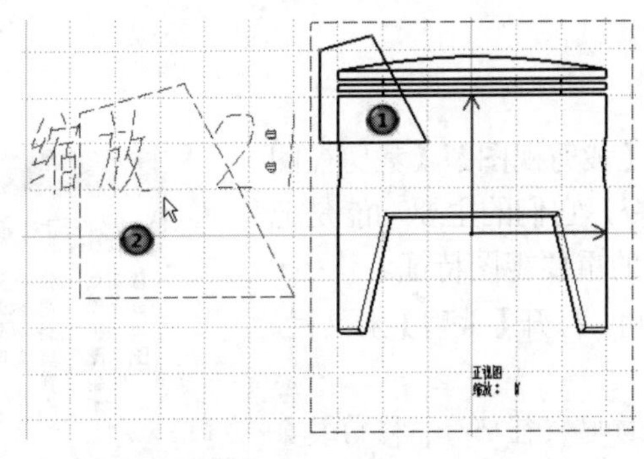

图 13.38　绘制的闭合区域 1

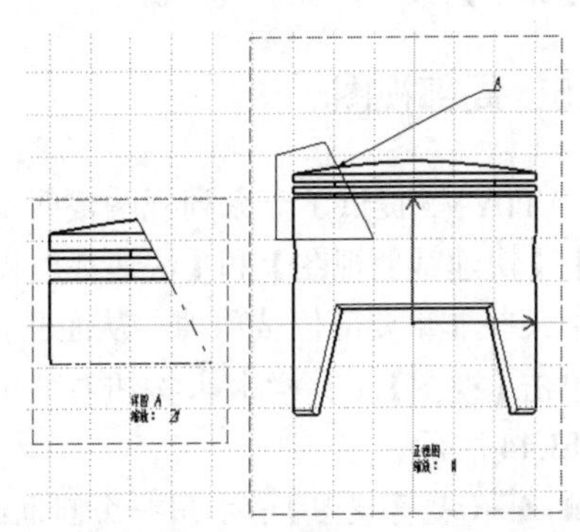

图 13.39　生成的视图 1

（7）单击【详细信息】工具栏中的【快速详细视图】按钮，①单击确定放大的圆心和半径，如图 13.40 所示。②再次单击以确定视图位置，CATIA 会自动将选区范围内的无用区域自动去除，如图 13.41 所示，软件默认放大比例是 2:1。

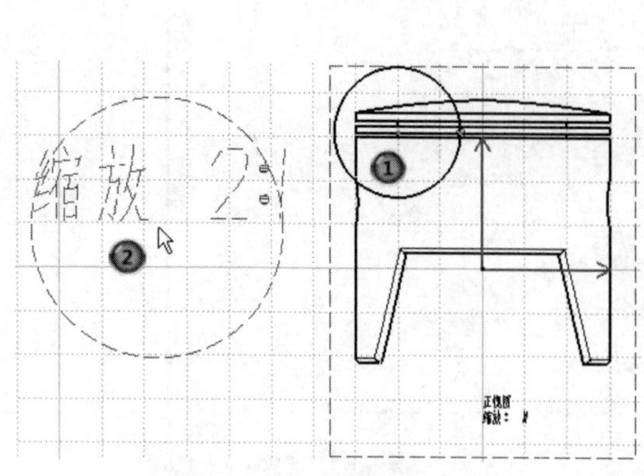

图 13.40　绘制的圆形区域

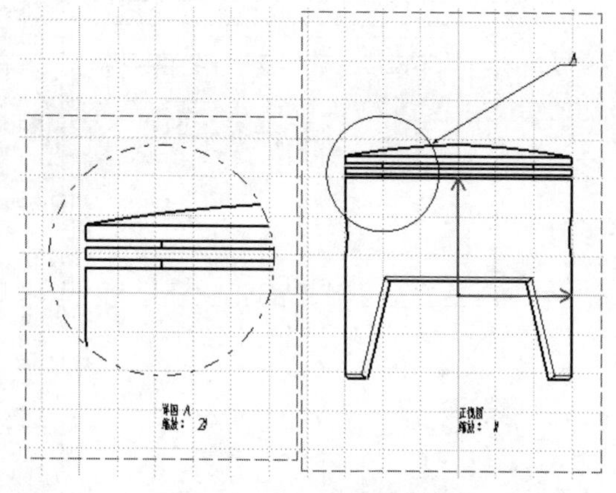

图 13.41　生成的视图 2

（8）单击【详细信息】工具栏中的【快速详细视图轮廓】按钮，①绘制一个闭合区域，如图 13.42 所示。②在视图中的合适位置单击，确定视图的位置以生成视图，CATIA 会自动将无用区域去除，如图 13.43 所示。

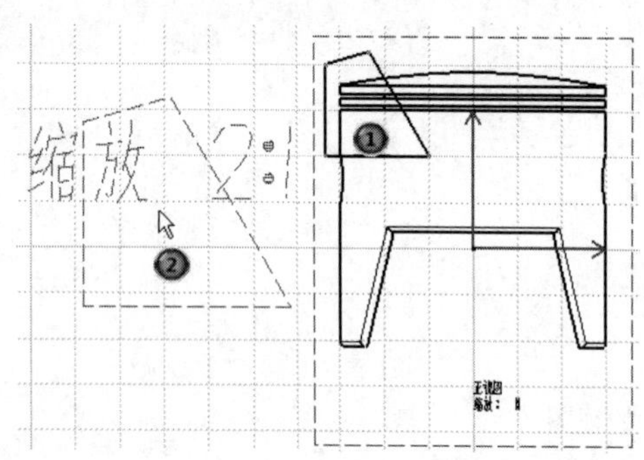

图 13.42　绘制的闭合区域 2

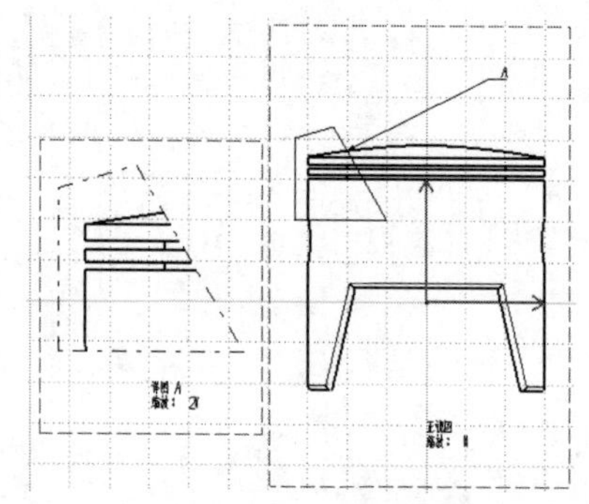

图 13.43　生成的视图 3

（9）选择【文件】→【另存为】命令，弹出【另存为】对话框，输入文件名称【huosaijubufangda】，单击【保存】按钮，保存文件。

13.3.5　局部视图

CATIA V5 提供了一系列视图裁剪工具，分别是【裁剪视图】【裁剪视图轮廓】【快速裁剪视图】和【快速裁剪视图轮廓】命令，它们的主要功能是把视图中某些非重要部位裁剪掉，从而凸显出保留下来的重要视图特征。

单击【视图】工具栏中按钮右下角的黑色小三角，打开【裁剪】工具栏，如图 13.44 所示。

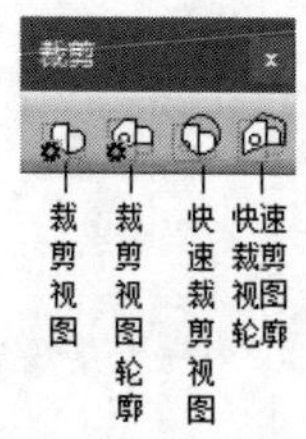

图 13.44　【裁剪】工具栏

➘ （裁剪视图）：利用一个圆框选定要保留的重要特征部分，修剪其余部分。

- （裁剪视图轮廓）：允许用户自己用多边形框选放大区域，确定放大范围。
- （快速裁剪视图）：允许用户自己控制圆框的大小，确定视图的范围。
- （快速裁剪视图轮廓）：允许用户自己用多边形框选放大区域，确定放大范围。

扫一扫，看视频

动手学——创建活塞局部视图

创建活塞局部视图的具体操作步骤如下。

（1）选择【文件】→【打开】命令，在弹出的【选择文件】对话框中找到【huosaisanshitu】文件，双击将其打开。

（2）单击【裁剪】工具栏中的【裁剪视图】按钮，①绘制一个圆框，如图 13.45 所示。②单击确定完成裁剪，生成的视图如图 13.46 所示。

（3）单击【裁剪】工具栏中的【裁剪视图轮廓】按钮，绘制一个多边形区域，如图 13.47 所示。将多边形区域封闭，则视图会自动修剪完成，如图 13.48 所示。

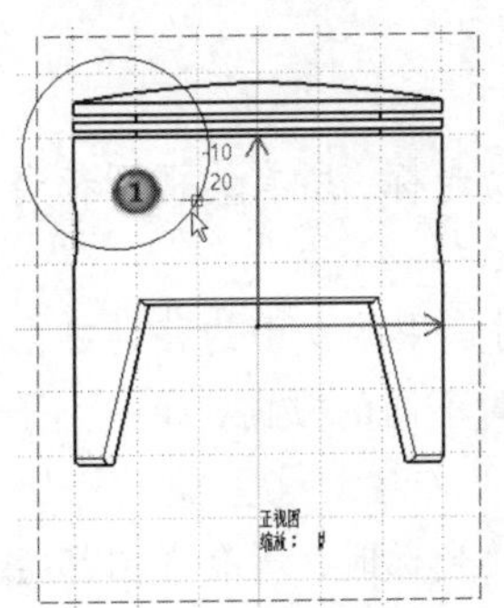

图 13.45　绘制的圆形区域

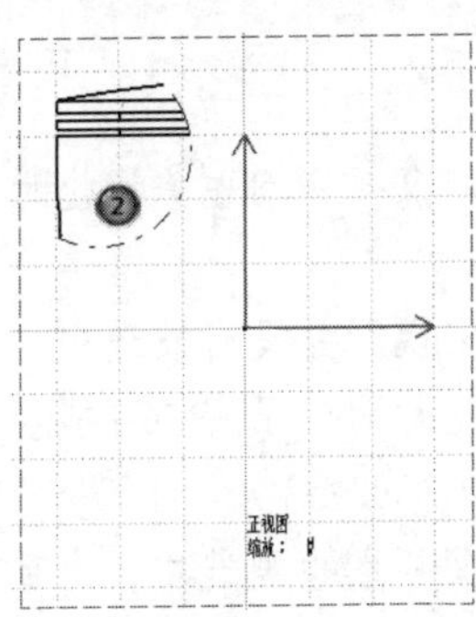

图 13.46　生成的视图

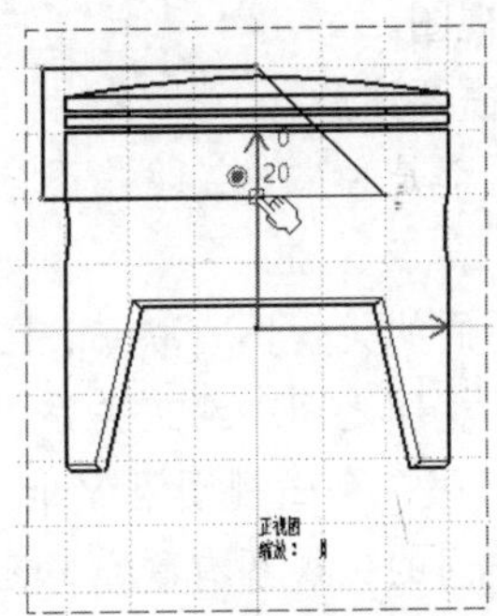

图 13.47　绘制的多边形区域

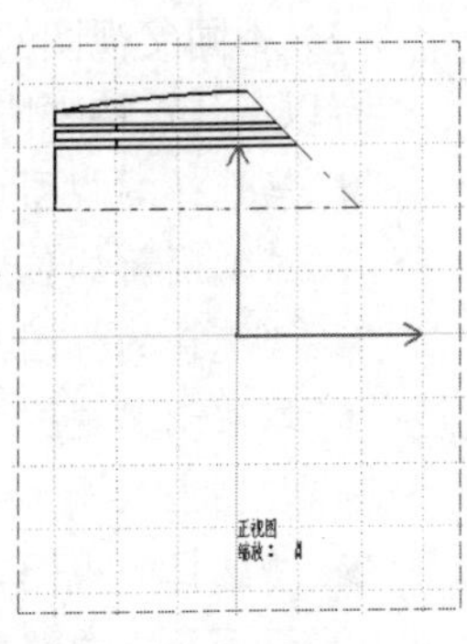

图 13.48　完成修剪视图

（4）单击【裁剪】工具栏中的【快速裁剪视图】按钮，用鼠标光标确定放大的圆心和半径，如图 13.49 所示。再次单击以完成裁剪，如图 13.50 所示，此时 CATIA 不会自动将选区范围内的无用区域自动去除。

（5）单击【裁剪】工具栏中的【快速裁剪视图轮廓】按钮，绘制一个闭合区域，如图 13.51 所示。将多边形区域封闭，则视图会自动修剪完成，如图 13.52 所示，此时 CATIA 不会自动将选区范围内的无用区域自动去除。

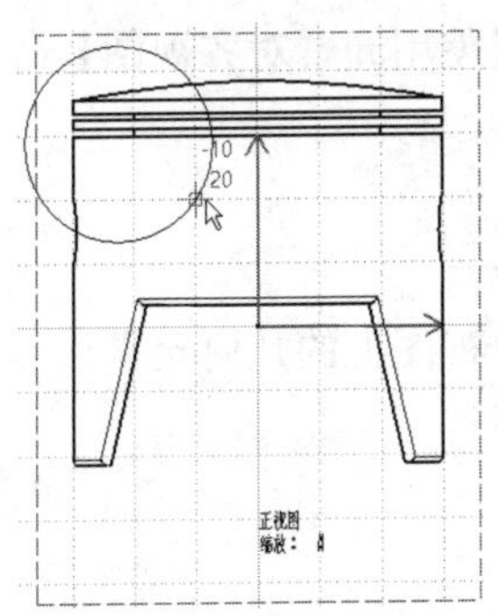

图 13.49　确定选区

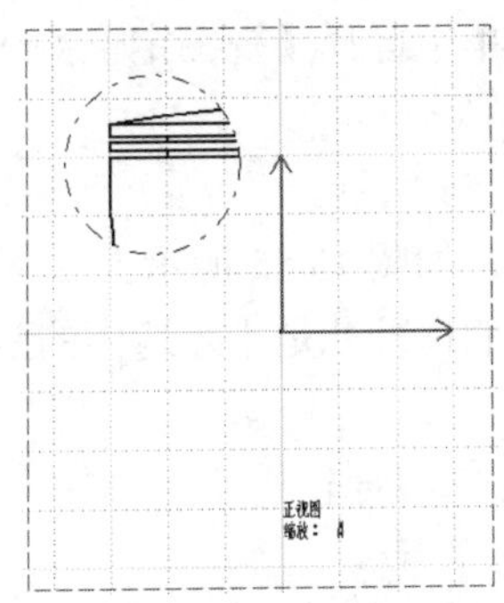

图 13.50　完成裁剪

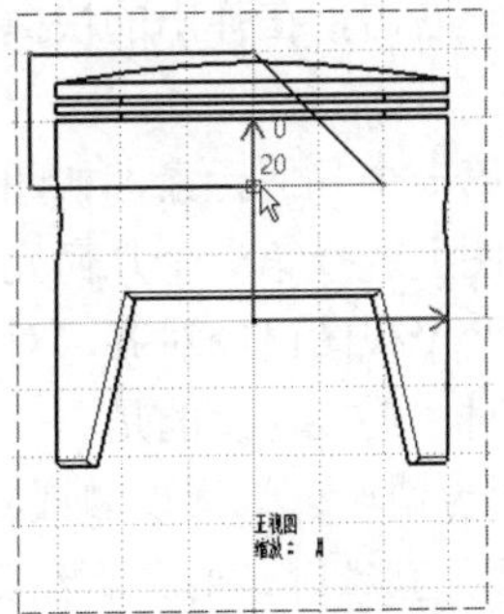

图 13.51　绘制的闭合区域

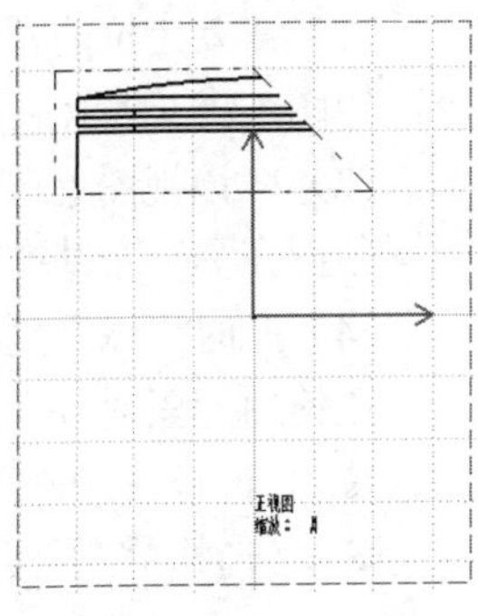

图 13.52　完成修剪

（6）选择【文件】→【另存为】命令，弹出【另存为】对话框，输入文件名【huosaijubushitu】，单击【保存】按钮，保存文件。

13.4 视图操作

视图创建完成后，如果视图位置或大小不合适，就需要对其进行操作。

13.4.1 移动视图

在完成各种投影视图及局部视图后，可能这些视图相互重叠，此时需要对视图进行移动。

将鼠标光标放到视图的框架上，光标会变成手形，此时按住鼠标左键即可移动视图。拖动视图到新的位置后释放鼠标左键，视图就被移动到新的位置。

可以同时移动多个视图，但是要注意只能移动这样的视图。

（1）同一个父视图的子视图及与该父视图有约束关系的视图。

（2）不同父视图的子视图。

有以下几点特殊情况需要注意：

- 当选择的视图之前都是独立的，即并不与某个父视图有联系，此时移动光标，所有的视图都会移动到新的位置。
- 当选择的视图与不同的父视图有联系，且该父视图并没有被选中，此时选中的视图的移动方向取决于父视图与子视图之间的约束关系，即此时两个子视图可能会移向不同的方向，如一个子视图沿 X 轴移动，另一个子视图沿 Y 轴移动。
- 当选择的视图与不同的父视图有联系，且该父视图也被选中，此时移动光标时，所有视图都会沿同一方向移动，视图的移动方向取决于父视图与子视图之间的约束关系。这样做的结果是，所有与父视图有有效连接的子视图无论选中与否，都会与父视图一同移动。

13.4.2 定位视图

在 CATIA 中可以使用几何元素、视图之间的相互关联及视图与其他元素之间的相对关系来定位视图。

1．使用几何元素对视图进行定位

（1）在要定位的视图上右击，在弹出的快捷菜单中选择【视图定位】→【使用元素对齐视图】命令，如图 13.53 所示。

（2）在该视图上选择第一个几何元素，如图 13.54 所示。

（3）在另一个基准视图上选择第二个几何元素，如图 13.55 所示。

（4）此时可以看到这两个视图已经对齐，对齐的标准就是刚才选中的两个视图上的几何元素。

在使用元素对齐视图时，需要注意的是：

- 当选择的几何元素为圆时，该圆以其圆心为基准进行对齐。
- 当选择的几何元素为直线时，两条直线必须平行。

2．对视图进行重叠定位（使一个视图覆盖到另一个视图之上）

（1）在第一个视图（即想要重叠的视图）上右击，在弹出的快捷菜单中选择【视图定位】→【重叠】命令，如图 13.56 所示。

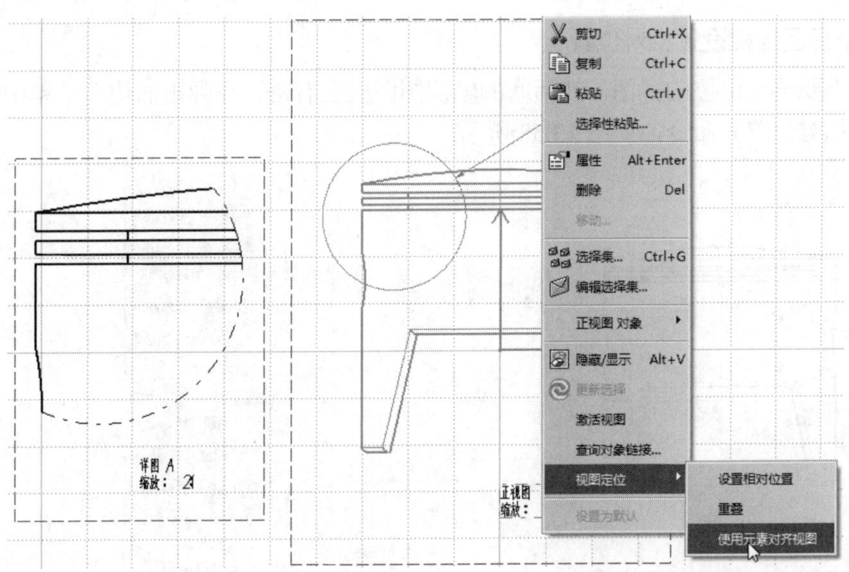

图 13.53　选择【使用元素对齐视图】命令

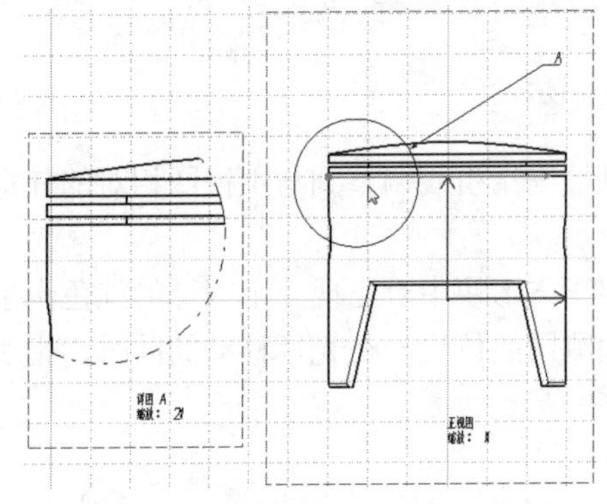

图 13.54　选择第一个几何元素

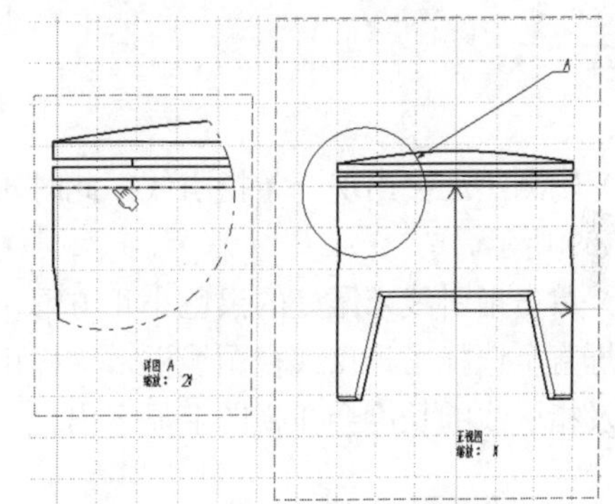

图 13.55　选择第二个几何元素

（2）单击选中第二个视图，此时第一个视图就重叠到了第二个视图之上，如图 13.57 所示。

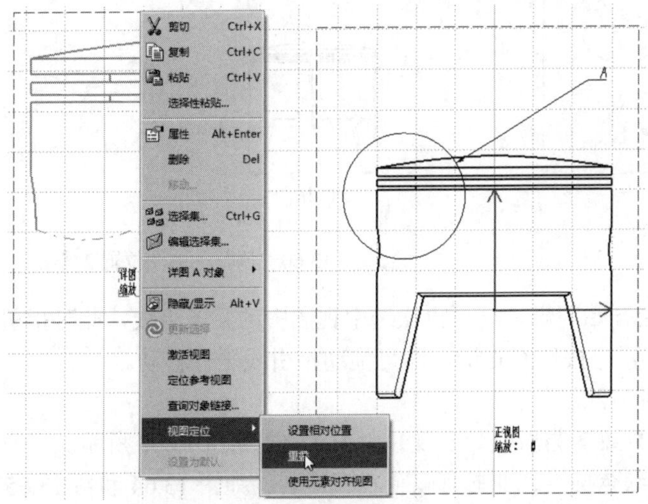

图 13.56　选择【重叠】命令

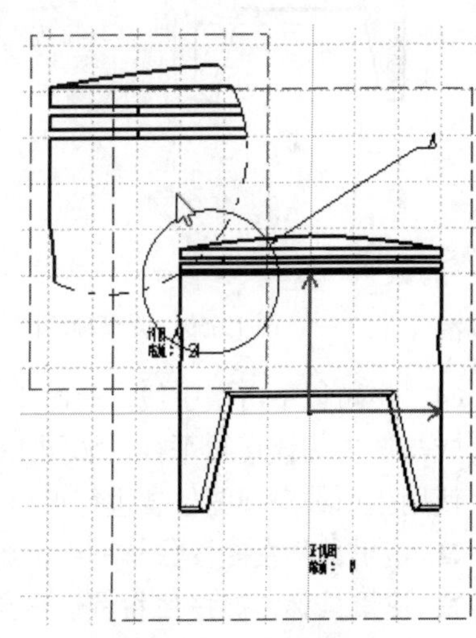

图 13.57　重叠视图

3. 给各个视图互相设置相对位置

（1）选中需要重新定位的视图，在活塞的轴测图图框上右击，在弹出的快捷菜单中选择【视图定位】→【设置相对位置】命令，如图 13.58 所示。

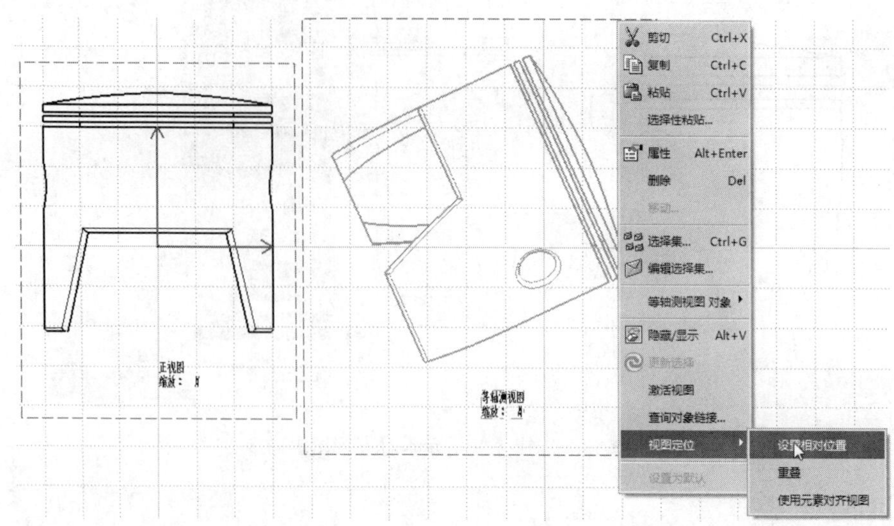

图 13.58　选择视图

（2）轴测图上会出现一条指引线，此时轴测图可以根据指引线调整到与主视图相对的任意位置，如图 13.59 所示。

（3）单击指引线末尾处的黑色小正方形块，此时该正方形块中心出现一个闪烁的红色十字，它会一直闪烁直至选择了一点或视图线框，这样可以调整轴测图的位置。在光标移动的同时，指引线的终点坐标及指引线的长度会在视图上显示出来，如图 13.60 所示。

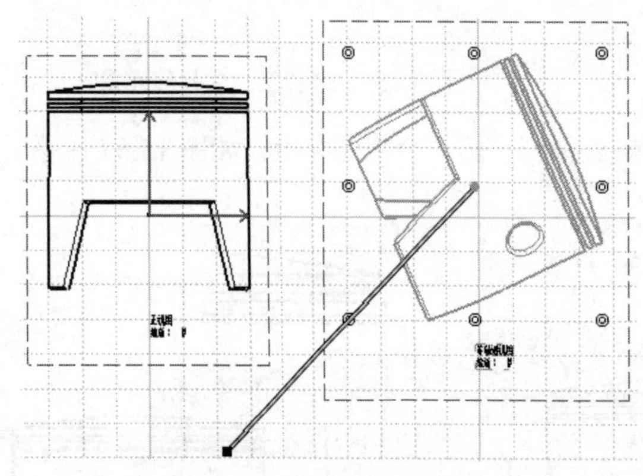

图 13.59　调整轴测图位置 1

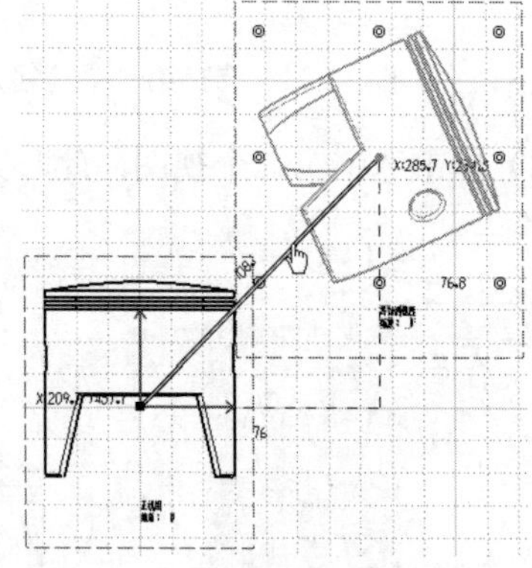

图 13.60　调整轴测图位置 2

（4）也可以单击指引线，此时指引线会开始闪烁，直至再次选中视图中的某条直线，此时指引线会变成与选中的该直线平行，如图 13.61 所示。按住 Ctrl 键，即可拖动指引线平行移动。

使用指引线对视图位置进行调整有两种方法。

- 使用鼠标左键按住指引线，此时可以改变指引线的长度，如图 13.62 和图 13.63 所示。
- 使用鼠标左键按住指引线终点处的绿色圆点，此时可以使视图旋转，如图 13.64 和图 13.65 所示。视图定位完成后，可以在视图的任意位置单击，完成操作。

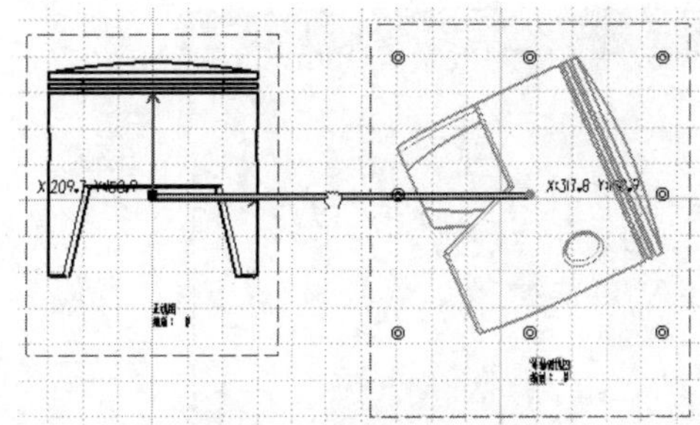

图 13.61　平行的指引线

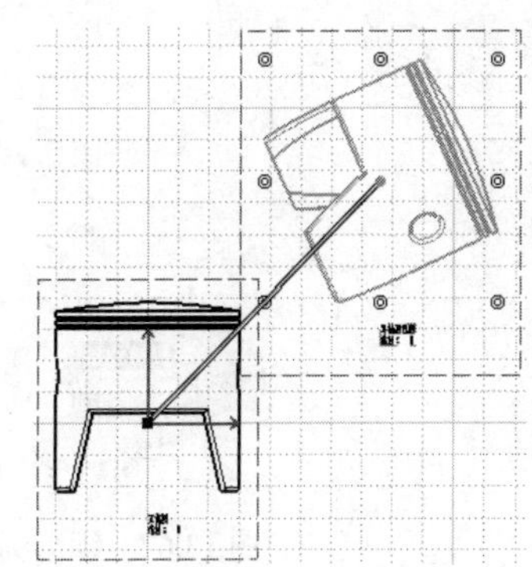

图 13.62　原始指引线长度

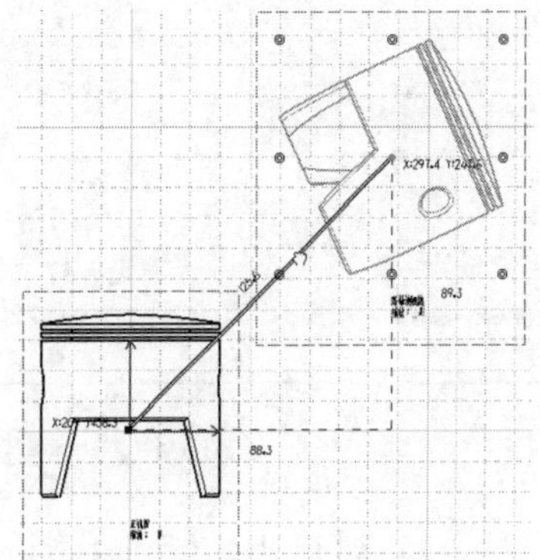

图 13.63　改变后的指引线长度

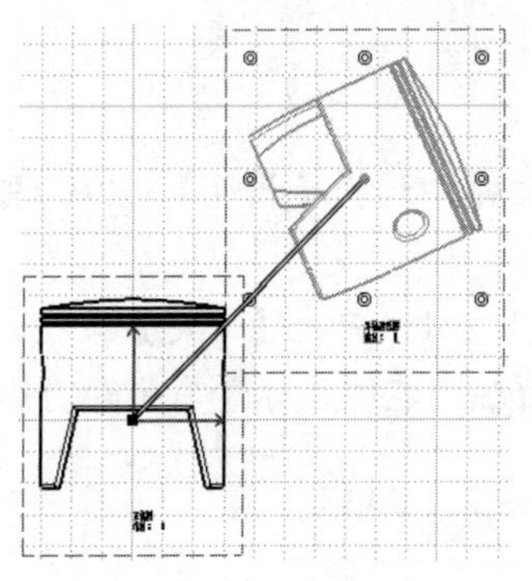

图 13.64　原始指引线

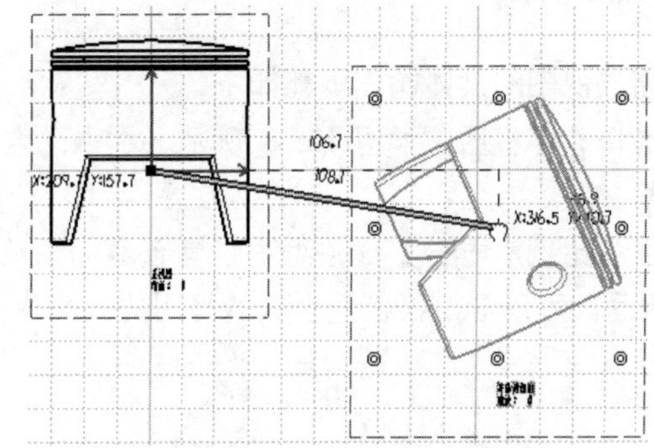

图 13.65　旋转后的指引线

13.4.3　锁定视图

前面章节已经提到过，CATIA 的工程图是与三维模型相连接的，即当对三维模型做出修改时，对应生成的工程图也会随之改变。如果不希望出现这种情况，则可以锁定视图，这样生成的工程图就只能移动而无法修改。被锁定的视图还具有的性质有：不能从锁定的视图创建其他视图，不能对锁定的视图进行标注，不能更新、删除或剪切锁定的视图。

锁定视图的具体操作步骤如下。

（1）右击想要锁定的视图，在弹出的快捷菜单中选择【属性】命令，弹出【属性】对话框，如图 13.66 所示。

（2）勾选【可视化和操作】选项组中的【锁定视图】复选框，单击【确定】按钮，完成操作。此时在树状图的锁定视图标志上会出现一个锁形，如图 13.67 所示。

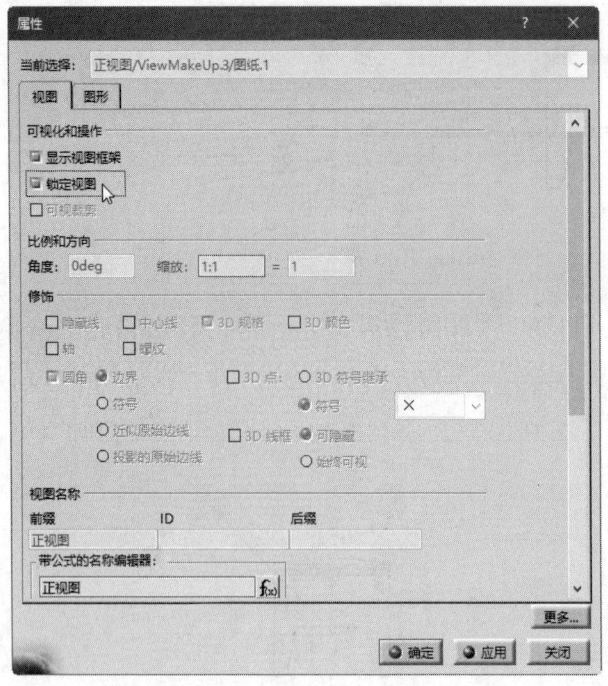

图 13.66 【属性】对话框

图 13.67 锁形标志

13.4.4 缩放视图

精确缩放视图的具体操作步骤如下。

（1）选择局部视图，如图 13.68 所示。右击，在弹出的快捷菜单中选择【属性】命令，弹出【属性】对话框。

（2）在【比例和方向】选项组中设置合适的缩放比例，如改为 3:1，单击【确定】按钮，结果如图 13.69 所示。可以看出仅仅是生成的视图的大小发生了变化，而视图名称及标注等元素仍然不变。

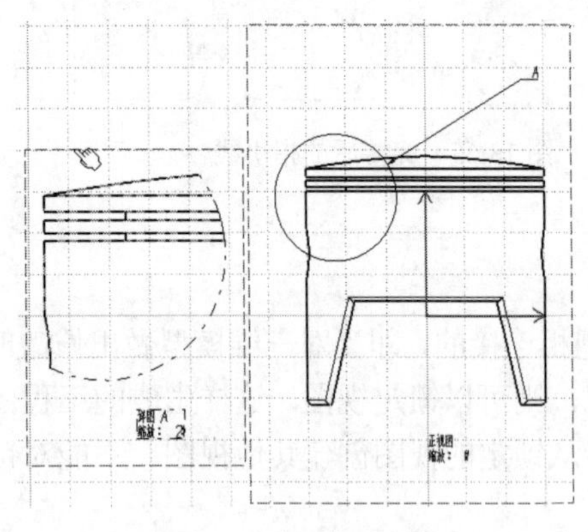

图 13.68 选择局部视图

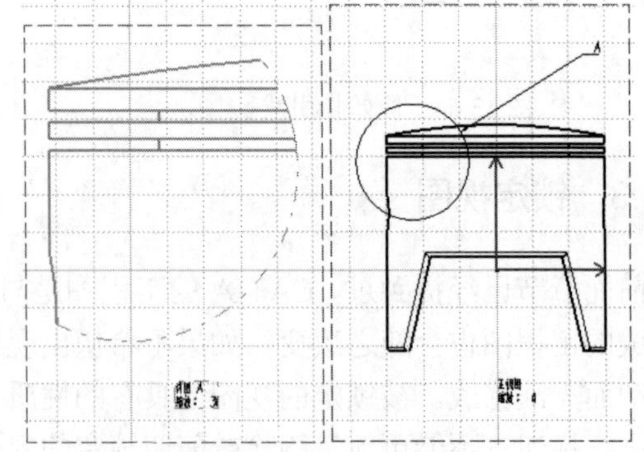

图 13.69 放大后的视图

13.4.5 删除视图

如果想删除某个视图，可以在该视图上右击，在弹出的快捷菜单中选择【删除】命令，如图 13.70 所示；也可以直接按 Delete 键，但需要先确认该视图是否被锁定。

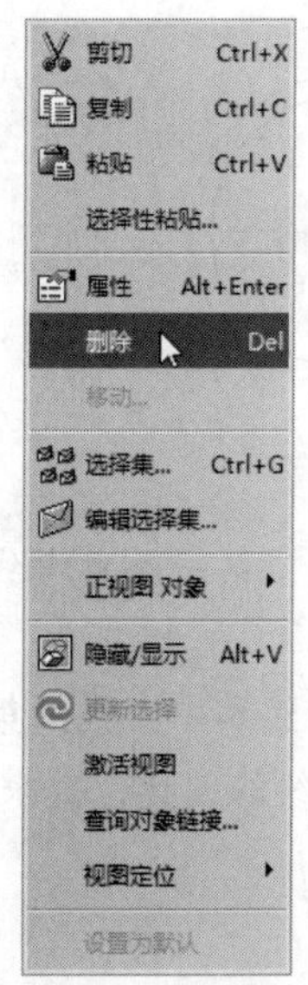

图 13.70　选择【删除】命令

13.5　创建修饰特征

对于工程图，有些投影需要进行一些中心线、轴线、螺纹等方面的修饰加工，为此需用到【修饰】工具栏，如图 13.71 所示。

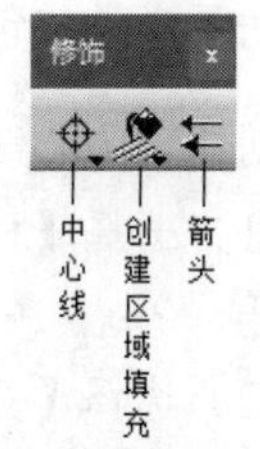

图 13.71　【修饰】工具栏

13.5.1　中心线

单击【修饰】工具栏中按钮右下角的黑色小三角，展开图 13.72 所示的【轴和螺纹】工具栏。

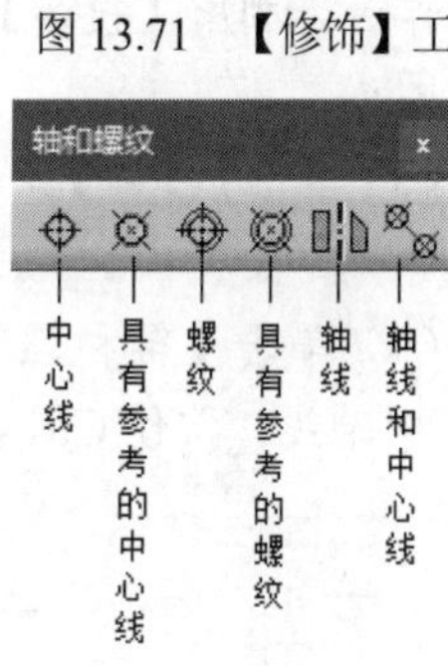

图 13.72　【轴和螺纹】工具栏

- （中心线）：选择用于创建中心线的对象，即完成中心线的创建，效果如图 13.73 所示。
- （具有参考的中心线）：选择用于创建中心线的对象，然后选择点、线或圆作为参考，完成中心线的创建，效果如图 13.74 所示。
- （螺纹）：选择一个圆，完成螺纹的创建，效果如图 13.75 所示。
- （具有参考的螺纹）：选择一个圆，然后选择点、线或圆作为参考，完成螺纹的创建，效果如图 13.76 所示。

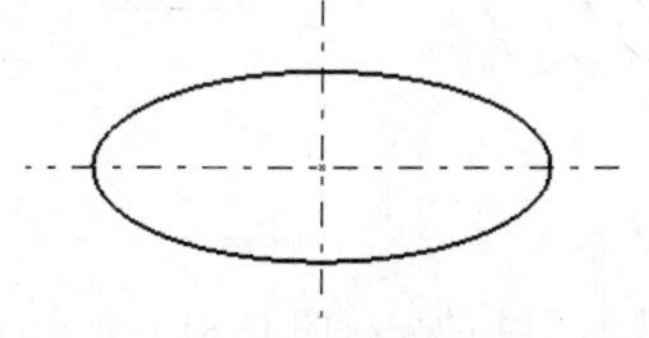

图 13.73　创建的中心线

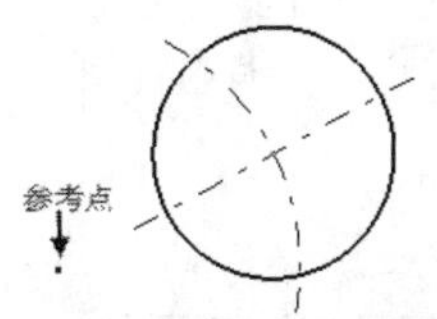

图 13.74　创建的具有参考的中心线

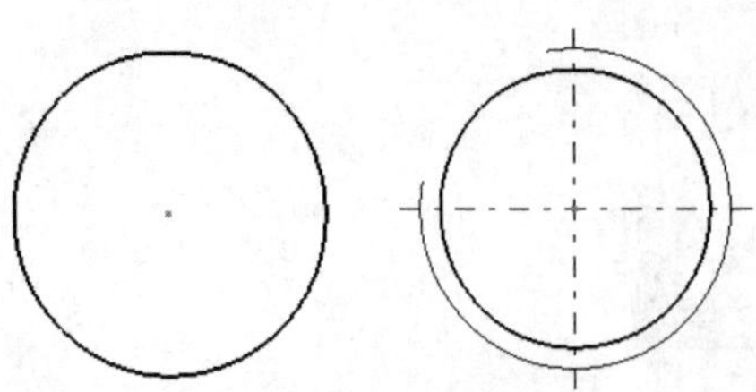
图 13.75　创建的螺纹

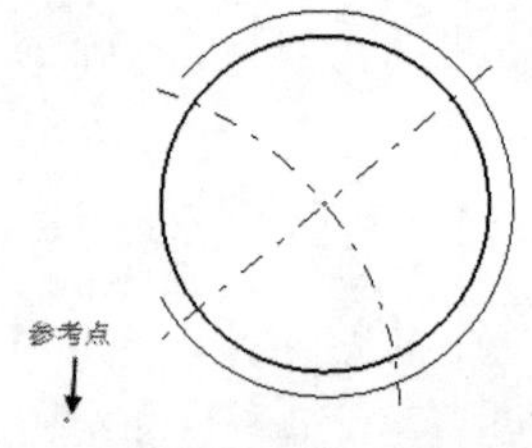

图 13.76　创建的具有参考的螺纹

- （轴线）：选择创建轴线的对象或第一条参考线，再选择创建轴线的第二条参考线，完成轴线的创建，效果如图 13.77 所示。
- （轴线和中心线）：选择创建轴线和中心线的第一个圆轮廓，然后选择创建轴线和中心线的第二个圆轮廓，完成轴线和中心线的创建，效果如图 13.78 所示。

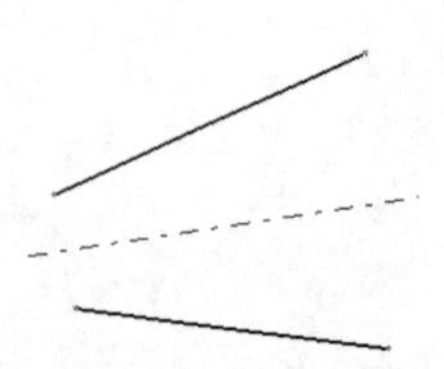
图 13.77　创建的轴线

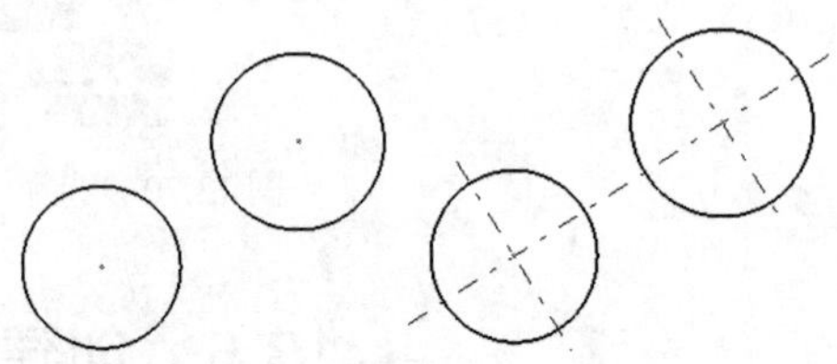
图 13.78　创建的轴线和中心线

扫一扫，看视频

动手学——创建轴中心线

创建轴中心线的具体操作步骤如下。

（1）选择【文件】→【打开】命令，在弹出的【选择文件】对话框中选择【zhou】文件，双击将其打开。

（2）选择【开始】→【机械设计】→【工程制图】命令，单击【空图纸】按钮，进入工程图设计工作台。利用【投影】工具栏中的【正视图】按钮与【偏移剖视图】按钮，绘制图 13.79 所示的视图。

（3）单击【修饰】工具栏中的【中心线】按钮，选择左视图中的圆弧线，生成中心线，如图 13.80 所示。

（4）单击【轴和螺纹】工具栏中的【轴线】按钮，❶选择剖视图中孔的边线，生成中心线；❷选中轴线，按住 Ctrl 键拖动两端的节点，调整中心线的长度，结果如图 13.81 所示。

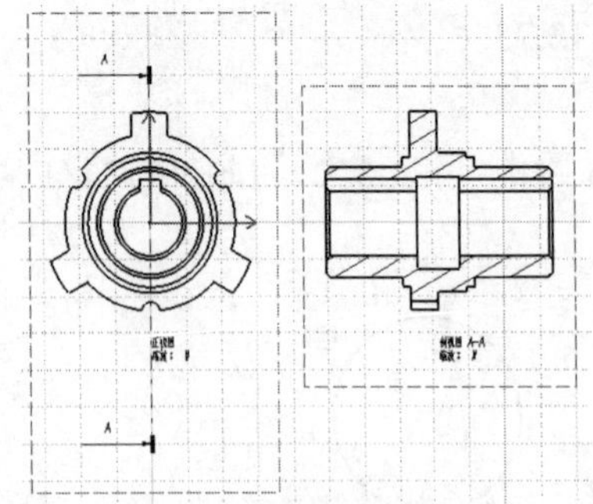
图 13.79　创建的正视图与剖面图

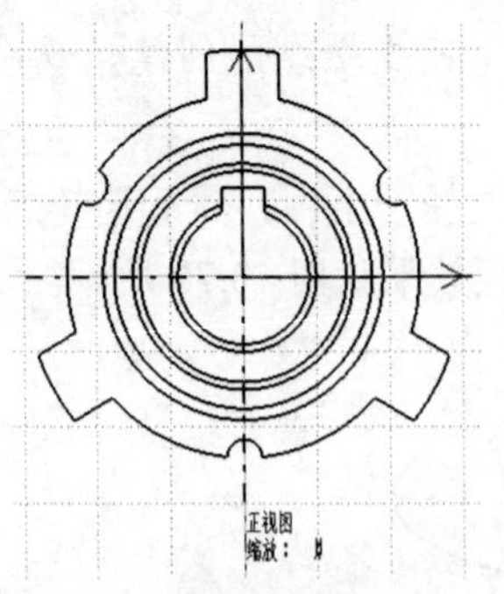

图 13.80　创建的左视图中的中心线

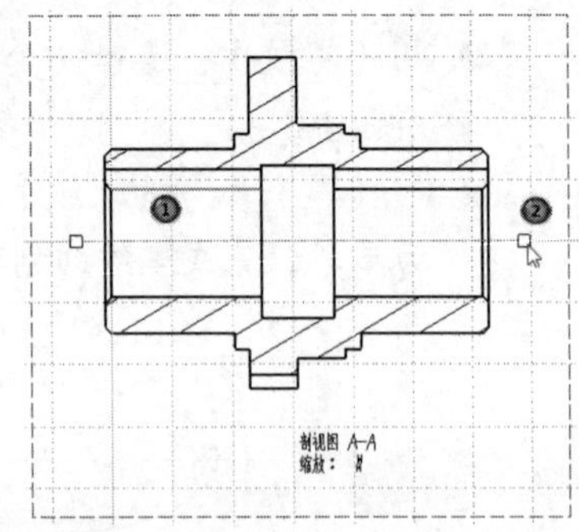

图 13.81　创建的剖视图中的中心线

（5）选择【文件】→【保存】命令，弹出【另存为】对话框，输入文件名【zhougongchengtu】，单击【保存】按钮，保存文件。

13.5.2　填充剖面线

单击【修饰】工具栏中按钮右下角的黑色小三角，展开图 13.82 所示的【区域填充】工具栏。单击【创建区域填充】按钮，弹出图 13.83 所示的【工具控制板】工具栏。

- （自动检测）：单击要生成剖面线的区域，完成剖面线的添加。
- （选择轮廓）：选择所需元素，单击要生成剖面线的区域，完成剖面线的添加。
- （创建基准）：将自动创建独立的区域填充，否则区域填充与 2D 几何图形相关联。

图 13.82　【区域填充】工具栏

图 13.83　【工具控制板】工具栏

13.5.3　箭头

选择【插入】→【修饰】→【箭头】命令或单击【修饰】工具栏中的【箭头】按钮，单击箭头的起点和终点，结果如图 13.84 所示。

单击已有的箭头，并在端部的黄色小方框内右击，在弹出的快捷菜单中选择【符号形状】命令，如图 13.85 所示，在其级联菜单中可选择箭头的形状。

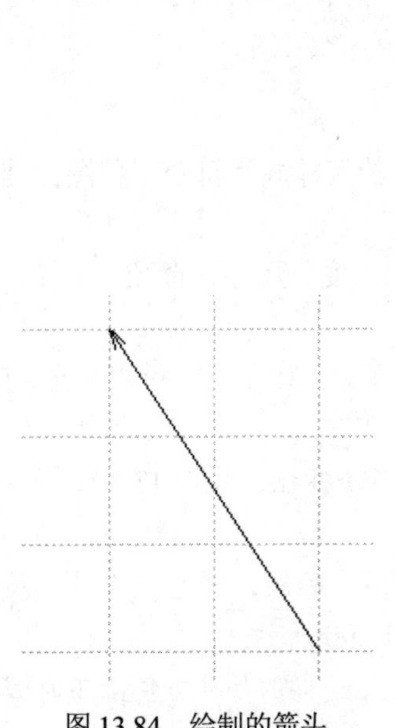

图 13.84　绘制的箭头

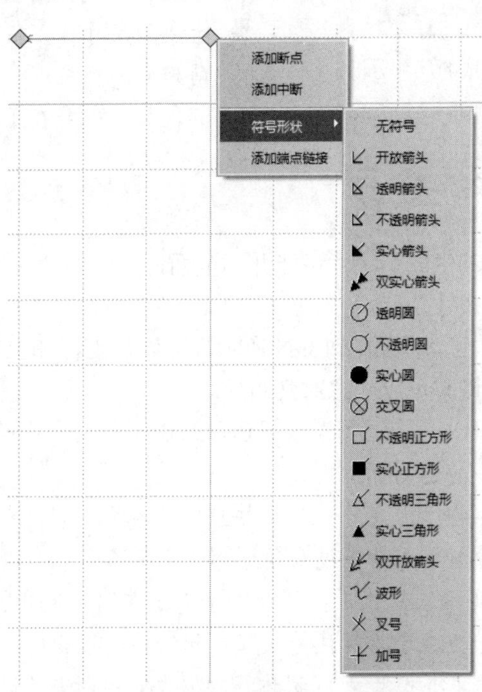

图 13.85　【符号形状】级联菜单

13.6 尺寸标注

CATIA V5 提供了强大的工程图标注功能，用户可用简单的操作完成各种标注。在标注过程中所用到的【尺寸标注】工具栏如图 13.86 所示。

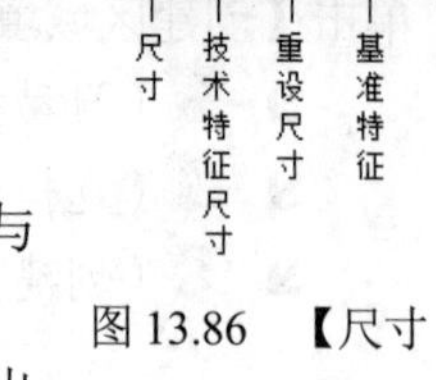

图 13.86 【尺寸标注】工具栏

13.6.1 自动生成尺寸

可以将三维模型上的约束条件自动转换成标注，其可以产生距离、长度、直径与半径等多种标注。

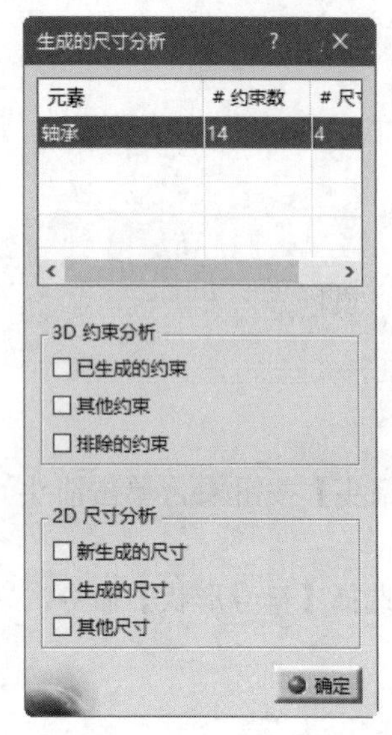

图 13.87 【生成的尺寸分析】对话框

选择【插入】→【生成】→【生成尺寸】命令，弹出【生成的尺寸分析】对话框，如图 13.87 所示。

- 列表框：显示目前在三维对象中的约束总数，以及在该工程图中标注的约束总数。
- 已生成的约束：可以在工程图对应的三维模型中显示出各约束，即 CATIA 自动生成的标注会在三维模型中出现。
- 其他约束：可以显示在本视图中无法用标注标出的约束，据此可以判断是否还需要其他视图及需要何种视图。
- 排除的约束：可以显示与标注无关的约束。
- 新生成的尺寸：允许在工程视图窗口中确认新产生的标注。在此处增加一个视图，即可看出选中【新生成的尺寸】复选框带来的变化，即在新增视图上出现了新生成的标注。
- 生成的尺寸：会在工程图窗口中显示所有自动生成的标注，包含之前建立的标注。
- 其他尺寸：会在工程图窗口中显示手动生成的标注。

13.6.2 手动标注尺寸

由于自动生成的尺寸可能并不全面，且一般情况下生成的尺寸并不符合工程图标准，因此必须掌握手动标注尺寸功能。

【尺寸】工具栏如图 13.88 所示，可以在工程图上生成如长度、尺寸、直径、半径、倒角等各种不同的标注，同时可以随意对其布局。

- （尺寸）：可以根据选取的图形不同产生长度、角度、直径或半径的标注，CATIA 会自动判断合适的标注方式。
- （链式尺寸）：可以快速完成在同一尺寸链上的多个标注，如图 13.89 所示。【链式尺寸】命令只能支持长度及角度标注。
- （累积尺寸）：可以快速完成在同一尺寸链上的多个标注，但它与【链式尺寸】命令不同的地方在于其标注是从起点开始不断累积的，如图 13.90 所示。
- （堆叠式尺寸）：以堆栈的方式对视图连续进行标注，这样的尺寸方便加工时阅读，如图 13.91 所示。

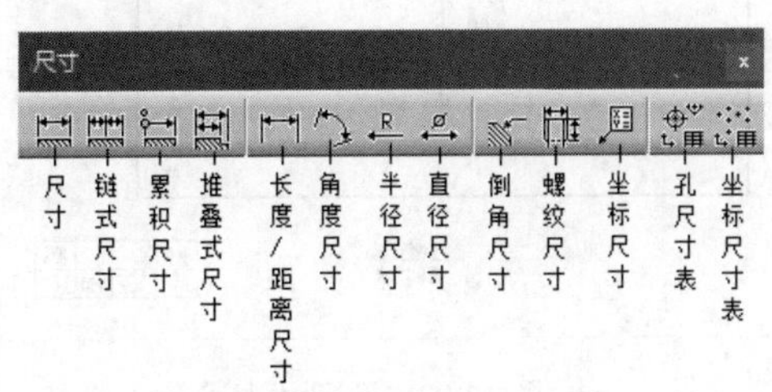

图 13.88 【尺寸】工具栏

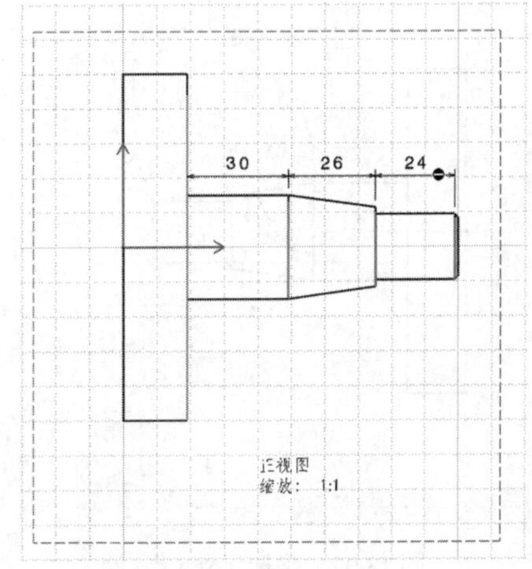

图 13.89 链式尺寸

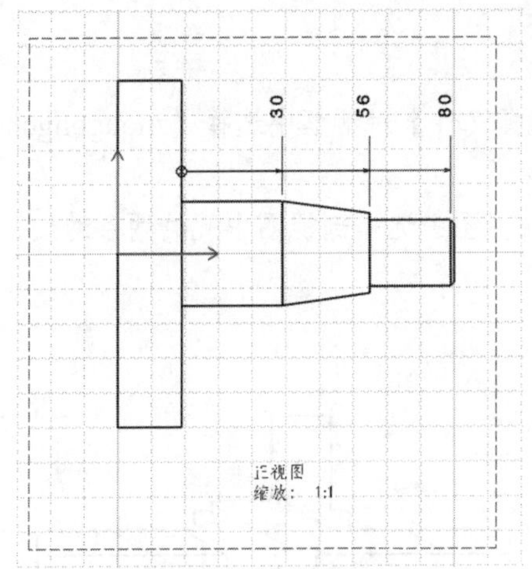

图 13.90 产生累积尺寸

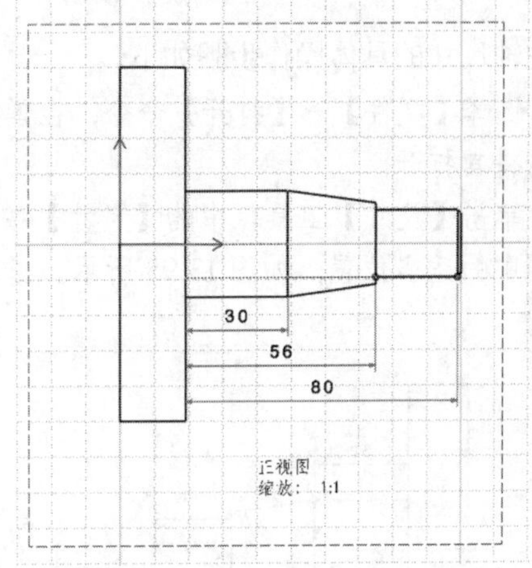

图 13.91 堆叠式尺寸

- （长度/距离尺寸）：可以对长度、距离进行标注。
- （角度尺寸）：可以对角度进行标注。分别选择标注角度的起始边和终点边，完成标注。
- （半径尺寸）：可以以半径的方式对圆弧及圆进行标注。
- （直径尺寸）：可以以直径的方式标注圆或圆弧。
- （倒角尺寸）：可以对视图上的倒角进行尺寸标注，有【长度×长度】【长度×角度】【角度×长度】【长度】四种方式。
- （螺纹尺寸）：可以对视图上的螺纹进行尺寸标注，需要注意的是，此功能只能针对在三维模型中建立好的螺纹特征。
- （坐标尺寸）：可以对视图上某点的位置进行坐标标注，此时只能标注二维视图，无法标注在如轴测图等三维视图上，如图 13.92 所示。
- （孔尺寸表）：对视图上孔与坐标轴的距离及螺纹规格等特征以工作表的形式表示出来，如图 13.93 所示。
- （坐标尺寸表）：与【坐标尺寸】命令类似，但是它会以坐标的方式将点的坐标标示出来，如图 13.94 所示。

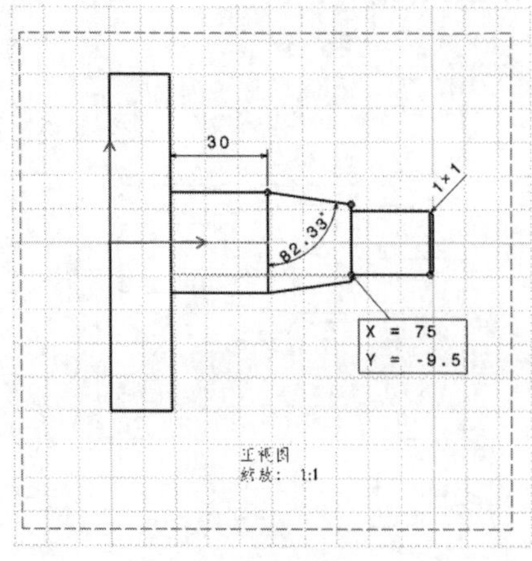

图 13.92　坐标尺寸

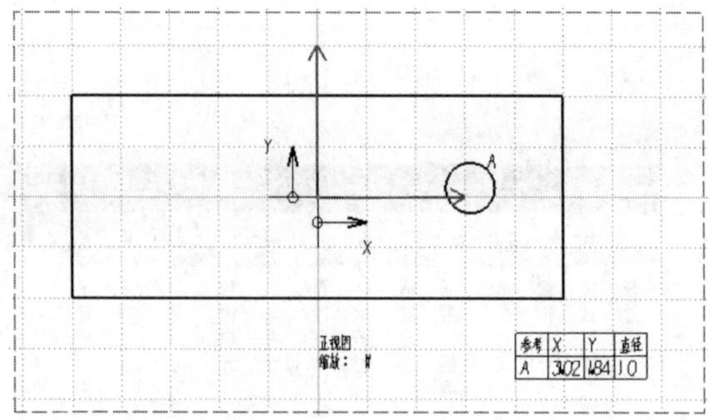

参考	X	Y	直径
A	30.2	18.4	10

图 13.93　孔尺寸表

扫一扫，看视频

动手学——标注轴尺寸

标注轴尺寸的具体操作步骤如下。

（1）选择【文件】→【打开】命令，在弹出的【选择文件】对话框中选择【zhougongchengtu】文件，双击将其打开。

（2）单击【尺寸】工具栏中的【尺寸】按钮，在视图中选择剖视图中孔的两条边线，拖动尺寸放置到图中的适当位置，如图 13.95 所示。

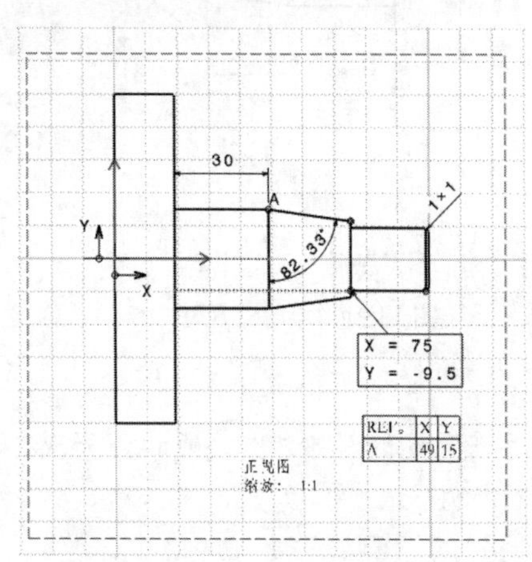

图 13.94　坐标尺寸表

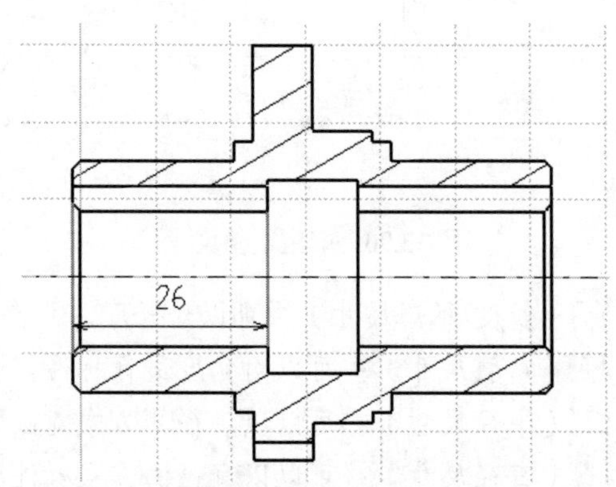

图 13.95　标注尺寸

（3）在视图中选择孔的边线，拖动尺寸放置到图中适当位置，右击刚标注的尺寸，在弹出的快捷菜单中选择【属性】命令，弹出【属性】对话框。在该对话框中❶选择【尺寸文本】选项卡，❷在【前缀-后缀】选项组中单击【插入符号】按钮，在其下拉列表中❸选择直径符号，如图 13.96 所示。❹单击【确定】按钮，完成直径尺寸的标注，如图 13.97 所示。

（4）在视图中选择轴两端的边线，拖动尺寸放置到图中适当位置，右击刚标注的尺寸，在弹出的快捷菜单中选择【属性】命令，弹出图 13.98 所示的【属性】对话框。在该对话框中❶选择【公差】选项卡，❷在【主值】下拉列表中选择 TOL_NUM2，❸输入【上限值】0.05mm，❹输入【下限值】-0.1mm。❺单击【确定】按钮，完成公差尺寸的标注，如图 13.99 所示。

（5）采用相同的方法标注剖视图中的其他尺寸，如图 13.100 所示。

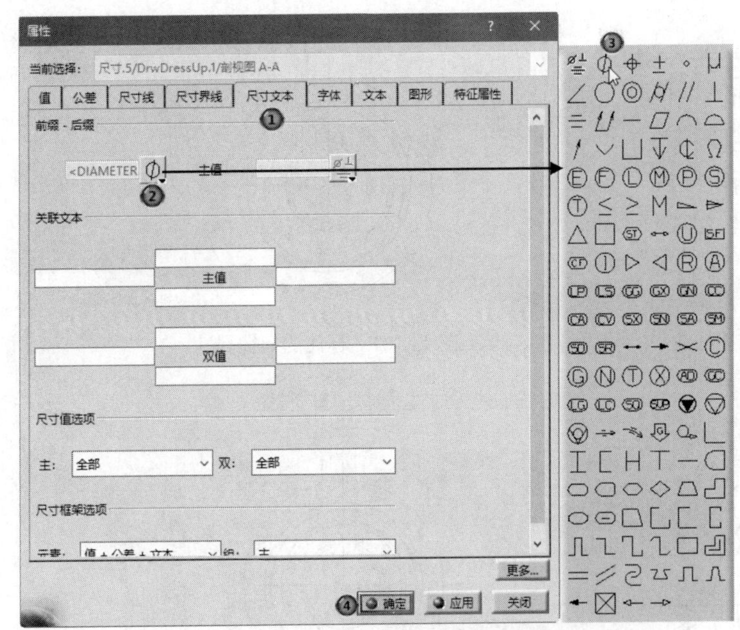

图 13.96　【属性】对话框 1

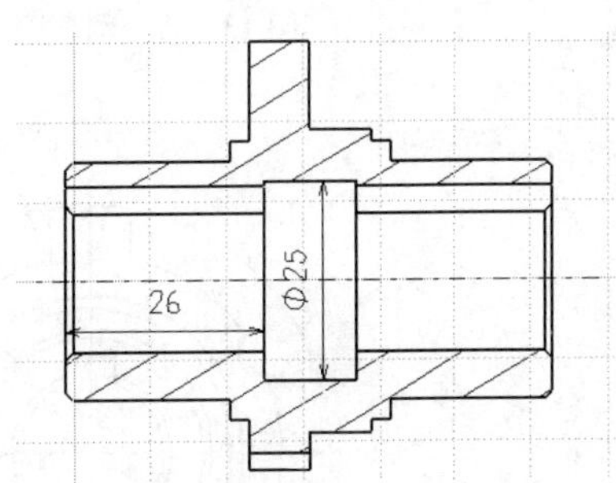

图 13.97　标注的直径尺寸 1

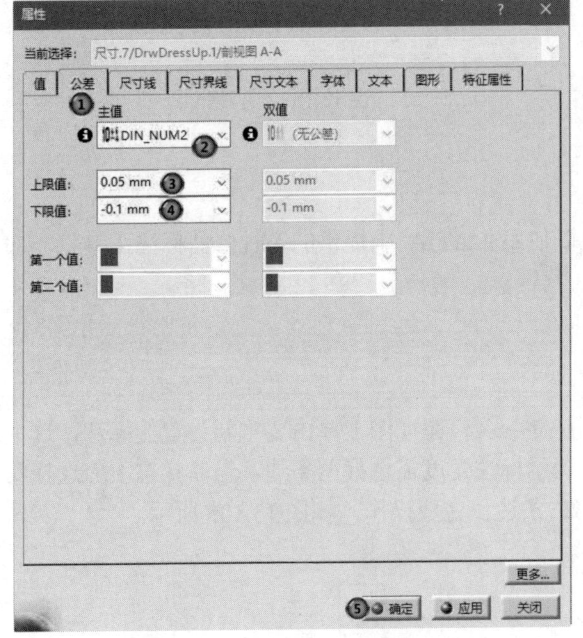

图 13.98　【属性】对话框 2

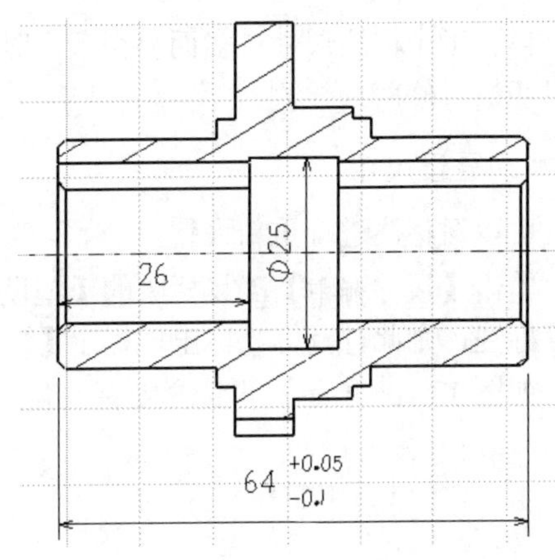

图 13.99　标注的公差尺寸

（6）单击【尺寸】工具栏中的【半径尺寸】按钮，选择图中要标注尺寸的圆弧，拖动尺寸到适当位置单击，完成半径尺寸的标注，如图 13.101 所示。

（7）单击【尺寸】工具栏中的【直径尺寸】按钮，选择图中要标注尺寸的圆弧，拖动尺寸到适当位置单击，完成直径尺寸的标注，如图 13.102 所示。

（8）采用剖视图中公差尺寸的标注方法，如图 13.103 所示。

（9）选择【文件】→【保存】命令，保存文件。

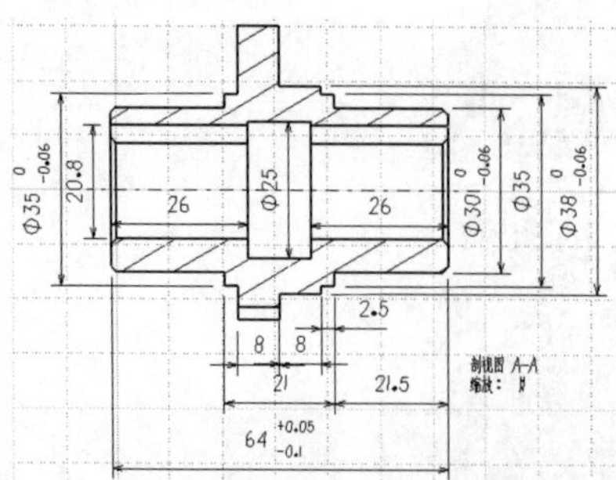

图 13.100　剖视图的尺寸标注

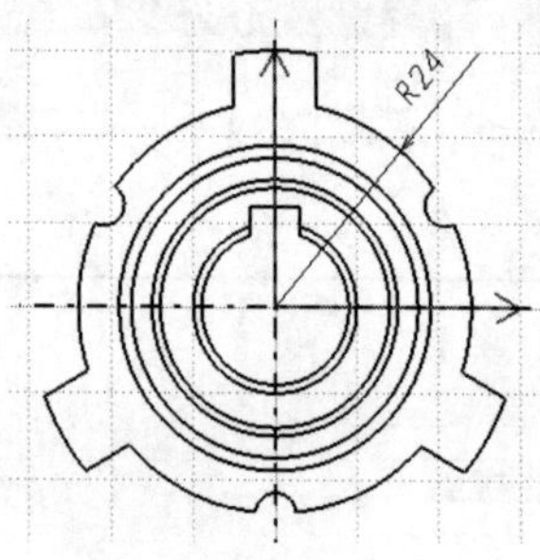

图 13.101　标注的半径尺寸

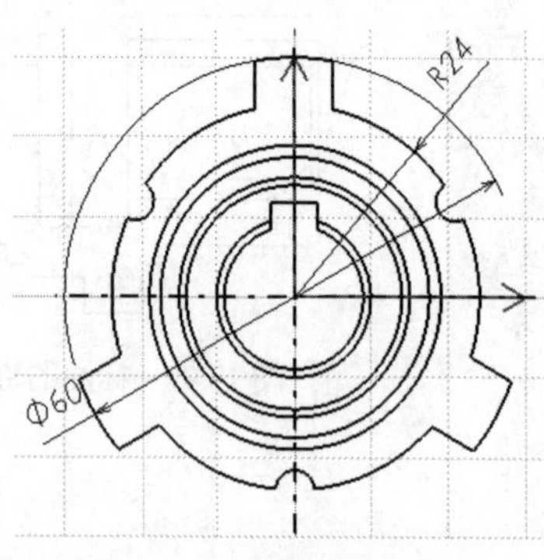

图 13.102　标注的直径尺寸 2

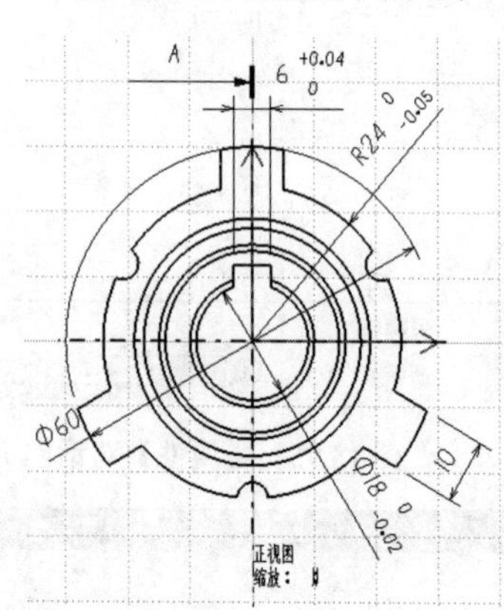

图 13.103　标注尺寸

13.6.3　尺寸编辑

当图纸中标注尺寸过多而显得杂乱时，可以使用 CATIA 中提供的多种修剪标注工具将一部分尺寸界线进行修剪。

1. 重设尺寸

可以对标注进行重新设置。

单击【尺寸编辑】工具栏中的【重设尺寸】命令，在视图上单击要重新设置的标注，这里选择角度标注，则此时鼠标光标出现提示【1/2】，表示标注角度需选择两条边，当前状态下应选择第一条边，如图 13.104 所示；再选择要标注角度的第二条边，完成操作，如图 13.105 所示。

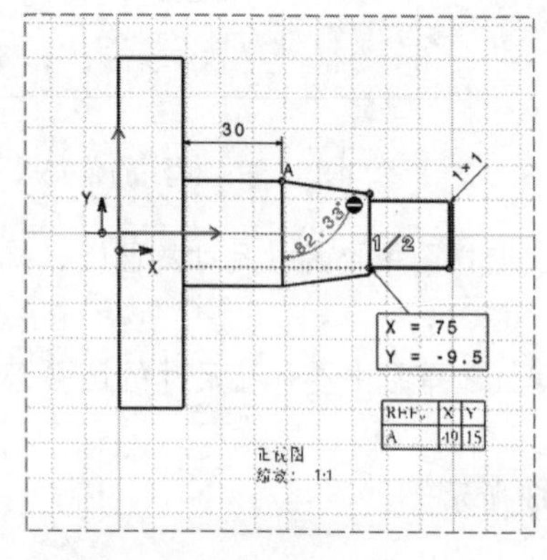

图 13.104　重设尺寸

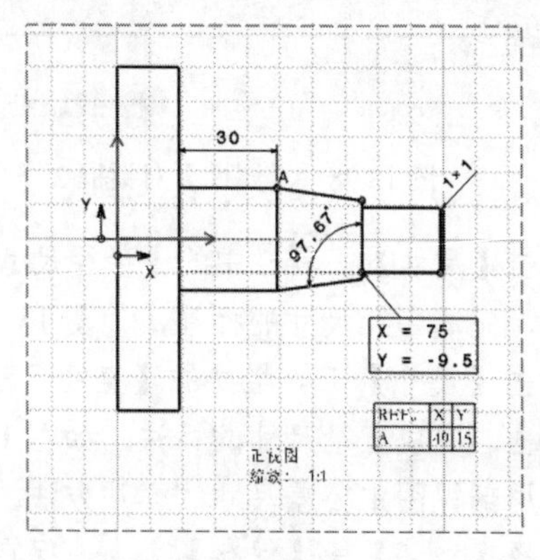

图 13.105　选择第二条边

2. 创建中断

可以在最近的尺寸扩展线上或每个尺寸扩展线上创建中断。

单击【尺寸编辑】工具栏中的【创建中断】命令，弹出【工具控制板】工具栏，允许用户选择要【在一面添加中断】或【在两面都添加中断】，如图13.106所示。

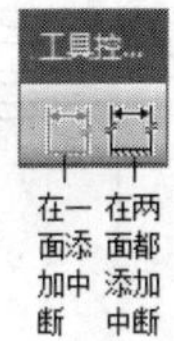

图13.106 【工具控制板】工具栏

- （在一面添加中断）：在标注的一侧产生中断。
- （在两面都添加中断）：在标注的两侧都产生中断。

中断前后的标注如图13.107所示。

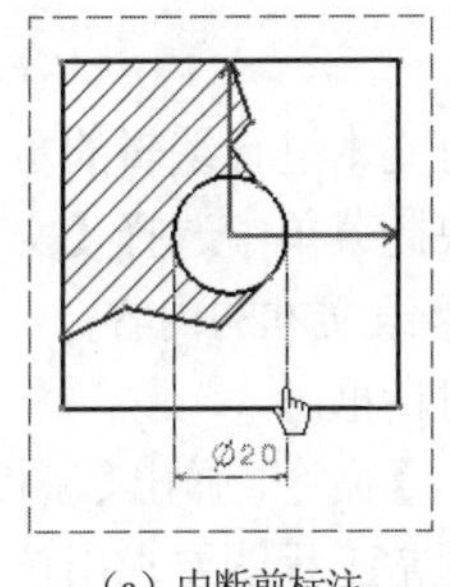

（a）中断前标注　（b）中断后标注

图13.107 中断前后的标注

13.6.4 文本标注

通常在视图上会有一些说明性的文字来完善视图内容，在 CATIA V5 中主要是通过【文本】工具栏中的命令完成的。

单击【注释】工具栏中按钮右下角的黑色小三角，打开【文本】工具栏，如图13.108所示。

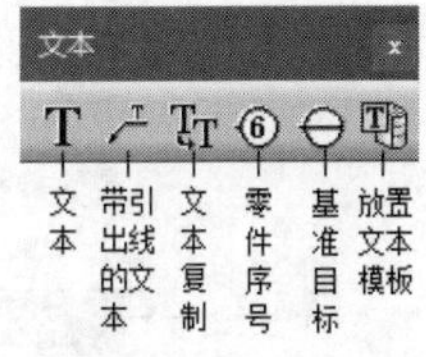

图13.108 【文本】工具栏

1. 创建文本

（1）单击【文本】工具栏中的【文本】按钮，在视图中想要放置文本的地方单击，出现文字输入区域和【文本编辑器】对话框，如图13.109所示。

（2）视图中会自动出现在文本编辑器中输入的文字。当从外部复制工程符号时，如φ，符号会被粘贴为基本字符，即在当前字库中如果没有该符号，则视图中的显示结果可能不同。

（3）文本输入完成后，单击【确定】按钮或视图中的其余部位，完成文本的创建；也可以单击【选择】按钮，这样该文本会仍然保持为选中状态，从而可以更改它的属性。

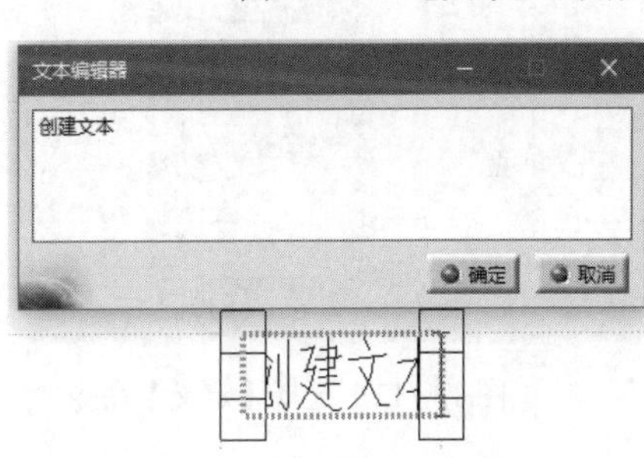

图13.109 创建文本

2. 创建带引线的文本

（1）单击【文本】工具栏中的【带引出线的文本】按钮，在视图中想要放置带引线文本的元素上单击，会出现一个红色线框，如图13.110所示。

（2）在弹出的【文本编辑器】对话框中输入相应文字，如这里输入【text with a leader】，可以随时通过单击线框调整引线及文本的位置，如图13.111所示。

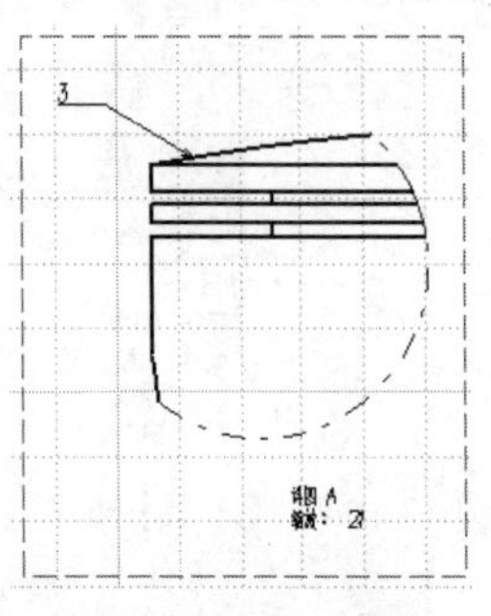

图 13.110　带引线的文本

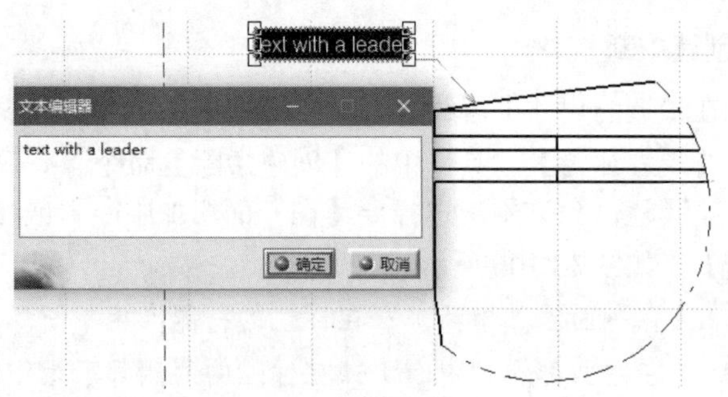

图 13.111　输入文字

3. 文本的编辑

如果发现工程图中的文本错误，可以对其进行编辑。对文本进行编辑的步骤如下。

（1）选择工程图上需要编辑的文本，右击，在弹出的快捷菜单中选择【文本对象】→【定义】命令，如图 13.112 所示，弹出【文本编辑器】对话框，即可修改文本的内容。

（2）在文本内容上双击，同样会弹出【文本编辑器】对话框。

（3）右击要编辑的文本，在弹出的快捷菜单中选择【属性】命令，弹出【属性】对话框，如图 13.113 所示。在这里可以设置文本的字体、大小、颜色等选项，通常工程图要求用仿宋体。

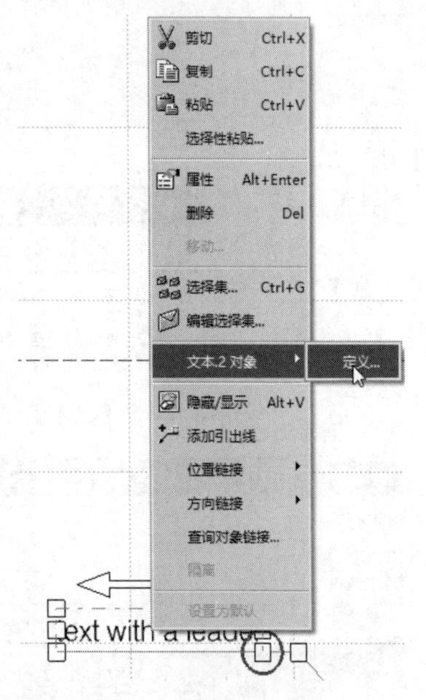

图 13.112　选择【定义】命令

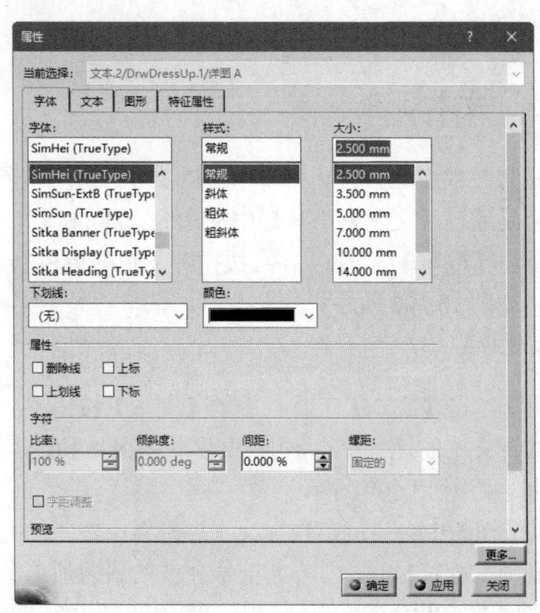

图 13.113　【属性】对话框

扫一扫，看视频

动手学——标注轴文字

标注轴文字的具体操作步骤如下。

（1）选择【文件】→【打开】命令，在弹出的【选择文件】对话框中选择【zhougongchengtu】文件，双击将其打开。

（2）单击【文本】工具栏中的【带引出线的文本】按钮，选择要标注的孔边线，拖动引线到适当位置单击，弹出【文本编辑器】对话框，❶输入【3×M6 配做】，如图 13.144 所示。❷单击【确定】按钮，结果如图 13.115 所示。

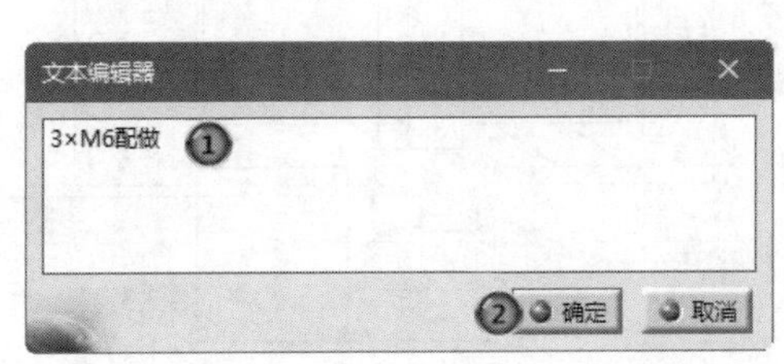

图 13.114 【文本编辑器】对话框

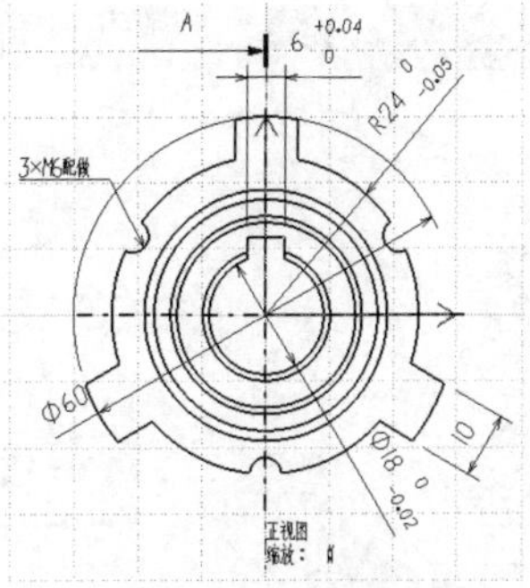

图 13.115　标注文字

（3）选择【文件】→【保存】命令，保存文件。

13.7　标注符号

利用【标注】工具栏可以生成各种文本、基准符号、公差等特征标注内容，如图 13.116 所示。

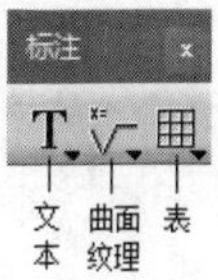

图 13.116　【标注】工具栏

13.7.1　标注表面粗糙度

CATIA 中提供了【曲面纹理】工具来生成粗糙度标注，其具体操作步骤如下。

（1）单击【标注】工具栏中的【曲面纹理】按钮，在图纸上选择放置位置，弹出【曲面纹理】对话框，如图 13.117 所示。

（2）根据要求分别输入合适的参数，完成粗糙度的标注。

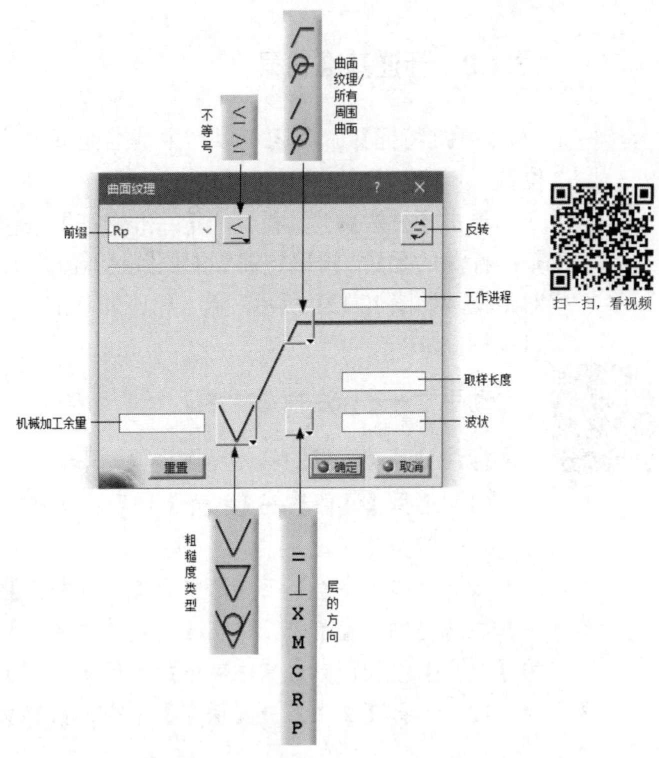

图 13.117　各符号的含义

扫一扫，看视频

动手学——标注轴的表面粗糙度

标注轴的表面粗糙度的具体操作步骤如下。

（1）选择【文件】→【打开】命令，在弹出的【选择文件】对话框中选择【zhougongchengtu】文件，双击将其打开。

（2）单击【标注】工具栏中的【曲面纹理】按钮，选择要标注的外边线，弹出【曲面纹理】对话框，①选择粗糙度类型，②输入粗糙度值为 Ra3.2，如图 13.118 所示。③单击【确定】按钮，结果如图 13.119 所示。

（3）采用相同的方法标注其他的粗糙度符号，结果如图 13.120 所示。

（4）选择【文件】→【保存】命令，保存文件。

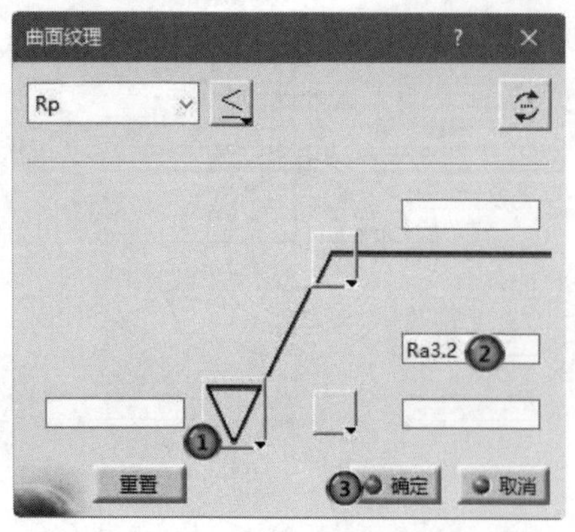

图 13.118 【曲面纹理】对话框

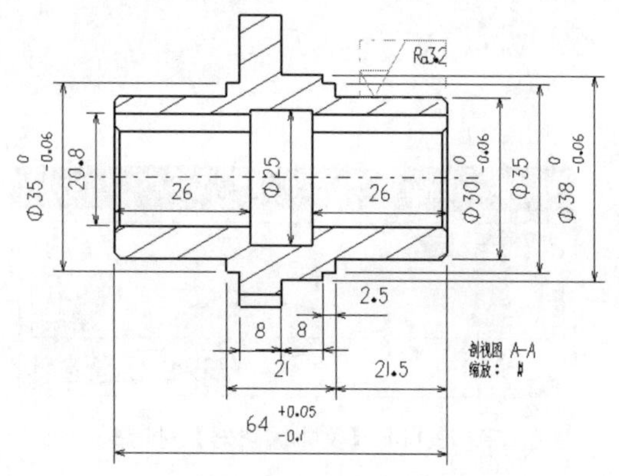

图 13.119 标注的粗糙度符号

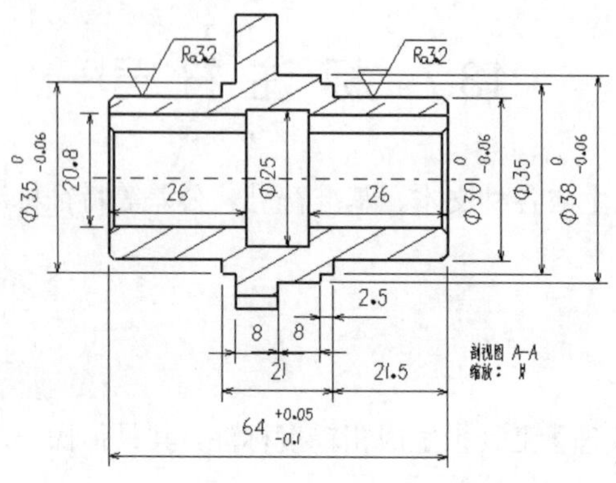

图 13.120 标注的其他粗糙度符号

13.7.2 标注基准符号

【基准特征】命令可以产生基准面标识，用来指示基准面位置。

单击【公差】工具栏中的【基准特征】按钮，选择要进行基准标注的元素，再确定箭头的位置，单击弹出【创建基准特征】对话框，如图 13.121 所示，输入相应的基准内容，即可完成基准目标标注。

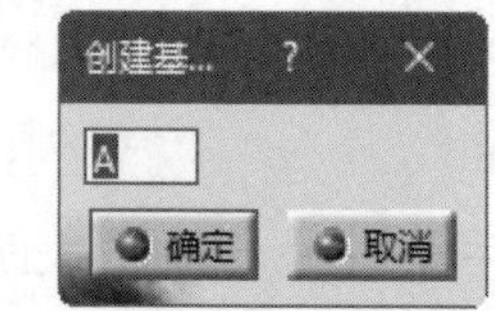

图 13.121 【创建基准特征】对话框

扫一扫，看视频

动手学——标注轴基准特征

标注轴基准符号的具体操作步骤如下。

（1）选择【文件】→【打开】命令，在弹出的【选择文件】对话框中选择【zhougongchengtu】文件，双击将其打开。

（2）单击【公差】工具栏中的【基准特征】按钮，在视图中选择圆柱表面，单击并向下拖动光标，在适当的位置单击，弹出【创建基准特征】对话框，❶输入基准为 A，如图 13.122 所示。❷单击【确定】按钮，完成基准特征的创建，如图 13.123 所示。

（3）选择【文件】→【保存】命令，保存文件。

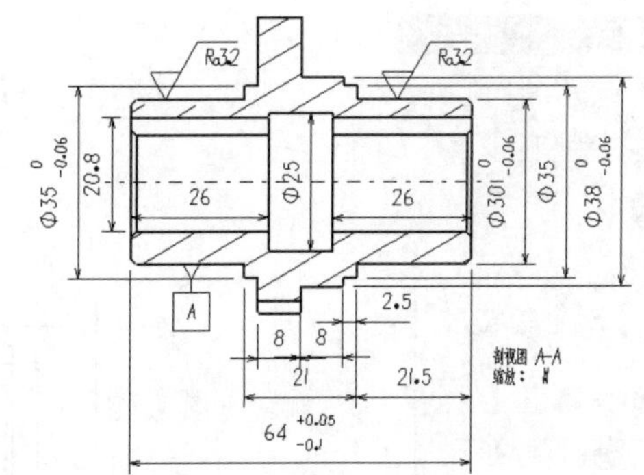

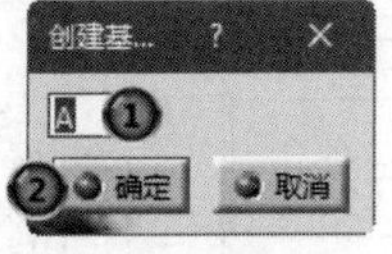

图 13.122　【创建基准特征】对话框

图 13.123　创建的基准特征

13.7.3　标注形位公差

形位公差包括形状公差和位置公差，它是针对构成零件几何特征的点、线、面的形状和位置误差所规定的公差。

【形位公差】命令可以对视图中的形位公差进行标注。

单击【公差】工具栏中的【形位公差】按钮，再选择要标注形位公差的元素，指定公差的放置位置，弹出【形位公差】对话框，如图 13.124 所示。

- 添加公差：可以增加新的编辑公差。
- 编辑公差：可选择相应的形位公差并加以修改。
- 参考：有三个文本框，可以分别输入主要数据文本及次要数据文本。
- （插入符号）：可以将选择的符号插入直径区域和数据特征修饰符区域。
- 基准系统和基准：选择基准系统和基准。
- 基准特征：选择基准特征。

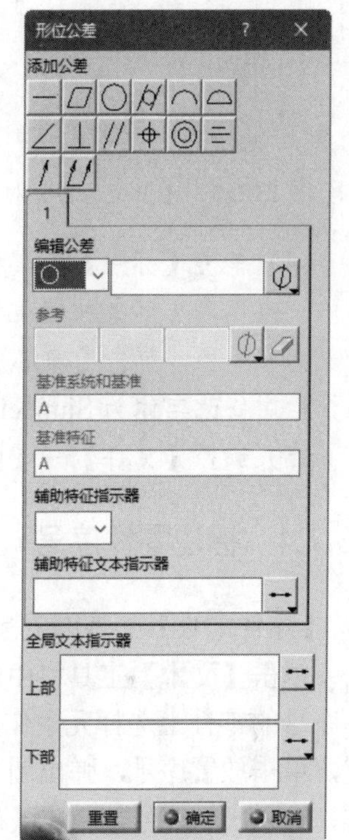

图 13.124　【形位公差】对话框

动手学——标注轴形位公差

标注轴形位公差的具体操作步骤如下。

（1）选择【文件】→【打开】命令，在弹出的【选择文件】对话框中选择【zhougongchengtu】文件，双击将其打开。

（2）单击【公差】工具栏中的【形位公差】按钮，在视图中选择圆柱表面，拖动鼠标并在适当的位置单击。

（3）弹出【形位公差】对话框，如图 13.125 所示，❶在符号下拉列表中选择【同心度】，❷输入公差 0.02，❸参考为第（2）步标注的基准 A。❹单击【确定】按钮，完成形位公差的创建，如图 13.126 所示。

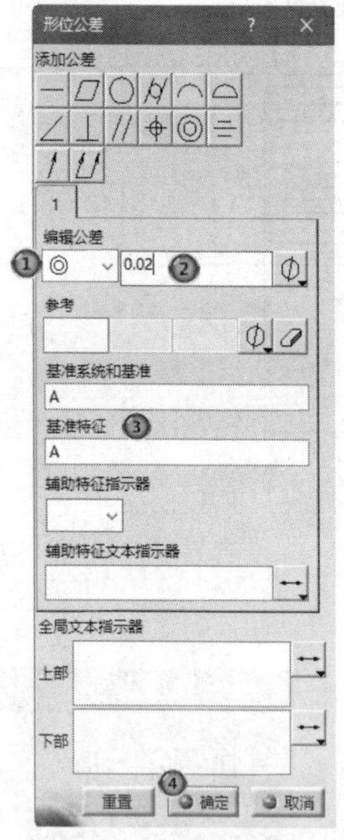

图 13.125 【形位公差】对话框

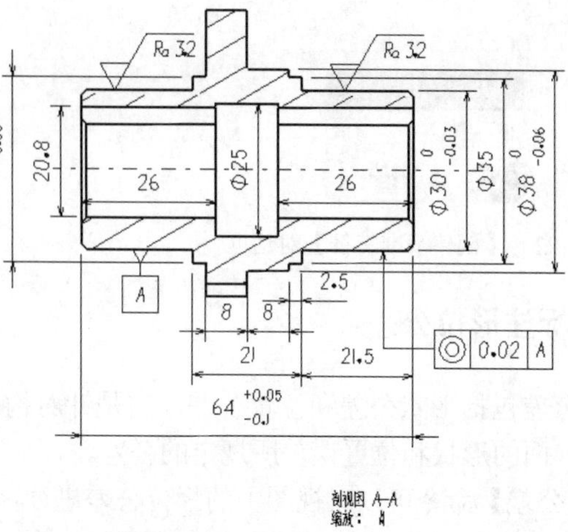

图 13.126 创建的形位公差

（4）单击【标注】工具栏中的【文本】按钮T，在视图中单击一点作为文字的放置位置，弹出【文本编辑器】对话框，输入文字注释，单击【确定】按钮。选中文字，在【文本属性】工具栏中修改字体为 SimHei，结果如图 13.127 所示。

（5）选择【文件】→【保存】命令，保存文件。

技术要求

1. 棱边倒钝，未标注倒角为C1.
2. 调质处理220-260HBW.

图 13.127 标注技术要求

13.7.4 标注零件序号

【零件序号】工具用于标注装配图中的零件序号。

单击【文本】工具栏中的【零件序号】按钮⑥，在要标注零件序号的零件上选择元素作为引出线定位点。拖动序号到适当位置，单击放置序号，弹出图 13.128 所示的【创建零件序号】对话框，输入零件序号。单击【确定】按钮，完成零件序号的标注。

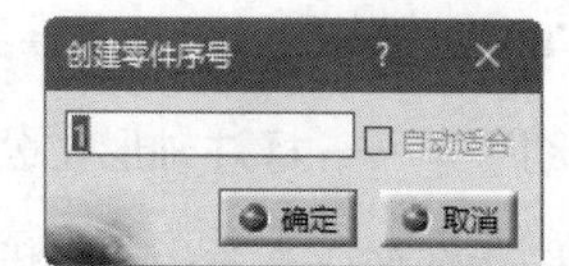

图 13.128 【创建零件序号】对话框

13.7.5 标注基准目标

单击【文本】工具栏中的【基准目标】按钮⊖，选择元素作为引出线定位点。拖动基准目标符号到适当位置单击放置，弹出图 13.129 所示的【创建基准目标】对话框，在文本框中输入基准目标标识。单击【确定】按钮，完成基准目标的创建。

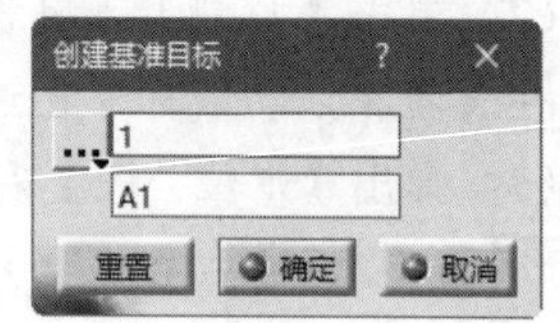

图 13.129 【创建基准目标】对话框

扫一扫，看视频

练一练——创建轴承座工程图

创建图 13.130 所示的轴承座工程图。

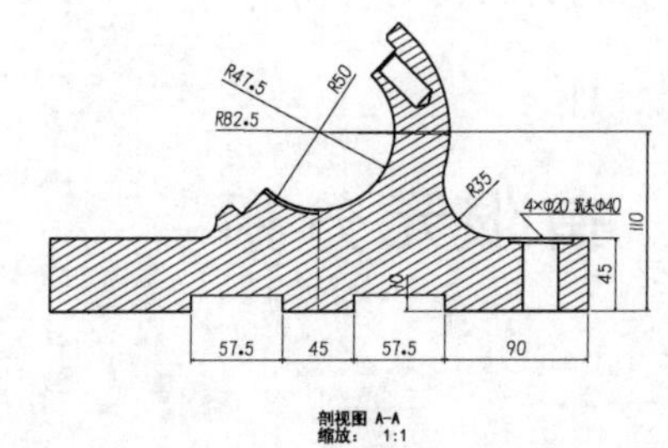

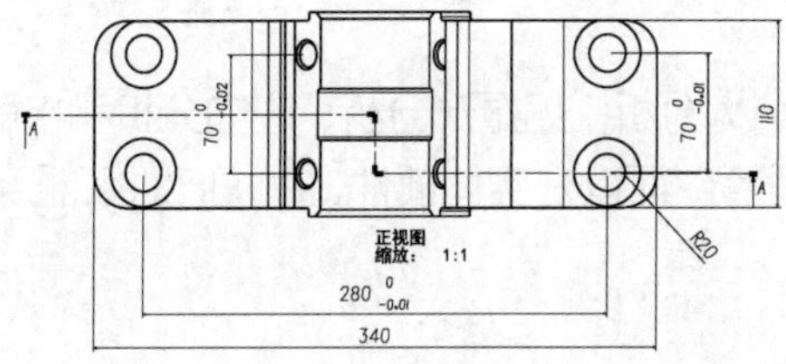

技术要求

1. 铸件不得有铸造缺陷等。
2. 去毛刺，锐边倒钝。
3. 未注倒角为C2。
4. 防锈。

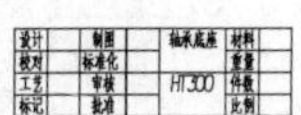

图 13.130　轴承座工程图

思路点拨：

（1）利用【主视图】命令绘制主视图。

（2）利用【剖视图】命令绘制剖视图。

（3）利用【尺寸】命令标注尺寸。

（4）利用【文本标注】命令标注技术要求。

第 14 章　有限元分析

内容简介

CATIA 的结构分析模块可以对零件进行结构分析，如振动分析、应力分析和接触分析。在结构分析模块中可以进行前期处理、求解和后期处理等。可以对实体部件、曲面部件和框架结构的部件进行结构分析。

内容要点

- 创成式结构有限元分析简介
- 模型管理
- 虚拟零件
- 定义约束
- 定义载荷
- 计算求解
- 后处理

案例效果

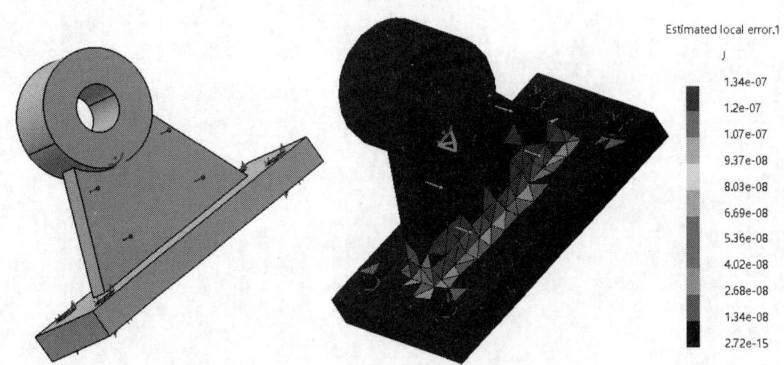

14.1　创成式结构有限元分析简介

14.1.1　进入 GSA 工作台

启动 CATIA 后，进入创成式结构有限元分析模块（GSA 模块）有三种方法。

（1）选择【开始】→【分析与模拟】→【Generative Structural Analysis】（通用结构分析）命令，弹出图 14.1 所示的【New Analysis Case】对话框，选择 Static Analysis、Frequency Analysis 和 Free Frequency Analysis 三种分析工况中的一种，单击【确定】按钮，进入 GSA 模块。

（2）选择【文件】→【新建】命令，在弹出的【新建】对话框中选择 Analysis，如图 14.2 所示，其他操作与（1）中相同。

（3）单击【标准】工具栏中的【新建】按钮，在弹出的【新建】对话框中选择 Analysis，如图 14.2 所示，其他操作与（1）中相同。

图 14.1　【New Analysis Case】对话框

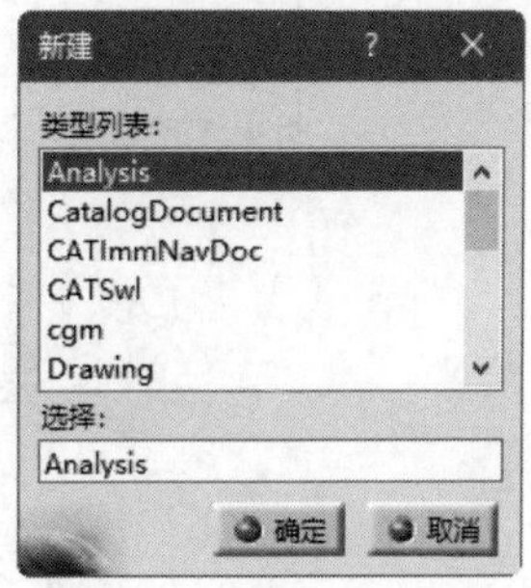

图 14.2　【新建】对话框

14.1.2　GSA 分析过程简介

有限元分析过程一般分为三个步骤：前处理、求解和后处理。GSA 模块的分析过程大体上也是由这三部分组成的，其具体步骤如下。

（1）建立模型（包括一维梁模型、二维曲面模型、三维实体模型等）。

（2）划分网格。

（3）定义相关属性（包括模型的材料属性、单元属性、必要的虚拟零件、附加质量、零部件间的连接关系等）。

（4）定义约束。

（5）定义载荷。

（6）设定分析工况。

（7）查看分析结果。

14.1.3　GSA 的特征树简介

从设计模块切换到 GSA 模块后，系统自动创建 GSA 的特征树，如图 14.3 所示。GSA 分析过程中用到的绝大多数工具图标将在特征树中出现。

特征树主要包括五个部分，具体内容如下。

- Links Manager（连接管理）：被分析零件的存储路径、结果文件、计算文件的存储路径等。
- Nodes and Elements（节点和单元）：网格划分、单元类型等。
- Properties（属性）：板厚、连接属性、虚件属性等。
- Materials（材料）：材料属性。
- Static Case（工况分析）：载荷、约束、后处理。

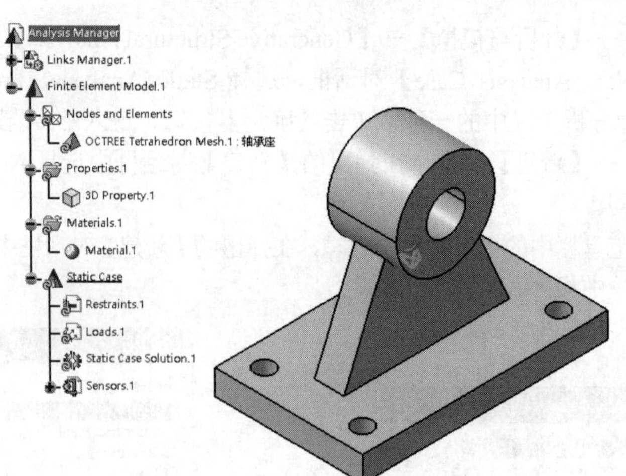

图 14.3　GSA 的特征树

14.2　模 型 管 理

从设计模块或装配模块切换到 GSA 模块时，通常会自动生成网格类型、网格尺寸及网格属性，但很多时候需要对自动生成的网格进行修改。【Model Manager】（模型管理）工具栏如图 14.4 所示。

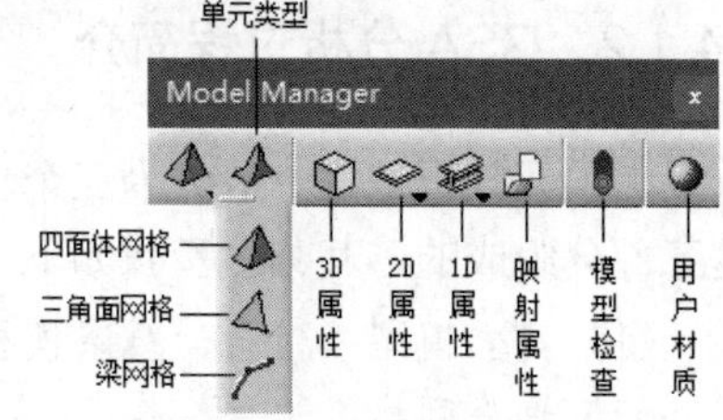

图 14.4　【Model Manager】工具栏

14.2.1　网格创建

1. 四面体网格

单击【Model Manager】（模型管理）工具栏中的【OCTREE Tetrahedron Mesh】（四面体网格）按钮，再单击要生成新网格的零件，弹出图 14.5 所示的【OCTREE Tetrahedron Mesh】（四面体网格）对话框。

- 【Global】（全局）选项卡：用于设置全局参数。
  - Size：设置四面体网格大小，以四面体最大边长为标准。
  - Absolute sag：设置网格与实体间的最大偏移量。
  - Proportional sag：设置偏移的比例。
  - Element type：设置单元类型，Linear 为线性单元，Parabolic 为抛物线性单元。
- 【Local】（局部）选项卡：用于对局部单元进行设置，如图 14.6 所示。
  - Local size：对几何对象局部的网格大小进行重新设定。
  - Local sag：对局部偏移量进行设置。
  - Edges distribution：对局部的网格节点和边重新进行分步。
  - Imposed points：用来设置在网格划分时需要重点考虑的点。
  - Size distribution：对局部的网格大小重新进行分步。
- 【Quality】（质量）选项卡用于对网格的质量进行控制。

➘ 【Others】（其他）选项卡用于对细节简化等参数进行设置。

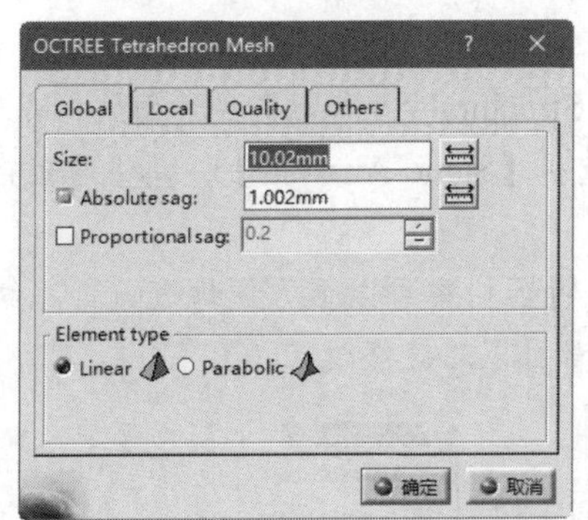

图 14.5 【OCTREE Tetrahedron Mesh】对话框

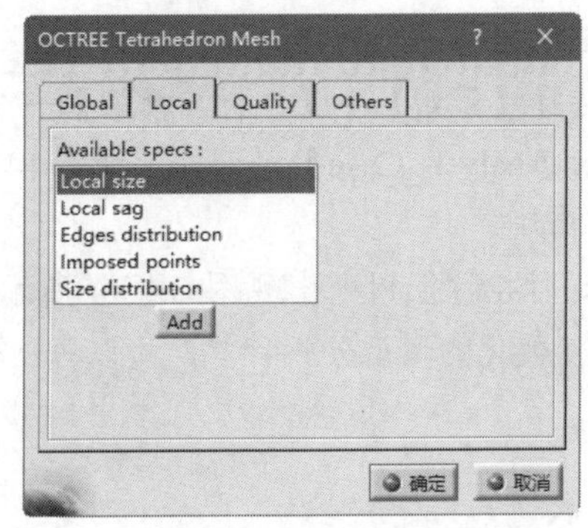

图 14.6 【Local】选项卡

2. 三角面网格

单击【Model Manager】（模型管理）工具栏中的【OCTREE Triangle Mesh】（三角面网格）按钮，单击要生成新网格的零件，弹出图 14.7 所示的【OCTREE Triangle Mesh】（三角面网格）对话框。其各个选项卡的参数与四面体网格基本一致，一个三角面网格示例如图 14.8 所示。

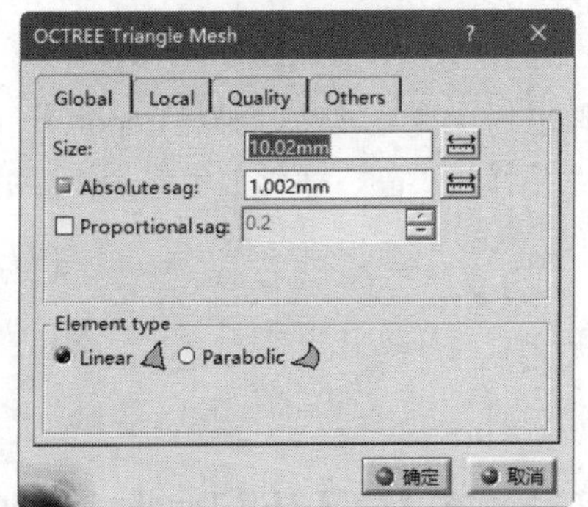

图 14.7 【OCTREE Triangle Mesh】对话框

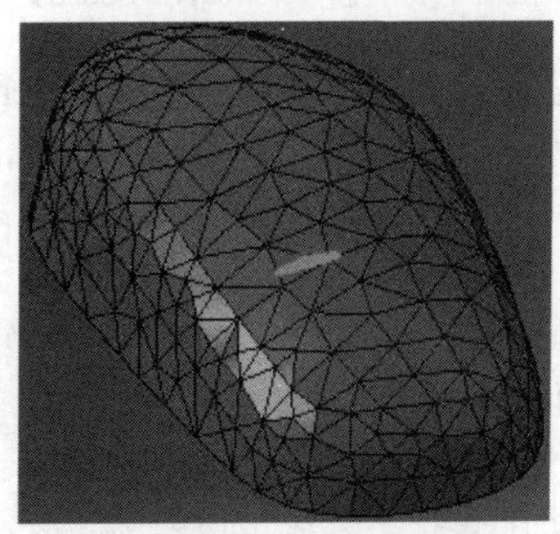

图 14.8 三角面网格示例

3. 梁网格

单击【Model Manager】（模型管理）工具栏中的【Beam Mesher】（梁网格）按钮，单击要生成新网格的零件，弹出图 14.9 所示的【Beam Meshing】（梁网格）对话框。

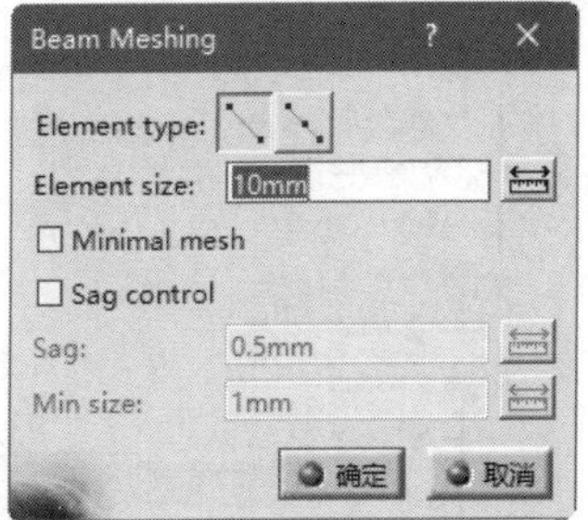

图 14.9 【Beam Meshing】对话框

- ➘ Element type：选择单元类型，可以选择两节点单元和三节点单元。
- ➘ Element size：设置全局网格单元的大小。
- ➘ Sag control：偏移量控制复选框，Sag 中设置偏移量，Min size 中设置网格最小尺寸。

注意：

不能对草图单元应用梁的属性，也不能建立梁网格。

扫一扫，看视频

动手学——创建轴承座网格

创建轴承座网格的具体操作步骤如下。

（1）选择【开始】→【分析与模拟】→【Generative Structural Analysis】（通用结构分析）命令，弹出【New Analysis Case】对话框，如图 14.10 所示。选择【Static Analysis】，单击【确定】按钮，进入 GSA 模块。

（2）此时在特征树中出现图 14.11 所示的结构。在特征树中可以很方便地查询计算结果，因为 CATIA 是参数化的造型分析计算，所以每一个操作步骤都可以对应修改。

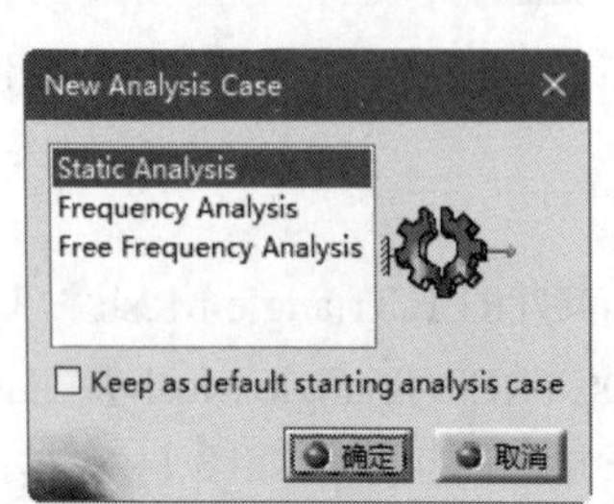

图 14.10　【New Analysis Case】对话框

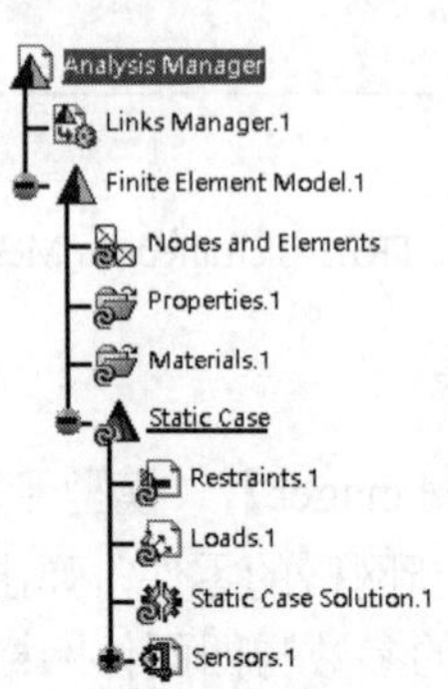

图 14.11　特征树

（3）右击特征树中的【Links Manager.1】选项，在弹出的快捷菜单中选择【Import】（导入）命令，弹出【选择文件】对话框，选择【zhouchengzuo】文件并打开，静态分析工作台，如图 14.12 所示。

提示：

修改上层操作时，下层操作可以自动修改；如果只修改下层操作，往往出现错误，这是因为修改下层操作时发生了和上层操作相矛盾的情况。

（4）双击附在轴承支座上面的绿色标志，弹出图 14.13 所示的【OCTREE Tetrahedron Mesh】对话框，在其中可以设置网格的参数，这里使用的是非结构化网格，即四面体网格。

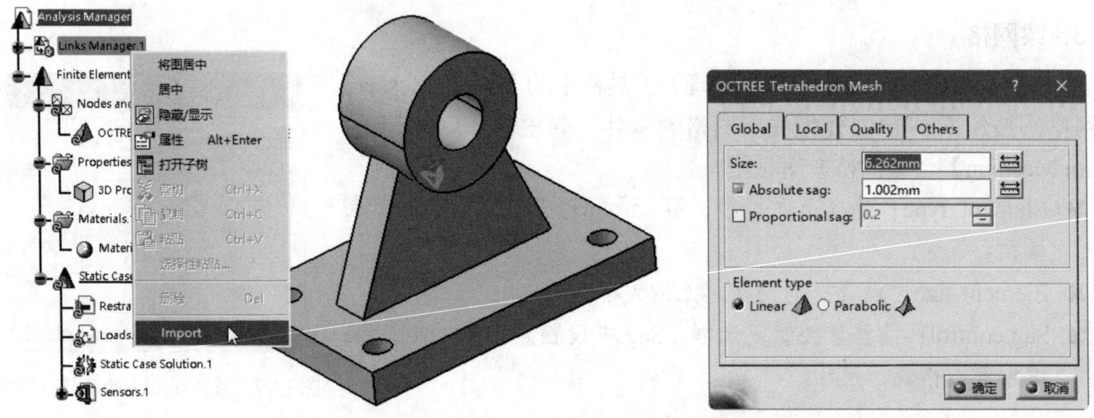

图 14.12　静态分析工作台　　　　图 14.13　【OCTREE Tetrahedron Mesh】对话框

（5）选择【文件】→【保存】命令，弹出【另存为】对话框，输入文件名称【zhouchengzuofenxi】，单击【保存】按钮，保存文件。

14.2.2　网格参数修改

单击【Model Manager】（模型管理）工具栏中按钮右下角的黑色小三角，弹出【Mesh Specif】（网格参数修改）工具栏，如图 14.14 所示。

图 14.14　【Mesh Specif】工具栏

- Element Type（修改单元类型）：可选择线性单元或抛物线性单元。
- Local Mesh Size（修改单元尺寸）：可对全局或局部单元尺寸大小进行修改。
- Local Mesh Sag（修改偏移量）：可对全局或局部单元的偏移量进行修改。

14.2.3　网格属性

网格属性包括下面四个属性，它们可以设置单元的属性。

- 3D Property（3D 属性）：设置单元属性为实体属性。
- 2D Property（2D 属性）：设置单元属性为壳单元属性。
- 1D Property（1D 属性）：设置单元属性为梁单元属性。
- Mapping Property（映射属性）：设置映射属性。

（1）单击【Model Manager】（模型管理）工具栏中的【3D Property】（3D 属性）按钮，再单击需要设置属性的零件，弹出图 14.15 所示的【3D Property】对话框。其中，各个选项简要说明如下。

- Name：设置实体属性的名称。
- Supports：指定需要设置实体属性的零件。
- Material：指定材料。
- Orientation：指定实体属性的方位。

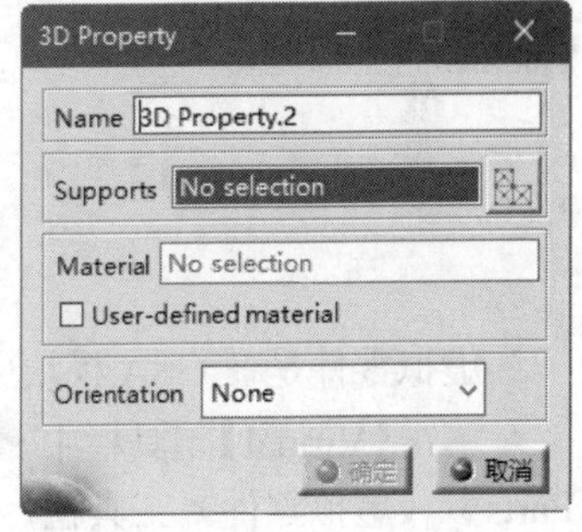

图 14.15　【3D Property】对话框

（2）单击【确定】按钮，即对零件赋予了实体属性。同样道理，可分别对零件设置壳单元属性或梁单元属性，具体做法参照实体属性。

14.2.4　模型检查

利用模型检查工具，可以随时编辑、删除、重建网格及其属性。其检查范围包括网格属性、连接等。在进行求解之前，一般需要利用此功能对模型进行检查。

单击【Model Manager】（模型管理）工具栏中的【Model Checker】（模型检查）按钮，弹出图 14.16 所示的【Model Checker】（模型检查）对话框。若该对话框中 Status 的值为 OK，则表示模型没有错误；若 Status 的值为 KO，则表示模型有错误，且在对话框的下部给出错误信息。

【Model Checker】对话框包括三个选项卡，即【Bodies】（实体）选项卡，【Connections】（连接）选项卡和【Others】（其他）选项卡，它们分别用来检查模型的实体部分（包括网格、材料等）、连接部分及指定特征部分（如载荷、边界条件等）。通过观察各个部分的状态，可以帮助设计者检查是否完成全部的设置，如是否忘记指定材料属性、是否忘记划分网格等。当选定列表中的一个零件后，在分析树和三维模型上对应的特征及所指定的属性和材料将被高亮显示出来。

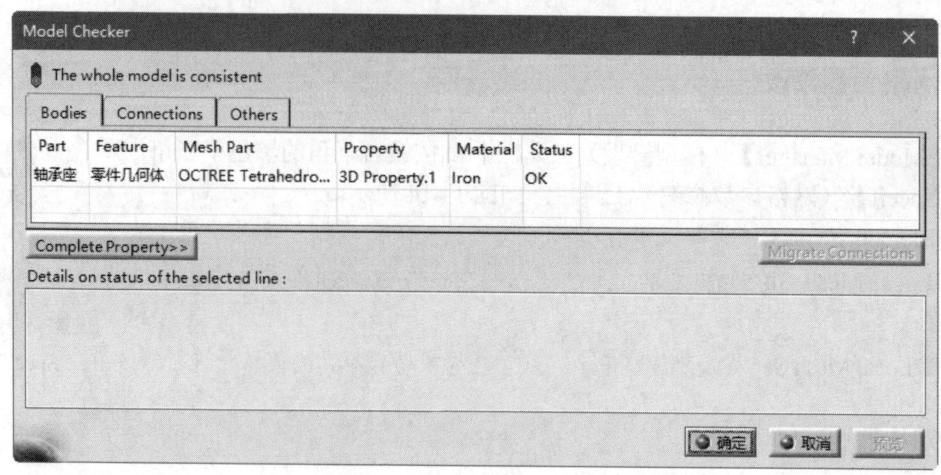

图 14.16 【Model Checker】对话框

14.2.5 用户自定义材料

用户自定义材料工具可以对模型的材料进行自定义设置。一般来说，在从设计模块或装配模块转到 GSA 模块之前，材料就应该设置好了，如果设计者忘记了这一步，即可利用此工具为模型设置材料属性，它的用法比较简单。

14.3 虚拟零件

虚拟零件是在 GSA 模块中创建的一种没有几何支持的特殊结构。

单击【Virtual】工具栏中按钮右下角的黑色小三角，弹出【Virtual Parts】（虚拟零件）工具栏，如图 14.17 所示。

该工具栏的虚拟零件可以通过它的支撑点跨距离传递约束和载荷等动作。支撑点可以是用户自己定义，也可以是默认的所选几何的形心处。

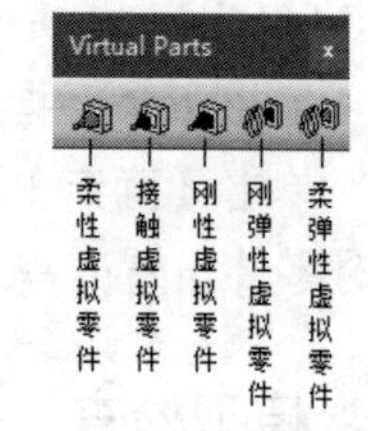

图 14.17 【Virtual Parts】工具栏

14.3.1 柔性虚拟零件

柔性虚拟零件是通过指定点连接到几何形状上的刚体，柔性传递应用到操作点上的质量、限制和载荷。

单击【Virtual Parts】（虚拟零件）工具栏中的【Smooth Virtual Part】（柔性虚拟零件）按钮，弹出【Smooth Virtual Part】（柔性虚拟零件）对话框，如图 14.18 所示。

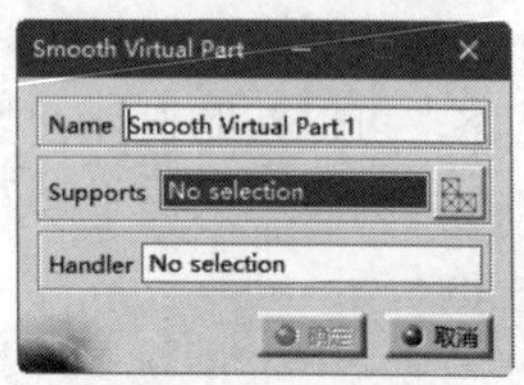

图 14.18 【Smooth Virtual Part】对话框

- Name：输入柔性虚拟零件的名称。
- Supports：选择零件的一个平面或者一个棱边作为几何支撑。
- Handler：选择一个点作为操作点。

14.3.2　接触虚拟零件

接触虚拟零件阻止和实体间互相穿透，但允许建立接触虚拟零件的支撑产生弹性变形。

单击【Virtual Parts】（虚拟零件）工具栏中的【Contact Virtual Part】（接触虚拟零件）按钮，弹出【Contact Virtual Part】（接触虚拟零件）对话框，如图 14.19 所示。

- Name：输入接触虚拟零件的名称。
- Supports：选择零件的一个棱边作为几何支撑。
- Handler：选择一个点作为操作点。
- Clearance：输入接触间隙的大小。

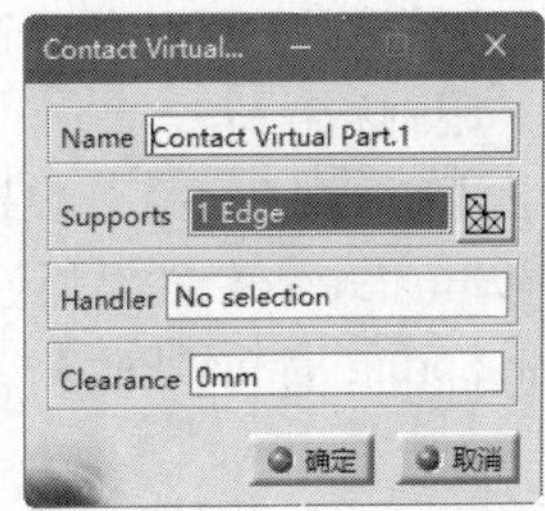

图 14.19　【Contact Virtual Part】对话框

14.3.3　刚性虚拟零件

刚性虚拟零件是通过指定点连接到几何形状上的刚体，刚性传递应用到操作点上的质量、限制和载荷。

图 14.20　【Rigid Virtual Part】对话框

单击【Virtual Parts】（虚拟零件）工具栏中的【Rigid Virtual Part】（刚性虚拟零件）按钮，弹出【Rigid Virtual Part】（刚性虚拟零件）对话框，如图 14.20 所示。

- Name：输入刚性虚拟零件的名称。
- Supports：选择零件的一个平面或者一个棱边作为几何支撑。
- Handler：选择一个点作为操作点。

14.3.4　刚弹性虚拟零件

刚弹性虚拟零件是通过指定点连接到几何形状上的弹性体，像具有六个自由度的弹簧，刚性传递应用到操作点上的质量、限制和载荷。

单击【Virtual Parts】（虚拟零件）工具栏中的【Rigid Spring Virtual Part】（刚弹性虚拟零件）按钮，弹出【Rigid Spring Virtual Part】（刚弹性虚拟零件）对话框，如图 14.21 所示。

- Name：输入刚弹性虚拟零件的名称。
- Supports：选择零件的一个平面或者一个棱边作为几何支撑。
- Handler：选择一个点作为操作点。
- Axis System：选择定义弹簧方向的坐标系。
- Translation Stiffness：输入轴向刚度。
- Rotation Stiffness：输入扭转刚度。

图 14.21　【Rigid Spring Virtual Part】对话框

14.3.5　柔弹性虚拟零件

柔弹性虚拟零件是通过指定点连接到几何形状上的弹性体，像具有六个自由度的弹簧，柔性传递应用到操作点上的质量、限制和载荷。

单击【Virtual Parts】（虚拟零件）工具栏中的【Smooth Spring Virtual Part】（柔弹性虚拟零件）按钮，弹出【Smooth Spring Virtual Part】（柔弹性虚拟零件）对话框，如图 14.22 所示。

- Name：输入柔弹性虚拟零件的名称。
- Supports：选择零件的一个平面或者一个棱边作为几何支撑。
- Handler：选择一个点作为操作点。
- Axis System：选择定义弹簧方向的坐标系。
- Translation Stiffness：输入轴向刚度。
- Rotation Stiffness：输入扭转刚度。

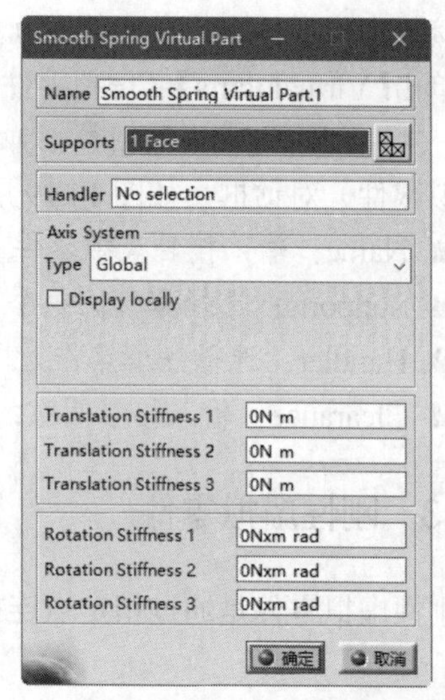

图 14.22　【Smooth Spring Virtual Part】对话框

14.4　定义约束

约束是边界条件的一种，定义约束是有限元分析过程中一个非常重要的环节。

【Restraints】（约束）工具栏如图 14.23 所示。

图 14.23　【Restraints】工具栏

14.4.1　固定约束

固定约束可以施加于实体的表面、边界、顶点、虚件上。固定约束可以约束全部节点的自由度，使节点位置固定不变。

单击【Restraints】（约束）工具栏中的【Clamp】（固定约束）按钮，弹出图 14.24 所示的【Clamp】（固定约束）对话框。

- Name：输入固定约束的名称。
- Supports：选择要添加约束的对象（包括面、边界、顶点、虚件等），可以同时连续选择多个元素。

图 14.24　【Clamp】对话框

在定义固定约束时，需要注意以下几点。

（1）如果在有限元模型中定义了几个算例，则在定义固定约束前，必须在模型中激活约束边界条件元素。

（2）对于计算应力分析，需要设置边界条件；对于模型分析，设置边界条件是可选的（可以设置，也可以不设置）。

（3）在相应的符号或者模型树的名称上双击固定图标，可以对其进行编辑。

动手学——对轴承座添加固定约束

对轴承座添加固定约束的具体操作步骤如下。

（1）选择【文件】→【打开】命令，在弹出的【选择文件】对话框中选择【zhouchengzuofenxi】文件，双击将其打开。

（2）①在特征树中选择【Restraints.1】（限制.1），如图 14.25 所示。

（3）单击【Restraints】（约束）工具栏中的【Clamp】（固定约束）按钮，弹出图 14.26 所示的【Clamp】（固定约束）对话框，②选择轴承座的四个螺钉固定孔内壁。③单击【确定】按钮，完成图 14.27 所示的固定约束。

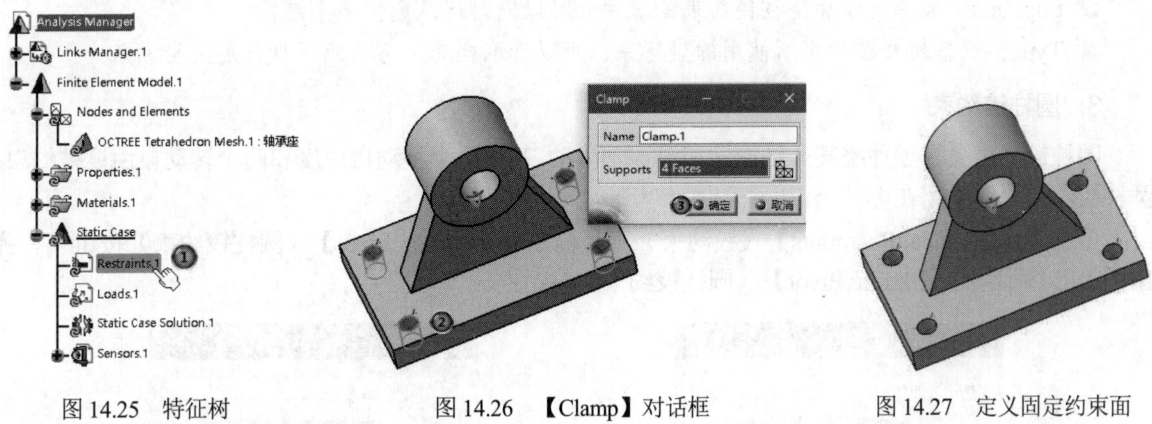

图 14.25　特征树　　图 14.26　【Clamp】对话框　　图 14.27　定义固定约束面

（4）选择【文件】→【保存】命令，保存文件。

提示：

必须将零件充分约束，因为在以后的计算过程中都是通过约束的定义来进行加载计算的，如果缺少约束，将导致无法计算。

14.4.2　铰约束

单击【Restraints】（约束）工具栏中按钮右下角的黑色小三角，打开【Mechanical Restraints】（铰约束）工具栏，如图 14.28 所示。

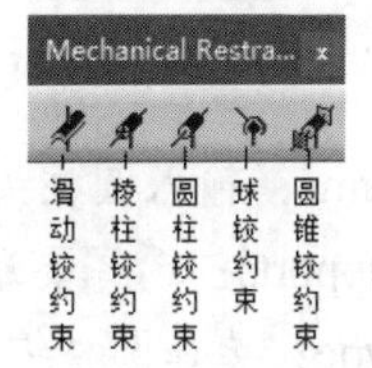

图 14.28　【Mechanical Restraints】工具栏

其中，滑动铰约束主要施加在曲面、倒角或圆角上，不能施加在虚件上；其他四个约束主要施加在虚件上。

1. 滑动铰约束

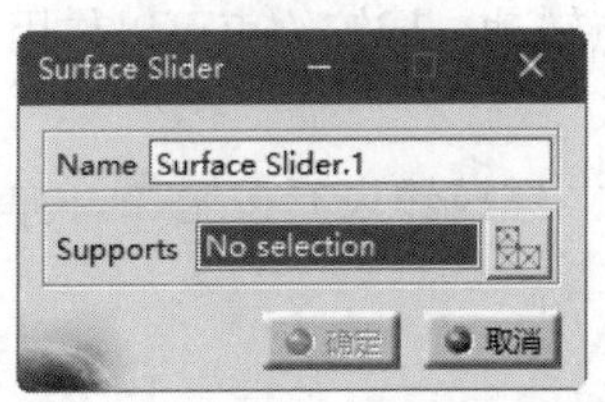

图 14.29　【Surface Slider】对话框

滑动铰约束的作用是约束零件在支撑面上的法向自由度，使零件仅可以在刚性体表面滑动。滑动铰约束可以施加在曲面、倒角或圆角上，不能施加在虚件上。

单击【Mechanical Restraints】（铰约束）工具栏中的【Surface Slider】（滑动铰约束）按钮，弹出图 14.29 所示的【Surface Slider】（滑动铰约束）对话框。

- Name：输入滑动铰约束的名称。
- Supports：选择要添加滑动铰约束的对象（包括曲面、圆角等），可以同时连续选择多个元素。

2．棱柱铰约束

棱柱铰约束的作用是约束零件绕某一轴旋转的自由度，只允许零件沿指定放松的轴滑动，即约束了零件的两个移动自由度和三个转动自由度。棱柱铰约束只能作用在虚件上。

单击【Mechanical Restraints】（铰约束）工具栏中的【Slider】（棱柱铰约束）按钮，弹出图 14.30 所示的【Slider】（棱柱铰约束）对话框。

- Name：输入棱柱铰约束的名称。
- Supports：选择要添加棱柱铰约束的虚件，可以同时连续选择多个虚件。
- Type：选择棱柱铰约束所使用的坐标系，可以选取全局坐标系或用户自定义坐标系。

3．圆柱铰约束

圆柱铰约束允许零件绕某一轴旋转和沿该轴滑动，其他两个移动自由度和两个转动自由度被约束。圆柱铰约束只能作用在虚件上。

单击【Mechanical Restraints】（铰约束）工具栏中的【Sliding Pivot】（圆柱铰约束）按钮，弹出图 14.31 所示的【Sliding Pivot】（圆柱铰约束）对话框。

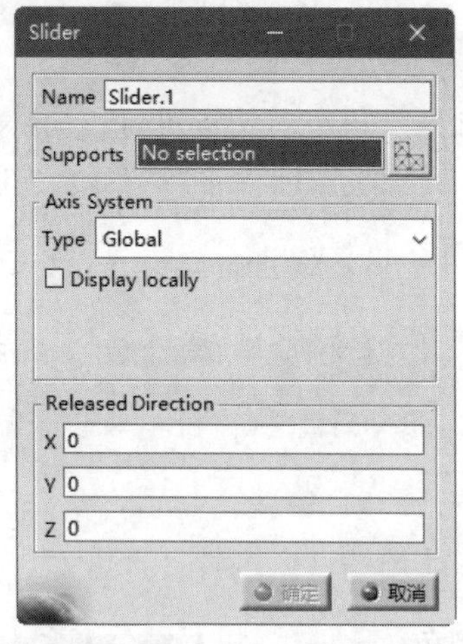

图 14.30 【Slider】对话框

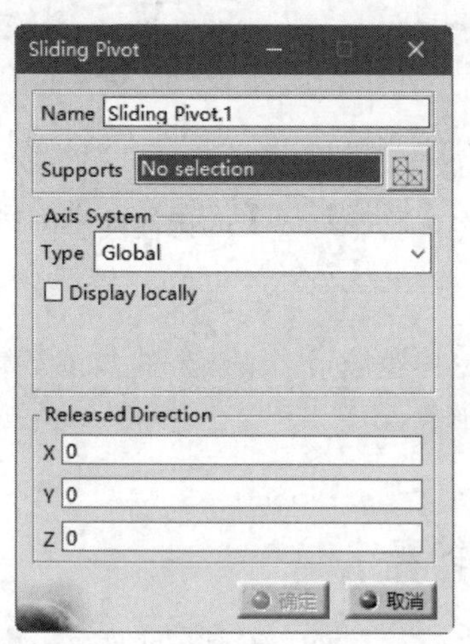

图 14.31 【Sliding Pivot】对话框

- Name：输入圆柱铰约束的名称。
- Supports：选择要添加圆柱铰约束的虚件，可以同时连续选择多个虚件。
- Type：选择圆柱铰约束所使用的坐标系，可以选取全局坐标系或用户自定义坐标系。

4．球铰约束

球铰约束限制零件或被约束点的三个移动自由度，零件可绕选定的点转动。球铰约束可以作用在虚件上，也可以作用在一个点上。

单击【Mechanical Restraints】（铰约束）工具栏中的【Ball Joint】（球铰约束）按钮，弹出图 14.32 所示的【Ball Joint】（球铰约束）对话框。

- Name：输入球铰约束的名称。
- Supports：选择要添加球铰约束的零件或点，可以同时连续选择多个零件或点。

5. 圆锥铰约束

圆锥铰约束的作用是约束零件沿轴滑动的自由度，只允许零件绕着某一指定的放松轴转动的自由度，即约束了零件的三个移动自由度和两个转动自由度。圆锥铰约束只能作用在虚件上。

单击【Mechanical Restraints】（铰约束）工具栏中的【Pivot】（圆锥铰约束）按钮，弹出图 14.33 所示的【Pivot】（圆锥铰约束）对话框。

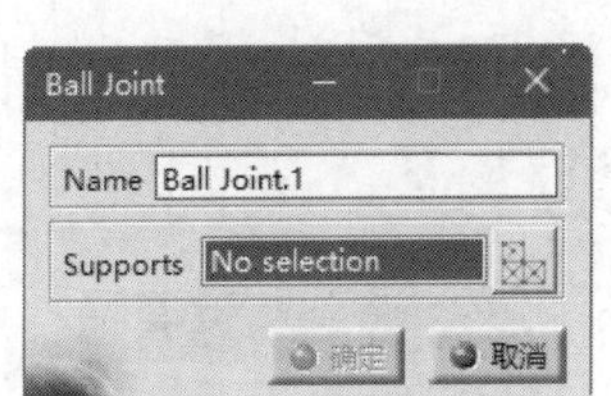

图 14.32　【Ball Joint】对话框

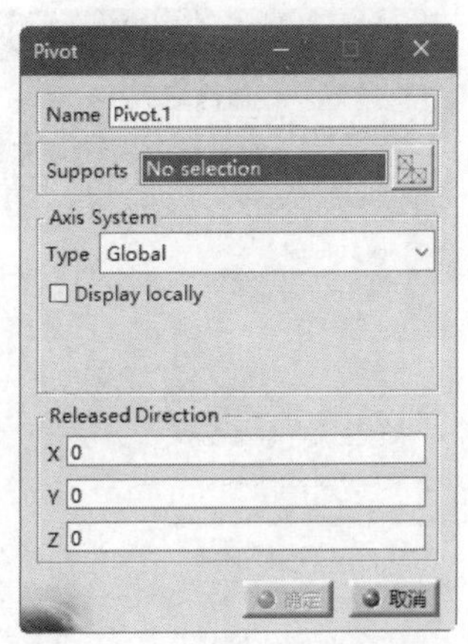

图 14.33　【Pivot】对话框

- Name：输入圆锥铰约束的名称。
- Supports：选择要添加圆锥铰约束的虚件，可以同时连续选择多个虚件。
- Type：选择圆锥铰约束所使用的坐标系，可以选取全局坐标系或用户自定义坐标系。

14.4.3　高级约束

【高级约束】工具栏包含两个工具，分别是【用户自定义约束】和【等静态约束】。单击【Restraints】（约束）工具栏中按钮右下角的黑色小三角，弹出【Advanced Restraints】（高级约束）工具栏，如图 14.34 所示。

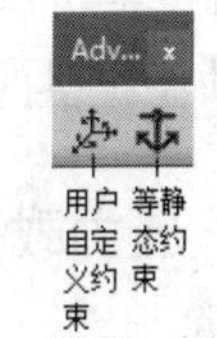

图 14.34　【Advanced Restraints】工具栏

1. 用户自定义约束

用户自定义约束是最常用的约束，它可以对任何零件、虚件及零件上的点、线、面进行约束。

单击【Advanced Restraints】（高级约束）工具栏中的【User-defined Restraint】（用户自定义约束）按钮，弹出图 14.35 所示的【User-defined Restraint】（用户自定义约束）对话框。

- Name：输入用户自定义约束的名称。
- Supports：选择要添加用户自定义约束的零件，可以同时连续选择多个零件。
- Type：选择用户自定义约束所使用的坐标系，可以选取全局坐标系或用户自定义坐标系。

选择要约束的自由度，1 代表 X 轴，2 代表 Y 轴，3 代表 Z 轴，如 Translation 2 代表约束 Y 轴方向滑动的自由度。

2. 等静态约束

等静态约束是静态定义的约束，用来约束零件的全局自由度。有时在进行分析计算之前，系统会检测整个装配和零件的全局自由度，如果检测全局奇异行（全局自由度没有被固定），计算将不能够进行。

单击【Advanced Restraints】（高级约束）工具栏中的【Isostatic Restraint】（等静态约束）按钮，弹出图 14.36 所示的【Isostatic Restraint】（等静态约束）对话框，在【Name】栏中指定约束名称，单击【确定】按钮，即可完成【等静态约束】的定义。

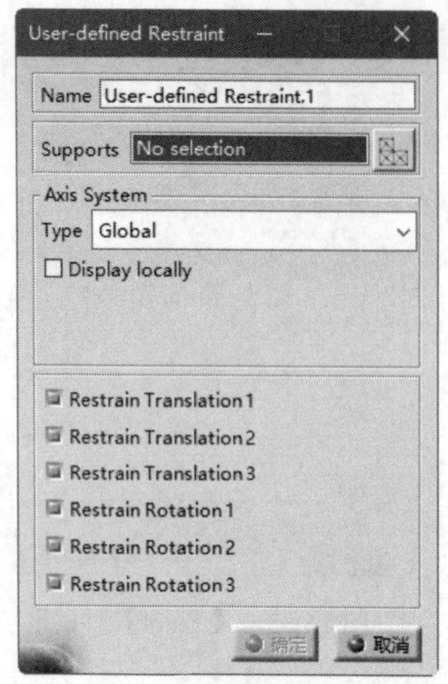

图 14.35 【User-defined Restraint】对话框

图 14.36 【Isostatic Restraint】对话框

14.5 定义载荷

载荷也是边界条件的一种，用来模拟被分析的结构系统所处的环境。GSA 模块中提供的【Loads】（载荷）工具栏如图 14.37 所示。

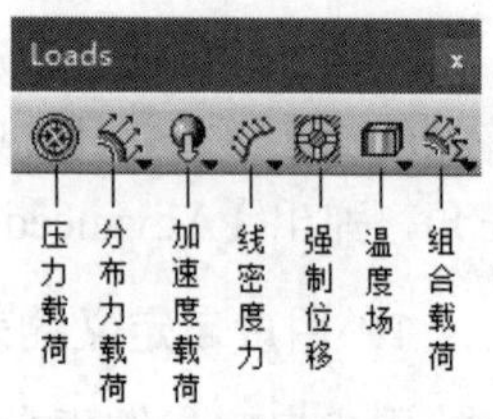

图 14.37 【Loads】工具栏

14.5.1 压力载荷

压力载荷用于施加均匀分布的压力，它将均匀的压力场作用在几何形状表面，所有力的方向都与表面方向垂直。压力载荷的施加对象是面或曲面，其具体操作步骤如下：单击【Load】（载荷）工具栏中的【Pressure】（压力载荷）按钮，弹出图 14.38 所示的【Pressure】（压力载荷）对话框。

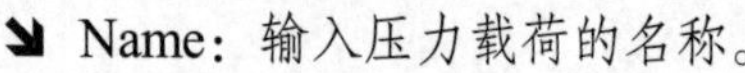

- Name：输入压力载荷的名称。
- Surpports：选择要施加压力载荷的表面，可以同时连续选择多个表面。
- Pressure：输入压力载荷的大小，单位为 N/m^2。

14.5.2 分布力载荷

分布力载荷可创建等价于在一个点上施加的分布力系，即把一个合力均匀分布到所施加的对象上。分布力载荷施加的对象可以是点、线、面，其具体操作步骤如下：单击【Load】（载荷）工具栏中的【Distributed Force】（分布力载荷）按钮，弹出图 14.39 所示的【Distributed Force】（分布力载荷）对话框。

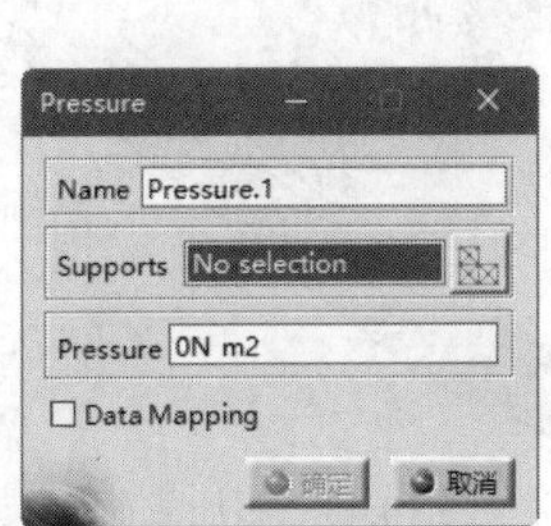

图 14.38　【Pressure】对话框

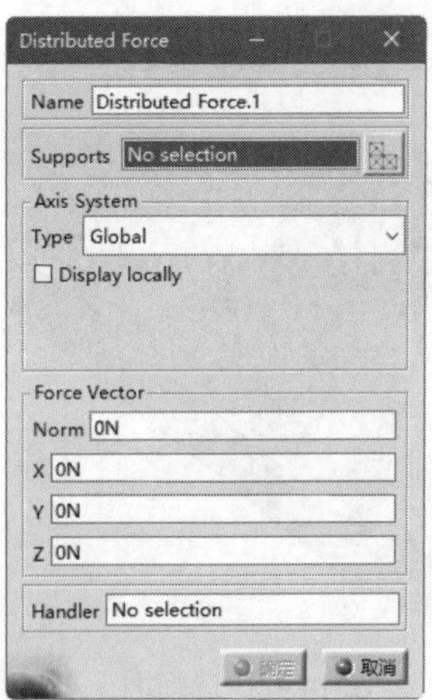

图 14.39　【Distributed Force】对话框

- Name：输入分布力载荷的名称。
- Supports：选择要施加分布力载荷的对象，可以同时连续选择多个对象。
- Type：选择分布力载荷所使用的坐标系，可以选取全局坐标系或用户自定义坐标系。
- Force Vector：输入分布力载荷的方向，其中【Norm】文本框中显示的是合成力的大小，【X】【Y】【Z】文本框中分别输入 X、Y、Z 三个方向分力的大小，【Norm】文本框中的合力是由 X、Y、Z 三个方向的分力合成得到的。

动手学——对轴承座添加分布力载荷

扫一扫，看视频

对轴承座添加分布力载荷的具体操作步骤如下。

（1）选择【文件】→【打开】命令，在弹出的【选择文件】对话框中选择【zhouchengzuofenxi】文件，双击将其打开。

（2）❶在特征树中选择【Loads.1】（负荷.1），如图 14.40 所示。单击【Loads】工具栏中的【Distributed Force】按钮，弹出【Distributed Force】对话框，如图 14.41 所示。❷选择轴承座的侧面为支持面，如图 14.42 所示。❸在【Distributed Force】对话框的【Y】文本框中输入 100N，❹单击【确定】按钮，完成载荷的添加，如图 14.43 所示。

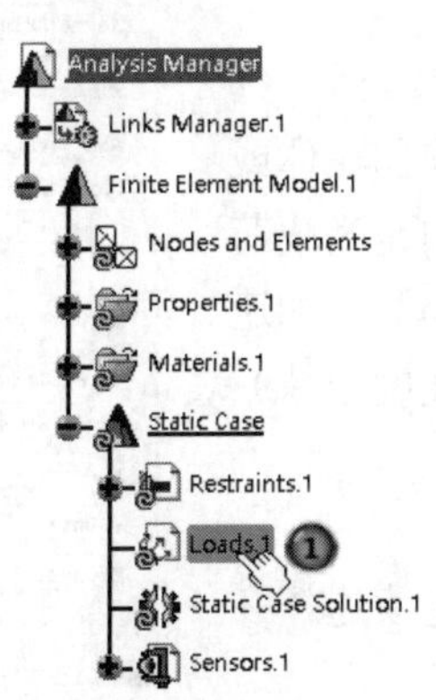

图 14.40　特征树

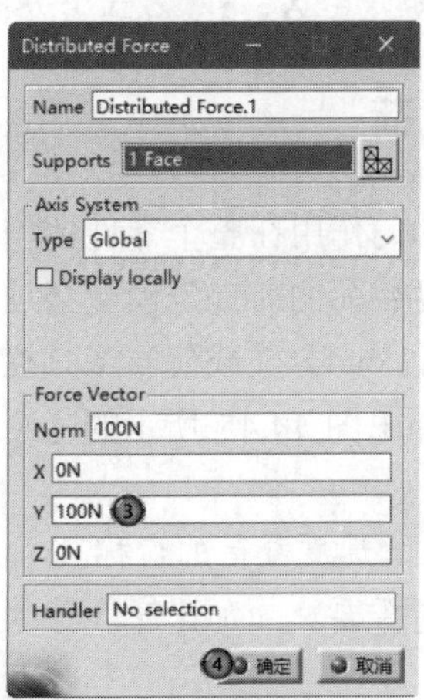

图 14.41　【Distributed Force】对话框

（3）选择【文件】→【保存】命令，保存文件。

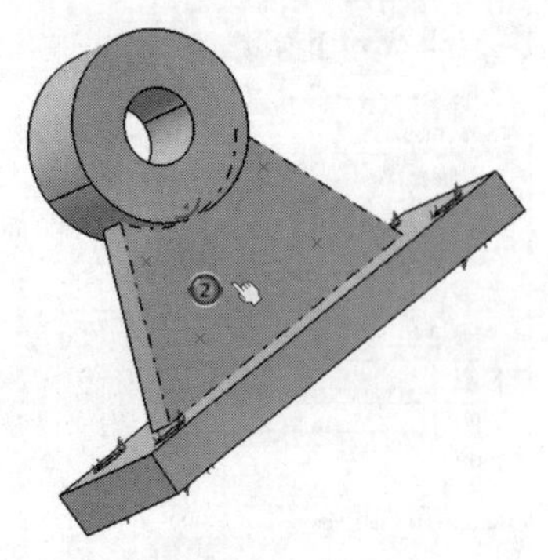

图 14.42　选择面

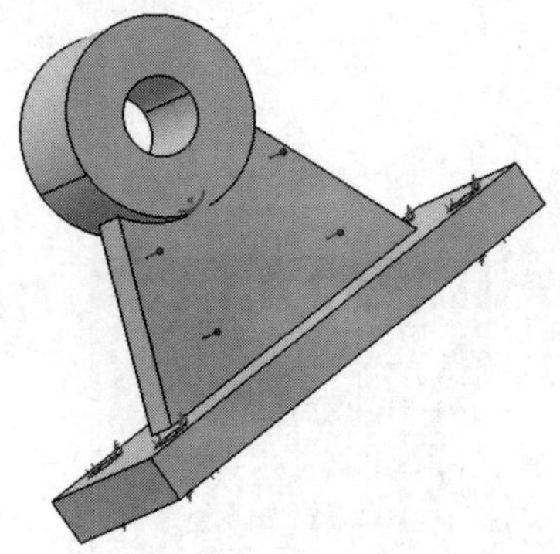

图 14.43　添加载荷

14.5.3　分布力矩载荷

分布力矩载荷可创建等价于在一个点上施加的分布力矩，即把一个合力矩均匀分布到所施加的对象上。分布力矩载荷施加的对象可以是点、线、面，其具体操作步骤如下：单击【Load】（载荷）工具栏中的【Moment】（分布力矩载荷）按钮，弹出图 14.44 所示的【Moment】（分布力矩载荷）对话框。

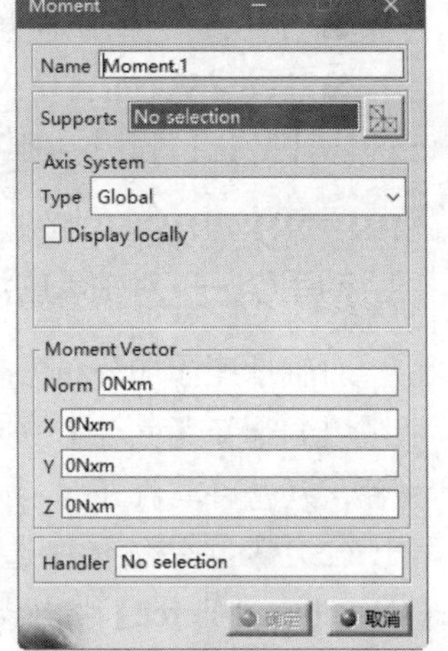

图 14.44　【Moment】对话框

- Name：输入分布力矩载荷的名称。
- Supports：选择要施加分布力矩载荷的对象，可以同时连续选择多个对象。
- Type：选择分布力矩载荷所使用的坐标系，可以选取全局坐标系或用户自定义坐标系。
- 【Moment Vector】选项组：输入分布力矩载荷的方向和大小。其中，【Norm】文本框中显示的是合成力矩的大小，【X】【Y】【Z】文本框中分别输入 X、Y、Z 三个方向分力矩的大小，【Norm】文本框中的合力矩是由 X、Y、Z 三个方向的分力矩合成得到的。

14.5.4　加速度载荷

加速度载荷是均匀作用在整个零件体积场上的力，可以施加在体或者面上，施加加速度载荷的前提是模型必须定义质量。施加加速度载荷的过程如下：单击【Load】（载荷）工具栏中的【Acceleration】（加速度载荷）按钮，弹出图 14.45 所示的【Acceleration】（加速度载荷）对话框。

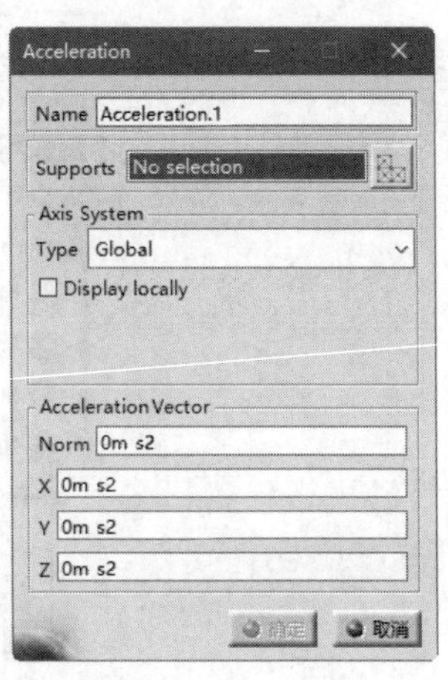

图 14.45　【Acceleration】对话框

- Name：输入加速度载荷的名称。
- Supports：选择要施加加速度载荷的对象，可以同时连续选择多个对象。
- Type：选择加速度载荷所使用的坐标系，可以选取全局坐标系或用户自定义坐标系。

- 【Acceleration Vector】选项组：输入加速度载荷的方向和大小。其中，【Norm】文本框中显示的是合成加速度的大小，【X】【Y】【Z】文本框中分别输入 X、Y、Z 三个方向分加速度的大小，【Norm】文本框中的合加速度是由 X、Y、Z 三个方向的分加速度合成得到的。

14.5.5 旋转惯性力载荷

旋转惯性力载荷可以对有质量的受力对象施加旋转惯性力，它可以施加在体或者面上，施加旋转惯性力载荷的前提是模型必须定义质量。施加旋转惯性力载荷的过程如下：单击【Load】（载荷）工具栏中的【Rotation Force】（旋转惯性力载荷）按钮，弹出图 14.46 所示的【Rotation Force】（旋转惯性力载荷）对话框。

- Name：输入旋转惯性力载荷的名称。
- Supports：选择要施加旋转惯性力载荷的对象，可以同时连续选择多个对象。
- Rotation Axis：选择旋转轴。
- Angular Velocity：输入角速度值。
- Angular Acceleration：输入角加速度值。

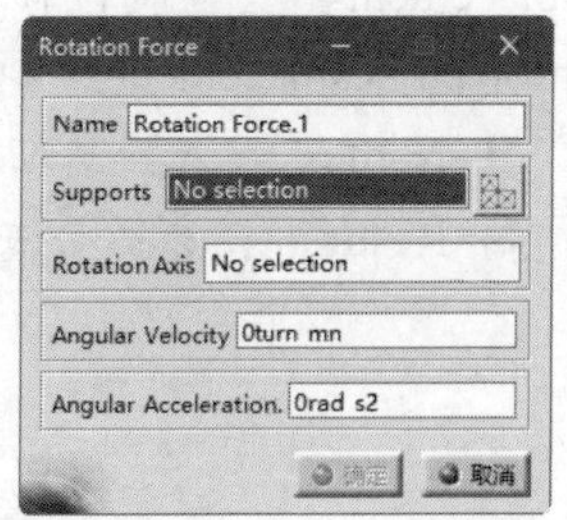

图 14.46 【Rotation Force】对话框

14.5.6 密度力载荷

单击【Load】（载荷）工具栏中按钮右下角的黑色小三角，弹出【Force Densities】（密度力载荷）工具栏，如图 14.47 所示。

- Line Force Density（线密度力载荷）：用来创建线密度力，它是均匀作用到曲线上的力场，单位为 N/m。
- Surface Force Density（面密度力载荷）：用来创建面密度力，它是均匀作用到曲面上的力场，单位为 N/m²。
- Volume Force Density（体密度力载荷）：用来创建体密度力，它是均匀作用到体积上的力场，单位为 N/m³。
- Force Density（向量密度力载荷）：用来创建向量密度力，它通过用户定义的向量方向定义密度力，该密度力可以施加在点、线、面上。

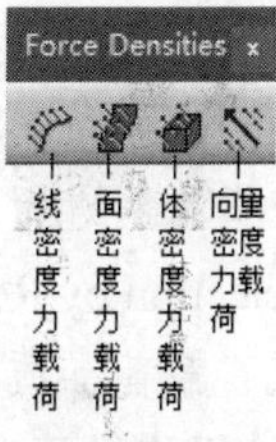

图 14.47 【Force Densities】工具栏

单击【Force Densities】（密度力载荷）工具栏中的【Line Force Density】（线密度力载荷）按钮，弹出图 14.48 所示的【Line Force Density】（线密度力载荷）对话框。

- Name：输入线密度力的名称。
- Supports：选择要施加线密度力的曲线，可以同时连续选择多个曲线。
- Type：选择线密度力所使用的坐标系，可以选取全局坐标系或用户自定义坐标系。
- 【Force Vector】选项组：输入线密度力的方向和大小。其中，【Norm】文本框中显示的是合成线密度力的大小，【X】

图 14.48 【Line Force Density】对话框

【Y】【Z】文本框中分别输入 X、Y、Z 三个方向分线密度力的大小，【Norm】文本框中的合成线密度力是由 X、Y、Z 三个方向的分线密度力合成得到的。

14.5.7 强制位移载荷

强制位移载荷可以在约束对象上指定非零位移。强制位移是施加在约束上的，等价于在实体表面施加了载荷，其具体操作步骤如下：单击【Load】（载荷）工具栏中的【Enforced Displacement】（强制位移）按钮，弹出图 14.49 所示的【Enforced Displacement】（强制位移）对话框。

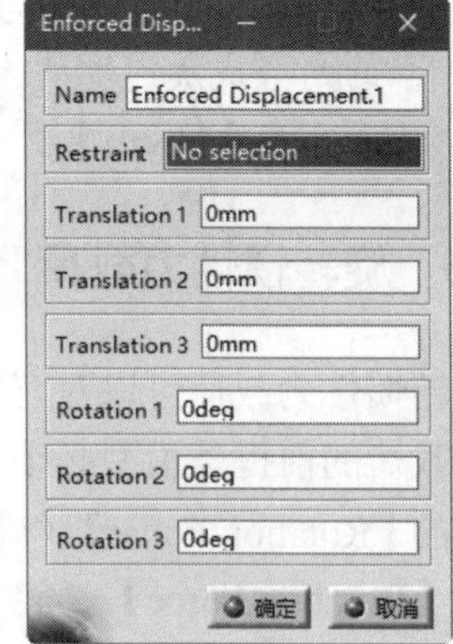

图 14.49 【Enforced Displacement】对话框

- Name：输入强制位移的名称。
- Restraint：选择要施加强制位移的约束。

14.6 计 算 求 解

前处理结束后就可以对有限元模型进行求解操作。单击【Compute】（计算）工具栏中的【Compute】（计算）按钮，弹出图 14.50 所示的【Compute】（计算）对话框。其下拉列表中一共有四个选项，它们实现的功能分别如下。

- All：所有在分析中定义的目标都被计算。
- Mesh Only：前处理的零件和连接件将划分网格，前处理的数据将应用到网格上。
- Analysis Case Solution Selection：只对用户指定的分析算例进行分析。
- Selection by Restraint：只有选择的特性（属性、约束、载荷、质量）被计算在内。

图 14.50 【Compute】对话框

估计结果将显示在【Computation Resources Estimation】（计算资源估计）对话框内。此时，若单击【Yes】按钮，将进行计算分析；单击【No】按钮，则推迟计算。

如果计算成功，有限元网格将在零件上显示出来，所有模型树上显示的目标都将被更新。接下来可以查看分析报告、进行后处理等操作。

14.7 后 处 理

GSA 模块为用户提供了强大的结果后处理功能。

14.7.1 创建结果图

1. 变形分析

变形分析用来显示由环境动作（载荷）引起的有限元网格的变形。

单击【Image】（图形）工具栏中的【Deformation】（变形）按钮，在模型树 Static Case Solution 算例下出现 Deformed Mesh 变形网格，如图 14.51 所示。

2．应力分析

应力分析用来显示由环境动作（载荷）引起的应力场的形状，以及描述零部件的应力状态。

单击【Image】（图形）工具栏中的【Von Mises Stress】（应力）按钮，在模型树 Static Case Solution 算例下出现 Von Mises stress 应力图，如图 14.52 所示。

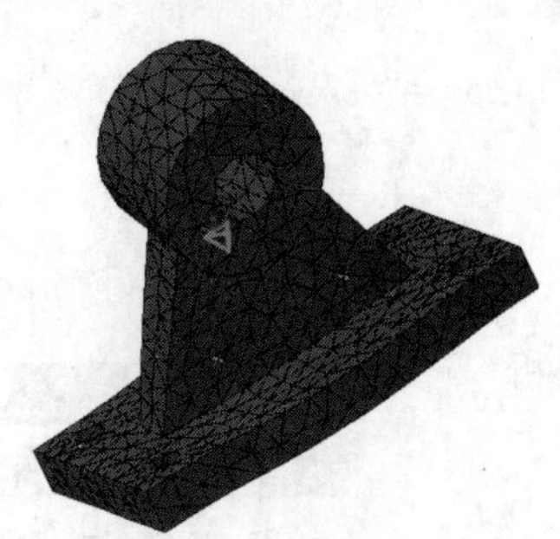

图 14.51 变形分析结果

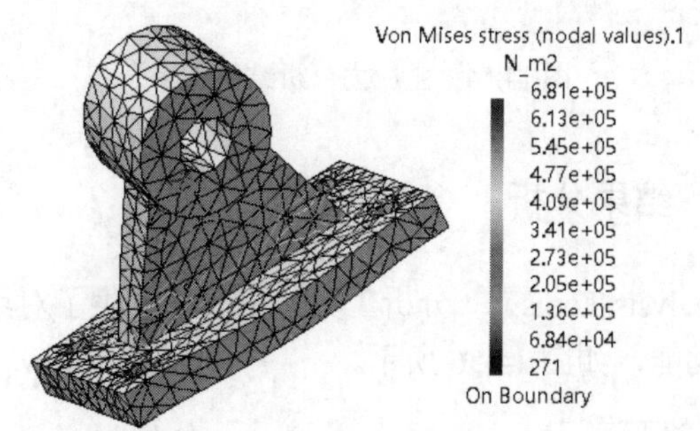

图 14.52 应力分析结果

3．位移分析

位移分析用来显示由环境动作（载荷）引起的位置向量的变化，用来显示可视化位移场的形状。

单击【Image】（图形）工具栏中的【Displacement】（位移）按钮，在模型树 Static Case Solution 算例下出现 Translational displacement vector 位移图像元素，如图 14.53 所示。

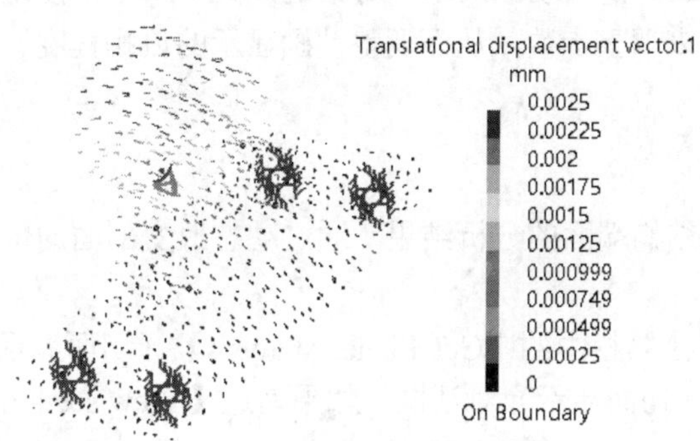

图 14.53 位移分析结果

4．主应力分析

主应力分析用来显示主应力场图案，代表测量应力状态的张量场，确定在加载零件上载荷的方向。

单击【Image】（图形）工具栏中的【Principal Stress】（主应力）按钮，在模型树 Static Case Solution 算例下出现 Stress principal tensor symbol 主应力张量符号图像元素，如图 14.54 所示。

5．结果误差分析

结果误差分析用来显示计算误差图，代表由某一个具体计算的能量误差分布的向量场。单击【Image】（图形）工具栏中的【Precision】（结果误差）按钮，在模型树 Static Case Solution 算例下出现 Estimated local error 估计误差图像元素，如图 14.55 所示。

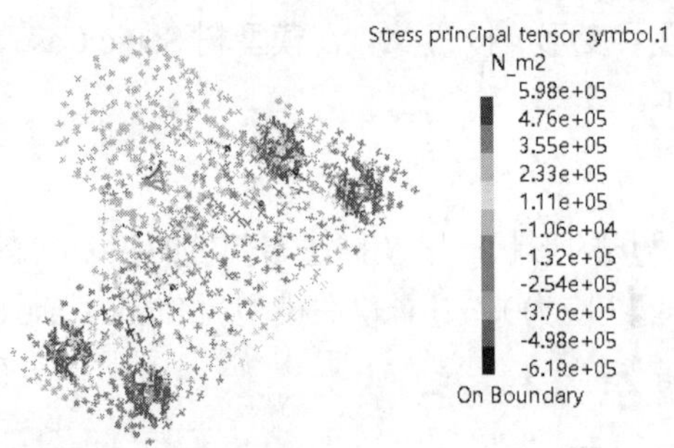

图 14.54　主应力分析结果

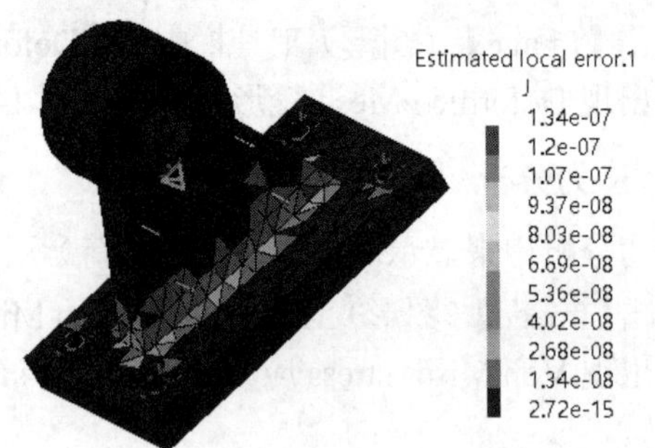

图 14.55　结果误差分析结果

14.7.2　结果分析

【Analysis Tools】（分析工具）工具栏提供了对结果图进行分析处理的功能，如图 14.56 所示。

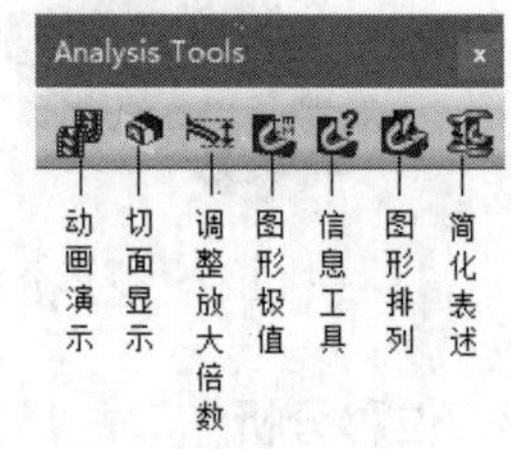

图 14.56　【Analysis Tools】工具栏

1．动画演示

动画演示工具可以连续显示由指定的图像得到的一系列帧，每一帧代表不同幅度的结果。通过动画显示几何变形或者正常的振动模型，可以更好地得到系统内在的行为特征。在动画演示之前，需要对模型进行创建结果图分析操作。

例如，在应力分析结束之后，单击【Analysis Tools】工具栏中的【Animate】（动画演示）按钮，弹出图 14.57 所示的【Animation】（动画演示）对话框，其中第一排按钮用来控制动画的播放。通过调整 Steps number 中的数值来调整步数，从而调整动画显示的流畅程度。通过调整 Speed 的滑块，可以手动设置动画速度。

2．切面显示

切面显示工具可以显示结构端面的分析结果，通过动态改变剖面的位置和方向，可以迅速分析系统内部的结果。

单击【Analysis Tools】工具栏中的【Cut Plane Analysis】（切面显示）按钮，弹出图 14.58 所示的【Cut Plane Analysis】（切面显示）对话框。如果勾选【View section only】复选框，则只显示切割面内的结果信息，否则显示全部信息；勾选【Show cutting plane】复选框，将显示切割平面，否则隐藏切割平面。此时移动或转动罗盘，切平面位置将发生变化，一个切面显示实例如图 14.59 所示。

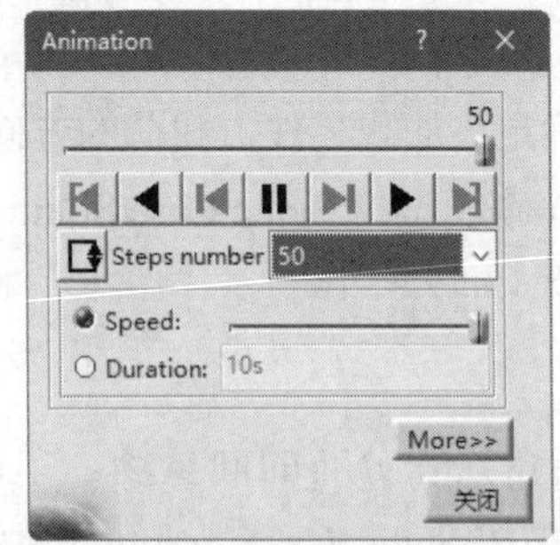

图 14.57　【Animation】对话框

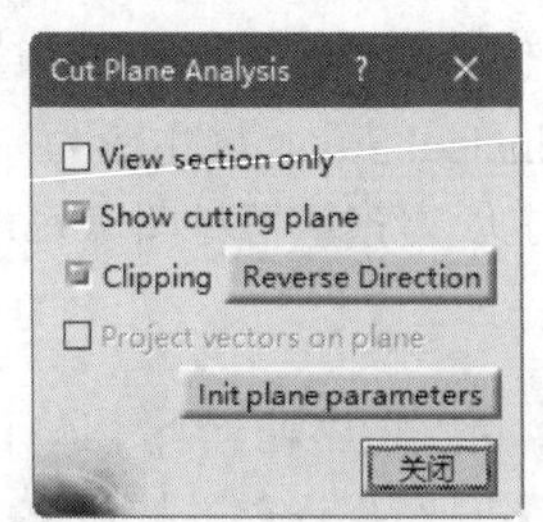

图 14.58　【Cut Plane Analysis】对话框

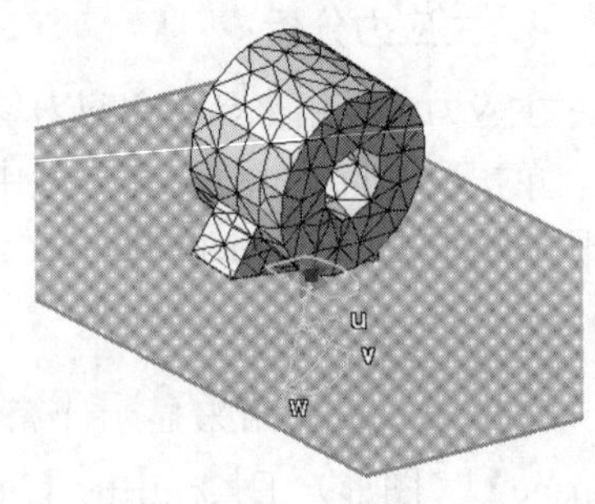

图 14.59　切面显示实例

3. 调整放大倍数

调整放大倍数工具可以得到比较真实的变形图像。

单击【Analysis Tools】工具栏中的【Amplification Magnitude】（调整放大倍数）按钮，弹出图 14.60 所示的【Amplification Magnitude】（调整放大倍数）对话框，调整比例滑块的位置，变形图形的大小将随之发生变化。

4. 图形极值

图形极值工具可以检测计算结果的最大值和最小值。

单击【Analysis Tools】工具栏中的【Image Extrema】（图形极值）按钮，弹出图 14.61 所示的【Extrema Creation】（极值创建）对话框，勾选【Global】或者【Local】复选框，检测所有的极值点数或局部的极值点数。

5. 信息工具

信息工具可以查询任何一个当前激活的结果图的信息。

单击【Analysis Tools】工具栏中的【Information】（信息）按钮，再单击模型树中的 Translational displacement vector.1，则出现位移分析的相关信息，如图 14.62 所示。

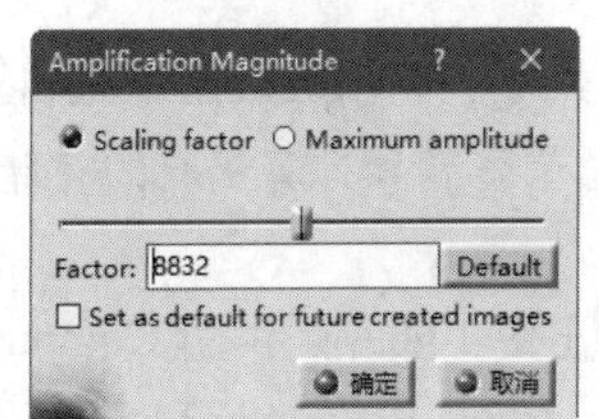

图 14.60　【Amplification Magnitude】对话框

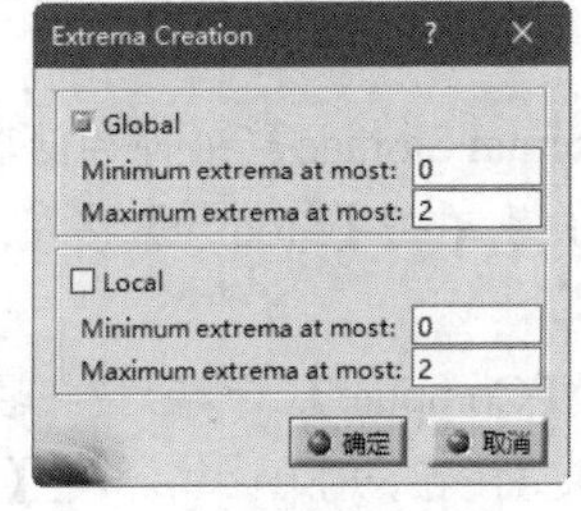

图 14.61　【Extrema Creation】

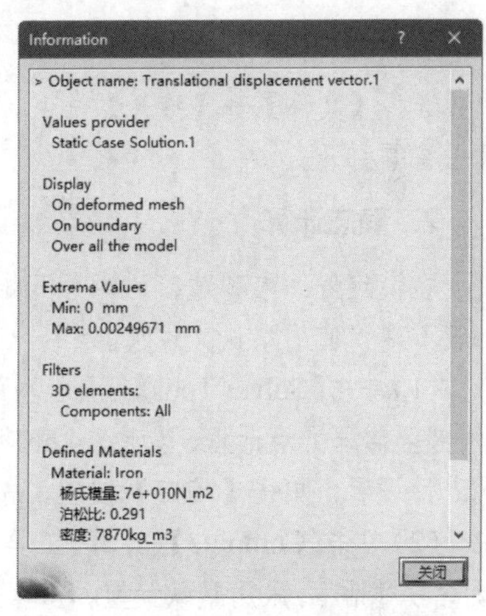

图 14.62　位移分析的相关信息

6. 图形排列

图形排列工具可以将多个激活的结果图排列显示，方便用户观看分析结果。

利用 Ctrl 键多选结果图，然后单击【Analysis Tools】工具栏中的【Image Layout】（图形排列）按钮，弹出图 14.63 所示的【Images Layout】（图形排列）对话框。在该对话框中，【Explode】单选按钮为爆炸图显示模式，其中，在【Along】中指定排列方向，在【Distance】文本框中指定两个结果图之间的距离；Default 为系统默认的模式。图形排列的实例如图 14.64 所示。

7. 简化表述

简化表述工具可以简化分析结果，从而提高运算速度。

单击【Analysis Tools】工具栏中的【Simplified Representation】（简化表述）按钮，弹出图 14.65

所示的【Simplified Representation】（简化表述）对话框，选中【None】单选按钮，系统对分析结果不做任何简化；选中【Bounding box】单选按钮，系统将以边界盒的形式简化分析结果；选中【Compressed】单选按钮，系统将对分析结果进行压缩显示。

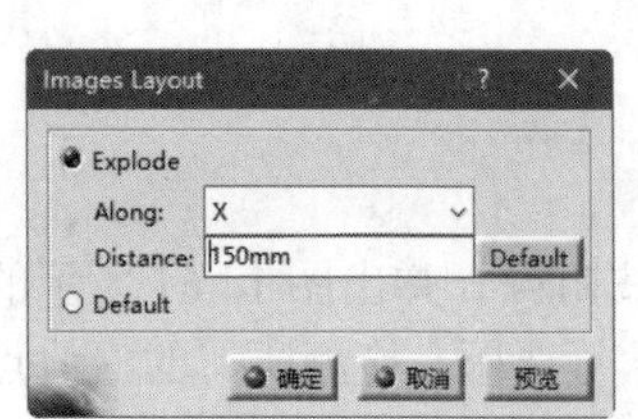

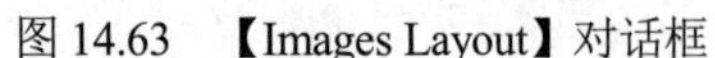

图 14.63 【Images Layout】对话框

图 14.64 图形排列实例

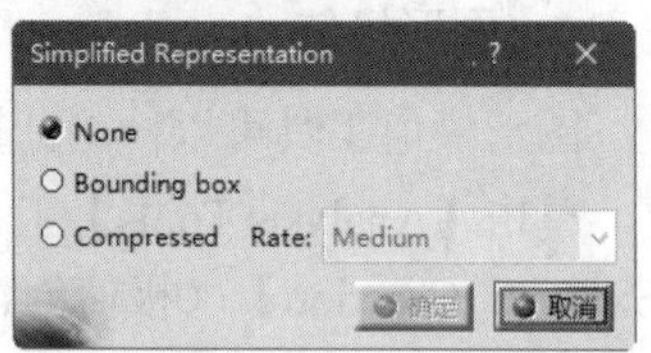

图 14.65 【Simplified Representation】对话框

扫一扫，看视频

动手学——对轴承座计算应力和应变

对轴承座计算应力和应变的具体操作步骤如下。

1. 打开文件

选择【文件】→【打开】命令，在弹出的【选择文件】对话框中选择【zhouchengzuofenxi】文件，双击将其打开。

2. 静态计算

在设定好约束和载荷后即可开始计算，在计算之前要设置好计算结果的保存路径和计算文件夹，一般不建议使用默认文件夹。

（1）单击【Solver Tool】工具栏中的【External Storage】（外部存储器）按钮，弹出【External Storage】（外部存储器）对话框，如图 14.66 所示，分别单击【Modify】按钮，对结果资料和计算资料的存储位置进行设置，单击【确定】按钮。

（2）单击【Compute】（计算）工具栏中的【Compute】（计算）按钮，弹出图 14.67 所示的【Compute】（计算）对话框，采用默认设置，❶单击【确定】按钮，开始计算。弹出【Computation Resources Estimation】（计算资源估计）对话框，如图 14.68 所示，❷单击【Yes】按钮。

图 14.66 【External Storage】对话框

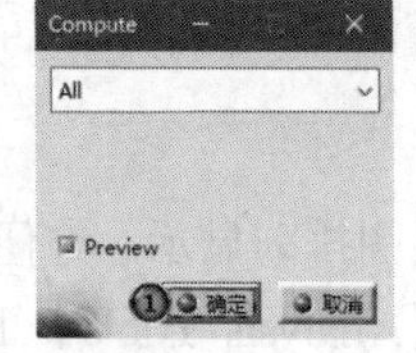

图 14.67 【Compute】对话框

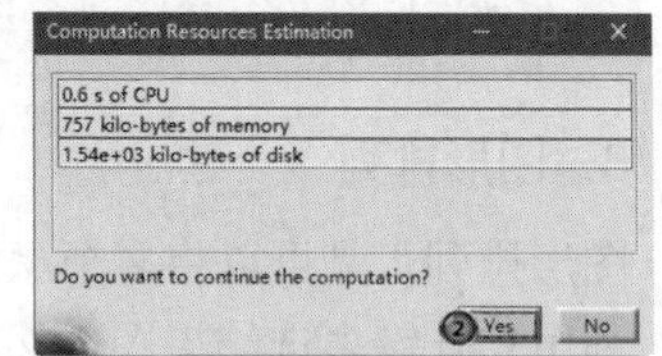

图 14.68 【Computation Resources Estimation】对话框

（3）单击【Image】（图形）工具栏中的【Deformation】（变形）按钮，查看网格云图，如图 14.69 所示。

（4）单击【Image】（图形）工具栏中的【Von Mises Stress】（应力）按钮，查看计算结果中的应力图，如图 14.70 所示。

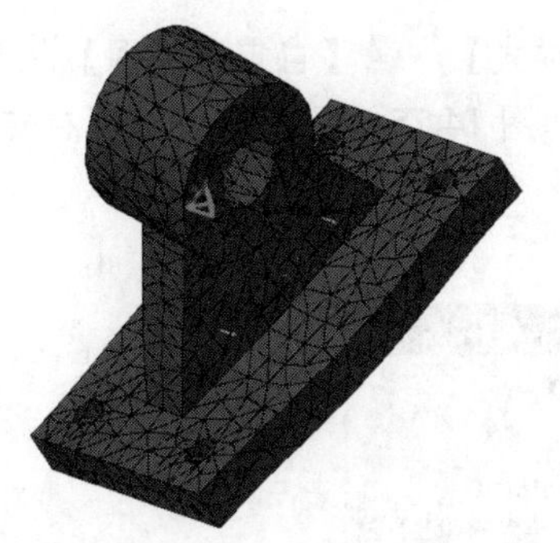

图 14.69　网格云图

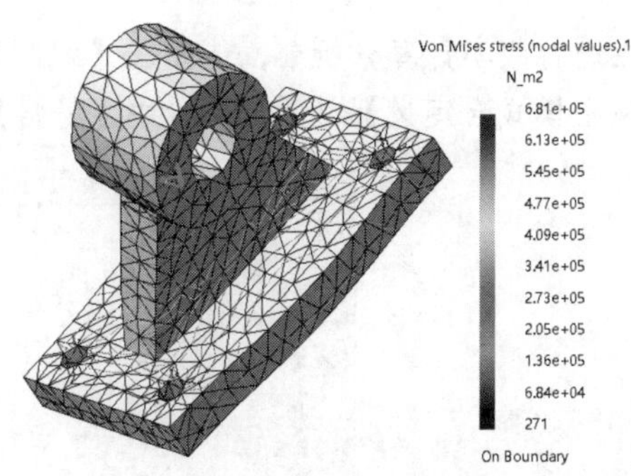

图 14.70　应力图 1

（5）单击【Image】（图形）工具栏中的【Principal Stress】（主应力）按钮，查看主应力图，如图 14.71 所示。

（6）单击【Image】（图形）工具栏中的【Displacement】（位移）按钮，查看应变图，如图 14.72 所示。

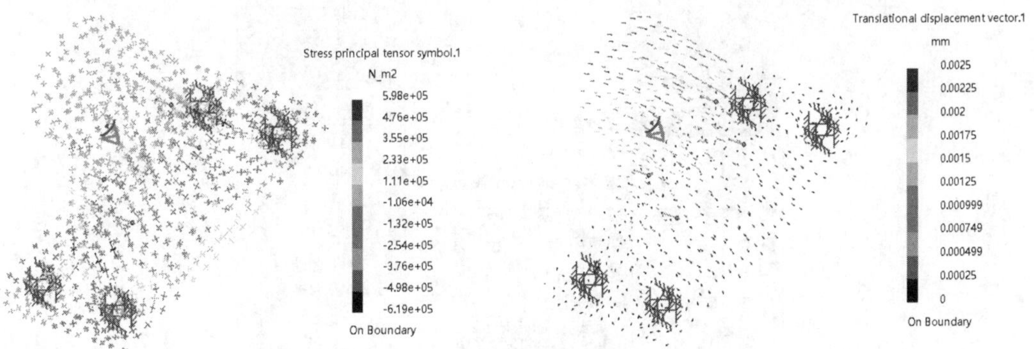

图 14.71　主应力图　　　　图 14.72　应变图

（7）单击【Image】（图形）工具栏中的【Precision（精度）】按钮，从图 14.73 上读出计算的精度。

3．频率计算分析

（1）选择【开始】→【分析与模拟】→【Generative Structural Analysis】（通用结构分析）命令，弹出图 14.74 所示的【New Analysis Case】（新建分析实例）对话框，选择【Frequency Analysis】（频率分析），单击【确定】按钮，进入 GSA 模块。

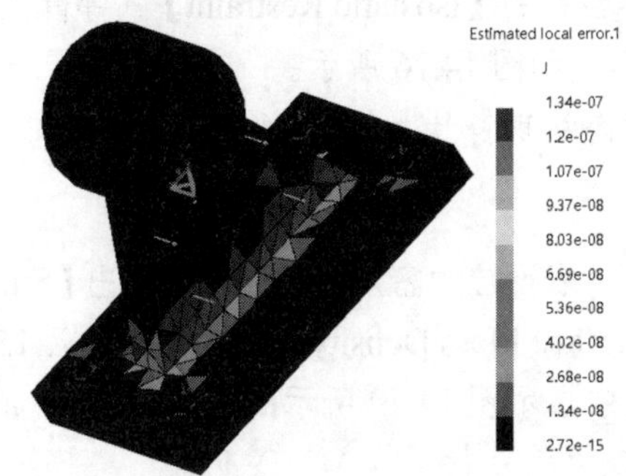

图 14.73　计算精度显示

图 14.74　【New Analysis Case】对话框

（2）在进行频率计算分析前，选择❶【视图】→❷【渲染样式】→❸【自定义视图】命令，❹在弹出的【视图模式自定义】对话框中选中【材料】单选按钮，如图 14.75 所示，❺单击【确定】按钮。

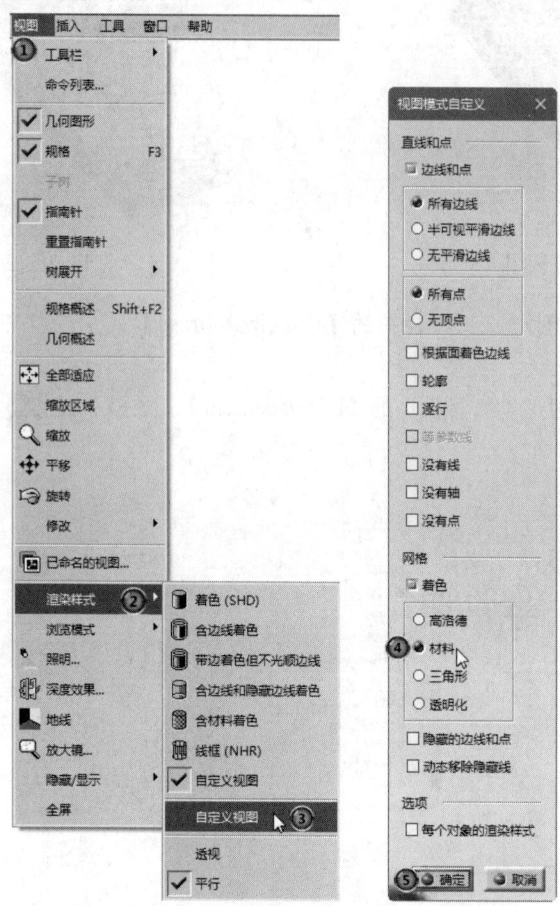

图 14.75　【视图模式自定义】对话框

4．添加静态约束

（1）右击特征树中的【Links Manager.1】选项，在弹出的快捷菜单中选择【Import】（导入）选项，弹出【选择文件】对话框，选择【zhouchengzuo】文件。

（2）在特征树中选择【Restraints.1】选项，将静态约束定义在该目录下面。

（3）单击【Advanced Restraints】（高级约束）工具栏中的【Isostatic Restraint】（等静态约束）按钮，弹出【Isostatic Restraint】（等静态约束）对话框，如图 14.76 所示。

（4）单击【确定】按钮，在图形工作区中将出现静态约束符号，如图 14.77 所示

5．添加表面应力

单击【Masses】工具栏中的【Surface Mass Density】（表面应力密度）按钮，弹出【Surface Mass Density】对话框，❶选择轴承座的肋板表面，❷在【Surface Mass Density】文本框中输入 1500kg/m^2，如图 14.78 所示。❸单击【确定】按钮，在图形工作区中显示图 14.79 所示的应力密度。

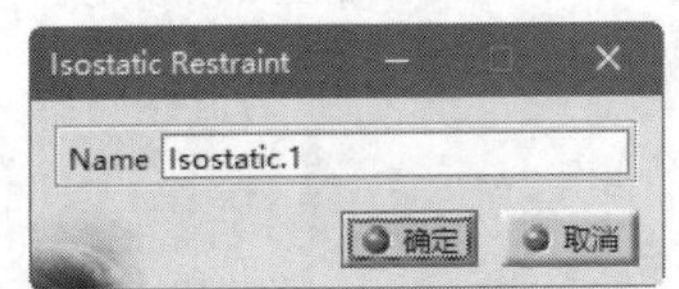

图 14.76　【Isostatic Restraint】对话框

图 14.77　静态约束符号

图 14.78　【Surface Mass Density】对话框

图 14.79　应力密度

6．计算频率约束

（1）单击【Solver Tool】（求解工具）工具栏中的【External Storage】（外部存储器）按钮，在弹出的【External Storage】（外部存储器）对话框中定义计算路径和计算保存文件夹，如图 14.80 所示。

（2）单击【Compute】（计算）工具栏中的【Compute】（计算）按钮，弹出【Compute】（计算）对话框，单击【确定】按钮，在计算时间估计对话框中单击【Yes】按钮开始计算。

7．查看计算结果

（1）在计算好频率后，单击【Image】（图形）工具栏中的【Von Mises Stress】（应力）按钮，显示应变结果，如图 14.81 所示，可以看到右侧后方脚螺栓孔被破坏。

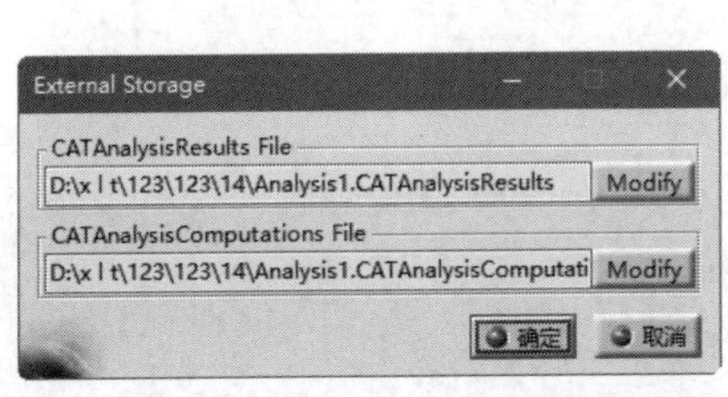

图 14.80　【External Storage】对话框

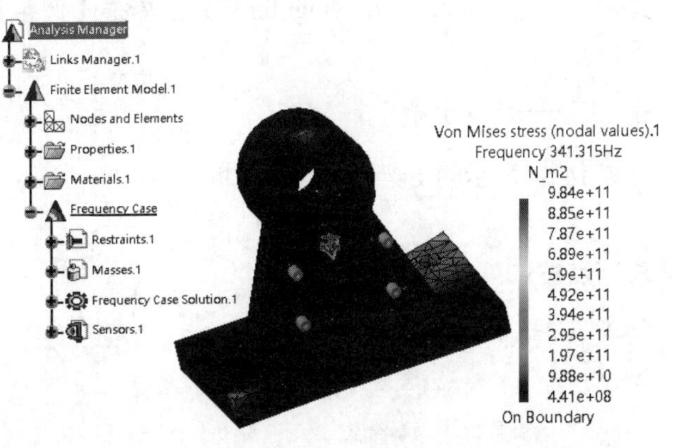

图 14.81　应力图 2

（2）单击【Image】（图形）工具栏中的【Principal Stress】（主应力）按钮和【Displacement】（位移）按钮，显示图 14.82 所示的应力分布图和图 14.83 所示的应变分布图。

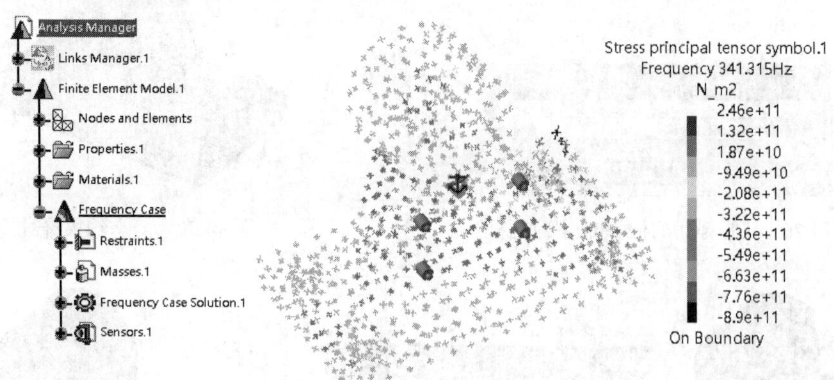

图 14.82　应力分布图

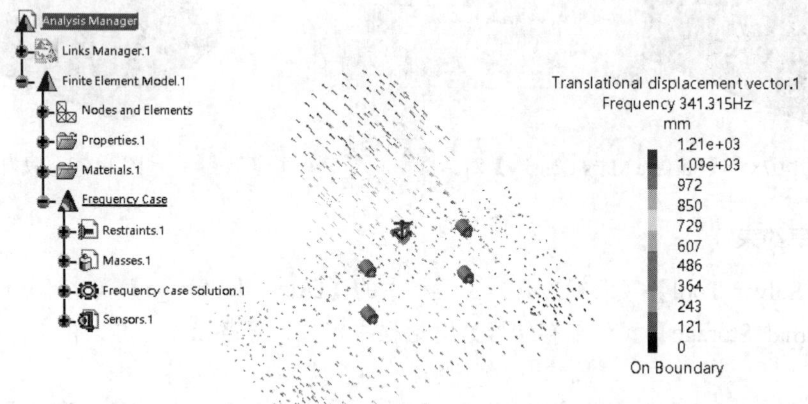

图 14.83　应变分布图

8．保存文件

选择【文件】→【保存】命令，弹出【另存为】对话框，输入文件名称【zhouchengzuoyinglifenxi】，单击【保存】按钮，保存文件。

扫一扫，看视频

练一练——支架分析

对图 14.84 所示的支架进行结构分析。

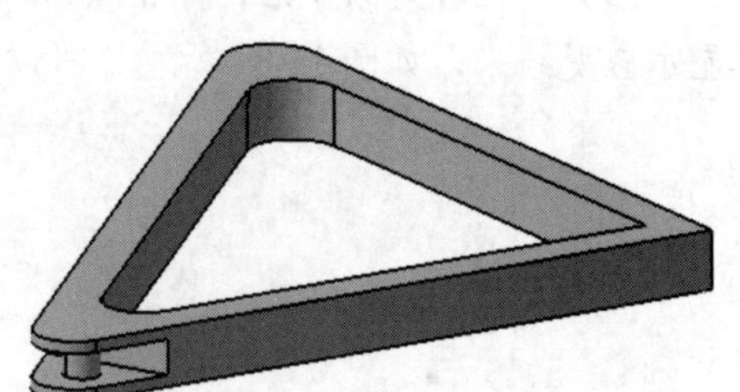

图 14.84　支架

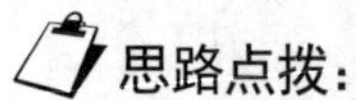

思路点拨：

（1）添加固定约束。

（2）添加载荷。

（3）计算分析，查看结果。

第 15 章　运 动 仿 真

内容简介

数字样机（digital mock-up，DMU）运动机构模拟是通过调用已有的多种运动副或者通过自动转换机械装配约束条件而产生的运动副，对任何规模的数字样机进行运动机构定义；通过运动干涉检验和校核最小间隙来进行机构运动分析，可以生成运动零件的轨迹、扫掠体和包络体以指导未来的设计，还可以通过与其他产品集成做更多复杂的运动仿真分析，满足从机械设计到功能评估各类设计人员的需要。

内容要点

- 运动仿真步骤
- 运动机构
- 运动副
- 动画
- 综合实例 ——创建连杆运动机构

案例效果

15.1　运动仿真步骤

将要仿真的模型所需的部件在装配模式下按照技术要求进行装配。装配时请注意，在能满足合理装配的前提下，尽量少用约束，以免造成约束之间互相干涉，影响下一步运动仿真。

（1）选择【开始】→【数字化装配】→【DMU 运动机构】命令，进入模型运动模拟工作台，如图 15.1 所示。

（2）新建一个运动机构，也可以在创建运动副时创建运动机构。

（3）对装配部件创建运动副，如旋转副、圆柱副等，也可以直接将装配约束转换为运动副。

（4）设置固定件。

（5）使用命令进行模拟，并更改参数值。

图 15.1　模型运动模拟工作台

15.2　运 动 机 构

15.2.1　使用命令进行模拟

使用命令进行模拟是用命令驱动的方式对已创建的机构进行运动仿真，这种方法比较直接、简便，但不能被记录下来。

单击【DMU 运动机构】工具栏中的【使用命令进行模拟】按钮，弹出图 15.2 所示的【运动模拟-机械装置.1】对话框。

- 机械装置：可以选择已经创建的运动机构。
- 命令.1：第一个驱动命令数值的界限，与在创建驱动副时设置的界限同步。
- 激活传感器：勾选此复选框，弹出【传感器】对话框，如图 15.3 所示。

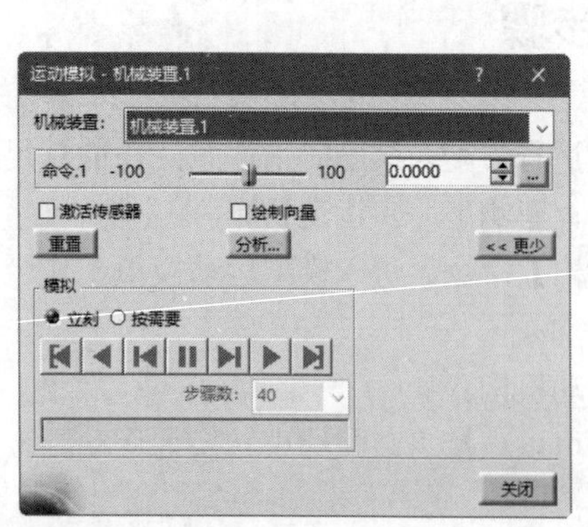

图 15.2　【运动模拟-机械装置.1】对话框

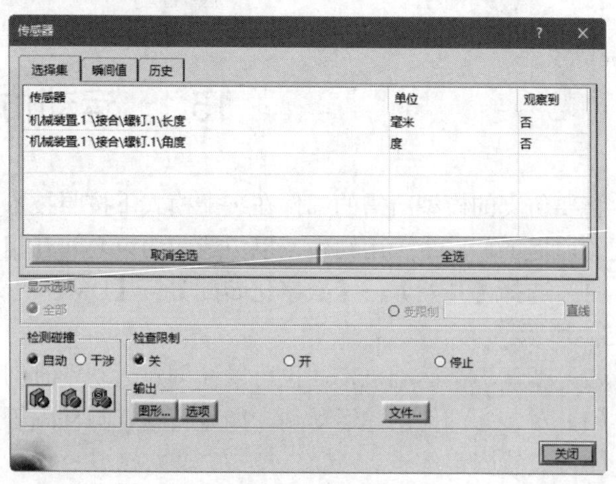

图 15.3　【传感器】对话框

- 重置：单击此按钮，数值返回到初始位置。
- 分析：单击此按钮，弹出【编辑分析】对话框，可以添加运动分析项目，如距离、干涉检查等。
- ▶（向前播放）：单击此按钮，进行仿真运动。

15.2.2 机械装置修饰

为了和 ENOVIA VPM 中的机构运动分析集成（基于骨架的方式），建立在特征树上直接访问的 Dress up，可以对其进行仿真，并保存在 ENOVIA VPM 中。

单击【DMU 运动机构】工具栏中的【机械装置修饰】按钮，弹出图 15.4 所示的【机械装置修饰】对话框。

- 新建修饰：单击此按钮，弹出【新建修饰】对话框，选择已创建的机构，如图 15.5 所示。

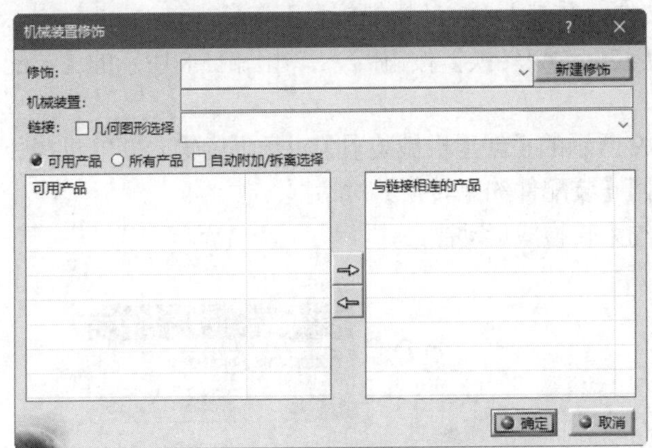

图 15.4 【机械装置修饰】对话框

图 15.5 【新建修饰】对话框

- 链接：选择需要修饰的零件。勾选【几何图形选择】复选框，表示不能在特征树或图形区域中选择零件。
- 可用产品：在【可用产品】列表框中显示可能被绑定的零件。选中【所有产品】单选按钮，在【可用产品】列表框中显示所有的零件。
- 与链接相连的产品：在【可用产品】列表框中选择零件，单击⇨按钮，将选中的零件添加到【与链接相连的产品】列表框中。

15.2.3 固定零件

所有的机构分析都需要定义位置固定不动的部件。

当运动副创建完成后，机构并不能进行运动学的仿真。为了使运动仿真的命令能够运行，在电子模拟机构里必须要有固定的零件，即系统的机架。当由于没有固定机构不能运行仿真时，系统会提示用户此机构没有固定件。

单击【DMU 运动机构】工具栏中的【固定】按钮，弹出图 15.6 所示的【新固定零件】对话框，在【机械装置】下拉列表中选择或新建机构。在视图中选择要固定的零件，零件被自动定义成固定副，在特征树上的显示如图 15.7 所示。

图 15.6 【新固定零件】对话框

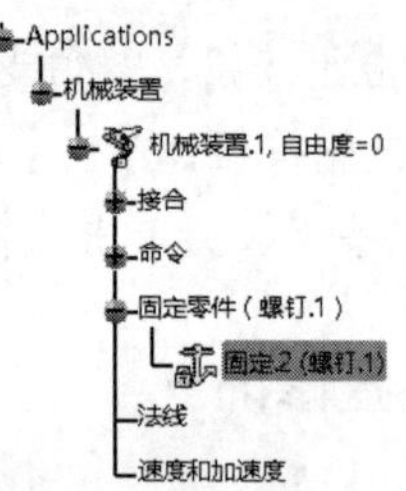

图 15.7 特征树

15.2.4 装配约束转换

将在装配模块中创建的装配约束通过此命令转换成 DMU 中的运动副关系。

（1）打开第 12 章创建的传动轴组件装配文件，并进入 DMU 模拟仿真工作台。

（2）单击【DMU 运动机构】工具栏中的【装配约束转换】按钮，弹出图 15.8 所示的【装配件约束转换】对话框。

（3）单击【新机械装置】按钮，弹出图 15.9 所示的【创建机械装置】对话框，输入新的机械装置名称或采用默认名称，单击【确定】按钮，返回【装配件约束转换】对话框。

（4）单击【自动创建】按钮，自动将装配约束转换成运动副。

图 15.8 【装配件约束转换】对话框

图 15.9 【创建机械装置】对话框

（5）单击【更多】按钮，展开【装配件约束转换】对话框，如图 15.10 所示。在【约束列表】中选择约束，单击【创建接合】按钮，将装配约束转换成运动副。如果已经单击过【自动创建】按钮，则【约束列表】中的约束已经被自动创建完毕。

（6）单击【确定】按钮，转换后的特征树如图 15.11 所示。

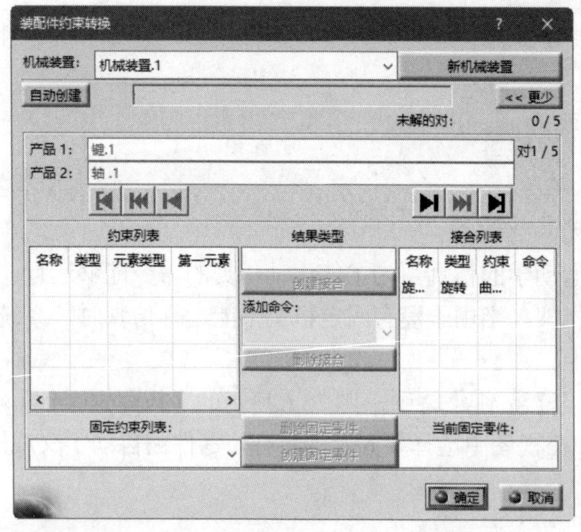

图 15.10 展开的【装配件约束转换】对话框

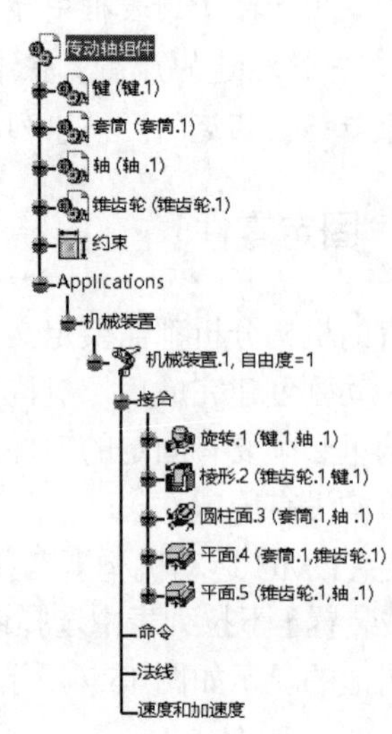

图 15.11 特征树

15.2.5　速度和加速度

为了优化所做的机构设计，常需要考虑测量相关元素的速度和加速度。速度和加速度的测量仅在使用规律运动仿真时才能执行。

（1）单击【DMU 运动机构】工具栏中的【速度和加速度】按钮，弹出图 15.12 所示的【速度和加速度】对话框，新建或选择机械装置。

（2）在【名称】文本框中输入新的名称或采用默认名称。

（3）在视图中选择参考的产品零件。

（4）在视图中选择做分析的参考点。

（5）选中【主轴】单选按钮，表示以当前装配的坐标系作为参考坐标系；选中【其他轴】单选按钮，表示选择其他自定义的坐标系。

（6）单击【确定】按钮，完成速度和加速度的创建。

15.2.6　分析机械装置

【分析机械装置】命令是对所创建的机构进行可行性分析，包括运动副关系和零件自由度。

（1）单击【DMU 运动机构】工具栏中的【分析机械装置】按钮，弹出图 15.13 所示的【分析机械装置】对话框。

（2）在【常规属性】选项组中显示已创建的机械装置中的信息，包括可以模拟机械装置、接合数目、命令数目、未带有命令时的自由度、带有命令时的自由度、固定零件等。

（3）在列表框中显示运动副的定义关系名称、命令副、类型、零件关系、备注信息。

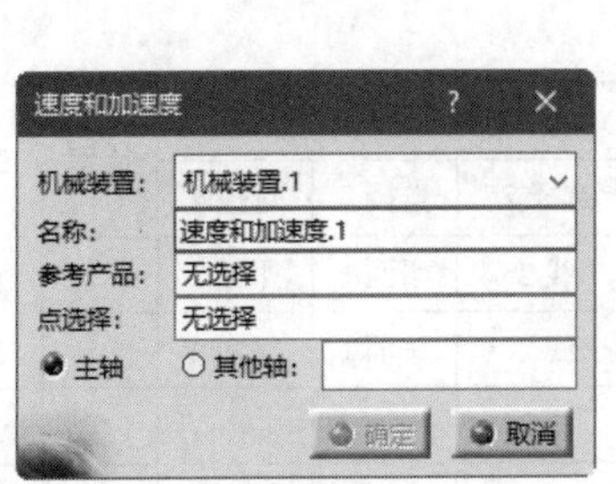

图 15.12　【速度和加速度】对话框

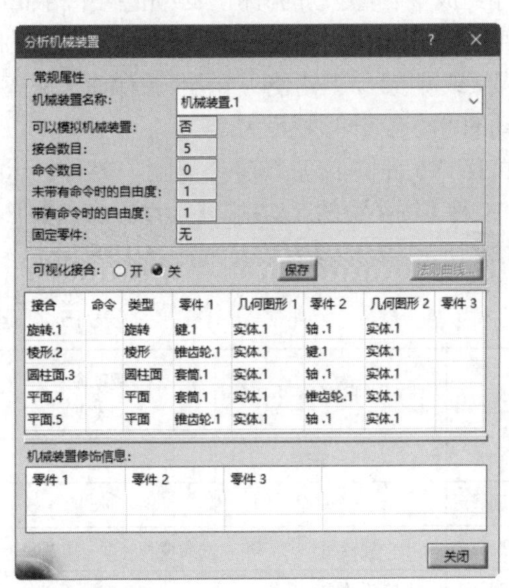

图 15.13　【分析机械装置】对话框

（4）在【机械装置修饰信息】列表框中显示机构修饰信息。

（5）单击【保存】按钮，弹出【另存为】对话框，输入文件名称，单击【保存】按钮，将该列表分析的信息保存成文本或表格格式的文件，如图 15.14 所示。

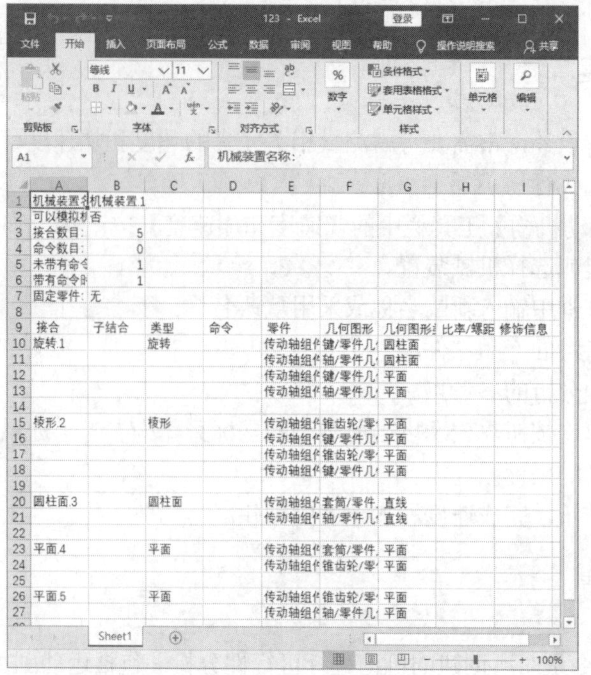

图 15.14　信息表

15.3　运　动　副

为了组成一个能运动的机构，必须把两个相邻构件（包括机架、原动件、从动件）以一定方式连接起来，这种连接必须是可动连接，而不能是无相对运动的固接（如焊接或铆接）。凡是使两个构件接触而又保持某些相对运动的可动连接即称为运动副。

CATIA V5 提供了包括旋转、圆柱、螺钉、球面、齿轮等 17 种不同类型的运动副，【运动接合点】工具栏如图 15.15 所示。运动副参数表如表 15.1 所示。

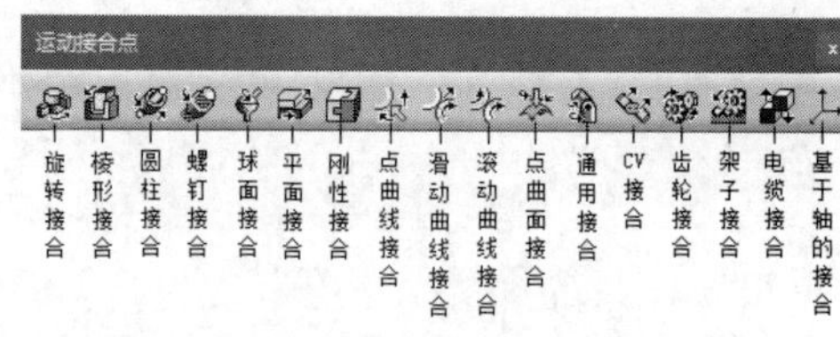

图 15.15　【运动接合点】工具栏

表 15.1　运动副参数表

名称	自由度	驱动命令类型	定义运动副的几何元素				比率	选择方法
			选择 1	选择 2	选择 3	选择 4		
旋转副	一个旋转	角度	线 1	线 2	平面 1	平面 2		1、2、3
棱形副	一个移动	长度	线 1	线 2	平面 1	平面 2		1、2、4
圆柱副	一个旋转和一个移动	角度和长度、角度或长度	线 1	线 2				1
螺旋副	一个旋转或一个移动	角度或长度	线 1	线 2			有	1
球面副	三个旋转		点 1	点 2				1
平面副	两个移动和一个旋转		平面 1	平面 2				1
点和曲线副	三个旋转和一个移动	长度	曲线 1	点 1				1
滚动曲线副	一个旋转和一个移动	长度	曲线 1	曲线 2				1

续表

名称	自由度	驱动命令类型	定义运动副的几何元素				比率	选择方法
			选择 1	选择 2	选择 3	选择 4		
齿轮副	一个旋转	角度	旋转副 1	旋转副 2			有	6
万向节	一个旋转		线 1	线 2	线 3			1
刚性结构			零件 1	零件 2				1
滑动曲线副	两个旋转和一个移动		曲线 1	曲线 2				1
点和曲面副			点 1	曲面 1				1
齿条副			棱柱副 1	旋转副 1			有	6
电缆副			棱柱副 1	棱柱副 2			有	6
CV 副			万向节 1	万向节 2				6、7

注：选择方法。

1. 选择 1 选取的几何元素与选择 2 选取的几何元素是两个不同零件的几何元素。
2. 选择 3 选取的几何元素是选择 1 或选择 2 选取的两个零件其中之一的几何元素，选择 4 则是另一个零件的几何元素。
3. 在相同零件中，线与平面垂直。
4. 在相同零件中，线在平面上。
5. 选择 3 的几何元素与选择 1 的几何元素在同一零件里，并且相互垂直。
6. 选择基础运动副构建和定义复合运动副。
7. 具有相同的输入角和输出角。

15.3.1　旋转接合

单击【运动接合点】工具栏中的【旋转接合】按钮，弹出图 15.16 所示的【接合创建：旋转】对话框。

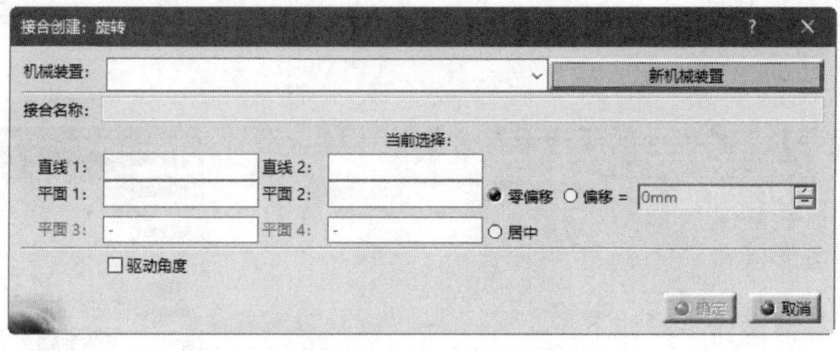

图 15.16　【接合创建：旋转】对话框

动手学——创建旋转接合

创建旋转接合的具体操作步骤如下。

(1) 选择【开始】→【数字化装配】→【DMU 运动机构】命令，进入模型运动模拟工作台。

(2) 选择【文件】→【打开】命令，在弹出的【选择文件】对话框中选择【yuanzhu】文件，双击将其打开。

(3) 单击【运动接合点】工具栏中的【旋转接合】按钮，弹出【接合创建：旋转】对话框。❶单击【新机械装置】按钮，弹出图 15.17 所示的【创建机械装置】对话框，输入机械装置名称，也可以采用默认名称。❷单击【确定】按钮，返回【接合创建：旋转】对话框。❸分别在视图中选择两个零件的对应几何元素（直线和平面），分别选择轴和孔的轴线和底面，如图 15.18 所示。❹单击【确定】按钮，特征树和模型显示如图 15.19 所示。

图 15.17 【创建机械装置】对话框

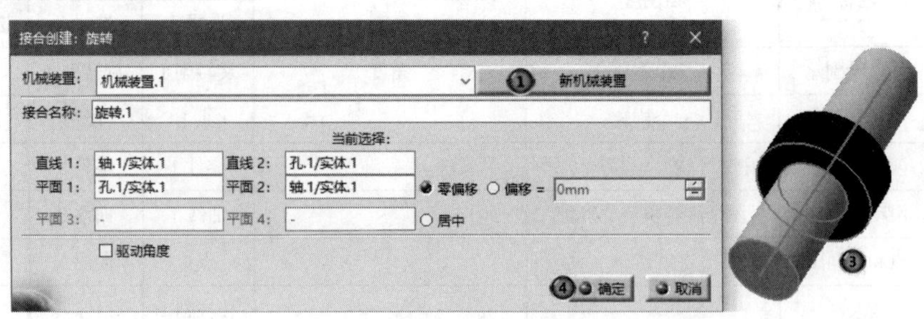

图 15.18 选择几何元素

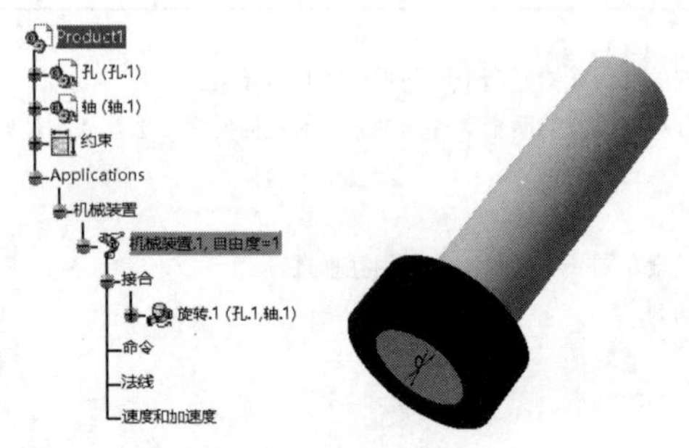

图 15.19 特征树和模型

（4）选择【文件】→【另存为】命令，弹出【另存为】对话框，输入文件名【xuanzhuanjiehe】，单击【保存】按钮，保存文件。

15.3.2 棱形接合

单击【运动接合点】工具栏中的【棱形接合】按钮，弹出图 15.20 所示的【创建接合：棱形】对话框。

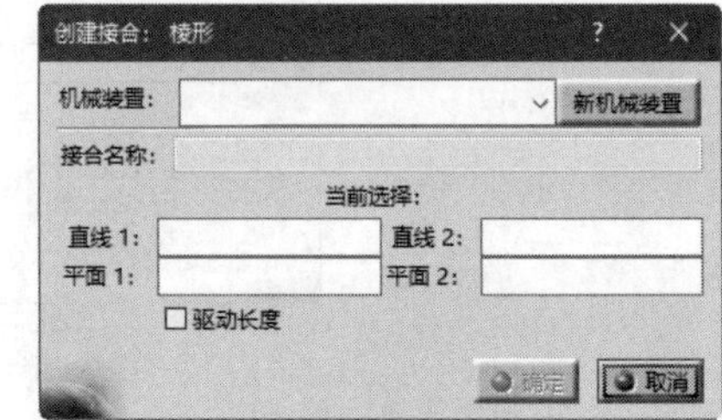

图 15.20 【创建接合：棱形】对话框

扫一扫，看视频

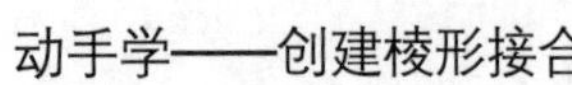

动手学——创建棱形接合

创建棱形接合的具体操作步骤如下。

（1）选择【开始】→【数字化装配】→【DMU 运动机构】命令，进入模型运动模拟工作台。

（2）选择【文件】→【打开】命令，在弹出的【选择文件】对话框中选择【lengxing】文件，双击将其打开。

（3）单击【运动接合点】工具栏中的【棱形接合】按钮，弹出【创建接合：棱形】对话框。❶单击【新机械装置】按钮，弹出图 15.21 所示的【创建机械装置】对话框，输入机械装置名称。也可以采用默认名称。❷单击【确定】按钮，返回【创建接合：棱形】对话框。

（4）❸在视图中选择槽和滑块对应的边线，如图 15.22 所示。❹在视图中选择槽和滑块的底面，如图 15.23 所示。在【创建接合：棱形】对话框中❺勾选【驱动长度】复选框，❻单击【确定】按钮，完成设置后的模型和特征树形式如图 15.24 所示。

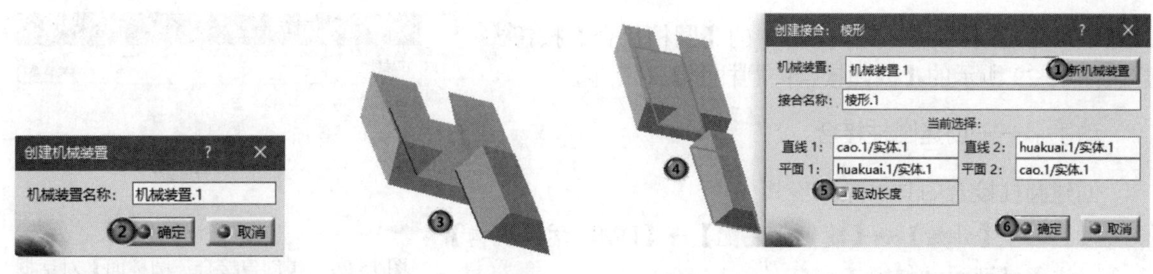

图 15.21 【创建机械装置】对话框　　图 15.22 选择线　　图 15.23 选择面

（5）单击【DMU 运动机构】工具栏中的【固定】按钮，弹出图 15.25 所示的【新固定零件】对话框，在视图中选择槽零件为固定零件，弹出图 15.26 所示的【信息】对话框，单击【确定】按钮。

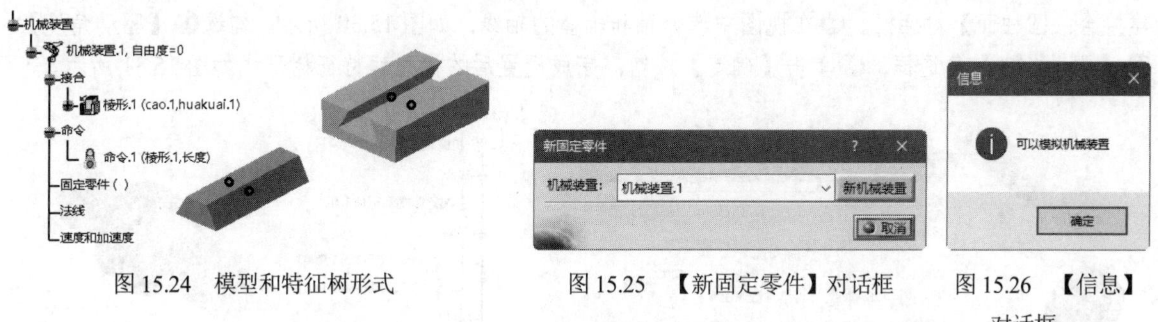

图 15.24 模型和特征树形式　　图 15.25 【新固定零件】对话框　　图 15.26 【信息】对话框

（6）单击【DMU 运动机构】工具栏中的【使用命令进行模拟】按钮，弹出【运动模拟-机械装置.1】对话框，如图 15.27 所示。①拖动滑块，更改距离范围；②在【模拟】选项组中选中【按需要】单选按钮；③单击【向前播放】按钮▶，滑块在槽上开始运动，结果如图 15.28 所示，④单击【关闭】按钮。

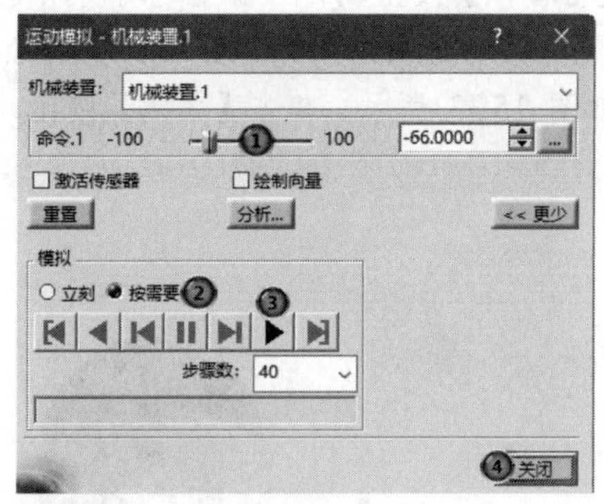

图 15.27 【运动模拟-机械装置.1】对话框

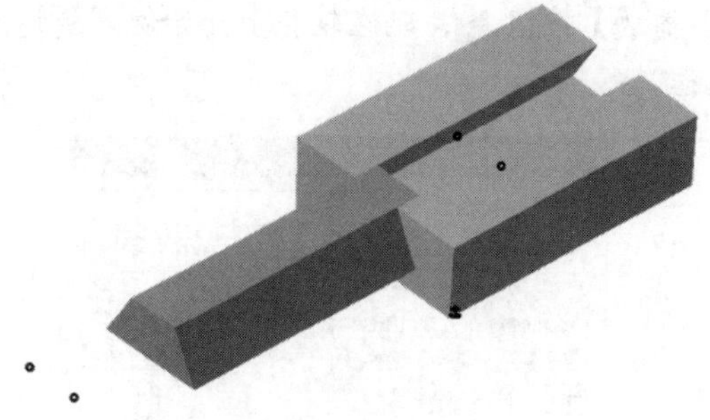

图 15.28 滑块运动

（7）选择【文件】→【另存为】命令，弹出【另存为】对话框，输入文件名称【lengxingjiehe】，单击【保存】按钮，保存文件。

15.3.3 圆柱接合

圆柱接合对应于装配关系的同轴约束。

单击【运动接合点】工具栏中的【圆柱接合】按钮，弹出图15.29所示的【创建接合：圆柱面】对话框。

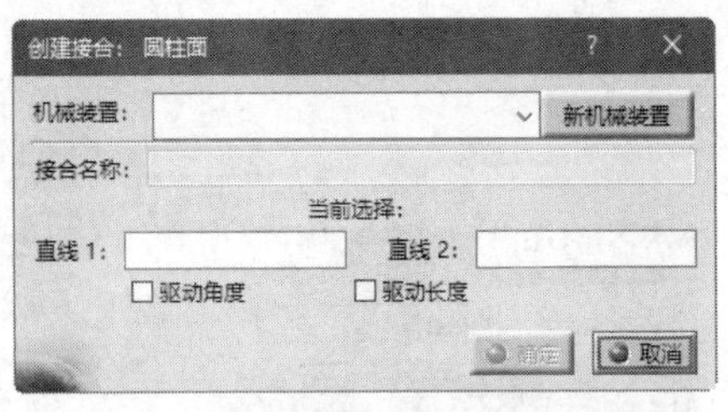

图 15.29 【创建接合：圆柱面】对话框

扫一扫，看视频

动手学——创建圆柱接合

创建圆柱接合的具体操作步骤如下。

（1）选择【开始】→【数字化装配】→【DMU运动机构】命令，进入模型运动模拟工作台。

（2）选择【文件】→【打开】命令，在弹出的【选择文件】对话框中选择【yuanzhu】文件，双击将其打开。

（3）单击【运动接合点】工具栏中的【圆柱接合】按钮，弹出【创建接合：圆柱面】对话框。单击【新机械装置】按钮，弹出【创建机械装置】对话框，采用默认名称，单击【确定】按钮，返回【创建接合：圆柱面】对话框。①在视图中选择轴和轴套的轴线，如图15.30所示。勾选②【驱动角度】和③【驱动长度】复选框，④单击【确定】按钮，完成设置后的模型和特征树形式如图15.31所示。

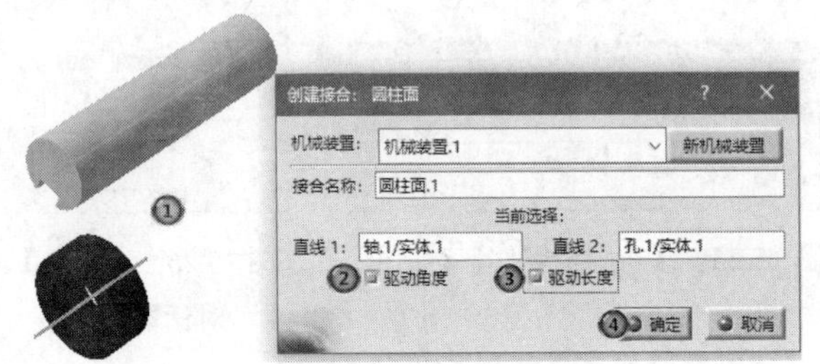

图 15.30 选择轴线

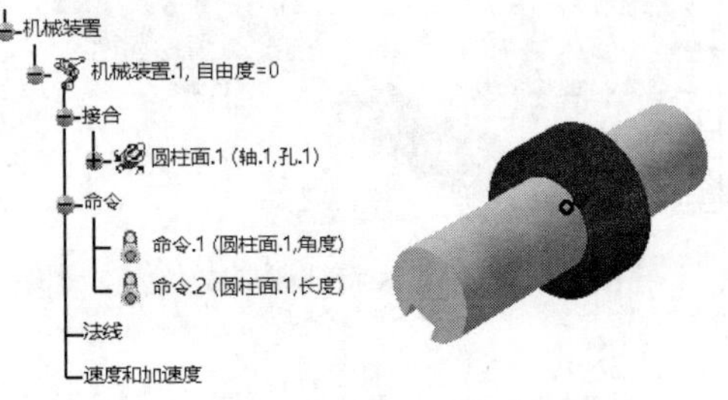

图 15.31 模型和特征树形式

（4）单击【DMU运动机构】工具栏中的【固定】按钮，弹出【新固定零件】对话框，在视图中选择轴套零件为固定零件，弹出【信息】对话框，单击【确定】按钮。

（5）单击【DMU运动机构】工具栏中的【使用命令进行模拟】按钮，弹出【运动模拟-机械装置.1】对话框，拖动【命令.1】和【命令.2】的滑块，更改角度和距离范围，如图15.32所示。单击【向前播放】按钮▶，轴在轴套上开始做螺旋运动，结果如图15.33所示。单击【关闭】按钮，关闭对话框。

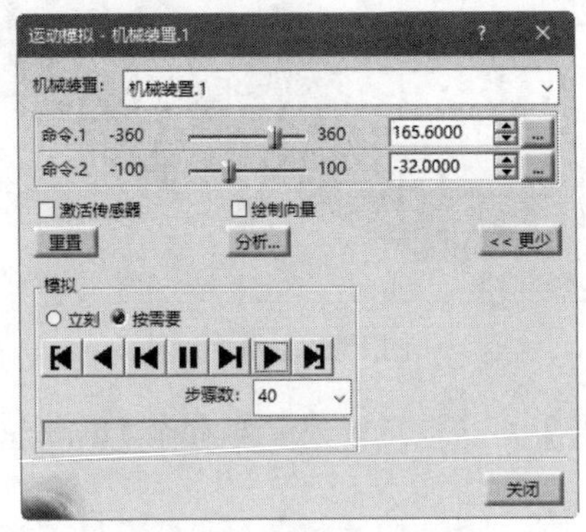

图 15.32 更改角度和距离范围

图 15.33 螺旋运动

（6）选择【文件】→【另存为】命令，弹出【另存为】对话框，输入文件名【yuanzhujiehe】，单击【保存】按钮，保存文件。

15.3.4　螺钉接合

单击【运动接合点】工具栏中的【螺钉接合】按钮，弹出图 15.34 所示的【创建接合：螺钉】对话框。

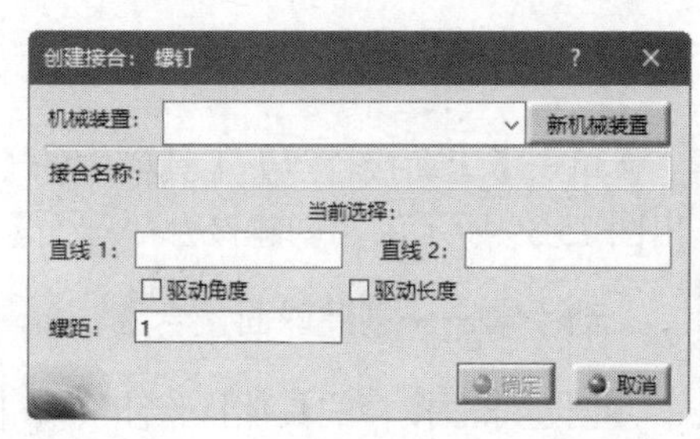

图 15.34　【创建接合：螺钉】对话框

动手学——创建螺钉接合

创建螺钉接合的具体操作步骤如下。

（1）选择【开始】→【数字化装配】→【DMU 运动机构】命令，进入模型运动模拟工作台。

（2）选择【文件】→【打开】命令，在弹出的【选择文件】对话框中选择【luowenlianjie】文件，双击将其打开。

（3）单击【运动接合点】工具栏中的【螺钉接合】按钮，弹出【创建接合：螺钉】对话框。单击【新机械装置】按钮，弹出【创建机械装置】对话框，采用默认名称，单击【确定】按钮，返回【创建接合：螺钉】对话框。①在视图中选择螺钉和螺母的轴线，②在【创建接口：螺钉】对话框中勾选【驱动长度】复选框，③输入螺距为 2，如图 15.35 所示。④单击【确定】按钮，完成设置后的模型和特征树形式如图 15.36 所示。

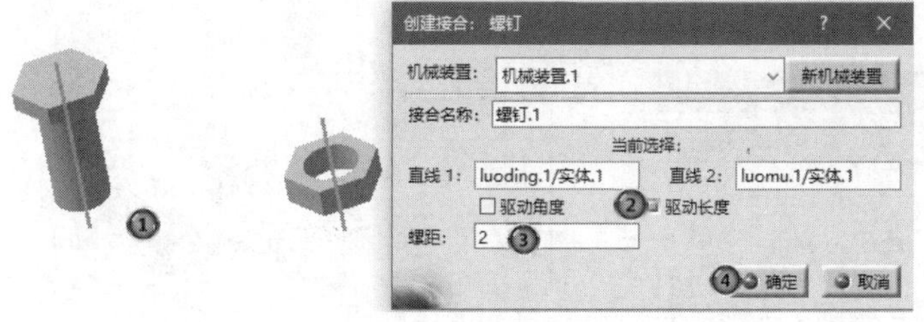

图 15.35　选择轴线

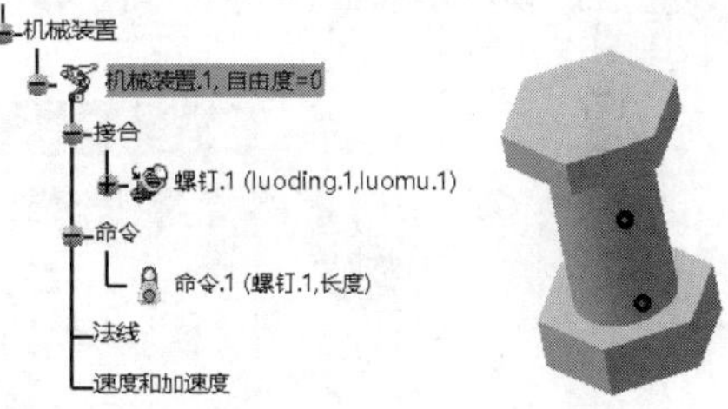

图 15.36　模型和特征树形式

（4）单击【DMU 运动机构】工具栏中的【固定】按钮，弹出【新固定零件】对话框，在视图中选择螺栓零件为固定零件，弹出【信息】对话框，提示可以模拟机械装置，单击【确定】按钮。

（5）单击【DMU 运动机构】工具栏中的【使用命令进行模拟】按钮，弹出【运动模拟-机械装置.1】对话框，拖动【命令.1】的滑块，更改长度范围，如图 15.37 所示。单击【向前播放】按钮，螺母在螺栓上开始转动，结果如图 15.38 所示。单击【关闭】按钮，关闭对话框。

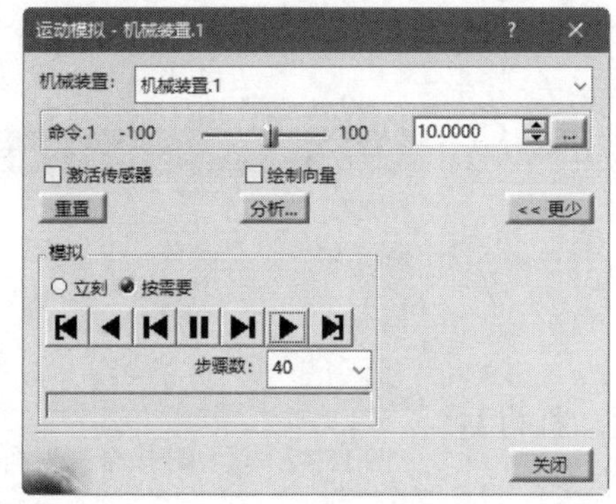

图 15.37　更改长度范围

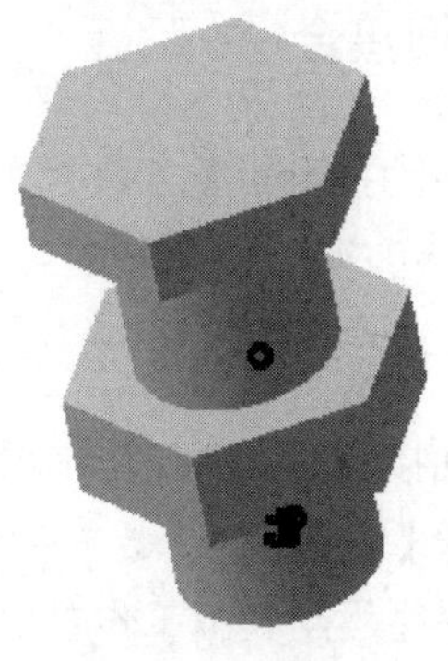

图 15.38　螺母运动

（6）选择【文件】→【另存为】命令，弹出【另存为】对话框，输入文件名称【luodingjiehe】，单击【保存】按钮，保存文件。

15.3.5　球面接合

单击【运动接合点】工具栏中的【球面接合】按钮，弹出图 15.39 所示的【创建接合：球面】对话框。

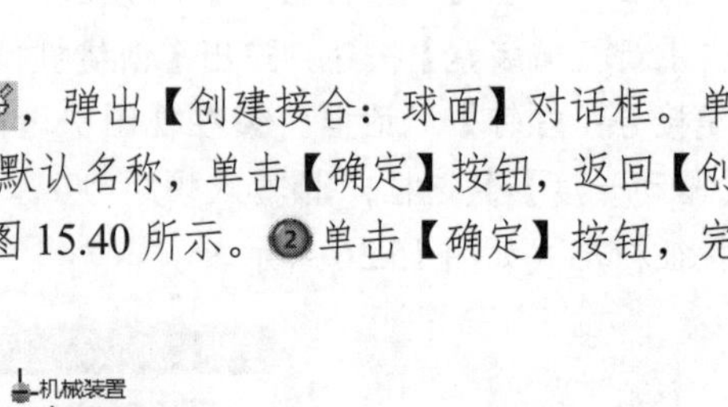

图 15.39　【创建接合：球面】对话框

扫一扫，看视频

动手学——创建球面接合

创建球面接合的具体操作步骤如下。

（1）选择【开始】→【数字化装配】→【DMU 运动机构】命令，进入模型运动模拟工作台。

（2）选择【文件】→【打开】命令，在弹出的【选择文件】对话框中选择【qiumian】文件，双击将其打开。

（3）单击【运动接合点】工具栏中的【球面接合】按钮，弹出【创建接合：球面】对话框。单击【新机械装置】按钮，弹出【创建机械装置】对话框，采用默认名称，单击【确定】按钮，返回【创建接合：球面】对话框。❶在视图中选择两球的中心点，如图 15.40 所示。❷单击【确定】按钮，完成设置后的模型和特征树形式如图 15.41 所示。

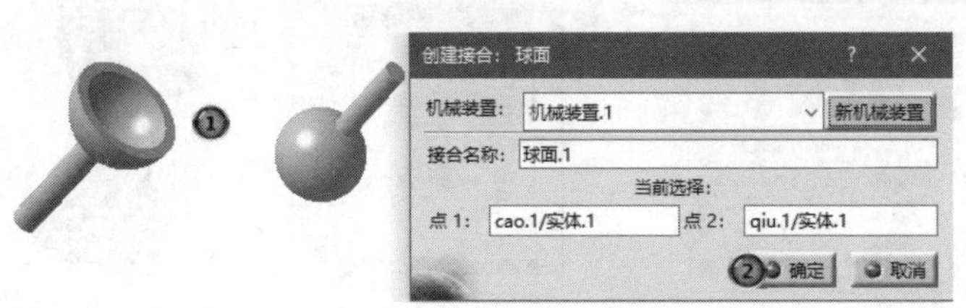

图 15.40　选择中心点

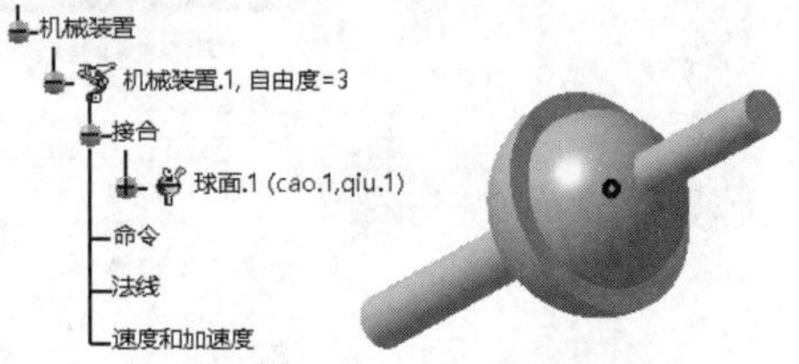

图 15.41　模型和特征树形式

（4）选择【文件】→【另存为】命令，弹出【另存为】对话框，输入文件名【qiumianjiehe】，单击【保存】按钮，保存文件。

提示：

球面接合无法作为驱动副。

15.3.6　平面接合

单击【运动接合点】工具栏中的【平面接合】按钮，弹出图 15.42 所示的【创建接合：平面】对话框。

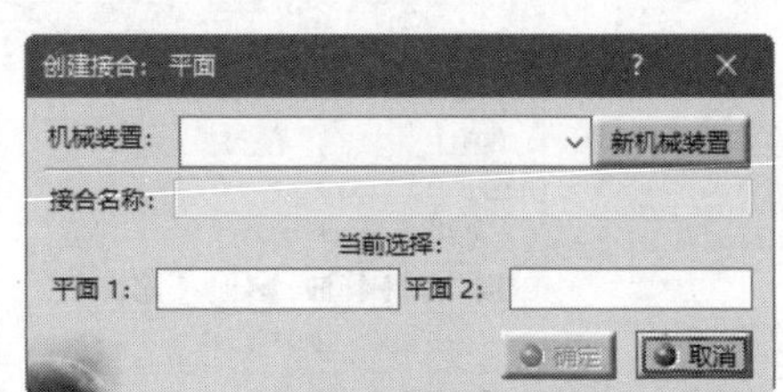

图 15.42　【创建接合：平面】对话框

扫一扫，看视频

动手学——创建平面接合

创建平面接合的具体操作步骤如下。

（1）选择【开始】→【数字化装配】→【DMU 运动机构】命令，进入模型运动模拟工作台。

（2）选择【文件】→【打开】命令，在弹出的【选择文件】对话框中选择【pingmian】文件，双击将其打开。

（3）单击【运动接合点】工具栏中的【平面接合】按钮，弹出【创建接合：平面】对话框。单击【新机械装置】按钮，弹出【创建机械装置】对话框，采用默认名称，单击【确定】按钮，返回【创建接合：平面】对话框。❶在视图中分别选择零件的两平面，如图 15.43 所示。❷单击【确定】按钮，完成设置后的模型和特征树形式如图 15.44 所示。

图 15.43 选择平面

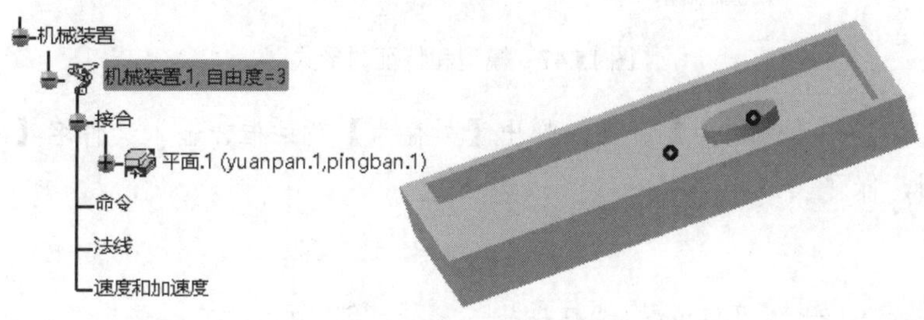

图 15.44 模型和特征树形式

（4）选择【文件】→【另存为】命令，弹出【另存为】对话框，输入文件名【pingmianjiehe】，单击【保存】按钮，保存文件。

15.3.7 点曲线接合

点曲线命令可以创建一个零件上的点在另外一个零件的曲线上的关系。

单击【运动接合点】工具栏中的【点曲线接合】按钮，弹出图 15.45 所示的【创建接合：点曲线】对话框。

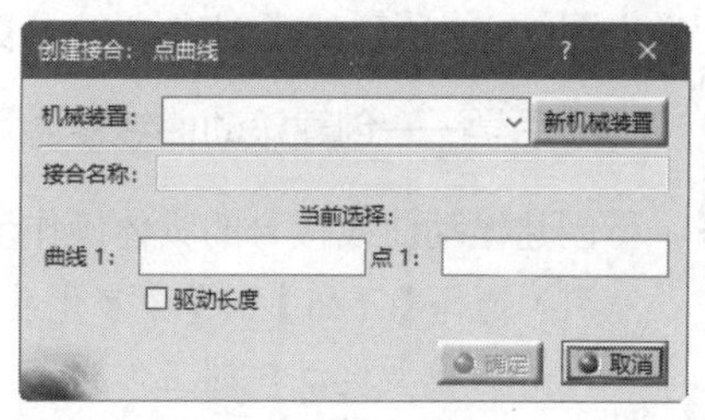

图 15.45 【创建接合：点曲线】对话框

动手学——创建点曲线接合

创建点曲线接合的具体操作步骤如下。

（1）选择【开始】→【数字化装配】→【DMU 运动机构】命令，进入模型运动模拟工作台。

（2）选择【文件】→【打开】命令，在弹出的【选择文件】对话框中选择【dianxian】文件，双击将其打开。

（3）单击【运动接合点】工具栏中的【点曲线接合】按钮，弹出【创建接合：点曲线】对话框。单击【新机械装置】按钮，弹出【创建机械装置】对话框，采用默认名称，单击【确定】按钮，返回【创建接合：点曲线】对话框。❶在视图中选择曲线和零件上的点，❷在【创建接合：点曲线】对话框中勾选【驱动长度】复选框，如图 15.46 所示。❸单击【确定】按钮，完成设置后的模型和特征树形式如图 15.47 所示。

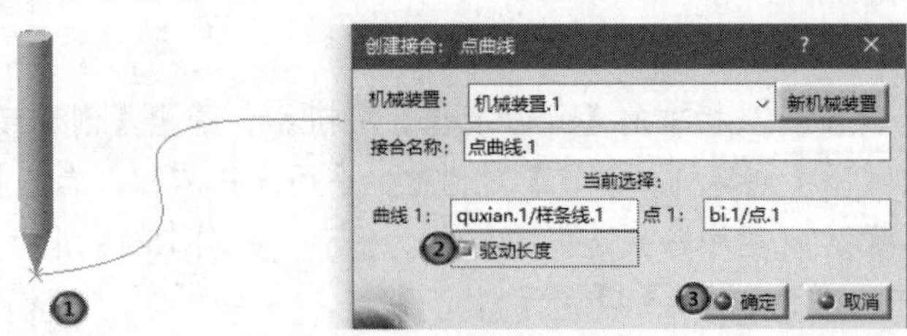

图 15.46　选择曲线和点

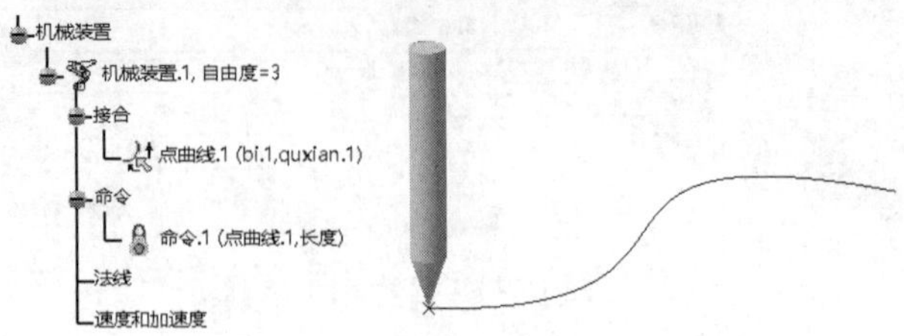

图 15.47　模型和特征树形式

（4）选择【文件】→【另存为】命令，弹出【另存为】对话框，输入文件名【dianquxianjiehe】，单击【保存】按钮，保存文件。

提示：

两个零件必须处在一个合理的位置（点在曲线上），才能创建运动副。

15.3.8　滚动曲线接合

滚动曲线命令可以创建一个零件上的点在另外一个零件的曲线上的关系。

单击【运动接合点】工具栏中的【滚动曲线接合】按钮，弹出图 15.48 所示的【创建接合：滚动曲线】对话框。

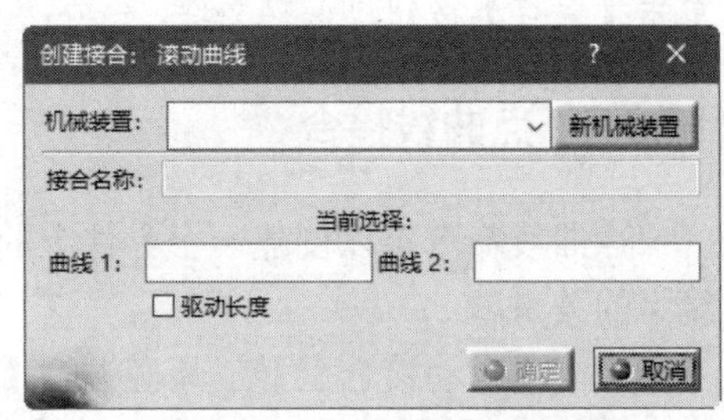

图 15.48　【创建接合：滚动曲线】对话框

扫一扫，看视频

动手学——创建滚动曲线接合

创建滚动曲线接合的具体操作步骤如下。

（1）选择【开始】→【数字化装配】→【DMU 运动机构】命令，进入模型运动模拟工作台。

（2）选择【文件】→【打开】命令，在弹出的【选择文件】对话框中选择【gundongquxian】文件，双击将其打开。

（3）单击【运动接合点】工具栏中的【滚动曲线接合】按钮，弹出【创建接合：滚动曲线】对话框。❶在视图中分别选择零件上的曲线，❷在【创建接合：滚动曲线】对话框中勾选【驱动长度】复选框，如图 15.49 所示。❸单击【确定】按钮，完成设置后的模型和特征树形式如图 15.50 所示。

（4）单击【DMU 运动机构】工具栏中的【固定】按钮，弹出【新固定零件】对话框，在视图中选择圆环为固定零件。

（5）单击【运动接合点】工具栏中的【平面接合】按钮，弹出【创建接合：平面】对话框，在【机械装置】下拉列表中选择【机械装置.1】，在视图上选择圆柱侧面和圆环内壁面，如图 15.51 所示。单击【确定】按钮，弹出【信息】对话框，提示可以模拟机械装置，单击【确定】按钮。

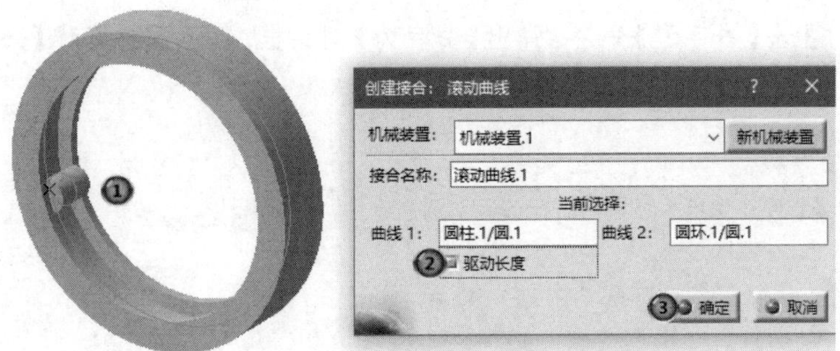

图 15.49 选择曲线

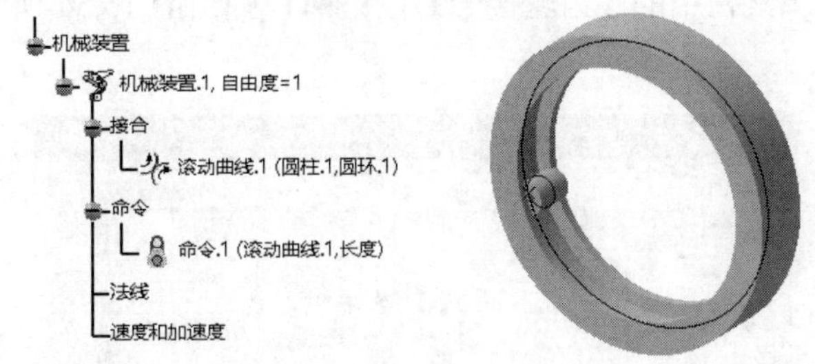

图 15.50 模型和特征树形式

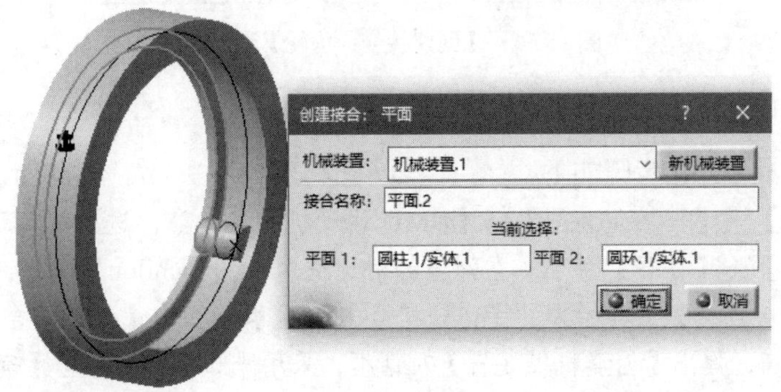

图 15.51 选择平面

（6）单击【DMU 运动机构】工具栏中的【使用命令进行模拟】按钮，弹出【运动模拟-机械装置.1】对话框，拖动【命令.1】的滑块，更改长度范围，如图 15.52 所示。单击【向前播放】按钮，小圆柱体沿着曲线滚动，如图 15.53 所示。单击【关闭】按钮，关闭对话框。

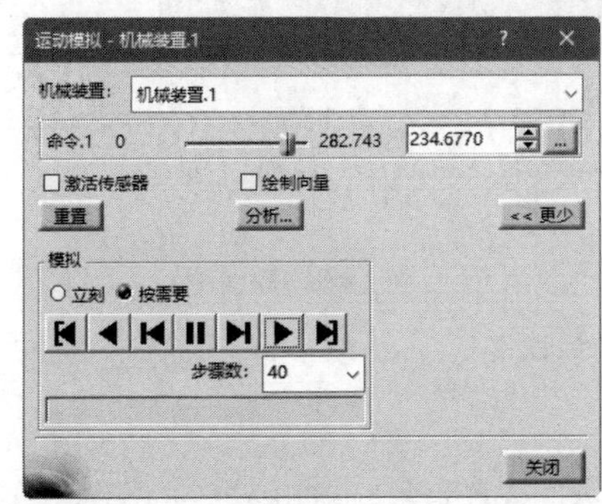

图 15.52 【运动模拟-机械装置.1】对话框

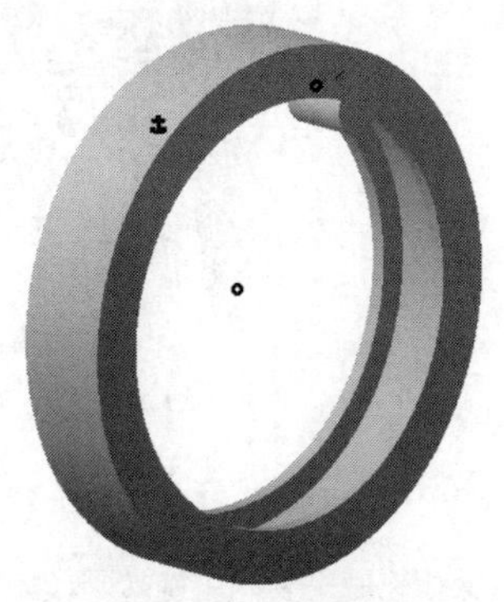

图 15.53 滚动曲线接合

（7）选择【文件】→【另存为】命令，弹出【另存为】对话框，输入文件名称【gundongquxianjiehe】，单击【保存】按钮，保存文件。

提示：

曲线 1 和曲线 2 要先保证相切，再进行该运动副的建立。

15.3.9　齿轮接合

齿轮接合是两组齿轮转动副按传动比定义的复合副命令。

单击【运动接合点】工具栏中的【齿轮接合】按钮，弹出图 15.54 所示的【创建接合：齿轮】对话框。

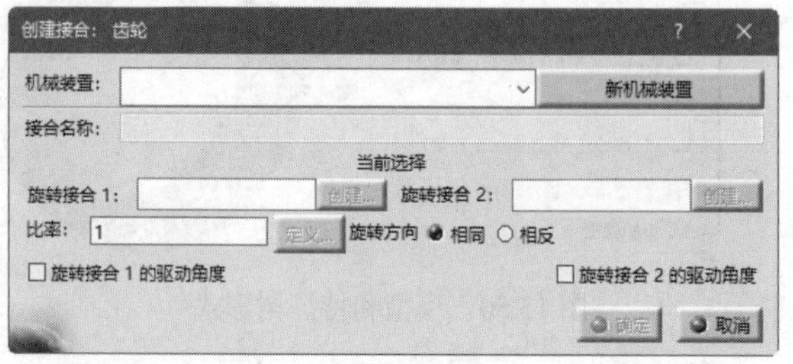

图 15.54　【创建接合：齿轮】对话框

扫一扫，看视频

动手学——创建齿轮接合

创建齿轮接合的具体操作步骤如下。

（1）选择【开始】→【数字化装配】→【DMU 运动机构】命令，进入模型运动模拟工作台。

（2）选择【文件】→【打开】命令，在弹出的对话框中选择【chilun】文件，双击将其打开。

（3）单击【运动接合点】工具栏中的【齿轮接合】按钮，弹出【创建接合：齿轮】对话框。单击【新机械装置】按钮，弹出【创建机械装置】对话框，采用默认名称，单击【确定】按钮，返回【创建接合：齿轮】对话框。

（4）单击【旋转接合 1】后面的【创建】按钮，弹出【接合创建：旋转】对话框，❶在视图中选择齿轮 1 和长轴的轴线，以及齿轮 1 的上表面和长轴的上表面，❷选中【偏移】单选按钮，❸输入距离为 8mm，如图 15.55 所示。❹单击【确定】按钮，返回【创建接合：齿轮】对话框。

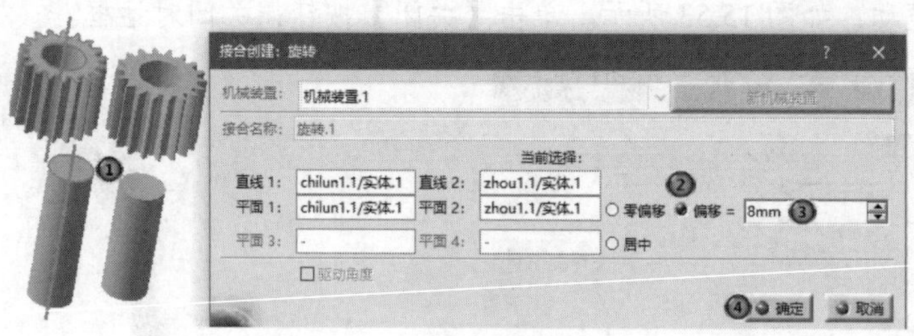

图 15.55　创建旋转接合 1

提示：

定义齿轮副需要两个旋转副，如果已经定义旋转副，则可以直接从特征树中选取；如果没有定义旋转副，也可以在【创建接合：齿轮】对话框中单击【创建】按钮来定义。

(5) 采用同样的方法单击【旋转接合 2】后面的【创建】按钮，弹出【接合创建：旋转】对话框，在视图中选择齿轮 2 和短轴的轴线，以及齿轮 2 的上表面和短轴的上表面，如图 15.56 所示。

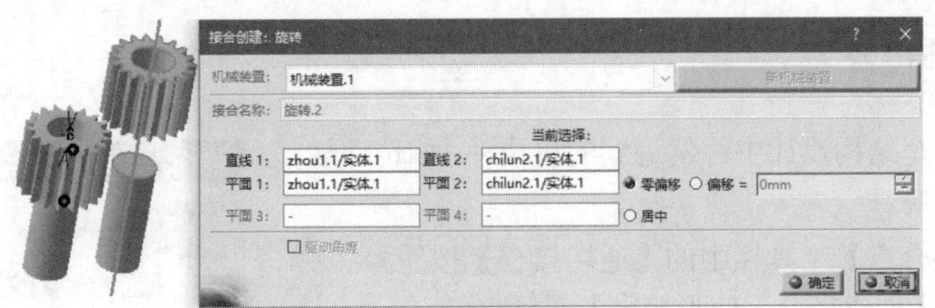

图 15.56 创建旋转接合 2

(6) 单击【确定】按钮，返回【创建接合：齿轮】对话框，❶勾选【旋转接合 1 的驱动角度】复选框，如图 15.57 所示。❷单击【确定】按钮，完成设置后的模型和特征树形式如图 15.58 所示。

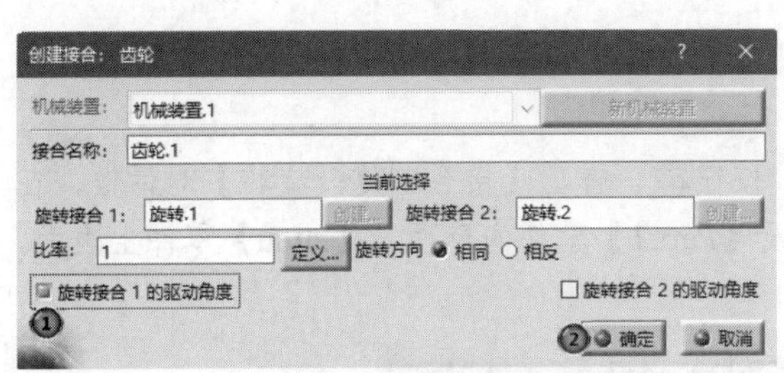

图 15.57 设置参数

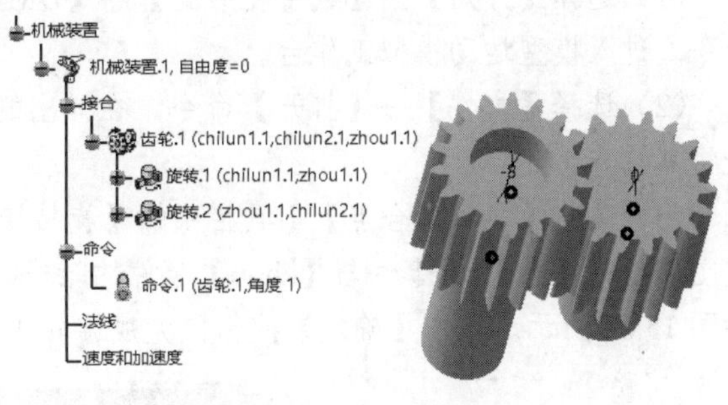

图 15.58 模型和特征树形式

(7) 单击【DMU 运动机构】工具栏中的【固定】按钮，弹出【新固定零件】对话框，在视图中选择轴零件为固定零件，弹出【信息】对话框，提示可以模拟机械装置，单击【确定】按钮。

(8) 单击【DMU 运动机构】工具栏中的【使用命令进行模拟】按钮，弹出【运动模拟-机械装置.1】对话框，拖动【命令.1】的滑块，更改角度范围，如图 15.59 所示。单击【向前播放】按钮，齿轮传动开始模拟，两个齿轮同时转动。单击【关闭】按钮，关闭【运动模拟-机械装置.1】对话框。

提示：

当定义一个齿轮副时，定义的两个转动副必须建立在一个共有零件的基础上。下面用图 15.60 说明（其中 P 表示零件，R 表示转动副），其中齿轮副可以定义在 R1 和 R2 两个转动副之间，而零件 P2 必须是定义 R1 和 R2 转动副的共有零件；由于 R1 和 R3 之间没有共有零件，因此不能定义齿轮副。

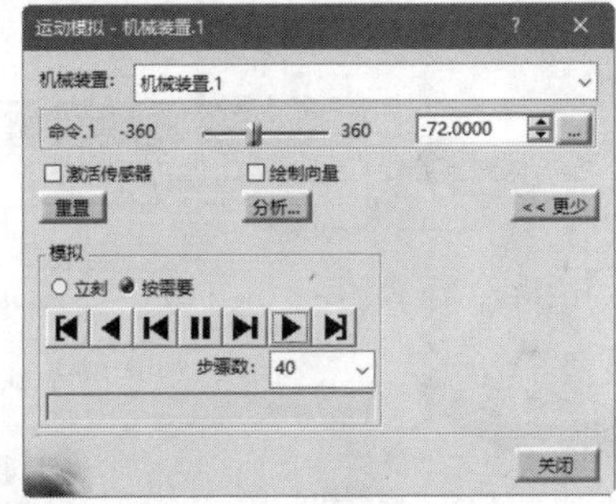

图 15.59 更改角度范围

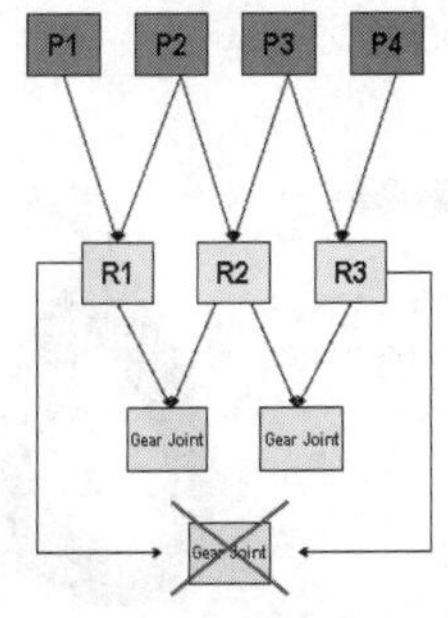

图 15.60 齿轮副和转动副关系图

（9）选择【文件】→【另存为】命令，弹出【另存为】对话框，输入文件名称【chilunjiehe】，单击【保存】按钮，保存文件。

15.3.10 万向节接合

万向节是在汽车结构设计中经常遇到的机构件，如传动轴、驱动轴、转向系统等。

单击【运动接合点】工具栏中的【通用接合】按钮，弹出图 15.61 所示的【创建接合：U 形接合】对话框。

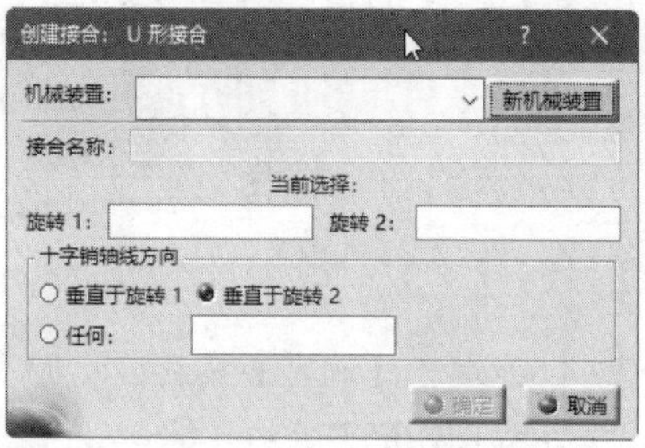

图 15.61 【创建接合：U 形接合】对话框

扫一扫，看视频

动手学——创建万向节接合

创建万向节接合的具体操作步骤如下。

（1）选择【开始】→【数字化装配】→【DMU 运动机构】命令，进入模型运动模拟工作台。

（2）选择【文件】→【打开】命令，在弹出的【选择文件】对话框中选择【wanxiang】文件，双击将其打开。

（3）单击【运动接合点】工具栏中的【旋转接合】按钮，弹出【接合创建：旋转】对话框，在视图中选择【Part.1】零件与【zhou】零件的轴线，以及【Part.1】零件内壁面与【zhou】零件上表面，如图 15.62 所示。单击【确定】按钮，完成旋转.1 的创建。

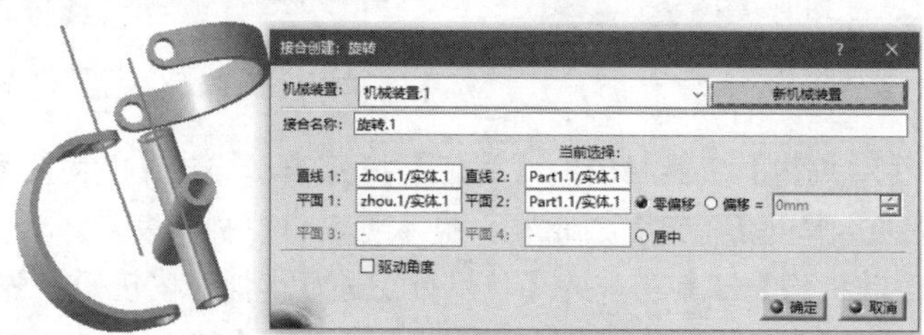

图 15.62 创建旋转.1

（4）单击【运动接合点】工具栏中的【旋转接合】按钮，弹出【接合创建：旋转】对话框，在视图中选择【Part.2】零件与【zhou】零件的轴线，以及【Part.2】零件内壁面与【zhou】零件上表面，勾选【驱动角度】复选框。单击【确定】按钮，完成旋转.2 的创建，结果如图 15.63 所示。

（5）单击【运动接合点】工具栏中的【通用接合】按钮，弹出【创建接合：U 形接合】对话框，①在视图中选择轴和零件上相互垂直的轴线，如图 15.64 所示。②单击【确定】按钮，模型和特征树形式如图 15.65 所示。

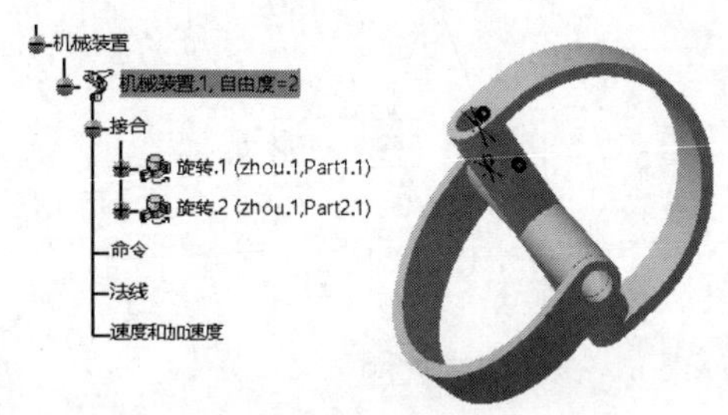

图 15.63 创建旋转.2

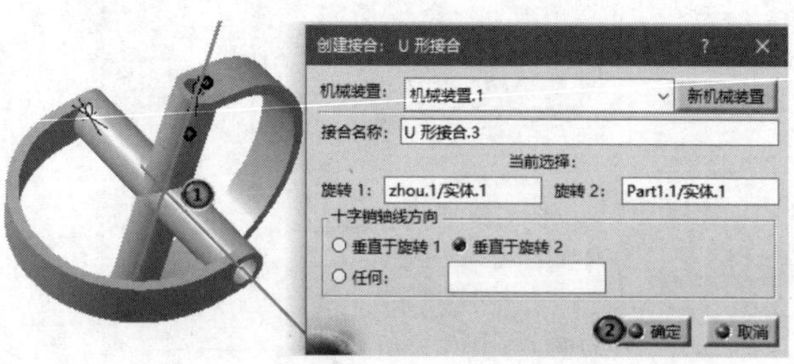

图 15.64 选择垂直轴线

提示：

因为在定义旋转接合时，是在旋转.2 中选择【驱动】选项，所以这里系统自动选中【垂直于旋转 2】单选按钮；若选中【垂直于旋转 1】单选按钮，则系统会提示命令不足，不能创建模拟。如果选中【任何】单选按钮，则需在零件上选择一个与 zhou.1 垂直的直线或方向。

（6）单击【DMU 运动机构】工具栏中的【固定】按钮，弹出【新固定零件】对话框，在视图中选择【zhou】零件为固定零件，弹出【信息】对话框，提示可以模拟机械装置，单击【确定】按钮。

（7）单击【DMU 运动机构】工具栏中的【使用命令进行模拟】按钮，弹出【运动模拟-机械装置.1】对话框，拖动【命令.1】的滑块，更改角度范围，如图 15.66 所示。单击【向前播放】按钮，零件 2 开始做旋转运动。单击【关闭】按钮，关闭【运动模拟-机械装置.1】对话框。

图 15.65　模型和特征树形式

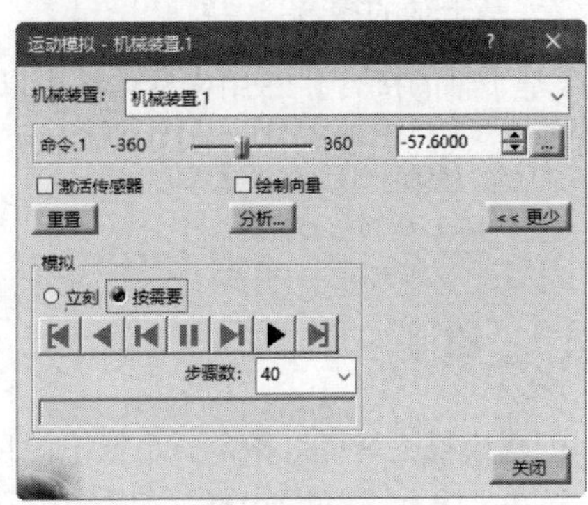

图 15.66　更改角度范围

（8）选择【文件】→【另存为】命令，弹出【另存为】对话框，输入文件名称【wanxiangjiehe】，单击【保存】按钮，保存文件。

15.3.11　其他接合

1．刚性接合

【刚性接合】通过创建刚性副命令，使两个零件间成为刚性体连接关系。

2．滑动曲线接合

【滑动曲线接合】通过选取两个零件上的曲线，创建运动副。

提示：

所选取的曲线需要有合理的相对位置（曲线是相交的）。滑动曲线接合不可以作为驱动副。

3．点曲面接合

【点曲面接合】通过选取一个零件上的点及另一个零件上的曲面创建点-面副。

提示：

定义点曲面接合之前，点一定要在事先确认的曲面上。

4. CV 接合

【CV 接合】与【通用接合】类似，这里不再详细介绍。

5. 架子接合

【架子接合】是滑动副和转动副按比例定义的复合副命令。

提示：

同定义齿轮副一样，组成一个架子接合的滑动副和转动副必须是定义在有一个共同零件的基础上的。

6. 电缆接合

【电缆接合】是两个滑动副按比例定义的复合副命令。

7. 基于轴的接合

【基于轴的接合】用坐标系法可以建立万向节副、滑动副、转动副、球绞连接等运动副。

15.4 动 画

15.4.1 模拟

创建模拟工具可以指定一个特定的目标或工具进行动画模拟。

单击【DMU 一般动画】工具栏中的【模拟】按钮，弹出图 15.67 所示的【运动模拟-机械装置.1】对话框和【编辑模拟】对话框。

- 插入：可以生成当前位置模拟线。
- 修改：可以修改任意模拟线段上的记录点内的数据。

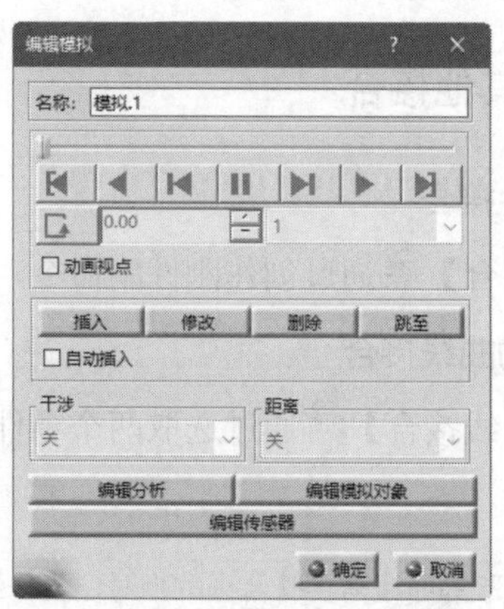

图 15.67 【运动模拟-机械装置.1】对话框和【编辑模拟】对话框

- 删除：可以删除当前摄像机位置上的定位点。
- 跳至：在未对摄像机进行插入的前提下，可以取消摄像机的属性修改。
- 动画视点：在记录空间中摄像机属性本身的同时，也可以记录当前视角摄像机的移动位置。
- 自动插入：在记录摄像机位移旋转的过程中，不再需要特定的人为动作，计算机会自动记录摄像机当前最新的位置。

15.4.2　编辑模拟

编辑模拟使仿真记录作为独立的特征保存在特征树上，与初始的运动副、仿真记录等断开关联。

单击【DMU 一般动画】工具栏中的【编辑模拟】按钮，弹出图 15.68 所示的【编辑模拟】对话框。

- 生成重放：勾选此复选框，在【时间步长】下拉列表中选择时间步，单击【确定】按钮，生成后重放。
- 生成动画文件：勾选此复选框，在下拉列表中选择播放格式，单击【文件名】按钮，指定文件保存路径和名称。单击【确定】按钮，生成 avi 格式的录像文件。

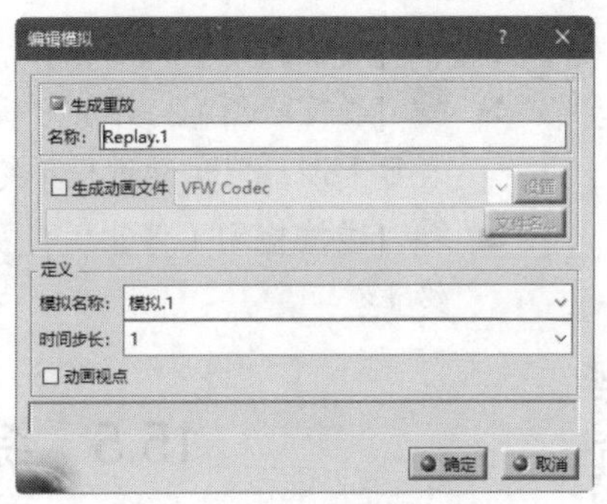

图 15.68　【编辑模拟】对话框

15.4.3　重放

【重放】可将生成的重放文件进行重放仿真。

单击【DMU 一般动画】工具栏中的【重放】按钮，弹出图 15.69 所示的【重放】对话框，单击【向前播放】按钮▶，开始重放。

图 15.69　【重放】对话框

15.4.4　模拟播放器

模拟播放器对机构运动进行仿真播放。

在特征树中选择模拟动画，单击【DMU 一般动画】工具栏中的【模拟播放器】按钮，打开图 15.70 所示的播放器。

有三种可以选择的循环播放方式，其中→表示单一循环模式，表示单向循环模式，表示反向仿真模式。

播放器下拉列表中的数值表示在实时播放时，对路径上的步长进行控制，数值越大播放速度越快，数值越小播放速度越慢。

单击【参数】按钮，弹出图 15.71 所示的【播放器参数】对话框，在【采样步长】中输入取样步幅，在【延迟】中输入取样步幅之间的暂停时间，关闭对话框。

图 15.70　播放器

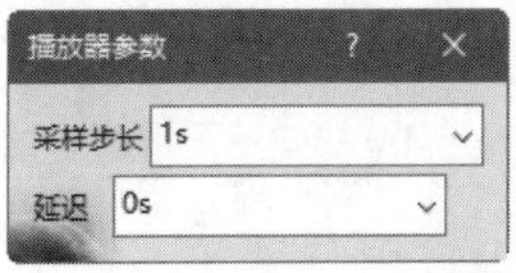

图 15.71　【播放器参数】对话框

15.4.5　干涉检查

单击【DMU 一般动画】工具栏中【碰撞检测】按钮右下角的黑色小三角，弹出图 15.72 所示的【碰撞模式】工具栏。

在【碰撞模式】工具栏中选择任意一种干涉模式，开始运动仿真并检查干涉。如果选择碰撞检测（打开）或碰撞检测（停止）这两种方式，则能看到干涉区域。

图 15.72 【碰撞模式】工具栏

- [碰撞检测（关闭）]：运动仿真时不开始干涉检查功能。
- [碰撞检测（打开）]：运动仿真时开始干涉检查功能，以红线表示干涉，但运动过程不终止。
- [碰撞检测（停止）]：运动仿真开始时开始干涉检查功能，以红线表示干涉，但运动过程终止。

扫一扫，看视频

15.5 综合实例——创建连杆运动机构

首先打开装配文件并进入仿真环境，分别对连杆添加旋转副和圆柱副；然后添加固定件并使用命令进行模拟；最后创建模拟动画，如图 15.73 所示。

（1）选择【文件】→【打开】命令，在弹出的【选择文件】对话框中选择【liangan】文件，双击将其打开，如图 15.74 所示。

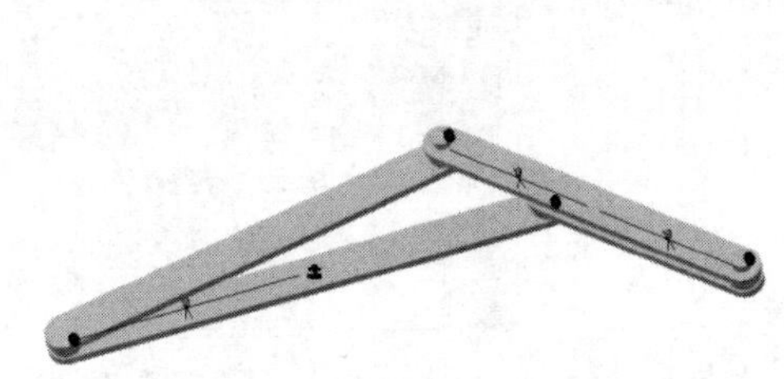

图 15.73 连杆运动机构

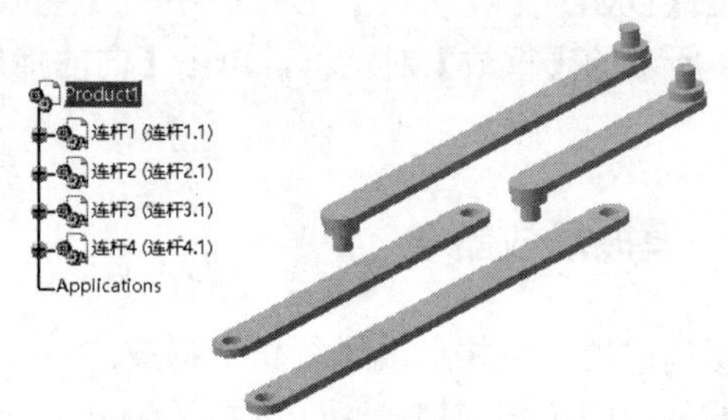

图 15.74 连杆装配文件

（2）选择【开始】→【数字化装配】→【DMU 运动机构】命令，进入模型运动模拟工作台。

（3）单击【运动接合点】工具栏中的【旋转接合】按钮，弹出【创建接合：旋转】对话框。单击【新机械装置】按钮，弹出【创建机械装置】对话框，输入机械装置名称【运动连杆机构】，如图 15.75 所示。单击【确定】按钮，返回【创建接合：旋转】对话框。在视图中选择连杆 1 和连杆 2 的轴线，如图 15.76 所示；选择连杆 1 和连杆 2 上的平面，如图 15.77 所示。单击【确定】按钮，完成旋转副 1 的创建，如图 15.78 所示。

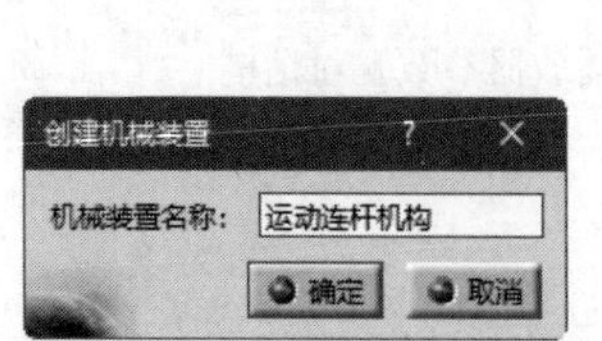

图 15.75 【创建机械装置】对话框

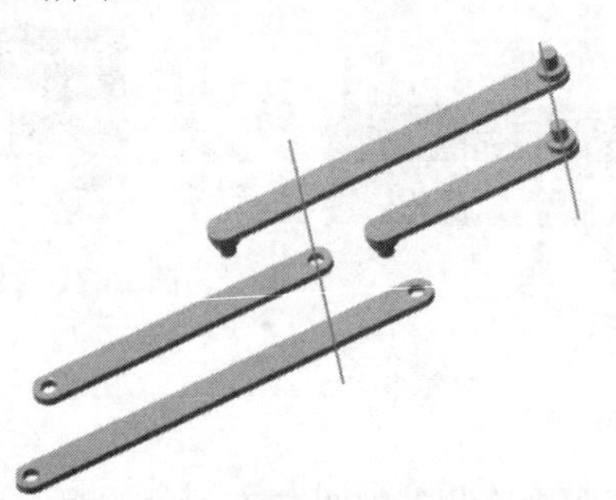

图 15.76 选择轴线 1

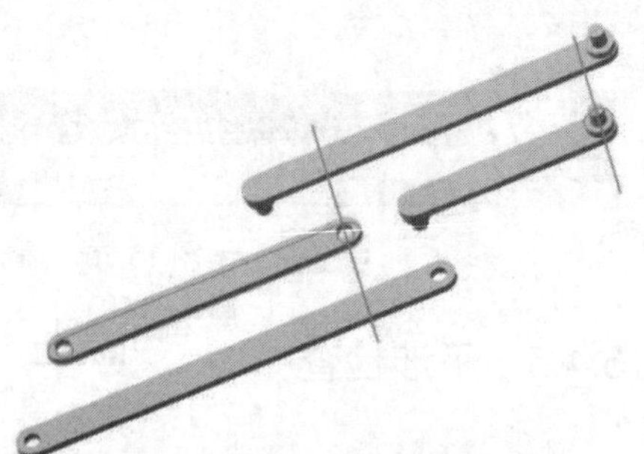

图 15.77 选择平面 1

（4）单击【运动接合点】工具栏中的【旋转接合】按钮，弹出【创建接合：旋转】对话框。在视图中选择连杆 2 和连杆 3 的轴线，如图 15.79 所示；选择连杆 2 和连杆 3 上的平面，如图 15.80 所示。单击【确定】按钮，完成旋转副 2 的创建，如图 15.81 所示。

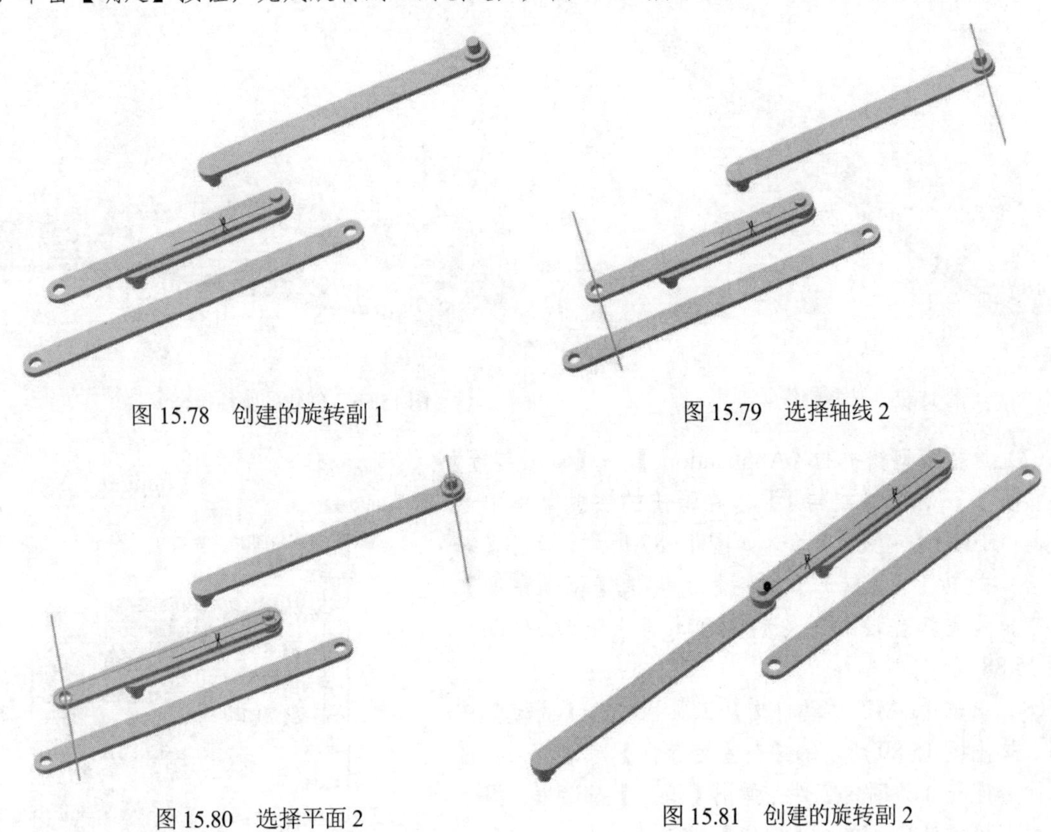

图 15.78 创建的旋转副 1

图 15.79 选择轴线 2

图 15.80 选择平面 2

图 15.81 创建的旋转副 2

（5）单击【运动接合点】工具栏中的【旋转接合】按钮，弹出【创建接合：旋转】对话框。在视图中选择连杆 3 和连杆 4 的轴线，如图 15.82 所示；选择连杆 2 和连杆 3 上的平面，如图 15.83 所示。单击【确定】按钮，完成旋转副 3 的创建，如图 15.84 所示。

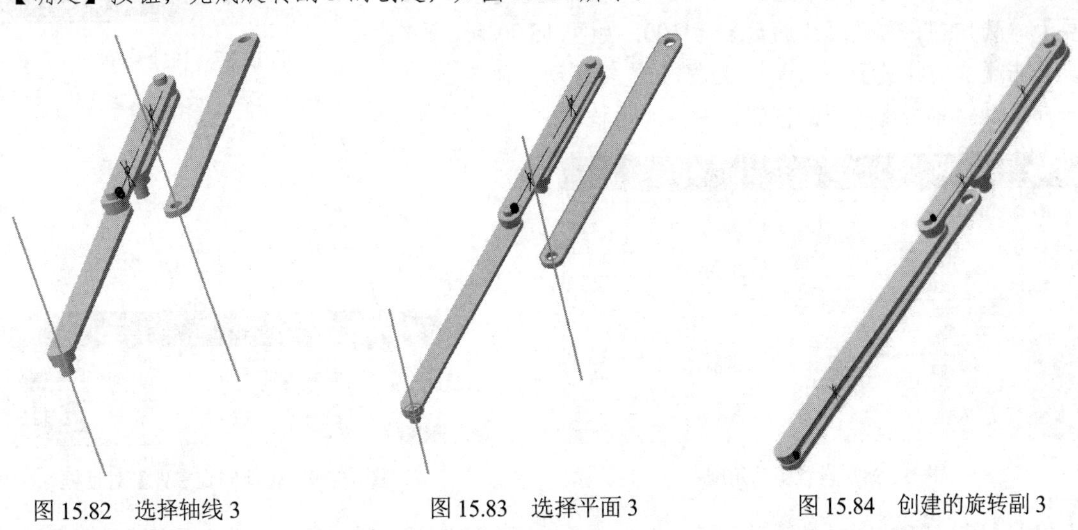

图 15.82 选择轴线 3

图 15.83 选择平面 3

图 15.84 创建的旋转副 3

（6）单击【运动接合点】工具栏中的【圆柱接合】按钮，弹出【创建接合：圆柱面】对话框。在视图中选择连杆 1 和连杆 4 的轴线，如图 15.85 所示。单击【确定】按钮，完成圆柱接合的创建，如图 15.86 所示。

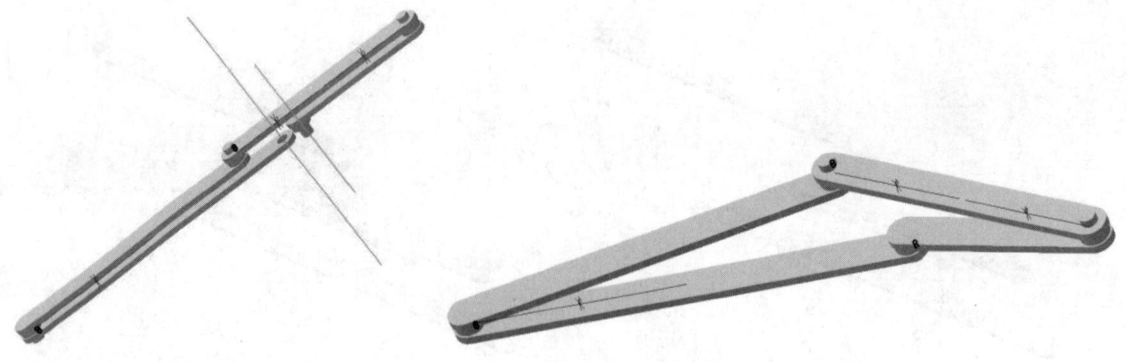

图 15.85　选择轴线 4

图 15.86　创建的圆柱接合

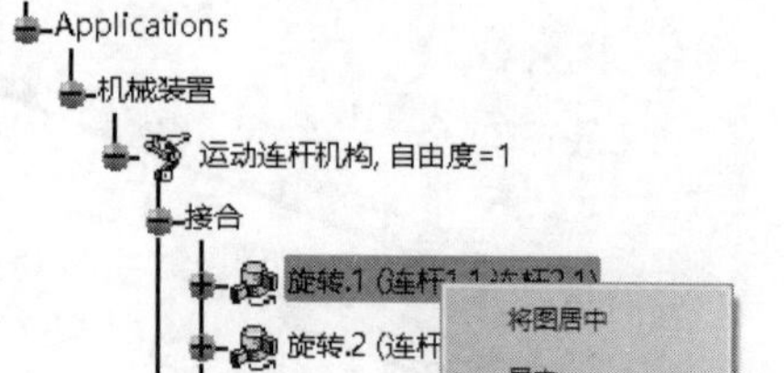

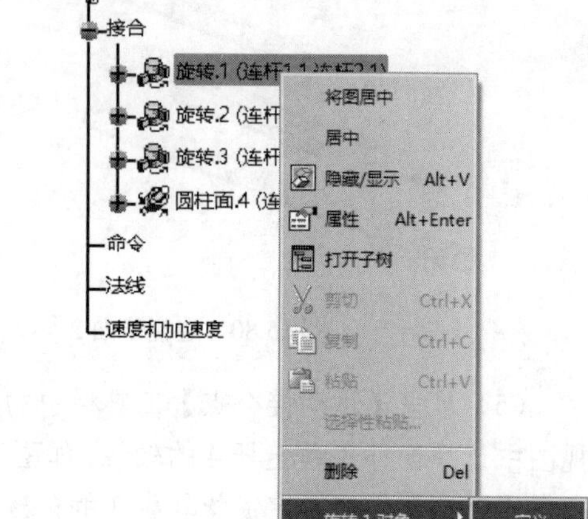

图 15.87　快捷菜单

（7）选择模型树中的【Applications】→【机械装置】→【接合】，右击【旋转.1】，在弹出的快捷菜单中选择【旋转.1】→【定义】命令，如图 15.87 所示。弹出【编辑接合：旋转.1（旋转）】对话框，勾选【驱动角度】复选框，设置接合限制下限为-360deg，上限为 360deg，如图 15.88 所示。

（8）单击【DMU 运动机构】工具栏中的【固定】按钮，弹出图 15.89 所示的【新固定零件】对话框，在视图中选择连杆 4 为固定零件，弹出【信息】对话框，提示可以模拟机械装置，单击【确定】按钮。

（9）单击【DMU 运动机构】工具栏中的【使用命令进行模拟】按钮，弹出【运动模拟-运动连杆机构】对话框，拖动【命令.1】的滑块，更改角度范围，选中【按需要】单选按钮，更改【步骤数】为 100，如图 15.90 所示。单击【向前播放】按钮，连杆 1 旋转带动其他连杆一起运动。单击【关闭】按钮，关闭对话框。

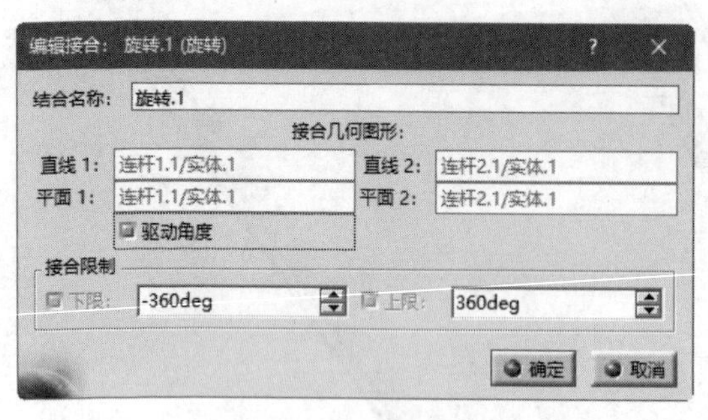

图 15.88　设置驱动角度

图 15.89　【新固定零件】对话框

（10）单击【DMU 一般动画】工具栏中的【模拟】按钮，弹出图 15.91 所示的【选择】对话框，选择【运动连杆机构】选项，单击【确定】按钮。

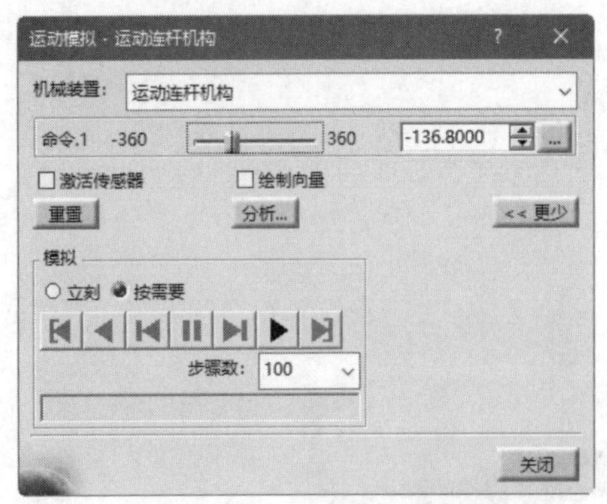

图 15.90 更改角度范围

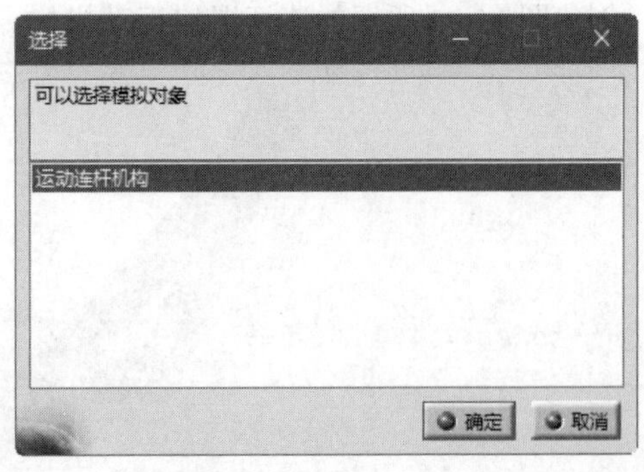

图 15.91 【选择】对话框

（11）弹出图 15.92 所示的【运动模拟-运动连杆机构】对话框和【编辑模拟】对话框，在【编辑模拟】对话框中勾选【动画视点】和【自动插入】复选框。

（12）在【运动模拟-运动连杆机构】对话框中拖动命令滑块，调整角度，这里从-360 拖动到 360；在【编辑模拟】对话框中设置内插步长为 0.2，单击【向前播放】按钮▶，观察机构运动动画。单击【确定】按钮，关闭对话框。连杆运动机构的模型树如图 15.93 所示。

图 15.92 【运动模拟-运动连杆机构】对话框和【编辑模拟】对话框

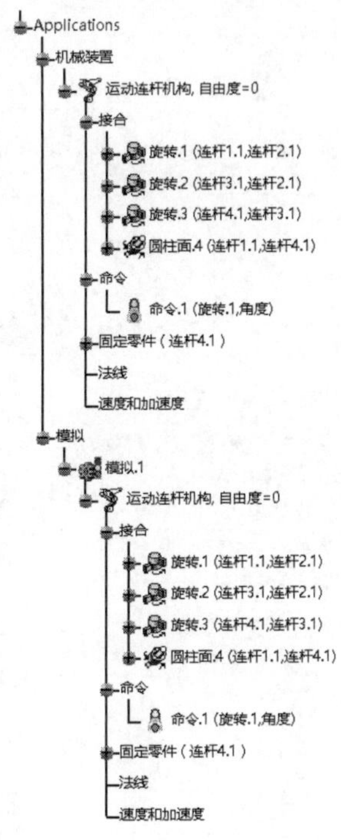

图 15.93 连杆运动机构的模型树

（13）选择【文件】→【另存为】命令，弹出【另存为】对话框，输入文件名称【lianganyundongjigou】，单击【保存】按钮，保存文件。

扫一扫，看视频

练一练——连杆滑块运动机构

创建图 15.94 所示的连杆滑块运动机构。

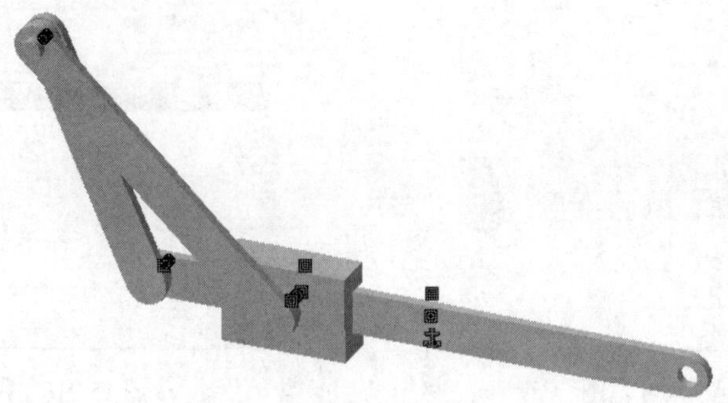

图 15.94　连杆滑块的运动机构

操作提示：

（1）利用旋转接合、棱形接合和圆柱结合命令绘制旋转副、棱形副和圆柱副。

（2）创建固定零件，使用命令进行模拟。